정나나의
화공기사
필기 Ⅱ권

예문사

차례 | CONTENTS

I권

II권

차례 | CONTENTS

PART 04

화공계측 제어

PART 05

과년도 기출문제

※ 기사 필기시험 출제방식이 2022년 3회부터 CBT(Computer Based Test)로 변경되었습니다.

PART 04

화공계측 제어

CHAPTER 01 공정제어일반

[01] 서론

- 화학공장은 어떤 원료 물질들로부터 원하는 제품을 얻기 위하여 서로 유기적으로 조합한 여러 가지 공정장치의 집합체이다.
- 화학공장 조업의 주된 목적은 가장 경제적이고 안전한 방법으로 원하는 제품을 생산해내는 것이다.
- 공장의 안정적이고 능률적인 조업이 점차 강조되고 있으며 이에 따라 생산되는 제품의 품질을 원하는 수준으로 유지시키면서 안정적이고 경제적인 조업을 지향하는 공정제어 문제는 날로 그 중요성을 더해가고 있다.

> **TIP**
>
> 공정제어의 이점
> - 공정안정성의 개선
> - 환경적 공정제약의 충족
> - 보다 엄격한 제품규격의 만족
> - 원료와 에너지의 보다 효율적인 활용
> - 이익의 증대

1. 공정제어의 개념

1) 공정

적절한 물리적 · 화학적 조작을 통하여 원료물질을 원하는 제품으로 전환하는 과정을 의미한다.

2) 공정제어

공정제어는 공정에서 선택된 변수들을 조절하여 공정을 원하는 상태로 유지시키는 데에 수반되는 제반조작을 의미한다.

> **TIP**
>
> - 입력변수 = 조절변수(MV)
>   = Manipulated Variable
>   = 외부교란변수(Load = 부하)
> - 출력변수 = 제어변수(CV)
>   = Controlled Variable
>   = 피제어변수

변수
- 입력변수 : 공정에 대한 외부의 영향을 나타내는 변수
  조절변수, 외부교란 변수
- 출력변수 : 외부에 대한 공정의 영향을 나타내는 변수

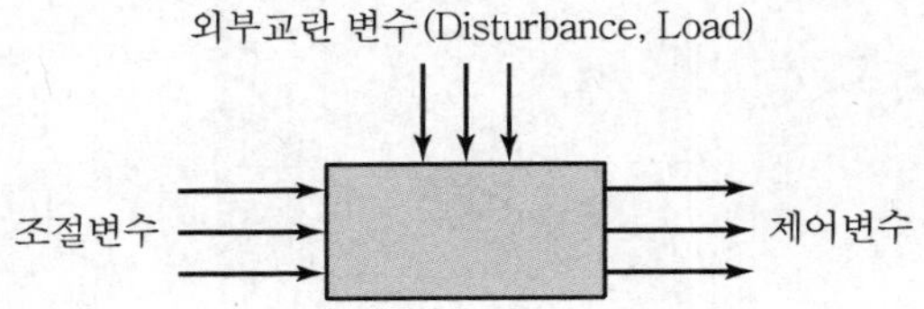

▲ 공정변수

3) 공정제어의 예

수증기를 이용하여 액체를 가열하는 장치

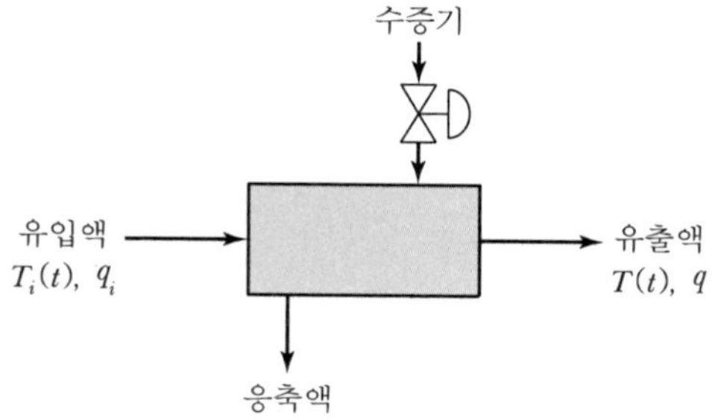

▲ 열교환기

① 열교환기의 목적은 유출액의 온도를 우리가 원하는 온도 T_R로 유지하는 것이다.

② 단열이 잘되어 있어서 열교환기 외부로의 열손실을 무시할 수 있다면 열교환기 내에서 액체가 얻은 에너지는 수증기의 응축에 의하여 발생되는 잠열과 같다.

③ 제어변수는 우리가 원하는 값으로 유지되어야 하는 변수로서 열교환기 시스템에서는 $T(t)$가 해당된다.

④ 우리가 원하는 출력변수값을 설정값(Set Point)이라 하며 이 시스템에서는 T_R이 설정값이 된다.

⑤ 조절변수는 출력변수가 설정값으로 유지되도록 실제로 제어기에 의해 조절되는 변수로서 열교환기 시스템에서는 수증기 유량이 된다.

⑥ 제어변수를 설정값으로부터 벗어나게 하는 모든 요인은 외부교란 변수이다.

$e(t) = T_R - T(t)$

제어오차 = 설정값 − 제어되는 변수의 측정값

㉠ $T(t) = T_R$, $e(t) = 0$

㉡ $e(t)$가 음의 값을 가지는 경우 : 유출액의 온도가 원하는 온도보다 높을 경우에는 지나치게 가열되는 경우이므로 수증기 유입관의 밸브를 조절하여 수증기 유입량을 줄인다.

㉢ $e(t)$가 양의 값을 가지는 경우 : 유출액의 온도가 원하는 온도에 미치지 못하므로 밸브를 조금 더 열어서 수증기 유입량을 증가시켜야 한다.

TIP

- 단일입력 – 단일출력(Single – Input Single – Output, SISO 공정)
  입력변수와 출력변수의 수가 각각 1개
- 다중입력 – 다중출력(Multi – Input Multi – Output, MIMO 공정)
  입력변수와 출력변수가 각각 여러 개

TIP

자동차를 원하는 방향, 속도로 운전하는 경우
- 공정 : 자동차
- 측정요소(센서) : 눈
- 제어기 : 뇌
- 최종제어요소 : 손, 발

cf 조작변수 : 핸들

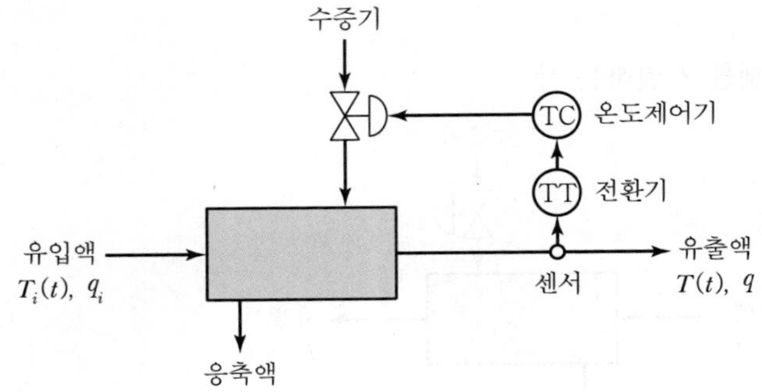

공정제어 구성요소
① 공정 예 열교환기
② 측정요소(센서) : 유출온도 측정
③ 전환기(TT) : 온도값을 적절한 신호로 제어기에 전달(℃ → mA)
④ 제어기(TC) : 제어 결정
⑤ 최종제어요소 : 변수값을 조절(제어밸브)

4) 제어 대상

유량, 온도, 압력, 조성

5) 온도측정 센서와 전환기

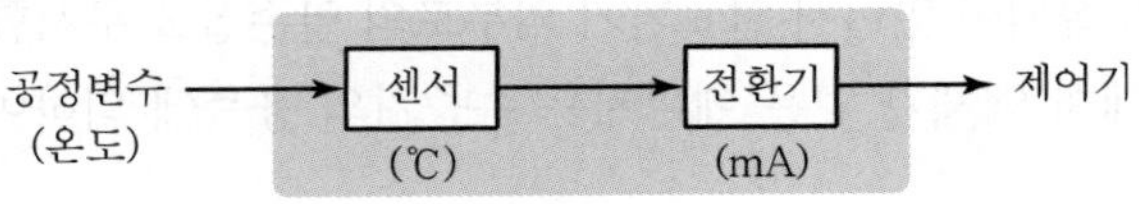

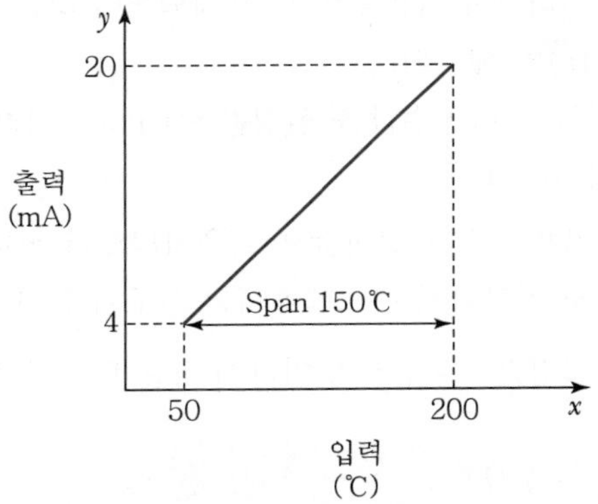

Span(스팬) : 입력의 최고, 최저 한계의 차. Span = 150℃

$$y = \frac{(20-4)\text{mA}}{(200-50)℃}(x-50) + 4\text{mA} = K_m X + C$$

여기서, K_m : Gain(이득)

$$K_m = \frac{\text{전환기의 출력 범위}}{\text{전환기의 입력 범위}}$$

2. 공정제어의 기능

화학공정에서 외부교란은 언제나 존재하며, 이러한 외부교란 변수들이 공정의 제어변수에 미치는 영향을 없애주는 것이 화학공정제어시스템의 주된 기능이다.

1) 제어 구조에 따른 분류

(1) 닫힌 루프(Closed-loop) 제어시스템

〈열교환기 제어시스템〉

제어변수 측정 → 측정된 변수값을 설정치와 비교 → 제어오차(두 변수의 차)에 의해 제어신호 결정 → 수증기 유입량 조절 → 제어변수가 다시 변화되는 일련의 Loop를 이루고 있다.

(2) 열린 루프(Open-loop) 제어시스템

측정된 출력변수(제어변수)의 값이 제어에 이용되지 못하는 경우

2) 제어 목적에 따른 분류

(1) 조절제어(Regulatory Control)

외부교란의 영향에도 불구하고 제어변수를 설정값으로 유지시키고자 하는 제어방법이다.

(2) 추적제어(Servo Control)

설정값이 시간에 따라 변화할 때 제어변수가 설정값을 따르도록 조절변수를 제어한다.

3) 제어방법

(1) Feedback 제어(되먹임 제어)

외부교란이 도입되어 공정에 영향을 미치게 되고 이에 의해 제어변수가 변하게 될 때까지 아무런 제어작용을 할 수 없다.

(2) Feedforward 제어(앞먹임 제어)

외부교란을 측정하고 이 측정값을 이용하여 외부교란이 공정에 미치게 될 영향을 사전에 보정시키는 제어방법이다.

TIP

- 제어변수 : 원하는 값으로 유지되어야 하는 제어변수
- 조절변수 : 제어기에 의해 조절되는 변수
- 외부교란변수 : 공정에 바람직하지 않은 영향을 미치는 변수

TIP

- 조절제어 = 조정기제어
  = 조절기제어
  = Regulatory Control
  = Regulatory Problem
  = 조절기 문제
- 추적제어 = 서보제어
  = Servo Control
  = 추종제어
  = 추치제어
  = Servo Problem
  = 서보 문제

예 미사일, 비행기의 추적이나 복잡한 부품의 자동가공

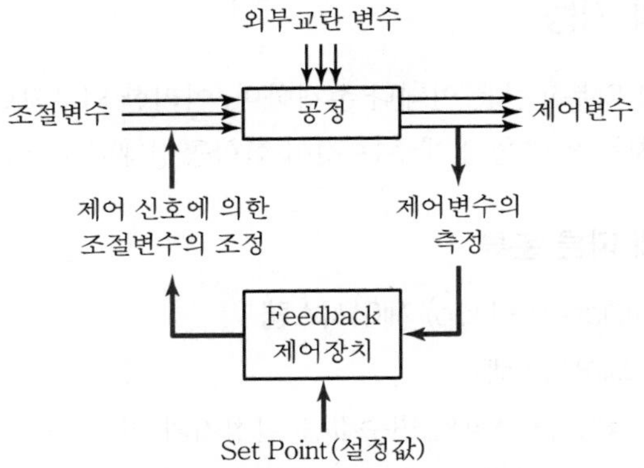

▲ Feedback 제어기능

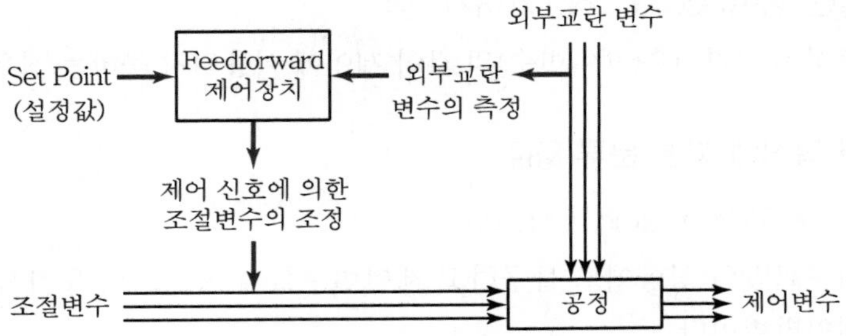

▲ Feedforward 제어기능

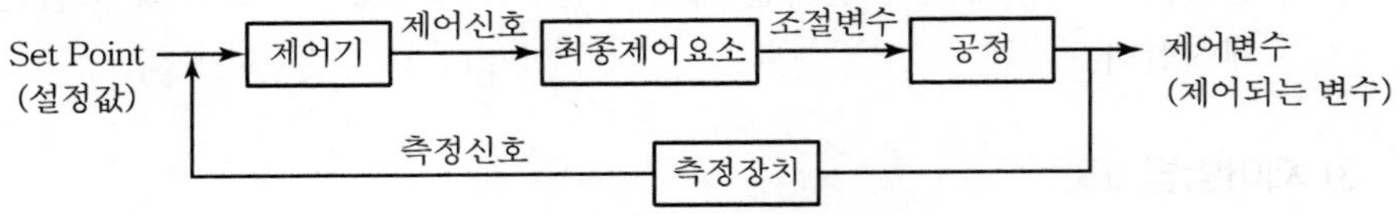

▲ 일반적인 공정제어시스템

실전문제

01 화학공정에서 공정제어의 필요성에 대한 설명 중 가장 거리가 먼 것은?

① 균일한 제품을 생산하여 제품의 질을 향상시키기 위해 필요하다.
② 운전 도중 안전사고의 예방을 위해 필요하다.
③ 생산비 절감 및 생산성 향상을 위해 필요하다.
④ 공장운전의 무인화를 위해 필요하다.

해설

공정제어의 필요성
안전성, 안정성, 원하는 제품의 품질, 경제성

02 앞먹임 제어(Feedforward Control)의 특징으로 옳은 것은?

① 공정 모델값과 측정값의 차이를 제어에 이용
② 외부교란변수를 사전에 측정하여 제어에 이용
③ 설정점(Set Point)을 모델값과 비교하여 제어에 이용
④ 공정의 이득(Gain)을 제어에 이용

해설

외부교란을 측정하고 이 측정값을 이용하여 외부교란이 공정에 미치게 될 영향을 사전에 보정시키는 방법

03 물체의 위치 등의 기계적 변위를 제어량으로 해서 운항장치 등에 주로 사용되는 제어기구는 어느 것인가?

① Servo 제어기구 ② Regulator 제어기구
③ On－Off 제어기구 ④ Load 제어기구

해설

Servo Control(서보제어, 추적제어)
설정값이 시간에 따라 변화될 때 제어변수가 설정값을 따르도록 조절변수를 제어한다($L=0$).

04 자동차를 운전하는 것을 제어시스템의 가동으로 간주할 때 도로의 차선을 유지하며 자동차가 주행하는 경우 자동차의 핸들은 제어시스템을 구성하는 요소 중 어디에 해당하는가?

① 감지기 ② 조작변수
③ 구동기 ④ 피제어변수

해설

자동차 핸들 : 조작변수

05 되먹임 제어가 가장 용이한 공정은?

① 시상수나 시간지연이 큰 공정
② 역응답이 큰 공정
③ 응답속도가 빠른 공정
④ 비선형성이 큰 공정

해설

되먹임 제어(Feedback 제어)
외부교란이 도입되어 공정에 영향을 미치게 되고 이에 의해 제어변수가 변하게 될 때까지 아무런 제어작용을 할 수 없다. 그러므로 응답이 빠른 공정에 적합하다.

06 서보(Servo)제어에 대한 설명 중 옳은 것은?

① 설정점의 변화와 제어변수의 동작관계이다.
② 부하와 제어변수의 동작관계이다.
③ 부하와 설정점의 동시변화에 대한 제어변수와의 동작관계이다.
④ 설정점의 변화와 부하의 동작관계이다.

해설

Servo Control(서보제어, 추적제어)
설정값이 시간에 따라 변화될 때 제어변수가 설정값을 따르도록 조절변수를 제어한다($L=0$).

정답 01 ④ 02 ② 03 ① 04 ② 05 ③ 06 ①

07 증류탑의 일반적인 제어에서 공정출력(피제어) 변수에 해당하지 않는 것은?

① 유출물 조성　② 증류탑의 압력
③ 환류비　④ 잔류물의 유속

08 설정치(Set Point)는 일정하게 유지되고, 외부교란변수(Disturbance)가 시간에 따라 변화할 때 피제어 변수가 설정치를 따르도록 조절변수를 제어하는 것은?

① 조정(Regulatory) 제어　② 서보(Servo) 제어
③ 감시 제어　④ 예측 제어

해설

조정 제어(Regulatory Control)
외부교란의 영향에도 불구하고 제어변수를 설정값으로 유지하려는 제어($R=0$)

09 공정제어의 목적과 가장 거리가 먼 것은?

① 반응기의 온도를 최대 제한값 가까이에서 운전함으로써 반응속도를 올려 수익을 높인다.
② 평형반응에서 최대의 수율이 되도록 반응 온도를 조절한다.
③ 안전을 고려하여 일정압력 이상이 되지 않도록 반응속도를 조절한다.
④ 외부 시장환경을 고려하여 이윤이 최대가 되도록 생산량을 조정한다.

해설

공정제어
안전성, 안정성, 원하는 제품의 품질, 경제성

10 감지기의 성능을 나타내는 용어 중 폭(Span)을 설명하는 것은?

① 일정한 공정조건에서 반복된 측정값 간의 차이이다.
② 감지기 측정값의 일관성을 나타내는 지표이다.
③ 감지기가 공정변화에 응답하는 속도의 척도이다.
④ $\frac{\text{감지기}}{\text{전송기}}$로 측정할 수 있는 최댓값과 최솟값 사이의 차이다.

해설

전환기

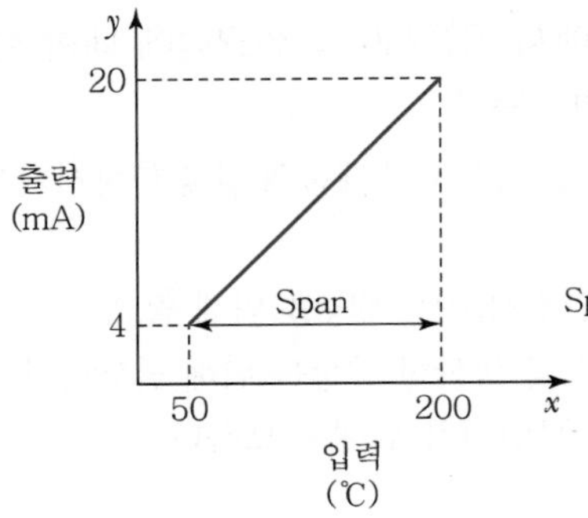

Span=150

11 공정제어의 일반적인 기능에 관한 설명 중 잘못된 것은?

① 외란의 영향을 극복하며 공정을 원하는 상태로 유지시킨다.
② 불안정한 공정을 안정화시킨다.
③ 공정의 최적 운전조건을 스스로 찾아 준다.
④ 공정의 시운전 시 짧은 시간 안에 원하는 운전상태에 도달할 수 있도록 한다.

해설

공정제어
안전성, 안정성, 원하는 제품의 품질, 경제성

12 되먹임 제어에 관한 설명 중 맞는 것은?

① 외란정보를 이용하여 제어기 출력을 결정한다.
② 제어변수를 측정하여 조작변수값을 결정한다.
③ 외란이 미치는 영향을 선보상해주는 원리이다.
④ 제어변수를 측정하여 외란을 조절한다.

해설

되먹임 제어(Feedback 제어)
외부교란이 도입되어 공정에 영향을 미치게 되고 이에 의해 제어변수가 변하게 될 때까지 아무런 제어작용을 할 수 없다.

정답 07 ③ 08 ① 09 ④ 10 ④ 11 ③ 12 ②

CHAPTER 02 공정의 거동해석

[01] 라플라스 변환

공정의 수학적 표현에는 미분방정식이 주로 이용되는데 미분방정식을 대수방정식으로 전환시켜주는 라플라스 변환을 활용함으로써 공정제어시스템의 표현과 해석이 용이하게 이루어질 수 있다.

> TIP
> 미분방정식(t에 대한 함수)
> • 라플라스 변환(s에 대한 함수)
> • 라플라스 역변환(t에 대한 함수)

1. 라플라스 변환

$$F(s) = \mathcal{L}\{f(t)\} = \int_0^\infty f(t)e^{-st}dt$$

시간 $t=0$일 때 $f(t)=0$으로 정의된다. 일반적으로 정상상태로 유지되는 공정에 변화가 일어나기 시작할 때의 시점을 $t=0$으로 정의한다.

예 $f(t)=a$ (a는 상수)

$$F(s) = \mathcal{L}\{a\} = \int_0^\infty ae^{-st}dt = -\frac{a}{s}e^{-st}\Big|_0^\infty = \frac{a}{s}$$

예 $f(t)=e^{-at}$

$$F(s) = \mathcal{L}\{e^{-at}\} = \int_0^\infty e^{-(s+a)t}dt = -\frac{1}{s+a}e^{-(s+a)t}\Big|_0^\infty = \frac{1}{s+a}$$

◆ !(팩토리얼)

$n! = n \times (n-1) \times (n-2) \cdots 3 \times 2 \times 1$

예 $4! = 4 \times 3 \times 2 \times 1$

1) 주요 함수의 라플라스 변환

$f(t)$	$F(s) = \mathcal{L}\{f(t)\}$
$\delta(t)$	1
$u(t)$	$\frac{1}{s}$
t	$\frac{1}{s^2}$
t^n	$\frac{n!}{s^{n+1}}$
e^{-at}	$\frac{1}{s+a}$
te^{-at}	$\frac{1}{(s+a)^2}$
$\frac{t^{n-1}e^{-at}}{(n-1)!}$	$\frac{1}{(s+a)^n}$
$\frac{1}{a-b}(e^{-bt}-e^{-at})$	$\frac{1}{(s+a)(s+b)}$
$\sin\omega t$	$\frac{\omega}{s^2+\omega^2}$
$\cos\omega t$	$\frac{s}{s^2+\omega^2}$
$\sinh\omega t$	$\frac{\omega}{s^2-\omega^2}$
$\cosh\omega t$	$\frac{s}{s^2-\omega^2}$
$e^{-at}\sin\omega t$	$\frac{\omega}{(s+a)^2+\omega^2}$
$e^{-at}\cos\omega t$	$\frac{s+a}{(s+a)^2+\omega^2}$

2) 라플라스 변환의 주요 특성

(1) 선형성

a, b가 상수이면

$$\begin{aligned}\mathcal{L}\{af(t)+bg(t)\} &= \mathcal{L}\{af(t)\} + \mathcal{L}\{bg(t)\} \\ &= a\mathcal{L}\{f(t)\} + b\mathcal{L}\{g(t)\} \\ &= aF(s)+bG(s)\end{aligned}$$

$$\therefore \mathcal{L}\{af(t)+bg(t)\} = aF(s)+bG(s)$$

(2) 상사정리

$$\therefore \mathcal{L}\left\{f\left(\frac{t}{a}\right)\right\} = aF(as)$$

(3) 시간지연

공정변수의 변화가 시간에 따라 지연되어 나타나는 현상

$$\therefore \mathcal{L}\{f(t-\theta)u(t-\theta)\} = e^{-s\theta}F(s)$$

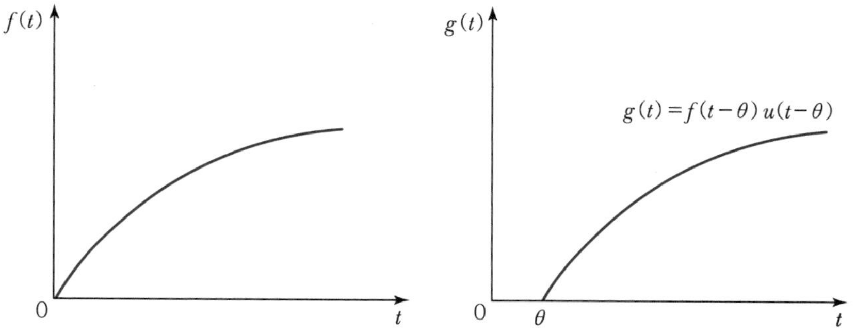

$$\mathcal{L}\{f(t-\theta)u(t-\theta)\} = \int_0^\infty f(t-\theta)u(t-\theta)e^{-st}dt$$

$\tau = t-\theta$라 하면

$$\mathcal{L}\{f(t-\theta)u(t-\theta)\} = \int_{-\theta}^\infty f(\tau)u(\tau)e^{-s(\tau+\theta)}d\tau$$

$$= e^{-s\theta}\int_0^\infty f(\tau)e^{-s\tau}d\tau$$

$$= e^{-s\theta}F(s)$$

(4) 미분식의 라플라스 변환

$$\mathcal{L}\left\{\frac{df(t)}{dt}\right\} = sF(s) - f(0)$$

$$\mathcal{L}\left\{\frac{d^2f(t)}{dt^2}\right\} = s^2F(s) - sf(0) - f'(0)$$

$$\mathcal{L}\left\{\frac{d^nf(t)}{dt^n}\right\} = s^nF(s) - s^{n-1}f(0) - s^{n-2}f'(0) - \cdots - s\frac{d^{n-2}f(0)}{dt^{n-2}} - \frac{d^{n-1}f(0)}{dt^{n-1}}$$

Exercise **01**

다음 방정식을 라플라스 변환시켜 $F(s)$를 구하여라.

① $2\dfrac{df}{dt}+f(t)=3,\ f(0)=1$

② $\tau^2 f''(t)+2\tau\zeta f'(t)+f(t)=Kx(t),\ f(0)=f'(0)=0$

풀이

① $2\dfrac{df}{dt}+f(t)=3,\ f(0)=1$

$$2[sF(s)-f(0)]+F(s)=\frac{3}{s}$$

$$2[sF(s)-1]+F(s)=\frac{3}{s}$$

$$\therefore\ F(s)=\frac{2s+3}{2s^2+s}$$

② $\tau^2 f''(t)+2\tau\zeta f'(t)+f(t)=Kx(t),\ f(0)=f'(0)=0$

$$\tau^2[s^2F(s)-sf(0)-f'(0)]+2\tau\zeta[sF(s)-f(0)]+F(s)=KX(s)$$

$$\tau^2 s^2F(s)+2\tau\zeta sF(s)+F(s)=KX(s)$$

$$\therefore\ F(s)=\frac{KX(s)}{\tau^2s^2+2\tau\zeta s+1}$$

(5) 적분식의 라플라스 변환

$$\mathcal{L}\left[\int_0^t f(x)dx\right]=\frac{1}{s}F(s)$$

(6) S평면에서 평행이동

$$\mathcal{L}\left[e^{at}f(x)\right]=F(s-a)$$

(7) 시간의 곱

$$\mathcal{L}\left[tf(t)\right]=\frac{-d}{ds}F(s)$$

Exercise **02**

$f(t) = t\cos\omega t$의 라플라스 변환을 구하여라.

풀이 $f(t) = t\cos\omega t$

$$\mathcal{L}[t\cos\omega t] = \frac{-d}{ds}\frac{s}{s^2+\omega^2} = -\frac{(s^2+\omega^2) - s(2s)}{(s^2+\omega^2)^2} = \frac{s^2-\omega^2}{(s^2+\omega^2)^2}$$

Exercise **03**

$g(t) = [1 - e^{-(t-2)/3}]u(t-2)$의 라플라스 변환을 구하여라.

풀이 $g(t) = e^{-(t-2)/3}$

$f(t) = 1 - e^{-t/3},\ g(t) = f(t-2)$

$G(s) = \mathcal{L}[f(t-2)] = e^{-2s}F(s)$

$$F(s) = \mathcal{L}[f(t)] = \mathcal{L}[1 - e^{-t/3}] = \frac{1}{s} - \frac{1}{s+\frac{1}{3}} = \frac{\frac{1}{3}}{s\left(s+\frac{1}{3}\right)} = \frac{1}{s(3s+1)}$$

$$\therefore\ G(s) = \frac{1}{s(3s+1)}e^{-2s}$$

---

(8) 초기치정리 ▪▪▪

$$\lim_{t\to 0} f(t) = \lim_{s\to\infty} sF(s)$$

(9) 최종치정리 ▪▪▪

시간 t가 ∞일 때 $f(t)$의 극한값이 존재한다면 $F(s)$로부터 $f(t)$의 최종치 또는 정상상태의 값은 다음과 같다.

$$\lim_{t\to\infty} f(t) = \lim_{s\to 0} sF(s)$$

Exercise 04

$F(s)=\dfrac{1}{s(s+1)}$ 의 최종치를 구하여라.

풀이 최종치 정리에 의해

$$\lim_{t\to\infty}f(t)=\lim_{s\to0}sF(s)=\lim_{s\to0}\frac{1}{s+1}=1$$

$f(t)=1-e^{-t}$이므로

$$\lim_{t\to\infty}[1-e^{-t}]=1$$

3) 라플라스 변환 그래프

함수	함수의 표현식 $f(t)$	라플라스 변환식 $F(s)$	그래프
단위충격함수 (Impulse Function)	$\delta(t)$	1	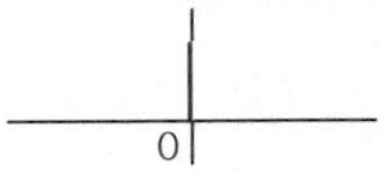
단위계단함수 (Step Function)	$u(t)$	$\frac{1}{s}$	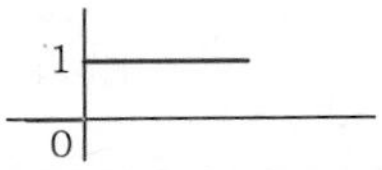
단위경사함수 (Ramp Function)	t	$\frac{1}{s^2}$	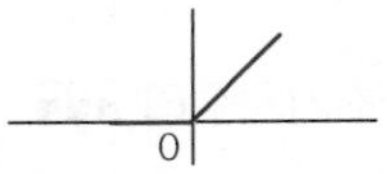
포물선 함수	$t^n u(t)$	$\frac{n!}{s^{n+1}}$	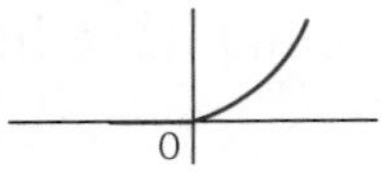
지수감쇠함수	e^{-at}	$\frac{1}{s+a}$	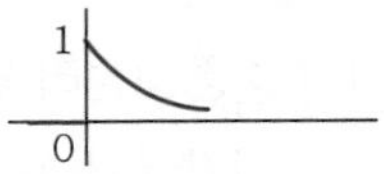
정현파함수	$A\sin\omega t$	$A\frac{\omega}{s^2+\omega^2}$	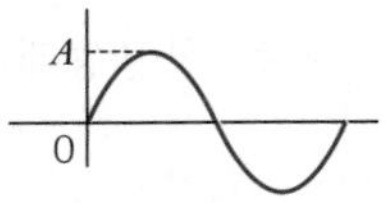
여현파함수	$A\cos\omega t$	$A\frac{s}{s^2+\omega^2}$	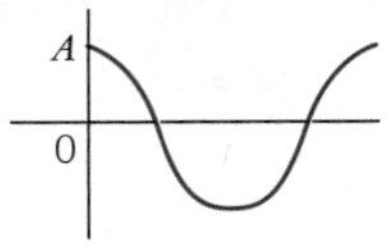

2. 미분방정식 풀이

1) 역라플라스 변환

$F(s) \to f(t)$

라플라스 변환 $F(s)$을 시간의 함수 $f(t)$로 역변환한다.

$f(t) = \mathcal{L}^{-1}[F(s)]$

PART 1
PART 2
PART 3
PART 4
PART 5

Exercise 05

$F(s) = \dfrac{s^2+2s-10}{s^2(s^2+4s+5)}$ **일 때, $f(t)$를 구하여라.**

풀이 먼저 $F(s)$를 부분 분수로 바꾼다.

$$F(s) = \frac{s^2+2s-10}{s^2(s^2+4s+5)} = \frac{A}{s} + \frac{B}{s^2} + \frac{Cs+D}{s^2+4s+5}$$

우변을 정리하면

$$\frac{As(s^2+4s+5)+B(s^2+4s+5)+(Cs+D)s^2}{s^2(s^2+4s+5)}$$

$$= \frac{(A+C)s^3+(4A+B+D)s^2+(5A+4B)s+5B}{s^2(s^2+4s+5)}$$

좌변과 우변이 같아야 하므로

$\therefore$ $A+C=0$, $4A+B+D=1$, $5A+4B=2$, $5B=-10$ → $B=-2$, $A=2$, $C=-2$, $D=-5$

$$\therefore F(s) = \frac{2}{s} + \frac{-2}{s^2} + \frac{-2s-5}{s^2+4s+5}$$

$$= \frac{2}{s} - \frac{2}{s^2} - \frac{2s+5}{s^2+4s+5}$$

$$= \frac{2}{s} - \frac{2}{s^2} - \frac{2(s+2)+1}{(s+2)^2+1}$$

$$= \frac{2}{s} - \frac{2}{s^2} - 2\frac{(s+2)}{(s+2)^2+1} - \frac{1}{(s+2)^2+1}$$

$$\therefore f(t) = 2-2t-2e^{-2t}\cos t - e^{-2t}\sin t$$

2) 미분방정식 풀이

우리가 제어하고자 하는 공정의 동적인 특성은 일반적으로 미분방정식으로 나타내어진다.

공정의 동특성이 선형 2차 미분방정식으로 나타내어지는 경우, 다음과 같다.

$$a_2\frac{d^2y(t)}{dt^2}+a_1\frac{dy(t)}{dt}+a_0y(t)=Kx(t)$$

초기조건이 모두 0이라면

$$a_2s^2Y(s)+a_1sY(s)+a_0Y(s)=Kx(s)$$

$$\frac{Y(s)}{X(s)}=\frac{K}{a_2s^2+a_1s+a_0}=G(s)$$

$\therefore$ $G(s)$를 공정의 전달함수라고 한다.

공정의 전달함수는 공정의 입력변수와 출력변수 사이의 관계를 명료하게 나타내는 함수로서 공정제어시스템의 분석이나 설계에 중요하게 이용된다.

Exercise **06**

공정의 동특성이 다음과 같은 2차 선형 미분방정식으로 나타나는 경우, 시간에 따른 출력 $y(t)$를 구하여라.

$$\frac{d^2y(t)}{dt^2}+3\frac{dy(t)}{dt}+2y(t)=5u(t) \qquad y(0)=\frac{dy(0)}{dt}=0$$

풀이 $s^2Y(s)+3sY(s)+2Y(s)=\frac{5}{s}$

$$\therefore\ Y(s)=\frac{5}{s(s^2+3s+2)}$$

$\frac{5}{s(s^2+3s+2)}$를 부분분수로 나타내면 다음과 같다.

$$\frac{5}{s(s^2+3s+2)}=\frac{5}{s(s+1)(s+2)}=\frac{A}{s}+\frac{B}{s+1}+\frac{C}{s+2}$$

$$=\frac{A(s+1)(s+2)+Bs(s+2)+Cs(s+1)}{s(s+1)(s+2)}$$

$$=\frac{(A+B+C)s^2+(3A+2B+C)s+2A}{s(s+1)(s+2)}$$

좌변과 우변이 같아야 하므로

$$\left.\begin{array}{l} A+B+C=0 \\ 3A+2B+C=0 \\ 2A=5 \end{array}\right] \longrightarrow \begin{array}{l} A=\frac{5}{2} \\ B=-5 \\ C=\frac{5}{2} \end{array}$$

$\therefore\ Y(s)=\frac{5/2}{s}-\frac{5}{s+1}+\frac{5/2}{s+2}$

$\therefore\ y(t)=\frac{5}{2}u(t)-5e^{-t}+\frac{5}{2}e^{-2t}$

Exercise **07**

$\frac{dy}{dt}+y(t)=x(t)$, $y(0)=0$, $x(t)=u(t-1)$일 때 출력변수 $y(t)$를 구하여라.

풀이

$X(s)=\frac{e^{-s}}{s}$ 이므로 $Y(s)=\frac{e^{-s}}{s(s+1)}$ 가 된다.

$\therefore\ Y(s)=\left(\frac{1}{s}-\frac{1}{s+1}\right)e^{-s}$

$F(s)=\frac{1}{s}-\frac{1}{s+1}$ 이고, $\theta=1$인 경우이므로

$y(t)=u(t-1)-e^{-(t-1)}u(t-1)=\{1-e^{-(t-1)}\}\,u(t-1)$

3) 선형화 방법

(1) 편차변수

어떤 공정변수의 시간에 따른 값과 정상상태값의 차이

$x'(t)=x(t)-x_s$

여기서, $x(t)$: 변수 x의 시간에 따른 값
x_s : x의 정상상태값
x' : 편차변수

PART 1 PART 2 PART 3 PART 4 PART 5

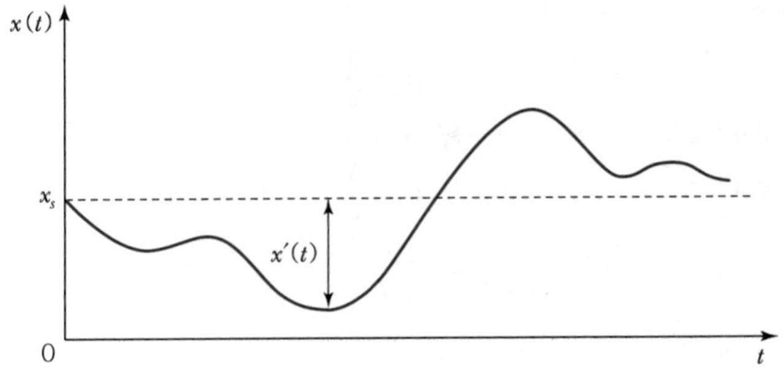

초기조건은 $x(0) = x_s$

$$x'(0) = x(0) - x_s = x_s - x_s = 0$$

$$\frac{dx'(t)}{dt} = \frac{d}{dt}\{x(t) - x_s\} = \frac{dx(t)}{dt}$$

Exercise 08

다음 식을 ① 라플라스 변환하고, ② 편차변수를 이용하여 라플라스 변환을 하여라.

$$\tau\frac{dy(t)}{dt} + y(t) = Kf(t),\ y(0) = y_s \quad \cdots\cdots ㉠$$

풀이 ① $\tau[sY(s) - y(0)] + Y(s) = KF(s)$

$$Y(s) = \frac{KF(s) + \tau y_s}{\tau s + 1} \quad \cdots\cdots ㉡$$

정상상태에서 ㉠식은

$$\tau\frac{dy_s}{dt} + y_s = Kf_s \quad \cdots\cdots ㉢$$

㉠식 − ㉢식

$$\tau\frac{d}{dt}\{y(t) - y_s\} + \{y(t) - y_s\} = K\{f(t) - f_s\}$$

② 위 식에 편차변수를 도입하면 다음 관계가 성립된다.

$$y'(t) = y(t) - y_s,\ f'(t) = f(t) - f_s$$

$$\tau\frac{dy'(t)}{dt} + y'(t) = Kf'(t),\ y'(0) = y(0) - y_s = y_s - y_s = 0$$

$$\tau[sY'(s) + y'(0)] + Y'(s) = KF(s)$$

$$\therefore\ Y'(s) = \frac{KF(s)}{\tau s + 1} \quad \cdots\cdots ㉣$$

결론적으로 ㉣식은 ㉡식에 비해 분자에 상수항(τy_s)이 없는 보다 간단한 형식이다.
$Y'(s)$는 $Y(s)$와 구별되어 사용해야 하지만, 편의상 $Y'(s)$는 $Y(s)$로 사용한다.

(2) Taylor 급수전개 ■■■

$$f(x) \cong f(x_s) + \frac{df}{dx}(x_s)(x - x_s)$$

$$f(x,\ y) \cong f(x_s,\ y_s) + \frac{\partial f}{\partial x}(x_s,\ y_s)(x - x_s) + \frac{\partial f}{\partial y}(x_s,\ y_s)(y - y_s)$$

Exercise 09

액체 탱크로부터의 액체 유출량은 탱크 내 액위 h의 함수로서 $q_o = c\sqrt{h}$ 로 주어진다. 이를 선형화하면?

풀이 $q_{os} = c\sqrt{h_s} + \dfrac{c}{2\sqrt{h_s}}(h - h_s) = \dfrac{c\sqrt{h_s}}{2} + \dfrac{c}{2\sqrt{h_s}}h$

Exercise 10

복사에 의한 열전달식 $q = \varepsilon\sigma A T^4$를 선형화하면?

풀이 정상상태에서 $T = T_s$라면

$$q \cong q(T_s) + \left.\frac{dq}{dt}\right|_s (T - T_s) = \varepsilon\sigma A {T_s}^4 + 4\varepsilon\sigma A {T_s}^3(T - T_s)$$

$$= \varepsilon\sigma A {T_s}^3(4T - 3T_s)$$

Reference

화학공정에서 흔히 나타나는 비선형 관계식의 예

- 반응속도 상수 : $K = K_o e^{-Ea/RT}$
- Antoine 방정식 : $p = e^{A - \frac{B}{T+C}}$
- 기액평형 관계식 : $y = \dfrac{\alpha x}{1 + (\alpha - 1)x}$
- 복사에 의한 열전달 : $q = \varepsilon\sigma A T^4$
- 엔탈피 함수 : $H = H_o + AT + BT^2 + CT^3 + DT^4$

PART 1 PART 2 PART 3 PART 4 PART 5

실전문제

01 다음 함수의 라플라스 역변환값은?

$$F(s)=\frac{a}{(s+b)^2}$$

① $a \cdot t \cdot e^{-bt}$

② $a \cdot t \cdot e^{bt}$

③ $\frac{a}{2} \cdot t \cdot e^{-bt}$

④ $\frac{a}{2} \cdot t \cdot e^{bt}$

해설

$F(s)=\frac{a}{(s+b)^2}$

$f(t)=ate^{-bt}$

02 $f(t)=te^{at}$일 때 Laplace Transform은?

① $\frac{1}{(s+a)^2}$

② $\frac{1}{(s-a)^2}$

③ $\frac{1}{s^2(s-1)^2}$

④ $\frac{1}{s^2(s+1)^2}$

해설

$f(t)=te^{at}$

$F(s)=\frac{1}{(s-a)^2}$

03 $tu(t)$의 Laplace Transform은 $\frac{1}{s^2}$이다. 이 함수 $tu(t)$의 그래프는?

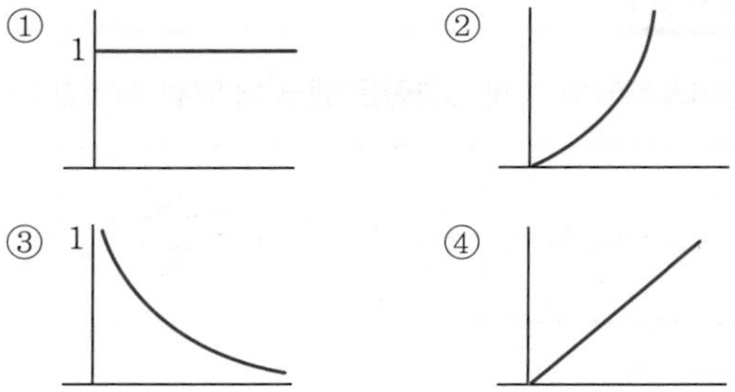

해설

$\frac{1}{s^2} \rightarrow t$ (경사함수)

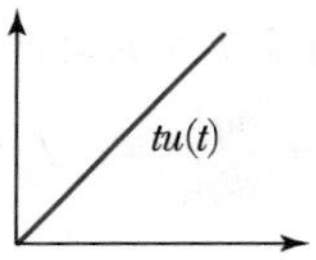

04 그림과 같은 단위계단함수의 Laplace 변환은?

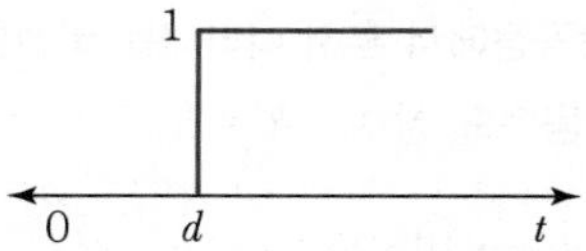

① $\frac{1}{s-d}$

② $\frac{e^{-ds}}{s}$

③ $\frac{d}{s}$

④ se^{-ds}

해설

계단함수에 시간지연이 d만큼 있으므로 $\frac{1}{s}e^{-ds}$이다.

정답 01 ① 02 ② 03 ④ 04 ②

05 라플라스 함수 $\frac{s+4}{(s+1)^2}$ 의 시간영역에서의 함수는?

① $(e^{-t})^2$　② $e^{-t}+te^{-t}$
③ e^t+te^t　④ $e^{-t}+3te^{-t}$

해설

$$F(s)=\frac{s+4}{(s+1)^2}=\frac{s+1}{(s+1)^2}+\frac{3}{(s+1)^2}$$
$$=\frac{1}{(s+1)}+\frac{3}{(s+1)^2}$$
$$f(t)=e^{-t}+3te^{-t}$$

06 함수 e^{-bt}의 라플라스 함수는?

① $\frac{1}{(s-b)}$　② e^{-bs}
③ $\frac{1}{(s+b)}$　④ $s+b$

해설

$$e^{-bt}=1\cdot e^{-bt}$$
$$=\frac{1}{(s+b)}$$

07 다음 그림의 액체저장 탱크에 대한 선형화된 모델식으로 옳은 것은?(단, 유출량 $q(m^3/min)$는 $2\sqrt{h}$ 이며, 액위 h의 정상상태값은 4m이고, 단면적은 $A(m^2)$이다.)

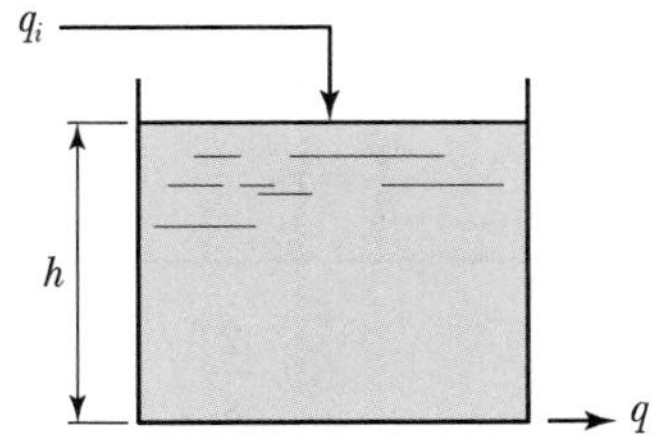

① $A\frac{dh}{dt}=q_i-\frac{h}{2}-2$　② $A\frac{dh}{dt}=q_i-h-2$
③ $A\frac{dh}{dt}=q_i-\frac{h}{2}+2$　④ $A\frac{dh}{dt}=2q_i-h-2$

해설

선형화

$$q_o=2\sqrt{h}\cong 2\sqrt{h_s}+\frac{1}{\sqrt{h_s}}(h-h_s)$$
$$=2\sqrt{4}+\frac{1}{\sqrt{4}}(h-4)$$
$$=4+\frac{1}{2}(h-4)$$
$$=2+\frac{1}{2}h$$

$$A\frac{dh}{dt}=q_i-q_o=q_i-\left(2+\frac{1}{2}h\right)$$
$$=q_i-\frac{1}{2}h-2$$

08 $Q(H)=C\sqrt{H}$로 나타나는 식을 정상상태(H_s) 근처에서 선형화한다면 어떻게 되는가?(단, C는 비례정수이다.)

① $Q\cong C\sqrt{H_s}+\frac{C(H-H_s)}{2\sqrt{H_s}}$
② $Q\cong C\sqrt{H_s}+C(H-H_s)2\sqrt{H_s}$
③ $Q\cong C\sqrt{H_s}+\frac{C(H-H_s)}{\sqrt{H_s}}$
④ $Q\cong C\sqrt{H_s}+C\sqrt{H_s}(H_s-H)$

해설

$$Q(H)=C\sqrt{H}$$
$$Q(H)=C\sqrt{H_s}+\frac{C}{2\sqrt{H_s}}(H-H_s)$$

09 $F(s)=\frac{2}{s(s^3-3s^2+s+2)}$ 일 때, $\lim_{t\to\infty} f(t)$의 값은?

① 0　② 1
③ 2　④ ∞

정답 05 ④ 06 ③ 07 ① 08 ① 09 ②

해설

최종치 정리

$$\lim_{t\to\infty} f(t) = \lim_{s\to 0} sF(s)$$

$$\lim_{s\to 0} \frac{2}{s^3-3s^2+s+2} = 1$$

10 다음 연립방정식으로부터 $y_2(t)$를 구하면 무엇에 해당되는가?(단, $y_1(0)=0$, $y_2(0)=1$이다.)

$$\frac{dy_1}{dt} + y_2 = 2\cos t$$
$$y_1 + \frac{dy_2}{dt} = 0$$

① $\cos t$　② $\sin t$
③ $2\cos t$　④ $-2\sin t$

해설

$$sY_1(s) - y_1(0) + Y_2(s) = \frac{2s}{s^2+1}$$
$$Y_1(s) + sY_2(s) - y_2(0) = 0$$
$$sY_1(s) + Y_2(s) = \frac{2s}{s^2+1}$$
$$Y_1(s) + sY_2(s) - 1 = 0$$
$$s[1 - sY_2(s)] + Y_2(s) = \frac{2s}{s^2+1}$$

정리하면

$$Y_2(s) = \frac{s}{s^2+1}$$
$$y_2(t) = \cos t$$

11 $f(t)$를 라플라스 변환한 결과, 다음과 같은 식을 얻었다. 이로부터 $f(t)$를 구한 것으로 옳은 것은?

$$F(s) = \frac{3s-1}{s(s-1)^2(s+1)}$$

① $te^t + e^{-t} - 1$　② $te^t - e^{-t} - 1$
③ $te^{-t} - e^{-t} - 1$　④ $-te^{-t} - e^t$

해설

$$F(s) = \frac{3s-1}{s(s-1)^2(s+1)}$$
$$= \frac{A}{s} + \frac{B}{s+1} + \frac{Cs+D}{(s-1)^2} \text{ (부분분수)}$$
$$\therefore A=-1,\ B=1,\ C=0,\ D=1$$
$$\therefore F(s) = -\frac{1}{s} + \frac{1}{s+1} + \frac{1}{(s-1)^2}$$
$$f(t) = -1 + e^{-t} + te^t$$

12 $\mathcal{L}\{f(t)\} = F(s)$일 때 최종치 정리를 옳게 나타낸 것은?

① $\lim_{t\to 0} f(t) = \lim_{s\to\infty} s \cdot F(s)$
② $\lim_{t\to\infty} f(t) = \lim_{s\to\infty} s \cdot F(s)$
③ $\lim_{t\to 0} f(t) = \lim_{s\to 0} s \cdot F(s)$
④ $\lim_{t\to\infty} f(t) = \lim_{s\to 0} s \cdot F(s)$

해설

- 최종치 정리 $\lim_{t\to\infty} f(t) = \lim_{s\to 0} sF(s)$
- 초기치 정리 $\lim_{t\to 0} f(t) = \lim_{s\to\infty} sF(s)$

13 어떤 제어계가 다음과 같은 미분방정식으로 나타난다. 이 계의 전달함수는?(단, $y(t)$는 출력, $x(t)$는 입력이며, 시간 t의 초기조건 $y(0)=0$이다.)

$$\frac{dy}{dt} = 2x$$

① $\frac{2}{s+1}$　② $\frac{2}{s}$
③ $\frac{2}{s^2+1}$　④ $\frac{2}{s^2}$

해설

$$sY(s) - y(0) = 2X(s)$$
$$G(s) = \frac{Y(s)}{X(s)} = \frac{2}{s}$$

정답 10 ① 11 ① 12 ④ 13 ②

14 다음의 전달함수를 역변환하면 어떻게 되는가?

$$F(s)=\frac{5}{s^2+3}$$

① $f(t)=\frac{5}{\sqrt{3}}\cos 3t$

② $f(t)=5\sin\sqrt{3}\,t$

③ $f(t)=\frac{5}{\sqrt{3}}\sin\sqrt{3}\,t$

④ $f(t)=5\cos\sqrt{3}\,t$

해설

$$F(s)=\frac{5}{s^2+(\sqrt{3})^2}=\frac{5}{\sqrt{3}}\cdot\frac{\sqrt{3}}{s^2+(\sqrt{3})^2}$$

$$f(t)=\frac{5}{\sqrt{3}}\sin\sqrt{3}\,t$$

15 연속식 수조의 물질수지식이 다음과 같이 표현되며 V_s는 정상상태값이고 $v=V-V_s$가 V의 편차변수일 경우를 고려할 때 V_s의 값과 편차변수를 이용하여 선형화한 물질수지식으로 옳은 것은?

$$\frac{dV}{dt}=1-V^{1/2},\quad V(0)=0$$

① $V_s=0,\ \frac{dV}{dt}=1-0.5v,\ v(0)=0$

② $V_s=0,\ \frac{dV}{dt}=-0.5v,\ v(0)=-1$

③ $V_s=1,\ \frac{dV}{dt}=1-0.5v,\ v(0)=0$

④ $V_s=1,\ \frac{dV}{dt}=-0.5v,\ v(0)=-1$

해설

정상상태 $\frac{dV}{dt}=0$

$1-V^{1/2}=0,\ V_s=1$

$V(0)=0$

편차변수 $v=V'(0)=V(0)-V_s=0-1=-1$

16 $y(s)=\frac{\omega}{(s+a)^2+\omega^2}$의 Laplace 역변환은 어느 것인가?

① $y(t)=\exp(-at)\sin(\omega t)$

② $y(t)=\sin(\omega t)$

③ $y(t)=\exp(at)\cos(\omega t)$

④ $y(t)=\exp(at)$

17 라플라스 변환의 주요 목적은?

① 비선형 대수방정식을 선형 대수방정식으로 변환

② 비선형 미분방정식을 선형 미분방정식으로 변환

③ 선형 미분방정식을 대수방정식으로 변환

④ 비선형 미분방정식을 대수방정식으로 변환

해설

- 선형 미분방정식 → 대수방정식
- 비선형 → 선형화

18 $f(s)=\frac{s^4-6s^2+9s-8}{s(s-2)(s^3+2s^2-s-2)}$의 라플라스 변환을 갖는 함수 $f(t)$에 대하여 $f(0)$를 구하는 데 이용될 수 있는 이론은?

① 초기값 이론(Initial Value Theorem)

② 최종값 이론(Final Value Theorem)

③ 함수의 변이 이론(Translation Theorem of Function)

④ 로피탈 정리 이론(L'Hopital's Theorem)

해설

- 초기값 정리 $f(0)=\lim_{s\to\infty}sF(s)$
- 최종값 정리 $f(\infty)=\lim_{s\to 0}sF(s)$

정답 14 ③ 15 ④ 16 ① 17 ③ 18 ①

19 다음 함수를 Laplace 변환할 때 올바른 것은?

$$\frac{d^2X}{dt^2}+2\frac{dX}{dt}+2X=2$$
$$X(0)=X'(0)=0$$

① $\frac{2}{s(s^2+2s+3)}$ ② $\frac{2}{s(s^2+2s+2)}$

③ $\frac{2}{s(s^2+2s+1)}$ ④ $\frac{2}{s(s^2+s+2)}$

해설

$s^2X(s)+2sX(s)+2X(s)=\frac{2}{s}$

$\therefore\ X(s)=\frac{2}{s(s^2+2s+2)}$

20 라플라스 함수 $\frac{s(s+1)}{(s+2)(s+3)(s+4)}$의 시간영역에서의 함수는?

① $e^{-2t}+4e^{-3t}+6e^{-4t}$

② $e^{-2t}+-6e^{-3t}+6e^{-4t}$

③ $e^{2t}+4e^{3t}+6e^{4t}$

④ $1+e^{t}+e^{-2t}+e^{-3t}+e^{-4t}$

해설

$$\frac{s(s+1)}{(s+2)(s+3)(s+4)}=\frac{A}{s+2}+\frac{B}{s+3}+\frac{C}{s+4}$$
$$=\frac{1}{s+2}-\frac{6}{s+3}+\frac{6}{s+4}$$

$y(t)=e^{-2t}-6e^{-3t}+6e^{-4t}$

21 $f(t)=te^{at}$일 때 Laplace Transform은?

① $\frac{1}{(s+a)^2}$ ② $\frac{1}{(s-a)^2}$

③ $\frac{1}{s^2(s-1)^2}$ ④ $\frac{1}{s^2(s+1)^2}$

해설

$f(t)=te^{at}\xrightarrow{\mathcal{L}\{f(t)\}}F(s)=\frac{1}{(s-a)^2}$

22 라플라스 변환을 이용하여 미분방정식 $\frac{dX}{dt}+5X=0$, $X(0)=10$에서 $X(t)$에 관하여 풀면?

① $e^{-5t}+9$ ② $5e^{-5t}+5$

③ $e^{-5t}+10$ ④ $10e^{-5t}$

해설

$sX(s)-X(0)+5X(s)=0$

$X(s)=\frac{10}{s+5}$

$x(t)=10e^{-5t}$

23 $y=3K^3$일 경우 $Ks=10$ 부근에서 y를 선형화하면 다음 중 어느 것인가?

① $y=3\times10^3+9\times10^2(K-10)$

② $y=3\times10^3-9\times10^2(K-10)$

③ $y=9\times10^2+9\times10^2(K-10)$

④ $y=9\times10^2-9\times10^2(K-10)$

해설

$y=3K^3$

$y\cong3{K_s}^3+9{K_s}^2(K-K_s)$

$\quad=3\times10^3+9\times10^2(K-10)$

24 $f(t)=1$의 Laplace 변환은?

① s ② $\frac{1}{s}$ ③ s^2 ④ $\frac{1}{s^2}$

해설

$f(t)=1$: 단위계단함수

$F(s)=\frac{1}{s}$

정답 19 ② 20 ② 21 ② 22 ④ 23 ① 24 ②

25 다음 그림에 대응하는 라플라스 함수는?

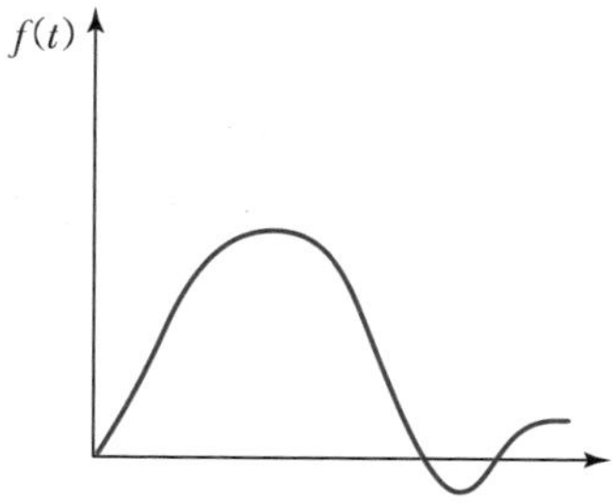

$f(t) = e^{-at}\sin\omega t$

① $\dfrac{\omega}{(s+a)^2+\omega^2}$　② $\dfrac{s+a}{(s+a)^2+\omega^2}$

③ $\dfrac{s}{s^2+\omega^2}$　④ $\dfrac{1}{(s+a)^2+\omega^2}$

해설

$f(t) = e^{-at}\sin\omega t \xrightarrow{\mathcal{L}\{f(t)\}} F(s) = \dfrac{\omega}{(s+a)^2+\omega^2}$

26 $F(s) = \dfrac{4s^4+2s^2-14}{s(s^4-2s^3+s^2-10s+8)}$ 의 초기값은 얼마인가?

① 1　② 2

③ 4　④ 8

해설

$\lim_{t\to0} f(t) = \lim_{s\to\infty} sF(s)$

$= \lim_{s\to\infty} = \dfrac{s(4s^4+2s^2-14)}{s(s^4-2s^3+s^2-10s+8)} = 4$

27 어떤 제어계의 임펄스(Impulse) 응답이 $\sin t$일 때 이 계의 전달함수는?

① $\dfrac{1}{s+1}$　② $\dfrac{s}{s+1}$

③ $\dfrac{1}{s^2+1}$　④ $\dfrac{s}{s^2+1}$

해설

$f(t) = \sin\omega t \rightarrow F(s) = \dfrac{\omega}{s^2+\omega^2}$

$\omega = 1$

$\therefore F(s) = \dfrac{1}{s^2+1}$

28 다음의 미분방정식을 푼 결과로 옳은 것은?

$$\frac{d}{dt}f(t)+2f(t)=0,\quad f(0)=1$$

① $f(t) = e^{-2t}$　② $f(t) = e^2$

③ $f(t) = 2e^t$　④ $f(t) = 2e^{-1}$

해설

$sF(s)-f(0)+2F(s)=0$

$(s+2)F(s)=1$

$F(s) = \dfrac{1}{s+2}$

$\therefore f(t) = e^{-2t}$

29 $y(t)$의 Laplace 변환이 $Y(s)$일 때 다음 중 틀린 것은?

① $\dfrac{d^2y(t)}{dt^2}$의 Laplace 변환이 $s^2Y(s)-sy(0)-y'(0)$이다.

② $y(t)$의 0에서 t까지의 적분에 대한 Laplace 변환은 $\dfrac{Y(s)}{s}$이다.

③ $y(t)$에 θ만큼의 시간지연이 가해진 함수의 Laplace 변환은 $y(s-\theta)$이다.

④ 최종값 정리가 모든 함수에 적용되는 것은 아니다.

해설

$y(t)$에 θ만큼 시간지연 → $Y(s)e^{-\theta s}$

정답 25 ① 26 ③ 27 ③ 28 ① 29 ③

[02] 화학공정의 모델링

- 공정의 모델이란 공정을 가장 적절히 표현해 주는 수식을 의미한다.
- 공정의 모델을 활용함으로써 실제 조업 조건의 변화가 공정에 미치는 영향들을 컴퓨터에 의해 규명해 볼 수 있다.

1. 모델링 방법

공정에 대한 물질수지식, 에너지수지식, 열역학적 물성치, 모멘텀 수지식, 그리고 전달현상 관계식에서 얻을 수 있으며, 일반적으로 일련의 미분방정식과 대수방정식들로 이루어진다.

(1) 가열공정

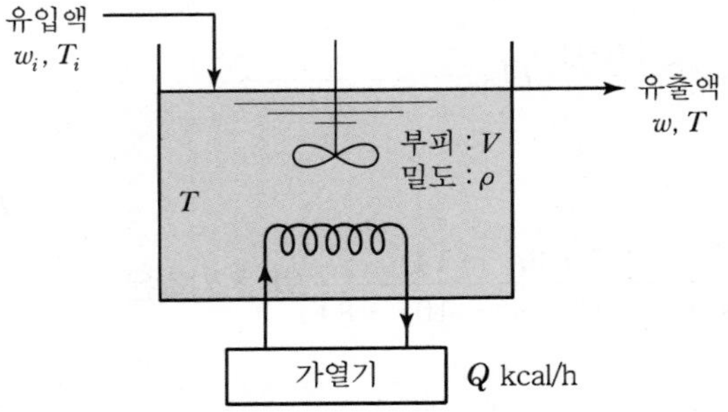

▲ 가열시스템

여기서, w_i : 시간에 따른 유입 물질량

w : 시간에 따른 유출 물질량

$\frac{d}{dt}\rho V$: 시간에 따른 물질량의 변화

① 물질수지식

$$\frac{d}{dt}(\rho V) = w_i - w$$

② 에너지수지식

시간에 따른 에너지의 변화=유입열−유출열+가열량

$$\frac{d}{dt}\{\rho V C_p(T - T_o)\} = C_p w_i (T_i - T_o) - C_p w (T - T_o) + Q$$

여기서, T_o : 기준온도

위 식을 정리하면 다음과 같다.

$$\frac{d(\rho V C_p T)}{dt} = C_p w_i (T_i - T) + Q$$

TIP

혼합공정

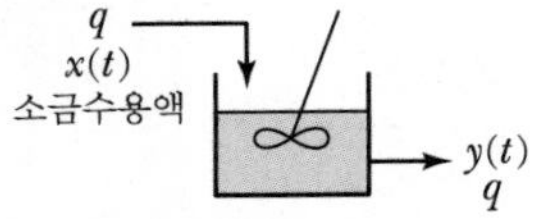

입구농도 : x 출구농도 : y

소금수용액 유입속도−소금수용액 유출속도=소금수용액 축적속도

$$qx - qy = \frac{d(Vy)}{dt}$$

$$V\frac{dy}{dt} + qy = qx$$

$$\frac{V}{q}\frac{dy}{dt} + y = x$$

$$\tau = \frac{V}{q}$$

$$\tau s Y(s) + Y(s) = X(s)$$

$$G(s) = \frac{Y(s)}{X(s)} = \frac{1}{\tau s + 1}$$

(2) 액체저장공정

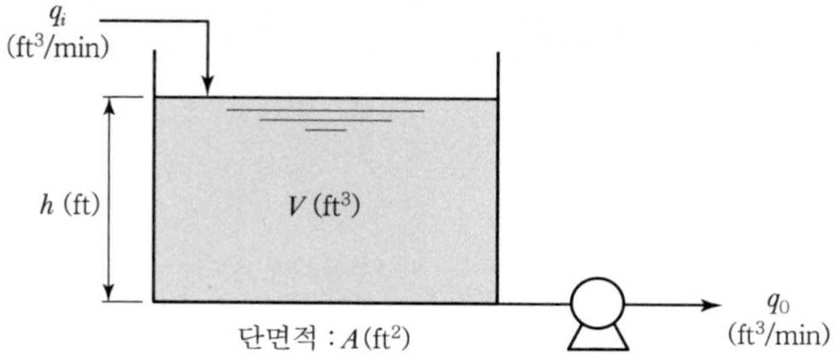

▲ 액체저장시스템

Reference

액체저장탱크

$$\frac{d}{dt}(\rho V) = q_i \rho - q\rho$$

$V = Ah$이고, ρ는 일정하다면 위 식은 다음과 같이 정리된다.

$$A\frac{dh}{dt} = q_i - q$$

유출 유량 q와 액위 h의 관계

- 유출량 q가 액위 h에 비례하는 경우

  비례상수를 $\frac{1}{R_u}$이라 하면

  $$q = \frac{1}{R_u}h$$

  $$\therefore\ A\frac{dh}{dt} = q_i - \frac{1}{R_u}h$$

- 유출량 q가 액위 h의 제곱근에 비례하는 경우

  비례상수 C_u라 두면

  $$q = C_u\sqrt{h}$$

  선형화하면 $\sqrt{h} \cong \sqrt{h_s} + \frac{1}{2\sqrt{h_s}}(h - h_s)$

  $$\therefore\ A\frac{dh}{dt} = q_i - C_u\sqrt{h_s} - \frac{C_u}{2\sqrt{h_s}}(h - h_s)$$

실전문제

01 입력과 출력 사이의 전달함수 정의로서 가장 적절한 것은?

① $\dfrac{\text{출력의 라플라스 변환}}{\text{입력의 라플라스 변환}}$

② $\dfrac{\text{출력}}{\text{입력}}$

③ $\dfrac{\text{편차형태로 나타낸 출력의 라플라스 변환}}{\text{편차형태로 나타낸 입력의 라플라스 변환}}$

④ $\dfrac{\text{시간함수의 출력}}{\text{시간함수의 입력}}$

해설

$$\text{전달함수} = \frac{\text{출력변수의 라플라스 변환(편차변수)}}{\text{입력변수의 라플라스 변환(편차변수)}}$$

02 수은을 유리관에 넣어서 만든 수은온도계의 비정상상태 에너지수지식을 옳게 나타낸 식은?(단, 열전달을 위한 유리관의 표면적은 A, 수은의 열용량은 C, 유리관 안에 있는 수은의 질량은 m, 수은온도계와 외부공기와의 열전달계수는 h, 수은온도계의 온도는 T, 외부공기의 온도는 S, 시간은 t이다.)

① $mCT = hA(S-T)$

② $mCT = hA(T-S)$

③ $\dfrac{mCdT}{dt} = hA(S-T)$

④ $\dfrac{mCdT}{dt} = hA(T-S)$

해설

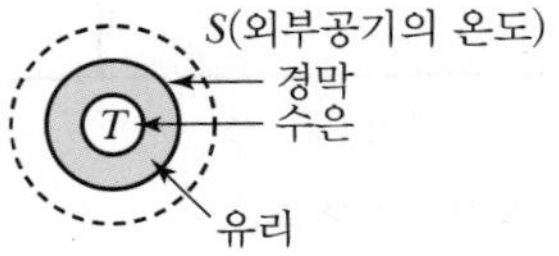

$$mC\frac{dT}{dt} = hA(S-T)$$

03 유출량 q_o가 펌프에 의해 항상 일정하게 유지되는 다음의 액위 시스템에서 유입량 q_i에 따른 액위 변화의 전달함수 형태는?(단, A는 단면적이다.)

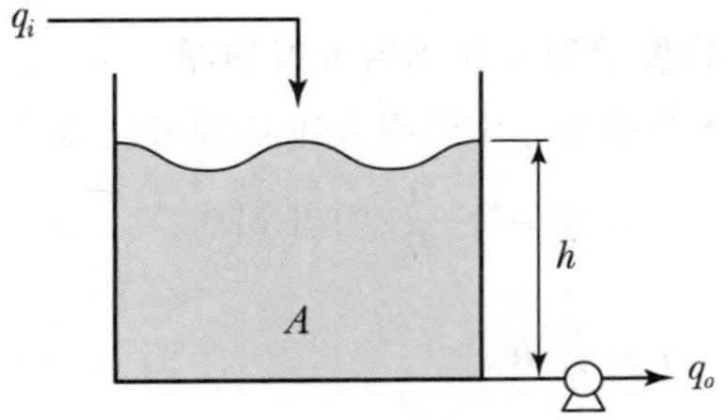

① $\dfrac{1}{As+1}$

② $\dfrac{1}{As-1}$

③ As

④ $\dfrac{1}{As}$

해설

$$A\frac{dh}{dt} = q_i - q$$

$$AsH(s) = Q_i(s) - Q(s)$$

$$H(s) = \frac{1}{As}[Q_i(s) - Q(s)]$$

$$\therefore\ G(s) = \frac{1}{As}$$

정답 01 ③ 02 ③ 03 ④

04 어떤 액위 저장탱크로부터 펌프를 이용하여 일정한 유량으로 액체를 뽑아내고 있다. 이 탱크로는 지속적으로 일정량의 액체가 유입되고 있다. 탱크로 유입되는 액체의 유량이 기울기가 1인 1차 선형변화를 보인 경우 정상상태로부터의 액위의 변화 $H(t)$를 옳게 나타낸 것은?(단, 탱크의 단면적은 A이다.)

① $\dfrac{1}{At^2}$

② $\dfrac{At}{2}$

③ $\dfrac{t^2}{2A}$

④ $\dfrac{1}{At^3}$

해설

액위저장탱크

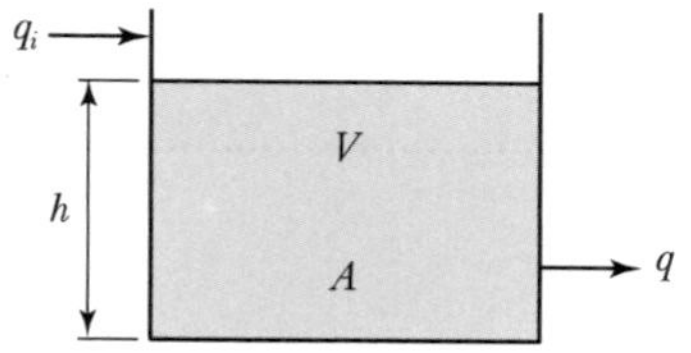

밀도가 일정하다고 가정하면

$\rho\dfrac{dV}{dt}=\rho q_i-\rho q$

$A\dfrac{dh}{dt}=q_i-q$

$A\dfrac{dh}{dt}=t$

$dh=\dfrac{t}{A}dt$

$\therefore\ H=\dfrac{t^2}{2A}$

05 단면적이 A인 어떤 탱크가 있다. 수면으로부터 h만큼 깊이의 탱크 벽에 오리피스 구멍을 만들었다. 이 오리피스를 통해 나오는 유체의 유량은?

① h에 비례한다.
② $h^{\frac{1}{2}}$에 비례한다.
③ h^2에 비례한다.
④ $h^{\frac{3}{2}}$에 비례한다.

해설

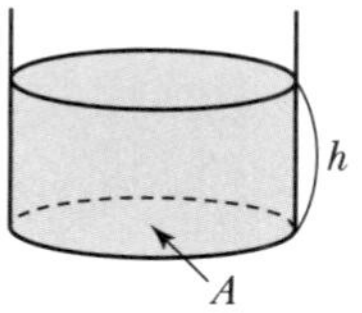

$Q=uA=A\sqrt{2gh}$

$\therefore\ h^{\frac{1}{2}}$에 비례

정답 04 ③ 05 ②

PART 1 PART 2 PART 3 PART 4 PART 5

[03] 전달함수와 블록선도

1. 전달함수

- 공정의 전달함수는 공정의 입력변수와 출력변수 사이의 동적 관계를 나타내주는 함수이다.
- 공정 자체의 동적 특성을 명료하게 나타내준다.
- 공정의 입력변수와 출력변수 사이의 관계를 블록선도를 이용하여 알기 쉽게 표현할 수 있다.

1) 액체저장탱크

TIP

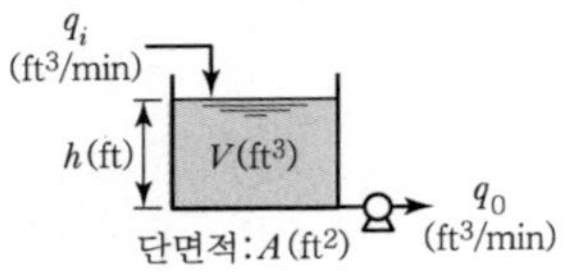

$$A\frac{dh}{dt} = q_i - q \quad \cdots\cdots\cdots \text{ⓐ}$$

정상상태에서 $A\frac{dh_s}{dt} = q_{is} - q_s$ ⋯⋯⋯ ⓑ

ⓐ식 − ⓑ식

$$A\frac{d(h-h_s)}{dt} = (q_i - q_{is}) - (q - q_s)$$

편차변수 h', q_i', q는 $\begin{bmatrix} h' = h - h_s \\ q_i' = q_i - q_{is} \\ q' = q - q_s \end{bmatrix}$ 이므로 다음과 같이 나타낼 수 있다.

$$A\frac{dh'}{dt} = q_i' - q' \quad \cdots\cdots\cdots \text{ⓒ}$$

액체저장탱크가 처음에 정상상태로 유지되고 있었다면 초기조건은 다음과 같다.

$h'(0) = h(0) - h_s = h_s - h_s = 0$

$q_i'(0) = q_i(0) - q_{is} = q_{is} - q_{is} = 0$

$q'(0) = q(0) - q_s = q_s - q_s = 0$

ⓒ식을 라플라스 변환시키면 다음과 같은 관계를 얻는다.

$AsH(s) = Q_i(s) - Q(s)$

$$H(s) = \frac{1}{As}[Q_i(s) - Q(s)] = G(s)[Q_i(s) - Q(s)]$$

$$\therefore G(s) = \frac{1}{As}$$

➡ 입력변수 Q_i, Q와 출력변수 H 사이의 동적 관계를 나타내주는 전달함수이다.

액체저장탱크에서 $q = \frac{h}{R_u}$ 인 관계로 주어질 때 유입유량에 대한 액위의 변화를 나타내는 전달함수를 구하면,

$$A\frac{dh}{dt} = q_i - \frac{h}{R_u}$$

$$AR_u\frac{dh}{dt} = R_u q_i - h \quad \cdots\cdots ⓓ$$

정상상태에서 $AR_u\frac{dh_s}{dt} = 0 = R_u q_{is} - h_s \quad \cdots\cdots ⓔ$

$$AR_u\frac{d(h-h_s)}{dt} = R_u(q_i - q_{is}) - (h - h_s)$$

편차변수를 도입하면 다음과 같이 나타낼 수 있다.

$$AR_u\frac{dh'}{dt} = R_u q_i' - h'$$

위 식을 라플라스 변환 후 정리하면 다음과 같다.

$\tau = AR_u$

$(\tau s + 1)H(s) = R_u Q_i(s)$

$$\frac{H(s)}{Q_i(s)} = G(s) = \frac{R_u}{\tau s + 1}$$

$$\therefore G(s) = \frac{R_u}{\tau s + 1}$$

➡ 입력변수 Q_i와 출력변수 H 사이의 동적 특성을 나타내주는 전달함수이다.

TIP

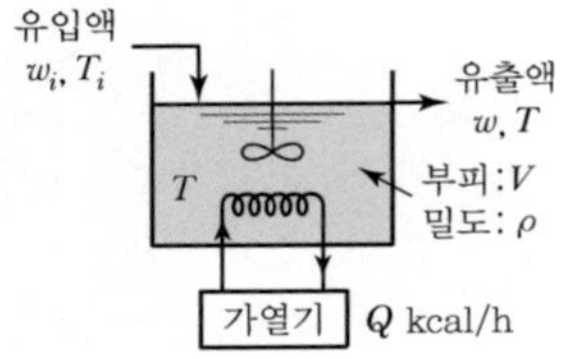

2) 연속교반 가열기

$$\frac{d}{dt}(\rho V C_p T) = C_p w (T_i - T) + Q$$

$$\frac{\rho V}{w}\frac{dT}{dt} = (T_i - T) + \frac{Q}{C_p w} \quad \cdots\cdots\cdots ⓕ$$

정상상태에서 $\frac{\rho V}{w}\frac{dT_s}{dt} = 0 = (T_{is} - T_s) + \frac{Q_s}{C_p w}$ ⋯⋯⋯ ⓖ

ⓕ식 − ⓖ식

$$\frac{\rho V}{w}\frac{d(T - T_s)}{dt} = (T_i - T_{is}) - (T - T_s) + \frac{Q - Q_s}{C_p w}$$

$$\tau\frac{dT'}{dt} = T_i' - T' + KQ' \quad \cdots\cdots\cdots ⓗ$$

여기서, $\tau = \frac{\rho V}{w}$ τ : 시간상수

$K = \frac{1}{C_p w}$ K : 이득(Gain)

ⓗ식을 라플라스 변환하여 정리하면 다음과 같다.

$(\tau s + 1) T'(s) = T_i'(s) + KQ'(s)$

$$T'(s) = \frac{1}{\tau s + 1} T_i'(s) + \frac{K}{\tau s + 1} Q'(s)$$

$$T'(s) = G_1(s) T_i'(s) + G_2(s) Q'(s)$$

$G_1(s) = \frac{1}{\tau s + 1}$: $T_i'(s)$와 $T'(s)$의 관계를 나타내는 전달함수

$G_2(s) = \frac{K}{\tau s + 1}$: $Q'(s)$와 $T'(s)$의 관계를 나타내는 전달함수

2. 전달함수의 성질

공정의 모델이 다음과 같은 미분방정식으로 주어지는 경우를 고려해보자.

$$a_n \frac{d^n y}{dt^n} + a_{n-1}\frac{d^{n-1}y}{dt^{n-1}} + \cdots + a_1 \frac{dy}{dt} + a_0 y$$

$$= b_m \frac{d^m x}{dt^m} + b_{m-1}\frac{d^{m-1}x}{dt^{m-1}} + \cdots + b_1 \frac{dx}{dt} + b_0 x$$

여기서, x : 입력변수

y : 출력변수

정상상태에서

$$a_n\frac{d^n y_s}{dt^n}+a_{n-1}\frac{d^{n-1}y_s}{dt^{n-1}}+\cdots+a_1\frac{dy_s}{dt}+a_0 y_s$$

$$=b_m\frac{d^m x_s}{dt^m}+b_{m-1}\frac{d^{m-1}x_s}{dt^{m-1}}+\cdots+b_1\frac{dx_s}{dt}+b_0 x_s$$

편차변수 x', y'를 $x'=x-x_s$, $y'=y-y_s$로 정의하고 다음 관계를 얻는다.

$$a_n\frac{d^n y'}{dt^n}+a_{n-1}\frac{d^{n-1}y'}{dt^{n-1}}+\cdots+a_1\frac{dy'}{dt}+a_0 y'$$

$$=b_m\frac{d^m x'}{dt^m}+b_{m-1}\frac{d^{m-1}x'}{dt^{m-1}}+\cdots+b_1\frac{dx'}{dt}+b_0 x'$$

위 식을 라플라스 변환하면 다음과 같은 전달함수를 얻는다.

$$G(s)=\frac{Y(s)}{X(s)}=\frac{b_m s^m+b_m s^{m-1}+\cdots+b_1 s+b_0}{a_n s^n+a_{n-1}s^{n-1}+\cdots+a_1 s+a_0}$$

전달함수 $G(s)$의 분모와 분자는 각각 s의 n차, m차 멱급수 함수이다. 분모의 차수 n은 반드시 m 이상이어야 하며, 이 조건은 보통 물리적 실현 가능성 조건이라 한다($m>n$: 물리적으로 불가능한 공정).

두 개의 서로 다른 정상상태 (x_{s1}, y_{s1}), (x_{s2}, y_{s2})의 경우, 입력 x가 x_{s1}으로 일정하게 유지될 때 출력 y는 y_{s1}으로 일정한 값을 유지하다가 입력이 변하여 x_{s2}로 다시 일정하게 유지되면 y는 얼마간의 시간 후에 y_{s2}로 일정하게 유지된다. 즉, x가 x_{s1}으로부터 x_{s2}로 계단변화를 한 경우이다.

정상상태에서 미분값은 0이므로 $a_0 y_{s1}=b_0 x_{s1}$, $a_0 y_{s2}=b_0 x_{s2}$가 되며

이들 관계로부터 $\dfrac{y_{s2}-y_{s1}}{x_{s2}-x_{s1}}=\dfrac{b_0}{a_0}$

정상상태 Gain(이득) K는 다음과 같이 정의된다.

$$K=\frac{\Delta(\text{정상상태 출력})}{\Delta(\text{정상상태 입력})}=\frac{y_{s2}-y_{s1}}{x_{s2}-x_{s1}}=\frac{b_0}{a_0}$$

전달함수 $G(s)$에서 s 대신 0을 대입하면

$$G(s)|_{s=0}=G(0)=\frac{Y(0)}{X(0)}=\frac{b_0}{a_0}=K$$

즉, 계단입력 변화에 대한 정상상태 Gain은 전달함수 s 대신 0을 대입하여 얻을 수 있다.

입력변수 $x(t)$가 크기 Δm인 계단변화를 보였다면 $X(s) = \dfrac{\Delta m}{s}$ 이므로 정상상태에서 출력변수의 변화 ΔC는 라플라스 변환 최종치 정리로부터

$$\Delta C = \lim_{s \to 0} s\,G(s)X(s)$$

$$= \lim_{s \to 0} s \left[\frac{b_m s^m + \cdots + b_0}{a_n s^n + \cdots + a_0} \right] \cdot \frac{\Delta m}{s}$$

$$= \frac{b_0}{a_0} \Delta m = K\Delta m$$

을 얻는다.

3. 블록선도

- 블록선도는 선형공정의 변수들 사이의 관계를 편리한 블록으로 나타낸 그림을 말한다.
- 화학공정을 이루는 여러 요소들은 그 기능에 따라 각각 하나의 블록으로 나타낼 수 있다.
- 블록 자체는 전달함수 $G(s)$를 나타내고 있으며 정보의 흐름 방향이 입력변수 쪽에서 출력변수 쪽으로 일정한 것임을 의미한다.
- 입력변수에 전달함수를 곱하면 출력변수가 얻어진다.
  $Y(s) = G(s)X(s)$

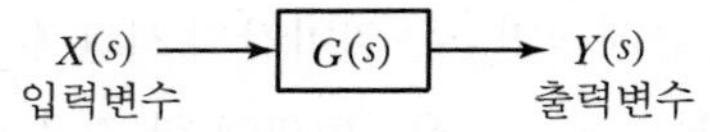

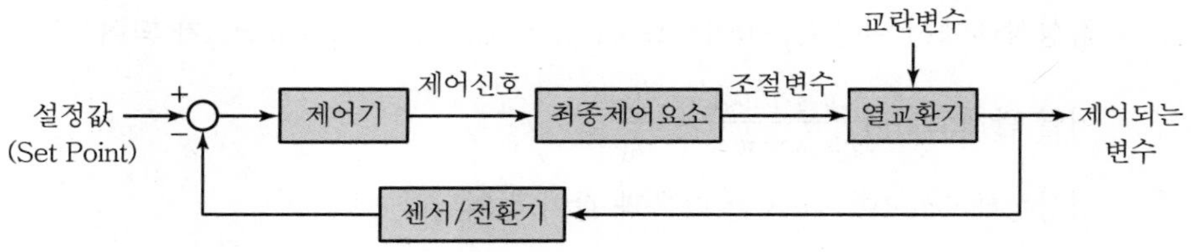

▲ 열교환기 제어시스템의 블록선도

1) 블록선도(Block Diagram)

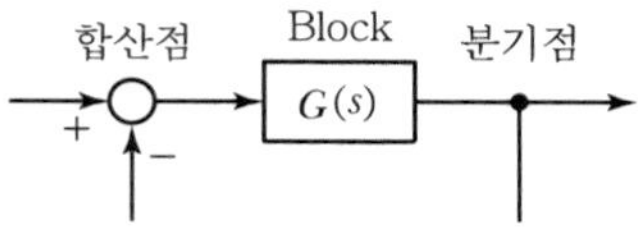

▼ 블록선도와 전달함수의 관계

블록선도	전달함수
	$G(s) = G_1(s)G_2(s)$
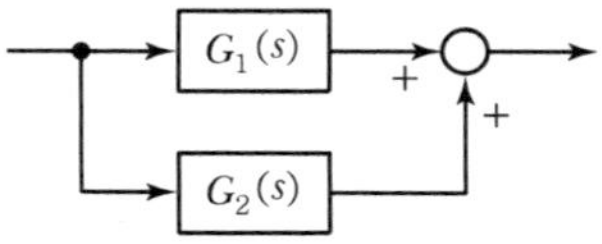	$G(s) = G_1(s) + G_2(s)$
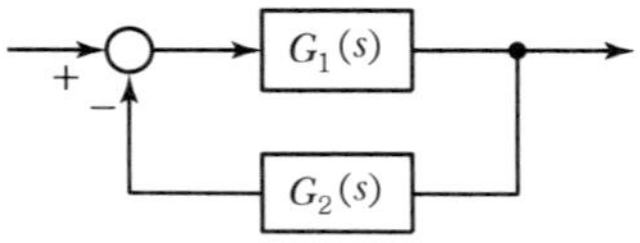	$G(s) = \dfrac{G_1(s)}{1+G_1(s)G_2(s)}$
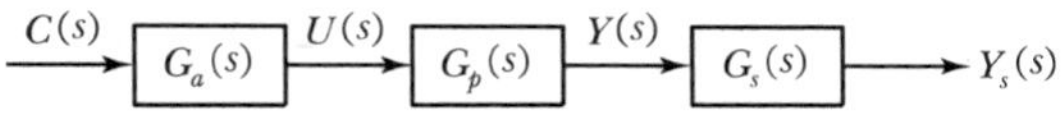	$G_a(s) = \dfrac{U(s)}{C(s)}$ $G_p(s) = \dfrac{Y(s)}{U(s)}$ $G_s(s) = \dfrac{Y_s(s)}{Y(s)}$ 총괄전달함수 $G_{oa}(s) = \dfrac{Y_s(s)}{C(s)}$ $= G_a(s)G_p(s)G_s(s)$

① 총괄전달함수(Overall Transfer Function)에 대한 블록선도 해석방법(1)

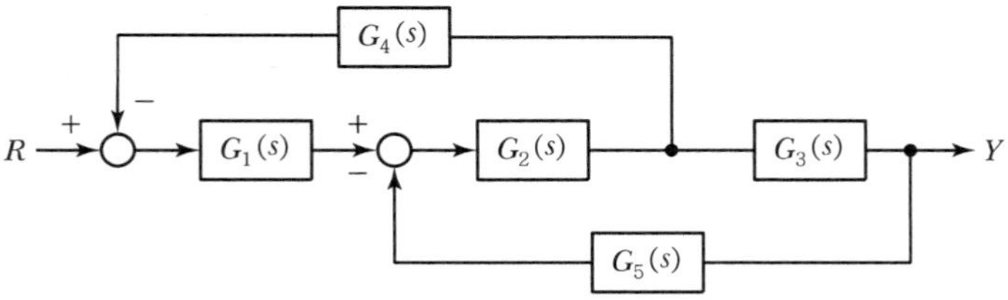

㉠ 풀이 과정(1)

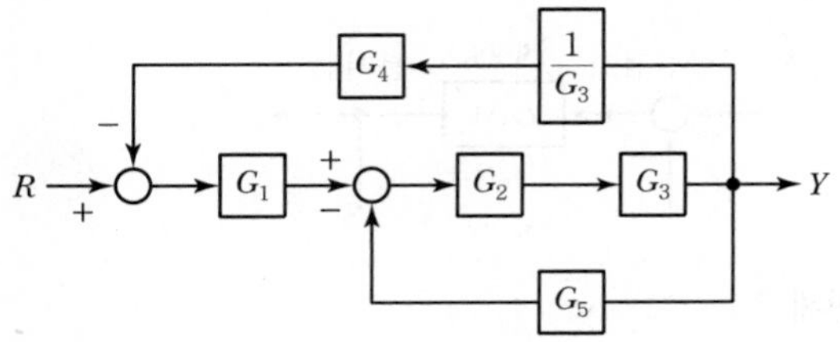

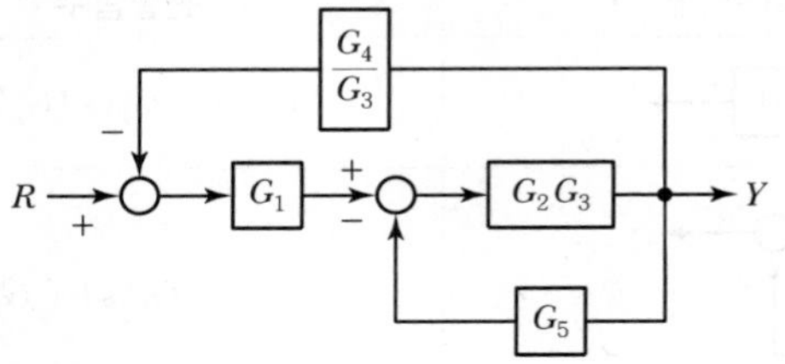

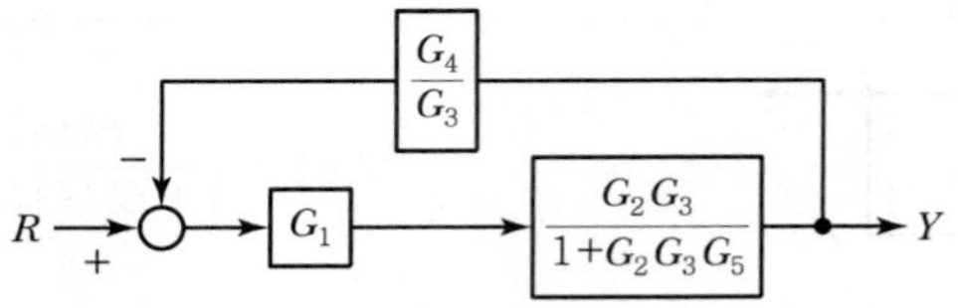

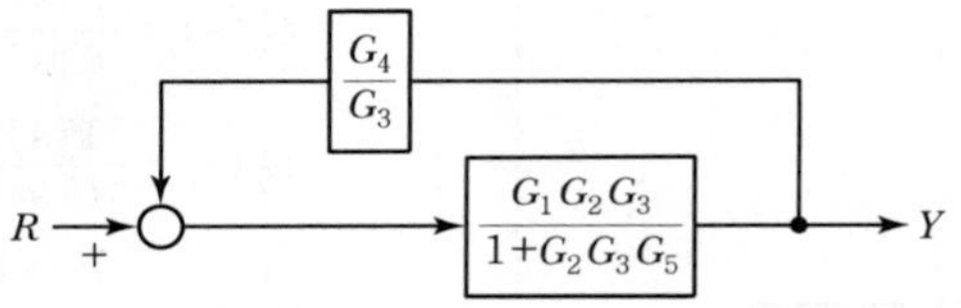

㉡ 풀이 결과

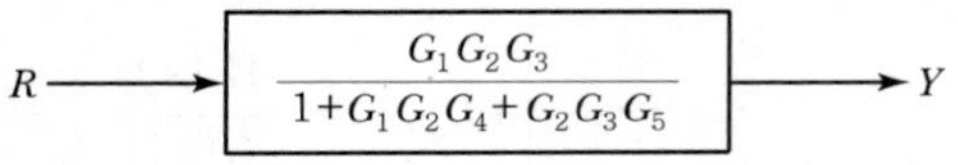

㉢ 풀이 과정(2)(간단하게 나타내는 방법)

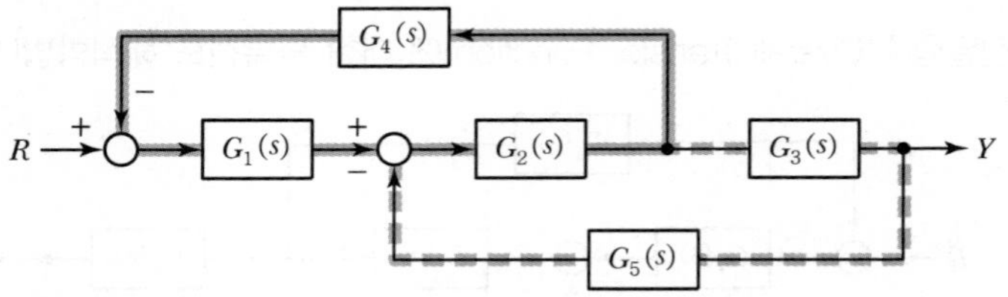

$$G(s) = \frac{Y(s)}{R(s)} = \frac{\text{직선}}{1 + \text{회선}(1) + \text{회선}(2) + \cdots + \text{회선}(n)}$$

직선 : ⟶, 회선 : 

$$G(s) = \frac{G_1G_2G_3}{1 + G_1G_2G_4 + G_2G_3G_5}$$

Exercise **01**

$G(s) = \dfrac{C(s)}{R(s)}$ 를 구하여라.

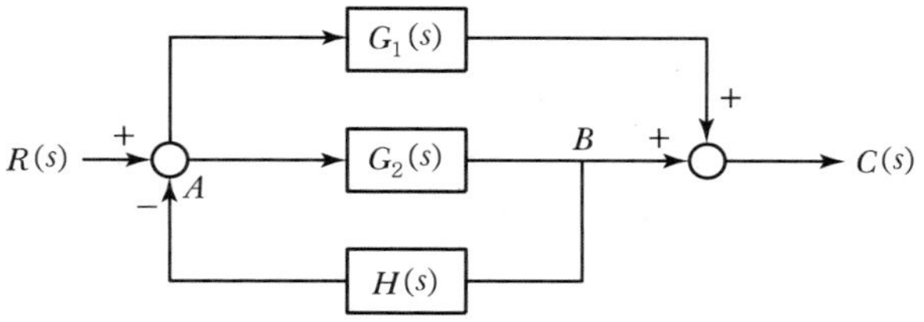

풀이 $C(s) = B + G_1(s)A$

$B = G_2(s)A$

$A = R(s) - H_2(s)B$

$\therefore \dfrac{C(s)}{R(s)} = \dfrac{G_1(s) + G_2(s)}{1 + G_2(s)H(s)}$

[별해]

$$\frac{C(s)}{R(s)} = \frac{G_2(s)}{1 + G_2(s)H(s)} + \frac{G_1(s)}{1 + G_2(s)H(s)} = \frac{G_1(s) + G_2(s)}{1 + G_2(s)H(s)}$$

② 기준점 변화에 대한 총괄전달함수

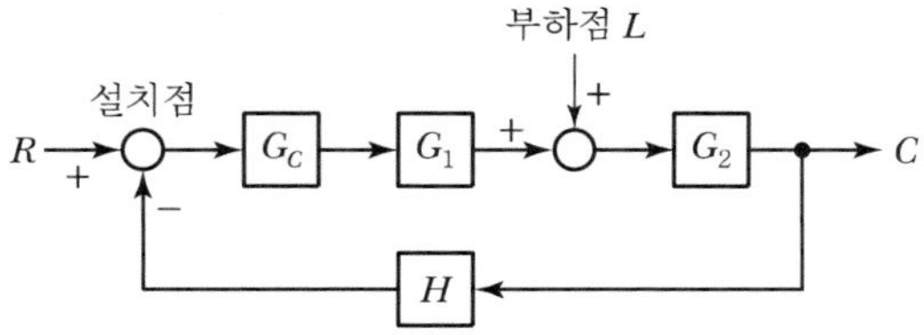

$$\frac{C}{R} = \frac{G_c G_1 G_2}{1 + G_c G_1 G_2 H}$$

$G = G_c G_1 G_2$라 하면

$\therefore \dfrac{C}{R} = \dfrac{G}{1 + GH}$ 설치점을 기준으로 한 총괄전달함수

$\therefore \dfrac{C}{L} = \dfrac{G_2}{1 + GH}$ 부하점을 기준으로 한 총괄전달함수

$\therefore C = \dfrac{G}{1 + GH}R + \dfrac{G_2}{1 + GH}L$

Exercise **02**

블록선도의 출력 C를 구하여라.

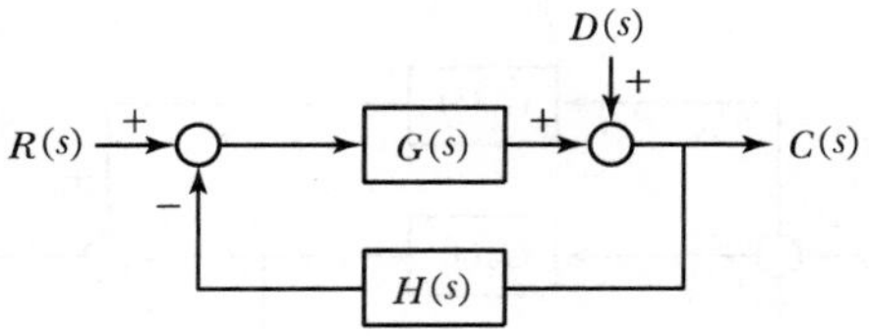

풀이 $C(s)=\dfrac{G(s)}{1+G(s)H(s)}R(s)+\dfrac{1}{1+G(s)H(s)}D(s)$

Exercise **03**

$G(s)=\dfrac{C(s)}{R(s)}$를 구하여라.

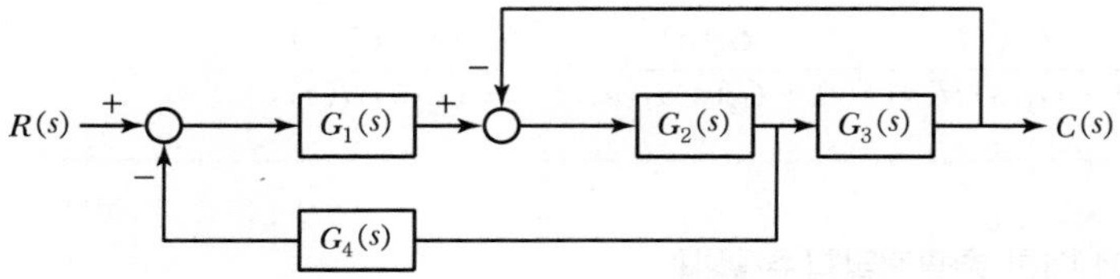

풀이 $G(s)=\dfrac{C(s)}{R(s)}=\dfrac{G_1(s)G_2(s)G_3(s)}{1+G_1(s)G_2(s)G_4(s)+G_2(s)G_3(s)}$

▼ 블록선도 표현(대등한 블록선도)

관계식	블록선도	대등한 블록선도
$C=G_1G_2A$	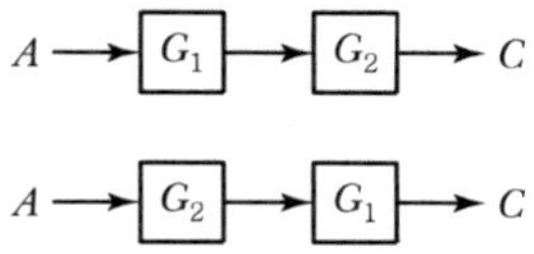	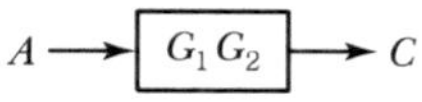
$D=A-B+C$	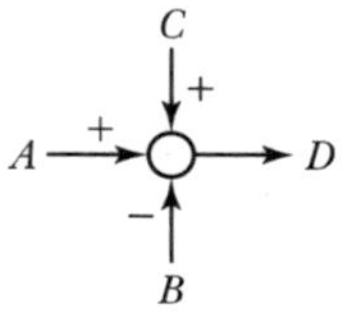	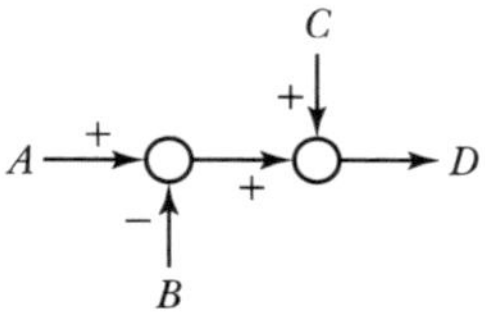
$C=(G_1+G_2)A$	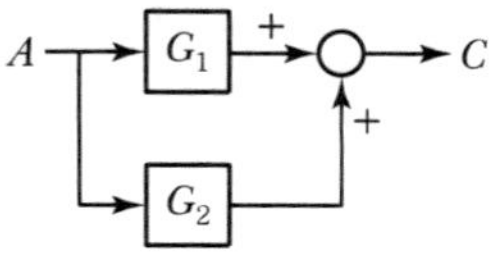	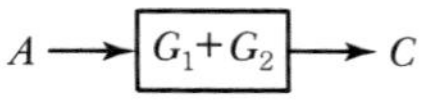
$C=GA+B$	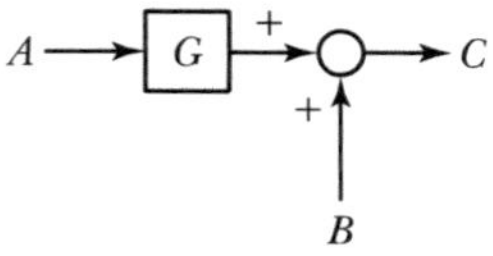	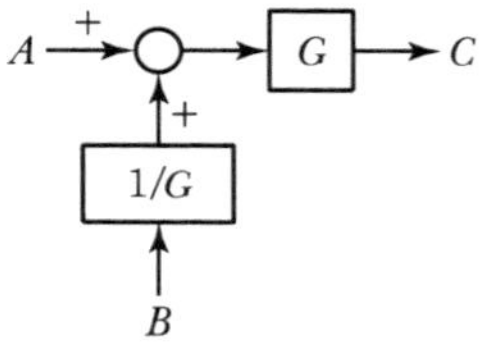
$C=(A-B)G$	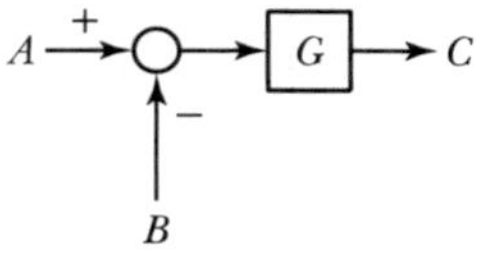	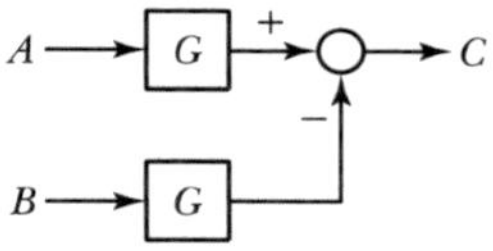
$C=AG$	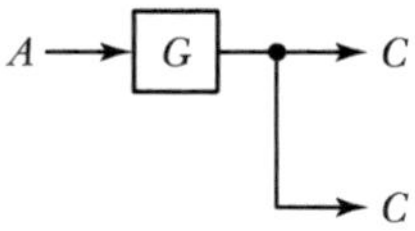	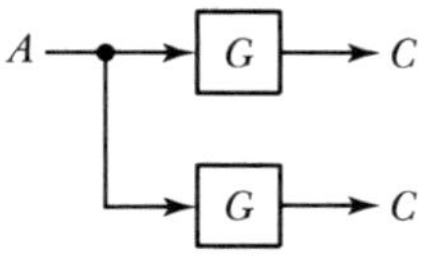

TIP

상태공간법

2차 미분방정식

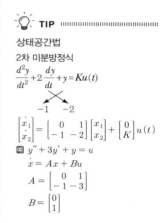

$$\frac{d^2y}{dt^2}+2\frac{dy}{dt}+y=Ku(t)$$

−1 −2

$$\begin{bmatrix}\dot{x}_1\\ \dot{x}_2\end{bmatrix}=\begin{bmatrix}0 & 1\\ -1 & -2\end{bmatrix}\begin{bmatrix}x_1\\ x_2\end{bmatrix}+\begin{bmatrix}0\\ K\end{bmatrix}u(t)$$

예 $y''+3y'+y=u$

$\dot{x}=Ax+Bu$

$A=\begin{bmatrix}0 & 1\\ -1 & -3\end{bmatrix}$

$B=\begin{bmatrix}0\\ 1\end{bmatrix}$

③ 총괄전달함수에 대한 블록선도 해석방법(2)

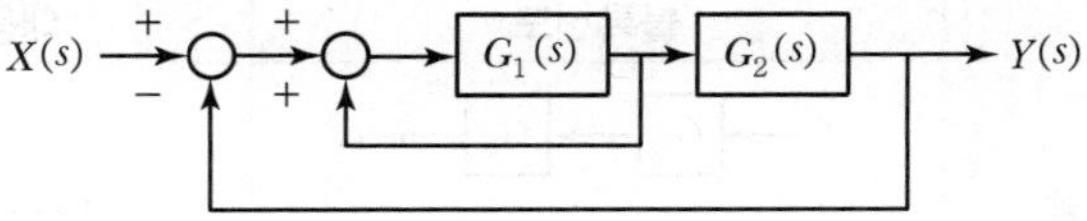

㉠ 풀이 과정(1)

$$G(s) = \frac{Y(s)}{X(s)} = \frac{G_1(s)G_2(s)}{1 - G_1(s) + G_1(s)G_2(s)}$$

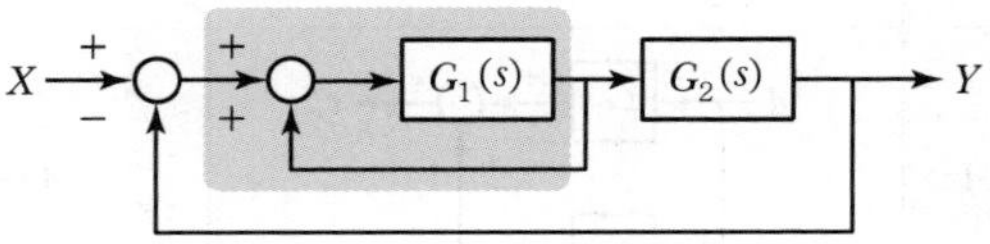

㉡ 풀이 과정(2)

(음영 부분) : $G'(s) = \frac{G_1(s)}{1 - G_1(s)}$가 되므로 블록선도를 아래와 같이 나타낼 수 있다.

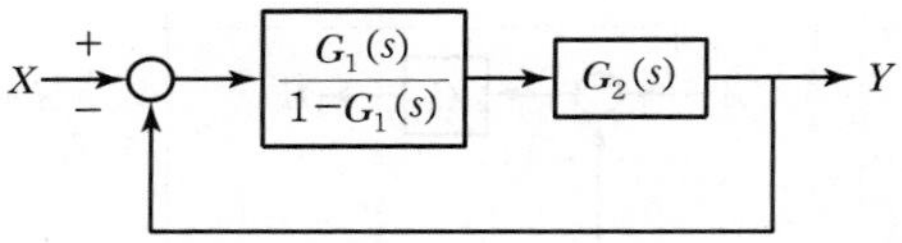

$$G(s) = \frac{Y(s)}{X(s)} = \frac{\dfrac{G_1(s)G_2(s)}{1 - G_1(s)}}{1 + \dfrac{G_1(s)G_2(s)}{1 - G_1(s)}} = \frac{G_1(s)G_2(s)}{1 - G_1(s) + G_1(s)G_2(s)}$$

실전문제

01 다음 블록선도에서 전달함수 $G(s)=\dfrac{C(s)}{R(s)}$를 옳게 구한 것은?

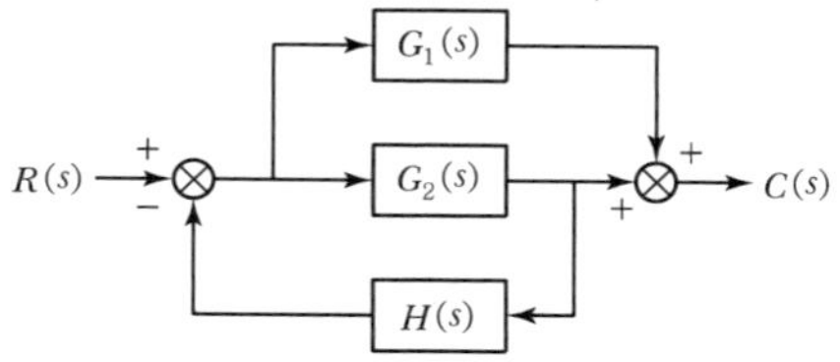

① $\dfrac{C}{R}=\dfrac{G_1(s)+G_2(s)}{1+G_2(s)H(s)}$

② $\dfrac{C}{R}=\dfrac{G_1(s)G_2(s)}{1+G_2(s)H(s)}$

③ $\dfrac{C}{R}=\dfrac{G_1(s)}{1+G_2(s)H(s)}$

④ $\dfrac{C}{R}=\dfrac{G_1(s)-G_2(s)}{1+G_1(s)H(s)}$

해설

$\dfrac{C}{R}=\dfrac{G_1+G_2}{1+G_2H}$ $\begin{matrix}\cdots \text{직선} \\ \cdots \text{회선}\end{matrix}$

02 다음과 같은 블록 다이어그램에서 $R=0$일 때 전달함수 $\dfrac{C}{U}$를 옳게 나타낸 것은?

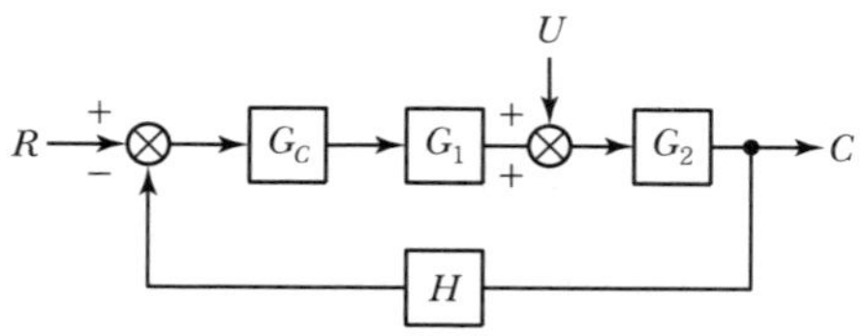

① $\dfrac{G_cG_1G_2}{1+G_cG_1G_2H}$

② $\dfrac{G_cG_1G_2}{1-G_cG_1G_2H}$

③ $\dfrac{G_2}{1+G_cG_1G_2H}$

④ $\dfrac{G_2}{1-G_cG_1G_2H}$

해설

$C=\dfrac{G_cG_1G_2}{1+G_cG_1G_2H}R+\dfrac{G_2}{1+G_cG_1G_2H}U$

03 다음 Block Diagram(블록선도)에서 $\dfrac{C}{R}$을 옳게 나타낸 것은?

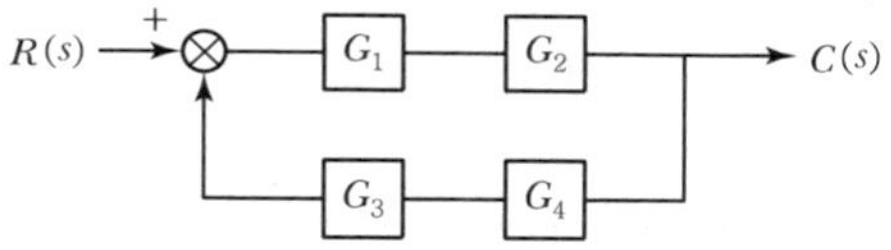

① $\dfrac{G_1+G_2}{1+G_1G_2G_3G_4}$

② $\dfrac{G_3+G_4}{1+G_1G_2G_3G_4}$

③ $\dfrac{G_1+G_2}{1+G_1G_2+G_3G_4}$

④ $\dfrac{G_1G_2}{1+G_1G_2G_3G_4}$

해설

$\dfrac{C}{R}=\dfrac{G_1G_2}{1+G_1G_2G_3G_4}$

정답 01 ① 02 ③ 03 ④

04 다음 블록선도에서 $\frac{C}{R}$의 전달함수는?

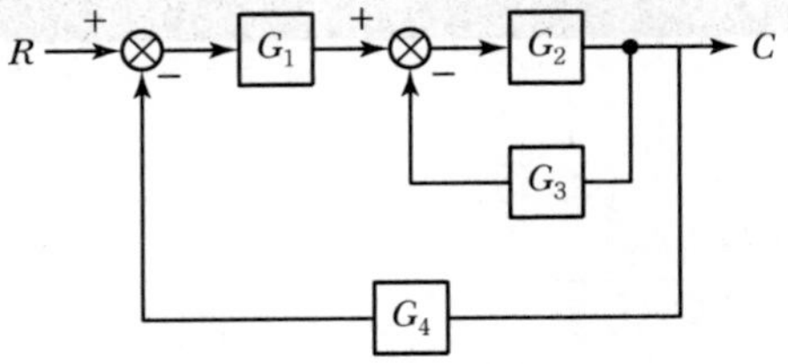

① $\dfrac{G_1 G_2}{1+G_1 G_2+G_3 G_4}$

② $\dfrac{G_1 G_2}{1+G_2 G_3+G_1 G_2 G_4}$

③ $\dfrac{G_3 G_4}{1+G_1 G_2 G_3 G_4}$

④ $\dfrac{G_1 G_2}{1+G_1+G_3+G_4}$

해설

$$\frac{C}{R}=\frac{G_1 G_2}{1+G_2 G_3+G_1 G_2 G_4}$$

05 다음 계에서 $R(t)=1$, $G_1=2$, $G_2=5$, $H_1=0.1$일 때, $C(t)$를 구하면 얼마인가?

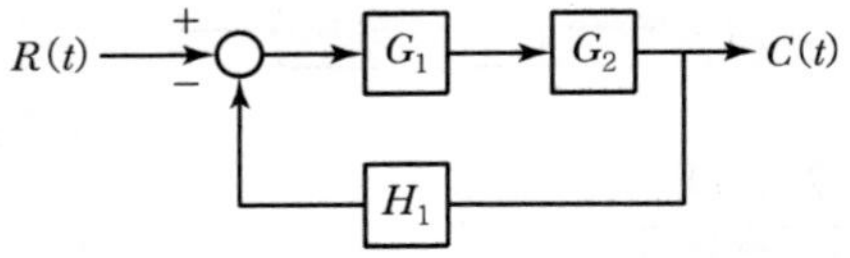

① ∞　　② 0

③ 1　　④ 5

해설

$$\frac{C}{R}=\frac{G_1 G_2}{1+G_1 G_2 H_1}$$

$$=\frac{(2)(5)}{1+(2)(5)(0.1)}=5$$

$\therefore\ C=5R=5$

06 다음 블록선도의 닫힌 부분 루프 전달함수는?

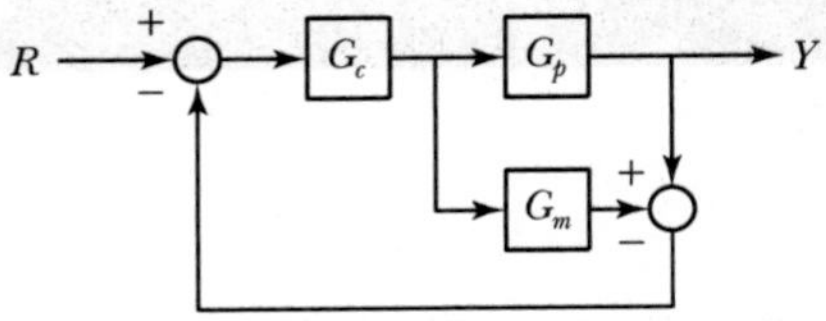

① $\dfrac{Y}{R}=\dfrac{G_c G_p}{1+G_c G_p G_m}$

② $\dfrac{Y}{R}=\dfrac{G_c G_p}{1+G_c(G_p-G_m)}$

③ $\dfrac{Y}{R}=\dfrac{1-G_c G_p}{1+G_c(G_p-G_m)}$

④ $\dfrac{Y}{R}=\dfrac{G_m G_c G_p}{1+G_c(G_p-G_m)}$

해설

$$\frac{Y}{R}=\frac{G_c G_p}{1+G_c(G_p-G_m)}\quad \begin{matrix}\leftarrow \text{직선}\\ \leftarrow \text{회선}\end{matrix}$$

07 다음 블록선도(Block Diagram)에서 전달함수 $\frac{\overline{C}}{\overline{L}}$는 어떻게 되는가?

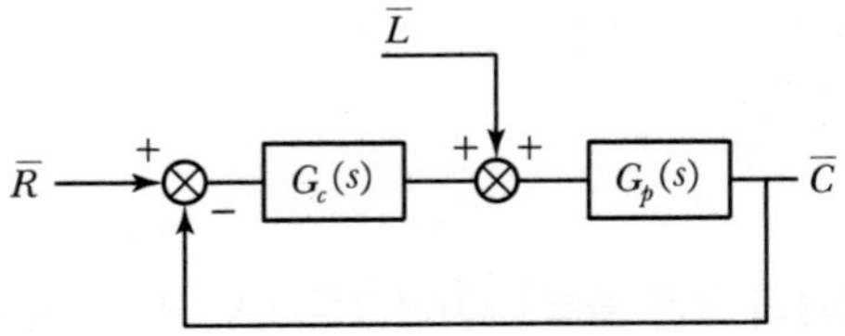

① $\dfrac{\overline{C}}{\overline{L}}=\dfrac{G_c(s)}{R+G_c(s)G_p(s)}$

② $\dfrac{\overline{C}}{\overline{L}}=\dfrac{G_c(s)}{1+G_c(s)G_p(s)}$

③ $\dfrac{\overline{C}}{\overline{L}}=\dfrac{G_p(s)}{1+G_c(s)G_p(s)}$

④ $\dfrac{\overline{C}}{\overline{L}}=\dfrac{G_c(s)G_p(s)}{1+RG_c(s)G_p(s)}$

정답 04 ② 05 ④ 06 ② 07 ③

해설

$$\frac{\overline{C}}{\overline{L}} = \frac{G_p(s)}{1+G_c(s)G_p(s)}$$

$$\frac{\overline{C}}{\overline{R}} = \frac{G_c(s)G_p(s)}{1+G_c(s)G_p(s)}$$

08 다음 피드백 제어계의 총괄전달함수는?

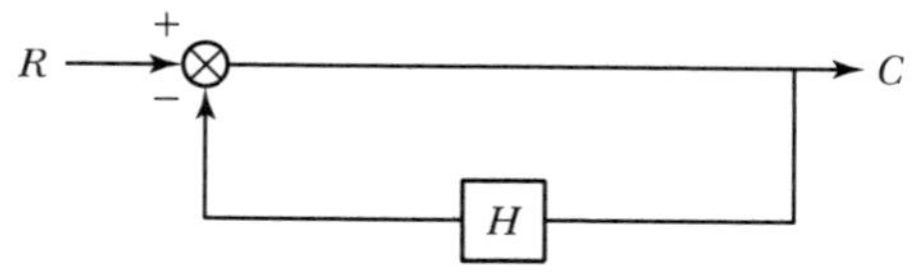

① $\frac{1}{H}$　② $\frac{H}{1+H}$

③ $\frac{1}{1+H}$　④ $\frac{1}{1-H}$

해설

$$G = \frac{C}{R} = \frac{\text{직선}}{1+\text{회선}} = \frac{1}{1+H}$$

09 그림과 같은 제어계에서 전달함수 $\frac{C}{U_1}$는?

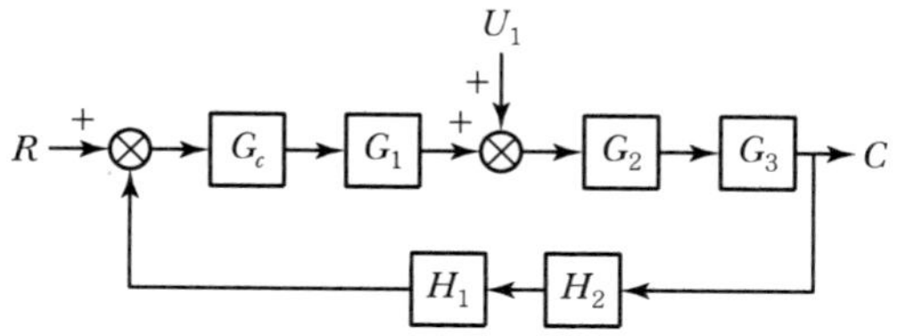

① $\frac{G_2G_3}{1+G_cG_1G_2G_3H_1H_2}$　② $\frac{G_cG_1G_2G_3}{1+G_cG_1G_2H_1H_2}$

③ $\frac{G_2G_3}{1+G_cG_2G_3H_1H_2}$　④ $\frac{G_cG_1G_2G_3}{1+G_cG_1G_2G_3}$

해설

$$\frac{C}{U_1} = \frac{G_2G_3}{1+G_cG_1G_2G_3H_1H_2}$$

10 $Y = P_1X \pm P_2X$의 블록선도로 옳지 않은 것은?

①
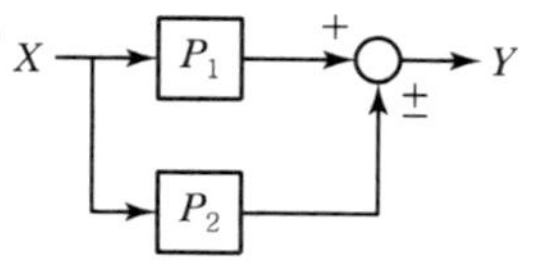

②
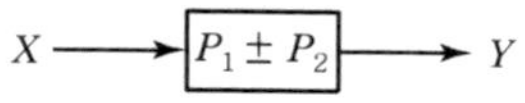

③
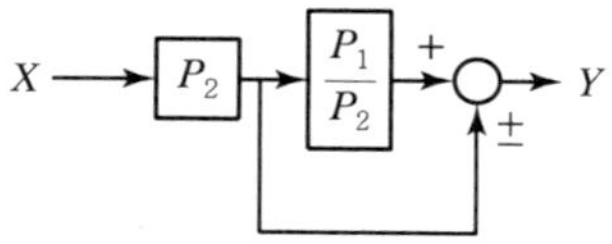

④
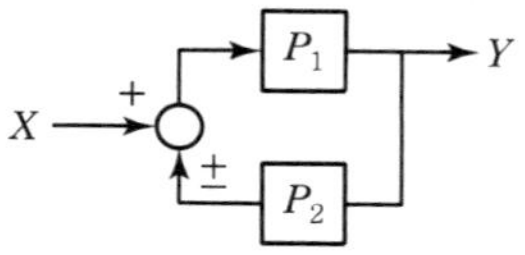

해설

① $Y = (P_1 \pm P_2)X$

② $Y = (P_1 \pm P_2)X$

③ $Y = (P_2 \times \frac{P_1}{P_2} \pm P_2)X = (P_1 \pm P_2)X$

④ $\frac{Y}{X} = \frac{P_1}{1 \mp P_1P_2}$

$\therefore\ Y = \frac{P_1X}{1 \mp P_1P_2}$

11 다음 블록선도에서 전달함수 $\frac{Y(s)}{X(s)}$는?

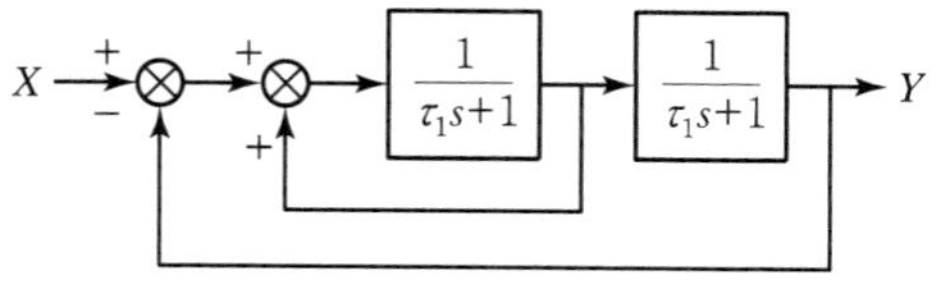

① $\frac{1}{\tau_1 s+1}$　② $\frac{2}{(\tau_1 s+1)^2}$

③ $\frac{1}{\tau_1{}^2 s^2+\tau_1 s+1}$　④ $\frac{2}{\tau_1{}^2 s^2+\tau_1 s+1}$

정답 08 ③ 09 ① 10 ④ 11 ③

해설

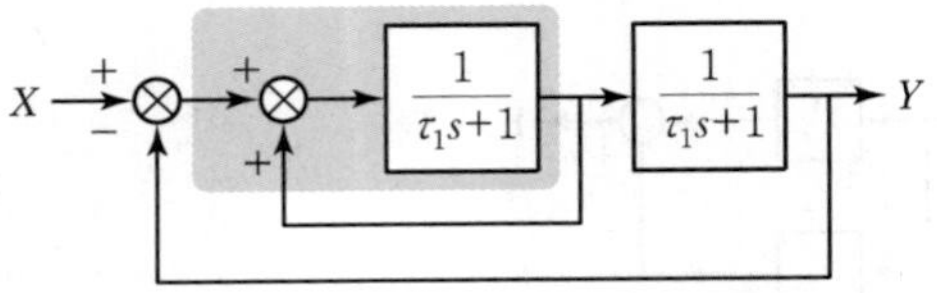

$$: G'(s) = \frac{\frac{1}{\tau_1 s+1}}{1-\frac{1}{\tau_1 s+1}} = \frac{1}{\tau_1 s}$$

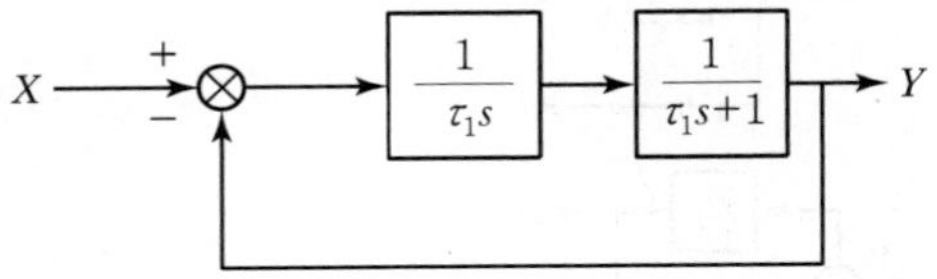

$$G(s) = \frac{Y(s)}{X(s)} = \frac{\frac{1}{\tau_1 s(\tau_1 s+1)}}{1+\frac{1}{\tau_1 s(\tau_1 s+1)}} = \frac{1}{\tau_1^2 s^2 + \tau_1 s + 1}$$

12 다음 중 1차계에서 시상수에 관한 커패시턴스와 저항의 관계를 식으로 옳게 나타낸 것은?

① 시상수 $= \frac{\text{저항}}{\text{커패시턴스}}$

② 시상수 $= \frac{\text{커패시턴스}}{\text{저항}}$

③ 시상수 = 저항 × 커패시턴스

④ 시상수 = 저항 × (커패시턴스)^2

해설

액위저장시스템

$$A\frac{dh}{dt} = q_i - q = q_i - \frac{h}{R}$$

$$AsH(s) + \frac{H(s)}{R} = Q_i(s)$$

$$(RAs+1)H(s) = RQ_i(s)$$

$$\frac{H(s)}{Q_i(s)} = \frac{R}{RAs+1} = \frac{R}{\tau s+1}$$

$$\therefore \ \tau = RA$$

13 그림과 같은 계의 총괄전달함수는?

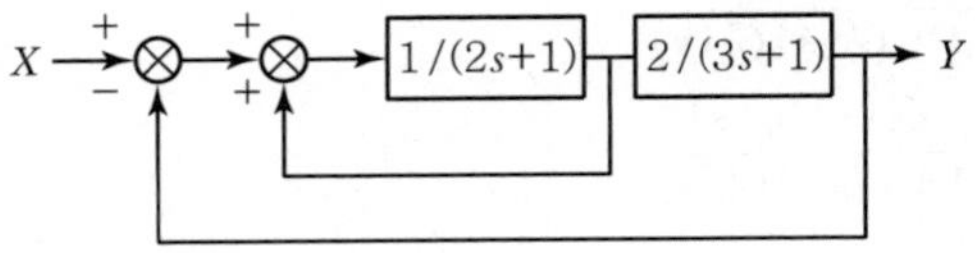

① $\frac{Y(s)}{X(s)} = \frac{2}{6s^2+8s+4}$

② $\frac{Y(s)}{X(s)} = \frac{2}{6s^2+2s+2}$

③ $\frac{Y(s)}{X(s)} = \frac{2}{6s^2+8s+2}$

④ $\frac{Y(s)}{X(s)} = \frac{2}{6s^2+5s+3}$

해설

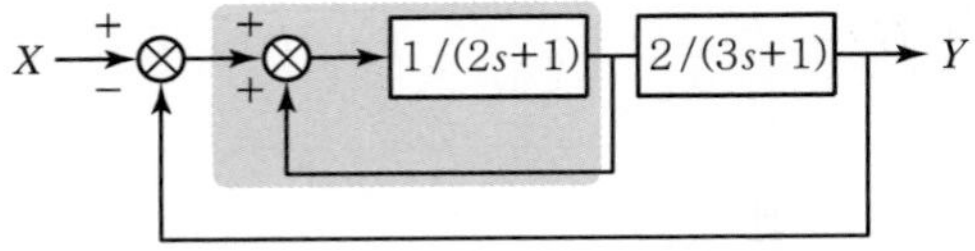

$$: G'(s) = \frac{\frac{1}{2s+1}}{1-\frac{1}{2s+1}} = \frac{1}{2s}$$

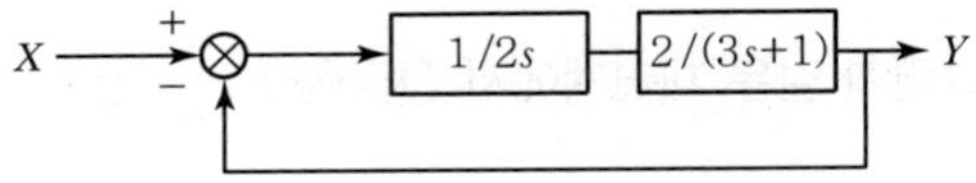

$$G(s) = \frac{Y(s)}{X(s)} = \frac{\frac{2}{2s(3s+1)}}{1+\frac{2}{2s(3s+1)}} = \frac{2}{6s^2+2s+2}$$

[별해]

$$G(s) = \frac{\frac{2}{(2s+1)(3s+1)}}{1-\frac{1}{2s+1}+\frac{2}{(2s+1)(3s+1)}} = \frac{2}{6s^2+2s+2}$$

정답 12 ③ 13 ②

14 다음 전달함수 $\dfrac{(b_m s^m + b_{m-1} \cdot s^{m-1} + \cdots + b_0)}{(a_n s^n + a_{n-1} \cdot s^{n-1} + \cdots + a_0)}$ 에 대한 설명 중 옳지 않은 것은?

① 분모와 분자의 차수 n, m은 각각 출력과 입력 변수의 차수와 같다.

② 정상상태 이득은 b_0/a_0이다.

③ 물리적으로 실현 가능한 공정의 경우 m은 n보다 작거나 같다.

④ 분자 다항식으로부터 공정응답의 대략적 빠르기를 유추할 수 있다.

해설

- $G(s)$의 분모와 분자는 각각 s의 n차 및 m차이다.
  $n > m$(물리실현적 조건)
- 정상상태 이득(Gain) K

$$K = \frac{\Delta(\text{정상상태 출력})}{\Delta(\text{정상상태 입력})} = \frac{y_{s2} - y_{s1}}{x_{s2} - x_{s1}} = \frac{b_0}{a_0}$$

$$G(s)|_{s=0} = G(0) = \frac{b_0}{a_0} = K$$

- 입력변수 $x(t)$가 크기 Δm인 계단변화

$$X(s) = \frac{\Delta m}{s}$$

정상상태에서의 출력변수의 변화 ΔC

$$\Delta C = \lim_{s \to 0} sG(s)X(s) = K\Delta m$$

15 그림과 같은 블록 다이어그램으로 표시되는 제어계에서 R과 C 간의 관계를 하나의 블록으로 나타낸 것은? (단, $G_a = \dfrac{G_{C2}G_1}{1 + G_{C2}G_1H_2}$이다.)

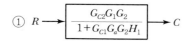

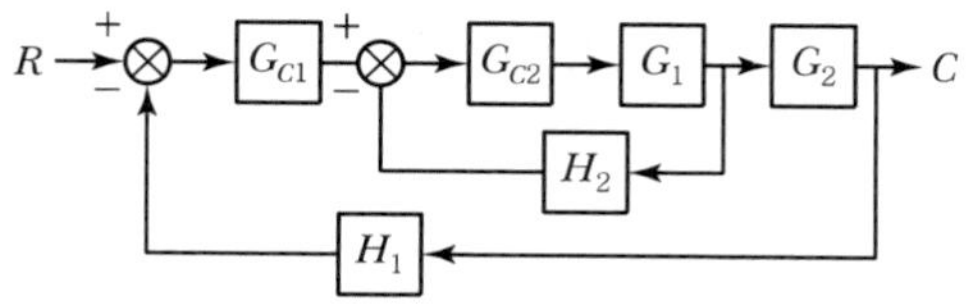

① $R \rightarrow \boxed{\dfrac{G_{C2}G_1G_2}{1+G_{C1}G_aG_2H_1}} \rightarrow C$

② $R \rightarrow \boxed{\dfrac{G_{C1}G_aG_2}{1+G_{C1}G_aG_2H_1}} \rightarrow C$

③ $R \rightarrow \boxed{\dfrac{G_{C1}G_aG_2}{1+G_{C1}G_{C2}G_1G_2H_1}} \rightarrow C$

④ $R \rightarrow \boxed{\dfrac{G_aG_2}{1+G_{C1}G_{C2}G_1G_2H_1}} \rightarrow C$

해설

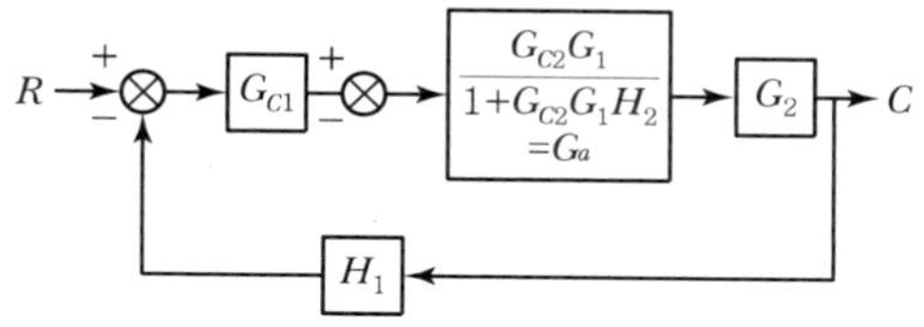

$$G = \frac{C}{R} = \frac{G_{C1}G_aG_2}{1 + G_{C1}G_aG_2H_1}$$

16 그림의 블록선도에서 출력 $Y_1(s)$와 $Y_2(s)$의 표현으로 옳은 것은?

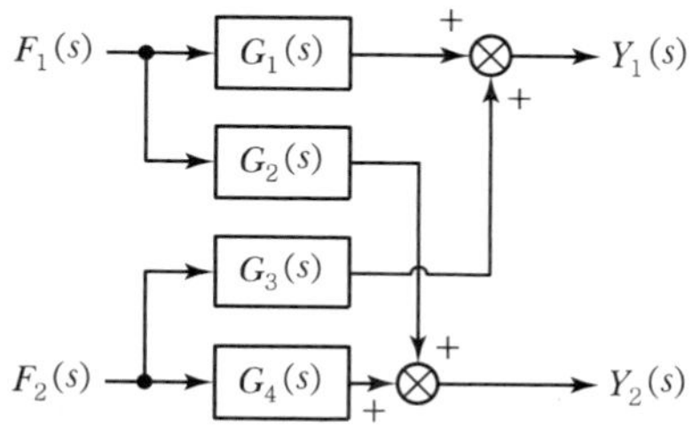

① $Y_1(s) = G_1(s)F_1(s) + G_3(s)F_2(s)$
$Y_2(s) = G_2(s)F_1(s) + G_4(s)F_2(s)$

② $Y_1(s) = G_1(s)F_1(s) + G_3(s)F_2(s)$
$Y_2(s) = G_3(s)F_1(s) + G_4(s)F_2(s)$

③ $Y_1(s) = G_3(s)F_1(s) + G_1(s)F_2(s)$
$Y_2(s) = G_2(s)F_1(s) + G_4(s)F_2(s)$

④ $Y_1(s) = G_1(s)F_1(s) + G_4(s)F_2(s)$
$Y_2(s) = G_2(s)F_1(s) + G_3(s)F_2(s)$

정답 14 ④ 15 ② 16 ①

17 다음 블록선도로부터 전달함수 $\frac{C}{U_1}$를 옳게 나타낸 것은?

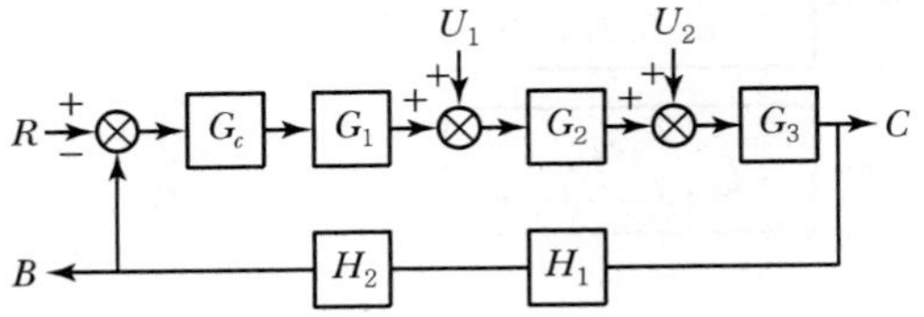

① $\dfrac{G_cG_1G_2G_3}{1+G_cG_1G_2G_3H_1H_2}$

② $\dfrac{G_2G_3}{1+G_2G_3H_1H_2G_cG_1}$

③ $\dfrac{G_3H_1H_2}{1+G_3H_1H_2G_cG_1G_2}$

④ $\dfrac{G_cG_1}{1+G_2G_3H_1H_2G_cG_1}$

해설

$\dfrac{C}{U_2}=\dfrac{G_3}{1+G_cG_1G_2G_3H_1H_2}$

$\dfrac{B}{U_2}=\dfrac{G_3H_1H_2}{1+G_cG_1G_2G_3H_1H_2}$

18 다음 전달함수에 관한 설명 중 틀린 것은?

① 동적 시스템의 입력과 출력 간의 관계를 라플라스 함수로 표현한다.

② 전달함수 형태는 입력변수의 함수 형태에 따라 결정된다.

③ 전달함수 형태는 초기조건에 상관없이 결정된다.

④ 공정이 비선형일 경우 선형화시켜 전달함수를 구할 수 있다.

해설

$y(t)'=y(t)-y_s \qquad x(t)'=x(t)-x_s$

$\rightarrow G(s)=\dfrac{Y(s)}{X(s)}=\dfrac{\text{출력변수}}{\text{입력변수}}$

19 출구유량이 액위에 의해 결정되는 액위 탱크에 대한 설명으로 옳은 것은?

① 단면적이 커지면 시상수가 커진다.

② 단면적이 작아지면 시상수가 커진다.

③ 출구저항이 작아지면 시상수가 커진다.

④ 시상수는 출구저항과는 무관하다.

해설

$q=\dfrac{h}{R}$

$\dfrac{H(s)}{Q(s)}=\dfrac{R}{RAs+1}=\dfrac{R}{\tau s+1}$

$\tau=AR$

여기서, A : 단면적

R : 저항

∴ A가 커지면 τ도 커진다.

R이 커지면 τ도 커진다.

20 저장 R과 정전용량 C의 직렬회로에 기전력 $V(t)$가 적용되는 간단한 RC 회로에서 시상수에 해당하는 것은?

① RC

② $\dfrac{C}{R}$

③ $\dfrac{R}{C}$

④ $\dfrac{1}{RC}$

해설

정전용량 C	물탱크 V
전류	물이 흐르는 양
전압	물의 높이
저항 R	R

정답 17 ② 18 ② 19 ① 20 ①

21 밑넓이가 A인 그림과 같은 공정의 블록 다이어그램을 옳게 나타낸 것은?

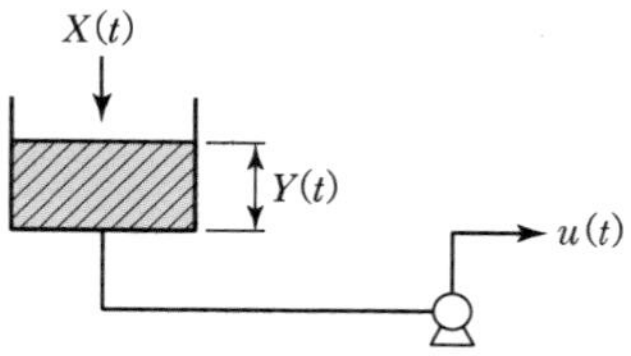

① 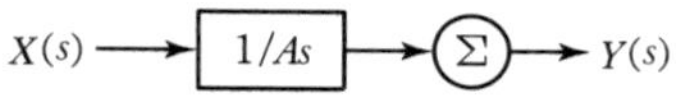

② 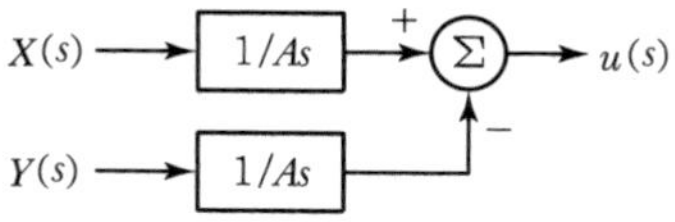

③ 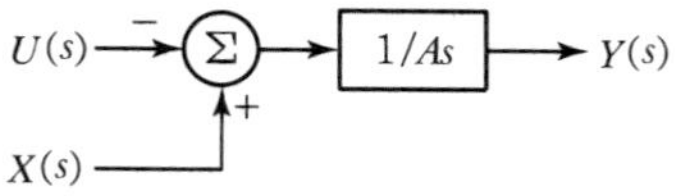

④ 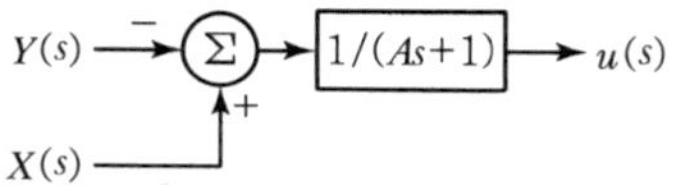

해설

$A\dfrac{dh}{dt}=q_i-q$

$A\dfrac{dy(t)}{dt}=x(t)-u(t)$

$As\,Y(s)=X(s)-U(s)$

$\therefore\ Y(s)=\dfrac{1}{As}[X(s)-U(s)]$

22 다음 그림과 같은 제어계의 전달함수 $\dfrac{Y(s)}{X(s)}$는?

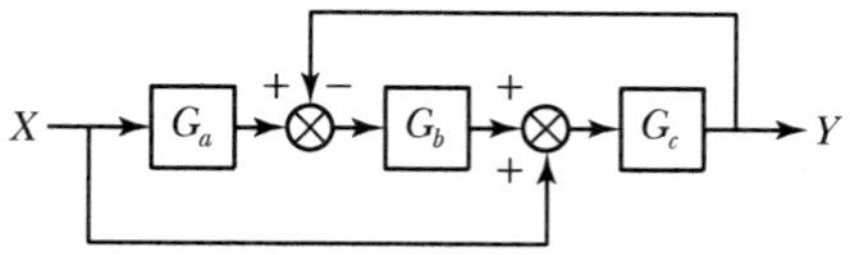

① $\dfrac{Y(s)}{X(s)}=\dfrac{G_c(1+G_aG_b)}{1+G_aG_bG_c}$

② $\dfrac{Y(s)}{X(s)}=\dfrac{G_aG_bG_c}{1+G_bG_c}$

③ $\dfrac{Y(s)}{X(s)}=\dfrac{G_aG_bG_c}{1+G_aG_bG_c}$

④ $\dfrac{Y(s)}{X(s)}=\dfrac{G_c(1+G_aG_b)}{1+G_bG_c}$

해설

$\dfrac{Y(s)}{X(s)}=\dfrac{\text{직선}}{1+\text{회선}}$

$=\dfrac{G_aG_bG_c+G_c}{1+G_bG_c}$

23 다음 블록선도에서 정치제어(Regulatory Control)일 때 옳은 상관식은?

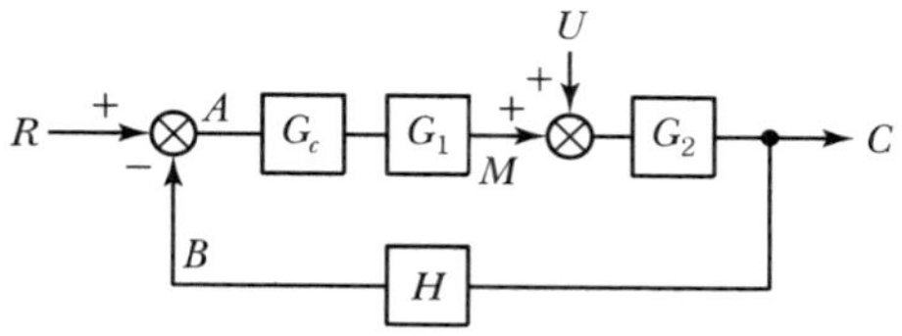

① $C=G_cG_1G_2A$

② $M=(R+B)G_cG_1$

③ $C=G_cG_1G_2(-B)$

④ $M=G_cG_1(-B)$

해설

정치제어(Regulatory Control)

$C=G_cG_1G_2A+G_2U$

$\therefore\ C=G_cG_1G_2(R-B)+G_2U$

$M=AG_cG_1=(R-B)G_cG_1$

$R=0$이므로

$\therefore\ M=-BG_cG_1$

정답 21 ③ 22 ④ 23 ④

24 다음 그림은 간단한 제어계 Block 선도이다. 전체 제어계의 총괄전달함수(Overall Transfer Function)에서 시상수(Time Constant)는 원래 Process$\left(\dfrac{1}{2s+1}\right)$의 시상수에 비해서 어떠한가?(단, $K>0$이다.)

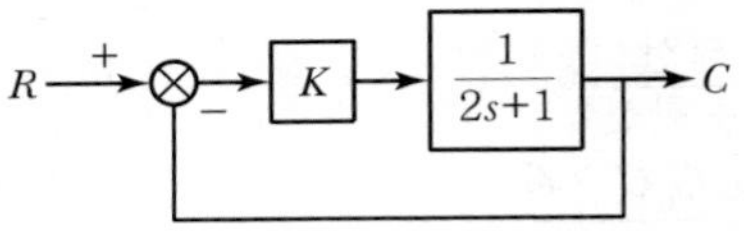

① 늘어난다.
② 줄어든다.
③ 불변이다.
④ 늘어날 수도 있고 줄어들 수도 있다.

해설

$$G(s)=\frac{\frac{K}{2s+1}}{1+\frac{K}{2s+1}}=\frac{K}{2s+1+K}=\frac{\frac{K}{K+1}}{\frac{2}{K+1}s+1}$$

$\tau=\dfrac{2}{K+1}$, $K>0$이므로

$\tau<2$가 된다.

원래 시상수는 2이므로 시상수는 감소한다.

25 전달함수에 대한 설명 중 잘못된 것은?

① 입 · 출력변수 사이의 관계를 나타낸 것이며 초기조건의 영향을 표현하지는 않는다.
② 공정의 동특성이 선형 미분방정식으로 표현된다는 가정하에 얻어진 것이다.
③ 공정의 단위계단응답의 Laplace 변환과 일치한다.
④ 전달함수의 입 · 출력변수는 실제 변수와 정상상태값과의 차이인 편차변수(Deviation Variable)이다.

해설

공정의 전달함수는 공정의 입력변수와 출력변수 사이의 동적 관계를 나타내주는 함수이다.

정답 24 ② 25 ③

[04] 1차 공정의 동특성

- 1차 공정은 그 모델식이 1차 미분방정식으로 표현되는 공정을 의미한다. 따라서 1차 공정의 전달함수의 분모는 s의 1차 식이 된다.
- 1차 공정의 전달함수로부터 입력변수의 변화에 대한 출력변수의 시간에 따른 응답 양상을 구함으로써 1차 공정의 동특성을 규명할 수 있다.
- 공정의 동특성을 명확히 규명함으로써 요구되는 제어구조를 고안할 수 있다.

1. 1차 공정

1) 1차 공정의 전달함수

입력변수를 x, 출력변수를 y라 할 때 1차 공정의 모델식은 다음과 같이 나타낼 수 있다.

$$a\frac{dy}{dt}+by=cx(t)$$

(1) $b \neq 0$일 때

$$\frac{a}{b}\frac{dy}{dt}+y=\frac{c}{b}x(t)$$

여기서, $\frac{a}{b}=\tau$: 시간상수

$\frac{c}{b}=K$: Gain(이득)

위 식을 다시 정리하면 다음과 같다.

$$\therefore\ \tau\frac{dy}{dt}+y=Kx(t)$$

초기조건 $y(0)=0$이라 하고, 라플라스 변환하면

$\tau s\,Y(s)+Y(s)=KX(s)$

$$\therefore\ G(s)=\frac{Y(s)}{X(s)}=\frac{K}{\tau s+1} \quad \cdots\cdots ①$$

TIP

예 수은온도계

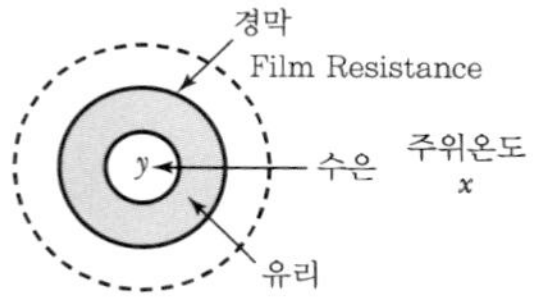

▲ 온도계 단면도

입력속도 − 출력속도 = 축적속도

$hA(x-y)-0=mC\frac{dy}{dt}$

편차변수

$x-x_s=X$

$y-y_s=Y$

$hA(X-Y)=mC\frac{dY}{dt}$

$\frac{mC}{hA}\frac{dY}{dt}=X-Y$

$\frac{mC}{hA}=\tau$

$\tau\frac{dY}{dt}=X-Y$

$\tau s\,Y(s)+Y(s)=X(s)$

$\therefore\ \frac{Y(s)}{X(s)}=\frac{1}{\tau s+1}$

예 RC 회로

$v(t)=R\frac{dq(t)}{dt}+\frac{1}{C}q(t)$

여기서, $v(t)$: 기전력

C : 정전용량

$q(t)$: 전하량

$e_c=\frac{q}{C}$: 전위차

$V=RC\frac{dE}{dt}+E_c$

$V(s)=RCSE_c(s)+E_c(s)$

$=\tau sE_c(s)+E_c(s)$

$\frac{E_c(s)}{V(s)}=\frac{1}{\tau s+1}\quad(\tau=RC)$

(2) $b=0$일 때

$$a\frac{dy}{dt}=cx(t)$$

$$\frac{dy}{dt}=\frac{c}{a}x(t)$$

$$y(0)=0$$

$$\frac{c}{a}=K'$$

$$sY(s)=K'X(s)$$

$$\therefore\ G(s)=\frac{Y(s)}{X(s)}=\frac{K'}{s}$$ ·· ⓙ

▼ **일반적인 공정 입력**

입력	그래프	함수	라플라스 변환
임펄스 (Impulse)		$u(t)=\delta(t)$	$U(s)=1$
계단(Step)	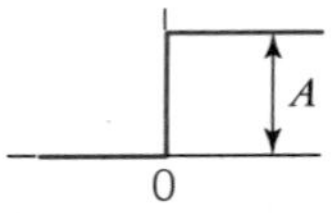	$u(t)=A\quad t\ge 0$	$U(s)=\frac{A}{S}$
블록 임펄스	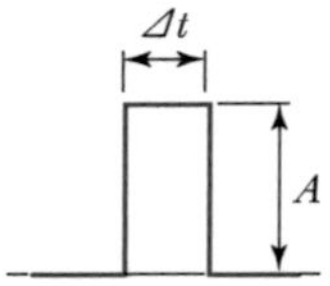	$u(t)=A$	$U(s)=\frac{A}{s}[1-e^{\Delta ts}]$
경사(Ramp)	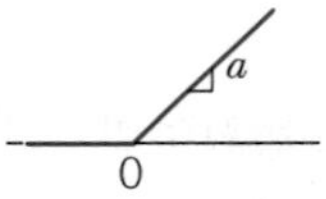	$u(t)=at\quad t\ge 0$ $u(t)=0\quad t<0$	$U(s)=\frac{a}{s^2}$
사인파	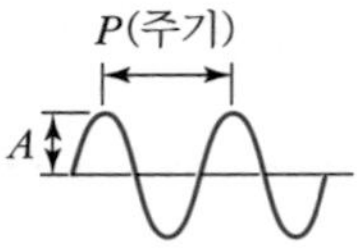	$u(t)=A\sin\omega t\quad t\ge 0$	$U(s)=\frac{A\omega}{s^2+\omega^2}$

2) 교반공정의 계단응답 특성

(1) 교반공정의 모델링

$$\frac{d(\rho V C_p T)}{dt} = \rho q C_p (T_i - T)$$

$$\frac{V}{q}\frac{dT}{dt} = T_i - T$$

$$\tau \frac{dT}{dt} = T_i - T$$

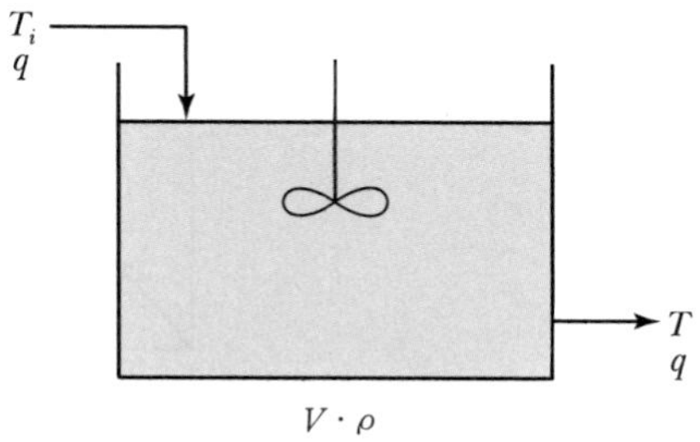

라플라스 변환하면

$\tau s T(s) + T(s) = T_i(s)$

전달함수 $G(s) = \frac{T(s)}{T_i(s)} = \frac{1}{\tau s + 1}$

TIP
시간상수 τ
교반공정의 경우
$\tau = \frac{V}{q} = \frac{[\text{m}^3]}{[\text{m}^3/\text{sec}]} = [\text{sec}]$

(2) 교반공정의 계단응답 특성

① 1차 공정의 전달함수

$$G(s) = \frac{T(s)}{T_i(s)} = \frac{1}{\tau s + 1}$$

② 입력함수 : A 크기의 계단입력

$$T_i(s) = \frac{A}{s}$$

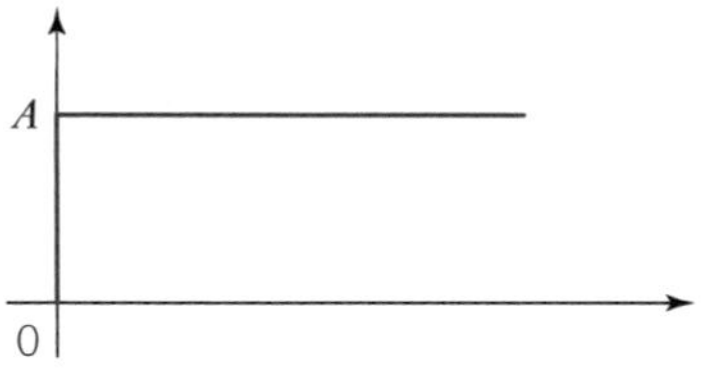

③ 출력함수(s)

$$T(s) = G(s) T_i(s) = \frac{1}{\tau s + 1} \cdot \frac{A}{s}$$

④ 출력함수(t) : 역라플라스 변환

$$T(s) = \frac{A}{s(\tau s + 1)} = A\left(\frac{1}{s} - \frac{1}{s + 1/\tau}\right)$$

$$\therefore\ T(t) = A(1 - e^{-t/\tau})$$

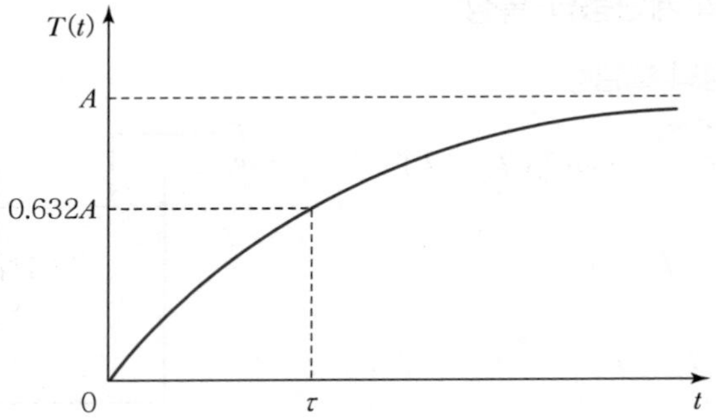

$t = \tau \qquad T(t) = 0.632A$

$t = 2\tau \qquad T(t) = 0.865A$

$t = 3\tau \qquad T(t) = 0.95A$

2. 1차 공정의 응답형태

1) 계단응답

① 1차 공정의 전달함수

$$G(s) = \frac{Y(s)}{X(s)} = \frac{K}{\tau s + 1}$$

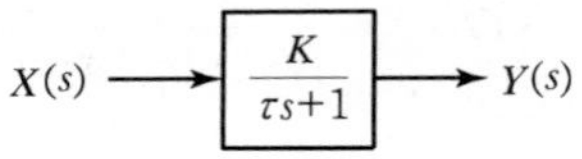

② 입력함수 : A 크기의 계단입력

$$X(s) = \frac{A}{s}$$

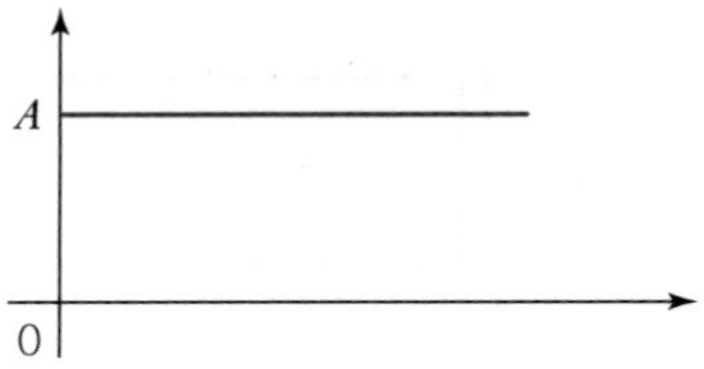

③ 출력함수(s)

$$Y(s) = G(s)X(s) = \frac{K}{\tau s + 1}\frac{A}{s}$$

④ 출력함수(t) : 역라플라스 변환

$$y(t) = KA(1 - e^{-t/\tau})$$

Reference

시간 지연이 있는 경우

$y(t) = KA(1 - e^{-(t-\theta)/\tau})$

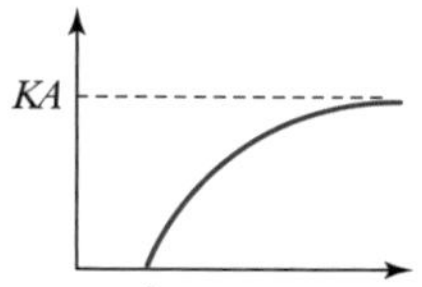

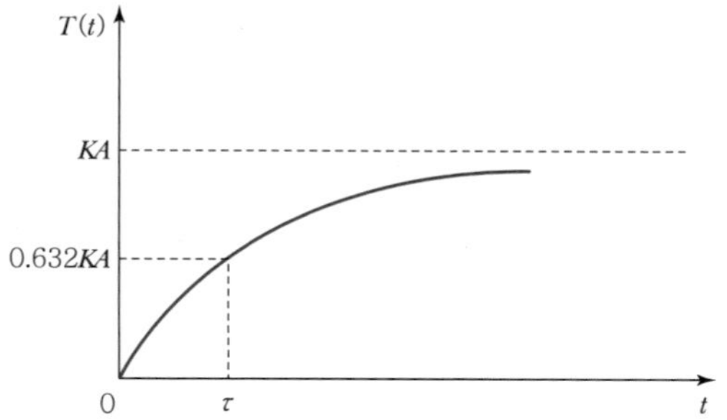

t	$y(t)/KA$
0	0
τ	0.632
2τ	0.865
3τ	0.950
4τ	0.982
5τ	0.993
∞	1.0

2) 1차 공정의 단위 임펄스 응답 특성

① 1차 공정의 전달함수

$$G(s) = \frac{Y(s)}{X(s)} = \frac{K}{\tau s + 1}$$

② 입력함수 : 단위 임펄스 입력

$X(s) = 1$

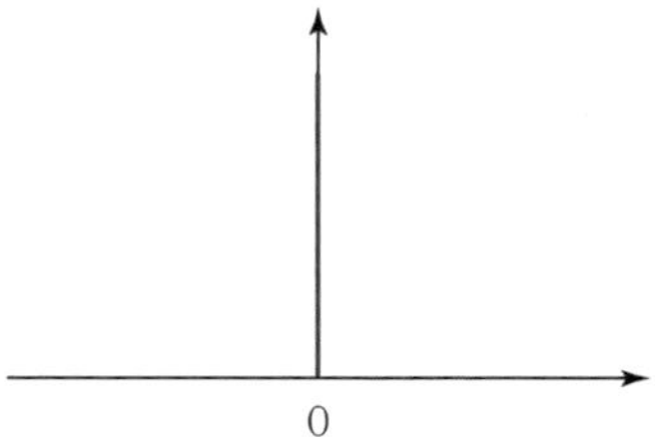

③ 출력함수(s)

$$Y(s) = G(s)X(s) = \frac{K}{\tau s + 1} \cdot 1$$

TIP

시간상수

- 시간의 단위를 갖는다.
- 시간상수가 크면 클수록 입력변화에 대한 응답속도는 느려진다.
- 액체저장탱크 : $\tau = AR$
- 교반공정 : $\tau = \frac{V}{q}$
- 온도계 : $\tau = \frac{mC}{hA}$
- 가열공정 : $\tau = \frac{\rho V}{\omega}$

④ 출력함수(t) : 역라플라스 변환

$$y(t) = \frac{K}{\tau}e^{-t/\tau}$$

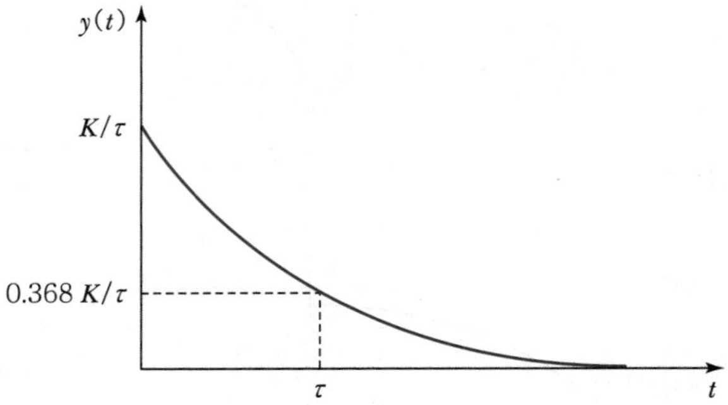

3) 블록펄스(Block Pulse) 응답

① 1차 공정의 전달함수

$$G(s) = \frac{Y(s)}{X(s)} = \frac{K}{\tau s + 1}$$

② 입력함수

$$X(s) = \frac{H}{s}(1 - e^{-Ts})$$

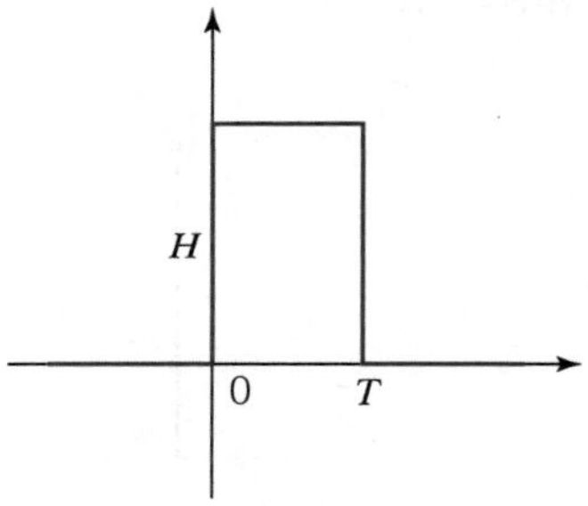

③ 출력함수(s)

$$Y(s) = \frac{KH}{s(\tau s + 1)}(1 - e^{-Ts})$$

④ 출력함수(t)

$$y(t) = KH[1 - e^{-t/\tau} - \{1 - e^{-(t-T)/\tau}\}u(t-T)]$$

4) 경사함수 응답

① 1차 공정의 전달함수

$$G(s) = \frac{Y(s)}{X(s)} = \frac{K}{\tau s + 1}$$

② 입력함수 : 경사함수 입력

$$X(s) = \frac{A}{s^2},\ X(t) = Atu(t)$$

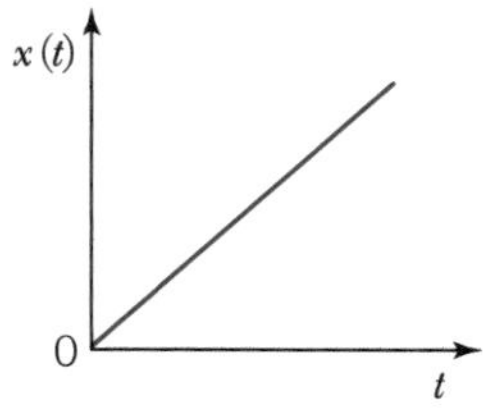

③ 출력함수(s)

$$Y(s) = G(s)X(s) = \frac{K}{\tau s + 1}\frac{A}{s^2} = KA\left(\frac{\tau^2}{\tau s + 1} - \frac{\tau}{s} + \frac{1}{s^2}\right)$$

④ 출력함수(t) : 역라플라스 변환

$y(t) = KA(t + \tau e^{-t/\tau} - \tau)$

시간이 무한히 지나면 $(t \to \infty)$, $e^{-t/\tau}$ 항은 무시할 수 있으므로

$y(t) = KA(t - \tau)$가 된다.

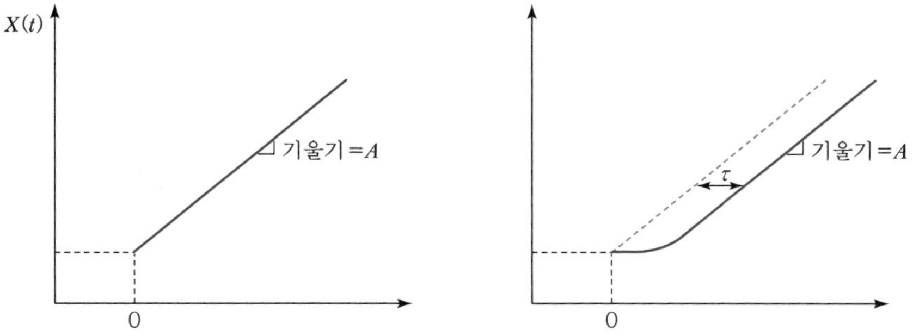

5) Sine 함수의 응답

① 1차 공정의 전달함수 : $G(s) = \dfrac{K}{\tau s + 1}$

② 입력함수

$$X(t) = A\sin\omega t\, u(t),\ X(s) = A\frac{\omega}{s^2 + \omega^2}$$

③ 출력함수

$$Y(s) = G(s)X(s) = \frac{KA\omega}{(\tau s+1)(s^2+\omega^2)}$$

$$Y(s) = \frac{KA}{1+\tau^2\omega^2}\left(\frac{\tau^2\omega}{\tau s+1} - \frac{\tau\omega s}{s^2+\omega^2} + \frac{\omega}{s^2+\omega^2}\right)$$

역라플라스 변환하면

$$y(t) = \frac{KA\omega\tau}{1+\tau^2\omega^2}e^{-t/\tau} + \frac{KA}{\sqrt{1+\tau^2\omega^2}}\sin(\omega t+\phi)$$

여기서, ϕ는 위상각 : $\phi = \tan^{-1}(-\tau\omega)$

$t \to \infty$ 일 때

$$y(\infty) = \frac{KA}{\sqrt{1+\tau^2\omega^2}}\sin(\omega t+\phi)$$

진동주기 $T = \frac{2\pi}{\omega}$

진동의 주파수는 일반적으로 Hz(헤르츠)로 나타내는데, 여기서는 단위시간당 라디안으로 주어지는 ω로 표시한다.

$$\frac{KA}{1+\tau^2\omega^2}\left(-\frac{\tau\omega s}{s^2+\omega^2} + \frac{\omega}{s^2+\omega^2}\right)$$

$$= \frac{KA}{1+\tau^2\omega^2}(-\tau\omega\cos\omega t + \sin\omega t) \quad \cdots\cdots\cdots\cdots\cdots\cdots \text{ⓚ}$$

$$= \frac{KA}{1+\tau^2\omega^2}\sqrt{\tau^2\omega^2+1}\,\sin(\omega t+\phi) = \frac{KA}{\sqrt{1+\tau^2\omega^2}}\sin(\omega t+\phi)$$

$$A\sin\theta + B\cos\theta = \sqrt{A^2+B^2}\,\sin(\theta+\alpha)$$

$$= \sqrt{A^2+B^2}\,(\sin\theta\cos\alpha + \cos\theta\sin\alpha)$$

ⓚ식을 풀면

$$-\tau\omega\cos\omega t + \sin\omega t = \sqrt{\tau^2\omega^2+1}\,(\sin\omega t\cos\phi + \cos\omega t\sin\phi)$$

좌변과 우변이 같아야 하므로

$$\sqrt{\tau^2\omega^2+1}\,\cos\phi = 1$$

$$\therefore \cos\phi = \frac{1}{\sqrt{\tau^2\omega^2+1}}$$

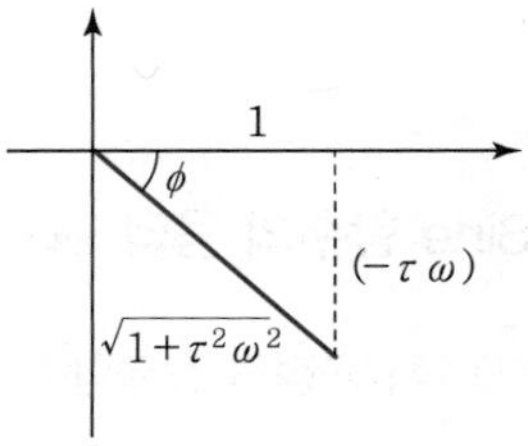

$$\sqrt{\tau^2\omega^2+1}\,\sin\phi = -\tau\omega$$

$$\therefore \sin\phi = \frac{-\tau\omega}{\sqrt{\tau^2\omega^2+1}}$$

$$\tan\phi = \frac{\sin\phi}{\cos\phi} = -\tau\omega$$

$$\therefore \phi = \tan^{-1}(-\tau\omega)$$

TIP

sin파 응답

- 입력
  $y = A\sin\omega t$
- 출력
  $y = \frac{KA}{\sqrt{1+\tau^2\omega^2}}\sin(\omega t+\phi)$

$$\therefore AR(\text{진폭비}) = \frac{\hat{A}}{A} = \frac{\frac{KA}{\sqrt{1+\tau^2\omega^2}}}{A} = \frac{K}{\sqrt{1+\tau^2\omega^2}}$$

6) 기타 입력에 대한 응답

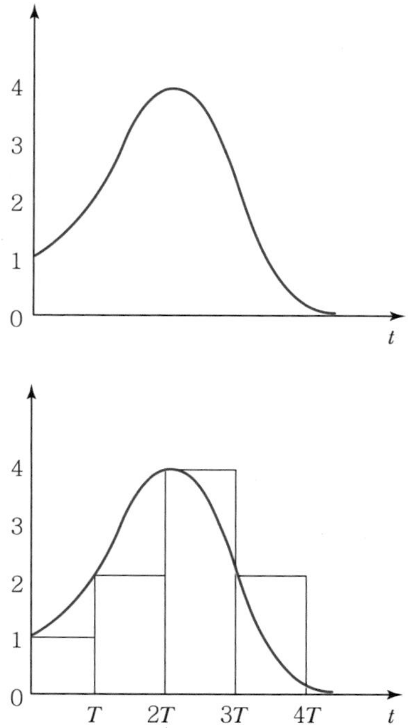

▲ 곡선형태의 입력함수

$$X(s) = \frac{1}{s} + \frac{e^{-s}}{s} + \frac{2e^{-2s}}{s} - \frac{2e^{-3s}}{s} - \frac{2e^{-4s}}{s}$$

$$= \frac{1}{s}(1 + e^{-s} + 2e^{-2s} - 2e^{-3s} - 2e^{-4s})$$

$$x(t) = u(t) + u(t-1) + 2u(t-2) - 2u(t-3) - 2u(t-4)$$

$$G(s) = \frac{Y(s)}{X(s)} = \frac{K}{\tau s + 1}$$

$$Y(s) = \frac{K}{s(\tau s + 1)}(1 + e^{-s} + 2e^{-2s} - 2e^{-3s} - 2e^{-4s})$$

$$= K\left(\frac{1}{s} - \frac{1}{s + 1/\tau}\right)(1 + e^{-s} + 2e^{-2s} - 2e^{-3s} - 2e^{-4s})$$

위 식의 역라플라스 변환으로부터 쉽게 얻을 수 있다.

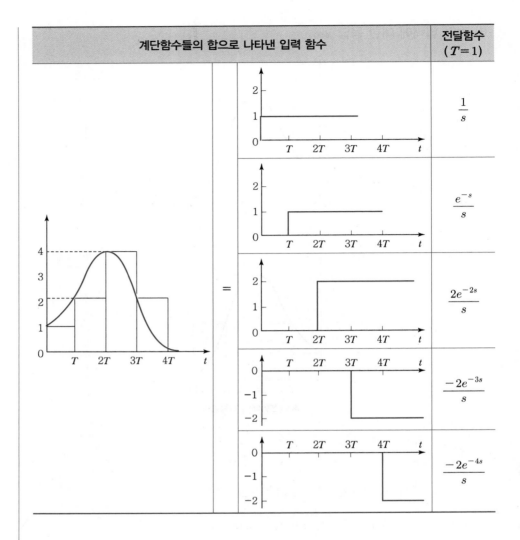

계단함수들의 합으로 나타낸 입력 함수			전달함수 ($T=1$)
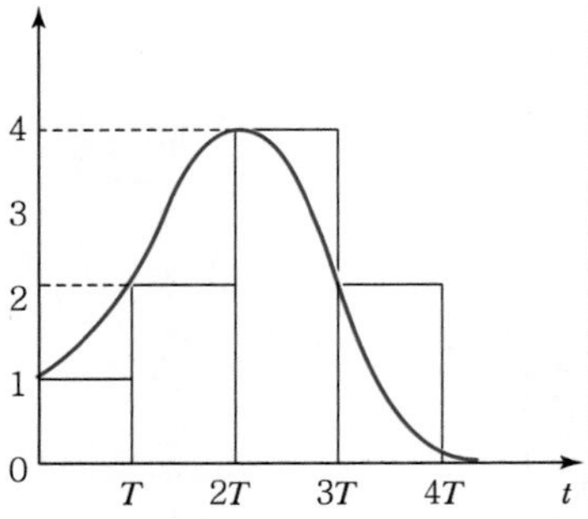	=	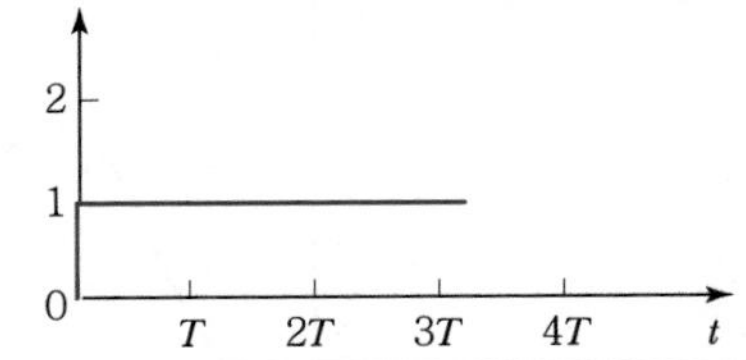	$\frac{1}{s}$
		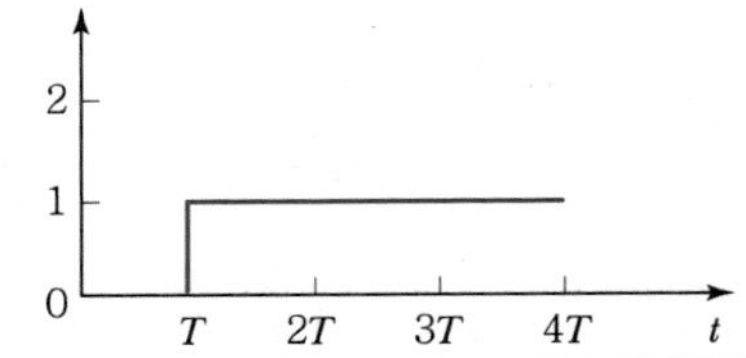	$\frac{e^{-s}}{s}$
		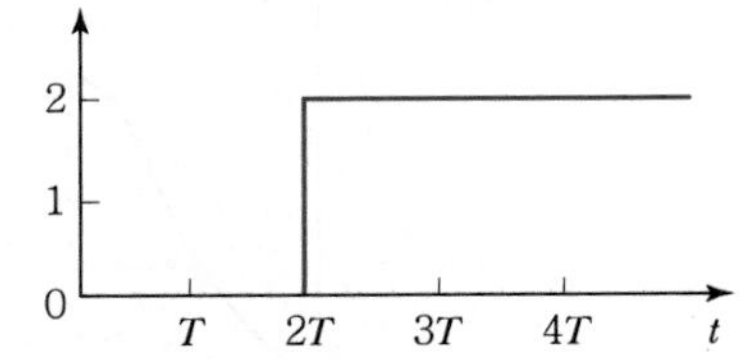	$\frac{2e^{-2s}}{s}$
		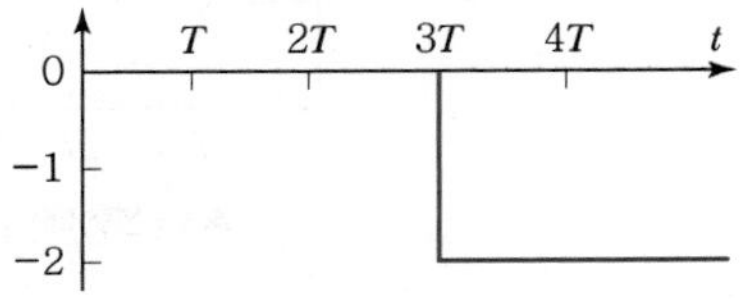	$\frac{-2e^{-3s}}{s}$
		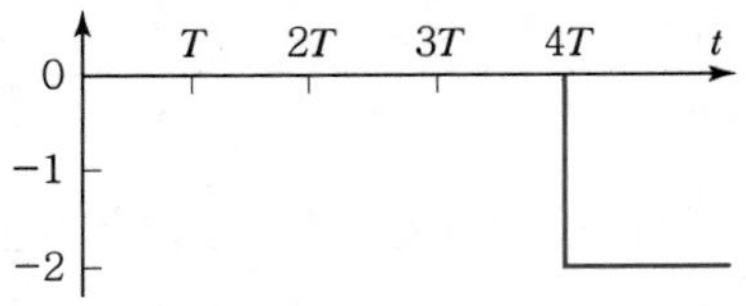	$\frac{-2e^{-4s}}{s}$

실전문제

01 어떤 제어계의 1차 전달함수 $G(s) = \frac{2}{s+3}$ 이다. 이 계의 시간상수(Time Constant)는?

① $\frac{1}{3}$　② $\frac{1}{2}$

③ $\frac{3}{2}$　④ 2

해설

$G(s) = \frac{K}{\tau s + 1}$

$G(s) = \frac{2}{s+3} = \frac{2/3}{\frac{1}{3}s + 1}$

여기서, τ : 시간상수

K : 공정이득

02 1차계의 계단응답(Step Response)에서 출력이 최댓값의 50%에 도달하는 데 걸리는 시간은 얼마인가? (단, 시정수는 τ 이다.)

① τ　② $\frac{1}{2}\tau$

③ 0.693τ　④ $\frac{\tau}{0.693}$

해설

1차계 계단응답

$Y(s) = G(s)X(s) = \frac{1}{\tau s + 1} \cdot \frac{1}{s}$

$y(t) = (1 - e^{-t/\tau})$

$0.5 = 1 - e^{-t/\tau}$

$t = -\tau \ln 0.5 = 0.693\tau$

03 $\sin 5t$로 나타나는 임펄스 응답을 갖는 제어계의 전달함수 $G(s)$는?

① $G(s) = \frac{5}{s^2 + 5}$　② $G(s) = \frac{5}{s + 5}$

③ $G(s) = \frac{5}{s + \sqrt{5}}$　④ $G(s) = \frac{5}{s^2 + 5^2}$

해설

$Y(s) = G(s)X(s)$　$\left[G(s) = \frac{\omega}{s^2 + \omega^2}\right]$

$X(s) = 1$이므로

$\frac{Y(s)}{X(s)} = G(s) = \frac{5}{s^2 + 5^2}$

04 다음 중 가장 느린 응답을 보이는 공정은?

① $\frac{1}{(2s+1)}$　② $\frac{10}{(2s+1)}$

③ $\frac{1}{(10s+1)}$　④ $\frac{1}{(s+10)}$

해설

시간상수 τ가 크면 느린 응답을 보인다.

05 시간상수가 τ인 1차계 Impulse Response 함수는?

① $Y(t) = \tau e^{-\frac{t}{\tau}}$　② $Y(t) = -e^{-\frac{t}{\tau}}$

③ $Y(t) = 1 - e^{-\frac{t}{\tau}}$　④ $Y(t) = \frac{1}{\tau} e^{\frac{-t}{\tau}}$

해설

$Y(s) = G(s)X(s) = \frac{K}{\tau s + 1} \cdot 1$

$y(t) = \frac{K}{\tau} e^{-t/\tau}$

정답 01 ① 02 ③ 03 ④ 04 ③ 05 ④

06 시간상수 τ를 갖는 1차계에서 압력이 단위계단입력일 경우 경과시간에 따른 응답을 최종값의 %로 나타내면 다음과 같다. ( ) 안에 알맞은 수치는?

경과시간	2τ	3τ	4τ
최종값의 %	86.5	( )	98

① 93 ② 95
③ 97 ④ 99

해설

$t=\tau$	0.632
2τ	0.865
3τ	0.950
4τ	0.982
5τ	0.993
∞	1.0

07 어떤 계의 전달함수가 $\dfrac{Y(s)}{X(s)}=\dfrac{1}{\tau s+1}$ 일 때 이 계에 단위계단변화가 주어졌을 때의 응답은?

① $Y(t)=1-e^{-t/\tau}$
② $Y(t)=1+e^{-t/\tau}$
③ $Y(t)=e^{-t/\tau}$
④ $Y(t)=-e^{-t/\tau}$

해설

$$Y(s)=G(s)X(s)$$
$$=\frac{1}{\tau s+1}\cdot\frac{1}{s}=\frac{1}{s}-\frac{\tau}{\tau s+1}=\frac{1}{s}-\frac{1}{s+\frac{1}{\tau}}$$
$$\therefore\ y(t)=1-e^{-\frac{t}{\tau}}$$

08 $G(s)=\dfrac{1}{s^2(s+1)}$ 인 계의 단위 임펄스 응답은?

① $t-1+e^{-t}$ ② $t+1+e^{-t}$
③ $t-1-e^{-t}$ ④ $t+1-e^{-t}$

해설

$$Y(s)=\frac{1}{s^2(s+1)}=\frac{A}{s}+\frac{B}{s^2}+\frac{C}{s+1}$$
$$=\frac{As^2+As+Bs+B+Cs^2}{s^2(s+1)}$$
$A=-1,\ B=1,\ C=1$
$y(t)=-1+t+e^{-t}$

09 다음 중 순수한 전달지연(Transportation Lag)에 대한 전달함수는?

① $G(s)=e^{-\tau s}$ ② $G(s)=\tau e^{-\tau s}$
③ $G(s)=\dfrac{1}{\tau s+1}$ ④ $G(s)=\dfrac{e^{-\tau s}}{\tau s+1}$

해설

$u(t-\theta)=e^{-\theta s}$: 시간지연

10 이득(Gain)이 1인 1차계로 나타낼 수 있는 수은 온도계가 0℃를 가리키고 있다. 이 온도계를 항온조 속에 넣고 3분이 경과한 후 온도계는 40℃를 가리켰다. 수은 온도계의 시간상수가 2분일 때 항온조의 온도는 약 몇 ℃인가?

① 45.5 ② 51.5
③ 62.4 ④ 70.2

해설

- 1차 공정의 전달함수
  $G(s)=\dfrac{Y(s)}{X(s)}=\dfrac{K}{\tau s+1}$
- 입력함수 : $X(s)=\dfrac{A}{s}$
- 출력함수 : $Y(s)=\dfrac{KA}{s(\tau s+1)}=KA\left(\dfrac{1}{s}-\dfrac{\tau}{\tau s+1}\right)$
- 출력함수
  $y(t)=KA(1-e^{-t/\tau})$
  $K=1,\ \tau=2$
  $y(3)=A(1-e^{-3/2})=40$
  $\therefore\ A=51.49$℃

정답 06 ② 07 ① 08 ① 09 ① 10 ②

11 폭이 w이고, 높이가 h인 사각펄스의 Laplace 변환으로 옳은 것은?

① $\frac{h}{s}(1-e^{-ws})$　　② $\frac{h}{s}(1-e^{-s/w})$

③ $\frac{hw}{s}(1-e^{-ws})$　　④ $\frac{h}{ws}(1-e^{-s/w})$

해설

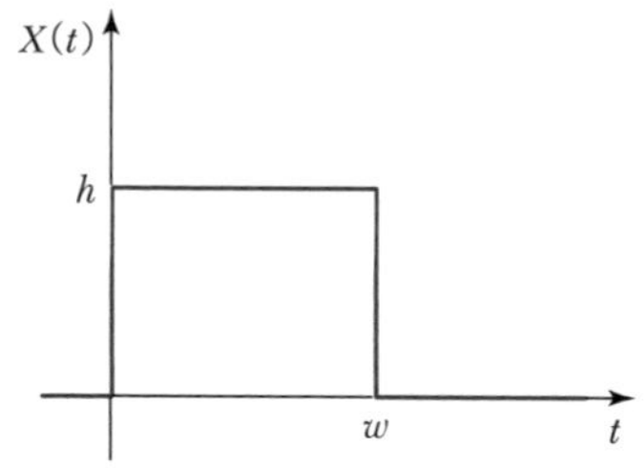

$$X(t)=\begin{cases} h & 0<t<w \\ 0 & \text{그 외} \end{cases}$$

$\therefore\ X(t)=hu(t)=hu(t-w)$

$\therefore\ X(s)=\frac{h}{s}-\frac{h}{s}e^{-ws}$

12 어떤 계의 단위계단응답이 $Y(t)=1-\left(1+\frac{t}{\tau}\right)e^{-\frac{t}{\tau}}$일 경우 이 계의 단위충격응답(Impulse Response)은?

① $\left(\frac{t}{\tau}\right)e^{-\frac{t}{\tau}}$　　② $\left(\frac{t}{\tau^2}\right)e^{-\frac{t}{\tau}}$

③ $\left(1+\frac{t}{\tau}\right)e^{-\frac{t}{\tau}}$　　④ $\left(1-\frac{t}{\tau^2}\right)e^{-\frac{t}{\tau}}$

해설

단위계단응답 $\xrightarrow{\text{미분}}$ 단위충격응답

$Y(t)=1-e^{-t/\tau}-\frac{t}{\tau}e^{-t/\tau}$

$Y'(t)=\frac{1}{\tau}e^{-t/\tau}+\frac{t}{\tau^2}e^{-t/\tau}-\frac{1}{\tau}e^{-t/\tau}=\frac{t}{\tau^2}e^{-t/\tau}$

13 전달함수 $G(s)$가 $G(s)=\frac{Y(s)}{X(s)}=\frac{K_p}{\tau s+1}$인 1차계에서 입력 $x(t)$가 단위충격(Impulse)인 경우 출력 $y(t)$는?

① $\frac{1}{K_p}e^{-t/\tau}$　　② $\frac{1}{\tau}e^{-pt/\tau}$

③ $\frac{\tau}{K_p}e^{-t/\tau}$　　④ $\frac{K_p}{\tau}e^{-t/\tau}$

해설

$Y(s)=\frac{K_p}{\tau s+1}\cdot 1$

$y(t)=\frac{K_p}{\tau}e^{-t/\tau}$

14 그림과 같은 응답을 보이는 시간함수에 대한 라플라스 함수는?

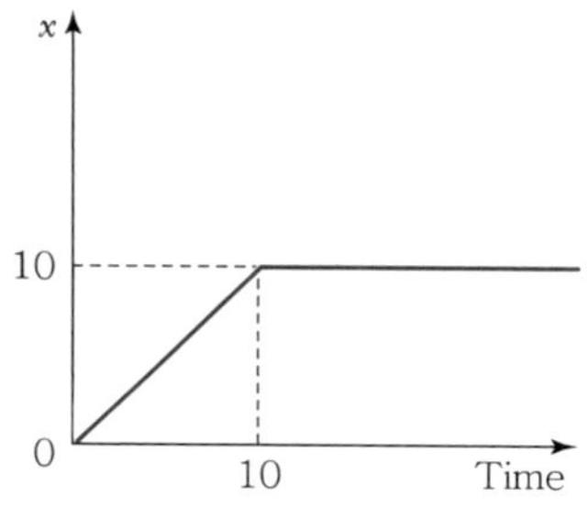

① $\frac{1}{s^2}+\frac{e^{-10s}}{s}$

② $\frac{10}{s^2}+\frac{e^{-10s}}{s}$

③ $\frac{(1-e^{-10s})}{s^2}$

④ $\frac{(1-e^{-10s})}{s^2}+10\frac{e^{-10s}}{s}$

정답 11 ① 12 ② 13 ④ 14 ③

해설

$$f(t)=\begin{cases} t(0\le t<10) \\ 10(10\le t)\end{cases}$$

$$\begin{aligned} f(t)&=t\{u(t)-u(t-10)\}+10u(t-10) \\ &=tu(t)-tu(t-10)+10u(t-10) \\ &=tu(t)-(t-10)u(t-10)\end{aligned}$$

$$\therefore\ F(s)=\frac{1}{s^2}-\frac{e^{-10s}}{s^2}$$

15 전달함수가 $\dfrac{2s+1}{3s+1}$인 장치에 크기가 2인 계단입력이 들어왔을 때의 시간에 따른 응답은?

① $2\left(1-\dfrac{1}{2}e^{-t/2}\right)$ ② $2\left(1-\dfrac{1}{3}e^{-t/3}\right)$

③ $2\left(1-\dfrac{2}{3}e^{-t/3}\right)$ ④ $2\left(1+\dfrac{1}{3}e^{-t/2}\right)$

해설

$$\begin{aligned} Y(s)&=G(s)X(s) \\ &=\frac{2s+1}{3s+1}\cdot\frac{2}{s}=\frac{2(2s+1)}{s(3s+1)} \\ &=\frac{2}{s}-\frac{2}{3s+1}=\frac{2}{s}-\frac{2/3}{s+1/3}\end{aligned}$$

$$y(t)=2-\frac{2}{3}e^{-\frac{1}{3}t}$$

16 다음의 그림과 같이 주어지는 계단함수 $u(t)$의 Laplace 변환이 올바른 것은?

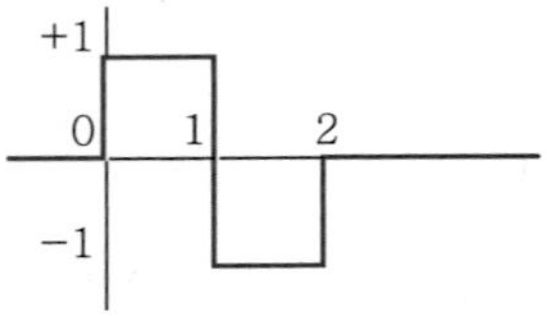

① $\dfrac{1}{s}(1-2e^{-s}+e^{-2s})$ ② $\dfrac{1}{s}(1-2e^{-s}-e^{-2s})$

③ $\dfrac{1}{s}(1-e^{-s}+e^{-2s})$ ④ $\dfrac{1}{s}(1-e^{-s}-e^{-2s})$

해설

$$y(t)=u(t)-2u(t-1)+u(t-2)$$

$$\begin{aligned}\therefore\ Y(s)&=\frac{1}{s}-\frac{2e^{-s}}{s}+\frac{e^{-2s}}{s} \\ &=\frac{1}{s}(1-2e^{-s}+e^{-2s})\end{aligned}$$

17 전달함수가 $\dfrac{4}{s+2}$인 1차계의 응답에 관한 옳은 설명은?

① 단위 사인파 응답의 진폭은 항상 1보다 작다.
② 단위 사인파 응답의 위상각은 0과 90° 사이이다.
③ 단위계단응답의 최종값은 1이다.
④ 단위충격(Unit Impulse)응답의 최종값은 0이다.

해설

$$G(s)=\frac{4}{s+2},\ X(s)=1$$

$$Y(s)=\frac{4}{s+2}$$

$$\lim_{t\to\infty}y(t)=\lim_{s\to 0}sY(s)=\frac{4s}{s+2}=0$$

18 시간상수 τ가 0.1분이고, 이득 K_p가 1이며 1차 공정의 특성을 지닌 온도계가 초기에 90℃를 유지하고 있다. 이 온도계를 100℃의 물속에 넣었을 때 온도계의 읽음값이 98℃가 되는 데 걸리는 시간은 얼마인가?

① 0.082분
② 0.124분
③ 0.161분
④ 0.216분

정답 15 ② 16 ① 17 ④ 18 ③

해설

$$G(s)=\frac{1}{\tau s+1}=\frac{1}{0.1s+1}$$

$$x(t)=10 \rightarrow X(s)=\frac{10}{s}$$

$$Y(s)=\frac{1}{0.1s+1}\cdot\frac{10}{s}=10\left(\frac{1}{s}-\frac{1}{s+10}\right)$$

$$y(t)=10(1-e^{-10t})$$

$$8=10(1-e^{-10t})$$

$$1-e^{-10t}=0.8$$

$$e^{-10t}=0.2$$

$$-10t=\ln 0.2$$

$$\therefore\ t=0.161\text{min}$$

[별해]

$$y=y_s+KA(1-e^{-t/\tau})$$

$$98=90+(100-90)(1-e^{-t/0.1})$$

$$8=10(1-e^{-t/0.1})$$

$$0.8=1-e^{-t/0.1}$$

$$e^{-t/0.1}=0.2$$

$$\frac{-t}{0.1}=\ln 0.2$$

$$\therefore\ t=0.161\text{min}$$

19 1차계의 단위계단응답에서 시상수를 실험을 통하여 구하는 방법은?

① 단위계단응답의 초기 기울기의 0.632를 곱하여 구한다.
② 단위계단응답을 지켜본 후 응답이 더 이상 변하지 않는 시간으로 한다.
③ 단위계단응답의 초기 미분값으로 한다.
④ 최종 단위계단응답의 63.2%에 도달한 시간을 구한다.

해설

시간상수 τ는 최종응답의 63.2%에 도달한 시간이다.

20 1차계의 단위계단응답에서 시간 t가 2τ일 때 퍼센트 응답은 약 얼마인가?(단, τ는 1차계의 시간상수이다.)

① 50%　② 63.2%
③ 86.5%　④ 95%

해설

t	$y(t)/KA$
0	0
τ	0.632
2τ	0.865
3τ	0.950
4τ	0.982
5τ	0.993
∞	1

21 다음 제어계의 응답 중 수렴하지 않는 것은?

① $y(t)=e^{-t}$　② $y(t)=te^{-t}$
③ $y(t)=e^{-t}\sin 3t$　④ $y(t)=t\sin 3t$

해설

$\exp(0)=1$
$\exp(-\infty)=0$

22 전달함수가 $G(s)=\dfrac{1}{\tau s+1}$인 1차계에 크기 M인 계단변화가 도입되었을 때의 응답은?(단, 정상상태는 0으로 간주한다.)

① $\dfrac{1}{M}(1-e^{-t})$　② $M(1-e^{-\frac{t}{\tau}})$
③ $Mte^{-\frac{t}{\tau}}$　④ $M-e^{-\frac{t}{\tau}}$

해설

$$Y(s)=G(s)X(s)=\frac{1}{\tau s+1}\cdot\frac{M}{s}=M\left(\frac{1}{s}-\frac{\tau}{\tau s+1}\right)=M\left(\frac{1}{s}-\frac{1}{s+\frac{1}{\tau}}\right)$$

$$y(t)=M(1-e^{-\frac{t}{\tau}})$$

정답 19 ④ 20 ③ 21 ④ 22 ②

23 전달함수 $G(s)$의 단위계단(Unit Step)입력에 대한 응답을 y_s, 단위순간(Impulse)입력에 대한 응답을 y_t라 한다면 y_s와 y_t의 관계는?

① $\frac{dy}{dt} = y_s$ ② $\frac{dy_s}{dt} = y_t$

③ $\frac{d^2y_t}{dt^2} = y_s$ ④ $\frac{d^2y_s}{dt^2} = y_t$

해설

단위계단응답 $\xrightarrow{\text{미분}}$ 단위임펄스응답

24 1차계의 시간정수에 대한 설명이 아닌 것은?

① 시간의 단위를 갖는 계의 특정상수이다.

② 그 계의 용량과 저항의 곱과 같은 값을 갖는다.

③ 직선관계로 나타나는 입력함수와 출력함수 사이의 비례상수이다.

④ 단위계단변화 시 최종치의 63%에 도달하는 데 소요되는 시간과 같다.

해설

- $\tau = AR$ ← 액체저장탱크
  시간의 단위
- $G(s) = \frac{K}{\tau s + 1}$ ← 1차 공정의 전달함수

정답 23 ② 24 ③

[05] 2차 공정의 동특성

2차 공정은 공정의 모델식이 2차의 미분방정식으로 주어지는 공정이다. 즉, 2차 공정의 전달함수의 분모는 s의 2차 식이 된다.

1. 간섭계와 비간섭계

1) 비간섭계(비간섭 직렬연결공정)

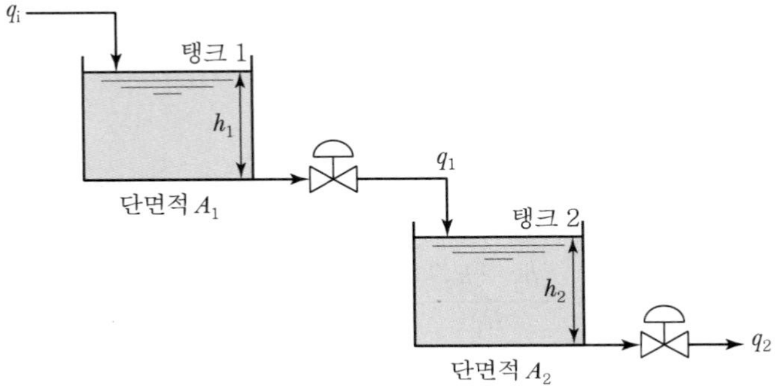

▲ 액체저장탱크

$$A_1\frac{dh_1}{dt} = q_i - q_1 = q_i - \frac{h_1}{R_1}$$

$$A_2\frac{dh_2}{dt} = q_1 - q_2 = \frac{h_1}{R_1} - \frac{h_2}{R_2}$$

$$\tau_1 = R_1A_1$$

$$\tau_2 = R_2A_2$$

$$H_1(s) = \frac{R_1}{\tau_1 s + 1}Q_i \quad \cdots\cdots ⓛ$$

$$R_1(\tau_2 s + 1)H_2 = R_2H_1 \quad \cdots\cdots ⓜ$$

ⓛ, ⓜ식에 의해

$$\therefore\ H_2(s) = \frac{R_2}{(\tau_1 s + 1)(\tau_2 s + 1)}Q_i$$ ← 두 1차 공정의 곱

TIP

예 감쇠진동기

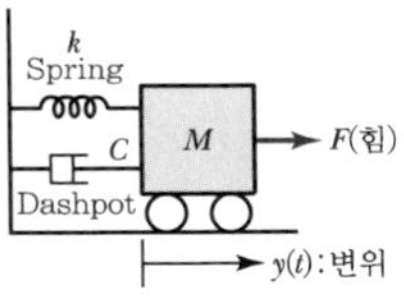

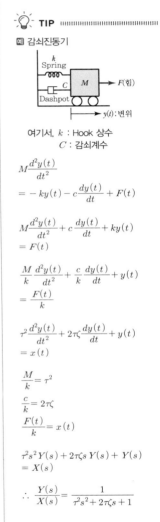

여기서, k : Hook 상수
C : 감쇠계수

$$M\frac{d^2y(t)}{dt^2} = -ky(t) - c\frac{dy(t)}{dt} + F(t)$$

$$M\frac{d^2y(t)}{dt^2} + c\frac{dy(t)}{dt} + ky(t) = F(t)$$

$$\frac{M}{k}\frac{d^2y(t)}{dt^2} + \frac{c}{k}\frac{dy(t)}{dt} + y(t) = \frac{F(t)}{k}$$

$$\tau^2\frac{d^2y(t)}{dt^2} + 2\tau\zeta\frac{dy(t)}{dt} + y(t) = x(t)$$

$$\frac{M}{k} = \tau^2$$

$$\frac{c}{k} = 2\tau\zeta$$

$$\frac{F(t)}{k} = x(t)$$

$$\tau^2s^2Y(s) + 2\tau\zeta sY(s) + Y(s) = X(s)$$

$$\therefore\ \frac{Y(s)}{X(s)} = \frac{1}{\tau^2s^2 + 2\tau\zeta s + 1}$$

2) 간섭계(간섭 직렬연결공정)

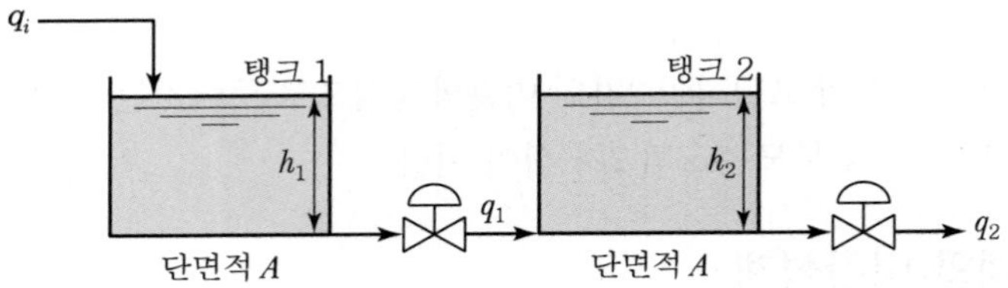

$$A_1 = A_2 = A$$

$$q_1 = \frac{h_1 - h_2}{R_1},\ q_2 = \frac{h_2}{R_2}$$

(1) 미분방정식

$$A\frac{dh_1}{dt} = q_i - q_1 = q_i - \frac{(h_1 - h_2)}{R_1}$$

$$A\frac{dh_2}{dt} = q_1 - q_2 = \frac{(h_1 - h_2)}{R_1} - \frac{h_2}{R_2}$$

(2) 라플라스 변환

$$R_1 A s H_1(s) = R_1 Q_i(s) - [H_1(s) - H_2(s)]$$

$$\tau_1 s H_1(s) + H_1(s) = R_1 Q_i(s) + H_2(s)$$

$$\therefore\ H_1(s) = \frac{R_1}{\tau_1 s + 1} Q_i(s) + \frac{H_2(s)}{\tau_1 s + 1} \quad \cdots\cdots ⓝ$$

$$R_1 R_2 A s H_2(s) = R_2[H_1(s) - H_2(s)] - R_1 H_2(s)$$

$$R_1 \tau_2 s H_2(s) + R_2 H_2(s) + R_1 H_2(s) = R_2 H_1(s) \quad \cdots\cdots ⓞ$$

$$\tau_2 = R_2 A$$

ⓝ, ⓞ식에서

$$R_1(\tau_2 s + 1)H_2(s) + R_2 H_2(s) = \frac{R_2 R_1}{\tau_1 s + 1} Q_i(s) + \frac{R_2 H_2(s)}{\tau_1 s + 1}$$

위의 식을 정리하면 다음과 같다.

$$\therefore\ \frac{H_2(s)}{Q_i(s)} = \frac{R_2}{\tau_1 \tau_2 s^2 + (\tau_1 + \tau_2 + AR_2)s + 1}$$

간섭계의 ζ가 더 크다.

$$\therefore\ Q_2(s) = \frac{H_2(s)}{R_2} = \frac{1}{(\tau s + 1)(\tau s + 2) - 1} Q_i(s)$$

2. 2차 공정의 전달함수

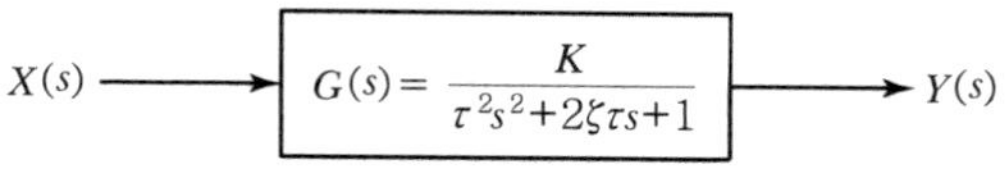

$$\tau^2\frac{d^2y(t)}{dt^2}+2\zeta\tau\frac{dy(t)}{dt}+y(t)=Kx(t)$$

$$Y(s)=\frac{K}{\tau^2s^2+2\zeta\tau s+1}X(s)$$

2차 공정 모델의 일반식

$$G(s)=\frac{Y(s)}{X(s)}=\frac{K}{\tau^2s^2+2\zeta\tau s+1}$$

여기서, τ : 시간상수

ζ : 제동비(Damping Factor)

$$G(s)=G_1(s)G_2(s)=\left(\frac{K_1}{\tau_1s+1}\right)\left(\frac{K_2}{\tau_2s+1}\right)$$

$$=\frac{K}{\tau_1\tau_2s^2+(\tau_1+\tau_2)s+1}$$

$$G(s)=\frac{K}{\tau^2s^2+2\zeta\tau s+1}$$

비간섭계 $\tau=\sqrt{\tau_1\tau_2}$, $\zeta=\dfrac{\tau_1+\tau_2}{2\sqrt{\tau_1\tau_2}}$, $K=K_1K_2$

1) 2차 공정의 계단응답

(1) 2차 공정의 전달함수

$$G(s)=\frac{Y(s)}{X(s)}=\frac{K}{\tau^2s^2+2\tau\zeta s+1}$$

여기서, τ : 시간상수

ζ : 제동비, 감쇠계수(Damping Factor)

Reference

- 방정식 : $\tau^2 s^2 + 2\tau\zeta s + 1 = 0$
- 방정식의 근 : 근의 공식을 이용하여 구한다.

$$s = \frac{-\tau\zeta \pm \sqrt{\tau^2\zeta^2 - \tau^2}}{\tau^2} = \frac{-\zeta \pm \sqrt{\zeta^2 - 1}}{\tau}$$

(2) 입력변수가 단위계단변화인 경우

$$X(s) = \frac{1}{s}$$

$$\begin{aligned} Y(s) &= G(s)X(s) \\ &= \frac{K}{s(\tau^2 s^2 + 2\tau\zeta s + 1)} \\ &= \frac{K}{\tau^2 s(s - r_1)(s - r_2)} \\ &= \frac{K}{\tau^2}\left\{\frac{A}{s} + \frac{B}{s - r_1} + \frac{C}{s - r_2}\right\} \end{aligned}$$

$$\therefore\ r_1 = \frac{-\zeta + \sqrt{\zeta^2 - 1}}{\tau},\ r_2 = \frac{-\zeta - \sqrt{\zeta^2 - 1}}{\tau}$$

$$A = \frac{1}{r_1 r_2},\ B = \frac{1}{r_1(r_1 - r_2)},\ C = \frac{1}{r_2(r_2 - r_1)}$$

2차 공정의 전달함수의 분모를 0으로 둔 방정식의 근 r_1과 r_2로부터 응답 $Y(t)$는 제동비 ζ의 값에 따라 좌우된다는 것을 짐작할 수 있다.

① $\zeta < 1$

㉠ 과소감쇠된 시스템(Underdamped System)

㉡ r_1, r_2는 허근

㉢ ζ가 작아질수록 진동의 폭은 커진다.

㉣ 역라플라스 변환

$$Y(t) = K\left\{1 - e^{-\zeta t/\tau}\left(\cos\frac{\sqrt{1-\zeta^2}}{\tau}t + \frac{\zeta}{\sqrt{1-\zeta^2}}\sin\frac{\sqrt{1-\zeta^2}}{\tau}t\right)\right\}$$

$$Y(t) = K\left\{1 - \frac{1}{\sqrt{1-\zeta^2}}e^{-\zeta t/\tau}\sin\left(\frac{\sqrt{1-\zeta^2}}{\tau}t + \phi\right)\right\}$$

$$\phi = \tan^{-1}\left(\frac{\sqrt{1-\zeta^2}}{\zeta}\right)$$

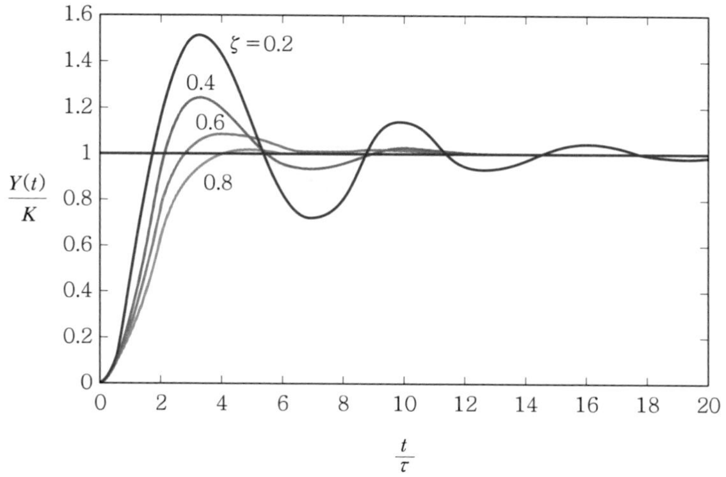

▲ 과소감쇠된 시스템의 계단응답

② $\zeta = 1$

㉠ 임계감쇠된 시스템(Critically Damped System)

㉡ $r_1 = r_2$ 중근

㉢ $Y(t)$는 진동을 보이지 않으면서 정상상태값에 가장 빠르게 도달한다.

$$Y(t) = K\left\{1 - \left(1 + \frac{t}{\tau}\right)e^{-t/\tau}\right\}$$

③ $\zeta > 1$

㉠ 과도감쇠된 시스템(Overdamped System)

㉡ r_1, r_2는 서로 다른 2개의 실근

㉢ 응답은 진동을 보이지 않으나 $\zeta = 1$인 경우보다 느리게 정상상태값에 도달한다.

$$Y(t) = K\left[1 - \frac{1}{2}e^{-\zeta t/\tau}\left\{\left(1 + \frac{\zeta}{\sqrt{\zeta^2 - 1}}\right)e^{\frac{\sqrt{\zeta^2-1}}{\tau}t} + \left(1 - \frac{\zeta}{\sqrt{\zeta^2 - 1}}\right)e^{\frac{-\sqrt{\zeta^2-1}}{\tau}t}\right\}\right]$$

TIP

2차 공정의 계단응답 특성

- 시간상수 τ가 작으면 응답이 빠르다.
- $\zeta < 1$일 때에만 진동이 일어난다.
- ζ가 커질수록 응답이 느려진다.
- 진동이 없으면서 가장 빠른 응답은 $\zeta = 1$일 때 얻어진다.

> **TIP**
> 실제 화학공장의 열린 루프(Open-loop) 응답은 임계감쇠, 또는 과도감쇠 시스템의 응답과 유사하며 열린 루프 응답이 거의 진동을 보이지 않는다. 그러나 닫힌 루프(Closed-loop) 시스템이 되면 진동이 흔히 일어난다.

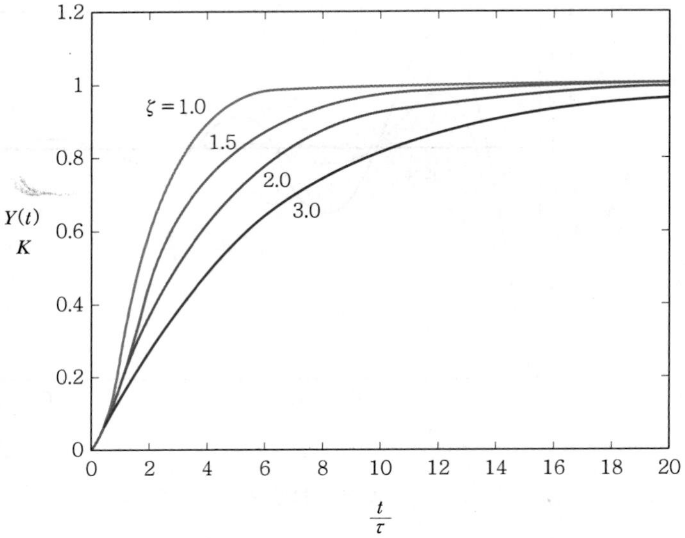

▲ 과도감쇠된 시스템의 계단응답

(3) $\zeta < 1$ 과소감쇠 공정의 응답 특성

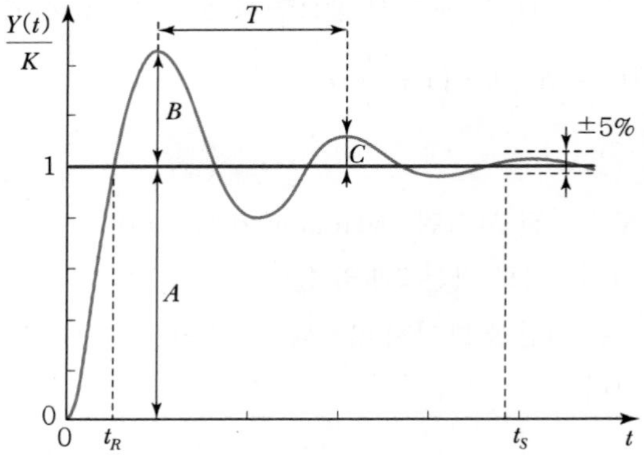

▲ 과소감쇠된 공정의 계단응답

① **오버슈트**(Overshoot) : 오버슈트는 응답이 정상상태값을 초과하는 정도를 나타내는 양이며, 다음과 같이 정의한다.

$$(\text{Overshoot}) = \frac{B}{A} = \exp\left(-\frac{\pi\zeta}{\sqrt{1-\zeta^2}}\right)$$

② **감쇠비**(Decay Ratio) : 감쇠비는 진폭이 줄어드는 비율을 의미한다.

$$(\text{감쇠비}) = \frac{C}{B} = \exp\left(-\frac{2\pi\zeta}{\sqrt{1-\zeta^2}}\right) = (\text{Overshoot})^2$$

③ **주기** : 진동의 주기 T

$$T = \frac{2\pi\tau}{\sqrt{1-\zeta^2}}$$

④ **진동수** : 진동수 f는 주기 T의 역수로 진동응답의 시간당 진동수를 나타낸다.

$$f = \frac{1}{T} = \frac{\sqrt{1-\zeta^2}}{2\pi\tau}$$

라디안(Radian) 진동수 $\omega = 2\pi f = \dfrac{\sqrt{1-\zeta^2}}{\tau}$

⑤ **고유진동주기와 고유진동수** : 고유진동주기와 고유진동수는 $\zeta = 0$일 때의 주기와 진동수를 의미한다.

$$T_n = 2\pi\tau,\ f_n = \frac{1}{T_n} = \frac{1}{2\pi\tau}$$

⑥ **상승시간(Rise Time, t_R)** : 상승시간 t_R은 응답이 최초로 최종값(정상상태값)에 도달하는 데 걸린 시간을 의미한다.

⑦ **안정시간(Setting Time, t_S)** : 안정시간 t_S는 응답이 최종값의 ±5% 이내에 위치하기 시작할 때까지 걸린 시간을 의미한다.

⑧ **최초 진동의 피크에 도달하는 시간(t_P)** : $\dfrac{dY(t)}{dt} = 0$으로부터 $t_P = \dfrac{\pi\tau}{\sqrt{1-\zeta^2}}$

2) 2차 공정의 Sine 응답

진폭이 A인 Sine 함수 $X(t) = A\sin\omega t$이면 $X(s) = \dfrac{A\omega}{s^2+\omega^2}$

출력함수 $Y(s) = \dfrac{KA\omega}{(s^2+\omega^2)(\tau^2 s^2 + 2\tau\zeta s + 1)}$

역라플라스 변환하면

$$Y(t) = e^{-\zeta t/\tau}\left(C_1 \cos\frac{\sqrt{1-\zeta^2}}{\tau}t + C_2 \sin\frac{\sqrt{1-\zeta^2}}{\tau}t\right) + \frac{KA}{\sqrt{(1-\tau^2\omega^2)^2 + (2\tau\zeta\omega)^2}}\sin(\omega t + \phi)$$

여기서, C_1, C_2 : 상수

$$\phi = -\tan^{-1}\left(\frac{2\tau\omega\zeta}{1-\tau^2\omega^2}\right)$$

TIP

- 입력

$x(t) = A\sin\omega t$

- 출력

$$y(t) = \frac{KA}{\sqrt{(1-\tau^2\omega^2)^2 + (2\tau\zeta\omega)^2}} \times \sin(\omega t + \phi)$$

$$\phi = -\tan^{-1}\left(\frac{2\tau\zeta\omega}{1-\tau^2\omega^2}\right)$$

PART 1 PART 2 PART 3 PART 4 PART 5

시간이 상당히 흐르면 $e^{-\zeta t/\tau}$항은 0에 가까워지므로 응답 $Y(t)$는 일정한 진동을 가지는 Sine 곡선이 된다.

$$\lim_{t \to \infty} Y(t) = \frac{KA}{\sqrt{(1-\tau^2\omega^2)^2 + (2\tau\omega\zeta)^2}} \sin(\omega t + \phi)$$

위 식과 같이 일정한 진동을 가지는 응답을 시스템의 진동응답이라 한다.

Reference

진폭비(Amplitude Ratio, *AR*)

- 진폭비 $AR = \frac{\text{출력변수의 진폭}}{\text{입력변수의 진폭}} = \frac{K}{\sqrt{(1-\tau^2\omega^2)^2 + (2\tau\omega\zeta)^2}}$
- 정규진폭비 $AR_N = \frac{AR}{K} = \frac{\text{진폭비}}{\text{공정의 정상상태이득}} = \frac{1}{\sqrt{(1-\tau^2\omega^2)^2 + (2\tau\omega\zeta)^2}}$
- AR_N의 최댓값은 위의 식을 ω에 대하여 미분한 다음 0으로 놓고 구한다.

  AR_N이 최대일 경우 $\tau\omega = \sqrt{1-2\zeta^2}$ 이며,

  이때의 AR_N 값은 $AR_{N \cdot \max} = \frac{1}{2\zeta\sqrt{1-\zeta^2}}$ 이다.

  위에서 ζ의 범위는 $0 < \zeta < 0.707$이다.

3. 시간지연(수송지연, 불감시간)

1) 시간지연의 특성

(1) 액체 교반 공정

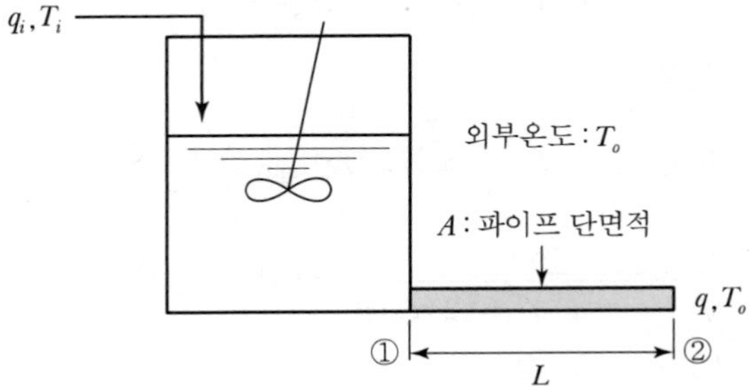

여기서, ①, ② : 유출파이프(단열, 난류흐름 가정)

유입온도나 외부온도가 변하면 탱크 내부의 온도 T가 변하게 되는데, T의 변화는 어느 시간이 지난 후 유출온도 T_o의 변화로 나타난다. 이 경우 T가 변화되기 시작한 순간부터 T_o에 변화가 일어나기까지의 시간을 시간지연, 또는 수송지연이라 한다.

$$\theta = \frac{L}{q/A} = \frac{L}{u} = \frac{LA}{q}$$

액체 탱크가 잘 단열되어 있다고 하고 유입액 온도에 크기 M인 계단변화가 도입되었다면

$T_o(t) = T(t-\theta)$

시간지연의 라플라스 변환과 편차변수를 이용하면

$$G(s) = \frac{T_o'(s)}{T'(s)} = e^{-\theta s} = e^{-\frac{LA}{q}s}$$

$$\frac{T_o'(s)}{T_i'(s)} = \frac{T'(s)}{T_i'(s)} \cdot \frac{T_o'(s)}{T'(s)} = \frac{e^{-\theta s}}{\tau s + 1}$$

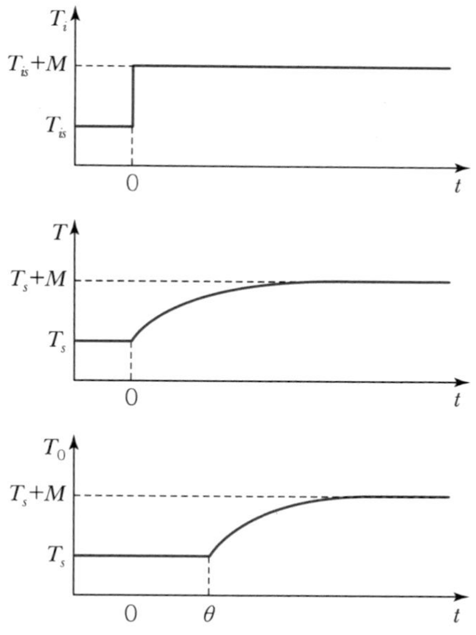

▲ 시간 변화에 따른 유출액 온도의 응답곡선

TIP

수송지연 근사법

$$e^{-\theta s} = \frac{1}{e^{\theta s}} = \frac{1}{1+\theta s + \frac{\theta^2 s^2}{2} + \frac{\theta^3 s^3}{3!}}$$

$$\therefore e^{-\theta s} \cong \frac{1}{1+\theta s}$$

$$e^{-\theta s} = \frac{e^{\frac{-\theta s}{2}}}{e^{\frac{\theta s}{2}}}$$

- Padé 1차 근사

$$e^{-\theta s} \cong \frac{1-\frac{\theta s}{2}}{1+\frac{\theta s}{2}}$$

- Padé 2차 근사

$$e^{-\theta s} \cong \frac{1-\frac{\theta s}{2}+\frac{\theta^2 s^2}{12}}{1+\frac{\theta s}{2}+\frac{\theta^2 s^2}{12}}$$

실전문제

01 동일한 2개의 1차계가 상호작용 없이(Non Inter－acting) 직렬연결되어 있는 계는 다음 중 어느 경우의 2차계와 같아지는가?(단, ζ는 감쇠계수(Damping Coefficient)이다.)

① $\zeta > 1$　② $\zeta = 1$
③ $\zeta < 1$　④ $\zeta = \infty$

해설

$$G(s) = \frac{K}{\tau^2 s^2 + 2\tau\zeta s + 1} = \frac{K}{(\tau s+1)(\tau s+1)}$$

$\therefore \zeta = 1$

02 다음 그림과 같은 두 개의 탱크가 직렬로 연결되어 있을 경우 q와 h_2 간의 전달함수는?(단, R : 선형저항, A : 탱크 밑면적, $\tau = AR$이다.)

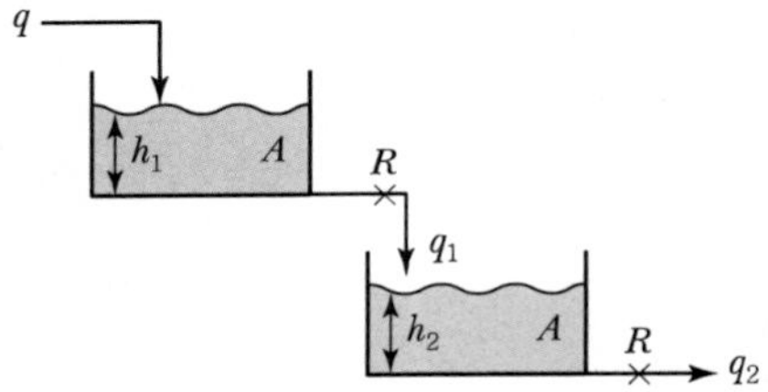

① $\left(\dfrac{1}{\tau s+1}\right)^2$　② $\dfrac{R}{(\tau s+1)^2}$
③ $\left(\dfrac{R}{\tau s+1}\right)^2$　④ $\dfrac{R}{\tau^2 s^2 + 3\tau s + 1}$

해설

2차 공정의 동특성(비간섭계)

$$\frac{h_2}{q_1} = \frac{R}{(\tau s+1)^2}$$

03 전달함수 $G(s) = \dfrac{A}{(\tau s+1)^2}$의 진폭비($AR$)은 얼마인가?(단, τ는 시정수, A는 상수이고, ω는 각속도이다.)

① $AR = \dfrac{A}{1+\omega\tau^2}$　② $AR = \dfrac{A}{1+\omega\tau}$
③ $AR = \dfrac{A}{1+\omega^2\tau^2}$　④ $AR = \dfrac{A}{1+\omega^2\tau}$

해설

$$AR(\text{진폭비}) = \frac{A}{\sqrt{(1-\tau^2\omega^2)^2 + (2\tau\omega\zeta)^2}}$$

$$G(s) = \frac{A}{\tau^2 s^2 + 2\tau s + 1}$$

$\zeta = 1$

$$\therefore AR = \frac{A}{\sqrt{(1-\tau^2\omega^2)^2 + 4\tau^2\omega^2}} = \frac{A}{\sqrt{(\tau^2\omega^2+1)^2}} = \frac{A}{\tau^2\omega^2+1}$$

04 전달함수가 $G(s) = \dfrac{3}{(2s+1)(3s+1)}$일 때 진폭비는?

① $\dfrac{3}{\sqrt{(1+13\omega^2+36\omega^4)}}$
② $\dfrac{3}{\sqrt{(1+2\omega^2+3\omega^4)}}$
③ $3\sqrt{(1+2\omega^2+3\omega^4)}$
④ $3\sqrt{(1+13\omega^2+36\omega^4)}$

정답 01 ② 02 ② 03 ③ 04 ①

해설

진폭비 $AR = \dfrac{K}{\sqrt{(1-\tau^2\omega^2)^2 + (2\tau\omega\zeta)^2}}$

$G(s) = \dfrac{K}{\tau^2 s^2 + 2\tau\zeta s + 1}$

$G(s) = \dfrac{3}{6s^2 + 5s + 1}$

$\therefore \tau^2 = 6,\ \tau = \sqrt{6}$

$2\sqrt{6}\,\zeta = 5 \rightarrow \zeta = \dfrac{5}{2\sqrt{6}}$

$K = 3$

$$\therefore AR = \frac{3}{\sqrt{(1-6\omega^2)^2 + \left(2\sqrt{6}\,\omega \cdot \frac{5}{2\sqrt{6}}\right)^2}} = \frac{3}{\sqrt{1 + 13\omega^2 + 36\omega^4}}$$

05 그림과 같이 출구흐름과 두 탱크의 연결부위에 고정된 열림을 가진 밸브가 설치된 두 개의 저장탱크에서 입력흐름에 대한 계단응답 특성의 설명 중 틀린 것은?

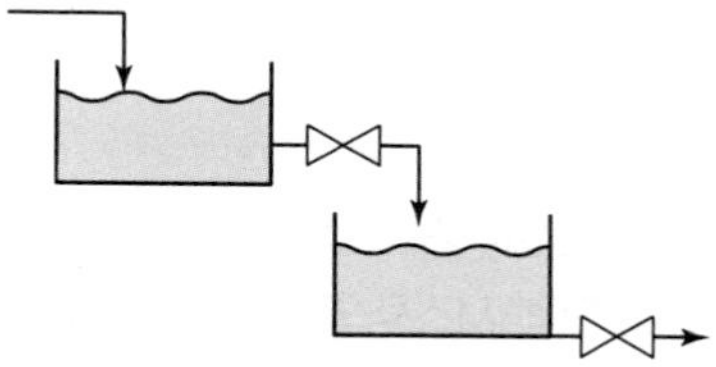

① 2번째 탱크의 높이는 시간에 따라 진동할 수 있다.
② 각 탱크의 높이는 각 탱크의 입력에 대해 1차 전달함수로 표시된다.
③ 2번째 탱크의 높이는 첫 번째 탱크의 높이 변화보다 느린 특성을 보인다.
④ 두 탱크가 실린더 형태이고 밑면적 밸브 저항이 같으면 Critically Damped된 특성을 보인다.

해설

④의 경우 $\zeta = \dfrac{\tau_1 + \tau_2}{2\sqrt{\tau_1 \tau_2}}$

$\tau_1 = \tau_2$

$\zeta = 1$

06 2차 Underdamped System의 계단응답에서 출력이 최초로 그 최종값(Ultimate Value)에 도달하는 시간을 무엇이라 하는가?

① Response Times
② Rise Times
③ Peak Times
④ Dead Times

해설

- 상승시간(t_R) : 응답이 최초로 최종값(정상상태값)에 도달하는 데 걸린 시간
- 안정시간(t_S) : 응답이 최종값의 ±5% 이내에 위치하기 시작할 때까지 걸린 시간

07 전달함수가 $G(s) = \dfrac{3}{s^2 + 3s + 2}$ 과 같은 2차계의 단위계단(Unit Step)응답은 다음 중 어느 것인가?

① $\dfrac{3}{2}e^{-t} + 3(1 + e^{-2t})$
② $-3e^{-t} + \dfrac{3}{2}(1 + e^{-2t})$
③ $3e^{-t} - 3(1 + e^{-2t})$
④ $e^{-t} - 3(1 + e^{-2t})$

해설

$$Y(s) = G(s)X(s) = \frac{3}{s(s+1)(s+2)} = \frac{3/2}{s} - \frac{3}{s+1} + \frac{3/2}{s+2}$$

$$\therefore y(t) = \frac{3}{2}(1 + e^{-2t}) - 3e^{-t}$$

08 다음 중 비선형계에 해당하는 것은?

① 0차 반응이 일어나는 혼합반응기
② 1차 반응이 일어나는 혼합반응기
③ 2차 반응이 일어나는 혼합반응기
④ 화학반응이 일어나지 않는 혼합조

정답 05 ① 06 ② 07 ② 08 ③

해설

혼합반응기

- 0차 반응 : $C_{A0}X_A = kt$
- 1차 반응 : $-\ln(1-X_A) = kt$
- 2차 반응 : $k\tau C_{A0} = \dfrac{X_A}{(1-X_A)^2}$ → 비선형

09 Underdamped 2차 공정의 특성에 관한 설명 중 옳지 않은 것은?

① 고유진동 주파수(Nature－frequency of Oscillation)가 커지면 Overshoot이 커진다.
② 고유진동 주파수(Nature－frequency of Oscillation)가 커지면 정착시간(Setting Time)이 짧아진다.
③ 고유진동 주파수(Nature－frequency of Oscillation)가 커지면 상승시간(Rise Time)이 짧아진다.
④ 화학공정 자체가 Underdamped 특성을 갖는 경우는 많지 않다.

해설

고유진동수(f_n)

- $\zeta=0$일 때의 진동수
- $T_n = 2\pi\tau$(고유진동주기)이므로

$$f_n = \frac{1}{T_n} = \frac{1}{2\pi\tau}$$

- 고유진동수가 커지면 시간상수(τ)가 작다.
  → 상승시간, 주기, 안정시간 모두 작다.

10 전달함수 $G(s) = \dfrac{10}{s^2+1.6s+4}$ 인 2차계의 시정수 τ와 Damping Factor ζ의 값은?

① $\tau=0.5,\ \zeta=0.8$
② $\tau=0.8,\ \zeta=0.4$
③ $\tau=0.4,\ \zeta=0.5$
④ $\tau=0.5,\ \zeta=0.4$

해설

$$G(s) = \frac{K}{\tau^2s^2+2\tau\zeta s+1} = \frac{10/4}{1/4s^2+0.4s+1}$$

$\therefore\ \tau = \dfrac{1}{2} = 0.5$

$2\times\tau\times\zeta = 0.4 \rightarrow \zeta = 0.4$

11 $\dfrac{Y(s)}{X(s)} = \dfrac{5}{s^2+3s+2.25}$ 일 때 단위계단응답에 해당하는 것은?

① 자연진동 ② 무진동감쇠
③ 무감쇠진동 ④ 임계감쇠

해설

$$G(s) = \frac{5/2.25}{1/2.25s^2+\dfrac{3}{2.25}s+1}$$

$\therefore\ \tau^2 = \dfrac{1}{2.25} \rightarrow \tau = 0.667$

$2\tau\zeta = \dfrac{3}{2.25} \rightarrow \zeta \fallingdotseq 1$(임계감쇠)

12 직렬로 연결된 일차계(First－order System)의 수가 증가함에 따라서 전체 시스템의 계단응답(Step Response)은 어떻게 되는가?

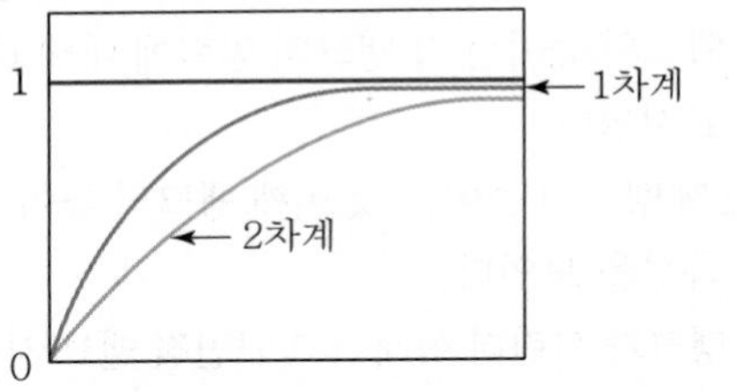

① 변화하지 않는다.
② 직선적으로 빨라진다.
③ 늦어진다.
④ 지수함수적으로 빨라진다.

해설

일차계의 수가 증가하면 응답이 늦어진다.

정답 09 ① 10 ④ 11 ④ 12 ③

13 총괄전달함수가 $\frac{1}{(s+1)(s+2)}$ 인 계의 주파수 응답에 있어 주파수가 2rad/s일 때 진폭비는?

① $\frac{1}{\sqrt{10}}$ ② $\frac{1}{2\sqrt{10}}$

③ $\frac{1}{5}$ ④ $\frac{1}{10}$

해설

$$G(s)=\frac{1}{(s+1)(s+2)}=\frac{1}{s^2+3s+2}=\frac{1/2}{\frac{1}{2}s^2+\frac{3}{2}s+1}$$

$K=\frac{1}{2}$

$\tau=\frac{1}{\sqrt{2}}$

$2\tau\zeta=\frac{3}{2} \rightarrow \zeta=\frac{3}{2\sqrt{2}}$

$\omega=2$

$$\therefore AR=\frac{K}{\sqrt{(1-\tau^2\omega^2)^2+(2\tau\omega\zeta)^2}}=\frac{0.5}{\sqrt{\left(1-\frac{1}{2}\cdot 4\right)^2+(3)^2}}=\frac{1}{2\sqrt{10}}$$

14 2차계 단위계단입력이 가해져서 자연진동(진폭이 일정한 지속적 진동)을 한다면 이 계의 특징을 옳게 설명한 것은?

① 제동비(Damping Ratio) 값이 0이다.
② 제동비(Damping Ratio) 값이 1이다.
③ 시간상수값이 1이다.
④ 2차계는 자연진동할 수 없다.

해설

$\zeta=0$: 자연진동(무감쇠진동)

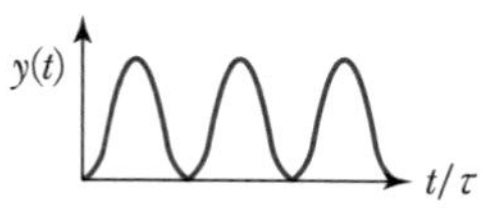

15 다음 중 2차계에서 Overshoot를 가장 작게 하는 제동비(Damping Ratio)는?

① $\zeta=0.2$ ② $\zeta=0.4$

③ $\zeta=0.6$ ④ $\zeta=0.8$

해설

$$\text{Overshoot}=\exp\left(-\frac{\pi\zeta}{\sqrt{1-\zeta^2}}\right)$$

ζ가 작을수록 진동이 커지므로 ζ가 클 때 Overshoot가 작다.

16 2차계의 전달함수가 다음 식과 같을 때 시간상수 τ와 제동계수(Damping Ratio) ζ값을 옳게 나타낸 것은?

$$\frac{Y(s)}{X(s)}=\frac{4}{9s^2+10.8s+9}$$

① $\tau=1,\ \zeta=0.4$ ② $\tau=1,\ \zeta=0.6$

③ $\tau=3,\ \zeta=0.4$ ④ $\tau=3,\ \zeta=0.4$

해설

$$G(s)=\frac{4/9}{s^2+\frac{10.8}{9}s+1}$$

$\therefore \tau=1$

$2\tau\zeta=\frac{10.8}{9} \rightarrow \zeta=0.6$

17 2차계의 과소감쇠(Under Damped) 단위계단응답에서 상승시간(궁극적인 값에 처음으로 도달하는 데 걸리는 시간)을 계산하는 방법은?(단, 공정이득이 1인 경우이다.)

① 단위계단응답이 0이 되는 첫 번째 시간을 구한다.
② 단위계단응답이 1이 되는 첫 번째 시간을 구한다.
③ 단위계단응답의 미분값이 0이 되는 첫 번째 시간을 구한다.
④ 단위계단응답의 미분값이 1이 되는 첫 번째 시간을 구한다.

정답 13 ② 14 ① 15 ④ 16 ② 17 ②

해설

$$Y(s)=G(s)X(s)$$
$$=\frac{1}{(\tau_1 s+1)(\tau_2 s+1)}\cdot\frac{1}{s}$$

ζ가 클수록 T_r(상승시간, Rise Time)이 증가한다.

18 공정의 동적 거동 형태 중 역응답(Inverse Response) 이란?

① 입력에 대해 진동응답을 보일 때
② 입력에 대해 일정시간이 경과한 후 응답이 나올 때
③ 양의 단위입력에 대해 정상상태에서 음의 출력을 보일 때
④ 초기 공정의 방향이 시간이 많이 지난 후의 공정응답 방향과 반대일 때

해설

역응답
양의 Zero를 가질 때 처음에 아래로 처지다가 다시 정상상태 값으로 근접한다.

19 저감쇠(Under Damped) 2차 공정의 특성이 아닌 것은?

① Overshoot는 항상 존재한다.
② 항상 공진주파수(Resonance Frequency)를 가진다.
③ Damping 계수(Damping Factor)가 작을수록 상승시간(Rise Time)이 짧다.
④ 감쇠비(Decay Ratio)는 Overshoot의 자승으로 표시된다.

해설

공진주파수 $\omega_r=\frac{\sqrt{1-2\zeta^2}}{\tau}$

20 전달함수 $G(s)=\frac{\exp(-3s)}{(s-1)(s+2)}$의 계단응답(Step Response)에 대해 옳게 설명한 것은?

① 계단입력을 적용하자 곧바로 출력이 초기치에서 움직이기 시작하여 1로 진동하면서 수렴한다.
② 계단입력을 적용하자 곧바로 출력이 초기치에서 움직이기 시작하여 진동하지 않으면서 발산한다.
③ 계단입력에 대해 시간이 3만큼 지난 후 진동하지 않고 발산한다.
④ 계단입력에 대해 진동하면서 발산한다.

해설

시간이 3만큼 지연되며, 양의 Pole을 가지므로 발산한다.

21 $G(s)=\frac{K}{(\tau s)^2+2\zeta\tau s+1}$ 2차계의 주파수 응답에서 감쇠계수값에 관계없이 위상의 지연이 90°가 되는 경우는?(단, τ는 시정수이고, ω는 주파수이다.)

① $\omega\tau=1$일 때
② $\omega=\tau$일 때
③ $\omega\tau=\sqrt{2}$일 때
④ $\omega=\tau^2$일 때

해설

$$\phi=-\tan^{-1}\left(\frac{2\tau\zeta\omega}{1-\tau^2\omega^2}\right)=-90^\circ$$
$$\frac{2\tau\zeta\omega}{1-\tau^2\omega^2}=\infty$$
$$\therefore\ \tau\omega=1$$

22 Spring-Mass-Damper로 구성된 감쇠진동기(Damper Oscillator)에서 2차 미분형태를 나타내는 항과 관련이 있는 것은?

① 힘 = 질량 × 가속도
② 힘 = 용수철 Hook 상수 × 늘어난 길이
③ 힘 = 감쇠계수 × 위치의 변화율
④ 힘 = 시간의 함수인 구동력

정답 18 ④ 19 ② 20 ③ 21 ① 22 ①

해설

감쇠진동기

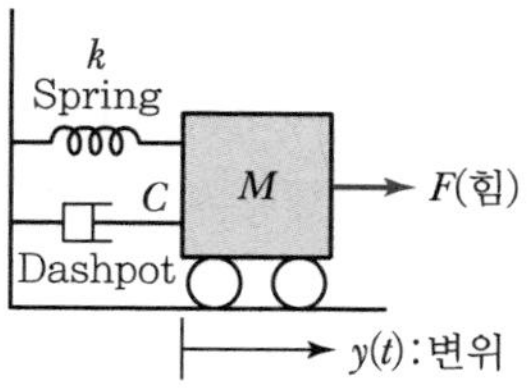

$$\frac{Md^2y(t)}{dt^2} = -ky(t) - \frac{cdy(t)}{dt} + F(t)$$

$$\frac{Md^2y(t)}{kdt^2} + \frac{cdy(t)}{kdt} + y(t) = \frac{F(t)}{k}$$

$$\tau^2 s^2 Y(s) + 2\tau\zeta s Y(s) + Y(s) = X(s)$$

$$\therefore \frac{Y(s)}{X(s)} = \frac{1}{\tau^2 s^2 + 2\tau\zeta s + 1}$$

23 단면적이 A, 길이가 L인 파이프 내에 평균속도 U로 유체가 흐르고 있다. 입구 유체온도와 출구 유체 온도 사이의 전달함수는?(단, 파이프는 단열되어 파이프로부터 유체로 열전달은 없다.)

① $\dfrac{1}{\frac{L}{U}s+1}$ ② $e^{-\frac{AL}{U}s}$

③ $e^{\frac{L}{U}s}$ ④ $e^{-\frac{L}{U}s}$

해설

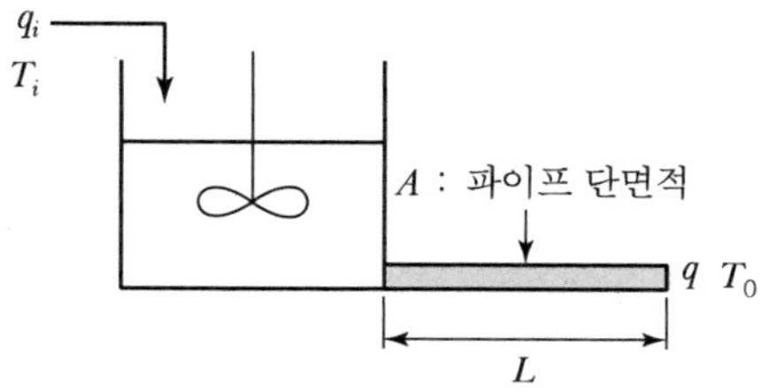

시간지연 $\theta = \dfrac{L}{q/A} = \dfrac{L}{U}$

$T_o(t) = T(t-\theta)$

$$\frac{T_o'(s)}{T'(s)} = e^{-\theta s} = e^{-\frac{L}{U}s}$$

$$\frac{T_o'(s)}{T_i'(s)} = \frac{T'(s)}{T_i'(s)} \cdot \frac{T_o'(s)}{T'(s)} = \frac{e^{-\theta s}}{\tau s+1}$$

24 단면적 A, 길이 L인 절연된 관을 통해서 일정한 부피 유속(q)으로 액체가 흐를 때 이 계의 사장시간(Dead Time) 또는 수송지연(Transportation Lag)에 해당하는 Parameter(θ)는?

① $\dfrac{AL}{q}$ ② $\dfrac{Aq}{L}$

③ $\dfrac{q}{AL}$ ④ $\dfrac{L}{q}$

해설

$$\theta = \frac{L}{q/A} = \frac{AL}{q} = \frac{L}{u}$$

정답 23 ④ 24 ①

[06] 복합공정의 동특성

복합공정은 3차 이상의 고차공정이나 시간지연이 존재하는 1차, 2차 공정 또는 복잡한 특성을 보이는 공정을 통칭한다. 고차공정의 동특성은 1차, 2차 공정의 경우를 그대로 이용하면 된다.

1. 고차공정

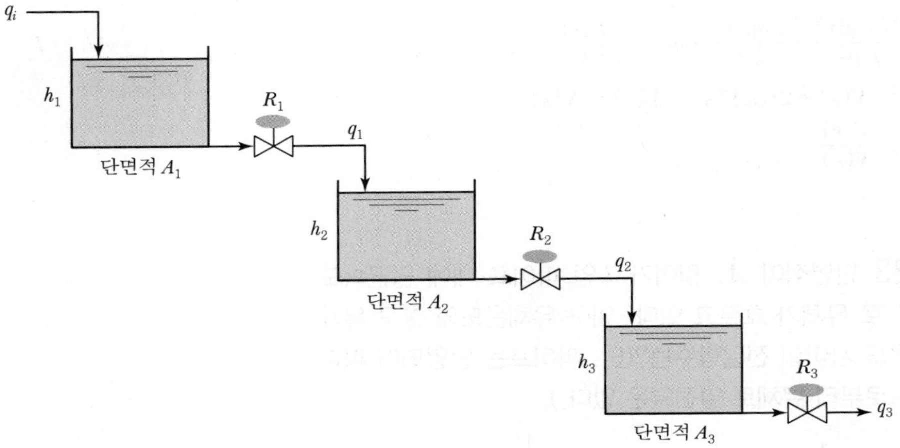

$$\frac{H_3(s)}{Q_i(s)} = \frac{H_1(s)}{Q_i(s)} \cdot \frac{H_2(s)}{H_1(s)} \cdot \frac{H_3(s)}{H_2(s)} = \frac{K_1K_2K_3}{(\tau_1 s+1)(\tau_2 s+1)(\tau_3 s+1)}$$

n개의 탱크가 연결되어 있다면 전달함수는 다음과 같다.

$$G(s) = \frac{H_n(s)}{Q_i(s)} = \prod_{i=1}^{n} G_i(s) = \frac{K}{\prod_{i=1}^{n}(\tau_i s+1)}$$

$$K = \prod_{i=1}^{n} K_i$$

1) 고차공정의 단위계단응답

$$Q_i(s) = \frac{1}{s}$$

$$H_n(s) = \frac{1}{s} \cdot \frac{K}{\prod_{i=1}^{n}(\tau_i s+1)}$$

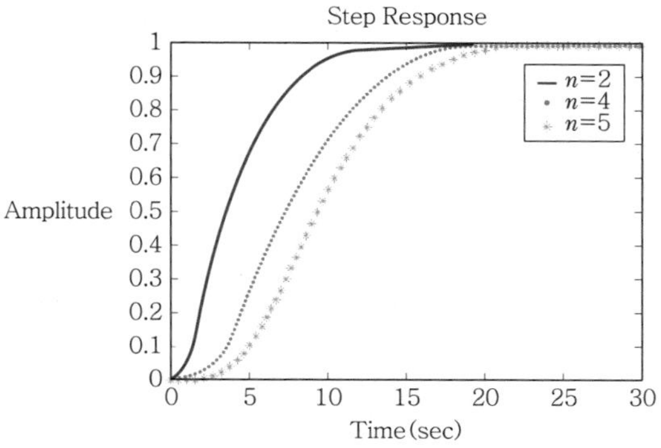

▲ 고차공정의 단위계단응답

역라플라스 변환하면

$$H_n(t) = K\left[1 - \sum_{i=1}^{n} \frac{\tau_i^{\,n-1} e^{-t/\tau_i}}{\prod_{\substack{j=1 \\ j \neq i}}^{n} (\tau_i - \tau_j)}\right]$$

위의 그림은 $K=1$, $\tau_i = 2$인 고차공정의 단위계단응답을 보인 것이다.

2) 고차공정의 일반적 형태

고차공정의 일반적인 형태는 다음과 같이 나타낼 수 있다.

$$G(s) = \frac{Y(s)}{X(s)} = \frac{K\prod_{j=1}^{m}(\tau_{dj}+1)}{\prod_{i=1}^{n}(\tau_{gi}+1)} \quad (n > m) \quad \cdots\cdots\cdots\cdots \text{ⓟ}$$

입력변수의 단위계단변화($X(s) = 1/s$)에 대한 응답은 역라플라스 변환으로 다음과 같은 식으로 주어진다.

$$Y(t) = K\left\{1 - \sum_{i=1}^{n} \frac{\prod_{j=1}^{n}(\tau_{gi} - \tau_{dj})\tau_{gi}^{\,n-m-1}}{\prod_{j=1(j\neq i)}^{n}(\tau_{gi} - \tau_{gj})} e^{-t/\tau_{gi}}\right\} \quad \cdots\cdots\cdots\cdots \text{ⓠ}$$

ⓠ식에서 전달함수 분자항($\tau_{dj} \neq 0$)은 공정의 응답을 가속화시키는 역할을 한다.

ⓟ식의 고차공정에서 $m = n = 1$일 때를 살펴보자.

$$G(s) = \frac{Y(s)}{X(s)} = \frac{\tau_d s + 1}{\tau_g s + 1}$$

이때 $\dfrac{1}{\tau_g s+1}$은 1차 Lag, $\tau_d s+1$은 1차 Lead라 하며 $G(s)$는 Lead/Lag이라 한다.

단위계단입력 시 응답은

$$Y(t)=1+\left(\frac{\tau_d}{\tau_g}-1\right)e^{-t/\tau_g}$$

아래 그림은 $\tau_g=1$일 때 $\dfrac{\tau_d}{\tau_g}$에 따른 응답 $Y(t)$를 나타낸 것이다.

초기의 응답은 $\dfrac{\tau_d}{\tau_g}$의 크기에 따라 좌우되지만, 동일한 정상상태에 도달하게 된다.

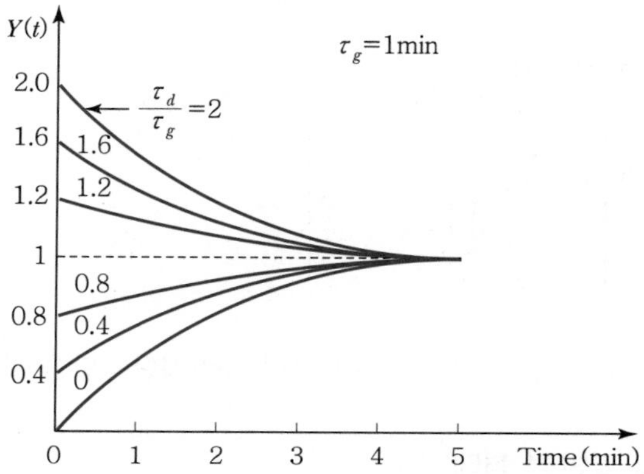

▲ Lead/Lag의 단위계단응답

2. 역응답

(1) 공정의 전달함수

$$G(s)=\frac{b_m s^m+b_{m-1}s^{m-1}+\cdots+b_1 s+b_o}{a_n s^n+a_{n-1}s^{n-1}+\cdots+a_1 s+a_o}$$ 를 다시 나타내면

$$G(s)=\frac{b_m(s-z_1)(s-z_2)\cdots(s-z_m)}{a_n(s-p_1)(s-p_2)\cdots(s-p_n)}$$

여기서, $z_1, z_2, \cdots, z_m$: $G(s)$의 분자를 0으로 해주는 값, $G(s)$의 Zero(영점)

$p_1, p_2, \cdots, p_n$: $G(s)$의 분모를 0으로 해주는 값, $G(s)$의 Pole(극점)

3차 공정의 경우 Zero는 1개, Pole은 3개이다. 공정모델식에서 Zero의 존재는 응답 형태에 상당한 영향을 미친다.

(2) 역응답

2차 공정 Zero 1개, 크기 M인 계단변화가 도입되었을 때의 응답

$$G(s) = \frac{Y(s)}{X(s)} = \frac{K(\tau_a s + 1)}{(\tau_1 s + 1)(\tau_2 s + 1)},\ X(s) = \frac{M}{s}$$

$$Y(s) = G(s)X(s) = \frac{KM(\tau_a s + 1)}{s(\tau_1 s + 1)(\tau_2 s + 1)}$$

역라플라스 변환하면

$$Y(t) = KM\left(1 + \frac{\tau_a - \tau_1}{\tau_1 - \tau_2}e^{-t/\tau_1} + \frac{\tau_a - \tau_2}{\tau_2 - \tau_1}e^{-t/\tau_2}\right)$$

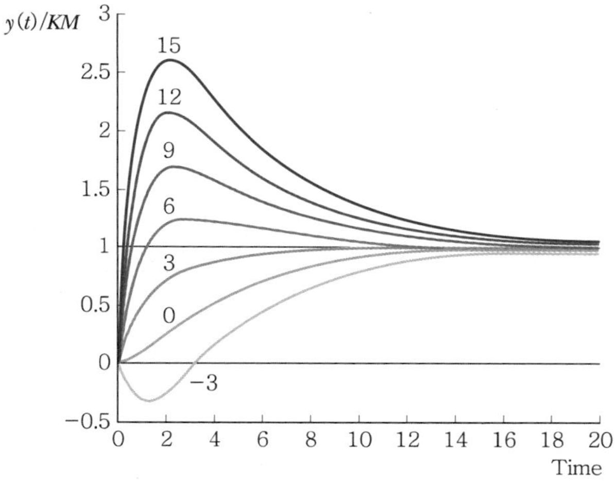

▲ Zero가 하나인 2차 공정의 계단응답의 예

그림에서 τ_a가 0보다 작을 때 응답이 처음에는 아래로 처지다가 다시 정상상태값으로 근접함을 알 수 있는데 이러한 형태의 응답을 역응답(Inverse Response)이라고 한다.

▼ τ_a의 크기에 따른 응답 모양 ■□□

τ_a의 크기	응답 모양
$\tau_a > \tau_1$	Overshoot가 나타남
$0 < \tau_a \le \tau_1$	1차 공정과 유사한 응답
$\tau_a < 0$	역응답

$\tau_a < 0$이면 공정의 Zero는 양의 값을 갖는다. 따라서 공정의 Zero가 양이면 역응답이 나타남을 알 수 있다.

CHAPTER 03

제어계 설계

[01] 제어계의 구성요소

- 제어계는 기본적으로 제어하고자 하는 공정 이외에 센서, 전환기, 제어기 최종제어요소들로 구성된다(변수값 측정 → 출력값 결정 → 제어작용).
- 최종제어요소로는 제어밸브가 가장 보편적이다.

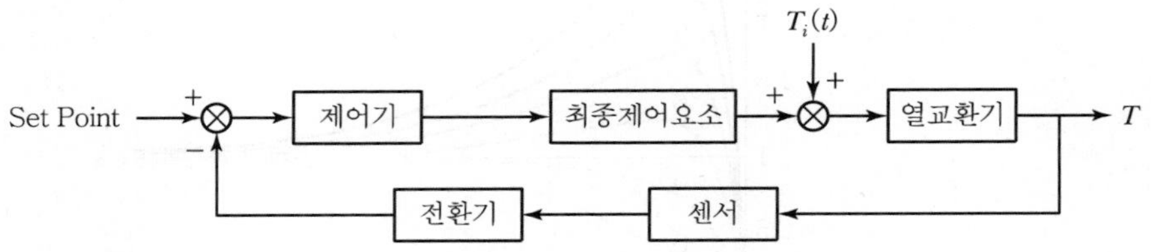

▲ 제어계의 구성요소

1. 센서와 전환기

- 센서 : 유량, 압력, 온도, 액위, 농도 등과 같은 공정 변수를 측정하는 장치
- 전환기 : 센서에 의해 측정된 값을 제어기로 이송시킬 수 있는 신호로 바꾸어 주는 장치
- 전송기 또는 발신기 : 센서+전환기

1) 센서

(1) 온도

① 열전대(Thermocouple, T/C), 백금저항온도계(Pt 100Ω)를 이용한다.

② 대체로 0~100℃는 백금저항온도계를 사용하고, 그 밖의 범위에서는 사용온도 범위에 알맞은 형태의 열전대를 선택하여 사용한다.

③ 온도 센서는 표준 전류 신호를 발생하지 않기 때문에 온도 제어기나 온도 지시계에 연결하여 표준 전류 신호를 얻을 수 있다.

(2) 압력

① 격막(Diaphragm)을 사용한다.

② 압력이 크지 않은 경우에 차압 측정에 사용하는 차압 전환기를 사용하기도 한다.

③ 표준 전류 신호를 발생하도록 설계한다.

(3) 유량

① **오리피스 사용** : 구조가 간단하고 고장이 적으며 유량의 추정치 계산이 쉽다. 차압신호를 표준 전류 신호로 전환시키는 차압전환기를 병용해야 한다.

② 적산유량을 필요로 하는 경우 가정용 수도 계량기와 유사한 오발(Oval) 유량계를 많이 사용한다.

(4) 액위

① 부유물 이용

② 액체의 높이에 따른 압력차로 액위 측정

(5) pH

특수하게 고안된 전극을 사용하여 수소이온농도를 측정하고, 표준 전류 신호로 전환하여 제어기에 입력한다.

(6) 조성

① pH, 전기전도도, 굴절률 측정, IR, UV 흡광법

② **석유화학공정** : 가스크로마토그래피(GC) 사용

2) 전환기

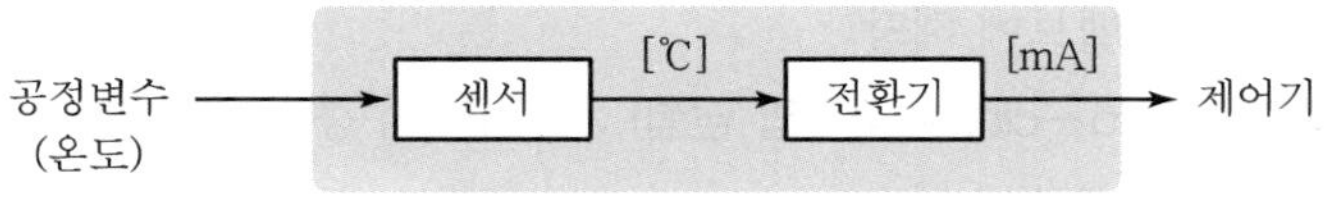

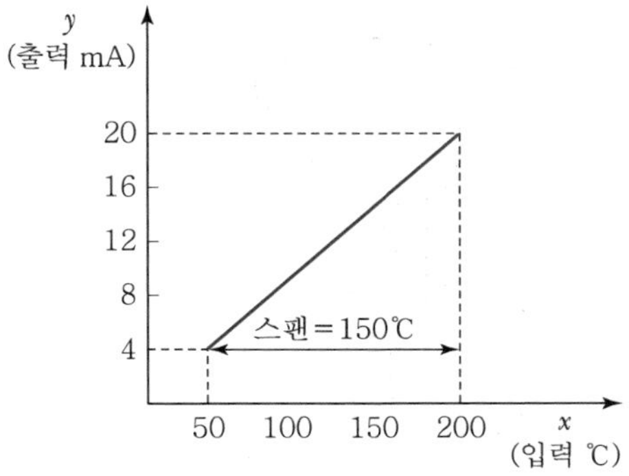

▲ 전환기의 입력과 출력

TIP

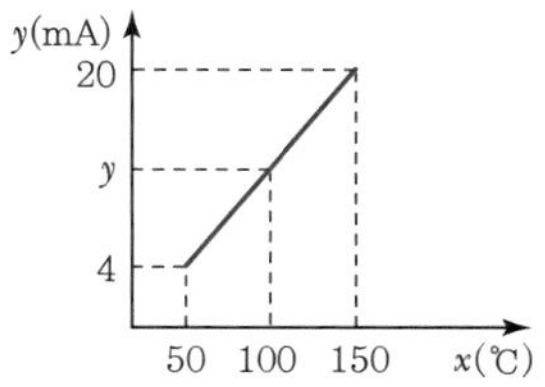

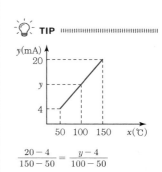

$$\frac{20-4}{150-50}=\frac{y-4}{100-50}$$

전환기의 입력 최저한계는 Zero라고 하며 50℃가 된다. 입력의 최고 및 최저한계의 차는 스팬(Span)이라 부르며, 스팬은 200℃ − 50℃ = 150℃가 된다.

입출력 변수 사이의 관계를 구하면

$$Y = \frac{(20-4)\text{mA}}{(200-50)℃}(X - 50℃) + 4\text{mA} = \left(0.107\frac{\text{mA}}{℃}\right)X - 1.33\text{mA}$$

$$= K_m X + C$$

여기서, 기울기 K_m : 전환기의 Gain

$$K_m = \frac{\text{전환기의 출력범위}}{\text{전환기의 입력범위}}$$

2. 제어밸브

- 밸브는 유체의 흐름을 원하는 수준으로 유지하기 위하여 사용하는 장치이다.
- 가장 중요한 최종제어요소이다.

1) 제어밸브의 기능

① 밸브는 제어기로부터 출력신호를 받아 공정으로 유입되는 물질이나 에너지의 양을 변화시킴으로써 조절변수의 값을 조정한다.

② 신호에 의해 지시되는 위치에 이르기까지 밸브를 완전히 혹은 부분적으로 닫거나 열어주는 기능을 한다.

2) 제어밸브의 종류

① FC(Fail−closed) 밸브 : 사고의 처리나 예방을 위해 밸브를 잠가야 할 경우 사용

② FO(Fail−open) 밸브 : 사고의 처리나 예방을 위해 밸브를 열어야 할 경우 사용

③ AO(Air−to−open, 공기압 열림) : 공기압의 증가에 따라 열리는 밸브, 일반적으로 FC 밸브에 해당

④ AC(Air−to−close, 공기압 닫힘) : 공기압의 증가에 따라 닫히는 밸브, 일반적으로 FO 밸브에 해당

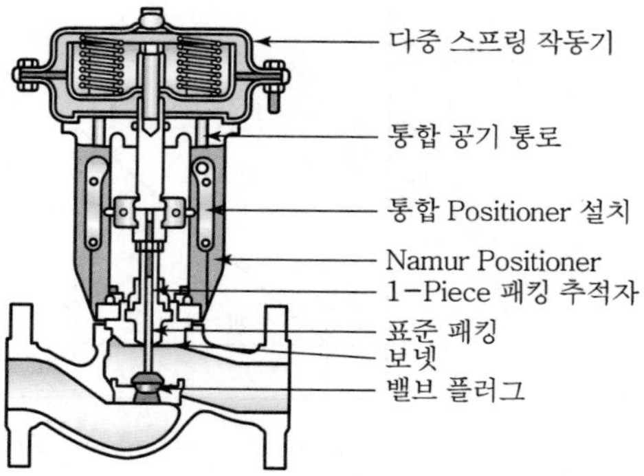

▲ 공기압 열림(AO) 제어밸브의 구조

3) 제어밸브의 특성

밸브계수 C_v는 1psi의 압력차에서 밸브를 완전히 열었을 때 흐르는 물의 유량(gallon/min)으로 정의한다. C_v는 유량과 밸브 스템(Stem)의 이동거리 x를 관련지어 주는 비례상수이다.

$$q = C_v f(x) \sqrt{\frac{\Delta P_v}{\rho}}$$

여기서, q : 유량
$f(x)$: 흐름특성함수
ΔP_v : 밸브를 통한 압력차
ρ : 유체의 비중

특성함수 $f(x) = x$: 선형(Linear)
$f(x) = \sqrt{x}$: 빨리 열림(Quick Opening), 감도감소
$f(x) = R^{x-1}$: 등비(Equal Percentage), 감도증가

R은 20～50 범위를 갖는 파라미터이다(등비특성에서 $R = 40$이다).

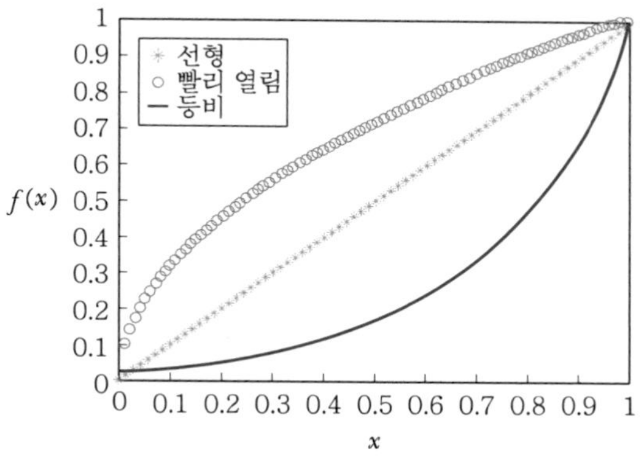

▲ 제어밸브의 특성곡선

(1) 선형(Linear) 특성 밸브

① 유량이 밸브의 스템(Stem) 위치에 비례
② 액위제어계, 또는 밸브를 통한 압력강하가 거의 일정한 공정에 많이 이용
③ $f(x) = x$

(2) 빨리 열림(Quick Opening) 특성 밸브

① 밸브 Stem의 초기변화에 유량이 빠르게 증가

② 밸브가 열림과 동시에 많은 유량이 요구되는 On－Off 제어계에서 주로 사용

③ $f(x) = \sqrt{x}$

(3) 등비(Equal Percentage) 특성 밸브

① 밸브 Stem의 변화 정도에 따른 유량 변화의 정도가 일정한 비율임을 의미

예 밸브 스템의 위치가 20%에서 21%로 1% 증가하면 유량은 밸브 스템의 위치가 20%이었을 때 유량의 1%만큼 증가한다.

② 가장 널리 사용되는 밸브

③ $f(x) = R^{x-1}$

여기서, R : 20～50의 범위의 값을 갖는 파라미터(등비특성에서 $R=40$)

4) 제어밸브의 크기 결정

① 제어밸브의 크기 결정은 공정장치들에 따라 좌우되는데 밸브에 의해 야기되는 압력강하를 가능한 대로 낮춤으로써 펌프 소요 비용을 최소화하도록 해야 한다.

② 제어밸브의 크기 결정 시 C_v를 구하고 이를 이용한다.

$$C_v = \frac{q}{f(x)}\sqrt{\frac{\rho}{\Delta P_v}}$$

Exercise **01**

열교환기 제어밸브를 고려해 보자. 제어밸브는 Linear 특성을 가지며 $P_0 = 30\text{psig}$, P_2는 대기압으로서 일정하다. 제어밸브가 절반이 열린 상태에서 유량이 185gpm(gallon/min)일 때 열교환기에 의한 압력강하 $\Delta P_h = 20\text{psi}$가 되도록 설계되었다고 할 때 밸브계수 C_v를 구하여라.(단, 유체의 밀도＝1이다.)

풀이

$\Delta P_h = P_0 - P_1 = 20\text{psi}$, $P_1 = 10\text{psig}$

$\Delta P_v = 10\text{psi}$

$f(x) = x = 0.5$

$\therefore\ C_v = \frac{185}{0.5}\sqrt{\frac{1}{10}} = 117$

3. Feedback 제어모드

1) 제어기의 기능

제어기는 전환기로부터의 공정신호(제어변수)를 Set Point와 비교한 다음 제어변수가 Set Point로 유지되도록 적절한 제어신호를 제어밸브로 보내주는 기능을 한다.

(1) 열교환기 제어

유출온도 T가 Set Point보다 커지면?

① 제어기는 수증기 밸브를 닫아주어야 한다.

② AO밸브인 경우 제어기는 밸브로 보내는 제어신호를 감소시킨다.

③ 제어기로 도입되는 입력신호의 증가에 대해 제어기로부터의 출력신호는 감소된다(Reverse : 역동작).

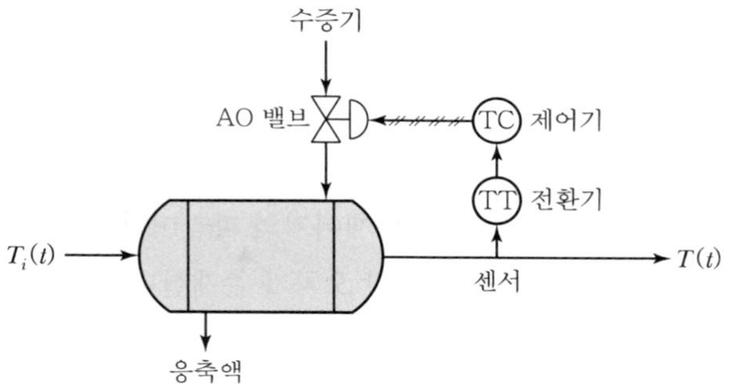

▲ 열교환기 제어구조

(2) 액위제어

액위가 Set Point 이상으로 높아지면?

① 제어기는 밸브를 열어주는 기능을 해야 한다.

② AO밸브인 경우 제어기는 밸브로 보내는 제어신호를 증가시킨다.

③ 제어기로 도입되는 입력신호의 증가에 대해 제어기로부터의 출력신호도 증가된다(Direct : 정동작).

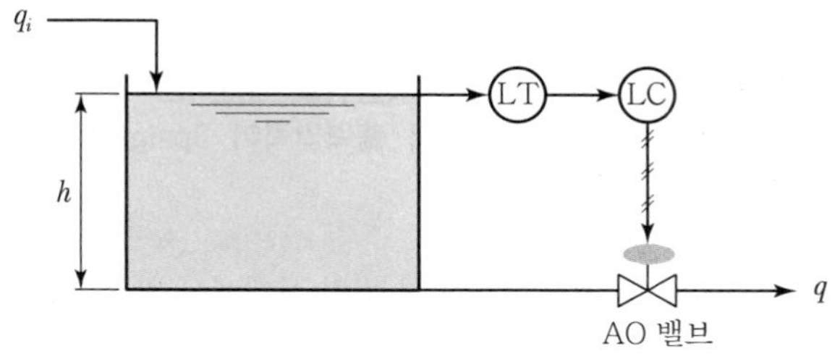

▲ 액위제어구조

TIP

- 공정이 역동작(Reverse)이면 제어기는 정동작이다.
- 공정이 정동작(Direct)이면 제어기는 역동작이다.

2) 제어모드

(1) 비례(P : Proportional) 제어기 ■■■

① 제어기로부터의 출력신호가 Set Point와 측정된 변수값의 차이, 즉 오차에 비례하는 제어기이다.

② 제어기로부터의 출력신호 $m(t)$

$$m(t) = \overline{m} + K_c[r(t) - c_m(t)] = \overline{m} + K_c e(t)$$

여기서, $r(t)$: 설정값

$c_m(t)$: 센서/전환기에 의해 측정된 제어변수

$e(t)$: 설정값 − 제어변수, 즉 오차신호

K_c : 제어기 이득

$\overline{m}$: 오차신호 $e(t) = 0$ 일 때, 제어기 출력신호값 조정 가능(psig나 mA)

③ K_c는 오차신호에 대해 제어기의 출력신호가 얼마나 변할 것인지를 결정하는 파라미터이다.

④ 비례 제어기의 장단점

㉠ 장점 : 조절해 주어야 할 제어기의 파라미터는 K_c 하나뿐이다.

㉡ 단점 : 정상상태에서 항상 오차가 존재한다.

➡ 잔류편차(Offset) : 정상상태에서의 오차

⑤ 제어기의 이득 대신 비례밴드(PB : Proportional Band)를 사용한다.

$$\text{PB}(\%) = \frac{100}{K_c}$$

제어기 이득의 역수로 표현되며, 제어기의 출력신호가 최솟값에서 최댓값으로 변하는 데 필요한 %오차를 의미한다.

Exercise **02**

공기식 비례 제어기는 차가운 유체의 출력온도를 60∼100℉의 범위로 제어하는 데 사용된다. 제어기는 설정점이 일정한 값으로 측정온도가 71℉에서 75℉로 변할 때 출력압력이 3psig(밸브가 완전히 닫힘)에서 15psig(밸브가 완전히 열림)까지 도달하도록 조정되어 있다.

① 제어기 이득(K_c)을 구하여라.

② 제어기 이득이 0.4psi/℉로 변한다고 할 때 밸브가 완전히 열린 상태에서 완전히 닫힌 상태로 되게 하는 온도의 오차를 구하여라.

③ 비례 대역(PB%)을 구하여라.

풀이

① 이득$= \dfrac{\Delta P}{\Delta \varepsilon} = \dfrac{15\text{psig} - 3\text{psig}}{75°\text{F} - 71°\text{F}} = 3\text{psi}/°\text{F}$

② $\Delta T = \dfrac{\Delta P}{\text{이득}} = \dfrac{12\text{psi}}{0.4\text{psi}/°\text{F}} = 30°\text{F}$

③ $\text{PB} = \dfrac{75°\text{F} - 71°\text{F}}{100°\text{F} - 60°\text{F}} \times 100 = 10\%$

Exercise 03

열교환기 제어변수(출력온도 측정값)의 범위는 100~300℃이고, 설정값은 200℃라고 하자. PB에 따른 제어변수의 변화와 제어기 출력신호 사이의 관계를 그래프로 나타내어라.(단, 제어기로부터의 출력은 3~15psig와 4~20mA에 있다.)

풀이 100% PB가 의미하는 것은 제어변수의 값이 그 범위의 100% 내에서 변할 때(100~300℃ 내에서 변할 때), 제어기의 출력신호도 그 허용범위의 100% 내에서 변하게 된다는 것이다. 50% PB인 경우 제어변수의 값이 그 범위의 50% 내에서 변할 때 제어기의 출력신호는 그 허용범위의 100% 내에서 변하게 됨을 의미한다.

즉, $\%\text{PB} = \dfrac{\Delta(\text{제어변수, }\%)}{\Delta(\text{제어기 출력, }\%)} \cdot 100$

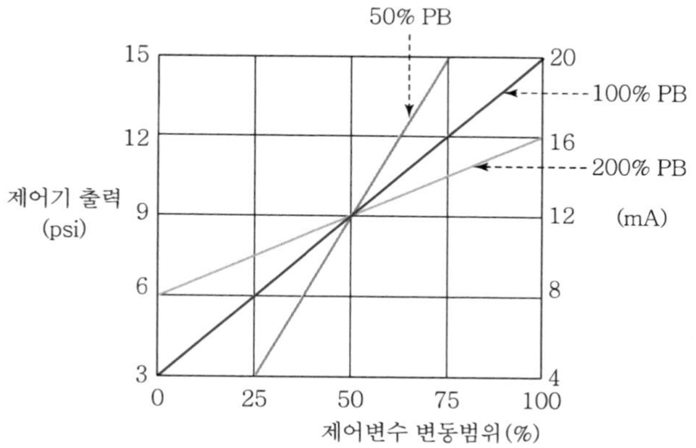

▲ PB에 따른 제어변수와 출력신호의 변화

비례 제어기의 전달함수식 : $m(t) = \overline{m} + K_c e(t)$ ………… ㉠

정상상태에서 $m_s = \overline{m} + K_c e_s$ ………… ㉡

일반적으로 $e_s = 0$, 따라서 $m_s = \overline{m}$ 이다.

㉠식 − ㉡식

$m(t) - m_s = K_c\{e(s) - e_s\}$

편차변수를 이용하면 $m'(t) = m(t) - m_s$, $e'(t) = e(t) - e_s = e(t)$ 이므로 $m'(t) = K_c e'(t)$ 가 된다.

위의 양변을 라플라스 변환하면 다음 관계를 얻는다.

$$\frac{M(s)}{E(s)} = G_c(s) = K_c$$

⑥ P 제어기의 계단응답

$$E(s) = \frac{1}{s}$$

$$M(s) = K_c E(s) = \frac{K_c}{s}$$

$$m'(t) = K_c u(t)$$

$$\therefore\ m(t) = K_c u(t) + m_s = K_c u(t) + \overline{m}$$

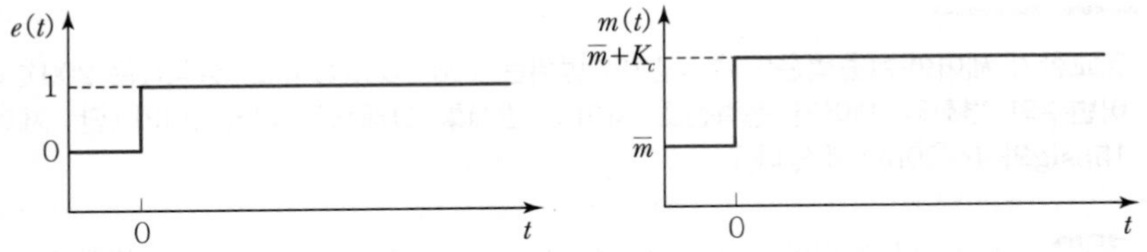

(2) 비례－적분(PI : Proportional－Integral) 제어기 ■■■

◆ PI 제어기 ■■■

잔류편차는 없으나 진동성이 증가할 수 있다.

① 잔류편차를 없애주기 위해 비례 제어기에 적분기능을 추가로 붙인 것이 비례－적분 제어기이다.

$$m(t) = \overline{m} + K_c e(t) + \frac{K_c}{\tau_I}\int e(t)dt$$

여기서, τ_I : 적분시간을 나타내는 파라미터

τ_I가 작을수록 K_c/τ_I는 커지므로 적분에 더 가중치가 있게 된다.

τ_I 대신에 τ_I의 역수인 $\tau_{IR} = \dfrac{1}{\tau_I}$를 이용한다.(리셋률)

㉠ 정상상태 : $m_s = \overline{m} + K_c e_s + \dfrac{K_c}{\tau_I}\displaystyle\int e_s\, dt$

㉡ 편차변수 이용 : $m'(t) = K_c e'(t) + \dfrac{K_c}{\tau_I}\displaystyle\int e'(t)dt$

㉢ 라플라스 변환

$$G_c = \frac{M(s)}{E(s)} = K_c\left(1 + \frac{1}{\tau_I s}\right)$$

② PI 제어기의 계단응답

$$E(s) = \frac{1}{s}$$

$$M(s) = K_c\left(1 + \frac{1}{\tau_I s}\right) \cdot \frac{1}{s}$$

$$= K_c\left(\frac{1}{s} + \frac{1}{\tau_I s^2}\right)$$

$$\therefore \; m'(t) = K_c\left(1 + \frac{t}{\tau_I}\right)u(t)$$

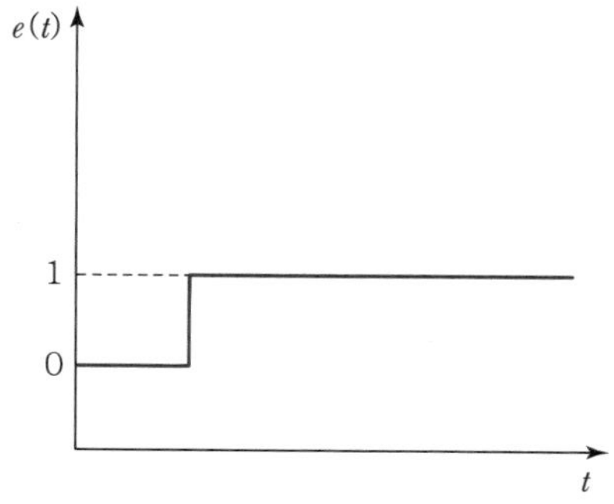

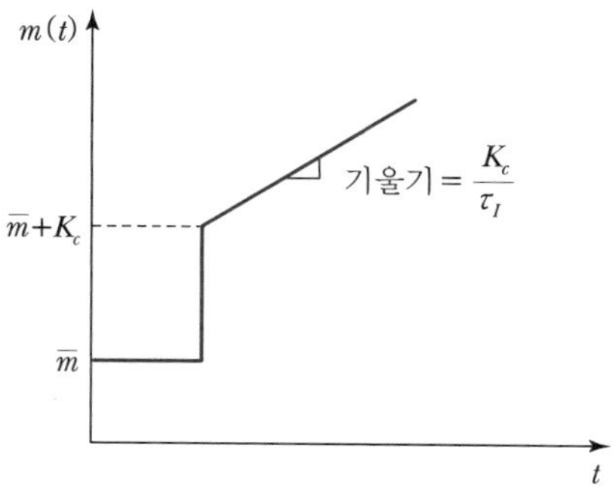

Reference

Reset Windup

- 적분 제어작용에서 나타나는 현상으로 적분 제어기의 단점이다.
- 오차 $e(t)$가 0보다 클 경우 $e(t)$의 적분값은 시간이 지날수록 점점 커진다. 실제로 사용되는 제어기의 출력값은 물리적으로 한계가 있으며 $e(t)$의 적분으로 인한 $m(t)$값은 결국 최대허용치에 머물게 될 것이다.
- 제어기 출력 $m(t)$가 최대허용치에 머물고 있음에도 불구하고 $e(t)$의 적분값은 계속 증가되는데 이 현상을 Windup이라고 한다.
- 제어기 출력이 한계에 달했음에도 불구하고 $e(t)$의 적분값이 계속 커지면, 적분작용을 중지시킨다.
- 방지 방법 : Anti Reset Windup 기법 이용

③ Offset은 없앨 수 있으나 제어시간이 오래 걸린다.

TIP

Anti Reset Windup

Reset Windup이 발생하면 제어오차의 크기와 상관없이 제어출력이 구동기의 조작한계에 포화되어 운전되므로 사실상 제어불능 상태가 된다. 제어기 출력이 오차를 줄이기 위해 포화상태에 도달한 후에도 적분항이 계속 축적된다. 제어기 출력이 포화될 때 적분제어 동작을 중지시키며, 출력이 포화되지 않을 때 적분을 재개함으로써 Reset Windup이 발생하지 않도록 한다.

(3) 비례 – 미분(PD : Proportional – Derivative) 제어기

① 비례 제어기에 오차의 미분항을 추가한 제어기이다.

➡ 공정이 변화해가는 추세를 감안

$$m(t) = \overline{m} + K_c e(t) + K_c \tau_D \frac{de(t)}{dt}$$

여기서, τ_D : 미분시간

정상상태를 고려한 다음 편차변수를 도입하고 라플라스 변환시켜 정리하면 다음과 같은 전달함수를 얻는다.

$$G_c(s) = \frac{M(s)}{E(s)} = K_c(1 + \tau_D s)$$

② 열교환기 제어에서 유출액 온도 T가 그림 (a)의 변화를 보였을 때 이에 따른 오차 $e(t)$의 변화는 그림 (b)에 나타내었다.

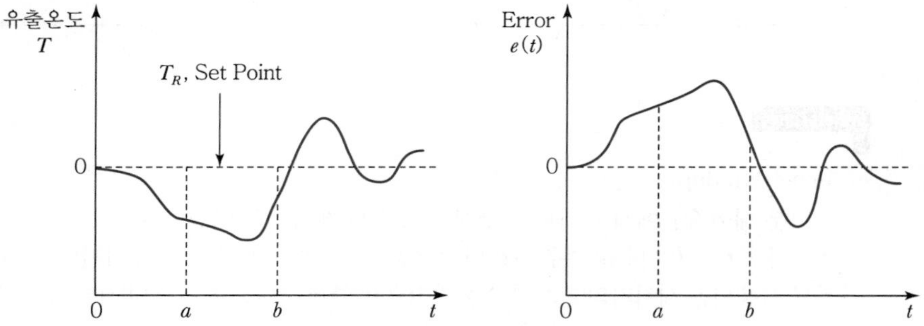

(a) (b)

▲ 출력변수와 Error 변화

㉠ $t = a$에서 $e(t)$는 비교적 작은 양의 값을 가진다. 그러나 $e(t)$의 미분값은 상당히 큰 양의 값을 가지며 PD 제어기로부터의 출력변수 $m(t)$의 값을 크게 변화시킨다.

㉡ $t = b$에서 $e(t)$는 작은 양이지만, 그 미분값은 상당히 큰 음의 값을 가진다. 이는 오차가 감소하고 있음을 의미하며 $m(t)$의 값은 작아진다.

TIP

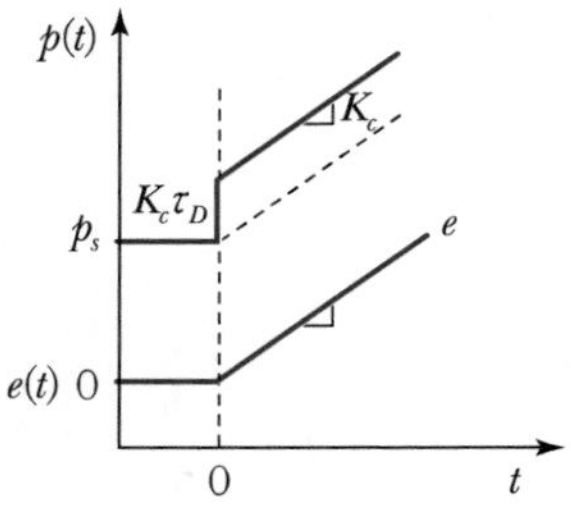

$e(t)=t$

③ PD 제어기의 Ramp(경사) 응답

$$E(s) = \frac{1}{s^2}$$

$$M(s) = K_c(1+\tau_D s) \cdot \frac{1}{s^2} = K_c\left(\frac{1}{s^2} + \frac{\tau_D}{s}\right)$$

$$m'(t) = K_c(t+\tau_D)u(t)$$

$$\therefore\ m(t) = \overline{m} + K_c(t+\tau_D)u(t)$$

④ Offset은 없어지지 않으나 최종값이 도달하는 시간은 단축된다.

(4) 비례－적분－미분(PID : Proportional－Integral－Derivative) 제어기

① 비례 제어기에 적분기능과 미분기능을 추가한 형태이다.

$$m(t) = \overline{m} + K_c e(t) + \frac{K_c}{\tau_I}\int e(t)dt + K_c\tau_D\frac{de(t)}{dt}$$

② K_c, τ_I, τ_D 세 개의 조절 파라미터를 가진다.

③ 오차의 크기뿐 아니라 오차가 변화하는 추세, 오차의 누적양까지 감안한다.

④ 시간상수가 비교적 큰 온도 농도제어에 널리 이용한다.

$$G_c(s) = \frac{M(s)}{E(s)} = K_c\left(1 + \frac{1}{\tau_I s} + \tau_D s\right)$$

⑤ Lead/Lag 형태로 나타내기도 한다.

$$G_c(s) = K_c'\left(1 + \frac{1}{\tau_I s}\right)\left(\frac{\tau_D' s + 1}{\alpha\tau_D' s + 1}\right)$$

여기서, $\alpha = 0.05 \sim 0.2$(보통은 0.1)

⑥ Offset을 없애주고 Reset 시간도 단축시키므로 가장 이상적인 제어방법이다.

⑦ 가장 널리 사용되고 있다.

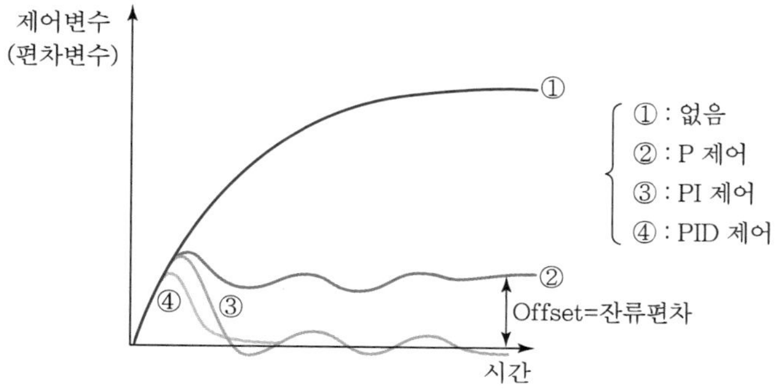

▲ 응답에 미치는 제어의 영향 관계도

> **TIP**
>
> 제어기의 위상
>
> • PD 제어기 : 위상앞섬 = 위상인도(Phase Lead)
> • PI 제어기 : 위상지연(Phase Lag)

> **TIP**
>
> 잔류편차가 허용되면 P 제어기, 잔류편차가 허용되지 않으면 PI 제어기, 진동이 제거되어야 한다면 PID 제어기를 선택한다.

> Offset(잔류편차)
> = 정상상태에서의 오차
> = $R(\infty) - C(\infty)$

(5) On－Off 제어기

① 간단한 공정이나 실험실, 가정용 기기에서 널리 이용되고 있는 간단한 제어기이다.

$$m(t)=\begin{cases} m_u : e(t) \geq 0 \\ m_l : e(t) < 0 \end{cases}$$

② Bang－bang 제어라고 불린다.

③ 단점으로는 제어변수에 나타나는 지속적인 진동과 최종제어요소의 빈번한 작동에 따른 마모 등을 들 수 있다.

✥ 과도응답
출력이 정상상태가 되기까지의 응답

4. 과도응답

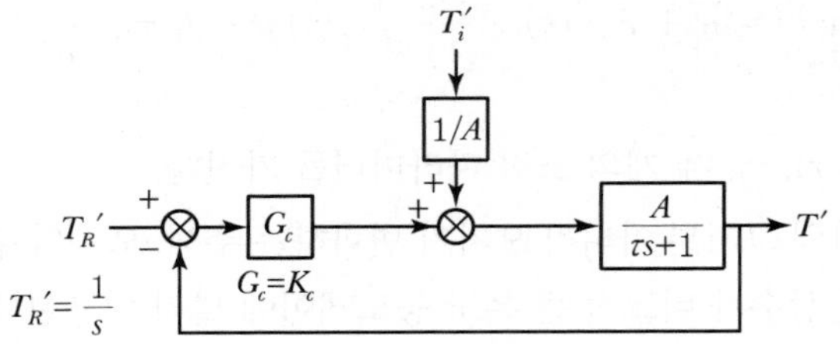

1) Servo 문제(추적제어)

$$T_R'=\frac{1}{s},\ T_i'=0$$

$$G(s)=\frac{T'}{T_R'}=\frac{\dfrac{K_cA}{\tau s+1}}{1+\dfrac{K_cA}{\tau s+1}}=\frac{K_cA}{\tau s+1+K_cA}$$

$$Y(s)=\frac{K_cA}{\tau s+1+K_cA}\cdot\frac{1}{s}$$

$$\lim_{t\to\infty}y(t)=\lim_{s\to 0}s\frac{K_cA}{s(\tau s+1+K_cA)}=\frac{K_cA}{1+K_cA}$$

$$\text{Offset}=r(\infty)-y(\infty)$$
$$=1-\frac{K_cA}{1+K_cA}=\frac{1}{1+K_cA}$$

➡ K_c를 증가시키면 잔류편차 감소

2) Regulatory 문제(조절제어)

$$T_R{}' = 0,\ T_i{}' = \frac{1}{s}$$

$$G(s) = \frac{\dfrac{1}{\tau s+1}}{1+\dfrac{K_c A}{\tau s+1}} = \frac{1}{\tau s+1+K_c A}$$

$$Y(s) = \frac{1}{\tau s+1+K_c A} \cdot \frac{1}{s}$$

$$\lim_{y\to\infty} y(t) = \lim_{s\to 0} s\frac{1}{\tau s+1+K_c A} \cdot \frac{1}{s} = \frac{1}{1+K_c A}$$

$$\text{Offset} = r(\infty) - y(\infty)$$

$$= 0 - \frac{1}{1+K_c A} = -\frac{1}{1+K_c A}$$

➡ 제어기 이득 K_c를 증가시키면 잔류편차 감소

실전문제

01 다음 중 PID 동작을 가장 잘 나타낸 것은?

① 진동과 잔류편차를 제거할 수 있고, 응답 속도와 안정성도 좋다.
② 잔류편차는 제거할 수 있으나 제어 대상에 큰 지연시간이 있으면 응답이 느리다.
③ 진동을 제거할 수 있으나 잔류편차가 생긴다.
④ 응답을 빨리할 수는 있으나 잔류편차를 제거할 수 없다.

해설

PID

$$m(t) = \overline{m} + K_c e(t) + \frac{K_c}{\tau_I}\int e(t)dt + K_c \tau_D \frac{de(t)}{dt}$$

$$G(s) = \frac{M(s)}{E(s)} = K_c(1 + \frac{1}{\tau_I s} + \tau_D s)$$

- τ_I, τ_D, K_c 세 개의 조절 파라미터를 가진다.
- 오차의 크기뿐 아니라 오차가 변화하는 추세, 오차의 누적량까지 감안한다.
- 시간상수가 비교적 큰 온도, 농도제어에 널리 이용한다.
- Offset을 없애주고 Reset 시간도 단축시키므로 가장 이상적인 제어방법이다.

02 주파수 응답에서 위상의 인도(Phase Lead)를 나타내는 제어기는?

① 비례 제어기
② 비례－미분 제어기
③ 비례－적분 제어기
④ 비례 제어기와 비례－적분 제어기

해설

위상의 인도, 즉 Offset은 없어지지 않으나 최종값에 도달하는 시간은 단축되는 것을 나타내는 제어기는 비례－미분 제어기이다.

03 다음 동일 직경의 열전대 중 가장 높은 온도에서 사용될 수 있는 열전대는?

① 백금－백금 · 로듐(R Type)
② 크로멜－알루멜(K Type)
③ 철－콘스탄탄(J Type)
④ 구리－콘스탄탄(T Type)

해설

열전대

Type	종류	사용온도
R	백금－로듐	0～1,600℃
K	크로멜－알루멜	－20～1,200℃
J	철－콘스탄탄	－20～800℃
T	구리－콘스탄탄	－200～350℃

04 잔류편차를 제거하기 위해 도입되는 제어기의 동작은?

① 비례동작
② 미분동작
③ 적분동작
④ On－Off 동작

해설

잔류편차 제거 : 적분동작

05 다음 중 비례－미분 제어기의 전달함수를 나타낸 것은?(단, $\tau_D = 2$이고, $K_c = 0.5$이다.)

① $\frac{P(s)}{E(s)} = 0.5(2+s)$
② $\frac{P(s)}{E(s)} = 0.5\left(2+\frac{1}{s}\right)$
③ $\frac{P(s)}{E(s)} = 0.5(1+2s)$
④ $\frac{P(s)}{E(s)} = 0.5\left(1+\frac{1}{2s}\right)$

정답 01 ① 02 ② 03 ① 04 ③ 05 ③

해설

$$G_c(s) = \frac{M(s)}{E(s)} = K_c(1+\tau_D s) = 0.5(1+2s)$$

06 다음은 비례적분 제어장치를 사용하여 적분시간(Integral Time)을 변화시키면서 얻은 계단응답곡선(Step Response Curve)이다. 적분시간은 화살표방향으로 어떻게 변화하는가?

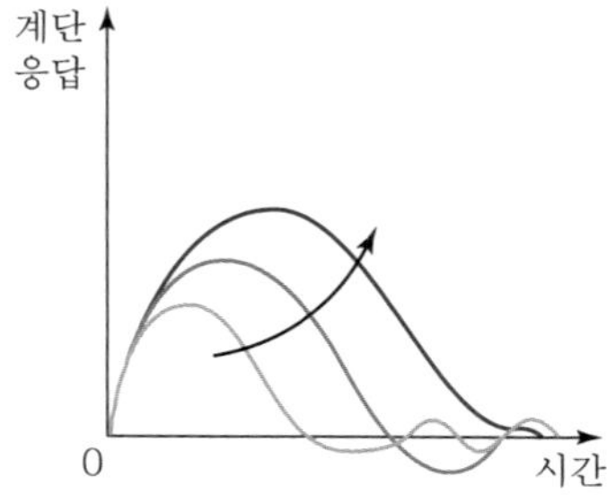

① 증가한다.
② 감소한다.
③ 증가와 감소를 반복한다.
④ 변화가 없다.

해설

적분시간의 증가는 응답을 느리게 한다.

07 다음의 제어방식 중 잔류편차(Offset)는 존재하나 최종값에의 도달시간을 단축시킬 수 있는 제어방식은?

① P형
② PI형
③ PD형
④ PID형

해설

- P : 잔류편차가 존재한다.
- PD : 잔류편차가 존재하나, 최종값에 도달하는 시간을 단축한다.
- PI : 잔류편차는 없어지나 진동성이 증가한다.

08 제어동작에 대한 다음 설명 중 틀린 것은?

① 단순한 비례 동작제어는 오프셋을 일으킬 수 있다.
② 비례적분 동작제어는 오프셋을 일으키지 않는다.
③ 비례미분 동작제어는 공정 출력을 Set Point에 유지시키면서 장시간에 걸쳐 계를 정상상태로 이끌어간다.
④ 비례적분미분 동작제어는 PD 동작제어와 PI 동작제어의 장점을 복합한 것이다.

해설

- P : 잔류편차가 존재한다.
- PD : 잔류편차가 존재하나, 최종값에 도달하는 시간을 단축한다.
- PI : 잔류편차는 없어지나 진동성이 증가한다.

09 다음 블록선도에서 G_1, G_2, H는 각각 어떤 요소의 전달함수인지 가장 적합하게 나열한 것은?(단, R과 C는 각각 설정치와 공정 출력에 해당한다.)

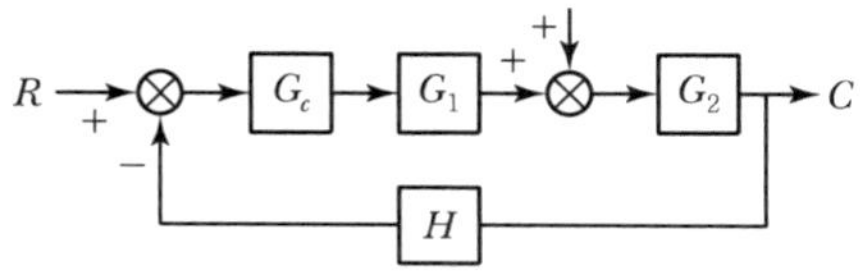

① 공정, 제어기, 측정요소
② 최종 제어요소, 공정, 측정요소
③ 최종 제어요소, 측정요소, 공정
④ 공정, 측정요소, 최종 제어기

해설

- G_c : 제어기
- G_1 : 최종제어요소
- G_2 : 공정
- H : 측정요소

정답 06 ① 07 ③ 08 ③ 09 ②

10 PID 제어기에서 미분동작에 대한 설명으로 옳은 것은?

① 입력신호의 변화율에 반비례하여 동작을 내보낸다.
② 미분동작이 너무 작으면 측정 잡음에 민감하게 된다.
③ 오프셋을 제거해 준다.
④ 시상수가 크고 잡음이 적은 공정의 제어에 적합하다.

해설

미분동작
- 오프셋(잔류편차)은 존재하나 최종값에 도달하는 시간을 단축한다.
- 시상수가 큰 공정에 적합하다.
- 측정잡음에 민감하다.

11 이득이 2, 적분시간이 1인 비례-적분(PI) 제어기로 도입되는 오차(Error)에 단위계단변화가 주어졌다. 제어기로부터의 출력 $m(t)$를 구한 것으로 옳은 것은?(단, 정상상태에서의 제어기의 출력은 0으로 간주한다.)

① $(1-0.5t)u(t)$ ② $2tu(t)$
③ $2(1+t)u(t)$ ④ $(1+0.5t)u(t)$

해설

$$M(s)=K_c\left(1+\frac{1}{\tau_i s}\right)\left(\frac{1}{s}\right)=K_c\left(\frac{1}{s}+\frac{1}{\tau_i s^2}\right)$$

$m(t)=2(1+t)u(t)$

12 PID 제어기의 전달함수의 형태로 옳은 것은?(단, K_c는 Gain, τ는 적분 시간상수, τ_D는 미분 시간상수를 나타낸다.)

① $K_c\left(s+\frac{1}{\tau}+\frac{\tau_D}{s}\right)$
② $K_c\left(s+\frac{1}{\tau}\int s\,dt+\tau_D\frac{d_s}{dt}\right)$
③ $K_c\left(1+\frac{1}{\tau s}+\tau_D s\right)$
④ $K_c\left(1+\tau s+\tau_D s^2\right)$

해설

$$G(s)=K_c\left(1+\tau_D s+\frac{1}{\tau_I s}\right)$$

13 비례-미분 제어장치의 전달함수의 형태를 옳게 나타낸 것은?(단, K는 Gain, τ는 시간정수이다.)

① $K\tau s$ ② $K\left(1+\frac{1}{\tau s}\right)$
③ $K(1+\tau s)$ ④ $K\left(1+\tau_1 s+\frac{1}{\tau_2 s}\right)$

해설

$$G(s)=K_c\left(1+\tau_D s+\frac{1}{\tau_I s}\right)$$

14 비례 제어기를 이용하는 1차 공정의 제어구조에서 총괄전달함수는 $\frac{Y(s)}{R(s)}=\frac{K}{\tau s+1}$로 주어진다. R에 크기 A인 계단변화가 도입되었을 경우 Offset은 어떻게 나타내는가?(단, Y는 공정의 출력, R은 설정점이다.)

① $\frac{A}{1+K}$ ② $A(1-K)$
③ $A(K-1)$ ④ $\frac{K}{A(1+K)}$

해설

$$G(s)=\frac{\frac{K}{\tau s+1}}{1+\frac{K}{\tau s+1}}=\frac{K}{\tau s+1+K}$$

$$y(\infty)=\lim_{s\to 0}sY(s)=\lim_{s\to 0}s\frac{K}{\tau s+1+K}\cdot\frac{A}{s}=\frac{KA}{1+K}$$

$R(\infty)=A$

$$\therefore \text{Offset}=R(\infty)-y(\infty)=A-\frac{KA}{K+1}=\frac{A}{K+1}$$

15 다음 중 열전대(Thermocouple)와 관계있는 효과는?

① Thomson-Peltier 효과
② Piezo-Eletric 효과

정답 10 ④ 11 ③ 12 ③ 13 ③ 14 ① 15 ①

③ Joule－Thomsom 효과

④ Van der Waals 효과

해설

Thomson 효과
열전대의 기전력이 두 접점 사이의 온도차에 선형관계임을 나타낸다.

16 Offset이 0인 Controller만 나열된 것은?

① On－Off, P ② On－Off, PI

③ PI, PID ④ P, PD

해설

적분제어 : Offset 제거, 진동 증가

17 전달함수가 $K_c\left(1+\frac{1}{3}s+\frac{3}{s}\right)$인 PID 제어기에서 미분시간과 적분시간은 각각 얼마인가?

① 미분시간 : 3, 적분시간 : 3

② 미분시간 : $\frac{1}{3}$, 적분시간 : 3

③ 미분시간 : 3, 적분시간 : $\frac{1}{3}$

④ 미분시간 : $\frac{1}{3}$, 적분시간 : $\frac{1}{3}$

해설

$$G(s)=K_c\left(1+\frac{1}{3}s+\frac{1}{\frac{1}{3}s}\right)$$

$$\tau_D=\frac{1}{3},\quad \tau_I=\frac{1}{3}$$

18 비례 제어기(P Controller)가 포함된 제어기(Control System)에 다음 중 어느 형태를 추가해야 Offset이 제거되고 진동이 증대되는가?

① 적분제어(I) ② 미분제어(D)

③ 비례－미분제어(PD) ④ On－Off 제어

해설

적분제어 : Offset 제거, 진동 증가

19 개루프 안정공정(Open－loop Stable Process)에 다음 제어기를 적용하였을 때, 일정한 설정치에 대해 Offset이 발생하는 것은?

① P형 ② I형

③ PI형 ④ PID형

해설

적분제어 : Offset 제거, 진동 증가

20 2차 시간지연계 $G(s)=\frac{2e^{-s}}{(10s+1)(5s+1)}$를 비례 제어기(Proportional P Controller)를 사용하여 제어할 때 단위계단형 설정치 변화(Unit Step Set Point Change)에 대해 정상상태의 출력값은?(단, 비례 제어기의 비례이득(Gain)은 1.0이다.)

① $\frac{2}{3}$ ② $\frac{1}{3}$

③ 1 ④ 0

해설

$$Y(s)=G(s)X(s)=\frac{G(s)}{s}$$

$$\lim_{t\to\infty}y(t)=\lim_{s\to 0}s\,Y(s)=\lim_{s\to 0}G(s)$$

$$\lim_{s\to 0}\frac{\frac{2e^{-s}}{(10s+1)(5s+1)}}{1+\frac{2e^{-s}}{(10s+1)(5s+1)}}$$

$$=\lim_{s\to 0}\frac{2e^{-s}}{50s^2+15s+1+2e^{-s}}=\frac{2}{3}$$

정답 16 ③ 17 ④ 18 ① 19 ① 20 ①

21 열전쌍(Thermocouple)과 전압 전송기로 구성된 온도측정기가 있다. 열전쌍을 얼음물에 넣었을 때 2V의 신호가 나오고, 손에 쥐고 있을 때 4V의 신호가 나오며, 끓는 물에 넣었을 때는 5V의 출력신호가 나온다. 이 온도측정기의 이득 K_m을 옳게 구한 것은?(단, 얼음물의 온도, 손의 온도, 끓는 물의 온도는 각각 0℃, 36.5℃, 100℃이다.)

① $K_m = \dfrac{(4-2)}{(36.5-0)} \fallingdotseq 0.055\text{V/℃}$

② $K_m = \dfrac{(5-1)}{(100-0)} \fallingdotseq 0.040\text{V/℃}$

③ $K_m = \dfrac{(5-2)}{(100-0)} \fallingdotseq 0.030\text{V/℃}$

④ $K_m = \dfrac{(5-4)}{(100-36.5)} \fallingdotseq 0.016\text{V/℃}$

해설

이득 $K_m = \dfrac{\text{출력의 변화}}{\text{입력의 변화}} = \dfrac{\text{전압의 변화}}{\text{온도의 변화}}$

22 전달함수 $y(s) = (1+2s)e(s) + \dfrac{1.5}{s}e(s)$에 해당하는 시간영역에서의 표현으로 옳은 것은?

① $y(t) = 1 + 2\dfrac{de(t)}{dt} + 1.5\int_0^t e(t)dt$

② $y(t) = e(t) + 2\dfrac{de(t)}{dt} + 1.5\int_0^t e(t)dt$

③ $y(t) = e(t) + 2\int_0^t e(t)dt + 1.5\dfrac{de(t)}{dt}$

④ $y(t) = 1 + 2\int_0^t e(t)dt + 1.5\dfrac{de(t)}{dt}$

해설

$y(s) = K_c\left[1 + \dfrac{1}{\tau_I s} + \tau_D s\right]e(s)$

$y(t) = K_c\left[e(t) + \dfrac{1}{\tau_I}\int_0^t e(\tau)d\tau + \tau_D\dfrac{d}{dt}e(t)\right]$

23 다음 중 비례-미분 제어기의 전달함수를 나타낸 것은?(단, 미분시간 τ_0은 2이고, 비례이득 K_c는 0.5이다.)

① $\dfrac{P(s)}{E(s)} = 0.5(2+s)$　② $\dfrac{P(s)}{E(s)} = 0.5\left(2+\dfrac{1}{s}\right)$

③ $\dfrac{P(s)}{E(s)} = 0.5(1+2s)$　④ $\dfrac{P(s)}{E(s)} = 0.5\left(1+\dfrac{1}{2s}\right)$

해설

$G(s) = K_c(1+\tau_P s)$
$= 0.5(1+2s)$

24 비례폭(Proportaional Band)이 0에 가까운 값을 갖는 제어기는?

① PI Controller　② PD Controller

③ PID Controller　④ On-Off Controller

해설

On-Off 제어기는 비례폭이 0에 가깝다.

25 제어결과로 항상 Cycling이 나타나는 제어기는?

① 비례 제어기　② 비례-미분 제어기

③ 비례-적분 제어기　④ On-Off 제어기

해설

Cycling은 On-Off 제어에 있어서 제어량의 주기적인 변동을 말한다.

26 다음 중 제어시스템을 구성하는 주요 요소로 가장 거리가 먼 것은?

① 측정장치　② 제어기

③ 외부교란변수　④ 제어밸브

해설

제어시스템을 구성하는 주요 요소
- 제어기
- 최종제어요소(제어밸브)
- 공정
- 측정장치(센서+전환기)

정답 21 ① 22 ② 23 ③ 24 ④ 25 ④ 26 ③

27 PID 제어기의 적분제어동작에 관한 설명 중 잘못된 것은?

① 일정한 값의 설정치와 외란에 대한 잔류 오차(Offset)를 제거해 준다.
② 적분시간(Integral Time)을 길게 주면 적분동작이 약해진다.
③ 일반적으로 강한 적분동작이 약한 적분동작보다 폐루프(Closed Loop)의 안정성을 향상시킨다.
④ 공정변수에 혼입되는 잡음의 영향을 필터링하여 약화시키는 효과가 있다.

해설

- 적분시간(τ_I)의 증가는 응답을 느리게 한다.
- 강한 적분동작은 폐루프의 안정성을 악화시킬 수 있다.

28 비례 제어계에서 설정값(Set Point) 변화에 대한 측정값 변화의 총괄전달함수가 $\frac{2e^{-0.5s}}{s+1+2e^{-0.5s}}$로 주어질 때 단위계단함수로 주어진 설정값 변화에 대한 잔류편차는?

① $\frac{1}{3}$　　② $\frac{2}{3}$
③ $\frac{1}{2}$　　④ 0

해설

$$C(s) = G(s) \cdot R(s) = \frac{2e^{-0.5s}}{s+1+2e^{-0.5s}} \cdot \frac{1}{s}$$

$$c(\infty) = \lim_{s \to 0} s\,C(s) = \frac{2e^{-0.5s}}{s+1+2e^{-0.5s}} = \frac{2}{3}$$

$$\therefore \text{Offset} = R(\infty) - c(\infty) = 1 - \frac{2}{3} = \frac{1}{3}$$

29 제어기의 와인드업(Windup) 현상에 대한 설명 중 잘못된 것은?

① 이 문제를 해소하기 위한 기능을 Antiwindup이라 한다.
② Windup이 해소되기까지 제어기는 사실상 제어 불능 상태가 된다.
③ 공정의 출력이 제어기에 바르게 전달되지 못할 때에 나타나는 현상이다.
④ 제어기의 적분동작과 관련된 현상이다.

해설

오차가 0보다 클 때 $e(t)$의 적분값은 시간이 지날수록 점점 커진다. 적분값은 계속 증가하게 되는데 이 현상을 Windup이라 한다. → 방지 방법 : Anti Reset Windup

30 다음 그림의 블록선도에서 $T_R{}'(s) = \frac{1}{s}$일 때, 서보(Servo) 문제의 정상상태 잔류편차(Offset)는 얼마인가?

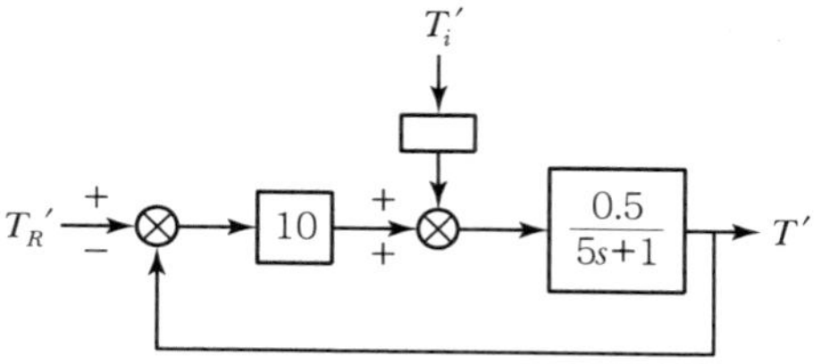

① 0.133　　② 0.167
③ 0.189　　④ 0.213

해설

$\therefore \text{Offset} = R(\infty) - c(\infty)$

$$G(s) = \frac{5/5s+1}{1+\frac{5}{5s+1}} = \frac{5}{5s+6}$$

$$R(\infty) = \lim_{s \to 0} sF(s) = s \cdot \frac{1}{s} = 1$$

$$c(\infty) = \lim_{s \to 0} sF(s) = \lim_{s \to 0} \frac{5s}{5s+6} \cdot \frac{1}{s} = \frac{5}{6}$$

$$\therefore \text{Offset} = R(\infty) - c(\infty) = 1 - \frac{5}{6} = \frac{1}{6} = 0.167$$

31 다음 제어기 중 Offset은 제거할 수 있으나 미래의 에러를 반영할 수 없어 제어성능 향상에 한계를 가지는 것은?(단, 모든 제어기기들이 튜닝이 잘 되었을 경우를 가정한다.)

① P형　　② PI형
③ PD형　　④ PID형

정답 27 ③ 28 ① 29 ③ 30 ② 31 ②

해설

- I 제어 : Offset 제거, 진동 증가, 응답이 느림
- D 제어 : 미래의 에러를 반영, 응답이 빠르고 안정성 증가, 잡음에 민감

32 최종값에 도달하는 제어시간은 오래 걸리나 Offset을 제거할 수 있는 제어기는?

① 비례 제어기 ② 비례－미분 제어기

③ 비례－적분 제어기 ④ On－Off 제어기

해설

- I 제어 : Offset 제거, 진동 증가, 응답이 느림
- D 제어 : 미래의 에러를 반영, 응답이 빠르고 안정성 증가, 잡음에 민감

33 현장에서 주로 쓰이는 대부분의 제어밸브가 등비(Equal Percentage) 조절 특성을 나타내는 가장 큰 이유는?

① 밸브의 열림 특성이 좋기 때문이다.

② 밸브의 무반응 영역이 존재하지 않기 때문이다.

③ 밸브의 공동화(Cavitation) 현상이 없기 때문이다.

④ 설치밸브 특성(Installes Valve Characteristics)이 선형성을 보이기 때문이다.

34 $G(s)=\dfrac{10}{s(2s+1)^2}$으로 표현되는 공정의 제어계에 대한 설명 중 잘못된 것은?

① P 제어기를 사용하면 설정값 계단변화에 대해 잔류오차(Offset)가 발생하지 않는다.

② P 제어기를 사용하면 입력 측 외란(Input Disturbance) 계단변화에 대해 잔류오차(Offset)가 발생하지 않는다.

③ P 제어기를 사용하면 출력 측 외란(Output Disturbance) 계단변화에 대해 잔류오차(Offset)가 발생하지 않는다.

④ P 제어기를 사용하는 경우 제한된 비례이득 범위에서만 제어계의 안정성이 보장된다.

해설

P 제어기를 사용하면 외란 계단변화에 대해 잔류오차가 발생한다.

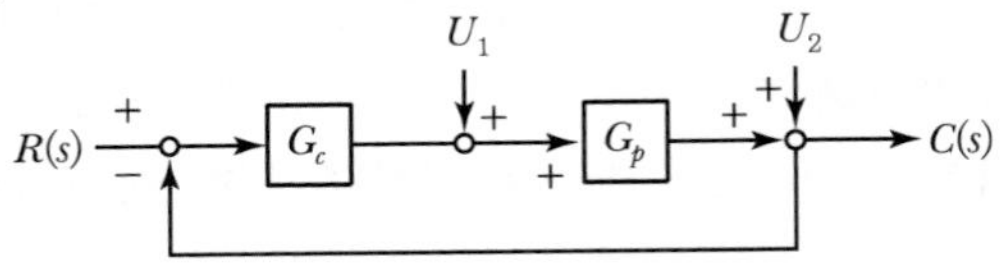

$G_c = K_c$(비례 제어기)

- 설정값 계단변화

$$G(s)=\frac{C(s)}{R(s)}=\frac{\dfrac{10K_c}{s(2s+1)^2}}{1+\dfrac{10K_c}{s(2s+1)^2}}=\frac{10K_c}{s(2s+1)^2+10K_c}$$

$$R(s)=\frac{1}{s},\ r(\infty)=1$$

$$C(s)=\frac{10K_c}{s(2s+1)^2+10K_c}\cdot\frac{1}{s}$$

$$\lim_{t\to\infty}C(t)=\lim_{s\to 0}sC(s)=\lim_{s\to 0}\frac{10K_c}{s(2s+1)^2+10K_c}=1$$

$$\text{Offset}=r(\infty)-c(\infty)=1-1=0$$

- 입력 측 외란 계단변화

$$G(s)=\frac{C(s)}{U_1(s)}=\frac{\dfrac{10}{s(2s+1)^2}}{1+\dfrac{10K_c}{s(2s+1)^2}}=\frac{10}{s(2s+1)^2+10K_c}$$

$$\lim_{t\to\infty}C(t)=\lim_{s\to 0}sC(s)=\lim_{s\to 0}\frac{10}{s(2s+1)^2+10K_c}=\frac{1}{K_c}$$

$$\text{Offset}=r(\infty)-c(\infty)=0-\frac{1}{K_c}=-\frac{1}{K_c}$$

- 출력 측 외란 계단변화

$$G(s)=\frac{C(s)}{U_2(s)}=\frac{1}{1+\dfrac{10K_c}{s(2s+1)^2}}=\frac{s(2s+1)^2}{s(2s+1)^2+10K_c}$$

$$\lim_{t\to\infty}C(t)=\lim_{s\to 0}sC(s)=\lim_{s\to 0}\frac{s(2s+1)^2}{s(2s+1)^2+10K_c}=0$$

$$\text{Offset}=r(\infty)-c(\infty)=0-0=0$$

정답 32 ③ 33 ④ 34 ②

35 압력을 조절하는 제어기에서 제어기의 출력범위는 4~20mA이며 가능한 운전압력 범위는 10~50psi이다. 비례밴드가 20%라면 압력의 최대 측정값과 최소 측정값의 차이(측정압력범위)는?

① 4psi
② 6psi
③ 8psi
④ 10psi

해설

$$\%PB = \frac{\Delta 제어변수}{\Delta 제어출력} \times 100$$

$$20\% = \frac{x}{50-10} \times 100$$

$x = 8psi$

36 주파수 응답에서 위상의 인도(Phase Lead)를 나타내는 제어기는?

① 비례 제어기
② 비례 – 미분 제어기
③ 비례 – 적분 제어기
④ 제어기는 모두 위상의 지연을 나타낸다.

해설

위상인도 : PD 제어기

37 Reset Windup 현상에 대한 설명으로 옳은 것은?

① PID 제어기의 미분동작과 관련된 것으로, 일정한 값의 제어오차를 미분하면 0으로 Reset 되어 제어동작에 반영되지 않는 것을 의미한다.
② PID 제어기의 미분동작과 관련된 것으로, 잡음을 함유한 제어오차신호를 미분하면 잡음이 크게 증폭되며 실제 제어오차 미분값은 상대적으로 매우 작아지는(Reset 되는) 것을 의미한다.
③ PID 제어기의 적분동작과 관련된 것으로, 잡음을 함유한 제어오차신호를 적분하면 잡음이 상쇄되어 그 영향이 Reset 되는 것을 의미한다.
④ PID 제어기의 적분동작과 관련된 것으로, 공정의 제약으로 인해 제어오차가 빨리 제거될 수 없을 때 제어기의 적분값이 필요 이상으로 커지는 것을 의미한다.

해설

오차가 0보다 클 때 $e(t)$의 적분값은 시간이 지날수록 점점 커진다. 적분값은 계속 증가하게 되는데 이 현상을 Windup이라 한다. → 방지 방법 : Anti Reset Windup

38 다음 중 ATO(Air – to – open) 제어밸브가 사용되어야 하는 것은?

① 저장탱크 내 위험물질의 증발을 방지하기 위해 설치된 열교환기의 냉각수 유량제어용 제어밸브
② 저장탱크 내 물질의 응고를 방지하기 위해 설치된 열교환기의 온수 유량제어용 제어밸브
③ 반응기에 발열을 일으키는 반응원료의 유량제어용 제어밸브
④ 부반응 방지를 위하여 고온 공정유체를 신속히 냉각시켜야 하는 열교환기의 냉각수 유량제어용 제어밸브

해설

ATO(FC, NC)
공기압 증가 시 밸브가 열리는 시스템
예 발열을 일으키는 반응원료의 유량제어용 밸브는 시스템에 문제가 발생했을 때 반응원료가 흐르지 않게 하기 위해 닫혀야 하므로 FC, 즉 ATO를 사용한다.

정답 35 ③ 36 ② 37 ④ 38 ③

39 PD 제어기에 다음과 같은 입력신호가 들어올 경우, 제어기 출력 형태는?(단, K_c는 1이고, τ_D는 1이다.)

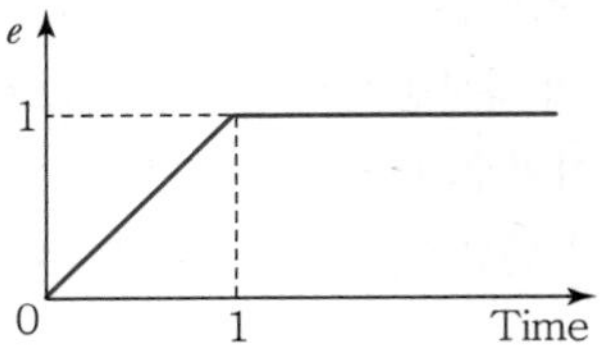

①
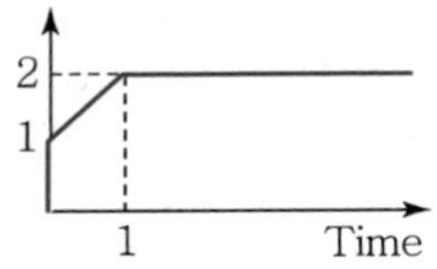

②
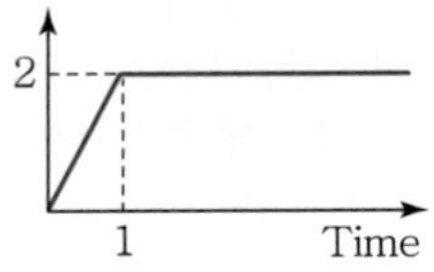

③
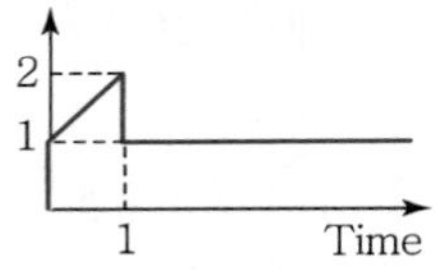

④
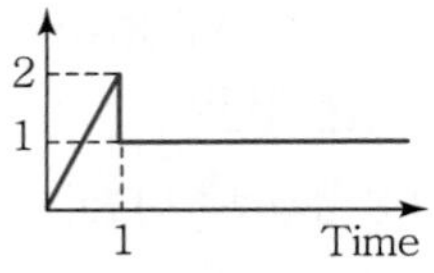

해설

$G_c(s) = K_c(1+\tau_D s) = 1+s$

$X(t) = tu(t) - (t-1)u(t-1)$

$Y(s) = G(s)X(s)$

$= (1+s)\left(\frac{1}{s^2} - \frac{1}{s^2}e^{-s}\right)$

$= \frac{1}{s^2} - \frac{1}{s^2}e^{-s} + \frac{1}{s} - \frac{1}{s}e^{-s}$

$y(t) = tu(t) - (t-1)u(t-1) + u(t) - u(t-1)$

$= (t+1)u(t) - tu(t-1)$

$0 < t < 1$일 때 $y(t) = t+1$

$t \geq 1$일 때 $y(t) = 1$

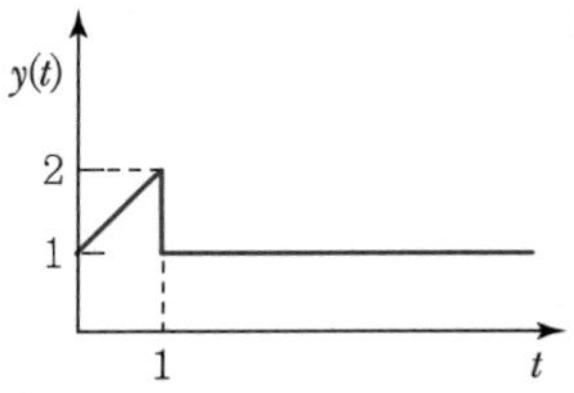

40 다음 그림과 같은 액위제어계에서 제어밸브는 ATO(Air－To－Open)형이 사용된다고 가정할 때에 대한 설명으로 옳은 것은?(단, Direct는 측정변수가 상승할 때 제어출력이 상승함을, Reverse는 제어출력이 하강함을 의미한다.)

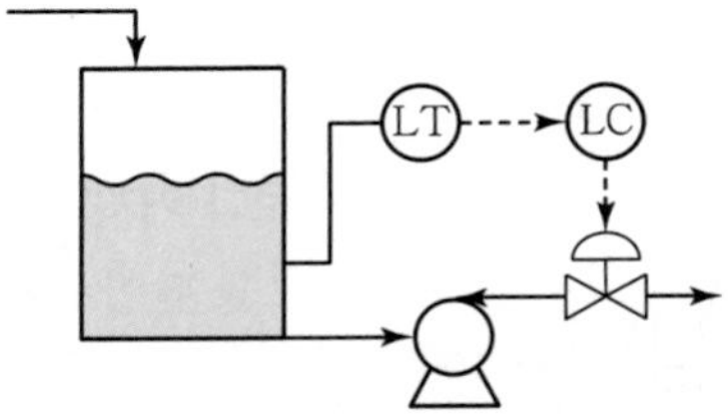

① 제어기의 동작방향은 Reverse, 즉 제어기 이득이 양수이어야 한다.
② 제어기의 동작방향은 Direct, 즉 제어기 이득이 음수이어야 한다.
③ 제어기의 동작방향은 Direct, 즉 제어기 이득이 양수이어야 한다.
④ 제어기의 동작방향은 Reverse, 즉 제어기 이득이 음수이어야 한다.

해설

액위가 상승하면 제어기는 밸브를 많이 열도록 명령을 내리므로 제어기 동작은 Direct가 된다. → 제어기 이득은 음수

정답 39 ③ 40 ②

[02] 닫힌 루프 제어구조의 안정성

1. Feedback 제어시스템의 안정성

- 대부분의 화학공정들은 Feedback 제어구조를 설치하지 않은 그 자체로서 안정하다. 이를 열린 루프(Open Loop) 안정성 또는 자기조정(Self－regulating)성이라 한다. 이와 같은 공정에서는 입력변수에 변화가 야기되면 출력변수는 새로운 정상상태에 도달한다.
- 열린 루프가 불안정한 공정에는 연속교반 발열반응기(제어장치)를 사용한다.

> **Reference**
>
> **공정의 안정성**
>
> - 제한된 범위를 갖는 입력변수의 변동에 대해 출력변수가 제한된 범위 내에 존재할 때 그 공정은 안정하다.
> - 제한된 범위를 갖는 입력변수의 변동이란 계단변화, sin, cos 함수와 같이 상한, 하한이 있는 함수가 그 제한 범위 내에서 시간에 따라 변하는 것을 의미한다. $x(t) = -t$나 $x(t) = e^t$와 같이 계속 감소하거나 계속 증가하는 함수는 존재 범위가 제한되어 있지 않는 함수이다.

- 열린 루프 = 개루프 = Open Loop
- 닫힌 루프 = 폐루프 = Closed Loop

1) 닫힌 루프 특성방정식의 근과 안정성

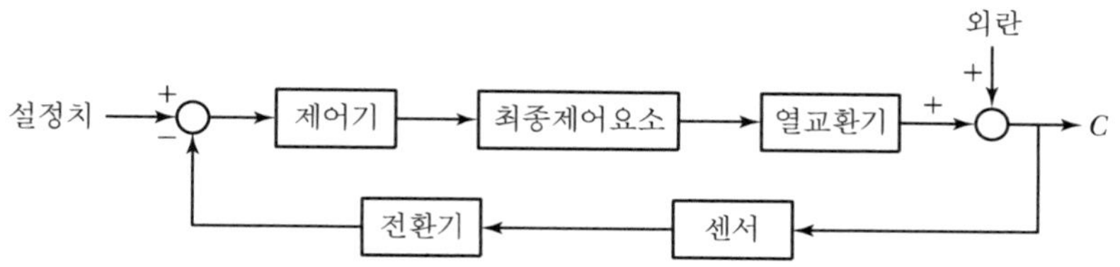

▲ 닫힌 루프 Feedback 제어시스템

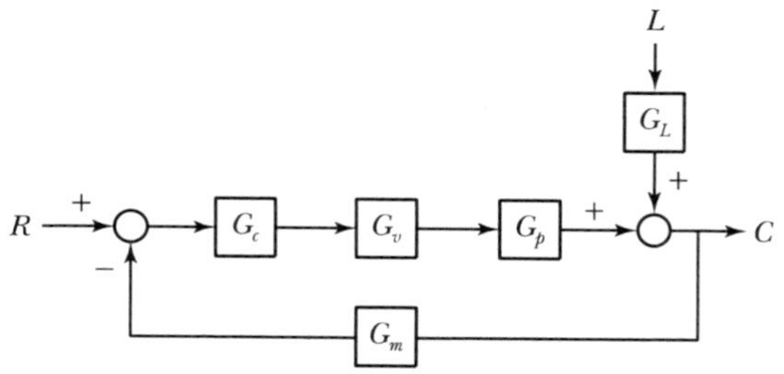

(1) 폐루프 제어시스템의 총괄전달함수

$$C = \frac{G_c G_v G_p}{1 + G_c G_v G_p G_m} R + \frac{G_L}{1 + G_c G_v G_p G_m} L$$

(2) 폐루프 제어시스템의 특성방정식

분모 = 0

$$1 + G_c G_v G_p G_m = 1 + G_{OL} = 0$$

여기서, G_{OL} : 개루프 총괄전달함수

분모를 0으로 둔 방정식, 즉 위의 식을 특성방정식이라 한다. 특성방정식은 s의 급수함수 형태로 주어지는데 특성방정식의 근에 따라 시스템의 안정성이 좌우된다.

서로 다른 n개의 근 $r_1, r_2 \cdots r_n$을 갖는다면

$(s - r_1)(s - r_2) \cdots (s - r_n) = 0$이 된다.

제어시스템에서 설정값의 변화는 없고 외부교란변수에 단위계단변화가 도입되었다면, $R = 0$, $L = \frac{1}{s}$이므로,

$$C = \frac{G_L}{s(1 + G_{OL})} = \frac{G_L'}{s(s - r_1)(s - r_2) \cdots (s - r_n)}$$

$$= \frac{a_0}{s} + \frac{a_1}{s - r_1} + \frac{a_2}{s - r_2} + \cdots + \frac{a_n}{s - r_n}$$

역라플라스 변환하면

$c(t) = a_0 + a_1 e^{r_1 t} + a_2 e^{r_2 t} + \cdots + a_n e^{r_n t}$

n개의 근 중 어느 하나를 r이라고 하면

① r이 실수인 경우

$r < 0$이면 $t \to \infty$일 때 $e^{rt} \to 0$

$r > 0$이면 $t \to \infty$일 때 $e^{rt} \to \infty$

② r이 복소수인 경우

$r = \sigma + i\omega$라고 하면 $e^{rt} = e^{\sigma t}(\cos\omega t + i\sin\omega t)$이므로

$\sigma < 0$이면 $t \to \infty$일 때 $e^{rt} \to 0$

$\sigma > 0$이면 $t \to \infty$일 때 $e^{rt} \to \infty$

Reference

닫힌 루프 Feedback 제어시스템의 안정성

Feedback 제어시스템의 특성방정식의 근 가운데 어느 하나라도 양 또는 양의 실수부를 갖는다면 그 시스템은 불안정하다.

➡ 전달함수 $G(s) = \dfrac{N(s)}{D(s)}$

- 극점(Pole) : 분모=0, $D(s)=0$을 만족하는 근
- 영점(Zero) : 분자=0, $N(s)=0$을 만족하는 근

(3) 특성방정식의 근의 위치에 따른 응답 모양

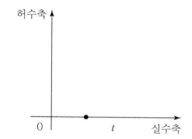

① r이 실근인 경우

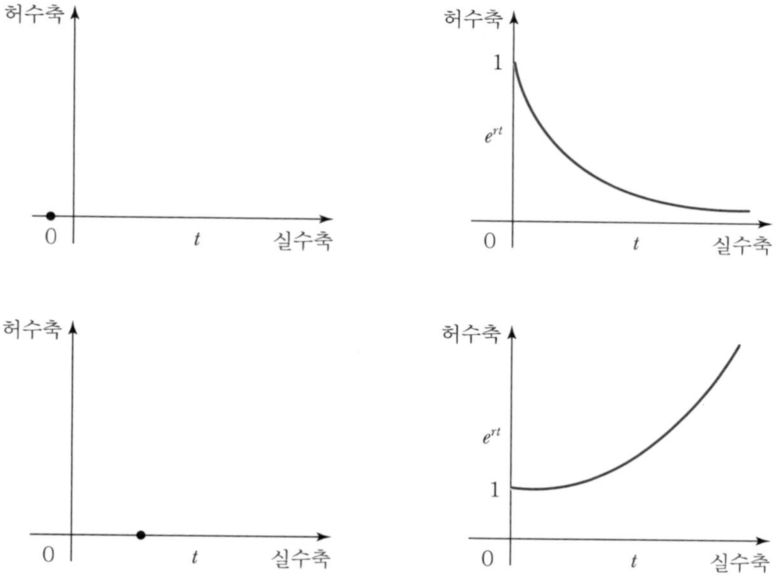

② r이 허근인 경우

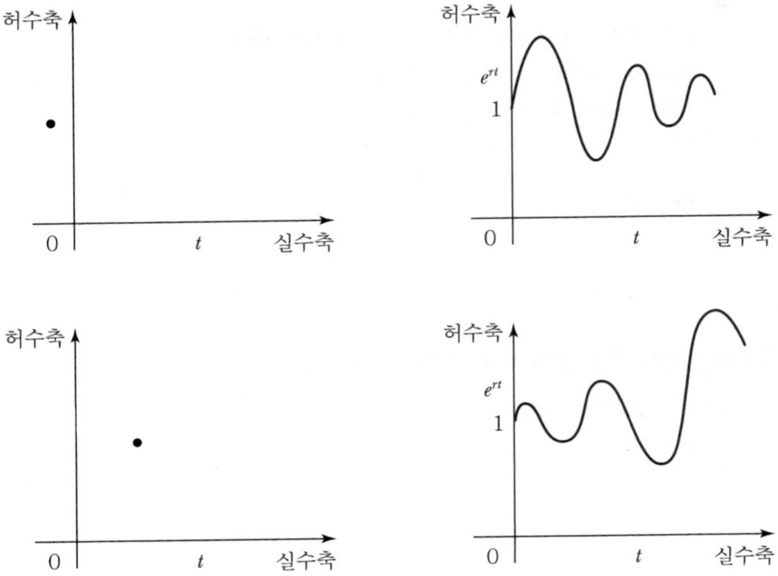

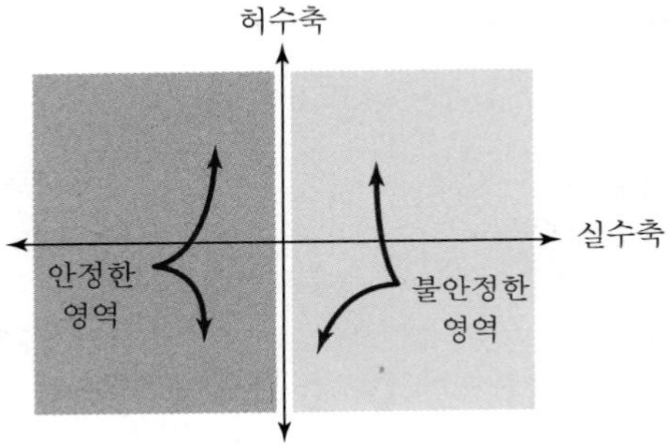

▲ 근의 위치에 따른 안정성

특성방정식의 근이 복소평면(s − 평면)상에서 허수축을 기준으로 왼쪽 평면상에 존재하면 제어시스템은 안정하며, 오른쪽 평면상에 존재하면 제어시스템은 불안정하다.

➡ 허수축과 우반면상에 있으면 불안정하다.

Exercise **01**

$G_m = G_R = G_T = 1$이며 $G_v = K_v$, $G_p = G_L = \dfrac{K_p}{\tau s + 1}$, 비례 제어기를 사용할 때 이 제어시스템이 안정하기 위한 조건을 구하여라.

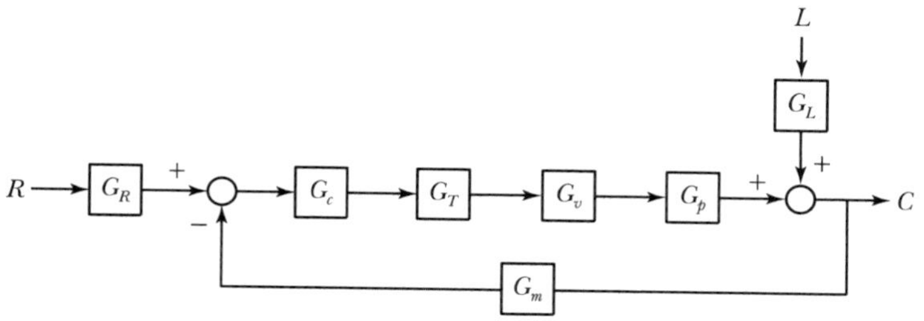

풀이 총괄전달함수의 분모, 즉 특성방정식은

$$1 + G_c G_T G_v G_p G_m = 1 + \frac{K_v K_p}{\tau s + 1} G_c = 0$$

비례 제어기를 사용하므로 $G_c = K_c$이다.

$$1 + \frac{K_c K_v K_p}{\tau s + 1} = 0$$

$$\tau s + 1 + K_c K_v K_p = 0$$

$$\therefore\ s = -\frac{1 + K_c K_v K_p}{\tau}$$

근 s가 음이면 제어시스템은 안정하다.
s가 음이기 위한 조건은

$$-\frac{1 + K_c K_v K_p}{\tau} < 0$$

$$1 + K_c K_v K_p > 0$$

$$\therefore\ K_c K_v K_p > -1$$

안정하기 위한 조건은

$K_p K_v > 0$인 경우 $K_c > \dfrac{-1}{K_p K_v}$

$K_p K_v < 0$인 경우 $K_c < \dfrac{-1}{K_p K_v}$

Exercise **02**

위 예제 01의 그림에서 $G_m = G_R = G_T = 1$, $G_P = G_L = \frac{1}{5s+1}$, $G_v = \frac{1}{2s+1}$, 비례 제어기를 사용할 때 제어시스템이 안정하기 위한 제어기의 이득 K_c의 범위는?

풀이 특성방정식은

$$1 + G_c G_v G_T G_p G_m = 1 + \frac{K_c}{(2s+1)(5s+1)} = 0$$

정리하면 $10s^2 + 7s + (1+K_c) = 0$이므로

$$s = \frac{-7 \pm \sqrt{49 - 40(1+K_c)}}{20}$$

- $49 - 40(1+K_c) < 0$, 즉 $K_c > 0.225$이면 허근. 실수부는 음이므로 시스템은 안정하다.
- s가 음의 실근이라면 $49 - 40(1+K_c) \geq 0$
  $\sqrt{49-40(1+K_c)} < 7$이어야 하므로 $-1 < K_c \leq 0.225$
  $\therefore$ $K_c > -1$이면 시스템은 안정하다. 그러나 $K_c > 0.225$이면 s는 복소수가 되고 응답에 진동이 나타날 수 있다.

2) Routh의 안정성 판별법

① Routh는 특성방정식의 근을 구하지 않고 멱급수 방정식의 근이 양의 실수부를 갖는지 여부를 판별할 수 있는 방법을 제안하였다.

➡ 제어시스템이 안정하기 위해서는 특성방정식의 모든 근이 음의 실수부를 가져야 한다.

② 특성방정식 – s의 고차 방정식

$$a_n s^n + a_{n-1} s^{n-1} + \cdots + a_1 s + a_o = 0 \ (a_n > 0)$$

예 $F(s) = s^4 + 2s^3 + 3s^2 + 4s + K_c + 1$

행 \ 열	1	2	3
1	1	3	K_c+1
2	2	4	
3	$\frac{6-4}{2}=1$	$\frac{2(K_c+1)-0}{2}=K_c+1$	0
4	$\frac{1\times4-2(K_c+1)}{1}=2-2K_c>0$		
5	$\frac{(2-2K_c)(K_c+1)}{2-2K_c}=K_c+1>0$		

$2-2K_c > 0 \cdots K_c < 1$

$K_c+1 > 0 \cdots K_c > -1$

$\therefore\ -1 < K_c < 1$

> 특성방정식의 모든 근이 음의 실수부를 갖기 위해서는 Routh 배열의 첫 번째 열의 모든 원소들이 양(+)이어야 한다.

3) 직접치환법

제어시스템이 안정하기 위해서는 특성방정식의 근이 복소평면상의 왼쪽에 존재해야 한다. 만일 특성방정식의 근이 허수축상에 존재한다면 제어시스템은 안정과 불안정성의 경계상에 놓이게 되므로 직접 허수축상에 존재하는 근을 대입하여 한계조건에 있는 제어기 매개변수를 계산할 수 있다.
특성방정식의 근이 허수축상에 존재한다면 실수부는 0이므로 $r_{1.2} = \pm i\omega_u$로 쓸 수 있으며 응답 $C(s)$는

$$C(s) = \frac{As+B}{s^2+{\omega_u}^2} + \cdots$$

$$c(t) = M\sin(\omega_u t + \phi) + \cdots$$

진폭이 M, 진동 수 ω_u인 일정한 진동이 감쇠되거나 증폭되지 않고 반복됨을 알 수 있다. 이때 진동수 ω_u를 한계진동수(Ultimate Frequency), 주기 $T_u = \dfrac{2\pi}{\omega_u}$를 한계주기라고 한다.

① 근의 실수부가 0보다 작아서 안정한 응답

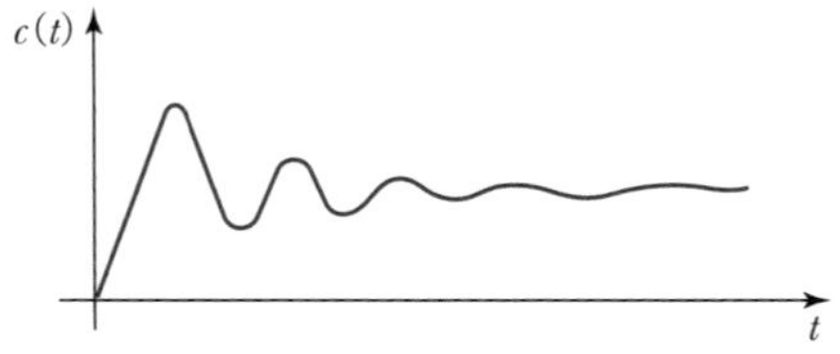

② 근의 실수부가 0이어서 한계진동

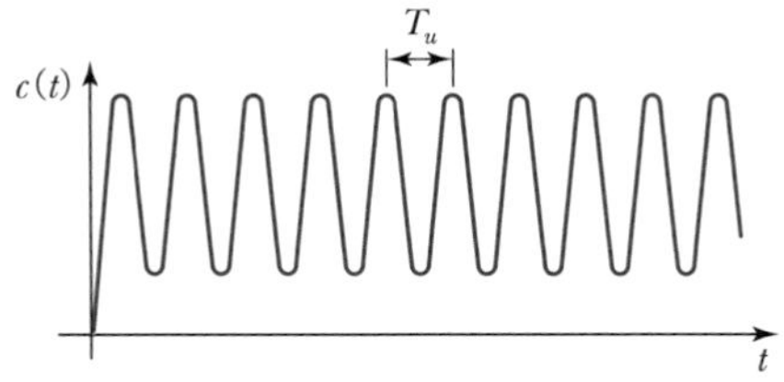

TIP

Routh 판별법

- 모든 요소가 양이면 모든 근이 음의 실근을 갖는다.
- 양의 실근의 수 = 부호의 바뀐 횟수

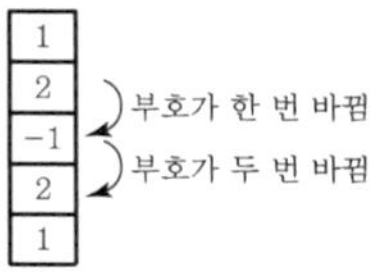

양의 실수부를 갖는 근이 2개이다.
→ 불안정

- Array 구성에서 첫 번째 열의 요소가 0이 되면 허수축 위에 근이 존재하므로 Array 구성은 더 이상 진행될 수 없다.

◈ 한계진동수

$\omega_u = 2\pi f_u = \dfrac{2\pi}{T_u}$

③ 근의 실수부가 0보다 커서 불안정한 응답

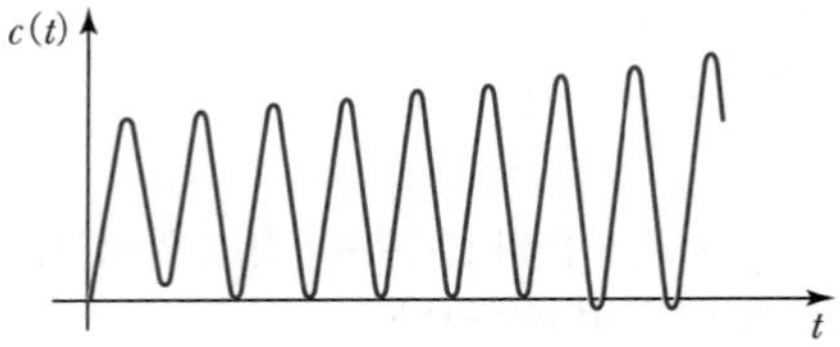

직접치환법은 제어시스템의 특성방정식에 있는 s를 $i\omega_u$로 치환하여 실수부=0, 허수부=0으로 놓고 풀어서 한계 조건에서의 제어기 이득 K_c와 진동수 ω_u를 구하는 방법이다.

Exercise **03**

직접치환법을 이용하여 특성방정식이 다음과 같은 제어시스템이 안정하기 위한 조건을 구하여라.

$$10s^3+17s^2+8s+1+K_c=0$$

풀이 s 대신 $i\omega_u$ 대입

$-10i{\omega_u}^3-17{\omega_u}^2+8i\omega_u+1+K_c=0$

(실수부) $-17{\omega_u}^2+1+K_c=0$

(허수부) $-10i{\omega_u}^3+8i\omega_u=0$

$\omega_u=\pm0.894$ $K_c=12.6$

$\omega_u=0$ $K_c=-1$ 허용 가능한 최솟값 · 최댓값

$\therefore$ K_c의 범위 $-1<K_c<12.6$

한계주기 $T_u=\dfrac{2\pi}{\omega_u}=\dfrac{2\pi}{0.894}=7.03$

4) 근궤적도(Root Locus)

① K_c의 변화에 따른 근의 이동상황을 복소평면상에 표시한 그림이다.

② K_c를 여러 가지로 변화시켜 가면서 특성방정식의 근을 구한 다음 이를 복소평면상에 표시하여 근이 K_c에 따라 이동하는 추세를 파악한다.

➡ 제어시스템이 안정하기 위한 K_c의 범위를 결정할 수 있다.

예 $s^3 + 6s^2 + 11s + 6 + 2K_c = 0$

- $K_c = 0$이면 $s = -1,\ -2,\ -3$
- K_c가 증가함에 따라 근 중 하나는 음의 실수부 쪽으로 계속 감소하고, 다른 두 근은 각각 허수축을 지나 불안정한 영역으로 발산한다.
- $K_c = 30$일 때 두 근은 허수축상에 위치하며, K_c의 허용범위는 $K_c < 30$이다.
- K_c가 감소하여 -3이 되면 특성방정식은 $s^3 + 6s^2 + 11s = 0$이 되어 원점에 근이 놓이게 되므로 $K_c < -3$이면 양의 실수축상에 근이 놓여 불안정하게 된다.

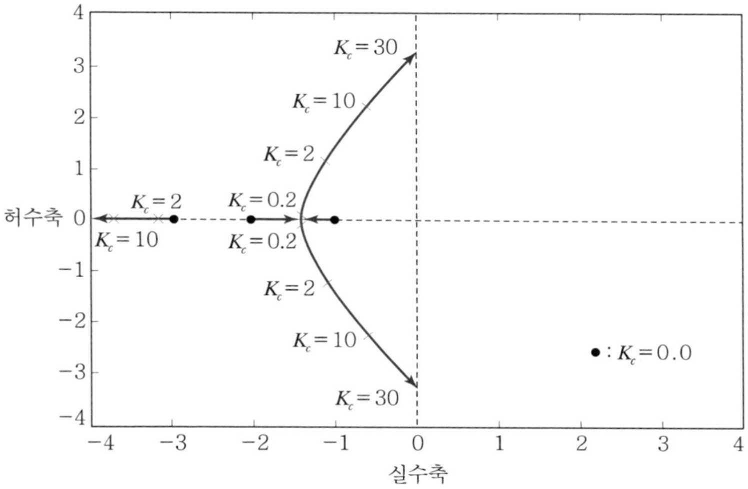

▲ 3차계의 근궤적도

5) 나이키스트(Nyquist, 안정성 판별법)

Nyquist 선도가 점$(-1, 0)$을 시계방향으로 감싸는 횟수를 N이라 하면 열린 루프 특성방정식의 근 가운데 불안정한 근의 수 Z는 $Z = N + P$개이다. 여기서, P는 열린 루프 전달함수의 Pole 가운데 오른쪽 영역에 존재하는 Pole(극점)의 수이다.

Nyquist 선도가 점$(-1, 0)$을 시계방향으로 감싸는 경우는 다음 그림과 같다. 열린 루프 시스템이 안정한 경우 $P=0$이므로 $Z=N$이 된다. 따라서 Nyquist 선도가 $(-1, 0)$을 한 번이라도 시계방향으로 감싼다면 닫힌 루프 시스템은 불안정하다. Nyquist 선도가 점$(-1, 0)$을 시계반대방향으로 감싸면 N은 음의 값을 갖는다.

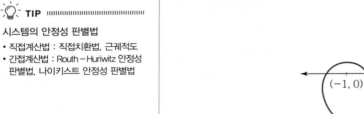

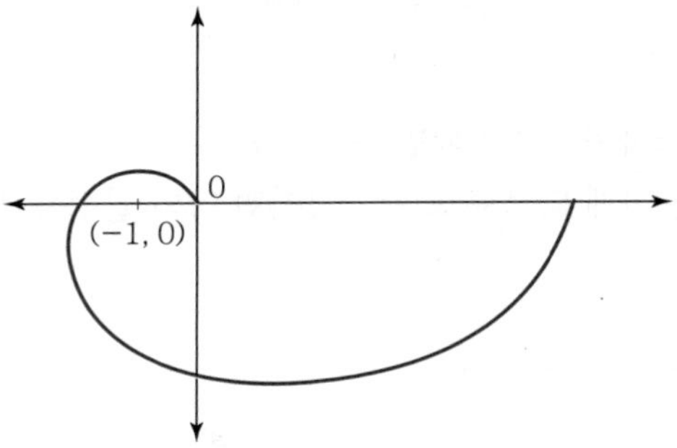

TIP

시스템의 안정성 판별법

- 직접계산법 : 직접치환법, 근궤적도
- 간접계산법 : Routh−Huriwitz 안정성 판별법, 나이키스트 안정성 판별법

Reference

폐루프(닫힌 루프)의 전달함수

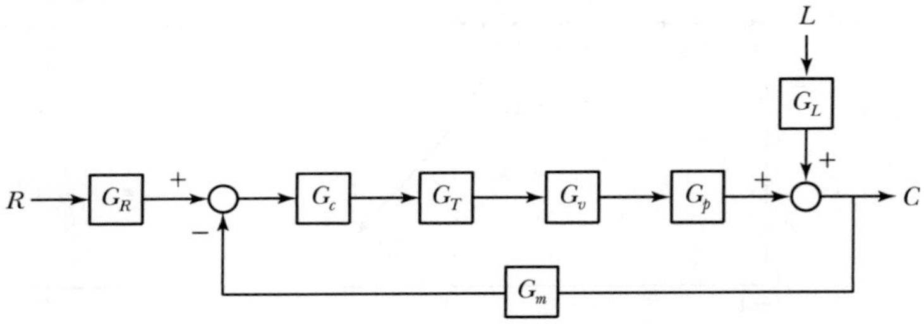

- 닫힌 루프 제어시스템의 총괄전달함수

$$C=\frac{G_R G_c G_T G_v G_p}{1+G_c G_v G_T G_p G_m}R+\frac{G_L}{1+G_c G_v G_T G_p G_m}L$$

- 설정값 측정제어(Servo Control) 문제. 추적제어

$$\frac{C}{R}=\frac{G_R G_c G_v G_T G_p}{1+G_{OL}}$$

$G_{OL}=G_c G_v G_T G_p G_m$ 개루프(열린 루프) 전달함수

외부교란변수는 없고 설정값만 변하는 경우

- 조정기제어(Regulator Control) 문제. 조절제어

$$\frac{C}{L}=\frac{G_L}{1+G_{OL}}$$

$G_{OL}=G_c G_v G_T G_p G_m$

설정값은 일정하게 유지되고$(R=0)$ 외부교란변수의 변화만 일어나는 경우

실전문제

01 전달함수의 극(Polo)과 영(Zero)에 관한 설명 중 옳지 않은 것은?

① 순수한 허수극은 일정한 진폭을 가지고 진동이 지속되는 응답 모드에 대응된다.
② 양의 영은 전달함수가 불안정함을 의미한다.
③ 양의 영은 계단입력에 대해 역응답을 유발할 수 있다.
④ 물리적 공정에서는 극의 수가 영의 수보다 항상 같거나 많다.

해설

- 양의 극(Pole)은 전달함수가 불안정함을 의미한다.
- 양의 영(Zero)은 안정과는 관계없으며, 역응답을 유발한다.

02 특성방정식이 $s^3 - 3s + 2 = 0$인 계에 대한 설명으로 옳은 것은?

① 안정하다.
② 불안정하고, 양의 중근을 갖는다.
③ 불안정하고, 서로 다른 2개의 양의 근을 갖는다.
④ 불안정하고, 3개의 양의 근을 갖는다.

해설

$s^3 - 3s + 2 = 0$

$s^3 - s - 2s + 2 = 0$

$s(s+1)(s-1) - 2(s-1) = 0$

$(s-1)(s^2+s-2) = 0$

$(s-1)(s+2)(s-1) = (s-1)^2(s+2) = 0$

근이 오른쪽 좌표에 존재하므로 불안정하다.

03 라플라스 함수인 $\dfrac{2(s+2)}{s(s^2+9s+20)(s+4)}$로 표현되는 함수는 시간이 충분히 흐르면 어떤 응답을 보이는가?

① 진동 없이 매끄럽게 수렴한다.
② 진동하면서 수렴한다.
③ 진동 없이 매끄럽게 발산한다.
④ 진동하면서 발산한다.

해설

$$\lim_{t\to\infty} f(t) = \lim_{s\to 0} sF(s)$$

$$= \lim_{s\to 0} s\frac{2(s+2)}{s(s^2+9s+20)(s+4)}$$

$$= \frac{4}{80} = 0.05\text{(수렴)}$$

근이 $s = 0,\ -4,\ -5,\ -4$이므로 허근이 존재하지 않아 진동하지 않는다.

04 제어계의 안정성을 판별하는 방법에 해당되는 것은?

① 맥케이브 – 티일레법
② 아인슈타인법
③ 길리란드법
④ 나이키스트법

해설

제어계의 안정성 판별법

- 직접계산법 : 직접치환법, 근궤적도
- 간접계산법 : Routh – Huriwitz 안정성 판별법, 나이키스트 안정성 판별법

정답 01 ② 02 ② 03 ① 04 ④

05 Routh－Hurwitz 안정성 판정이 가장 정확하게 적용되는 공정은?(단, 불감시간은 Dead Time을 뜻한다.)

① 선형이고 불감시간이 있는 공정
② 선형이고 불감시간이 없는 공정
③ 비선형이고 불감시간이 있는 공정
④ 비선형이고 불감시간이 없는 공정

해설

선형이고 불감시간이 없는 공정에 정확하게 적용된다.

06 Routh Array에 의한 안정성 판별법 중 옳지 않은 것은?

① 특성방정식에 계수가 다른 부호를 가지면 불안정하다.
② Routh Array의 첫 번째 칼럼의 부호가 바뀌면 불안정하다.
③ Routh Array Test를 통해 불안정한 Pole의 개수도 알 수 있다.
④ Routh Array의 첫 번째 칼럼에 0이 존재하면 불안정하다.

해설

- Routh Array의 첫 번째 칼럼이 양의 부호를 가지면 안정하다.
- Routh Array의 첫 번째 칼럼의 부호가 바뀌는 횟수가 불안정한 양의 실근을 갖는 개수이다.
- Routh Array의 첫 번째 칼럼에 0이 존재하면 근이 허수축에 존재하므로 더 이상 진행되지 않는다.

07 어떤 2차계의 특성방정식의 두 근이 다음과 같다고 할 때 안정한 공정은?

① $1+3i,\ 1-3i$
② $-1,\ 2$
③ $2,\ 4$
④ $-1+2i,\ -1-2i$

해설

음의 실근을 가지면 안정하다.

08 불안정한 계에 해당하는 것은?

① $y(s)=\dfrac{\exp(-3s)}{(s+1)(s+3)}$
② $y(s)=\dfrac{1}{(s+1)(s+3)}$
③ $y(s)=\dfrac{1}{s^2+0.5s+1}$
④ $y(s)=\dfrac{1}{s^2-0.5s+1}$

해설

극점=0, 복소평면의 왼쪽에 근이 존재해야 안정하다(음의 실근).

09 특성방정식의 근 중 하나가 복소평면의 우측 반평면에 존재하면 이 계의 안정성은?

① 안정하다.
② 불안정하다.
③ 초기는 불안정하다가 점진적으로는 안정해진다.
④ 주어진 조건으로는 판단할 수 없다.

해설

복소평면의 왼쪽에 근이 존재해야 안정하다.

10 다음 중 되먹임 제어계가 안정하기 위한 필요충분조건은?

① 폐루프 특성방정식의 모든 근이 양의 실수부를 갖는다.
② 폐루프 특성방정식의 모든 근이 실수부만 갖는다.
③ 폐루프 특성방정식의 모든 근이 음의 실수부를 갖는다.
④ 폐루프 특성방정식의 모든 실수근이 양의 실수부를 갖는다.

해설

폐루프 특성방정식의 모든 근이 음의 실근을 가져야 한다.

정답 05 ② 06 ④ 07 ④ 08 ④ 09 ② 10 ③

11 $(s+1)(s+2)(s+3)+6K_c=0$의 특성방정식으로 표현되는 닫힌 루프 제어계가 안정하기 위한 K_c의 최댓값은 얼마 미만이어야 하는가?

① $-1 < K_c < 1$　② $K_c < 10$
③ $K_c > 10$　④ $K_c < 0$

해설

$s^3+6s^2+11s+6(1+K_c)=0$

1　11
6　$6(1+K_c)$

$$\frac{6\times 11-6(1+K_c)}{6}>0$$

$11-(1+K_c)>0$

$K_c<10$

12 제어계의 특성방정식의 근(극점)이 양의 실수값을 가질 때 시스템이 나타내는 특성으로 옳은 것은?

① 시스템은 안정하며, 응답은 진동하면서 감소한다.
② 시스템은 불안정하며, 응답은 진동하면서 증가한다.
③ 시스템은 안정하며, 응답은 기하급수적으로 감소한다.
④ 시스템은 불안정하며, 응답은 기하급수적으로 증가한다.

해설

극점이 양의 실근을 갖는다면 응답은 불안정하다. → 응답은 증가한다.

정답 11 ② 12 ④

[03] 공정의 인식과 표현

- 공정의 인식이란 공정의 모델을 구하는 것을 말한다.
- 우리가 제어하고자 하는 공정은 일반적으로 매우 복잡하여 대부분 비선형이기 때문에 정확한 수학적 모델을 구하는 것은 어렵다. 따라서 실험 데이터나 조업자료를 근거로 공정을 보다 쉽고 간편한 1차나 2차의 모델식을 이용해 근사적으로 나타내는 방법에 널리 이용된다.

1. 공정의 표현

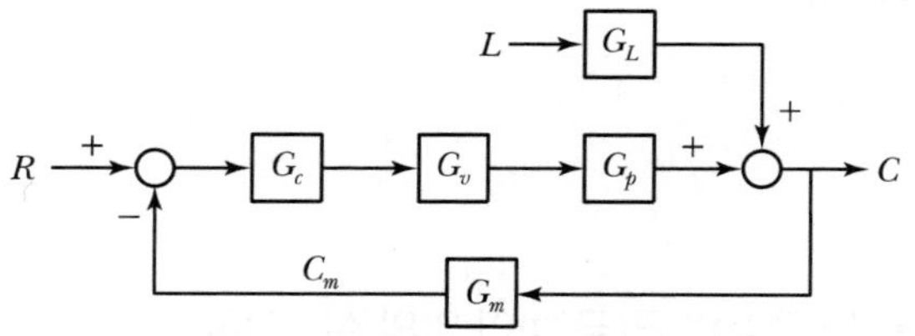

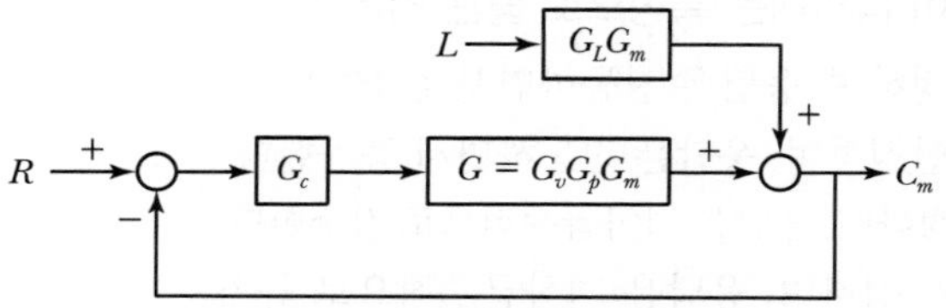

▲ Feedback 제어구조

$G(s) = G_v(s)G_p(s)G_m(s)$는 제어되는 공정과 제어밸브, 센서/전환기를 모두 고려한 전달함수이다. 닫힌 루프를 구성하는 전달함수에서 제어기 전달함수를 제외한 전달함수 $G(s)$를 열린 루프 전달함수라 한다.

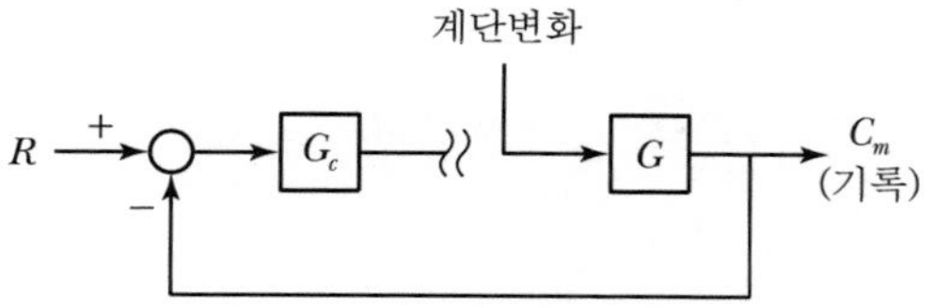

▲ Open－loop 제어회로

1) 1차 모델식을 이용한 공정의 표현

(1) 시간지연이 있는 1차 공정의 전달함수

$$G(s) = \frac{Ke^{-\theta s}}{\tau s + 1}$$

$G(s) = G_v(s)G_p(s)G_m(s)$

$K,\ \tau,\ \theta$를 구한다.

(2) 입력함수

크기가 Δm인 계단입력

$M(s) = \frac{\Delta m}{s}$

(3) 출력함수

$C(s) = M(s)G(s) = \frac{K\Delta m e^{-\theta S}}{s(\tau s + 1)}$

$C(t) = c(t) - c_s = K\Delta m\{1 - e^{-(t-\theta)/\tau}\}u(t-\theta)$

응답곡선에서 새로운 정상상태에 도달하면

$C(\infty) = \Delta c_s$

$\lim_{t \to \infty} C(t) = K\Delta m$

$\Delta c_s = K\Delta m \rightarrow K = \frac{\Delta c_s}{\Delta m}$

공정의 Gain K는 정상상태에서 입력변수에 대한 출력변수의 비로 주어진다.

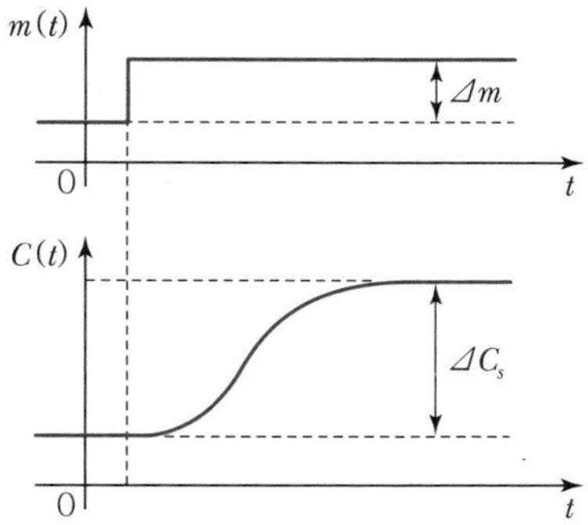

▲ 공정 반응곡선

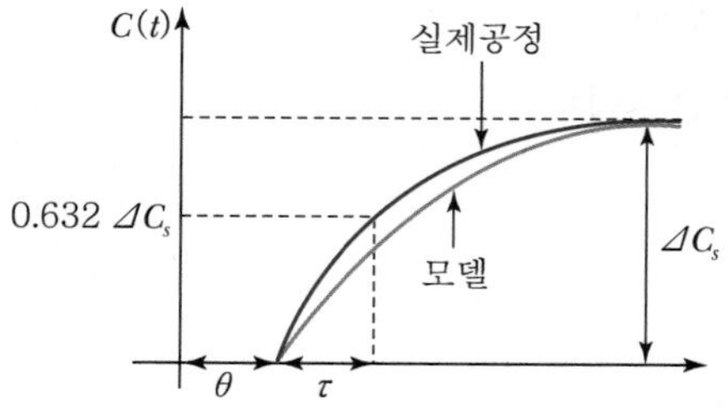

여기서, K : 공정이득(Gain)
τ : 시간상수
θ : 시간지연(Time Delay)

2) 2차 모델식을 이용한 공정의 표현

(1) 시간지연이 있는 2차 공정의 전달함수

$$G(s) = \frac{K}{\tau^2 s^2 + 2\tau\zeta s + 1} e^{-\theta s} \text{ 또는 } G(s) = \frac{Ke^{-\theta s}}{(\tau_1 s + 1)(\tau_2 s + 1)}$$

τ, ζ, K, θ를 구한다.

① 공정이득 $K = \dfrac{\Delta C_s}{\Delta m}$

② 시간지연 θ

③ Overshoot가 없는 경우 – Harriott 방법, Smith 방법

④ Overshoot가 있는 경우

㉠ $\text{Overshoot} = \exp\left(\dfrac{-\pi\zeta}{\sqrt{1-\zeta^2}}\right)$ ζ를 구한다.

㉡ $\text{Period} = T = \dfrac{2\pi\tau}{\sqrt{1-\zeta^2}}$ τ를 구한다.

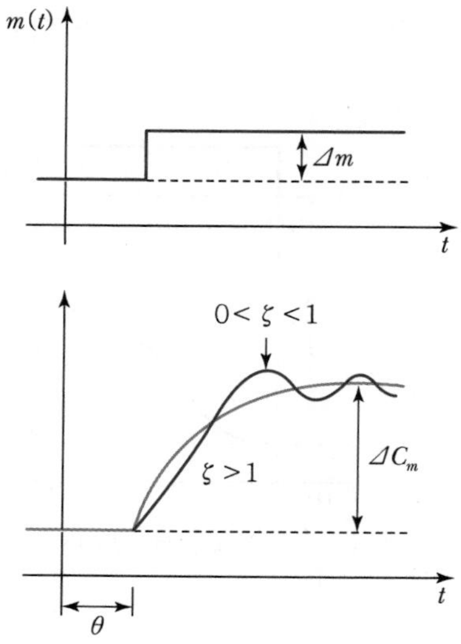

▲ 공정 반응곡선

2. 최소자승법

① 미리 정한 선형함수 $p(x)$와 실제 데이터의 차이가 최소가 되도록 함수의 계수를 결정하는 방법이다.

$$p(x) = a_o\phi_o(x) + a_1\phi_1(x) + \cdots + a_m\phi_m(x)$$

여기서, $a_o, a_1, \cdots, a_m$: 계수

$\phi_o, \phi_1, \cdots, \phi_m$: 서로 다른 임의의 함수

② 최소자승법은 실제 데이터와 함수값의 차이, 즉 오차의 제곱합이 최소가 되는 함수의 계수를 찾는 것이다.

$$Q(f,\ p) = \sum_{i=1}^{n}[f_i - p(x_i)]^2$$

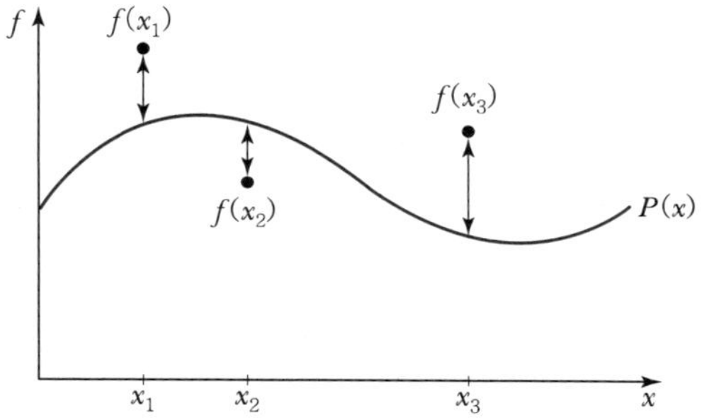

실전문제

01 어느 공정의 제어기 출력(m)이 계단변화를 보였을 때 응답곡선(c)이 얻어졌다. 공정이득(Process Gain) K를 구하는 식은?

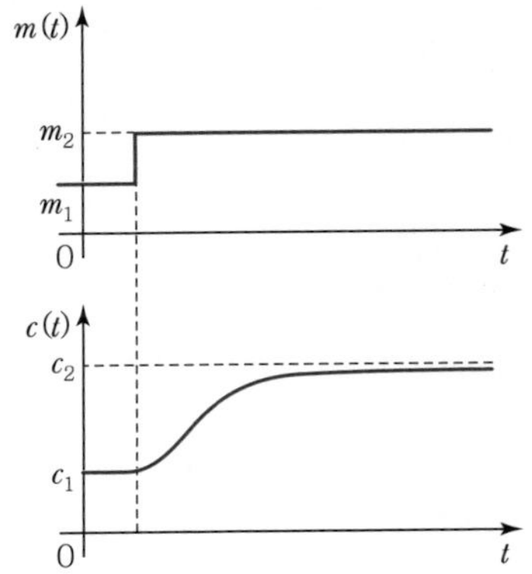

① $K=\dfrac{m}{c_2}$

② $K=\dfrac{c_2}{m_2}$

③ $K=\dfrac{m_2-m_1}{c_2-c_1}$

④ $K=\dfrac{c_2-c_1}{m_2-m_1}$

해설

공정이득 $K=\dfrac{\Delta C_s}{\Delta m}$

02 최소자승법을 사용하여 주어진 자료(x_i, f_i)를 $g(x)=a+bx$ 형태의 1차 식으로 나타내고자 할 때 사용되는 식으로 옳은 것은?

① $\min\sum_{i=1}^{n}[f_i-(a+bx_i)]^2$

② $\min\sum_{i=1}^{n}[f_i+(a+bx_i)]^2$

③ $\max\sum_{i=1}^{n}[f_i-(a+bx_i)]^2$

④ $\max\sum_{i=1}^{n}[f_i+(a+bx_i)]^2$

해설

최소자승법
실제 데이터와 함수값의 차이, 즉 오차의 제곱합이 최소가 되는 함수의 계수를 찾는 것이다.

03 다음 중 시간지연이 존재하는 1차 공정 모델은 어느 것인가?

① $\dfrac{e^{\theta s}}{K(\tau s+1)}$

② $\dfrac{Ke^{\theta s}}{\tau s+1}$

③ $\dfrac{e^{-\theta s}}{K(\tau s+1)}$

④ $\dfrac{Ke^{-\theta s}}{\tau s+1}$

해설

- 1차 시간지연
  $G(s)=\dfrac{Ke^{-\theta s}}{\tau s+1}$
- 2차 시간지연
  $G(s)=\dfrac{Ke^{-\theta s}}{\tau^2 s^2+2\tau\zeta s+1}$

정답 01 ④ 02 ① 03 ④

[04] 제어기의 조정

제어기의 조정은 원하는 폐회로(닫힌 회로) 응답을 얻기 위해 Feedback 제어기의 파라미터들을 조절하는 과정을 말한다. 비례 제어기는 조절해야 할 파라미터가 제어기의 이득 하나뿐이어서 문제가 비교적 간단하다. PID 제어기의 경우 제어기의 이득, 적분시간, 미분시간 등 조절해야 할 파라미터가 3개이므로 조정이 쉽지 않다.

1. 한계이득법(Ultimate Gain Method)

① 1942년 Ziegler와 Nichols가 제안하였으며, 실시간 조정 또는 연속진동법이라고 한다.

② 한계주기와 한계이득값을 이용한다.

③ 비례 제어기로 대체하며, 제어되는 출력변수의 응답이 일정한 진폭을 지닌 연속적인 진동을 보일 때까지 비례 제어기의 이득을 조금씩 증가시킨다. 이때 얻어지는 제어기 이득은 한계이득 K_{cu} 이며, 진동주기는 한계주기 T_u 이다.

> • 한계이득과 한계주기는 직접치환법을 이용하여 계산한다.
> • 직접치환법의 특성방정식에서 s 대신 $i\omega$를 대입하여 계산한다.

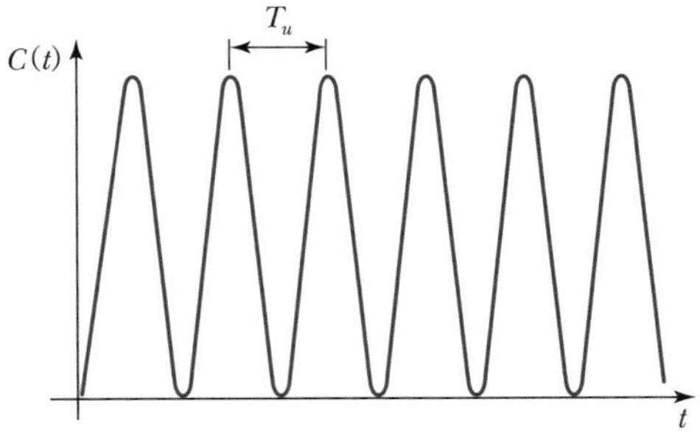

▲ 한계진동응답

④ 제어기 파라미터의 조정기준으로 Ziegler와 Nichols는 출력변수의 감쇠비(Decay Ratio)가 $\frac{1}{4}$ 이 되는 경우를 고려하였다. 즉, $C(t)$의 감쇠비가 $\frac{1}{4}$ 이 되도록 제어기의 파라미터들을 조정한 것이다.

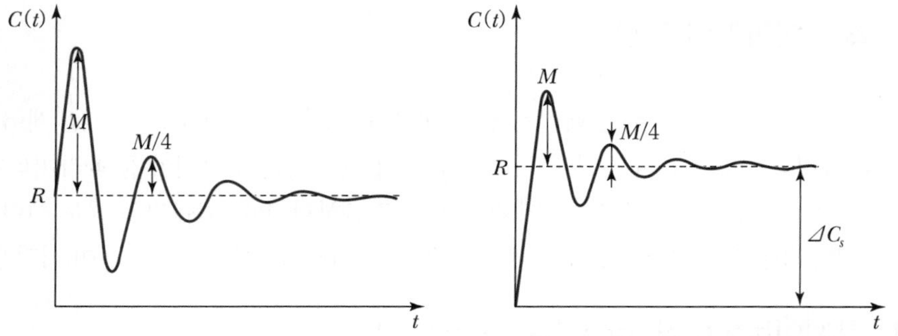

(a) 외부교란변수의 변화　　(b) 설정값의 변화

▲ 감쇠비가 1/4인 출력변수 응답

▼ 한계이득법에 의한 제어기 조정방법(1/4 감쇠비 응답)

제어기 형태	제어기 전달함수	이득	적분시간	미분시간
비례 제어기	K_c	$K_c = \dfrac{K_{cu}}{2}$		
비례 – 적분 제어기	$K_c\left(1+\dfrac{1}{\tau_I s}\right)$	$K_c = \dfrac{K_{cu}}{2.2}$	$\tau_I = \dfrac{T_u}{1.2}$	
비례 – 적분 – 미분 제어기	$K_c{}'\left(1+\dfrac{1}{\tau_I{}' s}\right)(\tau_D{}' s+1)$	$K_c = \dfrac{K_{cu}}{1.7}$	$\tau_I{}' = \dfrac{T_u}{2}$	$\tau_D{}' = \dfrac{T_u}{8}$

2. 1차 모델식 이용

◆ 한계이득

$K_{cu} = \dfrac{1}{A}$

계가 안정과 불안정의 경계에 있게 하는 비례 제어기의 이득

◆ 한계주기

$P_u = \dfrac{2\pi}{\omega_u}$

이득이 K_{cu}인 비례 제어가 사용되었을 때 일어나는 지속적인 주기

1) Ziegler와 Nichols 방법

Ziegler와 Nichols는 한계이득법 외에 시간지연이 존재하는 1차 공정 모델식의 시간상수와 이득, 시간지연을 이용한 제어기 조정방법을 제안하였다.

$$G(s) = \frac{Ke^{-\theta s}}{\tau s+1}$$

▼ Ziegler – Nichols 제어기 조정방법(1/4 감쇠비 응답)

제어기 형태	제어기 전달함수	이득	적분시간	미분시간
비례 제어기	K_c	$K_c = \dfrac{1}{K}\left(\dfrac{\tau}{\theta}\right)$		
비례 – 적분 제어기	$K_c\left(1+\dfrac{1}{\tau_I s}\right)$	$K_c = \dfrac{0.9}{K}\left(\dfrac{\tau}{\theta}\right)$	$\tau_I = 3.33\theta$	
비례 – 적분 – 미분 제어기	$K_c{}'\left(1+\dfrac{1}{\tau_I{}' s}\right)(\tau_D{}' s+1)$	$K_c{}' = \dfrac{1.2}{K}\left(\dfrac{\tau}{\theta}\right)$	$\tau_I{}' = 2\theta$	$\tau_I{}' = 0.5\theta$

① 장점 : 열린 루프의 계단입력 시험만 필요하며 제어기 파라미터의 조정계산이 용이하다.

② 단점 : 1차 모델식을 어떻게 구하느냐에 따라 파라미터의 조정이 많이 좌우되며, 열린 루프 응답이 진동을 보이는 경우 사용이 곤란하다.

2) Cohen과 Coon의 방법

Cohen과 Coon은 시간지연이 존재하는 1차 모델식을 이용한 제어기 파라미터의 조정방법을 제안하였다.

▼ Cohen－Coon 제어기 조정방법$\left(q=\dfrac{\theta}{\tau}\right)$

제어기 형태	제어기 전달함수	이득	적분시간	미분시간
비례 제어기	K_c	$\dfrac{1}{Kq}=\left(1+\dfrac{q}{3}\right)$		
비례－적분 제어기	$K_c\left(1+\dfrac{1}{\tau_I s}\right)$	$\dfrac{1}{Kq}=\left(0.9+\dfrac{q}{12}\right)$	$\dfrac{\theta(30+3q)}{9+20q}$	
비례－적분－미분 제어기	$K_c\left(1+\dfrac{1}{\tau_I s}+\tau_D s\right)$	$\dfrac{1}{Kq}=\left(\dfrac{4}{3}+\dfrac{q}{4}\right)$	$\dfrac{\theta(32+6q)}{13+8q}$	$\dfrac{4\theta}{11+2q}$

3. 최소오차 기준법

① 제어오차는 설정값과 측정되는 출력변수값의 차이로 정의되며 시간의 함수이다. 제어가 제대로 이루어진다면 제어오차는 줄어들며, 제어가 잘 이루어지지 않을 경우 제어오차는 큰 값을 갖게 된다. 그러므로 제어오차 크기에 의해 제어기의 성능을 판단할 수 있다.

② 제어오차의 절댓값, 제곱합, 시간에 따른 적분값을 바탕으로 제어기 조정방법을 고안할 수 있다.

4. 제어모드의 특성

① 제어기 조정에 있어서 제어기의 이득 K_c를 증가시키면 상승시간이 짧아져 응답이 빨라지며 잔류편차(정상상태 제어오차)를 줄여준다.

② K_c를 감소시키면 응답이 느려지면서 오버슈트는 감소된다.

③ 적분모드를 추가하면 잔류편차는 제거할 수 있지만 응답의 진동이 심해진다.

➡ 적분시간 τ_I를 증가시키면 오버슈트를 줄일 수 있다.

④ 미분모드를 포함시키면 상승시간이 짧아져서 응답은 빨라지고 진동은 훨씬 줄어든다.

➡ 미분시간 τ_D를 변화시켜서 오버슈트를 크게 감소시킬 수는 없지만 미분작용을 증가시켜 응답속도는 많이 증가시킬 수 있다.

⑤ 실제 운전에서 조정방법 중 하나는 K_c를 약간 감소시키고 τ_I와 τ_D를 어느 정도 증가시키는 것이다.

▼ **제어모드의 특성**

제어기 파라미터	상승시간	오버슈트	안정시간	잔류편차
K_c를 증가	감소	증가	조금 변화	감소
τ_I를 증가	증가	감소	감소	제거
τ_D를 증가	감소	감소	감소	조금 변화

실전문제

01 되먹임(Feedback) 제어기를 조율할 때 비례(P) 모드의 제어기 이득에 비하여 비례적분(PI) 모드의 제어기 이득은 조금 작은 값을 사용한다. 그 이유에 대한 설명으로 가장 타당한 것은?

① 적분 모드에 의하여 안정성이 약해지는 것을 보상하기 위함이다.

② PI 모드는 P 모드에 비해 오프셋(Offset)이 커도 되기 때문이다.

③ PI 모드는 P 모드에 비해 오프셋(Offset)이 작아야 하기 때문이다.

④ 제어계의 물리적 실현 가능성(Physical Realizability)을 높이기 위함이다.

해설

K_c를 감소시키면 응답은 느려지면서 오버슈트는 감소된다.

02 어떤 공정에 대하여 수동모드에서 제어기 출력을 10% 계단증가시켰을 때 제어변수가 초기에 5%만큼 증가하다가 최종적으로는 원래 값보다 10%만큼 줄어들었다. 이에 대한 설명으로 옳은 것은?(단, 공정입력의 상승이 공정출력의 상승을 초래하면 정동작 공정이고, 공정출력의 상승이 제어출력의 상승을 초래하면 정동작 제어기이다.)

① 공정이 정동작 공정이므로 PID 제어기는 역동작으로 설정해야 한다.

② 공정은 역동작 공정이므로 PID 제어기는 정동작으로 설정해야 한다.

③ 공정이득값은 제어변수 과도응답 변화폭을 기준하여 −1.5이다.

④ 공정이득값은 과도응답 최댓값을 기준하여 0.5이다.

해설

공정이 역동작이면 제어기는 정동작으로 설정한다.

03 증류탑의 응축기와 재비기에 수은기둥 온도계를 설치하고 운전하면서 한 시간마다 온도를 읽어 다음 그림과 같은 데이터를 얻었다. 이 데이터와 수은기둥 온도값 각각의 성질로 옳은 것은?

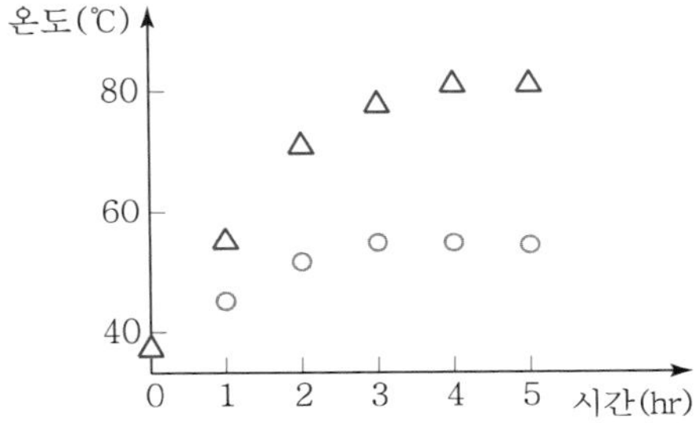

① 연속(Continuous), 아날로그

② 연속(Continuous), 디지털

③ 이산시간(Discrete−time), 아날로그

④ 이산시간(Discrete−time), 디지털

해설

- 데이터 : 한 시간 간격이므로 이산시간이다.
- 수은기둥 온도 : 수은온도계는 아날로그 온도계이다.

정답 01 ① 02 ② 03 ③

04 FOPDT(First Order Plus Dead Time) 공정 $G(s) = \frac{Ke^{-ds}}{ts+1}$의 설명으로 잘못된 것은?

① 임펄스 입력을 인가했을 때, 시간이 d만큼 지난 뒤에 응답이 나타난다.
② 많은 고차 Over Dameped 화학공정이 이 모델로 비교적 잘 근사된다.
③ $d > t$인 경우는 안정도를 높이기 위해 적분제어 동작을 고려하는 것이 바람직하다.
④ 주파수 응답에서 1차 공정 $K/(ts+1)$와 동일한 진폭비를 갖는다.

해설

FOPDT(1차 시간지연공정)

- $G(s) = \frac{Ke^{-ds}}{\tau s+1}$: 1차 공정에 시간이 d만큼 지연된 공정
- $e^{-ds} = \frac{1}{ds+1}$

05 PID 제어기의 조율방법에 대한 설명으로 가장 올바른 것은?

① 공정의 이득이 클수록 제어기 이득값도 크게 설정해 준다.
② 공정의 시상수가 클수록 적분시간값을 크게 설정해 준다.
③ 안정성을 위해 공정의 시간지연이 클수록 제어기 이득값을 크게 설정해 준다.
④ 빠른 폐루프 응답을 위하여 제어기 이득값을 작게 설정해 준다.

해설

- 공정이득과 제어이득은 반비례한다.
- 공정시상수와 적분시간은 비례한다.
- 제어기 이득은 안정성과 공정 이득에 반비례한다.

06 PID 제어기 조율에 관한 내용 중 옳은 것은?

① 시상수가 작고 측정잡음이 큰 공정에는 미분동작을 크게 설정한다.
② 시간지연이 큰 공정은 미분과 적분동작을 모두 크게 설정한다.
③ 적분공정의 경우 제어기의 적분동작을 더욱 크게 설정한다.
④ 시상수가 작을수록 미분동작은 작게 적분동작은 크게 설정한다.

해설

- 시상수가 크고 측정잡음이 작은 공정에는 미분동작을 크게 한다.
- 적분공정의 경우 제어기의 적분동작을 작게 설정한다.
- 시상수가 작을수록 응답시간이 빠르므로 미분동작은 작게 설정하고, Offset을 없애기 위해 적분동작은 크게 설정한다.

07 PID 제어기에서 Derivative Kick을 방지하는 방법은?

① Bumpless Transfer 동작을 첨가한다.
② 미분상수를 음수로 한다.
③ Anti－reset Windup 동작을 첨가한다.
④ 미분동작을 공정변수에만 적용한다.

해설

Derivative Kick의 제거
연속공정에서 설정값은 보통 일정한 값에 고정된다.

$\frac{dr(t)}{dt} = 0$

간혹 설정값에 변화를 줄 때 $\frac{dr(t)}{dt}$가 순간적으로 큰 값이 되어 MV(조작변수)에 충격을 가한다. 이를 Derivative Kick이라 한다.

이 현상을 제거하기 위해 실용형 PID 제어기에서는 $-\frac{dy(t)}{dt}$만을 미분동작에 고려한다.

Derivative Kick이 제거된 미분동작 :

$-\left(\frac{\tau_D s}{(\tau_D/N)s+1}y(s)\right)$

정답 04 ③ 05 ② 06 ④ 07 ④

[05] 진동응답

- 진동응답은 공정의 입력변수가 Sine 곡선 형태의 변화를 나타내었을 때 정상상태에서 나타나는 출력변수 응답이다.
- 입력이 정현파(Sine)일 경우에 나타나는 출력신호의 형태가 입력신호의 크기와 위상만이 바뀐 안정된 시스템의 정현파로 나타난다.

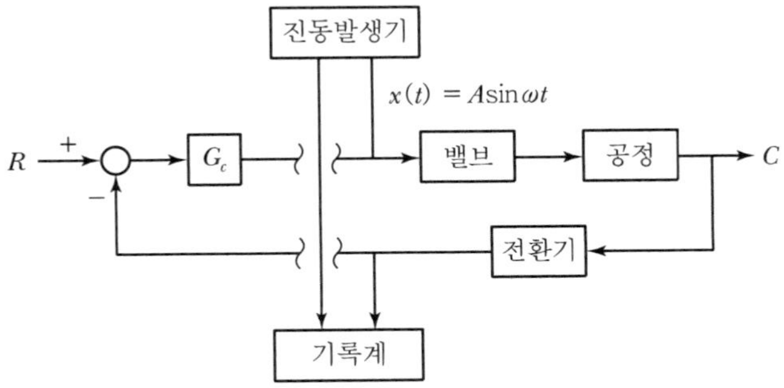

▲ (a) 진동응답 시험구조

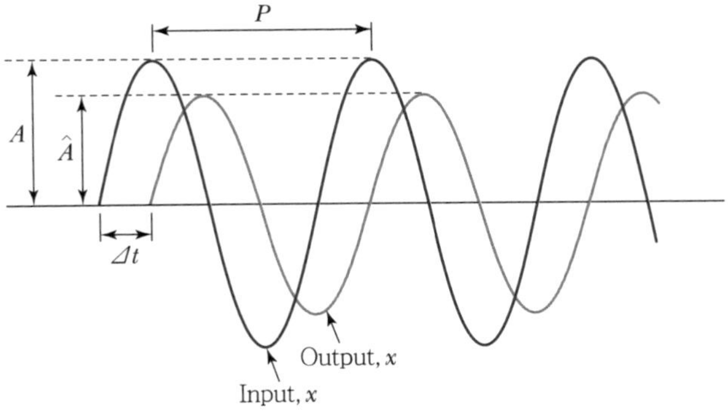

▲ (b) 진동입력과 진동응답 곡선

1. 1차 공정의 진동응답

① **전달함수** : $G(s) = \dfrac{Y(s)}{X(s)} = \dfrac{K}{\tau s + 1}$

② **입력변수** : 진폭이 A이고 진동수가 ω인 Sine 변화가 도입되었다면

$X(t) = A\sin\omega t$

$$X(s) = \frac{A\omega}{s^2 + \omega^2}$$

TIP

1차 공정에 대한 주파수 응답

- 진동수 ω는 같으나, 진폭은 A에서 $\hat{A}$로 입력진폭과 다르다.
- 위상각 $\phi = \tan^{-1}(-\tau\omega) = -\tan^{-1}(\tau\omega)$

$$Y(s) = G(s)X(s)$$
$$= \frac{KA\omega}{(\tau s+1)(s^2+\omega^2)}$$
$$= \frac{KA}{\tau^2\omega^2+1}\left(\frac{\tau^2\omega}{\tau s+1} - \frac{\tau\omega s}{s^2+\omega^2} + \frac{\omega}{s^2+\omega^2}\right)$$

역라플라스 변환하면

$$Y(t) = \frac{KA}{\tau^2\omega^2+1}(\tau\omega e^{-t/\tau} - \tau\omega\cos\omega t + \sin\omega t)$$

삼각함수의 성질을 이용하여

$$Y(t) = \frac{KA\tau\omega}{\tau^2\omega^2+1}e^{-t/\tau} + \frac{KA}{\sqrt{\tau^2\omega^2+1}}\sin(\omega t+\phi)$$

위상각 $\phi = -\tan^{-1}(\tau\omega)$

앞의 그림 (b)에서 Δt로 나타낸 바와 같이 응답의 뒤처짐을 나타낸다. 시간이 많이 지나서 지수항은 무시할 수 있으므로

$$Y(t) = \frac{KA}{\sqrt{\tau^2\omega^2+1}}\sin(\omega t+\phi)$$
$$= \hat{A}\sin(\omega t+\phi)$$

그림 (a)의 기록계에 기록되는 진동응답이다. 진동수는 ω로 입력신호의 진동수와 같으나, 진폭은 $\hat{A} = \frac{KA}{\sqrt{\tau^2\omega^2+1}}$로서 입력신호의 진폭 A와 크기가 다르다.

$$\text{진폭비 } AR = \frac{\text{출력 변수의 진폭}}{\text{입력 변수의 진폭}}$$
$$= \frac{\hat{A}}{A} = \frac{K}{\sqrt{\tau^2\omega^2+1}}$$

양변을 공정의 이득 K로 나누면 정규화된 진폭비 AR_N을 얻을 수 있다.

정규화된 진폭비 $AR_N = \frac{AR}{K} = \frac{1}{\sqrt{\tau^2\omega^2+1}}$

TIP

- 복소수 $c = a+bi$
  여기서, a : 복소수의 실수부
  b : 복소수의 허수부
  $(i^2 = -1)$

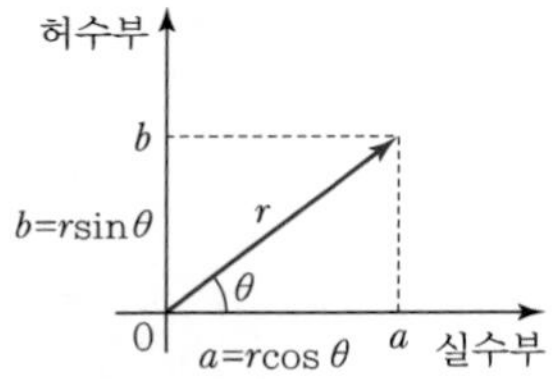

- 복소수 $c = a+bi$
  $= r\cos\theta + ir\sin\theta$
  $= re^{i\theta}$

  여기서, r : 복소수 c의 크기
  $r = |c| = \sqrt{a^2+b^2}$
  θ : 복소수 c의 위상각
  $\theta = \angle c$
  $= \tan^{-1}\left(\frac{r\sin\theta}{r\cos\theta}\right)$
  $= \tan^{-1}\left(\frac{b}{a}\right)$

- 분모의 실수화
  $$\frac{1}{a+bi} = \frac{1}{a+bi}\frac{(a-bi)}{(a-bi)}$$
  $$= \frac{a-bi}{a^2+b^2}$$
  $$= \frac{a}{a^2+b^2} + \frac{-b}{a^2+b^2}i$$

2. n차 공정의 진동응답

n차 공정의 전달함수

$$G(s)=\frac{Y(s)}{X(s)}=\frac{N(s)}{(s-r_1)(s-r_2)\cdots(s-r_n)},\ X(s)=\frac{A\omega}{s^2+w^2}$$

$$Y(s)=G(s)X(s)=\frac{a_1}{s-r_1}+\frac{a_2}{s-r_2}+\cdots+\frac{a_n}{s-r_n}+\frac{Cs+D}{s^2+\omega^2}$$

역라플라스 변환하면

$$Y(t)=a_1e^{r_1t}+a_2e^{r_2t}+\cdots+a_ne^{r_nt}+C\cos\omega t+\frac{D}{\omega}\sin\omega t$$

안정한 공정이므로 모든 근 $r_1,\ r_2,\ \cdots\ ,r_n$의 실수부는 음이다.

$t\rightarrow\infty$(시간이 어느 정도 지나면 다음과 같은 관계식을 사용한다.)

$$Y(t)=C\cos\omega t+\frac{D}{\omega}\sin\omega t$$

$$Y(s)=G(s)X(s)=G(s)\frac{A\omega}{s^2+\omega^2}=\frac{Cs+D}{s^2+\omega^2}$$

$$\therefore\ G(s)A\omega=Cs+D$$

s 대신 $i\omega$를 대입하면

$$G(s)|_{s=i\omega}A\omega=C\omega i+D$$

$$G(i\omega)=\frac{1}{A\omega}(C\omega i+D)=\frac{D}{A\omega}+\frac{Ci}{A}=R+iI$$

$G(i\omega)$의 실수부 $R=\dfrac{D}{A\omega}$, 허수부 $I=\dfrac{C}{A}$에서 $C=AI,\ D=A\omega R$

$$Y(t)=AI\cos\omega t+\frac{AR\omega}{\omega}\sin\omega t=A(I\cos\omega t+R\sin\omega t)$$

$$A\sqrt{R^2+I^2}\sin(\omega t+\phi)=\hat{A}\sin(\omega t+\phi)$$

$$\hat{A}=A\sqrt{R^2+I^2}\qquad\phi=\tan^{-1}(I/R)$$

진폭비 $AR=\dfrac{\hat{A}}{A}=\dfrac{A\sqrt{R^2+I^2}}{A}=\sqrt{R^2+I^2}=|G(i\omega)|$

진폭비는 전달함수 $G(s)$에서 s 대신 $i\omega$를 대입하여 얻는 복소수의 크기가 된다.

응답의 진폭과 위상각 ■■■

① 전달함수 $G(s)$에서 s 대신 $i\omega$를 대입한다.
② 복소수 $G(i\omega)$의 실수부 R과 허수부 I를 구한다.
③ 응답의 진폭은 $\hat{A}=A\sqrt{R^2+I^2}$
위상각은 $\phi=\measuredangle G(i\omega)=\tan^{-1}(I/R)$

TIP

$\hat{A}=A\sqrt{R^2+I^2}$

$AR=\dfrac{\hat{A}}{A}=\sqrt{R^2+I^2}$

$\phi=\tan^{-1}(I/R)$

3. Bode 선도 ■■■

- Bode 선도는 $G(i\omega)$로부터 얻어지는 진폭비 AR과 위상각 ϕ를 ω의 함수로서 log－log와 Semilog 그래프에 나타낸 그림이다. 진폭비와 ω의 관계는 log－log 그래프, 위상각 ϕ와 ω의 관계는 Semilog 그래프로 나타낸다.
- 위상각은 라디안으로 얻어지는데 Bode 선도에서는 도(°)로 나타내므로 $\phi \times \frac{180}{\pi}$를 그래프에 나타낸다.

1) 공정이득

$G(s) = K$

$AR = K,\ \phi = 0°$이므로 ω와 무관한 값을 가진다.

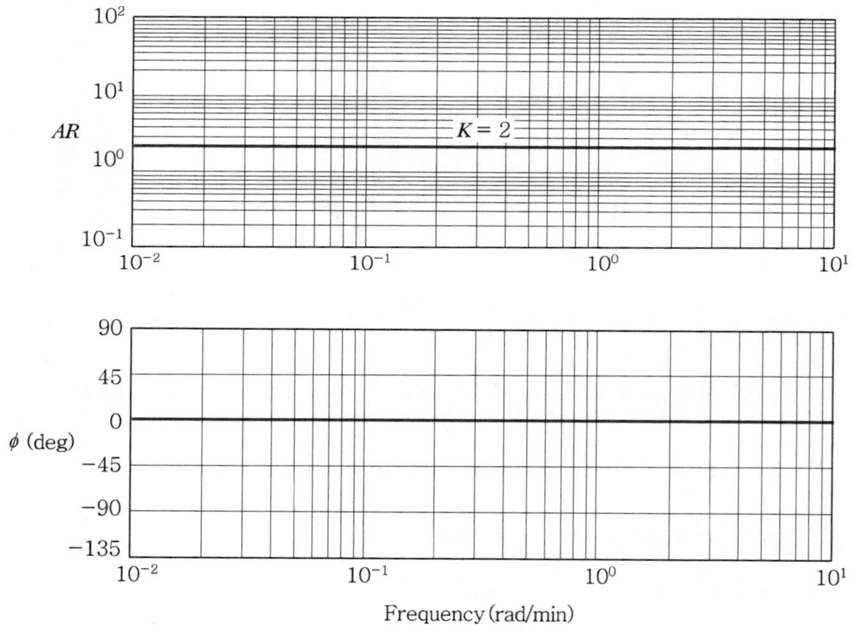

▲ 공정이득의 Bode 선도

2) 1차 공정

$$AR_N = \frac{AR}{K} = \frac{1}{\sqrt{1+\tau^2\omega^2}}$$

$$\phi = -\tan^{-1}(\tau\omega)(°)$$

$$\log AR_N = -\frac{1}{2}\log(1+\tau^2\omega^2)$$

① $\omega \to 0 \begin{cases} AR_N \to 1,\ \log AR_N \to 0 \\ \phi \to 0° \end{cases}$

② $\omega \to \infty \begin{cases} AR_N \to \dfrac{1}{\tau\omega},\ \log AR_N \to -\log\tau\omega \\ \phi \to -90° \end{cases}$

log−log 그래프상에서

$\omega \to 0$일 때는 기울기 0인 직선에 접근하며

$\omega \to \infty$일 때는 기울기가 −1인 직선에 접근한다(점근선).

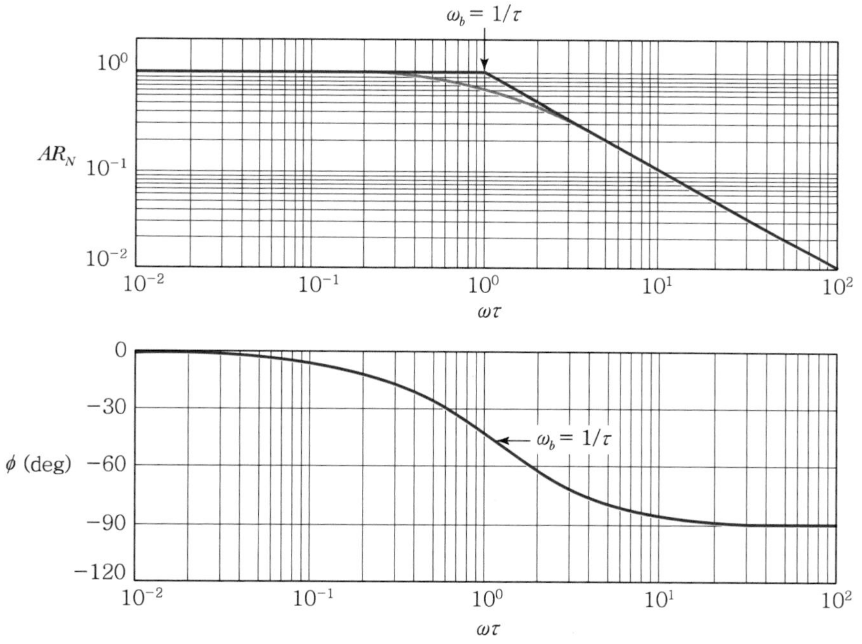

▲ 1차 공정의 Bode 선도

$\omega \to 0$, $\omega \to \infty$일 때 얻은 두 점근선의 연장선이 만나는 시점은 $\tau\omega = 1$, 즉 $\omega = \dfrac{1}{\tau}$일 때이며 이 진동수를 Corner 진동수, Break 진동수라 한다. ■■■

TIP

Corner 진동수 = Break 진동수
= 구석점 주파수

$\omega = \dfrac{1}{\tau}$

$\therefore\ \tau\omega = 1$

Corner 진동수에서

$$진폭비\ AR_N = \frac{1}{\sqrt{1+\tau^2\omega^2}}\bigg|_{\tau\omega=1} = \frac{1}{\sqrt{2}} = 0.707$$

$\therefore\ AR = 0.707K$

위상각 $\phi|_{\tau\omega=1} = -\tan^{-1}(1) = -45°$

> **TIP**
>
> 2차계
>
> $G(s) = \dfrac{K}{\tau^2 s^2 + 2\tau\zeta s + 1}$
>
> $AR = \dfrac{K}{\sqrt{(1-\tau^2\omega^2)^2 + (2\tau\omega\zeta)^2}}$
>
> $AR_N = \dfrac{1}{\sqrt{(1-\tau^2\omega^2)^2 + (2\tau\omega\zeta)^2}}$
>
> $\phi = -\tan^{-1}\left(\dfrac{2\tau\omega\zeta}{1-\tau^2\omega^2}\right)$

❖ $\tan\theta$

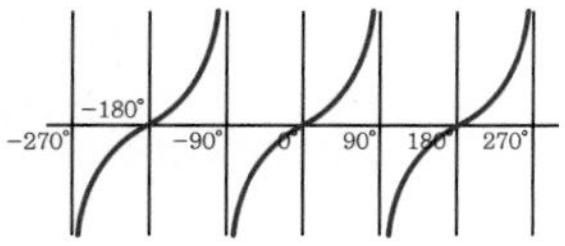

3) 2차 공정

$$\omega \to \infty \begin{cases} AR_N \to \dfrac{1}{\tau^2\omega^2},\ \log AR_N \to -2\log\tau\omega \\ \phi \to -\tan^{-1}(0) = -180° \end{cases}$$

log−log 그래프상에서

$\omega \to 0$일 때 기울기가 0인 직선에 접근하며

$\omega \to \infty$일 때 기울기가 −2인 직선에 접근한다.

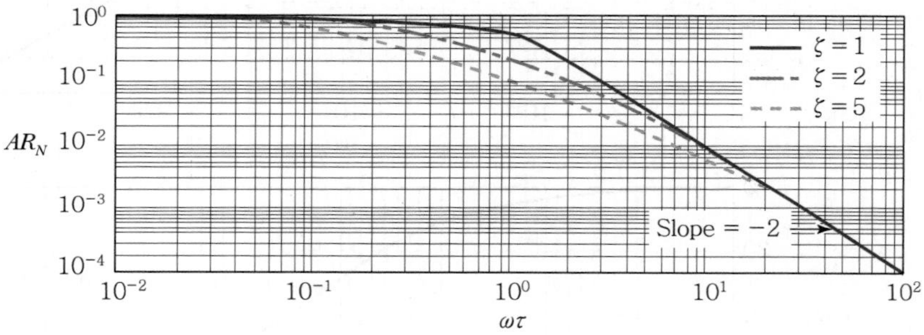

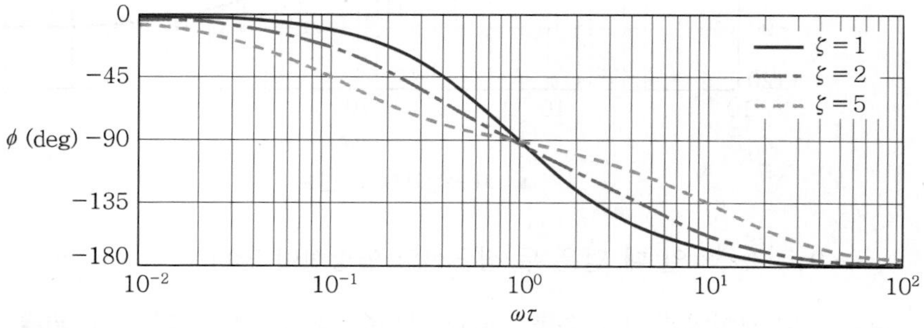

▲ 2차 공정의 Bode 선도($\zeta \ge 1$)

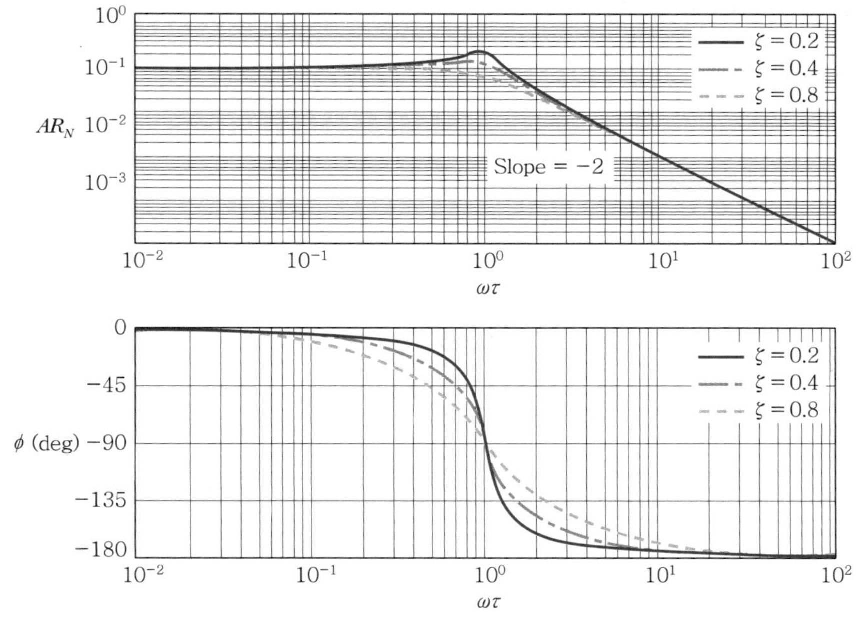

▲ 2차 공정의 Bode 선도($\zeta < 1$)

$\zeta < 1$인 경우 AR_N은 최댓값을 갖는다. AR_N을 ω로 미분 후 0이라 놓고 계산하면 최댓값을 구할 수 있다.

$$\frac{dAR_N}{d\omega} = 0$$

$$\omega = \omega_r = \frac{\sqrt{1-2\zeta^2}}{\tau}$$

$$1 - 2\zeta^2 > 0$$

$$\zeta < \frac{\sqrt{2}}{2} = 0.707$$

∴ ω_r은 공명진동수(Resonant Frequency)라 한다. $\omega = \omega_r$일 때 AR은 최대이고 출력변수는 입력변수보다 큰 진폭을 갖는 진동을 나타낸다.

$$AR_N\big|_{\omega=\omega_r} = \frac{1}{\sqrt{(2\zeta^2)^2 + 4\zeta^2(1-2\zeta^2)}} = \frac{1}{2\zeta\sqrt{1-\zeta^2}}$$

TIP

직렬로 연결된 1차계

$$AR = \frac{K}{\sqrt{{\tau_1}^2\omega^2+1}\sqrt{{\tau_2}^2\omega^2+1}}$$

$$\phi = \tan^{-1}(-\tau\omega_1) + \tan^{-1}(-\tau\omega_2)$$

◆ 공명진동수(ω_r)

$$\frac{dAR_N}{d\omega} = 0$$

$$\omega_r = \frac{\sqrt{1-2\zeta^2}}{\tau}$$

4) 제어기의 진동응답

(1) 비례 제어기

$G_c(s) = K_c$이므로 $AR = K_c$이고 위상각은 0이다.

(2) 비례 – 적분 제어기

$G_c(s) = K_c\left(1 + \frac{1}{\tau_I s}\right)$이므로

$AR = |G_c(i\omega)| = \left|K_c\left(1 + \frac{1}{\tau_I \omega i}\right)\right| = K_c\sqrt{1 + \frac{1}{{\tau_I}^2 \omega^2}}$

$\phi = \measuredangle G_c(i\omega) = -\tan^{-1}\left(\frac{1}{\tau_1 \omega}\right)$

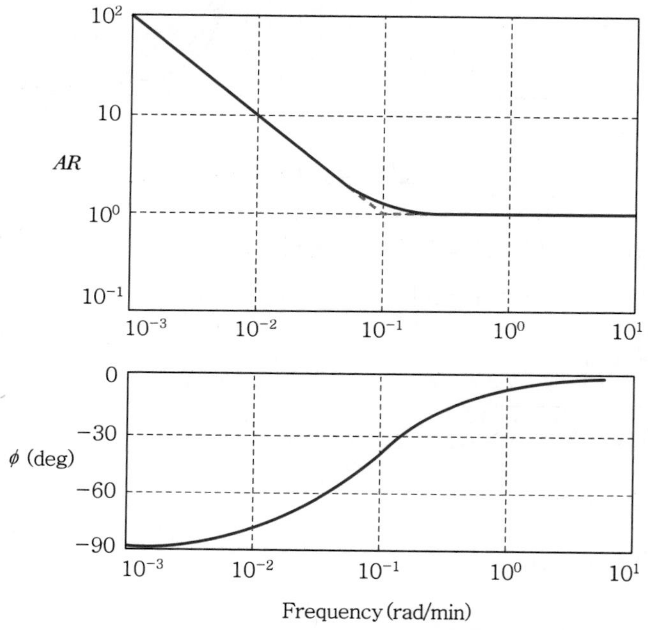

▲ $K_c = 2$, $\tau_I = 10$일 때 PI 제어기의 Bode 선도

(3) 비례 – 미분 제어기

$G_c(s) = K_c(1 + \tau_D s)$

$AR = |G_c(i\omega)| = K_c\sqrt{1 + {\tau_D}^2\omega^2}$

$\phi = \measuredangle G_c(i\omega) = \tan^{-1}(\tau_D \omega)$

$\omega \rightarrow \infty$이면 $AR \rightarrow \infty$, $\phi \rightarrow 90°$

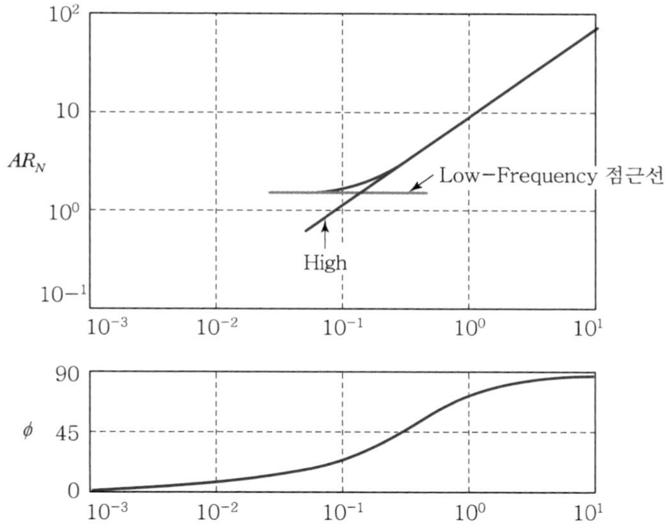

▲ $K_c = 2$, $\tau_D = 4$일 때 PD 제어기의 Bode 선도

이 계는 위상앞섬(Phase Lead)을 나타내므로 중요하다.

(4) 비례−적분−미분 제어기

$$G_c(s) = K_c\left(1 + \frac{1}{\tau_I s} + \tau_D s\right)$$

$$G_c(i\omega) = K_c\left(1 + \frac{1}{\tau_I \omega i} + \tau_D \omega i\right) = K_c\left\{1 + \left(\tau_D \omega - \frac{1}{\tau_I \omega}\right)i\right\}$$

$$AR = |G_c(i\omega)| = K_c\sqrt{1 + \left(\tau_D \omega - \frac{1}{\tau_I \omega}\right)^2}$$

$$\phi = \measuredangle\, G_c(i\omega) = \tan^{-1}\left(\tau_D \omega - \frac{1}{\tau_I \omega}\right)$$

Bode 안정성 기준

열린 루프 전달함수의 진동응답의 진폭비가 임계진동수에서 1보다 크면 닫힌 루프 제어시스템은 불안정하다.

- Bode 선도에서 열린 루프 전달함수 : $G_{OL} = G_c G_v G_p G_m$
- Bode 안정성 기준은 G_{OL}이 안정한 경우에만 적용된다.
- 임계진동수($\phi = -180°$, $\omega = \omega_c$)에서 진폭비가 1인 경우, 즉 $\phi = -180°$에서 $AR = 1$인 경우 제어시스템의 응답은 한계응답에서처럼 일정한 진동을 보인다.

4. Nyquist 선도

- 제어시스템의 진동응답을 그래프로 나타내는 방법 중 하나이다.
- Nyquist 선도는 진동수 ω가 0에서부터 무한히 증가함에 따라 변하는 $G(i\omega)$를 복소평면상에 도시한 것이다.

1) 1차 공정

1차 공정의 진동응답은

$$AR = \frac{K}{\sqrt{(\tau\omega)^2+1}},\ \phi = -\tan^{-1}(\tau\omega)(^\circ)$$

$\omega = 0$이면 $AR = K,\ \phi = 0^\circ$

ω가 점차 증가하여 $\omega = \frac{1}{\tau}$이면

$$AR = \frac{K}{\sqrt{1+1}} = 0.707K,\ \phi = -\tan^{-1}(1) = -45^\circ$$

$\omega \to \infty$이면 $AR = 0,\ \phi = -\tan^{-1}(\infty) = -90^\circ$이다.

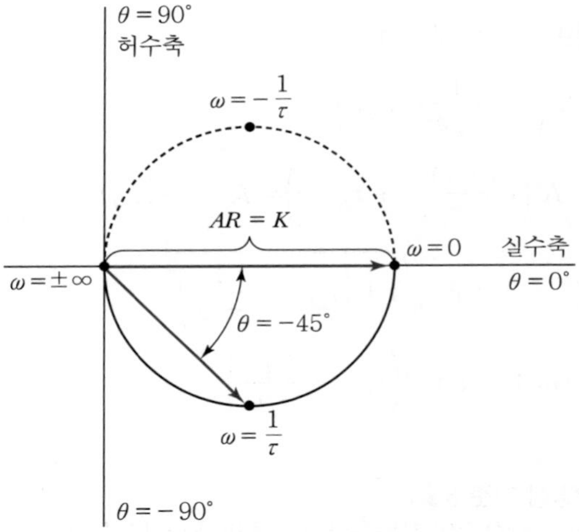

▲ 1차 공정의 Nyquist 선도

2) 2차 공정

2차 공정의 진동응답은

$$AR = \frac{K}{\sqrt{(1-\tau^2\omega^2)^2+(2\tau\zeta\omega)^2}},\ \phi = -\tan^{-1}\left(\frac{2\tau\zeta\omega}{1-\tau^2\omega^2}\right)(^\circ)$$

$\omega = 0$이면 $AR = K,\ \phi = 0^\circ$

ω가 점차 증가하여 $\omega = \dfrac{1}{\tau}$이면

$AR = \dfrac{K}{2\zeta}$, $\phi = -\tan^{-1}(\infty) = -90°$

$\omega \rightarrow \infty$이면, $AR = 0$, $\phi = -\tan^{-1}(0) = -180°$이다.

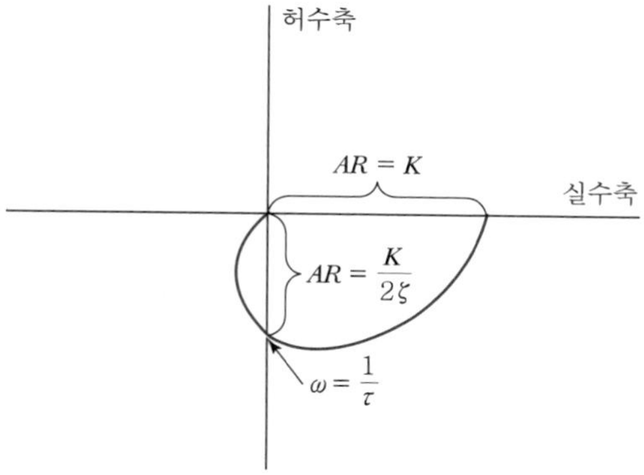

▲ 2차 공정의 Nyquist 선도

3) Nyquist 안정성 기준

① Nyquist 안정성 기준은 열린 루프 응답이 불안정한 시스템에도 적용할 수 있다.
➡ Bode 안정성 기준에 비해 일반적

② Nyquist 선도가 점$(-1, 0)$을 시계방향으로 감싸는 횟수를 N이라 하면 열린 루프 특성방정식의 근 가운데 불안정한 근의 수 Z는 $Z = N + P$개이다.
여기서, P : 열린 루프 전달함수의 Pole 가운데 오른쪽 영역에 존재하는 Pole(극점)의 수

③ 열린 루프 시스템이 안정한 경우 $P = 0$이므로 $Z = N$이다. 그러므로 Nyquist 선도가 점$(-1, 0)$을 한 번이라도 시계방향으로 감싼다면 닫힌 루프 시스템은 불안정하다.

④ Nyquist 선도가 점$(-1, 0)$을 시계반대방향으로 감싼다면 N은 음의 값을 가진다.

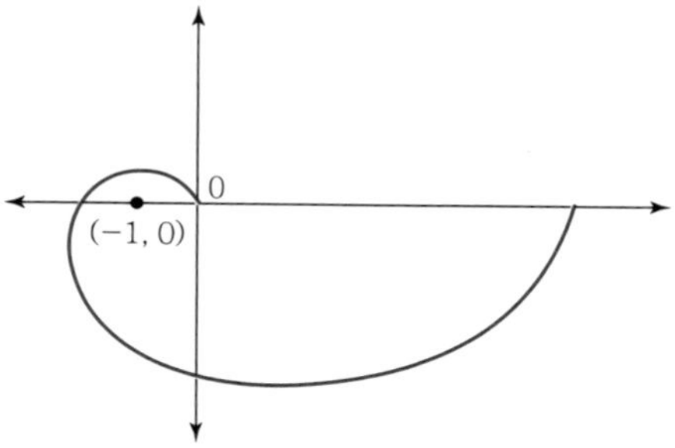

▲ Nyquist 선도에서의 불안정성

5. 이득마진과 위상마진

① 한계이득 K_{cu}는 닫힌 루프 제어시스템이 불안정해지는 경계점이다. 따라서 제어기의 Gain K_c를 K_{cu}에 가깝게 정해 주었다면 그만큼 닫힌 루프 시스템이 불안정해지기 쉽다는 부담이 생기게 된다.

② Bode 선도에서 제어시스템의 안정성의 상대적인 척도를 나타내는 파라미터로 이득마진(GM : Gain Margin)과 위상마진(PM : Phase Margin)을 사용한다.

㉠ $\phi = -180°$일 때의 진동수(임계진동수) ω_c에서의 진폭비를 AR_c라 하고 진폭비가 1일 때의 진동수 ω_g에서의 위상각을 ϕ_g라고 하면 GM과 PM은 다음과 같이 정의한다.

$$GM = \frac{1}{AR_c} \qquad PM = 180 + \phi_g$$

㉡ 제어기는 GM이 대략 1.7~2.0, PM이 대략 30~45° 범위를 갖도록 조정된다.

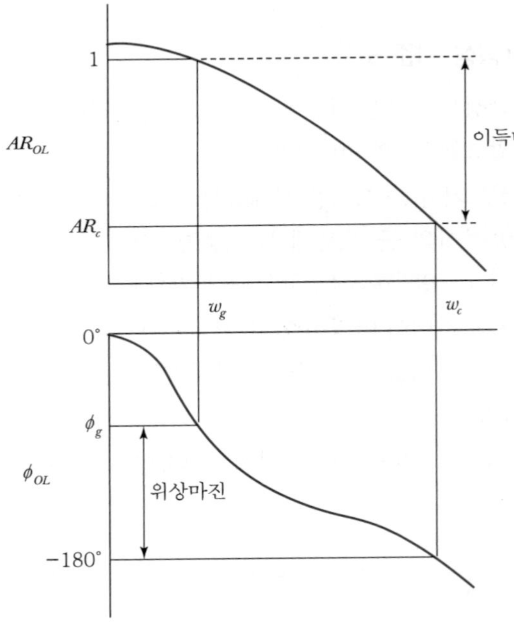

▲ 이득마진과 위상마진

㉢ GM과 PM이 작을수록 제어시스템은 안정성 영역의 한계에 가까이 다다르므로 닫힌 루프 응답은 점점 더 큰 진동을 보이게 될 것이다.

$$\text{제어기 이득 : } K_c = \frac{K_{cu}}{GM} \rightarrow \text{한계이득}$$

실전문제

01 2차계의 주파수 응답에서 감쇠계수값에 관계없이 위상의 지연이 90°가 되는 경우는?(단, τ는 시정수이고, ω는 각속도이다.)

① $\omega\tau=1$일 때　② $\omega=\tau$일 때
③ $\omega\tau=\sqrt{2}$일 때　④ $\omega=\tau^2$일 때

해설

2차계에서 $\tau\omega=1$이면

$AR=\dfrac{K}{2\zeta},\ \phi=-\tan^{-1}(\infty)=-90°$

02 이득이 1이고 시간상수가 τ인 1차계의 Bode 선도에서 Corner Frequency $w_c=\dfrac{1}{\tau}$일 경우 진폭비 AR의 값은?

① $\sqrt{2}$　② 1
③ 0　④ $\dfrac{1}{\sqrt{2}}$

해설

$$AR=\frac{K}{\sqrt{1+\tau^2\omega^2}}=\frac{1}{\sqrt{1+1}}=\frac{1}{\sqrt{2}}$$

03 1차계의 sin 응답에서 $\omega\tau$가 증가되었을 때 나타나는 영향을 옳게 설명한 것은?(단, ω는 각주파수, τ는 시간정수, AR은 진폭비, $|\phi|$는 위상각의 절댓값이다.)

① AR은 증가하나 $|\phi|$는 감소한다.
② AR, $|\phi|$ 모두 증가한다.
③ AR은 감소하나 $|\phi|$는 증가한다.
④ AR, $|\phi|$는 모두 감소한다.

해설

$\omega\tau$에서 τ가 일정할 때 ω(주파수)가 증가하면 AR은 감소, $|\phi|$는 증가한다.

04 전달함수가 $\dfrac{4}{s}$인 계의 주파수 응답에 있어서 진폭비와 위상각은?

① 진폭비 $=\dfrac{4}{\omega}$, 위상각 $=-90°$
② 진폭비 $=\dfrac{4}{\omega}$, 위상각 $=-180°$
③ 진폭비 $=\dfrac{1}{\omega}$, 위상각 $=-90°$
④ 진폭비 $=\dfrac{1}{\omega}$, 위상각 $=-180°$

해설

$G(s)=\dfrac{4}{s}$

$G(i\omega)=\dfrac{4}{i\omega}=-\dfrac{4}{\omega}i$

진폭비 $AR=\sqrt{0^2+\left(-\dfrac{4}{\omega}\right)^2}=\dfrac{4}{\omega}$

위상각 $=\tan^{-1}\left(\dfrac{I}{R}\right)=\tan^{-1}\left(\dfrac{4/\omega}{0}\right)$
$=\tan^{-1}(\infty)=-90°$

05 위상 마진(Phase Margin)과 관계있는 선도는 다음 중 어떤 것인가?

① 블록 선도
② 니콜스 선도
③ 보드 선도
④ 공정응답 선도

정답 01 ① 02 ④ 03 ③ 04 ① 05 ③

해설

보드(Bode) 선도

주파수 응답을 크기응답과 위상응답으로 분리하여 그림표로 나타낸 것으로, $G(i\omega)$로부터 얻어지는 진폭비 AR과 위상각 ϕ를 ω의 함수로 나타낸다.

- 크기응답 : 이득마진
- 위상응답 : 위상마진

06 단위귀환계에서 $G(j\omega)=\dfrac{1}{j\omega}$에 대한 선도가 옳게 작도된 것은?

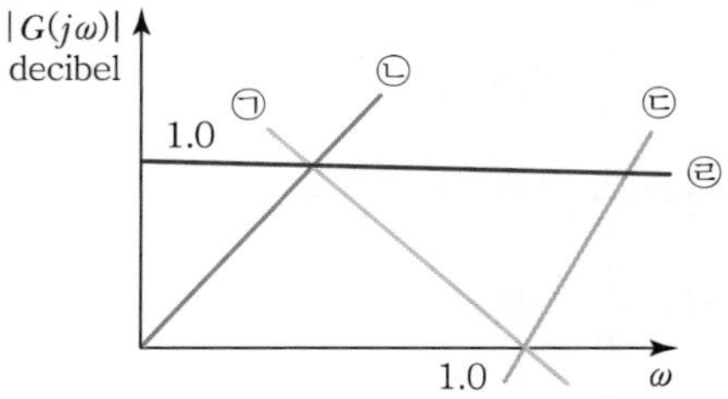

① ㉠　　② ㉡

③ ㉢　　④ ㉣

해설

$G(i\omega)=-\dfrac{i}{\omega}$

$AR=\sqrt{\dfrac{1}{\omega^2}}=\dfrac{1}{\omega}$

$$\begin{aligned}\text{dB (Decibel)} &= 10\log AR \\ &= 10\log\left(\frac{1}{\omega}\right) \\ &= -10\log\omega\end{aligned}$$

$\omega\to 0$이면, $|G(i\omega)|=\infty$

$\omega\to\infty$이면, $|G(i\omega)|=0$

07 제어계의 안정성 설계에서 위상각 여유(Phase Margin)는 일반적으로 다음 중 어느 범위일 때 안정하다고 볼 수 있는가?

① 5°보다 클 때　　② 10°보다 클 때

③ 20°보다 클 때　　④ 30°보다 클 때

해설

제어기는 GM(Gain Margin)이 1.7~2.0, PM(Phase Margin)이 30~45°의 범위를 갖도록 조정된다.

08 2차계의 정현응답에서 위상각 $|\phi|$의 범위는?

① 0~45°　　② 1~90°

③ 0~180°　　④ 0~279°

해설

$\phi=-180\sim0°$

$|\phi|=0\sim180°$

09 다음 그림과 같은 Bode 선도로 표시되는 제어기는?

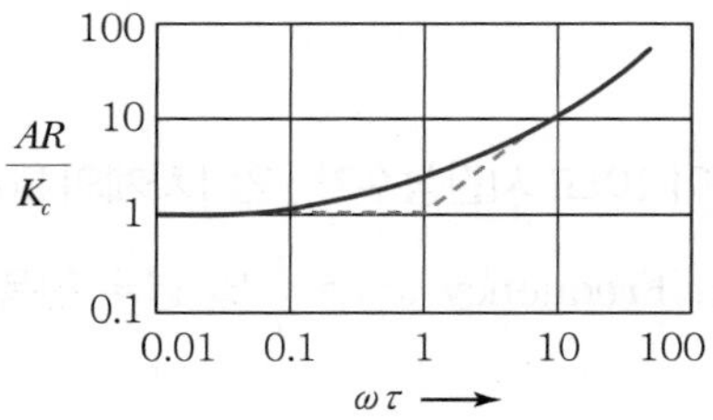

① 비례 제어기

② 비례－적분 제어기

③ 비례－미분 제어기

④ 비례－적분－미분 제어기

해설

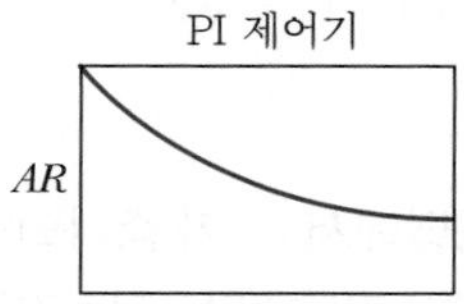

10 $G(j\omega)=\dfrac{10(j\omega+5)}{j\omega(j\omega+1)(j\omega+2)}$에서 ω가 아주 작을 때, 즉 $\omega\to0$일 때의 위상각은?

① －90°　　② 0°

③ ＋90°　　④ ＋180°

정답 06 ① 07 ④ 08 ③ 09 ③ 10 ①

해설

$\phi = \angle G(i\omega) = \tan^{-1}\left(\frac{I}{R}\right)$

$G(i\omega) = \frac{50(0.2i\omega+1)}{2i\omega(i\omega+1)(0.5i\omega+1)}$

$\phi = \tan^{-1}(0.2\omega) - \tan^{-1}(\omega) - \tan^{-1}(0.5\omega) - \frac{\pi}{2}$

$\omega \to 0$

$\therefore \phi = \tan^{-1}(0) - \tan^{-1}(0) - \tan^{-1}(0) - \frac{\pi}{2} = -\frac{\pi}{2} = -90°$

11 근사적으로 다음 보드 선도와 같은 주파수 응답을 보이는 전달함수는?(단, AR은 진폭비, ω는 각주파수이다.)

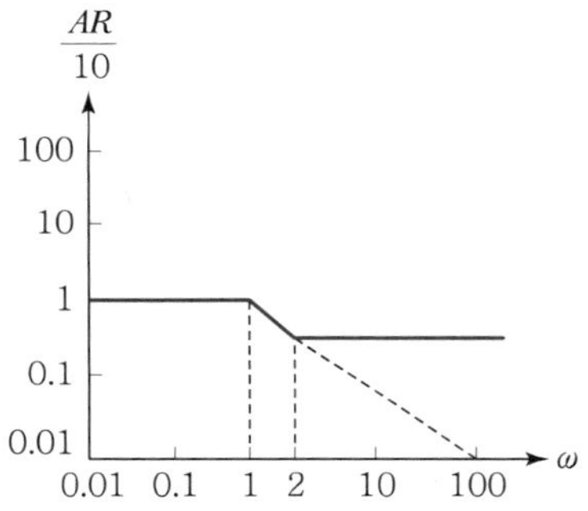

① $G(s) = \frac{5(s+2)}{s+1}$　② $G(s) = \frac{10(2s+2)}{s+1}$

③ $G(s) = \frac{0.5s+2}{s+1}$　④ $G(s) = \frac{10(s+2)}{s+1}$

해설

보드(Bode) 선도

주파수 응답을 크기응답과 위상응답으로 분리하여 그림표로 나타낸 것으로, $G(i\omega)$로부터 진폭비 AR과 위상각 ϕ를 ω의 함수로 나타낸다.

$G(s) = \frac{As+B}{s+1}$ 의 형태

$G(i\omega) = \frac{Ai\omega+B}{i\omega+1}\frac{(-i\omega+1)}{(-i\omega+1)}$

$= \frac{A\omega^2+B}{\omega^2+1} + \frac{(A-B)\omega}{\omega^2+1}i$

R(실수부)　I(허수부)

진폭비 $AR = |G(ic\omega)| = \sqrt{R^2+I^2}$

$= \sqrt{\frac{(A\omega^2+B)^2+(A-B)^2\omega^2}{(\omega^2+1)^2}}$

$= \sqrt{\frac{A^2\omega^4+A^2\omega^2+B^2\omega^2+B^2}{(\omega^2+1)^2}}$

$\lim_{\omega\to 0} AR = B$, $\lim_{\omega\to\infty} AR = A$

그래프에서 $\omega \to 0$이면 $\frac{AR}{10} = 1 \to AR = 10 = B$

$\omega \to \infty$이면 $\frac{AR}{10} = 0.5 \to AR = 5 = A$

$\therefore G(s) = \frac{As+B}{s+1} = \frac{5s+10}{s+1} = \frac{5(s+2)}{s+1}$

12 열린 루프 전달함수 $G(s)H(s) = \frac{K}{s(s+1)^2}$인 제어계에서 이득여유가 2.0이면 K 값은 얼마인가?

① 1.0　② 2.0　③ 5.0　④ 10.0

해설

$G(s)H(s) = \frac{K}{s(s+1)^2}$

$G(i\omega) = \frac{K}{i\omega(i\omega+1)^2} = \frac{K}{-2\omega-(\omega^3-\omega)i}$

$= \frac{K[(-2\omega+(\omega^3-\omega)i]}{4\omega^4+(\omega^3-\omega)^2}$

$= \boxed{\frac{-2\omega^2 K}{4\omega^4+(\omega^3-\omega)^2}} + \boxed{\frac{\omega^3-\omega}{4\omega^4+(\omega^3-\omega)^2}}i$

R　　　I

GM(이득여유)$= \frac{1}{AR_c}$

PM(위상여유)$= 180° + \phi_g$

$\phi_g = -180°$, $I=0 \to \omega = 1$

$R = -\frac{2K}{4} = -\frac{K}{2}$

$AR_c = \frac{K}{2}$

$GM = \frac{1}{AR_c} = \frac{2}{K} = 2$

$\therefore K = 1$

정답 11 ① 12 ①

13 3개의 안정한 Pole들로 구성된 어떤 3차계에 대한 Bode Diagram에서 위상각은?

① $0 \sim -180°$ 사이의 값
② $0 \sim 180°$ 사이의 값
③ $0 \sim -270°$ 사이의 값
④ $0 \sim 270°$ 사이의 값

해설

- 1차계 : $0 \sim -90°$
- 2차계 : $0 \sim -180°$
- 3차계 : $0 \sim -270°$

14 개회로 전달함수의 Phase Lag가 180°인 주파수에서 Amplitude Ratio(AR)가 어느 범위일 때 폐회로가 안정한가?

① $AR < 1$ ② $AR < 1/0.707$
③ $AR > 1$ ④ $AR > 0.707$

해설

Bode 안정성 판별법에서 개회로 전달함수의 위상각이 $-180°$인 주파수에서 진폭비(AR)가 1보다 작을 때 안정하다.

15 Bode 선도를 이용한 안정성 판별법 중 옳지 않은 것은?

① 위상 크로스오버 주파수(Phase Crossover Frequency)에서 AR은 1보다 작아야 안정하다.
② 이득여유(Gain Margin)는 위상 크로스오버 주파수에서 AR의 역수이다.
③ 열린 루프에서 안정한 공정 전달함수에 대해서만 적용 가능하다.
④ 이득 크로스오버 주파수(Gain Crossover Frequency)에서 위상각은 $-180°$보다 커야 안정하다.

해설

열린 루프 전달함수의 진동응답의 진폭비가 임계진동수(Cross-over Frequency)에서 1보다 크면 닫힌 루프 제어시스템은 불안정하다.

16 주파수 응답의 위상각이 0°와 90° 사이인 제어기는?

① 비례 제어기
② 비례-미분 제어기
③ 비례-적분 제어기
④ 비례-미분-적분 제어기

해설

- PI 제어기 : $-90 \sim 0°$
- PD 제어기 : $0 \sim 90°$

17 다음 중 사인응답(Sinusoidal Response)이 위상 앞섬(Phase Lead)을 나타내는 것은?

① P 제어기
② PI 제어기
③ PD 제어기
④ 수송래그(Transportation Lag)

해설

- 위상앞섬 : PD 제어기
- 위상지연 : PI 제어기

18 비례-적분 제어기의 주파수 응답에서 위상각 ϕ는?

① $-90° < \phi < 0°$
② $0° < \phi < 90°$
③ $-180° < \phi < 0°$
④ $0° < \phi < 180°$

해설

- PI 제어기 : $-90 \sim 0°$
- PD 제어기 : $0 \sim 90°$

정답 13 ③ 14 ① 15 ③ 16 ② 17 ③ 18 ①

[06] 고급제어

1. Feedforward 제어

1) Feedforward 제어

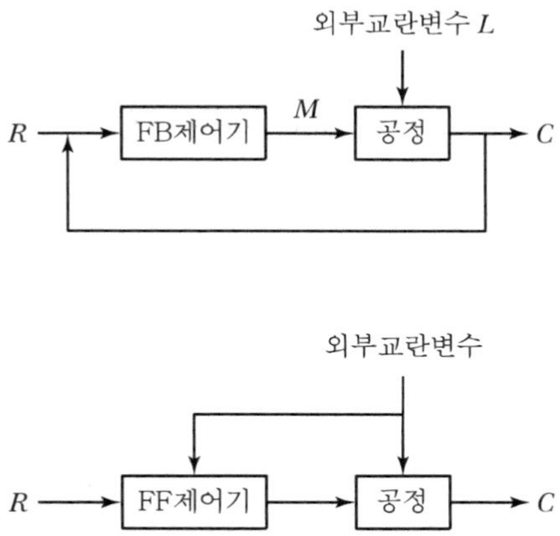

▲ Feedback 제어와 Feedforward 제어구조

2) Feedforward 제어의 특징

① 외부교란변수 측정이 가능해야 한다.

② 공정모델이 필요하다(FF 제어의 성능은 모델의 정확도에 따라 좌우된다).

③ 이상적인 Feedforward 제어기는 설치가 불가능한 경우도 있다.

예 연속교반 가열기의 제어

- 목적 : 유출온도를 원하는 수준으로 유지
- 제어되는 변수 : 탱크의 유출온도
- 조정되는 변수 : 수증기

➡ 가열기 내 액체의 온도를 측정하여 설정치와의 차에 따라 수증기 밸브를 조절한다.

TIP

비율제어(Ratio Control)

- 산업에서 널리 사용되어 온 앞먹임 제어의 특수한 형태이다.
- 두 변수의 비율을 특정한 값에 유지시키는 것을 목적으로 한다.
- 반응기에 유입되는 반응물들의 비율 유지 등에 사용한다.

◈ Smith 예측기

- 시간지연보상 = 불감시간보상
- 수송지연의 나쁜 영향을 줄이도록 하는 것

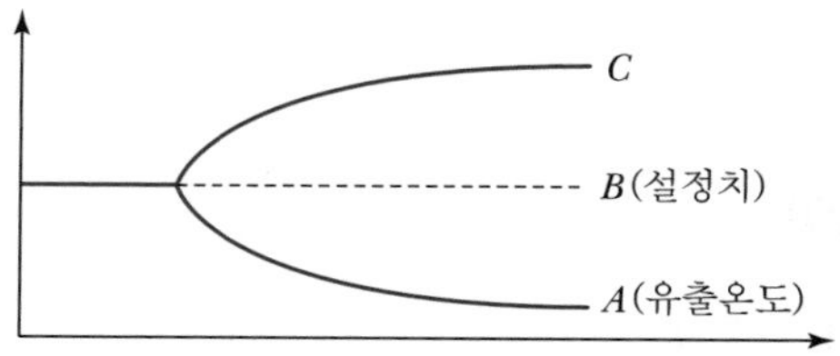

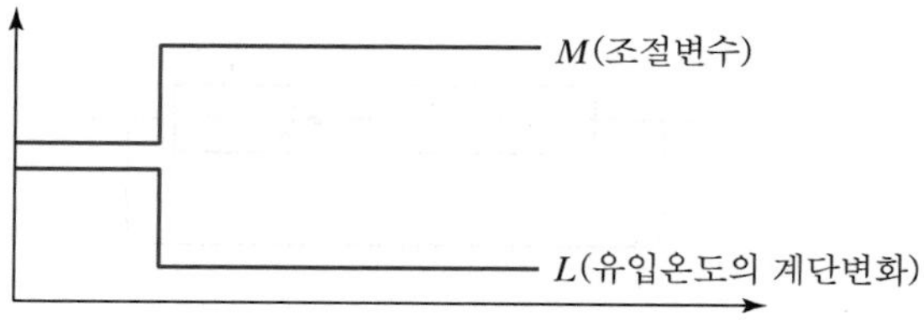

> **TIP**
> - 동적(Dynamic) Feedforward 제어기 (C가 L의 영향을 받지 않는 경우)
> $G_f = \frac{G_L}{G_t G_v G_p}$
> - Feedforward/Feedback 제어구조 (L의 변화에도 C의 변화가 없는 경우)
> $G_f = -\frac{G_L}{G_t G_v G_p}$

- 유입온도(원료의 온도)가 크기 L의 예기치 않은 계단변화를 보였다면 유출온도는 A와 같은 변화를 보일 것이다.
- 유입온도 변화는 외부교란변수에 해당된다.
  ➡ 유출온도가 B로 유지되기 위해서는 수증기 밸브(조절변수)를 조절하여 유출온도 곡선이 C로 되게 하면 외부교란변수의 영향이 상쇄되어 유출온도는 설정치로 유지될 것이다. 곡선 C는 유출온도에 대한 조절변수의 영향을 나타낸 것이며 A와 C를 더하여 B온도가 되므로 완전한 Feedforword 제어가 된다.

Exercise 01

어떤 공정에서 $G_L = \frac{K_L}{\tau_L s+1}$, $G_p = \frac{K_p}{\tau_p s+1}$, $G_t = K_t$, $G_v = K_v$일 때 동적 Feedforward 제어기를 구하여라.

풀이 $G_f = \frac{G_L}{G_t G_v G_p}$이므로 $G_f = \frac{K_L}{\tau_L s+1} \cdot \frac{1}{K_t \cdot K_v} \frac{\tau_p s+1}{K_p} = \left(\frac{K_L}{K_t K_v K_p}\right)\left(\frac{\tau_p s+1}{\tau_L s+1}\right)$

∴ Lead－Lag 형태의 제어기

2. Cascade 제어

1) Cascade 제어

> **TIP**
> Cascade 제어에서 두 개의 Feedback(대개 PID) 제어기를 이용한다. 주제어기인 온도제어기(TC)의 출력은 부제어기인 유량제어기(FC)의 설정치가 된다.

Feedback 제어기 외에 2차적인 Feedback 제어기를 추가시켜 교란변수의 영향을 소거시키는 제어방법으로 단일 루프 제어시스템의 성능을 높일 수 있는 능률적인 방법이다.

예 연속교반 가열기의 제어구조

Reference

Feedback 제어

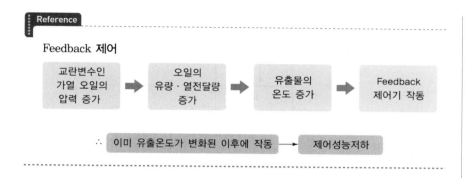

교란변수인 가열 오일의 압력 증가 → 오일의 유량 · 열전달량 증가 → 유출물의 온도 증가 → Feedback 제어기 작동

∴ 이미 유출온도가 변화된 이후에 작동 → 제어성능저하

2) Cascade 제어 방법

가열오일의 압력 변화와 같이 제어성능에 큰 영향을 미치는 교란변수의 영향을 미리 보정해 준다. 이를 위해 교란변수 변동을 나타내주는 2차 공정변수를 측정해야 한다. 연속교반 가열기의 경우 가열 오일의 압력 변화를 잘 나타내주는 변수는 오일의 유량이므로 이를 2차 공정변수로 한다.

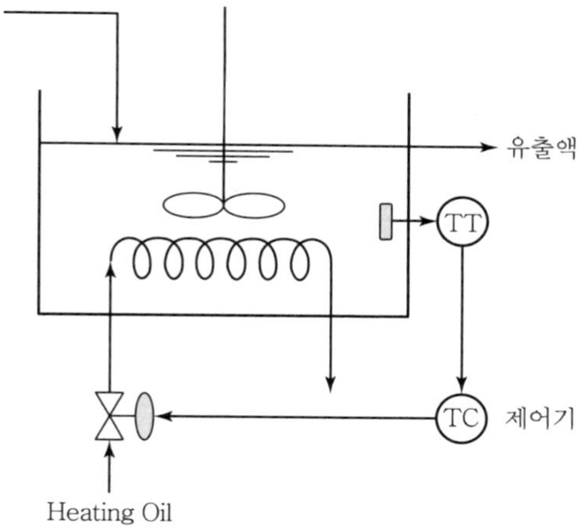

▲ 연속교반 가열기의 제어구조

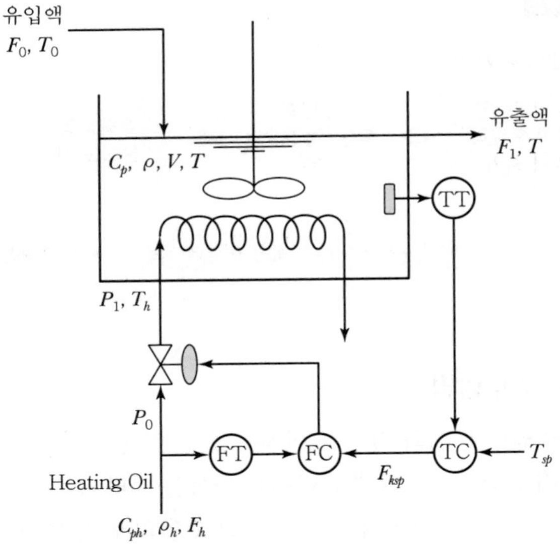

▲ 연속교반 가열기의 Cascade 제어

가열기의 압력이 변하는 순간 오일유량도 변하는데 이는 유량측정기(FT)에 의해 감지되어 유량제어기(FC)에 의해 유량변화의 억제를 위한 제어작용이 일어난다.

Secondary 제어기(FC)의 응답이 더 빠르지 않다면 Cascade 구조의 이점은 없다.
주제어기(Primary 제어기)는 다음과 같은 기능을 한다.
① 2차 루프에서도 완전히 제거되지 않는 교란변수의 영향을 보정한다.
② Cascade 루프 이외의 다른 부분에서 도입될 수 있는 교란의 영향을 보정한다.
③ 주설정치(연속교반 가열기의 경우 T_{sp}) 변화에 대처한다.

Reference

Cascade 구조에서 온도제어기(주제어기)보다 유량제어기의 FC(부제어기)의 동특성이 매우 빠르다.

주제어기	부제어기
Primary 제어기	Secondary 제어기
Master	Slave
Outer	Inner

실전문제

01 다음 그림은 피제어변수 F_0를 제어하는 3가지 제어방식을 나타낸 것이다. 제어방식이 각각 되먹임(Feedback)인지 또는 앞먹임(Feedforward)인지에 대한 설명으로 옳은 것은?

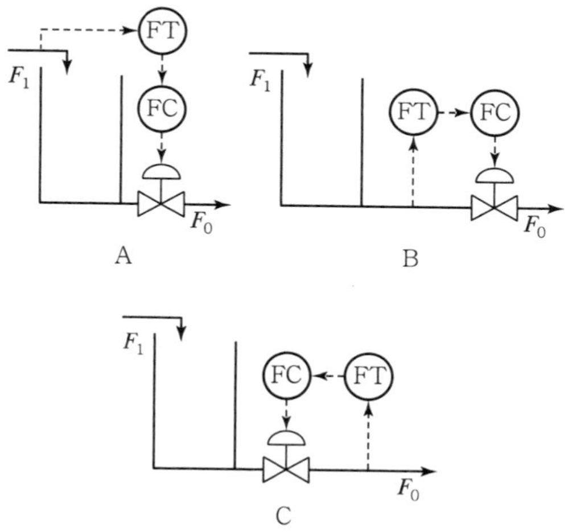

① A, B, C 모두 되먹임이다.
② A는 앞먹임, B와 C는 되먹임이다.
③ A와 B는 앞먹임, C는 되먹임이다.
④ A, B, C 모두 앞먹임이다.

해설

- A : 조절변수를 측정하여 미리 보정시켜주는 앞먹임 제어
- B, C : 피제어변수를 측정하고 제어하는 되먹임 제어

02 되먹임 제어에 대한 설명 중 옳은 것은?

① 완벽한 제어가 가능하다.
② 외란의 원인에 상관없이 제어가 가능하다.
③ 외란을 측정하여 적절한 제어동작을 취해준다.
④ 제어오차가 발생하기 전에 미리 제어동작을 수행한다.

해설

Feedback 제어(되먹임 제어)
- 피제어변수(CV)를 측정하고 이를 설정값과 비교하여 그 차이로 제어기로부터 제어신호를 결정하는 제어구조이다.
- 외부교란이 도입되어 공정에 그 영향을 미치게 되고 피제어변수가 변화할 때까지는 아무런 제어작용을 할 수 없다는 단점이 있다.

Feedforward 제어(앞먹임 제어)
외부교란을 미리 측정하여 외부교란이 공정에 미치게 될 영향을 사전에 보정시켜주는 제어방법이다.

03 주제어기의 출력신호가 종속제어기의 목푯값으로 사용되는 제어는?

① 비율제어 ② 내부 모델제어
③ 예측제어 ④ 다단제어

해설

다단제어(Cascade 제어)
주제어기의 출력이 부제어기의 설정치가 된다.

04 Cascade 제어에 관한 설명으로 옳은 것은?

① 직접 측정되지 않는 외란에 대한 대처에 효과적일 수 없다.
② Slave 루프는 Master 루프에 비해 느린 동특성을 가져야 한다.
③ 외란이 Master 루프에 영향을 주기 전에 Slave 루프가 외란을 미리 제거할 수 있다.
④ Slave 루프를 재튜닝해도 Master 루프를 재튜닝할 필요는 없다.

해설

Slave 루프는 Master 루프에 비해 빠른 동특성을 가져야 한다. 외란이 Master 루프에 영향을 주기 전에 Slave 루프가 외란을 미리 제거할 수 있다.

정답 01 ② 02 ② 03 ④ 04 ③

05 피드포워드(Feedforward) 제어에 대한 설명 중 옳지 않은 것은?

① 화학공정제어에는 Lead – Lag 보상기로 피드포워드 제어기를 설계하는 일이 많다.
② 피드포워드 제어기는 폐루프 제어시스템의 안정도(Stability)에 영향을 미치지 않는다.
③ 제어계 설계 시 피드포워드 제어와 피드백 제어 중 하나를 선택하여야 한다.
④ 피드포워드 제어기는 공정의 정적 모델 혹은 동적 모델에 근거하여 설계될 수 있다.

해설

Feedforward 제어(앞먹임 제어)
외부교란을 미리 측정하여 외부교란이 공정에 미치게 될 영향을 사전에 보정시켜주는 제어방법이다.

06 다음 중 Feedback 제어에 대한 설명으로 옳지 않은 것은?

① 중요 변수(CV)를 측정하여 이를 설정값(SP)과 비교하여 제어동작을 계산한다.
② 외란(DV)을 측정할 수 없어도 Feedback 제어를 할 수 있다.
③ PID 제어기는 Feedback 제어기의 한 종류이다.
④ Feedback 제어는 Feedforward 제어에 비해 성능이 이론적으로 우수하다.

해설

Feedback 제어(되먹임 제어)
- 피제어변수(CV)를 측정하고 이를 설정값과 비교하여 그 차이로 제어기로부터 제어신호를 결정하는 제어구조이다.
- 외부교란이 도입되어 공정에 그 영향을 미치게 되고 피제어변수가 변화할 때까지는 아무런 제어작용을 할 수 없다는 단점이 있다.

07 연속 입 · 출력 흐름과 내부 가열기가 있는 저장조의 온도를 어떤 값으로 유지하기 위해 들어오는 입력흐름의 온도와 유량을 조작하여 나가는 출력흐름의 온도와 유량을 제어하고자 하는 시스템을 분류한다면 어떠한 것에 해당하는가?

① 다중 입력 – 다중 출력 시스템
② 다중 입력 – 단일 출력 시스템
③ 단일 입력 – 단일 출력 시스템
④ 단일 입력 – 다중 출력 시스템

해설

㉠ 단일입출력(SISO : Single Input Single Output)
- 단일입력 – 단일출력
- 입력변수와 출력변수가 각각 1개씩

㉡ 다중입출력(MIMO : Multi Input Multi Output)
- 다중입력 – 다중출력
- 입력변수와 출력변수가 각각 여러 개씩

08 다음 중 측정 가능한 외란(Measurable Disturbance)을 효과적으로 제거하기 위한 제어기는?

① 앞먹임 제어기(Feedforward Controller)
② 되먹임 제어기(Feedback Controller)
③ 스미스 예측기(Smith Predictor)
④ 다단 제어기(Cascade Controller)

해설

Feedforward 제어(앞먹임 제어)
외부교란을 미리 측정하여 외부교란이 공정에 미치게 될 영향을 사전에 보정시켜주는 제어방법이다.

정답 05 ③ 06 ④ 07 ① 08 ①

CHAPTER 04

계측 · 제어 설비

[01] 특성요인도 작성

1. 특성요인도(Cause and Effect)

1) 특성요인도의 기본내용

(1) 개요

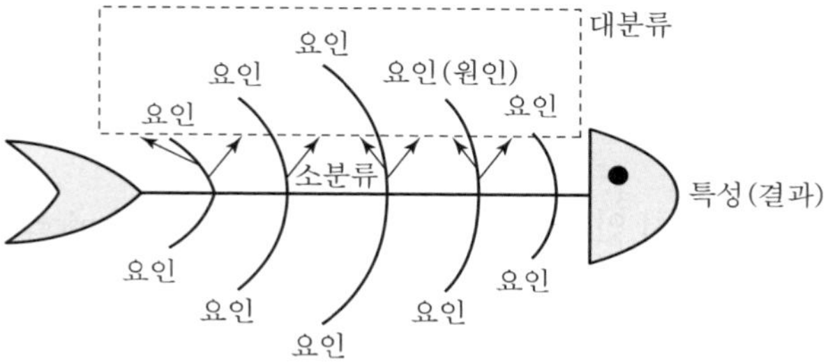

▲ 문제의 원인 전체를 정리하기 위한 방법

① 특성요인도(Causes－and－effects Diagram 또는 Charateristics Diagram)는 특성(일의 결과나 문제점)과 요인이 어떻게 관계하고 있는가를 한눈에 알아보기 쉽게 작성한 그림이다.

② 모양이 생선뼈의 모양을 닮아 생선뼈그림이라고도 한다. 특성요인도는 생선뼈그림, 나뭇가지그림, 원인과 결과의 관계도, 이시카와다이어그램 등의 이름으로 불린다.

③ 서로 상관관계가 강한 많은 공정변수들을 모니터링하여 작은 이상도 조기에 감지할 수 있도록 한다.

④ 특성요인도는 오작동 또는 외부요인에 의해 비상상황이 발생했을 때 장치 또는 설비를 보호하기 위해 Rotating Equipment를 끄거나 또는 Control 밸브를 잠그는 일련의 과정을 묘사 또는 그림형태로 만든 문서로 계장의 ESD (Emergency Shut Down) Logic Diagram 작성 근거가 된다.

TIP

회전장비(Rotating Equipment)
- 펌프
- 압축기
- 터빈
- 팬, 블로어
- 교반기

2) 특성요인도의 사용법

(1) 원인추구형(원인 ← 결과)

특성요인도에서 특성에는 결과를, 요인에는 원인을 위치시켜 결과에 대한 원인을 밝히는 것이다.

(2) 대책추구형(대책 ← 결과)

특성요인도에서 특성에는 결과를, 요인에는 대책을 위치시켜 결과에 대한 대책을 취하는 방법이다.

2. Interlock System 구성과 Logic Diagram 작성

1) 인터로크의 개념

인터로크(Interlock)란 기계의 각 작동부분 상호 간을 전기적, 기계적, 기름 및 공기압력으로 연결해서 각 작동부분이 정상으로 작동하기 위한 조건이 만족되지 않을 경우, 자동적으로 그 기계를 작동할 수 없도록 하는 기구이다.

2) 인터로크의 종류

① 직접 수동 스위치 인터로크(Direct Manual Switch Interlock)
② 기계적 인터로크(Mechanical Interlock)
③ 캠 구동 제한 스위치 인터로크(Cam Operated Limit Switch Interlock)
④ 열쇠 교환 시스템(Key Exchange System)
⑤ 캡티브 키 인터로크(Captive Key Interlock)
⑥ 시간 지연 장치(Time Delay Arrangement)

3) 자동제어시스템

석유화학플랜트의 제반설비는 ACS(Advanced Control System) 등 Automatic Control System으로 설치하며, 온도, 압력, 유량 및 액위가 상호 Interlock System으로 연계되어 운전하여 시스템의 오류나 운전원의 오류에 의한 사고를 방지한다.

① Back-up System : 운전상 보조기능이 필요한 경우를 대비
② Fail Safe System : 사고 시 안전한 방향으로 진행
③ Man-Machine System : 인간과 기계의 오조작의 요인을 제거
④ Fool Proofing System : 운전원의 오류를 무시

4) Logic Diagram

화학공장은 근본적으로 많은 위험을 내포하고 있으므로, 온도나 압력, 유량이 너무 높아지면 공장 가동이 자동적으로 정지되도록 하여 폭발 등의 위기상황을 모면하도록 설정한다. 위기상황들은 사전에 많은 종류의 공부(HAZOP 공부가 대표적)를 통해 설정되며, 이런 내용을 체계적으로 정리하여 놓은 도면이 Logic Diagram(논리도)이다. 논리도는 DSC(Distributed Control System)라고 불리는 공정제어용 프로그래밍을 운전에 활용한다.

> ◈ HAZOP(Hazard and Operability)
> 공정상에 존재하는 위험요소와 기타 운전상의 문제점을 알아내기 위해 개발된 정성적 위험평가기법

[02] 설계도면 파악

1. 공정흐름도(PFD : Process Flow Diagram)

- 공정흐름도 : 공정계통과 장치설계기준을 나타내는 도면
- 주요 장치, 장치 간의 공정 연관성, 운전조건, 운전변수, 물질수지, 에너지수지, 제어설비 및 연동장치 등 기술적 정보를 파악할 수 있는 도면

> **TIP**
> 공정흐름도
> - 공정설계 계산이 거의 끝나고 공정배관 계장도 작성에 착수하기 전에 작성하는 공정흐름에 관한 도면으로 유틸리티를 제외한 모든 공정을 나타낸다.
> - 장치, 배관, 계기 등이 기호와 약어로 표시되고 그 위에 중요 지점마다 온도, 압력, 유량 등의 중요 정보를 작성하여 물질수지와 열수지를 나타낸다.

1) 공정흐름도의 특성

① 제조공정을 한눈에 볼 수 있도록 정확하고 알기 쉽게 만들어야 한다.
➡ 가능하면 전산시스템을 한 도면에 표현하는 것이 좋다.

② 공정흐름 순서에 따라 왼쪽에서 오른쪽으로 장치 및 동력기계를 배열한다.

③ 물질수지와 열수지는 도면의 아래쪽에 표시한다.

2) 공정흐름도에 표시해야 할 사항

① 공정처리 순서 및 흐름의 방향

② 주요 동력기계, 장치 및 설비류의 배열

③ 기본제어논리

④ 기본설계를 바탕으로 한 온도, 압력, 물질수지, 열수지

⑤ 압력용기, 저장탱크 등 주요 용기류의 간단한 사양

⑥ 열교환기, 가열로 등의 간단한 사양

⑦ 펌프, 압축기 등 주요 동력기계의 간단한 사양

⑧ 회분식 공정인 경우 작업순서 및 시간

3) 공정흐름 파악하기

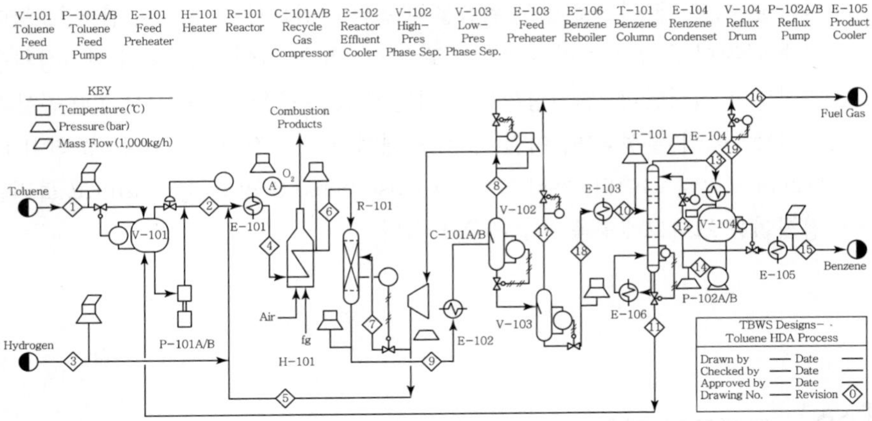

▲ 공정흐름도 : 톨루엔을 원료로 한 벤젠 생산공정

(1) 공정흐름 정보 확인

① 공정흐름 정보

공정흐름도에는 공정처리 순서 및 흐름의 방향을 화살표로 표기하여 전반적인 공정흐름을 확인할 수 있다.

② 공정장치 정보

㉠ 저장조, 펌프, 열교환기, 히터, 반응기, 압축기, 증류탑이 설치되어 있다.

㉡ 장치 약어와 기호로 구성된 장치, 기기를 파악한다.

③ 운전조건 정보

각 라인에 온도, 압력, 흐름의 양이 표기되어 있어 각 부분에 대한 운전조건을 파악한다.

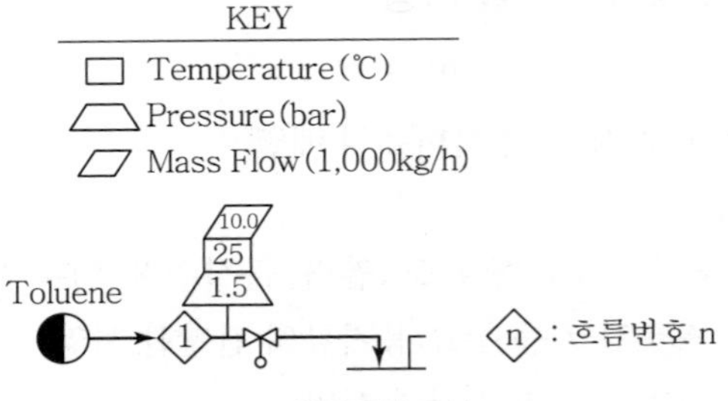

▲ 운전조건 표시

(2) 공정흐름 파악

① 원료인 톨루엔(①)을 저장조(V−101)를 거쳐(②) 수소(③)와 일부 재순환(⑤)을 함께 예열하기 위해, 열교환기(E−101)(④)와 히터(H−101)로

가열(◇6)하여 반응기(R－101)로 투입하여 반응시킨다.

② 반응기를 통해 생성된 생성물(◇9)은 냉각기(E－102)를 통해 온도를 낮추고 고압 분리기(V－102)와 저압 분리기(V－103)를 통해 액체인 벤젠과 기체인 수소가 분리되고(◇18), 다시 열교환기(E－103)를 거쳐 증류탑(T－101)에서 순도 높은 벤젠을 생산하여 열교환기(E－105)와 저장조(V－104)를 거쳐 펌프(P－102A/B)로 송출되어(◇14) 일부(◇12)는 증류탑으로 환류되고, 대부분은 열교환기(E－105)를 거쳐 배출(◇15)되어 벤젠을 얻게 된다.

③ 고압 분리기(V－102)에서 분리된 기체(수소＋메탄)(◇8)는 압축기(C－101A/B)로 일부(◇7)는 반응기로 보내지고 대부분은 이송(◇5)되어 새로 투입되는 수소와 합쳐서 예열 열교환기(E－101)로 이송된다.

④ 고압(V－102), 저압 분리기(V－103)와 저장조(V－104)에서 분리된 기체 성분(◇17)은 메탄 성분이 다량 포함되어 저장조(V－104)로부터 분리된 가스(◇19)와 합류되어 연료 가스로 사용하고자 해당 공정이나 장치로 이송(◇16)된다.

⑤ 원료인 톨루엔을 수소와 반응시켜 벤젠과 메탄으로 분리하여 제품인 벤젠을 생산하며 연료로 사용할 수 있는 수소와 메탄을 얻을 수 있는 전반적인 공정 흐름을 파악할 수 있다.

⑥ 공정 중 가열 또는 냉각, 압축 또는 팽창, 주흐름 또는 가지흐름의 판단은 흐름번호 전후의 공정조건, 즉 온도와 압력, 유량 등을 비교하여 판단할 수 있다.

2. 공정배관 · 계장도(P & ID : Piping and Instrument Diagram)

P&ID는 운전 시에 필요한 모든 공정장치, 동력기계, 배관, 공정제어 및 계기 등을 표시하고 이들 상호 간에 연관관계를 나타내 주며, 상세설계, 건설, 변경, 유지보수 및 운전 등을 하는 데 필요한 기술적 정보를 파악할 수 있는 도면이다.

1) 공정배관 · 계장도의 내용

① 공정배관 · 계장도에는 모든 화학공정 전반이 포함된다.

➡ 탑(Tower), 베셀(Vessel), 반응기(Reactor), 열교환기(Exchanger), 드럼(Drum), 가열로(Heater), 탱크, 보일러, 펌프, 냉각탑(Cooling Tower)의 공정 연관성, 운전조건, 운전변수, 제어설비 및 연동장치 등에 대해 상세하게 수록되어 있다.

② 설계변경, 유지, 보수 등에 필요한 기술정보와 온도, 압력, 유량 등의 중요한 정보도 포함되어 있다.

2) 공정배관 · 계장도에 표시되어야 할 사항

(1) 일반사항

① 공정배관 · 계장도에 사용되는 부호(Symbol) 및 범례도(Legend)

② 장치 및 기계, 배관, 계장 등 고유번호 부여 체계

③ 약어 · 약자 등의 정의

④ 기타 특수 요구사항

(2) 장치 및 동력기계

설치되는 예비기기를 포함한 모든 공정장치 및 동력기계가 표시되어야 한다.

① 모든 장치와 장치의 고유번호, 명칭, 용량, 전열량 및 재질 등의 주요 명세

② 모든 동력기계와 동력기계의 고유번호, 명칭, 용량 및 동력원(전동기, 터빈, 엔진 등) 등의 주요 명세

③ 탑류, 반응기 및 드럼 등의 경우에는 맨홀, 트레이(Tray)의 단수, 분배기 등 내부의 간단한 구조 및 부속품

④ 모든 벤트 및 드레인의 크기와 위치

⑤ 장치 및 동력기계의 연결부

⑥ 장치 및 동력기계의 보온, 보냉 및 트레이싱(Heat Tracing)

(3) 배관

모든 배관 및 덕트와 유체의 흐름방향 등이 표시되어야 한다.

① 배관 및 덕트의 호칭지름, 배관번호, 재질, 플랜지 호칭압력, 보온 및 보냉 등

② 정상운전, 시운전 시에 필요한 모든 배관에 설치되어 있는 벤트 및 드레인

③ 모든 차단밸브 및 밸브의 종류

④ 특별한 부속품류, 시료채취배관, 시운전용 및 운전중지에 필요한 배관

⑤ 스팀이나 전기에 의한 트레이싱(Heat Tracing)

⑥ 보온 및 보냉의 종류

⑦ 배관의 재질이 바뀌는 위치 및 크기

⑧ 공급범위 등 기타 특수조건 등의 표기

(4) 계측기기

모든 계기 및 자동조절밸브 등이 표시되어야 한다.

① 센서, 조절기, 지시계, 기록계, 경보계 등을 포함한 제어계통

② 분산제어시스템(DCS) 또는 아날로그 등 제어장치의 구분

③ 현장설치계기, 현장패널표시계기, 분산제어시스템 표시계기 등의 구분

④ 고유번호, 종류, 형식, 기능

⑤ 자동조절밸브와 긴급차단밸브의 크기, 형태, 측관의 규격 및 정전과 같은 이상 시 밸브의 개폐 위치

⑥ 공기 또는 전기 등 신호라인(Signal Line)
⑦ 안전밸브의 크기, 설정압력 및 토출 측 연결부위의 조건
⑧ 계장용 배관 및 계기의 보온종류
⑨ 비정상운전 및 안전운전을 위한 연동시스템

3. 공정배관 · 계장도에 사용되는 계장기호

1) 계측용 배관 및 배선 그림기호

종류	그림기호	비고(일본)
배관	————————	
공기압배관	—//—//—//—//—	—A—A—A—
유압배관	—/—/—/—/—/—	—L—L—L—
전기배선	- - - - - - - - - -	—E—E—E—
세관	—×—×—×—×—	
전자파 · 방사선	—∿∿∿—	

2) 계장용 문자기호

변량기호	기능기호	일련번호
F	E	001
①	② 기능기호는 1개 이상	③ 세 자리 숫자

▲ 문자기호 표시방법

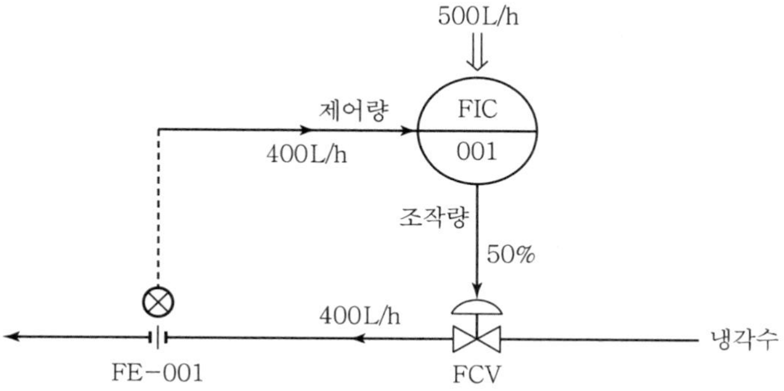

▲ 계장계통도

TIP

조작부 그림기호

㉠ 조작부 종류를 구분할 필요가 있는 경우의 그림기호

종류	그림기호
다이어프램 또는 벨로스식	
다이어프램식 (압력 밸런스형)	
전동식	
전자식	
피스톤식	
수동식	

㉡ 밸브 및 부속기기 그림기호

종류	그림기호
밸브(일반)	
앵글밸브	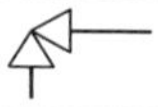
삼방면 밸브	
버터플라이 밸브 또는 Damper	
자력밸브	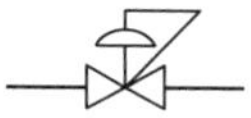
안전밸브	
포지셔너	
수동조작 휠 부착	
리미트스위치 부착	
밸브 개도 전송기 부착	

TIP

- FIC : 유량지시조절기
- FE : 유량계측기
- FCV : 유량조절밸브

TIP

P & ID에 사용하는 일반적인 기호

• 계장선 기호

	공정에 연결된 계장 공급선 혹은 파이프 연결
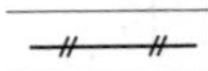	공기
	전기
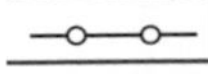	S/W 신호

• 계장 위치와 인식

	플랜트에서의 계장 위치
	제어실 패널 전면에서의 계장 위치
	제어실 패널 후면에서의 계장 위치
	분산제어시스템의 일부로서 접근 가능한 계장

◈ 로깅(Logging)

시스템을 작동할 때 시스템 작동상태의 기록과 보존, 이용자의 습성 조사 및 시스템 동작의 분석 등을 하기 위해 작동 중의 각종 정보를 기록해 둘 필요가 있다. 이 기록을 만드는 것을 로깅이라고 한다.

◈ 시퀀스 제어(개회로 제어)

미리 정해진 순서에 따라 제어의 각 단계를 차례로 진행해 가는 제어

(1) 변량기호

변량기호란 변하는 양으로 유량, 레벨, 습도, 압력 등과 연계된 장치를 의미한다.

변량기호	변량	비고
A	조성(Analysis)	• CO_2, O_2와 같이 잘 알려져 있는 화학기호는 그대로 문자기호를 사용한다. • pH는 수소이온농도의 문자기호로 사용한다. • 비율을 나타내는 'R'과 차이를 나타내는 'D'를 문자기호 뒤에 붙여도 된다.
C	전도도(Conductive)	
D	밀도(Density)	
E	전기적인 양(Eletric)	
F	유량(Flow)	
G	길이 또는 두께	
L	레벨(Level)	
M	습도(Moisture)	
P	압력(Pressure)	
S	속도, 회전수(Speed)	
T	온도(Temperature)	
U	불특정 또는 여러 변량	
V	점도(Viscosity)	
W	중량(Weight) 또는 힘	
Z	위치 또는 개도	

(2) 기능기호

변량기호에서 표기된 계측기의 부가기능을 수행하는 장치이다.

기능기호	계측설비 형식 또는 기능	기능기호	계측설비 형식 또는 기능
A	경보(Alarm)	Q	적산(Quantity)
C	조정(Control)	R	기록(Recording)
E	검출(Element)	S	시퀀스 제어(Sequence)
G	감시	T	전송 또는 변환(Transfer)
H	수동(Hand)	U	불특정 또는 다수 기능
I	지시(Indicating)	V	밸브 조작
K	계산기 제어	Y	연산
L	로깅(Logging)	Z	안전 또는 긴급
P	시료 채취 및 측정점	X	기타 형식 또는 기능

3) 공정흐름도와 공정배관 · 계장도(P & ID) 차이와 연관성 파악하기

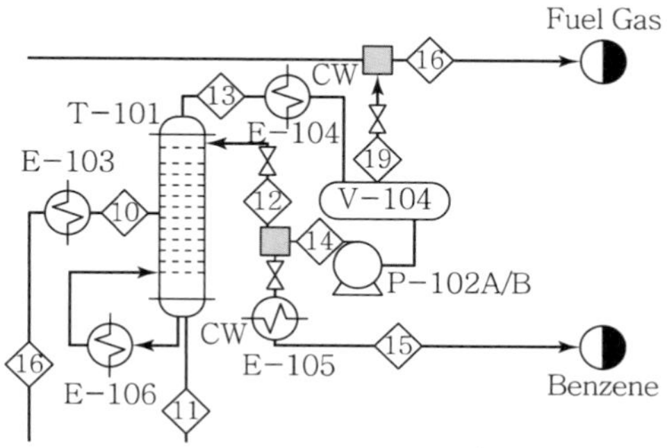

▲ 공정흐름도 중 T－101 부분(그림 1)

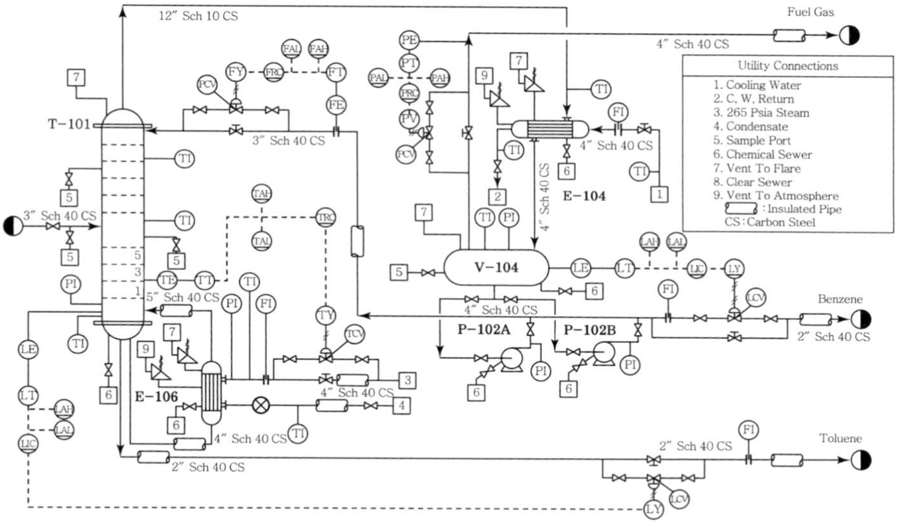

▲ 공정배관 · 계장도(그림 2)

(1) 주공정흐름

① 3″ 배관으로 T－101 증류탑 중간부로 들어온 용액은 E－106 리보일러(Re-boiler)에서 공급된 열에 의해 비점이 낮은 벤젠은 상부로, 비점이 높은 톨루엔은 하부로 증류조작에 의해 분리된다.

② 12″ 배관을 통해 탑 상부로 유출된 벤젠을 대부분 포함한 기체상태의 유출물은 열교환기 E－104에 의해 냉각되어 액체상태로 V－104의 저장조 하부를 나와 4″ 배관을 통해 펌프 102A/B에 의해 일부는 증류탑 T－101 상부로 보내지고, 일부는 2″ 탄소강배관을 통해 V－104의 저장조 레벨과 연동되는 조절밸브에 의해 유량이 조절되어 다음 공정으로 보내진다.

TIP

구분	공정흐름도	P & ID
표시 내용	공정단위 기기의 간결한 표시	모든 장치, 배관, 계장 등 상세한 표시
흐름	정상운전 시의 흐름 표시	모든 흐름 표시 (임시, Spare, Drain, Vent 등)
기기 장치	Spare기기는 생략	Spare, Stand-by 기기도 포함
라인	유량이 0인 라인은 생략	모든 라인 표시
계장	주요 계장만 표시	모든 제어장치, Loop 표시
배관	배관치수 등 생략	치수, 번호 표시
정보	공정흐름, 물질수지, 주요 장치 등 기본정보	엔지니어링, 건설, 구매, 운전 등을 위한 상세정보

③ 4″ 배관으로 탑 하부로 배출된 톨루엔이 많이 포함된 용액 일부는 열교환기 E－106에서 가열되어 액체상태로 남아 있던 벤젠 성분이 다시 증류탑 T－101의 하부로 재유입된다.

④ 2″ 배관을 통해 탑 하부를 나온 대부분이 톨루엔 성분인 다른 일부 흐름은 T－101의 하부용액레벨과 연동되는 조절밸브에 의해 유량이 조절되는 컨트롤 밸브로 다음 공정으로 보내진다.

(2) 장치 주위 흐름

① E－106

T－101 하부에서 유출된 일부 용액은 265psia 스팀으로 가열되어 다시 T－101 하부로 유입되며, 265psia 스팀은 열을 용액에 전달하고 응축되어 응축수로 배출된다.

② V－104

V－104 상부로 배출된 기체는 압력조절밸브로 조절하여 Fuel Gas로 공정으로 보내진다.

(3) 배관 주위 공정흐름

배관과 연결된 바이패스, 드레인, 벤트, 스트레이너, 안전밸브 등 모든 흐름이 표기되어 세부적인 흐름을 파악할 수 있다.

(4) 계장시스템

T－101 하부의 우측에는 온도를 제어하는 시스템, 좌측에는 레벨을 제어하는 2개의 제어시스템이 있는데 기호와 약어를 활용하여 확인한다.

레벨 제어시스템			온도 제어시스템		
LE	Level Element	레벨 계측기	TE	Temperature Element	온도 계측기
LT	Level Transmitter	레벨 신호 변환기	TT	Temperature Transmitter	온도 신호 변환기
LAH	Level Alarm High	레벨 경보 (높을 경우)	TAH	Temperature Alarm High	온도 경보 (높을 경우)
LAL	Level Alarm Low	레벨 경보 (낮을 경우)	TAL	Temperature Alarm Low	온도 경보 (낮을 경우)
LIC	Level Indicating Controller	레벨 지시 조절기	TRC	Temperature Recording Controller	온도 기록 조절기
LY	Level Calculation	레벨 신호 계산기	TY	Temperature Calculation	온도 신호 계산기
LCV	Level Control Valve	레벨조절밸브	TCV	Temperature Control Valve	온도조절밸브

4. 계장설비 설계

1) 계장설비 설계

(1) 계장 : 계측장비의 약자

(2) 계장설비

① 전기신호와 기계적 설비가 조화를 이루어 신호 및 제어의 기능으로써 공정을 관리하기 위하여 설치된 측정장치, 제어장치, 감시장치 또는 그 장치를 설치하는 작업이다.

② 화학공정에서의 계장설비는 원료나 제품의 품질을 모니터링하는 공정에서 주로 온도, 압력, 유량, 액면 등을 측정한다.

(3) 계장설비 설계 순서

화학공장의 생산품목에 맞는 공정이 결정되면 각 공정에 따르는 제품 또는 반제품이 안정적으로 반응하고, 다음 단계로 안정적으로 이송되는지를 지속적으로 모니터링하고 제어해야 한다.

➡ 이와 같은 목적에 맞는 장치와 설비를 선택하고, 도면과 시방서로 설계되어야 한다.

① **공정설계**

공정설계를 통해 공정흐름도(Process Flow Diagram)와 공정, 베셀, 배관, 회전기계 등 주요 기기의 기본사양이 정해지면 공정배관 · 계장도(P&ID : Piping and Instrument Diagram)가 정해진다.

➡ 계장설비의 제어 루프(Control Loop), 계기(유량, 압력, 레벨, 온도 등)에 대한 기본사양이 공정을 수행하기 위해 결정된다.

② **계장설비 설계**

계측제어분야 설계란 신규 플랜트 건설 및 기존 플랜트의 시설 개선 등에 필요한 계측제어 설비의 구매 및 건설에 관련된 문서와 도면을 작성하는 것이다.

㉠ 기본설계(Basic Engineering)

- PFD(공정흐름도, Process Flow Diagram)
- P&ID(공정배관 · 계장도, Piping & Instrument Diagram)
- 시방서(Data Sheet)

㉡ 상세설계

- 기본설계 → 화학공정에 적합한 계장 설정 → 이에 맞는 기능, 역할, 환경을 고려하여 계장설계를 한다.
- 설계가 완료되면 구매까지 고려한 서류 및 도면이 작성 · 검토되어야 한다.

TIP

㉠ 설계 시 관리 · 보수를 고려하여 표준화된 부품을 설정하고 설계도 또한 표준화된 시공법과 요령을 적용하여 진행한다.

㉡ 상세설계 시 계장공사에 따른 지침서(시방서)도 함께 작성되어야 한다.

- 계장설계 일정표 : 설계기간, 설계도면의 수량을 설정한다.
- 계장공사 시방서 : 공사항목, 시공방법, 계장설계의 기본사양, 다른 부문과의 연계사항 및 공사기간 등을 설정한다.

2) 시방서(사양서, Specification Sheet, Data Sheet)

(1) 시방서 개념

계장제어 설비공사 시방서는 설계도와는 별도로 공정배관 · 계장도를 기초로 하여 건축전기 설비공사부터 계기반, 도압배관, 각종 배선 설치와 계장의 시운전, 사후관리 등 관련 법규에 따라 계장 전반에 걸쳐 설명한 문서이다.

① 시방서(사양서)

㉠ 설계도면에 포함되어 있지 않은 내용이 표기된 문서

㉡ 시방서와 설계도면은 상호 보완된다.

② 설계도면과의 차이

㉠ 설계도면 : 형태, 상세한 치수 등을 표기

㉡ 시방서 : 도면에 표현하지 못한 각종 사항을 표기

(2) 시방서에 포함된 내용

① 계장의 품질 및 기능과 구성

② 계장과 연계된 배전반 및 전선 시공과 관리방법

③ 전 과정의 품질 확인 및 시운전

④ 기타 특기사항

[03] 계장설비 원리 파악

1. 컨트롤 밸브의 구성

1) 컨트롤 밸브(Control Valve)

컨트롤 밸브는 조절부(Controller)에서 조절신호를 받아 조작량에 비례한 공기압 신호로 공정의 온도, 압력, 유량, 레벨을 조절하는 기기이다.

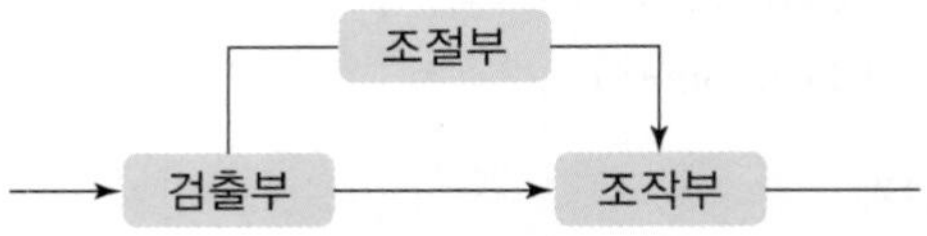

▲ 컨트롤 밸브의 역할

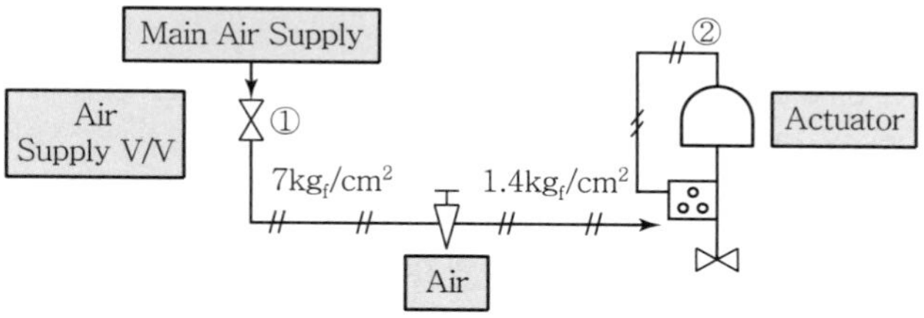

▲ 컨트롤 밸브 Air Line의 연결

2. 공정제어의 종류

1) 직접디지털제어(DDC : Direct Digital Control)

① 조절계의 기능을 디지털 장치로 실현하고 있는 제어 방식이다.
➡ 조절계의 입출력은 아날로그 신호도 가능하다.

② 아날로그 제어기기를 디지털 제어기기로 변경한 다음 마이크로프로세서를 이용하여 공정을 제어하는 방식이다.

③ 한 대의 컴퓨터에 프로세스 데이터의 입출력 및 플랜트의 감시, 조작, 제어 등을 모두 집중화시켜 관리하는 시스템이다.

④ 모든 제어기능이 한 대에 집중되어 있으므로, 컴퓨터에 이상이 발생하면 공정 전체가 제어 불능 상태가 되어 신뢰성 저하의 문제점이 있다.

2) 분산제어시스템(DCS : Distributed Control System)

(1) DCS의 기능

① DDC의 단점을 보완하기 위하여 하나의 중앙처리장치를 여러 개의 작은 중앙처리장치로 나누어 기능별로 분리하고 작은 용량의 중앙처리장치를 가진 각각의 컴퓨터를 통신 네트워크로 연결시켜 전체 시스템으로 구성한다.

② 공정제어에 적용되는 시스템을 각 플랜트에 알맞은 단위 서브시스템으로 분리하고, 각 소단위 시스템에서는 각각의 주어진 역할을 수행하며, 상호 간에 통신을 가능하게 한 것이다. 제어시스템을 분산시켜 구축하여 소형 DDC 시스템 여러 개를 유기적으로 연결한 것과 같은 효과를 내도록 한 것이다.

③ 프로세스 제어기능을 여러 대의 컴퓨터에 분산시켜서 신뢰성을 향상시키고 이상이 발생했을 때 그 파급효과를 최소화시킨다.

④ DCS는 '기능의 분산과 정보의 집중'이라는 두 가지 특징이 균형을 유지하면서 개발되었다.

TIP

분산제어시스템의 특징
- 시스템의 유연성이 높다.
- 시스템의 구축 및 변경이 편하다.
- 고급 제어의 실현과 연산의 정확성이 우수하다.
- 공정의 감시, 조작성이 우수하다.
- 시스템의 신뢰성이 높다.
- 이중화 및 시스템의 분산으로 안정성이 높다.

(2) DCS의 장점

① 일관성 있는 공정관리가 가능하고 제어의 신뢰도를 향상시키며, 다양한 응용을 할 수 있고 유연성 있는 제어가 가능하다.

② 한 조작자가 처리공정에 대한 많은 정보처리 및 제어기능을 수행하여 집중관리를 할 수 있으므로, 인력의 효율적 활용 및 유지보수가 용이하다.

③ 복잡한 연산과 논리회로를 구성할 수 있고, 자료의 수집 및 보고서 작성 기능이 있으며, 개별적인 시스템의 추가로 다른 플랜트 구역과 자동화 개념으로 쉽게 접속할 수 있다.

3) 논리연산 제어장치(PLC : Programmable Logic Controller)

(1) 논리연산 제어장치(PLC)

① 논리연산, 순서 조작, 시한, 계수 및 산술 연산 등의 제어 동작을 실행시키기 위한 장치이다.

② 제어 순서를 일련의 명령어 형식으로 기억하는 메모리가 있으며, 이 메모리의 내용에 따라 기계와 프로세스의 제어를 디지털 또는 아날로그 입출력을 통하여 행하는 디지털 조작형의 공업용 전자 장치이다.

③ 복잡한 시퀀스 시스템을 프로그램으로 바꾸어 사용하기 편리하도록 만든 장치이다.

④ PLC를 이용하면 설계가 간단하고 패널 제작도 쉬우며, 추후 회로 수정 작업 및 증설 작업도 쉽게 할 수 있다. PLC는 자신이 가지고 있는 주소(Address)가 있다.

CHAPTER 05

공정모사(설계), 공정개선, 열물질 수지검토

[01] 공정설계 기초

1. 화학물질의 물리 · 화학적 특성

1) 화학물질

원소 · 화합물 및 인위적인 반응에 의해 얻어진 물질과 자연상태에서 존재하는 물질을 화학적으로 변형시키거나 추출 또는 정제한 것을 말한다.

① **유독물질** : 유해성이 있는 화학물질

② **허가물질** : 위해성이 있다고 우려되는 화학물질

③ **제한물질** : 특정 용도로 사용되는 경우 위해성이 크다고 인정되는 화학물질

④ **금지물질** : 위해성이 크다고 인정되는 화학물질

⑤ **사고대비물질** : 급성독성 · 폭발성이 강하며 화학사고의 발생 가능성이 높거나 화학사고 발생 시 피해규모가 클 것으로 우려되는 화학물질

⑥ **유해화학물질** : 유독물질, 허가물질, 금지물질, 사고대비물질, 그 밖에 유해성, 위해성이 있거나 그러할 우려가 있는 화학물질

◈ 유해성

화학물질의 특성 등 사람의 건강이나 환경에 좋지 않은 영향을 미치는 화학물질 고유의 성질

◈ 위해성

유해성이 있는 화학물질이 노출되는 경우 사람의 건강이나 환경에 피해를 줄 수 있는 정도

2) 화학물질의 분류

(1) 물리적 위험성에 의한 분류

① **폭발성 물질 또는 화약류** : 자체의 화학반응에 의하여 주위 환경에 손상을 입힐 수 있는 온도, 압력, 속도를 가진 가스를 발생시키는 고체 · 액체 물질이나 혼합물

② **인화성 가스** : 20℃, 표준압력 101.3kPa에서 공기와 혼합하여 인화 범위에 있는 가스와 54℃ 이하 공기 중에서 자연발화하는 가스

③ **에어로졸** : 재충전이 불가능한 금속 · 유리 또는 플라스틱 용기에 압축가스 · 액화가스 또는 용해가스를 충전하고 내용물을 가스에 현탁시킨 고체나 액상입자로, 액상 또는 가스상에서 폼 · 페이스트 · 분말상으로 배출하는 분사장치를 갖춘 것

TIP

유해성의 정도
- 화학물질 본래의 독성
- 화학물질이 건강에 끼치는 나쁜 영향 "위력"

④ **산화성 가스** : 일반적으로 산소를 공급함으로써 공기와 비교하여 다른 물질의 연소를 더 잘 일으키거나 연소를 돕는 가스

⑤ **고압가스** : 200kPa 이상의 게이지 압력 상태로 용기에 충전되어 있는 가스 또는 액화되거나 냉동 액화된 가스

⑥ **인화성 액체** : 인화점이 60℃ 이하인 액체

⑦ **인화성 고체** : 쉽게 연소되는 고체, 마찰에 의하여 화재를 일으키거나 화재를 돕는 고체

⑧ **자기 반응성 물질 및 혼합물** : 열적으로 불안정하여 산소의 공급이 없어도 강하게 발열 분해하기 쉬운 액체 · 고체 물질이나 혼합물

⑨ **자연 발화성 액체** : 적은 양으로도 공기와 접촉하여 5분 안에 발화할 수 있는 액체

⑩ **자연 발화성 고체** : 적은 양으로도 공기와 접촉하여 5분 안에 발화할 수 있는 고체

⑪ **자기 발열성 물질 및 혼합물** : 자연 발화성 물질이 아니면서 주위에서 에너지의 공급 없이 공기와 반응하여 스스로 발열하는 고체 · 액체 물질이나 혼합물

⑫ **물 반응성 물질 및 혼합물** : 물과 상호 작용하여 자연 발화성이 되거나 인화성 가스를 위험한 수준의 양으로 발생하는 고체 · 액체 물질이나 혼합물

⑬ **산화성 액체** : 그 자체로는 연소하지 않더라도 일반적으로 산소를 발생시켜 다른 물질의 연소를 돕는 액체

⑭ **산화성 고체** : 그 자체로는 연소하지 않더라도 일반적으로 산소를 발생시켜 다른 물질의 연소를 돕는 고체

⑮ **유기과산화물** : 1개 또는 2개의 수소 원자가 유기라디칼에 의하여 치환된 과산화수소의 유도체인 2개의 $-O-O-$ 구조를 갖는 액체나 고체 유기물질

⑯ **금속 부식성 물질** : 화학 작용으로 금속을 손상 또는 파괴시키는 물질이나 혼합물

(2) 건강 유해성에 의한 분류

① **급성독성 물질** : 입이나 피부를 통하여 1회 또는 24시간 이내에 수회로 나누어 투여하거나 4시간 동안 흡입 노출시켰을 때 유해한 영향을 일으키는 물질

② **피부 부식성 또는 자극성 물질** : 최대 4시간 동안 접촉시켰을 때 비가역적인 피부 손상을 일으키는 물질(피부 부식성 물질) 또는 회복 가능한 피부 손상을 일으키는 물질(피부 자극성 물질)

③ **심한 눈 손상 또는 자극성 물질** : 21일 이내 완전히 회복되지 않는 눈 손상을 일으키거나 심한 물리적 시력 감퇴를 일으키는 물질 또는 21일 이내 완전히 회복 가능하지만 눈에 어떤 변화를 일으키는 물질

④ **호흡기 또는 피부 과민성 물질** : 호흡을 통하여 노출되어 기도에 과민 반응을 일으키거나 피부 접촉을 통하여 알레르기 반응을 일으키는 물질

⑤ **생식세포 변이원성 물질** : 자손에게 유전될 수 있는 사람의 생식세포에 돌연변이를 일으킬 수 있는 물질

⑥ **발암성 물질** : 암을 일으키거나 암의 발생을 증가시키는 물질

⑦ **생식독성 물질** : 생식 기능, 생식 능력 또는 태아 발육에 유해한 영향을 일으키는 물질

⑧ **특정 표적장기 독성 물질(1회 노출)** : 1회 노출에 의해 특이한 비치사적 특정 표적장기 또는 전신에 독성을 일으키는 물질

⑨ **특정 표적장기 독성 물질(반복 노출)** : 반복 노출로 특정 표적장기 또는 전신에 독성을 일으키는 물질

⑩ **흡인 유해성 물질** : 액체나 고체 화학물질이 입이나 코를 통하여 직접적으로 또는 구토로 인하여 간접적으로 기관 및 더 깊은 호흡 기관으로 유입되어 화학 폐렴, 다양한 폐 손상이나 사망과 같은 심각한 급성 영향을 일으키는 물질

(3) 환경 유해성에 의한 분류

① **수생 환경 유해성 물질** : 단기간 또는 장기간 노출에 의하여 수생생물과 수생생태계에 유해한 영향을 일으키는 물질

② **오존층 유해성 물질** : 몬트리올 의정서의 부속서에 등재된 모든 관리 대상 물질

◆ 비치사적
죽음에 이르지 않는 정도

2. 화학물질의 물리적 · 화학적 분류

1) 물리적 상에 의한 분류

① **고체(Solid)** : 단단한 모양과 고정된 부피를 가지고 있다.

② **액체(Liquid)** : 고정된 부피를 가지고 있으나, 단단한 모양을 가지고 있지 않으며, 용기에 따라 모양이 결정된다.

③ **기체(Gas)** : 고정된 부피와 단단한 모양을 가지고 있지 않으며, 용기에 따라 부피와 모양이 결정된다.

2) 물질의 조성에 따른 분류

(1) 순수한 물질

① 원소

② **화합물** : 둘 이상의 원소를 포함

(2) 혼합물

① **균일 혼합물** : 각각의 물질이 갖는 화학적 성질은 유지하면서 혼합된 물질

예 용액, 놋쇠

② **불균일 혼합물** : 혼합물의 조성이 일정하지 않은 물질

예 화강암

3. 화학적 특성과 물리적 특성

1) 물리적 특성

① **녹는점(Melting Point)** : 물질이 고체 상태에서 액체 상태로 변화하게 될 때의 온도

② **끓는점(Boiling Point)** : 증발된 기체로 가득 찬 기포가 그 액체의 내부에 형성될 때의 온도

③ **밀도(Density)** : 부피에 대한 질량비

④ **열전도성(Heat Conduction Quality)** : 열을 전달하는 성질

⑤ **전기 전도성(Electro Conductivity)** : 전기를 전달하는 성질

⑥ **용해도(Solubility)** : 일정한 온도에서 용매 100g에 녹을 수 있는 용질의 최대 그램(g) 수

2) 화학적 특성

(1) 인화성

① 불이 잘 붙는 성질이다.

② 인화점보다 높은 온도에서는 화원에 의해 인화될 위험이 있다.

(2) 폭발성

① 폭발할 수 있는 성질이다.

② 폭발성 물질 취급 시 점화원을 멀리하거나, 가열, 마찰, 충격을 주지 않아야 한다.

예 질산에스테르, 니트로화합물, 화약류

(3) 가연성

① 물질이 타기 쉬운 성질이다.

② 물질이 가연성을 나타내기 위해서는 공기 또는 산소의 공급이 충분해야 하며 온도가 항상 그 물질의 발화점 이상으로 유지되어야 한다.

예 수소, 메테인, 알코올, 셀룰로이드

TIP

화학적 특성은 화학변화가 수반된다.

◆ 폭발성 물질

가연성 물질+분자 내 산소 포함

TIP

연소

- 산소와 화합해야 한다.
- 반응을 지속하기 위해 산화반응은 발열반응이어야 한다.
- 반응열은 반응을 지속하는 데 충분하고, 신속하고 다량으로 발생해야 한다.
- 열전도율이 작아야 한다.

(4) 산화성

① 산화할 때 큰 발열을 수반하며, 폭발적 현상을 일으키는 물질이다.

② 산화력이 강하고 가열, 충격, 접촉 등으로 인하여 격렬하게 분해되거나 반응하는 고체, 액체이다.

(5) 환원성

① 다른 물질을 환원시키려는 성질이다.

② 환원성 물질은 자신은 산화되기 쉽고, 금속 원소들이 대부분 환원성을 갖는다.

예 알칼리 금속, 알데하이드

(6) 산성

① 염기에 수소이온을 잘 주는 성질로 알칼리를 중화시킨다.

② 수용액은 pH 7보다 작으며 신맛이 난다.

③ 푸른색 리트머스 종이를 붉은색으로 변화시킨다.

(7) 염기성(Basic)

① 염기가 가지고 있는 기본적 성질이며, 산을 중화시킨다.

② 수용액은 pH 7보다 크다.

③ 붉은 리트머스 종이를 푸른색으로 변화시킨다.

4. 국제규격

1) 한국산업표준(KS)

①「산업표준화법」에 의거하여 산업표준심의회의 심의를 거쳐 국가기술표준원장이 고시함으로써 확정되는 국가표준으로 약칭하여 KS로 표시한다.

② 한국산업표준은 21개 부문으로 구성된다.

㉠ 제품표준 : 제품의 향상, 치수, 품질 등을 규정한 것

㉡ 방법표준 : 시험, 분석, 검사, 측정방법, 작업표준 등을 규정한 것

㉢ 전달표준 : 용어, 기술, 단위, 수열 등을 규정한 것

2) 미국재료시험협회(ASTM : American Society for Testing Materials)

① 미국에서의 모든 재료, 시험방법에 관한 조사연구 및 표준화를 시행하고 있는 단체이다.

② 표준화의 대상을 규격, 방법, 정의로 대별하며, 다시 이를 정식규격과 가규격으로 구분한다.

◈ 제1류 위험물(산화성 고체)

예 아염소산염류, 염소산염류, 과염소산염류, 무기과산화물류, 브로산염류, 질산염류, 요오드산염류, 과망간산염류, 중크롬산염류

◈ 제6류 위험물(산화성 액체)

예 과염소산, 과산화수소, 질산

3) 미국기계학회(ASME : American Society for Mechanical Engineers)

① 전 산업에 사용되는 보일러, 압력용기의 설계, 제작, 검사에 관한 기술기준을 규정한다.

② ASME코드가 작성되어 있다.

4) 미국석유협회(API : American Petroleum Institute)

석유 및 관련 제품에 관계가 있는 채유, 정제, 판매 등의 업자로 구성된 조직이다.

5) 국제전기표준회의(IEC : International Electrotechnical Commission)

전기 및 전자기술 분야에서 표준화에 관한 모든 문제 및 관련 사항에 대해 국제 협력을 촉진하고 그 결과 국제적 의사소통을 도모하는 것을 목적으로 하는 기관이다.

6) 일본공업규격(JIS : Japanese Industrial Standard)

일본규격협회(JSA)에서 발행하는 일본국가규격이다.

7) 국제표준화기구(ISO : International Organization for Standardization)

품질경영시스템에 대한 국제규격을 규정한다.

8) 영국국가규격(BS : British Standard)

영국국가표준원(BSI)에서 제정한 국가규격이다.

9) 독일공업규격(DIN : Deutsche Industries Normen)

독일표준원에서 제정한 국가규격이다.

[02] 공정개선

1. 일반적인 공정 이상 문제 발생 시 조치사항

1) 온도가 높은 경우

① 대부분 냉각이 불량하거나 가열이 과하여 발생하므로, 설비와 연결되어 있는 냉각 및 가열 장치를 체크하거나 열교환기가 정상적으로 운전되고 있는지를 체크해서 이상 원인을 제거한다.

② 냉각수의 흐름이 불량하거나 하절기의 경우 냉각수 자체의 온도 상승으로 냉각수의 기능이 저하되어 온도 상승이 나타나므로, 냉각수량을 늘리거나 추가 냉각을 실시해야 한다.

③ 갑작스런 유량의 증가는 냉각 부족 현상을 일으킬 수 있으므로, 유량을 조절하거나 냉각수량을 증가시키는 등 냉각 기능을 강화시킨다.

2) 온도가 낮은 경우

① 대부분 가열이 불량하거나 냉각이 과하여 발생하므로 설비와 연결되어 있는 냉각 및 가열 장치를 체크하거나 열교환기가 정상적으로 운전되고 있는지를 체크해서 이상 원인을 제거한다.

② 냉각 기능에 이상이 없지만 공정물질 자체의 유량이 감소할 경우, 과냉각 현상이 나타날 수 있으므로, 유량이 변화된 원인을 조사해서 유량을 정상화시킨다.

③ 유량이 증가할 경우, 가열 기능이 정상이라고 해도 충분한 열량이 공급되지 못해 저온 현상이 나타날 수 있으므로, 유량을 줄이거나 가열 기능을 강화한다.

④ 동절기의 경우, 냉각수 온도의 하락으로 공정 내 설비의 온도 저하가 나타날 수 있으므로, 냉각수량을 줄이거나 보온 조치 등으로 온도 저하를 방지한다.

3) 압력이 높은 경우

① 온도는 압력에 영향을 줄 수 있는 인자이므로 온도 상승에 의한 압력 상승 여부를 체크하여 온도를 정상화시킨다.

② 배관 내의 흐름이 원활하지 않아도 압력 상승 현상이 나타나므로 밸브가 충분히 열리지 않았는지, 배관이 막혔는지 등을 체크하여 이상 원인을 제거한다.

③ 밀폐된 저장 설비의 경우 투입량 대비 배출량이 적어서 수위가 상승하는 경우에 압력 상승 현상이 나타나므로, 수입량과 배출량의 균형을 잡아 준다.

4) 압력이 낮은 경우

① 온도가 떨어지지 않았는지 체크하여 온도를 올려 준다.

② 밸브가 과하게 열려 있는지 체크하여 밸브를 조절한다.

③ 밀폐된 탱크에서 투입량 대비 배출량이 많은 경우에도 수위가 낮아지면서 상부 공간에 압력 저하 현상이 발생하므로, 투입량과 배출량의 균형을 잡아 준다.

5) 유량이 증가하는 경우

① 한쪽의 압력이 감소하면 압력이 높은 곳에서 낮은 곳으로 흐름이 증가하므로, 압력 감소의 원인을 조사하여 조치한다.

② 흡입부의 압력이 증가하면 토출부의 유량이 증가하므로, 흡입부의 압력 증가 원인을 해결해야 유량이 정상화된다.

6) 유량이 감소하는 경우

① 유량이 증가하는 경우의 반대 원인에 의해 발생할 수 있으므로, 압력 변화의 원인을 조사해서 조치해야 한다.

② 배관이 막히거나 밸브가 충분히 열려 있지 않은 경우, 유량이 감소하므로, 배관이나 밸브의 상태를 체크하여 조치한다.

7) 기타 조치사항

① 수위가 높거나 낮은 경우에는 유량 변화가 발생했는지, 압력 변화가 발생했는지 체크하여 원인을 제거한다.

② 경우에 따라서는 계기의 오작동에 의한 온도 변화나 압력 변화가 나타날 수 있기 때문에 압력과 온도를 동시에 모니터링할 수 있는 저장 설비의 경우, 어느 한쪽에 문제가 발생했을 때의 온도나 압력 조건을 함께 비교 · 검토함으로써 계기의 오류에 의한 불필요한 조치를 방지할 수 있다.

[03] 열물질 수지검토

1. 플래시 탱크(재증발탱크)의 에너지 계산하기

① 플래시 탱크(재증발탱크)의 공정도를 파악한다.

소 내 25ata 증기배관(벙커C유 버너 분무용 증기배관)상에 설치되어 있는 증기트랩에서 발생되는 응축수는 보통 드레인 탱크로 버려지고 있으나 이를 플래시 탱크를 통해 회수하여 소 내 유틸리티(증기, 용수 등)로 활용하여 에너지를 계산한다.

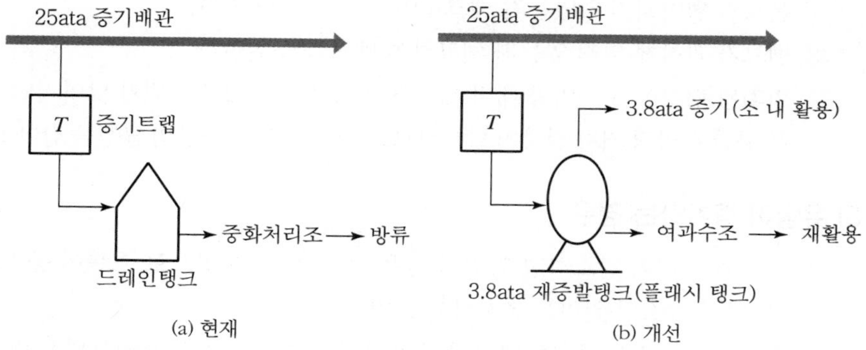

▲ 증기배관의 개선

② 25ata 증기배관 방열 등으로 인한 응축발생량(회수하지 않을 경우)을 계산한다.

㉠ 일반적으로 현장 보온관의 배관 손실은 2~3%이나 본 검토에서는 2%로 한다.

㉡ 실례로 소 내에서 소요되는 25ata 증기(h_1 =228.611kcal/kg, h_2 =668.93kcal/kg)는 약 5톤/시간 정도로 소요된다고 하면,

$$\text{응축발생량} = \text{증기량} \times \text{응축발생률} = \text{증기량} \times \frac{\text{손실열량}}{25\text{ata 증기잠열}}$$

$$= \text{증기량} \times \frac{h_2 \times 0.02}{h_2 - h_1} = 5\text{톤/시간} \times 0.03 = 0.15\text{톤/시간}$$

③ 25ata 증기배관에서 발생한 응축수를 기존 3.8ata 재증발 탱크로 회수할 경우 에너지 회수량(3.8ata 증기의 h_1 =141.8kcal/kg, h_2 =653.11kcal/kg)을 계산한다.

㉠ 재증발탱크에서 발생되는 재증발증기와 응축수는 각각 탈기기 등 소 내 공정에 활용할 수 있으며 응축수는 보일러 급수로 활용할 수 있다.

재증기발생량=응축수발생량×재증기발생률

$$= 0.15\text{톤/시간} \times \frac{25\text{ata 현열} - 3.8\text{ata 현열}}{3.8\text{ata 잠열}}$$

$$= 0.15\text{톤/시간} \times \frac{228.611\text{kcal/kg} - 141.8\text{kcal/kg}}{653.11\text{kcal/kg} - 141.8\text{kcal/kg}}$$

$$= 0.025\text{톤/시간}$$

㉡ 3.8ata 재증발탱크에서 발생하는 응축수량을 계산한다.

$$25\text{ata 증기배관 응축수발생량} - \text{재증기발생량} = 0.15 - 0.025 = 0.125\text{톤/시간}$$

㉢ 환산증기발생량(총증기회수량)을 계산한다.

- 환산증기발생량 $= 0.025\text{톤/시간} + 0.125\text{톤/시간} \times \frac{141.81\text{kcal/kg}}{653.11\text{kcal/kg}} = 0.0521\text{톤/시간}$
- 연간 에너지회수량=0.0521톤/시간×8,760시간/년=460톤/년

④ 에너지 회수 경제성을 계산한다.

연간 에너지 회수금액=460톤/년×76L/톤×330원/L(벙커C의 S=0.3%)

=34,500L/년×330원/L ≒ 11,385,000원/년

PART 05

과년도 기출문제

2018년 제1회 기출문제

1과목 화공열역학

01 열용량에 관한 설명으로 옳지 않은 것은?

① 이상기체의 정용(定容)에서의 몰열용량은 내부에너지 관련 함수로 정의된다.

② 이상기체의 정압에서의 몰열용량은 엔탈피 관련 함수로 정의된다.

③ 이상기체의 정용(定容)에서의 몰열용량은 온도변화와 관계없다.

④ 이상기체의 정압에서의 몰열용량은 온도변화와 관계있다.

해설

몰열용량은 온도에 대한 함수이다.

$$C_V = \left(\frac{\partial U}{\partial T}\right)_V \rightarrow \Delta U = n\int C_V dT$$

$$C_P = \left(\frac{\partial H}{\partial T}\right)_P \rightarrow \Delta H = n\int C_P dT$$

02 액상과 기상이 서로 평형이 되어 있을 때에 대한 설명으로 틀린 것은?

① 두 상의 온도는 서로 같다.

② 두 상의 압력은 서로 같다.

③ 두 상의 엔트로피는 서로 같다.

④ 두 상의 화학퍼텐셜은 서로 같다.

해설

평형

- 온도(T)가 같다.
- 압력(P)이 같다.
- $\mu_i^{\,l} = \mu_i^{\,g}$, 화학퍼텐셜이 같다.

03 부피 팽창성 β와 등온 압축성 κ의 비 $\left(\frac{\kappa}{\beta}\right)$를 옳게 표시한 것은?

① $\frac{1}{C_V}\left(\frac{\partial U}{\partial P}\right)_V$　② $\frac{1}{C_P}\left(\frac{\partial U}{\partial T}\right)_P$

③ $\frac{1}{C_P}\left(\frac{\partial H}{\partial T}\right)_P$　④ $\frac{1}{C_V}\left(\frac{\partial H}{\partial P}\right)_V$

해설

$$\beta = \frac{1}{V}\left(\frac{\partial V}{\partial T}\right)_P$$

$$\kappa = -\frac{1}{V}\left(\frac{\partial V}{\partial P}\right)_T$$

$$\frac{\kappa}{\beta} = -\frac{\frac{1}{V}\left(\frac{\partial V}{\partial P}\right)_T}{\frac{1}{V}\left(\frac{\partial V}{\partial T}\right)_P} = -\left(\frac{\partial V}{\partial P}\right)_T\left(\frac{\partial T}{\partial V}\right)_P = \left(\frac{\partial T}{\partial P}\right)_V$$

Euler's Chain Rule

$$\left(\frac{\partial V}{\partial P}\right)_T\left(\frac{\partial P}{\partial T}\right)_V\left(\frac{\partial T}{\partial V}\right)_P = -1$$

$$-\left(\frac{\partial V}{\partial P}\right)_T\left(\frac{\partial T}{\partial V}\right)_P = \left(\frac{\partial T}{\partial P}\right)_V$$

$$dU = C_V dT$$

$$dT = \frac{1}{C_V}dU$$

$V = \text{const}$

$\div\, dP$하면

$$\left(\frac{\partial T}{\partial P}\right)_V = \frac{1}{C_V}\left(\frac{\partial U}{\partial P}\right)_V$$

$$\therefore \frac{\kappa}{\beta} = \left(\frac{\partial T}{\partial P}\right)_V = \frac{1}{C_V}\left(\frac{\partial U}{\partial P}\right)_V$$

정답 01 ③ 02 ③ 03 ①

04 이상기체의 단열과정에서 온도와 압력에 관계된 식이다. 옳게 나타낸 것은?(단, 열용량비 $\gamma = \frac{C_P}{C_V}$ 이다.)

① $\frac{T_2}{T_1} = \left(\frac{P_2}{P_1}\right)^{\frac{\gamma-1}{\gamma}}$　② $\frac{T_2}{T_1} = \left(\frac{P_1}{P_2}\right)^{\gamma}$

③ $\frac{T_1}{T_2} = \ln\left(\frac{P_1}{P_2}\right)$　④ $\frac{T_2}{T_1} = \left(\frac{P_2}{P_1}\right)$

해설

$$\frac{T_2}{T_1} = \left(\frac{P_2}{P_1}\right)^{\frac{\gamma-1}{\gamma}},\ \frac{T_2}{T_1} = \left(\frac{V_1}{V_2}\right)^{\gamma-1},\ \frac{P_2}{P_1} = \left(\frac{V_1}{V_2}\right)^{\gamma}$$

05 600K의 열저장고로부터 열을 받아서 일을 하고 400K의 외계에 열을 방출하는 카르노(Carnot) 기관의 효율은?

① 0.33　② 0.40

③ 0.88　④ 1.00

해설

$$\eta = \frac{W}{Q_1} = \frac{T_1 - T_2}{T_1} = \frac{600-400}{600} = 0.33$$

06 $C(s) + \frac{1}{2}O_2(g) \rightarrow CO(g)$의 반응열은 얼마인가?(단, 다음의 반응식을 참고한다.)

- $C(s) + O_2(g) \rightarrow CO_2(g)$
  $\Delta H_1 = -94,050\text{kcal/kmol}$
- $CO(g) + \frac{1}{2}O_2(g) \rightarrow CO_2(g)$
  $\Delta H_2 = -67,640\text{kcal/kmol}$

① −37,025kcal/kmol

② −26,410kcal/kmol

③ −74,050kcal/kmol

④ +26,410kcal/kmol

해설

$C + O_2 \rightarrow CO_2$　$\Delta H_1 = -94,050\text{kcal/kmol}$

$+)\ CO_2 \rightarrow CO + \frac{1}{2}O_2$　$\Delta H_2 = +67,640\text{kcal/kmol}$

$C + \frac{1}{2}O_2 \rightarrow CO$　$\Delta H = \Delta H_1 + \Delta H_2$

$= -94,050 + 67,640$

$= -26,410\text{kcal/kmol}$

07 몰리에 선도(Mollier Diagram)는 어떤 성질들을 기준으로 만든 도표인가?

① 압력과 부피　② 온도와 엔트로피

③ 엔탈피와 엔트로피　④ 부피와 엔트로피

해설

몰리에 선도 : $H-S$ 선도

08 2성분계 공비혼합물에서 성분 A, B의 활동도 계수를 γ_A와 γ_B, 포화증기압을 P_A 및 P_B라 하고, 이 계의 전압을 P_t라 할 때 수정된 Raoult의 법칙을 적용하여 γ_B를 옳게 나타낸 것은?(단, B 성분의 기상 및 액상에서의 몰분율은 y_B와 x_B이며, 퓨가시티 계수 $\hat{\phi}_B = 1$이라 가정한다.)

① $\gamma_B = P_t / P_B$

② $\gamma_B = P_t / P_B(1 - x_A)$

③ $\gamma_B = P_t y_B / P_B$

④ $\gamma_B = P_t / P_B x_B$

해설

$y_i P = x_i \gamma_i P_i$

$y_A P + y_B P = x_A \gamma_A P_A + x_B \gamma_B P_B = P_t$

공비점에서 액체의 조성과 기체의 조성은 같다.

$x_B = y_B,\ y_B = \frac{\gamma_B x_B P_B}{P_t},\ 1 = \frac{\gamma_B P_B}{P_t}$

$\therefore \gamma_B = \frac{P_t}{P_B}$

정답 04 ① 05 ① 06 ② 07 ③ 08 ①

09 엔트로피에 관한 설명 중 틀린 것은?

① 엔트로피는 혼돈도(Randomness)를 나타내는 함수이다.
② 융점에서 고체가 액화될 때의 엔트로피 변화는 $\Delta S = \dfrac{\Delta H_m}{T_m}$로 표시할 수 있다.
③ $T = 0\text{K}$에서 엔트로피 $S = 1$이다.
④ 엔트로피 감소는 질서도(Orderliness)의 증가를 의미한다.

해설

$T = 0\text{K}$에서 모든 완전한 결정형 물질에 대하여 엔트로피는 0이다.

10 다음 중 동력의 단위가 아닌 것은?

① HP ② kWh
③ $\text{kgf} \cdot \text{m} \cdot \text{s}^{-1}$ ④ $\text{BTU} \cdot \text{s}^{-1}$

해설

- 동력 $= \dfrac{\text{일}}{\text{시간}}$
- kWh : 일의 단위

11 비가역 과정에서의 관계식으로 옳은 것은?

① $dS > 0$ ② $dS < 0$
③ $dS = 0$ ④ $dS = -1$

해설

비가역 과정 $dS > 0$

12 이상기체 3mol이 50℃에서 등온으로 10atm에서 1atm까지 팽창할 때 행해지는 일의 크기는 몇 J인가?

① 4,433 ② 6,183
③ 18,550 ④ 21,856

해설

$$W = nRT\ln\frac{V_2}{V_1} = nRT\ln\frac{P_1}{P_2}$$

$$\therefore\ W = nRT\ln\frac{P_1}{P_2}$$

$$= 3\text{mol} \times 8.314\text{J/mol} \cdot \text{K} \times (273+50)\text{K} \times \ln\frac{10}{1}$$

$$= 18{,}550\text{J}$$

13 두헴(Duhem)의 정리는 "초기에 미리 정해진 화학성분들의 주어진 질량으로 구성된 어떤 닫힌계에 대해서도, 임의의 두 개의 변수를 고정하면 평형상태는 완전히 결정된다."라고 표현할 수 있다. 다음 중 설명이 옳지 않은 것은?

① 정해 주어야 하는 두 개의 독립변수는 세기변수일 수도 있고 크기변수일 수도 있다.
② 독립적인 크기변수의 수는 상률에 의해 결정된다.
③ $F = 1$일 때 두 변수 중 하나는 크기변수가 되어야 한다.
④ $F = 0$일 때는 두 개 모두 크기변수가 되어야 한다.

해설

Duhem의 정리
초기에 미리 정해진 화학성분들의 주어진 질량으로 구성된 어떤 계에 대해서도, 임의의 두 개의 변수를 고정하면 평형상태는 완전히 결정된다.

- 정해 주어야 하는 2개의 독립변수는 세기변수일 수도 있고 크기변수일 수도 있다.
- 독립적인 세기변수의 수는 상률에 의해 결정된다.
- $F = 1$일 때는 두 변수 중 적어도 하나는 크기변수가 되어야 한다.
- $F = 0$일 때는 두 개 모두 크기변수가 되어야 한다.

14 25℃에서 산소 기체가 50atm에서 500atm으로 압축되었을 때 깁스(Gibbs) 자유에너지 변화량의 크기는 약 얼마인가?(단, 산소는 이상기체로 가정한다.)

① 1,364cal/mol ② 682cal/mol
③ 136cal/mol ④ 68cal/mol

정답 09 ③ 10 ② 11 ① 12 ③ 13 ② 14 ①

해설

$$\Delta G = nRT\ln\frac{P_2}{P_1}$$
$$= 1.987\text{cal/mol} \times 298\text{K} \times \ln\frac{500}{50}$$
$$= 1{,}363.4\text{cal/mol}$$

15 크기가 동일한 3개의 상자 A, B, C에 상호작용이 없는 입자 10개가 각각 4개, 3개, 3개씩 분포되어 있고, 각 상자들은 막혀 있다. 상자들 사이의 경계를 모두 제거하여 입자가 고르게 분포되었다면, 통계 열역학적인 개념의 엔트로피 식을 이용하여 구한 경계를 제거하기 전후의 엔트로피 변화량은 약 얼마인가?(단, k는 Boltzmann 상수이다.)

① $8.343k$ ② $15.324k$
③ $22.321k$ ④ $50.024k$

해설

$S = k\ln\Omega$

4개	3개	3개

여기서, Ω : 미시적인 입자들이 그들에게 부여된 "상태들"에 분포될 수 있는 서로 다른 방법의 수

$$\Omega = \frac{n!}{4!3!3!} = 4{,}200$$
$$\therefore S = k\ln 4{,}200 = 8.343k$$

16 이상기체 혼합물에 대한 설명 중 옳지 않은 것은?(단, $\Gamma_i(T)$는 일정온도 T에서의 적분상수, y_i는 이상기체 혼합물 중 성분 i의 몰분율이다.)

① 이상기체의 혼합에 의한 엔탈피 변화는 0이다.
② 이상기체의 혼합에 의한 엔트로피 변화는 0보다 크다.
③ 동일한 T, P에서 성분 i의 부분 몰부피는 순수성분의 몰부피보다 작다.
④ 이상기체 혼합물의 깁스(Gibbs) 에너지는 $G^{ig} = \sum_i y_i\Gamma_i(T) + RT\sum_i y_i\ln(y_iP)$이다.

해설

$$\bar{V}_i^{ig} = V_i^{ig} = V^{ig}$$

주어진 T와 P에서 이상기체에 대한 부분 몰부피, 순수성분의 몰부피, 혼합물의 몰부피는 모두 같다.

17 부피가 1m^3인 용기에 공기를 25℃의 온도와 100bar의 압력으로 저장하려 한다. 이 용기에 저장할 수 있는 공기의 질량은 약 얼마인가?(단, 공기의 평균분자량은 29이며 이상기체로 간주한다.)

① 107kg ② 117kg
③ 127kg ④ 137kg

해설

$$PV = \frac{W}{M}RT \rightarrow W = \frac{PVM}{RT}$$
$$\therefore W = \frac{\left(100\text{bar} \times \frac{1\text{atm}}{1.013\text{bar}}\right)(1\text{m}^3)(29\text{kg/kmol})}{(0.082\text{m}^3 \cdot \text{atm/kmol} \cdot \text{K})(298\text{K})}$$
$$= 117\text{kg}$$

18 상태함수에 대한 설명으로 옳은 것은?

① 최초와 최후의 상태에 관계없이 경로의 영향으로만 정해지는 값이다.
② 점함수라고도 하며, 일에너지를 말한다.
③ 내부에너지만 정해지면 모든 상태를 나타낼 수 있는 함수를 말한다.
④ 내부에너지와 엔탈피는 상태함수이다.

해설

- 상태함수(점함수) : U(내부에너지), H(엔탈피), S(엔트로피), G(깁스자유에너지)
- 경로함수 : 일, 열

19 다음 중에서 같은 환산온도와 환산압력에서 압축인자가 가장 비슷한 것끼리 짝지어진 것은?

① 아르곤 – 크립톤 ② 산소 – 질소
③ 수소 – 헬륨 ④ 메탄 – 프로판

정답 15 ① 16 ③ 17 ② 18 ④ 19 ①

해설

같은 환산온도와 환산압력에서 같은 압축인자를 갖는 유체
Ar(아르곤), Kr(크립톤), Xe(크세논)

20 상압 300K에서 2.0L인 이상기체 시료의 부피를 일정 압력에서 $400cm^3$로 압축시켰을 때의 온도는?

① 60K ② 300K
③ 600K ④ 1,500K

해설

$$\frac{P_1V_1}{T_1}=\frac{P_2V_2}{T_2}$$

$$\frac{T_2}{T_1}=\frac{V_2}{V_1}$$

$$\therefore\ T_2=T_1\left(\frac{V_2}{V_1}\right)=300\text{K}\left(\frac{0.4}{2}\right)=60\text{K}$$

2과목 단위조작 및 화학공업양론

21 18℃, 1atm에서 $H_2O(l)$의 생성열은 −68.4 kcal/mol이다. 다음 반응에서의 반응열이 42kcal/mol인 것을 이용하여 등온등압에서의 $CO(g)$의 생성열을 구하면 몇 kcal/mol인가?

$C(s)+H_2O(l)\rightarrow CO(g)+H_2(g)$

① 110.4 ② −110.4
③ 26.4 ④ −26.4

해설

$$H_2+\frac{1}{2}O_2\rightarrow H_2O\qquad \Delta H_1=-68.4\text{kcal/mol}$$
$$+)\ C+H_2O\rightarrow CO+H_2\qquad \Delta H_2=42$$
$$C+\frac{1}{2}O_2\rightarrow CO\qquad \Delta H=-68.4+42=-26.4\text{kcal/mol}$$

22 시강특성치(Intensive Property)가 아닌 것은?

① 비엔탈피 ② 밀도
③ 온도 ④ 내부에너지

해설

- 시강특성치 : T, P, d(밀도), $\overline{U}$(몰당 내부에너지), $\overline{H}$(몰당 엔탈피)
- 시량특성치 : m(질량), n(몰), V(부피), U(내부에너지), H(엔탈피)

23 이상기체의 법칙이 적용된다고 가정할 때 용적이 $5.5m^3$인 용기에 질소 28kg을 넣고 가열하여 압력이 10atm이 될 때 도달하게 되는 기체의 온도는 약 몇 ℃인가?

① 698 ② 498
③ 598 ④ 398

해설

$$PV=\frac{W}{M}RT\rightarrow T=\frac{PVM}{WR}$$

$$\therefore\ T=\frac{(10\text{atm})(5.5\text{m}^3)(28\text{kg/kmol})}{(28\text{kg})(0.082\text{m}^3\cdot\text{atm/kmol}\cdot\text{K})}=671\text{K}(398℃)$$

24 질소에 벤젠이 10vol% 포함되어 있다. 온도 20℃, 압력 740mmHg일 때 이 혼합물의 상대포화도는 몇 %인가?(단, 20℃에서 순수한 벤젠의 증기압은 80mmHg이다.)

① 10.8% ② 80.0%
③ 92.5% ④ 100.0%

해설

$$H_R=\frac{p_A}{p_S}\times 100(\%)$$

$$\therefore\ H_R=\frac{740\times 0.1}{80}\times 100=92.5\%$$

정답 20 ① 21 ④ 22 ④ 23 ④ 24 ③

25 어떤 물질의 한 상태 중에서 온도가 Dew Point 온도보다 높은 상태는 어떤 상태를 의미하는가?(단, 압력은 동일하다.)

① 포화 ② 과열
③ 과냉각 ④ 임계

해설

과냉 → 포화액체 → 기 · 액 → 포화증기 → 과열
Boiling Point Dew Point

26 다음 중 비용(Specific Volume)의 차원으로 옳은 것은?(단, 길이(L), 질량(M), 힘(F), 시간(T)이다.)

① $\frac{F}{L^2}$ ② $\frac{L^3}{M}$
③ ML^2 ④ $\frac{ML^2}{T^2}$

해설

$비용 = \frac{부피}{질량}[L^3/M]$

27 증류탑을 이용하여 에탄올 25wt%와 물 75wt%의 혼합액 50kg/h을 증류하여 에탄올 85wt%의 조성을 가지는 상부액과 에탄올 3wt%의 조성을 가지는 하부액으로 분리하고자 한다. 상부액에 포함되는 에탄올은 초기 공급되는 혼합액에 함유된 에탄올 중의 몇 wt%에 해당하는 양인가?

① 85 ② 88
③ 91 ④ 93

해설

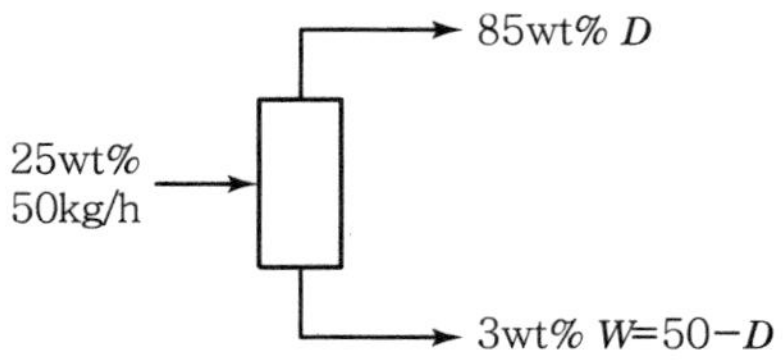

$50 \times 0.25 = D \times 0.85 + (50 - D) \times 0.03$

$\therefore D = 13.4\text{kg/h}$

$\frac{상부액 중 에탄올의 양}{초기 공급된 에탄올의 양} \times 100$

$= \frac{13.4 \times 0.85}{50 \times 0.25} \times 100$

$= 91.12\%$

28 어느 석회석 성분을 분석하니, $CaCO_3$ 92.89wt%, $MgCO_3$ 5.41wt%, 불용 성분이 1.70wt%였다. 이 석회석 100kg에서 몇 kg의 CO_2를 회수할 수 있겠는가?(단, Ca의 분자량은 40, Mg의 분자량은 24.3이다.)

① 43.7 ② 47.3
③ 54.8 ④ 58.2

해설

석회석 100kg 중 ┌ $CaCO_3$ 92.89kg
├ $MgCO_3$ 5.41kg
└ 불용성분 1.7kg

$CaCO_3 \rightarrow CaO + CO_2$
100kg : 44kg
92.89kg : x
$\therefore x = 40.9\text{kg}$

$MgCO_3 \rightarrow MgO + CO_2$
84.3kg : 44kg
5.41kg : y
$\therefore y = 2.8\text{kg}$

$\therefore$ CO_2의 양 $= x + y = 43.7\text{kg}$

29 다음 중 에너지를 나타내지 않는 것은?

① 부피 × 압력
② 힘 × 거리
③ 몰수 × 기체상수 × 온도
④ 열용량 × 질량

해설

$Q = W = F \times S = PV = nRT$

정답 25 ② 26 ② 27 ③ 28 ① 29 ④

30 350K, 760mmHg에서의 공기의 밀도는 약 몇 kg/m³인가?(단, 공기의 평균 분자량은 29이며 이상기체로 가정한다.)

① 0.01 ② 1.01
③ 2.01 ④ 3.01

해설

$PV = nRT$

$PV = \frac{W}{M}RT \rightarrow \frac{W}{V} = d = \frac{PM}{RT}$

$\therefore d = \frac{\left(760\text{mmHg} \times \frac{1\text{atm}}{760\text{mmHg}}\right)(29\text{kg/kmol})}{(0.082\text{m}^3 \cdot \text{atm/kmol} \cdot \text{K})(350\text{K})}$

$= 1.01\text{kg/m}^3$

31 이중열교환기에서 내부관의 두께가 매우 얇고, 관벽 내부경막열전달계수 h_i가 외부경막열전달계수 h_o와 비교하여 대단히 클 경우, 총괄열전달계수 U에 대한 식으로 가장 적합한 것은?

① $U = h_i + h_o$
② $U = h_i$
③ $U = h_o$
④ $U = \frac{1}{\sqrt{1/h_i + h/h_o}}$

해설

한 유체의 경막계수 h_o의 값이 다른 값에 비하여 아주 작을 경우 $1/h_o$이 지배저항이 되어 $U \fallingdotseq h_o$이 된다.

32 공급원료 1몰을 원료 공급단에 넣었을 때 그 중 증류탑의 탈거부(Stripping Section)로 내려가는 액체의 몰수를 q로 정의한다면, 공급원료가 과열증기일 때 q 값은?

① $q < 0$ ② $0 < q < 1$
③ $q = 0$ ④ $q = 1$

해설

- $q > 1$: 차가운 원액
- $q = 1$: 포화원액(비등에 있는 원액)
- $0 < q < 1$: 부분적으로 기화된 원액
- $q = 0$: 포화증기(노점에 있는 원액)
- $q < 0$: 과열증기 원액

33 그림은 전열장치에 있어서 장치의 길이와 온도 분포의 관계를 나타낸 그림이다. 이에 해당하는 전열장치는?(단, T는 증기의 온도, t는 유체의 온도, Δt_1, Δt_2는 각각 입구 및 출구에서의 온도차이다.)

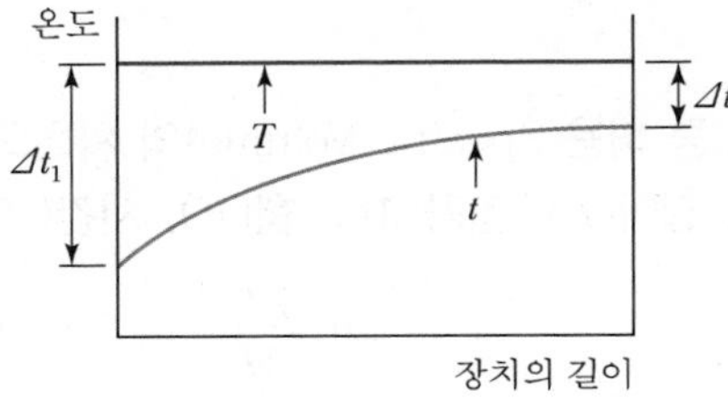

① 과열기 ② 응축기
③ 냉각기 ④ 가열기

해설

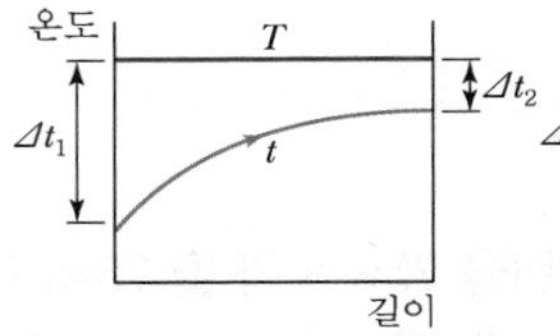

〈응축기〉

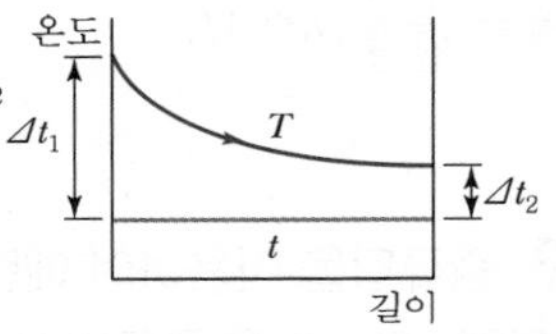

〈냉각기〉

34 흡수탑의 충전물 선정 시 고려해야 할 조건으로 가장 거리가 먼 것은?

① 기액 간의 접촉률이 좋아야 한다.
② 압력강하가 너무 크지 않고 기액 간의 유통이 잘 되어야 한다.
③ 탑 내의 기액물질에 화학적으로 견딜 수 있는 것이어야 한다.
④ 규칙적인 배열을 할 수 있어야 하며 공극률이 가능한 한 작아야 한다.

해설

불규칙 충전을 해야 하며, 공극률이 커야 한다.

정답 30 ② 31 ③ 32 ① 33 ② 34 ④

35 관(Pipe, Tube)의 치수에 대한 설명 중 틀린 것은?

① 파이프의 벽두께는 Schedule Number로 표시할 수 있다.

② 튜브의 벽두께는 BWG(Birmingham Wire Gauge) 번호로 표시할 수 있다.

③ 동일한 외경에서 Schedule Number가 클수록 벽두께가 두껍다.

④ 동일한 외경에서 BWG가 클수록 벽두께가 두껍다.

해설

동일한 외경에서 Schedule Number가 클수록 벽의 두께가 두껍고, BWG가 클수록 벽두께가 얇다.

36 다음 단위조작 가운데 침출(Leaching)에 속하는 것은?

① 소금물 용액에서 소금분리

② 식초산 – 수용액에서 식초산 회수

③ 금광석에서 금을 회수

④ 물속에서 미량의 브롬 제거

해설

- 고 – 액 추출 : 침출(Leaching)
- 액 – 액 추출 : 추출

37 총괄 에너지수지식을 간단하게 나타내어 다음과 같을 때 α는 유체의 속도에 따라서 변한다. 유체가 층류일 때 다음 중 α에 가장 가까운 값은?(단, H_i는 엔탈피, V_{iave}는 평균유속, Z는 높이, g는 중력가속도, Q는 열량, W_s는 일이다.)

$$H_2 - H_1 + \frac{1}{2\alpha}\left(V_{2ave}{}^2 - V_{1ave}{}^2\right) + g(Z_2 - Z_1) = Q - W_s$$

① 0.5　　② 1

③ 1.5　　④ 2

해설

$\frac{\alpha\left(V_2{}^2 - V_1{}^2\right)}{2}$에서 층류일 때 $\alpha = 2$이므로

식에서 $\frac{1}{\alpha} = 2$　$\therefore \alpha = 0.5$

38 오리피스미터(Orifice Meter)에 U자형 마노미터를 설치하였고 마노미터는 수은이 채워져 있으며, 그 위의 액체는 물이다. 마노미터에서의 압력차가 15.44kPa이면 마노미터의 읽음은 약 몇 mm인가?(단, 수은의 비중은 13.6이다.)

① 75　　② 100

③ 125　　④ 150

해설

$\Delta P = g(\rho_A - \rho_B)R$

15.44kPa = 15,440N/m^{2}이므로

15,440N/m^2 = 9.8m/s^2(13.6 − 1)×1,000kg/m^3×R

$\therefore R = 0.125\text{m} = 125\text{mm}$

39 롤 분쇄기에 상당직경 5cm의 원료를 도입하여 상당직경 1cm로 분쇄한다. 롤 분쇄기와 원료 사이의 마찰계수가 0.34일 때 필요한 롤의 직경은 몇 cm인가?

① 35.1　　② 50.0

③ 62.3　　④ 70.1

해설

$\mu = \tan\alpha$

$0.34 = \tan\alpha$

$\therefore \alpha = 18.8$

$\cos\alpha = \frac{R+d}{R+r} = \frac{R+1/2}{R+5/2} = 0.947$

$R = 35.3\text{cm}$

∴ 롤의 직경 = 70.6cm

정답 35 ④ 36 ③ 37 ① 38 ③ 39 ④

40 가열된 평판 위로 Prandtl 수가 1보다 큰 액체가 흐를 때 수력학적 경계층 두께 δ_h와 열전달 경계층 두께 δ_T와의 관계로 옳은 것은?

① $\delta_h > \delta_T$

② $\delta_h < \delta_T$

③ $\delta_h = \delta_T$

④ Prandtl 수만으로는 알 수 없다.

해설

$$N_{\rm Pr} = \frac{C_P\mu}{k} = \frac{\nu}{\alpha}$$

$$N_{\rm Pr} = \frac{\text{동력학적 경계층(속도)의 두께}(\delta_h)}{\text{열전달 경계층의 두께}(\delta_T)} > 1$$

$\therefore \delta_h > \delta_T$

3과목 공정제어

41 Laplace 변환 등에 대한 설명으로 틀린 것은?

① $y(t)= \sin\omega t$의 Laplace 변환은 $\omega/(s^2+\omega^2)$이다.

② $y(t)= 1-e^{-t/\tau}$의 Laplace 변환은 $1/(s(\tau s+1))$이다.

③ 높이와 폭이 1인 사각펄스의 폭을 0에 가깝게 줄이면 단위 임펄스와 같은 모양이 된다.

④ Laplace 변환은 선형변환으로 중첩의 원리(Super-position Principle)가 적용된다.

해설

① $y(t) = \sin\omega t \xrightarrow{\mathcal{L}} Y(s) = \dfrac{\omega}{s^2+\omega^2}$

② $y(t) = 1-e^{-t/\tau} \xrightarrow{\mathcal{L}} Y(s) = \dfrac{1}{s} - \dfrac{1}{s+\dfrac{1}{\tau}} = \dfrac{1}{s(\tau s+1)}$

③ $\delta = \lim\limits_{h\to 0}\dfrac{u(t)-u(t-h)}{h}$

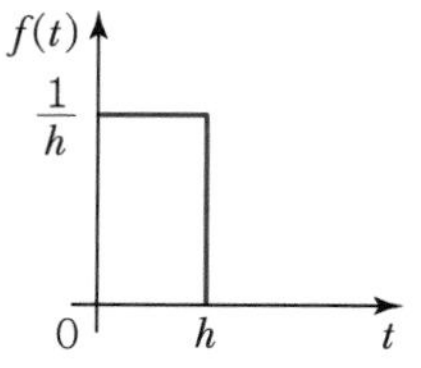

$\delta(t)$의 면적이 1 : $\displaystyle\int_{-\infty}^{\infty}\delta(t)dt = 1$

④ 중첩의 원리

$X(s) = a_1X_1(s) + a_2X_2(s)$

$Y(s) = G(s)X(s)$

$\quad = a_1G(s)X_1(s) + a_2G(s)X_2(s)$

$\quad = a_1Y_1(s) + a_2Y_2(s)$

$Y_1(s)$와 $Y_2(s)$는 각각 $X_1(s)$와 $X_2(s)$에 대한 응답이다.

42 다음 Block 선도로부터 전달함수 $Y(s)/X(s)$를 구하면?

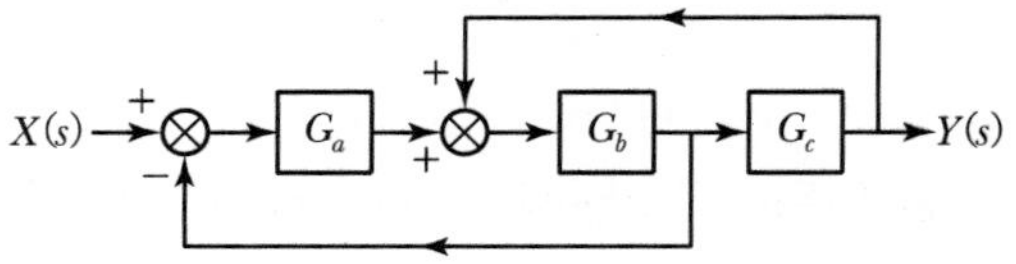

① $\dfrac{G_aG_bG_c}{1+G_aG_bG_c}$

② $\dfrac{G_aG_bG_c}{1+G_aG_b-G_bG_c}$

③ $\dfrac{G_bG_c}{1+G_aG_bG_c}$

④ $\dfrac{G_aG_bG_c}{1+G_aG_b+G_bG_c}$

해설

$$G(s) = \frac{\text{직선}}{1 \pm \text{회선}}$$

43 전달함수가 $G(s)= \dfrac{4}{s^2-4}$인 1차계의 단위 임펄스 응답은?

① $e^{2t}+e^{-2t}$

② $1-e^{-2t}$

③ $e^{2t}-e^{-2t}$

④ $1+e^{2t}$

해설

$$Y(s) = G(s)X(s) = \frac{4}{s^2-4}\cdot 1 = \frac{4}{(s+2)(s-2)} = \frac{1}{s-2} - \frac{1}{s+2}$$

$\therefore y(t)= e^{2t}-e^{-2t}$

정답 40 ① 41 ③ 42 ② 43 ③

44 다음 중 비선형계에 해당하는 것은?

① 0차 반응이 일어나는 혼합 반응기
② 1차 반응이 일어나는 혼합 반응기
③ 2차 반응이 일어나는 혼합 반응기
④ 화학반응이 일어나지 않는 혼합조

해설

- 0차 CSTR : $C_{A0} - C_A = k\tau$
- 1차 CSTR : $-\ln\dfrac{C_A}{C_{A0}} = k\tau$
- 2차 CSTR : $k\tau C_{A0} = \dfrac{X_A}{(1-X_A)^2}$

45 어떤 제어계의 특성방정식은 $1 + \dfrac{K_cK}{\tau s + 1} = 0$으로 주어진다. 이 제어시스템이 안정하기 위한 조건은?(단, τ는 양수이다.)

① $K_cK > -1$　② $K_cK < 0$
③ $\dfrac{K_cK}{\tau} > 1$　④ $K_c < 1$

해설

$\tau s + 1 + K_cK = 0$

$s = -\dfrac{(1+K_cK)}{\tau} < 0$

$1 + K_cK > 0$

$\therefore K_cK > -1$

46 1차계의 sin 응답에서 $\omega\tau$가 증가되었을 때 나타나는 영향을 옳게 설명한 것은?(단, ω는 각주파수, τ는 시간정수, AR은 진폭비, $|\phi|$는 위상각의 절댓값이다.)

① AR은 증가하나 $|\phi|$는 감소한다.
② AR, $|\phi|$ 모두 증가한다.
③ AR은 감소하나 $|\phi|$는 증가한다.
④ AR, $|\phi|$ 모두 감소한다.

해설

1차계 sin 응답

- $AR = \dfrac{K}{\sqrt{\tau^2\omega^2+1}}$
- $\phi = -\tan(\tau\omega)$

47 공정의 위상각(Phase Angle) 및 주파수에 대한 설명으로 틀린 것은?

① 물리적 공정은 항상 위상지연(음의 위상각)을 갖는다.
② 위상지연이 크다는 것은 폐루프의 안정성이 쉽게 보장될 수 있음을 의미한다.
③ FOPDT(First Order Plus Dead Time) 공정의 위상지연은 주파수 증가에 따라 지속적으로 증가한다.
④ 비례제어 시 Critical 주파수와 Ultimate 주파수는 일치한다.

해설

- FOPDT

  $G(s) = \dfrac{ke^{-\theta s}}{\tau s + 1}$

  $\phi = \tan^{-1}(-\tau\omega) - \theta\omega$
- ω_u(한계주파수, Ultimate Frequency)

  일정한 진동이 감쇄되거나 증폭되지 않고 반복 → 근이 허수축에 존재
- ω_c(임계주파수, Critical Frequency)

  Bode 선도에서 위상각 $\phi = -180°$일 때의 주파수

48 다음 블록선도에서 C/R의 전달함수는?

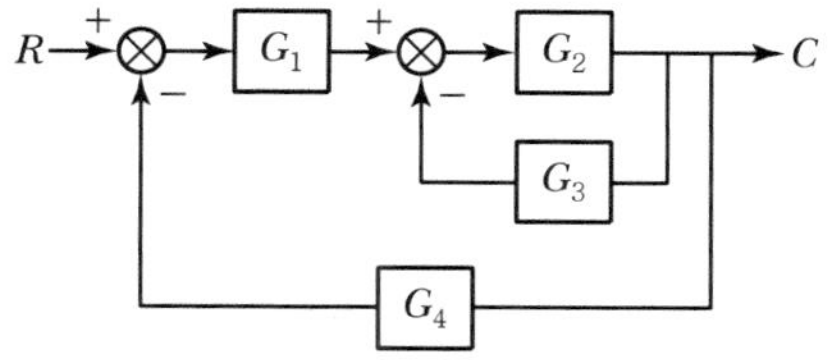

① $\dfrac{G_1G_2}{1 + G_1G_2 + G_3G_4}$

② $\dfrac{G_1G_2}{1 + G_2G_3 + G_1G_2G_4}$

정답 44 ③　45 ①　46 ③　47 ②　48 ②

③ $\dfrac{G_3G_4}{1+G_1G_2G_3G_4}$

④ $\dfrac{G_1G_2}{1+G_1+G_3+G_4}$

해설

↱ 직선

$$\frac{C}{R}=\frac{G_1G_2}{1+G_1G_2G_4+G_2G_3}$$

↳ 큰 회선 ↳ 작은 회선

49 2차계 공정은 $\dfrac{K}{\tau^2s^2+2\tau\zeta s+1}$ 의 형태로 표현된다. $0<\zeta<1$이면 계단입력변화에 대하여 진동응답이 발생하는데 이때 진동응답의 주기와 τ, ζ와의 관계에 대한 설명으로 옳은 것은?

① 진동주기는 ζ가 클수록, τ가 작을수록 커진다.

② 진동주기는 ζ가 작을수록, τ가 클수록 커진다.

③ 진동주기는 ζ와 τ가 작을수록 커진다.

④ 진동주기는 ζ와 τ가 클수록 커진다.

해설

진동주기 $T=\dfrac{2\pi\tau}{\sqrt{1-\zeta^2}}$

T는 τ가 클수록, ζ가 클수록 커진다.

50 총괄전달함수가 $\dfrac{1}{(s+1)(s+2)}$ 인 계의 주파수 응답에 있어 주파수가 2rad/s일 때 진폭비는?

① $\dfrac{1}{\sqrt{10}}$ ② $\dfrac{1}{2\sqrt{10}}$

③ $\dfrac{1}{5}$ ④ $\dfrac{1}{10}$

해설

$$\frac{1}{s^2+3s+2}=\frac{1/2}{\frac{1}{2}s^2+\frac{3}{2}s+1}$$

$\tau^2=\dfrac{1}{2}$ $\therefore\ \tau=\dfrac{1}{\sqrt{2}}$

$2\tau\zeta=\dfrac{3}{2}$, $2\cdot\dfrac{1}{\sqrt{2}}\cdot\zeta=\dfrac{3}{2}$ $\therefore\ \zeta=\dfrac{3}{2\sqrt{2}}$

$K=\dfrac{1}{2}$

진폭비 $AR=\dfrac{K}{\sqrt{(1-\tau^2\omega^2)^2+(2\tau\zeta\omega)^2}}$

$$\therefore\ AR=\frac{1/2}{\sqrt{\left(1-(\sqrt{2})^2\cdot 2^2\right)^2+\left(2\times\frac{1}{\sqrt{2}}\times\frac{3}{2\sqrt{2}}\times 2\right)^2}}=\frac{1}{2\sqrt{10}}$$

51 PID 제어기를 이용한 설정치 변화에 대한 제어의 설명 중 옳지 않은 것은?

① 일반적으로 비례이득을 증가시키고 적분시간의 역수를 증가시키면 응답이 빨라진다.

② P 제어기를 이용하면 모든 공정에 대해 항상 정상상태 잔류오차(Steady－State Offset)가 생긴다.

③ 시간지연이 없는 1차 공정에 대해서는 비례이득을 매우 크게 증가시켜도 안정성에 문제가 없다.

④ 일반적으로 잡음이 없는 느린 공정의 경우 D 모드를 적절히 이용하면 응답이 빨라지고 안정성이 개선된다.

해설

- 비례이득을 증가시키고 적분시간을 감소시키면 응답이 빨라진다.
- 적분공정일 경우 P제어기만 사용해도 Offset(잔류편차)을 제거할 수 있다.

52 $Y(s)=4/(s^3+2s^2+4s)$ 식을 역라플라스 변환하여 $y(t)$ 값을 옳게 구한 것은?

① $y(t)=e^{-t}\left[\cos\sqrt{3}\,t+\dfrac{1}{\sqrt{3}}\sin\sqrt{3}\,t\right]$

② $y(t)=1-e^{-t}\left[\cos\sqrt{3}\,t+\dfrac{1}{\sqrt{3}}\sin\sqrt{3}\,t\right]$

③ $y(t)=4-e^{-t}\left[\sin\sqrt{3}\,t+\dfrac{1}{\sqrt{3}}\cos\sqrt{3}\,t\right]$

정답 49 ④ 50 ② 51 ② 52 ②

④ $y(t) = 1 - e^{-t}\left[\sin\sqrt{3}\,t + \frac{1}{\sqrt{3}}\cos\sqrt{3}\,t\right]$

해설

$$Y(s) = \frac{4}{s^3+2s^2+4s} = \frac{4}{s(s^2+2s+4)}$$
$$= \frac{1}{s} - \frac{s+2}{s^2+2s+4}$$
$$= \frac{1}{s} - \frac{(s+1)+1}{(s+1)^2+3}$$
$$= \frac{1}{s} - \frac{(s+1)}{(s+1)^2+(\sqrt{3})^2} - \frac{1}{(s+1)^2+(\sqrt{3})^2}$$
$$\therefore\ y(t) = 1 - e^{-t}\cos\sqrt{3}\,t - \frac{e^{-t}}{\sqrt{3}}\sin\sqrt{3}\,t$$
$$= 1 - e^{-t}\left[\cos\sqrt{3}\,t + \frac{1}{\sqrt{3}}\sin\sqrt{3}\,t\right]$$

53 다음의 함수를 라플라스로 전환한 것으로 옳은 것은?

$$f(t) = e^{2t}\sin 2t$$

① $F(s) = \dfrac{\sqrt{2}}{(s+2)^2+2}$

② $F(s) = \dfrac{\sqrt{2}}{(s-2)^2+2}$

③ $F(s) = \dfrac{2}{(s-2)^2+4}$

④ $F(s) = \dfrac{2}{(s+2)^2+4}$

해설

$f(t) = e^{2t}\sin 2t,\ \mathcal{L}[\sin\omega t] = \dfrac{\omega}{s^2+\omega^2}$

$F(s) = \dfrac{2}{(s-2)^2+2^2}$

54 주파수 응답에서 위상 앞섬(Phase Lead)을 나타내는 제어기는?

① 비례 제어기

② 비례 – 미분 제어기

③ 비례 – 적분 제어기

④ 제어기는 모두 위상의 지연을 나타낸다.

해설

위상 앞섬을 나타내는 제어기는 비례 – 미분 제어기이다.

55 공정이득(Gain)이 2인 공정을 설정치(Set Point)가 1이고 비례이득(Proportional Gain)이 1/2인 비례(Proportional) 제어기로 제어한다. 이때 오프셋은 얼마인가?

① 0　　② 1/2

③ 3/4　　④ 1

해설

K_c(공정이득)$=2$　　Set Point$=1$

K_p(비례이득)$= \dfrac{1}{2}$

$$G(s) = \frac{Y(s)}{X(s)} = \frac{G_cG_p}{1+G_cG_p} = \frac{2\times\frac{1}{2}}{1+2\times\frac{1}{2}} = \frac{1}{2}$$

$$\text{Offset} = R(\infty) - C(\infty) = 1 - \frac{1}{2} = \frac{1}{2}$$

56 발열이 있는 반응기의 온도제어를 위해 그림과 같이 냉각수를 이용한 열교환으로 제열을 수행하고 있다. 다음 중 옳은 설명은?

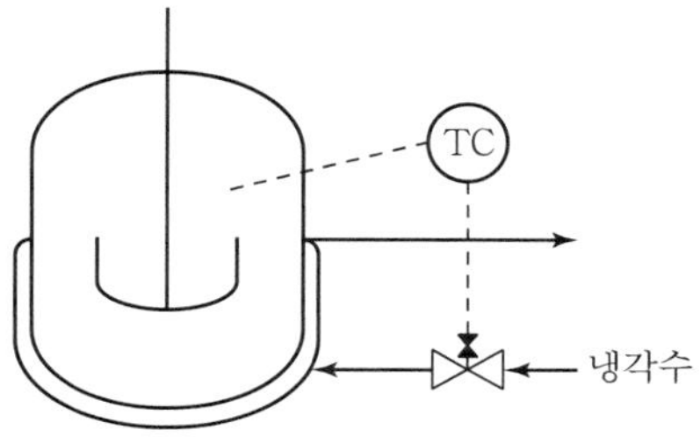

정답 53 ③ 54 ② 55 ② 56 ④

① 공압 구동부와 밸브형은 각각 ATO(Air－To－Open), 선형을 택하여야 한다.
② 공압 구동부와 밸브형은 각각 ATC(Air－To－Close), Equal Percentage(등비율)형을 택하여야 한다.
③ 공압 구동부와 밸브형은 각각 ATO(Air－To－Open), Equal Percentage(등비율)형을 택하여야 한다.
④ 공압 구동부는 ATC(Air－To－Close)를 택해야 하지만 밸브형은 이 정보만으로는 결정하기 어렵다.

해설

공압식 구동제어밸브
- ATC(Air－To－Close)＝FO(Fail Open) ＝NO(Normal Open)
- ATC는 공기압을 작동 시 밸브가 닫히는 것
- 공기압이 작용하지 않을 때는 열려 있어서 냉각수가 흐르도록 하여 발열반응기가 과열되지 않도록 한다.

57 가정의 주방용 전기오븐을 원하는 온도로 조절하고자 할 때 제어에 관한 설명으로 다음 중 가장 거리가 먼 것은?

① 피제어변수는 오븐의 온도이다.
② 조절변수는 전류이다.
③ 오븐의 내용물은 외부교란변수(외란)이다.
④ 설정점(Set Point)은 전압이다.

해설

Set Point는 오븐의 온도이다.

58 비례－적분 제어의 가장 중요한 장점은?

① 최대변위가 작다.
② 잔류편차(Offset)가 없다.
③ 진동주기가 작다.
④ 정상상태에 빨리 도달한다.

해설

PI 제어
Offset이 없다.

59 특성 방정식이 $s^3-3s+2=0$인 계에 대한 설명으로 옳은 것은?

① 안정하다.
② 불안정하고, 양의 중근을 갖는다.
③ 불안정하고, 서로 다른 2개의 양의 근을 갖는다.
④ 불안정하고, 3개의 양의 근을 갖는다.

해설

$s^3-3s+2=0$
$(s-1)(s+2)(s-1)=0$
$s=-2,\ 1,\ 1$
∴ 불안정하고, 양의 중근을 갖는다.

60 다음 중 순수한 전달지연(Transportation Lag)에 대한 전달함수는?

① $G(s)=e^{-\tau s}$　② $G(s)=\tau e^{-\tau s}$
③ $G(s)=\dfrac{1}{\tau s+1}$　④ $G(s)=\dfrac{e^{-\tau s}}{\tau s+1}$

해설

시간지연이 θ만큼 있을 때
$G(s)=e^{-\theta s}$

4과목 공업화학

61 다음 중 에폭시수지의 합성과 관련이 없는 물질은?

① 비스페놀－에이
② 에피클로로하이드린
③ 톨루엔 디이소시아네이트
④ 멜라민

해설

에폭시수지
비스페놀 A와 에피클로로히드린으로 만든 열경화성 수지

정답 57 ④ 58 ② 59 ② 60 ① 61 ③

62 석회질소 제조 시 촉매 역할을 해서 탄화칼슘의 질소화 반응을 촉진시키는 물질은?

① $CaCO_3$　　② CaO
③ CaF_2　　④ C

해설

탄산칼슘을 강하게 가열하여 염화칼슘, 플루오린화칼슘을 촉매로 질소를 흡수시켜 제조한다.

63 포름알데히드를 사용하는 축합형 수지가 아닌 것은?

① 페놀수지　　② 멜라민수지
③ 요소수지　　④ 알키드수지

해설

① 페놀수지 : 페놀+포름알데히드
② 멜라민수지 : 멜라민+포름알데히드
③ 요소수지 : 요소+포름알데히드
④ 알키드수지 : 지방산+무수프탈산+글리세린

64 [보기]의 설명에 가장 잘 부합되는 연료전지는?

> [보기]
> • 전극으로는 세라믹 산화물이 사용된다.
> • 작동온도는 약 1,000℃이다.
> • 수소나 수소/일산화탄소 혼합물을 사용할 수 있다.

① 인산형 연료전지(PAFC)
② 용융탄산염 연료전지(MCFC)
③ 고체산화물형 연료전지(SOFC)
④ 알칼리 연료전지(AFC)

해설

① 인산형 연료전지(PAFC)
  • 인산을 전해질로 사용
  • 전극은 백금 또는 니켈입자를 탄소-테프론의 다공성물질에 분산시킨 형태로 되어있다.
  • 연료전지 중 가장 먼저 상용화
② 용융탄산염 연료전지(MCFC)
  • 전해질로 Li_2CO_3, K_2CO_3, $LiAlO_2$ 등의 혼합물을 사용
  • 650℃ 정도의 고온 유지
③ 고체산화물형 연료전지(SOFC)
  • 지르코니아(ZrO_2)와 같은 산화물 세라믹 사용
  • 약 1,000℃에서 작동
④ 알칼리 연료전지(AFC)
  • 산화전극 : Pt-Pd 합금(백금-팔라듐)과, 테프론의 혼합물

65 H_2와 Cl_2를 직접 결합시키는 합성염화수소의 제법에서는 활성화된 분자가 연쇄를 이루기 때문에 반응이 폭발적으로 진행된다. 실제 조작에서는 폭발을 막기 위해서 어떤 조치를 하는가?

① 염소를 다소 과잉으로 넣는다.
② 수소를 다소 과잉으로 넣는다.
③ 수증기를 공급하여 준다.
④ 반응압력을 낮추어 준다.

해설

$H_2 : Cl_2 = 1.2 : 1$
수소를 과잉으로 넣는다.

66 다음 중 석유의 성분으로 가장 거리가 먼 것은?

① C_3H_8　　② C_2H_4
③ C_6H_6　　④ $C_2H_5OC_2H_5$

해설

석유의 성분
• Paraffin계 탄화수소
• Cycloparaffin계 탄화수소(Naphthene계)
• 방향족계 탄화수소
• Olefin계 탄화수소

67 어떤 유지 2g 속에 들어 있는 유리지방산을 중화시키는 데 KOH가 200mg 사용되었다. 이 시료의 산가(Acid Value)는?

① 0.1　　② 1
③ 10　　④ 100

정답 62 ③ 63 ④ 64 ③ 65 ② 66 ④ 67 ④

해설

산가
유지 1g 속에 들어 있는 유리지방산을 중화시키는 데 필요한 KOH를 mg으로 나타낸다. 2g에 200mg이므로 1g에는 100mg이다.

68 질산공업에서 암모니아 산화반응은 촉매 존재하에서 일어난다. 이 반응에서 주반응에 해당하는 것은?

① $2NH_3 \rightarrow N_2 + 3H_2$
② $2NO \rightarrow N_2 + O_2$
③ $4NH_3 + 3O_2 \rightarrow 2N_2 + 6H_2O$
④ $4NH_3 + 5O_2 \rightarrow 4NO + 6H_2O$

해설

암모니아 산화반응
$4NH_3 + 5O_2 \rightarrow 4NO + 6H_2O + 216.4kcal$

69 다음 중 비료의 3요소에 해당하는 것은?

① N, P_2O_5, CO_2
② K_2O, P_2O_5, CO_2
③ N, K_2O, P_2O_5
④ N, P_2O_5, C

해설

비료의 3요소
N(질소), P_2O_5(인), K_2O(칼륨)

70 H_2와 Cl_2를 원료로 하여 염산을 제조하는 공정에 대한 설명 중 틀린 것은?

① HCl 합성반응기는 폭발의 위험성이 있으므로 강도가 높고 부식에 강한 순철 재질로 제조한다.
② 합성된 HCl은 무색투명한 기체로서 염산용액의 농도는 기상 중의 HCl 농도에 영향을 받는다.
③ 일정 온도에서 기상 중의 HCl 분압과 액상 중의 HCl 증기압이 같을 때 염산농도는 최대치를 갖는다.
④ 고농도의 염산을 제조 시 HCl이 물에 대한 용해열로 인하여 온도가 상승하게 된다.

해설

HCl 합성관은 카베이트(Karbate)를 사용한다.

71 1,000ppm 처리제를 사용하여 반도체 폐수 1,000 m^3/day를 처리하고자 할 때 하루에 필요한 처리제는 몇 kg인가?

① 1
② 10
③ 100
④ 1,000

해설

$1,000ppm = 100mg/L \times 1,000L/m^3 = 10^6mg/m^3$

$$\frac{1,000m^3}{day} \times \frac{10^6mg}{m^3} \times \frac{1g}{1,000mg} \times \frac{1kg}{1,000g}$$

$= 1,000kg/day$

72 환원반응에 의해 알코올(Alcohol)을 생성하지 않는 것은?

① 카르복시산
② 나프탈렌
③ 알데히드
④ 케톤

해설

- 1차 알코올 $\underset{\text{환원}}{\overset{\text{산화}}{\rightleftarrows}}$ 알데히드 $\underset{\text{환원}}{\overset{\text{산화}}{\rightleftarrows}}$ 카르복시산
- 2차 알코올 $\underset{\text{환원}}{\overset{\text{산화}}{\rightleftarrows}}$ 케톤

73 다음 탄화수소 중 석유의 원유 성분에 가장 적은 양이 포함되어 있는 것은?

① 나프텐계 탄화수소
② 올레핀계 탄화수소
③ 방향족 탄화수소
④ 파라핀계 탄화수소

해설

원유의 주성분은 파라핀계 탄화수소, 나프텐계 탄화수소가 80~90%이고 방향족 탄화수소는 5~15%이다. 올레핀계 탄화수소는 거의 함유되어 있지 않다.

정답 68 ④ 69 ③ 70 ① 71 ④ 72 ② 73 ②

74 다음의 O_2 : NH_3의 비율 중 질산 제조 공정에서 암모니아 산화율이 최대로 나타나는 것은?(단, Pt 촉매를 사용하고 NH_3 농도가 9%인 경우이다.)

① 9 : 1　　② 2.3 : 1
③ 1 : 9　　④ 1 : 2.3

해설

최대산화율 $\frac{O_2}{NH_3}=2.2\sim2.3$

75 다음 중 접촉개질 반응으로부터 얻어지는 화합물은?

① 벤젠　　② 프로필렌
③ 가지화 C_5 유분　　④ 이소뷰틸렌

해설

접촉개질법
- 옥탄가가 높은 가솔린 제조
- 방향족 탄화수소의 생성
- 이성질화, 고리화

76 비닐단량체(VCM)의 중합반응으로 생성되는 중합체 PVC가 분자량 425,000으로 형성되었다. Carothers에 의한 중합도(Degree of Polymerization)는 얼마인가?

$$nCH_2=\underset{\displaystyle Cl}{\underset{|}{CH}} \rightarrow -(CH_2-\underset{\displaystyle Cl}{\underset{|}{CH}})n-$$

① 2,500　　② 3,580
③ 5,780　　④ 6,800

해설

$\frac{425,000}{62.5}=6,800$

77 벤젠을 산 촉매를 이용하여 프로필렌에 의해 알킬화함으로써 얻어지는 것은?

① 프로필렌옥사이드　　② 아크릴산
③ 아크롤레인　　④ 쿠멘

해설

쿠멘 제조법

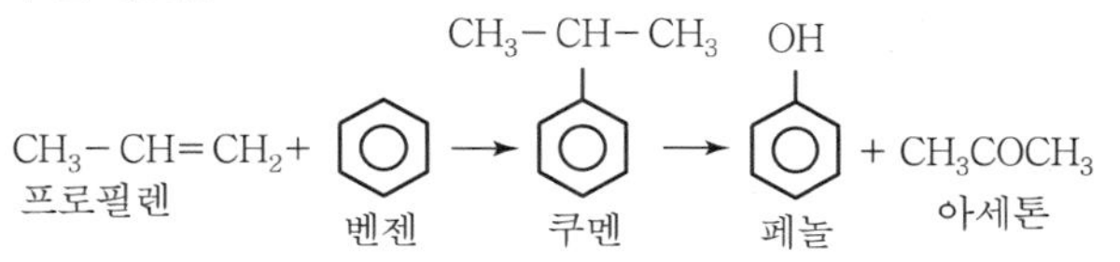

78 솔베이법의 기본공정에서 사용되는 물질로 가장 거리가 먼 것은?

① $CaCO_3$　　② NH_3
③ HNO_3　　④ NaCl

해설

Solvay법(암모니아소다법)
NaCl 수용액에 NH_3를 포화시켜 암모니아 함수를 만들고 탄산화탑에서 CO_2를 도입하여 $NaHCO_3$(중조)를 침전, 여과한 후, 가소하여 Na_2CO_3를 얻는다.

79 소금의 전기분해 공정에 있어 전해액은 양극에 도입되어 격막을 통해 음극으로 흐른다. 격막법 전해조의 양극 재료로서 구비하여야 할 조건 중 옳지 않은 것은?

① 내식성이 우수하여야 한다.
② 염소과전압이 높고 산소과전압이 낮아야 한다.
③ 재료의 순도가 높은 것이 좋다.
④ 인조흑연을 사용하지만 금속전극도 사용할 수 있다.

해설

NaOH 제조방법 중 격막법
- (+)극 : $2Cl^- \rightarrow Cl_2+2e^-$ (산화반응)
  양극재료는 염소과전압이 낮은 인조흑연을 사용
- (−)극 : $2H_2O+2e^- \rightarrow H_2+2OH^-$ (환원반응)
  음극재료는 수소과전압이 낮은 철망, 다공성 철판을 사용

정답 74 ② 75 ① 76 ④ 77 ④ 78 ③ 79 ②

80 다음 중 석유의 성분으로 질소화합물에 해당하는 것은?

① 나프텐산 ② 피리딘
③ 나프토티오펜 ④ 벤조티오펜

해설

석유 성분 중 질소화합물

피리딘 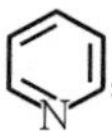, 퀴놀린, 인돌, 피롤, 카르바졸

5과목 반응공학

81 다음과 같은 경쟁반응에서 원하는 반응을 가장 좋게 하는 접촉방식은?(단, $n > P$, $m < Q$)

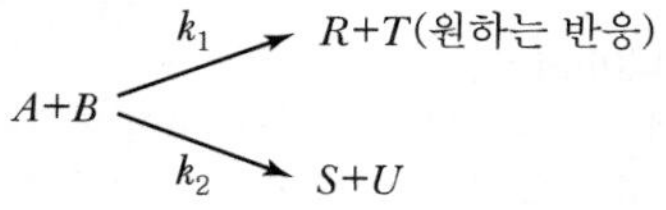

$$dR/dt = k_1 C_A{}^n C_B{}^m$$
$$dS/dt = k_2 C_A{}^P C_B{}^Q$$

① 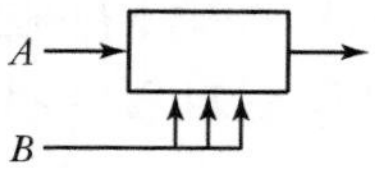

② 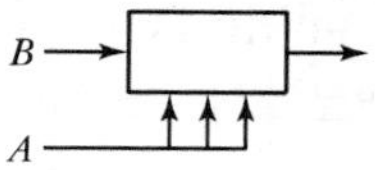

③ 

④ 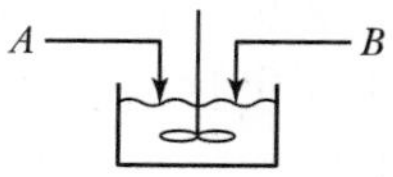

해설

선택도 $s = \frac{dR}{dS} = \frac{k_1}{k_2} C_A{}^{n-P} C_B{}^{m-Q}$

$n > P$, $m < Q$이므로 C_A의 농도는 높게 C_B의 농도는 낮게 해야 한다.

그러므로 많은 양의 A에 B를 천천히 넣는다.

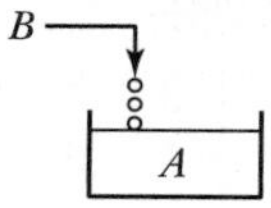

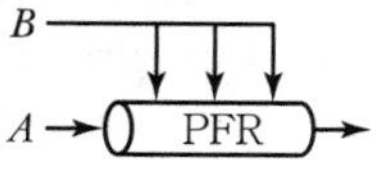

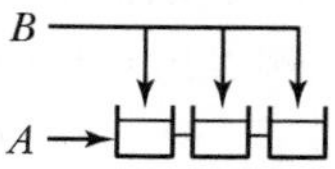

82 순환식 플러그흐름반응기에 대한 설명으로 옳은 것은?

① 순환비는 $\frac{\text{계를 떠난 양}}{\text{환류량}}$으로 표현된다.
② 순환비 $= \infty$인 경우, 반응기 설계식은 혼합흐름식 반응기와 같게 된다.
③ 반응기 출구에서의 전화율과 반응기 입구에서의 전화율의 비는 용적 변화율 제곱에 비례한다.
④ 반응기 입구에서의 농도는 용적 변화율에 무관하다.

해설

- 순환비 $R = \frac{\text{반응기 입구로 되돌아가는 유체의 부피}}{\text{계를 떠나는 부피}}$
- $R = 0$: 플러그흐름반응기(PFR)
  $R = \infty$: 혼합흐름반응기(CSTR)
- $X_{A1} = \left(\frac{R}{R+1}\right) X_{Af}$
- $C_{A1} = C_{A0}\left(\frac{1+R-RX_{Af}}{1+R+R\varepsilon_A X_{Af}}\right)$

83 다음 반응식과 같이 A와 B가 반응하여 필요한 생성물 R과 불필요한 물질 S가 생길 때, R로의 전화율을 높이기 위해서 반응물질의 농도(C)를 어떻게 조정해야 하는가?(단, 반응 1은 A 및 B에 대하여 1차 반응이고, 반응 2도 1차 반응이다.)

$$A + B \xrightarrow{1} R \qquad A \xrightarrow{2} S$$

① C_A의 값을 C_B의 2배로 한다.
② C_B의 값을 크게 한다.
③ C_A의 값을 크게 한다.
④ C_A와 C_B의 값을 같게 한다.

해설

- $A + B \rightarrow R$: $r_R = k_1 C_A C_B$
- $A \rightarrow S$: $r_S = k_2 C_A$

정답 80 ② 81 ① 82 ② 83 ②

$$\frac{dC_R}{dC_S}=\frac{k_1 C_B}{k_2}$$

∴ R의 전화율을 높이기 위해서는 C_B를 크게 한다.

84 $A \rightarrow R$인 1차 액상반응의 속도식이 $-r_A = kC_A$로 표시된다. 이 반응을 Plug Flow Reactor에서 진행시킬 경우 체류시간(τ)과 전화율(X_A) 사이의 관계식은?

① $k\tau = -\ln(1-X_A)$

② $k\tau = -C_{A0}\ln(1-X_A)$

③ $k\tau = X/(1-X_A)$

④ $k\tau = C_{A0}X_A/(1-X_A)$

해설

1차 액상반응

$$-\ln\frac{C_A}{C_{A0}} = -\ln(1-X_A) = k\tau$$

85 $A \xrightarrow{k_1} R \xrightarrow{k_2} S$ 반응에서 R의 농도가 최대가 되는 점은?(단, $k_1 = k_2$이다.)

① $C_A > C_R$　　② $C_R = C_S$

③ $C_A = C_S$　　④ $C_A = C_R$

해설

$$\frac{C_{R\max}}{C_{Ao}} = \left(\frac{k_1}{k_2}\right)^{\frac{k_2}{k_2-k_1}}$$

$$C_A = C_{Ao}e^{-k_1 t}$$

$$C_R = C_{Ao}k_1\left(\frac{e^{-k_1 t}}{k_2-k_1}+\frac{e^{-k_2 t}}{k_1-k_2}\right) \quad \cdots\cdots ㉠$$

$$C_S = C_{Ao} - C_A - C_R$$

$$t_{\max} = \frac{\ln k_2/k_1}{k_2-k_1}$$

$k_1 = k_2 = k$에서 ㉠을 라플라스 변환하면

$$C_R(s) = kC_{Ao}\frac{1}{(s+k)^2}$$

$$C_R(t) = kC_{Ao}te^{-kt} \quad \cdots\cdots ㉡$$

$$\frac{dC_R(t)}{dt} = kC_{Ao}(e^{-kt} - kte^{-kt}) = 0$$

$\therefore kt = 1$

$$t_{\max} = \frac{1}{k}$$

㉡식에서

$$C_R = kC_{Ao}te^{-kt} = kC_{Ao}\frac{1}{k}e^{-k\cdot\frac{1}{k}} = \frac{C_{Ao}}{e}$$

$$C_A = C_{Ao}e^{-k_1 t} = C_{Ao}e^{-kt} = \frac{C_{Ao}}{e}$$

$\therefore C_A = C_R$

86 기상반응 $A \rightarrow 4R$이 흐름반응기에서 일어날 때 반응기 입구에서는 A가 50%, Inert Gas가 50% 포함되어 있다. 전환율이 100%일 때 반응기 입구에서 체적속도가 1이면 반응기 출구에서의 체적속도는 얼마인가?(단, 반응기의 압력은 일정하다.)

① 0.5　　② 1

③ 1.5　　④ 2.5

해설

$$\varepsilon = y_{Ao}\int = 0.5\frac{4-1}{1} = 1.5$$

$$v_f = v_o(1+\varepsilon_A \times A)$$

$$= 1\times(1+1.5\times1) = 2.5$$

87 다음과 같은 연속 반응에서 각 반응이 기초 반응이라고 할 때 R의 수율을 가장 높게 할 수 있는 반응계는?(단, 각 경우 전체 반응기의 부피는 같다.)

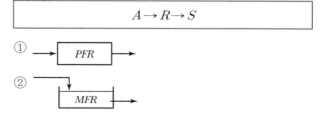

$A \rightarrow R \rightarrow S$

①
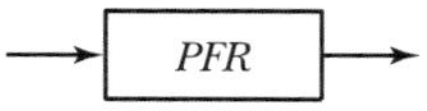

②
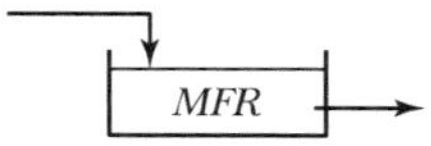

정답 84 ① 85 ④ 86 ④ 87 ①

③ 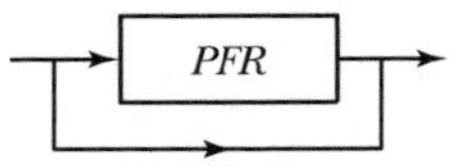

R(순환비)$=1$

④ 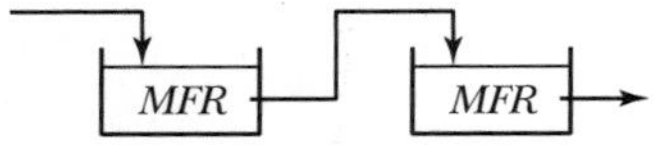

$\overline{V_1} = \overline{V_2}$

해설

R의 수율을 높이기 위해서는 PFR을 사용한다.

88 $A \to C$의 촉매반응이 다음과 같은 단계로 이루어진다. 탈착반응이 율속단계일 때 Langmuir Hinshelwood 모델의 반응속도식으로 옳은 것은?(단, A는 반응물, S는 활성점, AS와 CS는 흡착 중간체이며, k는 속도상수, K는 평형상수, S_0는 초기 활성점, [ ]는 농도를 나타낸다.)

> 단계1 : $A+S \xrightarrow{k_1} AS$
>
> $[AS]=K_1[S][A]$
>
> 단계2 : $AS \xrightarrow{k_2} CS$
>
> $[CS]=K_2[AS]=K_2K_1[S][A]$
>
> 단계3 : $CS \xrightarrow{k_3} C+S$

① $r_3 = \dfrac{[S_0]k_1K_1K_2[A]}{1+(K_1+K_2K_1)[A]}$

② $r_3 = \dfrac{[S_0]k_3K_1K_2[A]}{1+(K_1+K_2K_1)[A]}$

③ $r_3 = \dfrac{[S_0]k_1k_2K_1K_2[A]}{1+(K_1+K_2K_1)[A]}$

④ $r_3 = \dfrac{[S_0]k_1k_3K_1K_2[A]}{1+(K_1+K_2K_1)[A]}$

해설

탈착반응이 율속단계일 때

$r_1 = k_1[A][S]-k_{-1}[A \cdot S]=0$

$[A \cdot S]=K_1[A][S]$

$r_2 = k_2[A \cdot S]-k_{-2}[C \cdot S]=0$

$[C \cdot S]=K_2[A \cdot S]=K_1K_2[A][S]$

$r_3 = k_3[C \cdot S]=k_3K_1K_2[A][S]$

$[S_o]=[S]+[A \cdot S]+[C \cdot S]$

$=[S]+K_1[A][S]+K_1K_2[A][S]$

$=[S]\{1+K_1[A]+K_1K_2[A]\}$

$[S]=\dfrac{[S_o]}{1+K_1[A]+K_1K_2[A]}$

$\therefore\ r_3 = \dfrac{k_3K_1K_2[A][S_o]}{1+K_1[A]+K_1K_2[A]}$

89 기초 반응 $A \to S,\ A \to R$에서 R의 순간수율 $\phi(R/A)$를 C_A에 대해 그린 결과가 그림에 곡선으로 표시되어 있다. 원하는 물질 R의 총괄수율이 직사각형으로 표시되는 경우, 어떤 반응기를 사용하였는가?

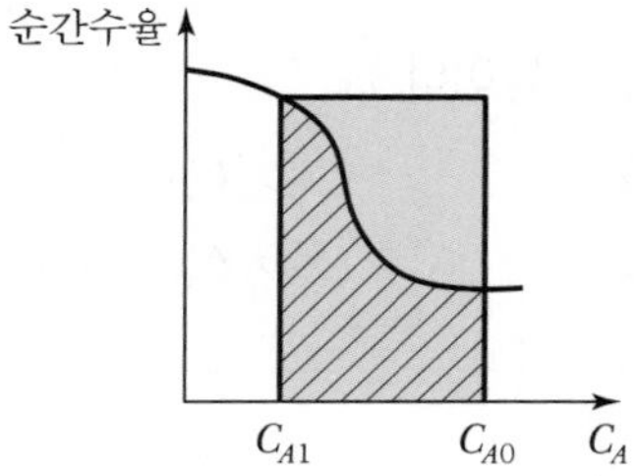

① Plug Flow Reactor

② Mixed－Flow Reactor와 Plug Flow Reactor

③ Mixed Flow Reactor

④ Laminar Flow Reactor

해설

- PFR : 적분 면적
- CSTR(MFR) : 직사각형 면적

정답 88 ② 89 ③

90 비가역 1차 액상반응 $A \rightarrow P$를 직렬로 연결된 2개의 CSTR에서 진행시킬 때 전체 반응기 부피를 최소화하기 위한 조건에 해당하는 것은?(단, 첫 번째와 두 번째 반응기의 부피는 각각 V_{C1}, V_{C2}이다.)

① $V_{C1} = 2V_{C2}$

② $2V_{C1} = V_{C2}$

③ $3V_{C1} = V_{C2}$

④ $V_{C1} = V_{C2}$

해설

1차 반응에서는 동일한 크기의 반응기가 최적이고, $n > 1$인 반응에서는 작은 반응기가 먼저 위치하여야 하며, $n < 1$인 반응에서는 큰 반응기가 먼저 와야 한다.

91 비가역 0차 반응에서 전화율이 1로 반응이 완결되는 데 필요한 반응시간에 대한 설명으로 옳은 것은?

① 초기 농도의 역수와 같다.

② 속도상수 k의 역수와 같다.

③ 초기 농도를 속도상수로 나눈 값과 같다.

④ 초기 농도에 속도상수를 곱한 값과 같다.

해설

$$C_{A0}X_A = kt \qquad \therefore\ t = \frac{C_{A0}}{k}$$

92 체중 70kg, 체적 0.075m^3인 사람이 포도당을 산화시키는 데 하루에 12.8mol의 산소를 소모한다고 할 때 이 사람의 반응속도를 mol $O_2/\text{m}^3 \cdot \text{s}$로 표시하면 약 얼마인가?

① 2×10^{-4}　　② 5×10^{-4}

③ 1×10^{-3}　　④ 2×10^{-3}

해설

$$12.8\text{mol} \times \frac{1}{0.075\text{m}^3} \times \frac{1}{1\text{d}} \times \frac{1\text{d}}{24\text{h}} \times \frac{1\text{h}}{3{,}600\text{s}}$$

$$= 0.002 = 2 \times 10^{-3}\text{mol } O_2/\text{m}^3 \cdot \text{s}$$

93 Arrhenius 법칙에서 속도상수 k와 반응온도 T의 관계를 옳게 설명한 것은?

① k와 T는 직선관계가 있다.

② $\ln k$와 $1/T$은 직선관계가 있다.

③ $\ln k$와 $\ln(1/T)$은 직선관계가 있다.

④ $\ln k$와 T는 직선관계가 있다.

해설

Arrhenius 법칙

$$\ln k = \frac{-E_a}{RT}$$

94 다음의 반응에서 반응속도상수 간의 관계는 $k_1 = k_{-1} = k_2 = k_{-2}$이며 초기 농도는 $C_{A0} = 1$, $C_{R0} = C_{S0} = 0$일 때 시간이 충분히 지난 뒤, 농도 사이의 관계를 옳게 나타낸 것은?

$$A \underset{k_{-1}}{\overset{k_1}{\rightleftharpoons}} R \underset{k_{-2}}{\overset{k_2}{\rightleftharpoons}} S$$

① $C_A \neq C_R = C_S$

② $C_A = C_R \neq C_S$

③ $C_A = C_R = C_S$

④ $C_A \neq C_R \neq C_S$

해설

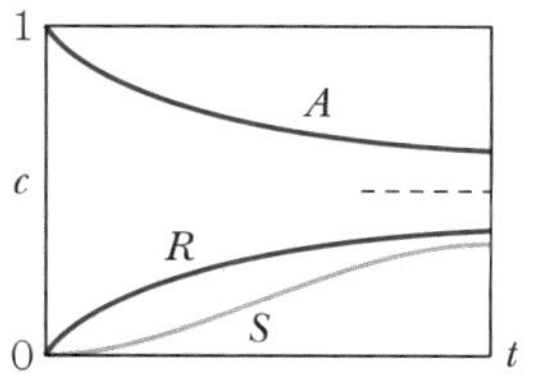

A, R, S는 모두 가역반응이고 속도상수가 같으므로 A는 초기에 감소, R은 증가, S는 마지막으로 증가한다.

$\therefore$ A, R, S는 평형농도에 도달한다.

정답 90 ④　91 ③　92 ④　93 ②　94 ③

95 $A \rightarrow R$인 액상반응이 부피가 0.1L인 플러그흐름 반응기에서 $-r_A = 50C_A{}^2$mol/L · min으로 일어난다. A의 초기농도 C_{A0}는 0.1mol/L이고 공급속도가 0.05L/min일 때 전화율은 얼마인가?

① 0.509 ② 0.609
③ 0.809 ④ 0.909

해설

$$C_{A0}k\tau = \frac{X_A}{1-X_A}$$

$$\tau = \frac{V}{v_0} = \frac{0.1\text{L}}{0.05\text{L/min}} = 2\text{min}$$

$$(0.1\text{mol/L}) \times (50\text{L/mol} \cdot \text{min}) \times 2\text{min} = \frac{X_A}{1-X_A}$$

$$\therefore X_A = 0.909$$

96 어떤 물질의 분해반응은 비가역 1차 반응으로 90%까지 분해하는 데 8,123초가 소요되었다면 40% 분해하는 데 걸리는 시간은 약 몇 초인가?

① 1,802 ② 2,012
③ 3,267 ④ 4,128

해설

$-\ln(1-X_A) = kt$

$-\ln(1-0.9) = k \times 8{,}123 \quad \therefore k = 0.000283$

$-\ln(1-0.4) = 0.000283t \quad \therefore t = 1{,}805\text{s}$

97 $A \rightarrow B$인 1차 반응에서 플러그흐름 반응기의 공간시간(Space Time) τ를 옳게 나타낸 것은?(단, 밀도는 일정하고, X_A는 A의 전화율, k는 반응속도상수이다.)

① $\tau = \dfrac{X_A}{1-X_A}$

② $\tau = \dfrac{C_{A0}-C_A}{kC_A}$

③ $\tau = \dfrac{-\ln(1-X_A)}{k}$

④ $\tau = C_A + \ln(1-X_A)$

해설

$-\ln(1-X_A) = k\tau$

$$\tau = \frac{-\ln(1-X_A)}{k}$$

98 자기촉매 반응에서 목표 전화율이 반응속도가 최대가 되는 반응 전화율보다 낮을 때 사용하기에 유리한 반응기는?(단, 반응 생성물의 순환이 없는 경우이다.)

① 혼합 반응기
② 플러그 반응기
③ 직렬연결한 혼합 반응기와 플러그 반응기
④ 병렬연결한 혼합 반응기와 플러그 반응기

해설

낮은 전화율에서는 CSTR이 효과적이고 높은 전화율에서는 PFR이 효과적이다.

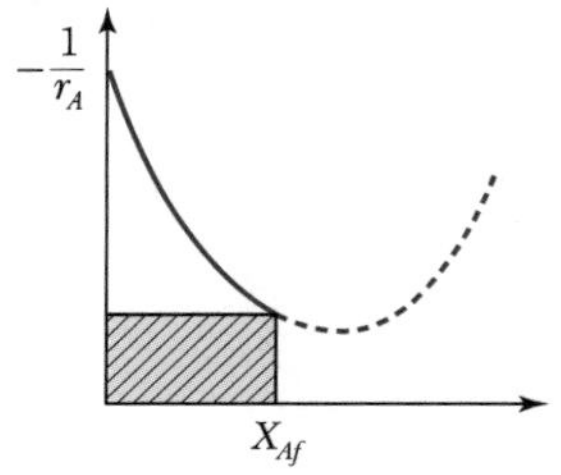

99 이상형 반응기의 대표적인 예가 아닌 것은?

① 회분식 반응기
② 플러그흐름반응기
③ 혼합흐름반응기
④ 촉매반응기

해설

이상반응기
- 회분식 반응기
- 플러그흐름반응기
- 혼합흐름반응기

정답 95 ④ 96 ① 97 ③ 98 ① 99 ④

100 다음의 균일계 액상평행반응에서 S의 순간 수율을 최대로 하는 C_A의 농도는?

(단, $r_R = C_A$, $r_S = 2C_A{}^2$, $r_T = C_A{}^3$이다.)

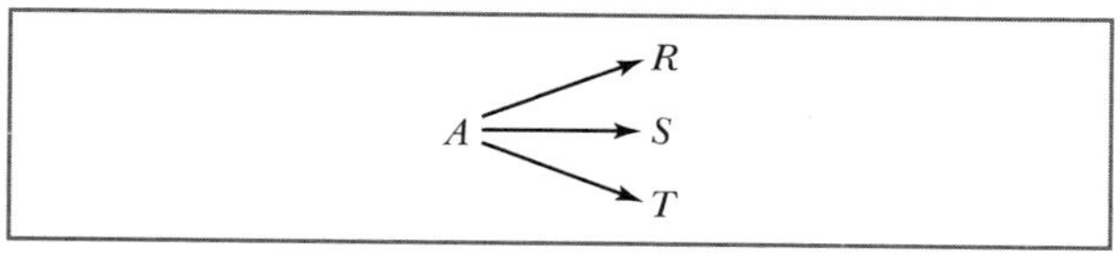

① 0.25 ② 0.5

③ 0.75 ④ 1

해설

$$\phi = \frac{dC_S}{dC_A + dC_S + dC_T}$$

$$= \frac{2C_A{}^2}{C_A + 2C_A{}^2 + C_A{}^3} = \frac{2C_A}{1 + 2C_A + C_A{}^2}$$

$$= \frac{2C_A}{(1+C_A)^2}$$

$$\frac{d\phi}{dC_A} = \frac{d}{dC_A}\left\{\frac{2C_A}{(1+C_A)^2}\right\} = 0$$

$$\frac{2(1+C_A)^2 - \Delta C_A(1+C_A)}{(1+C_A)^4} = \frac{2(1-C_A{}^2)}{(1+C_A)^4} = 0$$

$\therefore$ $C_A = 1$일 때 $\phi = 0.5$

정답 100 ④

2018년 제2회 기출문제

1과목 화공열역학

01 1kg의 질소가스가 2.3atm, 367K에서 압력이 2배로 증가하는데, $PV^{1.3}=\text{const.}$의 폴리트로픽 공정(Polytropic Process)에 따라 변화한다고 한다. 질소가스의 최종 온도는 약 얼마인가?

① 360K ② 400K
③ 430K ④ 730K

해설

$$\left(\frac{T_2}{T_1}\right)=\left(\frac{P_2}{P_1}\right)^{\frac{\gamma-1}{\gamma}}$$

$$\frac{T_2}{367}=\left(\frac{4.6}{2.3}\right)^{\frac{1.3-1}{1.3}}$$

$\therefore\ T_2=430.6\text{K}$

02 그림의 2단 압축조작에서 각 단에서의 기체는 처음 온도로 냉각된다고 한다. 각 압력 사이에 어떤 관계가 성립할 때 압축에 소요되는 전 소요일량(Total Work)이 최소가 되겠는가?

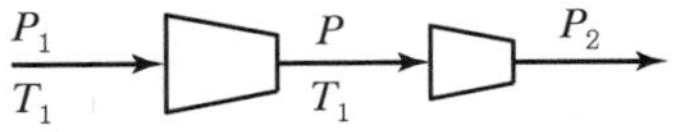

① $P^2 > P_2P_1$ ② $(P_2)^2 = PP_1$
③ $(P_1)^2 = PP_2$ ④ $P^2 = P_2P_1$

해설

n단 압축

$$W=\frac{n\gamma_1 P_1 V_1}{\gamma-1}\left(1-r^{\frac{\gamma-1}{\gamma}}\right)$$

각 단의 압축비가 같다고 하면 → 최소일

$$r=\frac{P_2}{P_1}=\frac{P_3}{P_2}$$

$\therefore\ P_2=\sqrt{P_1P_3}$

03 공기표준 디젤 사이클의 구성요소로서 그 과정이 옳은 것은?

① 단열압축 → 정압가열 → 단열팽창 → 정적방열
② 단열압축 → 정적가열 → 단열팽창 → 정적방열
③ 단열압축 → 정적가열 → 단열팽창 → 정압방열
④ 단열압축 → 정압가열 → 단열팽창 → 정압방열

해설

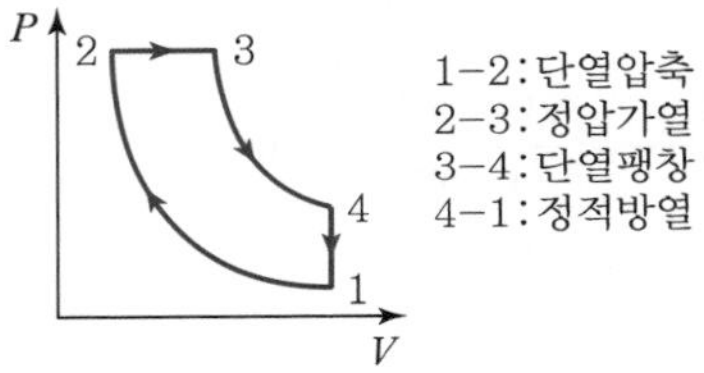

04 비리얼 방정식(Virial Equation)이 $Z=1+BP$로 표시되는 어떤 기체를 가역적으로 등온압축시킬 때 필요한 일의 양은?(단, $Z=\dfrac{PV}{RT}$, B : 비리얼 계수)

① 이상기체의 경우와 같다.
② 이상기체의 경우보다 많다.
③ 이상기체의 경우보다 적다.
④ B 값에 따라 다르다.

정답 01 ③ 02 ④ 03 ① 04 ①

해설

$$\frac{PV}{RT}=1+BP$$

P에 대해 정리하면

$$P=\frac{RT}{V-BRT},\ V-BRT=\frac{RT}{P}$$

$$W=\int_1^2 PdV=\int_1^2 \frac{RT}{V-BRT}dV$$

$$=RT\ln\frac{V_2-BRT}{V_1-BRT}$$

$$=RT\ln\left(\frac{RT/P_2}{RT/P_1}\right)=RT\ln\left(\frac{P_1}{P_2}\right)$$

∴ 이상기체의 일과 같다.

05 열역학에 관한 설명으로 옳은 것은?

① 일정한 압력과 온도에서 일어나는 모든 비가역과정은 깁스(Gibbs)에너지를 증가시키는 방향으로 진행한다.
② 공비물의 공비조성에서는 끓는 액체에서와 같은 조성을 갖는 기체가 만들어지며 액체의 조성은 증발하면서도 변화하지 않는다.
③ 압력이 일정한 단일상의 PVT 계에서 $\Delta H=\int_{T_1}^{T_2} C_V dT$이다.
④ 화학반응이 일어나면 생성물의 에너지는 구성 원자들의 물리적 배열의 차이에만 의존하여 변한다.

해설

① 깁스에너지를 감소시키는 방향으로 흐른다.
③ $\Delta H=\int_{T_1}^{T_2} C_P dT$

06 다음 그림은 A, B−2성분계 용액에 대한 1기압하에서의 온도−농도 간의 평형관계를 나타낸 것이다. A의 몰분율이 0.4인 용액을 1기압하에서 가열할 경우, 이 용액의 끓는 온도는 몇 ℃인가?(단, x_A는 액상 몰분율이고 y_A는 기상 몰분율이다.)

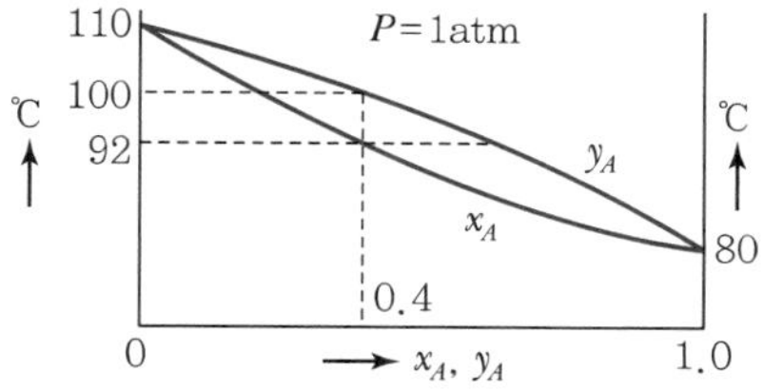

① 80℃
② 80℃부터 92℃까지
③ 92℃부터 100℃까지
④ 110℃

해설

몰분율이 0.4일 때 92℃에서 끓기 시작하여 100℃가 되면 완전 기화한다.

07 여름철에 집 안에 있는 부엌을 시원하게 하기 위하여 부엌의 문을 닫아 부엌을 열적으로 집 안의 다른 부분과 격리하고 부엌에 있는 전기냉장고의 문을 열어 놓았다. 이 부엌의 온도는?

① 온도가 내려간다.
② 온도의 변화는 없다.
③ 온도가 내려갔다, 올라갔다를 반복한다.
④ 온도는 올라간다.

해설

냉장고가 부엌에 열을 버리므로 부엌의 온도는 올라간다.

08 평형상수의 온도에 따른 변화를 알기 위하여 필요한 물성은 무엇인가?

① 반응에 관여한 물질의 증기압
② 반응에 관여한 물질의 확산계수
③ 반응에 관여한 물질의 임계상수
④ 반응에 수반되는 엔탈피 변화량

정답 05 ② 06 ③ 07 ④ 08 ④

해설

$$\frac{d\ln K}{dT}=\frac{\Delta H^\circ}{RT^2}$$

$\Delta H^\circ < 0$: 발열반응. 온도가 증가하면 평형상수는 감소한다.
$\Delta H^\circ > 0$: 흡열반응. 온도가 증가하면 평형상수도 증가한다.

09 다음 중 이심인자(Acentric Factor) 값이 가장 큰 것은?

① 제논(Xe)　② 아르곤(Ar)
③ 산소(O_2)　④ 크립톤(Kr)

해설

- 동일한 이심인자 값을 갖는 모든 유체들은 같은 T_r, P_r에서 비교했을 때 거의 동일한 Z값을 가지며 이상기체거동에서 벗어나는 정도도 거의 같다.
- ω(이심인자)의 정의에 따라 아르곤(Ar), 크립톤(Kr), 제논(Xe)의 ω는 0이 된다.

10 열역학 제2법칙에 대한 설명 중 틀린 것은?

① 고립계로 생각되는 우주의 엔트로피는 증가한다.
② 어떤 순환공정도 계가 흡수한 열을 완전히 계에 의해 행하여지는 일로 변환시키지 못한다.
③ 열이 고온부로부터 저온부로 이동하는 현상은 자발적이다.
④ 열기관의 최대효율은 100%이다.

해설

열역학 제2법칙
- 외부로부터 흡수한 열을 완전히 일로 전환할 수 있는 공정은 없다. 즉, 열에 의한 전환효율이 100%가 되는 열기관은 존재하지 않는다.
- 자발적 변화는 비가역변화이며, 엔트로피는 증가하는 방향으로 진행된다.
- 열은 저온에서 고온으로 흐르지 못한다.

11 다음 중에서 공기표준 오토(Air−Standard Otto) 엔진의 압력−부피 도표에서 사이클을 옳게 나타낸 것은?

①
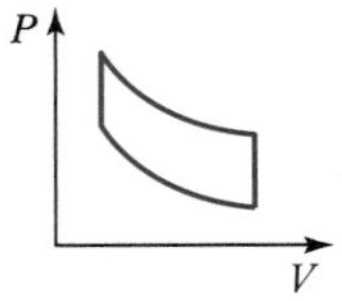

②
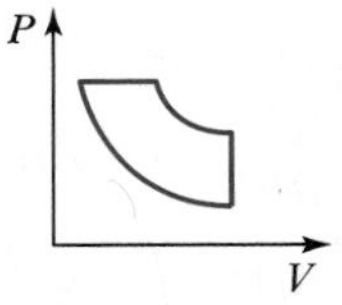

③
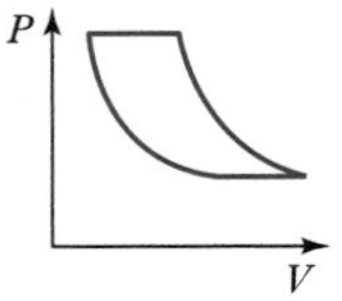

④
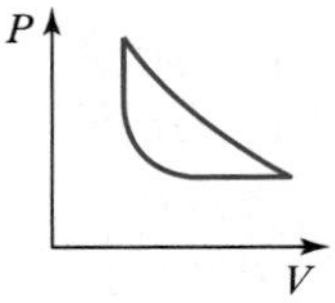

해설

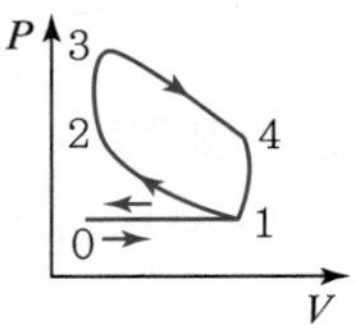

오토기관 사이클

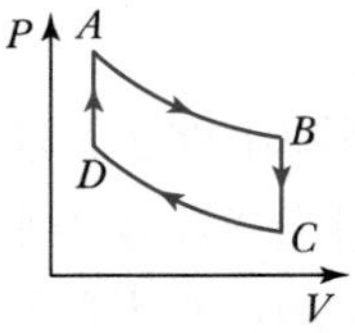

공기표준 오토 사이클

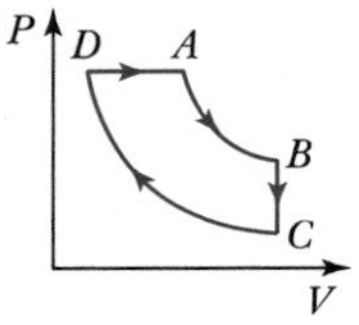

공기표준 디젤 사이클

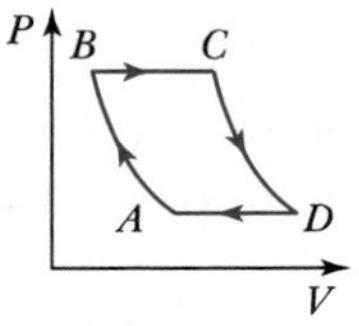

기체−터빈 기관의 이상적인 사이클

12 등온과정에서 300K일 때 기체의 압력이 10atm에서 2atm으로 변했다면 소요된 일의 크기는?(단, 기체는 이상기체라 가정하고, 기체상수 R은 1.987cal/mol · K이다.)

① 596.1cal　② 959.4cal
③ 2,494.2cal　④ 4,014.3cal

해설

$$W=RT\ln\frac{V_2}{V_1}=RT\ln\frac{P_1}{P_2}$$

$$\therefore\ W=1.987\text{cal/mol}\cdot\text{K}\times300\text{K}\times\ln\frac{10}{2}$$
$$=959.4\text{cal/mol}$$

정답 09 ③ 10 ④ 11 ① 12 ②

13 진공에서 $CaCO_3(s)$가 $CaO(s)$와 $CO_2(g)$로 완전분해하여 만들어진 계에 대해 자유도(Degree of Freedom) 수는?

① 0　② 1
③ 2　④ 3

해설

$CaCO_3(s) \rightarrow CaO(s) + CO_2(g)$

- 완전분해(생성물 조건만 고려)
  $F = 2 - p + c - r - s = 2 - 2 + 2 - 0 - 0 = 2$
- 부분분해
  $F = 2 - p + c - r - s = 2 - 3 + 3 - 1 - 0 = 1$

14 압축인자(Compressibility Factor)인 Z를 표현하는 비리얼 전개(Virial Expansion)는 다음과 같다. 이에 대한 설명으로 옳지 않은 것은?(단, B, C, D 등은 비리얼 계수이다.)

$$Z = \frac{PV}{RT} = 1 + \frac{B}{V} + \frac{C}{V^2} + \frac{D}{V^3} + \cdots$$

① 비리얼 계수들은 실제기체의 분자 상호 간의 작용 때문에 나타나는 것이다.
② 비리얼 계수들은 주어진 기체에서 온도 및 압력에 관계없이 일정한 값을 나타낸다.
③ 이상기체의 경우 압축인자의 값은 항상 1이다.
④ $\frac{B}{V}$항은 $\frac{C}{V^2}$항에 비해 언제나 값이 크다.

해설

- B, C, D는 비리얼 계수로 온도만의 함수이다.
- $\frac{B}{V}$는 분자쌍 사이의 상호 작용 때문에 나타나는 것이고, $\frac{C}{V^2}$는 세 분자 간의 상호 작용에 기인한다.
- $\frac{B}{V} > \frac{C}{V^2}$
- 차수가 높은 항일수록 Z에 대한 기여도가 작다.

15 화학평형상수에 미치는 온도의 영향을 옳게 나타낸 것은?(단, $\Delta H°$는 표준반응 엔탈피로서 온도에 무관하며, K_0는 온도 T_0에서의 평형상수, K는 온도 T에서의 평형상수이다.)

① 발열반응이면 온도증가에 따라 화학평형상수는 증가
② $\Delta H° = -RT\frac{d\ln K}{dT}$
③ $\ln\frac{K}{K_0} = -\frac{\Delta H°}{R}\left(\frac{1}{T} - \frac{1}{T_0}\right)$
④ $\frac{\Delta G°}{RT} = \ln K$

해설

$\frac{d\ln K}{dT} = \frac{\Delta H°}{RT^2}$

$\ln\frac{K}{K_0} = -\frac{\Delta H°}{R}\left(\frac{1}{T} - \frac{1}{T_0}\right)$

16 1atm, 32℃의 공기를 0.8atm까지 가역단열 팽창시키면 온도는 약 몇 ℃가 되겠는가?(단, 비열비가 1.4인 이상기체라고 가정한다.)

① 3.2℃　② 13.2℃
③ 23.2℃　④ 33.2℃

해설

$\left(\frac{T_2}{T_1}\right) = \left(\frac{P_2}{P_1}\right)^{\frac{\gamma-1}{\gamma}}$

$\frac{T_2}{305} = \left(\frac{0.8}{1}\right)^{\frac{1.4-1}{1.4}}$

$\therefore T_2 = 286.2K(13.2℃)$

17 열역학 제1법칙에 대한 설명 중 틀린 것은?

① 에너지는 여러 가지 형태를 가질 수 있지만 에너지의 총량은 일정하다.
② 계의 에너지 변화량과 외계의 에너지 변화량의 합은 영(Zero)이다.

정답 13 ③ 14 ② 15 ③ 16 ② 17 ④

③ 한 형태의 에너지가 없어지면 동시에 다른 형태의 에너지로 나타난다.
④ 닫힌계에서 내부에너지 변화량은 영(Zero)이다.

해설

열역학 제1법칙(에너지 보존의 법칙)
에너지는 여러 형태로 존재하지만, 에너지의 총량은 일정하다. 즉 열과 일은 생성, 소멸되는 것이 아니라 서로 전환하는 것이다.(에너지가 다른 형태의 에너지로 전환)

18 다음 중 기－액 상평형 자료의 건전성을 검증하기 위하여 사용하는 것으로 가장 옳은 것은?

① 깁스－두헴(Gibbs－Duhem) 식
② 클라우지우스－클레이페이론(Clausius－Clapeyron) 식
③ 맥스웰 관계(Maxwell Relation) 식
④ 헤스의 법칙(Hess's Law)

해설

② Clausius－Clapeyron 식

$$\ln\frac{P_2}{P_1}=\frac{\Delta H}{R}\left(\frac{1}{T_1}-\frac{1}{T_2}\right)$$

③ Maxwell Relation

$$\left(\frac{\partial T}{\partial V}\right)_S=-\left(\frac{\partial P}{\partial S}\right)_V$$

$$\left(\frac{\partial T}{\partial P}\right)_S=\left(\frac{\partial V}{\partial S}\right)_P$$

$$\left(\frac{\partial S}{\partial V}\right)_T=\left(\frac{\partial P}{\partial T}\right)_V$$

$$-\left(\frac{\partial S}{\partial P}\right)_T=\left(\frac{\partial V}{\partial T}\right)_P$$

④ Hess's Law
화학반응에서 반응열은 그 반응의 시작과 끝 상태만으로 결정되며, 도중의 경로에는 무관하다는 법칙이다.

19 오토(Otto) 사이클의 효율(η)을 표시하는 식으로 옳은 것은?(단, k＝비열비, r_v＝압축비, r_f＝팽창비이다.)

① $\eta=1-\left(\frac{1}{r_v}\right)^{k-1}$

② $\eta=1-\left(\frac{1}{r_v}\right)^{k}$

③ $\eta=1-\left(\frac{1}{r_v}\right)^{(k-1)/k}$

④ $\eta=1-\left(\frac{1}{r_v}\right)^{k-1}\cdot\frac{r_f^{k-1}}{k(r_f-1)}$

해설

Otto 기관

$$\eta=1-r\left(\frac{1}{r}\right)^{k}=1-\left(\frac{1}{r}\right)^{k-1}$$

기체터빈기관

$$\eta=1-\left(\frac{P_A}{P_B}\right)^{\frac{\gamma-1}{\gamma}}$$

20 0℃, 1atm인 상태에 있는 100L의 헬륨을 밀폐된 용기에서 100℃로 가열하였을 때 ΔH를 구하면 약 몇 cal인가?(단, 헬륨은 $C_V=\frac{3}{2}R$인 이상기체로 가정하고, 기체상수 $R=1.987\text{cal/mol}\cdot\text{K}$이다.)

① 1,477　② 1,772
③ 2,018　④ 2,216

해설

$$n=\frac{PV}{RT}=\frac{1\text{atm}\cdot 100\text{L}}{0.082\cdot 273}=4.47\text{mol}$$

$$C_P=C_V+R=\frac{3}{2}R+R=\frac{5}{2}R$$

$$\Delta H=nC_P\Delta T$$

$$=4.47\left(\frac{5}{2}\times 1.987\right)(100)$$

$$=2{,}220\text{cal}$$

정답 18 ① 19 ① 20 ④

2과목 단위조작 및 화학공업양론

21 산소 75vol%와 메탄 25vol%로 구성된 혼합가스의 평균분자량은?

① 14　　② 18
③ 28　　④ 30

해설

$\overline{M}_{av} = 32 \times 0.75 + 16 \times 0.25 = 28$

22 25℃에서 다음 반응의 정압에서와 정용에서의 반응열의 차이를 구하면 약 몇 cal인가?

$$C(s) + \frac{1}{2}O_2(g) \rightarrow CO(g)$$

① 29.6　　② 59.2
③ 296　　④ 592

해설

$\Delta H = \Delta U + \Delta PV$

$\Delta H - \Delta U = \Delta nRT$

$= \left(1 - \frac{1}{2}\right)\text{mol} \times 1.987\text{cal/mol} \cdot \text{K} \times 298\text{K}$

$= 296\text{cal}$

23 500mL의 플라스크에 4g의 N_2O_4를 넣고 50℃에서 해리시켜 평형에 도달하였을 때 전압이 3.63atm이었다. 이때 해리도는 약 몇 %인가?(단, 반응식은 $N_2O_4 \rightarrow 2NO_2$이다.)

① 27.5　　② 37.5
③ 47.5　　④ 57.5

해설

$P = \frac{nRT}{V} = \frac{(4/92)(0.082)(323)}{0.5} = 2.3\text{atm}$

$N_2O_4 \rightarrow 2NO_2$

　2.3atm　　0

+) $-x$　　$+2x$

전체압 : $2.3 - x + 2x = 3.63$　$\therefore x = 1.33$

$\therefore$ 해리도 $= \frac{1.33}{2.3} \times 100 = 57.8\%$

24 임계상태에 대한 설명으로 옳지 않은 것은?

① 임계상태는 압력과 온도의 영향을 받아 기상거동과 액상거동이 동일한 상태이다.
② 임계온도 이하의 온도 및 임계압력 이상의 압력에서 기체는 응축하지 않는다.
③ 임계점에서의 온도를 임계온도, 그때의 압력을 임계압력이라고 한다.
④ 임계상태를 규정짓는 임계압력은 기상거동과 액상거동이 동일해지는 최저압력이다.

해설

임계온도 이하, 임계압력 이상에서 기체는 응축한다.

25 어떤 공업용수 내에 칼슘(Ca) 함량이 100ppm일 때 이를 무게 백분율(wt%)로 환산하면 얼마인가?(단, 공업용수의 비중은 1.0이다.)

① 0.01%　　② 0.1%
③ 1%　　④ 10%

해설

$100\text{ppm} = 100\text{mg/kg} = 100 \times 10^{-6}$

$= 100 \times 10^{-6} \times 100(\%) = 0.01\%$

26 보일러에 Na_2SO_3를 가하여 공급수 중의 산소를 제거한다. 보일러 공급수 200톤에 산소함량이 2ppm일 때 이 산소를 제거하는 데 필요한 Na_2SO_3의 이론량은?

① 1.58kg　　② 3.15kg
③ 4.74kg　　④ 6.32kg

해설

$2Na_2SO_3 + O_2 \rightarrow 2Na_2SO_4$

2×126 : 32

x : $200 \times 10^3\text{kg} \times 2 \times 10^{-6}$

$\therefore x = 3.15\text{kg}$

정답 21 ③ 22 ③ 23 ④ 24 ② 25 ① 26 ②

27 점도 0.05Poise를 kg/m · s로 환산하면?

① 0.005 ② 0.025
③ 0.05 ④ 0.25

해설

$$0.05\text{P} = \frac{0.05\text{g}}{\text{cm} \cdot \text{s}} \bigg| \frac{1\text{kg}}{1{,}000\text{g}} \bigg| \frac{100\text{cm}}{1\text{m}}$$
$$= 0.005\text{kg/m} \cdot \text{s}$$

28 30℃, 742mmHg에서 수증기로 포화된 H_2 가스가 2,300cm³의 용기 속에 들어 있다. 30℃, 742mmHg에서 순 H_2 가스의 용적은 약 몇 cm³인가?(단, 30℃에서 포화수증기압은 32mmHg이다.)

① 2,200 ② 2,090
③ 1,880 ④ 1,170

해설

$$\frac{742-32}{742} = 0.957$$
$$2{,}300 \times 0.957 = 2{,}200\text{cm}^3$$

29 도관 내 흐름을 해석할 때 사용되는 베르누이식에 대한 설명으로 틀린 것은?

① 마찰손실이 압력손실 또는 속도수두 손실로 나타나는 흐름을 해석할 수 있는 식이다.
② 수평흐름이면 압력손실이 속도수두 증가로 나타나는 흐름을 해석할 수 있는 식이다.
③ 압력수두, 속도수두, 위치수두의 상관관계 변화를 예측할 수 있는 식이다.
④ 비점성, 비압축성, 정상상태, 유선을 따라 적용할 수 있다.

해설

베르누이 정리

$$\frac{\Delta u^2}{2g_c} + \frac{g}{g_a}\Delta z + \frac{\Delta p}{\rho} = \text{일정}$$

30 300kg의 공기와 24kg의 탄소가 반응기 내에서 연소하고 있다. 연소하기 전 반응기 내에 있는 산소는 약 몇 kmol인가?

① 2 ② 2.18
③ 10.34 ④ 15.71

해설

$$300\text{kg Air} \times \frac{23.3\text{kg } O_2}{100\text{kg Air}} \times \frac{1\text{kmol } O_2}{32\text{kg } O_2} = 2.18\text{kmol}$$

31 반경이 R인 원형파이프를 통하여 비압축성 유체가 층류로 흐를 때의 속도분포는 다음 식과 같다. v는 파이프 중심으로부터 벽 쪽으로의 수직거리 r에서의 속도이며, V_{max}는 중심에서의 최대속도이다. 파이프 내에서 유체의 평균속도는 최대속도의 몇 배인가?

$$v = V_{max}(1 - r/R)$$

① 1/2 ② 1/3
③ 1/4 ④ 1/5

해설

평균유속 $v_{av} = \bar{v} = \bar{u}$

$\dot{m} = \rho \bar{u} A = \rho Q$

여기서, $\dot{m}$: 질량유량
Q : 부피유량

$$\bar{u} = \frac{\dot{m}}{\rho A} = \frac{1}{A}\int_A u\,dA$$

관의 단면적 $A = \pi r^2$, $dA = 2\pi r dr$

$$\therefore \bar{u} = \frac{1}{A}\int u\,dA = \frac{1}{\pi R^2}\int_0^R u \cdot 2\pi r dr$$
$$= \frac{1}{\pi R^2}\int_0^R V_{max}\left(1 - \frac{r}{R}\right) \cdot 2\pi r dr$$
$$= \frac{2\pi}{\pi R^2} V_{max} \int_0^R \left(r - \frac{r^2}{R}\right) dr$$
$$= \frac{2}{R^2} V_{max} \left[\frac{1}{2}r^2 - \frac{1}{3R}r^3\right]_o^R$$
$$= \frac{2}{R^2} V_{max} \left(\frac{1}{2}R^2 - \frac{1}{3}R^2\right) = \frac{1}{3} V_{max}$$

정답 27 ① 28 ① 29 ① 30 ② 31 ②

32 전압이 1atm에서 n－헥산과 n－옥탄의 혼합물이 기－액 평형에 도달하였다. n－헥산과 n－옥탄의 순성분 증기압이 1,025mmHg와 173mmHg이다. 라울의 법칙이 적용될 경우 n－헥산의 기상 평형 조성은 약 얼마인가?

① 0.93 ② 0.69
③ 0.57 ④ 0.49

해설

$760 = 1{,}025x_A + 173(1 - x_A)$

$\therefore x_A = 0.689$

$y_A = \frac{p_A}{P} = \frac{P_A x_A}{P}$

$= \frac{1{,}025 \times 0.689}{760} = 0.93$

33 상계점(Plait Point)에 대한 설명 중 틀린 것은?

① 추출상과 추잔상의 조성이 같아지는 점
② 분배곡선과 용해도곡선과의 교점
③ 임계점(Critical Point)으로 불리기도 하는 점
④ 대응선(Tie Line)의 길이가 0이 되는 점

해설

상계점(임계점)
- 추출상과 추잔상에서 추질의 조성이 같은 점
- 대응선(Tie Line)의 길이가 0이 되는 점

34 FPS 단위로부터 레이놀즈 수를 계산한 결과 1,000이었다. MKS 단위로 환산하여 레이놀즈 수를 계산하면 그 값은 얼마로 예상할 수 있는가?

① 10 ② 136
③ 1,000 ④ 13,600

해설

FPS, MKS, CGS 모두 같은 레이놀즈 수를 갖는다.

35 건조조작에서 임계함수율(Critical Moisture Content)을 옳게 설명한 것은?

① 건조 속도가 0일 때의 함수율이다.
② 감률 건조기간이 끝날 때의 함수율이다.
③ 항률 건조기간에서 감률 건조기간으로 바뀔 때의 함수율이다.
④ 건조조작이 끝날 때의 함수율이다.

해설

임계함수율
항률 건조기간에서 감률 건조기간으로 바뀔 때 함수율이다.

36 확산에 의한 물질전달현상을 나타낸 Fick의 법칙처럼 전달속도, 구동력 및 저항 사이의 관계식으로 일반화되는 점에서 유사성을 갖는 법칙은 다음 중 어느 것인가?

① Stefan－Boltzman 법칙
② Henry 법칙
③ Fourier 법칙
④ Raoult 법칙

해설

이동현상	법칙	식
운동량전달	Newton의 법칙	$\tau = \frac{F}{A} = -\mu\frac{du}{dy}$
열전달	Fourier의 법칙	$q = \frac{Q}{A} = -k\frac{dt}{d\ell}$
물질전달	Fick의 법칙	$J_A = \frac{N_A}{A} = -D_{AB}\frac{dC_A}{dx}$

37 공극률(Porosity)이 0.3인 충전탑 내를 유체가 유효 속도(Superficial Velocity) 0.9m/s로 흐르고 있을 때 충전탑 내의 평균 속도는 몇 m/s인가?

① 0.2 ② 0.3
③ 2.0 ④ 3.0

해설

$\text{평균 속도} = \frac{\text{유효 속도}}{\text{공극률}} = \frac{0.9}{0.3} = 3\text{m/s}$

정답 32 ① 33 ② 34 ③ 35 ③ 36 ③ 37 ④

38 다음 중에서 Nusselt 수(N_{Nu})를 나타내는 것은? (단, h는 경막열전달계수, D는 관의 직경, k는 열전도도이다.)

① $k \cdot D \cdot h$　② $k \cdot D$

③ $\dfrac{D}{k \cdot h}$　④ $\dfrac{D \cdot h}{k}$

해설

$$N_{Nu} = \frac{hD}{k}$$

39 혼합에 영향을 주는 물리적 조건에 대한 설명으로 옳지 않은 것은?

① 섬유상의 형상을 가진 것은 혼합하기가 어렵다.

② 건조분말과 습한 것의 혼합은 한쪽을 분할하여 혼합한다.

③ 밀도차가 클 때는 밀도가 큰 것이 아래로 내려가므로 상하가 고르게 교환되도록 회전방법을 취한다.

④ 액체와 고체의 혼합 · 반죽에서는 습윤성이 적은 것이 혼합하기 쉽다.

해설

혼합에 영향을 주는 물리적 조건

- 밀도 : 밀도차가 작은 것이 좋으나 밀도차가 클 때는 밀도가 큰 것이 아래로 내려가므로 상하가 고르게 교환되도록 회전방법을 취한다.
- 입도 : 입도는 작은 것이 혼합하기 좋다.
- 형상 : 섬유상의 것은 혼합하기 어렵다.
- 수분, 습윤성 : 분체에서는 일반적으로 습윤이 작은 것이 혼합하기 쉽다. 액체와 고체의 혼합, 반죽에서는 습윤성이 큰 것이 좋다.
- 혼합비 : 대량의 것과 소량의 것, 건조분말과 습한 것의 혼합은 한쪽을 분할하여 가한다.

40 원심펌프의 장점에 대한 설명으로 가장 거리가 먼 것은?

① 대량 유체 수송이 가능하다.

② 구조가 간단하다.

③ 처음 작동 시 Priming 조작을 하면 더 좋은 양정을 얻는다.

④ 용량에 비해 값이 싸다.

해설

㉠ 원심펌프의 장점
- 왕복펌프에 비해 구조가 간단하고, 용량이 같아도 소형이며 가볍고 값이 싸다.
- 진흙과 펌프의 수송도 가능하며, 고장이 적다.

㉡ 원심펌프의 단점
- 공기바인딩 현상
- 공동화 현상

3과목 공정제어

41 PI 제어기는 Bode Diagram 상에서 어떤 특징을 갖는가?(단, τ_I는 PI 제어기의 적분시간을 나타낸다.)

① $\omega\tau_I$ 가 1일 때 위상각이 $-45°$

② 위상각이 언제나 0

③ 위상 앞섬(Phase Lead)

④ 진폭비가 언제나 1보다 작음

해설

PI제어기

$$G(s) = K_c\left(1 + \frac{1}{\tau_I s}\right)$$

$$G(i\omega) = K_c\left(1 + \frac{1}{\tau_I i\omega}\right) = K_c - \frac{K_c i}{\tau_I \omega}$$

$$|AR| = |G(i\omega)| = \sqrt{R^2 + I^2}$$

$$= \sqrt{K_c^2 + \left(-\frac{K_c}{\tau_I\omega}\right)^2}$$

$$= K_c\sqrt{1 + \frac{1}{(\tau_I\omega)^2}}$$

$$\phi = \angle G(i\omega) = \tan^{-1}\left(\frac{I}{R}\right)$$

$$= \tan^{-1}\left(\frac{-K_c/\tau_I\omega}{K_c}\right) = \tan^{-1}\left(-\frac{1}{\tau_I\omega}\right)$$

정답 38 ④ 39 ④ 40 ③ 41 ①

$\tau\omega_I = 1 \rightarrow \phi = \tan^{-1}(-1) = -45°$

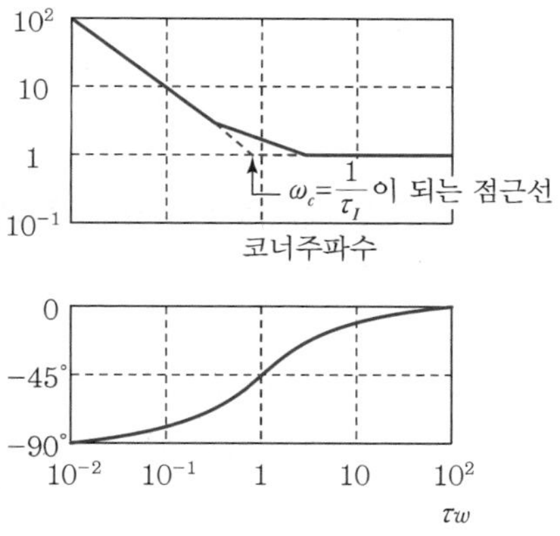

$\tau\omega_I = 1$

$\phi = \tan^{-1}(-1) = -45°$

42 비례 제어기를 이용하는 어떤 폐루프 시스템의 특성방정식이 $1 + \frac{K_c}{(s+1)(2s+1)} = 0$과 같이 주어진다. 다음 중 진동응답이 예상되는 경우는?

① $K_c = -1.25$

② $K_c = 0$

③ $K_c = 0.25$

④ K_c에 관계없이 진동이 발생한다.

해설

$2s^2 + 3s + 1 + K_c = 0$

$s = \frac{-3 \pm \sqrt{9 - 8(1 + K_c)}}{4}$

$9 - 8(1 + K_c) < 0$이면 진동응답

$\therefore K_c > \frac{1}{8}(0.125)$

그러므로 보기에서 0.125보다 큰 수는 ③ 0.25이다.

43 다음 중 0이 아닌 잔류편차(Offset)를 발생시키는 제어방식이며 최종값 도달시간을 가장 단축시킬 수 있는 것은?

① P형 ② PI형

③ PD형 ④ PID형

해설

PD 제어기

- 잔류편차(Offset)를 제거하지 못하나 최종값, 도달시간을 단축할 수 있다.
- 오버슛을 줄이고 안정성을 향상시킨다.

44 어떤 1차계의 함수가 $6\frac{dY}{dt} = 2X - 3Y$일 때 이 계의 전달함수의 시정수(Times Constant)는?

① $\frac{2}{3}$ ② 3

③ $\frac{1}{2}$ ④ 2

해설

$6sY(s) = 2X(s) - 3Y(s)$

$(6s+3)Y(s) = 2X(s)$

$\frac{Y(s)}{X(s)} = \frac{2/3}{2s+1}$

$\therefore \tau = 2$

45 앞먹임 제어(Feedforward Control)의 특징으로 옳은 것은?

① 공정모델값과 측정값과의 차이를 제어에 이용

② 외부교란 변수를 사전에 측정하여 제어에 이용

③ 설정점(Set Point)을 모델값과 비교하여 제어에 이용

④ 제어기 출력값은 이득(Gain)에 비례

해설

Feedforward 제어

- 외부교란을 사전에 측정하여 제어에 이용함으로써 외부교란 변수가 공정에 미치는 영향을 미리 보정하여 주도록 하는 제어를 말한다.
- 피드포워드 제어기는 측정된 외부교란 변숫값들을 이용하여 제어되는 변수가 설정치로부터 벗어나기 전에 조절변수를 미리 조정한다.

정답 42 ③ 43 ③ 44 ④ 45 ②

46 센서는 선형이 되도록 설계되는 것에 반하여, 제어밸브는 Quick Opening 혹은 Equal Percentage 등으로 비선형 형태로 제작되기도 한다. 다음 중 그 이유로 가장 타당한 것은?

① 높은 압력에 견디도록 하는 구조가 되기 때문
② 공정흐름과 결합하여 선형성이 좋아지기 때문
③ Stainless Steal 등 부식에 강한 재료로 만들기가 쉽기 때문
④ 충격파를 방지하기 위하여

해설

선형밸브는 액위제어계 또는 밸브를 통한 압력강하가 거의 일정한 공정에 많이 이용되며, Quick Opening(빨리 열림) 밸브는 밸브가 열림과 동시에 많은 유량이 요구되는 On－Off 제어계에서 주로 사용된다. 등비밸브가 가장 널리 사용되는 밸브이다.

47 $Y(s)=\dfrac{1}{s(s+1)^2}$ 일 때에 $y(t)$, $t \ge 0$ 값은?

① $1+e^{-t}-e^{t}$
② $1-e^{-t}+e^{t}$
③ $1-e^{-t}-te^{-t}$
④ $1-e^{-t}+te^{-t}$

해설

$$Y(s)=\frac{A}{s}+\frac{B}{s+1}+\frac{C}{(s+1)^2}$$
$$=\frac{1}{s}-\frac{1}{s+1}-\frac{1}{(s+1)^2}$$
$$\therefore\ y(t)=1-e^{-t}-te^{-t}$$

48 50℃에서 150℃ 범위의 온도를 측정하여 4mA에서 20mA의 신호로 변환해 주는 변환기(Transducer)에서의 영점(Zero)과 변화폭(Span)은 각각 얼마인가?

① 영점＝0℃, 변화폭＝100℃
② 영점＝100℃, 변화폭＝150℃
③ 영점＝50℃, 변화폭＝150℃
④ 영점＝50℃, 변화폭＝100℃

해설

- 스팬(Span)＝100℃(150℃－50℃)
- 출력범위＝(20－4)mA
- 영점 : 전환기의 압력의 최저한계 50℃

49 탑상에서 고순도 제품을 생산하는 증류탑의 탑상 흐름의 조성을 온도로부터 추론(Inferential) 제어하고자 한다. 이때 맨 윗단보다 몇 단 아래의 온도를 측정하는 경우가 있는데 다음 중 그 이유로 가장 타당한 것은?

① 응축기의 영향으로 맨 윗단에서는 다른 단에 비하여 응축이 많이 일어나기 때문에
② 제품의 조성에 변화가 일어나도 맨 윗단의 온도 변화는 다른 단에 비하여 매우 작기 때문에
③ 맨 윗단은 다른 단에 비하여 공정 유체가 넘치거나(Flooding) 방울져 떨어지기(Weeping) 때문에
④ 운전 조건의 변화 등에 의하여 맨 윗단은 다른 단에 비하여 온도 변동(Fluctuation)이 심하기 때문에

해설

제품 조성에 변화가 일어나도 맨 윗단 온도 변화는 다른 단에 비해 매우 작다.

50 단위 귀환(Unit Negative Feedback)계의 개루프 전달함수가 $G(s)=\dfrac{-(s-1)}{s^2-3s+3}$ 이다. 이 제어계의 폐회로 전달함수의 특성방정식의 근은 얼마인가?

① －2, ＋2
② －2(중근)
③ ＋2(중근)
④ ±3(중근)

해설

$$1+G_{OL}=0$$
$$1-\frac{(s-1)}{s^2-3s+3}=0$$
$$s^2-3s+3-s+1=0$$
$$s^2-4s+4=0$$
$$(s-2)^2=0$$
$$\therefore\ s=2(\text{중근})$$

정답 46 ② 47 ③ 48 ④ 49 ② 50 ③

51 0~500℃ 범위의 온도를 4~20mA로 전환하도록 스팬 조정이 되어 있던 온도센서에 맞추어 조율되었던 PID 제어기에 대하여, 0~250℃ 범위의 온도를 4~20mA로 전환하도록 온도센서의 스팬을 재조정한 경우, 제어 성능을 유지하기 위하여 PID 제어기의 조율은 어떻게 바뀌어야 하는가?(단, PID 제어기의 피제어 변수는 4~20mA 전류이다.)

① 비례이득값을 2배 늘린다.
② 비례이득값을 1/2로 줄인다.
③ 적분상수값을 1/2로 줄인다.
④ 제어기 조율을 바꿀 필요 없다.

해설

$$K(\text{비례이득}) = \frac{\text{전환기의 출력범위}}{\text{전환기의 입력범위}}$$

$$K_1 = \frac{20-4}{500-0} = \frac{16}{500}\text{mA/℃}$$

$$K_2 = \frac{20-4}{250-0} = \frac{16}{250}\text{mA/℃}$$

$K_2 = 2K_1$이므로 K_2를 $\frac{1}{2}$로 줄여야 한다.

$(\therefore\ K_1 = K_2)$

52 다음 중 공정제어의 목적과 가장 거리가 먼 것은?

① 반응기의 온도를 최대 제한값 가까이에서 운전하므로 반응속도를 올려 수익을 높인다.
② 평형반응에서 최대의 수율이 되도록 반응온도를 조절한다.
③ 안전을 고려하여 일정 압력 이상이 되지 않도록 반응속도를 조절한다.
④ 외부 시장 환경을 고려하여 이윤이 최대가 되도록 생산량을 조절한다.

해설

공정제어의 목적
제품의 품질을 원하는 수준으로 유지시키면서 안정적이고 경제적인 조업을 지향한다.

53 전달함수가 $\frac{2}{(5s+1)}e^{-2s}$인 공정의 계단입력 $\frac{2}{s}$에 대한 응답형태는?

①

②
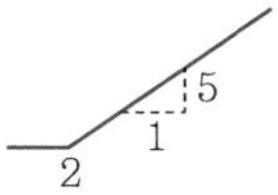

③
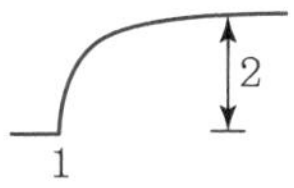

④
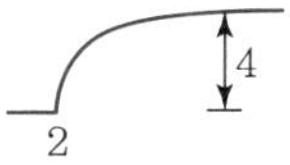

해설

$$Y(s) = \frac{2e^{-2s}}{(5s+1)} \cdot \frac{2}{s} = \frac{4e^{-2s}}{s(5s+1)}$$

$$\lim_{t\to\infty} Y(s) = \lim_{s\to 0} s\,Y(s) = \frac{4e^{-2s}}{5s+1} = 4$$

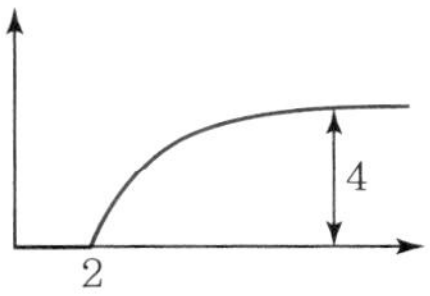

54 다음 공정에 P 제어기가 연결된 닫힌 루프 제어계가 안정하려면 비례이득 K_c의 범위는?(단, 나머지 요소의 전달함수는 1이다.)

$$G_p(s) = \frac{1}{2s-1}$$

① $K_c < 1$　　② $K_c > 1$
③ $K_c < 2$　　④ $K_c > 2$

해설

$$1 + \frac{K_c}{2s-1} = 0$$

$$2s - 1 + K_c = 0$$

$$s = \frac{1-K_c}{2} < 0$$

$$\therefore\ 1 - K_c < 0$$

$$K_c > 1$$

정답 51 ② 52 ④ 53 ④ 54 ②

63 오산화바나듐(V_2O_5) 촉매하에 나프탈렌을 공기 중 400℃에서 산화시켰을 때 생성물은?

① 프탈산 무수물　② 초산 무수물
③ 말레산 무수물　④ 푸마르산 무수물

해설

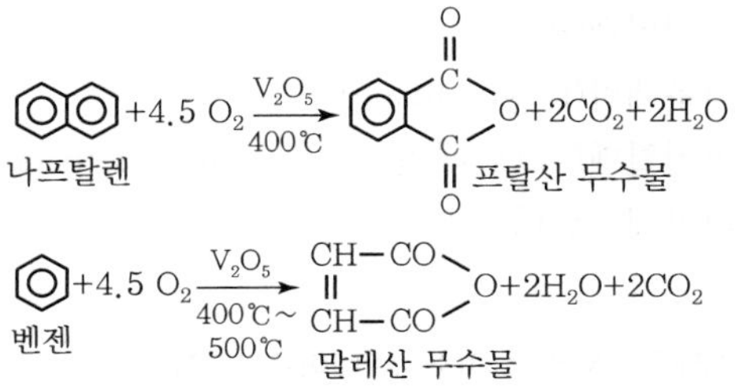

64 접촉식 황산제조에서 SO_3 흡수탑에 사용하기에 적합한 황산의 농도와 그 이유를 바르게 나열한 것은?

① 76.5%, 황산 중 수증기 분압이 가장 낮음
② 76.5%, 황산 중 수증기 분압이 가장 높음
③ 98.3%, 황산 중 수증기 분압이 가장 낮음
④ 98.3%, 황산 중 수증기 분압이 가장 높음

해설

접촉식 황산제조
SO_3를 98.3% H_2SO_4에 흡수시켜 발연황산을 제조한다.
→ 98.3% H_2SO_4의 b.p가 가장 높다.

65 다음 중 전도성 고분자가 아닌 것은?

① 폴리아닐린　② 폴리피롤
③ 폴리실록산　④ 폴리티오펜

해설

전도성 고분자
가볍고 가공이 쉬운 장점을 유지한 채 전기를 잘 통하는 플라스틱으로 대부분 전자수용체 또는 전자공여체를 고분자에 도프함으로써 높은 전도율을 얻는다.
예 폴리아닐린, 폴리에틸렌, 폴리피롤, 폴리티오펜

66 암모니아 합성용 수성가스(Water Gas)의 주성분은?

① H_2O, CO　② CO_2, H_2O
③ CO, H_2　④ H_2O, N_2

해설

수성가스(Water Gas)
H_2와 CO의 혼합가스

67 수은법에 의한 NaOH 제조에서 아말감 중의 Na의 함유량이 많아지면 어떤 결과를 가져오는가?

① 아말감의 유동성이 좋아진다.
② 아말감의 분해속도가 느려진다.
③ 전해질 내에서 수소가스가 발생한다.
④ 불순물의 혼입이 많아진다.

해설

아말감 중의 Na 함량이 높으면 유동성이 저하되어 굳어지며, 분해되어 수소가 생성된다.

68 다음 중 옥탄가가 가장 낮은 것은?

① 2−Methyl heptane
② 1−Pentene
③ Toluene
④ Cyclohexane

해설

옥탄가
- 가솔린의 안티노크성을 수치로 표시한 것
- 이소옥탄의 옥탄가를 100, 노말헵탄의 옥탄가를 0으로 정한 후 이소옥탄의 %를 옥탄가라 한다.
- n−파라핀에서는 탄소수가 증가할수록 옥탄가가 낮아진다.
- 이소파라핀에서는 메틸 측쇄가 많을수록 중앙에 집중할수록 옥탄가가 크다.
- n−파라핀 < 올레핀 < 나프텐계 < 방향족

정답 63 ① 64 ③ 65 ③ 66 ③ 67 ③ 68 ①

69 다음 중 CFC－113에 해당되는 것은?

① $CFCl_3$　　② $CFCl_2CF_2Cl$
③ CF_3CHCl_2　　④ $CHClF_2$

해설

CFC－113　　　(H의 수+1)
　　　　　　　　　↓
113＋90＝203 또는 CFC－○○○ ←(F의 수)
　　CHF　　　　　↑
　　　　　　　(C의 수－1)

∴ $C_2F_3Cl_3$

70 암모니아 합성장치 중 고온전환로에 사용되는 재료로서 뜨임 취성의 경향이 적은 것은?

① 18－8 스테인리스강　　② Cr－Mo강
③ 탄소강　　④ Cr－Ni강

해설

뜨임 취성
담금질 뜨임 후 재료에 나타나는 취성으로 Ni－Cr 간에 나타나는 특이성이다. 여기에 소량의 몰리브덴(Mo)을 첨가하여 이를 방지할 수 있다.

71 아세틸렌에 무엇을 작용시키면 염화비닐이 생성되는가?

① HCl　　② Cl_2
③ HOCl　　④ NaCl

해설

$CH{\equiv}CH + HCl \rightarrow CH_2{=}CH(Cl)$
아세틸렌　염화수소　　염화비닐

72 용액중합반응의 일반적인 특징을 옳게 설명한 것은?

① 유화제로는 계면활성제를 사용한다.
② 온도조절이 용이하다.
③ 높은 순도의 고분자물질을 얻을 수 있다.
④ 물을 안정제로 사용한다.

해설

용액중합
- 단위체를 적당한 용제에 용해하여 용액 상태에서 중합하게 하는 방법이다.
- 국부적인 발열이나 급격한 발열을 피할 수 있다.
- 용매의 회수, 제거가 필요하다.

73 분자량 1.0×10^4g/mol인 고분자 100g과 분자량 2.5×10^4g/mol인 고분자 50g 그리고 분자량 1.0×10^5 g/mol인 고분자 50g이 혼합되어 있다. 이 고분자 물질의 수평균분자량은?

① 16,000　　② 28,500
③ 36,250　　④ 57,000

해설

수평균분자량

$$\overline{M}_n = \frac{총무게}{총몰수} = \frac{\Sigma M_i N_i}{\Sigma N_i} = \frac{\omega}{\Sigma N_i}$$

$$\therefore \overline{M}_n = \frac{100+50+50}{\frac{100}{1\times10^4}+\frac{50}{2.5\times10^4}+\frac{50}{1\times10^5}}$$

$= 16,000$

74 수(水)처리와 관련된 [보기]의 설명 중 옳은 것으로만 나열한 것은?

> [보기]
> ㉠ 물의 경도가 높으면 관 또는 보일러의 벽에 스케일이 생성된다.
> ㉡ 물의 경도는 석회소다법 및 이온교환법에 의하여 낮출 수 있다.
> ㉢ COD는 화학적 산소요구량을 말한다.
> ㉣ 물의 온도가 증가할 경우 용존산소의 양은 증가한다.

① ㉠, ㉡, ㉢　　② ㉡, ㉢, ㉣
③ ㉠, ㉢, ㉣　　④ ㉠, ㉡, ㉣

해설

- COD : 화학적 산소요구량
- BOD : 생화학적 산소요구량
- 용존산소량 : 온도가 오르면 감소하고, 기압이 오르면 증가한다.

정답 69 ② 70 ② 71 ① 72 ② 73 ① 74 ①

75 석유화학공정에서 열분해와 비교한 접촉분해(Catalytic Cracking)에 대한 설명 중 옳지 않은 것은?

① 분지지방족 $C_3 \sim C_6$ 파라핀계 탄화수소가 많다.
② 방향족 탄화수소가 적다.
③ 코크스, 타르의 석출이 적다.
④ 디올레핀의 생성이 적다.

해설

열분해	접촉분해
• 올레핀이 많으며 $C_1 \sim C_2$계의 가스가 많다. • 대부분 지방족, 방향족 탄화수소는 적다. • 코크스나 타르의 석출이 많다. • 디올레핀이 비교적 많다. • 라디칼 반응 메커니즘	• $C_3 \sim C_6$계의 가지달린 지방족이 많이 생성된다. • 열분해보다 파라핀계 탄화수소가 많다. • 방향족 탄화수소가 많다. • 탄소질 물질의 석출이 적다. • 디올레핀은 거의 생성되지 않는다. • 이온 반응 메커니즘 : 카르보늄이온기구

76 20% HNO_3 용액 1,000kg을 55% 용액으로 농축하였다. 증발된 수분의 양은 얼마인가?

① 550kg　　② 800kg
③ 334kg　　④ 636kg

해설

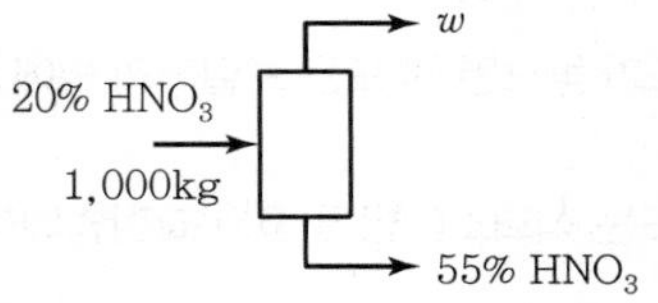

$1,000 \times 0.2 = (1,000 - w) \times 0.55$

$\therefore\ w = 636.4\text{kg}$

77 다음 중 염산의 생산과 가장 거리가 먼 것은?

① 직접합성법
② NaCl의 황산분해법
③ 칠레초석의 황산분해법
④ 부생염산 회수법

해설

염산의 제조방법
• 식염의 황산분해법
• 직접합성법
• 부생염산의 회수법

78 순수 염화수소(HCl) 가스의 제법 중 흡착법에서 흡착제로 이용되지 않는 것은?

① $MgCl_2$　　② $CuSO_4$
③ $PbSO_4$　　④ $Fe_3(PO_4)_2$

해설

흡착법
HCl 가스를 황산염 $CuSO_4$, $PbSO_4$이나 인산염 $Fe_3(PO_4)_2$에 흡착시킨 후 가열하여 HCl가스를 방출시켜 제조한다.

79 $Na_2CO_3 \cdot 10H_2O$ 중에는 H_2O를 몇 % 함유하는가?

① 48%　　② 55%
③ 63%　　④ 76%

해설

$Na_2CO_3\ 10H_2O = 23 \times 2 + 12 + 16 \times 3 + 10 \times 18$
$= 286$

$\frac{180}{286} \times 100 = 63\%$

80 다음 화합물 중 산성이 가장 강한 것은?

① $C_6H_5SO_3H$　　② C_6H_5OH
③ C_6H_5COOH　　④ CH_3CH_2COOH

해설

① $C_6H_5SO_3H$(벤젠술폰산) : 산성은 아세트산 등의 카르복시산보다 훨씬 강하며 황산과 거의 비슷하다.
② C_6H_5OH(페놀) : 약산성
③ C_6H_5COOH(벤조산) : 카르복시기가 벤젠고리에 붙어 있는 형태
④ CH_3CH_2COOH(프로피온산) : 카르복시산이며 프로판올을 산화시키면 얻을 수 있다.

정답 75 ② 76 ④ 77 ③ 78 ① 79 ③ 80 ①

5과목 반응공학

81 반응장치 내에서 일어나는 열전달 현상과 관련된 설명으로 틀린 것은?

① 발열반응의 경우 관형 반응기 직경이 클수록 관중심의 온도는 상승한다.
② 급격한 온도의 상승은 촉매의 활성을 저하한다.
③ 모든 반응에서 고온의 조건이 바람직하다.
④ 전열조건에 의해 반응의 전화율이 좌우된다.

해설

반응에 따라 저온조건이 유리할 때도 있다.

82 90mol%의 A 45mol/L와 10mol%의 불순물 B 5mol/L와의 혼합물이 있다. A/B를 100/1 수준으로 품질을 유지하고자 한다. D는 A 또는 B와 다음과 반이 반응한다. 완전반응을 가정했을 때, 필요한 품질을 유지하기 위해서 얼마의 D를 첨가해야 하는가?

$$A+D\to R \qquad -r_A=C_AC_D$$
$$B+D\to S \qquad -r_B=7C_BC_D$$

① 19.7mol ② 29.7mol
③ 39.7mol ④ 49.7mol

해설

$$A+D\to R \qquad -\frac{dC_A}{dt}=C_AC_D \quad \cdots\cdots\cdots ㉠$$

$$B+D\to S \qquad -\frac{dC_B}{dt}=7C_BC_D \quad \cdots\cdots\cdots ㉡$$

㉠÷㉡을 하면

$$\frac{dC_A}{dC_B}=\frac{C_A}{7C_B}$$

$$\int_{C_{Ao}}^{C_A}\frac{dC_A}{C_A}=\int_{C_{Bo}}^{C_B}\frac{dC_B}{7C_B}$$

$$7\ln\frac{C_A}{C_{Ao}}=\ln\frac{C_B}{C_{Bo}}$$

$$7\ln\frac{C_A}{45}=\ln\frac{C_B}{5}$$

$$\left(\frac{C_A}{45}\right)^7=\frac{C_B}{5} \qquad \frac{C_A}{C_B}=\frac{100}{1}$$

$$\left(\frac{100C_B}{45}\right)^7=\frac{C_B}{5}$$

$$\therefore C_B=\left(\frac{45^7}{5\times100^7}\right)^{\frac{1}{6}}=0.3$$

$$\therefore C_A=30$$

$C_A+C_B=30+0.3=30.3$(남은 것)

첨가해야 하는 D의 양 $=(45+5)-30.3$
$=19.7\text{mol/L}$

∴ 1L당 19.7mol의 D를 첨가해야 한다.

83 순수한 액체 A의 분해반응이 25℃에서 아래와 같을 때, A의 초기농도가 2mol/L이고, 이 반응이 혼합반응기에서 S를 최대로 얻을 수 있는 조건에서 진행되었다면 S의 최대농도는?

$A \to R$: $r_R=1.0\text{mol/L}\cdot\text{hr}$
$A \to S$: $r_S=2C_A\text{mol/L}\cdot\text{hr}$
$A \to T$: $r_T=C_A^2\text{mol/L}\cdot\text{hr}$

① 0.33mol/L ② 0.25mol/L
③ 0.50mol/L ④ 0.67mol/L

해설

$$\phi=\frac{dC_S}{-dC_A}=\frac{2C_A}{1+2C_A+C_A^2}=\frac{2C_A}{(1+C_A)^2}$$

$$0=\frac{2(1+C_A)^2-2C_A\cdot2(1+C_A)}{[(1+C_A)^2]^2}$$

$$C_A=1$$

$$\therefore \phi=0.5$$

CSTR

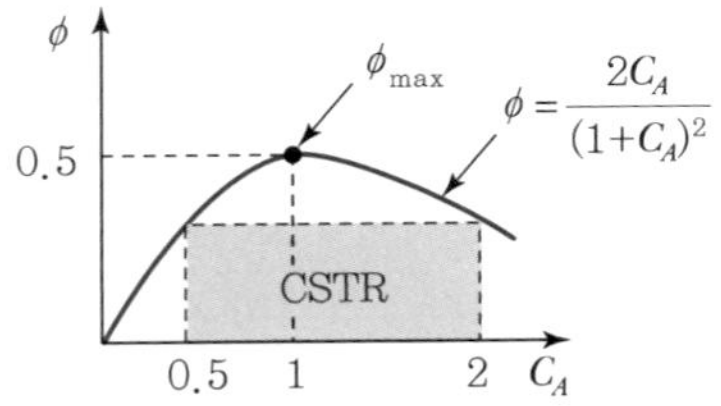

ϕ vs C_A 도표에서 직사각형의 면적이 최대일 때 S가 최대로 생성된다.

정답 81 ③ 82 ① 83 ④

$$C_{Sf} = \phi(-\Delta C_A) = \frac{2C_A}{(1+C_A)^2}(C_{Ao} - C_A)$$
$$= \frac{2C_A}{(1+C_A)^2}(2 - C_A)$$
$$\frac{dC_{Sf}}{dC_A} = \frac{d}{dC_A}\left[\frac{2C_A}{(1+C_A)^2}(2-C_A)\right] = 0$$
$$\frac{d}{dC_A}\left[\frac{4C_A - 2C_A^2}{(1+C_A)^2}\right] = 0$$
$$\frac{(4-4C_A)(1+C_A)^2 - 2(1+C_A)(4C_A - 2C_A{}^2)}{(1+C_A)^4} = 0$$
$$8C_A{}^2 + 4C_A - 4 = 0$$
$$\therefore\ C_{Af} = 0.5 \rightarrow C_{Sf} = \frac{2C_A}{(1+C_A)^2}(C_{Ao} - C_A)$$
$$= \frac{2\times 0.5}{(1+0.5)^2}(2-0.5)$$
$$= \frac{2}{3} = 0.667\text{mol/L}$$

84 어떤 반응에서 $1/C_A$을 시간 t로 플롯하여 기울기 1인 직선을 얻었다. 이 반응의 속도식은?

① $-r_A = C_A$　　② $-r_A = 2C_A$

③ $-r_A = C_A{}^2$　　④ $-r_A = 2C_A{}^2$

해설

$$\frac{1}{C_A} \propto t$$
$$\frac{1}{C_A} - \frac{1}{C_{A0}} = kt(\text{2차식})$$

85 비가역 직렬반응 $A \rightarrow R \rightarrow S$에서 1단계는 2차반응, 2단계는 1차반응으로 진행되고 R이 원하는 제품일 경우 다음 설명 중 옳은 것은?

① A의 농도를 높게 유지할수록 좋다.

② 반응 온도를 높게 유지할수록 좋다.

혼합흐름 반응기가 플러그 반응기보다 성능이 더 좋다.

④ A의 농도는 R의 수율과 직접 관계가 없다.

해설

$$A \xrightarrow[k_1]{\text{2차}} R \xrightarrow[k_2]{\text{1차}} S$$
$$\frac{r_R}{r_S} = \frac{k_1 C_A{}^2 - k_2 C_R}{k_2 C_R}$$
$$= \frac{k_1}{k_2}\frac{C_A{}^2}{C_R} - 1 \rightarrow C_A \uparrow$$

반응온도를 높게 유지하면 전체적인 속도가 빨라져 S의 생성속도도 증가된다.

86 액상 반응이 다음과 같이 병렬 반응으로 진행될 때 R을 많이 얻고 S를 적게 얻으려면 A, B의 농도는 어떻게 되어야 하는가?

$$A + B \xrightarrow{k_1} R,\ r_R = k_1 C_A C_B^{0.5}$$
$$A + B \xrightarrow{k_2} S,\ r_S = k_2 C_A^{0.5} C_B$$

① C_A는 크고, C_B도 커야 한다.

② C_A는 작고, C_B도 커야 한다.

③ C_A는 크고, C_B도 작아야 한다.

④ C_A는 작고, C_B도 작아야 한다.

해설

$$\frac{C_R}{C_S} = \frac{k_1 C_A C_B^{0.5}}{k_2 C_A^{0.5} C_B} = \frac{k_1}{k_2} C_A{}^{0.5} \frac{1}{C_B^{0.5}}$$

C_A는 크게 하고 C_B는 작게 한다.

정답 84 ③ 85 ① 86 ③

87 밀도가 일정한 비가역 1차 반응 $A \xrightarrow{k}$ Product가 혼합흐름반응기(Mixed Flow Reactor 또는 CSTR)에서 등온으로 진행될 때 정상상태 조건에서의 성능 방정식(Performance Equation)으로 옳은 것은?(단, τ는 공간속도, k는 속도상수, C_{A0}는 초기농도, X_A는 전화율, C_{Af}는 유출농도이다.)

① $\dfrac{\tau}{kC_{A0}} = \ln\dfrac{X_A}{1-X_A}$

② $\tau k C_{A0} = C_{A0} - C_{Af}$

③ $k\tau C_{Af} = C_{A0} - C_{Af}$

④ $kC_{A0}\tau = \dfrac{C_{A0}}{C_{Af}} - 1$

해설

CSTR

- 0차 : $k\tau = C_{A0} - C_A$
- 1차 : $k\tau = \dfrac{X_A}{1-X_A} = \dfrac{C_{A0}-C_A}{C_A}$
- 2차 : $k\tau C_{A0} = \dfrac{X_A}{(1-X_A)^2}$

88 혼합반응기(CSTR)에서 균일액상반응 $A \rightarrow R$, $-r_A = kC_A{}^2$인 반응이 일어나 50%의 전화율을 얻었다. 이때 이 반응기의 다른 조건은 변하지 않고 반응기 크기만 6배로 증가한다면 전화율은 얼마인가?

① 0.65 ② 0.75

③ 0.85 ④ 0.95

해설

$$k\tau C_{A0} = \frac{X_A}{(1-X_A)^2}$$

$$k\tau C_{A0} = \frac{0.5}{(1-0.5)^2} = 2$$

$$k \times 6\tau \times C_{A0} = \frac{X_A}{(1-X_A)^2}$$

$$12 = \frac{X_A}{(1-X_A)^2}$$

$$12X_A{}^2 - 25X_A + 12 = 0$$

$$X_A = \frac{25 \pm \sqrt{25^2 - 4 \cdot 12 \cdot 12}}{24} = 0.75$$

89 회분식 반응기에서 일어나는 다음과 같은 1차 가역반응에서 A만으로 시작했을 때 A의 평형 전화율은 60%이다. 평형상수 k는 얼마인가?

① 1.5 ② 2

③ 2.5 ④ 3

해설

$$k_e = \frac{M + X_{Ae}}{1-X_{Ae}} = \frac{X_{Ae}}{1-X_{Ae}}$$

$$= \frac{0.6}{1-0.6} = 1.5$$

90 다음은 n차$(n > 0)$ 단일 반응에 대한 한 개의 혼합 및 플러그흐름 반응기 성능을 비교 설명한 내용이다. 옳지 않은 것은?(단, V_m은 혼합흐름반응기 부피, V_p는 플러그흐름반응기 부피를 나타낸다.)

① V_m은 V_p보다 크다.

② V_m/V_p는 전화율의 증가에 따라 감소한다.

③ V_m/V_p는 반응차수에 따라 증가한다.

④ 부피변화 분율이 증가하면 V_m/V_p가 증가한다.

해설

$n > 0$에 대하여 CSTR의 크기는 항상 PFR보다 크다. 이 부피비(V_m/V_p)는 반응차수가 증가할수록 커진다.

정답 87 ③ 88 ② 89 ① 90 ②

91 일반적인 반응 $A \rightarrow B$에서 생성되는 물질 기준의 반응속도 표현을 옳게 나타낸 것은?(단, n은 몰수, V_R은 반응기의 부피이다.)

① $r_B = \frac{1}{V_R} \cdot \frac{dn_B}{dt}$

② $r_B = -\frac{1}{V_R} \cdot \frac{dn_B}{dt}$

③ $r_A = \frac{2}{V_R} \cdot \frac{dn_A}{dt}$

④ $r_A = -\frac{2}{V_R} \cdot \frac{dn_A}{dt}$

해설

$$r_A = -\frac{1}{V}\frac{dn_A}{dt}$$

$$r_B = \frac{1}{V}\frac{dn_A}{dt} = \frac{1}{V}\frac{dn_B}{dt}$$

92 회분식 반응기에서 0.5차 반응을 10min 동안 수행하니 75%의 액체 반응물 A가 생성물 R로 전화되었다. 같은 조건에서 15min간 반응을 시킨다면 전화율은 약 얼마인가?

① 0.75 ② 0.85
③ 0.90 ④ 0.94

해설

$$-r_A = \frac{-dC_A}{dt} = kC_A^{0.5}$$

$$C_{Ao}\frac{dX_A}{dt} = k\sqrt{C_{Ao}(1-X_A)}$$

$$\therefore \frac{dX_A}{\sqrt{1-X_A}} = \frac{k}{\sqrt{C_{Ao}}}dt$$

$$\int_0^{0.75}\frac{dX_A}{\sqrt{1-X_A}} = \frac{k}{\sqrt{C_{Ao}}} \times 10\text{min}$$

$$-2\sqrt{1-X_A}\Big|_0^{0.75} = \frac{k}{\sqrt{C_{Ao}}} \times 10$$

$$\therefore \frac{k}{\sqrt{C_{Ao}}} = 0.1$$

$$-2\sqrt{1-X_A}\Big|_0^{X_A} = 0.1t = 0.1 \times 15\text{min}$$

$$-2\sqrt{1-X_A} + 2 = 1.5$$

$$\sqrt{1-X_A} = 0.25$$

$$\therefore X_A = 0.94$$

93 부피 3.2L인 혼합흐름 반응기에 기체 반응물 A가 1L/s로 주입되고 있다. 반응기에서는 $A \rightarrow 2P$의 반응이 일어나며 A의 전화율은 60%이다. 반응물의 평균 체류시간은?

① 1초 ② 2초
③ 3초 ④ 4초

해설

$$\varepsilon_A = y_{A0}\delta = \frac{2-1}{1} = 1$$

$$\tau = \frac{3.2\text{L}}{1\text{L/s}} = 3.2\text{s}$$

$$1 + \varepsilon_A X_A = 1 + 1 \times 0.6 = 1.6$$

$$\bar{t} = \frac{\tau}{1+\varepsilon_A X_A} = \frac{1}{1.6} \times 3.2 = 2\text{s}$$

94 회분식 반응기 내에서의 균일계 액상 1차 반응 $A \rightarrow R$과 관계가 없는 것은?

① 반응속도는 반응물 A의 농도에 정비례한다.
② 전화율 X_A는 반응시간에 정비례한다.
③ $-\ln\frac{C_A}{C_{A0}}$와 반응시간과의 관계는 직선으로 나타난다.
④ 반응속도 상수의 차원은 시간의 역수이다.

해설

1차 반응

$$-\ln(1-X_A) = -\ln\frac{C_A}{C_{A0}} = kt$$

정답 91 ① 92 ④ 93 ② 94 ②

95 $A+B \rightarrow R$인 2차 반응에서 C_{A0}와 C_{B0}의 값이 서로 다를 때 반응속도상수 k를 얻기 위한 방법은?

① $\ln \dfrac{C_B C_{A0}}{C_{B0} C_A}$와 t를 도시(Plot)하여 원점을 지나는 직선을 얻는다.

② $\ln \dfrac{C_B}{C_A}$와 t를 도시(Plot)하여 원점을 지나는 직선을 얻는다.

③ $\ln \dfrac{1-X_A}{1-X_B}$와 t를 도시(Plot)하여 절편이 $\ln \dfrac{{C_{A0}}^2}{C_{B0}}$인 직선을 얻는다.

④ 기울기가 $1+(C_{A0}-C_{B0})^2 k$인 직선을 얻는다.

해설

$$\ln \frac{1-X_B}{1-X_A} = \ln \frac{M-X_A}{M(1-X_A)}$$
$$= \ln \frac{C_B C_{A0}}{C_{B0} C_A} = \ln \frac{C_{A0}}{M C_{B0}}$$
$$= C_{A0}(M-1)kt$$
$$= (C_{B0}-C_{A0})kt \qquad M \neq 1$$

여기서, $M = C_{B0}/C_{A0}$

96 단일이상(理想)반응기가 아닌 것은?

① 회분식 반응기 ② 플러그흐름반응기
③ 유동층 반응기 ④ 혼합흐름반응기

해설

단일이상반응기
- 회분식 반응기(Batch)
- 플러그흐름반응기(PFR)
- 혼합흐름반응기(CSTR)

97 80% 전화율을 얻는 데 필요한 공간시간이 4h인 혼합흐름 반응기에서 3L/min을 처리하는 데 필요한 반응기 부피는 몇 L인가?

① 576 ② 720
③ 900 ④ 960

해설

$$\tau = \frac{V}{u_0}$$
$$4\text{h} = \frac{V}{3\text{L/min} \times 60\text{min/1h}}$$
$\therefore V = 720\text{L}$

98 직렬로 연결된 2개의 혼합흐름 반응기에서 다음과 같은 액상반응이 진행될 때 두 반응기의 체적 V_1과 V_2의 합이 최소가 되는 체적비 V_1/V_2에 관한 설명으로 옳은 것은?(단, V_1은 앞에 설치된 반응기의 체적이다.)

$$A \rightarrow R(-r_A = kC_A^n)$$

① $0 < n < 1$이면 V_1/V_2는 항상 1보다 작다.
② $n = 1$이면 V_1/V_2는 항상 1이다.
③ $n > 1$이면 V_1/V_2는 항상 1보다 크다.
④ $n > 0$이면 V_1/V_2는 항상 1이다.

해설

1차 반응에서는 동일한 크기의 반응기가 최적이고, $n>1$인 반응에서는 작은 반응기가 먼저 위치하여야 하며 $n<1$인 반응에서는 큰 반응기가 먼저 와야 한다.

정답 95 ① 96 ③ 97 ② 98 ②

99 $A \rightarrow R$로 표시되는 화학반응의 반응열이 Δ_r = 1,800cal/mol A로 일정할 때 입구온도 95℃인 단열반응기에서 A의 전화율이 50%이면, 반응기의 출구온도는 몇 ℃인가?(단, A와 R의 열용량은 각각 10cal/mol · K이다.)

① 5　　② 15

③ 25　　④ 35

해설

A가 50%, R이 50% 존재하므로

$10\times(95-t)+10\times(95-t)=1{,}800$

$\therefore\ t=5℃$

100 비가역 액상 0차 반응에서 반응이 완전히 완결되는 데 필요한 반응시간은?

① 초기농도의 역수와 같다.

② 속도상수의 역수와 같다.

③ 초기농도를 속도상수로 나눈 값과 같다.

④ 초기농도에 속도상수를 곱한 값과 같다.

해설

0차 반응

$-(C_A-C_{A0})=kt$

$C_A-C_{A0}=-kt$

$C_{A0}X_A=kt$

$X_A=1$(반응완결)

$t=\dfrac{C_{A0}}{k}$

정답 99 ① 100 ③

2018년 제4회 기출문제

1과목 화공열역학

01 기-액상에서 두 성분이 한 가지의 독립된 반응을 하고 있다면, 이 계의 자유도는?

① 0　② 1
③ 2　④ 3

해설

$F=2-P+C-r-s$
$=2-2+2-1$
$=1$

02 일정압력($3kg_f/cm^2$)에서 $0.5m^3$의 기체를 팽창시켜 $24,000kg_f \cdot m$의 일을 얻으려 한다. 기체의 체적을 얼마로 팽창시켜야 하는가?

① $0.6m^3$　② $1.0m^3$
③ $1.3m^3$　④ $1.5m^3$

해설

$$W=\int PdV=P(V_2-V_1)$$

$$3kg_f/cm^2 \times \frac{100^2cm^2}{1m^2}=3\times 10^4 kg_f/m^2$$

$$24,000kg_f m = 3\times 10^4 kg_f/m^2 \times (V-0.5)m^3$$

$\therefore\ V=1.3m^3$

03 다음 중 일의 단위가 아닌 것은?

① N · m　② Watt · s
③ L · atm　④ cal/s

해설

W의 단위 : cal, J, N · m, W · s, L · atm, kg_f · m

04 액상반응의 평형상수를 옳게 나타낸 것은?(단, ν_i : 성분 i의 양론수(Stoichiometric Number), x_i : 성분 i의 액상 몰분율, y_i : 성분 i의 기상 몰분율, $\hat{a}_i=\dfrac{\hat{f}_i}{f_i^\circ}$, f_i° : 표준상태에서의 순수한 액체 i의 퓨가시티, $\hat{f}_i$: 순수한 액체 i의 퓨가시티이다.)

① $K=P^{-\nu_i}$　② $K=RT\ln x_i$
③ $K=\prod_i y_i^{\nu_i}$　④ $K=\prod_i \hat{a}_i^{\nu_i}$

해설

$$\prod\left(\frac{\hat{f}_i}{f_i^\circ}\right)^{\nu_i}=K$$

$$K=\exp\left(\frac{-\Delta G^\circ}{RT}\right)$$

• 기상반응

$f_i^\circ=P^\circ$

$$\hat{\phi}_i=\frac{\hat{f}_i}{y_iP} \rightarrow \hat{f}_i=\hat{\phi}_i y_i P$$

$$\prod_i (y_i\hat{\phi}_i)^{\nu_i}=\left(\frac{P}{P^\circ}\right)^{-\nu}$$

여기서, P° : 표준압력(1bar)

평형혼합물이 이상기체 : $\hat{\phi}_i=1$

$$\prod_i (y_i)^{\nu_i}=\left(\frac{P}{P^\circ}\right)^{-\nu}=K$$

• 액상반응

$$\hat{a}_i=\frac{\hat{f}_i}{f_i^\circ}$$

$$K=\prod_i\left(\frac{\hat{f}_i}{f_i^\circ}\right)^{\nu_i}=\prod_i \hat{a}_i^{\nu_i}$$

$$K=\prod_i (x_i\gamma_i)^{\nu_i} \leftarrow \gamma_i=\frac{\hat{f}_i}{x_if_i}$$

정답 01 ② 02 ③ 03 ④ 04 ④

평형혼합물이 이상용액 : $\gamma_i = 1$

$\therefore K = \prod_i (x_i)^{\nu_i}$

↳ 질량작용의 법칙

05 그림과 같은 공기표준 오토 사이클의 효율을 옳게 나타낸 식은?(단, a는 압축비이고 γ은 비열비(C_p/C_v)이다.)

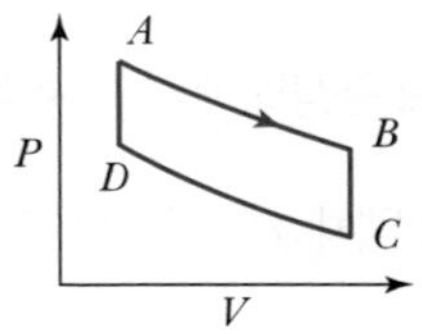

① $1-a^{\gamma}$ ② $1-a^{\gamma-1}$

③ $1-\left(\frac{1}{a}\right)^{\gamma}$ ④ $1-\left(\frac{1}{a}\right)^{\gamma-1}$

해설

공기표준 오토 사이클

$\eta = 1-\left(\frac{1}{r}\right)^{\gamma-1} = 1-\frac{T_B - T_C}{T_A - T_D}$

여기서, r : 압축비, γ : 비열비

$r = \frac{V_C}{V_D}$

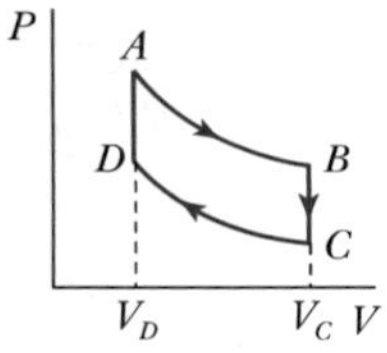

06 500K의 열저장소(Heat Reservoir)로부터 300K의 열저장소로 열이 이동된다. 이동된 열의 양이 100kJ이라고 할 때 전체 엔트로피 변화량은 얼마인가?

① 50.0kJ/K ② 13.3kJ/K

③ 0.500kJ/K ④ 0.133kJ/K

해설

$$\Delta S = |Q|\left(\frac{T_H - T_C}{T_H T_C}\right)$$

$$= 100\text{kJ}\left(\frac{500-300}{500\times 300}\right) = 0.133\text{kJ/K}$$

07 다음 중 에너지의 출입은 가능하나 물질의 출입은 불가능한 계는?

① 열린계(Open System)

② 닫힌계(Closed System)

③ 고립계(Isolated System)

④ 가역계(Reversible System)

해설

계(System)

① 열린계 : 물질 이동 ○, 에너지 이동 ○

② 닫힌계 : 물질 이동 ×, 에너지 이동 ○

③ 고립계 : 물질 이동 ×, 에너지 이동 ×

④ 단열계 : 열의 이동 ×

08 이상기체의 단열가역 변화에 대하여 옳은 것은? (단, $\gamma = \frac{C_p}{C_v}$ 이다.)

① $P_2/P_1 = (V_2/V_1)^{\gamma}$

② $T_2/T_1 = (V_1/V_2)^{\gamma-1}$

③ $T_2/T_1 = (P_1/P_2)^{\frac{\gamma-1}{\gamma}}$

④ $P_2/P_1 = (V_1/V_2)^{\frac{\gamma-1}{\gamma}}$

해설

단열공정

$$\frac{T_2}{T_1} = \left(\frac{P_2}{P_1}\right)^{\frac{\gamma-1}{\gamma}}$$

$$\frac{T_2}{T_1} = \left(\frac{V_1}{V_2}\right)^{\gamma-1}$$

$$\frac{P_2}{P_1} = \left(\frac{V_1}{V_2}\right)^{\gamma}$$

정답 05 ④ 06 ④ 07 ② 08 ②

09 공기표준 디젤 사이클의 $P-V$ 선도에 해당하는 것은?

① 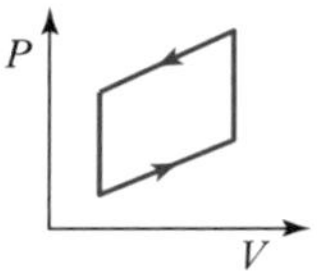

② 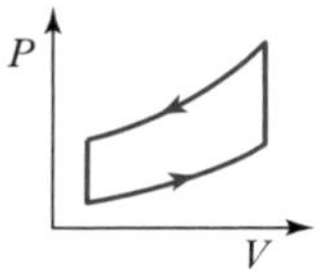

③ 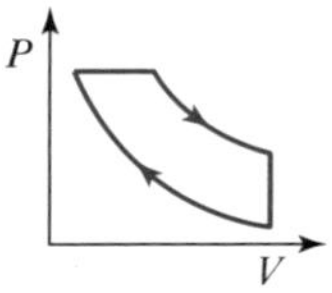

④ 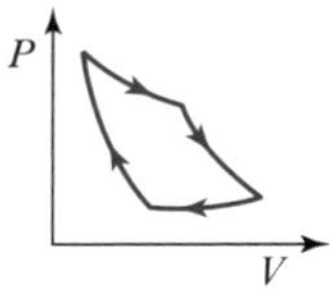

해설

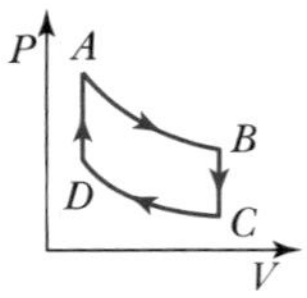

공기표준 Otto 사이클

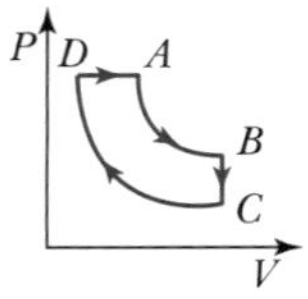

공기표준 디젤기관

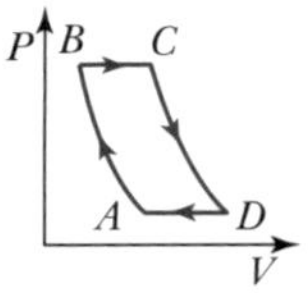

기체－터빈기관의 이상적 사이클 (Brayton 사이클)

10 G^E가 다음과 같이 표시된다면 활동도 계수는? (단, G^E : 과잉깁스에너지, B, C : 상수, γ : 활동도 계수, X_1, X_2 : 액상 성분 1, 2의 몰분율이다.)

$$G^E/RT = BX_1X_2 + C$$

① $\ln\gamma_1 = BX_2^{\ 2}$　② $\ln\gamma_1 = BX_2^{\ 2} + C$

③ $\ln\gamma_1 = BX_1^{\ 2} + C$　④ $\ln\gamma_1 = BX_1^{\ 2}$

해설

$$\frac{G^E}{RT} = x_1\ln\gamma_1 + x_2\ln\gamma_2$$

$$\frac{G^E}{RT} = Bx_1x_2 + C$$

$$\ln\gamma_1 = Bx_2^{\ 2} + C$$

$$\ln\gamma_2 = Bx_1^{\ 2} + C$$

11 다음의 반응에서 반응물과 생성물이 평형을 이루고 있다. 평형이동에 미치는 온도와 압력의 영향을 살펴보기 위해서, 온도를 올려보고 압력을 상승시키는 변화를 주었을 때 평형은 두 경우에 각각 어떻게 이동하겠는가?(단, 정반응이 흡열반응이다.)

$N_2O_4(g) \rightleftarrows 2NO_2(g)$, 표준반응 엔탈피 $\Delta H° > 0$

① 온도 상승 : 오른쪽, 압력 상승 : 오른쪽
② 온도 상승 : 오른쪽, 압력 상승 : 왼쪽
③ 온도 상승 : 왼쪽, 압력 상승 : 오른쪽
④ 온도 상승 : 왼쪽, 압력 상승 : 왼쪽

해설

$N_2O_4(g) \rightleftarrows 2NO_2(g) - Q$(흡열반응)

르 샤틀리에 원리
- 온도 상승 : →
- 압력 상승 : ←

12 일반적인 삼차 상태방정식(Cubic Equation of State)의 매개변수를 구하기 위한 조건을 옳게 표시한 것은?

① $\left(\frac{\partial P}{\partial T}\right)_{V,\text{critical point}} = \left(\frac{\partial^2 P}{\partial T^2}\right)_{V,\text{critical point}} = 0$

② $\left(\frac{\partial V}{\partial T}\right)_{P,\text{critical point}} = \left(\frac{\partial^2 V}{\partial T^2}\right)_{P,\text{critical point}} = 0$

③ $\left(\frac{\partial P}{\partial V}\right)_{T,\text{critical point}} = \left(\frac{\partial^2 P}{\partial V^2}\right)_{T,\text{critical point}} = 0$

④ $\left(\frac{\partial T}{\partial V}\right)_{P,\text{critical point}} = \left(\frac{\partial^2 T}{\partial V^2}\right)_{P,\text{critical point}} = 0$

정답 09 ③ 10 ② 11 ② 12 ③

해설

임계점(Critical Point)
임계온도 이상에서는 순수한 기체를 아무리 압축하여도 액화시킬 수 없다.
수학적 조건은 $\left(\frac{\partial P}{\partial V}\right)_{T_c}=0$, $\left(\frac{\partial^2 P}{\partial V^2}\right)_{T_c}=0$을 만족해야 한다.

13 열역학 제3법칙은 무엇을 의미하는가?

① 절대 0도에 대한 정의
② $\lim_{T\to 0} S=1$
③ $\lim_{T\to 0} S=0$
④ $\Delta S=R\ln 2$

해설

열역학 제3법칙
절대온도 0도에 있는 모든 완전한 결정물질에 대하여 절대엔트로피는 0이라고 가정한다.
$\lim_{T\to 0} S=0$

14 실제가스에 관한 설명 중 틀린 것은?

① 압축인자는 항상 1보다 작거나 같다.
② 혼합가스의 2차 비리얼(Virial)계수는 온도와 조성의 함수이다.
③ 압력이 영(Zero)에 접근하면 잔류(Residual) 엔탈피나 엔트로피가 영(Zero)으로 접근한다.
④ 조성이 주어지면 혼합물의 임계치(T_c, P_c, Z_c)는 일정하다.

해설

실제가스
• 압축인자
$PV=ZnRT$
($Z=1$이면 이상기체)
• Virial 방정식
$Z=1+\frac{B}{V}+\frac{C}{V^2}+\cdots$
$=1+B'P+C'P^2+\cdots$
여기서, B, C, B', $C'\cdots$: 비리얼계수
• 잔류성질
$M^R\equiv M-M^{ig}$
실제기체와 이상기체의 차를 나타낸다.
M은 V, U, H, S, G의 1몰당 값이다.
$P\to 0$이면 실제기체는 이상기체에 가까워진다.

15 열역학 모델을 이용하여 상평형 계산을 수행하려고 할 때 응용 계에 대한 모델의 조합이 적합하지 않은 것은?

① 물속의 이산화탄소의 용해도 : 헨리의 법칙
② 메탄과 에탄의 고압 기 · 액 상평형 : SRK(Soave/Redlich/Kwong) 상태방정식
③ 에탄올과 이산화탄소의 고압 기 · 액 상평형 : Wilson 식
④ 메탄올과 헥산의 저압 기 · 액 상평형 : NRTL(Non－Random－Two－Liquid) 식

해설

㉠ Henry's Law
• 난용성 기체의 용해도에 관한 법칙
• 난용성 기체의 용해도는 용매와 평형을 이루고 있는 기체의 부분압력에 비례한다.
$P_A=HC_A$
㉡ 퓨가시티 계수 모델
• 이상기체, Van der Waals, Redlich－Kwong
• Soave－Redlich－Kwong, Peng－Robinson
㉢ 활동도 계수 모델(저압~중간압력)
• 이상용액, Margules, Van Laar, Wilson
• NRTL, UNIQUAC, UNIFAC

※ 열역학 모델
• Wilson, NRTL, UNIQUAC : 액체용액 국부조성 모델
• Redlich－Kister식 : 활동도 계수를 구할 수 있는 모델식
• Wilson식 : 액액 상평형 거동에 부적합

정답 13 ③ 14 ① 15 ③

16 다음과 같은 반데르발스(Van der Waals) 식을 이용하여 실제 기체의 $\left(\frac{\partial U}{\partial V}\right)_T$ 를 구한 결과로서 옳은 것은?

$$P=\frac{RT}{V-b}-\frac{a}{V^2}$$

① $(\partial U/\partial V)_T=\frac{a}{V^2}$

② $(\partial U/\partial V)_T=\frac{a}{(V-b)^2}$

③ $(\partial U/\partial V)_T=\frac{b}{V^2}$

④ $(\partial U/\partial V)_T=\frac{b}{(V-b)^2}$

해설

$dU=TdS-PdV$

$\left(\frac{\partial U}{\partial V}\right)_T=T\left(\frac{\partial S}{\partial V}\right)_T-P=T\left(\frac{\partial P}{\partial T}\right)_V-P$

$\left(\frac{\partial P}{\partial T}\right)_V=\frac{R}{V-b}$

$\therefore \left(\frac{\partial U}{\partial V}\right)_T=T\left(\frac{R}{V-b}\right)-\left(\frac{RT}{V-b}-\frac{a}{V^2}\right)=\frac{a}{V^2}$

17 2atm의 일정한 외압 조건에 있는 1mol의 이상기체 온도를 10K만큼 상승시켰다면 이상기체가 외계에 대하여 한 최대 일의 크기는 몇 cal인가?(단, 기체상수 R=1.987cal/mol · K이다.)

① 14.90 ② 19.87

③ 39.74 ④ 43.35

해설

$W=\Delta PV=\Delta nRT=nR\Delta T$

=1mol×1.987cal/mol · K×10K

=19.87cal

18 1atm, 357℃인 이상기체 1mol을 10atm으로 등온 압축하였을 때의 엔트로피 변화량은 약 얼마인가?(단, 기체는 단원자 분자이며, 기체상수 R=1.987cal/mol · K이다.)

① −4.6cal/mol · K ② 4.6cal/mol · K

③ −0.46cal/mol · K ④ 0.46cal/mol · K

해설

$\Delta S=nC_p\ln\frac{T_2}{T_1}+nR\ln\frac{P_1}{P_2}$

$=(1\text{mol})(1.987\text{cal/mol}\cdot\text{K})\ln\frac{1}{10}$

$=-4.58\text{cal/K}$

1mol당 값은 −4.58cal/mol · K이 된다.

19 1mole의 이상기체(단원자 분자)가 1기압 0℃에서 10기압으로 가역 압축되었다. 다음 압축 공정 중 압축 후의 온도가 높은 순으로 배열된 것은?

① 등온 > 정용 > 단열 ② 정용 > 단열 > 등온

③ 단열 > 정용 > 등온 ④ 단열 = 정용 > 등온

해설

• 정용

1atm 0℃ → 10atm

22.4L 22.4L

$\frac{P_1V_1}{T_1}=\frac{P_2V_2}{T_2}$

$\frac{1\times 22.4}{273}=\frac{10\times 22.4}{T_2}$ $\therefore T_2=2{,}730\text{K}$

• 단열

$\frac{T_2}{T_1}=\left(\frac{P_2}{P_1}\right)^{\frac{\gamma-1}{\gamma}}$

$T_2=T_1\left(\frac{P_2}{P_1}\right)^{\frac{\gamma-1}{\gamma}}$

$=273\left(\frac{10}{1}\right)^{\frac{1.67-1}{1.67}}$

$=687.64\text{K}$ $\therefore T_2=687.64\text{K}$

• 등온

1atm 0℃ → 0℃(273K) $\therefore T_2=273\text{K}$

정답 16 ① 17 ② 18 ① 19 ②

20 평형상태에 대한 설명 중 옳은 것은?

① $(dG^t)_{T.P}>0$이 성립한다.

② $(dG^t)_{T.P}<0$이 성립한다.

③ $(dG^t)_{T.P}=1$이 성립한다.

④ $(dG^t)_{T.P}=0$이 성립한다.

해설

- $(dG^t)_{T,P}=0$: 평형상태
- $(dG^t)_{T,P}<0$: 자발적 반응
- $(dG^t)_{T,P}>0$: 비자발적 반응

2과목 단위조작 및 화학공업양론

21 1mol의 NH_3를 다음과 같은 반응에서 산화시킬 때 O_2를 50% 과잉 사용하였다. 만일 반응의 완결도가 90%라 하면 남아 있는 산소는 몇 mol인가?

$NH_3+2O_2 \rightarrow HNO_3+H_2O$

① 0.6 ② 0.8

③ 1.0 ④ 1.2

해설

$NH_3+2O_2 \rightarrow HNO_3+H_2O$

1mol 2mol

2mol O_2×1.5=3mol O_2

반응완결도가 90%이므로 2mol×0.9만큼 소요되므로

3mol−2×0.9mol=1.2mol이 남아 있다.

22 이상기체의 정압열용량(C_p)과 정용열용량(C_v)에 대한 설명 중 틀린 것은?

① C_v가 C_p보다 기체상수(R)만큼 작다.

② 정용계를 가열하는 데 열량이 정압계보다 더 많이 소요된다.

③ C_p는 보통 개방계의 열출입을 결정하는 물리량이다.

④ C_v는 보통 폐쇄계의 열출입을 결정하는 물리량이다.

해설

- 이상기체
  $C_p=C_v+R$
- $\Delta H=\Delta U+\Delta(PV)$
  $=\Delta U+\Delta(nRT)$
  $Q_p=Q_v+\Delta(nRT)$
- 닫힌계(폐쇄계)
  $\Delta U+\Delta E_k+\Delta E_p=Q+W$
  $\Delta U=Q+W$
- 개방계
  $\Delta H+\Delta E_k+\Delta E_p=Q+W_s$
  $\Delta H=Q+W_s$

23 밀도 1.15g/cm³인 액체가 밑면의 넓이 930cm², 높이 0.75m인 원통 속에 가득 들어 있다. 이 액체의 질량은 약 몇 kg인가?

① 8.0 ② 80.1

③ 186.2 ④ 862.5

해설

질량=부피×밀도

$$=930\text{cm}^2\times\frac{1\text{m}^2}{100^2\text{cm}^2}\times0.75\text{m}\times(1.15\times1{,}000)\text{kg/m}^3$$

=80.2kg

24 760mmHg 대기압에서 진공계가 100mmHg 진공을 표시하였다. 절대압력은 몇 atm인가?

① 0.54 ② 0.69

③ 0.87 ④ 0.96

해설

P_{abs}(절대압)$=P_{atm}$(대기압)$+P_g$(게이지압)

$P_{진공}$(진공압)$=P_{atm}$(대기압)$-P_{abs}$(절대압)

$$100\text{mmHg}\times\frac{1\text{atm}}{760\text{mmHg}}=1\text{atm}-P_{abs}$$

$\therefore P_{abs}=0.87$atm

정답 20 ④ 21 ④ 22 ② 23 ② 24 ③

25 물질의 증발잠열(Heat of Vaporization)을 예측하는 데 사용되는 식은?

① Raoult의 식
② Fick의 식
③ Clausius－Clapeyron의 식
④ Fourier의 식

해설

① Raoult's Law

$$P = P_A x_A + P_B(1 - x_A)$$

$$y_A = \frac{p_A}{P} = \frac{P_A x_A}{P}$$

② Fick's Law

$$N_A = -D_G A \frac{dC_A}{dx}$$

③ Clausius－Clapeyron 식

$$\ln\left(\frac{P_2}{P_1}\right) = \frac{\Delta H}{R}\left(\frac{1}{T_1} - \frac{1}{T_2}\right)$$

④ Fourier's Law

$$q = kA\frac{dt}{l}$$

26 다음은 실제기체의 압축인자(Compressibility Fac－tor)를 나타내는 그림이다. 이들 기체 중에서 저온에서 분자 간 인력이 가장 큰 기체는?

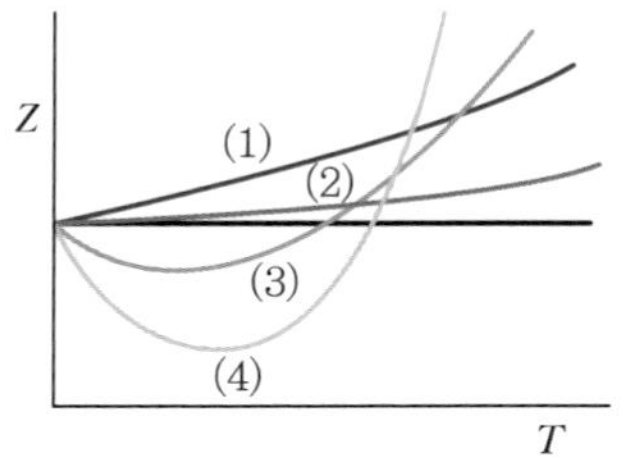

① (1)　　② (2)
③ (3)　　④ (4)

해설

(4)번이 저온에서 $Z=1$과 가장 멀리 위치하므로 이상기체에서 가장 멀리 떨어져 있다.

27 25℃, 대기압하에서 $0.38\text{mH}_2\text{O}$의 수두압으로 포화된 습윤공기 100m^3가 있다. 이 공기 중의 수증기량은 약 몇 kg인가?(단, 대기압은 755mmHg이고, 1기압은 수두로 $10.3\text{mH}_2\text{O}$이다.)

① 2.71　　② 12.2
③ 24.7　　④ 37.1

해설

$$PV = nRT$$

$$755 \times \frac{1}{760} \times 100 = n \times 0.082 \times 298$$

$$\therefore n = 4.065\text{kmol}$$

$$4.065\text{kmol} \times \frac{0.38\text{mH}_2\text{O}}{10.3\text{mH}_2\text{O}} = 0.15\text{kmol H}_2\text{O}$$

$$0.15\text{kmol H}_2\text{O} \times \frac{18\text{kg}}{1\text{kmol}} = 2.7\text{kg}$$

28 25℃에서 벤젠이 Bomb 열량계 속에서 연소되어 이산화탄소와 물이 될 때 방출된 열량을 실험으로 재어 보니 벤젠 1mol당 780,890cal이었다. 25℃에서의 벤젠의 표준연소열은 약 몇 cal인가?(단, 반응식은 다음과 같으며 이상기체로 가정한다.)

$$C_6H_6(l) + 7\frac{1}{2}O_2(g) \rightarrow 3H_2O(l) + 6CO_2(g)$$

① －781,778
② －781,588
③ －781,201
④ －780,003

해설

$$\Delta H = \Delta U + \Delta nRT$$

$$= (-780{,}890)\text{cal} + \left(6 - \frac{15}{2}\right)\text{mol} \times 1.987\text{cal/mol}\cdot\text{K} \times 298\text{K}$$

$$= -781{,}778\text{cal}$$

정답 25 ③ 26 ④ 27 ① 28 ①

29 이상기체 법칙이 적용된다고 가정할 경우 용적이 $5.5m^3$인 용기에 질소 28kg을 넣고 가열하여 압력이 10atm이 될 때 도달하는 기체의 온도(℃)는?

① 81.51 ② 176.31
③ 287.31 ④ 397.31

해설

$$PV = \frac{w}{M}RT$$

$$T = \frac{PVM}{wR}$$

$$= \frac{(10\text{atm})(5.5\text{m}^3)(28\text{kg/kmol})}{(28\text{kg})(0.082\text{m}^3 \cdot \text{atm/kmol} \cdot \text{K})}$$

$$= 670.7\text{K}$$

$$= 397.7℃$$

30 0℃, 800atm에서 O_2의 압축계수는 1.5이다. 이 상태에서 산소의 밀도(g/L)는 약 얼마인가?

① 632 ② 762
③ 827 ④ 1,715

해설

$$PV = Z\frac{w}{M}RT$$

$$d = \frac{w}{V} = \frac{PM}{ZRT}$$

$$= \frac{(800\text{atm})(32\text{g/mol})}{(1.5)(0.082\text{L} \cdot \text{atm/mol} \cdot \text{K})(273\text{K})}$$

$$= 762\text{g/L}$$

31 매우 넓은 2개의 평행한 회색체 평면이 있다. 평면 1과 2의 복사율은 각각 0.8, 0.6이고 온도는 각각 1,000K, 600K이다. 평면 1에서 2까지의 순복사량은 얼마인가? (단, Stefan－Boltzman 상수는 $5.67 \times 10^{-8}\text{W/m}^2 \cdot \text{K}^4$이다.)

① 12,874W/m² ② 25,749W/m²
③ 33,665W/m² ④ 47,871W/m²

해설

$$q = \sigma A \mathcal{F}_{1,2}(T_1^{\ 4} - T_2^{\ 4}),\ A_1 ≒ A_2$$

$$\mathcal{F}_{1,2} = \frac{1}{\dfrac{1}{F_{1,2}} + \left(\dfrac{1}{\varepsilon_1} - 1\right) + \dfrac{A_1}{A_2}\left(\dfrac{1}{\varepsilon_2} - 1\right)}$$

$$= \frac{1}{1 + \left(\dfrac{1}{0.8} - 1\right) + \left(\dfrac{1}{0.6} - 1\right)}$$

$$\therefore \frac{q}{A} = (5.67 \times 10^{-8}\text{W/m}^2 \cdot \text{K}^4)\left(\frac{1}{\dfrac{1}{0.8} + \dfrac{1}{0.6} - 1}\right)$$

$$\times (1{,}000^4 - 600^4)$$

$$= 25{,}749\text{W/m}^2$$

32 가로 30cm, 세로 60cm인 직사각형 단면을 갖는 도관에 세로 35cm까지 액체가 차서 흐르고 있다. 상당직경(Equivalent Diameter)은 얼마인가?

① 62cm ② 52cm
③ 42cm ④ 32cm

해설

$$D_e = 4 \times \frac{\text{유로의 단면적}}{\text{젖은 벽의 둘레}}$$

$$= 4 \times \frac{30 \times 35}{35 \times 2 + 30}$$

$$= 42\text{cm}$$

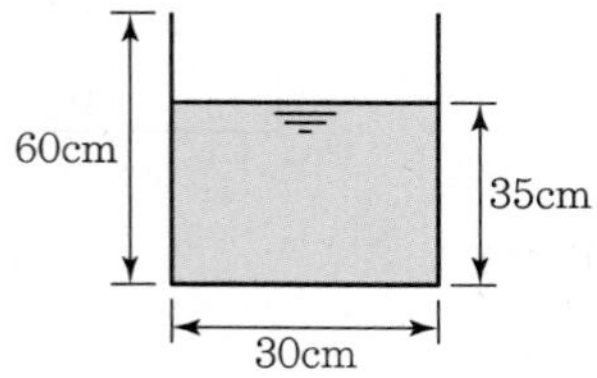

정답 29 ④ 30 ② 31 ② 32 ③

33 다음 그림과 같은 건조속도 곡선(X는 자유수분, R은 건조속도)을 나타내는 고체는?(단, 건조는 $A \rightarrow B \rightarrow C \rightarrow D$ 순서로 일어난다.)

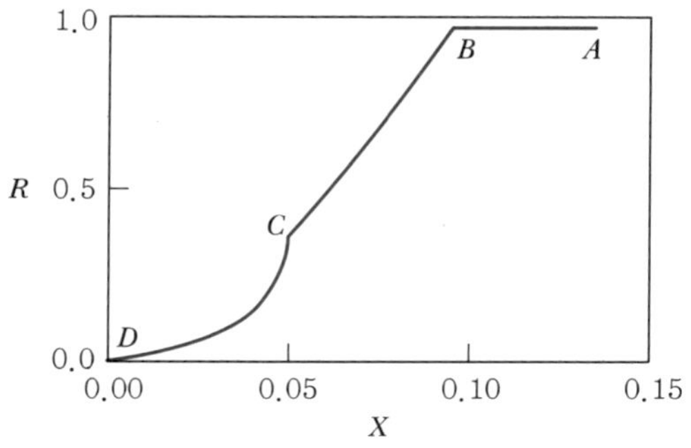

① 비누 ② 소성점토
③ 목재 ④ 다공성 촉매입자

해설

보기의 그림은 다공성 세라믹판의 건조속도 곡선이다.

34 단일효용증발기에서 10wt% 수용액을 50wt% 수용액으로 농축한다. 공급용액은 55,000kg/h, 증발기에서 용액의 비점이 52℃이고, 공급용액의 온도가 52℃일 때 증발된 물의 양은?

① 11,000kg/h ② 22,000kg/h
③ 44,000kg/h ④ 55,000kg/h

해설

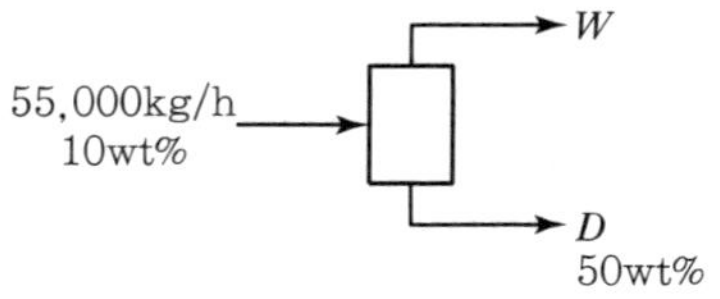

대응성분

$55{,}000 \times 0.1 = D \times 0.5$

$\therefore D = 11{,}000\text{kg/h}$

$\therefore w = 55{,}000 - 11{,}000 = 44{,}000\text{kg/h}$

35 분배의 법칙이 성립하는 영역은 어떤 경우인가?

① 결합력이 상당히 큰 경우
② 용액의 농도가 묽을 경우
③ 용질의 분자량이 큰 경우
④ 화학적으로 반응할 경우

해설

분배법칙

농도가 묽을 경우 추출액상에서의 용질의 농도와 추잔액상에서의 용질의 농도비는 일정하다.

분배율

$$k = \frac{y}{x} = \frac{\text{추출상에서 용질의 농도}}{\text{추잔상에서 용질의 농도}}$$

36 다음 중 디스크의 형상을 원뿔모양으로 바꾸어서 유체가 통과하는 단면이 극히 작은 구조로 되어 있기 때문에 고압 소유량의 유체를 누설 없이 조절할 목적에 사용하는 것은?

① 콕밸브(Cock Valve)
② 체크밸브(Check Valve)
③ 게이트밸브(Gate Valve)
④ 니들밸브(Needle Valve)

해설

니들밸브

구형 밸브의 일종으로 밸브체의 끝이 원뿔모양이다. 유량이 적거나 고압인 경우 유량을 줄이면서 소량 조정하는 데 적합하다.

정답 33 ④ 34 ③ 35 ② 36 ④

37 교반기 중 점도가 높은 액체의 경우에는 적합하지 않으나 점도가 낮은 액체의 다량 처리에 많이 사용되는 것은?

① 프로펠러(Propeller)형 교반기
② 리본(Ribbon)형 교반기
③ 앵커(Anchor)형 교반기
④ 나선형(Screw)형 교반기

해설

- 프로펠러형 교반기
  점도가 높은 액체나 무거운 고체가 섞인 액체의 교반에는 적당치 못하며, 점도가 낮은 액체의 다량처리에 적합하다.
- 리본형 교반기, 나선형 교반기
  점도가 큰 액체에 사용, 교반, 운반

38 증류탑의 Ideal Stage(이상단)에 대한 설명으로 옳지 않은 것은?

① Stage(단)를 떠나는 두 Stream(흐름)은 서로 평행 관계를 이루고 있다.
② 재비기(Reboiler)는 한 Ideal Stage로 계산한다.
③ 부분응축기(Partial Condenser)는 한 Ideal Stage로 계산한다.
④ 전응축기(Total Condenser)는 한 Ideal Stage로 계산한다.

해설

- 전응축기는 단수로 계산하지 않는다.
- 부분응축기는 증류장치의 추가 이론단에 해당하며, 재비기는 이론단 1단에 해당한다.

39 비중이 1인 물이 흐르고 있는 관의 양단에 비중이 13.6인 수은으로 구성된 U자형 마노미터를 설치하여 수은의 높이 차를 측정해 보니 약 33cm이었다. 관 양단의 압력 차는 약 몇 atm인가?

① 0.2　　② 0.4
③ 0.6　　④ 0.8

해설

$$\Delta P = \frac{g}{g_c}(\rho_A - \rho_B)R$$
$$= \frac{\text{kg}_\text{f}}{\text{kg}}(13.6-1)\times 1{,}000\text{kg/m}^3\times 0.33\text{m}$$
$$= 4158\text{kg}_\text{f}/\text{m}^2\times\frac{1\text{m}^2}{100^2\text{cm}^2}$$
$$= 0.4158\text{kg}_\text{f}/\text{cm}^2$$
$$0.4158\text{kg}_\text{f}/\text{cm}^2\times\frac{1\text{atm}}{1.0332\text{kg}_\text{f}/\text{cm}^2} = 0.4\text{atm}$$

40 탑 내에서 기체속도를 점차 증가시키면 탑 내 액정체량(Hold Up)이 증가함과 동시에 압력손실도 급격히 증가하여 액체가 아래로 이동하는 것을 방해할 때의 속도를 무엇이라고 하는가?

① 평균속도　　② 부하속도
③ 초기속도　　④ 왕일속도

해설

- 편류 : 액이 한곳으로만 흐르는 현상
- 부하속도 : 기체의 속도를 점차 증가시키면 탑 내에 액체의 정체량이 증가하여 액체가 아래로 이동하는 것을 방해하는 점이 나타나는데 이때의 속도를 부하속도라 한다.
- 왕일속도 : 기체의 속도가 아주 커서 액이 거의 흐르지 않고 넘치는 점이 생기며 이때의 속도를 왕일속도라 한다.

3과목 공정제어

41 적분공정($G(s) = 1/s$)을 제어하는 경우에 대한 설명으로 틀린 것은?

① 비례제어만으로 설정값의 계단변화에 대한 잔류오차(Offset)를 제거할 수 있다.
② 비례제어만으로 입력외란의 계단변화에 대한 잔류오차(Offset)를 제거할 수 있다.(입력외란은 공정입력과 같은 지점으로 유입되는 외란)

정답 37 ① 38 ④ 39 ② 40 ② 41 ②

③ 비례제어만으로 출력외란의 계단변화에 대한 잔류오차(Offset)를 제거할 수 있다(출력외란은 공정출력과 같은 지점으로 유입되는 외란).

④ 비례－적분제어를 수행하면 직선적으로 상승하는 설정값 변화에 대한 잔류오차(Offset)를 제거할 수 있다.

해설

비례제어만으로 Offset을 제거할 수 없으므로 비례－적분제어를 수행하여 Offset을 제거한다.

42 다음 공정과 제어기를 고려할 때 정상상태(Steady State)에서 $y(t)$ 값은 얼마인가?

제어기 : $u(t)= 1.0(1.0-y(t)) + \dfrac{1.0}{2.0}\displaystyle\int_0^t (1-y(\tau))d\tau$

공정 : $\dfrac{d^2y(t)}{dt^2}+2\dfrac{dy(t)}{dt}+y(t)=u(t-0.1)$

① 1　　② 2

③ 3　　④ 4

해설

$$U(s)=\frac{1}{s}-Y(s)+\frac{1}{2}\left[\frac{1}{s^2}-\frac{1}{s}Y(s)\right]$$

$$=\frac{1}{s}-Y(s)+\frac{1}{2s^2}-\frac{1}{2s}Y(s)$$

$$\mathcal{L}\,[u(t-0.1)]=\left[\frac{1}{s}-Y(s)+\frac{1}{2s^2}-\frac{1}{2s}Y(s)\right]e^{-0.1s}$$

$$s^2Y(s)+2sY(s)+Y(s)=\mathcal{L}\,[u(t-0.1)]$$

$$\therefore\ (s^2+2s+1)Y(s)$$

$$=\frac{1}{s}e^{-0.1s}-Y(s)e^{-0.1s}+\frac{1}{2s^2}e^{-0.1s}-\frac{1}{2s}Y(s)e^{-0.1s}$$

정리하면

$$Y(s)=\frac{\frac{1}{s}e^{-0.1s}+\frac{1}{2s^2}e^{-0.1s}}{s^2+2s+1+e^{-0.1s}+\frac{1}{2s}e^{-0.1s}}$$

$$\lim_{t\to\infty}y(t)=\lim_{s\to 0}sY(s)$$

$$=\lim_{s\to 0}\frac{e^{-0.1s}+\frac{1}{2s}e^{-0.1s}}{s^2+2s+1+e^{-0.1s}+\frac{1}{2s}e^{-0.1s}}$$

$$=\lim_{s\to 0}\frac{2se^{-0.1s}+e^{-0.1s}}{2s^3+4s^2+2s+2se^{-0.1s}+e^{-0.1s}}=1$$

43 다음 중 제어밸브를 나타낸 것은?

① 　　② 

③ 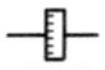 FN　　④ 

해설

-  : 문 또는 구형밸브
-  : 앵글밸브
- 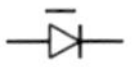 : 막음밸브
- 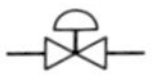 : 제어밸브

44 Feedback 제어에 대한 설명 중 옳지 않은 것은?

① 중요변수(CV)를 측정하여 이를 설정값(SP)과 비교하여 제어동작을 계산한다.

② 외란(DV)을 측정할 수 없어도 Feedback 제어를 할 수 있다.

③ PID 제어기는 Feedback 제어기의 일종이다.

④ Feedback 제어는 Feedforward 제어에 비해 성능이 이론적으로 항상 우수하다.

해설

- Feedback 제어
  외부교란이 도입되어 공정에 영향을 미치게 되고 이에 따라 제어변수가 변하게 되면 제어작용을 수행한다.
- Feedforward 제어
  외부교란을 측정하고 이 측정값을 이용하여 외부교란이 공정에 미치게 될 영향을 사전에 보정해 주는 제어방법이다.

정답 42 ① 43 ④ 44 ④

45 입력과 출력 사이의 전달함수의 정의로서 가장 적절한 것은?

① $\dfrac{\text{출력의 라플라스 변환}}{\text{입력의 라플라스 변환}}$

② $\dfrac{\text{출력}}{\text{입력}}$

③ $\dfrac{\text{편차형태로 나타낸 출력의 라플라스 변환}}{\text{편차형태로 나타낸 입력의 라플라스 변환}}$

④ $\dfrac{\text{시간함수의 출력}}{\text{시간함수의 입력}}$

해설

전달함수

$$G(s)=\frac{Y(s)}{X(s)}$$
$$=\frac{\text{편차형태로 나타낸 출력의 라플라스변환}}{\text{편차형태로 나타낸 입력의 라플라스변환}}$$

46 특성방정식이 $1+\dfrac{G_c}{(2s+1)(5s+1)}=0$와 같이 주어지는 시스템에서 제어기 G_c로 비례 제어기를 이용할 경우 진동응답이 예상되는 경우는?(단, K_c는 제어기의 비례이득이다.)

① $K_c=0$

② $K_c=1$

③ $K_c=-1$

④ K_c에 관계없이 진동이 발생된다.

해설

$(2s+1)(5s+1)+K_c=0$

$10s^2+7s+1+K_c=0$

$$s=\frac{-7\pm\sqrt{49-4\cdot 10(1+K_c)}}{20}$$

진동응답 $49-40(1+K_c)<0$ $\therefore K_c>0.225$

그러므로 $K_c=1$은 $K_c>0.225$에 만족한다.

47 모델식이 다음과 같은 공정의 Laplace 전달함수로 옳은 것은?(단, y는 출력변수, x는 입력변수이며 $Y(s)$와 $X(s)$는 각각 y와 x의 Laplace 변환이다.)

$$a_2\frac{d^2y}{dt^2}+a_1\frac{dy}{dt}+a_0y=b_1\frac{dx}{dt}+b_0x$$
$$\frac{dy}{dt}(0)=y(0)=x(0)=0$$

① $\dfrac{Y(s)}{X(s)}=\dfrac{a_2s^2+a_1s+a_0}{b_1s+b_0}$

② $\dfrac{Y(s)}{X(s)}=\dfrac{b_1+b_0s}{a_2+a_1s+a_0s^2}$

③ $\dfrac{Y(s)}{X(s)}=\dfrac{b_1s+b_0}{a_2s^2+a_1s+a_0}$

④ $\dfrac{Y(s)}{X(s)}=\dfrac{b_1+b_0s}{a_2s^2+a_1s+a_0}$

해설

$a_2s^2Y(s)+a_1sY(s)+a_0Y(s)=b_1sX(s)+b_0X(s)$

$$\therefore \frac{Y(s)}{X(s)}=\frac{b_1s+b_0}{a_2s^2+a_1s+a_0}$$

48 연속 입출력 흐름과 내부 가열기가 있는 저장조의 온도제어 방법 중 공정제어 개념이라고 볼 수 없는 것은?

① 유입되는 흐름의 유량을 측정하여 저장조의 가열량을 조절한다.

② 유입되는 흐름의 온도를 측정하여 저장조의 가열량을 조절한다.

③ 유출되는 흐름의 온도를 측정하여 저장조의 가열량을 조절한다.

④ 저장조의 크기를 증가시켜 유입되는 흐름의 온도 영향을 줄인다.

해설

- 유입되는 유량, 온도를 측정하여 가열량을 조절한다.
- 유출온도를 측정하여 가열량을 조절한다.

정답 45 ③ 46 ② 47 ③ 48 ④

49 PID 제어기의 전달함수의 형태로 옳은 것은?(단, K_c는 비례이득, τ_I는 적분시간상수, τ_D는 미분시간상수를 나타낸다.)

① $K_c\left(s+\dfrac{1}{\tau_I}+\dfrac{\tau_D}{s}\right)$

② $K_c\left(s+\dfrac{1}{\tau_I}\int s\,dt+\tau_D\dfrac{ds}{dt}\right)$

③ $K_c\left(1+\dfrac{1}{\tau_I s}+\tau_D s\right)$

④ $K_c(1+\tau_I s+\tau_D s^2)$

해설

- 비례 제어기
  $G_c(s)=K_c$
- 비례적분 제어기
  $G_c(s)=K_c\left(1+\dfrac{1}{\tau_I s}\right)$
- 비례미분적분 제어기
  $G_c(s)=K_c\left(1+\dfrac{1}{\tau_I s}+\tau_D s\right)$

50 시간지연이 θ이고 시상수가 τ인 시간지연을 가진 1차계의 전달함수는?

① $G(s)=\dfrac{e^{\theta s}}{s+\tau}$　② $G(s)=\dfrac{e^{\theta s}}{\tau s+1}$

③ $G(s)=\dfrac{e^{-\theta s}}{s+\tau}$　④ $G(s)=\dfrac{e^{-\theta s}}{\tau s+1}$

해설

- 1차계의 전달함수
  $G(s)=\dfrac{K}{\tau s+1}$
- 시간지연이 있다면
  $G(s)=\dfrac{K}{\tau s+1}e^{-\theta s}$

51 1차계의 시상수 τ에 대하여 잘못 설명한 것은?

① 계의 저항과 용량(Capacitance)과의 곱과 같다.

② 입력이 단위계단함수일 때 응답이 최종치의 85%에 도달하는 데 걸리는 시간과 같다.

③ 시상수가 큰 계일수록 출력함수의 응답이 느리다.

④ 시간의 단위를 갖는다.

해설

1차계의 시상수 τ

- 계의 저항×용량과 같다.
- τ는 시간의 단위를 갖는다.
- 시간상수가 크면 입력변화에 대한 공정의 응답속도는 더욱 느려진다.
- 입력이 단위계단함수일 때 최종치의 63.2%에 도달하는 데 걸리는 시간이 τ이다.

52 다음 공정에 단위계단 입력이 가해졌을 때 최종치는?

$$G(s)=\frac{2}{3s^2+s+2}$$

① 0　② 1

③ 2　④ 3

해설

$$Y(s)=G(s)X(s)=\frac{2}{3s^2+s+2}\cdot\frac{1}{s}$$

$$\lim_{t\to\infty}f(t)=\lim_{s\to 0}sF(s)=\lim_{s\to 0}\frac{2}{3s^2+s+2}=1$$

53 단위계단 입력에 대한 응답 $y_s(t)$를 얻었다. 이것으로부터 크기가 1이고 폭이 a인 펄스 입력에 대한 응답 $y_p(t)$는?

① $y_p(t)=y_s(t)$

② $y_p(t)=y_s(t-a)$

③ $y_p(t)=y_s(t)-y_s(t-a)$

④ $y_p(t)=y_s(t)+t_s(t-a)$

정답 49 ③ 50 ④ 51 ② 52 ② 53 ③

해설

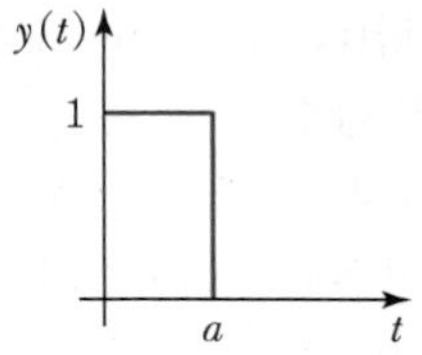

전달함수 $G(s)$

$$X(x)=\frac{1}{s}-\frac{1}{s}e^{-as}$$

$$Y(s)=G(s)\left[\frac{1-e^{-as}}{s}\right]$$

$$=G(s)\frac{1}{s}-G(s)\frac{e^{-as}}{s}$$

$$y(t)=y_s(t)-y_s(t-a)$$

54 선형계의 제어시스템의 안정성을 판별하는 방법이 아닌 것은?

① Routh－Hurwitz 시험법 적용
② 특성방정식 근궤적 그리기
③ Bode나 Nyquist 선도 그리기
④ Laplace 변환 적용

해설

안정성 판별 방법
- 특성방정식의 근궤적도
- Routh－Hurwitz의 안정성 판별법
- 직접치환법
- Nyquist 안정성 판별법
- Bode 선도

55 어떤 액위저장탱크로부터 펌프를 이용하여 일정한 유량으로 액체를 뽑아내고 있다. 이 탱크로는 지속적으로 일정량의 액체가 유입되고 있다. 탱크로 유입되는 액체의 유량이 기울기가 1인 1차 선형변화를 보인 경우 정상 상태로부터의 액위의 변화 $H(t)$를 옳게 나타낸 것은?(단, 탱크의 단면적은 A이다.)

① $\frac{1}{At^2}$ ② $\frac{At}{2}$
③ $\frac{t^2}{2A}$ ④ $\frac{1}{At^3}$

해설

$$A\frac{dh}{dt}=q_i-q_o$$

$$\frac{H(s)}{Q_i(s)}=\frac{1}{As}$$

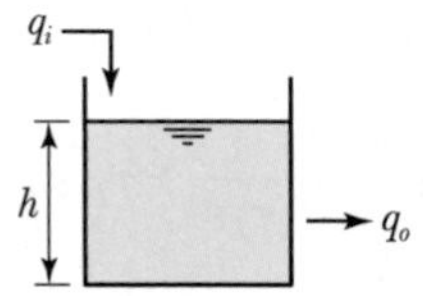

$Q_i(s)=\frac{1}{s^2}$ 이므로

$$H(s)=\frac{1}{As^3},\ h(t)=\frac{t^2}{2A}$$

56 다음 그림은 외란의 단위계단 변화에 대해 여러 형태의 제어기에 의해 얻어진 공정출력이다. 이때 A는 무엇을 나타내는가?

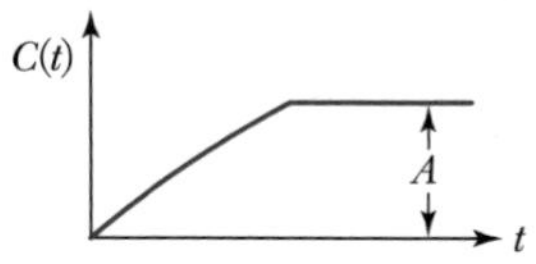

① Phase Lag ② Phase Lead
③ Gain ④ Offset

해설

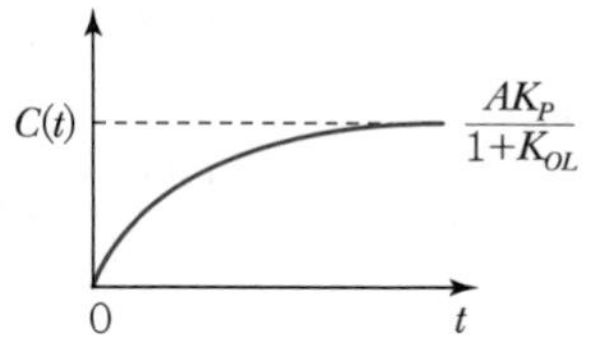

$$C(\infty)=\frac{AK_p}{1+K_{OL}}$$

정상상태 오차인 잔류편차 Offset은

$$\text{Offset}=0-c(\infty)$$

$$=0-\frac{AK_p}{1+K_{OL}}=-\frac{AK_p}{1+K_{OL}}$$

단위계단 변화이므로 $A=1$

$$\therefore\ \text{Offset}=\frac{-K_p}{1+K_{OL}}$$

정답 54 ④ 55 ③ 56 ④

57 개루프 전달함수가 $G(s)=\dfrac{K}{s^2-s}$일 때 Negative Feedback 폐루프 전달함수를 구한 것은?

① $\dfrac{K}{s^2+s+1}$ ② $\dfrac{s+K}{s^2+s}$

③ $\dfrac{s+K}{s^2+s+1}$ ④ $\dfrac{K}{s^2-s+K}$

해설

폐루프 전달함수

$$G(s)=\frac{\frac{K}{s^2-s}}{1+\frac{K}{s^2-s}}=\frac{\frac{K}{s^2-s}}{\frac{s^2-s+K}{s^2-s}}=\frac{K}{s^2-s+K}$$

58 여름철에 사용되는 일반적인 에어컨(Air Conditioner)의 동작에 대한 설명 중 틀린 것은?

① 온도 조절을 위한 피드백 제어 기능이 있다.
② 희망온도가 피드백 제어의 설정값에 해당된다.
③ 냉각을 위하여 에어컨으로 흡입되는 공기의 온도변화가 외란에 해당된다.
④ On/Off 제어가 주로 사용된다.

해설

냉각을 위하여 에어컨으로 흡입되는 공기의 온도변화는 입력변수에 해당된다.

59 제어 결과로 항상 Cycling이 나타나는 제어기는?

① 비례 제어기 ② 비례－미분 제어기
③ 비례－적분 제어기 ④ On－Off 제어기

해설

On－Off 제어기
간단한 제어기로 실험실 가정용기기에서 널리 이용되나, 출력값이 두 가지(On, Off)이므로 제어변수에 나타나는 지속적인 진동(Cycling)과 최종제어요소의 빈번한 작동에 따른 마모가 단점이다.

60 $S^3+4S^2+2S+6=0$으로 특성방정식이 주어지는 계의 Routh 판별을 수행할 때 다음 배열의 (a), (b)에 들어갈 숫자는?

<행>

①	1	2
②	4	6
③	(a)	
④	(b)	

① $a=\frac{1}{2}$, $b=3$ ② $a=\frac{1}{2}$, $b=6$
③ $a=-\frac{1}{2}$, $b=3$ ④ $a=-\frac{1}{2}$, $b=6$

해설

①	1	2
②	4	6
③	$\frac{4\times2-1\times6}{4}=\frac{1}{2}$	0
④	$\frac{\frac{1}{2}\times6-4\times0}{\frac{1}{2}}=6$	

4과목 공업화학

61 석유의 접촉개질(Catalytic Reforming)에 대한 설명으로 옳지 않은 것은?

① 수소화 분해나 이성화를 최대한 억제한다.
② 가솔린 유분의 옥탄가를 높이기 위한 것이다.
③ 온도, 압력 등은 중요한 운전조건이다.
④ 방향족화(Aromatization)가 일어난다.

해설

접촉개질
촉매를 이용하여 옥탄가가 낮은 가솔린, 나프타 등을 방향족 탄화수소나 이소파라핀을 많이 함유하는 옥탄가가 높은 가솔린으로 개질시킨다.

정답 57 ④ 58 ③ 59 ④ 60 ② 61 ①

62 벤젠으로부터 아닐린을 합성하는 단계를 순서대로 옳게 나타낸 것은?

① 수소화, 니트로화　② 암모니아화, 아민화
③ 니트로화, 수소화　④ 아민화, 암모니아화

해설

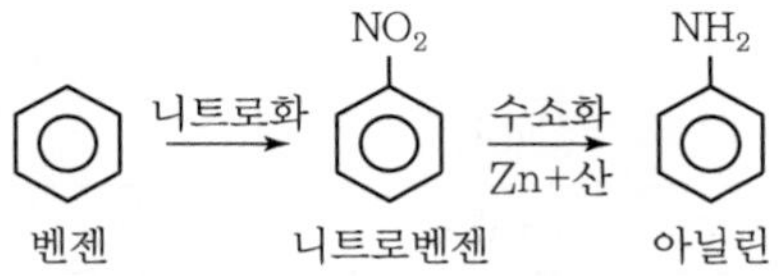

63 다음 중 고분자의 일반적인 물리적 성질에 관련된 설명으로 가장 거리가 먼 것은?

① 중량평균분자량에 비해 수평균분자량이 크다.
② 분자량의 범위가 넓다.
③ 녹는점이 뚜렷하지 않아 분리정제가 용이하지 않다.
④ 녹슬지 않고, 잘 깨지지 않는다.

해설

고분자
- 분자량이 1만 이상인 큰 분자이다.
- 분자량이 일정하지 않아 녹는점, 끓는점이 일정하지 않다.
- 반응을 잘 하지 않아 안정적이다.

64 다음 중 가스용어 LNG의 의미에 해당하는 것은?

① 액화석유가스　② 액화천연가스
③ 고화천연가스　④ 액화프로판가스

해설

- LNG(Liquefied Natural Gas) : 액화천연가스
- LPG(Liquefied Petroleum Gas) : 액화석유가스

65 소다회 제조법 중 거의 100%의 식염의 이용이 가능한 것은?

① Solvay법　② Le Blanc법
③ 염안소다법　④ 가성화법

해설

소다회 제조법(Na_2CO_3)

㉠ Le Blanc법
NaCl을 황산 분해하여 망초(Na_2SO_4)를 얻고 이를 석탄, 석회석으로 복분해하여 소다회를 제조하는 방법

㉡ Solvay법(암모니아소다법)
함수에 암모니아를 포화시켜 암모니아 함수를 만들고 탄산화 탑에서 이산화탄소를 도입시켜 중조를 침전 여과한 후 이를 가소하여 소다회를 얻는 방법

㉢ 암모니아소다법의 개량법
- 염안소다법 : 식염의 이용률을 100%까지 향상시키고 염소는 염화암모늄(NH_4Cl)을 부생시켜 비료로 이용한다.
- 액안소다법 : NaCl을 액체암모니아에 용해하면 $CaCl_2$, $MgCl_2$, $CaSO_4$, $MgSO_4$ 등은 용해도가 작으므로 용해와 정제를 동시에 할 수 있다.

66 염화수소가스를 물 50kg에 용해시켜 20%의 염산 용액을 만들려고 한다. 이때 필요한 염화수소는 약 몇 kg인가?

① 12.5　② 13.0
③ 13.5　④ 14.0

해설

$\frac{x}{x+50} = 0.2$

$\therefore\ x = 12.5$

67 다음 고분자 중 T_g(Glass Transition Temper-ature)가 가장 높은 것은?

① Polycarbonate
② Polystyrene
③ Poly vinyl chloride
④ Polyisoprene

해설

①>②>③>④

정답 62 ③ 63 ① 64 ② 65 ③ 66 ① 67 ①

68 HNO_3 14.5%, H_2SO_4 50.5%, $HNOSO_4$ 12.5%, H_2O 20.0%, Nitrobody 2.5%의 조성을 가지는 혼산을 사용하여 Toluene으로부터 mono－Nitrotoluene을 제조하려고 한다. 이때 1,700kg의 Toluene을 12,000kg의 혼산으로 니트로화했다면 DVS(Dehydrating Value of Sulfuric acid)는?

① 1.87　　② 2.21
③ 3.04　　④ 3.52

해설

$$DVS = \frac{\text{혼합산 중 황산의 양}}{\text{반응 후 혼합산 중 물의 양}}$$

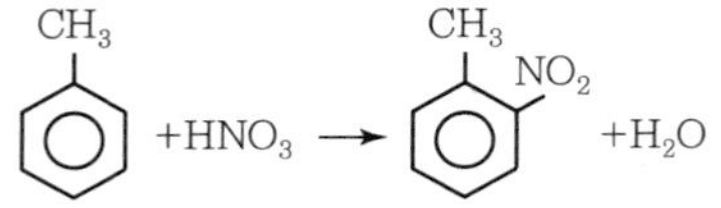

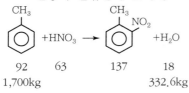

92	63	137	18
1,700kg			332.6kg

$$\therefore \ DVS = \frac{12{,}000 \times 0.505}{12{,}000 \times 0.2 + 332.6} = 2.21$$

69 다음 중 1차 전지가 아닌 것은?

① 산화은전지　　② Ni－MH전지
③ 망간전지　　④ 수은전지

해설

- 1차 전지 : 건전지, 망간전지, 알칼리전지, 산화은전지, 수은·아연전지, 리튬전지
- 2차 전지 : 납축전지, Ni－Cd전지, Ni－MH전지, 리튬 2차전지

70 합성염산을 제조할 때는 폭발의 위험이 있으므로 주의해야 한다. 염산 합성 시 폭발을 방지하는 방법에 대한 설명으로 가장 거리가 먼 것은?

① 불활성 가스를 주입하여 조업온도를 낮춘다.
② H_2를 과잉으로 주입하여 Cl_2가 미반응 상태로 남지 않도록 한다.
③ 반응완화 촉매를 주입한다.
④ HCl의 생성속도를 빠르게 한다.

해설

합성염산 제조 시 폭발 방지방법

- $Cl_2 : H_2 = 1 : 1.2$
- 불활성 가스로 Cl_2를 희석한다.
- 반응완화 촉매를 사용한다.
- 연소 시 H_2를 먼저 점화 후 Cl_2와 연소시킨다.

71 석회질소 비료에 대한 설명 중 틀린 것은?

① 토양의 살균효과가 있다.
② 과린산석회, 암모늄염 등과의 배합비료로 적당하다.
③ 저장 중 이산화탄소, 물을 흡수하여 부피가 증가한다.
④ 분해 시 생성되는 디시안디아미드는 식물에 유해하다.

해설

$CaCN_2$(석회질소)

- 염기성비료, 산성토양에 효과적이다.
- 토양의 살균, 살충효과가 있다.
- 분해 시 디시안아미드(독성)가 생성된다.
- 배합비료로는 부적합하다.
- 디시안아미드는 디시안디아미드를 거쳐 요소로 변화되어 식물에 흡수된다.
- 질소비료, 시안화물을 만드는 데 주로 사용된다.
- 저장 중 이산화탄소, 물을 흡수하여 부피가 증가한다.

72 산성토양이 된 곳에 알칼리성 비료를 사용하고자 할 때 다음 중 가장 적합한 비료는?

① 과린산석회　　② 염안
③ 석회질소　　④ 요소

해설

- 산성 : 과린산석회, 중과린산석회
- 중성 : 황안, 염안, 요소, 염화칼륨
- 알칼리성 : 석회질소, 용성인비, 석회

73 반도체 제조과정 중에서 식각공정 후 행해지는 세정공정에 사용되는 Piranha 용액의 주원료에 해당하는 것은?

① 질산, 암모니아　　② 불산, 염화나트륨
③ 에탄올, 벤젠　　④ 황산, 과산화수소

정답 68 ② 69 ② 70 ④ 71 ② 72 ③ 73 ④

해설

Piranha 용액
- 식각공정 후 세정공정에서 사용되는 용액
- 황산과 과산화수소를 7 : 3의 비율로 섞어 만든 용액

74 Acetylene을 주원료로 하여 수은염을 촉매로 물과 반응시켜 얻는 것은?

① Methanol ② Stylene
③ Acetaldehyde ④ Acetophenone

해설

$$C_2H_2 + H_2O \xrightarrow[\text{수화반응}]{\text{수은염촉매}} CH_3CHO$$

아세틸렌 아세트알데히드

75 황산의 원료인 아황산가스를 황화철광(Ironpyrite)을 공기로 완전 연소하여 얻고자 한다. 황화철광의 10%가 불순물이라 할 때 황화철광 1톤을 완전 연소하는 데 필요한 이론 공기량은 표준상태 기준으로 약 몇 m^3인가? (단, Fe의 원자량은 56이다.)

① 460 ② 580
③ 2,200 ④ 2,480

해설

$4FeS_2 + 11O_2 \rightarrow 2Fe_2O_3 + 8SO_2$
황화철광

$4\times(56+32\times2)kg : 11\times32kg$

$1,000kg\times0.9 : x$

$\therefore x = 660kgO_2$

$660kgO_2 \times \dfrac{1}{0.233} = 2,832.6kg\ Air$

$2,832.6kg \times \dfrac{1kmol}{29kg} \times \dfrac{22.4m^3}{1kmol} = 2,188m^3$

76 선형 저밀도 폴리에틸렌에 관한 설명이 아닌 것은?

① 촉매 없이 1－옥텐을 첨가하여 라디칼 중합법으로 제조한다.
② 규칙적인 가지를 포함하고 있다.
③ 낮은 밀도에서 높은 강도를 갖는 장점이 있다.
④ 저밀도 폴리에틸렌보다 강한 인장강도를 갖는다.

해설

폴리에틸렌
- HDPE(고밀도 폴리에틸렌) : 고강도, 변형성 우수
- LDPE(저밀도 폴리에틸렌) : 투명성 우수
- LLDPE(선형 저밀도 폴리에틸렌) : 포장재료나 공업용, 농업용 필름에 적합

77 Fischer－Tropsch 반응을 옳게 표현한 것은?

① $nCO + (2n+1)H_2 \rightarrow C_nH_{2n+2} + nH_2O$
② $C_nH_{2n+2} + H_2O \rightarrow CH_4 + CO_2$
③ $CH_3OH + H_2 \rightarrow HCHO + H_2O$
④ $CO_2 + H_2 \rightarrow CO + H_2O$

해설

Fischer－Tropsch 반응
일산화탄소와 수소로부터 탄화수소 혼합물을 얻는 방법

78 접촉식 황산 제조법에서 주로 사용되는 촉매는?

① Fe ② V_2O_5
③ KOH ④ Cr_2O_3

해설

접촉식 황산 제조법
V_2O_5 촉매를 많이 사용하고 있다.

V_2O_5(오산화바나듐)
- 촉매독 물질에 대한 저항이 크다.
- 10년 이상 사용, 고온에서 안정, 내산성이 크다.
- 다공성이며 비표면적이 크다.

79 공기 중에서 프로필렌을 산화시켜서 알코올과 작용시켰을 때 얻는 주 생성물은?

① $CH_3-R-COOH$ ② CH_3-CH_2-COOR
③ $CH_2=R-COOH$ ④ $CH_2=CH-COOR$

정답 74 ③ 75 ③ 76 ① 77 ① 78 ② 79 ④

해설

$$CH_2=CH-CH_3 \xrightarrow[O_2]{\text{산화}} CH_2=CH-CHO \xrightarrow[\frac{1}{2}O_2]{\text{산화}}$$

프로필렌　　　　　아크롤레인

$$CH_2=CH-COOH \xrightarrow[C-H_2SO_4]{ROH} CH_2=CH-COOR$$

아크릴산　　　　　아크릴산에스터

80 다음 중 소다회 제조법으로써 암모니아를 회수하는 것은?

① 르 블랑법　　② 솔베이법
③ 수은법　　④ 격막법

해설

- Solvay법(암모니아소다법) : 함수에 암모니아를 포화시켜 암모니아 함수를 만들고 탄산화탑에서 이산화탄소를 도입시켜 중조를 침전 여과한 후 이를 가소화하여 소다회를 얻는 방법
- 수은법, 격막법 : 가성소다 제조법

5과목 반응공학

81 혼합흐름반응기에서 반응 속도식이 $-r_A = kC_A{}^2$인 반응에 대해 50% 전화율을 얻었다. 모든 조건을 동일하게 하고 반응기의 부피만 5배로 했을 경우 전화율은?

① 0.6　　② 0.73
③ 0.8　　④ 0.93

해설

CSTR 2차

$$k\tau C_{A0} = \frac{X_A}{(1-X_A)^2}$$

$$k\tau C_{A0} = \frac{0.5}{(1-0.5)^2} = 2$$

반응기부피를 5배로 했으므로 5τ가 된다.

$$k5\tau C_{A0} = \frac{X_A}{(1-X_A)^2}$$

$$5\times 2 = \frac{X_A}{(1-X_A)^2}$$

$$10X_A{}^2 - 21X_A + 10 = 0$$

$$X = \frac{21 \pm \sqrt{21^2 - 4\cdot 10\cdot 10}}{20} = 0.73$$

82 다음 반응에서 R의 순간 수율$\left(\frac{\text{생성된 } R\text{의 몰수}}{\text{반응한 } A\text{의 몰수}}\right)$은?

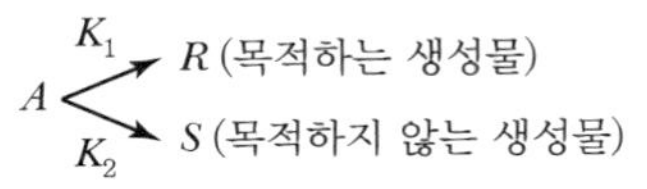

① $\dfrac{dC_R}{-dC_A}$　　② $\dfrac{dC_S}{dC_R}$

③ $\dfrac{dC_S}{dC_A}$　　④ $\dfrac{dC_R}{-dC_S}$

해설

$$\phi\left(\frac{R}{A}\right) = \frac{dC_R}{-dC_A}$$

83 1개의 혼합흐름반응기에 크기가 2배되는 반응기를 추가로 직렬로 연결하여 A 물질을 액상분해 반응시켰다. 정상상태에서 원료의 농도가 1mol/L이고, 제1반응기의 평균 공간시간이 96초이었으며 배출농도가 0.5mol/L이었다. 제2반응기의 배출농도가 0.25mol/L일 경우 반응속도식은?

① $1.25C_A{}^2$mol/L · min
② $3.0C_A{}^2$mol/L · min
③ $2.46C_A$mol/L · min
④ $4.0C_A$mol/L · min

정답 80 ② 81 ② 82 ① 83 ①

해설

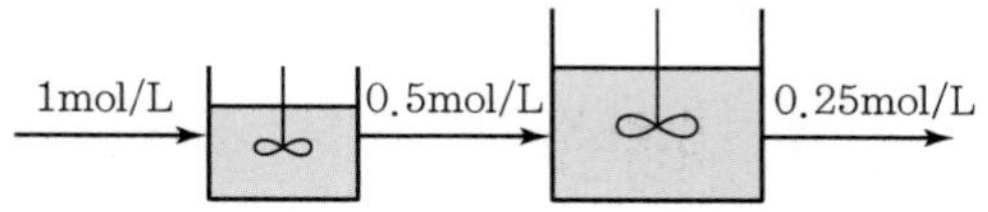

$\tau_1 = 96s$　　$\tau_2 = 192s$

$V_2 = 2V_1$

$k\tau C_{A0}^{n-1} = \dfrac{X_A}{(1-X_A)^n}$

$k \times 96 \times 1^{n-1} = \dfrac{0.5}{(1-0.5)^n}$

$k \times 192 \times 0.5^{n-1} = \dfrac{0.5}{(1-0.5)^n}$

$\therefore\ k \times 96 \times 1 = k \times 192 \times 0.5^{n-1}$

$n = 2$차

$\therefore\ -r_A = kC_A{}^2$

$k \times 96 \times 1 = \dfrac{0.5}{(1-0.5)^2}$

$k = 0.0208\text{L/mol} \cdot \text{s} \times \dfrac{60s}{1\text{min}}$

$= 1.25\text{L/mol} \cdot \text{min}$

$\therefore\ -r_A = 1.25C_A{}^2$

84 다음의 액상반응에서 R이 요구하는 물질일 때에 대한 설명으로 가장 거리가 먼 것은?

$$A + B \to R,\ r_R = k_1 C_A C_B$$
$$R + B \to S,\ r_S = k_2 C_R C_B$$

① A에 B를 조금씩 넣는다.
② B에 A를 조금씩 넣는다.
③ A와 B를 빨리 혼합한다.
④ A의 농도가 균일하면 B의 농도는 관계없다.

해설

$\dfrac{r_R}{r_S} = \dfrac{k_1 C_A C_B}{k_2 C_R C_B} = \dfrac{k_1}{k_2}\dfrac{C_A}{C_R}$

C_A의 농도를 크게 한다.

C_B의 농도는 무관하다.

85 회분식 반응기에서 아세트산에틸을 가수분해하면 1차 반응속도식에 따른다고 한다. 만일 어떤 실험조건에서 아세트산에틸을 정확히 30% 분해하는 데 40분이 소요되었을 경우에 반감기는 몇 분인가?

① 58　　② 68
③ 78　　④ 88

해설

$t_{1/2} = \dfrac{\ln 2}{k}$

1차 Batch : $-\ln(1-X_A) = kt$

$-\ln(1-0.3) = k \times 40\text{min}$

$\therefore\ k = 0.00891$

$\therefore\ t_{1/2} = \dfrac{\ln 2}{0.00891} = 78$

86 2차 액상 반응, 2A → Products가 혼합흐름반응기에서 60%의 전화율로 진행된다. 다른 조건은 그대로 두고 반응기의 크기만 두 배로 했을 경우 전화율은 얼마로 되는가?

① 66.7%　　② 69.5%
③ 75.0%　　④ 91.0%

해설

CSTR 2차

$k\tau C_{A0} = \dfrac{X_A}{(1-X_A)^2}$

$= \dfrac{0.6}{(1-0.6)^2} = 3.75$

$k2\tau C_{A0} = \dfrac{X_A}{(1-X_A)^2} = 2 \times 3.75$

$\dfrac{X_A}{(1-X_A)^2} = 7.5$

정리하면 $7.5X_A{}^2 - 16X_A + 7.5 = 0$

근의 공식에 의해

$X_A = \dfrac{16 \pm \sqrt{16^2 - 4 \times 7.5 \times 7.5}}{15}$

$= 0.695(69.5\%)$

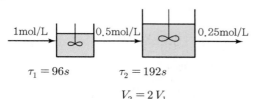

정답 84 ② 85 ③ 86 ②

87 다음 중 불균일 촉매반응에서 일어나는 속도결정단계(Rate Determining Step)와 거리가 먼 것은?

① 표면반응단계 ② 흡착단계
③ 탈착단계 ④ 촉매불활성화단계

해설

흡착 → 표면반응 → 탈착

88 매 3분마다 반응기 체적의 1/2에 해당하는 반응물이 반응기에 주입되는 연속흐름 반응기(Steady State Flow Reactor)가 있다. 이때의 공간시간(τ : Space Time)과 공간속도(S : Space Velocity)는 얼마인가?

① $\tau=6$분, $S=1$분$^{-1}$

② $\tau=\frac{1}{3}$분, $S=3$분$^{-1}$

③ $\tau=6$분, $S=\frac{1}{6}$분$^{-1}$

④ $\tau=2$분, $S=\frac{1}{2}$분$^{-1}$

해설

$\tau=\frac{3\text{분}}{\frac{1}{2}}=6$분(반응기 체적만큼 처리하는 데 걸리는 시간)

$S=\frac{1}{\tau}=\frac{1}{6}$분$^{-1}$

89 일반적으로 $A \rightarrow P$와 같은 반응에서 반응물의 농도가 $C=1.0\times10$mol/L일 때 그 반응속도가 0.020mol/L · s이고 반응속도 상수가 $k=2\times10^{-4}$L/mol · s이라고 한다면 이 반응의 차수는?

① 1차 ② 2차
③ 3차 ④ 4차

해설

$-r_A=kC_A^{\ n}$

k의 단위= $[\text{mol/L}]^{1-n}[1/\text{s}]$

∴ $n=2$일 때 k의 단위는 L/mol · s가 된다.

90 CSTR에 대한 설명으로 옳지 않은 것은?

① 비교적 온도 조절이 용이하다.
② 약한 교반이 요구될 때 사용된다.
③ 높은 전화율을 얻기 위해서 큰 반응기가 필요하다.
④ 반응기 부피당 반응물의 전화율은 흐름 반응기들 중에서 가장 작다.

해설

CSTR(혼합흐름 반응기)

- 내용물이 잘 혼합되어 균일하게 되는 반응기이다.
- 강한 교반이 요구될 때 사용한다.
- 온도 조절이 용이하다.
- 흐름식 반응기 중 반응기 부피당 전화율이 가장 낮다.

91 650℃에서 에탄의 열분해 반응은 500℃에서보다 2,790배 빨라진다. 이 분해 반응의 활성화 에너지는?

① 75,000cal/mol ② 34,100cal/mol
③ 15,000cal/mol ④ 5,600cal/mol

해설

$\ln\frac{k_2}{k_1}=\frac{E_a}{R}\left(\frac{1}{T_1}-\frac{1}{T_2}\right)$

$\ln 2{,}790=\frac{E_a}{1.987}\left(\frac{1}{773}-\frac{1}{923}\right)$

∴ $E_a=74{,}984$cal/mol

92 다음과 같은 반응에서 최초 혼합물인 반응물 A가 25%, B가 25%인 것에 불활성 기체가 50% 혼합되었다고 한다. 반응이 완결되었을 때 용적변화율 ε_A는 얼마인가?

$$2A+B\rightarrow 2C$$

① −0.125 ② −0.25
③ 0.5 ④ 0.875

해설

$\varepsilon_A=y_{A0}\delta$

$=0.25\times\frac{2-2-1}{2}$

$=-0.125$

정답 87 ④ 88 ③ 89 ② 90 ② 91 ① 92 ①

93 A가 분해되는 정용 회분식 반응기에서 $C_{A0}=$ 4mol/L이고, 8분 후의 A의 농도 C_A를 측정한 결과 2mol/L이었다. 속도상수 k는 얼마인가?(단, 속도식은 $-r_A=\dfrac{kC_A}{1+C_A}$이다.)

① 0.15min^{-1} ② 0.18min^{-1}
③ 0.21min^{-1} ④ 0.34min^{-1}

해설

$$-r_A=\frac{-dC_A}{dt}=\frac{kC_A}{1+C_A}$$

$$-\int_{C_{A0}}^{C_A}\frac{1+C_A}{C_A}dC_A=\int_0^t kdt$$

$$-\left[\ln\frac{C_A}{C_{A0}}+(C_A-C_{A0})\right]=kt$$

$$-\ln\frac{2}{4}-(2-4)=k\times 8\text{min}$$

$$\therefore\ k=0.34\text{min}^{-1}$$

94 다음과 같은 연속(직렬) 반응에서 A와 R의 반응속도가 $-r_A=k_1C_A$, $r_R=k_1C_A-k_2$일 때, 회분식 반응기에서 C_R/C_{A0}를 구하면?(단, 반응은 순수한 A만으로 시작한다.)

$$A\rightarrow R\rightarrow S$$

① $1+e^{-k_1t}+\dfrac{k_2}{C_{A0}}t$

② $1+e^{-k_1t}-\dfrac{k_2}{C_{A0}}t$

③ $1-e^{-k_1t}+\dfrac{k_2}{C_{A0}}t$

④ $1-e^{-k_1t}-\dfrac{k_2}{C_{A0}}t$

해설

$$-r_A=\frac{-dC_A}{dt}=k_1C_A\rightarrow -\ln\frac{C_A}{C_{A0}}=k_1t$$

$$\therefore\ C_A=C_{A0}e^{-k_1t}$$

$$r_R=\frac{dC_R}{dt}=k_1C_A-k_2$$

$$\frac{dC_R}{dt}=k_1C_{A0}e^{-k_1t}-k_2$$

$$C_R=-C_{A0}e^{-k_1t}\Big|_0^t-k_2t$$

$$\therefore\ C_R=-C_{A0}e^{-k_1t}+C_{A0}-k_2t$$

$$\therefore\ \frac{C_R}{C_{A0}}=-e^{-k_1t}+1-\frac{k_2t}{C_{A0}}$$

95 자동촉매반응(Autocatalytic Reaction)에 대한 설명으로 옳은 것은?

① 전화율이 작을 때는 관형흐름 반응기가 유리하다.
② 전화율이 작을 때는 혼합흐름 반응기가 유리하다.
③ 전화율과 무관하게 혼합흐름 반응기가 항상 유리하다.
④ 전화율과 무관하게 관형흐름 반응기가 항상 유리하다.

해설

자동촉매반응
반응 생성물 중의 하나가 촉매로 작용하는 반응
- X_A가 낮을 때 : CSTR 선택
- X_A가 중간일 때 : CSTR, PFR
- X_A가 높을 때 : PFR 선택

96 반응속도상수에 영향을 미치는 변수가 아닌 것은?

① 반응물의 몰수
② 반응계의 온도
③ 반응활성화 에너지
④ 반응에 첨가된 촉매

해설

반응속도상수
- $\ln k=\ln A-\dfrac{E_a}{RT}$
- 활성화 에너지가 작고 절대온도가 클 때 k값이 커진다.

정답 93 ④ 94 ④ 95 ② 96 ①

97 비가역 1차 액상반응 $A \rightarrow R$이 플러그흐름 반응기에서 전화율이 50%로 반응된다. 동일조건에서 반응기의 크기만 2배로 하면 전화율은 몇 %가 되는가?

① 67 ② 70
③ 75 ④ 100

해설

1차 PFR

$-\ln(1-X_A)=k\tau$

$-\ln(1-0.5)=k\tau$

$\therefore k\tau=0.693$

$-\ln(1-X_A)=2k\tau$

$-\ln(1-X_A)=1.39$

$\therefore X_A=0.75(75\%)$

98 회분식 반응기에서 A의 분해 반응을 50℃ 등온하에서 진행시켜 얻는 C_A와 반응시간 t 간의 그래프로부터 각 농도에서의 곡선에 대한 접선의 기울기를 다음과 같이 얻었다. 이 반응의 반응 속도식은?

C_A(mol/L)	접선의 기울기(mol/L · min)
1.0	−0.50
2.0	−2.00
3.0	−4.50
4.0	−8.00

① $-\dfrac{dC_A}{dt}=0.5C_A^{\ 2}$ ② $-\dfrac{dC_A}{dt}=0.5C_A$

③ $-\dfrac{dC_A}{dt}=2.0C_A^{\ 2}$ ④ $-\dfrac{dC_A}{dt}=8.0C_A^{\ 2}$

해설

$C_A=1\text{mol/L}\quad \dfrac{dC_A}{dt}=-0.5\times1^2=-0.5$

$C_A=2\text{mol/L}\quad \dfrac{dC_A}{dt}=-0.5\times2^2=-2$

$C_A=3\text{mol/L}\quad \dfrac{dC_A}{dt}=-0.5\times3^2=-4.5$

$C_A=4\text{mol/L}\quad \dfrac{dC_A}{dt}=-0.5\times4^2=-8$

$\therefore -\dfrac{dC_A}{dt}=0.5C_A^{\ 2}$

99 $A \xrightarrow{k_1} R$ 및 $A \xrightarrow{k_2} 2S$인 두 액상 반응이 동시에 등온 회분반응기에서 진행된다. 50분 후 A의 90%가 분해되어 생성물비는 9.1mol R/1mol S이다. 반응차수는 각각 1차일 때, 반응 속도상수 k_2는 몇 min^{-1}인가?

① 2.4×10^{-6} ② 2.4×10^{-5}
③ 2.4×10^{-4} ④ 2.4×10^{-3}

해설

$-r_A=-\dfrac{dC_A}{dt}=(k_1+k_2)C_A$

$\dfrac{9.1\text{mol }R}{1\text{mol }S}$이므로 $k_1=2\times9.1\,k_2$가 된다.

$\therefore -\ln\dfrac{C_A}{C_{A0}}=-\ln(1-X_A)=(k_1+k_2)t$

$\therefore -\ln(1-0.9)=(18.2k_2+k_2)\times50\text{min}$

$k_2=0.0024=2.4\times10^{-3}$

$k_1=18.2\times0.0024=0.044$

100 회분식 반응기(Batch Reactor)에서 균일계 비가역 1차 직렬반응 $A \xrightarrow{k_1} R \xrightarrow{k_2} S$이 일어날 때 R 농도의 최댓값은 얼마인가?(단, $k_1=1.5\text{min}^{-1}$, $k_2=3\text{min}^{-1}$이고, 각 물질의 초기농도는 $C_{A0}=5\text{mol/L}$, $C_{R0}=0$, $C_{S0}=0$이다.)

① 1.25mol/L ② 1.67mol/L
③ 2.5mol/L ④ 5.0mol/L

해설

$\dfrac{C_{R\max}}{C_{A0}}=\left(\dfrac{k_1}{k_2}\right)^{\frac{k_2}{k_2-k_1}}$

$C_{R\max}=5\text{mol/L}\left(\dfrac{1.5}{3}\right)^{\frac{3}{3-1.5}}$

$=1.25\text{mol/L}$

정답 97 ③ 98 ① 99 ④ 100 ①

2019년 제1회 기출문제

1과목 화공열역학

01 $Z=1+BP$와 같은 비리얼 방정식(Virial Equation)으로 표시할 수 있는 기체 1몰을 등온 가역과정으로 압력 P_1에서 P_2까지 변화시킬 때 필요한 일 W의 절댓값을 옳게 나타낸 식은?(단, Z는 압축인자이고 B는 상수이다.)

① $|W|=\left|RT\ln\frac{P_1}{P_2}\right|$

② $|W|=\left|RT\ln\frac{P_1}{P_2}+B\right|$

③ $|W|=\left|RT\ln\frac{P_1}{P_2}+BRT\right|$

④ $|W|=\left|1+RT\ln\frac{P_1}{P_2}\right|$

해설

$PV=ZRT$

$Z=\frac{PV}{RT}=1+BP$

$\frac{PV}{RT}-BP=1$

$P\left(\frac{V-BRT}{RT}\right)=1$

$\therefore P=\frac{RT}{V-BRT}$

등온과정 $W=\int_{V_1}^{V_2}PdV=\int_{V_1}^{V_2}\frac{RT}{V-BRT}dV$

$=RT\ln\left(\frac{V_2-BRT}{V_1-BRT}\right)$

$=RT\ln\left(\frac{RT/P_2}{RT/P_1}\right)$

$=RT\ln\frac{P_1}{P_2}$

02 다음 중 가역단열과정에 해당하는 것은?

① 등엔탈피 과정 ② 등엔트로피 과정
③ 등압 과정 ④ 등온 과정

해설

가역단열과정

$dS^t=\frac{dQ_{rev}}{T}$

공정이 가역이고 단열일 때

$dQ_{rev}=0$이므로 $dS^t=0$이다. → 등엔트로피 과정

03 성분 i의 평형비 K_i를 $\frac{y_i}{x_i}$로 정의할 때 이상용액이라면 K_i를 어떻게 나타낼 수 있는가?(단, x_i, y_i는 각각 성분 i의 액상과 기상의 조성이다.)

① $\frac{\text{기상 } i \text{ 성분의 분압}(P_i)}{\text{전압}(P)}$

② $\frac{\text{순수액체 } i\text{의 증기압}(P_i^{sat})}{\text{전압}(P)}$

③ $\frac{\text{전압}(P)}{\text{순수액체 } i\text{의 증기압}(P_i^{sat})}$

④ $\frac{\text{기상 } i \text{ 성분의 분압}(P_i)}{\text{순수액체 } i\text{의 증기압}(P_i^{sat})}$

해설

$k_i=\frac{y_i}{x_i}=\frac{x_iP_i/P}{x_i}=\frac{P_i}{P}$

여기서, P_i : 순수한 i의 증기압

P : 전체 압력

정답 01 ① 02 ② 03 ②

04 단열된 상자가 같은 부피로 3등분 되었는데, 2개의 상자에는 각각 아보가드로(Avogadro)수의 이상기체 분자가 들어 있고 나머지 한 개에는 아무 분자도 들어 있지 않다고 한다. 모든 칸막이가 없어져서 기체가 전체 부피를 차지하게 되었다면 이때 엔트로피 변화 값 기체 1몰당 ΔS에 해당하는 것은?

① $\Delta S = R\ln(2/3)$ ② $\Delta S = RT\ln(2/3)$
③ $\Delta S = R\ln(3/2)$ ④ $\Delta S = RT\ln(3/2)$

해설

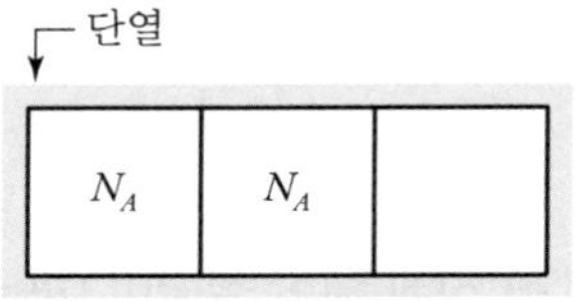

온도는 변하지 않고, 기체의 압력은 $\frac{2}{3}$로 줄어든다.

$\therefore\ \Delta S = -R\ln\frac{P_2}{P_1} = -R\ln\frac{2}{3} = R\ln\frac{3}{2}$

05 이상기체에 대하여 $C_p - C_v = nR$이 적용되는 조건은?

① $\left(\frac{\partial V}{\partial T}\right)_P = 0$ ② $\left(\frac{\partial C_v}{\partial V}\right)_T = R$

③ $\left(\frac{\partial H}{\partial V}\right)_T = R$ ④ $\left(\frac{\partial U}{\partial V}\right)_T = 0$

해설

$dU = TdS - PdV$

$\left(\frac{\partial U}{\partial V}\right)_T = T\left(\frac{\partial S}{\partial V}\right)_T - P = T\left(\frac{\partial P}{\partial T}\right)_V - P$

$= \frac{RT}{V} - P = P - P = 0$

※ 이상기체

$dH = dU + d(PV)$

$C_p dT = C_v dT + d(RT) = C_v dT + RdT$

$\therefore\ C_p = C_v + R$

$dA = -SdT - PdV$

$\left(\frac{\partial S}{\partial V}\right)_T = \left(\frac{\partial P}{\partial T}\right)_V$

$PV = RT$ … 이상기체 상태방정식

$\left(\frac{\partial P}{\partial T}\right)_V = \frac{R}{V}$

06 20℃, 1atm에서 아세톤에 대해 부피팽창률 $\beta = 1.488\times10^{-3}(℃)^{-1}$, 등온압축률 $\kappa = 6.2\times10^{-5}(\text{atm})^{-1}$, $V = 1.287\text{cm}^3/\text{g}$이다. 정용하에서 20℃, 1atm에서 30℃까지 가열한다면 그때 압력은 몇 atm인가?

① 1
② 5.17
③ 241
④ 20.45

해설

$V = f(T, P)$를 전미분하면

$dV = \left(\frac{\partial V}{\partial T}\right)_P dT + \left(\frac{\partial V}{\partial P}\right)_T dP$

양변을 ÷ V

$\frac{dV}{V} = \frac{1}{V}\left(\frac{\partial V}{\partial T}\right)_P dT + \frac{1}{V}\left(\frac{\partial V}{\partial P}\right)_T dP$

$\frac{dV}{V} = \beta dT - \kappa dP$

적분하면 $\ln\frac{V_2}{V_1} = \beta(T_2 - T_1) - \kappa(P_2 - P_1)$

정적가열이므로 $0 = \beta(T_2 - T_1) - \kappa(P_2 - P_1)$

$\therefore\ P_2 = P_1 + \frac{\beta(T_2 - T_1)}{\kappa}$

$= 1 + \frac{1.488\times10^{-3}℃^{-1}(30-20)℃}{62\times10^{-6}\text{atm}^{-1}}$

$= 241\text{atm}$

정답 04 ③ 05 ④ 06 ③

07 에탄올－톨루엔 2성분계에 대한 기액평형상태를 결정하는 실험적 방법으로 다음과 같은 결과를 얻었다. 에탄올의 활동도 계수는?(단, x_1, y_1 ; 에탄올의 액상, 기상의 몰분율이다.)

$T = 45℃$, $P = 183\text{mmHg}$, $x_1 = 0.3$, $y_1 = 0.634$ 45℃의 순수성분에 대한 포화증기압(에탄올) $= 173\text{mmHg}$

① 3.152 ② 2.936
③ 2.235 ④ 1.875

해설

$$y_A = \frac{\gamma_A P_A x_A}{P}$$

$$0.634 = \frac{\gamma_A \times 173\text{mmHg} \times 0.3}{183\text{mmHg}}$$

$$\therefore \gamma_A = 2.235$$

08 공기표준 Otto 사이클에 대한 설명으로 틀린 것은?

① 2개의 단열과정과 2개의 일정압력 과정으로 구성된다.
② 실제 내연기관과 동일한 성능을 나타내며 공기를 작동유체로 하는 순환기관이다.
③ 연소과정은 대등한 열을 공기에 가하는 것으로 대체된다.
④ 효율 $\eta = 1 - \left(\frac{1}{r}\right)^{\gamma - 1}$ (r : 압축비, γ : C_p / C_v)

해설

공기표준 Otto 사이클

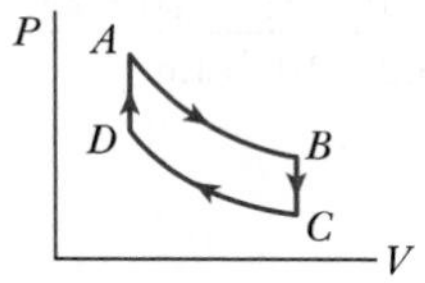

2개의 단열과정과 2개의 등부피과정으로 구성된다.

09 다음 중 1기압 100℃에서 끓고 있는 수증기의 밀도(Density)는?(단, 수증기는 이상기체로 본다.)

① 22.4g/L ② 0.59g/L
③ 18.0g/L ④ 0.95g/L

해설

$$PV = nRT = \frac{w}{M}RT$$

$$d = \frac{w}{V} = \frac{PM}{RT}$$

$$\therefore d = \frac{1\text{atm} \times 18\text{g/mol}}{0.082\text{L} \cdot \text{atm/mol} \cdot \text{K} \times 373\text{K}} = 0.59\text{g/L}$$

10 열역학 제2법칙에 대한 설명이 아닌 것은?

① 가역 공정에서 총 엔트로피 변화량은 0이 될 수 있다.
② 외부로부터 아무런 작용을 받지 않는다면 열은 저열원에서 고열원으로 이동할 수 없다.
③ 효율이 1인 열기관을 만들 수 있다.
④ 자연계의 엔트로피 총량은 증가한다.

해설

열역학 제2법칙

- 외부로부터 흡수한 열을 완전히 일로 전환시킬 수 있는 공정은 없다. ⇒ 전환효율이 100%($\eta = 1$)가 되는 열기관은 존재하지 않는다.
- 자발적 변화는 비가역변화이며, 엔트로피는 증가하는 방향으로 진행된다.
- 열은 저온에서 고온으로 흐르지 못한다.

11 성분 A, B, C가 혼합되어 있는 계가 평형을 이룰 수 있는 조건으로 가장 거리가 먼 것은?(단, μ는 화학퍼텐셜, f는 퓨가시티, α, β, γ는 상, T^b는 비점을 나타낸다.)

① $\mu_A^\alpha = \mu_A^\beta = \mu_A^\gamma$ ② $T^\alpha = T^\beta = T^\gamma$
③ $T_A^b = T_B^b = T_C^b$ ④ $\hat{f}_A^\alpha = \hat{f}_A^\beta = \hat{f}_A^\gamma$

정답 07 ③ 08 ① 09 ② 10 ③ 11 ③

해설

상평형조건

$\mu_A{}^{\alpha} = \mu_A{}^{\beta} = \mu_A{}^{\gamma}$

여기서, A : 성분

α, β, γ : 상

$\hat{f}_A{}^{\alpha} = \hat{f}_A{}^{\beta} = \hat{f}_A{}^{\gamma}$

$T^{\alpha} = T^{\beta} = T^{\gamma}$

$P^{\alpha} = P^{\beta} = P^{\gamma}$

12 몰리에(Mollier) 선도를 나타낸 것은?

① $P-V$ 선도 ② $T-S$ 선도

③ $H-S$ 선도 ④ $T-H$ 선도

해설

Mollier 선도($H-S$ 선도)

엔탈피 H를 y축으로 엔트로피 S를 x축으로 하고 증기의 상태, 즉 압력 P, 비용적 V, 온도 T, 건도 x를 나타낸 선

13 다음 화학평형에 대한 설명 중 옳지 않은 것은?

① 화학평형 판정기준은 일정 T와 P에서 폐쇄계의 총 깁스(Gibbs) 에너지가 최소가 되는 상태를 말한다.

② 화학평형 판정기준은 일정 T와 P에서 수학적으로 표현하면 $\sum \nu_i \mu_i = 0$이다.(단, ν_i : 성분 i의 양론 수, μ_i : 성분 i의 화학퍼텐셜)

③ 화학반응의 표준 깁스(Gibbs) 에너지 변화(ΔG^o)와 화학평형상수(K)의 관계는 $\Delta G^o = -R \cdot \ln K$이다.

④ 화학반응에서 평형전환율은 열역학적 계산으로 알 수 있다.

해설

화학평형

• $(dG^t)_{T,P} = 0$
  일정한 T와 P에 있는 닫힌계의 전체 Gibbs 에너지는 감소하여 평형에서 최솟값을 갖는다.

• $\sum \nu_i \mu_i = 0$

• $\ln K = \dfrac{-\Delta G^o}{RT}$

14 다음 중 상태함수에 해당하지 않는 것은?

① 비용적(Specific Volume)

② 몰 내부 에너지(Molar Internal Energy)

③ 일(Work)

④ 몰 열용량(Molar Heat Capacity)

해설

• 상태함수 : T(온도), P(압력), ρ(밀도), v(비용적)

• 경로함수 : Q(열), W(일)

15 다음은 이상기체일 때 퓨가시티(Fugacity) f_i를 표시한 함수들이다. 틀린 것은?(단, $\hat{f}_i$: 용액 중 성분 i의 퓨가시티, f_i : 순수성분 i의 퓨가시티, x_i : 용액의 몰분율, P : 압력)

① $f_i = x_i \hat{f}_i$ ② $f_i = cP$(c=상수)

③ $\hat{f}_i = x_i P$ ④ $\lim\limits_{p \to 0} f_i / P = 1$

해설

• Lewis-Randall의 규칙

$\gamma_i = \dfrac{\hat{f}_i}{x_i f_i}$

이상용액에서 $\gamma_i = 1$

$\therefore \hat{f}_i = x_i f_i$

• 퓨가시티 계수

$\phi = \dfrac{f}{P}$

$\phi_i = \dfrac{f_i}{P}$ (순수한 i 성분)

$\therefore f_i = \phi_i P$

$\hat{\phi}_i = \dfrac{\hat{f}_i}{y_i P}$ → 이상기체 $\hat{\phi}_i = 1$

$\therefore \hat{f}_i = y_i P$

이상기체에서 $\phi_i = \dfrac{f_i}{P}$ (순수한 i 성분)

$\lim\limits_{P \to 0} \dfrac{f_i}{P} = \lim\limits_{P \to 0} \dfrac{P}{P} = 1$

정답 12 ③ 13 ③ 14 ③ 15 ①

16 이상기체에 대하여 일(W)이 다음과 같은 식으로 나타나면 이 계는 어떤 과정으로 변화하였는가?(단, Q는 열, P_1은 초기압력, P_2는 최종압력, T는 온도이다.)

$$Q = -W = RT\ln\left(\frac{P_1}{P_2}\right)$$

① 정온과정 ② 정용과정
③ 정압과정 ④ 단열과정

해설

- 등온과정 : $Q = -W = RT\ln\frac{V_2}{V_1} = RT\ln\frac{P_1}{P_2}$
- 등압과정 : $Q = \Delta H = C_p\Delta T$
- 등적과정 : $Q = \Delta U = C_v\Delta T$
- 단열과정 : $Q = 0$

17 1mol의 이상기체가 그림과 같은 가역열기관 ㄱ(1→2→3→1), ㄴ(4→5→6→4)이 있다. T_a, T_b 곡선은 등온선, 2−3, 5−6은 등압선이고, 3−1, 6−4는 정용(Isometric)선이면 열기관 ㄱ, ㄴ의 외부에 한 일(W) 및 열량(Q)의 각각의 관계는?

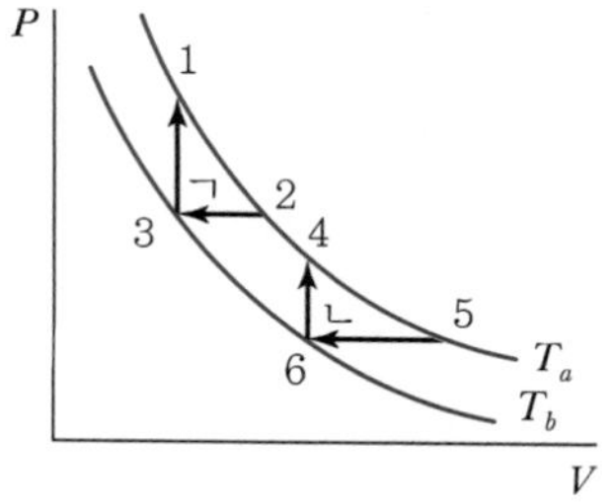

① $W_ㄱ = W_ㄴ,\ Q_ㄱ > Q_ㄴ$
② $W_ㄱ = W_ㄴ,\ Q_ㄱ = Q_ㄴ$
③ $W_ㄱ > W_ㄴ,\ Q_ㄱ = Q_ㄴ$
④ $W_ㄱ < W_ㄴ,\ Q_ㄱ = Q_ㄴ$

해설

㉠ 열기관 ㄱ

- 3→1 : 정적 $Q = \int_{T_1}^{T_2} C_v dT = C_v(T_a - T_b)$, $W = 0$
- 1→2 : 등온 $Q = W = RT_a\ln\frac{V_2}{V_1} = RT_a\ln\frac{P_1}{P_2}$
  $= RT_a\ln\frac{T_a}{T_b}$
- 2→3 : 등압 $Q = C_p(T_b - T_a)$

㉡ 열기관 ㄴ

- 6→4 : 정적 $Q = \int_{T_1}^{T_2} C_v dT = C_v(T_a - T_b)$, $W = 0$
- 4→5 : 등온 $Q = W = RT_a\ln\frac{V_5}{V_4} = RT_a\ln\frac{P_4}{P_5}$
  $= RT_a\ln\frac{T_a}{T_b}$
- 5→6 : 등압 $Q = C_p(T_b - T_a)$

㉢ $\frac{V_2}{V_1} = \frac{V_2}{V_3} = \frac{RT_a/P_2}{RT_b/P_3} = \frac{T_a}{T_b}$ $(\because P_2 = P_3)$

$\frac{V_5}{V_4} = \frac{V_5}{V_6} = \frac{RT_a/P_5}{RT_b/P_6} = \frac{T_a}{T_b}$ $(\because P_5 = P_6)$

∴ ㄱ = ㄴ

18 다음 그림은 열기관 사이클이다. T_1에서 열을 받고 T_2에서 열을 방출할 때 이 사이클의 열효율은 얼마인가?

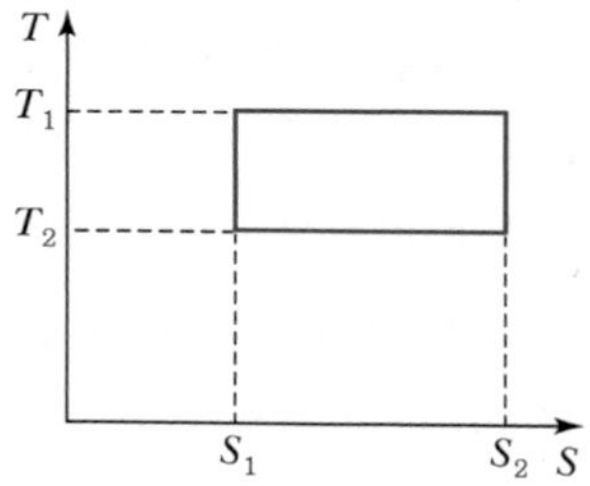

① $\frac{T_2}{T_1 - T_2}$ ② $\frac{T_1}{T_2 - T_1}$
③ $\frac{T_2 - T_1}{T_1}$ ④ $\frac{T_1 - T_2}{T_1}$

해설

$\eta = \frac{Q_1 - Q_2}{Q_1} = \frac{T_1 - T_2}{T_1}$

정답 16 ① 17 ② 18 ④

19 에너지에 관한 설명으로 옳은 것은?

① 계의 최소 깁스(Gibbs) 에너지는 항상 계와 주위의 엔트로피 합의 최대에 해당한다.
② 계의 최소 헬름홀츠(Helmholtz) 에너지는 항상 계와 주위의 엔트로피 합의 최대에 해당한다.
③ 온도와 압력이 일정할 때 자발적 과정에서 깁스(Gibbs) 에너지는 감소한다.
④ 온도와 압력이 일정할 때 자발적 과정에서 헬름홀츠(Helmholtz) 에너지는 감소한다.

해설

- $dG < 0$: 자발적 반응
- $dG > 0$: 비자발적 반응
- $dG = 0$: 평형상태

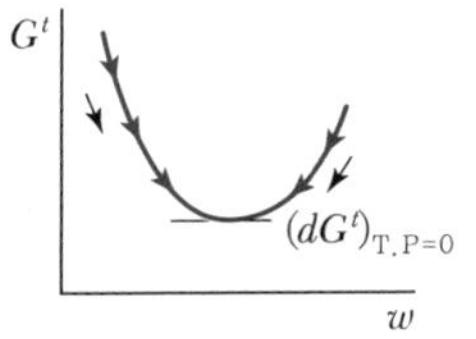

20 온도가 323.15K인 경우 실린더에 충전되어 있는 기체 압력이 300kPa(계기압)이다. 이상기체로 간주할 때 273.15K에서의 계기압력은 얼마인가?(단, 실린더의 부피는 일정하며, 대기압은 1atm이라 간주한다.)

① 253.58kPa
② 237.90kPa
③ 354.91kPa
④ 339.23kPa

해설

$\frac{P_1V_1}{T_1} = \frac{P_2V_2}{T_2}$ 부피일정 $V_1 = V_2$

$\frac{(300+101.3)\text{kPa}}{323.15\text{K}} = \frac{P_2}{273.15\text{K}}$

$\therefore P_2 = 339.21\text{K}$

$P_2 = P_g + P_{atm}$

$339.2 = P_g + 101.3$

$\therefore P_g = 237.9$

2과목 단위조작 및 화학공업양론

21 각 온도 단위에서의 온도 차이(Δ) 값의 관계를 옳게 나타낸 것은?

① $\Delta 1℃ = \Delta 1\text{K}$, $\Delta 1.8℃ = \Delta 1°\text{F}$
② $\Delta 1℃ = \Delta 1.8°\text{F}$, $\Delta 1℃ = \Delta 1\text{K}$
③ $\Delta 1°\text{F} = \Delta 1.8°\text{R}$, $\Delta 1.8℃ = \Delta 1°\text{F}$
④ $\Delta 1℃ = \Delta 1.8°\text{F}$, $\Delta 1℃ = \Delta 1.8\text{K}$

해설

$\Delta 1℃ = \Delta 1\text{K}$, $\Delta 1℃ = \Delta 1.8°\text{F}$

℃와 K의 눈금간격은 같고 °F의 눈금간격의 1.8배와 같다.

22 질량조성이 N_2가 70%, H_2가 30%인 기체의 평균 분자량은 얼마인가?

① 4.7g/mol
② 5.7g/mol
③ 20.2g/mol
④ 30.2g/mol

해설

$M_{av} = M_{N_2}x_{N_2} + M_{H_2}x_{H_2}$

질량조성 → 몰조성

$n = \frac{w}{M}$

$N_2 + H_2 = 100\text{g}$으로 하자.

$N_2 = 70\text{g}$

$H_2 = 30\text{g}$

$n_{N_2} = \frac{70}{28} = 2.5 \quad n_{H_2} = \frac{30}{2} = 15$

$x_{N_2} = \frac{2.5}{2.5+15} = 0.143 \quad x_{H_2} = \frac{15}{2.5+15} = 0.857$

$\therefore M_{av} = 28 \times 0.143 + 2 \times 0.857 = 5.7\text{g/mol}$

23 건구온도와 습구온도에 대한 설명 중 틀린 것은?

① 공기가 습할수록 건구온도와 습구온도 차는 작아진다.
② 공기가 건조할수록 건구온도가 증가한다.
③ 공기가 수증기로 포화될 때 건구온도와 습구온도는 같다.
④ 공기가 건조할수록 습구온도는 높아진다.

해설

습구온도

온도계 끝을 젖은 거즈로 감싸 젖은 거즈에서 수분이 증발하면 온도를 빼앗아가므로 건구온도보다 낮아진다.

공기가 건조할수록 증발이 잘 되므로 습구온도는 낮아진다.

정답 19 ③ 20 ② 21 ② 22 ② 23 ④

24 H_2의 임계온도는 33K이고, 임계압력은 12.8atm이다. Newton's 보정식을 이용하여 보정한 T_c와 P_c는?

① $T_c = 47K$, $P_c = 26.8atm$
② $T_c = 45K$, $P_c = 24.8atm$
③ $T_c = 41K$, $P_c = 20.8atm$
④ $T_c = 38K$, $P_c = 17.8atm$

해설

Newton's 보정식

$T_c' = T_c + 8K$

$P_c' = P_c + 8atm$

25 80wt% 수분을 함유하는 습윤펄프를 건조하여 처음 수분의 70%를 제거하였다. 완전 건조펄프 1kg당 제거된 수분의 양은 얼마인가?

① 1.2kg ② 1.5kg
③ 2.3kg ④ 2.8kg

해설

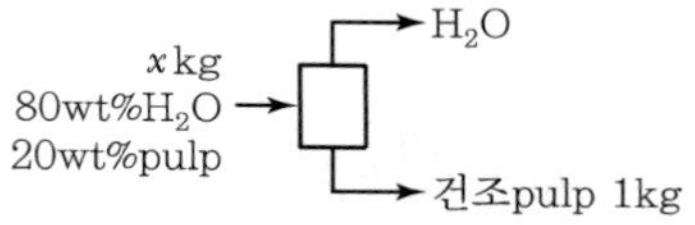

$x \times 0.2 = 1kg \quad \therefore x = 5kg$

$5kg \times 0.8 = 4kg\ H_2O$

$4kg \times 0.7 = 2.8kg$ 수분 제거

26 50mol% 에탄올 수용액을 밀폐용기에 넣고 가열하여 일정온도에서 평형이 되었다. 이때 용액은 에탄올 27mol%이고, 증기조성은 에탄올 57mol%이었다. 원용액의 몇 %가 증발되었는가?

① 23.46 ② 30.56
③ 76.66 ④ 89.76

해설

$0.5 \times F = 0.57V + 0.27(F - V)$

$0.23F = 0.3V$

$F = 100mol$ 기준

$V = 76.66mol$ 증발

$\therefore \frac{V}{F} \times 100[\%] = \frac{76.66}{100} \times 100 = 76.66\%$

27 이상기체의 밀도를 옳게 설명한 것은?

① 온도에 비례한다.
② 압력에 비례한다.
③ 분자량에 반비례한다.
④ 이상기체 상수에 비례한다.

해설

$d = \frac{PM}{RT}$

밀도는 압력, 분자량에 비례하고 온도에 반비례한다.

28 에탄과 메탄으로 혼합된 연료가스가 산소와 질소 각각 50mol%씩 포함된 공기로 연소된다. 연소 후 연소가스 조성은 CO_2 25mol%, N_2 60mol%, O_2 15mol%이었다. 이때 연료가스 중 메탄의 mol%는?

① 25.0 ② 33.3
③ 50.0 ④ 66.4

해설

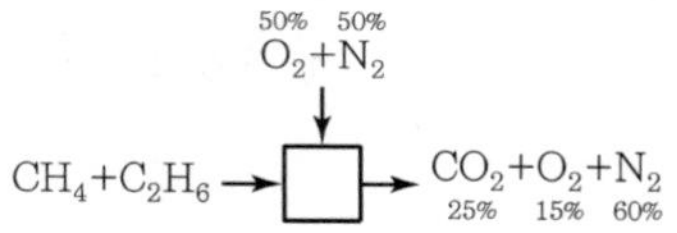

$CO_2 + O_2 + N_2 = 100mol$ 기준

공기의 양을 Amol이라 하면

$N_2 : A \times 0.5 = 100 \times 0.6$

$A = 120mol$

$O_2 : 60mol, \ N_2 : 60mol$

$60mol\ O_2 - 15mol\ O_2 = 45mol\ O_2$(반응에 소모)

$CH_4 + 2O_2 \rightarrow CO_2 + 2H_2O$

$1 : 2 : 1$

$x : 2x : x$

$C_2H_6 + \frac{7}{2}O_2 \rightarrow 2CO_2 + 3H_2O$

$1 : \frac{7}{2} : 2$

$y : \frac{7}{2}y : 2y$

정답 24 ③ 25 ④ 26 ③ 27 ② 28 ②

O_2 소모량 : $2x+\frac{7}{2}y=45$
CO_2 생성량 : $x+2y=25$
연립방정식을 풀면 $x=5 \quad y=10$

$$\frac{x}{x+y}=\frac{5}{5+10}\times 100=33.3\%$$

29 열에 관한 용어의 설명 중 틀린 것은?

① 표준생성열은 표준조건에 있는 원소로부터 표준조건의 화합물로 생성될 때의 반응열이다.
② 표준연소열은 25℃, 1atm에 있는 어떤 물질과 산소분자와의 산화반응에서 생기는 반응열이다.
③ 표준반응열이란 25℃, 1atm 상태에서의 반응열을 말한다.
④ 진발열량이란 연소해서 생성된 물이 액체상태일 때의 발열량이다.

해설

진발열량(저발열량) = 고발열량(총발열량) − 수증기잠열
※ 진발열량 : 연소생성물 H_2O가 수증기인 경우의 발열량

30 이상기체 A의 정압열용량을 다음 식으로 나타낸다고 할 때 1mol을 대기압하에서 100℃에서 200℃까지 가열하는 데 필요한 열량은 약 몇 cal/mol인가?

$$C_p(\text{cal/mol}\cdot\text{K})=6.6+0.96\times 10^{-3}T$$

① 401 ② 501
③ 601 ④ 701

해설

$$Q=\int_{T_1}^{T_2} C_p dT$$
$$=\int_{373}^{473}(6.6+0.96\times 10^{-3}T)\,dT$$
$$=\left(6.6T+\frac{1}{2}\times 0.96\times 10^{-3}T^2\right)\Big|_{373}^{473}$$
$$=6.6(473-373)+\frac{1}{2}\times 0.96\times 10^{-3}(473^2-373^2)$$
$$=700.6\text{cal/mol}$$

31 캐비테이션(Cavitation) 현상을 잘못 설명한 것은?

① 공동화(空洞化) 현상을 뜻한다.
② 펌프 내의 증기압이 낮아져서 액의 일부가 증기화하여 펌프 내에 응축하는 현상이다.
③ 펌프의 성능이 나빠진다.
④ 임펠러 흡입부의 압력이 유체의 증기압보다 높아져 증기는 임펠러의 고압부로 이동하여 갑자기 응축한다.

해설

Cavitation(공동화) 현상
- 임펠러 흡입부의 압력이 낮아져서 액체 내에 증기기포가 발생하는 현상이다.
- 증기기포가 벽에 닿으면 부식이나 소음이 발생하므로 설계자는 공동화 현상을 파악하도록 설계해야 한다.

32 "분쇄에 필요한 일은 분쇄 전후의 대표 입경의 비(D_{p_1}/D_{p_2})에 관계되며 이 비가 일정하면 일의 양도 일정하다."는 법칙은 무엇인가?

① Sherwood 법칙
② Rittinger 법칙
③ Bond 법칙
④ Kick 법칙

해설

Lewis 식

$$\frac{dW}{dD_p}=-kD_p^{-n}$$

- Rittinger의 법칙
  $n=2$
  $$W=k_R'\left(\frac{1}{D_{p_2}}-\frac{1}{D_{p_1}}\right)=k_R(S_2-S_1)$$
- Kick의 법칙
  $n=1$
  $$W=k_K\ln\frac{D_{p_1}}{D_{p_2}}$$
- Bond의 법칙
  $$n=\frac{3}{2}$$

정답 29 ④ 30 ④ 31 ④ 32 ④

$$W = 2k_B\left(\frac{1}{\sqrt{D_{p_2}}} - \frac{1}{\sqrt{D_{p_1}}}\right)$$
$$= \frac{k_B}{5}\frac{\sqrt{100}}{\sqrt{D_{p_2}}}\left(1 - \frac{\sqrt{D_{p_2}}}{\sqrt{D_{p_1}}}\right)$$
$$= W_i\sqrt{\frac{100}{D_{p_2}}}\left(1 - \frac{1}{\sqrt{\gamma}}\right)$$

33 냉각하는 벽에서 응축되는 증기의 형태는 막상응축(Film Type Condensation)과 적상응축(Drop Wise Condensation)으로 나눌 수 있다. 적상응축의 전열계수는 막상응축에 비하여 대략 몇 배가 되는가?

① 1배 ② 5~8배
③ 80~100배 ④ 1,000~2,000배

해설

적상응축의 열전달계수는 평균 막상응축의 5~8배가 된다. 그러므로 전열을 좋게 하기 위해서는 적상응축으로 하는 것이 좋다.

34 습한 재료 10kg을 건조한 후 고체의 무게를 측정하였더니 7kg이었다. 처음 재료의 함수율은 얼마인가? (단, 단위는 kg H_2O/kg 건조고체)

① 약 0.43 ② 약 0.53
③ 약 0.62 ④ 약 0.70

해설

$$함수율 = \frac{수분kg}{건조고체kg} = \frac{3kg}{7kg}$$
$$= 0.43kg\ H_2O/kg\ 건조고체$$

35 안지름 10cm의 원관에 비중 0.8, 점도 1.6cP인 유체가 흐르고 있다. 층류를 유지하는 최대 평균유속은 얼마인가?

① 2.2cm/s ② 4.2cm/s
③ 6.2cm/s ④ 8.2cm/s

해설

$$N_{Re} = \frac{Du\rho}{\mu}$$
$$\frac{10 \times u \times 0.8}{1.6 \times 0.01} = 2{,}100$$
$$\therefore u = 4.2\text{cm/s}$$

36 McCabe-Thiele의 최소이론 단수를 구한다면, 정류부 조작선의 기울기는?

① 1.0 ② 0.5
③ 2.0 ④ 0

해설

전환류일 때 단수는 최소가 되고 그때의 기울기는 1이 되므로 조작선은 대각선과 같은 선이 된다.

37 기체 흡수탑에서 액체의 흐름을 원활히 하려면 어느 것을 넘지 않는 범위에서 조작해야 하는가?

① 부하점(Loading Point)
② 왕일점(Flooding Point)
③ 채널링(Channeling)
④ 비말동반(Entrainment)

해설

충진탑의 성질
- 편류(Channeling) : 액이 한곳으로 흐르는 현상
- 부하속도(Loading Velocity) : 기체의 속도가 차차 증가하면 탑 내의 액체유량이 증가한다. 이때의 속도를 부하속도라 하며 흡수탑의 작업은 부하속도를 넘지 않는 범위 내에서 해야 한다.
- 왕일점(Flooding Point) : 기체의 속도가 아주 커서 액이 거의 흐르지 않고 넘치는 점

정답 33 ② 34 ① 35 ② 36 ① 37 ①

38 상계점(Plait Point)에 대한 설명으로 옳지 않은 것은?

① 추출상과 추잔상의 조성이 같아지는 점이다.
② 상계점에서 2상(相)이 1상(相)이 된다.
③ 추출상과 평형에 있는 추잔상의 대응선(Tie Line)의 길이가 가장 길어지는 점이다.
④ 추출상과 추잔상이 공존하는 점이다.

해설

상계점(Plait Point)

- 추출상과 추잔상의 조성이 같아지는 점
- Tie Line(대응선)의 길이가 0이 되는 점

39 전열에 관한 설명으로 틀린 것은?

① 자연대류에서의 열전달계수가 강제대류에서의 열전달계수보다 크다.
② 대류의 경우 전열속도는 벽과 유체의 온도 차이와 표면적에 비례한다.
③ 흑체란 이상적인 방열기로서 방출열은 물체의 절대온도의 4승에 비례한다.
④ 물체 표면에 있는 유체의 밀도 차이에 의해 자연적으로 열이 이동하는 것이 자연대류이다.

해설

자연대류 열전달계수 < 강제대류 열전달계수

$q = hA\Delta T$ (대류)

$q = \sigma A T^4$ (복사)

40 동점성계수와 직접적인 관련이 없는 것은?

① m^2/s　　② $kg/m \cdot s^2$
③ $\dfrac{\mu}{\rho}$　　④ stokes

해설

$$\nu = \frac{\mu}{\rho}$$

여기서, ν : 동점도, μ : 점도, ρ : 밀도

※ $1\text{stokes} = 1\text{cm}^2/\text{s}$

3과목 공정제어

41 비례이득이 2, 적분시간이 1인 비례－적분(PI) 제어기로 도입되는 제어 오차(Error)에 단위계단 변화가 주어졌다. 제어기로부터의 출력 $m(t)$, $t \geq 0$를 구한 것으로 옳은 것은?(단, 정상상태에서의 제어기의 출력은 0으로 간주한다.)

① $1-0.5t$　　② $2t$
③ $2(1+t)$　　④ $1+0.5t$

해설

PI 제어기

$$G_c = K_c\left(1+\frac{1}{\tau_I s}\right)$$

$$M(s) = K_c\left(1+\frac{1}{\tau_I s}\right)\left(\frac{1}{s}\right) = K_c\left(\frac{1}{s}+\frac{1}{\tau_I s^2}\right)$$

$$m(t) = K_c\left(1+\frac{t}{\tau_I}\right)$$

$$\therefore\ m(t) = 2(1+t)$$

42 1차 공정의 계단응답의 특징 중 옳지 않은 것은?

① $t=0$일 때 응답의 기울기는 0이 아니다.
② 최종응답 크기의 63.2%에 도달하는 시간은 시상수와 같다.
③ 응답의 형태에서 변곡점이 존재한다.
④ 응답이 98% 이상 완성되는 데 필요한 시간은 시상수의 4~5배 정도이다.

해설

1차 공정의 계단응답

$$Y(t) = G(s)X(s) = \frac{K}{\tau s+1}\cdot\frac{A}{s}$$

$$y(t) = KA(1-e^{-t/\tau})$$

정답 38 ③ 39 ① 40 ② 41 ③ 42 ③

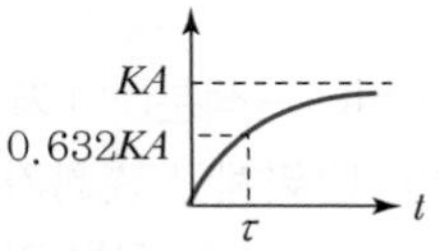

t	$Y(t)/KA$
0	0
τ	0.632(63.2%)
2τ	0.865
3τ	0.950
4τ	0.982
5τ	0.993
∞	1.0

43 다음 함수의 Laplace 변환은?(단, $u(t)$는 단위계단함수(Unit Step Function)이다.)

$$f(t)=\frac{1}{h}\{u(t)-u(t-h)\}$$

① $\frac{1}{h}\left(\frac{1-e^{-h/s}}{s}\right)$

② $\frac{1}{h}\left(\frac{1-e^{-hs}}{s}\right)$

③ $\frac{1}{h}\left(\frac{1+e^{-hs}}{s}\right)$

④ $\frac{1}{h}\left(\frac{1+e^{-h/s}}{s}\right)$

해설

$$f(t)=\frac{1}{h}u(t)-\frac{1}{h}u(t-h)$$

$$F(s)=\frac{1}{h}\frac{1}{s}-\frac{1}{h}\frac{e^{-hs}}{s}$$

$$=\frac{1}{h}\left(\frac{1}{s}-\frac{e^{-hs}}{s}\right)=\frac{1}{h}\left(\frac{1-e^{-hs}}{s}\right)$$

44 다음 중 가장 느린 응답을 보이는 공정은?

① $\frac{1}{(2s+1)}$　② $\frac{10}{(2s+1)}$

③ $\frac{1}{(10s+1)}$　④ $\frac{1}{(s+10)}$

해설

시간상수 τ가 크면 느린 응답을 보인다.

45 폭이 w이고, 높이가 h인 사각펄스의 Laplace 변환으로 옳은 것은?

① $\frac{h}{s}(1-e^{-ws})$

② $\frac{h}{s}(1-e^{-s/w})$

③ $\frac{hw}{s}(1-e^{-ws})$

④ $\frac{h}{ws}(1-e^{-s/w})$

해설

$$x(t)=hu(t)=h(t-w)$$

$$X(s)=\frac{h}{s}-\frac{h}{s}e^{-ws}$$

$$=\frac{h}{s}(1-e^{-ws})$$

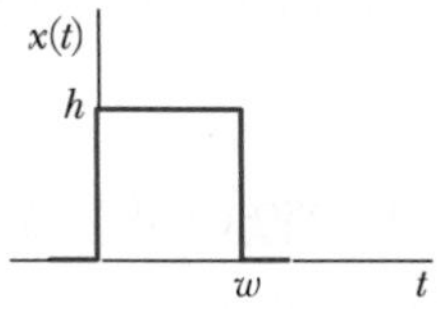

46 다음 그림에서와 같은 제어계에서 안정성을 갖기 위한 K_c의 범위(Lower Bound)를 가장 옳게 나타낸 것은?

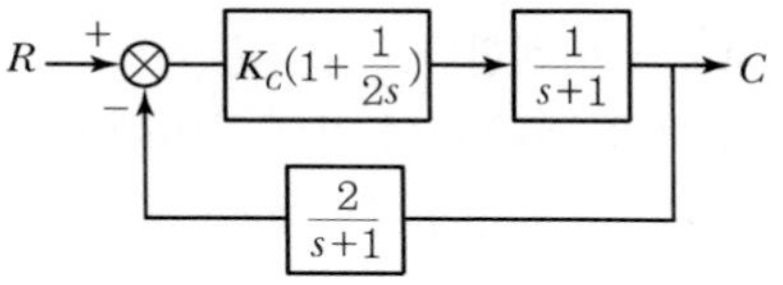

① $K_c>0$　② $K_c>\frac{1}{2}$

③ $K_c>\frac{2}{3}$　④ $K_c>2$

해설

$$G_c=\frac{K_c\left(1+\frac{1}{2s}\right)\left(\frac{1}{s+1}\right)}{1+K_c\left(1+\frac{1}{2s}\right)\left(\frac{1}{s+1}\right)\left(\frac{2}{s+1}\right)}$$

분모=0

$$1+2K_c\left(\frac{2s+1}{2s}\right)\left(\frac{1}{s+1}\right)\left(\frac{1}{s+1}\right)=0$$

정리하면

$$s^3+2s^2+(1+2K_c)s+K_c=0$$

정답 43 ② 44 ③ 45 ① 46 ①

Routh 안정성 판별법

1	$1+2K_c$
2	K_c
$\dfrac{2(1+K_c)-K_c}{2}>0$	

$\therefore\ K_c>-\dfrac{2}{3}$ 이므로 보기 중 가장 옳은 것은 $K_c>0$이 된다.

47 그림과 같은 블록 다이아그램으로 표시되는 제어계에서 R과 C 간의 관계를 하나의 블록으로 나타낸 것은?(단, $G_a=\dfrac{G_{C2}G_1}{1+G_{C2}G_1H_2}$이다.)

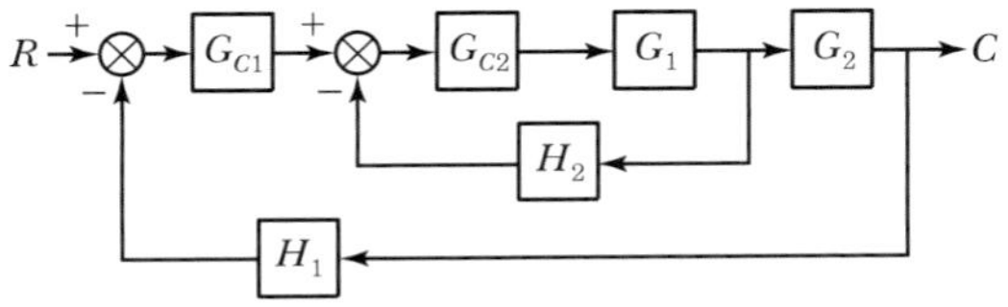

① 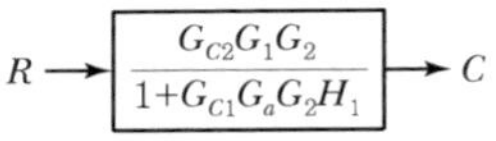

② 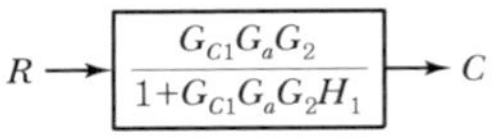

③ 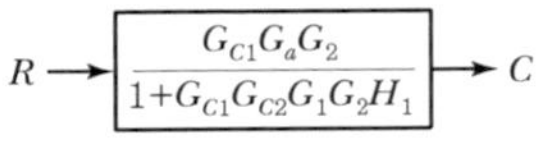

④ 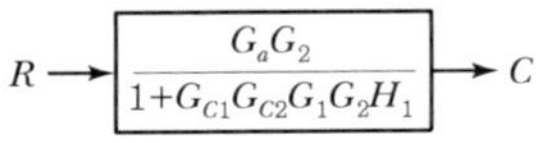

해설

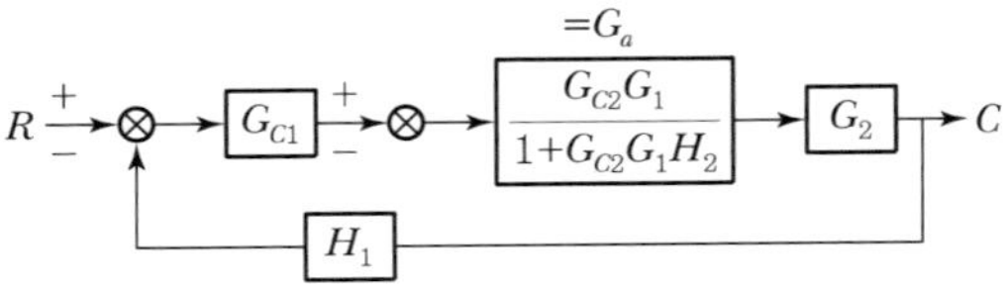

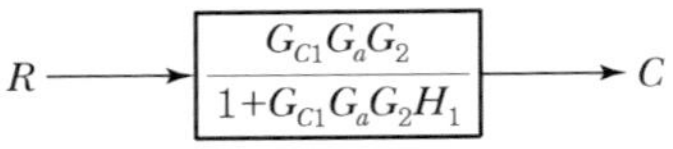

48 강연회 같은 데서 간혹 일어나는 일로 마이크와 스피커가 방향이 맞으면 '삐'하는 소리가 나게 된다. 마이크의 작은 신호가 스피커로 증폭되어 나오고, 다시 이것이 마이크로 들어가 증폭되는 동작이 반복되어 매우 큰 소리로 되는 것이다. 이러한 현상을 설명하는 폐루프의 안정성 이론은?

① Routh Stability ② Unstable Pole
③ Lyapunov Stability ④ Bode Stability

해설

높은 주파수에서 잡음성분을 강하게 증폭시킨다.
→ Bode Stability

49 단면적이 3m^2인 수평관을 사용해서 100m 떨어진 지점에 4,000kg/min의 속도로 물을 공급하고 있다. 이 계의 수송지연(Transportation Lag)은 몇 분인가?(단, 물의 밀도는 $1,000\text{kg/m}^3$이다.)

① 25min ② 50min
③ 75min ④ 120min

해설

$$\frac{300\text{m}^3\times 1,000\text{kg/m}^3}{4,000\text{kg/min}}=75\text{min}$$

50 다음 블록선도의 제어계에서 출력 C를 구하면?

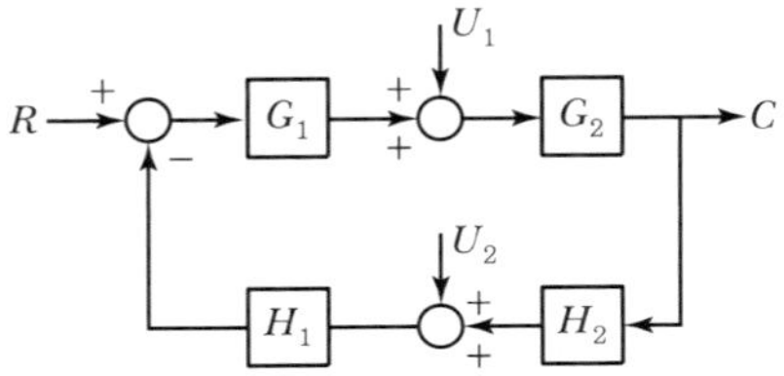

① $\dfrac{G_1G_2R+G_2G_1+G_1G_2H_1H_2}{1+G_1G_2H_1H_2}$

② $\dfrac{G_1G_2R+G_2U_1-G_1G_2H_1U_2}{1+G_1G_2H_1H_2}$

정답 47 ② 48 ④ 49 ③ 50 ②

③ $\dfrac{G_1 G_2 R - G_2 U_1 + G_1 G_2 H_1 H_2}{1 + G_1 G_2 H_1 H_2}$

④ $\dfrac{G_1 G_2 R - G_2 U_1 + G_1 G_2 H_1 H_2}{1 - G_1 G_2 H_1 H_2}$

해설

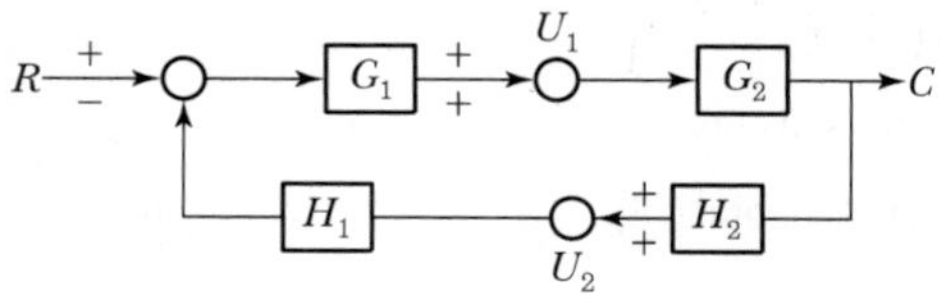

$$C = \frac{G_1 G_2 R + G_2 U_1 - H_1 G_1 G_2 U_2}{1 + G_1 G_2 H_2 H_1}$$

51 어떤 공정에 비례이득(Gain)이 2인 비례 제어기로 운전되고 있다. 이때 공정출력이 주기 3으로 계속 진동하고 있다면, 다음 설명 중 옳은 것은?

① 이 공정의 임계이득(Ultimate Gain)은 2이고 임계주파수(Ultimate Frequency)는 3이다.
② 이 공정의 임계이득(Ultimate Gain)은 2이고 임계주파수(Ultimate Frequency)는 $\dfrac{2\pi}{3}$ 이다.
③ 이 공정의 임계이득(Ultimate Gain)은 1/2이고 임계주파수(Ultimate Frequency)는 3이다.
④ 이 공정의 임계이득(Ultimate Gain)은 1/2이고 임계주파수(Ultimate Frequency)는 $\dfrac{2\pi}{3}$ 이다.

해설

$K_c = 2$

$P_u = \dfrac{2\pi}{\omega_u} = 3$

$\therefore\ \omega_u = \dfrac{2}{3}\pi$

52 다음 그림은 외란의 단위계단 변화에 대해 잘 조율된 P, PI, PD, PID에 의한 제어계 응답을 보인 것이다. 이 중 PID 제어기에 의한 결과는 어떤 것인가?

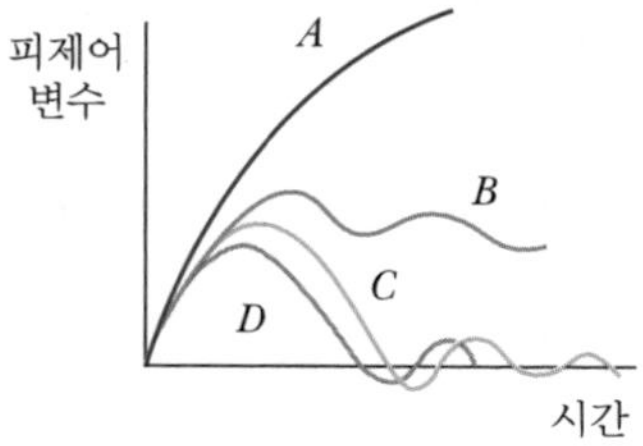

① A ② B
③ C ④ D

해설

- A : 없음
- B : P 제어
- C : PI 제어
- D : PID 제어

53 공정의 제어 성능을 적절히 발휘하는 데에 장애가 되는 요소가 아닌 것은?

① 측정변수와 제어되는 변수의 일치
② 제어밸브의 무 반응영역
③ 공정 운전상의 제약
④ 공정의 지연시간

해설

측정해야 할 변수 = 제어되는 변수

54 이득이 1인 2차계에서 감쇠계수(Damping Factor) $\xi < 0.707$일 때 최대 진폭비$(AR)_{\max}$는?

① $\dfrac{1}{2\sqrt{1-\xi^2}}$ ② $\sqrt{1-\xi^2}$

③ $\dfrac{1}{2\xi\sqrt{1-\xi^2}}$ ④ $\dfrac{1}{\xi\sqrt{1-2\xi^2}}$

정답 51 ② 52 ④ 53 ① 54 ③

해설

진폭비 $AR = \frac{\text{출력변수의 진폭}}{\text{입력변수의 진폭}}$

$= \frac{K}{\sqrt{(1-\tau^2 w^2)^2 + (2\tau w\zeta)^2}}$

정규진폭비 $AR_N = \frac{AR}{K}$

AR_N이 최대일 경우 $\tau w = \sqrt{1-2\zeta^2}$

$\therefore\ AR_{N\cdot\max} = \frac{1}{2\zeta\sqrt{1-\zeta^2}}$

$\zeta < 0.707$

55 공정변수 값을 측정하는 감지시스템은 일반적으로 센서, 전송기로 구성된다. 다음 중 전송기에서 일어나는 문제점으로 가장 거리가 먼 것은?

① 과도한 수송지연 ② 잡음
③ 잘못된 보정 ④ 낮은 해상도

해설

전송기에 일어나는 문제점
잡음, 잘못된 보정, 낮은 해상도

56 $\cosh\omega t$의 Laplace 변환은?

① $\frac{s}{s^2+\omega^2}$ ② $\frac{\omega}{s^2-\omega^2}$
③ $\frac{s}{s^2-\omega^2}$ ④ $\frac{\omega}{s^2+\omega^2}$

해설

$\cos\omega t \xrightarrow{\mathcal{L}} \frac{s}{s^2+\omega^2}$

$\cosh\omega t \xrightarrow{\mathcal{L}} \frac{s}{s^2-\omega^2}$

57 다음 중에서 사인응답(Sinusoidal Response)이 위상앞섬(Phase Lead)을 나타내는 것은?

① P 제어기
② PI 제어기
③ PD 제어기
④ 수송 지연(Transportation Lag)

해설

위상앞섬 : PD 제어기
Offset은 없어지지 않으나 최종값에 도달하는 시간은 단축되는 것을 나타내는 제어기

58 제어밸브 입출구 사이의 불평형 압력(Unbalanced Force)에 의하여 나타나는 밸브위치의 오차, 히스테리시스 등이 문제가 될 때 이를 감소시키기 위하여 사용되는 방법과 관련이 가장 적은 것은?

① C_v가 큰 제어 밸브를 사용한다.
② 면적이 넓은 공압 구동기(Pneumatic Actuator)를 사용한다.
③ 밸브 포지셔너(Positioner)를 제어밸브와 함께 사용한다.
④ 복좌형(Double Seated) 밸브를 사용한다.

해설

$q = C_v\sqrt{\frac{\Delta P_V}{\rho}}$

여기서, q : 유량(gallon/min)
ΔP_V : 밸브를 통한 압력차
ρ : 유체의 비중
C_v : 밸브계수 → 밸브의 용량(크기)을 조절

정답 55 ① 56 ③ 57 ③ 58 ①

59 어떤 반응기에 원료가 정상상태에서 100L/min의 유속으로 공급될 때 제어밸브의 최대유량을 정상상태 유량의 4배로 하고 I/P 변환기를 설정하였다면 정상상태에서 변환기에 공급된 표준전류신호는 몇 mA인가?(단, 제어밸브는 선형특성을 가진다.)

① 4　　② 8
③ 12　　④ 16

해설

I/P 변환기
I/P 변환기는 제어실 혹은 중앙제어장치로부터 4~20mA 전류신호를 받아 공압신호로 전환하여 출력하는 제어장치이다.

$$y-y_1=\frac{y_2-y_1}{x_2-x_1}(x-x_1)$$

$$100-0=\frac{400-0}{20-4}(x-4)$$

$\therefore x=8$

60 다음 중 되먹임 제어계가 불안정한 경우에 나타나는 특성은?

① 이득여유(Gain Margin)가 1보다 작다.
② 위상여유(Phase Margin)가 0보다 크다.
③ 제어계의 전달함수가 1차계로 주어진다.
④ 교차주파수(Crossover Frequency)에서 갖는 개루프 전달함수의 진폭비가 1보다 작다.

해설

이득여유가 1보다 작은 경우 불안정하다.
GM이 1.7～2.0, PM이 30～45° 범위를 갖도록 조정한다.

4과목 공업화학

61 다음 중 석유의 전화법으로 거리가 먼 것은?

① 개질법　　② 이성화법
③ 수소화법　　④ 고리화법

해설

석유의 전화법
- 크래킹 – 열분해법, 접촉분해법, 수소화분해법
- 리포밍(개질)
- 알킬화법
- 이성화법

62 반도체공정 중 노광 후 포토레지스트로 보호되지 않는 부분을 선택적으로 제거하는 공정을 무엇이라 하는가?

① 에칭　　② 조립
③ 박막형성　　④ 리소그래피

해설

- 에칭(식각) : 반도체공정 중 노광 후 PR(포토레지스트)로 보호되지 않는 부분(감광되지 않는 부분)을 제거하는 공정
- 사진공정(포토 리소그래피) : 회로의 패턴을 실리콘 기판에 새겨 넣는 공정
- 박막형성 : 화학기상증착(CVD) 공정은 형성하고자 하는 증착막재료의 원소가스를 기판 표면 위에 화학반응시켜 원하는 박막을 형성시킨다.

63 N_2O_4와 H_2O가 같은 몰비로 존재하는 용액에 산소를 넣어 HNO_3 30kg을 만들고자 한다. 이때 필요한 산소의 양은 약 몇 kg인가?(단, 반응은 100% 일어난다고 가정한다.)

① 3.5kg　　② 3.8kg
③ 4.1kg　　④ 4.5kg

해설

$$N_2O_4+H_2O+\frac{1}{2}O_2\rightarrow 2HNO_3$$

$$\frac{1}{2}\times 32\text{kg} \ : \ 2\times 63\text{kg}$$

$$x \ : \ 30\text{kg}$$

$\therefore x=3.8\text{kg}$

정답 59 ② 60 ① 61 ④ 62 ① 63 ②

64 암모니아 합성공업에 있어서 1,000℃ 이상의 고온에서 코크스에 수증기를 통할 때 주로 얻어지는 가스는?

① CO, H_2　　② CO_2, H_2
③ CO, CO_2　　④ CH_4, H_2

해설

워터가스제법
수증기가 코크스를 통과할 때 얻어지는 $CO+H_2$ 혼합가스를 워터가스(수성가스)라 한다.
$C+H_2O \rightarrow CO+H_2$

65 실용전지 제조에 있어서 작용물질의 조건으로 가장 거리가 먼 것은?

① 경량일 것
② 기전력이 안정하면서 낮을 것
③ 전기용량이 클 것
④ 자기방전이 적을 것

해설

- 기전력 : 단위전하당 한 일(V)
- 전지는 기전력이 높아야 한다.

66 니트로벤젠을 환원시켜 아닐린을 얻고자 할 때 사용하는 것은?

① Fe, HCl　　② Ba, H_2O
③ C, NaOH　　④ S, NH_4Cl

해설

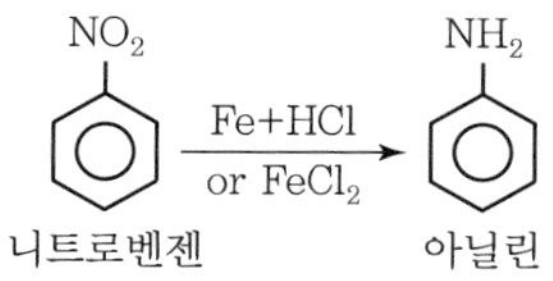

67 다음 중 소다회의 사용 용도로 가장 거리가 먼 것은?

① 판유리　　② 시멘트 주원료
③ 조미료, 식품　　④ 유지합성세제

해설

소다회(Na_2CO_3)
㉠ 제조방법
- Le Blanc법
- Solvay법(암모니아소다법)
- Solvay법의 개량법 : 염안소다법, 액안소다법

㉡ 용도 : 유리의 원료, 조미료 제조, 비누의 제조, 염료, 향료, 의약품, 농약, 종이 · 펄프제조, 고무의 재생

68 하루 117ton의 NaCl을 전해하는 NaOH 제조 공장에서 부생되는 H_2와 Cl_2를 합성하여 39wt% HCl을 제조할 경우 하루 약 몇 ton의 HCl이 생산되는가?(단, NaCl은 100%, H_2와 Cl_2는 99% 반응하는 것으로 가정한다.)

① 200　　② 185
③ 156　　④ 100

해설

$$NaCl + H_2O \rightarrow NaOH + \frac{1}{2}Cl_2 + \frac{1}{2}H_2 \rightarrow HCl$$

58.5 : 36.5
117ton : $x \times 0.39 \times 0.99$
$\therefore x = 189$

69 다음 물질 중 감압증류로 얻는 것은?

① 등유, 가솔린　　② 등유, 경유
③ 윤활유, 등유　　④ 윤활유, 아스팔트

해설

원유의 증류
- 상압증류 : 등유, 나프타, 경유
- 감압증류 : 윤활유, 아스팔트

70 프로필렌, CO 및 H_2의 혼합가스를 촉매하에서 고압으로 반응시켜 카르보닐 화합물을 제조하는 반응은?

① 옥소 반응　　② 에스테르화 반응
③ 니트로화 반응　　④ 스위트닝 반응

정답 64 ① 65 ② 66 ① 67 ② 68 ② 69 ④ 70 ①

해설

Oxo 반응
올레핀과 CO, H_2를 촉매하에서 반응시켜 탄소수가 하나 더 증가된 알데히드 화합물을 얻는다.

71 Polyisobutylene의 중합방법은?

① 양이온 중합　② 음이온 중합
③ 라디칼 중합　④ 지글러나타 중합

해설

Polyisobutylene

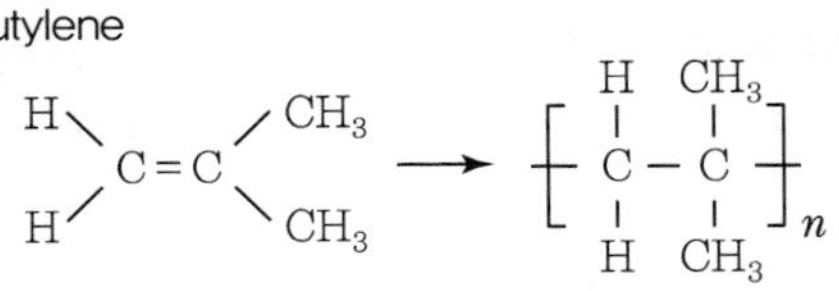

−100℃ 부근의 저온에서 삼플루오린화붕소 등의 양이온의 촉매로 중합하면, 분자량이 10만 이상인 고중합체를 얻을 수 있다.

72 공업적인 HCl 제조방법에 해당하는 것은?

① 부생염산법　② Petersen Tower법
③ OPL법　④ Meyer법

해설

공업적인 HCl의 제조방법
㉠ 식염의 황산분해법
- Le Blanc법
- Mannheim법, Laury법
- Hargreaves법

㉡ 합성법
㉢ 부생염산법

73 황산 중에 들어 있는 비소산화물을 제거하는 데 이용되는 물질은?

① NaOH　② KOH
③ NH_3　④ H_2S

해설

As(비소), Se(셀레늄) : H_2S를 이용해 황화물로 침전 제거

74 소금물을 전기분해하여 공업적으로 가성소다를 제조할 때 다음 중 적합한 방법은?

① 격막법　② 침전법
③ 건식법　④ 중화법

해설

NaOH
㉠ 가성화법
- 석회법
- 산화철법

㉡ 식염전해법
- 격막법
- 수은법

75 열가소성 수지의 대표적인 종류가 아닌 것은?

① 에폭시수지
② 염화비닐수지
③ 폴리스티렌
④ 폴리에틸렌

해설

- 열가소성 수지
  가열 시 연화되어 외력을 가할 때 쉽게 변형되므로, 이 상태로 성형, 가공한 후에 냉각하면 외력을 가하지 않아도 성형된 상태를 유지하는 수지
  예 폴리에틸렌, 폴리프로필렌, 폴리염화비닐, 폴리스티렌, 아크릴수지, 불소수지, 폴리비닐아세테이트
- 열경화성 수지
  가열하면 일단 연화되지만 계속 가열하면 점점 경화되어 나중에는 온도를 올려도 용해되지 않고, 원상태로도 되돌아가지 않는 수지
  예 페놀수지, 요소수지, 에폭시수지, 우레탄수지, 멜라민수지, 알키드수지, 규소수지

정답 71 ① 72 ① 73 ④ 74 ① 75 ①

76 아크릴산 에스테르의 공업적 제법과 가장 거리가 먼 것은?

① Reppe 고압법
② 프로필렌의 산화법
③ 에틸렌시안히드린법
④ 에틸알코올법

해설

아크릴산 에스테르($CH_2=CHCOOR$)의 공업적 제법
- Reppe 고압법
- 프로필렌 산화법
- 에틸렌시안히드린법

77 아세트알데히드는 Höchst－Wacker법을 이용하여 에틸렌으로부터 얻어질 수 있다. 이때 사용되는 촉매에 해당하는 것은?

① 제올라이트
② NaOH
③ $PdCl_2$
④ $FeCl_3$

해설

Höchst－Wacker법

$$CH_2=CH_2+\underset{(\text{촉매})}{PdCl_2}+H_2O \rightarrow CH_3CHO+Pd+2HCl$$

78 암모니아의 합성반응에 관한 설명으로 옳지 않은 것은?

① 촉매를 사용하여 반응속도를 높일 수 있다.
② 암모니아 평형농도는 반응온도를 높일수록 증가한다.
③ 암모니아 평형농도는 압력을 높일수록 증가한다.
④ 불활성 가스의 양이 증가하면 암모니아 평형농도는 낮아진다.

해설

$N_2+3H_2 \rightleftarrows 2NH_3+22kcal$
- 암모니아의 평형농도는 반응온도를 낮출수록, 압력을 높일수록 증가한다.
- 수소와 질소의 혼합비율이 3 : 1일 때 가장 좋다.
- 불활성 가스의 양이 증가하면 NH_3 평형농도는 낮아진다.

79 벤젠을 400～500℃에서 V_2O_5 촉매상으로 접촉 기상 산화시킬 때의 주생성물은?

① 나프텐산
② 푸마르산
③ 프탈산무수물
④ 말레산무수물

해설

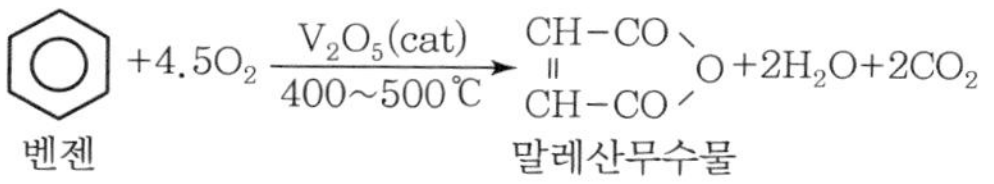

80 황산 60%, 질산 24%, 물 16%의 혼산 100kg을 사용하여 벤젠을 니트로화할 때, 질산이 화학양론적으로 전량 벤젠과 반응하였다면 DVS 값은 얼마인가?

① 4.54
② 3.50
③ 2.63
④ 1.85

해설

$$DVS=\frac{\text{혼합산 중의 황산의 양}}{\text{반응 후 혼합산 중의 물의 양}}$$

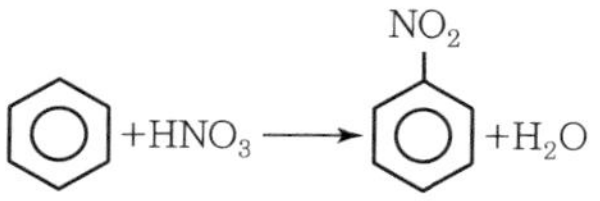

78	63	123	18
	24		x

$$\therefore\ x=\frac{24\times18}{63}=6.86$$

$$DVS=\frac{60}{16+6.86}=2.62$$

정답 76 ④ 77 ③ 78 ② 79 ④ 80 ③

5과목 반응공학

81 다음 비가역 기초반응에 의하여 연간 2억kg 에틸렌을 생산하는 데 필요한 플러그흐름 반응기의 부피는 몇 m^3인가?(단, 압력은 8atm, 온도는 1,200K 등온이며 압력강하는 무시하고 전환율 90%를 얻고자 한다.)

$C_2H_6 \rightarrow C_2H_4 + H_2$, 속도상수 $k_{(1,200K)} = 4.07s^{-1}$

① 2.82　　② 28.2
③ 42.8　　④ 82.2

해설

$C_2H_6 \rightarrow C_2H_4 \quad + \quad H_2$
30　　　28

$$2 \times 10^8 kg/y \times \frac{1y}{365d} \times \frac{1d}{24h} \times \frac{1h}{3,600s} \times \frac{1kmol}{28kg}$$
$$= 0.2264 kmol/s$$

$$F_B = \underbrace{F_{BO}}_{0} + F_{Ao}X_A$$

$$\therefore F_{Ao} = \frac{F_B}{X_A} = \frac{0.226 kmol/s}{0.9} = 0.2516 kmol/s$$

$$\tau = \frac{1}{k}\left[(1+\varepsilon_A)\ln\frac{1}{1-X_A} - \varepsilon_A X_A\right]$$

$$\varepsilon_A = y_{Ao}\delta = \frac{2-1}{1} = 1$$

$$PV = nRT$$

$$v_o = \frac{F_{Ao}RT}{P}$$
$$= \frac{(0.2516 kmol/s)(0.082 m^3 \cdot atm/kmol \cdot K)(1,200K)}{8atm}$$
$$= 3.095 m^3/s$$

$$\therefore \tau = \frac{1}{4.07}\left[(1+1)\ln\frac{1}{1-0.9} - 0.9\right]$$
$$= 0.91s$$

$$\tau = \frac{V}{v_o} = \frac{C_{Ao}V}{F_{Ao}}$$

$$0.91s = \frac{V}{3.095 m^3/s}$$

$$\therefore V = 2.81 m^3$$

82 다음 두 반응이 평행하게 동시에 진행되는 반응에 대해 목적물의 선택도를 높이기 위한 설명으로 옳은 것은?

$A \xrightarrow{k_1} V$(목적물, $r_v = k_1 C_A^{a_1}$)
$A \xrightarrow{k_2} W$(비목적물, $r_w = k_2 C_A^{a_2}$)

① a_1과 a_2가 같으면 혼합흐름반응기가 관형흐름반응기보다 훨씬 더 낫다.
② a_1이 a_2보다 작으면 관형흐름반응기가 적절하다.
③ a_1이 a_2보다 작으면 혼합흐름반응기가 적절하다.
④ a_1과 a_2가 같으면 관형흐름반응기가 혼합흐름반응기보다 훨씬 더 낫다.

해설

$$\frac{r_v}{r_w} = \frac{k_1 C_A^{a_1}}{k_2 C_A^{a_2}} = \frac{k_1}{k_2} C_A^{a_1 - a_2}$$

- $a_1 > a_2$: PFR, Batch
- $a_1 < a_2$: CSTR
- $a_1 = a_2$: 반응기 유형에 무관

83 그림과 같은 기초적 반응에 대한 농도－시간곡선을 가장 잘 표현하고 있는 반응 형태는?

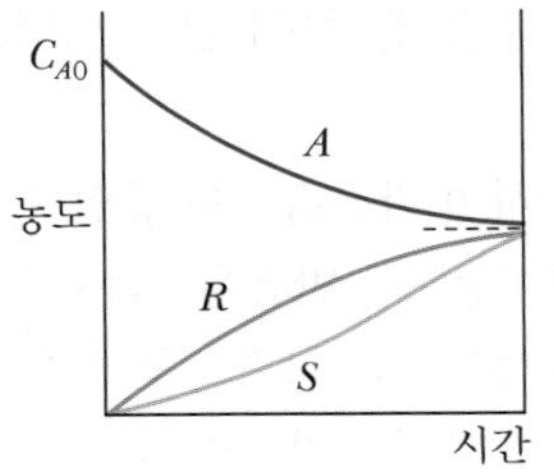

① $A \underset{1}{\overset{1}{\rightleftarrows}} R \underset{1}{\overset{1}{\rightleftarrows}} S$　　② $A \underset{10}{\overset{1}{\rightleftarrows}} R \underset{1}{\overset{1}{\rightleftarrows}} S$

③ $A \overset{1}{\rightarrow} R \underset{1}{\overset{1}{\rightleftarrows}} S$　　④ $A \overset{1}{\rightarrow} R \underset{10}{\overset{1}{\rightleftarrows}} S$

정답 81 ①　82 ③　83 ①

해설

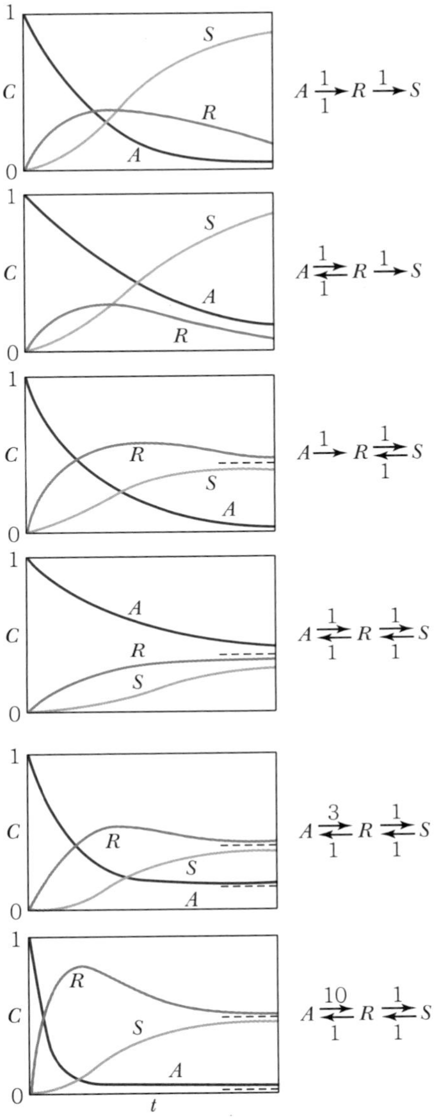

84 정용 회분식 반응기(Batch Reactor)에서 반응물 A ($C_{Ao}=1\text{mol/L}$)가 80% 전환되는 데 8분 걸렸고, 90% 전환되는 데 18분이 걸렸다면 이 반응은 몇 차 반응인가?

① 0차　② 2차
③ 2.5차　④ 3차

해설

$$-r_A=-\frac{dC_A}{dt}=kC_A{}^n=kC_{Ao}{}^n(1-X_A)^n$$

$$C_A{}^{1-n}-C_{Ao}{}^{1-n}=k(n-1)t$$

$$C_{Ao}{}^{1-n}(1-X_A)^{1-n}-C_{Ao}{}^{1-n}=k(n-1)t$$

$$(1-X_A)^{1-n}-1=k(n-1)t$$

$$(1-0.8)^{1-n}-1=k(n-1)\times 8 \quad \cdots\cdots\cdots\cdots ㉠$$

$$(1-0.9)^{1-n}-1=k(n-1)\times 18 \quad \cdots\cdots\cdots\cdots ㉡$$

㉠식과 ㉡식에 의해 $n=2$차에서 성립

85 $1A \leftrightarrow 1B+1C$이 1bar에서 진행되는 기상반응이다. 1몰 A가 수증기 15몰로 희석되어 유입된다. 평형에서 반응물 A의 전화율은?(단, 평형상수 K_p는 100mbar이다.)

① 0.65　② 0.70
③ 0.86　④ 0.91

해설

$$\varepsilon_A=y_{Ao}\delta=\frac{1}{16}\left(\frac{2-1}{1}\right)=0.0625$$

$$P_A=P_{A0}\left(\frac{1-X_A}{1+\varepsilon_A X_A}\right),\ P_B=P_C=P_{A0}\left(\frac{X_A}{1+\varepsilon_A X_A}\right)$$

$$K_P=\frac{P_B\times P_C}{P_A}=100\text{mbar}=0.1\text{bar}$$

$$=\frac{P_{A0}{}^2\left(\frac{X_A}{1+\varepsilon_A X_A}\right)^2}{P_{A0}\left(\frac{1-X_A}{1+\varepsilon_A X_A}\right)}=\frac{P_{A0}X_A{}^2}{(1-X_A)(1+\varepsilon_A X_A)}$$

$$=\frac{\left(\frac{1}{16}\right)X_A{}^2}{(1-X_A)(1+\frac{1}{16}X_A)}=0.1$$

$$\therefore\ \frac{1}{16}X_A{}^2=0.1(1-X_A)\left(1+\frac{1}{16}X_A\right)$$

$$1.1X_A{}^2+1.5X_A-1.6=0$$

$$\therefore\ X_A=\frac{-1.5\pm\sqrt{1.5^2+4(1.1)(1.6)}}{2\times 1.1}=0.7036$$

정답 84 ② 85 ②

86 A가 R이 되는 효소반응이 있다. 전체 효소농도를 $[E_0]$, 미카엘리스(Michaelis) 상수를 $[M]$라고 할 때 이 반응의 특징에 대한 설명으로 틀린 것은?

① 반응속도가 전체 효소 농도$[E_0]$에 비례한다.
② A의 농도가 낮을 때 반응속도는 A의 농도에 비례한다.
③ A의 농도가 높아지면서 0차 반응에 가까워진다.
④ 반응속도는 마카엘리스 상수 $[M]$에 비례한다.

해설

$$-r_A = r_R = \frac{K[E_o][A]}{[M]+[A]}$$

- $-r_A$(반응속도)는 효소농도 $[E_o]$에 비례한다.
- $[A]$가 낮을 때 반응속도는 A의 농도 $[A]$에 비례한다.

$$-r_A = r_R = \frac{K[E_o][A]}{[M]}$$

- $[A]$가 높아지면 $[A]$에 무관하므로 0차 반응에 가까워진다.

$$-r_A = r_R = \frac{K[E_o][A]}{[A]} = K[E_o]$$

- 나머지는 효소농도 $[E_o]$에 비례한다.

87 화학반응의 활성화 에너지와 온도 의존성에 대한 설명 중 옳은 것은?

① 활성화 에너지는 고온일 때 온도에 더욱 민감하다.
② 낮은 활성화 에너지를 갖는 반응은 온도에 더 민감하다.
③ Arrhenius 법칙에서 빈도 인자는 반응의 온도 민감성에 영향을 미치지 않는다.
④ 반응속도 상수 K와 온도 $1/T$의 직선의 기울기가 클 때 낮은 활성화 에너지를 갖는다.

해설

아레니우스 식

$$K = K_o e^{-E_a/RT}$$

$$\ln K = \ln K_o - \frac{E_a}{RT}$$

- Arrhenius 법칙으로부터 $\ln K$ 대 $\frac{1}{T}$의 플롯은 직선이다.
- 높은 활성화 에너지를 갖는 반응은 온도에 대단히 민감하고 낮은 활성화 에너지를 갖는 반응은 덜 민감하다.
- 주어진 반응에서 저온일 때가 고온일 때보다 온도에 더욱 민감하다.
- Arrhenius 법칙에서 빈도인자는 반응의 온도민감성에 영향을 미치지 않는다.

88 다음은 어떤 가역 반응의 단열 조작선의 그림이다. 조작선의 기울기는 $\frac{C_p}{-\Delta H_r}$로 나타내는데 이 기울기가 큰 경우에는 어떤 형태의 반응기가 가장 좋겠는가?(단, C_p는 열용량, ΔH_r은 반응열을 나타낸다.)

① 플러그 흐름 반응기
② 혼합 흐름 반응기
③ 교반형 반응기
④ 순환 반응기

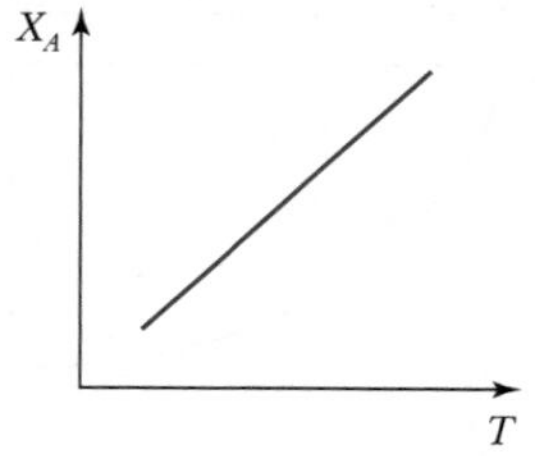

해설

- $C_p/-\Delta H_r$이 작은 경우(순수한 기체반응물)에는 혼합흐름 반응기가 최선이다.
- $C_p/-\Delta H_r$이 큰 경우(불활성물질을 대량 포함하는 기체 또는 액체계)에는 플러그 흐름이 최선이다.

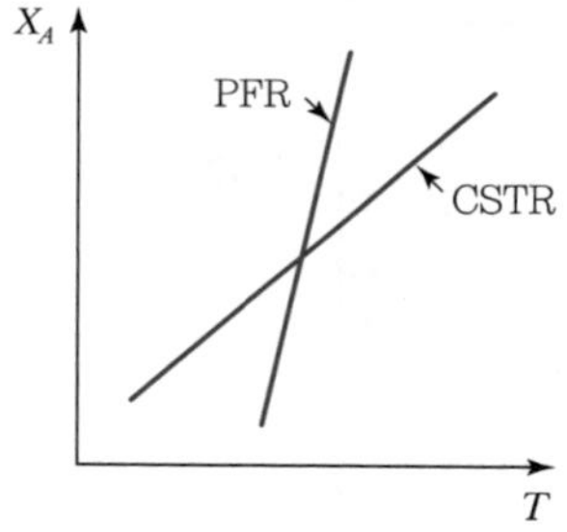

89 다음의 등온에서 병렬 반응인 경우 S_{DU}(선택도)를 향상시킬 수 있는 조건 중 옳지 않은 것은?(단, 활성화 에너지는 $E_1 < E_2$이다.)

$$A + B \rightarrow D(\text{desired}) \quad r_D = k_1 C_A^2 C_B^3$$
$$A + B \rightarrow U(\text{undesired}) \quad r_U = k_2 C_A C_B$$

① 관형 반응기　② 높은 압력
③ 높은 온도　④ 반응물의 고농도

정답 86 ④ 87 ③ 88 ① 89 ③

해설

$$\frac{r_D}{r_U}=\frac{k_1 C_A^2 C_B^3}{k_2 C_A C_B}=\frac{k_1}{k_2}C_A C_B^2$$

- $E_1 < E_2$: 온도가 상승할 때 k_1/k_2는 감소
- 활성화 에너지가 큰 반응이 온도에 더 예민하다.
- 활성화 에너지가 크면 고온이 적합하고 활성화 에너지가 작으면 저온이 적합하다.

90 공간속도(Space Velocity)가 2.5s^{-1}이고 원료의 공급률이 1초당 100L일 때의 반응기의 체적은 몇 L이겠는가?

① 10　　② 20
③ 30　　④ 40

해설

$$\tau=\frac{1}{s}=\frac{1}{2.5}=0.4\text{s}$$

$$\tau=\frac{V}{v_o} \Rightarrow V=\tau v_o$$

$$=0.4\text{s}\times 100\text{L/s}$$

$$=40\text{L}$$

91 HBr의 생성반응 속도식이 다음과 같을 때 k_1의 단위는?

$$r_{\text{HBr}}=k_1[\text{H}_2][\text{Br}_2]^{1/2}/(k_2+[\text{HBr}]/[\text{Br}_2])$$

① $(\text{mol/m}^3)^{-1.5}(\text{s})^{-1}$　　② $(\text{mol/m}^3)^{-1}(\text{s})^{-1}$
③ $(\text{mol/m}^3)^{-0.5}(\text{s})^{-1}$　　④ $(\text{s})^{-1}$

해설

$$\text{K}=[\text{mol/m}^3]^{1-\text{n}}[1/\text{s}]$$

$$=[\text{mol/m}^3]^{1-\frac{3}{2}}[1/\text{s}]$$

$$=[\text{mol/m}^3]^{-0.5}[\text{s}]^{-1}$$

92 다음 그림은 균일계 비가역 병렬 반응이 플러그흐름반응기에서 진행될 때 순간수율 $\phi\left(\frac{R}{A}\right)$와 반응물의 농도($C_A$) 간의 관계를 나타낸 것이다. 빗금친 부분의 넓이가 뜻하는 것은?

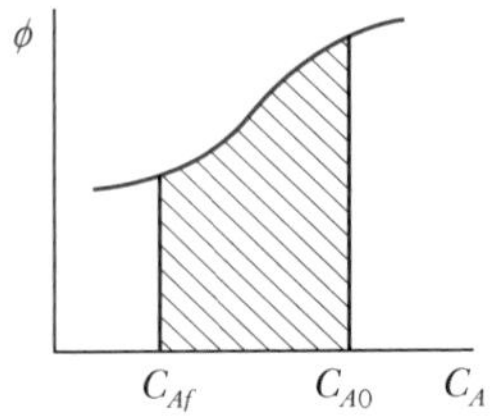

① 총괄 수율 ϕ
② 반응하여 없어진 반응물의 몰수
③ 반응으로 생긴 R의 몰수
④ 반응기를 나오는 R의 농도

해설

$$\int_{C_{A1}}^{C_{Ao}}\phi\, dC_A=\int_{C_{Af}}^{C_{Ao}}\frac{dC_R}{-dC_A}dC_A$$

$$=C_R(C_{Af})-C_R(C_{Ao})=C_R$$

93 기초 2차 액상반응 $2A\rightarrow 2R$을 순환비가 2인 등온 플러그흐름반응기에서 반응시킨 결과 50%의 전화율을 얻었다. 동일반응에서 순환류를 폐쇄시킨다면 전화율은?

① 0.6　　② 0.7
③ 0.8　　④ 0.9

해설

$$X_{A1}=\left(\frac{R}{R+1}\right)X_{Af}$$

$$=\left(\frac{2}{2+1}\right)\times 0.5=0.33$$

$$\frac{\tau_p}{C_{Ao}}=\frac{V}{F_{Ao}}=(R+1)\int_{X_{A1}}^{X_{Af}}\frac{dX_A}{-r_A}$$

$$=3\int_{X_{A1}}^{X_{Af}}\frac{dX_A}{kC_{Ao}{}^2(1-X_A)^2}$$

$$=\frac{3}{kC_{Ao}^2}\int_{0.33}^{0.5}\frac{dX_A}{(1-X_A)^2}$$

$$=\frac{3}{kC_{Ao}^2}\left[\frac{1}{1-X_A}\right]_{0.33}^{0.5}$$

$$=\frac{3}{kC_{Ao}^2}\left(\frac{1}{0.5}-\frac{1}{0.67}\right)$$

정답 90 ④　91 ③　92 ④　93 ①

순환류 폐쇄 $R \to 0$ PFR에 접근

$$k\tau_p C_{Ao} = 3\left(\frac{1}{0.5} - \frac{1}{0.67}\right) = 1.52$$

2차 PFR

$$k\tau_p C_{Ao} = \frac{X_A}{1-X_A} = 1.52$$

$$\therefore X_A = 0.6$$

94 정용회분식 반응기에서 1차 반응의 반응속도식은? (단, $[A]$는 반응물 A의 농도, $[A_0]$는 반응물 A의 초기농도, k는 속도상수, t는 시간이다.)

① $[A] = -kt + [A_0]$

② $\ln[A] = -kt + \ln[A_0]$

③ $\dfrac{1}{[A]} = kt + \dfrac{1}{[A_0]}$

④ $\dfrac{1}{\ln[A]} = kt + \dfrac{1}{\ln[A_0]}$

해설

$$-\ln\frac{C_A}{C_{A0}} = kt$$

$$\ln\frac{C_A}{C_{A0}} = -kt$$

$$\ln C_A - \ln C_{A0} = -kt$$

$$\therefore \ln C_A = -kt + \ln C_{A0}$$

95 다음 중 촉매 작용의 일반적인 특성으로 옳지 않은 것은?

① 비교적 적은 양의 촉매로 다량의 생성물을 생성시킬 수 있다.

② 촉매는 근본적으로 선택성을 변경시킬 수 있다.

③ 활성화 에너지가 촉매를 사용하지 않을 경우에 비해 낮아진다.

④ 평형 전화율을 촉매작용에 의하여 변경시킬 수 있다.

해설

촉매는 활성화 에너지를 낮춰 반응속도를 빠르게 할 수 있지만 평형전화율을 변경시킬 수 없다.

96 혼합흐름반응기에서 일어나는 액상 1차 반응의 전화율이 50%일 때 같은 크기의 혼합흐름반응기를 직렬로 하나 더 연결하고 유량을 같게 하면 최종 전화율은?

① $\dfrac{2}{3}$

② $\dfrac{3}{4}$

③ $\dfrac{4}{5}$

④ $\dfrac{5}{6}$

해설

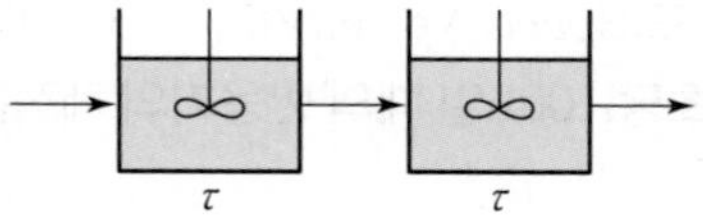

1차 : $k\tau = \dfrac{X_A}{1-X_A} = \dfrac{0.5}{1-0.5} = 1$

$$X_{Af} = 1 - \frac{1}{(1+\tau k)^N}$$

$$\therefore X_{Af} = 1 - \frac{1}{(1+1)^2} = 1 - \frac{1}{4} = \frac{3}{4}$$

97 다음과 같이 진행되는 반응은 어떤 반응인가?

Reactants → (Intermediates)*   (Intermediates)* → Products

① Non-Chain Reaction

② Chain Reaction

③ Elementary Reaction

④ Parallel Reaction

해설

- 비연쇄반응
  반응물 → (중간체)*
  (중간체)* → 생성물
- 연쇄반응
  (개시단계) 반응물 → (중간체)*
  (전파단계) (중간체)* + 반응물 → (중간체)* + 생성물
  (정지단계) (중간체)* → 생성물

정답 94 ② 95 ④ 96 ② 97 ①

98 $A \rightarrow B$ 반응이 1차 반응일 때 속도상수가 4×10^{-3} s^{-1}이고 반응속도가 $10 \times 10^{-5}mol/cm^3 \cdot s$이라면 반응물의 농도는 몇 mol/cm^3인가?

① 2.0×10^{-2} ② 2.5×10^{-2}
③ 3.0×10^{-2} ④ 3.5×10^{-2}

해설

$-r_A = kC_A$

$10 \times 10^{-5} mol/cm^3 \cdot s = 4 \times 10^{-3}/s \times C_A$

$\therefore C_A = 0.025 mol/cm^3$

$= 2.5 \times 10^{-2}$

99 다음 반응에서 생성속도의 비를 표현한 식은? (단, a_1은 $A \rightarrow R$ 반응의 반응차수이며 a_2는 $A \rightarrow S$ 반응의 반응차수이다. k_1, k_2는 각각의 경로에서 속도상수이다.)

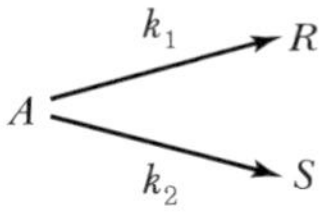

① $\frac{r_S}{r_R} = \frac{k_2}{k_1} C_A^{(a_2 - a_1)}$ ② $\frac{r_S}{r_R} = \frac{k_1}{k_2} C_A^{(a_2 - a_1)}$
③ $\frac{r_S}{r_R} = \frac{k_2}{k_1} C_A^{(a_1 - a_2)}$ ④ $\frac{r_S}{r_R} = \frac{k_1}{k_2} C_A^{(a_1 - a_2)}$

해설

$$\frac{r_S}{r_R} = \frac{k_2 C_A^{a_2}}{k_1 C_A^{a_1}} = \frac{k_2}{k_1} C_A^{a_2 - a_1}$$

100 부피 100L이고 Space Time이 5min인 혼합흐름 반응기에 대한 설명으로 옳은 것은?

① 이 반응기는 1분에 20L의 반응물을 처리할 능력이 있다.
② 이 반응기는 1분에 0.2L의 반응물을 처리할 능력이 있다.
③ 이 반응기는 1분에 5L의 반응물을 처리할 능력이 있다.
④ 이 반응기는 1분에 100L의 반응물을 처리할 능력이 있다.

해설

$\tau = \frac{V}{v_o}$

$5min = \frac{100L}{v_o}$

$v_o = 20L/min$

PART 1 PART 2 PART 3 PART 4 **PART 5**

정답 98 ② 99 ① 100 ①

2019년 제2회 기출문제

1과목 화공열역학

01 그림에서 동력 W를 계산하는 식은?

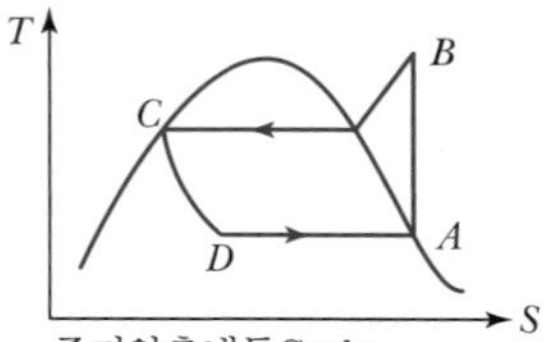

증기압축냉동Cycle

① $W=(H_B-H_C)-(H_A-H_D)$
② $W=(H_B-H_C)-(H_D-H_A)$
③ $W=(H_A-H_D)-(H_B-H_C)$
④ $W=(H_D-H_A)-(H_B-H_C)$

해설

$$W=|Q_H|-|Q_C|$$
$$=(H_B-H_C)-(H_A-H_D)$$
$$=H_B-H_A$$

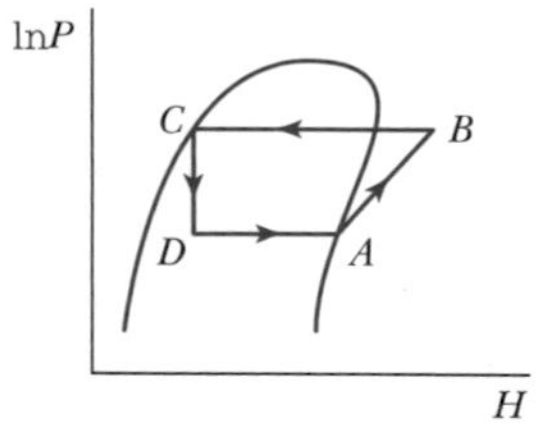

$H_C=H_D$

$P-H$ 선도에 나타낸 증기−압축 냉동사이클

02 다음과 같은 반데르발스(Van der Waals) 상태방정식을 이용하여 실제기체의 $(\partial U/\partial V)_T$를 구한 결과로 옳은 것은?(단, V는 부피, T는 절대온도, a는 상수, b는 상수이다.)

$$P=\frac{R}{V-b}T-\frac{a}{V^2}$$

① $\left(\frac{\partial U}{\partial V}\right)_T=\frac{a}{V^2}$　② $\left(\frac{\partial U}{\partial V}\right)_T=\frac{a}{(V-b)^2}$
③ $\left(\frac{\partial U}{\partial V}\right)_T=\frac{b}{V^2}$　④ $\left(\frac{\partial U}{\partial V}\right)_T=\frac{b}{(V-b)^2}$

해설

- $dU=TdS-PdV$

$$\left(\frac{\partial U}{\partial V}\right)_T=T\left(\frac{\partial S}{\partial V}\right)_T-P \quad \cdots\cdots ㉠$$

- $dA=-SdT-PdV$

$$\left(\frac{\partial S}{\partial V}\right)_T=\left(\frac{\partial P}{\partial T}\right)_V \quad \cdots\cdots ㉡$$

- $P=\frac{R}{V-b}T-\frac{a}{V^2}$

$$\left(\frac{\partial P}{\partial T}\right)_V=\frac{R}{V-b} \quad \cdots\cdots ㉢$$

㉠식에 ㉡, ㉢을 대입하면

$$\left(\frac{\partial U}{\partial V}\right)_T=T\left(\frac{\partial P}{\partial T}\right)_V-P$$
$$=\frac{RT}{V-b}-\left(\frac{RT}{V-b}-\frac{a}{V^2}\right)$$
$$=\frac{a}{V^2}$$

03 어떤 화학반응이 평형상수에 대한 온도의 미분계수가 $\left(\frac{\partial \ln K}{\partial T}\right)_P>0$로 표시된다. 이 반응에 대하여 옳게 설명한 것은?

① 흡열반응이며, 온도 상승에 따라 K 값은 커진다.
② 발열반응이며, 온도 상승에 따라 K 값은 커진다.
③ 흡열반응이며, 온도 상승에 따라 K 값은 작아진다.
④ 발열반응이며, 온도 상승에 따라 K 값은 작아진다.

정답 01 ① 02 ① 03 ①

해설

$$\frac{\partial \ln K}{\partial T}=\frac{\Delta H}{RT^2}>0$$

- $\Delta H>0$이므로 흡열반응이다.
- 온도가 증가할 때 K도 증가한다.
- 일정압력에서 K가 증가하면 $\pi_i(y_i)^{\nu_i}$가 증가한다.
  → 반응이 오른쪽으로 이동하고, ε_e가 증가한다.

04 다음 중 브레이턴(Brayton) 사이클은?

①
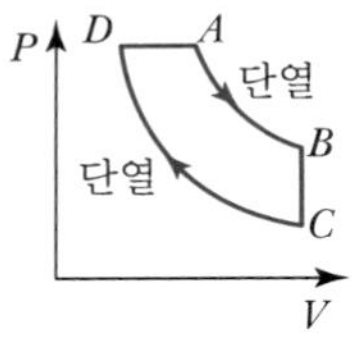

②
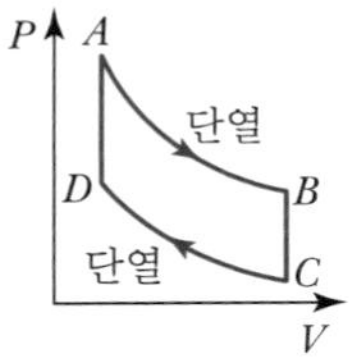

③
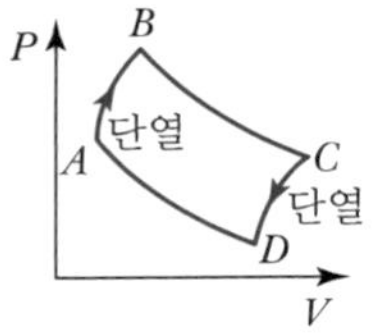

④
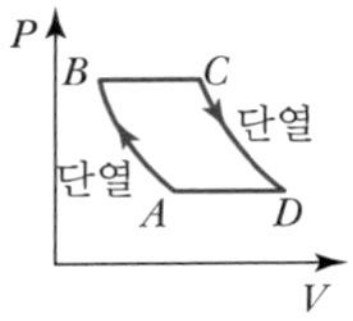

해설

이상적인 기체－터빈기관 : Brayton 사이클

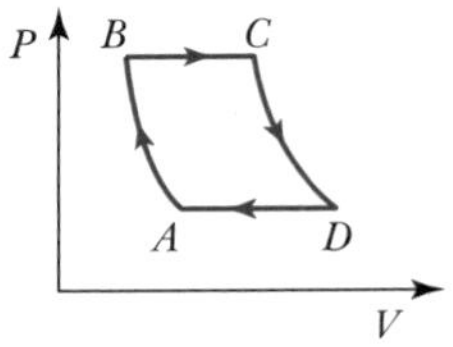

$$\eta=1-\left(\frac{P_A}{P_B}\right)^{\frac{\gamma-1}{\gamma}}$$

05 정압 열용량 C_P를 옳게 나타낸 것은?

① $C_P=\left(\frac{\partial V}{\partial T}\right)_P$　　② $C_P=\left(\frac{\partial H}{\partial P}\right)_P$

③ $C_P=\left(\frac{\partial H}{\partial T}\right)_P$　　④ $C_P=\left(\frac{\partial U}{\partial T}\right)_P$

해설

$C_V=\left(\frac{\partial U}{\partial T}\right)_V$, $C_P=\left(\frac{\partial H}{\partial T}\right)_P$

06 열역학적 성질에 관한 설명 중 틀린 것은?(단, C_P는 정압열용량, C_V는 정적열용량, R은 기체상수이다.)

① 일은 상태함수가 아니다.
② 이상기체에 있어서 $C_P-C_V=R$의 식이 성립한다.
③ 크기성질은 그 물질의 양과 관계가 있다.
④ 변화하려는 경향이 최대일 때 그 계는 평형에 도달하게 된다.

해설

- 상태함수 : U, H, S, G
- 경로함수 : 일, 열

- 크기성질 : m, V, n, U, H, S, G
- 세기성질 : T, P, d, $\overline{U}$, $\overline{H}$

07 물리량에 대한 단위가 틀린 것은?

① 힘 : kg · m/s^2
② 일 : kg · m^2/s^2
③ 기체상수 : atm · L/mol
④ 압력 : N/m^2

해설

- 힘 F=[N]=[kg · m/s^2]
- 일 W=[J]=[N · m]=[kg · m^2/s^2]
- 기체상수 R=[L · atm/mol · K]
- 압력 $P=\frac{F}{A}$=[N/m^2]

08 그림과 같이 상태 A로부터 상태 C로 변화하는데 A → B → C의 경로로 변하였다. 경로 B → C 과정에 해당하는 것은?

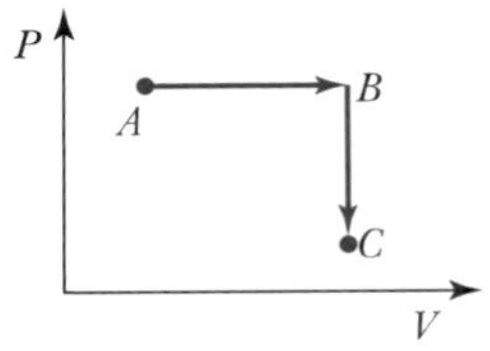

① 등온과정　　② 정압과정
③ 정용과정　　④ 단열과정

정답 04 ④　05 ③　06 ④　07 ③　08 ③

해설

- A → B : 정압과정
- B → C : 정용과정

09 이상기체의 단열변화를 나타내는 식 중 옳은 것은?(단, γ는 비열비이다.)

① $TP^{\frac{\gamma-1}{1}}$ = 일정

② $T_1 P_2^{\frac{\gamma-1}{\gamma}} = T_2 P_1^{\frac{\gamma-1}{\gamma}}$

③ $TP^{\frac{1}{1-\gamma}}$ = 일정

④ $P_1 T_1^{\frac{\gamma-1}{\gamma}} = P_2 T_2^{\frac{\gamma-1}{\gamma}}$

해설

단열변화

$$\left(\frac{T_2}{T_1}\right)=\left(\frac{P_2}{P_1}\right)^{\frac{\gamma-1}{\gamma}},\ T_1 P_2^{\frac{\gamma-1}{\gamma}} = T_2 P_1^{\frac{\gamma-1}{\gamma}} = \text{일정}$$

$$\frac{T_2}{T_1}=\left(\frac{V_1}{V_2}\right)^{\gamma-1},\ T_1 V_1^{\gamma-1} = T_2 V_2^{\gamma-1} = \text{일정}$$

$$\frac{P_2}{P_1}=\left(\frac{V_1}{V_2}\right)^{\gamma},\ P_1 V_1^{\gamma} = P_2 V_2^{\gamma} = \text{일정}$$

10 맥스웰 관계식(Maxwell Relation) 중에서 옳지 않은 것은?

① $\left(\frac{\partial T}{\partial V}\right)_S = \left(\frac{\partial P}{\partial S}\right)_V$

② $\left(\frac{\partial T}{\partial P}\right)_S = \left(\frac{\partial V}{\partial S}\right)_P$

③ $\left(\frac{\partial P}{\partial T}\right)_V = \left(\frac{\partial S}{\partial V}\right)_T$

④ $\left(\frac{\partial V}{\partial T}\right)_P = -\left(\frac{\partial S}{\partial P}\right)_T$

해설

Maxwell Relation(맥스웰 관계식)

$$\left(\frac{\partial T}{\partial V}\right)_S = -\left(\frac{\partial P}{\partial S}\right)_V \qquad \left(\frac{\partial T}{\partial P}\right)_S = \left(\frac{\partial V}{\partial S}\right)_P$$

$$\left(\frac{\partial S}{\partial V}\right)_T = \left(\frac{\partial P}{\partial T}\right)_V \qquad -\left(\frac{\partial S}{\partial P}\right)_T = \left(\frac{\partial V}{\partial T}\right)_P$$

11 실험실에서 부동액으로 30mol% 메탄올 수용액 4L를 만들려고 한다. 25℃에서 4L의 부동액을 만들기 위하여 25℃의 물과 메탄올을 각각 몇 L씩 섞어야 하는가?

25℃	순수성분	30mol% 메탄올 수용액의 부분 mole 부피
메탄올	40.727cm³/g · mol	38.632cm³/g · mol
물	18.068cm³/g · mol	17.765cm³/g · mol

① 메탄올 = 2.000L, 물 = 2.000L

② 메탄올 = 2.034L, 물 = 2.106L

③ 메탄올 = 2.064L, 물 = 1.936L

④ 메탄올 = 2.100L, 물 = 1.900L

해설

$M = \sum x_i \overline{M_i}$

$V = \sum x_i \overline{V_i} = 0.3 \times 38.632 + 0.7 \times 17.765$

$= 24.025 cm^3/mol$

$4{,}000 cm^3 = 24.025 cm^3/mol \times n(mol)$ (mol)

$n = 166.5 mol$

30mol% 메탄올 $= \frac{x}{166.5} \times 100$

$x = 49.95 mol$ 메탄올

∴ 물 $= 166.5 - 49.95 = 116.55 mol$ 물

- 메탄올 : $49.95 mol \times 40.727 cm^3/mol = 2{,}034 cm^3 = 2.034L$
- 물 : $116.5 mol \times 18.068 cm^3/mol = 2{,}106 cm^3 = 2.106L$

12 두 절대온도 T_1, $T_2(T_1 < T_2)$ 사이에서 운전하는 엔진의 효율에 관한 설명 중 틀린 것은?

① 가역과정인 경우 열효율이 최대가 된다.

② 가역과정인 경우 열효율은 $(T_2 - T_1)/T_2$이다.

③ 비가역과정인 경우 열효율은 $(T_2 - T_1)/T_2$보다 크다.

④ T_1이 0K인 경우 열효율은 100%가 된다.

해설

$$\eta = \frac{T_2 - T_1}{T_2}\ (T_2 > T_1)$$

정답 09 ② 10 ① 11 ② 12 ③

13 이상기체인 경우와 관계가 없는 것은?(단, Z는 압축인자이다.)

① $Z=1$이다.
② 내부에너지는 온도만의 함수이다.
③ $PV=RT$가 성립하는 경우이다.
④ 엔탈피는 압력과 온도의 함수이다.

해설

이상기체의 경우 엔탈피는 온도만의 함수이다.

14 엔탈피 H에 관한 식이 다음과 같이 표현될 때 식에 관한 설명으로 옳은 것은?

$$dH=\left(\frac{\partial H}{\partial T}\right)_P dT+\left(\frac{\partial H}{\partial P}\right)_T dP$$

① $\left(\frac{\partial H}{\partial T}\right)_P$는 P의 함수이고, $\left(\frac{\partial H}{\partial P}\right)_T$는 T의 함수이다.
② $\left(\frac{\partial H}{\partial T}\right)_P$, $\left(\frac{\partial H}{\partial P}\right)_T$ 모두 P의 함수이다.
③ $\left(\frac{\partial H}{\partial T}\right)_P$, $\left(\frac{\partial H}{\partial P}\right)_T$ 모두 T의 함수이다.
④ $\left(\frac{\partial H}{\partial T}\right)_P$는 T의 함수이고, $\left(\frac{\partial H}{\partial P}\right)_T$는 P의 함수이다.

해설

$H=f(T,\ P)$ ⋯ H는 T와 P의 함수

$$dH=\left(\frac{\partial H}{\partial T}\right)_P dT+\left(\frac{\partial H}{\partial P}\right)_T dP$$

T의 함수 　 P의 함수

15 2몰의 이상기체 시료가 등온가역팽창하여 그 부피가 2배가 되었다면 이 과정에서 엔트로피 변화량은?

① -5.763JK^{-1}　② -11.526JK^{-1}
③ 5.763JK^{-1}　④ 11.526JK^{-1}

해설

$$\Delta S=nC_P\ln\frac{T_2}{T_1}+nR\ln\frac{V_2}{V_1}$$

$$\Delta S=nR\ln\frac{V_2}{V_1}\ (T=\text{일정})$$

$$=(2\text{mol})(8.314\text{J/mol}\cdot\text{K})\ln\frac{2}{1}$$

$$=11.526\text{J/K}$$

16 기체상의 부피를 구하는 데 사용되는 식과 가장 거리가 먼 것은?

① 반데르발스 방정식(Van der Waals Equation)
② 래킷 방정식(Rackett Equation)
③ 펭－로빈슨 방정식(Peng－Robinson Equation)
④ 베네딕트－웹－루빈 방정식(Bendict－Webb－Rubin Equation)

해설

기체의 부피를 구하는 식

- Van der Waals Equation
  $\left(P+\frac{a}{V^2}\right)(V-b)=RT$
- Berthelot 상태방정식
  $\left(P+\frac{a}{TV^2}\right)(V-b)=RT$
- Benedict－Webb－Rubin 상태방정식
- Beattie－Bridgeman 상태방정식
- Redlich－Kwong식
- Peng－Robinson Equation

17 과잉특성과 혼합에 의한 특성치의 변화를 나타낸 상관식으로 옳지 않은 것은?(단, H : 엔탈피, V : 용적, M : 열역학특성치, id : 이상용액이다.)

① $H^E=\Delta H$　② $V^E=\Delta V$
③ $M^E=M-M^{id}$　④ $\Delta M^E=\Delta M$

해설

과잉물성

$M^E=M-M^{id}$

$M^E=M^R-\sum x_i M_i^R$

$V^E=\Delta V$

$H^E=\Delta H$

정답 13 ④ 14 ④ 15 ④ 16 ② 17 ④

$G^E = \Delta G - RT\sum x_i \ln x_i$

$S^E = \Delta S + R\sum x_i \ln x_i$

$\therefore\ \Delta M = M - \sum x_i M_i$

18 일정온도 및 압력하에서 반응좌표(Reaction Coor−dinate)에 따른 깁스(Gibbs) 에너지의 관계도에서 화학반응 평형점은?

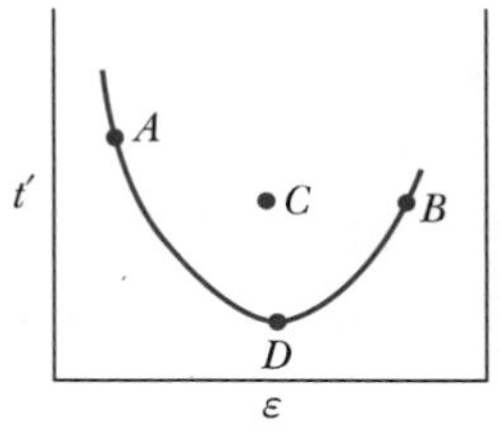

① A ② B
③ C ④ D

해설

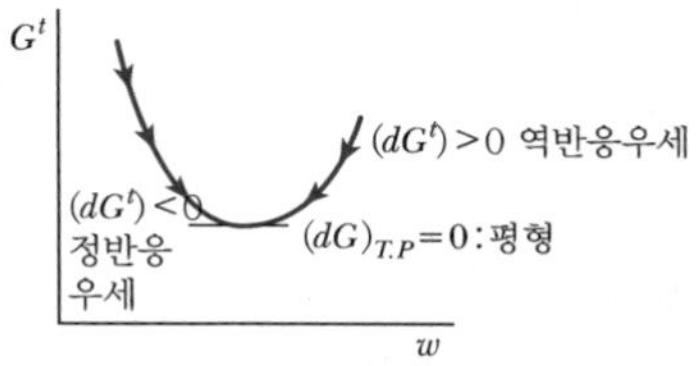

19 고체 $MgCO_3$가 부분적으로 분해되어 있는 계의 자유도는?

① 1 ② 2
③ 3 ④ 4

해설

$MgCO_3(s) \rightarrow MgO(s) + CO_2(g)$

$F = 2 - \pi + N - r - s = 2 - 3 + 3 - 1 = 1$

20 아르곤(Ar)을 가역적으로 70℃에서 150℃로 단열팽창시켰을 때 이 기체가 한 일의 크기는 약 몇 cal/mol 인가?(단, 아르곤은 이상기체이며, $C_P = \frac{5}{2}R$, 기체상수 $R = 1.987$cal/mol · K이다.)

① 240 ② 300
③ 360 ④ 400

해설

$\Delta U = Q + W,\ Q = 0$

$$W = C_V \Delta T = \frac{R\Delta T}{\gamma - 1}$$

$$= \frac{(1.987)(150-70)}{1.67-1} = 237.3\text{cal/mol}$$

$$\gamma = \frac{C_P}{C_V} = \frac{\frac{5}{2}R}{\frac{3}{2}R} = 1.67$$

2과목 단위조작 및 화학공업양론

21 다음 조작에서 조성이 다른 흐름은?(단, 정상상태이다.)

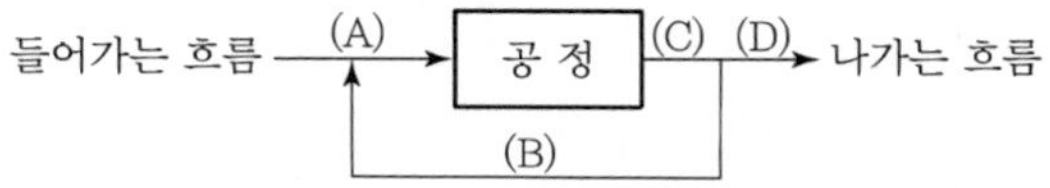

① (A) ② (B)
③ (C) ④ (D)

해설

• 순환(Recycle)

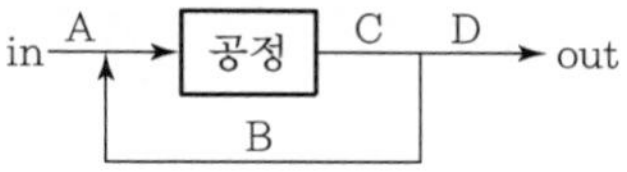

나가는 흐름(조성) C=D=B

• 분류(bypass)

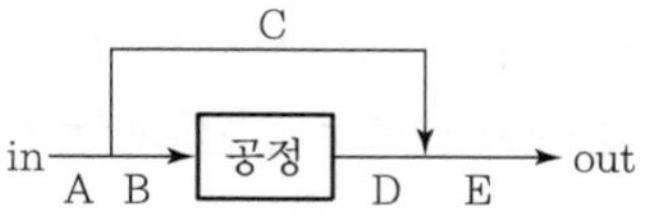

A=B=C

정답 18 ④ 19 ① 20 ① 21 ①

22 온도는 일정하고 물질의 상이 바뀔 때 흡수하거나 방출하는 열을 무엇이라고 하는가?

① 잠열　② 현열
③ 반응열　④ 흡수열

해설

잠열 : 물질의 상이 바뀔 때 흡수하거나 방출되는 열로 이때 온도변화는 없다.

23 섭씨온도 단위를 대체하는 새로운 온도 단위를 정의하여 1기압하에서 물이 어는 온도를 새로운 온도 단위에서는 10도로 선택하고 물이 끓는 온도를 130도로 정하였다. 섭씨 20도는 새로운 온도 단위로 환산하면 몇 도인가?

① 30　② 34
③ 38　④ 42

해설

$\dfrac{(130-10)℃}{100}=1.2$: 눈금 한 간격

$\therefore t=20\times 1.2+10=34$도

24 어떤 여름날의 일기가 낮의 온도 32℃, 상대습도 80%, 대기압 738mmHg에서 밤의 온도 20℃, 대기압 745mmHg로 수분이 포화되어 있다. 낮의 수분 몇 %가 밤의 이슬로 변하였는가?(단, 32℃와 20℃에서 포화수증기압은 각각 36mmHg, 17.5mmHg이다.)

① 39.3%　② 40.7%
③ 51.5%　④ 60.7%

해설

- 낮(32℃)

$H_R=\dfrac{p_V}{p_S}\times 100=80\%$

$\dfrac{p_V}{36}\times 100=80 \quad \therefore p_V=28.8\text{mmHg}$

$H=\dfrac{18}{29}\,\dfrac{28.8}{738-28.8}=0.025\text{kgH}_2\text{O/kg Dry Air}$

- 밤(20℃) : 포화 $p_V=p_S=17.5\text{mmHg}$

$H=\dfrac{18}{29}\,\dfrac{17.5}{745-17.5}=0.015\text{kgH}_2\text{O/kg Dry Air}$

낮 ⟶ 밤
$0.025\text{kgH}_2\text{O}$　$0.015\text{kgH}_2\text{O}$
$0.01\text{kgH}_2\text{O}$

$\dfrac{0.01}{0.025}\times 100=40\%$

25 29.5℃에서 물의 포화증기압은 0.04bar이다. 29.5℃, 1.0bar에서 공기의 상대습도가 70%일 때 절대습도를 구하는 식은?(단, 절대습도의 단위는 kg H_2O/kg 건조공기이며 공기의 분자량은 29이다.)

① $\dfrac{(0.028)(18)}{(1.0-0.028)(29)}$　② $\dfrac{(1-0.028)(29)}{(0.028)(18)}$
③ $\dfrac{(0.028)(18)}{(1.0-0.04)(29)}$　④ $\dfrac{(0.04)(29)}{(1.0-0.04)(18)}$

해설

$H_R=\dfrac{p_V}{p_S}\times 100=70\%$

$\dfrac{p_V}{0.04}=0.7$

$\therefore p_V=0.028\text{bar}$

$H=\dfrac{18}{29}\,\dfrac{p_V}{P-p_V}=\dfrac{18}{29}\,\dfrac{0.028}{1-0.028}=0.018$

26 이상기체 상수 R의 단위를 $\dfrac{\text{mmHg}\cdot\text{L}}{\text{K}\cdot\text{mol}}$로 하였을 때 다음 중 R값에 가장 가까운 것은?

① 1.9　② 62.3
③ 82.3　④ 108.1

해설

$\dfrac{0.082\text{L}\cdot\text{atm}}{\text{mol}\cdot\text{K}}\left|\dfrac{760\text{mmHg}}{1\text{atm}}\right|$
$=62.32\text{L}\cdot\text{mmHg/mol}\cdot\text{K}$

정답 22 ① 23 ② 24 ② 25 ① 26 ②

27 25wt%의 알코올 수용액 20g을 증류하여 95wt%의 알코올 용액 xg과 5wt%의 알코올 수용액 yg으로 분리한다면 x와 y는 각각 얼마인가?

① $x=4.44$, $y=15.56$

② $x=15.56$, $y=4.44$

③ $x=6.56$, $y=13.44$

④ $x=13.44$, $y=6.56$

해설

$20=x+y$

$20\times0.25=x\times0.95+y\times0.05$

$\therefore\ x=4.44\text{g},\ y=15.56\text{g}$

28 27℃, 8기압의 공기 1kg이 밀폐된 강철용기 내에 들어 있다. 이 용기 내에 공기 2kg을 추가로 집어넣었다. 이때 공기의 온도가 127℃이었다면 이 용기 내의 압력은 몇 기압이 되는가?(단, 이상기체로 가정한다.)

① 21　　② 32

③ 48　　④ 64

해설

$V_1=V_2$

$$\frac{P_1V_1}{n_1T_1}=\frac{P_2V_2}{n_2T_2}$$

$$\frac{8\text{atm}}{\left(\frac{1}{29}\right)(273+27)}=\frac{P_2}{\left(\frac{1+2}{29}\right)(273+127)}$$

$\therefore\ P_2=32\text{atm}$

29 다음 실험 데이터로부터 CO의 표준생성열(ΔH)을 구하면 몇 kcal/mol인가?

$C(s)+O_2(g)\rightarrow CO_2(g)$,
$\Delta H=-94.052\text{kcal/mol}$
$CO(g)+0.5O_2(g)\rightarrow CO_2(g)$,
$\Delta H=-67.636\text{kcal/mol}$

① −26.42　　② −41.22

③ 26.42　　④ 41.22

해설

$C(s)+O_2(g)\rightarrow CO_2(g)$　　$\Delta H=-94.052$

$+)\ CO_2(g)\rightarrow CO(g)+0.5O_2(g)$　　$\Delta H=67.636$

$C(s)+0.5O_2(g)\rightarrow CO(g)$　　$\Delta H=-26.416\text{kcal/mol}$

30 10ppm SO_2을 %로 나타내면?

① 0.0001%　　② 0.001%

③ 0.01%　　④ 0.1%

해설

$$10\text{ppm}=10\times\frac{1}{10^6}$$

$$10\times\frac{1}{10^6}\times100[\%]=\frac{1}{10^3}\%=0.001\%$$

31 본드(Bond)의 파쇄법칙에서 매우 큰 원료로부터 입자크기 D_p의 입자들을 만드는 데 소요되는 일은 무엇에 비례하는가?(단, s는 입자의 표면적(m^2), v는 입자의 부피(m^3)를 의미한다.)

① 입자들의 부피에 대한 표면적비 : s/v

② 입자들의 부피에 대한 표면적비의 제곱근 : $\sqrt{s/v}$

③ 입자들의 표면적에 대한 부피비 : v/s

④ 입자들의 표면적에 대한 부피비의 제곱근 : $\sqrt{v/s}$

해설

Bond의 법칙

$$W=2k_B\left(\frac{1}{\sqrt{D_{p2}}}-\frac{1}{\sqrt{D_{p1}}}\right)=\frac{k_B}{5}\frac{\sqrt{100}}{\sqrt{D_{p2}}}\left(1-\frac{\sqrt{D_{p2}}}{\sqrt{D_{p1}}}\right)$$

여기서, D_{p1} : 분쇄원료의 지름

D_{p2} : 분쇄물의 지름

W는 $\frac{1}{\sqrt{D_p}}$에 비례하므로

$$\frac{1}{\sqrt{D_p}}=\frac{1}{\sqrt{\frac{V}{S}}}=\sqrt{\frac{S}{V}}$$ 에 비례한다.

정답 27 ① 28 ② 29 ① 30 ② 31 ②

32 N_{Nu}(Nusselt Number)의 정의로서 옳은 것은? (단, N_{st}는 Stanton 수, N_{pr}는 Prandtl 수, k는 열전도도, D는 지름, h는 개별 열전달계수, N_{Re}는 레이놀즈 수이다.)

① $\frac{kD}{h}$

② $\frac{\text{전도저항}}{\text{대류저항}}$

③ $\frac{\text{전체의 온도구배}}{\text{표면에서의 온도구배}}$

④ $\frac{N_{st}}{N_{Re} \cdot N_{pr}}$

해설

$$N_{Nu} = \frac{hD}{k} = \frac{\text{대류열전달}}{\text{전도열전달}} = \frac{\text{전도저항}}{\text{대류저항}}$$

$$N_{st} = \frac{N_{Nu}}{N_{Re} \cdot N_{Pr}}$$

33 추출상은 초산 3.27wt%, 물 0.11wt%, 벤젠 96.62 wt%이고 추잔상은 초산 29.0wt%, 물 70.6wt%, 벤젠 0.40wt%일 때 초산에 대한 벤젠의 선택도를 구하면?

① 24.8 ② 51.2
③ 66.3 ④ 72.4

해설

$$\beta = \frac{y_A/y_B}{x_A/x_B} = \frac{3.27/0.11}{29/70.6} = 72.37 \fallingdotseq 72.4$$

34 액-액 추출에서 Plait Point(상계점)에 대한 설명 중 틀린 것은?

① 임계점(Critical Point)이라고도 한다.
② 추출상과 추잔상에서 추질의 농도가 같아지는 점이다.
③ Tie Line의 길이는 0이 된다.
④ 이 점을 경계로 추제성분이 많은 쪽이 추잔상이다.

해설

상계점(Plait Point)
- 임계점(Critical Point)
- 추출상과 추잔상에서 추질의 조성이 같은 점
- 대응선(Tie Line)의 길이가 0이 된다.
- 상계점을 중심으로 추제성분이 많은 쪽이 추출상이다.
- 용해도 곡선과 공액선의 교점이다.

35 흡수탑의 높이가 18m, 전달단위수 NTU(Number of Transfer Unit)가 3일 때 전달단위높이 HTU(Height of a Transfer Unit)는 몇 m인가?

① 54 ② 6
③ 2 ④ 1/6

해설

Z = HTU×NTU
18m = HTU×3
∴ HTU = 6m

36 열풍에 의한 건조에서 항률건조속도에 대한 설명으로 틀린 것은?

① 총괄 열전달계수에 비례한다.
② 열풍온도와 재료 표면온도의 차이에 비례한다.
③ 재료 표면온도에서의 증발잠열에 비례한다.
④ 건조면적에 반비례한다.

해설

항률건조속도

$$R_c = \left(\frac{W}{A}\right)\left(\frac{-dW}{d\theta}\right)_c = k(H_m - H) = \frac{h_t(t-t_m)}{\lambda_m}$$

여기서, R_c : 항률건조속도(kg/h · m²)
t : 열풍온도(℃)
H : 습도(kg 수증기/kg 건조공기)
k : 물질이동계수(kg/h · m² · ΔH)
h_t : 총괄열이동계수(kcal/m² · h · ℃)
λ_m : t_m에 대응하는 증발잠열(kcal/kg)

정답 32 ② 33 ④ 34 ④ 35 ② 36 ③

37 복사열 전달에서 총괄교환인자 F_{12}가 다음과 같이 표현되는 경우는?(단, ε_1, ε_2는 복사율이다.)

$$F_{12} = \frac{1}{\frac{1}{\varepsilon_1} + \frac{1}{\varepsilon_2} - 1}$$

① 두 면이 무한히 평행한 경우
② 한 면이 다른 면으로 완전히 포위된 경우
③ 한 점이 반구에 의하여 완전히 포위된 경우
④ 한 면은 무한 평면이고 다른 면은 한 점인 경우

해설

총괄교환인자($\mathcal{F}_{1,2}$)

$$\mathcal{F}_{1,2} = \frac{1}{\frac{1}{F_{1,2}} + \left(\frac{1}{\varepsilon_1} - 1\right) + \frac{A_1}{A_2}\left(\frac{1}{\varepsilon_2} - 1\right)}$$

- 무한히 큰 두 평면이 서로 평행한 경우($A_1 = A_2$)

$$\mathcal{F}_{1,2} = \frac{1}{\frac{1}{\varepsilon_1} + \frac{1}{\varepsilon_2} - 1}$$

- 한쪽 물체에 다른 물체가 둘러싸인 경우($A_2 > A_1$)

$$\mathcal{F}_{1,2} = \frac{1}{\frac{1}{\varepsilon_1} + \frac{A_1}{A_2}\left(\frac{1}{\varepsilon_2} - 1\right)}$$

- 큰 공동 내에 작은 물체가 있는 경우($A_2 \gg A_1$)

$\mathcal{F}_{1,2} = \varepsilon_1$

38 Fick의 법칙에 대한 설명으로 옳은 것은?

① 확산속도는 농도구배 및 접촉면적에 반비례한다.
② 확산속도는 농도구배 및 접촉면적에 비례한다.
③ 확산속도는 농도구배에 반비례하고 접촉면적에 비례한다.
④ 확산속도는 농도구배에 비례하고 접촉면적에 반비례한다.

해설

Fick의 법칙

$$N_A = \frac{dn_A}{d\theta} = -D_G A \frac{dC_A}{dx} \text{ (kmol/h)}$$

여기서, D_G : 분자확산계수(m²/h)

확산속도는 농도구배에 비례하고, 접촉면적에 비례한다.

39 공기를 왕복 압축기를 사용하여 절대압력 1기압에서 64기압까지 3단(3Stage)으로 압축할 때 각 단의 압축비는?

① 3 ② 4
③ 21 ④ 64

해설

$$\text{압축비} = \sqrt[n]{\frac{P_2}{P_1}} = \sqrt[3]{\frac{64}{1}} = 4$$

40 분자량이 296.5인 Oil의 20℃에서의 점도를 측정하는 데 Ostwald 점도계를 사용했다. 이 온도에서 증류수의 통과시간이 10초이고 Oil의 통과시간이 2.5분 걸렸다. 같은 온도에서 증류수의 밀도와 Oil의 밀도가 각각 0.9982g/cm³, 0.879g/cm³이라면 이 Oil의 점도는?

① 0.13Poise ② 0.17Poise
③ 0.25Poise ④ 2.17Poise

해설

$$\frac{\mu}{t \cdot \rho} = \frac{\mu_\omega}{t_\omega \rho_\omega}$$

$$\frac{\mu}{(150\text{s})(0.879)} = \frac{0.01\text{Poise}}{(10\text{s})(0.9982)}$$

$\therefore \mu = 0.13\text{Poise}$

정답 37 ① 38 ② 39 ② 40 ①

3과목 공정제어

41 라플라스 변환에 대한 것 중 옳지 않은 것은?

① $\mathcal{L}[f(t)] = \int_0^\infty f(t)e^{-st}dt$

② $\mathcal{L}[e^{at}] = \frac{1}{s-a}$

③ $\mathcal{L}[a_1 f_1(t) f_2(t)] = a_1 \mathcal{L}[f_1(t)] \cdot \mathcal{L}[f_2(t)]$

④ $\mathcal{L}[f(t+t_0)] = e^{st_0}\mathcal{L}[f(t)]$

해설

$\mathcal{L}[a_1 f_1(t) f_2(t)] = a_1 \mathcal{L}[f_1(t) f_2(t)]$

42 Laplace 함수 $X(s) = \frac{4}{s(s^3+3s^2+3s+2)}$인 함수 $X(t)$의 Final Value는 얼마인가?

① 1 ② 2
③ 4 ④ 4/9

해설

$\lim_{t\to\infty} f(t) = \lim_{s\to 0} sF(s)$

$\therefore \lim_{s\to 0}\frac{4s}{s(s^3+3s^2+3s+2)} = 2$

43 오버슈트 0.5인 공정의 감쇠비(Decay Ratio)는 얼마인가?

① 0.15 ② 0.20
③ 0.25 ④ 0.30

해설

$\text{Overshoot} = \exp\left(-\frac{\pi\zeta}{\sqrt{1-\zeta^2}}\right)$

감쇠비 $= \exp\left(-\frac{2\pi\zeta}{\sqrt{1-\zeta^2}}\right) = \text{Overshoot}^2$

$= 0.5^2 = 0.25$

44 전달함수가 다음과 같은 2차 공정에서 $\tau_1 > \tau_2$이다. 이 공정에 크기 A인 계단 입력변화가 야기되었을 때 역응답이 일어날 조건은?

$$G(s) = \frac{Y(s)}{X(s)} = \frac{K(\tau_d s+1)}{(\tau_1 s+1)(\tau_2 s+1)}$$

① $\tau_d > \tau_1$ ② $\tau_d < \tau_2$
③ $\tau_d > 0$ ④ $\tau_d < 0$

해설

τ_d의 크기	응답모양
$\tau_d > \tau_1$	Overshoot가 나타남
$0 < \tau_d \le \tau_1$	1차 공정과 유사한 응답
$\tau_d < 0$	역응답

45 공정유체 $10m^3$를 담고 있는 완전혼합이 일어나는 탱크에 성분 A를 포함한 공정유체가 $1m^3/h$로 유입되며 또한 동일한 유량으로 배출되고 있다. 공정유체와 함께 유입되는 성분 A의 농도가 1시간을 주기로 평균치를 중심으로 진폭 0.3mol/L로 진동하며 변한다고 할 때 배출되는 A의 농도변화의 진폭은 약 몇 mol/L인가?

① 0.5 ② 0.05
③ 0.005 ④ 0.0005

해설

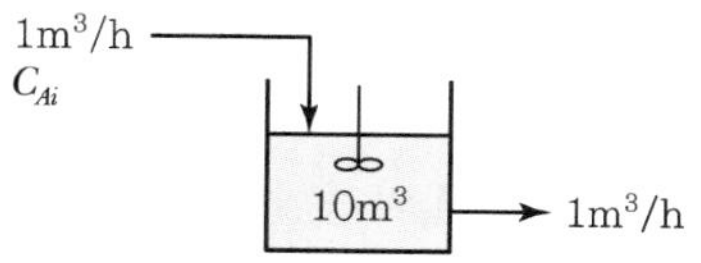

성분 A에 대한 물질수지

$\frac{d(VC_a)}{dt} = q_i C_{Ai} - q_o C_A$

$V\frac{dC_A}{dt} = q_i C_{Ai} - q_o C_A$

$\xrightarrow{\mathcal{L}} VsC_A(s) = qC_{Ai}(s) - qC_A(s)$

$q_i = q = 1m^3/h$

정답 41 ③ 42 ② 43 ③ 44 ④ 45 ③

$$C_A(s) = \frac{1}{10s+1} C_{Ai}(s)$$
$$\frac{C_A(s)}{C_{Ai}(s)} = \frac{1}{10s+1}$$
$\therefore K=1,\ \tau=10$
$$\hat{A} = \frac{KA}{\sqrt{\tau^2\omega^2+1}} = \frac{1\times 0.3}{\sqrt{10^2\times 6.28^2+1}} = 0.0048$$
$T=1\text{h}$ 주기이므로
$$\omega = 2\pi f \left(f = \frac{1}{T}\right)$$
$$= 2\times 3.14\times \frac{1}{1} = 6.28$$
$\omega=\omega_r$(공명진동수)일 때 AR은 최대이고 출력변수는 입력변수보다 큰 진폭을 갖는 진동을 나타낸다.

46 기초적인 되먹임 제어(Feedback Control) 형태에서 발생되는 여러 가지 문제점들을 해결하기 위해서 사용되는 보다 진보된 제어방법 중 Smith Predictor는 어떤 문제점을 해결하기 위하여 채택된 방법인가?

① 역응답 ② 지연시간
③ 비선형 요소 ④ 변수 간 상호 간섭

해설

Smith Predictor
공정의 모델을 이용하여 공정의 시간지연을 보정해 주는 모델 예측제어기이다.

47 다음 중 ATO(Air－To－Open) 제어밸브가 사용되어야 하는 경우는?

① 저장탱크 내 위험물질의 증발을 방지하기 위해 설치된 열교환기의 냉각수 유량 제어용 제어밸브
② 저장탱크 내 물질의 응고를 방지하기 위해 설치된 열교환기의 온수 유량 제어용 제어밸브
③ 반응기에 발열을 일으키는 반응 원료의 유량 제어용 제어밸브
④ 부반응 방지를 위하여 고온 공정 유체를 신속히 냉각시켜야 하는 열교환기의 냉각수 유량 제어용 제어밸브

해설

Air－To－Open 제어밸브
- ATC＝FC(Fail Closed)＝NC(Normal Closed)
- 공압식 구동제어밸브로 출력신호가 증가함에 따라 격막에 가해지는 압력은 스프링을 압축하고, 축을 끌어올려 밸브를 열게 된다.
- 발열반응기에서 시스템이 작동불능일 때는 반응원료가 공급되지 않도록 ATO(FC)를 사용한다.

48 영점(Zero)이 없는 2차 공정의 Bode 선도가 보이는 특성을 잘못 설명한 것은?

① Bode 선도상의 모든 선은 주파수의 증가에 따라 단순 감소한다.
② 제동비(Damping Factor)가 1보다 큰 경우 정규화된 진폭비의 크기는 1보다 작다.
③ 위상각의 변화 범위는 0도에서 －180도까지이다.
④ 제동비(Damping Factor)가 0.707보다 작은 경우 진폭비는 공명진동수에서 1보다 큰 최댓값을 보인다.

해설

2차 공정
- $\zeta \geq 1$일 때

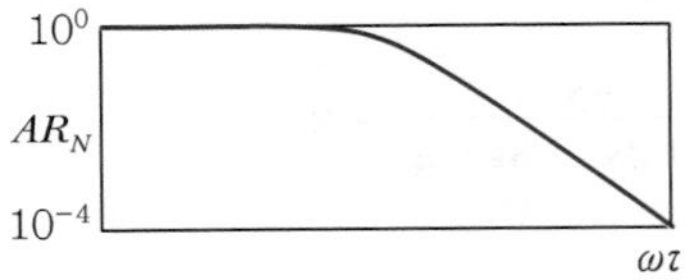

- $\zeta < 1$일 때

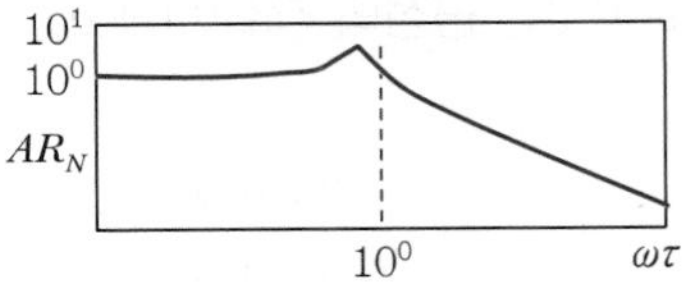

$$G(s) = \frac{K}{\tau^2 s^2 + 2\tau\zeta s + 1}$$
$$AR_N = \frac{1}{\sqrt{(1-\tau^2\omega^2)^2 + (2\tau\zeta\omega)^2}}$$
$$AR_N = \frac{AR}{K} = \frac{\text{진폭비}}{\text{공정의 정상상태이득}}$$
$\omega \to 0 \quad AR \to 1$
$\log AR \to 0,\ \phi = 0$

정답 46 ② 47 ③ 48 ①

$\omega \to \infty \quad AR \to \dfrac{1}{\tau^2\omega^2}$

$\log AR = -2\log\tau\omega$, $\phi = -180°$

2차 공정에서 감쇠비(제동비)가 0.707보다 작은 경우 주파수 증가에 따라 감소한다.

$\zeta < 0.707$에서 $\tau\omega = 1$ 근처에서 최대점에 이른다.

$$\frac{dAR_N}{d\omega} = 0$$

$$(\tau\omega)_{\max} = \sqrt{1-2\zeta^2} \ (\zeta < 0.707)$$

$$(AR)_{\max} = \frac{1}{2\zeta\sqrt{1-\zeta^2}}$$

$$\therefore \ \omega = \omega_r = \frac{\sqrt{1-2\zeta^2}}{\tau} \leftarrow \text{공명주파수}$$

49 다음 그림과 같은 계에서 전달함수 $\dfrac{B}{U_2}$는?

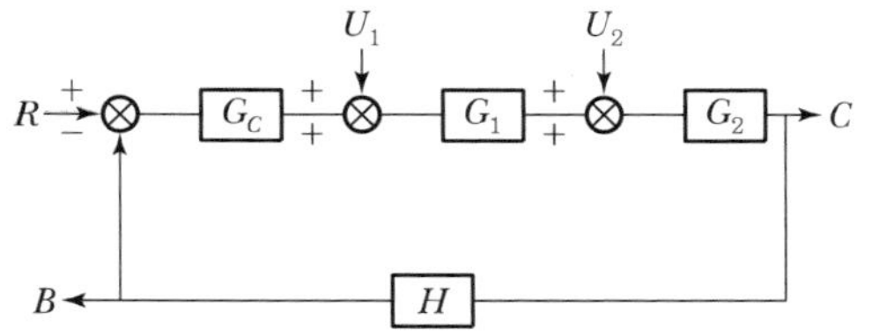

① $\dfrac{B}{U_2} = \dfrac{G_cG_1}{1+G_cG_1G_2H}$

② $\dfrac{B}{U_2} = \dfrac{G_1G_2}{1+G_cG_1G_2H}$

③ $\dfrac{B}{U_2} = \dfrac{HG_2}{1+G_cG_1G_2H}$

④ $\dfrac{B}{U_2} = \dfrac{G_cG_1G_2H}{1+G_cG_1G_2H}$

해설

$$\frac{B}{U_2} = \frac{G_2H}{1+G_cG_1G_2H}$$

$$\frac{B}{U_1} = \frac{G_1G_2H}{1+G_cG_1G_2H}$$

50 공정의 전달함수와 제어기의 전달함수 곱이 $G_{OL}(s)$이고 다음의 식이 성립한다. 이 제어시스템의 Gain Margin(GM)과 Phase Margin(PM)은 얼마인가?

$$G_{OL}(3i) = -0.25$$
$$G_{OL}(1i) = -\frac{1}{\sqrt{2}} - \frac{i}{\sqrt{2}}$$

① $GM = 0.25$, $PM = \pi/4$

② $GM = 0.25$, $PM = 3\pi/4$

③ $GM = 4$, $PM = \pi/4$

④ $GM = 4$, $PM = 3\pi/4$

해설

$$AR_c = |G(\omega i)| = |-0.25| = 0.25$$

$$GM = \frac{1}{AR_c} = \frac{1}{0.25} = 4$$

$$\angle G(i\omega) = \tan^{-1}\left(\frac{I}{R}\right) = \tan^{-1}\left(\frac{-1/\sqrt{2}}{-1/\sqrt{2}}\right) = \tan^{-1}(1) = \frac{\pi}{4}$$

$$PM = 180 + \phi_g = \pi - \frac{3}{4}\pi = \frac{\pi}{4}$$

51 차압전송기(Differential Pressure Transmitter)의 가능한 용도가 아닌 것은?

① 액체유량 측정 ② 액위 측정

③ 기체분압 측정 ④ 절대압 측정

해설

차압전송기

두 점 간의 압력차를 이용하여 검출기 등으로부터 발신된 신호를 수신기에 송신하여 전달

예 액위 측정, 액체유량 측정, 절대압 측정

52 되먹임 제어계가 안정하기 위한 필요충분조건은?

① 폐루프 특성방정식의 모든 근이 양의 실수부를 갖는다.

② 폐루프 특성방정식의 모든 근이 실수부만 갖는다.

③ 폐루프 특성방정식의 모든 근이 음의 실수부를 갖는다.

④ 폐루프 특성방정식의 모든 실수근이 양의 실수부를 갖는다.

정답 49 ③ 50 ③ 51 ③ 52 ③

해설

되먹임 제어계가 안정하기 위한 조건
폐루프 특성방정식의 모든 근이 음의 실수부를 갖는다.

53 다음 보드(Bode) 선도에서 위상각 여유(Phase Margin)는 몇 도인가?

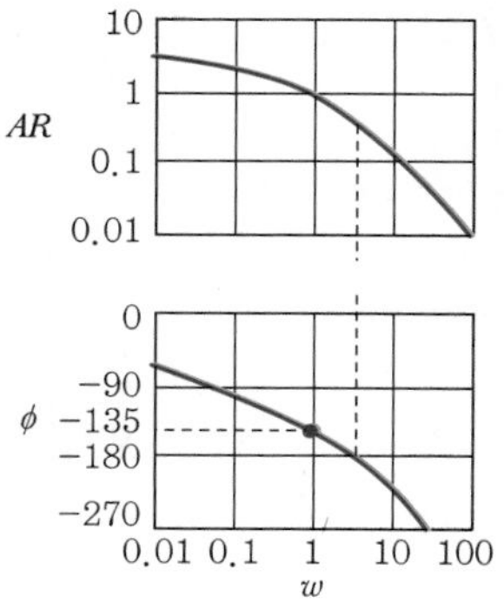

① 30° ② 45°
③ 90° ④ 135°

해설

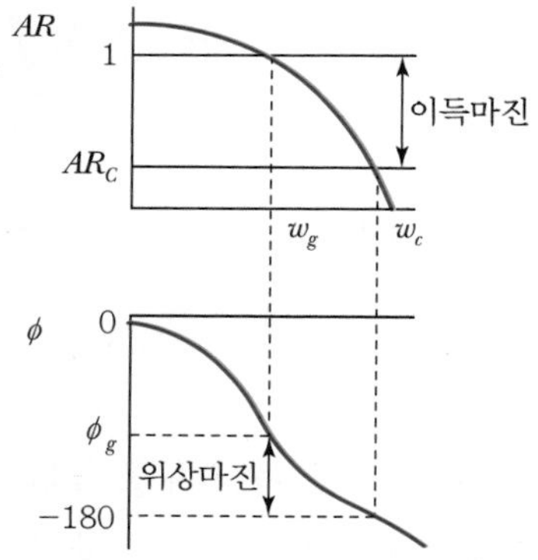

위상마진 $PM = 180 + \phi_g = 180 - 135 = 45°$

54 현대의 화학공정에서 공정제어 및 운전을 엄격하게 요구하는 주요 요인으로 가장 거리가 먼 것은?

① 공정 간의 통합화에 따른 외란의 고립화
② 엄격해지는 환경 및 안전 규제
③ 경쟁력 확보를 위한 생산공정의 대형화
④ 제품 질의 고급화 및 규격의 수시 변동

해설

화학공정 조업의 주된 목적
- 가장 경제적이고 안전한 방법으로 원하는 제품을 생산해 내는 것이다.
- 공정의 안정적이고 능률적인 조업이 점차 강조되고 있으며 이에 따라 생산되는 제품의 품질을 원하는 수준으로 유지시키면서 안정적이고 경제적인 조업을 지향하는 공정제어가 매우 중요하다.

55 다음 공정과 제어기를 고려할 때 정상상태(Steady State)에서 y값은 얼마인가?

> 제어기 : $u(t) = 0.5(2.0 - y(t))$
>
> 공정 : $\dfrac{d^2y(t)}{dt^2} + 2\dfrac{dy(t)}{dt} + y(t)$
>
> $= 0.1\dfrac{du(t-1)}{dt} + u(t-1)$

① 2/3 ② 1/3
③ 1/4 ④ 3/4

해설

$$u(t) = 0.5(2.0 - y(t)) = 1 - \frac{1}{2}y(t)$$

$$u(s) = \frac{1}{s} - \frac{1}{2}Y(s)$$

$$\mathcal{L}[u(t-1)] = \left(\frac{1}{s} - \frac{1}{2}Y(s)\right)e^{-s}$$

$$\frac{d^2y(t)}{dt^2} + 2\frac{dy(t)}{dt} + y(t) = 0.1\frac{du(t-1)}{dt} + u(t-1)$$

$$s^2Y(s) + 2sY(s) + Y(s)$$
$$= 0.1s\left(\frac{1}{s} - \frac{1}{2}Y(s)\right)e^{-s} + \left(\frac{1}{s} - \frac{1}{2}Y(s)\right)e^{-s}$$

$$s^2Y(s) + 2sY(s) + Y(s)$$
$$= \frac{1}{10}e^{-s} - \frac{1}{20}sY(s)e^{-s} + \frac{1}{s}e^{-s} - \frac{1}{2}Y(s)e^{-s}$$

$$\left[s^2 + 2s + 1 + \frac{1}{20}se^{-s} + \frac{1}{2}e^{-s}\right]Y(s) = \frac{1}{10}e^{-s} + \frac{1}{s}e^{-s}$$

정답 53 ② 54 ① 55 ①

$$Y(s)=\frac{\frac{1}{10}e^{-s}+\frac{1}{s}e^{-s}}{s^2+2s+1+\frac{1}{20}se^{-s}+\frac{1}{2}e^{-s}}$$

$$\lim_{t\to\infty}y(t)=\lim_{s\to 0}sY(s)$$

$$=\lim_{s\to 0}\frac{\frac{1}{10}se^{-s}+e^{-s}}{s^2+2s+1+\frac{1}{20}se^{-s}+\frac{1}{2}e^{-s}}$$

$$=\frac{1}{1+\frac{1}{2}}=\frac{2}{3}$$

56 다음 블록선도에서 $\frac{Y(s)}{X(s)}$ 는 무엇인가?

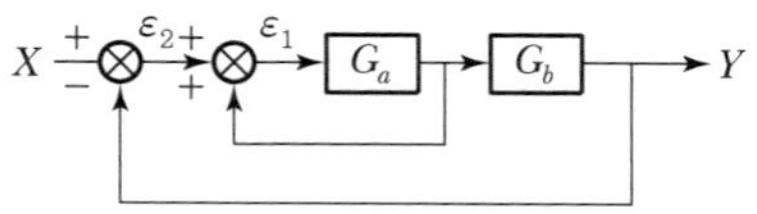

① $\dfrac{G_aG_b}{1-G_a+G_aG_b}$ ② $\dfrac{G_aG_b}{1+G_a+G_aG_b}$

③ $\dfrac{G_aG_b}{1-G_b+G_aG_b}$ ④ $\dfrac{G_aG_b}{1+G_b+G_aG_b}$

해설

$$G(s)=\frac{Y(s)}{X(s)}=\frac{\text{직선}}{1\pm\text{회선}}$$

$$=\frac{G_aG_b}{1-G_a+G_aG_b}$$

57 PID 제어기 조율에 대한 지침 중 잘못된 것은?

① 적분시간은 미분시간보다 작게 주되 1/4 이하로는 줄이지 않는 것이 바람직하다.

② 공정이득(Process Gain)이 커지면 비례이득(Proportional Gain)은 대략 반비례의 관계로 줄인다.

③ 지연시간(Dead Time)/시상수(Time Constant) 비가 커질수록 비례이득을 줄인다.

④ 적분시간을 늘리면 응답 안정성이 커진다.

해설

$$K_P \propto \frac{1}{K_c}$$

$$\theta/\tau\uparrow \ \rightarrow K_c\downarrow$$

Ziegler－Nichols 제어기 조율

제어기	$G_c(s)$	K_c	τ_I	τ_D
P	K_c	$0.5K_u$		
PI	$K_c\left(1+\frac{1}{\tau_I s}\right)$	$0.45K_u$	$\frac{P_u}{1.2}$	
PID	$K_c\left(1+\frac{1}{\tau_I s}+\tau_D s\right)$	$0.6K_u$	$\frac{P_u}{2}$	$\frac{P_u}{8}$

- 제어기 파라미터의 조정기준으로 Ziegler－Nichols는 출력변수의 감쇠비(Decay Ratio)가 1/4이 되는 경우를 고려하였다.
- $\tau_I=0.5P_u$
  P_u로 설정 시 $\tau_D=0.25\tau_I$
  → 미분시간이 적분시간보다 작게 설정된다.
- PID는 PI보다 K_c도 더 크고, 적분동작도 더 크게 설정된다.

58 그림과 같은 보드 선도로 나타내어지는 시스템은?

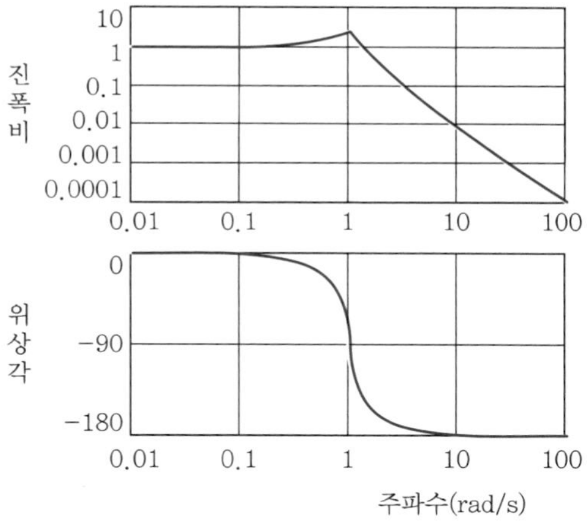

① 과소감쇠 2차계 시스템(Underdamped Second Order System)

② 2개의 1차계 공정이 직렬연결된 시스템

③ 순수 적분 공정 시스템

④ 1차계 공정 시스템

정답 56 ① 57 ① 58 ①

해설

2차 공정의 Bode 선도

• $\zeta \geq 1$(과도감쇠, 임계감쇠)

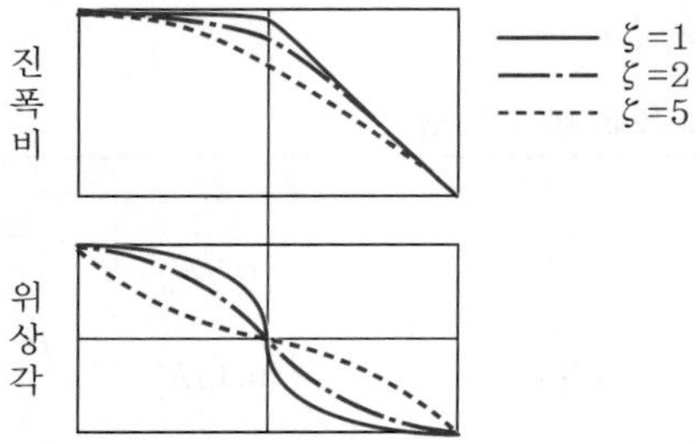

• $\zeta < 1$(과소감쇠)

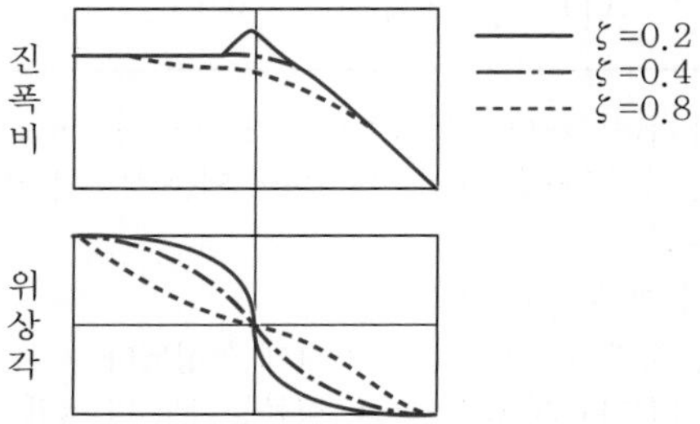

59 반응속도 상수는 다음의 아레니우스(Arrhenius) 식으로 표현될 수 있다. 여기서 조성 K_0와 E 및 R은 상수이며 T는 온도이다. 정상상태 온도 T_S에서 선형화시킨 K의 표현으로 타당한 것은?

$$K = K_0 \exp\left(\frac{-E}{RT}\right)$$

① $K = K_0 \exp\left(\frac{-E}{RT_S}\right) + (T - T_S) \times K_0 \exp\left(\frac{-E}{RT_S}\right)\frac{E}{RT_S^{\ 2}}$

② $K = K_0 \exp\left(\frac{-E}{RT_S}\right) + (T - T_S)\frac{E}{RT_S^{\ 2}}$

③ $K = K_0 \exp\left(\frac{E}{RT_S}\right) + (T - T_S) K_0 \exp\left(\frac{-E}{RT_S}\right)$

④ $K = K_0 (T - T_S) \exp\left(\frac{-E}{RT_S}\right)$

해설

Taylor 식

$f(x) \cong f(x_s) + \frac{df}{dx}(x_s)(x - x_s)$

$K = K_0 \exp(-E/RT)$

$\therefore K = K_0 \exp\left(\frac{-E}{RT_S}\right) + K_0 \exp\left(\frac{-E}{RT_S}\right)\left(\frac{E}{RT_S^{\ 2}}\right) \times (T - T_S)$

60 비례대(Proportional Band)의 정의로 옳은 것은?(단, K_c는 제어기 비례이득이다.)

① K_c　② $100K_c$

③ $\frac{1}{K_c}$　④ $\frac{100}{K_c}$

해설

비례대

$PB(\%) = \frac{100}{K_c}$

여기서, K_c : 제어기 이득

4과목 공업화학

61 다음 중 테레프탈산 합성을 위한 공업적 원료로 가장 거리가 먼 것은?

① p-자일렌　② 톨루엔

③ 벤젠　④ 무수프탈산

정답 59 ① 60 ④ 61 ③

해설

테레프탈산 합성법

• p－크실렌(p－자일렌)의 산화

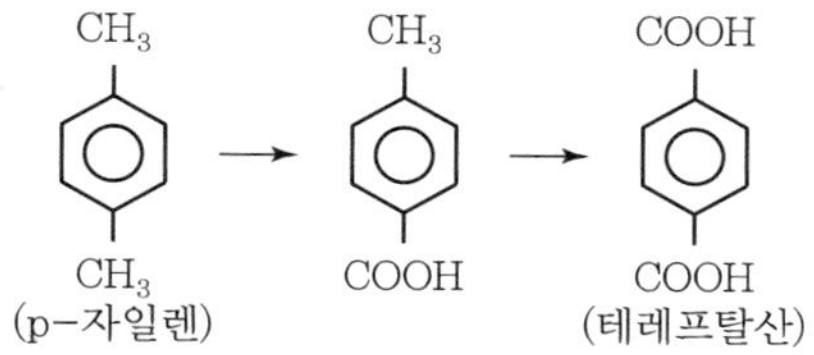

• 프탈산무수물

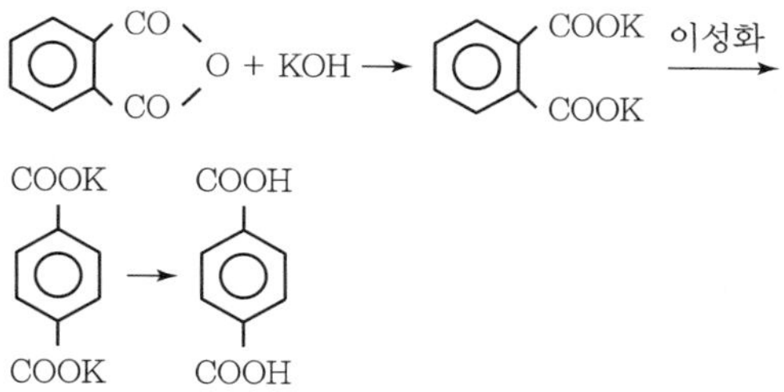

62 수평균분자량이 100,000인 어떤 고분자 시료 1g과 수평균분자량이 200,000인 같은 고분자 시료 2g을 서로 섞으면 혼합시료의 수평균분자량은?

① 0.5×10^5 ② 0.667×10^5

③ 1.5×10^5 ④ 1.667×10^5

해설

$$\overline{M_n}=\frac{W}{\Sigma N_i}=\frac{(1+2)}{\frac{1}{100{,}000}+\frac{2}{200{,}000}}$$
$$=150{,}000=1.5\times10^5$$

63 삼산화황과 디메틸에테르를 반응시킬 때 주생성물은?

① $(CH_3)_3SO_3$ ② $(CH_3)_2SO_4$

③ CH_3-OSO_3H ④ $CH_3-SO_2-CH_3$

해설

$SO_3+CH_3OCH_3 \rightarrow (CH_3)_2SO_4$

64 고분자 전해질 연료전지에 대한 설명 중 틀린 것은?

① 전기화학 반응을 이용하여 전기에너지를 생산하는 전지이다.

② 전지전해질은 수소이온전도성 고분자를 주로 사용한다.

③ 전극 촉매로는 백금과 백금계 합금이 주로 사용된다.

④ 방전 시 전기화학 반응을 시작하기 위해 전기 충전이 필요하다.

해설

고분자 전해질 연료전지

• 온도 : 저온형으로 상온 운전이 가능하다.

• 전해질 : 이온(H^+) 전도성 고분자막

※ 전해질 막으로 대표적인 것이 듀퐁사에서 개발한 Nafion이다.

• 촉매 : 백금 사용

65 첨가축합에 의해 주로 생성되는 수지가 아닌 것은?

① 요소 ② 페놀

③ 멜라민 ④ 폴리에스테르

해설

폴리에스테르 : 축합중합에 의해 생성

66 황산 제조 시 원료로 FeS_2나 금속 제련가스를 사용할 때 H_2S를 사용하여 제거시키는 불순물에 해당하는 것은?

① Mn ② Al

③ Fe ④ As

해설

황산 제조 시 정제

As, Se : H_2S를 통해 황화물로 침전 제거

정답 62 ③ 63 ② 64 ④ 65 ④ 66 ④

67 LPG에 대한 설명 중 틀린 것은?

① C_3, C_4의 탄화수소가 주성분이다.

② 상온, 상압에서는 기체이다.

③ 그 자체로 매우 심한 독한 냄새가 난다.

④ 가압 또는 냉각시킴으로써 액화한다.

해설

LPG(Liquefied Petroleum Gas)

- C_3, C_4의 탄화수소가 주성분이다.
- 끓는점이 낮은 탄화수소가스를 상온에서 가압하거나 냉각시켜 액화한다.
- 원래 무색, 무취이나 질식 및 화재의 위험성 때문에 식별할 수 있도록 냄새를 화학적으로 첨가한다.

68 커플링(Coupling)은 어떤 반응을 의미하는가?

① 아조화합물의 생성반응

② 탄화수소의 합성반응

③ 안료의 착색반응

④ 에스테르의 축합반응

해설

Coupling(커플링)

- 디아조늄염은 페놀류, 방향족 아민과 같은 화합물과 반응하여 새로운 아조화합물을 만드는 반응을 한다.
- 디아조늄이온은 약한 친전자체이므로 반응성이 큰 페놀, 아닐린 등과 반응하여 아조화합물을 만든다.

69 다음의 인산칼슘 중 수용성 성질을 가지는 것은?

① 인산 1칼슘 ② 인산 2칼슘

③ 인산 3칼슘 ④ 인산 4칼슘

해설

인산칼슘

- 인산삼칼슘 : 삼차인산칼슘 $Ca_3(PO_4)_2$
  물에 잘 녹지 않고 강산에 녹는다.
- 인산수소칼슘 : 이차인산칼슘 $CaHPO_4$
  물과 알코올에 녹지 않고 묽은 염산, 묽은 아세트산에 녹는다.
- 인산이수소칼슘 : 일차인산칼슘 $Ca(H_2PO_4)_2$
  수용성 비료로 사용한다.

70 중질유와 같이 끓는점이 높고 고온에서 분해하기 쉬우며 물과 섞이지 않는 경우에 적당한 증류방법은?

① 수증기증류 ② 가압증류

③ 공비증류 ④ 추출증류

해설

수증기증류

끓는점이 높고, 고온에서 분해하기 쉬운 물질로 물과 섞이지 않는 물질의 증류

71 수산화나트륨을 제조하기 위해서 식염을 전기분해할 때 격막법보다 수은법을 사용하는 이유로 가장 타당한 것은?

① 저순도의 제품을 생산하지만 Cl_2와 H_2가 접촉해서 HCl이 되는 것을 막기 위해서

② 흑연, 다공철판 등과 같은 경제적으로 유리한 전극을 사용할 수 있기 때문에

③ 순도가 높으며 비교적 고농도의 NaOH를 얻을 수 있기 때문에

④ NaCl을 포함하여 대기오염 문제가 있지만 전해 시 전력이 훨씬 적게 소모되기 때문에

해설

격막법과 수은법

격막법	수은법
• NaOH 농도(11~12%)가 낮으므로 농축비가 많이 든다. • 제품 중에 염화물 등을 함유하여 순도가 낮다.	• 제품의 순도가 높으며 진한 NaOH(50~73%)를 얻는다. • 전력비가 많이 든다. • 수은을 사용하므로 공해의 원인이 된다.

72 Sylvinite 중 NaCl의 함량은 약 몇 wt%인가?

① 40% ② 44%

③ 56% ④ 60%

해설

Sylvinite

KCl과 NaCl이 혼합된 비료원광으로 그중 NaCl의 함량은 약 44% 정도이다.

$$\frac{NaCl}{KCl+NaCl}\times 100=\frac{58.5}{74.6+58.5}=44\%$$

정답 67 ③ 68 ① 69 ① 70 ① 71 ③ 72 ②

73 접촉식 황산제조법에 대한 설명 중 틀린 것은?

① 일정온도에서 이산화황 산화반응의 평형전화율은 압력의 증가에 따라 증가한다.
② 일정압력에서 이산화황 산화반응의 평형전화율은 온도의 증가에 따라 증가한다.
③ 삼산화황을 흡수 시 진한 황산을 이용한다.
④ 이산화황 산화반응 시 산화바나듐(V_2O_5)을 촉매로 사용할 수 있다.

해설

접촉식 황산제조법
㉠ 전화반응

$$SO_2 + \frac{1}{2}O_2 \xrightleftharpoons{cat} SO_3 + 22.6\text{kcal}$$

- 발열반응이므로 저온에서 진행하면 반응속도가 느려져 저온에서 반응속도를 크게 하기 위해 촉매를 사용한다.
- 온도가 상승하면 $SO_2 \rightarrow SO_3$의 전화율은 감소하나, SO_2와 O_2의 분압을 높이면 전화율이 증가한다.

㉡ 촉매
V_2O_5(오산화바나듐) 촉매를 많이 사용한다.

74 염화수소가스 42.3kg을 물 83kg에 흡수시켜 염산을 제조할 때 염산의 농도 백분율(wt%)은?(단, 염화수소가스는 전량 물에 흡수된 것으로 한다.)

① 13.76%　② 23.76%
③ 33.76%　④ 43.76%

해설

$$\text{염산wt\%} = \frac{42.3}{42.3+83} \times 100[\%] = 33.76[\%]$$

75 다음 중 암모니아 산화반응 시 촉매로 주로 쓰이는 것은?

① Nd－Mo　② Ra
③ Pt－Rh　④ Al_2O_3

해설

암모니아 산화반응
- NH_3를 산소(공기)로 산화시켜 NO를 얻는다.
- 촉매 : Pt－Rh(백금－로듐)을 주로 사용
- 최대산화율 $\frac{O_2}{NH_3} = 2.2 \sim 2.3$
- 압력을 가하면 산화율이 떨어진다.

76 파장이 600nm인 빛의 주파수는?

① 3×10^{10}Hz　② 3×10^{14}Hz
③ 5×10^{10}Hz　④ 5×10^{14}Hz

해설

$$\underset{(\text{파장})}{\lambda} = \frac{C \ (\text{속도})}{f \ (\text{진동수, 주파수})}$$

$$600 \times 10^{-9}\text{m} = \frac{3 \times 10^8 \text{m/s}}{f}$$

$$f = 5 \times 10^{14}\text{Hz}$$

77 다음 중 유화중합 반응과 관계없는 것은?

① 비누(Soap) 등을 유화제로 사용한다.
② 개시제는 수용액에 녹아 있다.
③ 사슬이동으로 낮은 분자량의 고분자가 얻어진다.
④ 반응온도를 조절할 수 있다.

해설

유화중합(에멀션 중합)
- 비누 또는 세제성분의 일종인 유화제를 사용하여 단량체를 분산매 중에 분산시키고, 수용성 개시제를 사용하여 중합시키는 방법이다.
- 중합열의 분산이 용이하고, 대량생산에 적합하다.
- 세정과 건조가 필요하다.
- 반응온도를 조절할 수 있다.
- 분자량이 큰 고분자를 얻을 수 있다.

78 석유화학에서 방향족 탄화수소의 정제방법 중 용제추출법에 있어서 추출용제가 갖추어야 할 요건 중 옳은 것은?

① 방향족 탄화수소에 대한 용해도가 낮을 것
② 추출용제와 원료유와의 비중차가 작을 것
③ 추출용제와 방향족 탄화수소와의 선택성이 높을 것
④ 추출용제와 추출해야 할 방향족 탄화수소의 비점차가 작을 것

정답 73 ② 74 ③ 75 ③ 76 ④ 77 ③ 78 ③

해설

방향족 탄화수소의 정제방법

정제방법	내용
용제추출법	방향족에만 용해성을 나타내는 용제를 사용하는 방법 예 디에틸렌글리콜, 술포란
흡착법	방향족만 흡착하는 흡착제를 사용하여 회수하는 방법 예 실리카겔
추출증류법	페놀이나 크레졸 등을 용제로 사용하여 추출증류하는 방법

79 페놀수지에 대한 설명 중 틀린 것은?

① 열가소성 수지이다.
② 우수한 기계적 성질을 갖는다.
③ 전기적 절연성, 내약품성이 강하다.
④ 알칼리에 약한 결점이 있다.

해설

페놀수지

- 열경화성 수지이다.
- 페놀과 포름알데히드의 축합생성물이다.
- 염기촉매하에서 축합시켜 얻어진 생성물을 레졸(Resols)이라 하며, 산접촉하에서 얻어진 생성물을 노볼락(novolacs)이라 한다.

80 암모니아소다법의 주된 단점에 해당하는 것은?

① 원료 및 중간과정에서의 물질을 재사용하는 것이 불가능하다.
② Na 변화율이 20% 미만으로 매우 낮다.
③ 염소의 회수가 어렵다.
④ 암모니아의 회수가 불가능하다.

해설

암모니아소다법(Solvay법)

- 소금 수용액 암모니아와 이산화탄소 가스를 흡수시켜 용해도가 작은 탄산수소나트륨을 침전시킨다.
- 탄산수소나트륨(중조)을 침전분리하고, 하소하여 탄산소다를 얻는다.
- 중조를 여과한 모액(NH_4Cl)에 석회유[$Ca(OH)_2$] 용액을 가하고 증류하면 암모니아를 얻고 그 부산물로 $CaCl_2$를 얻는다.
- NaCl의 이용률이 75% 미만이며, 염소의 회수가 어렵다.

5과목 반응공학

81 A → 4R인 기상 반응에 대해 50% A와 50% 불활성 기체 조성으로 원료를 공급할 때 부피팽창계수(ε_A)는?(단, 반응은 완전히 진행된다.)

① 1 ② 1.5
③ 3 ④ 4

해설

$$\varepsilon_A = y_{Ao}\delta = \frac{1}{2}\cdot\frac{4-1}{1} = 1.5$$

82 1atm, 610K에서 다음과 같은 가역 기초반응이 진행될 때 평형상수 K_P와 정반응속도식 $k_{P1}P_A{}^2$의 속도상수 k_{P1}이 각각 0.5atm^{-1}과 $10\text{mol/L}\cdot\text{atm}^2\cdot\text{h}$일 때 농도항으로 표시되는 역반응속도 상수는?(단, 이상기체로 가정한다.)

$2A \rightleftarrows B$

① $1{,}000\text{h}^{-1}$ ② 100h^{-1}
③ 10h^{-1} ④ 0.1h^{-1}

해설

$$2A \underset{k_{P2}}{\overset{k_{P1}}{\rightleftarrows}} B$$

$$0.5\text{atm}^{-1} = \frac{10\text{mol/L}\cdot\text{atm}^2\cdot\text{h}}{k_{P2}}$$

$$\therefore\ k_{P2} = 20\text{mol/L}\cdot\text{atm}\cdot\text{h}$$

정반응속도 $-r_A = k_{P1}P_A{}^2$
역반응속도 $r_A = k_{P2}P_B$

정답 79 ① 80 ③ 81 ② 82 ①

이상기체 : $P_B = C_B RT$

$r_A = k_{P2} P_B$

$= k_{P2} C_B RT$

$= k_{P2} RT C_B$

$\therefore\ k_{C2} = k_{P2} RT$

$= 20\text{mol/L} \cdot \text{atm} \cdot \text{h} \times 0.082\text{L} \cdot \text{atm/mol} \cdot \text{K} \times 610\text{K}$

$= 1{,}000.4\text{h}^{-1}$

83 직렬반응 A → R → S의 각 단계에서 반응속도상수가 같으면 회분식 반응기 내의 각 물질의 농도는 반응시간에 따라서 어느 그래프처럼 변화하는가?

①
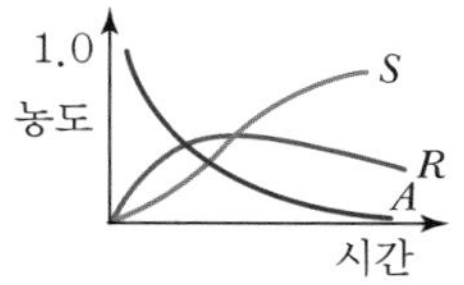

②
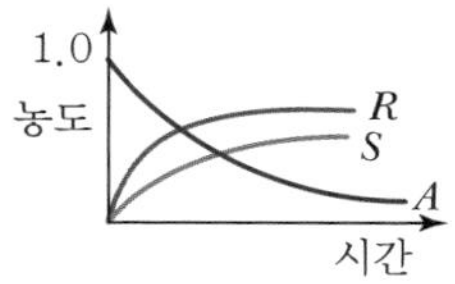

③
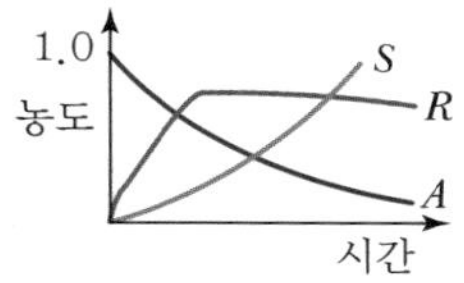

④
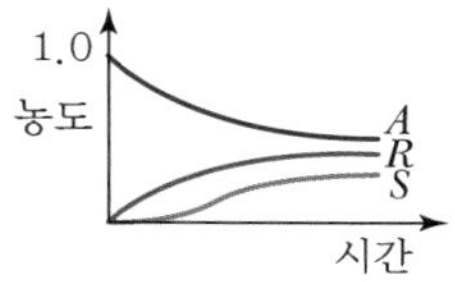

해설

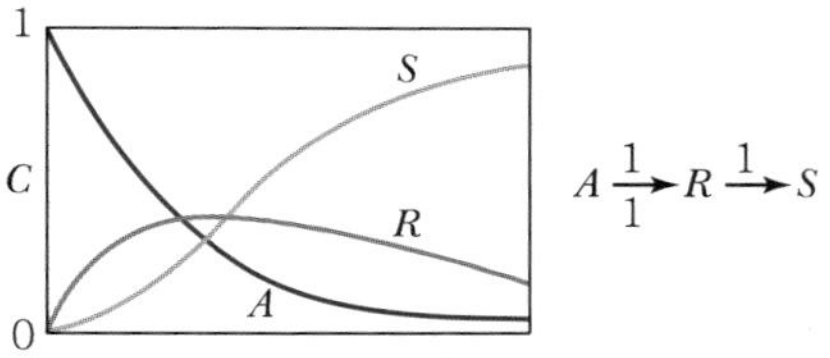

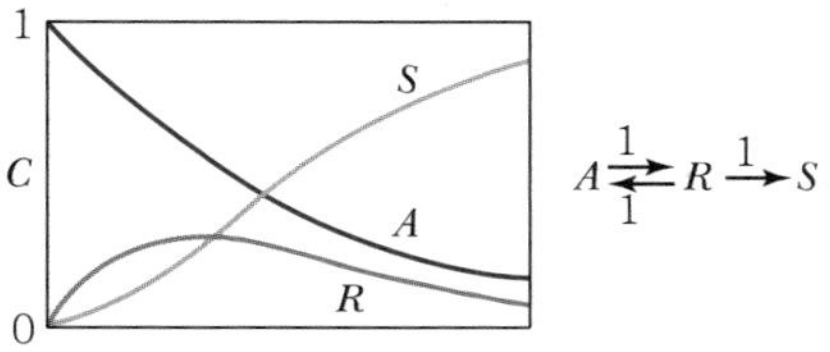

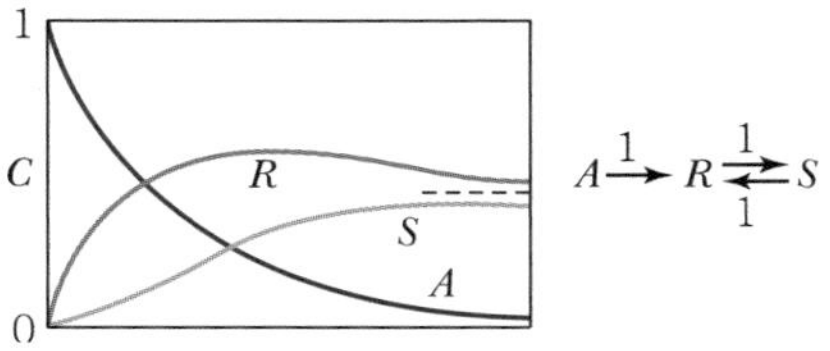

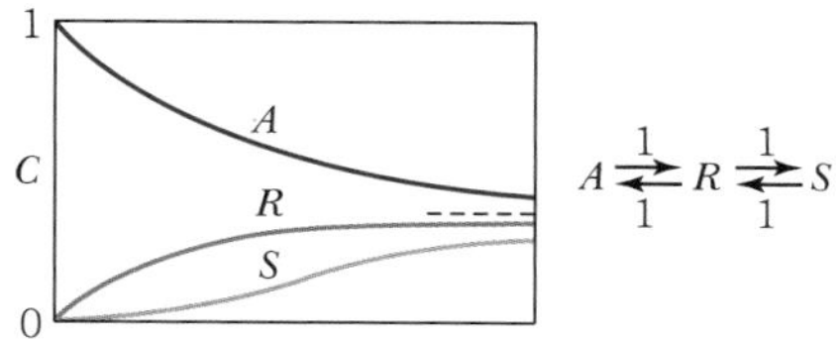

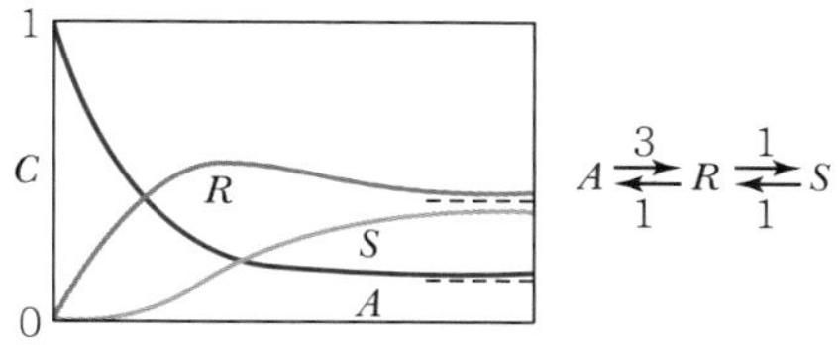

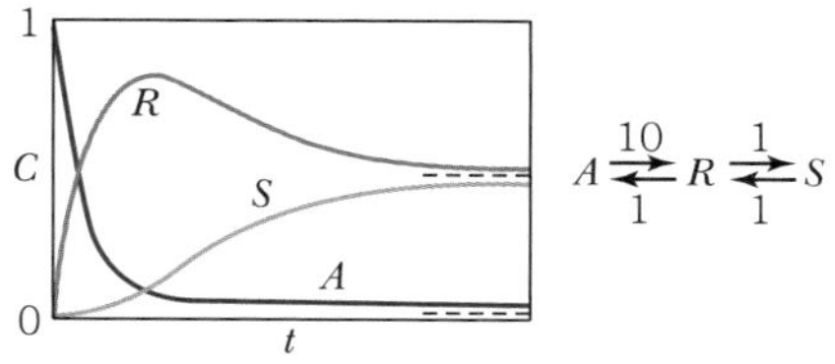

84 A → P 1차 액상반응이 부피가 같은 N개의 직렬연결된 완전혼합흐름반응기에서 진행될 때 생성물의 농도 변화를 옳게 설명한 것은?

① N이 증가하면 생성물의 농도가 점진적으로 감소하다 다시 증가한다.

② N이 작으면 체적 합과 같은 관형 반응기 출구의 생성물 농도에 접근한다.

③ N은 체적 합과 같은 관형 반응기 출구의 생성물 농도에 무관하다.

④ N이 크면 체적 합과 같은 관형 반응기 출구의 생성물 농도에 접근한다.

해설

부피가 같은 CSTR N개를 직렬연결

$N \rightarrow \infty$: 플러그흐름반응기

정답 83 ① 84 ④

85 액상 비가역 반응 A → R의 반응속도식은 $-r_A = kC_A$로 표시된다. 농도는 20kmol/m³의 반응물 A를 정용 회분반응기에 넣고 반응을 진행시킨 지 4시간 만에 A의 농도가 2.7kmol/m³로 되었다면 k 값은 몇 h^{-1}인가?

① 0.5 ② 1
③ 2 ④ 4

해설

$$-\ln\frac{C_A}{C_{Ao}} = kt$$

$$-\ln\frac{2.7}{20} = k \times 4$$

$$\therefore\ k = 0.5h^{-1}$$

86 이상적 혼합 반응기(Ideal Mixed Flow Reactor)에 대한 설명으로 옳지 않은 것은?

① 반응기 내의 농도와 출구의 농도가 같다.
② 무한개의 이상적 혼합 반응기를 직렬로 연결하면 이상적 관형 반응기(Plug Flow Reactor)가 된다.
③ 1차 반응에서의 전환율은 이상적 관형 반응기보다 혼합 반응기가 항상 못하다.
④ 회분식 반응기(Batch Reactor)와 같은 특성을 나타낸다.

해설

CSTR(혼합 반응기)
- 내용물이 잘 혼합되어 균일하게 되는 반응기이다.
- 반응기에서 나가는 흐름은 반응기 내의 유체와 동일한 조성을 갖는다.
- MFR이라 부르기도 한다.

87 이상기체 반응 A → R+S가 순수한 A로부터 정용 회분식 반응기에서 진행될 때 분압과 전압 간의 상관식으로 옳은 것은?(단, P_A : A의 분압, P_R : R의 분압, π_0 : 초기전압, π : 전압)

① $P_A = 2\pi_0 - \pi$
② $P_A = 2\pi - \pi_0$
③ $P_A{}^2 = 2(\pi_0 - \pi) + P_R$
④ $P_A{}^2 = 2(\pi - \pi_0) - P_R$

해설

$aA \to rR + sS$
$\Delta n = 1 + 1 - 1 = 1,\ a = 1$
$N = N_0 + x\Delta n$

$$\therefore\ x = \frac{N - N_0}{\Delta n}$$

$$C_A = \frac{p_A}{RT} = \frac{N_A}{V} = \frac{N_{A0} - ax}{V}$$

$$= \frac{N_{A0}}{V} - \frac{a}{\Delta n} \cdot \frac{N - N_0}{V}$$

$$p_A = C_A RT = p_{A0} - \frac{a}{\Delta n}(\pi - \pi_0)$$

$$\therefore\ p_A = \pi_0 - (\pi - \pi_0) = 2\pi_0 - \pi$$

88 회분식 반응기에서 속도론적 데이터를 해석하는 방법 중 옳지 않은 것은?

① 정용회분 반응기의 미분식에서 기울기가 반응차수이다.
② 농도를 표시하는 도함수의 결정은 보통 도시적 미분법, 수치 미분법 등을 사용한다.
③ 적분 해석법에서는 반응차수를 구하기 위해서 시행 착오법을 사용한다.
④ 비가역반응일 경우 농도 – 시간 자료를 수치적으로 미분하여 반응차수와 반응속도상수를 구별할 수 있다.

해설

㉠ 적분법
- 시간에 대한 함수로서 농도를 얻기 위해 미분방정식을 적분한다. 가정한 차수가 옳다면 농도 – 시간 자료의 적절한 그래프(적분)는 직선이 되어야 한다.
- 적분법은 보통 반응차수를 알고 E_a를 구하기 위해 서로 다른 온도에서의 반응속도를 계산할 필요가 있을 때 가장 많이 사용한다.

∴ 적분법은 반응치수를 구하기 위해 시행착오법을 사용한다.

㉡ 미분해석법

$$\ln\left(-\frac{dC_A}{dt}\right) \text{ vs } \ln C_A$$

정답 85 ① 86 ④ 87 ① 88 ①

그래프에서 기울기가 반응차수이므로 k_A를 구한다.

$$-\frac{dC_A}{dt}=k_A C_A{}^{\alpha}$$

※ 시간의 함수로 농도를 표시해주는 도함수를 결정하기 위한 세 가지 방법

농도－시간 자료에서 $-\frac{dC_A}{dt}$를 구하는 방법

- 도식미분법
- 수치미분법
- 자료에 잘 맞는 다항식의 미분

㉢ 비선형 회귀분석법

모든 자료에 대한 측정된 변수값과 계산된 변수값의 차의 제곱합이 최소가 되게 하는 매개변수 값들을 찾는 방법이다.

89 다음 반응에서 원하는 생성물을 많이 얻기 위해서 반응 온도를 높게 유지하였다. 반응속도상수 k_1, k_2, k_3의 활성화 에너지 E_1, E_2, E_3를 옳게 나타낸 것은?

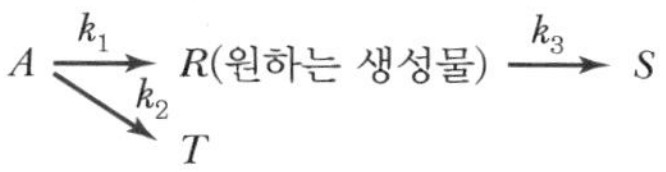

① $E_1 < E_2,\ E_1 < E_3$　② $E_1 > E_2,\ E_1 < E_3$

③ $E_1 > E_2,\ E_1 > E_3$　④ $E_1 < E_2,\ E_1 > E_3$

해설

- R을 얻기 위해 온도를 올리는 경우
  $E_1 > E_2,\ E_1 > E_3$
- R을 얻기 위해 온도를 내리는 경우
  $E_1 < E_2,\ E_1 < E_3$

90 다음과 같은 1차 병렬 반응이 일정한 온도의 회분식 반응기에서 진행되었다. 반응시간이 1,000s일 때 반응물 A가 90% 분해되어 생성물은 R이 S의 10배로 생성되었다. 반응 초기에 R과 S의 농도를 0으로 할 때, k_1 및 k_1/k_2은 각각 얼마인가?

$$A \rightarrow R,\ r_1 = k_1 C_A$$
$$A \rightarrow 2S,\ r_2 = k_2 C_A$$

① $k_1 = 0.131/\text{min},\ k_1/k_2 = 20$

② $k_1 = 0.046/\text{min},\ k_1/k_2 = 10$

③ $k_1 = 0.131/\text{min},\ k_1/k_2 = 10$

④ $k_1 = 0.046/\text{min},\ k_1/k_2 = 20$

해설

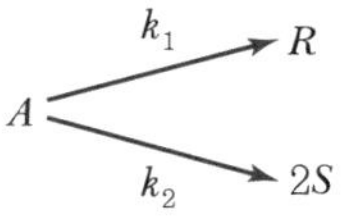

$$-\ln(1-X_A)=(k_1+k_2)t$$

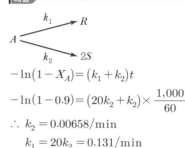

$$-\ln(1-0.9)=(20k_2+k_2)\times\frac{1,000}{60}$$

$$\therefore\ k_2 = 0.00658/\text{min}$$
$$k_1 = 20k_2 = 0.131/\text{min}$$

91 0차 균질 반응이 $-r_A = 10^{-3}\text{mol/L}\cdot\text{s}$로 플러그 흐름 반응기에서 일어난다. A의 전환율이 0.9이고 $C_{A0} = 1.5\text{mol/L}$일 때 공간시간은 몇 초인가?(단, 이때 용적 변화율은 일정하다.)

① 1,300　② 1,350

③ 1,450　④ 1,500

해설

$$\tau = C_{A0}\int_0^{X_{Af}}\frac{dX_A}{-r_A}$$
$$=(1.5\text{mol/L})\left(\frac{0.9}{10^{-3}\text{mol/L}\cdot\text{s}}\right)$$
$$=1,350\text{s}$$

92 다단완전 혼합류 조작에 있어서 1차 반응에 대한 체류시간을 옳게 나타낸 것은?(단, k는 반응속도 정수, t는 각 단의 용적이 같을 때 한 단에서의 체류 시간, X_{An}는 n단 직렬인 경우의 최종단 출구에서의 A의 전화율, n은 단수이다.)

① $kt = (1-X_{An})^{1/n} - 1$

② $\frac{t}{k} = (1-X_{An})^{1/n} - 1$

정답 89 ③ 90 ① 91 ② 92 ③

③ $kt=(1-X_{An})^{-1/n}-1$

④ $\frac{t}{k}=(1-X_{An})^{-1/n}-1$

해설

$$k\tau_N=N\left[\left(\frac{C_0}{C_N}\right)^{1/N}-1\right]$$
$$\frac{C_0}{C_N}=(1+k\tau)^N$$
$$C_N=C_0(1-X_{AN})$$
$$k\tau_N=N\left[\left(\frac{1}{1-X_{AN}}\right)^{1/N}-1\right]$$
$$\tau_N=N\tau$$
$$\therefore\ k\tau=\left[\left(\frac{1}{1-X_{AN}}\right)^{1/N}-1\right]$$

93 일반적으로 암모니아(Ammonia)의 상업적 합성반응은 다음 중 어느 화학반응에 속하는가?

① 균일(Homogeneous) 비촉매 반응
② 불균일(Heterogeneous) 비촉매 반응
③ 균일촉매(Homogeneous Catalytic) 반응
④ 불균일촉매(Heterogeneous Catalytic) 반응

해설

구분	Noncatalytic	Catalytic
균일계	대부분 기상반응	대부분 액상반응
균일계	• 불꽃연소와 같은 빠른 반응	• 콜로이드상에서의 반응 • 효소와 미생물의 반응
불균일계	• 석탄의 연소 • 광석의 배소 • 산+고체의 반응 • 기액흡수 • 철광석의 환원	• NH_3 합성 • 암모니아 산화 → 질산 제조 • 원유의 Cracking • $SO_2 \xrightarrow{\text{산화}} SO_3$

94 반응기에 유입되는 물질량의 체류시간에 대한 설명으로 옳지 않은 것은?

① 반응물의 부피가 변하면 체류시간이 변한다.
② 기상 반응물이 실제의 부피 유량으로 흘러 들어가면 체류시간이 달라진다.
③ 액상반응이면 공간시간과 체류시간이 같다.
④ 기상반응이면 공간시간과 체류시간이 같다.

해설

τ(공간시간) : 반응기 부피만큼의 공급물 처리에 필요한 시간
$\bar{t}$(체류시간) : 흐르는 물질의 반응기에서 평균체류시간

• 액상반응
$\tau=\bar{t}$

• 기상반응
$\tau\neq\bar{t}$

$$\tau=\frac{V}{v_0}=\frac{C_{A0}V}{F_{A0}}=C_{A0}\int_0^{X_A}\frac{dX_A}{(-r_A)}$$
$$\bar{t}=C_{A0}\int_0^{X_A}\frac{dX_A}{(-r_A)(1+\varepsilon_A X_A)}$$

95 $A\rightarrow R$인 반응의 속도식이 $-r_A=1\text{mol/L}\cdot\text{s}$로 표현된다. 순환식 반응기에서 순환비를 3으로 반응시켰더니 출구농도 C_{Af}가 5mol/L로 되었다. 원래 공급물에서의 A 농도가 10mol/L, 반응물 공급속도가 10mol/s 이라면 반응기의 체적은 얼마인가?

① 3.0L
② 4.0L
③ 5.0L
④ 6.0L

해설

순환비 $R=3$

$$X_{A1}=\left(\frac{R}{R+1}\right)X_{Af}$$
$$V=F_{A0}(R+1)\int_{X_{A1}}^{X_{Af}}\frac{dX_A}{-r_A}$$
$$\therefore\ V=-\frac{F_{A0}}{C_{A0}}(R+1)\int_{\frac{C_{A0}+RC_{Af}}{R+1}}^{C_{Af}}\frac{dC_A}{-r_A}\quad(\varepsilon_A=0)$$
$$V=-\frac{10\text{mol/s}}{10\text{mol/L}}(3+1)\int_{\frac{10+3\times5}{3+1}}^{5}\frac{dC_A}{1\text{mol/L}\cdot\text{s}}$$
$$=-4(5-6.25)=5\text{L}$$

정답 93 ④ 94 ④ 95 ③

96 다음의 병행반응에서 A가 반응물질, R이 요구하는 물질일 때 순간수율(Instantaneous Fractional Yield)은?

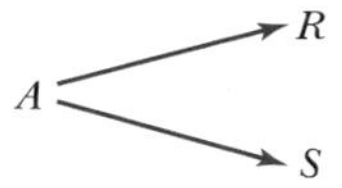

① $dC_R/(-dC_A)$　　② dC_R/dC_A
③ $dC_S/(-dC_A)$　　④ dC_S/dC_A

해설

수율 $\phi\left(\frac{R}{A}\right) = \frac{\text{생성된 } R\text{의 몰수}}{\text{소비된 } A\text{의 몰수}} = \frac{dC_R}{(-dC_A)}$

97 Arrhenius 법칙이 성립할 경우에 대한 설명으로 옳은 것은?(단, k는 반응속도상수이다.)

① k와 T는 직선관계에 있다.
② $\ln k$와 $\frac{1}{T}$은 직선관계에 있다.
③ $\frac{1}{k}$과 $\frac{1}{T}$은 직선관계에 있다.
④ $\ln k$와 $\ln T^{-1}$은 직선관계에 있다.

해설

Arrhenius 법칙

$k = k_0 e^{-E_a/RT}$

$\ln k = \ln k_0 - \frac{E_a}{RT}$

- $\ln k$와 $\frac{1}{T}$은 직선관계에 있다.
- $\ln k$를 y로 하고 $\frac{1}{T}$을 x로 할 때 기울기는 $-\frac{E_a}{R}$이다.

98 체류시간 분포함수가 정규분포함수에 가장 가깝게 표시되는 반응기는?

① 플러그 흐름(Plug Flow)이 이루어지는 관형 반응기
② 분산이 작은 관형 반응기
③ 완전혼합(Perfect Mixing)이 이루어지는 하나의 혼합 반응기
④ 3개가 직렬로 연결된 혼합 반응기

해설

㉠ 정규분포(Gauss 분포)

$$f(x) = \frac{1}{\sqrt{2\pi\sigma^2}} e^{-\frac{(x-m)^2}{2\sigma^2}} \quad \text{(확률밀도함수)}$$

여기서, m : 평균
σ : 표준편차

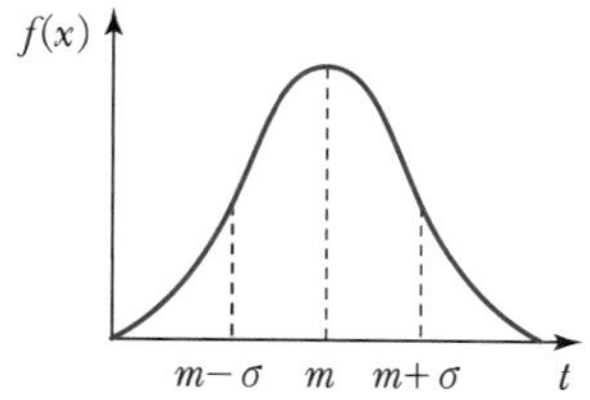

㉡ PFR .... ①
분산이 작은 PFR .... ②

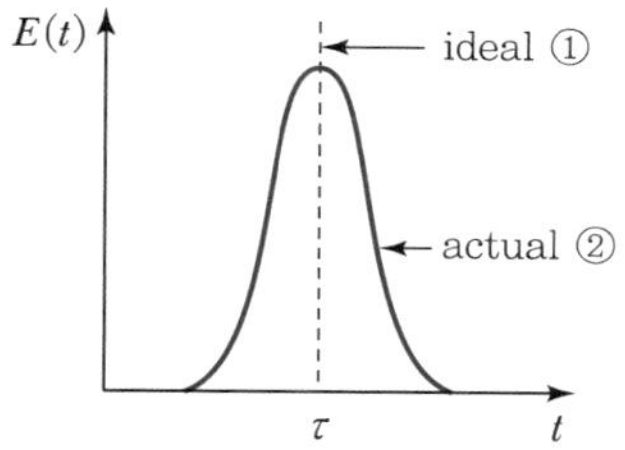

㉢ CSTR

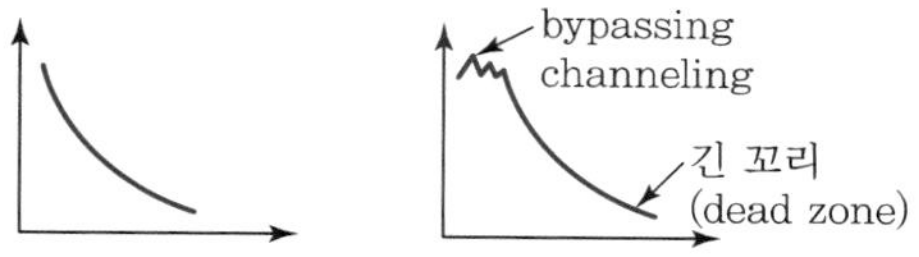

정답 96 ①　97 ②　98 ②

99 다음 중 반응이 진행되는 동안 반응기 내의 반응물과 생성물의 농도가 같을 때 반응속도가 가장 빠르게 되는 경우가 발생하는 반응은?

① 연속반응(Series Reaction)
② 자동 촉매반응(Autocatalytic Reaction)
③ 균일 촉매반응(Homogeneous Catalyzed Reaction)
④ 가역 반응(Reversible Reaction)

해설

자동촉매반응

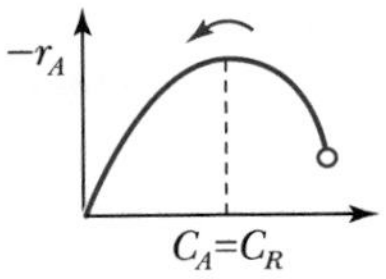

100 반응물 A와 B의 농도가 각각 2.2×10^{-2}mol/L와 8.0×10^{-3}mol/L이며 반응속도상수가 1.0×10^{-2}L/mol · s일 때 반응속도는 몇 mol/L · s이겠는가?(단, 반응차수는 A와 B에 대해 각각 1차이다.)

① 2.41×10^{-5}
② 2.41×10^{-6}
③ 1.76×10^{-5}
④ 1.76×10^{-6}

해설

$$-r_A = kC_AC_B$$
$$= (1.0\times10^{-2}\text{L/mol}\cdot\text{s})\times(2.2\times10^{-2}\text{mol/L})\times(8.0\times10^{-3}\text{mol/L})$$
$$= 1.76\times10^{-6}\text{mol/L}\cdot\text{s}$$

정답 99 ② 100 ④

2019년 제4회 기출문제

1과목 화공열역학

01 카르노 사이클(Carnot Cycle)의 가역 과정의 순서를 옳게 나타낸 것은?

① 단열압축 → 단열팽창 → 등온팽창 → 등온압축
② 등온팽창 → 등온압축 → 단열팽창 → 단열압축
③ 단열팽창 → 등온팽창 → 단열압축 → 등온압축
④ 단열압축 → 등온팽창 → 단열팽창 → 등온압축

해설

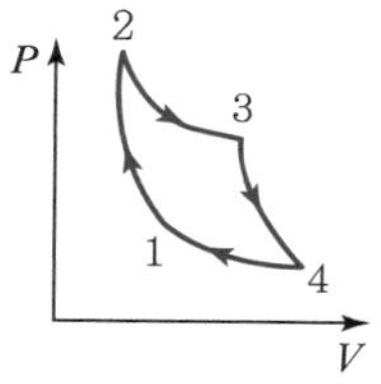

- 1 → 2 : 단열압축
- 2 → 3 : 등온팽창
- 3 → 4 : 단열팽창
- 4 → 1 : 등온압축

02 기상 반응계에서 평형상수가 $K = P^{\nu}\prod_i (y_i)^{\nu_i}$로 표시될 경우는?(단, ν_i는 성분의 양론 수, $\nu = \Sigma\nu_i$ 및 $\prod_i$는 모든 화학종 i의 곱을 나타낸다.)

① 평형 혼합물이 이상기체와 같은 거동을 할 때
② 평형 혼합물이 이상용액과 같은 거동을 할 때
③ 반응에 따른 몰수 변화가 없을 때
④ 반응열이 온도에 관계없이 일정할 때

해설

기상 반응

$$\prod_i \left(\frac{\hat{f}_i}{P^o}\right)^{\nu_i} = K$$

평형상수 K는 온도만의 함수

$\hat{f}_i = \hat{\phi}_i y_i P$

$$\prod_i (y_i \hat{\phi}_i)^{\nu_i} = \left(\frac{P}{P^o}\right)^{-\nu} K$$

이상기체 $\hat{\phi}_i = 1$, $P^{\circ} = 1\text{bar}$

$$\prod_i (y_i)^{\nu_i} = P^{-\nu} K$$

$$\therefore K = P^{\nu}\prod_i (y_i)^{\nu_i}$$

03 다음 중 경로함수(Path Property)에 해당하는 것은?

① 내부에너지(J/mol)
② 위치에너지(J/mol)
③ 열(J/mol)
④ 엔트로피(J/mol · K)

해설

- 경로함수 – 열, 일
- 상태함수 – 온도, 압력, 내부에너지, 엔탈피, 엔트로피, 깁스에너지

04 다음 중 등엔트로피 과정(Isentropic Process)은?

① 줄–톰슨 팽창 과정
② 가역등온 과정
③ 가역등압 과정
④ 가역단열 과정

해설

$$dS^t = \frac{dQ_{rev}}{T}$$

공정이 가역단열일 때 $dQ_{rev} = 0$이므로 $dS^t = 0$이다.
→ 엔트로피는 일정하며 "등엔트로피 과정"이라 한다.

정답 01 ④ 02 ① 03 ③ 04 ④

05 내연기관 중 자동차에 사용되는 것으로 흡입행정은 거의 정압에서 일어나며, 단열압축 과정 후 전기 점화에 의해 단열팽창하는 사이클은?

① 오토(Otto) ② 디젤(Diesel)
③ 카르노(Carnot) ④ 랭킨(Rankine)

해설

오토 사이클(Otto Cycle)

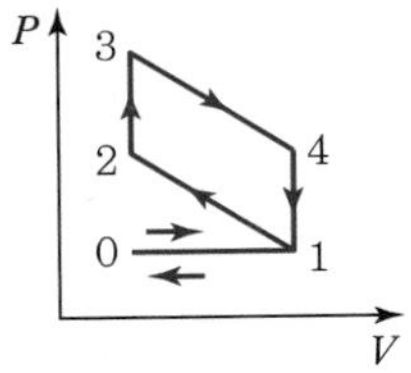

- 일정압력하에서 흡입행정($0 \rightarrow 1$)이 일어난다.
- 단열압축($1 \rightarrow 2$) 후 점화, 연소가 신속히 진행되므로 압력은 상승하지만, 부피는 거의 일정($2 \rightarrow 3$)하다.
- 일이 생산($3 \rightarrow 4 \rightarrow 1$), 단열팽창($3 \rightarrow 4$), 방출밸브가 열리며 압력은 거의 일정한 부피에서 급격히 감소($4 \rightarrow 1$)된다.
- 피스톤이 실린더로부터 남아 있는 연소기체를 밀어낸다. ($1 \rightarrow 0$)

06 이상용액의 활동도 계수 γ는?

① $\gamma > 1$ ② $\gamma < 1$
③ $\gamma = 0$ ④ $\gamma = 1$

해설

이상용액 $\gamma = 1$

07 어떤 가스(Gas) 1g의 정압비열(C_P)이 온도의 함수로서 다음 식으로 주어질 때 계의 온도를 0℃에서 100℃로 변화시켰다면 이때 계에 가해진 열량은 몇 cal인가? (단, $C_P = 0.2 + \dfrac{10}{t+100}$, C_P는 cal/g · ℃, t는 ℃이며, 계의 압력은 일정하고 주어진 온도 범위에서 가스의 상변화는 없다.)

① 20.05 ② 22.31
③ 24.71 ④ 26.93

해설

$$Q = \int_{T_1}^{T_2} C_P dt$$
$$= \int_{0℃}^{100℃} \left(0.2 + \frac{10}{t+100}\right) dt$$
$$= 0.2(100-0) + 10\left[\ln\left(\frac{100+100}{0+100}\right)\right]$$
$$= 26.93\text{cal}$$

08 실제 기체의 압력이 0에 접근할 때, 잔류(Residual) 특성에 대한 설명으로 옳은 것은?(단, 온도는 일정하다.)

① 잔류 엔탈피는 무한대에 접근하고 잔류 엔트로피는 0에 접근한다.
② 잔류 엔탈피와 잔류 엔트로피 모두 무한대에 접근한다.
③ 잔류 엔탈피와 잔류 엔트로피 모두 0에 접근한다.
④ 잔류 엔탈피는 0에 접근하고 잔류 엔트로피는 무한대에 접근한다.

해설

잔류성질

$M^R \equiv M - M^{ig}$

여기서, M : V, U, H, S, G의 1mol당 값

잔류성질 = 실제값 − 이상기체의 값

09 순환법칙 $\left(\dfrac{\partial P}{\partial T}\right)_V \left(\dfrac{\partial T}{\partial V}\right)_P \left(\dfrac{\partial V}{\partial P}\right)_T = -1$에서 얻을 수 있는 최종 식은?(단, β는 부피팽창률(Volume Expansivity), κ는 등온압축률(Isothermal Compressibility)이다.)

① $\left(\dfrac{\partial P}{\partial T}\right)_V = -\dfrac{\kappa}{\beta}$ ② $\left(\dfrac{\partial P}{\partial T}\right)_V = \dfrac{\kappa}{\beta}$
③ $\left(\dfrac{\partial P}{\partial T}\right)_V = \dfrac{\beta}{\kappa}$ ④ $\left(\dfrac{\partial P}{\partial T}\right)_V = -\dfrac{\beta}{\kappa}$

정답 05 ① 06 ④ 07 ④ 08 ③ 09 ③

해설

부피팽창률 $\beta = \frac{1}{V}\left(\frac{\partial V}{\partial T}\right)_P$

등온압축률 $\kappa = -\frac{1}{V}\left(\frac{\partial V}{\partial P}\right)_T$

$\left(\frac{\partial P}{\partial T}\right)_V\left(\frac{\partial T}{\partial V}\right)_P\left(\frac{\partial V}{\partial P}\right)_T = -1$

$$\left(\frac{\partial P}{\partial T}\right)_V = -\frac{1}{\left(\frac{\partial T}{\partial V}\right)_P\left(\frac{\partial V}{\partial P}\right)_T} = \frac{\left(\frac{\partial V}{\partial T}\right)_P}{-\left(\frac{\partial V}{\partial P}\right)_T} = \frac{\beta}{\kappa}$$

10 흐름열량계(Flow Calorimeter)를 이용하여 엔탈피 변화량을 측정하고자 한다. 열량계에서 측정된 열량이 2,000W라면, 입력 흐름과 출력 흐름의 비엔탈피(Specific Enthalpy)의 차이는 몇 J/g인가?(단, 흐름열량계의 입력 흐름에서는 0℃의 물이 5g/s의 속도로 들어가며, 출력 흐름에서는 3기압, 300℃의 수증기가 배출된다.)

① 400　② 2,000
③ 10,000　④ 12,000

해설

$$\frac{2{,}000\text{W}}{5\text{g/s}} = \frac{2{,}000\text{J/s}}{5\text{g/s}} = 400\text{J/g}$$

11 반데르발스(Van der Waals)식에 맞는 실제기체를 등온가역 팽창시켰을 때 행한 일(Work)의 크기는?(단, $P = \frac{RT}{V-b} - \frac{a}{V^2}$ 이며, V_1은 초기부피, V_2는 최종부피이다.)

① $W = RT\ln\left(\frac{V_2-b}{V_1-b}\right) - a\left(\frac{1}{V_1} - \frac{1}{V_2}\right)$

② $W = RT\ln\left(\frac{P_2-b}{P_1-b}\right) - a\left(\frac{1}{P_1} - \frac{1}{P_2}\right)$

③ $W = RT\ln\left(\frac{V_2-a}{V_1-a}\right) - b\left(\frac{1}{V_1} - \frac{1}{V_2}\right)$

④ $W = RT\ln\left(\frac{V_2-b}{V_1-b}\right) - a\left(\frac{1}{V_2} - \frac{1}{V_1}\right)$

해설

$$W = \int_{V_1}^{V_2} PdV = \int_{V_1}^{V_2}\left(\frac{RT}{V-b} - \frac{a}{V^2}\right)dV$$
$$= RT\ln\frac{V_2-b}{V_1-b} + \frac{a}{V_2} - \frac{a}{V_1}$$
$$= RT\ln\frac{V_2-b}{V_1-b} - a\left(\frac{1}{V_1} - \frac{1}{V_2}\right)$$

12 용액 내에서 한 성분의 퓨가시티 계수를 표시한 식은?(단, ϕ_i는 퓨가시티 계수, $\hat{\phi}_i$는 용액 중의 성분 i의 퓨가시티 계수, f_i는 순수성분 i의 퓨가시티, $\hat{f}_i$는 용액 중의 성분 i의 퓨가시티, x_i는 용액의 몰분율이다.)

① $\hat{\phi}_i = f_i P$　② $\hat{\phi}_i = \frac{f_i}{P}$

③ $\hat{\phi}_i = \frac{\hat{f}_i}{x_i P}$　④ $\hat{\phi}_i = \frac{P\hat{f}_i}{x_i}$

해설

- 순수한 성분 : $\phi_i = \frac{f_i}{P}$
- 용액 내 한 성분 : $\hat{\phi}_i = \frac{\hat{f}_i}{x_i P}$

13 평형에 대한 다음의 조건 중 틀린 것은?(단, ϕ_i는 순수 성분의 퓨가시티 계수, $\hat{\phi}_i$는 혼합물에서 성분 i의 퓨가시티 계수, $\hat{f}_i$는 혼합물에서 성분 i의 퓨가시티, γ_i는 활동도 계수이며, x_i는 액상에서 성분 i의 조성을 나타내며, 상첨자 V는 기상, L은 액상, S는 고상, Ⅰ과 Ⅱ는 두 액상을 나타낸다.)

① 순수성분의 기－액 평형 : $\phi_i^{\,V} = \phi_i^{\,L}$

② 2성분 혼합물의 기－액 평형 : $\hat{\phi}_i^{\,V} = \hat{\phi}_i^{\,L}$

정답 10 ① 11 ① 12 ③ 13 ②

③ 2성분의 혼합물의 액－액 평형 : $x_i^{\mathrm{I}}\gamma_i^{\mathrm{I}} = x_i^{\mathrm{II}}\gamma_i^{\mathrm{II}}$

④ 2성분 혼합물의 고－기 평형 : $\hat{f}_i^{\,V} = f_i^{\,S}$

해설

• 순수한 성분에 대한 기－액 평형

$\phi_i^{\,V} = \phi_i^{\,L} = \phi_i^{sat}$

• 용액의 기－액 평형

$\hat{f}_i^{\,V} = \hat{f}_i^{\,L} \qquad y_i\hat{\phi}_i^{\,V} = x_i\hat{\phi}_i^{\,L}$

$\hat{f}_i^{\,\alpha} = \hat{f}_i^{\,\beta} = \cdots = \hat{f}_i^{\,\pi}$

$$\gamma_i = \frac{\hat{f}_i}{x_i f_i}$$

$\gamma_i^{\,\alpha} x_i^{\,\alpha} f_i^{\,\alpha} = \gamma_i^{\,\beta} x_i^{\,\beta} f_i^{\,\beta}$

$f_i^{\,\alpha} = f_i^{\beta}$

$\therefore\ \gamma_i^{\,\alpha} x_i^{\,\alpha} = \gamma_i^{\,\beta} x_i^{\,\beta}$

VLE에서

$\phi_i^{\,V} = \phi_i^{\,L}$

$$\phi_i = \frac{f_i}{P},\ \hat{\phi}_i = \frac{\hat{f}_i}{y_i P}$$

증기혼합물에서 성분 i에 대해 $\hat{f}_i^{\,V} = y_i\hat{\phi}_i P$

액체용액의 성분 i에 대해 $\hat{f}_i^{\,L} = x_i\gamma_i f_i$

$\therefore\ y_i\hat{\phi}_i P = x_i\gamma_i f_i$

14 평형의 조건이 되는 열역학적 물성이 아닌 것은?

① 퓨가시티(Fugacity)

② 깁스자유에너지(Gibbs Free Energy)

③ 화학퍼텐셜(Chemical Potential)

④ 엔탈피(Enthalpy)

해설

평형의 조건

• $(dG^t)_{T,P} = 0$

↳ 깁스자유에너지

• $\sum \nu_i \mu_i = 0$

여기서, ν_i : 양론수

μ_i : 화학퍼텐셜

$\mu_i = \overline{G_i} = RT\ln \hat{f}_i + \Gamma_i(T)$

↳ 퓨가시티

15 3성분계의 기－액 상평형 계산을 위하여 필요한 최소의 변수의 수는 몇 개인가?(단, 반응이 없는 계로 가정한다.)

① 1개 ② 2개

③ 3개 ④ 4개

해설

$F = 2 - P + c - r - s$

$= 2 - 2 + 3 - 0 - 0$

$= 3$

16 0℃, 1atm의 물 1kg이 100℃, 1atm의 물로 변하였을 때 엔트로피 변화는 몇 kcal/K인가?(단, 물의 비열은 1.0cal/g · K이다.)

① 100 ② 1.366

③ 0.312 ④ 0.136

해설

$$\Delta s = mC_p \ln\frac{T_2}{T_1} + mR\ln\frac{P_1}{P_2} \quad (\rightarrow 0)$$

$$= 1\text{kg} \times 1\text{kcal/kg}\cdot\text{K} \times \ln\frac{373}{273}$$

$$= 0.312\text{kcal/K}$$

17 부피를 온도와 압력의 함수로 나타낼 때 부피팽창률(β)과 등온압축률(κ)의 관계를 나타낸 식으로 옳은 것은?

① $\dfrac{dV}{V} = (\beta)dT - (\kappa)dP$

② $\dfrac{dV}{V} = (\beta)dT + (\kappa)dP$

③ $\dfrac{dV}{V} = (\beta)dP - (\kappa)dT$

④ $\dfrac{dV}{V} = (\beta)dP + (\kappa)dT$

정답 14 ④ 15 ③ 16 ③ 17 ①

해설

$V = f(T, P)$ ·················· 부피는 온도와 압력의 함수

$$dV\left(\frac{\partial V}{\partial T}\right)_P dT + \left(\frac{\partial V}{\partial P}\right)_T dP$$

각 항을 ÷ V

$$\frac{dV}{V} = \frac{1}{V}\left(\frac{\partial V}{\partial T}\right)_P dT + \frac{1}{V}\left(\frac{\partial V}{\partial P}\right)_T dP$$

$$\beta = \frac{1}{V}\left(\frac{\partial V}{\partial T}\right)_P$$

$$\kappa = -\frac{1}{V}\left(\frac{\partial V}{\partial P}\right)_T$$

$$\therefore \frac{dV}{V} = \beta dT - \kappa dP$$

18 $C_P = 5\text{cal/mol}\cdot\text{K}$인 이상기체를 25℃, 1기압으로부터 단열, 가역 과정을 통해 10기압까지 압축시킬 경우, 기체의 최종 온도는 약 몇 ℃인가?

① 60 ② 470
③ 745 ④ 1,170

해설

$C_P = C_V + R$

$$\gamma = \frac{C_P}{C_V} = \frac{5}{5 - 1.987} = 1.66$$

$$\frac{T_2}{T_1} = \left(\frac{P_2}{P_1}\right)^{\frac{\gamma - 1}{\gamma}}$$

$$\frac{T_2}{273 + 25} = \left(\frac{10}{1}\right)^{\frac{1.66 - 1}{1.66}}$$

$$\therefore T_2 = 744\text{K} = 471℃$$

19 설탕물을 만들다가 설탕을 너무 많이 넣어 아무리 저어도 컵 바닥에 설탕이 여전히 남아있을 때의 자유도는?(단, 물의 증발은 무시한다.)

① 1 ② 2
③ 3 ④ 4

해설

$F = 2 - P + c$
$= 2 - 2 + 2 = 2$

20 이상기체가 P_1, V_1, T_1의 상태에서 P_2, V_2, T_2까지 가역적으로 단열팽창되었다. 상관관계로 옳지 않은 것은?(단, γ는 비열비이다.)

① $T_1 P_1^{\left(\frac{1-\gamma}{\gamma}\right)} = T_2 P_2^{\left(\frac{1-\gamma}{\gamma}\right)}$

② $T_1 V_1^{\gamma} = T_2 V_2^{\gamma}$

③ $\dfrac{V_2}{V_1} = \left(\dfrac{P_2}{P_1}\right)^{-\frac{1}{\gamma}}$

④ $\dfrac{T_2}{T_1} = \left(\dfrac{V_1}{V_2}\right)^{\gamma - 1}$

해설

$$\frac{T_2}{T_1} = \left(\frac{P_2}{P_1}\right)^{\frac{\gamma - 1}{\gamma}}$$

$$\frac{T_2}{T_1} = \left(\frac{V_1}{V_2}\right)^{\gamma - 1}$$

$$\frac{P_2}{P_1} = \left(\frac{V_1}{V_2}\right)^{\gamma}$$

2과목 단위조작 및 화학공업양론

21 0℃, 0.5atm하에 있는 질소가 있다. 이 기체를 같은 압력하에서 20℃ 가열하였다면 처음 체적의 몇 %가 증가하였는가?

① 0.54 ② 3.66
③ 7.33 ④ 103.66

해설

$$\overline{V} = \frac{RT}{P} = \frac{0.082\text{L}\cdot\text{atm/mol}\cdot\text{K} \times 273\text{K}}{0.5\text{atm}} = 44.8\text{L}$$

$$\overline{V} = \frac{RT}{P} = \frac{(0.082)(273 + 20)}{0.5} = 48.05$$

$$\frac{48.05 - 44.8}{44.8} \times 100 = 7.3\%$$

정답 18 ② 19 ② 20 ② 21 ③

22 CO_2 25vol%와 NH_3 75vol%의 기체 혼합물 중 NH_3의 일부가 산에 흡수되어 제거된다. 이 흡수탑을 떠나는 기체가 37.5vol%의 NH_3를 가질 때 처음에 들어 있던 NH_3의 몇 %가 제거되었는가?(단, CO_2의 양은 변하지 않는다고 하며, 산용액은 조금도 증발하지 않는다고 한다.)

① 85% ② 80%
③ 75% ④ 65%

해설

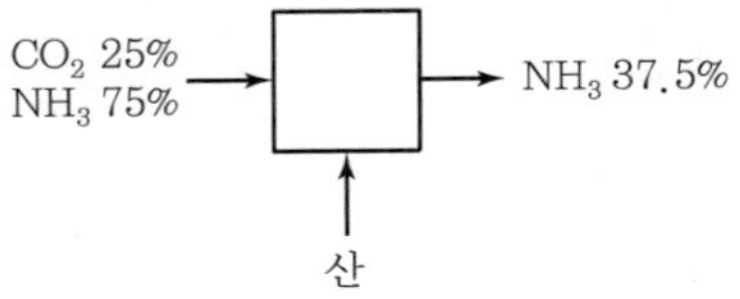

들어가는 양을 100L로 하면

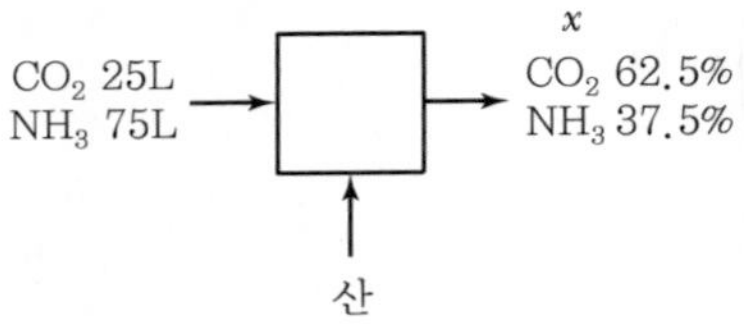

대응성분 : CO_2

$25L = x \times 0.625 \quad \therefore x = 40L$

$\therefore$ 흡수탑을 떠나는 $NH_3 = 40 \times 0.375 = 15L$

$\therefore$ 제거된 $NH_3 = 75L - 15L = 60L$

제거된 NH_3의 % : $\frac{60}{75} \times 100 = 80\%$

23 정상상태로 흐르는 유체가 유로의 확대된 부분을 흐를 때 변화하지 않는 것은?

① 유량 ② 유속
③ 압력 ④ 유동단면적

해설

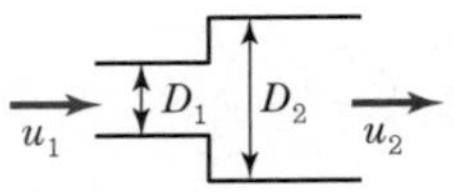

- 유속이 느려짐
- 직경(단면적)이 커짐
- 압력이 커짐
- 질량유량, 부피유량(비압축성 유체)은 일정

24 습한 쓰레기에 71wt% 수분이 포함되어 있었다. 최초 수분의 60%를 증발시키면 증발 후 쓰레기 내 수분의 조성은 몇 %인가?

① 40.5 ② 49.5
③ 50.5 ④ 59.5

해설

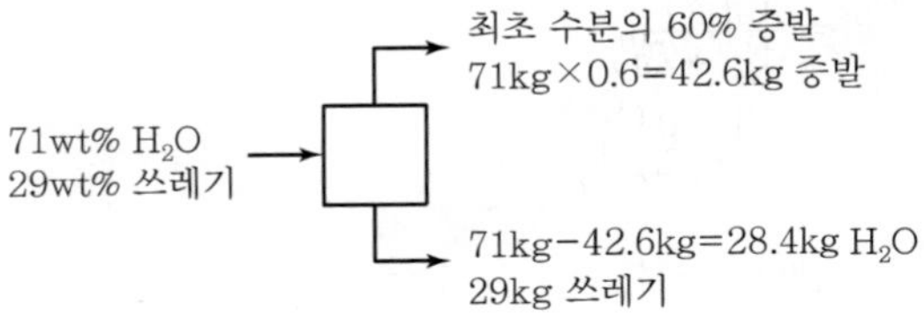

100kg 기준 ⟨ 71kg H_2O, 29kg 쓰레기

$\therefore x_{H_2O} = \frac{28.4}{28.4 + 29} \times 100 = 49.5\%$

25 1.5wt% NaOH 수용액을 10wt% NaOH 수용액으로 농축하기 위해 농축 증발관으로 1.5wt% NaOH 수용액을 1,000kg/h로 공급하면 시간당 증발되는 수분의 양은 몇 kg인가?

① 450 ② 650
③ 750 ④ 850

해설

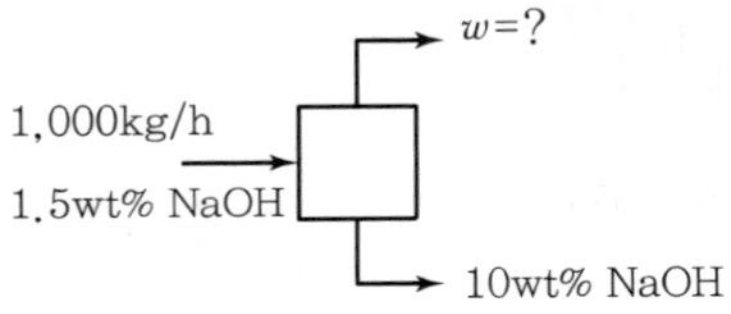

$W = F\left(1 - \frac{a}{b}\right) = 1{,}000\text{kg/h}\left(1 - \frac{1.5}{10}\right) = 850\text{kg/h}$

정답 22 ② 23 ① 24 ② 25 ④

26 실제기체의 거동을 예측하는 비리얼 상태식에 대한 설명으로 옳은 것은?

① 제1비리얼 계수는 압력에만 의존하는 상수이다.
② 제2비리얼 계수는 조성에만 의존하는 상수이다.
③ 제3비리얼 계수는 체적에만 의존하는 상수이다.
④ 제4비리얼 계수는 온도에만 의존하는 상수이다.

해설

비리얼 계수는 온도만의 함수이다.

$$Z=\frac{PV}{RT}=1+\frac{B}{V}+\frac{C}{V^2}+\cdots$$

27 37wt% HNO_3 용액의 노르말(N) 농도는?(단, 이 용액의 비중은 1.227이다.)

① 6 ② 7.2
③ 12.4 ④ 15

해설

37wt% HNO_3

1,000g 기준 < 370g $HNO_3 \times \frac{1mol}{63g} = 5.87mol$ / 630g H_2O

$$\text{용액 1,000g의 부피} = \frac{1,000g}{1.277g/cm^3 \times \frac{1,000cm^3}{1L}} = 0.815L$$

$$N=\frac{\text{용질의 g당량수(mol)}}{\text{용액의 부피(L)}}=\frac{5.87mol}{0.815L}=7.2N$$

28 반대수(semi−log) 좌표계에서 직선을 얻을 수 있는 식은?(단, F와 y는 종속변수이고, t와 x는 독립변수이며, a와 b는 상수이다.)

① $F(t)=at^b$
② $F(t)=ae^{bt}$
③ $y(x)=ax^2+b$
④ $y(x)=ax$

해설

① $F(t)=at^b$
$\log F(t)=\log a+b\log t$ ……………… log−log 좌표

② $F(t)=ae^{bt}$
$\log F(t)=\log a+bt\log e=\log a+\frac{b}{2.3}t$
……………………………………………… semi−log 좌표

③ $y-b=ax^2$
$\log(y-b)=\log a+2\log x$ ………… log−log 좌표

④ $y=ax$ ……………………………………………… 일반

29 Ethylene glycol의 열용량 값이 다음과 같은 온도의 함수일 때, 0~100℃ 사이의 온도범위 내에서 열용량의 평균값은 몇 cal/g · ℃인가?

C_P(cal/g · ℃)$=0.55+0.001T$

① 0.60 ② 0.65
③ 0.70 ④ 0.75

해설

$$\overline{C_p}=\frac{\int_{0℃}^{100℃}(0.55+0.001T)dT}{100-0}=\frac{0.55(100-0)+\frac{0.001}{2}(100^2-0^2)}{100}=0.6\text{cal/g}\cdot℃$$

30 30kg의 공기를 20℃에서 120℃까지 가열하는 데 필요한 열량은 몇 kcal인가?(단, 공기의 평균정압비열은 0.24kcal/kg · ℃이다.)

① 720 ② 820
③ 920 ④ 980

해설

$$Q=m\int C_p dt=mC_p\Delta t$$
$=30kg\times0.24kcal/kg\cdot℃\times(120-20)℃$
$=720kcal$

정답 26 ④ 27 ② 28 ② 29 ① 30 ①

31 정압비열 0.24kcal/kg · ℃의 공기가 수평관 속을 흐르고 있다. 입구에서 공기온도가 21℃, 유속이 90m/s이고, 출구에서 유속은 150m/s이며, 외부와 열교환이 전혀 없다고 보면 출구에서의 공기온도는?

① 10.2℃ ② 13.8℃
③ 28.2℃ ④ 31.8℃

해설

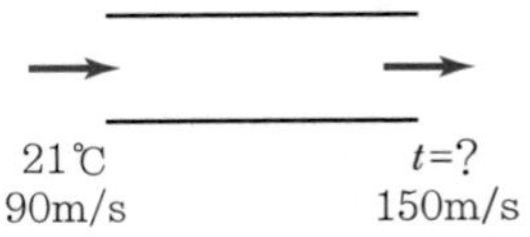

$$\Delta H+\frac{\Delta u^2}{2}+g\Delta z=Q+W$$

$$\Delta H=0.24\text{kcal/kg}\cdot℃\times(t-21)℃$$

$$0.24(t-21)\text{kcal/kg}+\frac{150^2-90^2}{2}\text{J/kg}=0$$

$$0.24(t-21)\frac{\text{kcal}}{\text{kg}}+\frac{150^2-90^2}{2}\frac{\text{J}}{\text{kg}}\frac{1\text{cal}}{4.184\text{J}}\frac{1\text{kcal}}{1{,}000\text{cal}}=0$$

$$0.24(t-21)+1.72=0$$

$$\therefore\ t=13.8℃$$

32 다음 중 국부속도(Local Velocity) 측정에 가장 적합한 것은?

① 오리피스미터 ② 피토관
③ 벤투리미터 ④ 로터미터

해설

- 오리피스미터, 벤투리미터 : 차압유량계
- 피토관 : 국부속도 측정
- 로터미터 : 면적유량계

33 온도에 민감하여 증발하는 동안 손상되기 쉬운 의약품을 농축하는 방법으로 적절한 것은?

① 가열시간을 늘린다.
② 증기공간의 절대압력을 낮춘다.
③ 가열온도를 높인다.
④ 열전도도가 높은 재질을 쓴다.

해설

진공증발

- 증발관 내를 감압상태로 유지
- 증기의 경제적 이용
- 과즙, 젤라틴과 같이 열에 민감한 물질을 처리하는 데 주로 사용

34 고체건조의 항률건조단계(Constant Rate Period)에 대한 설명으로 틀린 것은?

① 항률건조단계에서 복사나 전도에 의한 열전달이 없는 경우 고체 온도는 공기의 습구온도와 동일하다.
② 항률건조단계에서 고체의 건조 속도는 고체의 수분함량과 관계가 없다.
③ 항률건조속도는 열전달식이나 물질전달식을 이용하여 계산할 수 있다.
④ 주로 고체의 임계 함수량(Critical Moisture Content) 이하에서 항률건조를 할 수 있다.

해설

항률건조기간

- 재료의 함수율이 직선적으로 감소한다.
- 재료온도가 일정한 기간이다.
- 항률건조기간에서 감률건조기간으로 이행하는 점을 "한계함수율"이라 한다.
- 항률건조속도

$$R_c=\left(\frac{W}{A}\right)\left(-\frac{d\omega}{d\theta}\right)_c=k(H_m-H)=\frac{h_t(t-t_m)}{\lambda_m}$$

여기서, k : 물질이동계수(kg/h · m² · ΔH)
h_f : 총괄열이동계수(kcal/m² · h · ℃)
λ_m : t_m에 대응하는 증발잠열(kcal/kg)
H : kg 수증기/kg 건조공기

35 추출에서 추료(Feed)에 추제(Extracting Solvent)를 가하여 잘 접촉시키면 2상으로 분리된다. 이 중 불활성 물질이 많이 남아 있는 상을 무엇이라고 하는가?

① 추출상(Extract) ② 추잔상(Raffinate)
③ 추질(Solute) ④ 슬러지(Sludge)

정답 31 ② 32 ② 33 ② 34 ④ 35 ②

해설

- 추출상 : 추제가 풍부한 상
- 추잔상 : 원용매가 풍부한 상

36 증류에서 일정한 비휘발도의 값으로 2를 가지는 2성분 혼합물을 90mol%인 탑위제품과 10mol%인 탑밑제품으로 분리하고자 한다. 이때 필요한 최소 이론 단수는?

① 3　　② 4
③ 6　　④ 7

해설

$$N_{\min}+1=\log\left(\frac{x_D}{1-x_D}\cdot\frac{1-x_\omega}{x_\omega}\right)/\log\alpha$$
$$=\log\left(\frac{0.9}{0.1}\cdot\frac{0.9}{0.1}\right)/\log 2$$
$$=6.3$$
$$\therefore\ N_{\min}=5.3\fallingdotseq 6\text{단}$$

37 노즐흐름에서 충격파에 대한 설명으로 옳은 것은?

① 급격한 단면적 증가로 생긴다.
② 급격한 속도 감소로 생긴다.
③ 급격한 압력 감소로 생긴다.
④ 급격한 밀도 증가로 생긴다.

해설

노즐을 통해 유체를 분출시킬 때 압력에너지가 속도에너지로 바뀐다.(급격한 압력의 감소 → 급격한 속도의 증가)

38 흡수 충전탑에서 조작선(Operating Line)의 기울기를 $\frac{L}{V}$이라 할 때 틀린 것은?

① $\frac{L}{V}$의 값이 커지면 탑의 높이는 낮아진다.
② $\frac{L}{V}$의 값이 작아지면 탑의 높이는 높아진다.
③ $\frac{L}{V}$의 값은 흡수탑의 경제적인 운전과 관계가 있다.
④ $\frac{L}{V}$의 최솟값은 흡수탑 하부에서 기-액 간의 농도차가 가장 클 때의 값이다.

해설

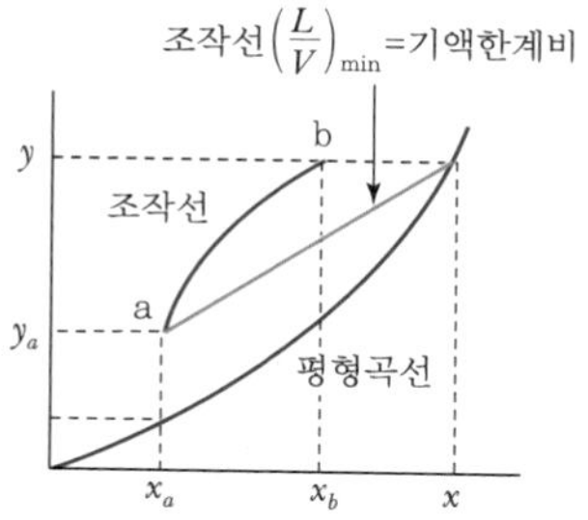

조작선은 평형곡선의 왼쪽 부분에 존재해야 한다. → 평형곡선과 조작선이 만나면 추진력이 0이 되어 실용적이지 못하다.

기액한계비

- 최대로 가능한 액체농도와 최소로 가능한 액체유속
- 물질 전달에 요하는 농도 차이가 탑 밑바닥에서 0이 되어 무한대로 기다란 충전층이 필요해진다.
- L/V는 맞흐름탑에서 흡수의 경제성에 미치는 영향이 크다.

39 롤 분쇄기에 상당직경 4cm인 원료를 도입하여 상당직경 1cm로 분쇄한다. 분쇄 원료와 롤 사이의 마찰계수가 $\frac{1}{\sqrt{3}}$일 때 롤 지름은 약 몇 cm인가?

① 6.6　　② 9.2
③ 15.3　　④ 18.4

해설

$$\mu=\tan\alpha=\frac{1}{\sqrt{3}}$$
$$\therefore\ \alpha=30°$$
$$\cos\alpha=\frac{R+d}{R+r}$$
$$\cos 30°=\frac{R+1/2}{R+4/2}=0.866$$
$$\therefore\ R=9.2\text{cm}$$
$$\therefore\ D=2\times 9.2=18.4\text{cm}$$

정답 36 ③ 37 ③ 38 ④ 39 ④

40 운동점도(Kinematic Viscosity)의 단위는?

① $N \cdot s/m^2$　　② m^2/s

③ cP　　④ $m^2/s \cdot N$

해설

$$\nu = \frac{\mu(\text{점도})}{\rho(\text{밀도})} = \frac{g/cm \cdot s}{g/cm^3} = cm^2/s$$

단위 : m^2/s, cm^2/s (stokes)

3과목 공정제어

41 전류식 비례 제어기가 20℃에서 100℃까지의 범위로 온도를 제어하는 데 사용된다. 제어기는 출력전류가 4mA에서 20mA까지 도달하도록 조정되어 있다면 제어기의 이득(mA/℃)은?

① 5　　② 0.2

③ 1　　④ 10

해설

$$K = \frac{(20-4)\text{mA}}{(100-20)℃} = 0.2\text{mA}/℃$$

42 PD 제어기에 다음과 같은 입력신호가 들어올 경우, 제어기 출력 형태는?(단, K_C는 1이고 τ_D는 1이다.)

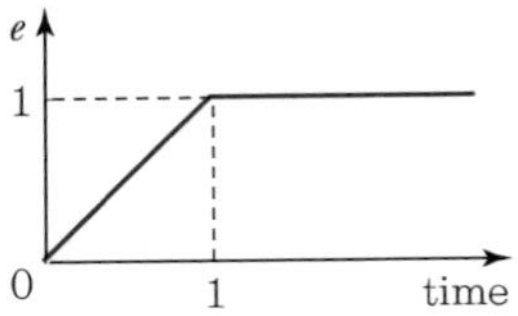

①
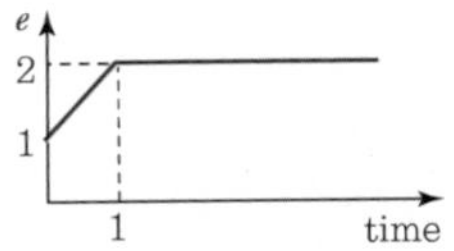

②
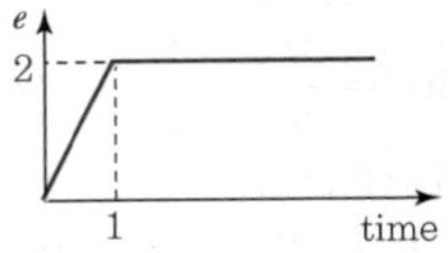

③
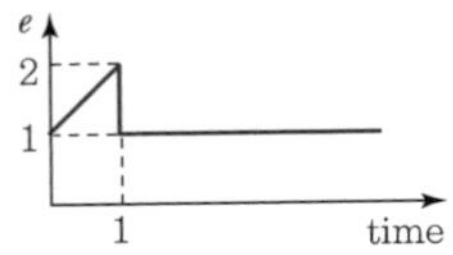

④
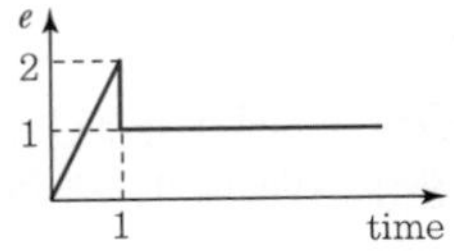

해설

$G(s) = K_c(1+\tau_D s) = 1+s$

$X(s) = \frac{1}{s^2}(1-e^{-s})$

$Y(s) = G(s)X(s)$

$= \frac{(1+s)}{s^2}(1-e^{-s})$

$= \frac{1}{s^2} + \frac{1}{s} - \frac{1}{s^2}e^{-s} - \frac{1}{s}e^{-s}$

$y(t) = tu(t) - (t-1)u(t-1) + u(t) - u(t-1)$

$= (t+1)u(t) - tu(t-1)$

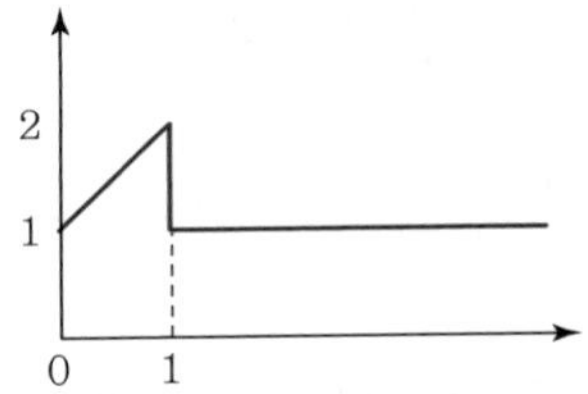

43 Anti Reset Windup에 관한 설명으로 가장 거리가 먼 것은?

① 제어기 출력이 공정 입력 한계에 걸렸을 때 작동한다.

② 적분 동작에 부과된다.

③ 큰 설정치 변화에 공정 출력이 크게 흔들리는 것을 방지한다.

④ Offset을 없애는 동작이다.

해설

Anti Reset Windup

Reset Windup은 적분제어 작용에서 나타나는 현상으로 오차 $e(t)$가 0보다 클 경우 $e(t)$의 적분값은 시간이 갈수록 점점 커지게 된다. 제어기출력 $n(t)$가 최대 허용치에 머물고 있음에도 불구하고 $e(t)$의 적분값은 계속 증가하는데 이 현상을 Windup이라고 하고, 이 현상을 방지하는 기능을 Anti Reset Windup이라 한다.

정답 40 ② 41 ② 42 ③ 43 ④

44 다음과 같은 2차계의 주파수 응답에서 감쇄계수 값에 관계없이 위상의 지연이 90°가 되는 경우는?(단, τ는 시정수이고, ω는 주파수이다.)

$$G(s)=\frac{K}{(\tau s)^2+2\xi\tau s+1}$$

① $\omega\tau=1$일 때
② $\omega=\tau$일 때
③ $\omega\tau=\sqrt{2}$ 일 때
④ $\omega=\tau^2$일 때

해설

$$\phi=-\tan^{-1}\left(\frac{2\tau\omega\xi}{1-\tau^2\omega^2}\right)$$

$\tau\omega=1$

45 $\dfrac{Y(s)}{X(s)}=\dfrac{10}{s^2+1.6s+4}$, $X(s)=\dfrac{4}{s}$인 계에서 $y(t)$의 최종값(Ultimate Value)은?

① 10
② 2.5
③ 2
④ 1

해설

$$Y(s)=\frac{10}{s^2+1.6s+4}\cdot\frac{4}{s}$$

$$\therefore \lim_{t\to\infty}y(t)=\lim_{s\to 0}sY(s)$$

$$=\lim_{s\to 0}\frac{40}{s^2+1.6s+4}$$

$$=10$$

46 다음 그림과 같은 액위제어계에서 제어밸브는 ATO(Air－To－Open)형이 사용된다고 가정할 때에 대한 설명으로 옳은 것은?(단, Direct는 공정출력이 상승할 때 제어출력이 상승함을, Reverse는 제어출력이 하강함을 의미한다.)

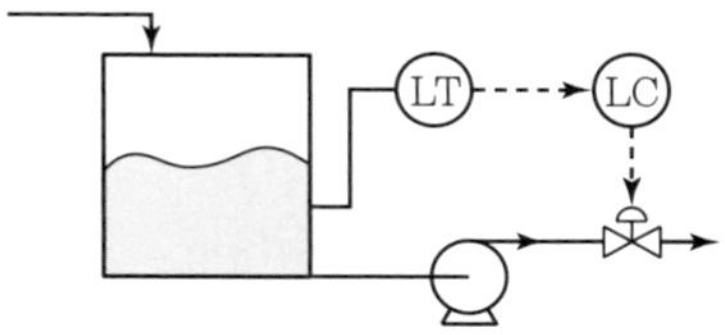

① 제어기 이득의 부호에 관계없이 제어기의 동작 방향은 Reverse이어야 한다.
② 제어기의 동작 방향은 Direct, 즉 제어기 이득이 음수이어야 한다.
③ 제어기의 동작 방향은 Direct, 즉 제어기 이득이 양수이어야 한다.
④ 제어기의 동작 방향은 Reverse, 즉 제어기 이득이 음수이어야 한다.

해설

- Reverse(역동작)
  $K_c>0$: 입력신호가 감소할 때 제어기 출력이 증가
- Direct(정동작)
  $K_c<0$: 입력신호가 증가할 때 제어기 출력이 증가

액위가 높아졌다면 제어출력을 크게 하여 밸브를 열어 유량을 증가시킨다. → Direct

47 다음과 같은 특성식(Characteristic Equation)을 갖는 계가 있다면 이 계는 Routh 시험법에 의하여 다음의 어느 경우에 해당하는가?

$$s^4+3s^3+5s^2+4s+2=0$$

① 안정(Stable)하다.
② 불안정(Unstable)하다.
③ 모든 근(Root)이 허수축의 우측반면에 존재한다.
④ 감쇠진동을 일으킨다.

정답 44 ① 45 ① 46 ② 47 ①

해설

행 \ 열	1	2	3
1	1	5	2
2	3	4	
3	$\frac{3\times5-1\times4}{3}$ $=3.67$	$\frac{3\times2-1\times0}{3}$ $=2$	
4	$\frac{3.67\times4-3\times2}{3.67}$ $=2.36$		

∴ Routh 배열의 첫 번째 열의 모든 원소들이 양이므로 안정하다.

48 동적계(Dynamic System)를 전달함수로 표현하는 경우를 옳게 설명한 것은?

① 선형계의 동특성을 전달함수로 표현할 수 없다.
② 비선형계를 선형화하고 전달함수로 표현하면 비선형 동특성을 근사할 수 있다.
③ 비선형계를 선형화하고 전달함수로 표현하면 비선형 동특성을 정확히 표현할 수 있다.
④ 비선형계의 동특성을 선형화하지 않아도 전달함수로 표현할 수 있다.

해설

비선형계를 편차변수, Taylor 급수전개를 통해 선형화하고 전달함수로 표현하면 비선형 동특성을 근사할 수 있다.

49 다음 그림과 같은 제어계의 전달함수 $\frac{Y(s)}{X(s)}$는?

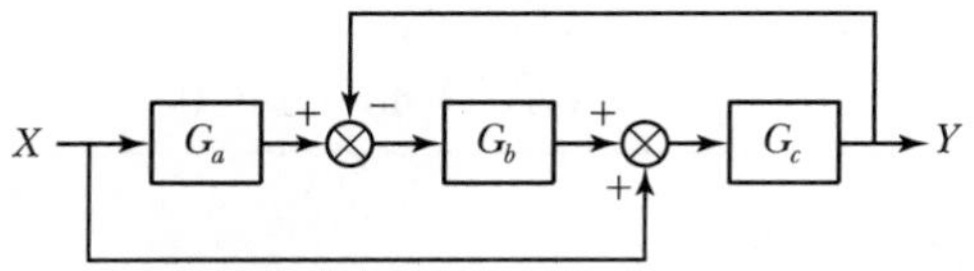

① $\frac{Y(s)}{X(s)}=\frac{G_c(1+G_aG_b)}{1+G_aG_bG_c}$

② $\frac{Y(s)}{X(s)}=\frac{G_aG_bG_c}{1+G_bG_c}$

③ $\frac{Y(s)}{X(s)}=\frac{G_aG_bG_c}{1+G_aG_bG_c}$

④ $\frac{Y(s)}{X(s)}=\frac{G_c(1+G_aG_b)}{1+G_bG_c}$

해설

$$G(s)=\frac{Y(s)}{X(s)}=\frac{G_aG_bG_c+G_c}{1+G_bG_c}=\frac{(G_aG_b+1)G_c}{1+G_bG_c}$$

50 온도 측정장치인 열전대를 반응기 탱크에 삽입한 접점의 온도를 T_m, 유체와 접점 사이의 총열전달 계수(Overall Heat Transfer Coefficient)를 U, 접점의 표면적을 A, 탱크의 온도를 T, 접점의 질량을 m, 접점의 비열을 C_m이라고 하였을 때 접점의 에너지수지식은? (단, 열전대의 시간상수$(\tau)=\frac{mC_m}{UA}$이다.)

① $\tau\frac{dT_m}{dt}=T-T_m$　② $\tau\frac{dT}{dt}=T-T_m$

③ $\tau\frac{dT_m}{dt}=T_m-T$　④ $\tau\frac{dT}{dt}=T_m-T$

해설

$\frac{dQ}{dt}=UA(T-T_m)$

$dQ=mC_mdT_m$

$\frac{mC_mdT_m}{dt}=UA(T-T_m)$

$\frac{mC_m}{UA}\frac{dT_m}{dt}=T-T_m$

$\tau\frac{dT_m}{dt}=T-T_m$

정답 48 ② 49 ④ 50 ①

51 다음 블록선도의 닫힌 루프 전달함수는?

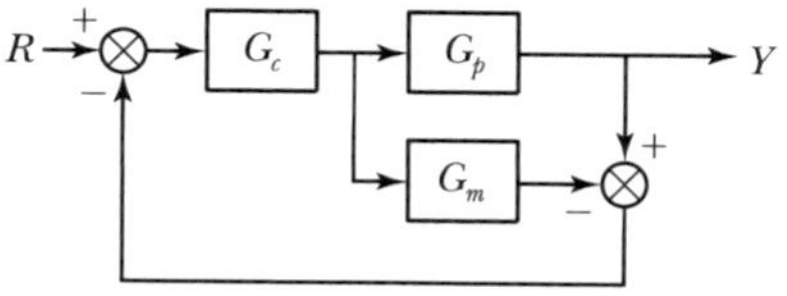

① $\dfrac{Y}{R}=\dfrac{G_cG_p}{1+G_cG_pG_m}$

② $\dfrac{Y}{R}=\dfrac{G_cG_p}{1+G_c(G_p-G_m)}$

③ $\dfrac{Y}{R}=\dfrac{1-G_cG_p}{1+G_c(G_p-G_m)}$

④ $\dfrac{Y}{R}=\dfrac{G_mG_cG_p}{1+G_c(G_p-G_m)}$

해설

$$\frac{Y}{R}=\frac{G_cG_p}{1+G_cG'}=\frac{G_cG_p}{1+G_c(G_p-G_m)}$$

52 1차계의 단위계단응답에서 시간 t가 2τ일 때 퍼센트 응답은 약 얼마인가?(단, τ는 1차계의 시간상수이다.)

① 50% ② 63.2%
③ 86.5% ④ 95%

해설

1차계 단위계단응답

t	$y(t)/KA$	t	$y(t)/KA$
0	0	4τ	0.982
τ	0.632	5τ	0.993
2τ	0.865	∞	1
3τ	0.950		

53 $Y=P_1X\pm P_2X$의 블록선도로 옳지 않은 것은?

①
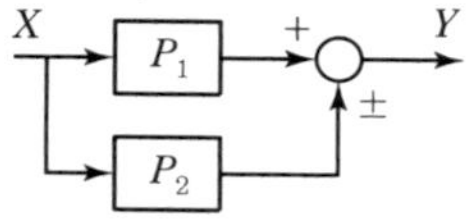

②
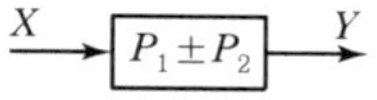

③
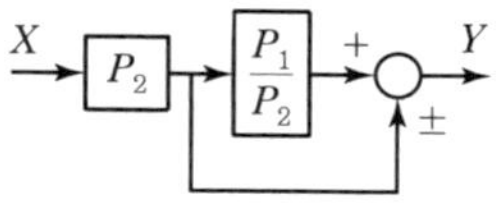

④
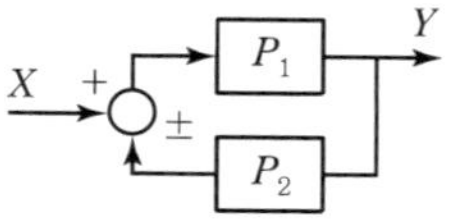

해설

① $Y=P_1X\pm P_2X$

② $Y=(P_1\pm P_2)X$

③ $Y=P_2\left(\dfrac{P_1}{P_2}\right)X\pm P_2X=P_1X\pm P_2X$

④ $Y=\dfrac{P_1X}{1\mp P_1P_2}$

54 어떤 2차계의 Damping Ratio(ζ)가 1.2일 때 Unit Step Response는?

① 무감쇠 진동응답 ② 진동응답
③ 무진동 감쇠응답 ④ 임계 감쇠응답

해설

2차계

- $\zeta<1$: 과소감쇠, ζ가 작을수록 진동의 폭이 크다.
- $\zeta=1$: 임계감쇠
- $\zeta>1$: 과도감쇠

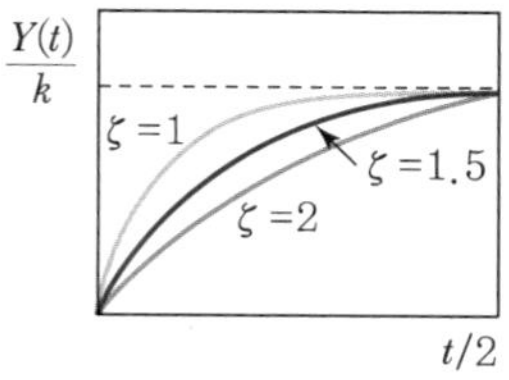

정답 51 ② 52 ③ 53 ④ 54 ③

55 아날로그 계장의 경우 센서 전송기의 출력신호, 제어기의 출력신호는 흔히 4~20mA의 전류로 전송된다. 이에 대한 설명으로 틀린 것은?

① 전류신호는 전압신호에 비하여 장거리 전송 시 전자기적 잡음에 덜 민감하다.
② 0%를 4mA로 설정한 이유는 신호선의 단락여부를 쉽게 판단하고, 0% 신호에서도 전자기적 잡음에 덜 민감하게 하기 위함이다.
③ 0~150℃ 범위를 측정하는 전송기의 이득은 $\frac{20}{150}$mA/℃이다.
④ 제어기 출력으로 ATC(Air−To−Close) 밸브를 동작시키는 경우 8mA에서 밸브열림도(Valve Position)는 0.75가 된다.

해설

$$K=\frac{(20-4)\text{mA}}{(150-0)℃}=\frac{16}{150}\text{mA/℃}$$

56 다음 함수를 Laplace 변환할 때 올바른 것은?

$$\frac{d^2X}{dt^2}+2\frac{dX}{dt}+2X=2,\ X(0)=X'(0)=0$$

① $\frac{2}{s(s^2+2s+3)}$ ② $\frac{2}{s(s^2+2s+2)}$
③ $\frac{3}{s(s^2+2s+1)}$ ④ $\frac{2}{s(s^2+s+2)}$

해설

$$s^2X(s)+2sX(s)+2X(s)=\frac{2}{s}$$

$$(s^2+2s+2)X(s)=\frac{2}{s}$$

$$X(s)=\frac{2}{s(s^2+2s+2)}$$

57 다음과 같은 블록선도에서 정치제어(Regulatory Control)일 때 옳은 상관식은?

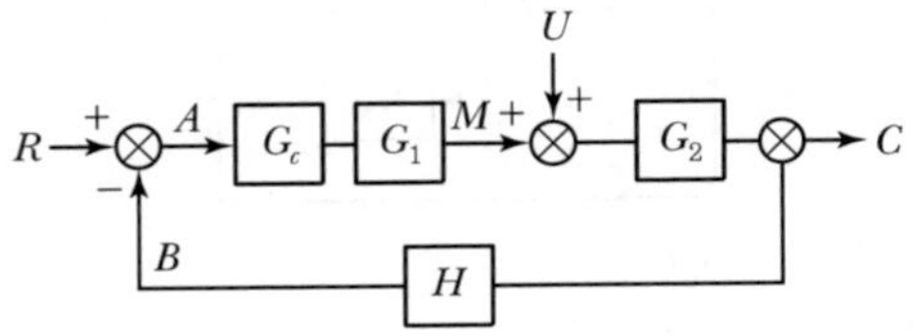

① $C=G_cG_1G_2A$ ② $M=(R+B)G_cG_1$
③ $C=G_cG_1G_2(-B)$ ④ $M=G_cG_1(-B)$

해설

조정기제어(Regulator Control : 정치제어)
설정값은 일정하게 유지($R=0$)되고, 외부교란변수의 변화만 일어난다.

- $\frac{C}{U}=\frac{G_2}{1+G_cG_1G_2H}$
- $C=G_2U+G_cG_1G_2R-G_cG_1G_2HC$
  $C=\frac{G_2U}{1+G_cG_1G_2H}\ (R=0)$
- $C=G_2U+G_cG_1G_2A$
  $=G_2U+G_cG_1G_2(R-B)=G_2U-G_cG_1G_2B$
- $M=AG_cG_1$
  $=(R-B)G_cG_1\ (R=0)$
  $=(-B)G_cG_1$

58 다음 중 캐스케이드제어를 적용하기에 가장 적합한 동특성을 가진 경우는?

① 부제어루프 공정 : $\frac{2}{10s+1}$
주제어루프 공정 : $\frac{6}{2s+1}$
② 부제어루프 공정 : $\frac{6}{10s+1}$
주제어루프 공정 : $\frac{2}{2s+1}$
③ 부제어루프 공정 : $\frac{2}{2s+1}$
주제어루프 공정 : $\frac{6}{10s+1}$

정답 55 ③ 56 ② 57 ④ 58 ③

④ 부제어루프 공정 : $\frac{2}{10s+1}$

주제어루프 공정 : $\frac{6}{10s+1}$

해설

부제어루프의 동특성이 주제어루프보다 빨라야 한다.

59 어떤 공정에 대하여 수동모드에서 제어기 출력을 10% 계단 증가시켰을 때 제어변수가 초기에 5%만큼 증가하다가 최종적으로는 원래 값보다 10%만큼 줄어들었다. 이에 대한 설명으로 옳은 것은?(단, 공정입력의 상승이 공정출력의 상승을 초래하면 정동작 공정이고, 공정출력의 상승이 제어출력의 상승을 초래하면 정동작 제어기이다.)

① 공정이 정동작 공정이므로 PID 제어기는 역동작으로 설정해야 한다.

② 공정이 역동작 공정이므로 PID 제어기는 정동작으로 설정해야 한다.

③ 공정 이득값은 제어변수 과도응답 변화 폭을 기준하여 1.5이다.

④ 공정 이득값은 과도응답 최대치를 기준하여 0.5이다.

해설

공정에 제어기출력을 증가시켰더니 최종적으로 공정출력이 감소하였으므로 역동작 공정이므로 제어기는 정동작으로 설정해야 한다.

60 $F(s)=\frac{4(s+2)}{s(s+1)(s+4)}$ 인 신호의 최종값(Final Value)은?

① 2 ② ∞

③ 0 ④ 1

해설

$$\lim_{t\to\infty} f(t) = \lim_{s\to 0} sF(s)$$

$$= \lim_{s\to 0}\frac{4(s+2)}{(s+1)(s+4)} = \frac{8}{4} = 2$$

4과목 공업화학

61 NaOH 제조에 사용하는 격막법과 수은법을 옳게 비교한 것은?

① 전류밀도는 수은법이 크고, 제품의 품질은 격막법이 좋다.

② 전류밀도는 격막법이 크고, 제품의 품질은 수은법이 좋다.

③ 전류밀도는 격막법이 크고, 제품의 품질은 격막법이 좋다.

④ 전류밀도는 수은법이 크고, 제품의 품질은 수은법이 좋다.

해설

격막법	수은법
• 전류밀도가 크다. • 제품의 순도가 낮다.	• 제품의 순도가 높다. • 이론분해전압이 크다. • 전력비가 많이 든다. • 수은으로 인한 공해의 원인이 된다.

62 무기화합물과 비교한 유기화합물의 일반적인 특성으로 옳은 것은?

① 가연성이 있고, 물에 쉽게 용해되지 않는다.

② 가연성이 없고, 물에 쉽게 용해되지 않는다.

③ 가연성이 없고, 물에 쉽게 용해된다.

④ 가연성이 있고, 물에 쉽게 용해된다.

해설

유기화합물

C, H(N, O)로 이루어진 화합물로 대부분 물에 녹지 않고 유기용매에 녹는 것이 많다.

63 카프로락탐에 관한 설명으로 옳은 것은?

① 나일론 6.6의 원료이다.

② Cyclohexanone oxime을 황산처리하면 생성된다.

③ Cyclohexanone과 암모니아의 반응으로 생성된다.

④ Cyclohexane 및 초산과 아민의 반응으로 생성된다.

정답 59 ② 60 ① 61 ④ 62 ① 63 ②

해설

카프로락탐

시클로헥사논 옥심을 진한 황산과 가열해서 베크만 전환반응에 의해 생성되며, 나일론 6의 원료로 사용된다.

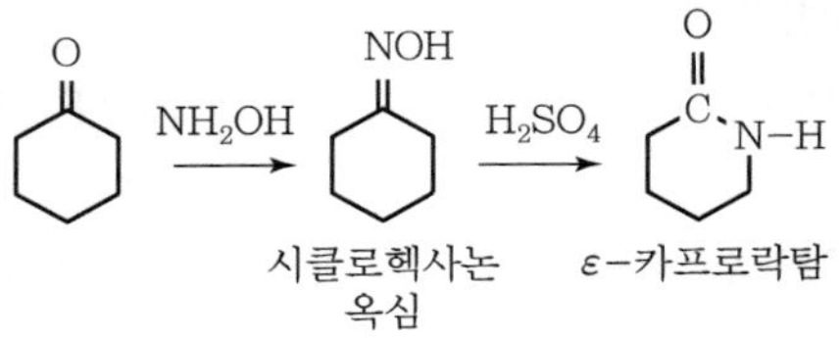

64 석유정제에 사용되는 용제가 갖추어야 하는 조건이 아닌 것은?

① 선택성이 높아야 한다.

② 추출할 성분에 대한 용해도가 높아야 한다.

③ 용제의 비점과 추출성분의 비점의 차이가 적어야 한다.

④ 독성이나 장치에 대한 부식성이 적어야 한다.

해설

용제의 조건

- 원료유와 추출용제 사이의 비중차가 커야 한다.
- 증류로써 회수가 용이해야 한다.
- 추출성분에 대한 용해도가 커야 한다.
- 열적, 화학적으로 안정해야 한다.
- 선택성이 커야 한다.

65 암모니아 산화법에 의하여 질산을 제조하면 상압에서 순도가 약 65% 내외가 되어 공업적으로 사용하기 힘들다. 이럴 경우 순도를 높이기 위한 일반적인 방법으로 옳은 것은?

① H_2SO_4의 흡수제를 첨가하여 3성분계를 만들어 농축한다.

② 온도를 높여 끓여서 물을 날려 보낸다.

③ 촉매를 첨가하여 부가반응을 일으킨다.

④ 계면활성제를 사용하여 물을 제거한다.

해설

진한 질산의 제조

- Pauling식 : 묽은 질산에 진한 황산(98%)을 가하여 증류하는 방법
- Maggie식 : $Mg(NO_3)_2$을 섞어 탈수 농축하는 방법

66 질소비료 중 이론적으로 질소함유량이 가장 높은 비료는?

① 황산암모늄(황안)　② 염화암모늄(염안)

③ 질산암모늄(질안)　④ 요소

해설

① 황산암모늄 $(NH_4)_2SO_4 = \dfrac{2N}{(NH_4)_2SO_4} = \dfrac{2\times14}{132} = 0.21$

② 염화암모늄 $NH_4Cl = \dfrac{N}{NH_4Cl} = \dfrac{14}{53.5} = 0.26$

③ 질산암모늄 $NH_4NO_3 = \dfrac{2N}{NH_4NO_3} = \dfrac{2\times14}{80} = 0.35$

④ 요소 $CO(NH_2)_2 = \dfrac{2N}{CO(NH_2)_2} = \dfrac{2\times14}{60} = 0.47$

67 일반적으로 고분자의 합성은 단계 성장 중합(축합중합)과 사슬 성장 중합(부가중합) 반응으로 분리될 수 있다. 이에 대한 설명으로 옳지 않은 것은?

① 단계 성장 중합은 작용기를 가진 분자들 사이의 반응으로 일어난다.

② 단계 성장 중합은 중간에 반응이 중지될 수 없고, 중간체도 사슬 성장 중합과 마찬가지로 분리될 수 없다.

③ 사슬 성장 중합은 중합 중에 일시적이지만 분리될 수 없는 중간체를 가진다.

④ 사슬 성장 중합은 탄소−탄소 이중 결합을 포함한 단량체를 기본으로 하여 중합이 이루어진다.

해설

- 단계 성장 중합
  두 개 이상의 작용기를 포함하는 단량체들이 서로 반응하여 이량체, 삼량체, 다량체로 성장한다.
- 사슬 성장 중합
  고분자 사슬에 단량체가 첨가하는 방법으로 반응성이 커서 (자유라디칼, 음이온, 양이온) 빨리 진행된다.

정답 64 ③　65 ①　66 ④　67 ②

68 가성소다 전해법 중 수은법에 대한 설명으로 틀린 것은?

① 양극은 흑연, 음극은 수은을 사용한다.
② Na는 수은에 녹아 엷은 아말감을 형성한다.
③ 아말감을 물과 반응시켜 NaOH와 H_2를 생성한다.
④ 아말감 중 Na 함량이 높으면 분해 속도가 느려지므로 전해질 내에서 H_2가 제거된다.

해설

수은법
- 음극 : 수은 사용
  양극 : 흑연 전극
- 음극에서 석출된 나트륨이 수은에 녹아 나트륨아말감(Na-Hg)을 만드는데, 나트륨의 농도가 너무 진하면 유동성이 낮아지므로 나트륨의 농도를 0.2% 정도로 조정한다.
- 아말감 중 Na 함유량이 많으면 전해질 내에서 수소가스가 발생한다.

69 분자량이 5,000, 10,000, 15,000, 20,000, 25,000 g/mol로 이루어진 다섯 개의 고분자가 각각 50, 100, 150, 200, 250kg이 있다. 이 고분자의 다분산도(Polydispersity)는?

① 0.8　　② 1.0
③ 1.2　　④ 1.4

해설

- $\overline{M_n}$(수평균분자량) $= \dfrac{w}{\Sigma N_i}$

$$= \frac{50+100+150+200+250}{\frac{50}{5{,}000}+\frac{100}{10{,}000}+\frac{150}{15{,}000}+\frac{200}{20{,}000}+\frac{250}{25{,}000}}$$

$= 15{,}000$kg/kmol

- $\overline{M_\omega}$(중량평균분자량) $= \dfrac{\Sigma M_i^2 N_i}{\Sigma M_i N_i}$

$$= \frac{5{,}000\times50+10{,}000\times100+15{,}000\times150+20{,}000\times200+25{,}000\times250}{50+100+150+200+250}$$

$= 18{,}333$

$\therefore$ 다분산도$= \dfrac{\overline{M_w}}{\overline{M_n}} = \dfrac{18{,}333}{15{,}000} = 1.2$

70 프로필렌($CH_2=CH-CH_2$)에서 쿠멘

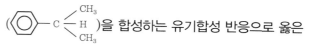

(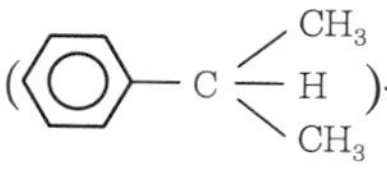)을 합성하는 유기합성 반응으로 옳은 것은?

① 산화반응　　② 알킬화반응
③ 수화공정　　④ 중합공정

해설

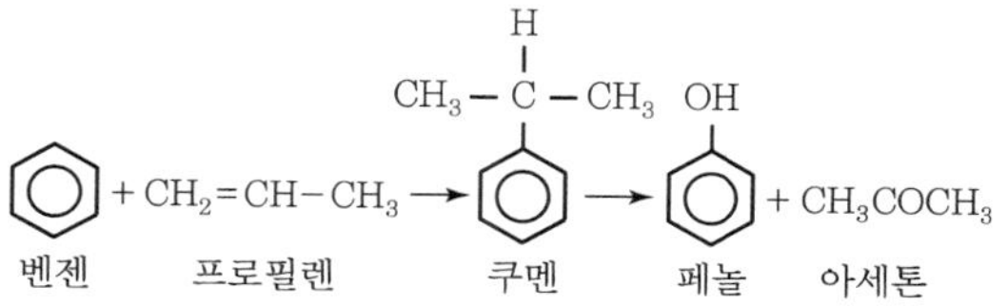

※ Fridel-Craft 알킬화반응
촉매 : $AlCl_3$, BF_3, H_3PO_4

71 감압증류 공정을 거치지 않고 생산된 석유화학제품으로 옳은 것은?

① 윤활유　　② 아스팔트
③ 나프타　　④ 벙커C유

해설

감압증류
윤활유, 아스팔트, 잔유 등 비점이 높은 유분을 얻을 때 사용한다.

72 부식전류가 커지는 원인이 아닌 것은?

① 용존산소 농도가 낮을 때
② 온도가 높을 때
③ 금속이 전도성이 큰 전해액과 접촉하고 있을 때
④ 금속 표면의 내부 응력의 차가 클 때

해설

부식전류를 크게 하는 요소
- 서로 다른 금속들이 접하고 있을 때
- 금속이 전도성이 큰 전해액과 접하고 있을 때
- 금속 표면의 내부 응력차가 클 때

정답 68 ④ 69 ③ 70 ② 71 ③ 72 ①

73 황산 제조 방법 중 연실법에서 장치의 능률을 높이고 경제적으로 조업하기 위하여 개량된 방법 또는 설비는?

① 소량응축법
② Pertersen Tower법
③ Reynold법
④ Monsanto법

해설

연실식 제조방법 : 질산식 황산 제법
- 연실 바닥으로 SO_2, N_2, NO_2, O_2 등을 주입하고 상부에서 물을 분무하는 방식
- 연실은 크기에 비하여 능률이 낮고, 기계적 성질이 나쁘다.
- 연실 대신에 탑을 이용하는 Peterson식과 반탑식을 거쳐 탑식으로 개량한 제법이 있다.
- 장치양식에 따라 연실식, 반탑식, 탑식이 있다.

74 에폭시 수지에 대한 설명으로 틀린 것은?

① 접착제, 도료 또는 주형용 수지로 만들어지며 금속 표면에 잘 접착한다.
② 일반적으로 비스페놀A와 에피클로로히드린의 반응으로 제조한다.
③ 열에는 안정하지만 강도가 좋지 않은 단점이 있다.
④ 에폭시 수지 중 Hydroxy기도 Epoxy기와 반응하여 가교 결합을 형성할 수 있다.

해설

에폭시 수지
- 제법 : 비스페놀A + 에피클로로히드린을 결합시켜 제조
- 경화제를 가하면, 기계적 강도나 내약품성이 우수한 것을 만든다.
- 가교화된 에폭시 수지는 견고하고 내화학성이 뛰어나며, 안정된 구조의 우수한 전기적 물성을 갖고 있다.
- 표면 보호 코팅으로 사용되며, 접착제, 주물재료 등에도 사용된다.

75 화학비료를 토양시비 시 토양이 산성화가 되는 주된 원인으로 옳은 것은?

① 암모늄 이온(종)
② 토양콜로이드
③ 황산 이온(종)
④ 질산화미생물

해설

황산암모늄[황안, $(NH_4)_2SO_4$]
- 21%의 질소분을 함유한 질소비료이다.
- 토양을 산성화시키는 단점이 있다.

76 인 31g을 완전 연소시키기 위한 산소의 부피는 표준상태에서 몇 L인가?(단, P의 원자량은 31이다.)

① 11.2
② 22.4
③ 28
④ 31

해설

$4P + 5O_2 \rightarrow 2P_2O_5$

$4 \times 31g : 5 \times 22.4L(STP)$

$31 : x$

$\therefore x = 28L$

77 일반적으로 니트로화 반응을 이용하여 벤젠을 니트로벤젠으로 합성할 때 많이 사용하는 것은?

① $AlCl_3 + HCl$
② $H_2SO_4 + HNO_3$
③ $(CH_3CO)_2O_2 + HNO_3$
④ $HCl + HNO_3$

해설

니트로화
- NO_2 도입
- 니트로화제 : $HNO_3 + H_2SO_4$의 혼합산계
  (질산) (황산)

정답 73 ② 74 ③ 75 ③ 76 ③ 77 ②

78 인광석을 산분해하여 인산을 제조하는 방식 중 습식법에 해당하지 않는 것은?

① 황산분해법
② 염산분해법
③ 질산분해법
④ 아세트산분해법

해설

인산의 제법
- 건식법
  - 용광로법
  - 전기로법
- 습식법
  - 황산분해법
  - 질산분해법
  - 염산분해법

79 다음 중 Ⅲ－Ⅴ 화합물 반도체로만 나열된 것은?

① SiC, SiGe　　② AlAs, AlSb
③ CdS, CdSe　　④ PbS, PbTe

해설

㉠ 원자가전자 3개(13족 원소)
- B(붕소), Al(알루미늄), Ga(갈륨), In(인듐)
- 전자가 비어 있는 상태

㉡ 원자가전자 5개(15족 원소)
- P(인), As(비소), Sb(안티몬)
- 전자 1개가 남아 잉여전자가 생긴다.

80 일반적인 공정에서 에틸렌으로부터 얻는 제품이 아닌 것은?

① 에틸벤젠　　② 아세트알데히드
③ 에탄올　　④ 염화알릴

해설

에틸렌 $CH_2=CH_2$
- (중합) — 폴리에틸렌
- (산화)
  - 아세트알데히드
  - 산화에틸렌 → 에틸렌글리콜
- (HOCl) — 에틸렌 클로로히드린
- (C_6H_6) — 에틸벤젠 → 스틸렌
- (H_2O) — 에탄올
- (Cl_2) — 염화에틸렌 → 염화비닐, 염화비닐리덴

5과목 반응공학

81 다음과 같은 평행반응이 진행되고 있을 때 원하는 생성물이 S라면 반응물의 농도는 어떻게 조절해 주어야 하는가?

$$A + B \xrightarrow{k_1} R \qquad \frac{dC_R}{dt} = k_1 C_A{}^{0.5} C_B{}^{1.8}$$
$$A + B \xrightarrow{k_2} S \qquad \frac{dC_S}{dt} = k_2 C_A C_B{}^{0.3}$$

① C_A를 높게, C_B를 낮게
② C_A를 낮게, C_B를 높게
③ C_A와 C_B를 높게
④ C_A와 C_B를 낮게

해설

$$\text{선택도} = \frac{dC_S/dt}{dC_R/dt} = \frac{k_2 C_A C_B^{0.3}}{k_1 C_A^{0.5} C_B^{1.8}} = \frac{k_2}{k_1} C_A^{0.5} C_B^{-1.5}$$

C_A는 높게, C_B는 낮게 해준다.

82 어느 조건에서 Space Time이 3초이고, 같은 조건하에서 원료의 공급률이 초당 300L일 때 반응기의 체적은 몇 L인가?

① 100　　② 300
③ 600　　④ 900

해설

$\tau = 3s$

$\upsilon_o = 300\text{L/s}$

$$\tau = \frac{V}{\upsilon_o} \rightarrow V = \tau\upsilon_o = 3s \times 300\text{L/s} = 900\text{L}$$

정답 78 ④　79 ②　80 ④　81 ①　82 ④

83 평균 체류시간이 같은 관형 반응기와 혼합흐름반응기에서 $A \rightarrow R$로 표시되는 화학반응이 일어날 때 전환율이 서로 같다면 이 반응의 차수는?

① 0차　② $\frac{1}{2}$차
③ 1차　④ 2차

해설

- 관형 반응기(0차)
  $k\tau = C_{Ao} - C_A = C_{Ao}X_A$
- 혼합흐름반응기(0차)
  $k\tau = C_{Ao} - C_{A.} = C_{Ao}X_A$

84 회분계에서 반응물 A의 전화율 X_A를 옳게 나타낸 것은?(단, N_A는 A의 몰수, N_{A0}는 초기 A의 몰수이다.)

① $X_A = \frac{N_{A0} - N_A}{N_A}$　② $X_A = \frac{N_A - N_{A0}}{N_A}$
③ $X_A = \frac{N_A - N_{A0}}{N_{A0}}$　④ $X_A = \frac{N_{A0} - N_A}{N_{A0}}$

해설

$$X_A = \frac{\text{반응한 A의 mol수}}{\text{초기에 공급한 A의 mol수}} = \frac{N_{A0} - N_A}{N_{A0}}$$

85 촉매작용의 일반적인 특성에 대한 설명으로 옳지 않은 것은?

① 활성화 에너지가 촉매를 사용하지 않을 경우에 비해 낮아진다.
② 촉매작용에 의하여 평형 조성을 변화시킬 수 있다.
③ 촉매는 여러 반응에 대한 선택성이 높다.
④ 비교적 적은 양의 촉매로도 다량의 생성물을 생성시킬 수 있다.

해설

촉매(Catalyst)
- 활성화 에너지를 조절하여 반응속도를 조절한다.
- 촉매는 단지 반응속도만을 변화시키며 평형에는 영향을 미치지 않는다.

86 $A + B \rightarrow R$인 비가역 기상 반응에 대해 다음과 같은 실험 데이터를 얻었다. 반응속도식으로 옳은 것은?(단, $t_{1/2}$은 B의 반감기이고 P_A 및 P_B는 각각 A 및 B의 초기 압력이다.)

실험번호	1	2	3	4
P_A mmHg	500	125	250	250
P_B mmHg	10	15	10	20
$t_{1/2}$ min	80	213	160	80

① $r = -\frac{dP_B}{dt} = k_P P_A P_B$

② $r = -\frac{dP_B}{dt} = k_P {P_A}^2 P_B$

③ $r = -\frac{dP_B}{dt} = k_P P_A {P_B}^2$

④ $r = -\frac{dP_B}{dt} = k_P {P_A}^2 {P_B}^2$

해설

$$-r_A = -r_B = r = \frac{-dP_B}{dt} = K_P P_A^{\alpha} P_B^{\beta}$$

실험번호 3, 4($P_A = 250$mmHg로 일정)

$$\frac{-dP_B}{dt} = K_B P_B^{\beta}$$

$$\int_{P_{Bo}}^{P_B} \frac{-dP_B}{P_B^{\beta}} = \int_0^t K_B dt$$

$$\frac{1}{\beta - 1} P_B^{1-\beta} \Big|_{P_{Bo}}^{P_B} = K_B t_{1/2} \qquad \left(P_B = \frac{1}{2} P_{Bo}\right)$$

$$\frac{1}{\beta - 1}\left[\left(\frac{P_{Bo}}{2}\right)^{1-\beta} - P_{Bo}^{1-\beta}\right] = K_B \times t_{1/2}$$

- No.3 : $\frac{1}{\beta - 1}\left[\left(\frac{10}{2}\right)^{1-\beta} - 10^{1-\beta}\right] = K_B \times 160$ ………… ㉠
- No.4 : $\frac{1}{\beta - 1}\left[\left(\frac{20}{2}\right)^{1-\beta} - 20^{1-\beta}\right] = K_B \times 80$ ………… ㉡

㉠÷㉡에 의해

$$\frac{10^{1-\beta}}{20^{1-\beta}} = \left(\frac{1}{2}\right)^{1-\beta} = 2$$

$\therefore \beta = 2$

정답 83 ① 84 ④ 85 ② 86 ③

실험번호 1, 3($P_B = 10$mmHg로 일정)

$$\frac{-dP_B}{dt} = K_P P_A^{\alpha} P_B^{\beta} = K_A P_A^{\alpha}$$

$$-dP_B = K_A P_A^{\alpha} dt$$

$$-\int_{P_{Bo}}^{P_B} dP_B = K_A P_A^{\alpha} \int_0^t dt$$

$$P_{Bo} - P_B = K_A P_A^{\alpha} t_{1/2} \qquad \left(P_B = \frac{1}{2} P_{Bo}\right)$$

- No.1 : $10 - \frac{10}{2} = K_A \times 500^{\alpha} \times 80$ ……………………… ㉢
- No.3 : $10 - \frac{10}{2} = K_A \times 250^{\alpha} \times 160$ ……………………… ㉣

㉢÷㉣에 의해

$$1 = \left(\frac{500}{250}\right)^{\alpha}\left(\frac{80}{160}\right)$$

$\therefore \alpha = 1$

$$\therefore -r_A = -r_B = r = \frac{-dP_B}{dt} = K_P P_A P_B^2$$

87 크기가 같은 Plug Flow 반응기(PFR)와 Mixed Flow 반응기(MFR)를 서로 연결하여 다음의 2차 반응을 실행하고자 한다. 반응물 A의 전환율이 가장 큰 경우는?

$A \rightarrow B,\ r_A = kC_A{}^2$

①
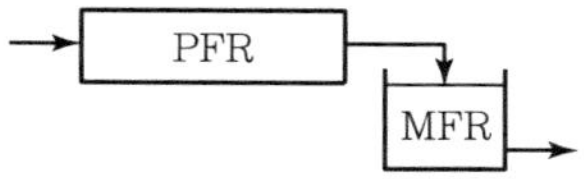

②
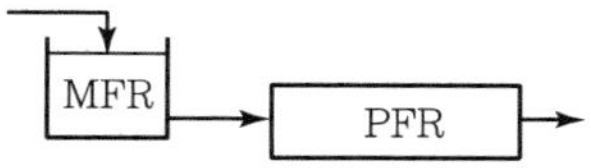

③
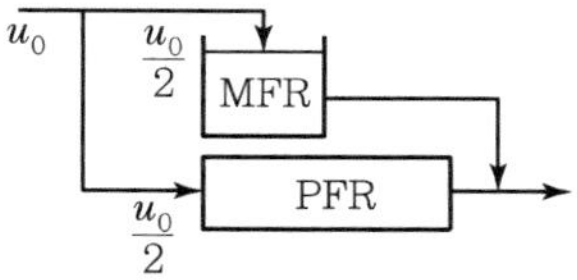

④ 전환율은 반응기의 연결 방법, 순서와 상관없이 동일하다.

해설

- $n > 1$: PFR → 작은 CSTR → 큰 CSTR 순서로 배열
- $n < 1$: 큰 CSTR → 작은 CSTR → PFR 순서로 배열

88 불균질(Heterogeneous) 반응 속도에 대한 설명으로 가장 거리가 먼 것은?

① 불균질 반응에서 일반적으로 반응 속도식은 화학 반응항에 물질 이동항이 포함된다.
② 어떤 단계가 비선형성을 띠면 이를 회피하지 말고 총괄 속도식에 적용하여 문제를 해결해야 한다.
③ 여러 과정의 속도를 나타내는 단위가 서로 같으면 총괄 속도식을 유도하기 편리하다.
④ 총괄 속도식에는 중간체의 농도항이 제거되어야 한다.

해설

불균질(Heterogeneous)
- 두 상 이상에서 반응이 진행되는 경우이다.
- 일반적으로 상의 계면에서 진행하므로 반응속도는 계면의 크기에 관계한다.

89 균일계 가역 1차 반응 $A \underset{k_2}{\overset{k_1}{\rightleftarrows}} R$이 회분식 반응기에서 순수한 A로부터 반응이 시작하여 평형에 도달했을 때 A의 전환율이 85%이었다면 이 반응의 평형상수 K_c는?

① 0.18　　② 0.85
③ 5.67　　④ 12.3

해설

$$K_c = \frac{k_1}{k_2} = \frac{C_{Re}}{C_{Ae}} = \frac{C_{Ro} + C_{Ao}X_{Ae}}{C_{Ao}(1 - X_{Ae})}$$

$$= \frac{X_{Ae}}{1 - X_{Ae}}$$

$$= \frac{0.85}{1 - 0.85} = 5.67$$

정답 87 ① 88 ② 89 ③

90 $A+B \rightarrow R$, $r_R = 1.0 C_A^{\ 1.5} C_B^{\ 0.3}$과 $A+B \rightarrow S$, $r_S = 1.0 C_A^{\ 0.5} C_B^{\ 1.3}$에서 R이 요구하는 물질일 때 A의 전화율이 90%이면 혼합흐름반응기에서 R의 총괄수율(Overall Fractional Yield)은 얼마인가?(단, A와 B의 농도는 각각 20mol/L이며 같은 속도로 들어간다.)

① 0.225 ② 0.45
③ 0.675 ④ 0.9

해설

$$\phi\left(\frac{R}{A}\right) = \frac{C_A^{1.5} C_B^{0.3}}{C_A^{1.5} C_B^{0.3} + C_A^{0.5} C_B^{1.3}} = \frac{C_A}{C_A + C_B}$$

$C_A = C_B$이므로 $\phi\left(\frac{R}{A}\right) = 0.5$

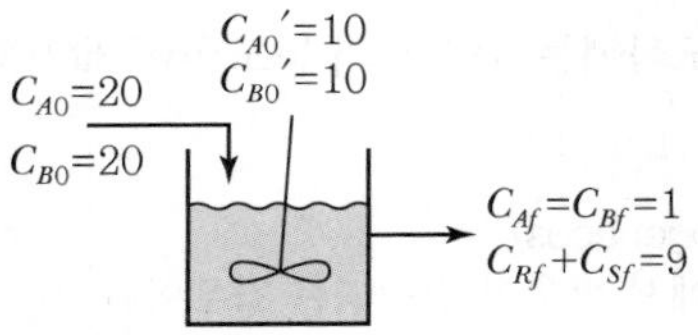

$\therefore\ C_{Rf} = 9(0.5) = 4.5\text{mol/L}$

$$\phi = \frac{R}{A} = \frac{4.5\text{mol/L}}{10\text{mol/L}} \times 100 = 45\%(0.45)$$

91 다음 반응이 회분식 반응기에서 일어날 때 반응시간이 t이고 처음에 순수한 A로 시작하는 경우, 가역 1차 반응을 옳게 나타낸 식은?(단, A와 B의 농도는 C_A, C_B이고, C_{Aeq}는 평형상태에서 A의 농도이다.)

$$A \underset{k_2}{\overset{k_1}{\rightleftarrows}} B$$

① $\dfrac{(C_A - C_{Aeq})}{(C_{A0} - C_{Aeq})} = e^{-(k_1+k_2)t}$

② $\dfrac{(C_A - C_{Aeq})}{(C_{A0} - C_{Aeq})} = e^{(k_1-k_2)t}$

③ $\dfrac{(C_{A0} - C_{Aeq})}{(C_A - C_{Aeq})} = e^{-(k_1+k_2)t}$

④ $\dfrac{(C_{A0} - C_{Aeq})}{(C_A - C_{Aeq})} = e^{(k_1-k_2)t}$

해설

$A \underset{k_2}{\overset{k_1}{\rightleftarrows}} B \quad C_{B0} = 0$

$$-\frac{dC_A}{dt} = C_{A0}\frac{dX_A}{dt} = k_1 C_A - k_2 C_B$$

$$= k_1\left(C_A - \frac{C_B}{k_1/k_2}\right)$$

$$= k_1\left(C_A - \frac{C_R}{K_e}\right) = 0$$

$$C_{A0}\frac{dX_A}{dt} = k_1\left(C_A - \frac{C_R}{K_e}\right)$$

대입 $C_A = C_{A0}(1-X_A)$

$C_R = C_{A0}X_A$

$$K_e = \frac{X_{Ae}}{1-X_{Ae}}$$

$$\frac{dX_A}{dt} = k_1\left(1 - \frac{X_A}{X_{Ae}}\right) = \frac{k_1}{X_{Ae}}(X_{Ae} - X_A)$$

$$\int_0^{X_A} \frac{dX_A}{X_{Ae} - X_A} = \int_0^t \frac{k_1}{X_{Ae}} dt$$

$$-\ln\left(1 - \frac{X_A}{X_{Ae}}\right) = -\ln\frac{C_A - C_{Ae}}{C_{A0} - C_{Ae}} = \frac{k_1}{X_{Ae}} t$$

$$K_c = \frac{k_1}{k_2} = \frac{X_{Ae}}{1-X_{Ae}} \rightarrow X_{Ae} = \frac{k_1}{k_1+k_2}$$

$$\frac{C_A - C_{A0}}{C_{A0} - C_{Ae}} = e^{-\frac{k_1 t}{X_{Ae}}} = e^{-(k_1+k_2)t}$$

92 1차 반응인 $A \rightarrow R$, 2차 반응(Desired)인 $A \rightarrow S$, 3차 반응인 $A \rightarrow T$에서 S가 요구하는 물질일 경우에 다음 중 옳은 것은?

① 플러그흐름반응기를 쓰고 전화율을 낮게 한다.
② 혼합흐름반응기를 쓰고 전화율을 낮게 한다.
③ 중간수준의 A 농도에서 혼합흐름반응기를 쓴다.
④ 혼합흐름반응기를 쓰고 전화율을 높게 한다.

정답 90 ② 91 ① 92 ③

해설

$$\phi=\frac{k_2C_A{}^2}{k_1C_A+k_2C_A^2+k_3C_A{}^3}=\frac{k_2C_A}{k_1+k_2C_A+k_3C_A^2}$$

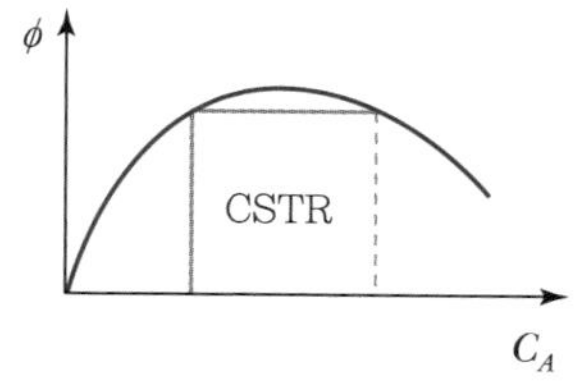

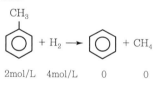

93 $C_6H_5CH_3+H_2 \rightarrow C_6H_6+CH_4$의 톨루엔과 수소의 반응은 매우 빠른 반응이며 생성물은 평형 상태로 존재한다. 톨루엔의 초기 농도가 2mol/L, 수소의 초기 농도가 4mol/L이고 반응을 900K에서 진행시켰을 때 반응 후 수소의 농도는 약 몇 mol/L인가?(단, 900K에서 평형상수 K_P=227이다.)

① 1.89 ② 1.95
③ 2.01 ④ 4.04

해설

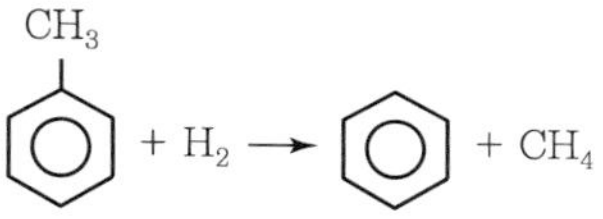

2mol/L	4mol/L	0	0
$-x$	$-x$	$+x$	$+x$
$(2-x)$	$(4-x)$	x	x

$$K=\frac{x^2}{(2-x)(4-x)}=227$$

$$226x^2-1{,}362x+1{,}816=0$$

$$x=\frac{1{,}362\pm\sqrt{1{,}362^2-4\times226\times1{,}816}}{2\times226}$$

$$\therefore\ x=2$$

94 그림에 해당되는 반응 형태는?

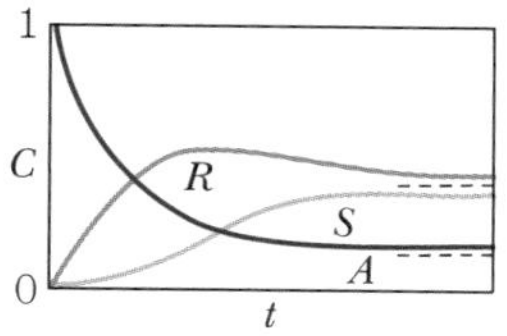

① 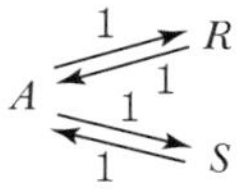

② 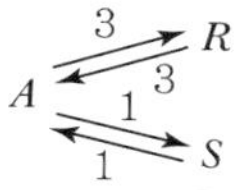

③ $A \underset{1}{\overset{1}{\rightleftarrows}} R \underset{1}{\overset{1}{\rightleftarrows}} S$

④ $A \underset{1}{\overset{3}{\rightleftarrows}} R \underset{1}{\overset{1}{\rightleftarrows}} S$

해설

① 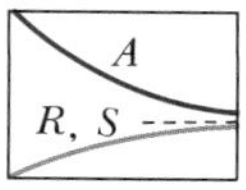

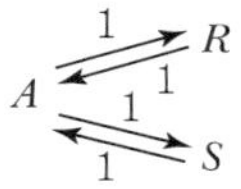

② 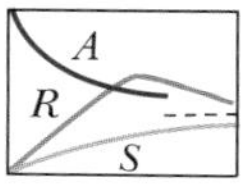

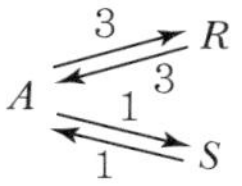

③ 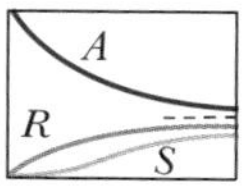

$A \underset{1}{\overset{1}{\rightleftarrows}} R \underset{1}{\overset{1}{\rightleftarrows}} S$

④ 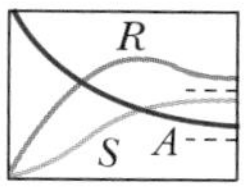

$A \underset{1}{\overset{3}{\rightleftarrows}} R \underset{1}{\overset{1}{\rightleftarrows}} S$

95 온도가 27℃에서 37℃로 될 때 반응속도가 2배로 빨라진다면 활성화 에너지는 약 몇 cal/mol인가?

① 1,281 ② 1,376
③ 12,810 ④ 13,760

해설

$$\ln\frac{k_2}{k_1}=\frac{E}{R}\left(\frac{1}{T_1}-\frac{1}{T_2}\right)$$

$$\ln 2=\frac{E}{1.987}\left(\frac{1}{300}-\frac{1}{310}\right)$$

$$\therefore\ E=12{,}809\text{cal/mol} \fallingdotseq 12{,}810\text{cal/mol}$$

정답 93 ③ 94 ④ 95 ③

96 반응물 A는 1차 반응 $A \rightarrow R$에 의해 분해된다. 서로 다른 2개의 플러그흐름반응기에 다음과 같이 반응물의 주입량을 달리하여 분해 실험을 하였다. 두 반응기로부터 동일한 전화율 80%를 얻었을 경우 두 반응기의 부피비 $\frac{V_2}{V_1}$은 얼마인가?(단, F_{A0}는 공급물 속도이고 C_{A0}는 초기 농도이다.)

반응기 1 : $F_{A0}=1$, $C_{A0}=1$
반응기 2 : $F_{A0}=2$, $C_{A0}=1$

① 0.5　② 1
③ 1.5　④ 2

해설

$$\tau = \frac{C_{A0}V}{F_{A0}}$$

$$\frac{V_2}{V_1} = \frac{(F_{A0}\tau/C_{A0})_2}{(F_{A0}\tau/C_{A0})_1} = \frac{(2\tau/1)}{(1\tau/1)} = 2$$

97 플러그흐름반응기를 다음과 같이 연결할 때 D와 E에서 같은 전화율을 얻기 위해서는 D쪽으로의 공급속도 분율 $\frac{D}{T}$값은 어떻게 되어야 하는가?

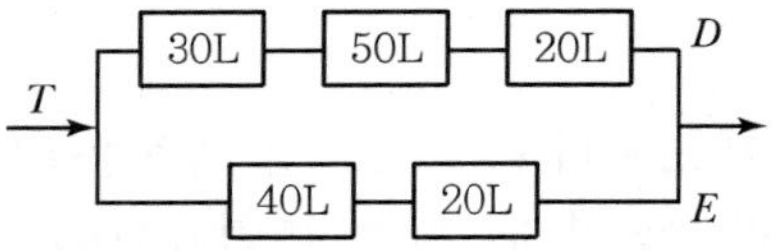

① $\frac{2}{8}$　② $\frac{1}{3}$
③ $\frac{5}{8}$　④ $\frac{2}{3}$

해설

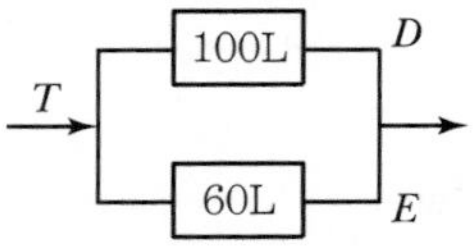

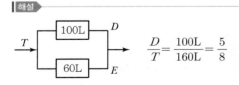

$$\frac{D}{T} = \frac{100\text{L}}{160\text{L}} = \frac{5}{8}$$

98 Thiele 계수에 대한 설명으로 틀린 것은?

① Thiele 계수는 가속도와 속도의 비를 나타내는 차원수이다.
② Thiele 계수가 클수록 입자 내 농도는 저하된다.
③ 촉매입자 내 유효농도는 Thiele 계수의 값에 의존한다.
④ Thiele 계수는 촉매표면과 내부의 효율적 이용의 척도이다.

해설

Thiele 계수
기공 내부로 이동함에 따라 농도가 점차 저하됨을 보여 준다.

유효인자 $\varepsilon = \frac{\text{actual rate}}{\text{ideal rate}} = \frac{\tanh mL}{mL}$

여기서, Thiele Modulus $= mL = L\sqrt{\frac{k}{D}}$

L : 세공길이

- $mL < 0.4$　$\varepsilon = 1$
  기공확산에 의한 반응에의 저항이 무시된다.
- $mL > 0.4$　$\varepsilon = \frac{1}{mL}$
  기공확산에 의한 반응에의 저항이 크다.
- mL이 클수록 입자 내 C_A의 농도가 저하된다.

$$\frac{C_A}{C_{A \cdot S}} = \frac{\cosh m(L-x)}{\cosh mL}$$

99 우유를 저온살균할 때 63℃에서 30분이 걸리고, 74℃에서는 15초가 걸렸다. 이때 활성화 에너지는 약 몇 kJ/mol인가?

① 365　② 401
③ 422　④ 450

해설

$$\ln\frac{k_2}{k_1} = \frac{E}{R}\left(\frac{1}{T_1} - \frac{1}{T_2}\right)$$

$$\ln\frac{15}{30 \times 60} = \frac{E}{8.314\text{J/mol} \cdot \text{K}}\left(\frac{1}{336} - \frac{1}{347}\right)$$

$\therefore E = 422{,}000\text{J/mol} = 422\text{kJ/mol}$

정답 96 ④ 97 ③ 98 ① 99 ③

100 1차 직렬반응이 $A \xrightarrow{k_1} R \xrightarrow{k_2} S$, $k_1 = 200\,\text{s}^{-1}$, $k_2 = 10\,\text{s}^{-1}$일 경우 $A \xrightarrow{k} S$로 볼 수 있다. 이때 k의 값은?

① 11.00s^{-1}　　② 9.52s^{-1}

③ 0.11s^{-1}　　④ 0.09s^{-1}

해설

$A \xrightarrow{k_1} R \xrightarrow{k_2} S$

$A \xrightarrow{k} S\ (k_1 \gg k_2)$

$$\therefore\ k = \frac{1}{\frac{1}{k_1} + \frac{1}{k_2}} = \frac{1}{\frac{1}{200} + \frac{1}{10}} = 9.52\,\text{s}^{-1}$$

PART 1 PART 2 PART 3 PART 4 PART 5

정답 100 ②

2020년 통합 제1 · 2회 기출문제

1과목 화공열역학

01 반데르발스(Van der Waals) 식에 적용되는 실제 기체에 대하여 $\left(\frac{\partial U}{\partial V}\right)_T$ 의 값을 옳게 표현한 것은?

$$(P+\frac{a}{V^2})(V-b)=RT$$

① $\frac{a}{P}$ ② $\frac{a}{T}$
③ $\frac{a}{V^2}$ ④ $\frac{a}{PT}$

해설

$dU = TdS - PdV$

$\left(\frac{\partial U}{\partial V}\right)_T = T\left(\frac{\partial S}{\partial V}\right)_T - P$

Maxwell 관계식 : $\left(\frac{\partial S}{\partial V}\right)_T = \left(\frac{\partial P}{\partial T}\right)_V$

$\left(\frac{\partial U}{\partial V}\right)_T = T\left(\frac{\partial P}{\partial T}\right)_V - P$

Van der Waals 식 : $P=\frac{RT}{V-b}-\frac{a}{V^2}$

$\left(\frac{\partial P}{\partial T}\right)_V = \frac{R}{V-b}$

$\therefore \left(\frac{\partial U}{\partial V}\right)_T = \frac{RT}{V-b} - \left(\frac{RT}{V-b}-\frac{a}{V^2}\right) = \frac{a}{V^2}$

02 이상기체가 가역공정을 거칠 때, 내부에너지의 변화와 엔탈피의 변화가 항상 같은 공정은?

① 정적공정 ② 등온공정
③ 등압공정 ④ 단열공정

해설

T=const(일정)
이상기체 $dU=0$, $dH=0$

03 물이 얼음 및 수증기와 평형을 이루고 있을 때, 이 계의 자유도는?

① 0 ② 1
③ 2 ④ 3

해설

$F=2-P+C$
$F=2-3+1=0$
여기서, P : 상의 수
C : 성분의 수

04 단열계에서 비가역 팽창이 일어난 경우의 설명으로 가장 옳은 것은?

① 엔탈피가 증가되었다.
② 온도가 내려갔다.
③ 일이 행해졌다.
④ 엔트로피가 증가되었다.

해설

비가역 팽창공정에서 엔트로피는 증가한다.

05 C_P에 대한 압력의존성을 설명하기 위해 정압하에서 온도에 대해 미분해야 하는 식으로 옳은 것은?(단, C_P : 정압열용량, μ : Joule−Thomson Coefficient 이다.)

① $-\mu C_P$ ② C_P/μ
③ $C_P-\mu$ ④ $C_P+\mu$

정답 01 ③ 02 ② 03 ① 04 ④ 05 ①

해설

$$\mu=\left(\frac{\partial T}{\partial P}\right)_H$$

$$\left(\frac{\partial T}{\partial P}\right)_H\left(\frac{\partial P}{\partial H}\right)_T\left(\frac{\partial H}{\partial T}\right)_P=-1$$

$$\mu=\left(\frac{\partial T}{\partial P}\right)_H=\frac{-\left(\frac{\partial H}{\partial P}\right)_T}{\left(\frac{\partial H}{\partial T}\right)_P}=\frac{-\left(\frac{\partial H}{\partial P}\right)_T}{C_P}$$

$\therefore \left(\frac{\partial H}{\partial P}\right)_T=-\mu C_P$ ← 등온에서 압력의존성

06 내부에너지의 관계식이 다음과 같을 때 괄호 안에 들어갈 식으로 옳은 것은?(단, 닫힌계이며, U : 내부에너지, S : 엔트로피, T : 절대온도이다.)

$dU=TdS+(\quad)$

① PdV ② $-PdV$
③ VdP ④ $-VdP$

해설

$dU=TdS-PdV$
$dH=TdS+VdP$
$dA=-SdT-PdV$
$dG=-SdT+VdP$

07 다음 계에서 열효율(η)의 표현으로 옳은 것은?(단, Q_H : 외계로부터 전달받은 열, Q_C : 계로부터 전달된 열, W : 순 일)

① $\eta=\frac{W}{Q_C}$ ② $\eta=-\frac{W}{Q_H}$
③ $\eta=\frac{W}{Q_H-W}$ ④ $\eta=\frac{Q_C+W}{Q_H}$

해설

$$\eta=\frac{W}{Q_H}=\frac{Q_H-Q_C}{Q_H}=\frac{T_H-T_C}{T_H}$$

W는 계에서 외계로 나가므로 −값을 가진다.
그러므로 효율에 −부호를 붙인다.

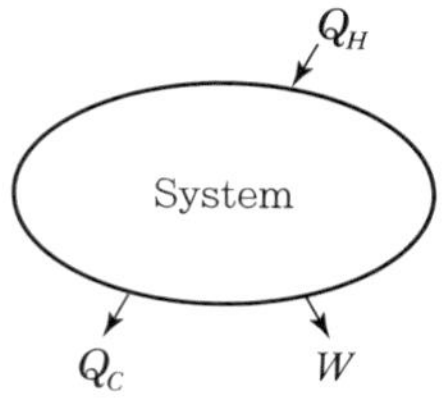

08 32℃의 방에서 운전되는 냉장고를 −12℃로 유지한다. 냉장고로부터 2,300cal의 열량을 얻기 위하여 필요한 최소 일량(J)은?

① 1,272 ② 1,443
③ 1,547 ④ 1,621

해설

$$\text{성능계수}=\frac{Q_C}{W}=\frac{T_C}{T_H-T_C}=\frac{(273-12)}{(273+32)-(273-12)}=5.93$$

$$5.93=\frac{2{,}300\text{cal}}{W}$$

$$W=\frac{2{,}300\text{cal}}{5.93}\times\frac{4.184\text{J}}{1\text{cal}}=1{,}622\text{J}$$

09 일산화탄소 가스의 산화반응의 반응열이 −68,000 cal/mol일 때, 500℃에서 평형상수는 e^{28}이었다. 동일한 반응이 350℃에서 진행됐을 때의 평형상수는?(단, 위의 온도범위에서 반응열은 일정하다.)

① $e^{38.7}$ ② $e^{48.7}$
③ $e^{98.7}$ ④ e^{120}

해설

$$\ln\frac{K_2}{K_1}=\frac{\Delta H}{R}\left(\frac{1}{T_1}-\frac{1}{T_2}\right)$$

$$\ln\frac{e^{28}}{K_1}=\frac{-68{,}000\text{cal/mol}}{1.987\text{cal/mol}\cdot\text{K}}\left(\frac{1}{623}-\frac{1}{773}\right)$$

$\therefore K=e^{38.7}$

정답 06 ② 07 ② 08 ④ 09 ①

10 이상기체에 대하여 일(W)이 다음과 같은 식으로 표현될 때, 이 계의 변화과정은?(단, Q는 열, V_1은 초기부피, V_2는 최종부피이다.)

$$W = -Q = -RT\ln\frac{V_2}{V_1}$$

① 단열과정 ② 등압과정
③ 등온과정 ④ 정용과정

해설

$dU = dQ - PdV = dQ + dW$
등온에서 $dU = 0$

$$W = -Q = -\int_{V_1}^{V_2} PdV$$
$$= -\int_{V_1}^{V_2}\frac{RT}{V}dV = -RT\ln\frac{V_2}{V_1}$$

11 열역학 제1법칙에 대한 설명과 가장 거리가 먼 것은?

① 받은 열량을 모두 일로 전환하는 기관을 제작하는 것은 불가능하다.
② 에너지의 형태는 변할 수 있으나 총량은 불변한다.
③ 열량은 상태량이 아니지만 내부에너지는 상태량이다.
④ 계가 외부에서 흡수한 열량 중 일을 하고 난 나머지는 내부에너지를 증가시킨다.

해설

㉠ 열역학 제1법칙 : 에너지 보존의 법칙
열과 일은 생성하거나 소멸되는 것이 아니라 서로 전환하는 것이다.
㉡ 열역학 제2법칙 : 엔트로피의 법칙
- 자발적 변화는 비가역변화이며 엔트로피는 증가하는 방향으로 흐른다.
- 열은 저온에서 고온으로 흐르지 못한다.
- 외부로부터 흡수한 열을 완전히 일로 전환시킬 수 있는 공정은 없다(효율이 100%인 열기관은 존재하지 않는다).

12 $1m^3$의 공기를 20atm로부터 100atm로 등엔트로피 공정으로 압축했을 때, 최종상태의 용적(m^3)은?(단, $C_P/C_V = 1.40$이며, 공기는 이상기체라 가정한다.)

① 0.40 ② 0.32
③ 0.20 ④ 0.16

해설

$$\left(\frac{P_2}{P_1}\right) = \left(\frac{V_1}{V_2}\right)^{\gamma}$$
$$\left(\frac{100}{20}\right) = \left(\frac{1}{V_2}\right)^{1.4}$$
$\therefore V_2 = 0.32m^3$

13 다음 사이클(Cycle)이 나타내는 내연기관은?

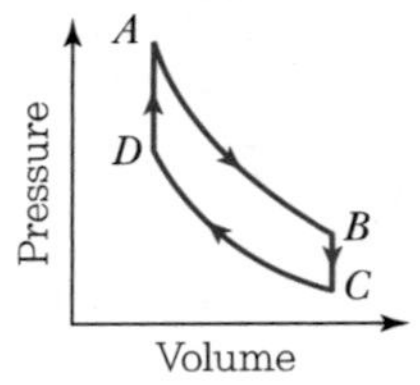

① 공기표준 오토엔진 ② 공기표준 디젤엔진
③ 가스터빈 ④ 제트엔진

해설

- 공기표준 오토엔진

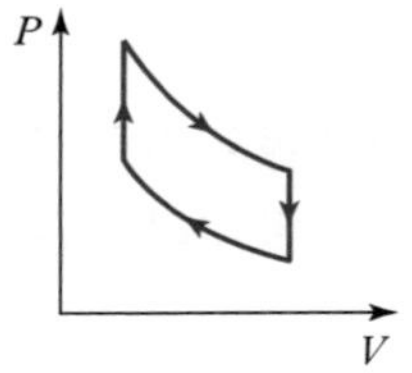

- 공기표준 디젤엔진

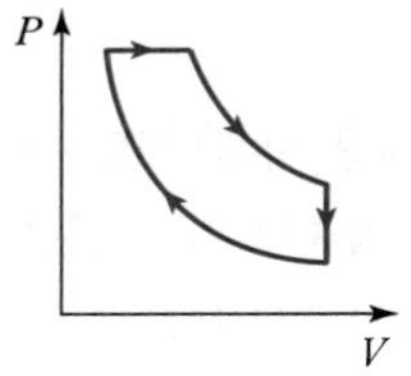

- 가스터빈

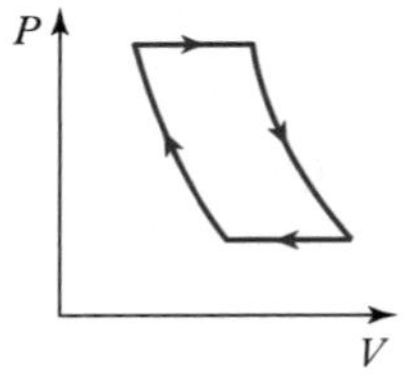

정답 10 ③ 11 ① 12 ② 13 ①

14 40℃, 20atm에서 혼합가스의 성분이 아래의 표와 같을 때, 각 성분의 퓨가시티 계수(ϕ)는?

	조성(mol%)	퓨가시티(f)
Methane	70	13.3
Ethane	20	3.64
Propane	10	1.64

① Methane : 0.95, Ethane : 0.93, Propane : 0.91
② Methane : 0.93, Ethane : 0.91, Propane : 0.82
③ Methane : 0.95, Ethane : 0.91, Propane : 0.82
④ Methane : 0.98, Ethane : 0.93, Propane : 0.82

해설

$P_M = 20\text{atm} \times 0.7 = 14\text{atm}$
$P_E = 20\text{atm} \times 0.2 = 4\text{atm}$
$P_P = 20\text{atm} \times 0.1 = 2\text{atm}$

$\phi_i = \dfrac{f_i}{P_i}$

$\phi_M = \dfrac{13.3}{14} = 0.95$

$\phi_E = \dfrac{3.64}{4} = 0.91$

$\phi_P = \dfrac{1.64}{2} = 0.82$

15 Joule-Thomson Coefficient(μ)에 관한 설명 중 틀린 것은?

① $\mu \equiv \left(\dfrac{\partial T}{\partial P}\right)_H$로 정의된다.
② 일정 엔탈피에서 발생되는 변화에 대한 값이다.
③ 이상기체의 점도에 비례한다.
④ 실제 기체에서도 그 값은 0이 될 수 있다.

해설

$\mu = \left(\dfrac{\partial T}{\partial P}\right)_H$

$\mu > 0$: $P\downarrow$ $T\downarrow$
$\mu = 0$: Inversion Point
$\mu < 0$: $P\downarrow$ $T\uparrow$

16 다음은 평형조건들 중 $T' = T''$, $P' = P''$ 조건을 제외한 평형 관계식 중 실제 물질의 거동과 가장 관련이 없는 것은?(단, X, Y는 액체, 기체의 몰분율이며, $\hat{\phi}_i$는 i성분의 퓨가시티 계수, $\overline{G}_i$는 몰당 Gibbs 자유에너지이다.)

① 기액평형 : $\overline{G}_i' = \overline{G}_i''$
② 기액평형 : $\hat{\phi}_i' Y_i' = \hat{\phi}_i'' X_i''$
③ 기액평형 : $Y_i' P = X_i' P_i^{sat}$
④ 액액평형 : $\hat{\phi}_i X_i' = \hat{\phi}_i'' X_i''$

해설

기액평형
$\overline{G}^V = \overline{G}^l$
$\mu_i^V = \mu_i^l$
$\hat{f}_i^V = \hat{f}_i^l$
$y\hat{\phi}_i^V = x_i \hat{\phi}_i^l$
$y_i P = x_i P_i^{sat}$ (Raoult's Law) : 이상용액

17 정압공정에서 80℃의 물 2kg과 10℃의 물 3kg을 단열된 용기에서 혼합하였을 때 발생한 총 엔트로피 변화(kJ/K)는?(단, 물의 열용량을 $C_P = 4.184\text{kJ/kg} \cdot \text{K}$로 일정하다고 가정한다.)

① 0.134 ② 0.124
③ 0.114 ④ 0.104

해설

$\Delta S = m C_P \ln \dfrac{T_2}{T_1}$

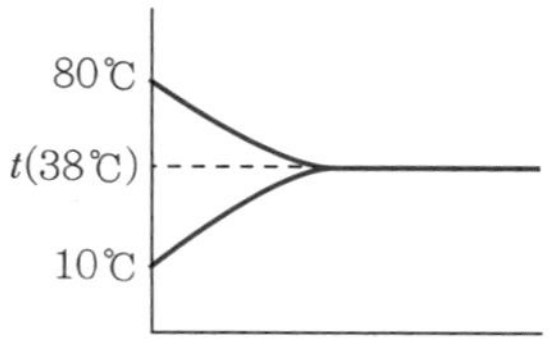

고온의 물이 잃은 열 = 저온의 물이 얻은 열
$Q = m C_P \Delta t$
$2\text{kg} \times 1\text{kcal/kg} \cdot ℃ \times (80 - t) = 3 \times 1 \times (t - 10)$
$\therefore t = 38℃\ (311\text{K})$

정답 14 ③ 15 ③ 16 ③ 17 ②

$\Delta S_1 = 2\text{kg} \times 4.184\text{kJ/kg}\cdot\text{K} \times \ln\frac{311}{353}$
$= -1.06\text{kJ/K}$
$\Delta S_2 = 3\text{kg} \times 4.184\text{kJ/kg}\cdot\text{K} \times \ln\frac{311}{283}$
$= 1.184\text{kJ/K}$
$\Delta S = \Delta S_1 + \Delta S_2 = -1.06 + 1.184$
$= 0.124\text{kJ/K}$

18 다음의 관계식을 이용하여 기체의 정압 열용량(C_P)과 정적 열용량(C_V) 사이의 일반식을 유도하였을 때 옳은 것은?

$$dS = (\frac{C_P}{T})dT - (\frac{\partial V}{\partial T})_P dP$$

① $C_P - C_V = (\frac{\partial T}{\partial V})_P(\frac{\partial T}{\partial P})_V$

② $C_P - C_V = T(\frac{\partial T}{\partial V})_P(\frac{\partial T}{\partial P})_V$

③ $C_P - C_V = (\frac{\partial V}{\partial T})_P(\frac{\partial P}{\partial T})_V$

④ $C_P - C_V = T(\frac{\partial V}{\partial T})_P(\frac{\partial P}{\partial T})_V$

해설

$dS = \left(\frac{C_P}{T}\right)dT - \left(\frac{\partial V}{\partial T}\right)_P dP \div dT \ (V = \text{const})$

$\left(\frac{\partial S}{\partial T}\right)_V = \frac{C_P}{T} - \left(\frac{\partial V}{\partial T}\right)_P\left(\frac{\partial P}{\partial T}\right)_V$

$\frac{C_V}{T} = \frac{C_P}{T} - \left(\frac{\partial V}{\partial T}\right)_P\left(\frac{\partial P}{\partial T}\right)_V$

$\therefore C_P - C_V = T\left(\frac{\partial V}{\partial T}\right)_P\left(\frac{\partial P}{\partial T}\right)_V$

19 열역학적 지표에 대한 설명 중 틀린 것은?

① 이상기체의 엔탈피는 온도만의 함수이다.

② 일은 항상 $\int PdV$로 계산된다.

③ 고립계의 에너지는 일정해야만 한다.

④ 계의 상태가 가역 단열적으로 진행될 때 계의 엔트로피는 변하지 않는다.

해설

$W = \int PdV = FS$

20 화학퍼텐셜(Chemical Potential)과 같은 것은?

① 부분 몰 Gibbs 에너지

② 부분 몰 엔탈피

③ 부분 몰 엔트로피

④ 부분 몰 용적

해설

$\mu_i = \overline{G_i} = \left(\frac{\partial(nG)}{\partial n_i}\right)_{T\cdot P\cdot n_j}$

2과목 단위조작 및 화학공업양론

21 SI 기본단위가 아닌 것은?

① A(Ampere)

② J(Joule)

③ cm(Centimeter)

④ kg(Kilogram)

해설

SI 단위

시간	s(초)
길이	m(미터)
질량	kg(킬로그램)
물질의 양	mol(몰)
온도	K(켈빈)
전류	A(암페어)
광도	cd(칸델라)

정답 18 ④ 19 ② 20 ① 21 ③

22 가역적인 일정압력의 닫힌계에서 전달되는 열의 양과 같은 값은?

① 깁스자유에너지 변화
② 엔트로피 변화
③ 내부에너지 변화
④ 엔탈피 변화

해설

$Q = m\,C_P\,\Delta t = \Delta H$

23 라울의 법칙에 대한 설명 중 틀린 것은?

① 벤젠과 톨루엔의 혼합액과 같은 이상용액에서 기－액 평형의 정도를 추산하는 법칙이다.
② 용질의 용해도가 높아 액상에서 한 성분의 몰분율이 거의 1에 접근할 때 잘 맞는 법칙이다.
③ 기－액 평형 시 기상에서 한 성분의 압력(P_A)은 동일 온도에서의 순수한 액체성분의 증기압(P_A *)과 액상에서 한 액체성분의 몰분율(X_A)의 식으로 나타나는 법칙이다.
④ 순수한 액체성분의 증기압(P_A *)은 대체적으로 물질 특성에 따른 압력만의 함수이다.

해설

Raoult's Law

$P = P_A x_A + P_B(1 - x_A)$

$y_A = \frac{p_A}{P} = \frac{P_A x_A}{P}$

24 수소와 질소의 혼합물의 전압이 500atm이고, 질소의 분압이 250atm이라면 이 혼합기체의 평균 분자량은?

① 3.0　　② 8.5
③ 9.4　　④ 15.0

해설

$P_{N_2} = 250\text{atm}$

$X_{N_2} = \frac{250}{500} = 0.5$

$P_{H_2} = 500 - 250 = 250\text{atm}$

$X_{H_2} = 0.5$

$\overline{M}_{av} = M_{N_2}x_{N_2} + M_{H_2}x_{H_2}$
$= 28 \times 0.5 + 2 \times 0.5 = 15$

25 메탄가스를 20vol% 과잉산소를 사용하여 연소시킨다. 초기 공급된 메탄가스의 50%가 연소될 때, 연소 후 이산화탄소의 습량기준(Wet Basis) 함량(vol%)은?

① 14.7　　② 16.3
③ 23.2　　④ 30.2

해설

$CH_4 + 2O_2 \rightarrow CO_2 + 2H_2O$
1mol　2mol
20% 과잉＝2×1.2＝2.4mol 산소 공급
0.5mol CH_4 연소
$CH_4 + 2O_2 \rightarrow CO_2 + 2H_2O$
0.5mol 1mol　0.5mol　1mol

연소 후 $CH_4 = 1 - 0.5 = 0.5$mol　　$CO_2 = 0.5$mol
$O_2 = 2.4 - 1 = 1.4$mol　　$H_2O = 1$mol

$CO_2\% = \frac{0.5}{0.5 + 1.4 + 0.5 + 1} \times 100 = 14.7\%$

26 A와 B 혼합물의 구성비가 각각 30wt%, 70wt%일 때, 혼합물에서의 A의 몰분율은?(단, 분자량 A : 60g/mol, B : 150g/mol이다.)

① 0.3　　② 0.4
③ 0.5　　④ 0.6

해설

$n = \frac{w}{M}$

A와 B 혼합물 100g 기준 ＜ A : 30g, B : 70g

정답 22 ④　23 ④　24 ④　25 ①　26 ③

$$n_A = \frac{30\text{g}}{60\text{g/mol}} = 0.5\text{mol}$$

$$n_B = \frac{70\text{g}}{150\text{g/mol}} = 0.47\text{mol}$$

$$\therefore\ x_A = \frac{n_A}{n_A + n_B} = \frac{0.5}{0.5 + 0.47} = 0.5$$

27 임계상태에 대한 설명으로 옳은 것은?

① 임계온도 이하의 기체는 압력을 아무리 높여도 액체로 변화시킬 수 없다.
② 임계압력 이하의 기체는 온도를 아무리 낮추어도 액체로 변화시킬 수 없다.
③ 임계점에서 체적에 대한 압력의 미분값이 존재하지 않는다.
④ 증발잠열이 0이 되는 상태이다.

해설

- 임계온도(T_C) : 액체, 기체 두 개의 상으로 공존할 수 있는 최고의 온도
- 임계압력(P_C) : 임계온도에서의 압력
- 임계온도 이상에서는 기화, 액화할 수 없다.

28 F_1, F_2가 다음과 같을 때, $F_1 + F_2$의 값으로 옳은 것은?

- F_1 : 물과 수증기가 평형상태에 있을 때의 자유도
- F_2 : 소금의 결정과 포화수용액이 평형상태에 있을 때의 자유도

① 2 ② 3
③ 4 ④ 5

해설

$F_1 = 2 - P + C = 2 - 2 + 1 = 1$

$F_2 = 2 - 2 + 2 = 2$

$\therefore\ F = F_1 + F_2 = 1 + 2 = 3$

29 18℃에서 액체 A의 엔탈피를 0이라 가정하면, 150℃에서 증기 A의 엔탈피(cal/g)는?(단, 액체 A의 비열 : 0.44cal/g · ℃, 증기 A의 비열 : 0.32cal/g · ℃, 100℃의 증발열 : 86.5cal/g · ℃이다.)

① 70 ② 139
③ 200 ④ 280

해설

$$18℃ \xrightarrow{Q_1} 100℃ \xrightarrow{Q_2} 100℃ \xrightarrow{Q_3} 150℃$$

$Q_1 = mc\Delta t = 0.44\text{cal/g} \cdot ℃ \times (100 - 18)℃$
$= 36.08\text{cal/g}$

$Q_2 = 86.5\text{cal/g}$

$Q_3 = 0.32\text{cal/g} \cdot ℃ \times (150 - 100)℃ = 16\text{cal/g}$

$\therefore\ Q = Q_1 + Q_2 + Q_3$
$= 36.08 + 86.5 + 16 = 138.58 ≒ 139\text{cal/g}$

30 양대수좌표(log－log Graph)에서 직선이 되는 식은?

① $Y = bx^a$ ② $Y = be^{ax}$
③ $Y = bx + a$ ④ $\log Y = \log b + ax$

해설

- $y = bx^a$
  $\log y = \log b + a \log x$
  $Y = B + aX$
  → 양대수좌표
- $y = be^{ax}$
  $\log y = \log b + ax$
  $Y = B + aX$
  → 반대수좌표

31 상접점(Plait Point)의 설명으로 틀린 것은?

① 균일상에서 불균일상으로 되는 경계점
② 액액 평형선, 즉 Tie Line의 길이가 0인 점
③ 용해도 곡선(Binodal Curve) 내부에 존재하는 한 점
④ 추출상과 추출 잔류상의 조성이 같아지는 점

정답 27 ④ 28 ② 29 ② 30 ① 31 ③

해설

상계점(Plait Point)

- 용해도 곡선상의 Tie Line 길이가 0인 점
- 추출상과 추잔상의 조성이 같은 점
- 균일상에서 불균일상으로 되는 점

32 메탄올 40mol%, 물 60mol%의 혼합액을 정류하여 메탄올 95mol%의 유출액과 5mol%의 관출액으로 분리한다. 유출액 100kmol/h을 얻기 위한 공급액의 양(kmol/h)은?

① 257　② 226
③ 190　④ 175

해설

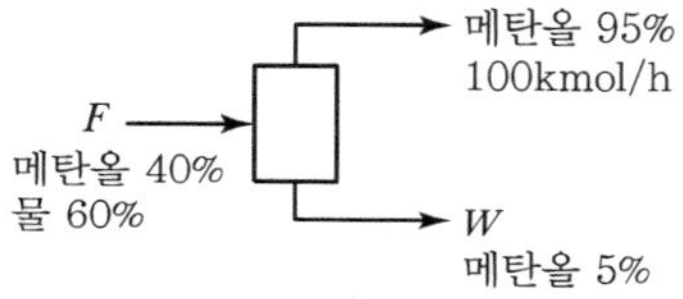

$F\times 0.4 = 100\times 0.95 + (F-100)\times 0.05$

$\therefore\ F = 257\text{kmol/h}$

33 불포화상태 공기의 상대습도(Relative Humidity)를 H_R, 비교습도(Percentage Humidity)를 H_P로 표시할 때 그 관계를 옳게 나타낸 것은?(단, 습도가 0% 또는 100%인 경우는 제외한다.)

① $H_P = H_R$　② $H_P > H_R$
③ $H_P < H_R$　④ $H_P + H_R = 0$

해설

$$H_P = H_R \times \frac{P-p_S}{P-p_V}$$

$$= \frac{p_V}{p_S}\times 100 \times \frac{P-p_S}{P-p_V}$$

$p_S > p_V$이므로

$\therefore\ H_R > H_P$

34 열전달은 3가지의 기본인 전도, 대류, 복사로 구성된다. 다음 중 열전달 메커니즘이 다른 하나는?

① 자동차의 라디에이터가 팬에 의해 공기를 순환시켜 열을 손실하는 것
② 용기에서 음식을 조리할 때 젓는 것
③ 뜨거운 커피잔의 표면에 바람을 불어 식히는 것
④ 전자레인지에 의해 찬 음식물을 데우는 것

해설

①, ②, ③ 대류
④ 복사

35 경사 마노미터를 사용하여 측정한 두 파이프 내 기체의 압력차는?

① 경사각의 sin값에 반비례한다.
② 경사각의 sin값에 비례한다.
③ 경사각의 cos값에 반비례한다.
④ 경사각의 cos값에 비례한다.

해설

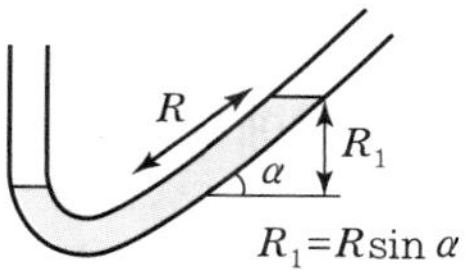

36 기본 단위에서 길이를 L, 질량을 M, 시간을 T로 표시할 때 차원의 표현이 틀린 것은?

① 힘 : MLT^{-2}　② 압력 : $ML^{-2}T^{-2}$
③ 점도 : $ML^{-1}T^{-1}$　④ 일 : ML^2T^{-2}

해설

① $F = ma\ \text{kg}\cdot\text{m/s}^2\ [MLT^{-2}]$

② $P = \dfrac{F}{A}\ \dfrac{\text{kg}\cdot\text{m/s}^2}{\text{m}^2}\ [ML^{-1}T^{-2}]$

③ $\mu\ \text{kg/m}\cdot\text{s}\ [ML^{-1}T^{-1}]$

④ $W = F\cdot S\ \text{kg}\cdot\text{m}^2/\text{s}^2\ [ML^2T^{-2}]$

정답 32 ① 33 ③ 34 ④ 35 ② 36 ②

37 기계적 분리조작과 가장 거리가 먼 것은?

① 여과　　② 침강
③ 집진　　④ 분쇄

해설

- 여과, 침강, 집진 : 기계적 분리조작
- 분쇄 : 고체입자를 작게 부수는 일

38 40%의 수분을 포함하고 있는 고체 1,000kg을 10%의 수분을 가질 때까지 건조할 때 제거된 수분량(kg)은?

① 333　　② 450
③ 550　　④ 667

해설

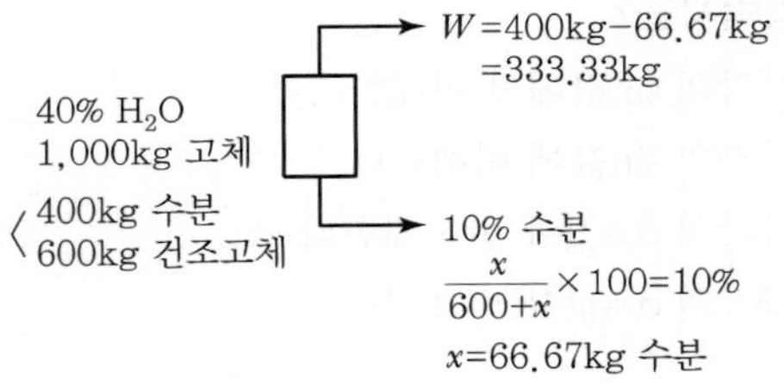

39 2성분 혼합물의 증류에서 휘발성이 큰 A 성분에 대한 정류부의 조작선이 $y=\frac{R}{R+1}x+\frac{x_D}{R+1}$로 표현될 때, 최소환류비에 대한 설명으로 옳은 것은?(단, y는 $n+1$단을 떠나는 증기 중 A 성분의 몰분율, x는 n단을 떠나는 액체 중 A 성분의 몰분율, R은 탑정제품에 대한 환류의 몰비, x_D는 탑정제품 중 A 성분의 몰분율이다.)

① R은 ∞이다.
② R은 0이다.
③ 단수는 ∞이다.
④ 최소단수를 갖는다.

해설

환류비를 작게 하면 소요단수가 많아지므로 최소환류비는 무한대 단수를 필요로 한다.

40 단면이 가로 5cm, 세로 20cm인 직사각형 관로의 상당직경(cm)은?

① 16　　② 12
③ 8　　④ 4

해설

$$D_{eq}=4\times\frac{\text{관로의 면적}}{\text{젖은 벽의 둘레}}$$
$$=4\times\frac{5\times 20}{(5\times 2)+(20\times 2)}$$
$$=8\text{cm}$$

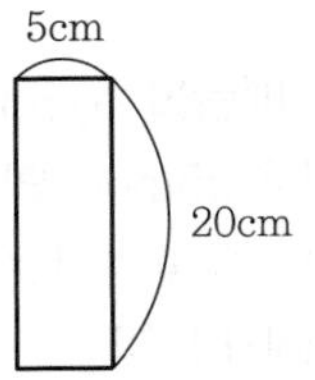

3과목 공정제어

41 PI 제어기가 반응기 온도제어루프에 사용되고 있다. 다음의 변화에 대하여 계의 안정성 한계에 영향을 주지 않는 것은?

① 온도전송기의 Span 변화
② 온도전송기의 영점 변화
③ 밸브의 Trim 변화
④ 반응기 원료 조성 변화

해설

온도전송기의 영점변화는 단순히 출력변수값에 영향을 주며, 안정성 한계에 영향을 주지 않는다.

42 다음과 같은 $f(t)$에 대응하는 라플라스 함수는?

$$f(t)=e^{-at}\cos\omega t$$

① $\frac{\omega}{(s+a)^2+\omega^2}$

② $\frac{s+a}{(s+a)^2+\omega^2}$

③ $\frac{s}{s^2+\omega^2}$

④ $\frac{1}{(s+a)^2+\omega^2}$

정답 37 ④ 38 ① 39 ③ 40 ③ 41 ② 42 ②

해설

$f(t) = \cos\omega t \rightarrow F(s) = \dfrac{s}{s^2+\omega^2}$

$f(t) = e^{-at}\cos\omega t \rightarrow F(s) = \dfrac{s+a}{(s+a)^2+\omega^2}$

43 조작변수와 제어변수와의 전달함수가 $\dfrac{2e^{-3s}}{5s+1}$, 외란과 제어변수와의 전달함수가 $\dfrac{-4e^{-4s}}{10s+1}$로 표현되는 공정에 대하여 가장 완벽한 외란보상을 위한 피드포워드 제어기 형태는?

① $\dfrac{-8}{(10s+1)(5s+1)}e^{-7s}$

② $\dfrac{(10s+1)}{2(5s+1)}e^{-\frac{3}{4}s}$

③ $\dfrac{-2(5s+1)}{10s+1}e^{-s}$

④ $\dfrac{2(5s+1)}{(10s+1)}e^{-s}$

해설

$$G(s) = -\frac{G_L}{G_T G_V G_P} = \frac{-\dfrac{4e^{-4s}}{10s+1}}{\dfrac{2e^{-3s}}{5s+1}}$$

$$= \frac{2(5s+1)e^{-s}}{10s+1}$$

44 Closed Loop 전달함수의 특성방정식이 $10s^3+17s^2+8s+1+K_c=0$일 때 이 시스템이 안정할 K_c의 범위는?

① $K_c > 1$

② $-1 < K_c < 12.6$

③ $1 < K_c < 12.6$

④ $K_c > 12.6$

해설

10	8
17	$1+K_C$
$\dfrac{17\times8-10(1+K_C)}{17} = \dfrac{126-10K_C}{17} = a$	
$\dfrac{a(1+K_C)-0}{a} = 1+K_C$	

$\dfrac{126-10K_C}{17} > 0 \rightarrow 12.6 > K_C$

$1+K_C > 0 \rightarrow K_C > -1$

$\therefore -1 < K_C < 12.6$

45 열전대(Thermocouple)와 관계 있는 효과는?

① Thomson−Peltier 효과

② Piezo−electric 효과

③ Joule−Thomson 효과

④ Van der Waals 효과

해설

열전대

종류가 다른 두 금속선을 연결하여 두 접점 사이에 온도차가 존재하면 전류가 발생하는 Seebeck 효과를 이용한 것이다.

※ 열전효과

Seebeck 효과, Peltier 효과, Thomson 효과

46 전달함수가 $G(s) = \dfrac{4}{s^2+2s+4}$인 시스템에 대한 계단응답의 특징은?

① 2차 과소감쇠(Underdamped)

② 2차 과도감쇠(Overdamped)

③ 2차 임계감쇠(Critically Damped)

④ 1차 비진동

해설

$$G(s) = \frac{4}{s^2+2s+4} = \frac{1}{\frac{1}{4}s^2+\frac{1}{2}s+1}$$

$$= \frac{K}{\tau^2 s^2 + 2\tau\zeta s + 1}$$

정답 43 ④ 44 ② 45 ① 46 ①

$\tau^2 = \frac{1}{4}$

$2\tau\zeta = \frac{1}{2}$

$2 \times \frac{1}{2} \times \zeta = \frac{1}{2}$

$\therefore\ \zeta = \frac{1}{2}$

$0 < \zeta < 1$이므로 과소감쇠

47 안정도 판정을 위한 개회로 전달함수가 $\frac{2K(1+\tau s)}{s(1+2s)(1+3s)}$인 피드백 제어계가 안정할 수 있는 K와 τ의 관계로 옳은 것은?

① $12K < (5+2\tau K)$ ② $12K < (5+10\tau K)$
③ $12K > (5+10\tau K)$ ④ $12K > (5+2\tau K)$

해설

$1 + G_{OL} = 0$

$1 + \frac{2K(1+\tau s)}{s(1+2s)(1+3s)} = 0$

정리하면 $6s^3 + 5s^2 + (1+2K\tau)s + 2K = 0$

6	$1+2K\tau$
5	$2K$
$\frac{5(1+2K\tau)-12K}{5} > 0$	

$\therefore\ 12K < 5(1+2K\tau)$

48 PID 제어기의 적분제어 동작에 관한 설명 중 잘못된 것은?

① 일정한 값의 설정치와 외란에 대한 잔류오차(Offset)를 제거해 준다.
② 적분시간(Integral Time)을 길게 주면 적분동작이 약해진다.
③ 일반적으로 강한 적분동작이 약한 적분동작보다 폐루프(Closed Loop)의 안정성을 향상시킨다.
④ 공정변수에 혼입되는 잡음의 영향을 필터링하여 약화시키는 효과가 있다.

해설

적분시간 τ_I의 증가는 응답을 느리게 한다. 적분동작을 크게 하면 폐루프의 안정성을 떨어뜨린다.

49 단면적이 3ft^3인 액체저장탱크에서 유출유량은 $8\sqrt{h-2}$로 주어진다. 정상상태 액위(h_s)가 9ft^2일 때, 이 계의 시간상수(τ : 분)는?

① 5 ② 4
③ 3 ④ 2

해설

$A = 3\text{ft}^2$

$q_o = 8\sqrt{h-2},\ h_s = 9\text{ft}$

q_o 선형화

$$q_o = 8\sqrt{h_s - 2} + \frac{8}{2\sqrt{h_s-2}}(h-h_s)$$
$$= 8\sqrt{9-2} + \frac{8}{2\sqrt{9-2}}(h-9)$$
$$= \frac{4}{\sqrt{7}}h + \frac{20}{\sqrt{7}}$$

$$A\frac{dh}{dt} = q_i - q$$
$$= q_i - \left(\frac{4}{\sqrt{7}}h + \frac{20}{\sqrt{7}}\right)$$

$\downarrow$

$\frac{h}{\sqrt{7}/4} \leftarrow R$(저항)

$A\frac{dh}{dt} = q_i - \frac{h}{R}$

$AR\frac{dh}{dt} = Rq_i - h$

$\tau sH(s) + H(s) = RQ_i(s)$

$G(s) = \frac{H(s)}{Q_i(s)} = \frac{R}{\tau s + 1}$

$AR = 3 \times \frac{\sqrt{7}}{4} \fallingdotseq 2$

정답 47 ② 48 ③ 49 ④

50 다음 비선형공정을 정상상태의 데이터 y_s, u_s에 대해 선형화한 것은?

$$\frac{dy(t)}{dt} = y(t) + y(t)u(t)$$

① $\dfrac{d(y(t)-y_s)}{dt} = u_s(u(t)-u_s) + y_s(y(t)-y_s)$

② $\dfrac{d(y(t)-y_s)}{dt} = u_s(y(t)-y_s) + y_s(u(t)-u_s)$

③ $\dfrac{d(y(t)-y_s)}{dt} = (1+u_s)(u(t)-u_s) + y_s(y(t)-y_s)$

④ $\dfrac{d(y(t)-y_s)}{dt} = (1+u_s)(y(t)-y_s) + y_s(u(t)-u_s)$

해설

$$\frac{dy(t)}{dt} = y(t) + y(t)u(t)$$

$$\frac{dy_s}{dt} = y_s + y_s u_s$$

$$\begin{aligned}\frac{d(y(t)-y_s)}{dt} &= y(t) - y_s + y(t)u(t) - y_s u_s \\ &= y(t) - y_s + y(t)u(t) - y_s u_s + y_s u(t) - y_s u(t) \\ &= y(t) - y_s + y_s u_s + u_s(y - y_s) \\ &\quad + y_s(u - u_s) - y_s u_s \\ &= (y(t) - y_s) + y_s(u(t) - u_s) \\ &\quad + u_s(y(t) - y_s) \\ &= (1 + u_s)(y(t) - y_s) + y_s(u(t) - u_s)\end{aligned}$$

$y(t)u(t)$의 선형화

$y(t)u(t) = y_s u_s + u_s(y - y_s) + y_s(u - u_s)$

51 다음 그림과 같은 시스템의 안정도에 대해 옳은 것은?

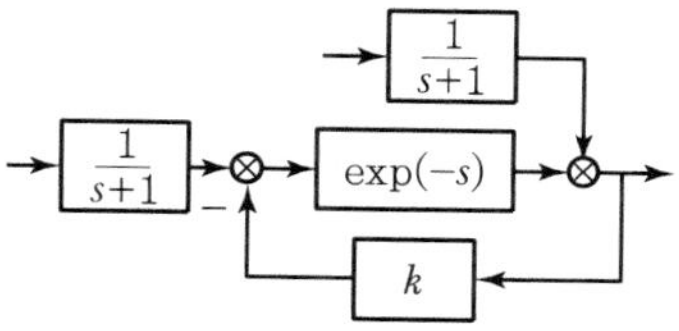

① $-1 < k < 0$이면, 이 공정은 안정하다.

② $k > 3$이면, 이 공정은 안정하다.

③ $0 < k < 1$이면, 이 공정은 안정하다.

④ $k > 1$이면, 이 공정은 안정하다.

52 $G(s) = \dfrac{1}{0.1s+1}$인 계에 $X(t) = 2\sin(20t)$인 입력을 가하였을 때 출력의 진폭(Amplitude)은?

① $\dfrac{2}{5}$ ② $\dfrac{\sqrt{2}}{5}$

③ $\dfrac{5}{2}$ ④ $\dfrac{2}{\sqrt{5}}$

해설

$$G(s) = \frac{K}{\tau s + 1} = \frac{1}{0.1s + 1}$$

$$AR = \frac{\hat{A}}{A} = \frac{K}{\sqrt{\tau^2\omega^2 + 1}}$$

$X(t) = 2\sin(20t)$

$A = 2$, $\omega = 20$

$$AR = \frac{\hat{A}}{2} = \frac{1}{\sqrt{0.1^2 \times 20^2 + 1}} = \frac{1}{\sqrt{5}}$$

$$\therefore \hat{A} = \frac{2}{\sqrt{5}}$$

정답 50 ④ 51 ③ 52 ④

53 그림과 같이 표시되는 함수의 Laplace 변환으로 옳은 것은?

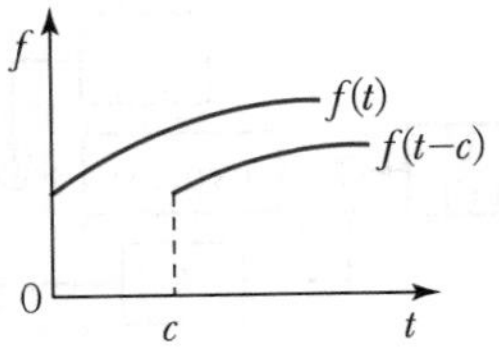

① $e^{-cs}L[f]$　　② $e^{cs}L[f]$
③ $L[f(s-c)]$　　④ $L[s(s+c)]$

해설

c만큼 시간지연
$L[f(t)]=F(s)$라 할 때 $f(t-c)$를 라플라스 변환하면 $e^{-cs}F(s)$가 된다.

54 다음 공정에 PI 제어기($K_c=0.5$, $\tau_I=3$)가 연결되어 있는 닫힌 루프 제어공정에서 특성방정식은?(단, 나머지 요소의 전달함수는 1이다.)

$$G_P(s)=\frac{2}{2s+1}$$

① $2s+1=0$　　② $2s^2+s=0$
③ $6s^2+6s+1=0$　　④ $6s^2+3s+2=0$

해설

$$1+K_c\left(1+\frac{1}{\tau_I s}\right)\frac{2}{2s+1}=0$$
$$1+0.5\left(1+\frac{1}{3s}\right)\frac{2}{2s+1}=0$$
$$1+\frac{3s+1}{3s(2s+1)}=0$$

정리하면 $6s^2+6s+1=0$

55 증류탑의 응축기와 재비기에 수은기둥 온도계를 설치하고 운전하면서 한 시간마다 온도를 읽어 다음 그림과 같은 데이터를 얻었다. 이 데이터와 수은기둥 온도 값 각각의 성질로 옳은 것은?

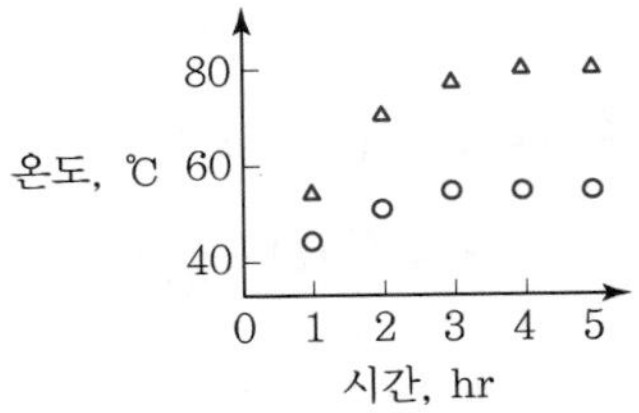

① 연속(Continuous), 아날로그
② 연속(Continuous), 디지털
③ 이산시간(Discrete−time), 아날로그
④ 이산시간(Discrete−time), 디지털

해설

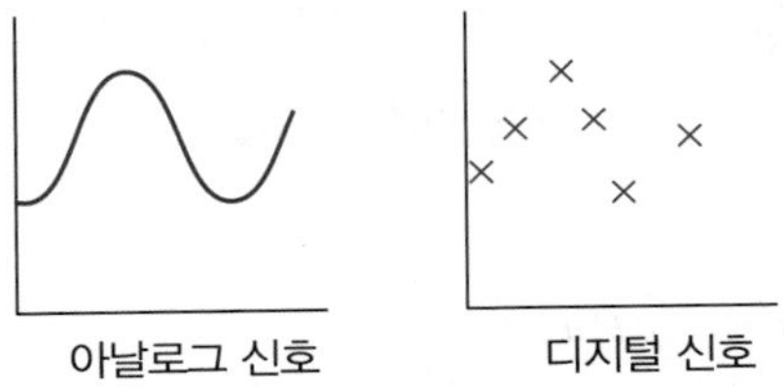

- 온도, 압력, 전압 : 아날로그 데이터
- On−Off : 디지털 데이터

56 순수한 적분공정에 대한 설명으로 옳은 것은?

① 진폭비(Amplitude Ratio)는 주파수에 비례한다.
② 입력으로 단위임펄스가 들어오면 출력은 계단형 신호가 된다.
③ 작은 구멍이 뚫린 저장탱크의 높이와 입력흐름의 관계는 적분공정이다.
④ 이송지연(Transportation Lag) 공정이라고 부르기도 한다.

해설

적분공정
$$G(s)=\frac{K'}{s}$$

정답 53 ① 54 ③ 55 ③ 56 ②

57 $Q(H) = C\sqrt{H}$로 나타나는 식을 정상상태(H_s) 근처에서 선형화했을 때 옳은 것은?(단, C는 비례정수이다.)

① $Q \cong C\sqrt{H_s} + \dfrac{C(H-H_s)}{2\sqrt{H_s}}$

② $Q \cong C\sqrt{H_s} + C(H-H_s)2\sqrt{H_s}$

③ $Q \cong C\sqrt{H_s} + \dfrac{C(H-H_s)}{\sqrt{H_s}}$

④ $Q \cong C\sqrt{H_s} + C\sqrt{H_s}(H_s - H)$

해설

Taylor식

$$y = y_s + \left.\frac{dy}{dx}\right|_s (y - y_s)$$

$$Q = C\sqrt{H}$$

$$Q \cong C\sqrt{H_s} + \frac{C}{2\sqrt{H_s}}(H-H_s)$$

58 제어기 설계를 위한 공정모델과 관련된 설명으로 틀린 것은?

① PID 제어기를 Ziegler－Nichols 방법으로 조율하기 위해서는 먼저 공정의 전달함수를 구하는 과정이 필수로 요구된다.

② 제어기 설계에 필요한 모델은 수지식으로 표현되는 물리적 원리를 이용하여 수립될 수 있다.

③ 제어기 설계에 필요한 모델은 공정의 입출력 신호만을 분석하여 경험적 형태로 수립될 수 있다.

④ 제어기 설계에 필요한 모델은 물리적 모델과 경험적 모델을 혼합한 형태로 수립될 수 있다.

해설

Ziegler－Nichols 법

- 한계이득법, 실시간 조정, 연속진동법이라고도 한다.
- 공정을 정상상태에 안정시킨다.
- PID 제어기에서 I, D 동작은 Off시키고, P 동작만 On시킨다.
- 공정출력을 관찰하여 K_c를 작은 값부터 서서히 증가시킨다.
- K_c가 증가하여 공정출력이 감쇠진동을 보이고 K_c를 계속 증가시키면 진동이 지속되는 시점이 나타난다. → 이때의 K_c값이 K_{cu}(한계이득), 주기 P가 P_u(한계주기)가 된다.
- PID 제어기의 파라미터(K_c, τ_I, τ_D)를 결정한다.
- 제어기 파라미터의 조정기준으로 $Z-N$ 출력변수의 감쇄비가 1/4이 되는 경우를 고려하였다.

59 Offset은 없어지지 않으나 최종치(Final Value)에 도달하는 시간이 가장 많이 단축되는 제어기(Controller)는?

① PI Controller　② P Controller
③ D Controller　④ PID Controller

해설

P 제어는 I 제어에 비해 동작은 빠르지만 잔류오차를 발생한다.

60 개루프 전달함수 $G(s) = \dfrac{s+2}{s(s+1)}$일 때, 다음과 같은 Negative 되먹임의 폐루프 전달함수(C/R)는?

① $\dfrac{s+2}{s^2+s}$　② $\dfrac{s+2}{s^2+s+2}$
③ $\dfrac{s+2}{s^2+2s+2}$　④ $\dfrac{2}{s^2+2s+2}$

해설

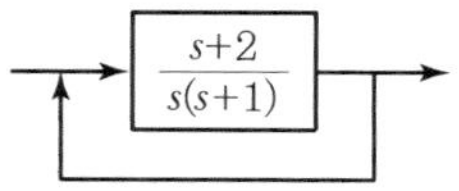

$$G(s) = \frac{\dfrac{s+2}{s(s+1)}}{1+\dfrac{s+2}{s(s+1)}} = \frac{\dfrac{s+2}{s(s+1)}}{\dfrac{s(s+1)+s+2}{s(s+1)}}$$

$$= \frac{s+2}{s(s+1)+s+2} = \frac{s+2}{s^2+2s+2}$$

정답 57 ① 58 ① 59 ② 60 ③

61 니트릴 이온(NO_2^+)을 생성하는 중요 인자로 밝혀진 것과 가장 거리가 먼 것은?

① $C_2H_5ONO_2$ ② N_2O_4
③ HNO_3 ④ N_2O_5

해설
니트로화제 : 질산, N_2O_4, N_2O_5, KNO_3, $NaNO_3$

62 고분자 합성에 의하여 생성되는 범용 수지 중 부가반응에 의하여 얻는 수지가 아닌 것은?

① 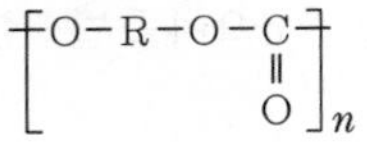
② 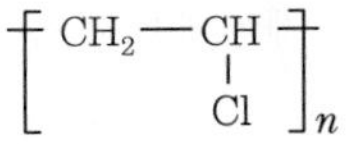
③ 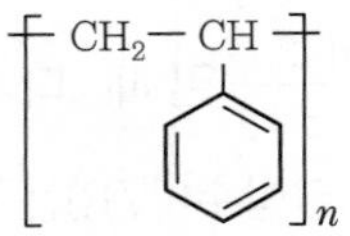
④ 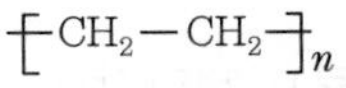

해설
- 부가반응(첨가반응)
  불포화 결합에 다른 분자가 결합하는 반응으로 첨가반응에 의해 고분자를 형성
- 축합반응
  두 개의 분자가 화합하여 작은 분자(주로 물)가 제거되는 반응

63 염화수소가스의 합성에 있어서 폭발이 일어나지 않도록 주의하여야 할 사항이 아닌 것은?

① 공기와 같은 불활성 가스로 염소가스를 묽게 한다.
② 석영괘, 자기괘 등 반응완화 촉매를 사용한다.
③ 생성된 염화수소가스를 냉각시킨다.
④ 수소가스를 과잉으로 사용하여 염소가스를 미반응 상태가 안 되도록 한다.

해설
폭발을 방지하기 위해 $Cl_2 : H_2 = 1 : 1.2$로 주입한다.

64 아닐린을 $Na_2Cr_2O_7$을 산화제로 황산용액 중에서 저온(5℃)에서 산화시켜 얻을 수 있는 생성물은?

① 벤조퀴논 ② 아조벤젠
③ 니트로벤젠 ④ 니트로페놀

해설
아닐린, p－페닐디아민 등을 중크롬산 칼륨과 황산으로 산화하여 제조

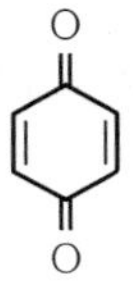
벤조퀴논

65 25wt% HCl 가스를 물에 흡수시켜 35wt% HCl 용액 1ton을 제조하고자 한다. 이때 배출가스 중 미반응 HCl 가스가 0.012wt% 포함된다면 실제 사용된 25wt% HCl 가스의 양(ton)은?

① 0.35 ② 1.40
③ 3.51 ④ 7.55

해설
HCl → HCl
25wt% 35wt%
x 1ton
$0.25 \times x = 0.35 \times 1$
$\therefore x = 1.4$ton

66 솔베이법에서 암모니아는 증류탑에서 회수된다. 이때 쓰이는 조작 중 옳은 것은?

① $Ca(OH)_2$를 가한다.
② $Ba(OH)_2$를 가한다.
③ 가열 조작만 한다.
④ NaCl을 가한다.

해설
Solvay법(암모니아소다법)
- $NaCl + NH_3 + CO_2 + H_2O \rightarrow NaHCO_3$(중조)$ + NH_4Cl$
- $2NaHCO_3 \rightarrow Na_2CO_3 + H_2O + CO_2$ (가소반응)
- $2NH_4Cl + Ca(OH)_2 \rightarrow CaCl_2 + 2H_2O + 2NH_3$
  (암모니아 회수반응)

정답 61 ① 62 ① 63 ③ 64 ① 65 ② 66 ①

67 95.6% 황산 100g을 40% 발연황산을 이용하여 100% 황산을 만들려고 한다. 이론적으로 필요한 발연황산의 무게(g)는?

① 42.4　　② 48.9
③ 53.6　　④ 60.2

해설

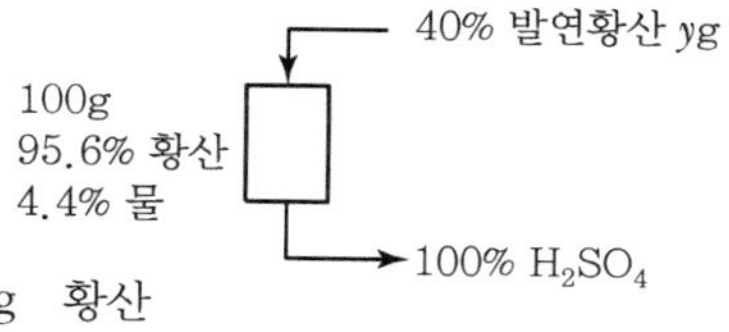

95.6g 황산
4.4g 물

$H_2O + SO_3 \rightarrow H_2SO_4$

18 : 80

4.4 : x

$x = 19.56$g SO_3 필요

$y \times 0.4 = 19.56$g

$\therefore\ y = 48.9$g

68 다음 중 고옥탄가의 가솔린을 제조하기 위한 공정은?

① 접촉개질　　② 알킬화 반응
③ 수증기 분해　　④ 중합반응

해설

- 알킬화 반응 : 올레핀과 이소부탄(Isobutane)을 반응시켜 고옥탄가 가솔린을 제조하는 방법이다.
- 접촉개질 : 촉매(알루미나, 실리카 알루미나를 지지체로 한 산화몰리브덴(MoO_3), 백금(Pt) 또는 Pt/Re촉매)를 이용하여 방향족 탄화수소나 이소파라핀을 많이 함유하는 옥탄가가 높은 가솔린으로 전환시키는 방법이다.

69 가성소다(NaOH)를 만드는 방법 중 격막법과 수은법을 비교한 것으로 옳은 것은?

① 격막법에서는 막이 파손될 때에 폭발이 일어날 위험이 없다.
② 제품의 가성소다 품질은 격막법보다 수은법이 좋다.
③ 수은법에서는 고농도를 만들기 위해서 많은 증기가 필요하기 때문에 보일러용 연료가 많이 필요하다.
④ 전류 밀도에 있어서 격막법은 수은법의 5~6배가 된다.

해설

격막법	수은법
• NaOH 농도(11~12%)가 낮으므로 농축비가 많이 든다. • 제품 중에 염화물 등을 함유하여 순도가 낮다.	• 제품의 순도가 높으며 진한 NaOH(50~73%)를 얻는다. • 전력비가 많이 든다. • 수은을 사용하므로 공해의 원인이 된다. • 전류밀도가 높다.

70 격막법 전해조에서 양극과 음극 용액을 다공성의 격막으로 분리하는 주된 이유로 옳은 것은?

① 설치 비용을 절감하기 위해
② 잔류 저항을 높이기 위해
③ 부반응을 작게 하기 위해
④ 전해 속도를 증가시키기 위해

해설

격막법

식염수를 전기분해하여 가성소다와 염소를 제조, 식염수로 전해하면 Cl_2와 H_2의 발생과 동시에 음극 주변에 Na^+와 OH^-로 가성소다로 생성되나 양극에서 발생하는 Cl_2가 음극액과 접촉하면 부반응을 일으키므로 두 극 간을 격막으로 분리한다.

71 융점이 327℃이며, 이 온도 이하에서는 용매가공이 불가능할 정도로 매우 우수한 내약품성을 지니고 있어 화학공정기계의 부식 방지용 내식재료로 많이 응용되고 있는 고분자 재료는?

① 폴리테트라플루오로에틸렌
② 폴리카보네이트
③ 폴리아미드
④ 폴리에틸렌

정답 67 ② 68 ①, ② 69 ② 70 ③ 71 ①

해설

폴리테트라플루오로에틸렌(테프론)

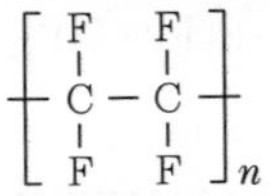

- 녹는점이 높고 용해상태에서 점도가 높아 적절한 용매가 없다.
- 우수한 내약품성, 내열성, 소수성을 지닌다.

72 에스테르화(Esterification) 반응을 할 수 있는 반응물로 옳게 짝지어진 것은?

① $CH_3COOC_2H_5$, CH_3OH
② C_2H_2, CH_3COOH
③ CH_3COOH, C_2H_5OH
④ C_2H_5OH, CH_3CONH_2

해설

에스테르화
산과 알코올이 반응하여 에스터(Ester)를 형성하는 형태

RCOOH	+	R′OH	→	RCOOR′	+	H_2O
카르복시산		알코올		에스터		물

73 접촉식 황산제조와 관계가 먼 것은?

① 백금 촉매 사용
② V_2O_5 촉매 사용
③ SO_3 가스를 황산에 흡수시킴
④ SO_3 가스를 물에 흡수시킴

해설

접촉식 황산제조
㉠ 촉매
- Pt 촉매
- V_2O_5 촉매

㉡ 전화기에서 Pt 또는 V_2O_5 촉매를 사용하여 $SO_2 \rightarrow SO_3$로 전환시킨 후 냉각하여 흡수탑에서 98% 황산에 흡수시켜 발연황산을 만든다.

74 고체 $MgCO_3$가 부분적으로 분해되어진 계의 자유도는?

① 1　② 2
③ 3　④ 4

해설

$$F = 2 - p + c - r - s$$
$$= 2 - 3 + 3 - 1 - 0$$
$$= 1$$

$MgCO_3(s) \rightarrow MgO(s) + CO_2(g)$

75 질산과 황산의 혼산에 글리세린을 반응시켜 만드는 물질로 비중이 약 1.6이고 다이너마이트를 제조할 때 사용되는 것은?

① 글리세릴디니트레이트
② 글리세릴모노니트레이트
③ 트리니트로톨루엔
④ 니트로글리세린

해설

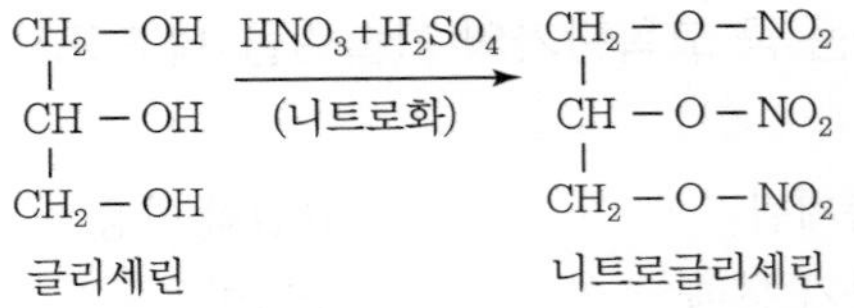

폭약, 다이너마이트 제조

76 아래와 같은 장단점을 갖는 중합반응공정으로 옳은 것은?

[장점]
- 반응열 조절이 용이하다.
- 중합속도가 빠르면서 중합도가 큰 것을 얻을 수 있다.
- 다른 방법으로는 제조하기 힘든 공중합체를 만들 수 있다.

[단점]
- 첨가제에 의한 제품오염의 문제점이 있다.

정답 72 ③ 73 ④ 74 ① 75 ④ 76 ④

① 괴상중합　　② 용액중합
③ 현탁중합　　④ 유화중합

해설

유화중합(에멀션 중합)
- 비누 또는 세제 성분의 일종인 유화제를 사용하여 단량체를 분산매 중에 분산시키고 수용성 개시제를 사용하여 중합시키는 방법이다.
- 중합열의 분산이 용이하고 대량생산에 적합하다.
- 유화중합에 의해 제조되는 고분자는 취급이 간단하고, 반응속도 조절이 용이하며 중합도가 크고 다른 방법으로는 제조가 불가능한 공중합체의 형성이 가능하여 공업적으로 널리 사용되고 있다.
- 세정과 건조가 필요하고 유화제에 의한 오염이 발생한다.
- 분자량이 크다.

77 석유의 증류공정 중 원유에 다량의 황화합물이 포함되어 있을 경우 발생되는 문제점이 아닌 것은?

① 장치 부식　　② 공해 유발
③ 촉매 환원　　④ 악취 발생

해설

스위트닝
부식성과 악취의 메르캅탄, 황화수소, 황 등을 산화하여 이황화물로 만들어 제거하는 정제법

78 수성가스로부터 인조석유를 만드는 합성법으로 옳은 것은?

① Williamson법
② Kolbe－Schmitt법
③ Fischer－Tropsch법
④ Hoffman법

해설

Fischer－Tropsch법
촉매를 사용해서 일산화탄소를 수소화하여 인공석유를 얻는 합성법

79 진성반도체(Intrinsic Semiconductor)에 대한 설명 중 틀린 것은?

① 전자와 Hole쌍에 의해서만 전도가 일어난다.
② Fermi 준위가 Band Gap 내의 Valence Band 부근에 형성된다.
③ 결정 내에 불순물이나 결함이 거의 없는 화학양론적 도체를 이룬다.
④ 낮은 온도에서는 부도체와 같지만 높은 온도에서는 도체와 같이 거동한다.

해설

진성반도체
불순물을 첨가하지 않는 순수한 반도체

반도체의 Fermi(페르미) 준위는 띠간격 중앙에 형성된다.

80 다음 염의 수용액을 전기분해할 때 음극에서 금속을 얻을 수 있는 것은?

① KOH　　② K_2SO_4
③ NaCl　　④ $CuSO_4$

해설

전기분해
- (－)극 : 환원반응 $A^+ + e^- \rightarrow A$
- (＋)극 : 산화반응 $B^- \rightarrow B + e^-$

NaCl(*aq*)
- (＋)극 : $2Cl^- \rightarrow Cl_2 + 2e^-$
- (－)극 : $2H_2O + 2e^- \rightarrow 2H_2\uparrow + 2OH^-$

$CuSO_4$(*aq*)
- (＋)극 : $2H_2O \rightarrow 4H^+ + O_2 + 4e^-$
- (－)극 : $Cu^{2+} + 2e^- \rightarrow Cu$

$$H_2O + Cu^{2+} \rightarrow 2H^+ + \frac{1}{2}O_2 + Cu$$

정답 77 ③ 78 ③ 79 ② 80 ④

5과목 반응공학

81 화학반응에서 $\ln k$와 $\frac{1}{T}$ 사이의 관계를 옳게 나타낸 그래프는?(단, k : 반응속도 상수, T : 온도를 나타내며, 활성화 에너지는 양수이다.)

① 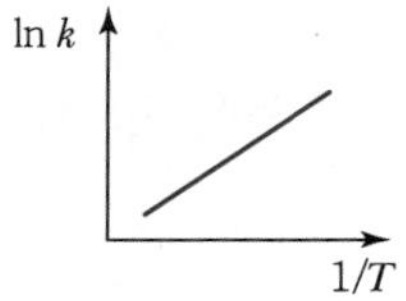

② 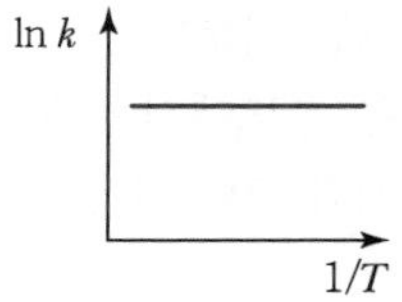

③ 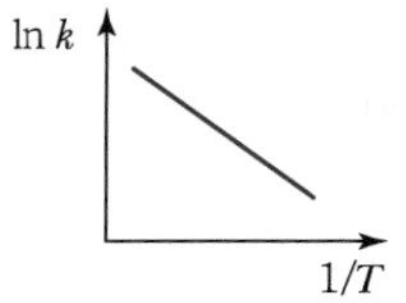

④ 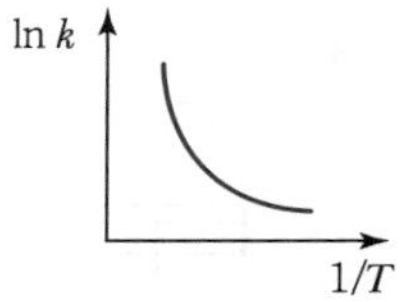

해설

$\ln k = \frac{-E_a}{RT}$

$\ln k$ vs $\frac{1}{T}$ plot

$\rightarrow \frac{-E_a}{R}$이 기울기

82 공간시간(Space Time)에 대한 설명으로 옳은 것은?

① 한 반응기 부피만큼의 반응물을 처리하는 데 필요한 시간을 말한다.

② 반응물이 단위부피의 반응기를 통과하는 데 필요한 시간을 말한다.

③ 단위시간에 처리할 수 있는 원료의 몰수를 말한다.

④ 단위시간에 처리할 수 있는 원료의 반응기 부피의 배수를 말한다.

해설

- 공간시간(τ) : 반응기 부피만큼 처리하는 데 필요한 시간
- 공간속도$(s) = \frac{1}{\tau}$

83 반응물 A가 단일 혼합흐름반응기에서 1차 반응으로 80%의 전환율을 얻고 있다. 기존의 반응기와 동일한 크기의 반응기를 직렬로 하나 더 연결하고자 한다. 현재의 처리속도와 동일하게 유지할 때 추가되는 반응기로 인해 변화되는 반응물의 전환율은?

① 0.90 ② 0.93

③ 0.96 ④ 0.99

해설

CSTR 1차

$k\tau = \frac{X_A}{1-X_A}$

$k\tau = \frac{0.8}{1-0.8} = 4$

$1 - X_{Af} = \frac{1}{(1+k\tau)^N}$

$1 - X_{Af} = \frac{1}{(1+4)^2}$

$\therefore\ X_{Af} = 0.96$

84 어떤 기체 A가 분해되는 단일성분의 비가역 반응에서 A의 초기농도가 340mol/L인 경우 반감기가 100초이고, A기체의 초기농도가 288mol/L인 경우 반감기가 140초라면 이 반응의 반응차수는?

① 0차 ② 1차

③ 2차 ④ 3차

해설

$$n = 1 - \frac{\ln\left(\frac{t_{y2 \cdot 2}}{t_{y2 \cdot 1}}\right)}{\ln\left(\frac{C_{Ao \cdot 2}}{C_{Ao \cdot 1}}\right)} = 1 - \frac{\ln\left(\frac{140}{100}\right)}{\ln\left(\frac{288}{340}\right)} \fallingdotseq 3차$$

정답 81 ③ 82 ① 83 ③ 84 ④

85 화학반응속도의 정의 또는 각 관계식의 표현 중 틀린 것은?

① 단위시간과 유체의 단위체적(V)당 생성된 물질의 몰수(r_i)

② 단위시간과 고체의 단위질량(W)당 생성된 물질의 몰수(r_i)

③ 단위시간과 고체의 단위표면적(S)당 생성된 물질의 몰수(r_i)

④ $\frac{r_i}{V}=\frac{r_i}{W}=\frac{r_i}{S}$

86 정용 회분식 반응기에서 비가역 0차 반응이 완결되는 데 필요한 반응 시간에 대한 설명으로 옳은 것은?

① 초기 농도의 역수와 같다.

② 반응속도 정수의 역수와 같다.

③ 초기 농도를 반응속도 정수로 나눈 값과 같다.

④ 초기 농도에 반응속도 정수를 곱한 값과 같다.

해설

$C_{Ao}-C_A=kt$

$C_{Ao}X_A=kt$

$X_A=1$(반응완결)

$\therefore\ t=\frac{C_{Ao}}{k}$

87 액상 반응물 A가 다음과 같이 반응할 때 원하는 물질 R의 순간수율($\phi(\frac{R}{A})$)을 옳게 나타낸 것은?

$$A \xrightarrow{K_1} R,\ r_R=K_1C_A$$

$$2A \xrightarrow{K_2} 2S,\ r_S=K_2{C_A}^2$$

① $\frac{1}{1+(K_2/K_1)C_A}$ ② $\frac{1}{1+(K_1/K_2)C_A}$

③ $\frac{1}{1+(2K_1/K_2)C_A}$ ④ $\frac{1}{1+(2K_2/K_1)C_A}$

해설

$$\phi\left(\frac{R}{A}\right)=\frac{K_1C_A}{K_1C_A+2K_2C_A^2}=\frac{1}{1+\left(\frac{2K_2}{K_1}\right)C_A}$$

88 다음과 같은 균일계 액상 등온반응을 혼합반응기에서 A의 전환율 90%, R의 총괄수율 0.75로 진행시켰다면, 반응기를 나오는 R의 농도(mol/L)는?(단, 초기농도는 $C_{A0}=10$mol/L, $C_{R0}=C_{S0}=0$이다.)

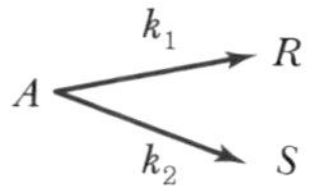

① 0.675 ② 0.75

③ 6.75 ④ 7.50

해설

$C_A=C_{A0}(1-X_A)$

$=10\text{mol/L}(1-0.9)$

$=1\text{mol/L}$

$\varPhi=\frac{dC_R}{dC_A}=\frac{C_R}{10-1}=0.75$

$\therefore\ C_R=6.75\text{mol/L}$

89 압력이 일정하게 유지되는 회분식 반응기에서 초기에 A물질 80%를 포함하는 반응혼합물의 체적이 3분 동안에 20% 감소한다고 한다. 이 기상반응이 $2A\rightarrow R$ 형태의 1차 반응으로 될 때 A물질의 소멸에 대한 속도상수(min^{-1})는?

① −0.135 ② 0.135

③ 0.323 ④ 0.231

정답 85 ④ 86 ③ 87 ④ 88 ③ 89 ④

해설

변용회분반응기 1차 반응

$-\ln\left(1-\frac{\Delta V}{\varepsilon_A V_o}\right)=kt$

$-\ln(1-X_A)=kt$

$\varepsilon_A=y_{Ao}\delta=0.8\frac{1-2}{2}=-0.4$

$V=V_o(1+\varepsilon_A X_A)$

$X_A=\frac{V-V_o}{\varepsilon_A V_o}=\frac{0.8V_o-V_o}{(-0.4)V_o}=0.5$

$-\ln(1-0.5)=k\times 3$

$\therefore\ k=0.231/\text{min}$

90 $A\rightarrow 2R$인 기체상 반응은 기초반응(Elementary Reaction)이다. 이 반응이 순수한 A로 채워진 부피가 일정한 회분식 반응기에서 일어날 때 10분 반응 후 전환율이 80%이었다. 이 반응을 순수한 A를 사용하며 공간시간이 10분인 혼합흐름 반응기에서 일으킬 경우 A의 전환율은?

① 91.5% ② 80.5%
③ 65.5% ④ 51.5%

해설

$-\ln(1-X_A)=kt$

$-\ln(1-0.8)=k\times 10\text{min}$

$\therefore\ k=0.161/\text{min}$

$k\tau=\frac{X_A}{1-X_A}(1+\varepsilon_A X_A)$

$\varepsilon_A=y_{Ao}\delta=\frac{2-1}{1}=1$

$0.161\times 10\text{min}=\frac{X_A}{1-X_A}(1+X_A)$

정리하면 $X_A{}^2+2.61X_A-1.61=0$

$\therefore\ X_A=\frac{-2.61\pm\sqrt{2.61^2+4(1.61)}}{2}$

$=0.515(51.5\%)$

91 순환비가 $R=4$인 순환식 반응기가 있다. 순수한 공급물에서의 초기 전환율이 0일 때, 반응기 출구의 전환율이 0.90이다. 이때 반응기 입구에서의 전환율은?

① 0.72 ② 0.77
③ 0.80 ④ 0.82

해설

$X_{Ai}=\frac{R}{R+1}X_{Af}=\frac{4}{4+1}\times 0.9=0.72$

92 어떤 반응의 속도상수가 25℃일 때 $3.46\times10^{-5}\,s^{-1}$이고 65℃일 때 $4.87\times10^{-3}s^{-1}$이다. 이 반응의 활성화 에너지(kcal/mol)는?

① 10.75 ② 24.75
③ 213 ④ 399

해설

$\ln\frac{K_2}{K_1}=\frac{E_a}{R}\left(\frac{1}{T_1}-\frac{1}{T_2}\right)$

$\ln\frac{48.87\times10^{-3}}{3.46\times10^{-5}}=\frac{E_a}{1.987\text{cal/mol}\cdot\text{K}}\left(\frac{1}{298}-\frac{1}{338}\right)$

$\therefore\ E_a=24{,}752\text{cal/mol}=24.75\text{kcal/mol}$

93 어떤 단일성분 물질의 분해반응은 1차 반응이며 정용 회분식 반응기에서 99%까지 분해하는 데 6,646초가 소요되었을 때, 30%까지 분해하는 데 소요되는 시간(s)은?

① 515 ② 540
③ 720 ④ 813

해설

$-\ln(1-X_A)=kt$

$-\ln(1-0.99)=k\times 6{,}646$

$\therefore\ k=0.000693$

$-\ln(1-0.3)=0.000693\times t$

$\therefore\ t=515\text{s}$

정답 90 ④ 91 ① 92 ② 93 ①

94 $A \leftrightarrows R$인 액상반응에 대한 25℃에서의 평형상수(K_{298})는 300이고 반응열(ΔH_r)은 $-18,000$cal/mol일 때, 75℃에서 평형전환율은?

① 55% ② 69%
③ 79% ④ 93%

해설

$$\ln\frac{K_2}{K_1}=\frac{\Delta H_r}{R}\left(\frac{1}{T_1}-\frac{1}{T_2}\right)$$

$$\ln\frac{K_2}{300}=\frac{-18,000}{1.987}\left(\frac{1}{298}-\frac{1}{348}\right)$$

$\therefore\ K_2=3.78$

$$K_2=\frac{X_{Ae}}{1-X_{Ae}}=3.78$$

$\therefore\ X_{Ae}=0.79(79\%)$

95 $C_{A0}=1$, $C_{R0}=C_{S0}=0$, $A\rightarrow R\leftrightarrow S$, $k_1=k_2=k_{-2}$일 때, 시간이 충분히 지나 반응이 평형에 이르렀을 때 농도의 관계로 옳은 것은?

① $C_A=C_R$ ② $C_A=C_S$
③ $C_R=C_S$ ④ $C_A\neq C_R\neq C_S$

해설

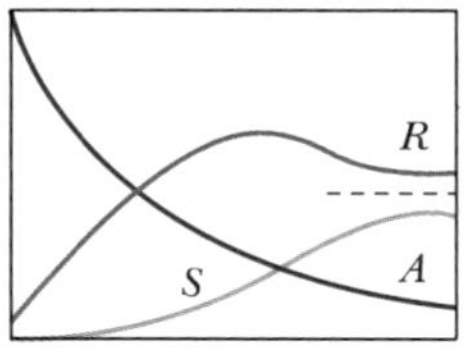

시간이 충분히 흐르면 R과 S는 평형농도(------)에 이르게 된다.

$\therefore\ C_R=C_S$

96 다음과 같은 두 일차 병렬반응이 일정한 온도의 회분식 반응기에서 진행되었다. 반응시간이 1,000초일 때 반응물 A가 90% 분해되어 생성물은 R이 S보다 10배 생성되었다. 반응 초기에 R과 S의 농도를 0으로 할 때, k_1, k_2, k_1/k_2는?

$A\rightarrow R$	$r_{A1}=k_1C_A$
$A\rightarrow 2S$	$r_{A2}=k_2C_A$

① $k_1=0.131/\text{min}$, $k_2=6.57\times10^{-3}/\text{min}$, $k_1/k_2=20$

② $k_1=0.046/\text{min}$, $k_2=2.19\times10^{-3}/\text{min}$, $k_1/k_2=21$

③ $k_1=0.131/\text{min}$, $k_2=11.9\times10^{-3}/\text{min}$, $k_1/k_2=11$

④ $k_1=0.046/\text{min}$, $k_2=4.18\times10^{-3}/\text{min}$, $k_1/k_2=11$

해설

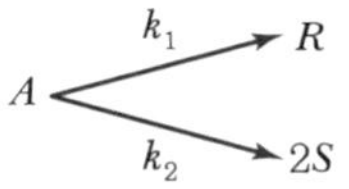

$-\ln(1-X_A)=(k_1+k_2)t$

$\therefore\ k_1=20k_2$

$$-\ln(1-0.9)=(20k_2+k_2)\times1,000\text{s}\times\frac{1\text{min}}{60\text{s}}$$

$k_2=0.00657$

$k_1=20k_2=0.131/\text{min}$

정답 94 ③ 95 ③ 96 ①

97 어떤 반응의 반응속도와 전환율의 상관관계가 아래의 그래프와 같다. 이 반응을 상업화한다고 할 때 더 경제적인 반응기는?(단, 반응기의 유지보수 비용은 같으며, 설치비를 포함한 가격은 반응기 부피에만 의존한다고 가정한다.)

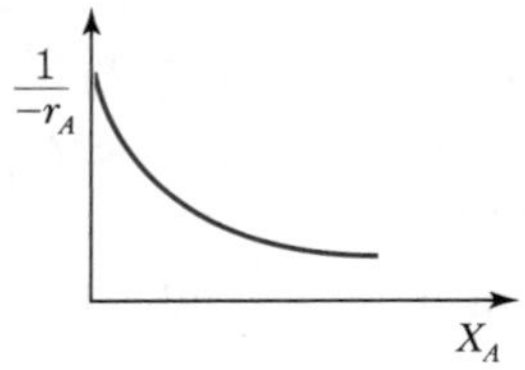

① 플러그 흐름 반응기
② 혼합 흐름 반응기
③ 어느 것이나 상관 없음
④ 플러그 흐름 반응기와 혼합 흐름 반응기를 연속으로 연결

해설

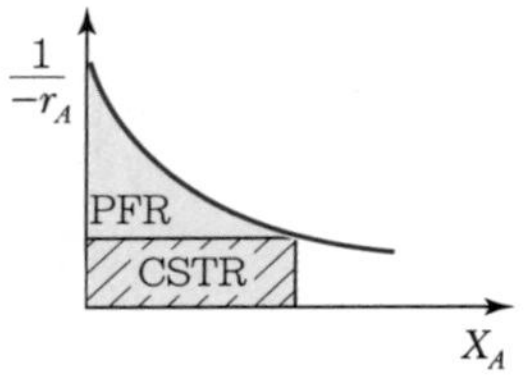

$V_{PFR} > V_{CSTR}$

98 반응차수가 1차인 반응의 반응물 A를 공간시간(Space Time)이 같은 보기의 반응기에서 반응을 진행시킬 때, 반응기 부피 관점에서 가장 유리한 반응기는?

① 혼합 흐름 반응기
② 플러그 흐름 반응기
③ 플러그 흐름 반응기와 혼합 흐름 반응기의 직렬연결
④ 전환율에 따라 다르다.

해설

$n > 0$에 대해 CSTR의 크기는 PFR보다 크다($V_m > V_P$). 이 부피비는 반응차수가 증가할수록 커진다.

99 적당한 조건에서 A는 다음과 같이 분해되고 원료 A의 유입속도가 100L/h일 때 R의 농도를 최대로 하는 플러그 흐름 반응기의 부피(L)는?(단, $k_1 = 0.2$/min, $k_2 = 0.2$/min, $C_{A0} = 1$mol/L, $C_{R0} = C_{S0} = 0$이다.)

$$A \xrightarrow{k_1} R \xrightarrow{k_2} S$$

① 5.33 ② 6.33
③ 7.33 ④ 8.33

해설

$$\tau = \frac{V}{v_o}$$

$v_o = 100\text{L/h} \times 1\text{h}/60\text{min}$

$$\tau = \frac{1}{k} = \frac{1}{0.2} = 5$$

$$5 = \frac{V}{100/60}$$

$\therefore V = 8.33\text{L}$

100 회분반응기(Batch Reactor)의 일반적인 특성에 대한 설명으로 가장 거리가 먼 것은?

① 일반적으로 소량 생산에 적합하다.
② 단위 생산량당 인건비와 취급비가 적게 드는 장점이 있다.
③ 연속조작이 용이하지 않은 공정에 사용된다.
④ 하나의 장치에서 여러 종류의 제품을 생산하는 데 적합하다.

해설

회분식 반응기의 단점
인건비, 취급비가 많이 든다.

정답 97 ② 98 ② 99 ④ 100 ②

2020년 제3회 기출문제

1과목 화공열역학

01 이상기체의 열용량에 대한 설명으로 옳은 것은?

① 이상기체의 열용량은 상태함수이다.
② 이상기체의 열용량은 온도에 무관하다.
③ 이상기체의 열용량은 압력에 무관하다.
④ 모든 이상기체는 같은 값의 열용량을 갖는다.

해설

$$C=\frac{dQ}{dT}$$

이상기체의 열용량은 온도만의 함수이다. ⇒ 압력과는 무관

02 일정온도 80℃에서 라울(Raoult)의 법칙에 근사적으로 일치하는 아세톤과 니트로메탄 이성분계가 기액평형을 이루고 있다. 아세톤의 액상 몰분율이 0.4일 때 아세톤의 기체상 몰분율은?(단, 80℃에서 순수 아세톤과 니트로메탄의 증기압은 각각 195.75, 50.32kPa이다.)

① 0.85　　② 0.72
③ 0.28　　④ 0.15

해설

$$P_A=195.75,\ P_B=50.32$$

$$P=P_Ax_A+P_Bx_B$$
$$=195.75\times0.4+50.32\times0.6$$
$$=108.5\text{kPa}$$

$$y_A=\frac{x_AP_A}{P}=\frac{0.4\times195.75}{108.5}=0.72$$

03 372℃, 100atm에서의 수증기부피(L/mol)는?(단, 수증기는 이상기체라 가정한다.)

① 0.229　　② 0.329
③ 0.429　　④ 0.529

해설

$$PV=nRT$$

$$\frac{V}{n}=\frac{RT}{P}=\frac{0.082\text{L}\cdot\text{atm/mol}\cdot\text{K}\times(273+372)\text{K}}{100\text{atm}}$$
$$=0.529\text{L/mol}$$

04 이상기체에 대한 설명 중 틀린 것은?(단, U : 내부에너지, R : 기체상수, C_p : 정압열용량, C_v : 정적열용량이다.)

① 이상기체의 등온가역 과정에서는 PV값은 일정하다.
② 이상기체의 경우 $C_p-C_v=R$이다.
③ 이상기체의 단열가역 과정에서는 TV값은 일정하다.
④ 이상기체의 경우 $\left(\frac{\partial U}{\partial V}\right)_T=0$ 이다.

해설

$$T=\text{const}$$
$$PV=RT$$

단열

$$\left(\frac{T_2}{T_1}\right)=\left(\frac{V_1}{V_2}\right)^{\gamma-1}\qquad\left(\frac{T_2}{T_1}\right)=\left(\frac{P_2}{P_1}\right)^{\frac{\gamma-1}{\gamma}}$$

$$\frac{P_2}{P_1}=\left(\frac{V_1}{V_2}\right)^{\gamma}$$

- $dU=TdS-PdV$

$$\left(\frac{\partial U}{\partial V}\right)_T=T\left(\frac{\partial S}{\partial V}\right)_T-P=T\left(\frac{\partial P}{\partial T}\right)_V-P$$
$$=\frac{RT}{V}-P=0$$

- $dA=-SdT-PdV$

$$\left(\frac{\partial S}{\partial V}\right)_T=\left(\frac{\partial P}{\partial T}\right)_V$$

- $PV=RT$

$$\left(\frac{\partial P}{\partial T}\right)_V=\frac{R}{V}=C$$

정답 01 ③ 02 ② 03 ④ 04 ③

05 360℃ 고온 열저장고와 120℃ 저온 열저장고 사이에서 작동하는 열기관이 60kW의 동력을 생산한다면 고온 열저장고로부터 열기관으로 유입되는 열량(Q_H ; kW)은?

① 20　　② 85.7
③ 90　　④ 158.3

해설

$T_1 = (273+360)\text{K}$

$T_2 = (273+120)\text{K}$

$$\eta = \frac{T_1 - T_2}{T_1} = \frac{Q_H - Q_C}{Q_H} = \frac{W}{Q_H}$$

$$\frac{240}{633} = \frac{60\text{kW}}{Q_H}$$

$\therefore\ Q_H = 158.3\text{kW}$

06 Joule－Thomson Coefficient를 옳게 나타낸 것은?(단, C_p : 정압열용량, V : 부피, P : 압력, T : 온도를 의미한다.)

① $\left(\frac{\partial T}{\partial P}\right)_H = \frac{1}{C_p}\left[V - T\left(\frac{\partial V}{\partial T}\right)_P\right]$

② $\left(\frac{\partial T}{\partial P}\right)_H = -\frac{1}{C_p}\left[V - T\left(\frac{\partial V}{\partial T}\right)_P\right]$

③ $\left(\frac{\partial T}{\partial P}\right)_H = \frac{1}{C_p}\left[V - T\left(\frac{\partial T}{\partial V}\right)_P\right]$

④ $\left(\frac{\partial T}{\partial P}\right)_H = -C_p\left[V - T\left(\frac{\partial V}{\partial T}\right)_P\right]$

해설

$$\left(\frac{\partial T}{\partial P}\right)_H\left(\frac{\partial P}{\partial H}\right)_T\left(\frac{\partial H}{\partial T}\right)_P = -1$$

$$\left(\frac{\partial T}{\partial P}\right)_H = -\frac{\left(\frac{\partial H}{\partial P}\right)_T}{\left(\frac{\partial H}{\partial T}\right)_P} = -\frac{1}{C_p}\left[V - T\left(\frac{\partial V}{\partial T}\right)_P\right]$$

$dH = TdS + VdP$

$$\left(\frac{\partial H}{\partial P}\right)_T = T\left(\frac{\partial S}{\partial P}\right)_T + V$$

$dG = -SdT + VdP$

$$-\left(\frac{\partial S}{\partial P}\right)_T = \left(\frac{\partial V}{\partial T}\right)_P$$

$$\left(\frac{\partial H}{\partial P}\right)_T = -T\left(\frac{\partial V}{\partial T}\right)_P + V$$

07 다음 중 상태함수가 아닌 것은?

① 일　　② 몰 엔탈피
③ 몰 엔트로피　　④ 몰 내부에너지

해설

W, Q : 경로함수

08 다음 그래프가 나타내는 과정으로 옳은 것은?(단, T는 절대온도, S는 엔트로피이다.)

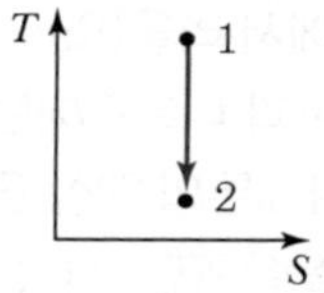

① 등엔트로피과정(Isentropic Process)
② 등온과정(Isothermal Process)
③ 정용과정(Isometric Process)
④ 등압과정(Isobaric Process)

해설

$S_1 = S_2$: 등엔트로피

정답 05 ④ 06 ② 07 ① 08 ①

09 "에너지 보존의 법칙"으로 불리는 것은?

① 열역학 제0법칙 ② 열역학 제1법칙
③ 열역학 제2법칙 ④ 열역학 제3법칙

해설

- 열역학 제0법칙 : 온도계의 원리
- 열역학 제1법칙 : 에너지 보존의 법칙
- 열역학 제2법칙 : 엔트로피의 법칙
- 열역학 제3법칙 : 절대영도에서 엔트로피는 0이다.

10 $CO_2 + H_2 \rightarrow CO + H_2O$ 반응이 760℃, 1기압에서 일어난다. 반응한 CO_2의 몰분율을 x라 하면 이때 평형상수 K_p를 구하는 식으로 옳은 것은?(단, 초기에 CO_2와 H_2는 각각 1몰씩이며, 초기의 CO와 H_2O는 없다고 가정한다.)

① $\dfrac{x^2}{1-x^2}$ ② $\dfrac{x^2}{(1-x)^2}$
③ $\dfrac{x}{1-x}$ ④ $\dfrac{1-x}{x}$

해설

CO_2	+ H_2	→ CO	+ H_2O
1	1	0	0
$-x$	$-x$	$+x$	$+x$
$(1-x)$	$(1-x)$	x	x

$$K_p = \frac{x^2}{(1-x)^2}$$

11 어떤 가역 열기관이 500℃에서 1,000cal의 열을 받아 일을 생산하고 나머지의 열을 100℃의 열소(Heat Sink)에 버린다. 열소의 엔트로피 변화(cal/K)는?

① 1,000 ② 417
③ 41.7 ④ 1.29

해설

$$\eta = \frac{T_1 - T_2}{T_1} = \frac{Q_1 - Q_2}{Q_1}$$

$$\frac{400}{773} = \frac{1{,}000 - Q_2}{1{,}000}$$

$$\therefore Q_2 = 482.5\text{cal}$$

$$\therefore \Delta S_2 = \frac{Q_2}{T_2} = \frac{482.5\text{cal}}{(273+100)\text{K}} = 1.29\text{cal/K}$$

12 화학반응의 평형상수 K의 정의로부터 다음의 관계식을 얻을 수 있을 때, 이 관계식에 대한 설명 중 틀린 것은?

$$\frac{d\ln K}{dT} = \frac{\Delta H^\circ}{RT^2}$$

① 온도에 대한 평형상수의 변화를 나타낸다.
② 발열반응에서는 온도가 증가하면 평형상수가 감소함을 보여준다.
③ 주어진 온도구간에서 ΔH°가 일정하면 $\ln K$를 T의 함수로 표시했을 때 직선의 기울기가 $\dfrac{\Delta H^\circ}{R^2}$이다.
④ 화학반응의 ΔH°를 구하는 데 사용할 수 있다.

해설

$$\ln\frac{K_2}{K_1} = \frac{\Delta H^\circ}{R}\left(\frac{1}{T_1} - \frac{1}{T_2}\right)$$

$$\ln K = -\frac{\Delta H^\circ}{RT}$$

발열 $\Delta H < 0$ $T\uparrow$ $K\downarrow$

직선의 기울기는 $-\dfrac{\Delta H^\circ}{R}$

13 수증기와 질소의 혼합기체가 물과 평형에 있을 때 자유도는?

① 0 ② 1
③ 2 ④ 3

해설

$F = 2 - P + C = 2 - 2 + 2 = 2$

정답 09 ② 10 ② 11 ④ 12 ③ 13 ③

14 카르노 사이클(Carnot Cycle)에 대한 설명으로 틀린 것은?

① 가역 사이클이다.
② 효율은 엔진이 사용하는 작동물질에 무관하다.
③ 효율은 두 열원의 온도에 의하여 결정된다.
④ 비가역 열기관의 열효율은 예외적으로 가역기관의 열효율보다 클 수 있다.

해설

카르노 사이클(Carnot Cycle)
- 어떤 기관도 Carnot 엔진보다 열효율이 높을 수는 없다.
- Carnot 엔진의 열효율은 온도의 높고 낮음에만 관계되고 엔진이 사용하는 작동물질에는 무관하다.

15 화학반응에서 정방향으로 반응이 계속 일어나는 경우는?(단, ΔG : 깁스자유에너지 변화량, K : 평형상수이다.)

① $\Delta G = K$
② $\Delta G = 0$
③ $\Delta G > 0$
④ $\Delta G < 0$

해설

$$\ln K = \frac{-\Delta G^\circ}{RT}$$

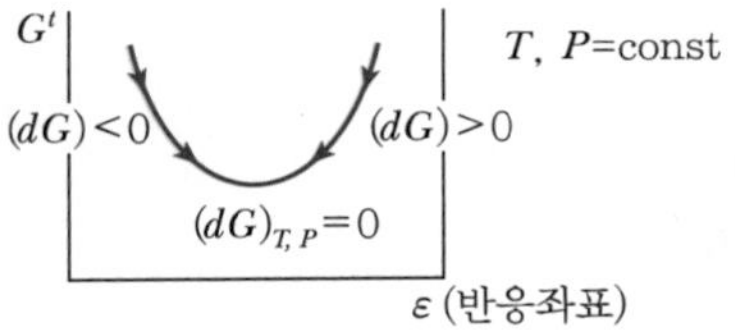

16 반데르발스(Van der Waals)의 상태식에 따르는 n mol의 기체가 초기 용적(v_1)에서 나중 용적(v_2)으로 정온가역적으로 팽창할 때 행한 일의 크기를 나타낸 식으로 옳은 것은?

① $W = nRT\ln\left(\dfrac{v_1 - nb}{v_2 - nb}\right) - n^2a\left(\dfrac{1}{v_1} - \dfrac{1}{v_2}\right)$

② $W = nRT\ln\left(\dfrac{v_2 - nb}{v_1 - nb}\right) - n^2a\left(\dfrac{1}{v_1} + \dfrac{1}{v_2}\right)$

③ $W = nRT\ln\left(\dfrac{v_2 - nb}{v_1 - nb}\right) + n^2a\left(\dfrac{1}{v_2} - \dfrac{1}{v_1}\right)$

④ $W = nRT\ln\left(\dfrac{v_2 - nb}{v_1 - nb}\right) + n^2a\left(\dfrac{1}{v_1} + \dfrac{1}{v_2}\right)$

해설

$$\left(P + \frac{n^2}{V^2}a\right)(V - nb) = nRT$$

$$W = \int_{v_1}^{v_2} PdV = \int_{v_1}^{v_2}\left(\frac{nRT}{V-nb} - \frac{n^2}{V^2}a\right)dV$$

$$= nRT\ln\frac{v_2 - nb}{v_1 - nb} + n^2a\left(\frac{1}{v_2} - \frac{1}{v_1}\right)$$

17 비압축성 유체의 성질이 아닌 것은?

① $\left(\dfrac{\partial H}{\partial P}\right)_T = 0$

② $\left(\dfrac{\partial V}{\partial T}\right)_P = 0$

③ $\left(\dfrac{\partial V}{\partial P}\right)_T = 0$

④ $\left(\dfrac{\partial U}{\partial P}\right)_T = 0$

해설

$$\left(\frac{\partial V}{\partial T}\right)_P = 0 \qquad \left(\frac{\partial V}{\partial P}\right)_T = 0$$

$$dU = TdS - PdV$$

$$\left(\frac{\partial U}{\partial P}\right)_T = T\left(\frac{\partial S}{\partial P}\right)_T - P\left(\frac{\partial V}{\partial P}\right)_T$$

$$= -T\left(\frac{\partial V}{\partial T}\right)_P - P\left(\frac{\partial V}{\partial P}\right)_T = 0$$

$$dG = -SdT + VdP$$

$$-\left(\frac{\partial S}{\partial P}\right)_T = \left(\frac{\partial V}{\partial T}\right)_P$$

$$dH = TdS + VdP$$

$$\left(\frac{\partial H}{\partial P}\right)_T = T\left(\frac{\partial S}{\partial P}\right)_T + V = -T\left(\frac{\partial V}{\partial T}\right)_P + V = V$$

정답 14 ④ 15 ④ 16 ③ 17 ①

18 오토(Otto) 사이클의 효율(η)을 표시하는 식으로 옳은 것은?(단, γ : 비열비, r_v : 압축비, r_f : 팽창비이다.)

① $\eta = 1 - \left(\frac{1}{r_v}\right)^{\gamma - 1}$

② $\eta = 1 - \left(\frac{1}{r_v}\right)^{\gamma}$

③ $\eta = 1 - \left(\frac{1}{r_v}\right)^{\frac{\gamma - 1}{\gamma}}$

④ $\eta = 1 - \left(\frac{1}{r_v}\right)^{\frac{\gamma - 1}{\gamma}} \cdot \frac{{r_f}^{\gamma - 1}}{\gamma(r_f - 1)}$

해설

Otto 사이클의 효율

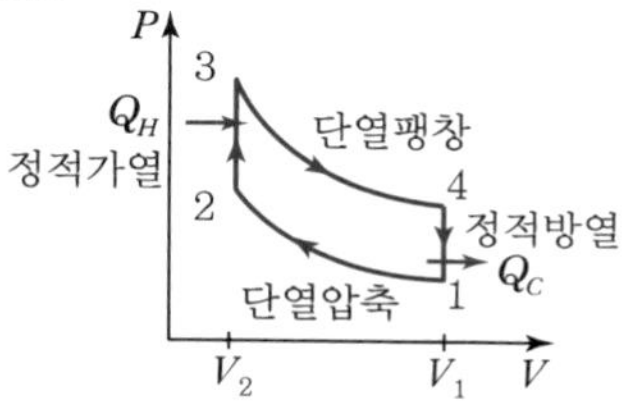

↱ 비열비

$\eta = 1 - \left(\frac{1}{r}\right)^{\gamma - 1}$

↳ 압축비

$r = \frac{V_1}{V_2}$ $\quad \frac{1}{r} = \left(\frac{V_2}{V_1}\right)$

19 열전도도가 없는 수평 파이프 속에 이상기체가 정상상태로 흐른다. 이상기체의 유속이 점점 증가할 때 이 상기체의 온도변화로 옳은 것은?

① 높아진다.

② 낮아진다.

③ 일정하다.

④ 높아졌다 낮아짐을 반복한다.

해설

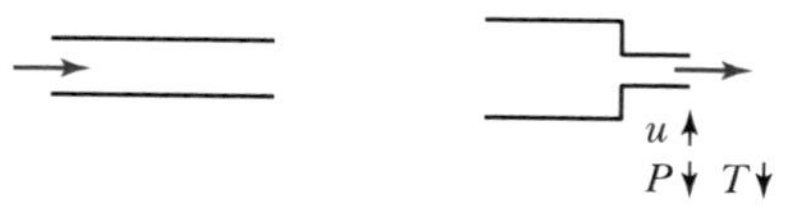

$$\frac{\Delta u^2}{2} + g\Delta z + \frac{\Delta P}{\rho} = 0$$

유속↑ 운동E↑ 외부에서 열이 가해지지 않으면 다른 에너지의 감소가 초래되므로 그 결과 온도가 감소한다.

20 2.0atm의 압력과 25℃의 온도에 있는 2.0몰의 수소가 동일 조건에 있는 3.0몰의 암모니아와 이상적으로 혼합될 때 깁스자유에너지 변화량(ΔG ; kJ)은?

① −8.34 ② −5.58

③ 8.34 ④ 5.58

해설

$\Delta G = RT\sum x_i \ln x_i$

$$y_{H_2} = \frac{2}{2+3} = 0.4$$

$$y_{N_2} = \frac{3}{2+3} = 0.6$$

$$\begin{aligned}\Delta G &= n_A RT\ln y_A + n_B RT\ln y_B \\ &= 2\text{mol}(8.314\text{J/mol}\cdot\text{K})(298\text{K})\ln 0.4 \\ &\quad + 3(8.314)(298)\ln 0.6 \\ &= -8{,}337\text{J} \\ &= -8.34\text{kJ}\end{aligned}$$

정답 18 ① 19 ② 20 ①

2과목 단위조작 및 화학공업양론

21 30℃, 760mmHg에서 공기의 수증기압이 25mmHg이고 같은 온도에서 포화 수증기압이 $0.0433kg_f/cm^2$일 때, 상대습도(%)는?

① 48.6 ② 52.7
③ 58.4 ④ 78.5

해설

$$H_R = \frac{p_V}{p_S} \times 100[\%]$$

$$p_V = 25\text{mmHg}$$

$$p_S = 0.0433\text{kg}_f/\text{cm}^2 \times \frac{760\text{mmHg}}{1.0332\text{kg}_f/\text{cm}^2}$$

$$= 31.85\text{mmHg}$$

$$H_R = \frac{25}{31.85} \times 100 = 78.5\%$$

22 표준상태에서 일산화탄소의 완전연소 반응열(kcal/gmol)은?(단, 일산화탄소와 이산화탄소의 표준생성엔탈피는 아래와 같다.)

$$C(s) + \frac{1}{2}O_2(g) \rightarrow CO(g),\ \Delta H = -26.4157\text{kcal/gmol}$$
$$C(s) + O_2(g) \rightarrow CO_2(g),\ \Delta H = -94.0518\text{kcal/gmol}$$

① −67.6361 ② 63.6361
③ 94.0518 ④ −94.0518

해설

$$CO \rightarrow C + \frac{1}{2}O_2 \quad \Delta H = 26.4157$$

$$+)\ C + O_2 \rightarrow CO_2 \quad \Delta H = -94.0518$$

$$CO + \frac{1}{2}O_2 \rightarrow CO_2$$

$$\therefore \Delta H = -67.6361\text{kcal/gmol}$$

23 25℃에서 10L의 이상기체를 1.5L까지 정온 압축시켰을 때 주위로부터 2,250cal의 일을 받았다면 압축한 이상기체의 몰수(mol)는?

① 0.5 ② 1
③ 2 ④ 3

해설

$$W = \int P\,dV = \int \frac{nRT}{V}dV = nRT\ln\frac{V_2}{V_1}$$

$$-2{,}250\text{cal} = n \times 1.987\text{cal/mol}\cdot\text{K} \times (298\text{K})\ln\frac{1.5}{10}$$

$$\therefore n = 2$$

24 대응상태원리에 대한 설명 중 틀린 것은?

① 물질의 극성, 비극성 구조의 효과를 고려하지 않은 원리이다.
② 환산상태가 동일해도 압력이 다르면 두 물질의 압축계수는 다르다.
③ 단순구조의 한정된 물질에 적용 가능한 원리이다.
④ 환산상태가 동일하면 압력이 달라도 두 물질의 압축계수는 유사하다.

해설

- 이심인자 : $\omega = -1.0 - \log(P_r^{sat})_{T_r = 0.7}$
- 단순유체 : Ar, Kr, Xe : $\omega = 0$

동일한 ω을 갖는 모든 유체들은 같은 T_r, P_r에서 거의 동일한 z값을 가지며 이상기체 거동에서 벗어나는 정도도 비슷하다.

대응상태의 원리
모든 유체들은 같은 환산온도와 환산압력에서 비교하면 대체로 거의 같은 압축인자를 가지며, 이상기체 거동에서 벗어나는 정도도 거의 비슷하다.

$$P_r = \frac{P}{P_c} \quad T_r = \frac{T}{T_c}$$

정답 21 ④ 22 ① 23 ③ 24 ②

25 질소 280kg과 수소 64kg이 반응기에서 500℃, 300 atm 조건으로 반응되어 평형점에서 전체 몰수를 측정하였더니 26kmol이었다. 반응기에서 생성된 암모니아(kg)는?

① 272　② 160
③ 136　④ 80

해설

$$280\text{kgN}_2 \times \frac{1\text{kmol}}{28\text{kg}} = 10\text{kmol}$$

$$64\text{kgH}_2 \times \frac{1\text{kmol}}{2\text{kg}} = 32\text{kmol}$$

N_2	$+\ 3H_2$	$\rightarrow\ 2NH_3$
10	32	0
$-x$	$-3x$	$+2x$
$(10-x)$	$(32-3x)$	$2x$

$10-x+32-3x+2x=26 \quad \therefore x=8$

$$NH_3 = 2\times 8\text{kmol} \times \frac{17\text{kg}}{1\text{kmolNH}_3} = 272\text{kg}$$

26 기화잠열을 추산하는 방법에 대한 설명 중 틀린 것은?

① 포화압력의 대수값과 온도역수의 도시로부터 잠열을 추산하는 공식은 Clausius－Clapeyron Equation이다.
② 기화잠열과 임계온도가 일정 비율을 가지고 있다고 추론하는 방법은 Trouton's Rule이다.
③ 환산온도와 기화열로부터 잠열을 구하는 공식은 Watson's Equation이다.
④ 정상비등온도와 임계온도 압력을 이용하여 잠열을 구하는 공식은 Riedel's Equation이다.

해설

- Clausius－Clapeyron Equation

$$\ln\frac{P_2}{P_1} = \frac{\Delta H}{R}\left(\frac{1}{T_1} - \frac{1}{T_2}\right)$$

- Trouton's Rule
  정상 끓는점에서 순수한 액체들의 증발잠열에 대한 개략적인 추정값

$$\frac{\Delta H_n}{RT_n} \sim \text{일정한 값}$$

- Watson's Equation

$$\frac{\Delta H_2}{\Delta H_1} = \left(\frac{1-T_{r2}}{1-T_{r1}}\right)^{0.38}$$

- Riedel 식

$$\frac{\Delta H_n}{RT_n} = \frac{1.092(\ln P_c - 1.013)}{0.930 - T_{rn}}$$

27 원유의 비중을 나타내는 지표로 사용되는 것은?

① Baumé　② Twaddell
③ API　④ Sour

해설

- $\text{Baumé도} = \dfrac{140}{\text{sp.gr}} - 130 \ (\rho < 1)$

  $\text{Bé} = 145 - \dfrac{145}{\text{sp.gr}} \ (\rho > 1)$

- $\text{API도} = \dfrac{141.5}{\text{sp.gr}\left(\dfrac{60}{60}\right)} - 131.5$

  → 석유공업 및 석유제품의 비중에 이용
- Tw도 : 물보다 무거운 액체에 사용
  $\text{Tw도} = 200(\text{sp.gr} - 1)$

28 $CO(g)$를 활용하기 위해 162g의 C, 22g의 H_2의 혼합연료를 연소하여 CO_2 11.1vol%, CO 2.4vol%, O_2 4.1vol%, N_2 82.4vol% 조성의 연소가스를 얻었다. CO의 완전연소를 고려하지 않은 공기의 과잉공급률(%)은? (단, 공기의 조성은 O_2 21vol%, N_2 79vol%이다.)

① 15.3　② 17.3
③ 20.3　④ 23.0

해설

$$162\text{gC} \times \frac{1\text{mol}}{12\text{g}} = 13.5\text{mol} \qquad 22\text{gH}_2 \times \frac{1\text{mol}}{2\text{g}} = 11\text{mol}$$

$C + \frac{1}{2}O_2 \rightarrow CO$
2.4　$\frac{1}{2}\times 2.4$

$H_2 + \frac{1}{2}O_2 \rightarrow H_2O$
11　$\frac{1}{2}\times 11$

$C + O_2 \rightarrow CO_2$
11.1　11.1

정답 25 ① 26 ② 27 ③ 28 ④

$\therefore$ 이론량 $O_2 = 2.4 \times \frac{1}{2} + 11 \times \frac{1}{2} + 11.1 = 17.8$

이론량 Air $= 17.8 \times \frac{1}{0.21} = 84.76$

$$100\text{mol}\begin{cases} CO\ 2.4\% \\ CO_2\ 11.1\% \end{cases} 13.5\%,\quad O_2\ 4.1\% \rightarrow \text{과잉량Air} = 4.1 \times \frac{1}{0.21} = 19.52\text{mol},\quad N_2\ 82.4\%$$

과잉% $= \frac{\text{과잉량}}{\text{이론량}} \times 100 = \frac{19.52}{84.76} \times 100 = 23\%$

29 상, 상평형 및 임계온도에 대한 다음 설명 중 틀린 것은?

① 순성분의 기액평형 압력은 그때의 증기압과 같다.
② 3중점에 있는 계의 자유도는 0이다.
③ 평형온도보다 높은 온도의 증기는 과열증기이다.
④ 임계온도는 그 성분의 기상과 액상이 공존할 수 있는 최저온도이다.

해설

② $F = 2 - P + C = 2 - 3 + 1 = 0$
④ 임계온도는 그 성분의 기상과 액상이 공존할 수 있는 최고온도이다(그때의 압력 → 임계압력).

30 20℃, 740mmHg에서 N_2 79mol%, O_2 21mol% 공기의 밀도(g/L)는?

① 1.17　② 1.23
③ 1.35　④ 1.42

해설

$M = x_A M_A + x_B M_B$
$= 0.79 \times 28 + 0.21 \times 32 = 28.84$

$PV = \frac{w}{M} RT$

$d = \frac{w}{V} = \frac{PM}{RT}$

$$= \frac{740\text{mmHg} \times \frac{1\text{atm}}{760\text{mmHg}} \times 28.84\text{g/mol}}{0.082\text{L} \cdot \text{atm/mol} \cdot \text{K} \times 293\text{K}}$$

$= 1.17\text{g/L}$

31 벤젠과 톨루엔의 2성분계 정류조작의 자유도(Degrees of Freedom)는?

① 0　② 1
③ 2　④ 3

해설

$F = 2 - P + C = 2 - 2 + 2 = 2$

32 완전 흑체에서 복사 에너지에 관한 설명으로 옳은 것은?

① 복사면적에 반비례하고 절대온도에 비례
② 복사면적에 비례하고 절대온도에 비례
③ 복사면적에 반비례하고 절대온도의 4승에 비례
④ 복사면적에 비례하고 절대온도의 4승에 비례

해설

$q = 4.88A\left(\frac{T}{100}\right)^4 \text{kcal/h}$
$= 4.88 \times 10^{-8} A T^4$
$\sigma = 4.88 \times 10^{-8} \text{kcal/m}^2 \cdot \text{h} \cdot \text{K}^4$
$= 0.1713 \times 10^{-8} \text{Btu/ft}^2 \cdot \text{h} \cdot \text{R}^4$

33 중력가속도가 지구와 다른 행성에서 물이 흐르는 오리피스의 압력차를 측정하기 위해 U자관 수은압력계(Manometer)를 사용하였더니 압력계의 읽음이 10cm이고 이때의 압력차가 0.05kgf/cm²였다. 같은 오리피스에 기름을 흘려보내고 압력차를 측정하니 압력계의 읽음이 15cm라고 할 때 오리피스에서의 압력차(kgf/cm²)는? (단, 액체의 밀도는 지구와 동일하며, 수은과 기름의 비중은 각각 13.5, 0.8이다.)

① 0.0750
② 0.0762
③ 0.0938
④ 0.1000

정답 29 ④ 30 ① 31 ③ 32 ④ 33 ②

해설

$$\Delta P = \frac{g}{g_c}(\rho_A - \rho_B)R$$
$$= \frac{g}{9.8}(13.5-1)\times 1{,}000 \times 0.1$$
$$= 0.05\text{kg}_f/\text{cm}^2 \times \frac{100^2\text{cm}^2}{1\text{m}^2}$$
$$= 500\text{kg}_f/\text{m}^2$$
$$\therefore\ g = 3.92\text{m/s}^2$$
$$\Delta P = \frac{3.92}{9.8}(13.5-0.8)\times 1{,}000\times 0.15$$
$$= 762\text{kg}_f/\text{m}^2 = 0.0762\text{kg}_f/\text{cm}^2$$

34 1atm, 건구온도 65℃, 습구온도 32℃일 때 습윤공기의 절대습도($\frac{\text{kg}_{H_2O}}{\text{kg}_{건조공기}}$)는?(단, 습구온도 32℃의 상대습도 : 0.031, 기화잠열 : 580kcal/kg, 습구계수 : 0.227kg · kcal/℃)

① 0.012 ② 0.018
③ 0.024 ④ 0.030

해설

$$H_w - H = \frac{0.227}{580}(65-32) = 0.0129$$

$\frac{p_v}{p_s} = 0.031$ $\qquad p_s = 32.26p_v$

$$\frac{32.26p_v}{760-32.26p_v} - \frac{p_v}{760-p_v} = 0.0129$$

$p_v = 13.44$

$$\frac{13.44}{760-13.44} = 0.018$$

35 막 분리 공정 중 역삼투법에서 물과 염류의 수송 메커니즘에 대한 설명으로 가장 거리가 먼 것은?

① 물과 용질은 용액 확산 메커니즘에 의해 별도로 막을 통해 확산된다.
② 치밀층의 저압 쪽에서 1atm일 때 순수가 생성된다면 활동도는 사실상 1이다.
③ 물의 플럭스 및 선택도는 압력차에 의존하지 않으나 염류의 플럭스는 압력차에 따라 크게 증가한다.
④ 물 수송의 구동력은 활동도 차이이며, 이는 압력차에서 공급물과 생성물의 삼투압 차이를 뺀 값에 비례한다.

해설

- 역삼투 : 묽은 수용액으로부터 순수한 물 제조에 이용
- 용질은 용액 확산 메커니즘에 의해 별도로 막을 통해 확산
- 치밀한 고분자 중의 물의 농도는 용액 중의 물의 활동도에 비례

36 비중 1.2, 운동점도 0.254St인 어떤 유체가 안지름이 1inch인 관을 0.25m/s의 속도로 흐를 때, Reynolds 수는?

① 2.5 ② 98
③ 250 ④ 300

해설

$$N_{Re} = \frac{Du\rho}{\mu} = \frac{Du}{\nu}$$
$$= \frac{1\text{in}\times\frac{2.54\text{cm}}{1\text{in}}\times 0.25\text{m/s}\times\frac{100\text{cm}}{1\text{m}}\times 1.2\text{g/cm}^3}{0.3048}$$
$$= 250$$

$0.254\text{St} = \frac{\mu}{1.2}$ $\qquad \therefore\ \mu = 0.3048$

$$N_{Re} = \frac{Du}{\nu} = \frac{(1\times 2.54)(0.25\times 100)}{0.254} = 250$$

37 성분 A, B가 각각 50mol%인 혼합물을 Flash 증류하여 Feed의 50%를 유출시켰을 때 관출물의 A조성($X_{W,A}$)은?(단, 혼합물의 비휘발도(α_{AB})는 2이다.)

① $X_{W,A} = 0.31$ ② $X_{W,A} = 0.41$
③ $X_{W,A} = 0.59$ ④ $X_{W,A} = 0.85$

해설

$Fx_A = Dy + Wx_w$
F : 100mol 기준
$100\times 0.5 = 50y + 50x_w$
$1 = y + x_w$

정답 34 ② 35 ③ 36 ③ 37 ②

$$y=\frac{\alpha x}{1+(\alpha-1)x}=\frac{2x}{1+x}$$

$$1-x_w=\frac{2x_w}{1+x_w}$$

$$1-x_w^2=2x_w$$

$$x_w^2+2x_w-1=0$$

$$x_w=\frac{-1\pm\sqrt{1^2+1}}{1}=-1\pm\sqrt{2}=0.41$$

38 열교환기에 사용되는 전열튜브(Tube)의 두께를 Birmingham Wire Gauge(BWG)로 표시하는데 다음 중 튜브의 두께가 가장 두꺼운 것은?

① BWG 12
② BWG 14
③ BWG 16
④ BWG 18

해설

- Schedule No.가 클수록 관이 두껍다.
- BWG가 작을수록 두껍다.

39 다음 중 기체수송장치가 아닌 것은?

① 선풍기(Fan)
② 회전펌프(Rotary Pump)
③ 송풍기(Blower)
④ 압축기(Compressor)

해설

펌프 : 액체수송장치

40 추출조작에 이용하는 용매의 성질로서 옳지 않은 것은?

① 선택도가 클 것
② 값이 저렴하고 환경친화적일 것
③ 화학 결합력이 클 것
④ 회수가 용이할 것

해설

추제의 선택조건

- 선택도가 커야 한다.

  $$\beta=\frac{k_A}{k_B}=\frac{y_A/x_A}{y_B/x_B}$$

  여기서, y_A : 추출상, x_A : 추잔상

- 회수가 용이해야 한다.
- 값이 싸고 화학적으로 안정해야 한다.
- 비점·응고점이 낮으며 부식성과 유독성이 적고 추질과의 비중차가 클수록 좋다.

3과목 공정제어

41 PID 제어기에서 미분동작에 대한 설명으로 옳은 것은?

① 제어에러의 변화율에 반비례하여 동작을 내보낸다.
② 미분동작이 너무 작으면 측정잡음에 민감하게 된다.
③ 오프셋을 제거해 준다.
④ 느린 동특성을 가지고 잡음이 적은 공정의 제어에 적합하다.

해설

$$m(t)=\overline{m}+K_c e(t)+\frac{K_c}{\tau_I}\int e(t)dt+K_c\tau_D\frac{de(t)}{dt}$$

미분동작 : 응답속도가 빨라지며, 잡음에 민감하다.

42 $G(s)=\dfrac{1}{s^2(s+1)}$ 인 계의 Unit Impulse 응답은?

① $t-1+e^{-t}$
② $t+1+e^{-t}$
③ $t-1-e^{-t}$
④ $t+1-e^{-t}$

정답 38 ① 39 ② 40 ③ 41 ④ 42 ①

해설

$X(s)=1$

$$Y(s)=\frac{1}{s^2(s+1)}=\frac{A}{s}+\frac{B}{s^2}+\frac{C}{s+1}$$

$$=\frac{-1}{s}+\frac{1}{s^2}+\frac{1}{s+1}$$

$$y(t)=-1+t+e^{-t}$$

$$=t-1+e^{-t}$$

43 그림과 같은 음의 피드백(Negative Feedback)에 대한 설명으로 틀린 것은?(단, 비례상수 K는 상수이다.)

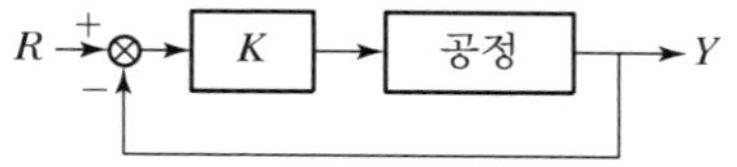

① 불안정한 공정을 안정화시킬 수 있다.
② 안정한 공정을 불안정하게 만들 수 있다.
③ 설정치(R) 변화에 대해 Offset이 발생한다.
④ K값에 상관없이 R값 변화에 따른 응답(Y)에 진동이 발생하지 않는다.

해설

㉠ 음의 되먹임(Negative Feedback)
- 설정값과 측정변수의 오차를 줄이는 방향으로 제어요소를 제어하는 데 사용한다.
- 본질적으로 루프 내의 신호를 안정화시키는 경향이 있다. 잘못 설계 시 불안정해질 수도 있다.

㉡ 양의 되먹임(Positive Feedback)
- 설정값과 측정변수의 합으로 주어진다.
- 불안정성을 유발한다.

44 다음 블록선도로부터 서보 문제(Servo Problem)에 대한 총괄전달함수 C/R는?

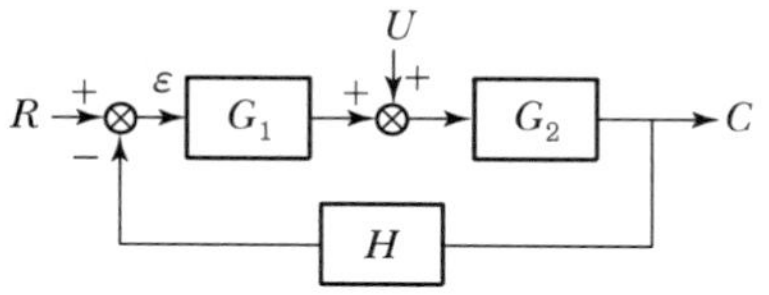

① $\dfrac{G_2}{1+G_1G_2H}$ ② $\dfrac{G_1}{1+G_1G_2H}$

③ $\dfrac{G_1G_2}{1+G_1G_2H}$ ④ $\dfrac{G_1G_2H}{1+G_1G_2H}$

해설

$$G=\frac{C}{R}=\frac{G_1G_2}{1+G_1G_2H}$$

45 Routh－Hurwitz 안전성 판정이 가장 정확하게 적용되는 공정은?(단, 불감시간은 Dead Time을 뜻한다.)

① 선형이고 불감시간이 있는 공정
② 선형이고 불감시간이 없는 공정
③ 비선형이고 불감시간이 있는 공정
④ 비선형이고 불감시간이 없는 공정

해설

Routh－Hurwitz 안전성 판정은 공정이 선형이고, 지연시간, 불감시간(Dead Time)이 없는 공정에 정확하게 적용된다.

46 Laplace 변환에 대한 설명 중 틀린 것은?

① 모든 시간의 함수는 해당되는 Laplace 변환을 갖는다.
② Laplace 변환을 통해 함수의 주파수 영역에서의 특성을 알 수 있다.
③ 상미분방정식을 Laplace 변환하면 대수방정식으로 바뀐다.
④ Laplace 변환은 선형 변환이다.

해설

Laplace 변환은 미분방정식을 대수방정식으로 전환하며, 공정제어시스템의 표현과 해석이 용이한 선형 변환이다.

$$F(s)=\mathcal{L}\{f(t)\}=\int_0^{\infty} f(t)e^{-st}dt$$

정답 43 ④ 44 ③ 45 ② 46 ①

47 비례적분(PI) 제어계에 단위계단 변화의 오차가 인가되었을 때 비례이득(K_c) 또는 적분시간(τ_1)을 응답으로부터 구하는 방법이 타당한 것은?

① 절편으로부터 적분시간을 구한다.
② 절편으로부터 비례이득을 구한다.
③ 적분시간과 무관하게 기울기에서 비례이득을 구한다.
④ 적분시간은 구할 수 없다.

해설

$G_c = K_c\left(1+\frac{1}{\tau_I s}\right)$

$M(s) = K_c\left(1+\frac{1}{\tau_I s}\right)\frac{1}{s} = K_c\left(\frac{1}{s}+\frac{1}{\tau_I s^2}\right)$

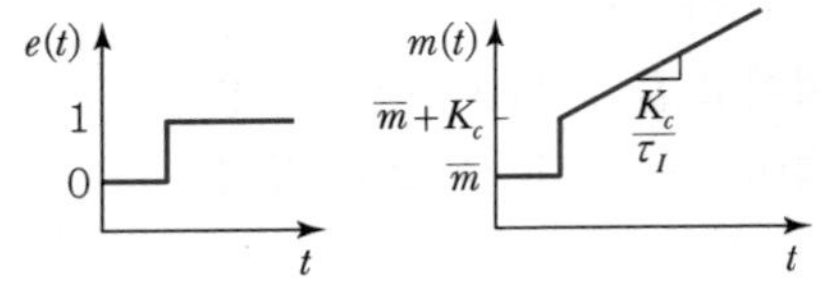

$m(t) = \overline{m} + K_c + \frac{K_c}{\tau_I}t$

K_c : y절편, $\frac{K_c}{\tau_I}$: 기울기

48 Amplitude Ratio가 항상 1인 계의 전달함수는?

① $\frac{1}{s+1}$　② $\frac{1}{s-0.1}$
③ $e^{-0.2s}$　④ $s+1$

해설

AR(진폭비) $=1$

$AR = \frac{K}{\sqrt{\tau^2\omega^2+1}}$　$K=1$

$AR = \frac{K}{\sqrt{(1-\tau^2\omega^2)^2+(2\tau\omega\zeta)^2}}$

$\omega \rightarrow 0$

$G(s) = e^{-\theta s}$　$G_c(i\omega) = e^{-\theta\omega i}$

$AR = |G_c(i\omega)| = |e^{-\theta\omega i}| = 1$

$\phi = \angle G(i\omega) = -\theta\omega$

49 $G(s) = \frac{4}{(s+1)^2}$ 인 공정에 피드백 제어계(Unit Feedback System)를 구성할 때, 폐회로(Closed Loop) 전체의 전달함수가 $G_d(s) = \frac{1}{(0.5s+1)^2}$ 이 되게 하는 제어기는?

① $\frac{1}{4}\left(1+\frac{1}{2s}+\frac{1}{2}s\right)$
② $\frac{1}{2}\left(1+\frac{1}{s}+\frac{1}{4}s\right)$
③ $\frac{1}{4}\left(1+\frac{1}{s}+\frac{1}{4}s\right)$
④ $\frac{(s+1)^2}{s(s+4)}$

해설

$G_c = \frac{1}{G}\left[\frac{\left(\frac{C}{R}\right)_d}{1-\left(\frac{C}{R}\right)_d}\right]$

$G_c = \frac{1}{G}\left[\frac{G_d}{1-G_d}\right]$

$= \frac{(s+1)^2}{4}\left[\frac{\frac{1}{(0.5s+1)^2}}{1-\frac{1}{(0.5s+1)^2}}\right] = \frac{(s+1)^2}{s(s+4)}$

50 열교환기에서 유출물의 온도를 제어하려고 한다. 열교환기는 공정이득 1, 시간상수 10을 갖는 1차계 공정의 특성을 나타내는 것으로 파악되었다. 온도 감지기는 시간상수 1을 갖는 1차계 공정 특성을 나타낸다. 온도 제어를 위하여 비례 제어기를 사용하여 되먹임 제어시스템을 채택할 경우, 제어시스템이 임계감쇠계(Critically Damped System) 특성을 나타낼 경우의 제어기 이득(K_c) 값은?(단, 구동기의 전달함수는 1로 가정한다.)

① 1.013　② 2.025
③ 4.050　④ 8.100

정답 47 ② 48 ③ 49 ④ 50 ②

해설

$K=1 \quad \tau=10$

1차계 $G=\dfrac{1}{10s+1} \quad \dfrac{1}{s+1}$

$$1+\frac{K_c}{(10s+1)(s+1)}=0$$

$(10s+1)(s+1)+K_c=0$

$10s^2+11s+1+K_c=0$

$$\frac{10}{1+K_c}s^2+\frac{11}{1+K_c}s+1=0$$

$$\tau=\sqrt{\frac{10}{1+K_c}} \quad 2\tau\zeta=\frac{11}{1+K_c}(\zeta=1) \quad \tau=\frac{5.5}{1+K_c}$$

$$\frac{10}{1+K_c}=\frac{5.5^2}{(1+K_c)^2}$$

$\therefore\ K_c=2.025$

51 자동차를 운전하는 것을 제어시스템의 가동으로 간주할 때 도로의 차선을 유지하며 자동차가 주행하는 경우 자동차의 핸들은 제어시스템을 구성하는 요소 중 어디에 해당하는가?

① 감지기　　② 조작변수
③ 구동기　　④ 피제어변수

해설

핸들 = 조작변수 = 조절변수

52 단일입출력(Single Input Single Output ; SISO) 공정을 제어하는 경우에 있어서, 제어의 장애 요소로 다음 중 가장 거리가 먼 것은?

① 공정지연시간(Dead Time)
② 밸브 무반응 영역(Valve Deadband)
③ 공정 변수 간의 상호작용(Interaction)
④ 공정 운전상의 한계

해설

공정 변수 간의 상호작용은 다중입력 – 다중출력이다.

53 2차계 시스템에서 시간의 변화에 따른 응답곡선이 아래와 같을 때 Overshoot은?

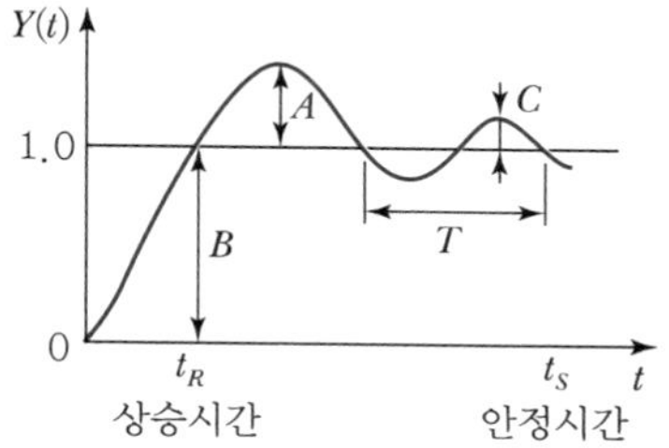

① $\dfrac{A}{B}$　　② $\dfrac{C}{B}$
③ $\dfrac{C}{A}$　　④ $\dfrac{C}{T}$

해설

과소감쇄된 시스템

- Overshoot $=\dfrac{A}{B}=\exp\left(-\dfrac{\pi\zeta}{\sqrt{1-\zeta^2}}\right)$
- 감쇄비(Decay Ratio) $=\dfrac{C}{A}=\exp\left(-\dfrac{2\pi\zeta}{\sqrt{1-\zeta^2}}\right)$
  $=\text{Overshoot}^2$
- T(주기) $=\dfrac{2\pi\tau}{\sqrt{1-\zeta^2}}$
- 진동수 $f=\dfrac{1}{T} \quad \omega=2\pi f$

54 $Y(s)=\dfrac{1}{s^2(s^2+5s+6)}$ 함수의 역 Laplace 변환으로 옳은 것은?

① $-\dfrac{5}{36}+\dfrac{1}{4}e^{-2t}-\dfrac{1}{9}e^{-3t}$

② $\dfrac{1}{6}+\dfrac{1}{4}e^{-2t}-\dfrac{1}{9}e^{-3t}$

③ $\dfrac{1}{6}t-\dfrac{5}{36}\left(\dfrac{1}{4}e^{-2t}-\dfrac{1}{9}e^{-3t}\right)$

④ $-\dfrac{5}{36}+\dfrac{1}{6}t+\dfrac{1}{4}e^{-2t}-\dfrac{1}{9}e^{-3t}$

정답 51 ② 52 ③ 53 ① 54 ④

해설

$$Y(s) = \frac{1}{s^2(s+2)(s+3)}$$
$$= \frac{A}{s} + \frac{B}{s^2} + \frac{C}{s+2} + \frac{D}{s+3}$$
$$A = \frac{5}{36} \quad B = \frac{1}{6} \quad C = \frac{1}{4} \quad D = -\frac{1}{9}$$
$$\therefore\ y(t) = -\frac{5}{36} + \frac{1}{6}t + \frac{1}{4}e^{-2t} - \frac{1}{9}e^{-3t}$$

55 다음은 열교환기에서의 온도를 제어하기 위한 제어 시스템을 나타낸 것이다. 제어목적을 달성하기 위한 조절변수는?

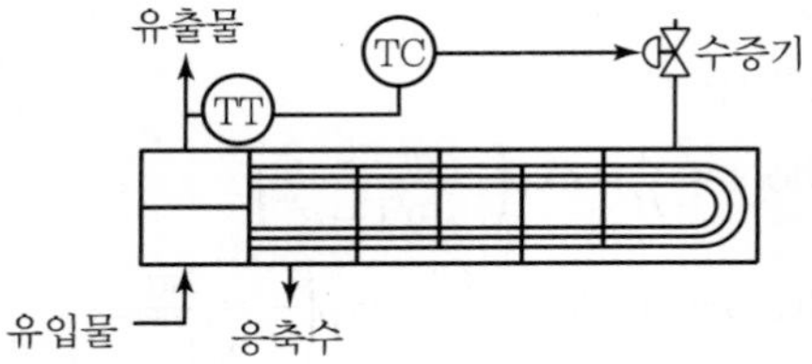

① 유출물 온도 ② 수증기 유량
③ 응축수 유량 ④ 유입물 온도

56 다음 중 제어계 설계에서 위상각 여유(Phase Margin)는 어느 범위일 때 가장 강인(Robust)한가?

① 5°~10° ② 10°~20°
③ 20°~30° ④ 30°~40°

해설

PM = 30°~40°(45°)
GM = 1.7~2

57 위상지연이 180°인 주파수는?

① 고유 주파수
② 공명(Resonant) 주파수
③ 구석(Corner) 주파수
④ 교차(Crossover) 주파수

해설

1차 공정에서
Corner 주파수 = Break 진동수 $\tau\omega = 1$

① $\zeta = 0$일 때 진동수 $f = \frac{1}{2\pi\tau}$

② $\zeta < 1$ AR_N은 최댓값 $\frac{dAR_N}{d\omega} = 0$

$$\omega = \omega_r = \frac{\sqrt{1-2\zeta^2} > 0}{\tau} \quad \zeta < \frac{\sqrt{2}}{2} = 0.707$$

공명진동수(ω_r)에서 AR은 최대이고 출력변수는 입력변수보다 큰 진폭을 갖는 진동을 나타낸다.

③ $\tau\omega = 1$

④ 한계주파수 $\phi = -180°$일 때 주파수(ω_c)

58 어떤 계의 Unit Impulse 응답이 e^{-2t}였다. 이 계의 전달함수(Transfer Function)는?

① $\frac{1}{s-2}$ ② $\frac{s}{s-2}$
③ $\frac{s}{s+2}$ ④ $\frac{1}{s+2}$

해설

$X(s) = 1$
$Y(s) = G(s)X(s)$
$y(t) = e^{-2t} \rightarrow Y(s) = \frac{1}{s+2}$

59 비례 제어기의 비례제어 상수를 선형계가 안정되도록 결정하기 위해 비례제어 상수를 0으로 놓고 특성방정식을 푼 결과 서로 다른 세 개의 음수의 실근이 구해졌다. 비례제어 상수를 점점 크게 할 때 나타나는 현상을 옳게 설명한 것은?

① 특성방정식은 비례제어 상수와 관계없으므로 세 개의 실근값은 변화가 없으며 계는 계속 안정하다.
② 비례제어 상수가 커짐에 따라 세 개의 실근값 중 하나는 양수의 실근으로 가게 되므로 계가 불안정해진다.
③ 비례제어 상수가 커짐에 따라 세 개의 실근값 중 두 개는 음수의 실수값을 갖는 켤레 복소수 근으로 갖게 되므로 계의 안정성은 유지된다.

정답 55 ② 56 ④ 57 ④ 58 ④ 59 ④

④ 비례제어 상수가 커짐에 따라 세 개의 실근값 중 두 개는 양수의 실수값을 갖는 켤레 복소수 근으로 갖게 되므로 계가 불안정해진다.

60 PID 제어기의 비례 및 적분동작에 의한 제어기 출력 특성 중 옳은 것은?

① 비례동작은 오차가 일정하게 유지될 때 출력값은 0이 된다.
② 적분동작은 오차가 일정하게 유지될 때 출력값이 일정하게 유지된다.
③ 비례동작은 오차가 없어지면 출력값이 일정하게 유지된다.
④ 적분동작은 오차가 없어지면 출력값이 일정하게 유지된다.

해설

- 비례동작 : 오차=0, 출력=0
- 적분동작 : 오차=0, 출력=일정

4과목 공업화학

61 다음 중 1차 전지가 아닌 것은?

① 수은 전지　② 알칼리망간 전지
③ Leclanche 전지　④ 니켈 카드뮴 전지

해설

- 1차 전지 : 레클란세 전지(이산화망간 입자+탄소 · 흑연분말)
- 2차 전지 : Ni−MH(Metal Hybride) 전지, Ni−Cd 전지

62 암모니아소다법에서 암모니아와 함께 생성되는 부산물에 해당하는 것은?

① H_2SO_4　② $NaCl$
③ NH_4Cl　④ $CaCl_2$

해설

암모니아소다법(Solvay법)

$NaCl + NH_3 + H_2O + CO_2 \rightarrow NaHCO_3 + NH_4Cl$ (탄산화)
중조

$2NaHCO_3 \rightarrow Na_2CO_3 + CO_2 + H_2O$ (가소)
소다회

$2NH_4Cl + Ca(OH)_2 \rightarrow 2NH_3 + CaCl_2 + 2H_2O$
(암모니아 회수반응)

63 Nylon 6의 원료 중 Caprolactam의 화학식에 해당하는 것은?

① $C_6H_{11}NO_2$　② $C_6H_{11}NO$
③ C_6H_7NO　④ $C_6H_7NO_2$

해설

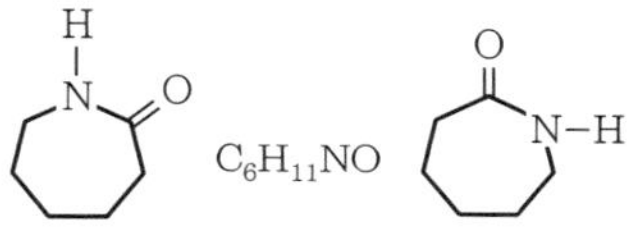

64 수용액 상태에서 산성을 나타내는 것은?

① 페놀　② 아닐린
③ 수산화칼슘　④ 암모니아

해설

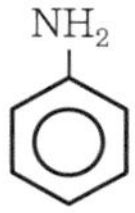

: 약염기성

NH_3 : 약염기성

$Ca(OH)_2$: 염기성

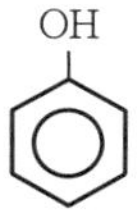

: 약산성

65 일반적인 성질이 열경화성 수지에 해당하지 않는 것은?

① 페놀수지　② 폴리우레탄
③ 요소수지　④ 폴리프로필렌

해설

- 열가소성 : 폴리~, 폴리비닐알코올, 폴리염화비닐
- 열경화성 : 멜라민수지, 에폭시수지, 알키드수지

정답 60 ④ 61 ④ 62 ④ 63 ② 64 ① 65 ④

66 방향족 아민에 1당량의 황산을 가했을 때의 생성물에 해당하는 것은?

①
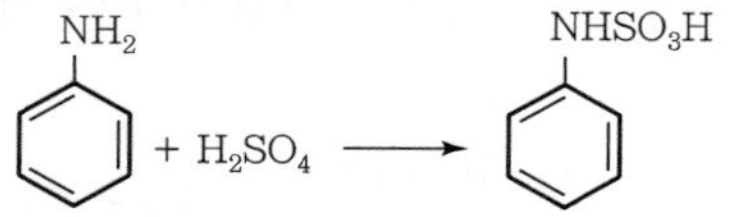

②
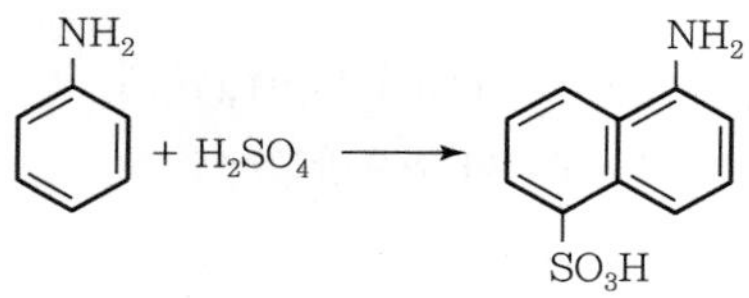

③
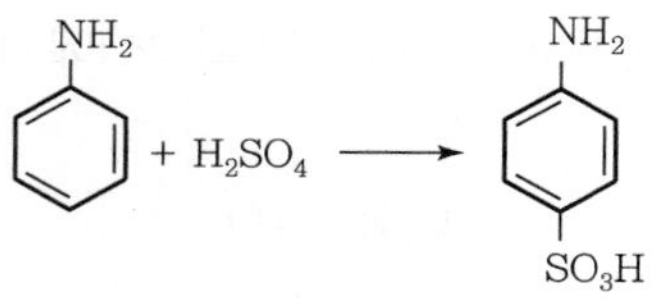

④
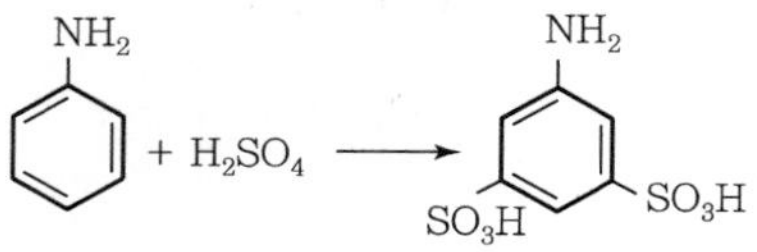

해설

$-SO_3H$: 술폰산기 도입

67 솔베이법과 염안소다법을 이용한 소다회 제조과정에 대한 비교 설명 중 틀린 것은?

① 솔베이법의 나트륨 이용률은 염안소다법보다 높다.
② 솔베이법이 염안소다법에 비하여 암모니아 사용량이 적다.
③ 솔베이법의 경우 CO_2를 얻기 위하여 석회석 소성을 필요로 한다.
④ 염안소다법의 경우 원료인 NaCl을 정제한 고체 상태로 반응계에 도입한다.

해설

- 식염의 이용률을 거의 100%까지 개선한 방법
- NH_4Cl은 대부분 비료
- 암모니아 사용량도 적고 NaCl을 정제한 고체상태로 도입
- $CaCO_3 \rightarrow CaO + CO_2$

68 Aramid섬유의 한 종류인 Kevlar섬유의 제조에 필요한 단량체는?

① Terephtaloyl Chloride + 1,4 − phenylene − diamine
② Isophthaloyl Chloride + 1,4 − phenylene − diamine
③ Terephtaloyl Chloride + 1,3 − phenylene − diamine
④ Isophthaloyl Chloride + 1,3 − phenylene − diamine

해설

- Aramid섬유 : 나일론 분자 내에 있는 $-CH_2-$기 대신 방향족 벤젠고리가 아마이드결합에 의해 연결된 방향족 폴리아마이드
- Kevlar : 듀폰사가 개발

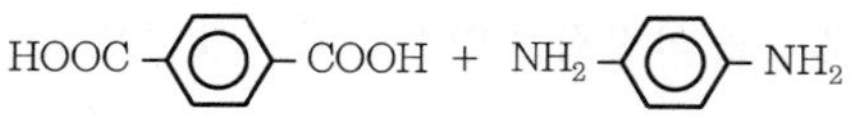

테레프탈산 1,4 − 다이아미노벤젠

69 탄화수소의 분해에 대한 설명 중 틀린 것은?

① 열분해는 자유라디칼에 의한 연쇄반응이다.
② 열분해는 접촉분해에 비해 방향족과 이소파라핀이 많이 생성된다.
③ 접촉분해에서는 촉매를 사용하여 열분해보다 낮은 온도에서 분해시킬 수 있다.
④ 접촉분해에서는 방향족이 올레핀보다 반응성이 낮다.

해설

㉠ 열분해 − Radical 반응 : 올레핀을 얻는 것이 목적
- 비스브레이킹(470℃) : 점도가 낮은 중질경유를 얻는 것이 목적
- 코킹(1,000℃) : 가솔린, 경유를 얻는 것이 목적

㉡ 접촉분해 − 이온반응
- $SiO_2 - Al_2O_3$(실리카알루미나)
- 디올레핀 생성이 거의 없음, 탄소수 3개 이상 탄화수소 많음, 방향족 많음

70 에틸렌과 프로필렌을 공이량화(Codimerization)시킨 후 탈수소시켰을 때 생성되는 주물질은?

① 이소프렌 ② 클로로프렌
③ n − 펜탄 ④ n − 헥센

정답 66 ③ 67 ① 68 ① 69 ② 70 ①

해설

$$CH_3-CH=CH_2+CH_2=CH_2 \longrightarrow CH_2=C(CH_3)-CH=CH_2$$
이소프렌

$$CH_3-CH=CH_2+CH_3-CH=CH_2$$
$$\xrightarrow{\text{이량화}} CH_2=C(CH_3)-CH_2CH_2CH_3$$
$$\xrightarrow{\text{열분해}} CH_2=C(CH_3)-CH=CH_2+CH_4$$
이소프렌

71 접촉식 황산 제조법에 사용하는 바나듐촉매의 특성이 아닌 것은?

① 촉매 수명이 길다.
② 촉매독 작용이 적다.
③ 전화율이 상당히 낮다.
④ 가격이 비교적 저렴하다.

해설

V_2O_5 촉매
- $V^{5+} \rightarrow V^{4+}$(적갈색 → 녹갈색)
- 10년 이상 사용 가능하고, 고온에서 안정하며, 내산성이 크다.
- 촉매독 물질에 대한 저항이 크다.
- 다공성이며 비표면적이 크다.

72 아세틸렌법으로 염화비닐을 생성할 때 아세틸렌과 반응하는 물질로 옳은 것은?

① HCl　　② NaCl
③ H_2SO_4　　④ HOCl

해설

$$CH\equiv CH+HCl \rightarrow CH_2=CHCl$$

73 수분 14wt%, NH_4HCO_3 3.5wt%가 포함된 $NaHCO_3$ 케이크 1,000kg에서 $NaHCO_3$가 단독으로 열분해되어 생기는 물의 질량(kg)은?(단, $NaHCO_3$의 열분해는 100% 진행된다.)

① 68.65　　② 88.39
③ 98.46　　④ 108.25

해설

$1{,}000\,kg \times 0.825 = 825kg$
$2NaHCO_3 \rightarrow Na_2CO_3 + H_2O + CO_2$
$2 \times 84kg$: $18kg$
$825kg$: x
$\therefore x = 88.39kg$

74 석유화학공업에서 분해에 의해 에틸렌 및 프로필렌 등의 제조의 주된 공업원료로 이용되고 있는 것은?

① 경유　　② 나프타
③ 등유　　④ 중유

해설

가솔린 : 석유화학 원료

75 SO_2가 SO_3로 산화될 때의 반응열(ΔH ; kcal/mol)은?(단, SO_2의 ΔH_f : −70.96kcal/mol, SO_3의 ΔH_f : −94.45kcal/mol이다.)

① 165　　② 24
③ −165　　④ −23

해설

$$SO_2 + \frac{1}{2}O_2 \rightarrow SO_3$$
생성열 $\Delta H_R = (\Sigma H_f)_P - (\Sigma H_f)_R$
$\Delta H_R = -94.45 - (-70.96) = -23.5kcal/mol$

정답 71 ③　72 ①　73 ②　74 ②　75 ④

76 암모니아 합성용 수성가스 제조 시 Blow반응에 해당하는 것은?

① $C + H_2O \rightleftarrows CO + H_2 - 29,400\,cal$

② $C + 2H_2O \rightleftarrows CO_2 + 2H_2 - 19,000\,cal$

③ $C + O_2 \rightleftarrows CO_2 + 96,630\,cal$

④ $\frac{1}{2}O_2 \rightleftarrows O + 67,410\,cal$

해설

- Run반응 : $C + H_2O \rightleftarrows CO + H_2$(수성가스 생성)
- Blow반응 : $C + O_2 \rightleftarrows CO_2$(산화반응)

77 반도체 공정에 대한 설명 중 틀린 것은?

① 감광반응되지 않은 부분을 제거하는 공정을 에칭이라 하며, 건식과 습식으로 구분할 수 있다.

② 감광성 고분자를 이용하여 실리콘웨이퍼에 회로패턴을 전사하는 공정을 리소그래피(Lithography)라고 한다.

③ 화학기상증착법 등을 이용하여 3족 또는 6족의 불순물을 실리콘웨이퍼 내로 도입하는 공정을 이온주입이라 한다.

④ 웨이퍼 처리공정 중 잔류물과 오염물을 제거하는 공정을 세정이라 하며, 건식과 습식으로 구분할 수 있다.

해설

3족(B, Al, Ga, In) 또는 15족(As, Sb)의 불순물을 실리콘웨이퍼 내로 도입하는 공정을 이온주입이라 한다.

리소그래피

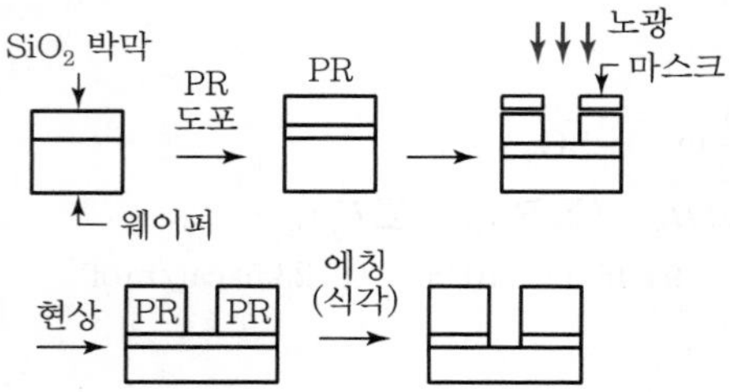

화학기상증착법(CVD ; Chemical Vapor Deposition)
가스의 화학반응으로 형성된 입자들을 웨이퍼 표면에 수증기 형태로 증착하여 절연막이나 전도성 막을 형성시킨다.

78 35wt% HCl 용액 1,000kg에서 HCl의 몰질량(kmol)은?

① 6.59	② 7.59
③ 8.59	④ 9.59

해설

$$1,000kg \times 0.35 = 350kg \times \frac{1kmol}{36.5kg} = 9.59kmol$$

79 복합비료에 대한 설명으로 틀린 것은?

① 비료 3요소 중 2종 이상을 하나의 화합물 상태로 함유하도록 만든 비료를 화성비료라 한다.

② 화성비료는 비효성분의 총량에 따라서 저농도화성비료와 고농도화성비료로 구분할 수 있다.

③ 배합비료는 주로 산성과 염기성의 혼합을 사용하는 것이 좋다.

④ 질소, 인산 또는 칼륨을 포함하는 단일비료를 2종 이상 혼합하여 2성분 이상의 비료요소를 조정해서 만든 비료를 배합비료라 한다.

해설

배합비료는 산성과 염기성의 혼합을 사용하면 화학반응이 일어나므로 부적합하다.

80 Witt의 발색단설에 의한 분류에서 조색단 기능성기로 옳은 것은?

① $-N=N-$	② $-NO_2$
③ $>C=O$	④ $-SO_3H$

해설

조색단 : 색을 짙게 하고 섬유에 염착하기 쉽게 하는 원자단
$-SO_3H$
$-CO_2H$
$-OH$(히드록시기)
$-NH_2$(아미노기)

정답 76 ③ 77 ③ 78 ④ 79 ③ 80 ④

5과목 반응공학

81 촉매반응의 경우 촉매의 역할을 잘 설명한 것은?

① 평형상수(K)를 높여 준다.
② 평형상수(K)를 낮추어 준다.
③ 활성화 에너지(E)를 높여 준다.
④ 활성화 에너지(E)를 낮추어 준다.

해설

촉매는 E_a를 낮춰 반응속도를 빠르게 해 주며, 평형에는 무관하다.

82 A와 B를 공급물로 하는 아래 반응에서 R이 목적생성물일 때, 목적생성물의 선택도를 높일 수 있는 방법은?

$$A+B \rightarrow R(\text{desired}),\ r_1 = k_1 C_A C_B^2$$
$$R+B \rightarrow S(\text{unwanted}),\ r_2 = k_2 C_R C_B$$

① A에 B를 한 방울씩 넣는다.
② B에 A를 한 방울씩 넣는다.
③ A와 B를 동시에 넣는다.
④ A와 B의 농도를 낮게 유지한다.

해설

선택도 $S=\dfrac{k_1 C_A C_B^2}{k_2 C_R C_B}=\dfrac{k_1}{k_2}\dfrac{C_A C_B}{C_R}$

83 HBr의 생성반응 속도식이 다음과 같을 때 k_2의 단위에 대한 설명으로 옳은 것은?

$$r_{\text{HBr}} = \frac{k_1[\text{H}_2][\text{Br}_2]^{\frac{1}{2}}}{k_2+[\text{HBr}]/[\text{Br}_2]}$$

① 단위는 $[\text{m}^3 \cdot \text{s/mol}]$이다.
② 단위는 $[\text{mol/m}^3 \cdot \text{s}]$이다.
③ 단위는 $[(\text{mol/m}^3)^{-0.5}(\text{s})^{-1}]$이다.
④ 단위는 무차원(Dimensionless)이다.

해설

k_2의 단위$=\dfrac{[\text{HBr}]}{[\text{Br}_2]}=$무차원

84 균일계 액상반응($A \rightarrow R$)이 회분식 반응기에서 1차 반응으로 진행된다. A의 40%가 반응하는 데 5분이 걸린다면, A의 60%가 반응하는 데 걸리는 시간(min)은?

① 5 ② 9
③ 12 ④ 15

해설

$-\ln(1-X_A)=kt$
$-\ln(1-0.4)=k\times 5\text{min}$
$k=0.102$
$-\ln(1-0.6)=0.102\times t$
$\therefore\ t=9\text{min}$

85 균일촉매 반응이 다음과 같이 진행될 때 평형상수와 반응속도상수의 관계식으로 옳은 것은?

$$A+C \underset{k_2}{\overset{k_1}{\rightleftarrows}} X \underset{k_4}{\overset{k_3}{\rightleftarrows}} B+C$$

① $K_{eq}=\dfrac{k_1k_3}{k_2k_4}$

② $K_{eq}=\dfrac{k_2k_4}{k_1k_3}$

③ $K_{eq}=\dfrac{k_2k_3}{k_1k_4}$

④ $K_{eq}=\dfrac{k_1k_4}{k_2k_3}$

해설

$k_1C_AC_C=k_2C_X \qquad k_3C_X=k_4C_BC_C$

$K=\dfrac{k_1k_3}{k_2k_4}=\dfrac{\text{정반응 속도상수}}{\text{역반응 속도상수}}$

정답 81 ④ 82 ③ 83 ④ 84 ② 85 ①

86 공간시간과 평균체류시간에 대한 설명 중 틀린 것은?

① 밀도가 일정한 반응계에서는 공간시간과 평균체류시간은 항상 같다.
② 부피가 팽창하는 기체 반응의 경우 평균체류시간은 공간시간보다 작다.
③ 반응물의 부피가 전화율과 직선 관계로 변하는 관형반응기에서 평균체류시간은 반응속도와 무관하다.
④ 공간시간과 공간속도의 곱은 항상 1이다.

해설

$$\tau = C_{A0}\int_0^{X_A}\frac{dX_A}{-r_A}$$

$$t = C_{A0}\int_0^{X_A}\frac{dX_A}{-r_A(1+\varepsilon_A X_A)}$$

87 어떤 반응의 전화율과 반응속도가 아래의 표와 같다. 혼합흐름반응기(CSTR)와 플러그흐름반응기(PFR)를 직렬연결하여 CSTR에서 전환율을 40%까지, PFR에서 60%까지 반응시키려 할 때, 각 반응기의 부피합(L)은?(단, 유입 몰유량은 15mol/s이다.)

전화율(X)	반응속도(mol/L · s)
0.0	0.0053
0.1	0.0052
0.2	0.0050
0.3	0.0045
0.4	0.0040
0.5	0.0033
0.6	0.0025

① 1,066　② 1,996
③ 2,148　④ 2,442

해설

$F_A = 15\text{mol/s}$

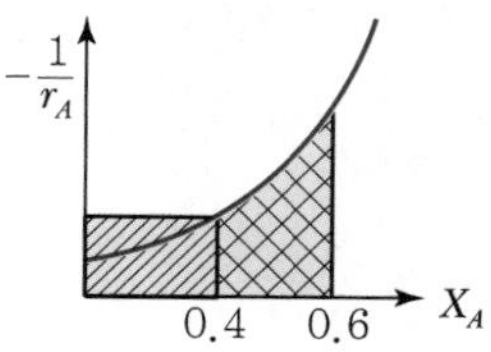

• CSTR

$$\frac{V_1}{F_0} = \frac{X_1 - X_0}{-r_A}$$

$$\therefore\ V_1 = 15\times\frac{0.4-0}{0.004} = 1{,}500$$

• PFR

$$\frac{V_2}{F_0} = \int_{X_1}^{X_2}\frac{dX}{-r_A}$$

$$\therefore\ V_2 = 15\int_{0.4}^{0.6}\frac{dX_A}{-r_A} = 15\frac{(0.6-0.4)}{0.00319} = 940.44$$

$$\therefore\ V = V_1 + V_2 = 2{,}440$$

※ Simpson 공식

$$\int_{x_0}^{x_2} f(x)dx = \frac{h}{3}[f(x_0)+4f(x_1)+f(x_2)]$$

$$h = \frac{x_2 - x_0}{2}$$

PFR의 부피

$$V_2 = F_{A0}\int_{x_0}^{x_2} f(x)dx$$

$$= 15\text{mol/s}\int_{0.4}^{0.6} f(x)dx$$

$$= 15\text{mol/s}\times\frac{0.1}{3}\left[\frac{1}{0.0040}+4\left(\frac{1}{0.0033}\right)+\frac{1}{0.0025}\right]$$

$$= 931.06\text{L}$$

$$V = V_1 + V_2$$

$$= 1{,}500\text{L} + 931.06\text{L} = 2{,}431\text{L}$$

88 $A+R \rightarrow R+R$인 자동촉매 반응이 회분식 반응기에서 일어날 때 반응속도가 가장 빠를 때는?(단, 초기 반응기 내에는 A가 대부분이고 소량의 R이 존재한다.)

① 반응 초기
② 반응 말기
③ A와 R의 농도가 서로 같을 때
④ A의 농도가 R의 농도의 2배일 때

정답 86 ③ 87 ④ 88 ③

해설

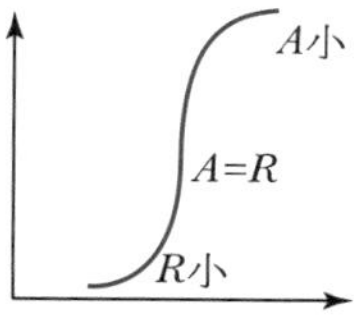

89 플러그흐름반응기에서 아래와 같은 반응이 진행될 때, 빗금 친 부분이 의미하는 것은?(단, ϕ는 반응 $A \rightarrow R$에 대한 R의 순간수율(Instantaneous Fractional Yield)이다.)

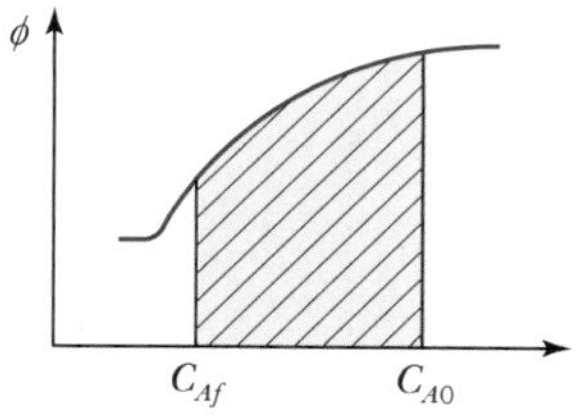

① 총괄수율
② 반응해서 없어진 반응물의 몰수
③ 생성되는 R의 최종농도
④ 그 순간의 반응물의 농도

해설

$$\text{순간수율} = \frac{\text{생성된 } R\text{의 몰수}}{\text{소비된 } A\text{의 몰수}}$$

90 1차 기본반응의 속도상수가 $1.5\times10^{-3}\text{s}^{-1}$일 때, 이 반응의 반감기(s)는?

① 162 ② 262
③ 362 ④ 462

해설

$$-\ln(1-X_A) = kt$$

$$-\ln 0.5 = 1.5\times10^{-3}\times t_{\frac{1}{2}}$$

$$\therefore t_{\frac{1}{2}} = 462.15$$

91 균일 반응($A+1.5B \rightarrow P$)의 반응속도관계로 옳은 것은?

① $r_A = \frac{2}{3}r_B$ ② $r_A = r_B$
③ $r_B = \frac{2}{3}r_A$ ④ $r_B = r_P$

해설

$$-r_A = \frac{-r_B}{\frac{3}{2}} = r_P$$

92 Arrhenius Law에 따라 작도한 다음 그림 중에서 평행반응(Parallel Reaction)에 가장 가까운 그림은?

①
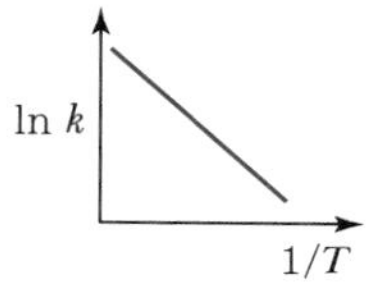

②
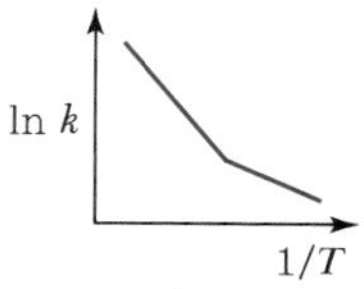

③
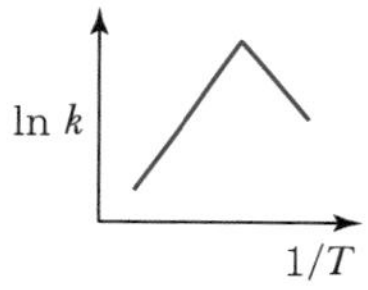

④
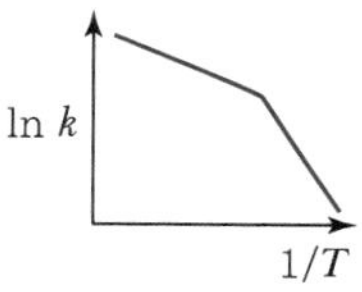

해설

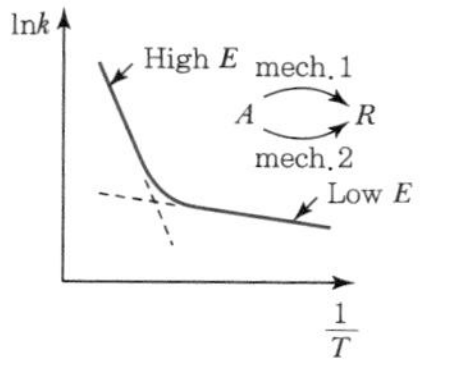

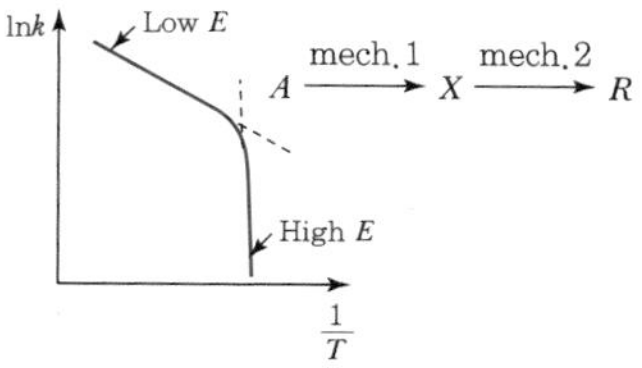

93 다음과 같은 기초반응이 동시에 진행될 때 R의 생성에 가장 유리한 반응조건은?

$A+B \rightarrow R,\ A \rightarrow S,\ B \rightarrow T$

① A와 B의 농도를 높인다.
② A와 B의 농도를 낮춘다.
③ A의 농도는 높이고 B의 농도는 낮춘다.
④ A의 농도는 낮추고 B의 농도는 높인다.

정답 89 ③ 90 ④ 91 ① 92 ② 93 ①

해설

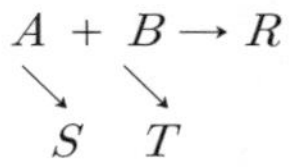

94 불균일 촉매반응에서 확산의 반응 율속 영역에 있는지를 알기 위한 식과 가장 거리가 먼 것은?

① Thiele Modulus

② Weisz－Prater 식

③ Mears 식

④ Langmuir－Hishelwood 식

해설

㉠ Thiele Modulus : 촉매입자 내에서 확산하면서 반응이 일어나고 있을 때 반응에 대한 확산의 상대적 중요성을 평가하는 지표

㉡ Langmuir－Hishelwood 식 : 흡착등온식

- 단일 활성점 : 반응물이 흡착된 지점에서 반응이 일어남
- 흡착량과 농도의 관계 : 온도가 일정할 때 흡착평형(분압)이 이루어지면 흡착량은 농도와 온도의 함수이다.

95 $A \rightarrow R$ 액상반응이 부피가 0.1L인 플러그 흐름 반응기에서 $-r_A = 50C_A^2\,\text{mol/L}\cdot\text{min}$로 일어난다. A의 초기농도는 0.1mol/L이고 공급속도가 0.05L/min일 때 전환율은?

① 0.509 ② 0.609

③ 0.809 ④ 0.909

해설

$$\tau = \frac{V}{v_0} = \frac{0.1\text{L}}{0.05\text{L/min}} = 2\text{min}$$

$$k\tau C_{A0} = \frac{X_A}{1-X_A}$$

$$(50)(2)(0.1) = \frac{X_A}{1-X_A}$$

$$10 = \frac{X_A}{1-X_A}$$

$$\therefore\ X_A = 0.909$$

96 $A \rightarrow R \rightarrow S$로 진행하는 연속 1차 반응에서 각 농도별 시간의 곡선을 옳게 나타낸 것은?(단, C_A, C_R, C_S는 각각 A, R, S의 농도이다.)

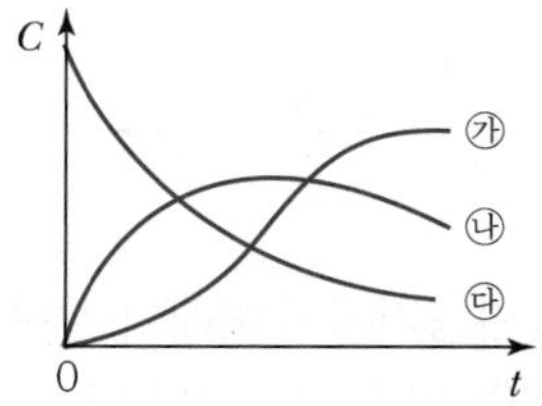

① ㉮ C_S, ㉯ C_R, ㉰ C_A

② ㉮ C_S, ㉯ C_A, ㉰ C_R

③ ㉮ C_R, ㉯ C_A, ㉰ C_S

④ ㉮ C_A, ㉯ C_R, ㉰ C_S

97 균일계 병렬 반응이 다음과 같을 때 R을 최대로 얻을 수 있는 반응 방식은?

$$A + B \xrightarrow{k_1} R,\quad \frac{dC_R}{dt} = k_1 C_A^{0.5} C_B^{1.5}$$

$$A + B \xrightarrow{k_2} S,\quad \frac{dC_S}{dt} = k_2 C_A C_B^{0.5}$$

①
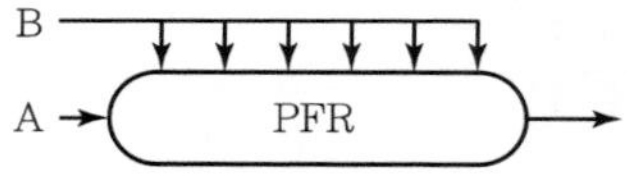

②
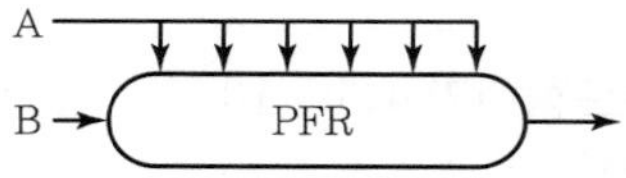

③

④
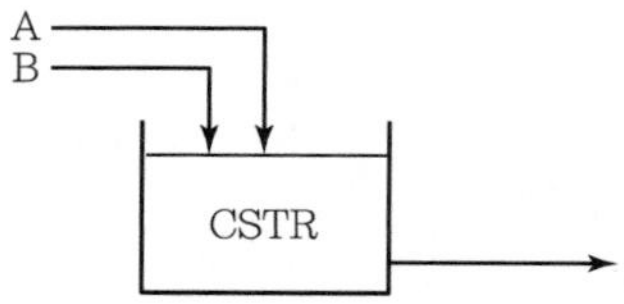

해설

$$\frac{R}{S} = \frac{k_1 C_A^{0.5} C_B^{1.5}}{k_2 C_A C_B^{0.5}} = \frac{k_1 C_B}{k_2 C_A^{0.5}}$$

정답 94 ④ 95 ④ 96 ① 97 ②

98 아래와 같은 경쟁반응에서 R을 더 많이 생기게 하기 위한 조건으로 적절한 것은?(단, 농도 그래프의 R과 S의 농도는 경향을 의미하며 E_1은 1번 반응의 활성화 에너지, E_2는 2번 반응의 활성화 에너지이다.)

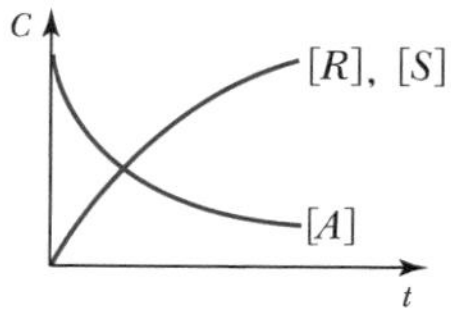

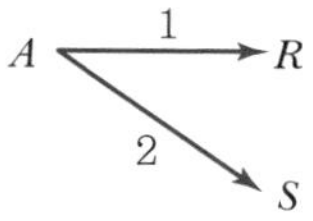

① $E_1 > E_2$이면 저온조작
② $E_1 > E_2$이면 고온조작
③ $E_1 = E_2$이면 저온조작
④ $E_1 = E_2$이면 고온조작

해설

- $E_1 < E_2$: 저온조작
- $E_1 > E_2$: 고온조작

99 반감기가 50시간인 방사능액체를 10L/h의 속도를 유지하며 직렬로 연결된 두 개의 혼합탱크(각 4,000L)에 통과시켜 처리할 때 감소되는 방사능의 비율(%)은?(단, 방사능붕괴는 1차 반응으로 가정한다.)

① 93.67　② 95.67
③ 97.67　④ 99.67

해설

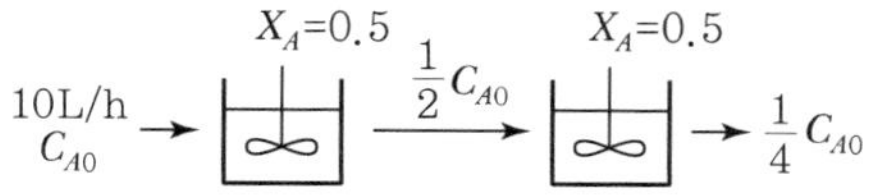

$$\frac{C_0}{C_N} = (1+k\tau)^N \qquad \frac{C_0}{C_N} = \frac{1}{(1-X_N)^N}$$

$$\tau = \frac{V}{v_0} = \frac{4{,}000\text{L}}{10\text{L/h}} = 400\text{h}$$

$$\frac{C_A}{C_{A0}} = \left(\frac{1}{2}\right)$$

$$t_{\frac{1}{2}} = \frac{\ln 2}{k}$$

$$50\text{h} = \frac{\ln 2}{k}$$

$\therefore k = 0.0139/\text{h}$

CSTR 2개 직렬연결

$$\frac{C_0}{C_2} = \frac{1}{1-X} = (1+k\tau)^2$$

$$(1+0.0139\times 400)^2 = \frac{1}{1-X}$$

$\therefore X = 0.9767(97.67\%)$

100 $A \rightarrow R$ 액상 기초반응을 부피가 2.5L인 혼합흐름반응기 2개를 직렬로 연결해 반응시킬 때의 전화율(%)은?(단, 반응상수는 0.253min^{-1}, 공급물은 순수한 A이며, 공급속도는 $400\text{cm}^3/\text{min}$이다.)

① 73%　② 78%
③ 80%　④ 85%

해설

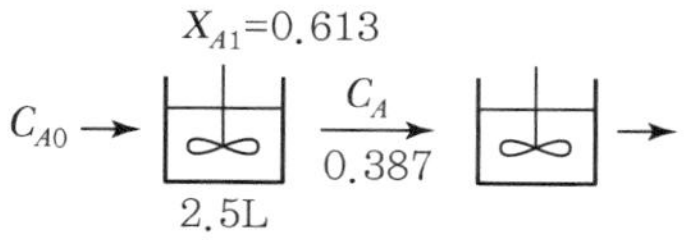

$$\tau = \frac{V}{v_0} = \frac{2.5}{0.4} = 6.25\text{min}$$

$$k\tau = \frac{X_A}{1-X_A}$$

$$0.253 \times 6.25 = \frac{X}{1-X}$$

$\therefore X_A = 0.613$

$C_A = C_{A0}(1-0.613) = 0.387C_{A0}$

$$\frac{C_0}{C_2} = \frac{1}{1-X} = (1+k\tau)^2$$

$$\frac{C_0}{C_2} = (1+0.253\times 6.25)^2 = 6.663$$

$$\frac{1}{1-X_A} = 6.663$$

$\therefore X_A = 0.85(85\%)$

정답 98 ② 99 ③ 100 ④

2020년 제4회 기출문제

1과목 화공열역학

01 줄-톰슨(Joule-Thomson) 팽창이 해당되는 열역학적 과정은?

① 정용과정 ② 정압과정
③ 등엔탈피과정 ④ 등엔트로피과정

해설

줄-톰슨 공정

$$\mu = \left(\frac{\partial T}{\partial P}\right)_H$$

여기서, H : 등엔탈피

02 역학적으로 가역인 비흐름과정에 대하여 이상기체의 폴리트로픽 과정(Polytropic Process)은 PV^n이 일정하게 유지되는 과정이다. 이때 n값이 열용량비(또는 비열비)라면 어떤 과정인가?

① 단열과정(Adiabatic Process)
② 정온과정(Isothermal Process)
③ 가역과정(Reversible Process)
④ 정압과정(Isobaric Process)

해설

폴리트로픽 과정

PV^n = 일정

- $n=0$: 정압과정
- $n=1$: 정온과정
- $n=\gamma$: 단열과정
- $n=\infty$: 정적과정

03 Carnot 냉동기가 −5℃의 저열원에서 10,000kcal/h의 열량을 흡수하여 20℃의 고열원에서 방출할 때 버려야 할 최소 열량(kcal/h)은?

① 7,760 ② 8,880
③ 10,932 ④ 12,242

해설

$$COP = \frac{|Q_c|}{W} = \frac{T_2}{T_1 - T_2}$$

$$\frac{10{,}000}{Q_1 - 10{,}000} = \frac{(273-5)}{(273+20)-(273-5)}$$

$\therefore\ Q_1 = 10{,}932.8\text{kcal/h}$

04 100℃에서 증기압이 각각 1, 2atm인 두 물질이 0.5mol씩 들어 있는 기상혼합물의 이슬점에서의 전압력(atm)은?(단, 두 물질은 모두 Raoult의 법칙을 따른다고 가정한다.)

① 0.25 ② 0.50
③ 1.33 ④ 2.00

해설

$$y_1 = \frac{0.5}{0.5+0.5} = 0.5$$

$$P = \frac{1}{\Sigma y_i / P_i^{sat}} = \frac{1}{\frac{0.5}{1} + \frac{0.5}{2}} = 1.33\text{atm}$$

정답 01 ③ 02 ① 03 ③ 04 ③

05 1기압, 103℃의 수증기가 103℃의 물(액체)로 변하는 과정이 있다. 이 과정에서의 깁스(Gibbs) 자유에너지와 엔트로피 변화량의 부호가 올바르게 짝지어진 것은?

① $\Delta G>0,\ \Delta S>0$
② $\Delta G>0,\ \Delta S<0$
③ $\Delta G<0,\ \Delta S>0$
④ $\Delta G<0,\ \Delta S<0$

해설

103℃ 수증기 → 103℃ 물 (상변화)

$\Delta S=\frac{\Delta H}{T}<0 \quad \Delta H<0$ 잠열방출

$\Delta G>0$ (ΔS와 반대부호)

06 2성분계 용액(Binary Solution)이 그 증기와 평형상태하에 놓여있을 경우 그 계 안에서 독립적인 반응이 1개 있을 때, 평형상태를 결정하는 데 필요한 독립변수의 수는?

① 1 ② 2
③ 3 ④ 4

해설

$$F=2-P+C-r$$
$$=2-2+2-1$$
$$=1$$

07 25℃에서 프로판 기체의 표준연소열(J/mol)은? (단, 프로판, 이산화탄소, 물(l)의 표준 생성 엔탈피는 각각 −104,680, −393,509, −285,830J/mol이다.)

① 574,659 ② −574,659
③ 1,253,998 ④ −2,219,167

해설

$C_3H_8+5O_2 \rightarrow 3CO_2+4H_2O$

$$\Delta H=3\times(-393{,}509)+4\times(-285{,}830)-(-104{,}680)$$
$$=-2{,}219{,}167\text{J/mol}$$

08 비리얼 방정식(Virial Equation)이 $Z=1+BP$로 표시되는 어떤 기체를 가역적으로 등온압축시킬 때 필요한 일의 양에 대한 설명으로 옳은 것은?(단, $Z=\frac{PV}{RT}$, B는 비리얼 계수를 나타낸다.)

① B값에 따라 다르다.
② 이상기체의 경우와 같다.
③ 이상기체의 경우보다 많다.
④ 이상기체의 경우보다 적다.

해설

$$W=\int_{V_1}^{V_2}PdV=\int_{V_1}^{V_2}\frac{RT}{V-BRT}dV$$

$$\therefore\ W=RT\ln\frac{V_2-BRT}{V_1-BRT}=RT\ln\frac{\frac{RT}{P_2}}{\frac{RT}{P_1}}=RT\ln\frac{P_1}{P_2}$$

$$Z=1+BP$$
$$\frac{PV}{RT}=1+BP \rightarrow P=\frac{RT}{V-BRT}$$
$$\rightarrow V-BRT=\frac{RT}{P}$$

이상기체 $W=RT\frac{V_2}{V_1}=RT\ln\frac{P_1}{P_2}$

09 다음 맥스웰(Maxwell) 관계식의 부호가 옳게 표시된 것은?

$$\left(\frac{\partial S}{\partial V}\right)_T=(a)\left(\frac{\partial P}{\partial T}\right)_V \qquad \left(\frac{\partial S}{\partial P}\right)_T=(b)\left(\frac{\partial V}{\partial T}\right)_P$$

① $a:(+),\ b:(+)$ ② $a:(+),\ b:(-)$
③ $a:(-),\ b:(-)$ ④ $a:(-),\ b:(+)$

해설

$$dA=-SdT-PdV$$
$$\left(\frac{\partial S}{\partial V}\right)_T=\left(\frac{\partial P}{\partial T}\right)_V$$
$$dG=-SdT+VdP$$
$$-\left(\frac{\partial S}{\partial P}\right)_T=\left(\frac{\partial V}{\partial T}\right)_P$$

정답 05 ② 06 ① 07 ④ 08 ② 09 ②

10 초임계유체에 대한 설명으로 틀린 것은?

① 비등 현상이 없다.
② 액상과 기상의 구분이 없다.
③ 열을 가하면 온도와 체적이 증가한다.
④ 온도가 임계온도보다 높고, 압력은 임계압력보다 낮은 범위이다.

해설

초임계유체

- 액상과 기상의 구분이 없다.
- 액 → 기, 기 → 액으로 되지 않는다.

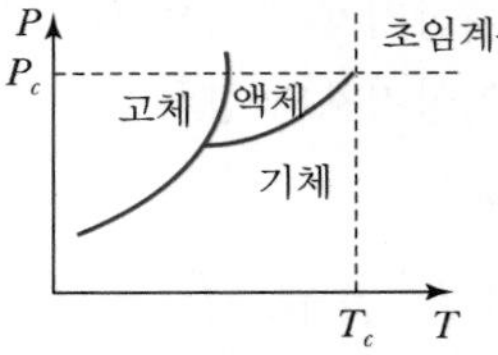

11 다음의 $P-H$ 선도에서 H_2-H_1 값이 의미하는 것은?

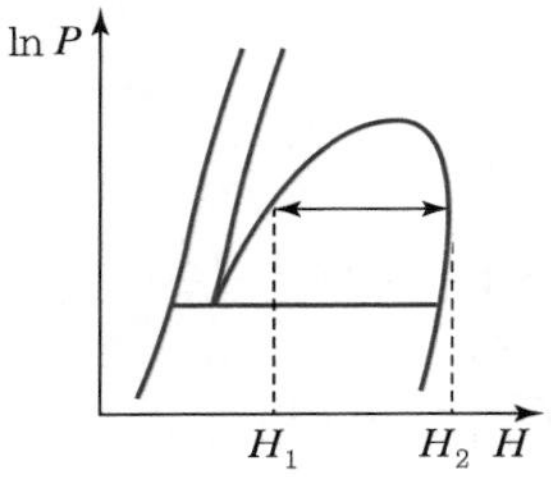

① 혼합열　　② 승화열
③ 증발열　　④ 융해열

해설

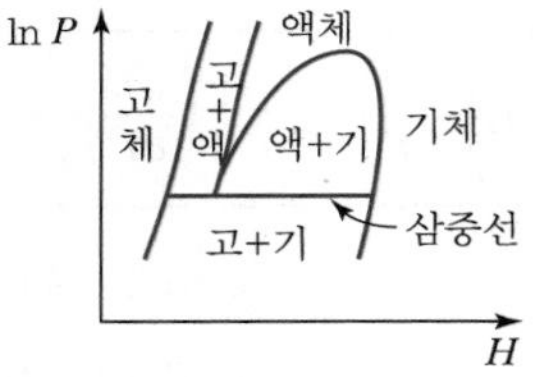

12 외부와 단열된 탱크 내에 0℃, 1기압의 산소와 질소가 칸막이에 의해 분리되어 있다. 초기 몰수가 각각 1mol에서 칸막이를 서서히 제거하여 산소와 질소가 확산되어 평형에 도달하였다. 이상용액인 경우 계의 성질이 변하는 것은?(단, 정용 열용량(C_v)은 일정하다.)

① 부피　　② 온도
③ 엔탈피　　④ 엔트로피

해설

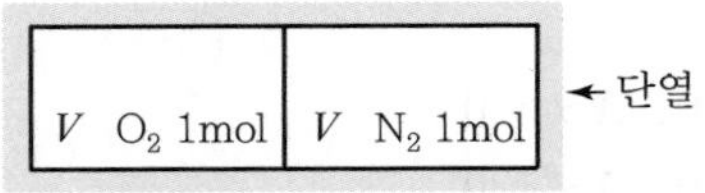

칸막이 제거 T=일정 0℃, $\Delta H=0$

$$\Delta S=-R\Sigma x_i \ln x_i$$
$$=-R\left(\frac{1}{2}\ln\frac{1}{2}+\frac{1}{2}\ln\frac{1}{2}\right)$$
$$=R\ln 2$$

이상용액의 혼합

$\Delta V^{id}=0$
$\Delta H^{id}=0$
$\Delta S^{id}=-R\Sigma x_i \ln x_i$
$\Delta G^{id}=RT\Sigma x_i \ln x_i$

13 다음 에너지 보존식이 성립되기 위한 조건이 아닌 것은?

$$\Delta H+\frac{\Delta u^2}{2}+g\Delta z=Q+W_S$$

① 열린계(Open System)
② 등온계(Isothermal System)
③ 정상상태(Steady State)로 흐르는 계
④ 각 항은 유체 단위질량당 에너지를 나타냄

해설

정상상태 흐름공정에 대한 에너지수지

$$\Delta H+\frac{\Delta u^2}{2}+g\Delta Z=Q+W_S$$

- 정상상태
- 흐름공정
- 단위질량당 에너지
- 열린계

정답 10 ④ 11 ③ 12 ④ 13 ②

14 열의 일당량을 옳게 나타낸 것은?

① $427kg_f \cdot m/kcal$ ② $\frac{1}{427} kg_f \cdot m/kcal$

③ $427kcal \cdot m/kg_f$ ④ $\frac{1}{427} kcal \cdot m/kg_f$

해설

$1kcal = 427kg_f \cdot m$

$$\frac{427kg_f \cdot m}{} \left| \frac{9.8N}{1kg_f} \right| \frac{J}{N \cdot m} \left| \frac{1cal}{4.184J} \right| \frac{1kcal}{1,000cal} = 1kcal$$

15 아래와 같은 반응이 일어나는 계에서 초기에 CH_4 2mol, H_2O 1mol, CO 1mol, H_2 4mol이 있었다고 한다. 평형 몰분율 y_i를 반응좌표 ε의 함수로 표시하려고 할 때 총몰수($\sum n_i$)를 ε의 함수로 옳게 나타낸 것은?

$CH_4 + H_2O \rightleftarrows CO + 3H_2$

① $\sum n_i = 2\varepsilon$ ② $\sum n_i = 2 + \varepsilon$

③ $\sum n_i = 4 + 3\varepsilon$ ④ $\sum n_i = 8 + 2\varepsilon$

해설

$CH_4 + H_2O \rightleftarrows CO + 3H_2$

2mol 1mol 1mol 4mol

$\frac{dn_1}{\nu_1} = \frac{dn_2}{\nu_2} = \frac{dn_3}{\nu_3} = \frac{dn_4}{\nu_4} = d\varepsilon$

$\nu = \sum \nu_i = -1 - 1 + 1 + 3 = 2$

$n_o = 2 + 1 + 1 + 4 = 8$

$dn_i = \nu_i d\varepsilon$

$n_i = n_{io} + \nu_i \varepsilon$

$\sum n_i = \sum n_{io} + \varepsilon \sum \nu_i$

$\therefore n = n_o + \varepsilon\nu$

$\therefore n = 8 + 2\varepsilon$

16 어떤 평형계의 성분의 수는 1, 상의 수는 3이다. 그 계의 자유도는?(단, 반응이 수반되지 않는 계이다.)

① 0 ② 1

③ 2 ④ 3

해설

$F = 2 - P + C = 2 - 3 + 1 = 0$

17 열과 일 사이의 에너지 보존의 원리를 표현한 것은?

① 열역학 제0법칙

② 열역학 제1법칙

③ 열역학 제2법칙

④ 열역학 제3법칙

해설

- 열역학 제0법칙 : 온도계의 원리
- 열역학 제1법칙 : 에너지 보존의 법칙
- 열역학 제2법칙 : 엔트로피의 법칙
- 열역학 제3법칙 : 절대영도에서 엔트로피는 0이다.

18 2성분계 공비혼합물에서 성분 A, B의 활동도 계수를 γ_A와 γ_B, 포화증기압을 P_A 및 P_B라 하고, 이 계의 전압을 P_t라 할 때 수정된 Raoult의 법칙을 적용하여 γ_B를 옳게 나타낸 것은?(단, B성분의 기상 및 액상에서의 몰분율은 y_B와 x_B이며, 퓨가시티 계수는 1이라 가정한다.)

① $\gamma_B = \frac{P_t}{P_B}$ ② $\gamma_B = \frac{P_t}{P_B(1 - x_A)}$

③ $\gamma_B = \frac{P_t y_B}{P_B}$ ④ $\gamma_B = \frac{P_t}{P_B x_B}$

해설

$P_t = \gamma_A x_A P_A + \gamma_B x_B P_B$

$y_B = \frac{\gamma_B x_B P_B}{P_t}$

공비혼합물 $x_B = y_B$

$\therefore \gamma_B = \frac{P_t}{P_B}$

정답 14 ① 15 ④ 16 ① 17 ② 18 ①

19 이상적인 기체 터빈 동력장치의 압력비는 6이고 압축기로 들어가는 온도는 27℃이며 터빈의 최대허용 온도는 816℃일 때, 가역조작으로 진행되는 이 장치의 효율은?(단, 비열비는 1.4이다.)

① 20% ② 30%
③ 40% ④ 50%

해설

기체 터빈 동력장치

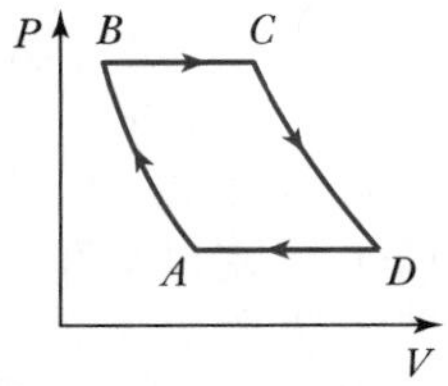

$$\eta = 1 - \left(\frac{P_A}{P_B}\right)^{\frac{\gamma-1}{\gamma}}$$
$$= 1 - \left(\frac{1}{6}\right)^{\frac{1.4-1}{1.4}}$$
$$= 0.4(40\%)$$

20 비리얼 계수에 대한 다음 설명 중 옳은 것을 모두 나열한 것은?

A. 단일 기체의 비리얼 계수는 온도만의 함수이다.
B. 혼합 기체의 비리얼 계수는 온도 및 조성의 함수이다.

① A ② B
③ A, B ④ 모두 틀림

해설

비리얼 계수는 온도만의 함수인데 혼합기체의 경우 조성의 함수이기도 하다.

2과목 단위조작 및 화학공업양론

21 이산화탄소 20vol%와 암모니아 80vol%의 기체혼합물이 흡수탑에 들어가서 암모니아의 일부가 산에 흡수되어 탑 하부로 떠나고, 기체혼합물은 탑 상부로 떠난다. 상부 기체혼합물의 암모니아 체적분율이 35%일 때 암모니아 제거율(vol%)은?(단, 산용액의 증발이 무시되고, 이산화탄소의 양은 일정하다.)

① 75.73 ② 81.26
③ 86.54 ④ 90.12

해설

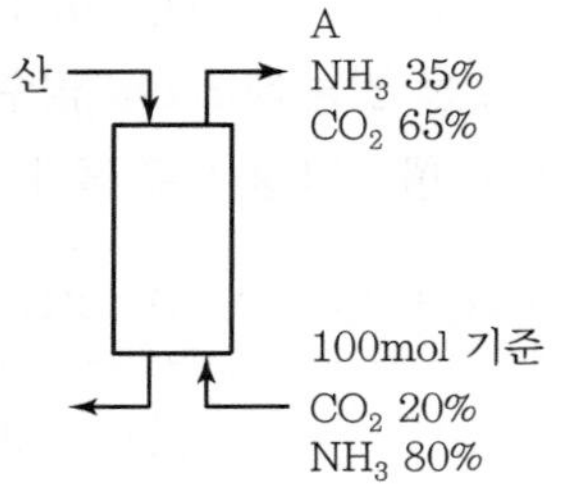

대응성분 CO_2

$100 \times 0.2 = A \times 0.65$ $\therefore A = 30.78\text{mol}$

제거된 NH_3 x

$100 \times 0.8 - x = 30.78 \times 0.35$ $\therefore x = 69.23\text{mol}$

제거율(vol%)$= \frac{69.23}{80} \times 100 = 86.54\%$

22 0℃, 1atm에서 22.4m³의 혼합가스에 3,000kcal의 열을 정압하에서 가열하였을 때, 가열 후 가스의 온도(℃)는?(단, 혼합가스는 이상기체로 가정하고, 혼합가스의 평균분자 열용량은 4.5kcal/kmol · ℃이다.)

① 500.0 ② 555.6
③ 666.7 ④ 700.0

해설

$PV = nRT$

$1\text{atm} \times 22.4\text{m}^3 = n \times 0.082\text{m}^3 \cdot \text{atm/kmol} \cdot \text{K} \times 273\text{K}$

$\therefore n = 1\text{kmol}$

$3{,}000\text{kcal} = (1\text{kmol})(4.5\text{kcal/kmol} \cdot ℃)\Delta t$

$\Delta t = t - 0℃ = 666.7℃$

$\therefore t = 666.7℃$

정답 19 ③ 20 ③ 21 ③ 22 ③

23 특정 성분의 질량분율이 X_A 인 수용액 L(kg)과 X_B 인 수용액 N(kg)을 혼합하여 X_M 의 질량분율을 갖는 수용액을 얻으려고 한다. L과 N의 비를 옳게 나타낸 것은?

① $\frac{L}{N}=\frac{X_B-X_A}{X_M-X_A}$ ② $\frac{L}{N}=\frac{X_A-X_M}{X_B-X_M}$

③ $\frac{L}{N}=\frac{X_A-X_B}{X_M-X_B}$ ④ $\frac{L}{N}=\frac{X_M-X_B}{X_A-X_M}$

해설

• 지렛대 법칙

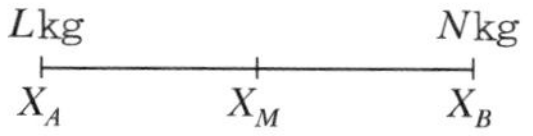

$\frac{L}{N}=\frac{X_M-X_B}{X_A-X_M}$

• L/N비

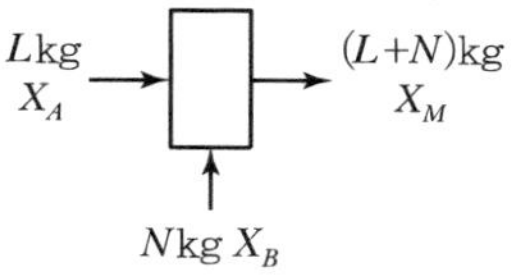

$LX_A+NX_B=(L+N)X_M$

정리하면 $\frac{L}{N}=\frac{X_M-X_B}{X_A-X_M}$

24 다음 중 증기압을 추산하는 식은?

① Clausius－Clapeyron 식

② Bernoulli 식

③ Redlich－Kwong 식

④ Kirchhoff 식

해설

• Clausius－Clapeyron 식

$\ln\frac{P_2}{P_1}=\frac{\Delta H}{R}\left(\frac{1}{T_1}-\frac{1}{T_2}\right)$

• Bernoulli 식

$\frac{\Delta u^2}{2}+g\Delta Z+\frac{\Delta P}{\rho}=0$

• Redlich－Kwong 식

$P=\frac{RT}{V-b}-\frac{a}{\sqrt{T}\,V(V+b)}$

• Kirchhoff 식

복사력과 흡수능의 비는 그 물체의 온도에만 의존한다.

$\frac{W_1}{\alpha_1}=\frac{W_2}{\alpha_2}=\frac{W_b}{1}$ 2가 흑체인 경우 $\alpha_2=1$

$\therefore \alpha_1=\frac{W_1}{W_b}=\varepsilon_1$ ∴ 흡수율＝방사율

25 20wt% NaCl 수용액을 mol%로 옳게 나타낸 것은?

① 1 ② 3

③ 5 ④ 7

해설

20wt% NaCl

100g 기준 ┌ NaCl 20g
　　　　　└ H_2O 80g

$n_{NaCl}=\frac{20g}{58.5g/mol}=0.34mol$

$n_{H_2O}=\frac{80g}{18g/mol}=4.44mol$

$\therefore x_{NaCl}=\frac{0.34}{0.34+4.44}=0.071(7.1\%)$

26 25℃에서 용액 3L에 500g의 NaCl을 포함한 수용액에서 NaCl의 몰분율은?(단, 25℃ 수용액의 밀도는 $1.15g/cm^3$이다.)

① 0.050 ② 0.070

③ 0.090 ④ 0.110

해설

$3L\ 용액\times\frac{1.15g}{cm^3}\times\frac{1{,}000cm^3}{1L}=3{,}450g$

NaCl : 500g

H_2O : 3,450－500＝2,950g

$n_{NaCl}=\frac{500g}{58.5g/mol}=8.547mol$

$n_{H_2O}=\frac{2{,}950g}{18g/mol}=163.89mol$

$\therefore x_{NaCl}=\frac{8.547}{8.547+163.89}=0.05$

정답 23 ④ 24 ① 25 ④ 26 ①

27 깁스의 상률법칙에 대한 설명 중 틀린 것은?

① 열역학적 평형계를 규정짓기 위한 자유도는 상의 수와 화학종의 수에 의해 결정된다.

② 자유도는 화학종의 수에서 상의 수를 뺀 후 2를 더하여 결정한다.

③ 반응이 있는 열역학적 평형계에서도 적용이 가능하다.

④ 자유도를 결정할 때 화학종 간의 반응이 독립적인지 또는 종속적인지를 고려해야 한다.

해설

$F=2-P+C$

여기서, P : 상의 수

C : 화학종의 수

평형상태에 있는 여러 상의 계에 대하여 계의 세기상태를 결정하기 위해서 임의로 고정시켜야 하는 독립변수의 수는 상률에 의해 결정된다.

28 100℃에서 내부에너지 100kcal/kg을 가진 공기 2kg이 밀폐된 용기 속에 있다. 이 공기를 가열하여 내부에너지가 130kcal/kg이 되었을 때 공기에 전달되는 열량(kcal)은?

① 55 ② 60

③ 75 ④ 80

해설

내부에너지 = (2kg)(100kcal/kg) = 200kcal

가열한 후 2kg × 130kcal/kg = 260kcal가 되었으므로

공기에 전달되는 열량 = 260 − 200 = 60kcal

29 어떤 공기의 조성이 N_2 79mol%, O_2 21mol %일 때, N_2의 질량분율은?

① 0.325 ② 0.531

③ 0.767 ④ 0.923

해설

100mol 기준 ┌ N_2 79mol%
└ O_2 21mol%

$n=\frac{w}{M} \rightarrow w=nM$

$w_{N_2}=79\text{mol}\times 28\text{g/mol}=2{,}212\text{g}$

$w_{O_2}=21\text{mol}\times 32\text{g/mol}=672\text{g}$

$\therefore x_{N_2}=\frac{2{,}212}{2{,}212+672}=0.767$

30 탄소 70mol%, 수소 15mol% 및 기타 회분 등의 연소할 수 없는 물질로 구성된 석탄을 연소하여 얻은 연소가스의 조성이 CO_2 15mol%, O_2 4mol% 및 N_2 81mol%일 때 과잉공기의 백분율은?(단, 공급되는 공기의 조성은 N_2 79mol%, O_2 21mol%이다.)

① 4.9% ② 9.3%

③ 16.2% ④ 22.8%

해설

연소가스

100mol 기준 ┌ CO_2 15mol
│ O_2 4mol
└ N_2 81mol

A ┌ C 70mol%
└ H_2 15mol%

$A\times 0.7=15$

$\therefore A=21.43\text{mol}$

$21.43\times 0.15=3.21\text{mol } H_2$

$C + O_2 \rightarrow CO_2$

15 15mol 15molH_2

$H_2 + \frac{1}{2}O_2 \rightarrow H_2O$

3.21 $\frac{1}{2}\times 3.21\text{mol}$

필요산소량 $=15+\frac{1}{2}\times 3.21=16.61\text{mol}$

필요공기량 $=16.61\times\frac{1}{0.21}=79.07\text{mol}$

과잉공기량 $=4\text{mol}\times\frac{1}{0.21}=19.04$

$\therefore$ 과잉공기% $=\frac{19.04}{79.07}\times 100=24\%$

정답 27 ③ 28 ② 29 ③ 30 ④

31 다음 중 왕복식 펌프는?

① 기어펌프(Gear Pump)
② 볼류트펌프(Volute Pump)
③ 플런저펌프(Plunger Pump)
④ 터빈펌프(Turbine Pump)

해설

- 왕복식 펌프 : 피스톤펌프, 플런저펌프, 격막펌프
- 원심펌프 : 볼류트펌프, 터빈펌프
- 회전펌프 : 기어펌프, 스크루펌프, 로브펌프

32 압력용기에 연결된 지름이 일정한 관(Pipe)을 통하여 대기로 기체가 흐를 경우에 대한 설명으로 옳은 것은?

① 무제한 빠른 속도로 흐를 수 있다.
② 빛의 속도에 근접한 속도로 흐를 수 있다.
③ 초음속으로 흐를 수 없다.
④ 종류에 따라서 초음속으로 흐를 수 있다.

해설

음속보다 낮은 속도의 흐름이 단면적이 일정한 관에서 도달할 수 있는 음속이며, 이 속도는 관의 출구에서 도달 가능하다.

$M = \frac{\text{유체의 속도}}{\text{음속}} > 1$ ← 초음속 흐름

33 같은 용적, 같은 압력하에 있는 같은 온도의 두 이상기체 A와 B의 몰수 관계로 옳은 것은?(단, 분자량은 $A > B$이다.)

① 주어진 조건으로는 알 수 없다.
② $A > B$
③ $A < B$
④ $A = B$

해설

같은 온도, 같은 압력에서 같은 부피(용적)에는 기체의 종류에 관계없이 같은 수의 입자를 포함한다. 즉, 같은 몰수를 포함한다.

34 초미분쇄기(Ultrafine Grinder)인 유체 – 에너지 밀(Mill)의 분쇄 원리로 가장 거리가 먼 것은?

① 입자 간 마멸
② 입자와 기벽 간 충돌
③ 입자와 기벽 간 마찰
④ 입자와 기벽 간 열전달

해설

유체 – 에너지 밀
고압의 공기 또는 증기를 노즐에 의해 분쇄실로 분사시켜 얻은 초음속의 기류를 원료에 보내어 회전에 의한 원심력을 이용, 입자 상호 간 및 입자와 기벽 사이에 충돌과 마찰작용을 일으켜 분쇄한다.

35 20℃, 1atm 공기 중 수증기 분압이 20mmHg일 때, 이 공기의 습도($kg_{수증기}/kg_{건조공기}$)는?(단, 공기의 분자량은 30g/mol로 한다.)

① 0.016　② 0.032
③ 0.048　④ 0.064

해설

$H = \frac{18}{30}\frac{p_v}{P - p_v}$　　1atm = 760mmHg

$= \frac{18}{30}\frac{20}{760-20}$

$= 0.016 kg_{H_2O}/kg_{건조공기}$

36 다중효용관에 대한 설명으로 틀린 것은?

① 마지막 효용관의 증기공간 압력이 가장 높다.
② 첫 번째 효용관에는 생수증기(Raw Steam)가 공급된다.
③ 수증기와 응축기 사이의 압력차는 다중효용관에서 두 개 또는 그 이상의 효용관에 걸쳐 분산된다.
④ 다중효용관 설계에 있어서 보통 원하는 결과는 소모된 수증기량, 소요 가열 면적, 여러 효용관에서 근사적 온도, 마지막 효용관을 떠나는 증기량 등이다.

정답 31 ③ 32 ③ 33 ④ 34 ④ 35 ① 36 ①

해설

다중효용관
- 수증기의 효율을 높이기 위해 증발관을 2중 이상으로 설치하여 증발관에서 발생한 증기를 다시 이용하는 것이 목적이다.
- 증발관 몇 개를 직렬로 배치하고 앞에서 발생한 증기를 보다 저압인 다음 증발관의 가열증기로 사용한다.
- 최종증발관으로 갈수록 압력이 낮으므로 응축기와 진공장치를 설치한다.

37 원통관 내에서 레이놀즈(Reynolds) 수가 1,600인 상태로 흐르는 유체의 Fanning 마찰계수는?

① 0.01　② 0.02
③ 0.03　④ 0.04

해설

$$f=\frac{16}{N_{Re}}=\frac{16}{1,600}=0.01$$

38 상접점(Plait Point)에 대한 설명으로 옳은 것은?

① 추출상과 평형에 있는 추잔상의 점을 잇는 선의 중간점을 말한다.
② 상접점에서는 추출상과 추잔상의 조성이 같다.
③ 추출상과 추잔상 사이에 유일한 상접점이 존재한다.
④ 상접점은 추출을 할 수 있는 최적의 조건이다.

해설

상접점(Plait Point)

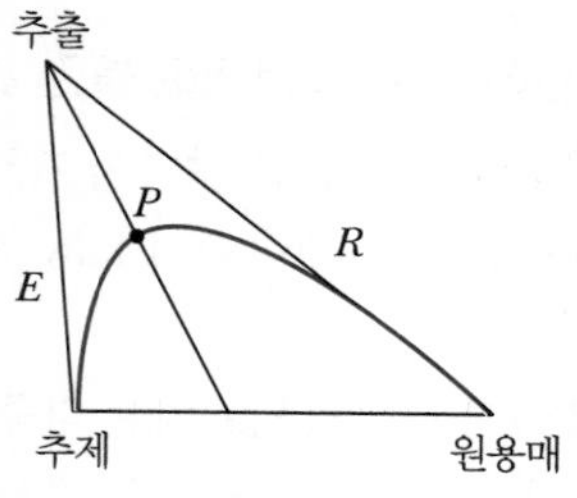

- 추출상과 추잔상 추질의 농도가 같은 점(P)
- 상계점 = 임계점
- 대응선의 길이 = 0
- 상계점을 경계로 추제성분이 많은 쪽 PE가 추출상이고, 원용매가 많은 PR이 추잔상이다.

39 2중효용관 증발기에서 비점상승이 무시되는 액체를 농축하고 있다. 제1증발관에 들어가는 수증기의 온도는 110℃이고 제2증발관에서 용액 비점은 82℃이다. 제1, 2증발관의 총괄열전달계수는 각각 300, 100W/m² · ℃일 경우 제1증발관 액체의 비점(℃)은?

① 110　② 103
③ 96　④ 89

해설

$$R_1 : R_2 = \frac{1}{U_1} : \frac{1}{U_2} = \frac{1}{300} : \frac{1}{100} = 1 : 3$$

$\Delta t : \Delta t_1 = R : R_1$

$(110-82) : \Delta t_1 = 4 : 1$

$\therefore\ \Delta t_1 = 110 - t_2 = 7$

$\therefore\ t_2 = 103$℃

40 기체흡수에 대한 설명 중 옳은 것은?

① 기체속도가 일정하고 액 유속이 줄어들면 조작선의 기울기는 증가한다.
② 액체와 기체의 몰 유량비(L/V)가 크면 조작선과 평형곡선의 거리가 줄어들어 흡수탑의 길이를 길게 하여야 한다.
③ 액체와 기체의 몰 유량비(L/V)는 맞흐름탑에서 흡수의 경제성에 미치는 영향이 크다.
④ 물질전달에 대한 구동력은 조작선과 평형선 간의 수직거리에 반비례한다.

해설

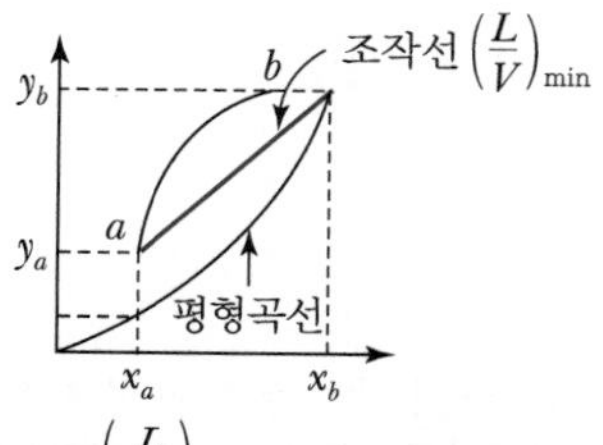

여기서, 조작선$\left(\frac{L}{V}\right)_{min}$: 기액한계비

- 조작선은 평형곡선의 왼쪽에 존재해야 한다.
- 평행선과 조작선이 만나면 추진력이 0이 되어 실용적이지 못하다.

정답 37 ① 38 ② 39 ② 40 ③

기액한계비
- 주어진 기체흐름에 대해 액체흐름이 줄어들면 조작선의 기울기는 감소한다.
- L/V는 맞흐름탑에서 흡수의 경제성에 미치는 영향이 크다.
- 물질전달에 대한 구동력은 조작선과 평형선 간의 수직거리에 비례한다.
- L/V를 증가시키면 구동력이 증가되어 흡수탑을 길게 할 필요가 없다.

3과목 공정제어

41 다음 블록선도의 총괄전달함수(C/R)로 옳은 것은?

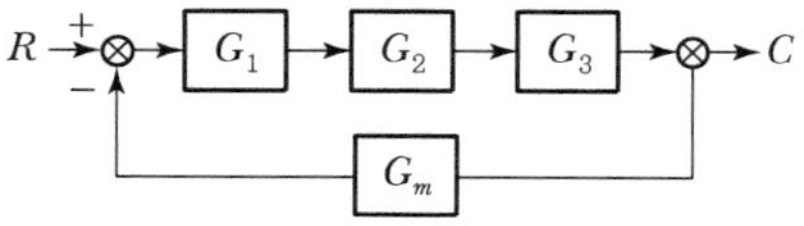

① $\dfrac{G_1G_2G_3}{1+G_m}$ ② $\dfrac{G_mG_1G_2G_3}{G_1G_2G_3}$

③ $\dfrac{1+G_mG_1G_2G_3}{G_1G_2G_3}$ ④ $\dfrac{G_1G_2G_3}{1+G_mG_1G_2G_3}$

해설

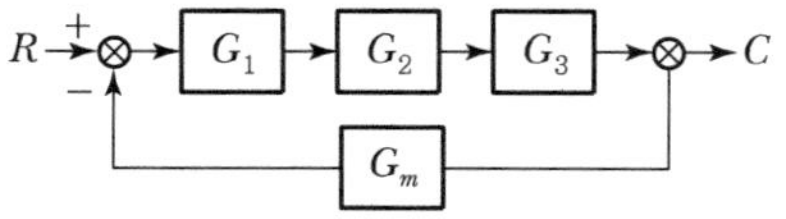

$$G=\frac{G_1G_2G_3(\text{직선})}{1+G_1G_2G_3G_m(\text{회선})}$$

42 제어계가 안정하려면 특성방정식의 모든 근이 S평면상의 어느 영역에 있어야 하는가?

① 실수부(+), 허수부(−)
② 실수부(−)
③ 허수부(−)
④ 근이 존재하지 않아야 함

해설

특성방정식의 모든 근이 음의 실수부를 가져야 계는 안정하다.

43 PID 제어기의 조율방법에 대한 설명으로 가장 올바른 것은?

① 공정의 이득이 클수록 제어기 이득값도 크게 설정해 준다.
② 공정의 시상수가 클수록 적분시간값을 크게 설정해 준다.
③ 안정성을 위해 공정의 시간지연이 클수록 제어기 이득값을 크게 설정해 준다.
④ 빠른 폐루프 응답을 위하여 제어기 이득값을 작게 설정해 준다.

해설

PID 제어기
- 적분동작은 설정점과 제어변수 간의 오프셋을 제거해 준다.
- 적분상수가 클수록 적분동작이 줄어든다.
- 제어기 이득 K_c가 클수록 적분동작이 커진다.
- 미분동작은 느린 동특성을 가지고 잡음이 적은 공정에 적합하다.

44 연속 입출력 흐름과 내부 전기 가열기가 있는 저장조의 온도를 설정값으로 유지하기 위해 들어오는 입력흐름의 유량과 내부 가열기에 공급 전력을 조작하여 출력흐름의 온도와 유량을 제어하고자 하는 시스템의 분류로 적절한 것은?

① 다중 입력－다중 출력 시스템
② 다중 입력－단일 출력 시스템
③ 단일 입력－단일 출력 시스템
④ 단일 입력－다중 출력 시스템

해설

- 입력변수와 출력변수의 수가 1개씩 : 단일 입력－단일 출력 공정
- 입력변수와 출력변수의 수가 여러 개 : 다중 입력－다중 출력 공정

정답 41 ④ 42 ② 43 ② 44 ①

45 폐회로의 응답이 다음 식과 같이 주어진 제어계의 설정점(Set Point)에 단위계단변화(Unit Step Change)가 일어났을 때, 잔류편차(Offset)는?(단, $y(s)$: 출력, $R(s)$: 설정점이다.)

$$y(s)=\frac{0.2}{3s+1}R(s)$$

① -0.8 ② -0.2
③ 0.2 ④ 0.8

해설

$X(s)=\frac{1}{s}$

$Y(s)=\frac{0.2}{3s+1}\cdot\frac{1}{s}=0.2\left(\frac{1}{s}-\frac{3}{3s+1}\right)$

$y(t)=0.2(1-e^{-\frac{1}{3}t})\quad y(\infty)=0.2$

$x(t)=1$

Offset$=R(\infty)-C(\infty)=1-0.2\ =0.8$

46 다음과 같은 보드 선도(Bode Plot)로 표시되는 제어기는?

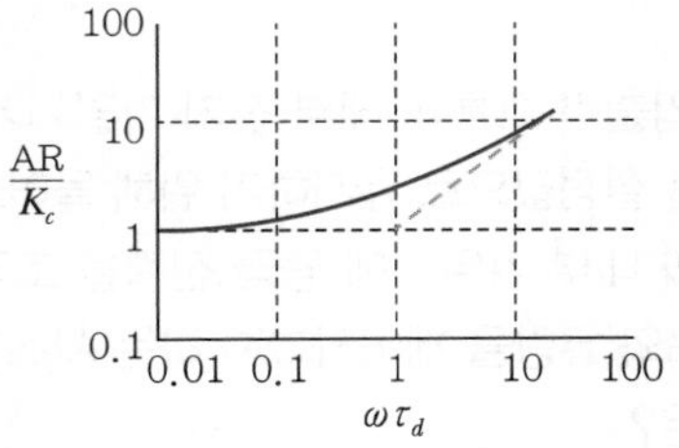

① 비례 제어기 ② 비례－적분 제어기
③ 비례－미분 제어기 ④ 적분－미분 제어기

해설

• PI 제어기의 Bode 선도

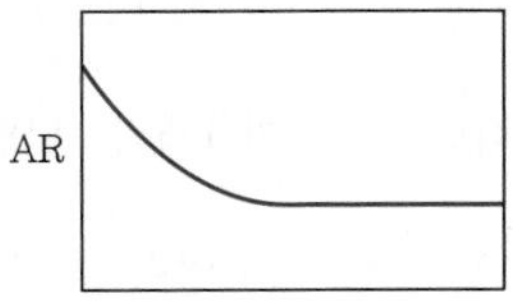

• PD 제어기의 Bode 선도

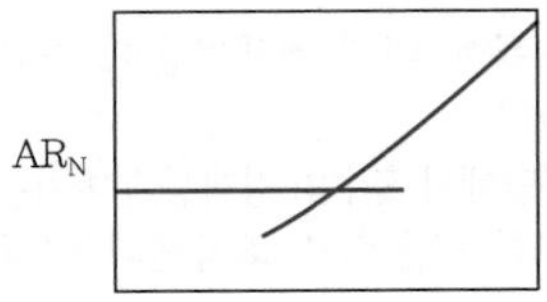

47 다음 중 가능한 커야 하는 계측기의 특성은?

① 감도(Sensitivity)
② 시간상수(Time Constant)
③ 응답시간(Response Time)
④ 수송지연(Transportation Lag)

해설

계측기는 물리량을 측정해야 하므로 감도가 좋아야 한다.

48 사람이 원하는 속도, 원하는 방향으로 자동차를 운전할 때 일어나는 상황이 공정제어시스템과 비교될 때 연결이 잘못된 것은?

① 눈－계측기 ② 손－제어기
③ 발－최종 제어 요소 ④ 자동차－공정

해설

손－최종 제어 요소

49 편차(Offset)는 제거할 수 있으나 미래의 에러(Error)를 반영할 수 없어 제어성능 향상에 한계를 가지는 제어기는?(단, 모든 제어기들이 튜닝이 잘 되었을 경우로 가정한다.)

① P형 ② PD형
③ PI형 ④ PID형

해설

㉠ PI 제어
- 잔류편차를 제거한다.
- 과거로부터 발생된 제어오차의 누적치를 이용한다.

㉡ PD 제어
- 공정의 응답이 미래에 어떻게 나타날지 예측한다.
- 응답이 빨라지며 잡음에 민감하다.

정답 45 ④ 46 ③ 47 ① 48 ② 49 ③

50 어떤 공정의 전달함수가 $G(s)$이고 $G(2i) = -1 - i$일 때, 공정입력으로 $u(t) = 2\sin(2t)$를 입력하면 시간이 많이 지난 후에 $y(t)$로 옳은 것은?

① $y(t) = \sqrt{2}\sin(2t)$

② $y(t) = -\sqrt{2}\sin(2t + \pi/4)$

③ $y(t) = 2\sqrt{2}\sin(2t - \pi/4)$

④ $y(t) = 2\sqrt{2}\sin(2t - 3\pi/4)$

해설

$$AR = |G(i\omega)| = \sqrt{R^2 + I^2}$$

$$= \frac{\hat{A}}{A} = \sqrt{(-1)^2 + (-1)^2} = \sqrt{2}$$

$A = 2 \quad \hat{A} = 2\sqrt{2}$

$$\phi = -\tan^{-1}(\tau w) = \tan^{-1}\left(\frac{I}{R}\right) = \tan^{-1}\left(\frac{-1}{-1}\right)$$

$$= \tan^{-1}(1) = \frac{\pi}{4}$$

$y(t) = \hat{A}\sin(\omega t + \phi)$

$\therefore\ y(t) = 2\sqrt{2}\sin\left(2t - \frac{3}{4}\pi\right)$

51 Routh Array에 의한 안정성 판별법 중 옳지 않은 것은?

① 특성방정식의 계수가 다른 부호를 가지면 불안정하다.

② Routh Array의 첫 번째 칼럼의 부호가 바뀌면 불안정하다.

③ Routh Array Test를 통해 불안정한 Pole의 개수도 알 수 있다.

④ Routh Array의 첫 번째 칼럼에 0이 존재하면 불안정하다.

해설

Routh Array에 의한 안정성 판별법

- Routh Array의 첫 번째 열의 요소가 모두 양이면 모든 근이 복소수 왼쪽 열린 반평면에 존재한다.
  → 안정하다.
- 복소수 오른쪽 열린 반평면에 존재하는 근의 수는 요소의 부호가 바뀌는 횟수와 같다.
- Array 구성과정에서 첫 번째 열의 요소가 0이 되면 허수축 위에 근이 존재함을 의미하며, Array 구성은 더 이상 진행될 수 없다.

52 1차계의 시간상수에 대한 설명이 아닌 것은?

① 시간의 단위를 갖는 계의 특정상수이다.

② 그 계의 용량과 저항의 곱과 같은 값을 갖는다.

③ 직선관계로 나타나는 입력함수와 출력함수 사이의 비례상수이다.

④ 단위계단 변화 시 최종치의 63%에 도달하는 데 소요되는 시간과 같다.

해설

1차계 시간상수

$$G(s) = \frac{Y(s)}{X(s)} = \frac{K}{\tau s + 1}$$

여기서, τ : 시간상수(시간의 단위)

- 온도계 : $\tau = \frac{mC}{hA}$
- 액위공정 : $\tau = AR$
- 혼합공정 : $\tau = \frac{V}{q}$
- 가열공정 : $\tau = \frac{\rho V}{\omega}$

단위계단 입력 시

t	y(t)/KA	t	y(t)/KA
τ	63.2%	4τ	98.2%
2τ	86.5%	5τ	99.3%
3τ	95%		

53 유체가 유입부를 통하여 유입되고 있고, 펌프가 설치된 유출부를 통하여 유출되고 있는 드럼이 있다. 이때 드럼의 액위를 유출부에 설치된 제어밸브의 개폐 정도를 조절하여 제어하고자 할 때, 다음 설명 중 옳은 것은?

① 유입유량의 변화가 없다면 비례동작만으로도 설정점 변화에 대하여 오프셋 없는 제어가 가능하다.

② 설정점 변화가 없다면 유입유량의 변화에 대하여 비례동작만으로도 오프셋 없는 제어가 가능하다.

③ 유입유량이 일정할 때 유출유량을 계단으로 변화시키면 액위는 시간이 지난 다음 어느 일정수준을 유지하게 된다.

④ 유출유량이 일정할 때 유입유량이 계단으로 변화되면 액위는 시간이 지난 다음 어느 일정수준을 유지하게 된다.

정답 50 ④ 51 ④ 52 ③ 53 ①

해설

유입유량의 변화가 없다면 비례동작만으로도 설정값 변화에 대하여 Offset이 없는 제어가 가능하다.

54 되먹임 제어(Feedback Control)가 가장 용이한 공정은?

① 시간지연이 큰 공정
② 역응답이 큰 공정
③ 응답속도가 빠른 공정
④ 비선형성이 큰 공정

해설

되먹임 제어는 제어변수를 측정하고 이것을 설정값과 비교하여 오차를 구해야 하므로 응답속도가 빠른 공정에 용이하다.

55 어떤 계의 단위계단 응답이 다음과 같을 경우 이 계의 단위충격 응답(Impulse Response)은?

$$Y(t) = 1 - \left(1 + \frac{t}{\tau}\right)e^{-\frac{t}{\tau}}$$

① $\frac{t}{\tau}e^{-\frac{t}{\tau}}$　② $(1+\frac{t}{\tau})e^{-\frac{t}{\tau}}$

③ $\frac{t}{\tau^2}e^{-\frac{t}{\tau}}$　④ $(1-\frac{t}{\tau^2})e^{-\frac{t}{\tau}}$

해설

단위계단응답′=단위충격응답

$$Y(t) = 1 - \left(1 + \frac{t}{\tau}\right)e^{-\frac{t}{\tau}}$$

$$Y'(t) = -\frac{1}{\tau}e^{-\frac{t}{\tau}} - \left(1+\frac{t}{\tau}\right)\left(-\frac{1}{\tau}\right)e^{-\frac{t}{\tau}} = \frac{t}{\tau^2}e^{-\frac{t}{\tau}}$$

56 다음 전달함수를 갖는 계(System) 중 sin응답에서 Phase Lead를 나타내는 것은?

① $\frac{1}{\tau s + 1}$　② $e^{-\tau s}$

③ $1 + \frac{1}{\tau s}$　④ $1 + \tau s$

해설

위상앞섬은 D 제어에서 나타난다.

57 전달함수의 극(Pole)과 영(Zero)에 관한 설명 중 옳지 않은 것은?

① 순수한 허수 Pole은 일정한 진폭을 가지고 진동이 지속되는 응답 모드에 대응된다.
② 양의 Zero는 전달함수가 불안정함을 의미한다.
③ 양의 Zero는 계단입력에 대해 역응답을 유발할 수 있다.
④ 물리적 공정에서는 Pole의 수가 Zero의 수보다 항상 같거나 많다.

해설

전달함수

$$G(s) = \frac{Y(s)}{X(s)} = \frac{b_m s^m + b_{m-1}s^{m-1} + \cdots + b_1 s + b_0}{a_n s^n + a_{n-1}s^{n-1} + \cdots + a_1 s + a_0}$$

- 분자와 분모는 각각 n, m차 멱급수 함수이다.
- 분모의 차수 n은 m 이상이다.
- 극(Pole)은 분모의 근이고, 영(Zero)은 분자의 근이다.
- 분자의 $\tau < 0$인 경우 역응답을 보인다.

58 다음 블록선도에서 서보 문제(Servo Problem)의 전달함수는?

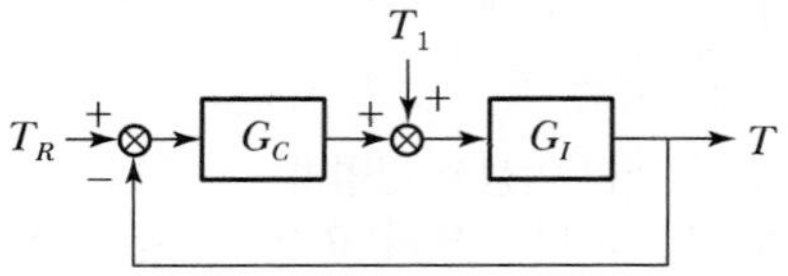

① $\frac{G_C G_I}{1 + G_C G_I}$　② $\frac{G_C}{1 + G_C G_I}$

③ $\frac{G_C G_I}{1 + G_C}$　④ $\frac{G_I}{1 + G_C G_I}$

정답 54 ③ 55 ③ 56 ④ 57 ② 58 ①

해설

- Servo Problem

$$G(s)=\frac{T}{T_R}=\frac{G_C G_I}{1+G_C G_I}$$

- Regulatory Problem

$$G(s)=\frac{T}{T_I}=\frac{G_I}{1+G_C G_I}$$

59 함수 $f(t)(t \geq 0)$의 라플라스 변환(Laplace Transform)을 $F(s)$라 할 때, 다음 설명 중 틀린 것은?

① 모든 연속함수 $f(t)$가 이에 대응하는 $F(s)$를 갖는 것은 아니다.

② $g(t)(t \geq 0)$의 라플라스 변환을 $G(s)$라 할 때, $f(t)g(t)$의 라플라스 변환은 $F(s)G(s)$이다.

③ $g(t)(t \geq 0)$의 라플라스 변환을 $G(s)$라 할 때, $f(t)+g(t)$의 라플라스 변환은 $F(s)+G(s)$이다.

④ $d^2f(t)/dt^2$의 라플라스 변환은 $s^2F(s)-sf(0)-df(0)/dt$이다.

해설

라플라스 변환

- 선형성

$\mathcal{L}\{af(t)+bg(t)\}=aF(s)+bG(s)$

- 미분식의 라플라스 변환

$$\mathcal{L}\left\{\frac{d^n f(t)}{dt^n}\right\}=s^nF(s)-s^{n-1}f(0)-\frac{s^{n-2}df(0)}{dt}-\cdots-\frac{sd^{n-2}f(0)}{dt^{n-2}}-\frac{d^{n-1}f(0)}{dt^{n-1}}$$

- 라플라스 변환은 부정적분으로 정의되므로 모든 함수 $f(t)$에 대하여 라플라스 변환이 존재하는 것은 아니다.

60 전달함수가 $G(s)=\dfrac{2}{s^2+2s+s}$인 2차계의 단위계단응답은?

① $1-e^{-t}(\cos t+\sin t)$

② $1+e^{-t}(\cos t+\sin t)$

③ $1-e^{-t}(\cos t-\sin t)$

④ $1-e^{t}(\cos t+\sin t)$

해설

$$Y(s)=G(s)X(s)$$
$$=\frac{2}{s^2+2s+2}\cdot\frac{1}{s}=\frac{1}{s}-\frac{s+2}{s^2+2s+2}$$
$$=\frac{1}{s}-\frac{(s+1)+1}{(s+1)^2+1}$$
$$=\frac{1}{s}-\frac{(s+1)}{(s+1)^2+1}-\frac{1}{(s+1)^2+1}$$

$y(t)=1-e^{-t}\cos t-e^{-t}\sin t$

$\therefore\ y(t)=1-e^{t}(\cos t+\sin t)$

4과목 공업화학

61 반도체에서 Si의 건식식각에 사용하는 기체가 아닌 것은?

① CF_4　② HBr

③ C_6H_6　④ CClF

해설

식각에 사용하는 기체 : CF_4, CHF_3

62 암모니아와 산소를 이용하여 질산을 합성할 때, 생성되는 질산 용액의 농도(wt%)는?

① 68　② 78

③ 88　④ 98

해설

직접합성법

고농도 질산을 얻기 위한 방법으로, 암모니아를 산소와 반응시켜 78% HNO_3을 생성한다.

정답 59 ② 60 ① 61 ③ 62 ②

63 석유 정제공정에서 사용되는 증류법 중 중질유의 비점이 강하되어 가장 낮은 온도에서 고비점 유분을 유출시키는 증류법은?

① 가압증류법 ② 상압증류법
③ 공비증류법 ④ 수증기증류법

해설

석유 정제공정의 증류법
- 상압증류 : 원유를 가열한 후 상압증류탑으로 보내어 비점차로 나프타, 등유, 경유, 찌꺼기유, 유분으로 분류
- 감압증류 : 상압증류의 잔유에서 윤활유와 같은 비점이 높은 유분을 얻을 때 사용
- 추출증류 : 공비혼합물의 증류
- 수증기증류 : 윤활유 등의 중질유의 비점이 높은 물질의 비점을 낮추어 증류

64 염화수소가스의 직접 합성 시 화학반응식이 다음과 같을 때 표준상태 기준으로 200L의 수소가스를 연소시킬 때 발생되는 열량(kcal)은?

$$H_2(g) + Cl_2(g) \rightarrow 2HCl(g) + 44.12kcal$$

① 365 ② 394
③ 407 ④ 603

해설

$H_2(g) + Cl_2(g) \rightarrow 2HCl(g) + 44.12kcal$

22.4L : 44.12kcal

200L : x

$\therefore x = 394kcal$

65 부식반응에 대한 구동력(Electromotive Force) E는?(단, ΔG는 깁스자유에너지, n은 금속 1몰당 전자의 몰수, F는 패러데이 상수이다.)

① $E = -nF$
② $E = -nF/\Delta G$
③ $E = -nF\Delta G$
④ $E = -\Delta G/nF$

해설

부식의 구동력

$$E = \frac{-\Delta G}{nF}$$

$\Delta G < 0$: 자발적인 반응

66 인산 제조법 중 건식법에 대한 설명으로 틀린 것은?

① 전기로법과 용광로법이 있다.
② 철과 알루미늄 함량이 많은 저품위의 광석도 사용할 수 있다.
③ 인의 기화와 산화를 별도로 진행시킬 수 있다.
④ 철, 알루미늄, 칼슘의 일부가 인산 중에 함유되어 있어 순도가 낮다.

해설

인산 제조법

㉠ 습식법
- 황산분해법 : 주로 사용
- 질산분해법
- 염산분해법

- 순도가 낮고 농도도 낮다.
- 품질이 좋은 인광석을 사용해야 한다.
- 주로 비료용에 사용한다.

㉡ 건식법

$$\text{인광석} \xrightarrow{\text{환원}} \text{인} \xrightarrow{\text{산화·흡수}} \text{인산}$$

- 고순도·고농도의 인산을 제조한다.
- 저품위 인광석을 처리할 수 있다.
- 인의 기화와 산화를 따로 할 수 있다.
- Slag는 시멘트의 원료가 된다.

67 Friedel-Crafts 반응에 사용하지 않는 것은?

① CH_3COCH_3 ② $(CH_3CO)_2O$
③ $CH_3CH=CH_2$ ④ CH_3CH_2Cl

해설

Friedel-Crafts 반응

- 알킬화 반응

$$\underset{\text{벤젠}}{C_6H_6} + \underset{\text{할로겐화알킬}}{RCl} \xrightarrow{AlCl_3} \underset{\text{알킬벤젠}}{C_6H_5R}$$

정답 63 ④ 64 ② 65 ④ 66 ④ 67 ①

• 아실화 반응

$$C_6H_6 + RCOCl \xrightarrow{AlCl_3} C_6H_5COR$$

할로겐화아실　　아실벤젠

$$C_6H_6 + (RCO)_2O \xrightarrow{AlCl_3} C_6H_5COR + RCOOH$$

산무수물

※ 아실화 반응에서 케톤기가 도입되면 반응성이 낮아져서 반응이 진행되지 않는다.

68 전화 공정 중 아래의 설명에 부합하는 것은?

- 수소화/탈수소화 및 탄소양이온 형상촉진의 이원기능 촉매 사용
- Platforming, Ultraforming 등의 공정이 있음
- 생성물을 가솔린으로 사용 시 벤젠의 분리가 반드시 필요함

① 열분해법　② 이성화법
③ 접촉분해법　④ 수소화분해법

해설

접촉개질

옥탄가가 낮은 가솔린, 나프타 등을 촉매로 이용하여 방향족 탄화수소나 이소파라핀을 많이 함유하는 옥탄가가 높은 가솔린으로 전환시킨다(개질가솔린).

- Platforming : $Pt-Al_2O_3$ 사용
- Ultraforming : $Pt-Al_2O_3$ 사용, 촉매를 재생하여 사용
- Rheniforming : $Pt-Re-Al_2O_3$ 사용
- Hydroforming : $MoO_3-Al_2O_3$ 사용

69 양이온 중합에서 공개시제(Coinitiator)로 사용되는 것은?

① Lewis산
② Lewis염기
③ 유기금속염기
④ Sodium Amide

해설

㉠ 양이온 중합
양이온 작용기가 단량체와 반응하여 말단으로 전이하는 과정을 반복하여 고분자를 생성
㉡ 양이온 중합의 개시제
- BF_3, $TiCl_4$, $AlCl_3$, $SnCl_4$와 같은 강한 Lewis산
- 양성자를 제공할 수 있는 양성자산과 전자쌍을 받을 수 있는 루이스산이 사용된다.

70 모노글리세라이드에 대한 설명으로 가장 옳은 것은?

① 양쪽성 계면활성제이다.
② 비이온 계면활성제이다.
③ 양이온 계면활성제이다.
④ 음이온 계면활성제이다.

해설

㉠ 이온성 계면활성제
- 음이온성 계면활성제 : 카복실산염, 탄산에스터염
- 양이온성 계면활성제 : 암모늄염, 아민염
- 양쪽성 계면활성제

㉡ 비이온성 계면활성제
친수성 구조로 수산기, 에테르기를 가진다.
㉢ 특수이온성 계면활성제
플루오린계, 실리콘계, 고분자계

71 Le Blanc법 소다회 제조공정이 오늘날 전적으로 폐기된 이유로 옳은 것은?

① 수동적인 공정(Batch Process)
② 원료인 Na_2SO_4의 공급난
③ 고순도 석탄의 수요증가
④ NaS 등 부산물의 수요감소

해설

Le Blanc법은 비연속적인 조업으로 Solvay법과 경쟁이 되지 못했다.

정답 68 ③ 69 ① 70 ② 71 ①

72 다음 중 술폰화 반응이 가장 일어나기 쉬운 화합물은?

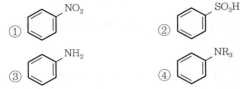

① 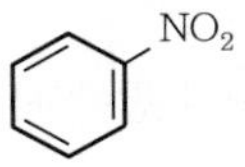

② 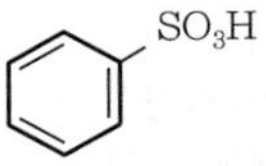

③ 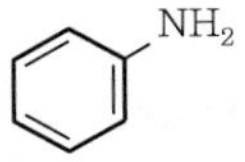

④ 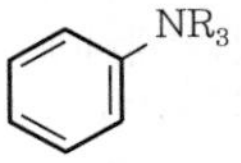

해설

술폰화 반응

$-NH_2 > -OH > -CH_3 > -Cl > -SO_3H > -NO_2$

73 다음 중 칼륨비료의 원료가 아닌 것은?

① 칼륨광물 ② 초목재

③ 간수 ④ 골분

해설

비료

- 질소비료 : 칠레초석, 석회질소, 요소
- 인산비료 : 과린산석회, 소성인비, 인회석, 골회
- 칼륨비료 : 해조, 초목재, 용광로 Dust, 칼륨광물

74 소금물의 전기분해에 의한 가성소다 제조공정 중 격막식 전해조의 전력원단위를 향상시키기 위한 조치로서 옳지 않은 것은?

① 공급하는 소금물을 양극액 온도와 같게 예열하여 공급한다.

② 동판 등 전해조 자체의 재료의 저항을 감소시킨다.

③ 전해조를 보온한다.

④ 공급하는 소금물의 망초(Na_2SO_4) 함량을 2% 이상 유지한다.

해설

㉠ 격막식 전해조

- (+)극 : $2Cl^- \rightarrow Cl_2 + 2e^-$(산화반응)
  흑연
- (−)극 : $2H_2O + 2e^- \rightarrow H_2 + 2OH^-$(환원반응)
  철망
- 전체 반응 : $2NaCl + 2H_2O \rightarrow 2NaOH + Cl_2 + H_2$

㉡ 격막식 전해조의 전력원단위 향상조치

- 공급하는 소금물을 양극액 온도와 같게 예열하여 공급한다(60~70℃).
- 동판 등 전해조 자체 재료의 저항을 감소시킨다.
- 전해조를 보온한다.
- NaCl 용액의 농도를 크게 한다.
- Na_2SO_4(망초) 등 불순물의 농도를 낮춘다.
- 극 간격을 되도록 접근시킨다.
- 액 중 기포를 속히 이탈시킨다.

75 암모니아 합성방법과 사용되는 압력(atm)을 짝지어 놓은 것 중 옳은 것은?

① Casale법 − 약 300atm

② Fauser법 − 약 600atm

③ Claude법 − 약 1,000atm

④ Haber − Bosch법 − 약 500atm

해설

- Casale법 : 600atm
- Fauser법 : 200～300atm
- Claude법 : 900～1,000atm
- Haber − Bosch법 : 200～350atm
- Uhde법 : 100～300atm

76 니트로벤젠을 환원시켜 아닐린을 얻을 때 다음 중 가장 적합한 환원제는?

① Zn + Water ② Zn + Acid

③ Alkaline Sulfide ④ Zn + Alkali

해설

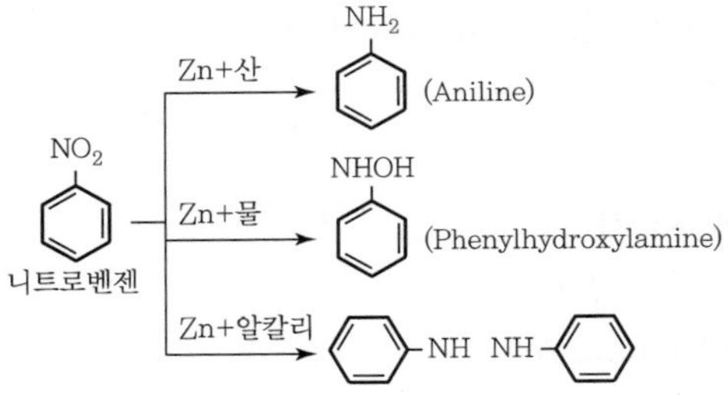

정답 72 ③ 73 ④ 74 ④ 75 ③ 76 ②

77 다음 원유 및 석유 성분 중 질소 화합물에 해당하는 것은?

① 나프텐산 ② 피리딘
③ 나프토티오펜 ④ 벤조티오펜

해설

• 나프텐산 : 나프텐 고리를 가진 카르복시산

예

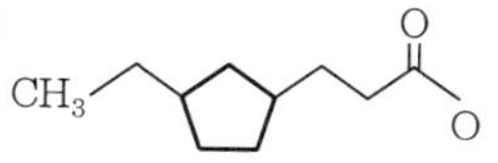

• 피리딘

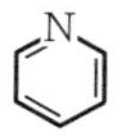

• 티오펜

• 벤조티오펜

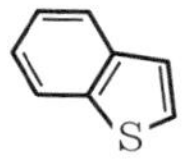

78 디메틸테레프탈레이트와 에틸렌글리콜을 축중합하여 얻어지는 것은?

① 아크릴 섬유 ② 폴리아미드 섬유
③ 폴리에스테르 섬유 ④ 폴리비닐알코올 섬유

해설

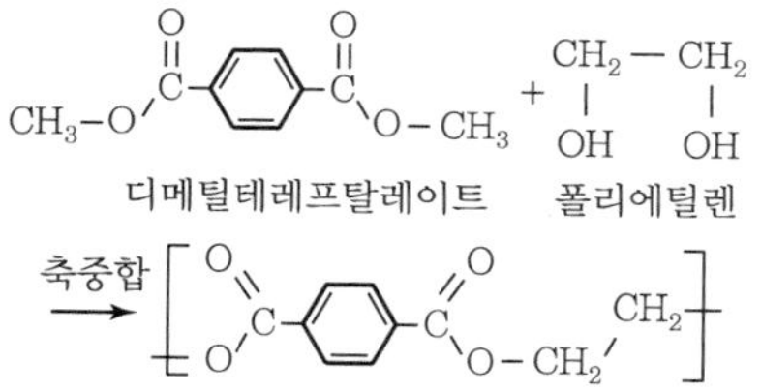

79 접촉식 황산 제조 공정에서 이산화황이 산화되어 삼산화황으로 전환하여 평형상태에 도달한다. 삼산화황 1kmol을 생산하기 위해 필요한 공기의 최소량(Sm^3)은?

① 53.3 ② 40.8
③ 22.4 ④ 11.2

해설

$$SO_2 + \frac{1}{2}O_2 \rightarrow SO_3$$

0.5kmol 1kmol

$$0.5\text{kmol}O_2 \times \frac{1}{0.21} = 2.38\text{kmol}$$

$$2.38\text{kmol} \times \frac{22.4\text{m}^3}{1\text{kmol}} = 53.3\text{m}^3$$

80 정상상태의 라디칼 중합에서 모노머가 2,000개 소모되었다. 이 반응은 2개의 라디칼에 의하여 개시 · 성장되었고, 재결합에 의하여 정지반응이 이루어졌을 때, 생성된 고분자의 동역학적 사슬 길이 ⓐ와 중합도 ⓑ는?

① ⓐ : 1,000, ⓑ : 1,000
② ⓐ : 1,000, ⓑ : 2,000
③ ⓐ : 1,000, ⓑ : 4,000
④ ⓐ : 2,000, ⓑ : 4,000

해설

모노머 = 2,000개 소모
n(중합도) = 2,000
2개의 라디칼에 의해 생성되는

사슬 길이 = $\frac{2,000}{2}$ = 1,000

5과목 반응공학

81 반응 전환율을 온도에 대하여 나타낸 직교 좌표에서 반응기에 열을 가하면 기울기는 단열과정보다 어떻게 되는가?

① 반응열의 크기에 따라 증가하거나 감소한다.
② 증가한다.
③ 일정하다.
④ 감소한다.

정답 77 ② 78 ③ 79 ① 80 ② 81 ④

해설

단열조작

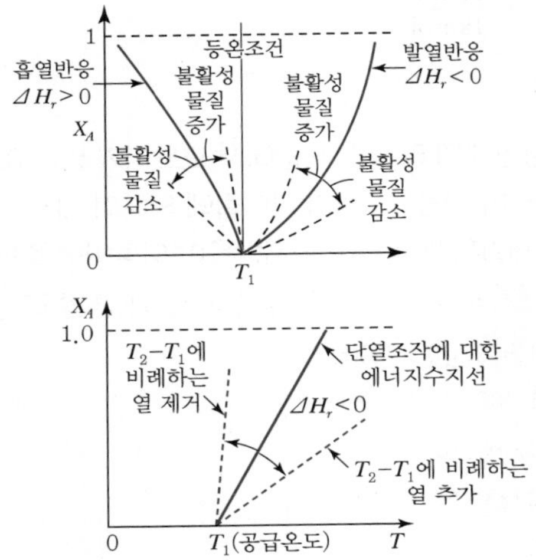

82 균질계 비가역 1차 직렬반응, $A \xrightarrow{k_1} R \xrightarrow{k_2} S$가 회분식 반응기에서 일어날 때, 반응시간에 따르는 A의 농도 변화를 바르게 나타낸 식은?

① $C_A = C_{A0}e^{-k_1 t}$

② $C_A = C_{A0}e^{-k_2 t}$

③ $C_A = C_{A0}e^{-(k_1+k_2)t}$

④ $C_A = C_{A0}\left(\dfrac{k_1}{k_2 - k_1}\right)e^{-k_1 t}$

해설

$A \xrightarrow{k_1} R \xrightarrow{k_2} S$

$-\ln\dfrac{C_A}{C_{A0}} = k_1 t$ or $C_A = C_{A0}e^{-k_1 t}$

$C_R = C_{A0}k_1\left(\dfrac{e^{-k_1 t}}{k_2 - k_1} + \dfrac{e^{-k_2 t}}{k_1 - k_2}\right)$

$C_{A0} = C_A + C_R + C_S$

83 다음 그림은 이상적 반응기의 설계 방정식의 반응시간을 결정하는 그림이다. 회분 반응기의 반응시간에 해당하는 면적으로 옳은 것은?(단, 그림에서 점 D의 C_A값은 반응 끝 시간의 값을 나타낸다.)

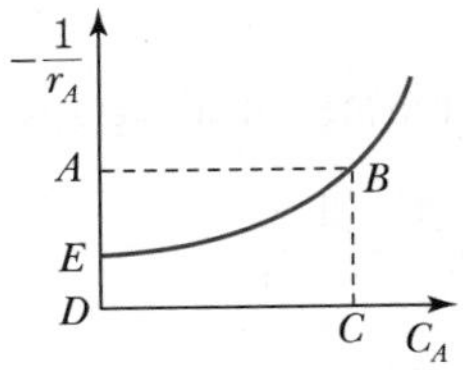

① □ABCD ② ▱ABE

③ ▱BCDE ④ $\frac{1}{2}$□ABCD

해설

- □ABCD : CSTR
- ▱BCDE : Batch, PFR

84 플러그흐름반응기에서의 반응이 아래와 같을 때, 반응시간에 따른 C_B의 관계식으로 옳은 것은?(단, 반응 초기에는 A만 존재하며, 각각의 기호는 C_{A0} : A의 초기농도, t : 시간, k : 속도상수이며 $k_2 = k_1 + k_3$을 만족한다.)

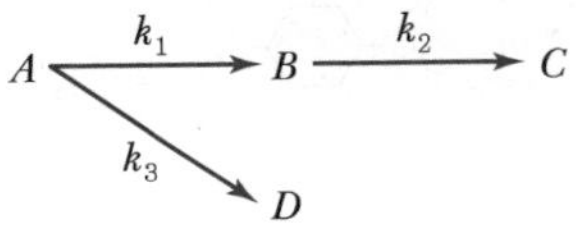

① $k_3 C_{A0} t e^{-k_1 t}$

② $k_1 C_{A0} t e^{-k_2 t}$

③ $k_1 C_{A0} e^{-k_3 t} + k_2 C_B$

④ $k_1 C_{A0} e^{-k_2 t} + k_2 C_B$

해설

$k_1 + k_3 = k_2$

$-r_A = -\dfrac{dC_A}{dt} = (k_1 + k_3)C_A$

$-\ln\dfrac{C_A}{C_{A0}} = k_2 t$

정답 82 ① 83 ③ 84 ②

$\therefore\ C_A = C_{A0}e^{-k_2t}$

$$r_B = \frac{dC_B}{dt} = k_1C_A - k_2C_B$$

$$\frac{dC_B}{dt} + k_2C_B = k_1C_{A0}e^{-k_2t}$$

적분인자 $e^{\int k_2dt}$를 곱하면 해는

$$C_Be^{\int k_2dt} = \int k_1C_{A0}e^{-k_2t}\cdot e^{\int k_2dt}dt$$

$$C_Be^{k_2t} = k_1C_{A0}\int e^{-k_2t}e^{k_2t}dt$$

$$C_Be^{k_2t} = k_1C_{A0}t$$

$$\therefore\ C_B = k_1C_{A0}te^{-k_2t}$$

85 CH_3CHO 증기를 정용 회분식 반응기에서 518℃로 열분해한 결과 반감기는 초기압력이 363mmHg일 때 410s, 169mmHg일 때 880s이었다면, 이 반응의 반응차수는?

① 0차　　② 1차

③ 2차　　④ 3차

해설

$$n = 1 - \frac{\ln\left(\dfrac{t_{\frac{1}{2}}\cdot 2}{t_{\frac{1}{2}}\cdot 1}\right)}{\ln\left(\dfrac{P_{A0}\cdot 2}{P_{A0}\cdot 1}\right)} = 1 - \frac{\ln\left(\dfrac{880}{410}\right)}{\ln\left(\dfrac{169}{363}\right)} = 2\text{차}$$

86 플러그흐름반응기에서 0차 반응($A \rightarrow R$)이 반응속도가 10mol/L · h로 반응하고 있을 때, 요구되는 반응기의 부피(L)는?(단, 반응물의 초기공급속도 : 1,000 mol/h, 반응물의 초기농도 : 10mol/L, 반응물의 출구농도 : 5mol/L이다.)

① 10　　② 50

③ 100　　④ 150

해설

$A \rightarrow R$ PFR 0차

$$C_{A0}X_A = k\tau$$

$$-r_A = 10\text{mol/L}\cdot\text{h} = \frac{-dC_A}{dt} = kC_A^{\,o} = k$$

$$\therefore\ k = 10\text{mol/L}\cdot\text{h}$$

$$C_A = C_{A0}(1-X_A)$$

$$5 = 10(1-X_A)$$

$$\therefore\ X_A = 0.5$$

$$10\text{mol/L}\times 0.5 = 10\text{mol/L}\cdot\text{h}\times\tau$$

$$\therefore\ \tau = 0.5\text{h}$$

$$\tau = \frac{V}{v_o} = \frac{C_{A0}V}{F_{A0}}$$

$$0.5\text{h} = \frac{10\text{mol/L}\times V\text{L}}{1{,}000\text{mol/h}}$$

$$\therefore\ V = 50\text{L}$$

87 기체반응물 A가 2L/s의 속도로 부피 1L인 반응기에 유입될 때, 공간시간(s)은?(단, 반응은 $A \rightarrow 3B$이며 전화율(X)은 50%이다.)

① 0.5　　② 1

③ 1.5　　④ 2

해설

$$\tau = \frac{V}{v_o} = \frac{1\text{L}}{2\text{L/s}} = 0.5$$

88 액상 1차 가역반응($A \rightleftarrows R$)을 등온반응시켜 80%의 평형전화율(X_{Ae})을 얻으려 할 때, 적절한 반응온도(℃)는?(단, 반응열은 온도에 관계없이 −10,000cal/mol로 일정하고, 25℃에서의 평형상수는 300, R의 초기농도는 0이다.)

① 75　　② 127

③ 185　　④ 212

정답 85 ③ 86 ② 87 ① 88 ②

해설

$A \rightleftarrows R$

$C_{R0}=0$이므로 $K_e=\dfrac{X_{Ae}}{1-X_{Ae}}=\dfrac{0.8}{1-0.8}=4$

$\ln\dfrac{k_2}{k_1}=\dfrac{\Delta H}{R}\left(\dfrac{1}{T_1}-\dfrac{1}{T_2}\right)$

$\ln\dfrac{4}{300}=\dfrac{-10{,}000\text{cal/mol}}{1.987\text{cal/mok}\cdot\text{K}}\left(\dfrac{1}{273+25}-\dfrac{1}{T_2}\right)$

$\therefore\ T_2=400\text{K}=127℃$

89 어떤 반응을 '플러그흐름반응기 → 혼합흐름반응기 → 플러그흐름반응기'의 순으로 직렬 연결시켜 반응하고자 할 때 반응기 성능을 나타낸 것으로 옳은 것은?

①
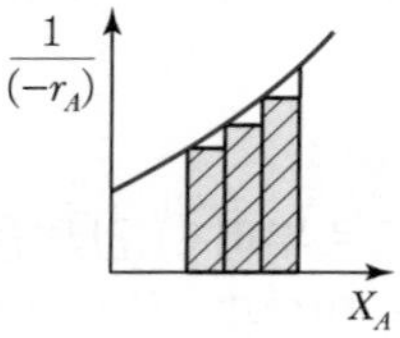

②
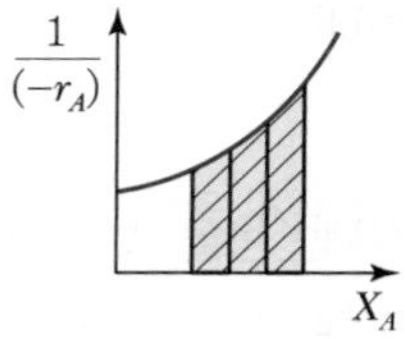

③
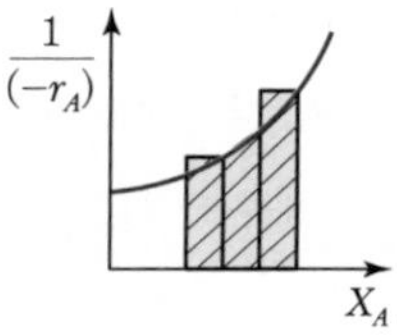

④
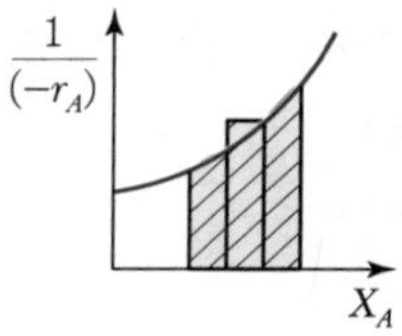

해설

- PFR :  적분면적
- CSTR :  사각형면적

90 혼합흐름반응기에 3L/h로 반응물을 유입시켜서 75%가 전환될 때의 반응기 부피(L)는? (단, 반응은 비가역적이며, 반응속도상수(k)는 0.0207/min, 용적변화율(ε)은 0이다.)

① 7.25　　② 12.7
③ 32.7　　④ 42.7

해설

$k=0.0207/\text{min} \leftarrow$ 1차 반응단위

CSTR 1차

$k\tau=\dfrac{X_A}{1-X_A}$

$0.0207\tau=\dfrac{0.75}{1-0.75}$

$\therefore\ \tau=145\text{min}$

$\tau=\dfrac{V}{v_o}$

$145\text{min}\times\dfrac{1\text{h}}{60\text{min}}=\dfrac{V}{3\text{L/h}}$

$\therefore\ V=7.25\text{L}$

91 기상 1차 촉매반응 $A \rightarrow R$에서 유효인자가 0.8이면 촉매기공 내의 평균농도 $\overline{C_A}$와 촉매표면농도 C_{AS}의 농도비($\dfrac{\overline{C_A}}{C_{AS}}$)로 옳은 것은?

① tanh(1.25)
② 1.25
③ tanh(0.2)
④ 0.8

해설

유효인자 $\varepsilon=\dfrac{\bar{r}_A\ \text{with Diffusion}}{r_A\ \text{without Diffusion Resistance}}$

1차 반응 $\varepsilon=\dfrac{\overline{C}_A}{C_{AS}}=\dfrac{\tanh mL}{mL}$

여기서, mL : Thiele 계수

$\therefore$ 유효인자 $\varepsilon=\dfrac{\overline{C}_A}{C_{AS}}=0.8$

정답 89 ④ 90 ① 91 ④

92 자동촉매반응에서 낮은 전화율의 생성물을 원할 때 옳은 것은?

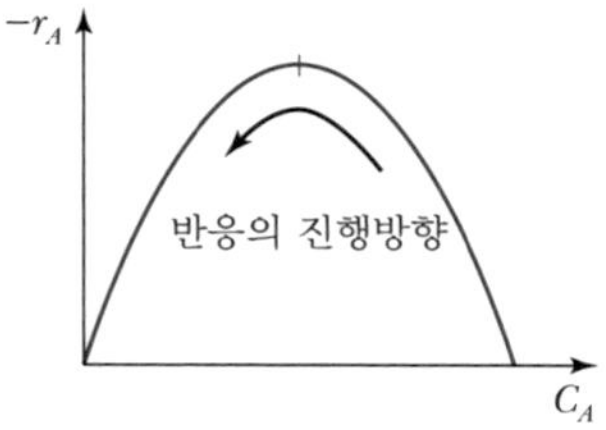

① 플러그흐름반응기로 반응시키는 것이 더 효과적이다.
② 혼합흐름반응기로 반응시키는 것이 더 효과적이다.
③ 반응기의 종류와 상관없이 동일하다.
④ 온도에 따라 효과적인 반응기가 다르다.

해설

자동촉매반응

CSTR　혼합흐름반응기(V_m)
PFR　플러그흐름반응기(V_p)

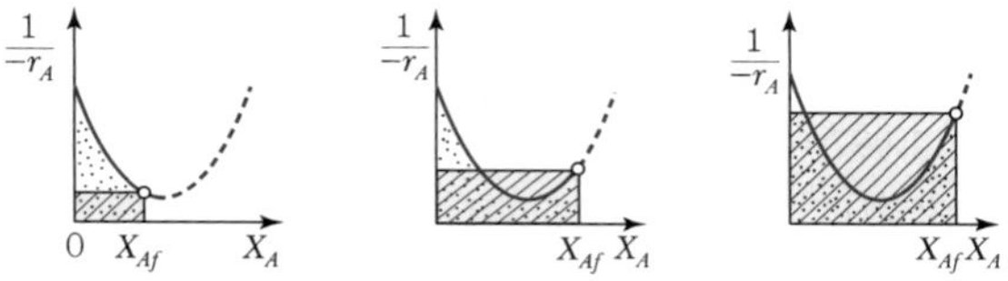

전화율이 낮을 때	전화율이 중간일 때	전화율이 높을 때
CSTR이 유리	CSTR, PFR	PFR
$V_p > V_m$	$V_p = V_m$	$V_p < V_m$

93 A의 3가지 병렬반응이 아래와 같을 때, S의 수율(S/A)을 최대로 하기 위한 조치로 옳은 것은?(단, 각각의 반응속도상수는 동일하다.)

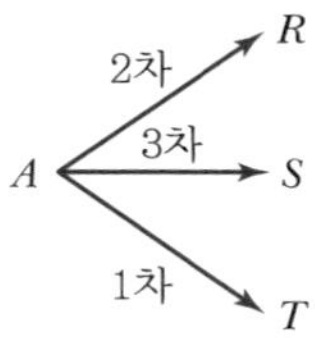

① 혼합흐름반응기를 쓰고 전화율을 낮게 한다.
② 혼합흐름반응기를 쓰고 전화율을 높게 한다.
③ 플러그흐름반응기를 쓰고 전화율을 낮게 한다.
④ 플러그흐름반응기를 쓰고 전화율을 높게 한다.

해설

$$\frac{dC_R}{dt}=kC_A^2$$

$$\frac{dC_S}{dt}=kC_A^3$$

$$\frac{dC_T}{dt}=kC_A$$

$$\phi\left(\frac{S}{A}\right)=\frac{dC_S}{dC_R+dC_S+dC_T}=\frac{kC_A^3}{kC_A^2+kC_A^3+kC_A}$$

$$=\frac{C_A^3}{C_A^2+C_A^3+C_A}=\frac{C_A^2}{1+C_A+C_A^2}$$

$$\frac{d\phi}{dC_A}=\frac{d}{dC_A}\left(\frac{C_A^2}{1+C_A+C_A^2}\right)=0$$

$\therefore$ $C_A=2$일 때 $\phi=0.57$

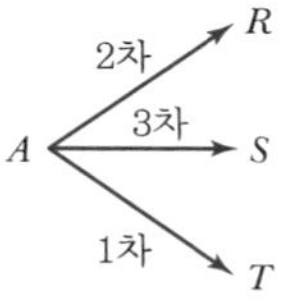

낮은 전화율, PFR 사용

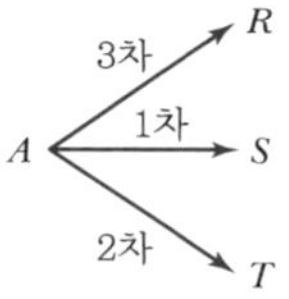

높은 전화율, CSTR 사용

94 R이 목적생산물인 반응($A \xrightarrow{1} R \xrightarrow{2} S$)의 활성화 에너지가 $E_1 < E_2$일 경우, 반응에 대한 설명으로 옳은 것은?

① 공간시간(τ)이 상관없다면 가능한 한 최저온도에서 반응시킨다.
② 등온 반응에서 공간시간(τ) 값이 주어지면 가능한 한 최고 온도에서 반응시킨다.
③ 온도 변화가 가능하다면 초기에는 낮은 온도에서, 반응이 진행됨에 따라 높은 온도에서 반응시킨다.
④ 온도 변화가 가능하더라도 등온 조작이 가장 유리하다.

정답 92 ② 93 ③ 94 ①

해설

$A \xrightarrow{1} R \xrightarrow{2} S$

R이 목적생성물

$E_1 < E_2$일 때 저온에서 진행한다.

95 성분 A의 비가역 반응에 대한 혼합흐름반응기의 설계식으로 옳은 것은?(단, N_A : A성분의 몰수, V : 반응기 부피, t : 시간, F_{A0} : A의 초기유입유량, F_A : A의 출구 몰유량, r_A : 반응속도를 의미한다.)

① $\frac{dN_A}{dt^2} = r_A V$

② $V = \frac{F_{A0} - F_A}{-r_A}$

③ $\frac{dF_A}{dV} = r_A$

④ $-\frac{dN_A}{dt} = -r_A V$

해설

- CSTR(혼합흐름반응기)

  입력량 = 출력량 + 반응에 의한 소모량 + 축적량 (축적량 → 0)

  $F_{A0} = F_A + (-r_A)V$

  $\therefore V = \frac{F_{A0} - F_A}{-r_A}$

- PFR(플러그흐름반응기)

  $F_A = (F_A + dF_A) + (r_A)dV$

  $F_{A0}dX_A = (-r_A)dV$

  $\int_0^V \frac{dV}{F_{A0}} = \int_0^{X_{Af}} \frac{dX_A}{-r_A}$

96 물리적 흡착에 대한 설명으로 가장 거리가 먼 것은?

① 다분자층 흡착이 가능하다.

② 활성화 에너지가 작다.

③ 가역성이 낮다.

④ 고체 표면에서 일어난다.

해설

구분	물리흡착	화학흡착
온도범위	낮은 온도	높은 온도
흡착열	낮음	높음
활성화 에너지	낮음	높음
흡착층	다분자층	단분자층
가역성	높음	낮음

97 메탄의 열분해반응($CH_4 \rightarrow 2H_2 + C(s)$)의 활성화 에너지는 7,500cal/mol이다. 위의 열분해반응이 546℃에서 일어날 때 273℃보다 몇 배 빠른가?

① 2.3 ② 5.0

③ 7.5 ④ 10.0

해설

$\ln\frac{k_2}{k_1} = \frac{\Delta H}{R}\left(\frac{1}{T_1} - \frac{1}{T_2}\right)$

$\ln\frac{k_2}{k_1} = \frac{7,500}{1.987}\left(\frac{1}{273+273} - \frac{1}{273+546}\right)$

$= 2.3043$

$\frac{k_2}{k_1} = \exp(2.3043) = 10$

98 반응기로 A와 C 기체 5 : 5 혼합물이 공급되어 $A \rightarrow 4B$ 기상반응이 일어날 때, 부피팽창계수 ε_A는?

① 0 ② 0.5

③ 1.0 ④ 1.5

해설

$\varepsilon_A = y_{A0}\delta$

$= 0.5\frac{4-1}{1}$

$= 1.5$

정답 95 ② 96 ③ 97 ④ 98 ④

99 어떤 반응의 속도상수가 25℃에서 $3.46\times 10^{-5}s^{-1}$이며 65℃에서는 $4.91\times10^{-3}s^{-1}$이었다면, 이 반응의 활성화 에너지(kcal/mol)는?

① 49.6　　② 37.2
③ 24.8　　④ 12.4

해설

$$\ln\frac{k_2}{k_1}=\frac{\Delta H}{R}\left(\frac{1}{T_1}-\frac{1}{T_2}\right)$$

$$\ln\frac{4.91\times10^{-3}}{3.46\times10^{-5}}$$
$$=\frac{\Delta H}{1.987\text{cal/mol}\cdot\text{K}}\left(\frac{1}{273+25}-\frac{1}{273+65}\right)$$

$\therefore\ \Delta H=24{,}793\text{cal/mol}=24.8\text{kcal/mol}$

100 효소발효반응($A\rightarrow R$)이 플러그흐름반응기에서 일어날 때, 95%의 전화율을 얻기 위한 반응기의 부피(m^3)는?(단, A의 초기농도(C_{A0}) : 2mol/L, 유량(v) : 25L/min이며, 효소발효반응의 속도식은 $-r_A=\frac{0.1C_A}{1+0.5C_A}$(mol/L · min)이다.)

① 1　　② 2
③ 3　　④ 4

해설

$$\tau=\frac{V}{v_o}=C_{A0}\int_0^{x_{Af}}\frac{dX_A}{-r_A}=-\int_{C_{A0}}^{C_{Af}}\frac{dC_A}{-r_A}$$

$$C_{Af}=C_{A0}(1-X_A)$$
$$=2\text{mol/L}(1-0.95)=0.1\text{mol/L}$$

$$\therefore\ \tau=-\int_2^{0.1}\frac{dC_A}{\frac{0.1C_A}{1+0.5C_A}}=\int_{0.1}^{2}\frac{1+0.5C_A}{0.1C_A}dC_A$$
$$=10\ln\frac{2}{0.1}+5(2-0.1)=39.46\text{min}$$

$$\tau=\frac{V}{v_o}$$

$$39.46\text{min}=\frac{V}{25\text{L/min}}$$

$\therefore\ V=987\text{L}=0.99\text{m}^3\fallingdotseq 1\text{m}^3$

정답 99 ③ 100 ①

2021년 제1회 기출문제

1과목 화공열역학

01 화학반응의 평형상수(K)에 관한 내용 중 틀린 것은?(단, a_i, ν_i는 각각 i성분의 활동도와 양론수이며 $\Delta G°$는 표준 깁스(Gibbs) 자유에너지 변화량이다.)

① $K = \Pi(\hat{a_i})^{\nu_i}$

② $\ln K = -\dfrac{\Delta G°}{RT^2}$

③ K는 무차원이다.

④ K는 온도에 의존하는 함수이다.

해설

평형상수(K)

$$K = \prod_i \left(\frac{\hat{f_i}}{f_i^o}\right)^{\nu_i} = \prod_i (\hat{a_i})^{\nu_i}$$

$$K = \exp\left(\frac{-\Delta G°}{RT}\right)$$

K는 온도의 함수이다.

02 액상과 기상이 서로 평형이 되어 있을 때에 대한 설명으로 틀린 것은?

① 두 상의 온도는 서로 같다.

② 두 상의 압력은 서로 같다.

③ 두 상의 엔트로피는 서로 같다.

④ 두 상의 화학퍼텐셜은 서로 같다.

해설

기액평형의 조건

$\mu_i^\alpha = \mu_i^\beta$

$P^\alpha = P^\beta$

$T^\alpha = T^\beta$

03 부피팽창률(β)과 등온압축률(κ)의 비$\left(\dfrac{\kappa}{\beta}\right)$를 옳게 표시한 것은?

① $\dfrac{1}{C_V}\left(\dfrac{\partial U}{\partial P}\right)_V$ ② $\dfrac{1}{C_P}\left(\dfrac{\partial U}{\partial T}\right)_P$

③ $\dfrac{1}{C_P}\left(\dfrac{\partial H}{\partial T}\right)_P$ ④ $\dfrac{1}{C_V}\left(\dfrac{\partial H}{\partial P}\right)_V$

해설

$$\beta = \frac{1}{V}\left(\frac{\partial V}{\partial T}\right)_P, \quad \kappa = -\frac{1}{V}\left(\frac{\partial V}{\partial P}\right)_T$$

$$\frac{\kappa}{\beta} = -\frac{\frac{1}{V}\left(\frac{\partial V}{\partial P}\right)_T}{\frac{1}{V}\left(\frac{\partial V}{\partial T}\right)_P} = \left(\frac{\partial T}{\partial P}\right)_V$$

$$\left(\frac{\partial V}{\partial T}\right)_P\left(\frac{\partial T}{\partial P}\right)_V\left(\frac{\partial P}{\partial V}\right)_T = -1$$

$$-\frac{\left(\frac{\partial V}{\partial P}\right)_T}{\left(\frac{\partial V}{\partial T}\right)_P} = \left(\frac{\partial T}{\partial P}\right)_V$$

$U = f(T, V)$

$$dU = \left(\frac{\partial U}{\partial T}\right)_V dT + \left(\frac{\partial U}{\partial V}\right)_T dV$$

$V = \text{const}$

$\div\, dP$하면

$$\left(\frac{\partial U}{\partial P}\right)_V = \left(\frac{\partial U}{\partial T}\right)_V\left(\frac{\partial T}{\partial P}\right)_V = C_V\left(\frac{\partial T}{\partial P}\right)_V$$

$$\therefore \frac{\kappa}{\beta} = \left(\frac{\partial T}{\partial P}\right)_V = \frac{1}{C_V}\left(\frac{\partial U}{\partial P}\right)_V$$

정답 01 ② 02 ③ 03 ①

04 C_P가 $3.5R$(R : Ideal Gas Constant)인 1몰의 이상기체가 10bar, 0.005m³에서 1bar로 가역정용과정을 거쳐 변화할 때, 내부에너지 변화(ΔU ; J)와 엔탈피 변화(ΔH ; J)는?

① $\Delta U=-11{,}250,\ \Delta H=-15{,}750$
② $\Delta U=-11{,}250,\ \Delta H=-9{,}750$
③ $\Delta U=-7{,}250,\ \Delta H=-15{,}750$
④ $\Delta U=-7{,}250,\ \Delta H=-9{,}750$

해설

1mol 이상기체

$10\text{bar}\ 0.005\text{m}^3 \xrightarrow{\text{가역정용과정}} 1\text{bar}$

$$T_1=\frac{P_1V_1}{nR}=\frac{10\text{bar}\times\dfrac{101.3\times10^3\text{Pa}}{1.013\text{bar}}\times0.005\text{m}^3}{1\text{mol}\times8.314\text{J/mol}\cdot\text{K}}=601.4\text{K}$$

$$T_2=\frac{P_2V_2}{nR}=\frac{1\text{bar}\times\dfrac{101.3\times10^3\text{Pa}}{1.013\text{bar}}\times0.005\text{m}^3}{1\text{mol}\times8.314\text{J/mol}\cdot\text{K}}=60.14\text{K}$$

$C_P=C_V+R$

$$\begin{aligned}\Delta U&=nC_V\Delta T\\&=1\text{mol}\times(3.5R-R)(60.14-601.4)\text{K}\\&=1\text{mol}\times2.5\times8.314\text{J/mol}\cdot\text{K}(60.14-601.4)\text{K}\\&=-11{,}250.1\text{J}\end{aligned}$$

$$\begin{aligned}\Delta H&=nC_P\Delta T\\&=1\text{mol}\times3.5\times8.314\text{J/mol}\cdot\text{K}(60.14-601.4)\text{K}\\&=-15{,}750\text{J}\end{aligned}$$

05 어떤 가역 열기관이 300℃에서 400kcal의 열을 흡수하여 일을 하고 50℃에서 열을 방출한다. 이때 낮은 열원의 엔트로피 변화량(kcal/K)의 절댓값은?

① 0.698 ② 0.798
③ 0.898 ④ 0.998

해설

$$\eta=\frac{T_1-T_2}{T_1}=\frac{Q_1-Q_2}{Q_1}=\frac{573\text{K}-323\text{K}}{573\text{K}}=\frac{400-Q_2}{400}$$

$\therefore\ Q_2=225.48\text{kcal}$

$$\Delta S_2=\frac{Q_2}{T_2}=\frac{225.48\text{kcal}}{323\text{K}}=0.698\text{kcal/K}$$

06 100,000kW를 생산하는 발전소에서 600K에서 스팀을 생산하여 발전기를 작동시킨 후 잔열을 300K에서 방출한다. 이 발전소의 발전효율이 이론적 최대효율의 60%라고 할 때, 300K에 방출하는 열량(kW)은?

① 100,000 ② 166,667
③ 233,333 ④ 333,333

해설

$$\eta=\frac{T_1-T_2}{T_1}=\frac{600-300}{600}=0.5\rightarrow\text{이론적 최대효율}$$

실제효율 $\eta_r=0.5\times0.6=0.3$

$$0.3=\frac{W}{Q_1}=\frac{100{,}000\text{kW}}{Q_1}$$

$\therefore\ Q_1=333{,}333\text{kW}$

$W=Q_1-Q_2$

$100{,}000\text{kW}=333{,}333\text{kW}-Q_2$

$\therefore\ Q_2=233{,}333\text{kW}$

07 질량보존의 법칙이 성립하는 정상상태의 흐름과정을 표시하는 연속방정식은?(단, A는 단면적, U는 속도, ρ는 유체 밀도, V는 유체 비부피를 의미한다.)

① $\Delta(UA\rho)=0$ ② $\Delta\left(\dfrac{UA}{\rho}\right)=0$
③ $\Delta\left(\dfrac{U\rho}{A}\right)=0$ ④ $\Delta(UAV)=0$

해설

$\dot{m}=\rho_1U_1A_1=\rho_2U_2A_2=\text{일정}$

$\Delta\rho UA=0$

08 460K, 15atm $n-$Butane 기체의 퓨가시티 계수는?(단, $n-$Butane의 환산온도(T_r)는 1.08, 환산압력(P_r)은 0.40, 제1,2비리얼 계수는 각각 −0.29, 0.014, 이심인자(Acentric factor ; ω)는 0.193이다.)

① 0.9 ② 0.8
③ 0.7 ④ 0.6

정답 04 ① 05 ① 06 ③ 07 ① 08 ①

PART 1 PART 2 PART 3 PART 4 PART 5

해설

$$V=\frac{RT}{P}=\frac{(0.082\text{L}\cdot\text{atm/mol}\cdot\text{K})(460\text{K})}{15\text{atm}}=2.515\text{L}$$

$$Z=\frac{PV}{RT}=1+\frac{B}{V}+\frac{C}{V^2}$$

$$=1+\frac{BP}{RT}+\frac{CP^2}{(RT)^2}$$

$$\therefore\ V=\frac{RT}{P}+B+\frac{CP}{RT}$$

$$=\frac{(0.082\text{L}\cdot\text{atm/mol}\cdot\text{K})(460\text{K})}{15\text{atm}}+(-0.29)+\frac{(0.014)(15)}{(0.082)(460)}$$

$$=2.23\text{L}$$

$$\ln\phi=(B^o+\omega B^1)\frac{P_r}{T_r}$$

$$=(-0.29+0.193\times0.014)\frac{0.4}{1.08}$$

$$=-0.106$$

$$\therefore\ \phi=\exp(-0.106)=0.9$$

09 온도와 증기압의 관계를 나타내는 식은?

① Gibbs－Duhem Equation
② Antoine Equation
③ Van Laar Equation
④ Van der Waals Equation

해설

① Gibbs－Duhem 식

몰성질과 부분몰성질 사이의 관계식

$$\left(\frac{\partial M}{\partial P}\right)_{T,x}dP+\left(\frac{\partial M}{\partial T}\right)_{P,x}dT-\Sigma x_i d\overline{M_i}=0$$

const T, P $\Sigma x_i d\overline{M_i}=0$

② Antoine Equation

$$\ln P^*=A-\frac{B}{T+C}$$

여기서, P^* : 증기압

③ Van Laar Equation

$$\frac{x_1x_2}{G^E/RT}=A'+B'(x_1-x_2)$$

$$=A'+B'(2x_1-1)$$

④ Van der Waals Equation

$$\left(P+\frac{n^2}{V^2}a\right)(V-nb)=nRT$$

10 어떤 기체 50kg을 300K의 온도에서 부피가 0.15 m³인 용기에 저장할 때 필요한 압력(bar)은?(단, 기체의 분자량은 30g/mol이며, 300K에서 비리얼 계수는 －136.6 cm³/mol이다.)

① 90　② 100
③ 110　④ 0.6

해설

$$50\text{kg}\times\frac{1\text{kmol}}{30\text{kg}}=1.67\text{kmol}$$

$$Z=\frac{PV}{RT}=1+\frac{B}{V}$$

$$V=\frac{RT}{P}+B$$

$$\frac{0.15\text{m}^3}{1.67\text{kmol}}=\frac{(0.082\text{m}^3\cdot\text{atm/kmol}\cdot\text{K})(300\text{K})}{P}-136.6\text{cm}^3/\text{mol}\times\frac{1\text{m}^3}{100^3\text{cm}^3}\times\frac{1{,}000\text{mol}}{1\text{kmol}}$$

$$\therefore\ P=108.56\text{atm}\times\frac{1.013\text{bar}}{1\text{atm}}$$

$$=110\text{bar}$$

11 주위(Surrounding)가 매우 큰 전체 계에서 일손실(Lost Work)의 열역학적 표현으로 옳은 것은?(단, 하첨자 total, sys, sur, 0는 각각 전체, 계, 주위, 초기를 의미한다.)

① $T_0\Delta S_{sys}$　② $T_0\Delta S_{total}$
③ $T_{sur}\Delta S_{sur}$　④ $T_{sys}\Delta S_{sys}$

해설

일손실(잃은 열)

$$\dot{W}_{lost}=\dot{W}_s-\dot{W}_{ideal}$$

$$\dot{W}_s=\Delta\left[\left(H+\frac{1}{2}U^2+gZ\right)\dot{m}\right]_{fs}-\dot{Q}$$

여기서, fs : 모든 흐름

정답 09 ② 10 ③ 11 ②

$$\dot{W}_{ideal} = \Delta\left[\left(H+\frac{1}{2}U^2+gZ\right)\dot{m}\right]_{fs} - T_\sigma(S\dot{m})_{fs}$$

$$\therefore\ \dot{W}_{lost} = T_\sigma\Delta(S\dot{m})_{fs} - \dot{Q} \quad \cdots\cdots\cdots ㉠$$

주위의 온도가 T_σ뿐이면

$$\dot{S}_G = \Delta(S\dot{m})_{fs} - \frac{\dot{Q}}{T_\sigma}$$

$$T_\sigma\dot{S}_G = T_\sigma\Delta(S\dot{m})_{fs} - \dot{Q} \quad \cdots\cdots\cdots ㉡$$

㉠, ㉡식 : 우변이 같으면 좌변도 같다.

$$\therefore\ \dot{W}_{lost} = T_\sigma\dot{S}_G$$

여기서, $T_\sigma = T_o$(전체 온도)

$\dot{S}_G$: 생성 엔트로피의 전체 변화율

12 0℃, 1atm에서 이상기체 1mol을 10atm으로 가역 등온압축할 때, 계가 받은 일(cal)은?(단, C_P와 C_V는 각각 5, 3cal/mol · K이다.)

① 1.987　② 22.40
③ 273　④ 1,249

해설

0℃ 1atm 1mol $\xrightarrow{\text{등온압축}}$ 10atm

$\Delta U = Q + W = 0$(등온)

$$W = -Q = -\int PdV = -\int \frac{nRT}{V}dV$$

$$= -nRT\ln\frac{V_2}{V_1}$$

$$= nRT\ln\frac{P_2}{P_1}$$

$$\therefore\ W = (1\text{mol})(1.987\text{cal/mol}\cdot\text{K})(273\text{K})\ln\frac{10}{1}$$

$$= 1{,}249\text{cal}$$

13 상태함수(State Function)가 아닌 것은?

① 내부에너지　② 자유에너지
③ 엔트로피　④ 일

해설

- 상태함수 : 경로에 관계없이 시작점과 끝점의 상태에 의해서만 영향을 받는 함수
  예 T, P, ρ, U, H, S, G
- 경로함수 : 경로에 따라 영향을 받는 함수
  예 Q(열), W(일)

14 어떤 실제기체의 부피를 이상기체로 가정하여 계산하였을 때는 100cm³/mol이고 잔류부피가 10cm³/mol일 때, 실제기체의 압축인자는?

① 0.1　② 0.9
③ 1.0　④ 1.1

해설

$V^R = V - V^{ig}$

$10\text{cm}^3/\text{mol} = V - 100\text{cm}^3/\text{mol}$

$\therefore\ V = 110\text{cm}^3/\text{mol}$

$$Z = \frac{PV}{RT} = \frac{V}{RT/P} = \frac{V}{V^{ig}} = \frac{110}{100} = 1.1$$

15 두 성분이 완전 혼합되어 하나의 이상용액을 형성할 때 i성분의 화학퍼텐셜(μ_i)은 아래와 같이 표현된다. 동일 온도와 압력하에서 i성분의 순수한 화학퍼텐셜(μ_i^{Pure})의 표현으로 옳은 것은?(단, x_i는 i성분의 몰분율, $\mu(T, P)$는 해당 온도와 압력에서의 화학퍼텐셜을 의미한다.)

$$\mu_i(T,P) = \mu_i^{Pure}(T,P) + RT\ln x_i$$

① $\mu_i^{Pure}(T,P) + RT + \ln x_i$

② $\mu_i^{Pure}(T,P) + RT$

③ $\mu_i^{Pure}(T,P)$

④ $RT\ln x_i$

해설

$\mu_i(T,P) = \mu_i^{Pure}(T,P) + RT\ln x_i$

$x_i = 1,\ \ln x_i = 0$

$\therefore\ \mu_i(T,P) = \mu_i^{Pure}(T,P)$

정답 12 ④ 13 ④ 14 ④ 15 ③

16 증기압축식 냉동사이클의 냉매순환 경로는?

① 압축기 → 팽창밸브 → 증발기 → 응축기
② 압축기 → 응축기 → 증발기 → 팽창밸브
③ 응축기 → 압축기 → 팽창밸브 → 증발기
④ 압축기 → 응축기 → 팽창밸브 → 증발기

해설

증기 – 압축 냉동사이클

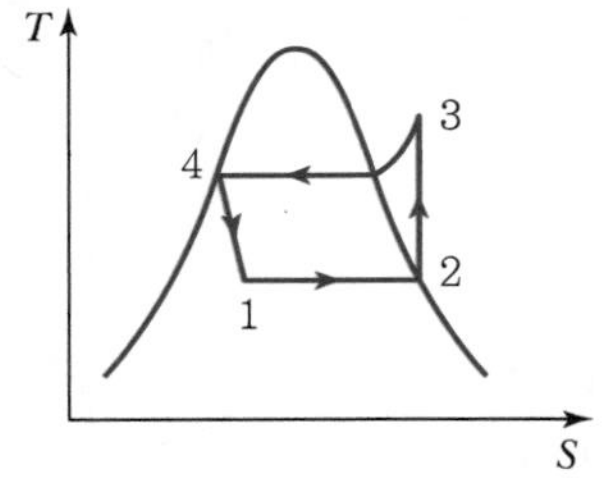

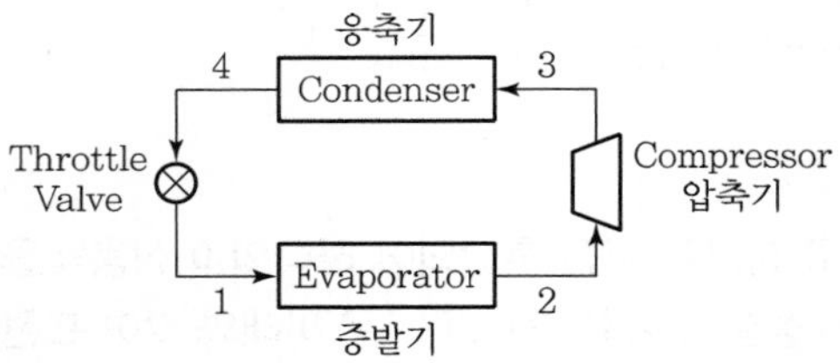

17 SI 단위계의 유도단위와 차원의 연결이 틀린 것은?(단, 차원의 표기법은 시간 : t, 길이 : L, 질량 : M, 온도 : T, 전류 : I이다.)

① Hz(Hertz) : t^{-1}
② C(Coulomb) : $I \times t^{-1}$
③ J(Joule) : $M \times L^2 \times t^{-2}$
④ rad(radian) : −(무차원)

해설

① Hz(Hertz) : 초당 반복운동이 일어난 횟수로서 진동수의 단위(t^{-1})
② C(Coulomb) : 1A의 전류가 1s 동안 흐를 때 이동하는 전하의 양(It)으로 1C = 1A × 1s
③ J(Joule) : $1J = 1kg \cdot m^2/s^2 = 1N \cdot m\ [ML^2t^{-2}]$
④ rad(radian) : 무차원수이며, $180° = \pi\,rad$

18 코크스의 불완전연소로 인해 생성된 500℃ 건조가스의 자유도는?(단, 연소를 위해 공급된 공기는 질소와 산소만을 포함하며, 건조가스는 미연소 코크스, 과잉공급 산소가 포함되어 있으며, 건조가스의 추가 연소 및 질소산화물의 생성은 없다고 가정한다.)

① 2 ② 3
③ 4 ④ 5

해설

$$F = 2 - P + C - r - s$$
$$= 2 - 2 + 5 = 5$$

19 일정한 온도와 압력의 닫힌계가 평형상태에 도달하는 조건에 해당하는 것은?

① $(dG^t)_{T,P} < 0$ ② $(dG^t)_{T,P} = 0$
③ $(dG^t)_{T,P} > 0$ ④ $(dG^t)_{T,P} = 1$

해설

- $(dG^t)_{T,P} = 0$: 평형상태
- $(dG^t)_{T,P} < 0$: 자발적 반응
- $(dG^t)_{T,P} > 0$: 비자발적 반응

20 압력이 매우 작은 상태의 계에서 제2비리얼계수에 관한 식으로 옳은 것은?(단, B는 제2비리얼계수, Z는 압축인자를 의미한다.)

① $B = RT\lim_{P \to 0}\dfrac{P}{Z-1}$ ② $B = R\lim_{P \to 0}\dfrac{P}{Z-1}$
③ $B = RT\lim_{P \to 0}\dfrac{Z-1}{P}$ ④ $B = R\lim_{P \to 0}\dfrac{Z-1}{P}$

해설

$$Z = 1 + \frac{B}{V} = 1 + \frac{BP}{RT}$$
$$Z - 1 = \frac{BP}{RT},\ B = \frac{RT}{P}(Z-1)$$
$$\therefore B = RT\lim_{P \to 0}\frac{Z-1}{P}$$

정답 16 ④ 17 ② 18 ④ 19 ② 20 ③

2과목 단위조작 및 화학공업양론

21 이상기체 혼합물일 때 참인 등식은?

① 몰% = 분압% = 부피%
② 몰% = 부피% = 중량%
③ 몰% = 중량% = 분압%
④ 몰% = 부피% = 질량%

해설

mol% = vol% = p%

22 70°F, 750mmHg 질소 79vol%, 산소 21vol%로 이루어진 공기의 밀도(g/L)는?

① 1.10　② 1.14
③ 1.18　④ 1.22

해설

$M_{av} = 28 \times 0.79 + 32 \times 0.21 = 28.84$

$70°F = \frac{9}{5}t(℃) + 32$

$\therefore t = 21.1℃ = 294K$

$d = \frac{w}{V} = \frac{PM}{RT}$

$= \frac{750\text{mmHg} \times \frac{1\text{atm}}{760\text{mmHg}} \times 28.84\text{g/mol}}{0.082\text{L} \cdot \text{atm/mol} \cdot \text{K} \times 294\text{K}}$

$= 1.18\text{g/L}$

23 25℃에서 71g의 Na_2SO_4를 증류수 200g에 녹여 만든 용액의 증기압(mmHg)은?(단, Na_2SO_4의 분자량은 142g/mol이고, 25℃ 순수한 물의 증기압은 25mmHg이다.)

① 23.9　② 22.0
③ 20.1　④ 18.5

해설

$71\text{g}\,Na_2SO_4 \times \frac{1\text{mol}}{142\text{g}} = 0.5\text{mol}\,Na_2SO_4$

$200\text{g}\,H_2O \times \frac{1\text{mol}}{18\text{g}} = 11.11\text{mol}\,H_2O$

$P = xP^o$

여기서, P : 용액의 증기압
P^o : 용매의 증기압

$\therefore P = \frac{11.11}{11.11 + 0.5 \times 3} \times 25\text{mmHg}$

$= 22\text{mmHg}$

24 세기성질(Intensive Property)이 아닌 것은?

① 온도　② 압력
③ 엔탈피　④ 화학퍼텐셜

해설

- 세기성질(시강변수)
  물질의 양과 크기에 따라 변화하지 않는 물성
  예 $T, P, \overline{U}, \overline{V}, \overline{H}, \overline{G}, d$(밀도)
- 크기성질(시량변수)
  물질의 양과 크기에 따라 변화하는 물성
  예 V, m, n, U, H
- $\frac{\text{크기성질}}{\text{다른 크기성질}} = \text{세기성질}$
  예 $\frac{m}{V} = d$

25 1mol당 0.1mol의 증기가 있는 습윤공기의 절대습도는?

① 0.069　② 0.1
③ 0.191　④ 0.2

해설

$H = \frac{18}{29}\frac{p_v}{P - p_v}(\text{kg}\,H_2O/\text{kg Dry Air})$

$= \frac{18}{29}\frac{0.1}{1 - 0.1} = 0.069$

정답 21 ① 22 ③ 23 ② 24 ③ 25 ①

26 82℃ 벤젠 20mol%, 톨루엔 80mol% 혼합용액을 증발시켰을 때 증기 중 벤젠의 몰분율은?(단, 벤젠과 톨루엔의 혼합용액은 이상용액의 거동을 보인다고 가정하고, 82℃에서 벤젠과 톨루엔의 포화증기압은 각각 811, 314mmHg이다.)

① 0.360　② 0.392
③ 0.721　④ 0.785

해설

$P = P_A x_A + P_B x_B$

$= 811 \times 0.2 + 314 \times 0.8 = 413.4\text{mmHg}$

$y_A = \dfrac{x_A P_A}{P}$

$= \dfrac{0.2 \times 811}{413.4} = 0.392$

27 CO_2 25vol%와 NH_3 75vol%의 기체 혼합물 중 NH_3의 일부가 흡수탑에서 산에 흡수되어 제거된다. 흡수탑을 떠나는 기체 중 NH_3 함량이 37.5vol%일 때, NH_3 제거율은?(단, CO_2의 양은 변하지 않으며 산 용액은 증발하지 않는다고 가정한다.)

① 15%　② 20%
③ 62.5%　④ 80%

해설

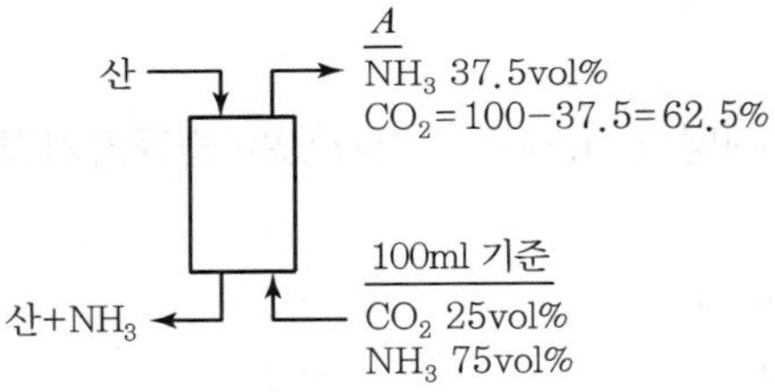

$A \times 0.625 = 100 \times 0.25$

$\therefore A = 40\text{mol}$

흡수탑을 떠나는 기체 중 $NH_3 = 40\text{mol} \times 0.375 = 15\text{mol}$

제거된 NH_3의 양 $= 75\text{mol} - 15\text{mol} = 60\text{mol}$

$\therefore$ NH_3 제거율$= \dfrac{60}{75} \times 100 = 80\%$

28 염화칼슘의 용해도 데이터가 아래와 같을 때, 80℃ 염화칼슘 포화용액 70g을 20℃로 냉각시켰을 때 석출되는 염화칼슘 결정의 무게(g)는?

> [용해도 데이터]
> • 20℃ 140.0g/100g H_2O
> • 80℃ 160.0g/100g H_2O

① 4.61　② 5.39
③ 6.61　④ 7.39

해설

80℃ 160g/100g H_2O —(20g 석출)→ 20℃ 140g/100g H_2O

260g 용액 : 20g 석출 = 70g : x

$\therefore x = 5.38\text{g}$

29 분자량이 103인 화합물을 분석해서 아래와 같은 데이터를 얻었다. 이 화합물의 분자식은?

> C : 81.5, H : 4.9, N : 13.6 (Unit : wt%)

① $C_{82}H_5N_{14}$　② $C_{16}HN_7$
③ C_9H_3N　④ C_7H_5N

해설

$C_{\frac{81.5}{12}} H_{\frac{4.9}{1}} N_{\frac{13.6}{14}} = C_{6.8}H_{4.9}N_{0.97}(\div 0.97) = C_7H_5N$

$(C_7H_5N)_n = 103$

$\therefore n = 1$

분자식$= C_7H_5N$

30 어떤 기체의 열용량 관계식이 아래와 같을 때, 영국표준단위계로 환산하였을 때의 관계식으로 옳은 것은?(단, 열량단위는 BTU, 질량단위는 pound, 온도단위는 Fahrenheit를 사용한다.)

> $C_P(\text{cal/gmol} \cdot \text{K}) = 5 + 0.01\,T(\text{K})$

정답 26 ② 27 ④ 28 ② 29 ④ 30 ③

① $C_P = 16.189 + 0.0583T$

② $C_P = 7.551 + 0.0309T$

③ $C_P = 4.996 + 0.0056T$

④ $C_P = 1.544 + 1.5223T$

해설

$$\frac{5\text{cal}}{\text{mol}\cdot\text{K}}\left|\frac{1\text{BTU}}{252\text{cal}}\right|\frac{454\text{mol}}{1\text{lbmol}}\left|\frac{\text{K}}{1.8^\circ\text{F}}\right.=5$$

$$\frac{0.01T\text{cal}}{\text{mol}\cdot\text{K}\cdot\text{K}}\left|\frac{1\text{BTU}}{252\text{cal}}\right|\frac{454\text{mol}}{1\text{lbmol}}\left|\frac{\text{K}}{1.8^\circ\text{F}}\right|\frac{T^\circ\text{R}/1.8}{}=0.0056T$$

31 침수식 방법에 의한 수직관식 증발관이 수평관식 증발관보다 좋은 이유가 아닌 것은?

① 열전달계수가 크다.

② 관석이 생기는 물질의 증발에 적합하다.

③ 증기 중의 비응축기체의 탈기효율이 좋다.

④ 증발효과가 좋다.

해설

수평관식 증발관	수직관식 증발관
• 액층이 깊지 않아 비점 상승도가 작다. • 비응축기체의 탈기효율이 우수하다. • 관석의 생성 염려가 없는 경우에 사용한다.	• 액의 순환이 좋으므로 열전달계수가 커서 증발효과가 크다. • Down Take : 관군과 동체 사이에 액의 순환을 좋게 하기 위해 관이 없는 빈 공간을 설치한다. • 관석이 생성될 경우 가열관 청소가 쉽다. • 수직관식이 더 많이 사용된다.

32 FPS 단위로부터 레이놀즈 수를 계산한 결과가 3,522이었을 때, MKS 단위로 환산하여 구한 레이놀즈 수는?(단, 1ft는 3.2808m, 1kg은 2.20462 lb이다.)

① 2.839×10^{-4} ② 2,367

③ 3,522 ④ 5,241

해설

$$N_{Re} = \frac{Du\rho}{\mu}$$

N_{Re}는 FPS, MKS, CGS의 단위계로 나타내었을 때 모두 같은 값을 갖는다.

33 액액 추출의 추제 선택 시 고려해야 할 사항으로 가장 거리가 먼 것은?

① 선택도가 큰 것을 선택한다.

② 추질과의 비중차가 적은 것을 선택한다.

③ 비점이 낮은 것을 선택한다.

④ 원용매를 잘 녹이지 않는 것을 선택한다.

해설

추제의 선택

• 선택도가 커야 한다.

$$\text{선택도 } \beta = \frac{y_A/y_B}{x_A/x_B} = \frac{y_A/x_A}{y_B/x_B} = \frac{k_A}{k_B}$$

여기서, k : 분배계수

• 회수가 용이해야 한다.

• 값이 싸고 화학적으로 안정해야 한다.

• 비점 및 응고점이 낮으며, 부식성과 유동성이 적고 추질과의 비중차가 클수록 좋다.

34 고체면에 접하는 유체의 흐름에 있어서 경계층이 분리되고 웨이크(Wake)가 형성되어 발생하는 마찰현상을 나타내는 용어는?

① 두손실(Head Loss)

② 표면마찰(Skin Friction)

③ 형태마찰(Form Friction)

④ 자유난류(Free Turbulent)

해설

㉠ 마찰

• 표면마찰 : 경계층이 분리되지 않을 때의 마찰

• 형태마찰 : 경계층이 분리되어 웨이크가 형성되면, 이 웨이크 안에서 에너지가 더욱 손실된다. 이러한 마찰은 고체의 위치와 모양에 따라 달라지므로 형태마찰이라 한다.

㉡ 두손실(Head loss)

유체가 장치 안을 통과할 때 손실되는 에너지의 양

㉢ 자유난류

고체벽이 존재하지 않는 속도의 크기와 방향이 시간적으로 변하는 유체의 흐름

㉣ 벽난류

흐르는 유체가 고체 경계와 접촉될 때 생기는 난류

정답 31 ③ 32 ③ 33 ② 34 ③

35 슬러지나 용액을 미세한 입자의 형태로 가열하여 기체 중에 분산시켜서 건조시키는 건조기는?

① 분무건조기 ② 원통건조기
③ 회전건조기 ④ 유동층건조기

해설

- 분무건조기 : 용액 · 슬러지를 미세한 입자의 형태로 가열, 기체 중에 분산시켜 건조하며, 건조시간이 아주 짧아서 열에 예민한 물질에 효과적이다.
- 원통건조기 : 종이나 직물의 연속시트를 건조한다.
- 회전건조기 : 다량의 입상, 결정상 물질을 처리할 수 있으며, 조작 초기에 고체 수송에 적합하게 건조되어 있어야 하며 건조기 벽에 부착될 정도로 끈끈해서는 안 된다.
- 유동층건조기 : 미립분체 건조에 사용한다.

36 충전탑의 높이가 2m이고 이론 단수가 5일 때, 이론단의 상당높이(HETP ; m)는?

① 0.4 ② 0.8
③ 2.5 ④ 10

해설

$Z = N \times H$

$2\text{m} = 5 \times H$

$\therefore H = 0.4\text{m}$

37 관(Pipe, Tube)의 치수에 대한 설명 중 틀린 것은?

① 파이프의 벽두께는 Schedule Number로 표시할 수 있다.
② 튜브의 벽두께는 BWG 번호로 표시할 수 있다.
③ 동일한 외경에서 Schedule Number가 클수록 벽두께가 두껍다.
④ 동일한 외경에서 BWG가 클수록 벽두께가 두껍다.

해설

㉠ Schedule No.
- 강관, 주철관의 규격

$$\text{Schedule No.} = 1{,}000 \times \frac{\text{내부작업압력}}{\text{재료의 허용응력}}$$

- Schedule No.에서는 번호가 클수록 두께가 커진다.

㉡ BWG(Birmingham Wire Gauge)
- 응축기, 열교환기 등에서 사용되는 배관용 동관류는 BWG로 표시한다.
- BWG값이 작을수록 관벽이 두꺼운 것이다.

38 3층의 벽돌로 쌓은 노벽의 두께가 내부부터 차례로 100, 150, 200mm, 열전도도는 0.1, 0.05, 1.0kcal/m · h · ℃이다. 내부온도가 800℃, 외벽의 온도는 40℃일 때, 외벽과 중간벽이 만나는 곳의 온도(℃)는?

① 76 ② 97
③ 106 ④ 117

해설

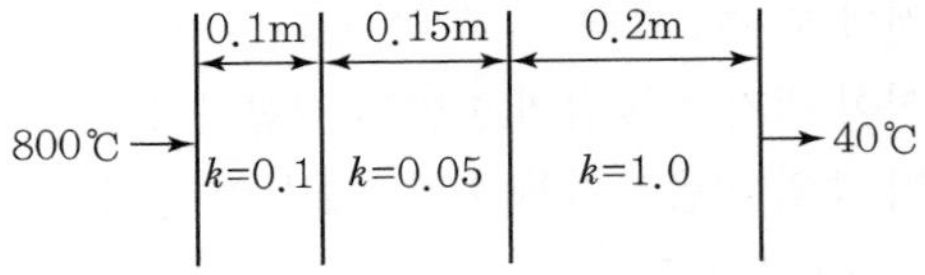

$$\frac{q}{A} = \frac{\Delta t}{\frac{l_1}{k_1} + \frac{l_2}{k_2} + \frac{l_3}{k_3}} = \frac{\Delta t}{R_1 + R_2 + R_3}$$

$$= \frac{(800-40)℃}{\frac{0.1}{0.1} + \frac{0.15}{0.05} + \frac{0.2}{1}}$$

$$= 180.95\,\text{kcal/h} \cdot \text{m}^2$$

$R = R_1 + R_2 + R_3$

$= 1 + 3 + 0.2 = 4.2$

$\Delta t : \Delta t_1 = R : R_1$

$(800-40) : \Delta t_1 = 4.2 : 1$

$\Delta t_1 = 800 - t_2 = 180.95$

$\therefore \Delta t_2 = 619.05$

$\Delta t_1 : \Delta t_2 = R_1 : R_2$

$180.95 : \Delta t_2 = 1 : 3$

$\Delta t_2 = t_2 - t_3 = 619.05 - t_3 = 542.85$

$\therefore t_3 = 76.2℃$

정답 35 ① 36 ① 37 ④ 38 ①

39 교반 임펠러에 있어서 Froude Number(N_{Fr})는?(단, n은 회전속도, D_a는 임펠러의 직경, ρ는 액체의 밀도, μ는 액체의 점도이다.)

① $\dfrac{nD_a^2\rho}{\mu}$　　② $\dfrac{D_a v\rho}{\mu}$

③ $\dfrac{n^3D_a\rho}{g}$　　④ $\dfrac{n^2D_a}{g}$

해설

$$N_{Fr}=\frac{DN^2}{g}$$

여기서, D : 날개의 지름

N : 교반기의 날개 속도

변형 $N_{Re}=\dfrac{D^2N\rho}{\mu}$

40 벤젠 40mol%와 톨루엔 60mol%의 혼합물을 100 kmol/h의 속도로 정류탑에 비점의 액체상태로 공급하여 증류한다. 유출액 중의 벤젠 농도는 95mol%, 관출액 중의 농도는 5mol%일 때, 최소 환류비는?(단, 벤젠과 톨루엔의 순성분 증기압은 각각 1,016, 405mmHg이다.)

① 0.63　　② 1.43

③ 2.51　　④ 3.42

해설

$$R_{Dm}(\text{최소환류비})=\frac{x_D-y_f}{y_f-x_f}$$

$$\alpha=\frac{P_A}{P_B}=\frac{y_A/y_B}{x_A/x_B}$$

$$=\frac{1{,}016\text{mmHg}}{405\text{mmHg}}=2.51$$

$$y_f=\frac{\alpha x_f}{1+(\alpha-1)x_f}$$

$$=\frac{2.51\times0.4}{1+(2.51-1)\times0.4}=0.626$$

$$\therefore\ R_{Dm}=\frac{0.95-0.626}{0.626-0.4}=1.43$$

3과목 공정제어

41 저장탱크에서 나가는 유량(F_0)을 일정하게 하기 위한 아래 3개의 P & ID 공정도의 제어방식을 옳게 설명한 것은?

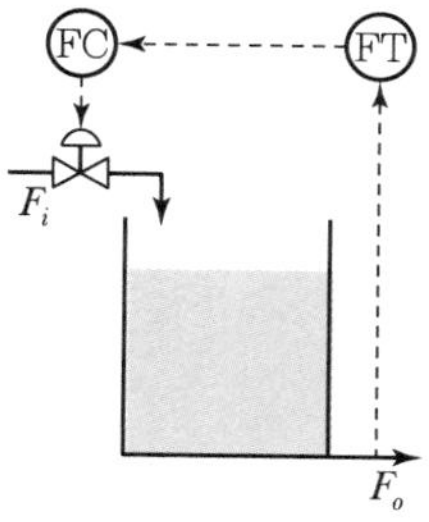

(A)

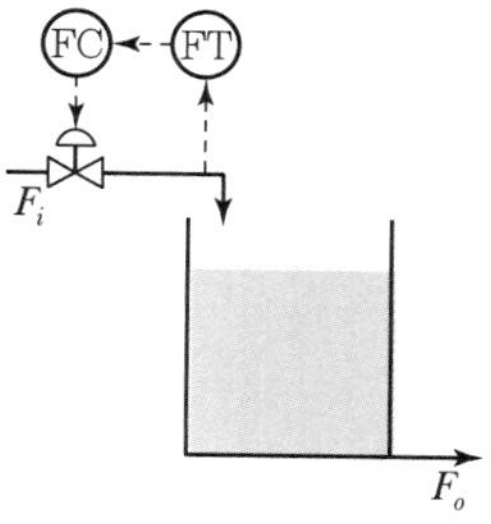

(B)

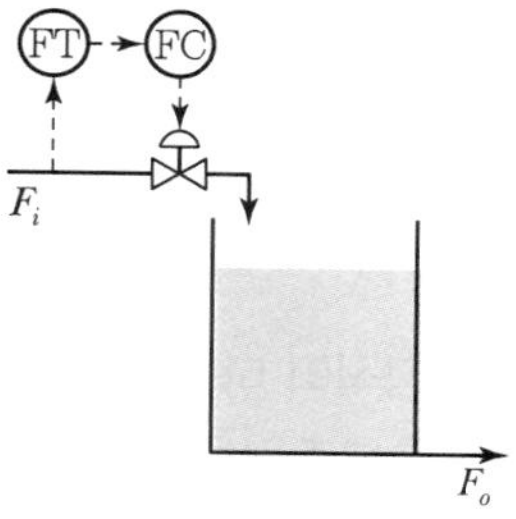

(C)

① A, B, C 모두 앞먹임(Feedforward) 제어

② A와 B는 앞먹임(Feedforward) 제어, C는 되먹임(Feedback) 제어

③ A와 B는 되먹임(Feedback) 제어, C는 앞먹임(Feedforward) 제어

④ A는 되먹임(Feedback) 제어, B와 C는 앞먹임(Feedforward) 제어

해설

A와 B는 피제어변수를 측정하여 제어하므로 Feedback 제어이고, C는 입력변수를 미리 보정하여 제어하므로 Feedforward 제어이다.

정답 39 ④ 40 ② 41 ③

42 동특성이 매우 빠르고 측정 잡음이 큰 유량루프의 제어에 관련한 내용 중 틀린 것은?

① PID 제어기의 미분 동작을 강화하여 제어성능을 향상시킨다.
② 공정의 전체 동특성은 주로 밸브의 동특성에 의하여 결정된다.
③ 비례동작보다는 적분동작 위주로 PID 제어기를 조율한다.
④ 공정의 시상수가 작고 시간지연이 없어 상대적으로 빠른 제어가 가능하다.

해설

PID 제어
- P 제어 : 오차에 비례하여 제어하며, 비례동작이 클수록 폐루프응답이 빨라진다.
- I 제어 : Offset을 없애나, 진동이 커지고 시간이 오래 걸린다.
- D 제어 : 공정의 동특성이 매우 빠르고, 진동을 억제하므로 느린 공정에 적합하다.
- 잡음에 민감하여 잡음이 큰 공정에는 부적합하다.

43 폐루프 특성방정식이 다음과 같을 때 계가 안정하기 위한 K_c의 필요충분조건은?

$$20s^3+32s^2+(13-4.8K_c)s+1+4.8K_c$$

① $-0.21<K_c<1.59$
② $-0.21<K_c<2.71$
③ $0<K_c<2.71$
④ $-0.21<K_c<0.21$

해설

20	$13-4.8K_c$
32	$1+4.8K_c$

$$a=\frac{32(13-4.8K_c)-20(1+4.8K_c)}{32}>0$$

$\therefore K_c<1.59$

$$\frac{a(1+4.8K_c)-0}{a}>0$$

$\therefore K_c>-0.21$

$\therefore -0.21<K_c<1.59$

44 어떤 액위(Liquid Level) 탱크에서 유입되는 유량(m^3/min)과 탱크의 액위(h) 간의 관계는 다음과 같은 전달함수로 표시된다. 탱크로 유입되는 유량에 크기 1인 계단변화가 도입되었을 때 정상상태에서 h의 변화 폭은?

$$\frac{H(s)}{Q(s)}=\frac{1}{2s+1}$$

① 6 ② 3
③ 2 ④ 1

해설

$$H(s)=\frac{1}{2s+1}\cdot\frac{1}{s}$$

$$\lim_{t\to\infty}h(t)=\lim_{s\to 0}sH(s)=\lim_{s\to 0}s\times\frac{1}{(2s+1)s}$$

$$=\lim_{s\to 0}\frac{1}{2s+1}=1$$

45 다음 블록선도에서 $\frac{C}{R}$의 전달함수는?

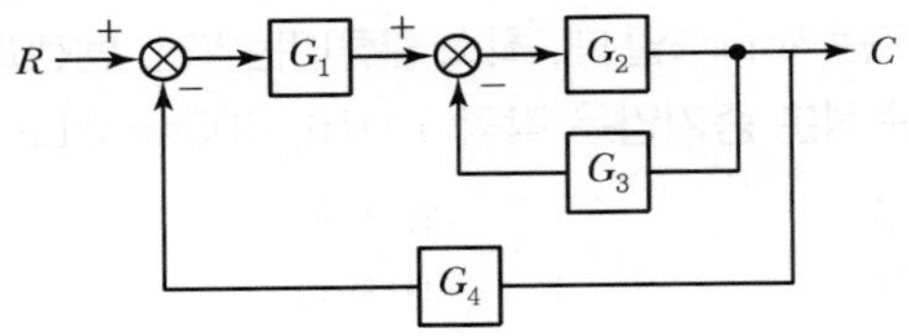

① $\dfrac{G_1G_2}{1+G_1G_2+G_3G_4}$

② $\dfrac{G_1G_2}{1+G_2G_3+G_1G_2G_4}$

③ $\dfrac{G_3G_4}{1+G_1G_2G_3G_4}$

④ $\dfrac{G_1G_2}{1+G_1+G_3+G_4}$

해설

$$G(s)=\frac{C(s)}{R(s)}=\frac{\text{직선}}{1+\text{회선}}$$

$$=\frac{G_1G_2}{1+G_2G_3+G_1G_2G_4}$$

정답 42 ① 43 ① 44 ④ 45 ②

46 그림과 같은 단면적이 $3m^2$인 액위계(Liquid Level System)에서 $q_o = 8\sqrt{h}\ m^3/min$이고 평균 조작수위($\bar{h}$)는 4m일 때, 시간상수(Time Constant ; min)는?

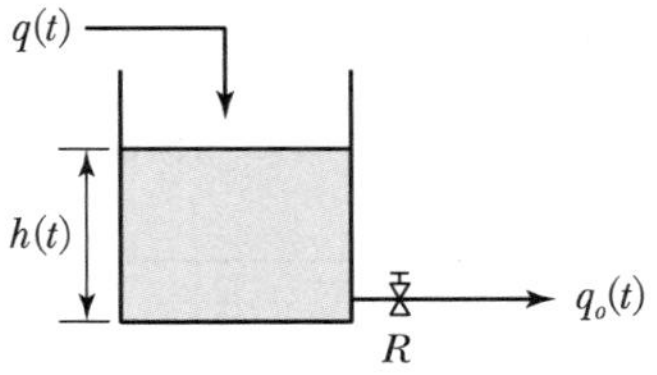

① $\frac{4}{9}$　　② $\frac{3\sqrt{3}}{4}$

③ $\frac{3}{4}$　　④ $\frac{3}{2}$

해설

$$A\frac{dh}{dt} = q_i - q_o$$

$$q_o = 8\sqrt{h}$$

$$\xrightarrow{\text{선형화}} q_o = 8\sqrt{h_s} + \frac{8}{2}\frac{1}{\sqrt{h_s}}(h - h_s)$$

$$= 8\sqrt{4} + \frac{4}{\sqrt{4}}(h-4)$$

$$= 8 + 2h$$

$$A\frac{dh}{dt} = q_i - (8+2h) \ \cdots\cdots ㉠$$

$$A\frac{dh_s}{dt} = q_{is} - (8+2h_s) \ \cdots\cdots ㉡$$

㉠－㉡ 하면

$$3\frac{dh'}{dt} = q_i' - 2h'$$

$$= q_i' - \frac{h'}{1/2} \leftarrow R$$

$$\frac{3}{2}\frac{dh'}{dt} = \frac{1}{2}q_i' - h'$$

$$\therefore \tau = AR = \frac{3}{2}$$

47 $\frac{s+\alpha}{(s+\alpha)^2+\omega^2}$의 라플라스 역변환은?

① $t\cos\omega t$　　② $e^{-at}\cos\omega t$

③ $t\sin\omega t$　　④ $e^{at}\cos\omega t$

해설

$\frac{s}{s^2+\omega^2}$에서 $-\alpha$만큼 평행이동

$\frac{(s+\alpha)}{(s+\alpha)^2+\omega^2}$는 $\cos\omega t \cdot e^{-\alpha t}$

48 Error(e)에 단위계단 변화(Unit Step Change)가 있었을 때 다음과 같은 제어기 출력응답(Response ; P)을 보이는 제어기는?

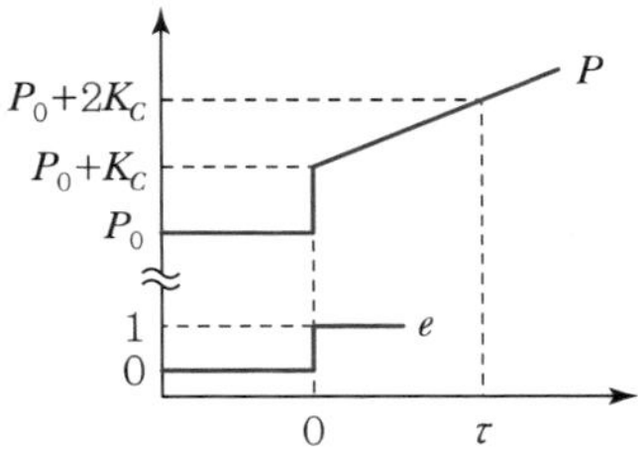

① PID　　② PD

③ PI　　④ P

해설

PI 제어기 계단응답

$$E(s) = \frac{1}{s}$$

$$M(s) = K_c\left(1+\frac{1}{\tau_I s}\right)\cdot\frac{1}{s}$$

$$= K_c\left(\frac{1}{s}+\frac{1}{\tau_I s^2}\right)$$

$$m(t) = K_c\left(1+\frac{t}{\tau_I}\right)u(t)$$

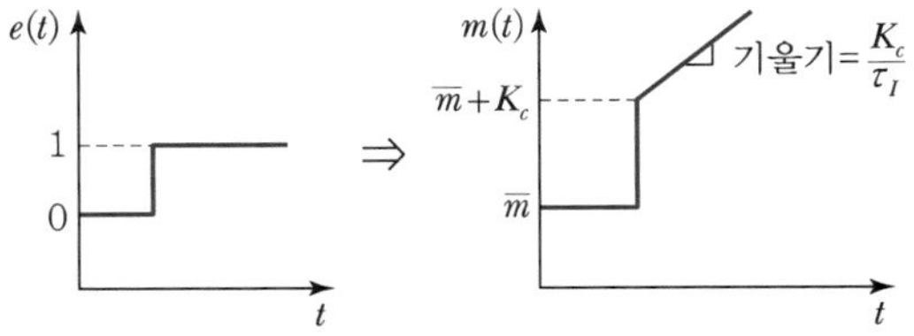

정답 46 ④ 47 ② 48 ③

49 제어시스템을 구성하는 주요 요소로 가장 거리가 먼 것은?

① 제어기 ② 제어밸브
③ 측정장치 ④ 외부교란변수

해설

제어계의 구성요소
- 제어기
- 최종제어요소
- 공정
- 센서/전환기

50 다음 식으로 나타낼 수 있는 이론은?

$$\lim_{s\to 0} s \cdot F(s) = \lim_{t\to\infty} f(t)$$

① Final Theorem
② Stokes Theorem
③ Taylers Theorem
④ Ziegle－Nichols Theorem

해설

- 최종치 정리(Final Theorem)
$\lim_{t\to\infty} f(t) = \lim_{s\to 0} sF(s)$
- 초기치 정리
$\lim_{t\to 0} f(t) = \lim_{s\to\infty} sF(s)$

51 2차계의 주파수 응답에서 정규화된 진폭비$\left(\frac{AR}{k}\right)$의 최댓값에 대한 설명으로 옳은 것은?

① 감쇠계수(damping factor)가 $\sqrt{2}/2$보다 작으면 1이다.
② 감쇠계수(damping factor)가 $\sqrt{2}/2$보다 크면 1이다.
③ 감쇠계수(damping factor)가 $\sqrt{2}/2$보다 작으면 $1/2\tau$이다.
④ 감쇠계수(damping factor)가 $\sqrt{2}/2$보다 크면 $1/2\tau$이다.

해설

$$AR_N = \frac{AR}{K} = \frac{1}{\sqrt{(1-\tau^2\omega^2)^2 + (2\tau\omega\zeta)^2}}$$

AR_N이 최대일 경우 $\frac{dAR_N}{d\omega} = 0$

$\tau\omega = \sqrt{1-2\zeta^2}$ 여기서, $\omega = \omega_r$ =공명진동수

$$AR_{N\cdot\max} = \frac{1}{2\zeta\sqrt{1-\zeta^2}}$$

$0 < \zeta < 0.707\left(\frac{\sqrt{2}}{2}\right)$에서 AR_N은 최댓값을 갖는다.

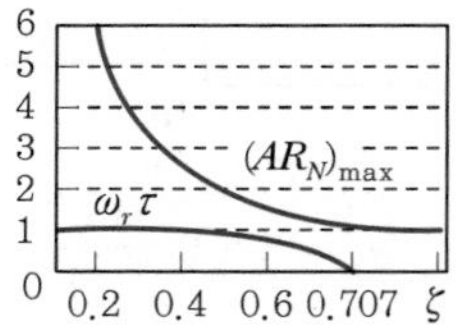

ζ가 $0.707\left(=\frac{\sqrt{2}}{2}\right)$보다 크면 $(AR_N)_{\max}$는 1이다.

52 주파수 응답에서 위상앞섬(Phase Lead)을 나타내는 제어기는?

① P 제어기
② PI 제어기
③ PD 제어기
④ 제어기 모두 위상의 지연을 나타낸다.

해설

- 위상앞섬(Phase Lead)－D 제어
- 위상지연(Phase Lag)－I 제어

53 전달함수 $G(s)$의 단위계단(Unit Step) 입력에 대한 응답을 y_s, 단위충격(Unit Impulse) 입력에 대한 응답을 y_I라 한다면 y_s와 y_I의 관계는?

① $\frac{dy_I}{dt} = y_s$ ② $\frac{dy_s}{dt} = y_I$
③ $\frac{d^2y_I}{dt^2} = y_s$ ④ $\frac{d^2y_s}{dt^2} = y_I$

해설

(단위계단응답)′=단위충격응답
$\frac{dy_s}{dt} = y_I$

정답 49 ④ 50 ① 51 ② 52 ③ 53 ②

54 근궤적(Root Locus)은 특성방정식에서 제어기의 비례이득 K_c가 0으로부터 ∞까지 변할 때, 이 K_c에 대응하는 특성방정식의 무엇을 s 평면상에 점철하는 것인가?

① 근 ② 이득
③ 감쇠 ④ 시정수

해설

특성방정식의 근을 표시한다.

55 함수 e^{-bt}의 라플라스 변환 함수는?

① $\dfrac{1}{(s-b)}$ ② e^{-bs}
③ $\dfrac{1}{(s+b)}$ ④ $s+b$

해설

① $\dfrac{1}{s-b} \xrightarrow{\text{역라플라스 변환}} e^{bt}$

② $e^{-bs} \rightarrow u(t-b)$

③ $\dfrac{1}{s+b} \rightarrow e^{-bt}$

56 $G(s)=\dfrac{10}{(s+1)^2}$인 공정에 대한 설명 중 틀린 것은?

① P 제어를 하는 경우 모든 양의 비례이득 값에 대해 제어계가 안정하다.
② PI 제어를 하는 경우 모든 양의 비례이득 및 적분시간에 대해 제어계가 안정하다.
③ PD 제어를 하는 경우 모든 양의 비례이득 및 미분시간에 대해 제어계가 안정하다.
④ 한계이득, 한계주파수를 찾을 수 없다.

해설

① P 제어

$$1+\frac{10K_c}{(s+1)^2}=0$$

$$s^2+2s+1+10K_c=0$$

1	$1+K_c$
2	
$\dfrac{2(1+10K_c)-1\times 0}{2}=1+10K_c>0$	

$$\therefore\ K_c>-\frac{1}{10}$$

양의 K_c에서는 안정하다.

② PI 제어

$$1+\frac{10K_c}{(s+1)^2}\left(1+\frac{1}{\tau_I s}\right)=0$$

$$\tau_I s^3+2\tau_I s^2+\tau_I s+10K_c\tau_I s+10K_c=0$$

τ_I	$\tau_I+10K_c\tau_I$
$2\tau_I$	$10K_c$
$\dfrac{2\tau_I(\tau_I+10K_c\tau_I)-10K_c\tau_I}{2\tau_I}>0$	

$$K_c>\frac{\tau_I}{1-2\tau_I}$$

$\tau_I>0$이므로 $1-2\tau_I>0$이어야 한다.

$$\therefore\ 0<\tau_I<\frac{1}{2}$$

모든 양의 값에 해당되지 않는다.

③ PD 제어

$$1+\frac{10K_c}{(s+1)^2}(1+\tau_D s)=0$$

$$\tau_D=\tau$$

$$s^2+2s+10K_c\tau s+1+10K_c=0$$

1	$1+10K_c$
$2+10K_c\tau$	
$\dfrac{(2+10K_c\tau)(1+10K_c)-1\times 0}{2+10K_c\tau}>0$	

$$1+10K_c>0$$

$$\therefore\ K_c>-\frac{1}{10}$$

양의 K_c에 대하여 안정하다.

④ 직접치환법에 의해 한계이득, 한계주파수를 찾을 수 있다.

정답 54 ① 55 ③ 56 ②

57 공정제어의 목적과 가장 거리가 먼 것은?

① 반응기의 온도를 최대 제한값 가까이에서 운전함으로써 반응속도를 올려 수익을 높인다.
② 평형반응에서 최대의 수율이 되도록 반응온도를 조절한다.
③ 안전을 고려하여 일정 압력 이상이 되지 않도록 반응속도를 조절한다.
④ 외부 시장 환경을 고려하여 이윤이 최대가 되도록 생산량을 조정한다.

해설

공정제어의 목적
- 안전성(Safety)
- 안정성(Stability)
- 공장이익의 극대화
- 원하는 제품 품질 유지

58 제어계의 응답 중 편차(Offset)의 의미를 가장 옳게 설명한 것은?

① 정상상태에서 제어기 입력과 출력의 차
② 정상상태에서 공정 입력과 출력의 차
③ 정상상태에서 제어기 입력과 공정 출력의 차
④ 정상상태에서 피제어변수의 희망값과 실제값의 차

해설

Offset $= r(\infty) - c(\infty)$
정상상태에서의 오차 = 설정값(희망값) − 출력값(실제값)

59 열교환기에서 외부교란변수로 볼 수 없는 것은?

① 유입액 온도
② 유입액 유량
③ 유출액 온도
④ 사용된 수증기의 성질

해설

유출액의 온도 : 피제어변수, 출력변수

60 시간지연(Delay)이 포함되고 공정이득이 1인 1차 공정에 비례 제어기가 연결되어 있다. 교차주파수(Crossover Frequency)에서의 각속도(ω)가 0.5rad/min일 때 이득여유가 1.7이 되려면 비례제어 상수(K_c)는?

① 0.83 ② 1.41
③ 1.70 ④ 2.0

해설

$$GM = \frac{1}{AR_c} = 1.7$$
$$\therefore AR_c = \frac{1}{1.7} = 0.588$$
교차주파수 $\omega = 0.5$
$\tau\omega = 1,\ \tau = 2$
$$AR = \frac{K}{\sqrt{1+\tau^2\omega^2}} = \frac{1}{\sqrt{1+2^2\times 0.5^2}} = \frac{1}{\sqrt{2}} = 1.414$$
$$\therefore K_c = \frac{K_{cu}}{GM} = \frac{1.414}{1.7} = 0.83$$

4과목 공업화학

61 식염수를 전기분해하여 1ton의 NaOH를 제조하고자 할 때 필요한 NaCl의 이론량(kg)은?(단, Na와 Cl의 원자량은 각각 23, 35.5g/mol이다.)

① 1,463 ② 1,520
③ 2,042 ④ 3,211

해설

$$NaCl + H_2O \rightarrow NaOH + \frac{1}{2}H_2 + \frac{1}{2}Cl_2 \rightarrow HCl$$
58.5 : 40
x : 1,000
$\therefore x = 1{,}462.5$kg

정답 57 ④ 58 ④ 59 ③ 60 ① 61 ①

62 황산제조에서 연실의 주된 작용이 아닌 것은?

① 반응열을 발산시킨다.
② 생성된 산무의 응축을 위한 공간을 부여한다.
③ Glover 탑에서 나오는 SO_2 가스를 산화시키기 위한 시간과 공간을 부여한다.
④ 가스 중의 질소산화물을 H_2SO_4에 흡수시켜 회수하여 함질황산을 공급한다.

해설

㉠ 연실
- 90~100℃로 주입된 가스는 30~40℃로 냉각된다.
- 글로버탑에서 오는 가스를 혼합시키고, SO_2를 산화시키기 위한 공간이다.
- 반응열을 발산한다.
- 산무의 응축을 위한 표면적을 준다.

㉡ 게이뤼삭탑
- 산화질소 회수가 목적이다.
- 질소산화물을 흡수하여 함질황산을 제조한다.
$2HNO_3 + NO + NO_2 \rightleftarrows 2HSO_4 \cdot NO + H_2O$

63 음성감광제와 양성감광제를 비교한 것 중 틀린 것은?

① 음성감광제가 양성감광제보다 노출속도가 빠르다.
② 음성감광제가 양성감광제보다 분해능이 좋다.
③ 음성감광제가 양성감광제보다 공정상태에 민감하다.
④ 음성감광제가 양성감광제보다 접착성이 좋다.

해설

감광제
빛이나 열 등의 에너지에 노출되었을 때 내부구조가 바뀌는 특성을 가진 유기고분자 물질

구분	음성(Negative)	양성(Positive)
설명	빛을 조사한 부분, 즉 노광된 부분은 남아 있고 빛이 차단된 영역이 제거된다.	빛을 조사한 부분, 즉 노광된 부분이 가용성이 되어 현상액에서 쉽게 제거된다.
분해능	낮다.	높다.
노출속도	빠르다.	느리다.

64 열분산이 용이하고 반응 혼합물의 점도를 줄일 수 있으나 연쇄이동반응으로 저분자량의 고분자가 얻어지는 단점이 있는 중합방법은?

① 용액중합 ② 괴상중합
③ 현탁중합 ④ 유화중합

해설

㉠ 괴상중합(벌크 중합)
- 용매, 분산매를 사용하지 않고 단량체와 개시제만을 혼합하여 중합시키는 방법
- 내부 중합열이 잘 제거되지 않는다.

㉡ 용액중합
- 단량체와 개시제를 용매에 용해시킨 상태에서 중합시키는 방법
- 중화열의 제거는 용이하지만, 중합속도와 분자량이 작고, 중합 후 용매의 완전 제거가 어렵다.

㉢ 현탁중합(서스펜션 중합)
- 단량체를 녹이지 않는 액체에 격렬한 교반으로 분산시켜 중합하는 방법
- 단량체 방울이 뭉치지 않고 유지되도록 안정제를 사용한다.
- 중합열의 분산이 용이하다.

㉣ 유리중합(에멀션 중합)
- 비누 또는 세제 성분의 일종인 유화제를 사용하여 단량체를 분산매 중에 분산시키고 수용성 개시제를 사용하여 중합시키는 방법
- 중합열의 분산이 용이하고 대량생산에 적합하다.

65 유지 성분의 공업적 분리 방법으로 다음 중 가장 거리가 먼 것은?

① 분별결정법 ② 원심분리법
③ 감압증류법 ④ 분자증류법

해설

유지 성분의 공업적 분리 방법
- 분별결정법
- 감압증류법
- 분자증류법
- 유지의 분해
- 경화유 제조

정답 62 ④ 63 ② 64 ① 65 ②

66 환경친화적인 생분해성 고분자가 아닌 것은?

① 지방족 폴리에스테르
② 폴리카프로락톤
③ 폴리이소프렌
④ 전분

해설

생분해성(화학적 분해성) 고분자
폴리락트산, 에스테르, 아마이드, 에테르, 전분, 셀룰로스

67 다음 반응의 주생성물 A는?

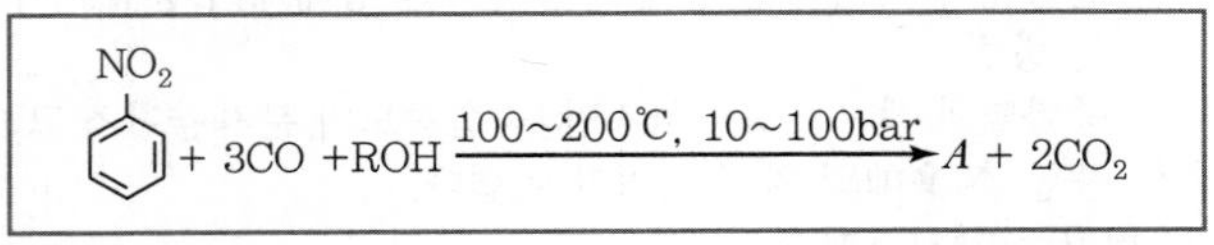

①
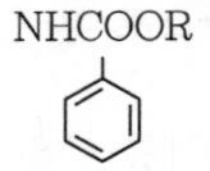

②

③
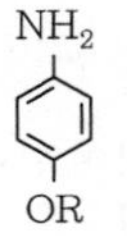

④
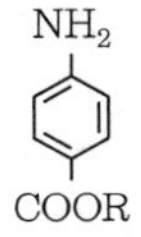

해설

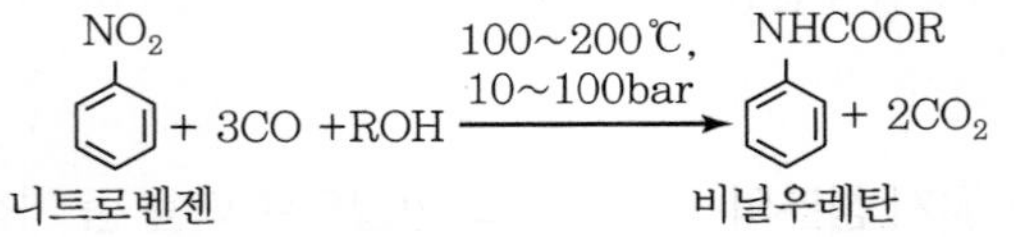

68 석유화학 공정 중 전화(Conversion)와 정제로 구분할 때 전화공정에 해당하지 않는 것은?

① 분해(Cracking)
② 개질(Reforming)
③ 알킬화(Alkylation)
④ 스위트닝(Sweetening)

해설

석유의 전화 : 가솔린의 옥탄가 향상이 목적

분해(Cracking)
㉠ 열분해
- 비스브레이킹(Visbreaking) : 점도가 높은 찌꺼기유에서 점도가 낮은 중질유를 얻는 방법(470℃)
- 코킹(Coking) : 중질유를 강하게 열분해시켜(1,000℃) 가솔린과 경유를 얻는 방법

㉡ 접촉분해(Catalytic Cracking)
- 등유나 경유를 촉매를 사용하여 분해시키는 방법
- 이소파라핀, 고리모양 올레핀, 방향족 탄화수소, 프로필렌 생성
- 촉매 : 실리카알루미나($SiO_2-Al_2O_3$), 합성제올라이트

㉢ 수소화 분해
비점이 높은 유분을 고압의 수소 속에서 촉매를 이용하여 분해시켜 가솔린을 얻는 방법

㉣ 개질(Reforming) : 개질 가솔린 제조
㉤ 알킬화법(Alkylation) : 올레핀+이소부탄 → 옥탄가가 높은 가솔린을 제조
㉥ 이성화법(Isomerization) : n-파라핀을 iso형으로 이성질화하는 방법
※ 스위트닝 : 부식성과 악취가 있는 메르캅탄, 황화수소, 황 등을 산화하여 이황화물로 만들어 없애는 정제법

69 염산제조에 있어서 단위 시간에 흡수되는 HCl 가스양(G)을 나타낸 식은?(단, K는 HCl 가스 흡수계수, A는 기상-액상의 접촉면적, ΔP는 기상-액상과의 HCl 분압차이다.)

① $G=K^2A$
② $G=K\Delta P$
③ $G=\dfrac{K}{A}\Delta P$
④ $G=KA\Delta P$

해설

HCl 가스의 흡수량
$G=KA\Delta P$

70 순수 HCl 가스(무수염산)를 제조하는 방법은?

① 질산분해법
② 흡착법
③ Hargreaves법
④ Deacon법

정답 66 ③ 67 ① 68 ④ 69 ④ 70 ②

해설

㉠ 무수염산 제조법
- 진한 염산 증류법 : 합성염산을 가열, 증류하여 생성된 염산가스를 냉동탈수하여 제조한다.
- 직접합성법 : Cl_2, H_2 + conc − H_2SO_4를 탈수하여 무수 상태로 만든다.
- 흡착법 : HCl 가스를 황산염($CuSO_4$, $PbSO_4$)이나 인산염[$Fe_3(PO_4)_2$]에 흡착시킨 후 가열하여 HCl 가스를 방출하여 제조한다.

㉡ Hargreaves법 : 식염의 황산분해법에서 황산을 사용하지 않고 직접 황을 사용하는 방법
㉢ Deacon법 : 부생염산으로부터 Cl_2를 제조하는 방법

71 암모니아소다법에서 탄산화 과정의 중화탑이 하는 주된 작용은?

① 암모니아 함수의 부분 탄산화
② 알칼리성을 강산성으로 변화
③ 침전탑에 도입되는 하소로 가스와 암모니아의 완만한 반응 유도
④ 온도 상승을 억제

해설

Solvay법(암모니아소다법)

$NaCl + NH_3 + CO + H_2O \rightarrow NaHCO_3 + NH_4Cl$ (중조)

$2NaHCO_3 \rightarrow Na_2CO_3 + H_2O + CO_2$ (가소반응)

$2NH_4Cl + Ca(OH)_2 \rightarrow CaCl_2 + 2H_2O + 2NH_3$ (암모니아 회수반응)

72 산화에틸렌의 수화반응으로 생성되는 물질은?

① 에틸알코올 ② 아세트알데히드
③ 메틸알코올 ④ 에틸렌글리콜

해설

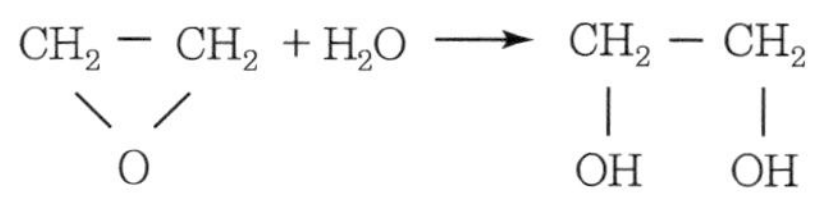

산화에틸렌 → 에틸렌글리콜

73 인광석에 의한 과린산석회 비료의 제조공정 화학반응식으로 옳은 것은?

① $CaH_4(PO_4)_2 + NH_3 \rightleftarrows NH_4H_2PO_4 + CaHPO_4$

② $Ca_3(PO_4)_2 + 4H_3PO_4 + 3H_2O \rightleftarrows 3[CaH_4(PO_4)_2 \cdot H_2O]$

③ $Ca_3(PO_4)_2 + 2H_2SO_4 + 5H_2O \rightleftarrows CaH_4(PO_4)_2 \cdot H_2O + 2(CaSO_4 \cdot 2H_2O)$

④ $Ca_3(PO_4) + 4HCl \rightleftarrows CaH_4(PO_4)_2 + 2CaCl_2$

해설

- 과린산석회(P_2O_5 15~20%) : 인광석을 황산분해시켜 제조
- 중과린산석회(P_2O_5 30~50%) : 인광석을 인산분해시켜 제조

74 아세틸렌과 반응하여 염화비닐을 만드는 물질은?

① NaCl ② KCl
③ HCl ④ HOCl

해설

$CH \equiv CH + HCl \rightarrow CH_2 = CH(Cl)$

염화비닐

75 가수분해에 관한 설명 중 틀린 것은?

① 무기화합물의 가수분해는 산 · 염기 중화반응의 역반응을 의미한다.
② 니트릴(Nitrile)은 알칼리 환경에서 가수분해되어 유기산을 생성한다.
③ 화합물이 물과 반응하여 분리되는 반응이다.
④ 알켄(Alkene)은 알칼리 환경에서 가수분해된다.

정답 71 ① 72 ④ 73 ③ 74 ③ 75 ④

해설

$$CH_2 = CH_2 + H_2O \xrightarrow[250℃]{H_3PO_4(인산)} CH_3CH_2OH$$

에틸렌(Alkene)

76 다음의 반응식으로 질산이 제조될 때 전체 생성물 중 질산의 질량%는?

$$NH_3 + 2O_2 \rightarrow HNO_3 + H_2O$$

① 58　② 68
③ 78　④ 88

해설

직접합성법

$NH_3 + 2O_2 \rightarrow HNO_3 + H_2O$

78% HNO_3가 생성된다.

77 폴리아미드계인 Nylon 6.6이 이용되는 분야에 대한 설명으로 가장 거리가 먼 것은?

① 용융방사한 것은 직물로 사용된다.
② 고온의 전열기구용 재료로 사용된다.
③ 로프 제작에 이용된다.
④ 사출성형에 이용된다.

해설

나일론 6.6

- 용도 : 섬유, 로프, 타이어, 벨트, 천
- 반응식

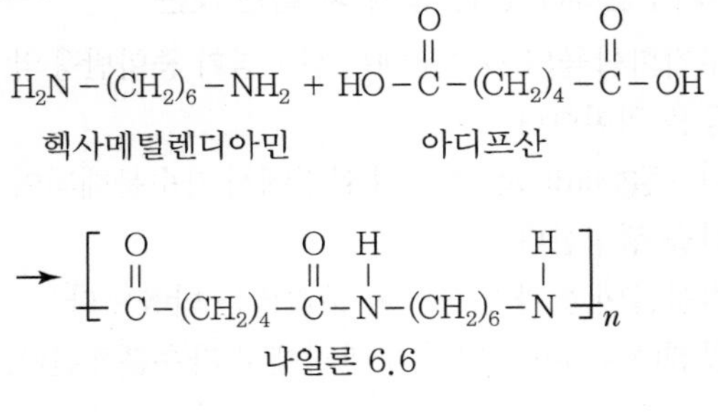

78 아미노화 반응 공정에 대한 설명 중 틀린 것은?

① 암모니아의 수소원자를 알킬기나 알릴기로 치환하는 공정이다.
② 암모니아의 수소원자 1개가 아실, 술포닐기로 치환된 것을 1개 아미드라고 한다.
③ 아미노화 공정에는 환원에 의한 방법과 암모니아 분해에 의한 방법 등이 있다.
④ Béchamp Method는 철과 산을 사용하는 환원 아미노화 방법이다.

해설

아미노화($-NH_2$)

- 환원에 의한 아미노화

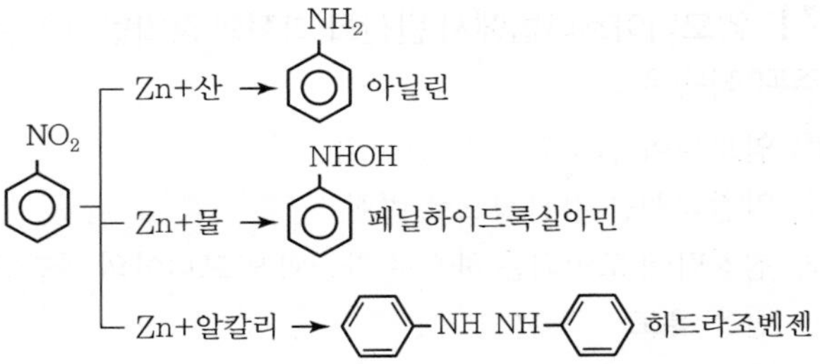

- 암모놀리시스에 의한 아미노화
  $R - X + NH_3 \rightarrow R - NH_2 + HX$

79 건전지에 대한 설명 중 틀린 것은?

① 용량을 결정하는 원료는 이산화망간이다.
② 아연의 자기방전을 방지하기 위하여 전해액을 중성으로 한다.
③ 전해액에 부식을 방지하기 위하여 소량의 $ZnCl_2$을 첨가한다.
④ 아연은 양극에서 염소 이온과 반응하여 $ZnCl_2$이 된다.

해설

- (−)극 : $Zn(s) \rightarrow Zn^{2+} + 2e^-$(산화)
- (+)극 : $2MnO_2 + NH_4^+ + 2e^- \rightarrow Mn_2O_3 + NH_3 + H_2O$ (환원)

- MnO_2(이산화망간) : 감극제로서 수소기체의 발생에 의한 분극작용을 억제한다.

정답 76 ③ 77 ② 78 ② 79 ④

80 암모니아 합성공정에 있어서 촉매 $1m^3$당 1시간에 통과하는 원료가스의 m^3수를 나타내는 용어는?(단, 가스의 부피는 0℃, 1atm 상태로 환산한다.)

① 순간속도 ② 공시득량
③ 공간속도 ④ 원단위

해설

- 공간속도 : 촉매 $1m^3$당 매시간 통과하는 원료가스(0℃, 1atm)의 m^3수
- 공시득량 : 촉매 $1m^3$당 1시간에 생성되는 암모니아의 톤수

5과목 반응공학

81 액상 1차 직렬반응이 관형 반응기(PFD)와 혼합반응기(CSTR)에서 일어날 때 R성분의 농도가 최대가 되는 PFR의 공간시간(τ_P)과 $CSTR$의 공간시간(τ_C)에 관한 식으로 옳은 것은?

$$A \xrightarrow{k} R \xrightarrow{2k} S$$

$$r_R = k_1 C_A,\ r_S = k_2 C_R$$

① $\frac{\tau_C}{\tau_P} > 1$ ② $\frac{\tau_C}{\tau_P} < 1$
③ $\frac{\tau_C}{\tau_P} = 1$ ④ $\frac{\tau_C}{\tau_P} = k$

해설

- PFR : $\tau_{p.opt} = \frac{\ln(k_2/k_1)}{k_2 - k_1}$

$$\frac{C_{R\max}}{C_{Ao}} = \left(\frac{k_1}{k_2}\right)^{\frac{k_2}{k_2 - k_1}}$$

- CSTR : $\tau_{m.opt} = \frac{1}{\sqrt{k_1 k_2}}$

$$\frac{C_{R\max}}{C_{Ao}} = \frac{1}{\left[\left(\frac{k_2}{k_1}\right)^{\frac{1}{2}} + 1\right]^2}$$

$$\tau_{p.opt} = \frac{\ln(2k/k)}{2k - k} = \frac{\ln 2}{k}$$

$$\tau_{m.opt} = \frac{1}{\sqrt{k \cdot 2k}} = \frac{1}{\sqrt{2}\,k}$$

$$\therefore \frac{\tau_m}{\tau_p} = \frac{1/\sqrt{2}\,k}{\ln 2/k} = \frac{1}{\sqrt{2}\ln 2} > 1$$

- $k_1 = k_2$인 경우를 제외하고는 항상 PFR이 R의 최대농도를 얻는 데 CSTR보다 짧은 시간을 요한다.
- k_2/k_1이 1에서 멀어질수록 점차 커진다.

82 기체반응물 $A(C_{A0} = 1\text{mol/L})$를 혼합흐름반응기($V = 0.1\text{L}$)에 넣어서 반응시킨다. 반응식이 $2A \rightarrow R$이고, 실험결과가 다음 표와 같을 때, 이 반응의 속도식($-r_A$; mol/L · h)은?

u_0(L/h)	C_{Af}(mol/L)	u_0(L/h)	C_{Af}(mol/L)
1.5	0.34	9.0	0.667
3.6	0.500	30.0	0.857

① $-r_A = (30\text{h}^{-1})C_A$
② $-r_A = (36\text{h}^{-1})C_A$
③ $-r_A = (100\text{L/mol} \cdot \text{h})C_A^{\ 2}$
④ $-r_A = (150\text{L/mol} \cdot \text{h})C_A^{\ 2}$

해설

$V = 0.1\text{L}$

$$\varepsilon_A = y_{A0}\delta = \frac{1-2}{2} = -\frac{1}{2}$$

$$C_A = \frac{C_{A0}(1 - X_A)}{1 + \varepsilon_A X_A} = \frac{1 - X_A}{1 - \frac{1}{2}X_A}$$

$$-r_A = \frac{C_{A0} - C_A}{\tau} = \frac{C_{A0}X_A}{\tau} = \frac{v_0 C_{A0} X_A}{V}$$

v_0	C_A	X_A	$-r_A = \frac{v_0 C_{A0} X_A}{V}$	$\log C_A$	$\log(-r_A)$
1.5	0.34	0.795	11.925	−0.4685	1.076
3.6	0.5	0.667	24.012	−0.301	1.38
9.0	0.667	0.5	45	−0.1759	1.653
30	0.857	0.25	75	−0.067	1.875

정답 80 ③ 81 ① 82 ③

$-r_A = kC_A^n$

$\underbrace{\log(-r_A)}_{Y} = \underbrace{\log k}_{y\text{절편}} + \overbrace{n}^{\text{기울기(차수)}} \underbrace{\log C_A}_{X}$

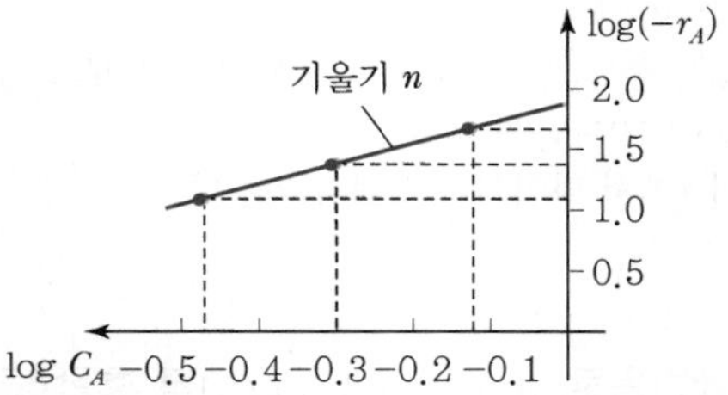

$slope = \dfrac{1.875 - 1.076}{-0.067 - (-0.4685)} = 2$: 2차 반응

$-r_A = kC_A^2$

$11.925 = k \times 0.34^2 \rightarrow k = 103$

$24.012 = k \times 0.5^2 \rightarrow k = 96.048$

$45 = k \times 0.667^2 \rightarrow k = 101$

$75 = k \times 0.857^2 \rightarrow k = 102$

$k_{av} = \dfrac{103 + 96.048 + 101 + 102}{4} = 100.5$

83 유효계수(η)에 대한 설명 중 틀린 것은?(단, h는 Thiele Modulus이다.)

① η는 기공확산에 의해 느려지지 않았을 때의 속도분의 기공 내 실제 평균반응속도로 정의된다.

② $h > 10$일 때 $\eta = \infty$이다.

③ $h < 1$일 때 $\eta \cong 1$이다.

④ η는 h만의 함수이다.

해설

㉠ 유효인자

$$\eta = \frac{\overline{r_A} \text{ with diffusion}}{r_a \text{ without diffusion resistance}} = \frac{\text{actual mean reaction rate within pore}}{\text{rate if not slowed by pore diffusion}}$$

㉡ 1차 반응

$$\eta = \frac{\overline{C}_A}{C_{As}} = \frac{\tanh\phi}{\phi}$$

여기서, ϕ : Thiele Modulus(티엘계수)

- $\phi \ll 1$이면 $\eta = 1$: 세공확산의 제한이 없는 경우
- $\phi = 1$이면 $\eta = 0.762$: 세공확산의 제한이 약간 있는 경우
- $\phi \gg 1$이면 $\eta = \dfrac{1}{\phi}$: 세공확산의 제한이 강한 경우

84 균일계 1차 액상반응이 회분반응기에서 일어날 때 전화율과 반응시간의 관계를 옳게 나타낸 것은?

① $\ln(1 - X_A) = kt$ ② $\ln(1 - X_A) = -kt$

③ $\ln\left(\dfrac{X_A}{1 - X_A}\right) = kt$ ④ $\ln\left(\dfrac{1}{1 - X_A}\right) = kC_{A0}t$

해설

$-r_A = -\dfrac{dC_A}{dt} = kC_A$

$-\ln\dfrac{C_A}{C_{A0}} = kt$

$-\ln(1 - X_A) = kt$

85 다음은 Arrhenius 법칙에 의해 도시(Plot)한 활성화 에너지(Activation Energy)에 대한 그래프이다. 이 그래프에 대한 설명으로 옳은 것은?

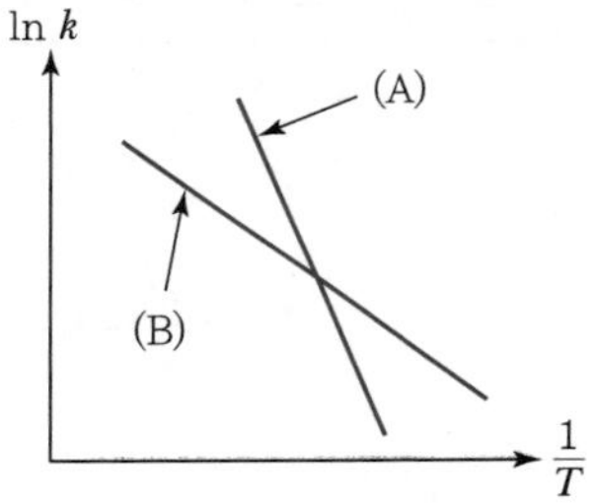

① 직선 B보다 A의 활성화 에너지가 크다.

② 직선 A보다 B의 활성화 에너지가 크다.

③ 초기에는 직선 A의 활성화 에너지가 크나 후기에는 B가 크다.

④ 초기에는 직선 B의 활성화 에너지가 크나 후기에는 A가 크다.

정답 83 ② 84 ② 85 ①

해설

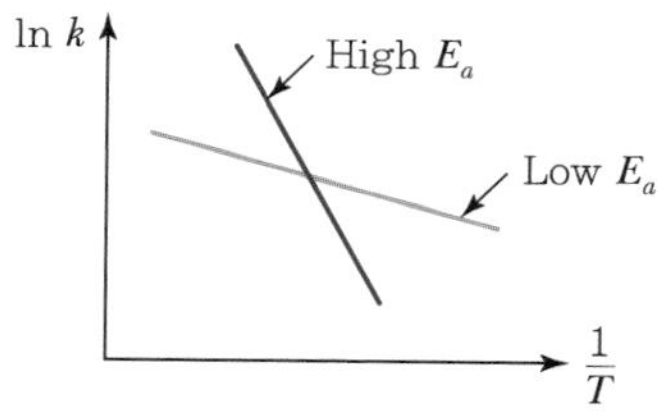

$k = Ae^{-E_a/RT}$

$\ln k = \ln A - \frac{E_a}{RT}$

여기서, k : 속도상수　　E_a : 활성화 에너지
A : 빈도인자　　R : 기체상수
T : 절대온도

86 어떤 공장에서 아래와 같은 조건을 만족하는 공정을 가동한다고 할 때 첨가해야 하는 D의 양(mol)은? (단, 반응은 완전히 반응한다고 가정한다.)

> 혼합 공정 반응 : $A+D \rightarrow R,\ -r_A = C_A C_D$
> 　　　　　　　$B+D \rightarrow S,\ -r_B = 7C_B C_D$
> 원료 투입량 : 50mol/L
> 원료 성분 : A 90mol%
> 　　　　　B 10mol%
> 공정 품질 기준 : A : B=100 : 1

① 19.6　② 29.6
③ 39.6　④ 49.6

해설

$A+D \rightarrow R \quad -\frac{dC_A}{dt} = C_A C_D$ ······················ ①

$B+D \rightarrow S \quad -\frac{dC_B}{dt} = 7C_B C_D$ ······················ ②

① ÷ ②하면

$\frac{dC_A}{dC_B} = \frac{C_A}{7C_B}$

$\int_{C_{A0}}^{C_A} \frac{dC_A}{C_A} = \int_{C_{B0}}^{C_B} \frac{dC_B}{7C_B}$

$7\ln\frac{C_A}{C_{A0}} = \ln\frac{C_B}{C_{B0}}$

$\left(\frac{C_A}{C_{A0}}\right)^7 = \frac{C_B}{C_{B0}}$

$\left(\frac{C_A}{45}\right)^7 = \frac{C_B}{5},\ \frac{C_A}{C_B} = \frac{100}{1}$

$\left(\frac{100C_B}{45}\right)^7 = \frac{C_B}{5}$

$\therefore\ C_B = \left(\frac{45^7}{5 \times 100^7}\right)^{\frac{1}{6}} = 0.3\text{mol/L}$

$\therefore\ C_A = 30\text{mol/L}$

$C_A + C_B = 30 + 0.3 = 30.3$ ← 남은 것

첨가해야 하는 D의 양 $= (45+5) - 30.3 = 19.7\text{mol/L}$

∴ 1L당 19.7mol의 D를 첨가해야 한다.

87 반응기의 체적이 2,000L인 혼합반응기에서 원료가 1,000mol/min씩 공급되어서 80%가 전화될 때, 원료 A의 소멸속도(mol/L · min)는?

① 0.1　② 0.2
③ 0.3　④ 0.4

해설

$\tau = \frac{V}{v_o} = \frac{C_{Ao}V}{F_{Ao}} = \frac{C_{Ao}X_A}{-r_A}$

$\therefore\ \frac{V}{F_{Ao}} = \frac{X_A}{-r_A}$

$\frac{2{,}000\text{L}}{1{,}000\text{mol/min}} = \frac{0.8}{-r_A}$

$\therefore\ -r_A = 0.4\text{mol/L} \cdot \text{min}$

88 300J/mol의 활성화 에너지를 갖는 반응의 650K 반응속도는 500K에서의 반응속도보다 몇 배 빨라지는가?

① 1.02　② 2.02
③ 3.02　④ 4.02

해설

$\ln\frac{k_2}{k_1} = \frac{\Delta H}{R}\left(\frac{1}{T_1} - \frac{1}{T_2}\right)$

$= \frac{300\text{J/mol}}{8.314\text{J/mol}\cdot\text{K}}\left(\frac{1}{500} - \frac{1}{650}\right) = 0.01665$

$\therefore\ \frac{k_2}{k_1} = 1.02$

정답 86 ① 87 ④ 88 ①

89 액상 2차 반응에서 A의 농도가 1mol/L일 때 반응속도가 0.1mol/L · s라고 하면 A의 농도가 5mol/L일 때 반응속도(mol/L · s)는?(단, 온도변화는 없다고 가정한다.)

① 1.5　　② 2.0
③ 2.5　　④ 3.0

해설

$-r_A = kC_A^2$

$0.1\text{mol/L}\cdot\text{s} = k(1)^2$

$\therefore\ k = 0.1\text{L/mol}\cdot\text{s}$

$-r_A = 0.1\text{L/mol}\cdot\text{s} \times (5\text{mol/L})^2 = 2.5\text{mol/L}\cdot\text{s}$

90 연속반응 $A \rightarrow R \rightarrow S \rightarrow T \rightarrow U$에서 각 성분의 농도를 시간의 함수로 도시(Plot)할 때 다음 설명 중 틀린 것은?(단, 초기에는 A만 존재한다.)

① C_R 곡선은 원점에서의 기울기가 양수(+)값이다.
② C_S, C_T, C_U 곡선은 원점에서의 기울기가 0이다.
③ C_S가 최대일 때 C_T 곡선의 기울기가 최소이다.
④ C_A는 단조감소함수, C_U는 단조증가함수이다.

해설

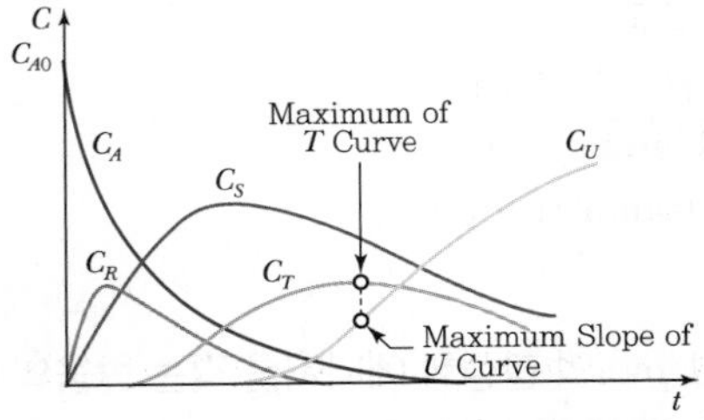

91 다음과 같이 반응물과 생성물의 에너지 상태가 주어졌을 때 반응열 관계로서 옳은 것은?

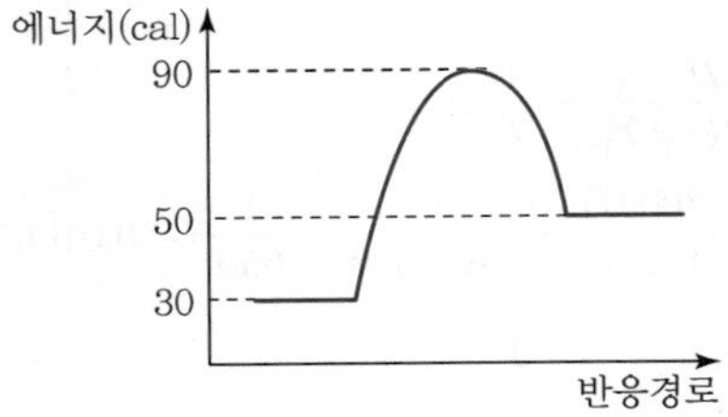

① 발열반응이며, 발열량은 20cal이다.
② 발열반응이며, 발열량은 40cal이다.
③ 흡열반응이며, 흡열량은 20cal이다.
④ 흡열반응이며, 흡열량은 40cal이다.

해설

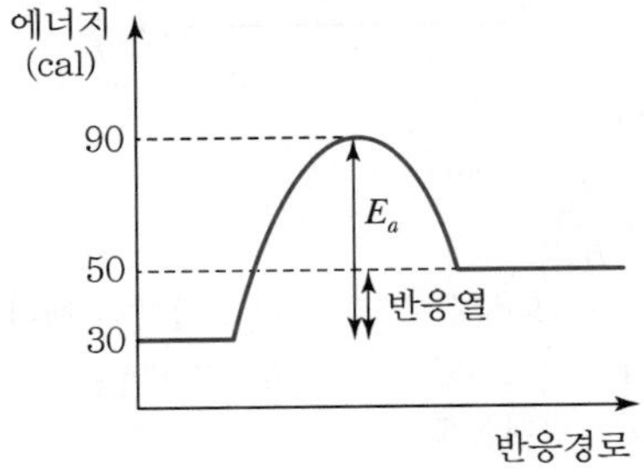

흡열반응

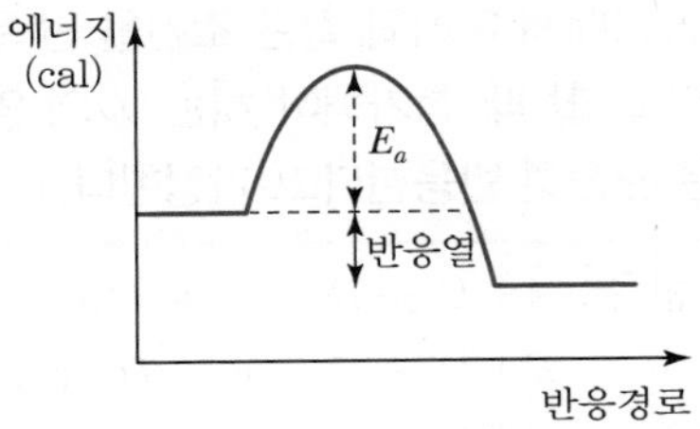

발열반응

92 순환반응기에서 반응기 출구 전화율이 입구 전화율의 2배일 때 순환비는?

① 0　　② 0.5
③ 1.0　　④ 2.0

해설

$X_{Ai} = \left(\dfrac{R}{R+1}\right)X_{Af}$

$X_{Ai} = \dfrac{R}{R+1} \times (2X_{Ai})$

$\therefore\ R = 1$

정답 89 ③ 90 ③ 91 ③ 92 ③

93 부반응이 있는 어떤 액상 반응이 아래와 같을 때, 부반응을 적게 하는 반응기 구조는?(단, $k_1 = 3k_2$, $r_R = k_1 C_A{}^2 C_B$, $r_U = k_2 C_A C_B{}^3$이고, 부반응은 S와 U를 생성하는 반응이다.)

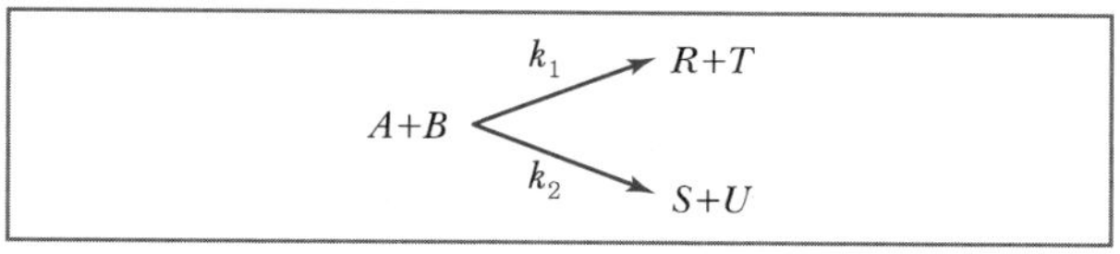

①
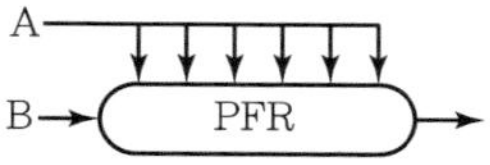

②
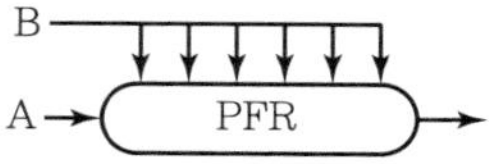

③

④
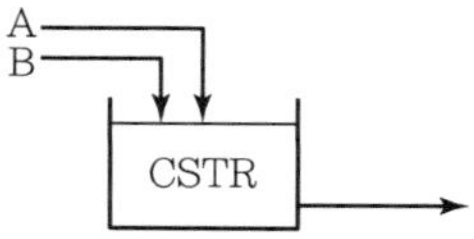

해설

$$\text{선택도}(S) = \frac{dC_R}{dC_U} = \frac{k_1 C_A^2 C_B}{k_2 C_A C_B^3} = \frac{3k_2 C_A^2 C_B}{k_2 C_A C_B^3} = \frac{3C_A}{C_B^2}$$

$C_A \uparrow$ $C_B \downarrow$

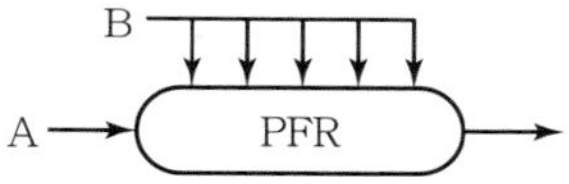
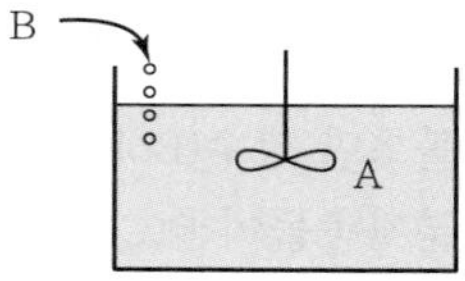

94 $A \rightarrow R$ 반응이 회분식 반응기에서 일어날 때 1시간 후 전화율은?(단, $-r_A = 3C_A{}^{0.5}$mol/L · h, $C_{A0} =$ 1mol/L이다.)

① 0
② $\frac{1}{2}$
③ $\frac{2}{3}$
④ 1

해설

$$-r_A = -\frac{dC_A}{dt} = 3C_A^{0.5}$$

$$-\frac{dC_A}{C_A^{0.5}} = 3dt$$

적분하면 $2\sqrt{C_A} - 2\sqrt{C_{A0}} = -3t$

$X_A = 1$(반응완결)일 때 시간

$2\sqrt{C_{A0}(1 - X_{A0})} - 2\sqrt{C_{A0}} = -3t$

$2\sqrt{1 - X_A} - 2 = -3t$

$\therefore t = \frac{2}{3}\text{h}$

반응이 완결된 시간이 $\frac{2}{3}$h이므로 1h은 반응이 완결된 이후이다($X_A = 1$).

95 반응물질의 농도를 낮추는 방법은?

① 관형 반응기(Tubular Reactor)를 사용한다.
② 혼합흐름 반응기(Mixed Flow Reactor)를 사용한다.
③ 회분식 반응기(Batch Reactor)를 사용한다.
④ 순환 반응기(Recycle Reactor)에서 순환비를 낮춘다.

해설

반응물의 농도를 낮추는 방법	반응물의 농도를 높이는 방법
• CSTR 사용 • X_A를 높게 유지 • 공급물에서 불활성물질 증가 • 기상계에서 압력 감소	• PFR, Batch 사용 • X_A를 낮게 유지 • 공급물에서 불활성물질 제거 • 기상계에서 압력 증가

96 반응물 A가 회분반응기에서 비가역 2차 액상반응으로 분해하는데 5분 동안에 50%가 전화된다고 할 때, 75% 전화에 걸리는 시간(min)은?

① 5.0
② 7.5
③ 15.0
④ 20.0

해설

$$\frac{1}{C_A} - \frac{1}{C_{Ao}} = kt$$

$$\frac{X_A}{1 - X_A} = C_{Ao}kt$$

$$\frac{0.5}{1 - 0.5} = C_{Ao}k \times 5\text{min} \qquad \therefore C_{Ao}k = 0.2$$

$$\frac{0.75}{1 - 0.75} = 0.2t \qquad \therefore t = 15\text{min}$$

정답 93 ② 94 ④ 95 ② 96 ③

97 다음과 같은 반응을 통해 목적생성물(R)과 그 밖의 생성물(S)이 생긴다. 목적생성물의 생성을 높이기 위한 반응물 농도 조건은?(단, C_x는 x물질의 농도를 의미한다.)

$$A + B \xrightarrow{k_1} R \qquad A \xrightarrow{k_2} S$$

① C_B를 크게 한다. ② C_A를 크게 한다.
③ C_A를 작게 한다. ④ C_A, C_B와 무관하다.

해설

$$S = \frac{r_R}{r_S} = \frac{k_1 C_A C_B}{k_2 C_A} = \frac{k_1}{k_2} C_B$$

A의 농도에 무관하며 B의 농도를 크게 한다.

98 1차 비가역 액상반응을 관형 반응기에서 반응시켰을 때 공간속도가 $6{,}000\text{h}^{-1}$이었으며 전화율은 40%였다. 같은 반응기에서 전화율이 90%가 되게 하는 공간속도(h^{-1})는?

① 1,221 ② 1,331
③ 1,441 ④ 1,551

해설

PFR 1차 : $-\ln(1-X_A) = k\tau$

$\tau = \dfrac{1}{s} = \dfrac{1}{6{,}000}\text{h}$

$-\ln(1-0.4) = \dfrac{k}{6{,}000}$

$\therefore\ k = 3{,}065\text{h}^{-1}$

$-\ln(1-0.9) = 3{,}065\tau$

$\therefore\ \tau = 7.51 \times 10^{-4}$

$s = \dfrac{1}{\tau} = \dfrac{1}{7.51\times 10^{-4}} = 1{,}331\text{h}^{-1}$

99 병렬반응하는 A의 속도상수와 반응식이 아래와 같을 때, 생성물 분포비율$\left(\dfrac{r_R}{r_S}\right)$은?(단, 두 반응의 차수는 동일하다.)

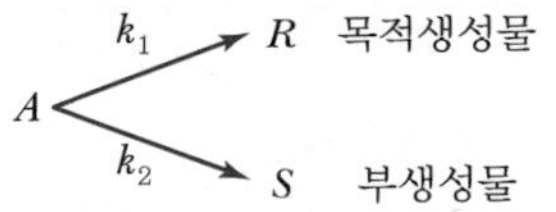

① 속도 상수에 관계없다.
② A의 농도에 관계없다.
③ A의 농도에 비례해서 커진다.
④ A의 농도에 비례해서 작아진다.

해설

$$S = \frac{r_R}{r_S} = \frac{k_1 C_A}{k_2 C_A} = \frac{k_1}{k_2}$$

C_A의 농도에 관계없다.

100 화학반응의 온도의존성을 설명하는 것과 관계가 가장 먼 것은?

① 볼츠만 상수(Boltzmann Constant)
② 분자충돌이론(Collision Theory)
③ 아레니우스 식(Arrhenius Equation)
④ 랭뮤어 – 힌셜우드 속도론(Langmuir – Hinshelwood Kinetics)

해설

㉠ 볼츠만 상수

$$k = \frac{R}{N_A} = \frac{\text{기체상수}}{\text{아보가드로수}}$$

㉡ 분자충돌이론

$k \propto T^m e^{-E_a/RT}$

- $m = 0$: 아레니우스 식 $k = Ae^{-E_a/RT}$
- $m = \dfrac{1}{2}$: 충돌이론
- $m = 1$: 전이이론

정답 97 ① 98 ② 99 ② 100 ④

2021년 제2회 기출문제

1과목 화공열역학

01 벤젠과 톨루엔으로 이루어진 용액이 기상과 액상으로 평형을 이루고 있을 때 이 계에 대한 자유도는?

① 0 ② 1
③ 2 ④ 3

해설

$F = 2 - P + C$
$= 2 - 2 + 2 = 2$

02 어떤 화학반응에서 평형상수 K의 온도에 대한 미분계수가 다음과 같이 표시된다. 이 반응에 대한 설명으로 옳은 것은?

$$\frac{d\ln K}{dT} < 0$$

① 흡열반응이며, 온도상승에 따라 K의 값이 커진다.
② 흡열반응이며, 온도상승에 따라 K의 값은 작아진다.
③ 발열반응이며, 온도상승에 따라 K의 값은 커진다.
④ 발열반응이며, 온도상승에 따라 K의 값은 작아진다.

해설

평형상수에 온도가 미치는 영향

$$\frac{d\ln K}{dT} = \frac{\Delta H^\circ}{RT^2}$$

- $\Delta H^\circ < 0$: 발열반응
  온도가 상승하면 평형상수(K)는 감소한다.
- $\Delta H^\circ > 0$: 흡열반응
  온도가 상승하면 평형상수(K)는 증가한다.

03 다음 설명 중 맞는 표현은?(단, 하첨자 $i(_i)$: i성분, 상첨자 $sat(^{sat})$: 포화, Hat(^) : 혼합물, f : 퓨가시티, ϕ : 퓨가시티 계수, P : 증기압, x : 용액의 몰분율을 의미한다.)

① 증기가 이상기체라면 $\phi_i^{sat} = 1$이다.
② 이상용액인 경우 $\hat{\phi} = \frac{x_i f_i}{P}$이다.
③ 루이스 – 랜들(Lewis – Randall)의 법칙에서
$\hat{f}_i = \frac{f_i^{sat}}{P}$이다.
④ 라울의 법칙은 $y_i = \frac{P_i^{sat}}{P}$이다.

해설

- 이상용액
  $\hat{\phi}_i^{id} = \frac{\hat{f}_i^{id}}{x_i P} = \frac{x_i f_i}{x_i P} = \frac{f_i}{P} = \phi_i$
- 루이스 – 랜들의 법칙
  $\hat{f}_i^{id} = x_i f_i$
- 라울의 법칙
  $y_i = \frac{x_i P_i^{sat}}{P}$

04 냉동용량이 18,000BTU/h인 냉동기의 성능계수(Coefficient of Performance ; w)가 4.5일 때 응축기에서 방출되는 열량(BTU/h)은?

① 4,000 ② 22,000
③ 63,000 ④ 81,000

정답 01 ③ 02 ④ 03 ① 04 ②

해설

$COP(\text{성능계수}) = \frac{Q_c}{W} = \frac{Q_c}{Q_H - Q_c}$

$4.5 = \frac{18,000}{Q_H - 18,000}$

$\therefore\ Q_H = 22,000\text{BTU/h}$

05 2성분계 혼합물이 기－액 상평형을 이루고 압력과 기상조성이 주어졌을 때 압력과 액상조성을 계산하는 방법을 "DEW P"라 정의할 때, DEW P에 포함될 필요가 없는 식은?(단, A, B, C는 상수이다.)

① $P = P_2^{\,sat} + x_1 P_1^{\,sat}$

② $\ln P_i^{\,sat} = A_i - \frac{B}{T + C_i}$

③ $x_1 = \frac{P - P_2^{\,sat}}{P_1^{\,sat} - P_2^{\,sat}}$

④ $P = \frac{1}{y_1/P_1^{\,sat} + y_2/P_2^{\,sat}}$

해설

DEW P 계산

주어진 y_i와 T로부터 x_i와 P를 계산하면

$$P = \frac{1}{y_1/P_1^{sat} + y_2/P_2^{sat}}$$

$$x_1 = \frac{y_1 P}{P_1^{sat}}$$

Antoine식으로부터 온도를 계산하면

$$\ln P_i^{sat} = A_i - \frac{B_i}{T + C_i}$$

일정 P에 대하여 t_1^{sat}, t_2^{sat}를 얻는다.

$$x_1 = \frac{P - P_2^{sat}}{P_1^{sat} - P_2^{sat}}$$

06 등엔트로피 과정이라고 할 수 있는 것은?

① 가역 단열과정 ② 가역과정
③ 단열과정 ④ 비가역 단열과정

해설

가역 단열과정

$S_1 = S_2$, $\Delta S = 0$, $Q = 0$

$\Delta S = \frac{Q}{T} = 0$

07 어떤 물질의 정압비열이 아래와 같다. 이 물질 1kg이 1atm의 일정한 압력하에 0℃에서 200℃로 될 때 필요한 열량(kcal)은?(단, 이상기체이고 가역적이라 가정한다.)

$$C_P = 0.2 + \frac{5.7}{t + 73}\,[\text{kcal/kg} \cdot ℃],\ (t : ℃)$$

① 24.9 ② 37.4
③ 47.5 ④ 56.8

해설

$$\Delta H = \int_{t_1}^{t_2} m\,C_P dt$$
$$= \int_{0℃}^{200℃} (1\text{kg})\left(0.2 + \frac{5.7}{t + 73}\right) dt$$
$$= 0.2t\Big|_0^{200} + 5.7\ln(t + 73)\Big|_0^{200}$$
$$= 0.2(200 - 0) + 5.7\ln\frac{273}{73}$$
$$= 47.5℃$$

08 초임계 유체(Supercritical Fluid) 영역의 특징으로 틀린 것은?

① 초임계 유체 영역에서는 가열해도 온도는 증가하지 않는다.
② 초임계 유체 영역에서는 액상이 존재하지 않는다.
③ 초임계 유체 영역에서는 액체와 증기의 구분이 없다.
④ 임계점에서는 액체의 밀도와 증기의 밀도가 같아진다.

해설

초임계 유체

- 임계점 이상의 온도와 압력에서 존재하는 물질의 상태
- 초임계 유체 영역에서는 액체와 증기의 구별이 없는 상태

정답 05 ① 06 ① 07 ③ 08 ①

09 반데르발스(Van der Waals) 식으로 해석할 수 있는 실제 기체에 대하여 $\left(\frac{\partial U}{\partial V}\right)_T$의 값은?

① $\frac{a}{P}$　　② $\frac{a}{T}$

③ $\frac{a}{V^2}$　　④ $\frac{a}{PT}$

해설

Van der Waals 식

$$\left(P+\frac{a}{V^2}\right)(V-b)=RT$$

$$P=\frac{RT}{V-b}-\frac{a}{V^2}$$

$$\left(\frac{\partial P}{\partial T}\right)_V=\frac{R}{V-b}$$

$$dU=TdS-PdV$$

$$\left(\frac{\partial U}{\partial V}\right)_T=T\left(\frac{\partial S}{\partial V}\right)_T-P$$

Maxwell 관계식 $\left(\frac{\partial S}{\partial V}\right)_T=\left(\frac{\partial P}{\partial T}\right)_V$

$$\therefore \left(\frac{\partial U}{\partial V}\right)_T=T\left(\frac{\partial P}{\partial T}\right)_V-P$$

$$=T\left(\frac{R}{V-b}\right)-\left(\frac{RT}{V-b}-\frac{a}{V^2}\right)$$

$$=\frac{a}{V^2}$$

10 이성분혼합물에 대한 깁스-두헴(Gibbs-Duhem) 식에 속하지 않는 것은?(단, γ는 활성도 계수(Activity Coefficient), μ는 화학퍼텐셜, x는 몰분율이고 온도와 압력은 일정하다.)

① $x_1\left(\frac{\partial \ln\gamma_1}{\partial x_1}\right)+(1-x_1)\left(\frac{\partial \ln\gamma_2}{\partial x_1}\right)=0$

② $x_1\left(\frac{\partial \mu_1}{\partial x_1}\right)+(1-x_1)\left(\frac{\partial \mu_2}{\partial x_1}\right)=0$

③ $x_1 d\mu_1+x_2 d\mu_2=0$

④ $(\gamma_1+\gamma_2)dx_1=0$

해설

Gibbs-Duhem 식

- $x_1 d\mu_1+(1-x_1)d\mu_2=0$
- $x_1\left(\frac{\partial \mu_1}{\partial x_1}\right)+(1-x_1)\left(\frac{\partial \mu_2}{\partial x_1}\right)=0$
- $x_1\left(\frac{\partial \ln f_1}{\partial x_1}\right)+(1-x_1)\left(\frac{\partial \ln f_2}{\partial x_1}\right)=0$
- $x_1\left(\frac{\partial \ln\gamma_1}{\partial x_1}\right)+(1-x_1)\left(\frac{\partial \ln\gamma_2}{\partial x_1}\right)=0$

11 오토기관(Otto Cycle)의 열효율을 옳게 나타낸 식은?(단, r는 압축비, γ는 비열비이다.)

① $1-\left(\frac{1}{r}\right)^{\gamma}$　　② $1-\left(\frac{1}{r}\right)^{\gamma+1}$

③ $1-\left(\frac{1}{r}\right)^{\gamma-1}$　　④ $1-\left(\frac{1}{r}\right)^{\frac{1}{\gamma-1}}$

해설

Otto Cycle

효율 $\eta=1-\left(\frac{1}{r}\right)^{\gamma-1}$

여기서, r : 압축비$=\frac{V_C}{V_D}$

γ : 비열비$=\frac{C_P}{C_V}$

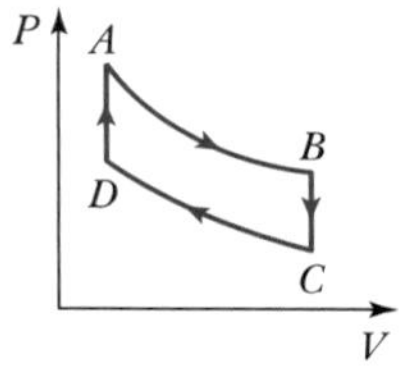

12 공기표준 디젤 사이클의 $P-V$ 선도는?

①
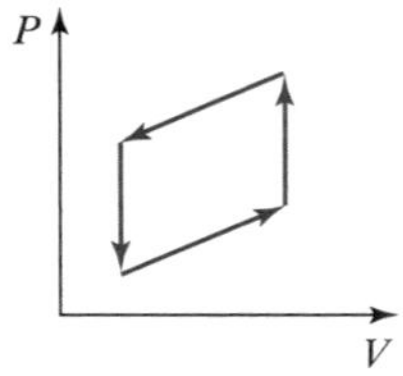

②
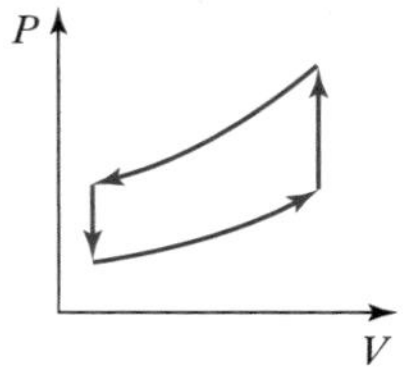

③
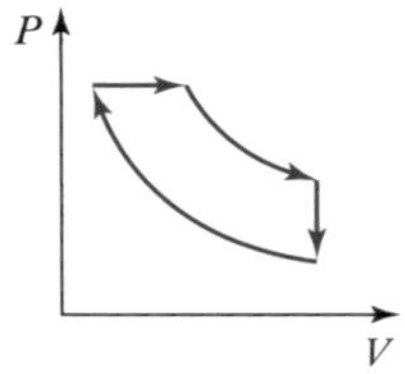

④
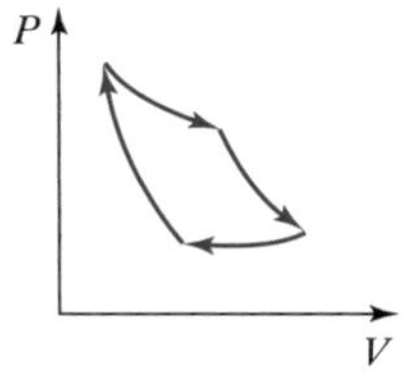

정답 09 ③ 10 ④ 11 ③ 12 ③

해설

- 공기표준 Diesel 사이클

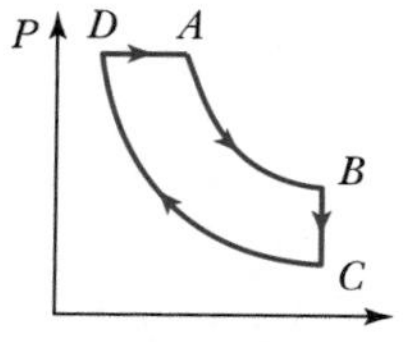

- 공기표준 Otto 사이클

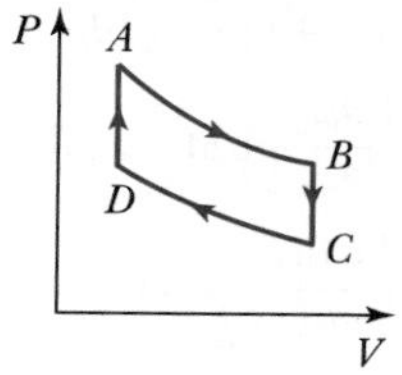

- 기체－터빈 Brayton 사이클

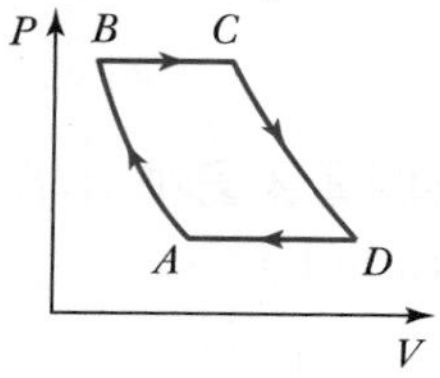

13 어떤 이상기체의 정적 열용량이 $1.5R$일 때, 정압 열용량은?

① $0.67R$　　② $0.5R$
③ $1.5R$　　④ $2.5R$

해설

$C_P = C_V + R$
$= 1.5 + R$
$= 2.5R$
여기서, R : 기체상수

14 기체 1mole이 0℃, 1atm에서 10atm으로 가역압축되었다. 압축 공정 중 압축 후의 온도가 높은 순으로 배열된 것은?(단, 이 기체는 단원자 분자이며, 이상기체로 가정한다.)

① 등온＞정용＞단열　　② 정용＞단열＞등온
③ 단열＞정용＞등온　　④ 단열＝정용＞등온

해설

0℃, 1atm → T_2, 10atm

- 등온 : $T_2 = 0℃\,(273\text{K})$
- 정용 : $\dfrac{P_1 \cancel{V_1}}{T_1} = \dfrac{P_2 \cancel{V_2}}{T_2}$ $(\because\ V_1 = V_2)$

$\dfrac{1}{273} = \dfrac{10}{T_2}$

$\therefore\ T_2 = 2{,}730\text{K}$

- 단열 : $\dfrac{T_2}{T_1} = \left(\dfrac{P_2}{P_1}\right)^{\frac{\gamma-1}{\gamma}}$

단원자분자 $\gamma = 1.67$

$\therefore\ T_2 = 273\text{K}\left(\dfrac{10}{1}\right)^{\frac{1.67-1}{1.67}} = 687.6\text{K}$

∴ 정용＞단열＞등온

15 열역학 기초에 관한 내용으로 옳은 것은?

① 일은 항상 압력과 부피의 곱으로 구한다.
② 이상기체의 엔탈피는 온도만의 함수이다.
③ 이상기체의 엔트로피는 온도만의 함수이다.
④ 열역학 제1법칙은 계의 총에너지가 그 계의 내부에서 항상 보존된다는 것을 뜻한다.

해설

- $W = \int P dV = F \times S$
- 이상기체 : $H = f(T)$, $U = f(T)$
  엔탈피와 내부에너지는 온도만의 함수이다.
- 열역학 제1법칙(에너지 보존의 법칙)
  에너지는 여러 가지 형태를 가질 수 있지만, 에너지 총량은 일정하다.

16 800kPa, 240℃의 과열수증기가 노즐을 통하여 150kPa까지 가역적으로 단열팽창될 때, 노즐 출구에서 상태는?(단, 800kPa, 240℃에서 과열수증기의 엔트로피는 6.9976kJ/kg · K이고 150kPa에서 포화액체(물)와 포화수증기의 엔트로피는 각각 1.4336kJ/kg · K와 7.2234kJ/kg · K이다.)

① 과열수증기　　② 포화수증기
③ 증기와 액체 혼합물　　④ 과냉각액체

정답 13 ④　14 ②　15 ②　16 ③

해설

$$\left(\frac{T_2}{T_1}\right)=\left(\frac{P_2}{P_1}\right)^{\frac{\gamma-1}{\gamma}}$$

$$\frac{T_2}{273+240}=\left(\frac{150}{800}\right)^{\frac{1.33-1}{1.33}}$$

$\therefore\ T_2=338.6\text{K}$

노즐 출구 : 338.6K, 150kPa

$S_1=S_2=6.9976\text{kJ/kg}\cdot\text{K}$

$S_2=(1-x_2^V)S_2^l+x_2^VS_2^V$

$6.9976\text{kJ/kg}\cdot\text{K}=(1-x_2^V)\times1.4336+x_2^V\times7.2234$

$\therefore\ x_2^V=0.96$

$x_2^l=1-x_2^V=0.04$

증기와 액체의 혼합물

17 열역학 제2법칙의 수학적 표현은?

① $dU=dQ-PdV$　② $dH=TdS+VdP$

③ $\dfrac{|Q_H|}{|Q_C|}=\dfrac{T_H}{T_C}$　④ $\Delta s_{total}\ge0$

해설

열역학 제2법칙(엔트로피의 법칙)

- 수학적 표현 : $\Delta S_{total}\ge0$
- 총엔트로피 변화량이 양의 값을 갖는 방향으로 진행되며, 극한값인 0은 오직 가역공정에 의해서만 도달된다.

18 기체에 대한 설명 중 옳은 것은?

① 기체의 압축인자는 항상 1보다 작거나 같다.

② 임계점에서는 포화증기의 밀도와 포화액의 밀도가 같다.

③ 기체혼합물의 비리얼 계수(Virial Coefficient)는 온도와 무관한 상수이다.

④ 압력이 0으로 접근하면 모든 기체의 잔류부피(Residual Volume)는 항상 0으로 접근한다.

해설

① 압축인자는 1보다 크거나 작거나 같다.

③ 기체혼합물의 비리얼계수는 온도와 조성의 함수이다.

④ 잔류부피

$$V^R=V-V^{ig}=\frac{RT}{P}(Z-1)$$

$P\to0,\ V^R=0$

19 고립계의 평형 조건을 나타내는 식으로 옳은 것은? (단, G : 깁스(Gibbs) 에너지, N : 몰수, H : 엔탈피, S : 엔트로피, U : 내부에너지, V : 부피를 의미한다.)

① $\left(\dfrac{\partial S}{\partial U}\right)_{V,N}=0$　② $\left(\dfrac{\partial S}{\partial V}\right)_{G,V}=0$

③ $\left(\dfrac{\partial S}{\partial N}\right)_{H,N}=0$　④ $\left(\dfrac{\partial S}{\partial H}\right)_{N,V}=0$

해설

$dU^t=dQ-PdV^t$

$dU^t+PdV^t\le TdS^t$ (등호는 가역과정)

V와 N이 일정하면 $dV^t=0$

$\therefore\ dU^t\le TdS^t\leftarrow\left(\dfrac{\partial S^t}{\partial U^t}\right)_{V,N}\ge0$

평형에서 $\left(\dfrac{\partial S^t}{\partial U^t}\right)_{V,N}=0$

20 일정온도와 일정압력에서 일어나는 화학반응의 평형 판정기준을 옳게 표현한 식은?(단, 하첨자 tot는 총 변화량을 의미한다.)

① $(\Delta G_{tot})_{T,P}=0$　② $(\Delta H_{tot})_{T,P}>0$

③ $(\Delta G_{tot})_{T,P}<0$　④ $(\Delta H_{tot})_{T,P}=0$

해설

- $(\Delta G)_{T,P}=0$: 화학평형
- $(\Delta G)_{T,P}<0$: 자발적 반응
- $(\Delta G)_{T,P}>0$: 비자발적 반응

정답 17 ④ 18 ② 19 ① 20 ①

2과목 단위조작 및 화학공업양론

21 다음 중 차원이 다른 하나는?

① 일　② 열
③ 에너지　④ 엔트로피

해설

일＝열＝에너지
J　$kg_f \cdot m$　cal, kcal

22 미분 수지(Differential Balance)의 개념에 대한 설명으로 가장 옳은 것은?

① 어떤 한 시점에서 계의 물질 출입관계를 나타낸 것이다.
② 계에서의 물질 출입관계를 성분 및 시간과 무관한 양으로 나타낸 것이다.
③ 계로 특정성분이 유출과 관계없이 투입되는 총 누적 양을 나타낸 것이다.
④ 계에서의 물질 출입관계를 어느 두 질량 기준 간격 사이에 일어난 양으로 나타낸 것이다.

해설

미분 수지
어떤 한 시점에서 계의 물질 출입관계를 나타낸 것이다.

23 다음 중 결정화시키는 방법이 아닌 것은?

① 압력을 높이는 방법
② 온도를 낮추는 방법
③ 염을 첨가시키는 방법
④ 용매를 제거시키는 방법

해설

결정화 방법
- 온도를 낮춘다.
- 용매를 제거한다(증발).
- 염을 첨가한다.

24 25℃에서 정용반응열(ΔH_V)이 -326.1kcal일 때 같은 온도에서 정압반응열(ΔH_P ; kcal)은?

$$C_2H_5OH(l)+3O_2(g) \rightarrow 3H_2O(l)+2CO_2(g)$$

① 325.5　② −325.5
③ 326.7　④ −326.7

해설

$$\Delta H = \Delta U + \Delta nRT$$
$$\Delta H_P = \Delta H_V + \Delta nRT$$
$$= -326.1\text{kcal} + (2-3) \times 1.987\text{cal/mol}\cdot\text{K} \times 298\text{K} \times \frac{1\text{kcal}}{1{,}000\text{cal}}$$
$$= -326.7\text{kcal}$$

25 어떤 기체의 임계압력이 2.9atm이고, 반응기 내의 계기압력이 30psig였다면 환산압력은?

① 0.727　② 1.049
③ 0.990　④ 1.112

해설

$$P = P_{atm} + P_{gauge}$$
$$= 14.7\text{psi} + 30\text{psi}$$
$$= 44.7\text{psi} \times \frac{1\text{atm}}{14.7\text{psi}} = 3.04\text{atm}$$
$$P_r = \frac{P}{P_c} = \frac{3.04\text{atm}}{2.9\text{atm}} = 1.048$$

26 탄산칼슘 200kg을 완전히 하소(煆燒 ; Calcination)시켜 생성된 건조 탄산가스의 25℃, 740mmHg에서의 용적(m^3)은?(단, 탄산칼슘의 분자량은 100g/mol이고, 이상기체로 간주한다.)

① 14.81　② 25.11
③ 50.22　④ 87.31

해설

$$200\text{kg } CaCO_3 \times \frac{1\text{kmol}}{100\text{kg}} = 2\text{kmol}$$

정답 21 ④ 22 ① 23 ① 24 ④ 25 ② 26 ③

$$CaCO_3 \rightarrow CaO + CO_2$$
2kmol 2kmol

$$V = \frac{nRT}{P}$$

$$= \frac{(2\text{kmol})(0.082\text{m}^3 \cdot \text{atm/kmol} \cdot \text{K})(298\text{K})}{740\text{mmHg} \times \frac{1\text{atm}}{760\text{mmHg}}}$$

$$= 50.2\text{m}^3$$

27 어떤 실린더 내에 기체 I, II, III, IV가 각각 1mol씩 들어 있다. 각 기체의 Van der Waals($(P + a/V^2)(V - b) = RT$) 상수 a와 b가 다음 표와 같고, 각 기체에서의 기체분자 자체의 부피에 의한 영향 차이는 미미하다고 할 때, 80℃에서 분압이 가장 작은 기체는?(단, a의 단위는 atm · $(\text{cm}^3/\text{mol})^2$이고, b의 단위는 cm^3/mol이다.)

구분	a	b
I	0.254×10^6	26.6
II	1.36×10^6	31.9
III	5.45×10^6	30.6
IV	2.25×10^6	42.8

① I ② II
③ III ④ IV

해설

$$P = \frac{RT}{V-b} - \frac{a}{V^2}$$

a가 크면 P가 작다.

28 25℃, 1atm에서 벤젠 1mol의 완전연소 시 생성된 물질이 다시 25℃, 1atm으로 되돌아올 때 3,241kJ/mol의 열을 방출한다. 이때, 벤젠 3mol의 표준생성열(kJ)은?(단, 이산화탄소와 물의 표준생성엔탈피는 각각 −394, −284kJ/mol이다.)

① 19,371 ② 6,457
③ 75 ④ 24

해설

$$C_6H_6 + \frac{15}{2}O_2 \rightarrow 6CO_2 + 3H_2O \qquad \Delta H = -3.241\text{kJ/mol}$$

$$\Delta H = (\Sigma H_f)_P - (\Sigma H_f)_R$$

$$-3{,}241\text{kJ/mol} = 6 \times (-394) + 3 \times (-284) - \Delta H_{fC_6H_6}$$

$$\therefore \Delta H_{fC_6H_6} = 25\text{kJ/mol}$$

벤젠(C_6H_6) 3mol의 표준생성열

$$\Delta H_{fC_6H_6} = 25\text{kJ/mol} \times 3\text{mol} = 75\text{kJ}$$

29 포도당($C_6H_{12}O_6$) 4.5g이 녹아 있는 용액 1L와 소금물을 반투막을 사이에 두고 방치해 두었더니 두 용액의 농도 변화가 일어나지 않았다. 이때 소금의 L당 용해량(g)은?(단, 소금물의 소금은 완전히 전리했다.)

① 0.0731 ② 0.146
③ 0.731 ④ 1.462

해설

$$\frac{\text{포도당}4.5\text{g} \times \frac{1\text{mol}}{180\text{g}}}{1\text{L}} = 0.025\text{mol/L}$$

NaCl은 100% 이온화되므로

$$0.025\text{mol/L} = \frac{n \times 2}{L}$$

$$\therefore n = 0.0125\text{mol NaCl}$$

$$0.0125\text{mol} \times \frac{58.5\text{g}}{1\text{mol}} = 0.731\text{g}$$

30 500mL 용액에 10g NaOH가 들어있을 때 N농도는?

① 0.25 ② 0.5
③ 1.0 ④ 2.0

해설

$$10\text{g NaOH} \times \frac{1\text{mol}}{40\text{g}} = 0.25\text{mol}$$

$$N = \frac{1 \times 0.25\text{mol}}{500\text{mL} \times \frac{1\text{L}}{1{,}000\text{mL}}} = 0.5\text{N}$$

정답 27 ③ 28 ③ 29 ③ 30 ②

31 어떤 증발관에 1wt%의 용질을 가진 70℃ 용액을 20,000kg/h로 공급하여 용질의 농도를 4wt%까지 농축하려 할 때 증발관이 증발시켜야 할 용매의 증기량(kg/h)은?

① 5,000　② 10,000
③ 15,000　④ 20,000

해설

$$W=F\left(1-\frac{a}{b}\right)$$
$$=20{,}000\text{kg/h}\left(1-\frac{1}{4}\right)$$
$$=15{,}000\text{kg/h}$$

32 건조 특성곡선에서 항률건조기간으로부터 감률건조기간으로 바뀔 때의 함수율은?

① 전(Total)함수율
② 자유(Free)함수율
③ 임계(Critical)함수율
④ 평형(Equilibrium)함수율

해설

임계함수율(w_c)
항률건조기간에서 감률건조기간으로 바뀔 때의 함수율

33 어느 공장의 폐가스는 공기 1L당 0.08g의 SO_2를 포함한다. SO_2의 함량을 줄이고자 공기 1L에 대하여 순수한 물 2kg의 비율로 연속향류접촉(Continuous Counter Current Contact)시켰더니 SO_2의 함량이 1/10로 감소하였다. 이때 물에 흡수된 SO_2 함량은?

① 물 1kg당 SO_2 0.072g
② 물 1kg당 SO_2 0.036g
③ 물 1L당 SO_2 0.018g
④ 물 1L당 SO_2 0.009g

해설

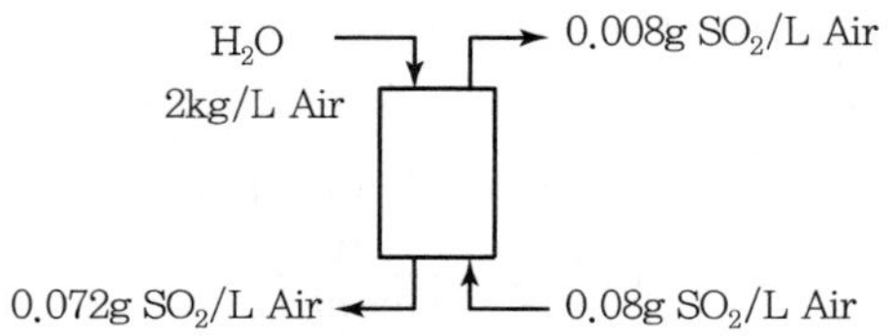

물 2kg당 0.072g SO_2를 흡수하므로
물 1kg당 0.036g SO_2가 흡수된다.

34 2성분 혼합물의 액－액 추출에서 평형관계를 나타내는 데 필요한 자유도의 수는?

① 2　② 3
③ 4　④ 5

해설

$F=2-P+C=2-1+2=3$

35 열전도도에 관한 설명 중 틀린 것은?

① 기체의 열전도도는 온도에 따라 다르다.
② 물질에 따라 다르며, 단위는 W/m · ℃이다.
③ 물체 안으로 열이 얼마나 빨리 흐르는가를 나타내 준다.
④ 단위면적당 전열속도는 길이에 비례하는 비례상수이다.

해설

$$\frac{q}{A}=k\frac{\Delta t}{l}$$

여기서, k : 열전도도(kcal/m · h · ℃)
단위면적당 전열속도는 온도차(Δt)에 비례하고 길이(l)에 반비례하며, 비례상수는 k이다.

36 1기압, 300℃에서 과열수증기의 엔탈피(kcal/kg)는?(단, 1기압에서 증발잠열은 539kcal/kg, 수증기의 평균비열은 0.45kcal/kg · ℃이다.)

① 190　② 250
③ 629　④ 729

정답 31 ③ 32 ③ 33 ② 34 ② 35 ④ 36 ④

해설

$$Q = Q_1 + Q_2 + Q_3$$
$$= C_P \Delta t + \lambda + C_{PV} \Delta t$$
$$= 1\text{kcal/kg}\cdot℃ \times 100℃ + 539\text{kcal/kg}$$
$$+ 0.45\text{kcal/kg}\cdot℃ \times (300-100)℃$$
$$= 729\text{kcal/kg}$$

37 일반적으로 교반조작의 목적이 될 수 없는 것은?

① 물질전달속도의 증대
② 화학반응의 촉진
③ 교반성분의 균일화 촉진
④ 열전달저항의 증대

해설

교반조작의 목적
- 성분의 균일화
- 물질전달속도의 증대
- 열전달속도의 증대
- 물리적 변화 촉진
- 화학적 변화 촉진
- 분산액 제조

38 벤젠과 톨루엔의 혼합물을 비점, 액상으로 증류탑에 공급한다. 공급, 탑상, 탑저의 벤젠 농도가 각각 45, 92, 10wt%, 증류탑의 환류비가 2.2이고 탑상 제품이 23,688.38kg/h로 생산될 때 탑 상부에서 나오는 증기의 양(kmol/h)은?

① 360 ② 660
③ 960 ④ 990

해설

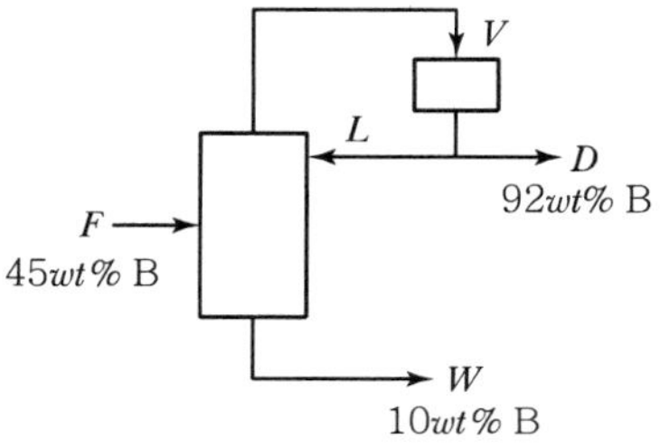

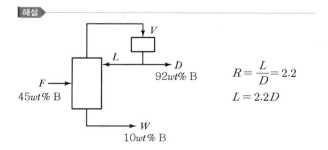

$$R = \frac{L}{D} = 2.2$$
$$L = 2.2D$$

$$23{,}688.38\text{kg/h} \times 0.92 = 21{,}793.3\text{kg/h B}$$
$$23{,}688.38\text{kg/h} \times 0.08 = 1{,}895.07\text{kg/h T}$$

$$21{,}793.3\text{kg/h B} \times \frac{1\text{kmol}}{78\text{kg}} = 279.4\text{kmol/h B}$$
$$1{,}895.07\text{kg/h T} \times \frac{1\text{kmol}}{92\text{kg}} = 20.6\text{kmol/h T}$$
(합계) 300kmol/h

$$\therefore V = L + D = 2.2D + D = 3.2D$$
$$= 3.2 \times 300\text{kmol/h}$$
$$= 960\text{kmol/h}$$

39 비중이 0.7인 액체를 $0.2\text{m}^3/\text{s}$의 속도로 수송하기 위해 기계적 일이 $5.2\text{kg}_f\cdot\text{m/kg}$만큼 액체에 주어지기 위한 펌프의 필요 동력(HP)은?(단, 전효율은 0.7이다.)

① 6.70 ② 12.7
③ 13.7 ④ 49.8

해설

$$\dot{m} = \rho u A = \rho Q$$
$$= 0.7 \times 1{,}000\text{kg/m}^3 \times 0.2\text{m}^3/\text{s}$$
$$= 140\text{kg/s}$$
$$P = \frac{\dot{m} W}{76}$$
$$= \frac{140\text{kg/s} \times 5.2\text{kg}_f\cdot\text{m/kg}}{76}$$
$$= 9.579\text{HP}$$

전효율이 0.7이므로

$$\therefore W = 9.579\text{HP} \times 0.7 = 6.7\text{HP}$$

40 나머지 셋과 서로 다른 단위를 갖는 것은?

① 열전도도 ÷ 길이
② 총괄열전달계수
③ 열전달속도 ÷ 면적
④ 열유속(Heat Flux) ÷ 온도

해설

① 열전도도÷길이 : $\text{kcal/m}^2\cdot\text{h}\cdot℃$
② 총괄열전달계수 : $\text{kcal/m}^2\cdot\text{h}\cdot℃$
③ 열전달속도÷면적 : $\text{kcal/h}\cdot\text{m}^2$
④ 열유속÷온도 : $\text{kcal/h}\cdot\text{m}^2\cdot℃$

정답 37 ④ 38 ③ 39 ① 40 ③

3과목 공정제어

41 피드백 제어계의 총괄전달함수는?

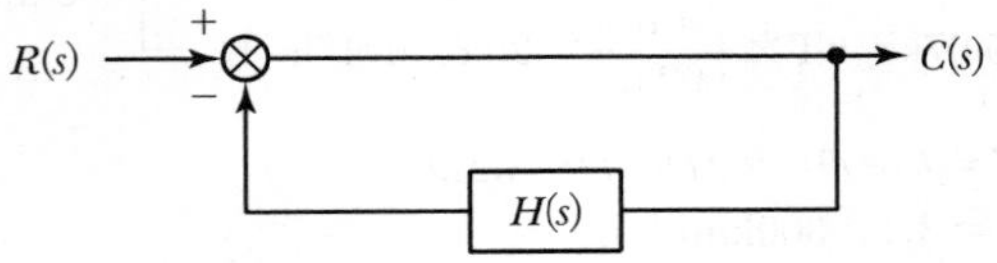

① $\dfrac{1}{-H(s)}$　② $\dfrac{1}{1+H(s)}$

③ $\dfrac{1}{H(s)}$　④ $\dfrac{1}{1-H(s)}$

해설

$$G(s)=\frac{\text{직선}}{1+\text{회선}}=\frac{1}{1+H(s)}$$

42 2차계 공정의 동특성을 가지는 공정에 계단입력이 가해졌을 때 응답특성에 대한 설명 중 옳은 것은?

① 입력의 크기가 커질수록 진동응답, 즉 과소감쇠응답이 나타날 가능성이 커진다.

② 과소감쇠응답 발생 시 진동주기는 공정이득에 비례하여 커진다.

③ 과소감쇠응답 발생 시 진동주기는 공정이득에 비례하여 작아진다.

④ 출력의 진동 발생 여부는 감쇠계수 값에 의하여 결정된다.

해설

- 과소감쇠진동 : $0<\zeta<1 \rightarrow \zeta$가 작아질수록 진동의 폭은 커진다.
- 임계감쇠 : $\zeta=1$
- 과도감쇠 : $\zeta>1$

43 다음의 공정 중 임펄스 입력이 가해졌을 때 진동특성을 가지며 불안정한 출력을 가지는 것은?

① $G(s)=\dfrac{1}{s^2-2s+2}$

② $G(s)=\dfrac{1}{s^2-2s-3}$

③ $G(s)=\dfrac{1}{s^2+3s+3}$

④ $G(s)=\dfrac{1}{s^2+3s+4}$

해설

$$Y(s)=G(s)X(s)=\frac{1}{s^2-2s+2}\cdot 1=\frac{1}{(s-1)^2+1}$$

$y(t)=e^t\sin t \rightarrow$ 진동발산

44 시정수가 0.1분이며 이득이 1인 1차 공정의 특성을 지닌 온도계가 90℃로 정상상태에 있다. 특정 시간($t=0$)에 이 온도계를 100℃인 곳에 옮겼을 때, 온도계가 98℃를 가리키는 데 걸리는 시간(분)은?(단, 온도계는 단위계단응답을 보인다고 가정한다.)

① 0.161　② 0.230

③ 0.303　④ 0.404

해설

$$Y(s)=G(s)X(s)=\frac{1}{0.1s+1}\cdot\frac{10}{s}=10\left(\frac{1}{s}-\frac{0.1}{0.1s+1}\right)=10\left(\frac{1}{s}-\frac{1}{s+10}\right)$$

$y(t)=10(1-e^{-10t})=8$

$1-e^{-10t}=0.8$

$\therefore\ t=0.161\text{min}$

정답 41 ② 42 ④ 43 ① 44 ①

45 Reset Windup 현상에 대한 설명으로 옳은 것은?

① PID 제어기의 미분동작과 관련된 것으로 일정한 값의 제어오차를 미분하면 0으로 Reset되어 제어동작에 반영되지 않는 것을 의미한다.

② PID 제어기의 미분동작과 관련된 것으로 잡음을 함유한 제어오차신호를 미분하면 잡음이 크게 증폭되며 실제 제어오차 미분값은 상대적으로 매우 작아지는(Reset되는) 것을 의미한다.

③ PID 제어기의 적분동작과 관련된 것으로 잡음을 함유한 제어오차신호를 적분하면 잡음이 상쇄되어 그 영향이 Reset되는 것을 의미한다.

④ PID 제어기의 적분동작과 관련된 것으로 공정의 제약으로 인해 제어오차가 빨리 제거될 수 없을 때 제어기의 적분값이 필요 이상으로 커지는 것을 의미한다.

해설

Reset Windup

- 적분제어 작용에서 나타난다.
- 오차 $e(t)$가 0보다 클 경우 $e(t)$의 적분값은 시간이 지날수록 점점 커지게 된다.
- 제어기 출력 $m(t)$가 최대 허용치에 머물고 있음에도 불구하고 $e(t)$의 적분값이 계속 커지는 현상이다.

46 다음 공정의 단위 임펄스 응답은?

$$G_P(s) = \frac{4s^2+5s-3}{s^3+2s^2-s-2}$$

① $y(t) = 2e^t + e^{-t} + e^{-2t}$

② $y(t) = 2e^t + 2e^{-t} + e^{-2t}$

③ $y(t) = e^t + 2e^{-t} + e^{-2t}$

④ $y(t) = e^t + e^{-t} + 2e^{-2t}$

해설

$$Y(s) = \frac{4s^2+5s-3}{s^3+2s^2-s-2} \cdot 1$$
$$= \frac{2}{s+1} + \frac{1}{s-1} + \frac{1}{s+2}$$
$\therefore\ y(t) = 2e^{-t} + e^t + e^{-2t}$

47 어떤 제어계의 Nyquist 선도가 아래와 같을 때, 이 제어계의 이득여유(Gain Margin)를 1.7로 할 경우 비례이득은?

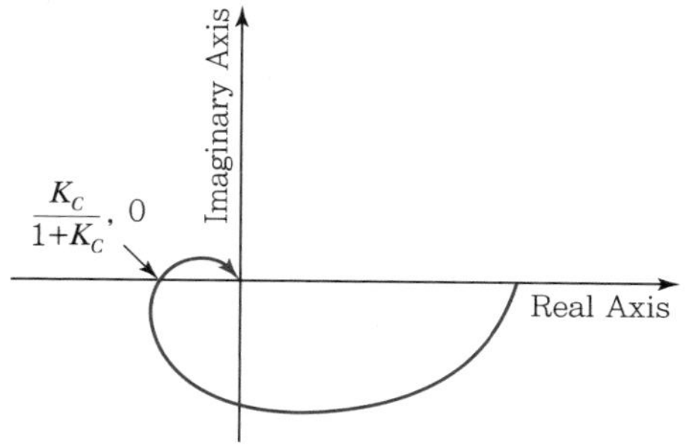

① 0.43　　② 1.43

③ 2.33　　④ 2.43

해설

$GM = \frac{1}{AR_c} = 1.7$

$\therefore\ AR_c = \frac{1}{1.7}$

$AR_c : \phi = -180°$

$\frac{K_c}{1+K_c} = \frac{1}{1.7}$

$\therefore\ K_c = 1.43$

48 비례-미분제어 장치의 전달함수 형태를 옳게 나타낸 것은?(단, K는 이득, τ는 시간정수이다.)

① $K\tau s$　　② $K\left(1+\frac{1}{\tau s}\right)$

③ $K(1+\tau s)$　　④ $K\left(1+\tau_1 s+\frac{1}{\tau_2 s}\right)$

해설

- P 제어기 : $G(s) = K_c$
- PD 제어기 : $G(s) = K_c(1+\tau_D s)$
- PID 제어기 : $G(s) = K_c\left(1+\frac{1}{\tau_I s}+\tau_D s\right)$

정답 45 ④ 46 ③ 47 ② 48 ③

49 $f(s)=\dfrac{s^4-6s^2+9s-8}{s(s-2)(s^3+2s^2-s-2)}$의 라플라스 변환을 갖는 함수 $f(t)$에 대하여 $f(0)$를 구하는 데 이용할 수 있는 이론과 $f(0)$의 값으로 옳은 것은?

① 초기치 정리 (Initial Value Theorem), 1
② 최종치 정리 (Final Value Theorem), -2
③ 함수의 변이 이론(Translation Theorem of Function), 1
④ 로피탈 정리 이론(L'Hopital's Theorem), -2

해설

• 초기치 정리

$$\lim_{t\to 0} f(t)=\lim_{s\to\infty} sF(s)$$
$$=\lim_{s\to\infty}\frac{s^4-6s^2+9s-8}{(s-2)(s^3+2s^2-s-2)}=1$$

• 최종치 정리

$$\lim_{t\to\infty} f(t)=\lim_{s\to 0} sF(s)$$
$$=\lim_{s\to 0}\frac{s^4-6s^2+9s-8}{(s-2)(s^3+2s^2-s-2)}$$
$$=\frac{-8}{4}=-2$$

50 주파수 응답의 위상각이 0°와 90° 사이인 제어기는?

① 비례 제어기
② 비례 – 미분 제어기
③ 비례 – 적분 제어기
④ 비례 – 미분 – 적분 제어기

해설

• 비례 제어기 : $\phi=0$
• 비례미분 제어기 : $\phi=0\sim 90°$
• 비례적분 제어기 : $\phi=-90\sim 0°$
• 비례미분적분 제어기 : $\phi=-90\sim 90°$

51 전달함수가 $Ke^{\frac{-\theta s}{\tau s+1}}$ 인 공정에 대한 결과가 아래와 같을 때, K, τ, θ의 값은?

• 공정입력 $\sin(\sqrt{2}t)$ 적용 후 충분한 시간이 흐른 후의 공정출력 $\dfrac{2}{\sqrt{2}}\sin\left(\sqrt{2}t-\dfrac{\pi}{2}\right)$
• 공정입력 1 적용 후 충분한 시간이 흐른 후의 공정출력 2

① $K=1,\ \tau=\dfrac{1}{\sqrt{2}},\ \theta=\dfrac{\pi}{2\sqrt{2}}$
② $K=1,\ \tau=\dfrac{1}{\sqrt{2}},\ \theta=\dfrac{\pi}{4\sqrt{2}}$
③ $K=2,\ \tau=\dfrac{1}{\sqrt{2}},\ \theta=\dfrac{\pi}{2\sqrt{2}}$
④ $K=2,\ \tau=\dfrac{1}{\sqrt{2}},\ \theta=\dfrac{\pi}{4\sqrt{2}}$

해설

$$x(t)=\sin\sqrt{2}t$$
$$y(t)=\frac{2}{\sqrt{2}}\sin\left(\sqrt{2}t-\frac{\pi}{2}\right)$$
$$\omega=\sqrt{2}$$
$$Y(s)=Ke^{-\frac{\theta s}{\tau s+1}}\cdot\frac{1}{s}$$
$$\lim_{t\to\infty}y(t)=\lim_{s\to 0}s\,Y(s)=\lim_{s\to 0}Ke^{-\frac{\theta s}{\tau s+1}}=K=2$$
$$\phi=-\tan^{-1}(\tau\omega)-\theta\omega$$
$$=-\tan^{-1}\left(\frac{1}{\sqrt{2}}\cdot\sqrt{2}\right)-\sqrt{2}\theta$$
$$-\frac{\pi}{2}=-\frac{\pi}{4}-\sqrt{2}\theta$$
$$\therefore\ \theta=\frac{\pi}{4\sqrt{2}}$$

52 되먹임 제어에 관한 설명으로 옳은 것은?

① 제어변수를 측정하여 외란을 조절한다.
② 외란 정보를 이용하여 제어기 출력을 결정한다.
③ 제어변수를 측정하여 조작변수 값을 결정한다.
④ 외란이 미치는 영향을 선(先) 보상해주는 원리이다.

정답 49 ① 50 ② 51 ④ 52 ③

해설

되먹임 제어(Feedback)

제어변수를 측정하여 측정된 변수값을 설정치와 비교하며, 이들 두 변수의 차이인 제어오차에 의하여 제어신호가 결정된 다음 이에 따라 조작변수를 조절하여 다시 변화되는 일련의 루프를 이룬다.

53 블록선도 (a)와 (b)가 등가이기 위한 m의 값은?

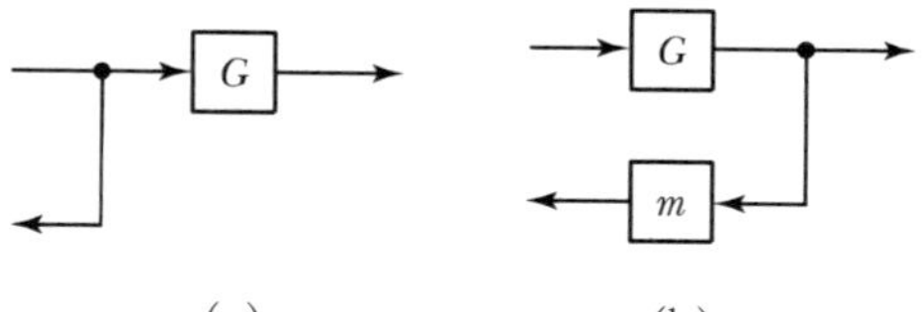

(a) (b)

① G ② $1/G$

③ G^2 ④ $1-G$

해설

$(a)=\dfrac{G}{1+1}$

$(b)=\dfrac{G}{1+Gm}$

$\dfrac{G}{1+1}=\dfrac{G}{1+Gm}$

$Gm=1$

$\therefore\ m=\dfrac{1}{G}$

54 $\dfrac{d^2y}{dt^2}+3\dfrac{dy}{dt}+y=u$를 상태함수 $\dfrac{dx}{dt}=Ax+Bu$ 형태로 나타낼 경우 A와 B는?

① $A=\begin{bmatrix}0 & 1\\1 & 3\end{bmatrix}$, $B=\begin{bmatrix}1\\1\end{bmatrix}$

② $A=\begin{bmatrix}0 & 1\\-1 & -3\end{bmatrix}$, $B=\begin{bmatrix}0\\1\end{bmatrix}$

③ $A=\begin{bmatrix}0 & -1\\1 & 3\end{bmatrix}$, $B=\begin{bmatrix}1\\-1\end{bmatrix}$

④ $A=\begin{bmatrix}0 & 1\\-1 & 3\end{bmatrix}$, $B=\begin{bmatrix}1\\-1\end{bmatrix}$

해설

상태공간법

$\dot{x}(t)=Ax(t)+Bu(t)$

$\dfrac{d^2y}{dt^2}+3\dfrac{dy}{dt}+y=u$

$-1 \quad -3$

$A=\begin{bmatrix}0 & 1\\-1 & -3\end{bmatrix} \quad B=\begin{bmatrix}0\\1\end{bmatrix}$

$\begin{bmatrix}\dot{x}_1\\\dot{x}_2\end{bmatrix}=\begin{bmatrix}0 & 1\\-1 & -3\end{bmatrix}\begin{bmatrix}x_1\\x_2\end{bmatrix}+\begin{bmatrix}0\\1\end{bmatrix}u(t)$

55 아래와 같은 블록 다이어그램의 총괄전달함수(Over−all Transfer Function)는?

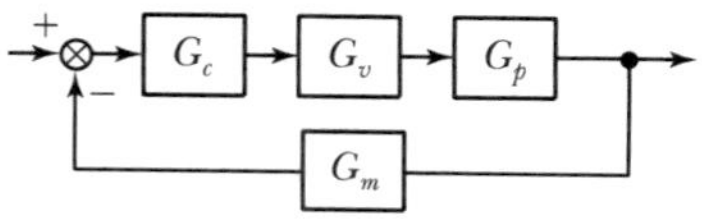

① $\dfrac{G_c\,G_v\,G_p\,G_m}{1-G_c\,G_v\,G_p}$ ② $\dfrac{G_c\,G_v\,G_p\,G_m}{1+G_c\,G_v\,G_p}$

③ $\dfrac{G_c\,G_v\,G_p}{1-G_c\,G_v\,G_p\,G_m}$ ④ $\dfrac{G_c\,G_v\,G_p}{1+G_c\,G_v\,G_p\,G_m}$

해설

$G(s)=\dfrac{\text{직선}}{1+\text{회선}}$

$=\dfrac{G_cG_vG_p}{1+G_cG_vG_pG_m}$

56 Routh법에 의한 제어계의 안정성 판별조건과 관계없는 것은?

① Routh Array의 첫 번째 열에 전부 양(+)의 숫자만 있어야 안정하다.

② 특성방정식이 s에 대해 n차 다항식으로 나타나야 한다.

③ 제어계에 수송지연이 존재하면 Routh법은 쓸 수 없다.

④ 특성방정식의 어느 근이든 복소수축의 오른쪽에 위치할 때는 계가 안정하다.

정답 53 ② 54 ② 55 ④ 56 ④

해설

특성방정식의 어느 근이든 복소수축의 왼쪽(음의 실근)에 위치할 때 계가 안정하다.

57 제어루프를 구성하는 기본 Hardware를 주요 기능별로 분류하면?

① 센서, 트랜스듀서, 트랜스미터, 제어기, 최종제어요소, 공정
② 변압기, 제어기, 트랜스미터, 최종제어요소, 공정, 컴퓨터
③ 센서, 차압기, 트랜스미터, 제어기, 최종제어요소, 공정
④ 샘플링기, 제어기, 차압기, 밸브, 반응기, 펌프

해설

전류 – 압력(I/P) 변환기
출력신호 : 전류의 변화 → 공기압의 변화

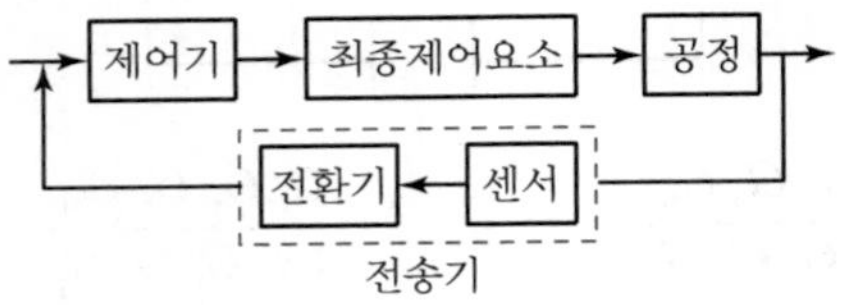

※ 트랜스듀서 : 변환기
트랜스미터 : 전송기

58 특성방정식이 $1+\dfrac{G_c}{(2s+1)(5s+1)}=0$과 같이 주어지는 시스템에서 제어기($G_c$)로 비례 제어기를 이용할 경우 진동응답이 예상되는 경우는?

① $K_c=-1$
② $K_c=0$
③ $K_c=1$
④ K_c에 관계없이 진동이 발생된다.

해설

$$1+\frac{K_c}{(2s+1)(5s+1)}=0$$
$$(2s+1)(5s+1)+K_c=0$$
$$10s^2+7s+1+K_c=0$$
$$\therefore\ s=\frac{-7\pm\sqrt{49-40(1+K_c)}}{20}<0$$

진동응답을 할 경우
$$49-40(1+K_c)<0$$
$$K_c>0.225$$
$K_c=1$은 $K_c>0.225$ 조건을 만족하므로 진동응답을 한다.

59 적분공정$\left(G(s)=\dfrac{1}{s(\tau s+1)}\right)$을 P형 제어기로 제어한다. 공정 운전에 따라 양수 τ는 바뀐다고 할 때, 어떠한 τ에 대하여도 안정을 유지하는 P형 제어기 이득(K_c)의 범위는?

① $0<K_c<\infty$
② $0\le K_c<\infty$
③ $0<K_c<1$
④ $0\le K_c<1$

해설

$$1+\frac{K_c}{s(\tau s+1)}=0$$
$$\tau s^2+s+K_c=0$$
$$s=\frac{-1\pm\sqrt{1^2-4\tau K_c}}{2\tau}$$

- 음의 실근
  $0\le\sqrt{1^2-4\tau K_c}<1$
  $0<K_c\le\dfrac{1}{4\tau}$
- 허근
  $1^2-4\tau K_c<0$
  $K_c>\dfrac{1}{4\tau}$
  $\therefore\ K_c>0$

정답 57 ① 58 ③ 59 ①

60 이상적인 PID 제어기를 실용하기 위한 변형 중 적절하지 않은 것은?(단, K_c는 비례이득, τ는 시간상수를 의미하며 하첨자 I와 D는 각각 적분과 미분 제어기를 의미한다.)

① 설정치의 일부만을 비례동작에 반영 :

$$K_cE(s) = K_c(R(s) - Y(s))$$
$$\downarrow$$
$$K_cE(s) = K_c(\alpha R(s) - Y(s)),\ 0 \le \alpha \le 1$$

② 설정치의 일부만을 적분동작에 반영 :

$$\frac{1}{\tau_I s}E(s) = \frac{1}{\tau_I s}(R(s) - Y(s))$$
$$\downarrow$$
$$\frac{1}{\tau_I s}E(s) = \frac{1}{\tau_I s}(\alpha R(s) - Y(s)),\ 0 \le \alpha \le 1$$

③ 설정치를 미분하지 않음 :

$$\tau_D sE(s) = \tau_D s(R(s) - Y(s))$$
$$\downarrow$$
$$\tau_D sE(s) = -\tau_D s Y(s)$$

④ 미분동작의 잡음에 대한 민감성을 완화시키기 위한 Filtered 미분동작 :

$$\tau_D s$$
$$\downarrow$$
$$\frac{\tau_D s}{as+1}$$

해설

PID 제어기의 변형

• 간섭형

$$u(s) = K_c\left(1 + \frac{1}{\tau_I s}\right)(1 + \tau_D s)e(s)$$

• 잡음에 대한 민감성 억제(필터링)

$$\tau_D se(s) = \frac{\tau_D s}{(\tau_D/N)s+1}e(s) = \frac{\tau_D s}{as+1}e(s)$$

• Derivative Kick 제거

$$\tau_D\frac{d}{dt}(r(t) - y(t)) \to -\tau_D\frac{d}{dt}y(t) \to \tau_D s Y(s)$$

Derivative Kick

설정값에 변화를 줄 때 $\frac{dr(t)}{dt}$가 순간적으로 큰 값이 되어 제어출력에 충격을 가한다.

※ ②에서 설정치(R)에 가중치(기여도)를 부여하는 것은 비례동작의 한계 극복에 해당된다.

4과목 공업화학

61 포화식염수에 직류를 통과시켜 수산화나트륨을 제조할 때 환원이 일어나는 음극에서 생성되는 기체는?

① 염화수소　② 산소
③ 염소　④ 수소

해설

• (+)극 : $2Cl^- \to Cl_2 + 2e^-$(산화)
• (−)극 : $2H_2O + 2e^- \to H_2 + 2OH^-$(환원)

62 벤젠 유도체 중 니트로화 과정에서 meta 배향성을 갖는 것은?

① 벤조산　② 브로모벤젠
③ 톨루엔　④ 바이페닐

해설

• ortho, para : 주로 전자미는기(고리활성화기)
　예 $-NH_2$, $-OH$, $-OCH_3$, $-NHCOCH_3$, $-CH_3$, $-C_6H_5$
• meta : 전자흡인기(고리비활성화기)
　예 $-N(CH_3)_3$, $-NO_2$, $-CN$, $-SO_3H$, $-COOH$, $-X$

63 양쪽성 물질에 대한 설명으로 옳은 것은?

① 동일한 조건에서 여러 가지 축합반응을 일으키는 물질
② 수계 및 유계에서 계면활성제로 작용하는 물질
③ pKa 값이 7 이하인 물질
④ 반응조건에 따라 산으로도 작용하고 염기로도 작용하는 물질

정답 60 ② 61 ④ 62 ① 63 ④

해설

산 → 염기

$H_2O + H_2O \longrightarrow H_3O^+ + OH^-$

염기 → 산

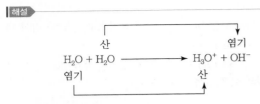

양쪽성 물질 : 산으로도 작용하고 염기로도 작용

64 다니엘 전지(Daniel Cell)를 사용하여 전자기기를 작동시킬 때 측정한 전압(방전 전압)과 충전 시 전지에 인가하는 전압(충전 전압)에 대한 관계와 그 설명으로 옳은 것은?

① 충전 전압은 방전 전압보다 크다. 이는 각 전극에서의 반응과 용액의 저항 때문이며, 전극의 면적과는 관계가 없다.
② 충전 전압은 방전 전압보다 크다. 이는 각 전극에서의 반응과 용액의 저항 때문이며, 전극의 면적이 클수록 그 차이는 증가한다.
③ 충전 전압은 방전 전압보다 작다. 이는 각 전극에서의 반응과 용액의 저항 때문이며, 전극의 면적과는 관계가 없다.
④ 충전 전압은 방전 전압보다 작다. 이는 각 전극에서의 반응과 용액의 저항 때문이며, 전극의 면적이 클수록 그 차이는 증가한다.

해설

충전전압 > 방전전압

65 H_2와 Cl_2를 직접 결합시키는 합성염화수소의 제법에서는 활성화된 분자가 연쇄를 이루기 때문에 반응이 폭발적으로 진행된다. 실제 조작에서 폭발을 막기 위해 행하는 조치는?

① 반응압력을 낮추어 준다.
② 수증기를 공급하여 준다.
③ 수소를 다소 과잉으로 넣는다.
④ 염소를 다소 과잉으로 넣는다.

해설

$H_2 : Cl_2 = 1.2 : 1$

수소를 과잉으로 넣는다.

66 질소와 수소를 원료로 암모니아를 합성하는 반응에서 암모니아의 생성을 방해하는 조건은?

① 온도를 낮춘다.
② 압력을 낮춘다.
③ 생성된 암모니아를 제거한다.
④ 평형반응이므로 생성을 방해하는 조건은 없다.

해설

NH_3 생성 방해

$N_2 + 3H_2 \rightleftarrows 2NH_3 + Q$(발열)

온도 ↑ : 역반응

압력 ↑ : 정반응

∴ NH_3를 생성하려면 온도를 낮추고 압력을 높인다.

67 황산 제조공업에서의 바나듐 촉매 작용기구로서 가장 거리가 먼 것은?

① 원자가의 변화
② 3단계에 의한 회복
③ 산성의 피로인산염 생성
④ 화학변화에 의한 중간생성물의 생성

해설

V_2O_5 Catalyst

$V_2O_5 + SO_2 \rightarrow V_2O_4 + SO_3$

$V^{5+} \rightarrow V^{4+}$

적갈색 → 녹갈색

$2SO_2 + O_2 + V_2O_4 \rightarrow 2VOSO_4$

$2VOSO_4 \rightarrow V_2O_5 + SO_2 + SO_3$

※ 피로인산염 : 피로인산($H_4P_2O_7$)의 염. $M_4P_2O_7$

68 불순물을 제거하는 석유정제 공정이 아닌 것은?

① 코킹법
② 백토처리
③ 메록스법
④ 용제추출법

정답 64 ① 65 ③ 66 ② 67 ③ 68 ①

해설

석유정제 공정 중 불순물 제거
㉠ 연료유 정제
- 산에 의한 화학적 정제
- 알칼리에 의한 화학적 정제
- 흡착정제
- 스위트닝
- 수소화처리법

㉡ 윤활유 정제
- 용제정제법 • 탈아스팔트 • 탈납

석유의 전화
㉠ 분해
- 열분해 • 접촉분해 • 수소화분해

㉡ 리포밍
㉢ 알킬화법
㉣ 이성화법

69 공업적으로 인산을 제조하는 방법 중 인광석의 산분해법에 주로 사용되는 산은?

① 염산 ② 질산
③ 초산 ④ 황산

해설

- 과린산석회(P_2O_5 15~20%) : 인광석을 황산분해시켜 제조
- 중과린산석회(P_2O_5 30~50%) : 인광석을 인산분해시켜 제조

70 열가소성 수지에 해당하는 것은?

① 폴리비닐알코올 ② 페놀 수지
③ 요소 수지 ④ 멜라민 수지

해설

- 열가소성 수지 : 가열 시 연화되어 외력을 가할 때 쉽게 변형되므로 성형가공 후 냉각하면 외력을 제거해도 성형된 상태를 유지하는 수지
  예 폴리염화비닐, 폴리에틸렌, 폴리프로필렌, 폴리스티렌, 폴리아세트산, 폴리비닐알코올
- 열경화성 수지 : 가열 시 일단 연화되지만, 계속 가열하면 점점 경화되어 나중에는 온도를 올려도 연화, 용융되지 않고 원상태로 되지도 않는 성질의 수지
  예 페놀수지, 요소수지, 멜라민수지, 에폭시수지, 알키드수지, 규소수지

71 반도체 제조공정 중 원하는 형태로 패턴이 형성된 표면에서 원하는 부분을 화학반응 또는 물리적 과정을 통해 제거하는 공정은?

① 세정 ② 에칭
③ 리소그래피 ④ 이온주입공정

해설

- 에칭(식각) : 노광 후 PR(포토레지스트)로 보호되지 않는 부분(감광되지 않는 부분)을 제거하는 공정
- 리소그래피 : 마스크를 통해 빛이 조사되면 빛을 투과하는 부분에서는 빛이 웨이퍼 위에 도포된 포토레지스트에 조사되어 광화학반응을 일으킨다. 이것을 사진공정(포토리소그래피)이라 한다. 마스크 위에 설계된 패턴, 즉 현상을 그대로 웨이퍼 표면 위로 옮기는 공정
- 이온주입공정 : 전하를 띤 원자인 도판트(B, P, As) 주입, 즉 불순물을 웨이퍼 내부로 확산시키는 공정

72 순도 77% 아염소산나트륨($NaClO_2$) 제품 중 당량 유효염소 함량(%)은?(단, Na, Cl의 원자량은 각각 23, 35.5g/mol이다.)

① 92.82 ② 112.12
③ 120.82 ④ 222.25

해설

$4NaOH + Ca(OH)_2 + C + 4ClO_2$
$\rightarrow 4NaClO_2 + CaCO_3 + 3H_2O$

ClO_2 가스를 환원제 존재하에서 NaOH 용액에 흡수하여 제조한다.

공업용의 유효염소 함량 : 125%

$$\frac{4Cl}{NaClO_2} \times 100\% = \frac{4 \times 35.5}{90.5} \times 100\% \times 0.77 = 120.82\%$$

73 다음 중 옥탄가가 가장 낮은 것은?

① Butane ② 1−Pentene
③ Toluene ④ Cyclohexane

해설

n−파라핀 < 올레핀 < 나프텐계 < 방향족
동일계 탄화수소의 경우 비점이 낮을수록 옥탄가가 높다.

정답 69 ④ 70 ① 71 ② 72 ③ 73 ②

PART 1 PART 2 PART 3 PART 4 PART 5

74 폴리카보네이트의 합성방법은?

① 비스페놀A와 포스겐의 축합반응
② 비스페놀A와 포름알데히드의 축합반응
③ 하이드로퀴논과 포스겐의 축합반응
④ 하이드로퀴논과 포름알데히드의 축합반응

해설

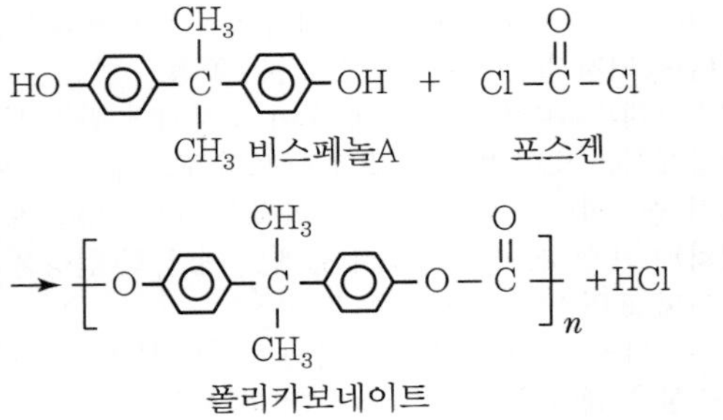

75 1기압에서의 HCl, HNO₃, H₂O의 Ternary Plot과 공비점 및 용액 A와 B가 아래와 같을 때 틀린 설명은?

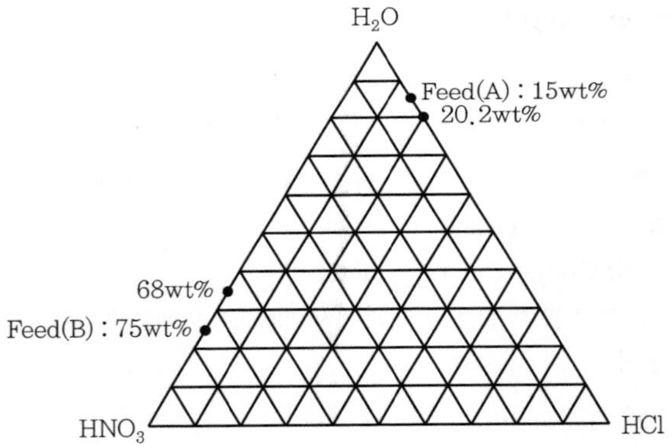

① 황산을 이용하여 A용액을 20.2wt% 이상으로 농축할 수 있다.
② 황산을 이용하여 B용액을 75wt% 이상으로 농축할 수 있다.
③ A용액을 가열 시 최고 20.2wt%로 농축할 수 있다.
④ B용액을 가열 시 80wt%까지 농축할 수 있다.

해설

$HCl-H_2O$: 20.2wt% HCl에서 공비점을 갖는다.
HNO_3-H_2O : 68wt% HNO_3에서 공비점을 갖는다.

76 석유 유분을 냉각하였을 때, 파라핀 왁스 등이 석출되기 시작하는 온도를 나타내는 용어는?

① Solidifying Point ② Cloud Point
③ Nodal Point ④ Aniline Point

해설

- Cloud Point(구름점) : 디젤연료에서 온도가 내려갈 때 파라핀이 석출되기 시작하는 온도
- Solidifying Point : 응고점
- Nodal Point(절점) : 교점, 광학계에서의 주요 점의 일종
- Aniline Point(아닐린점) : 시료와 아닐린의 동량 혼합물이 완전히 균일하게 용해되는 온도

77 아미드(Amide)를 이루는 핵심 결합은?

① $-NH-NH-CO-$ ② $-NH-CO-$
③ $-NH-N=CO$ ④ $-N=N-CO$

해설

아미드 결합 : $-CO-NH-$
※ 단백질에서는 펩티드 결합

78 페놀(Phenol)의 공업적 합성법이 아닌 것은?

① Cumene법 ② Raschig법
③ Dow법 ④ Esso법

해설

- Cumene법

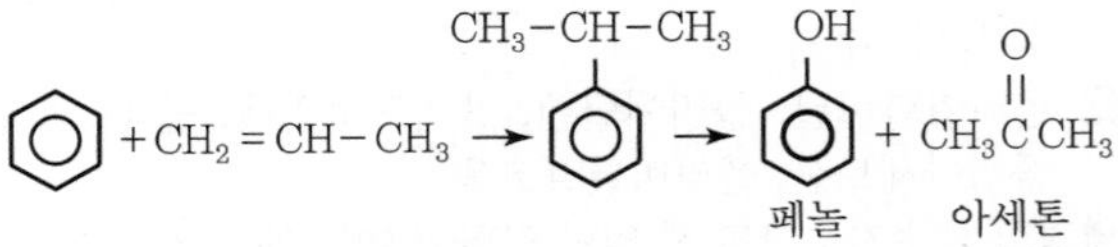

정답 74 ① 75 ① 76 ② 77 ② 78 ④

• Raschig법

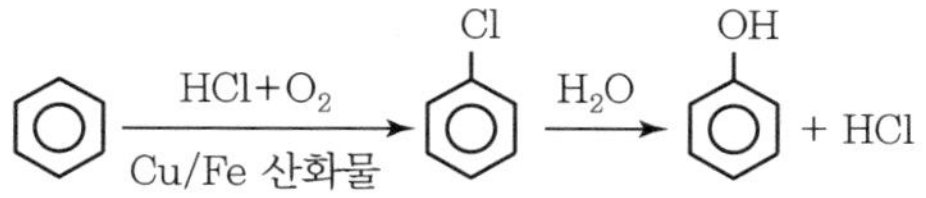

• Dow법

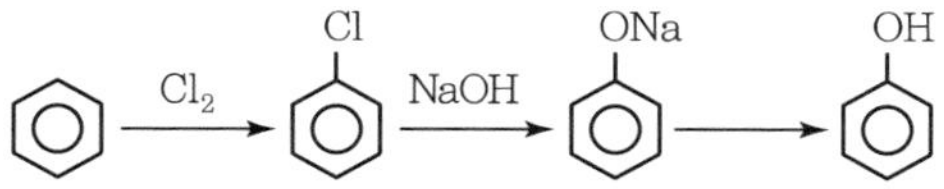

• 황산화법

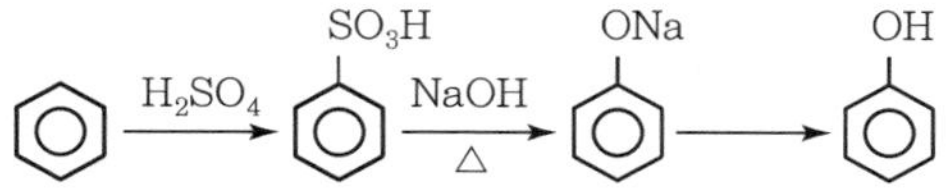

• 벤조산의 산화

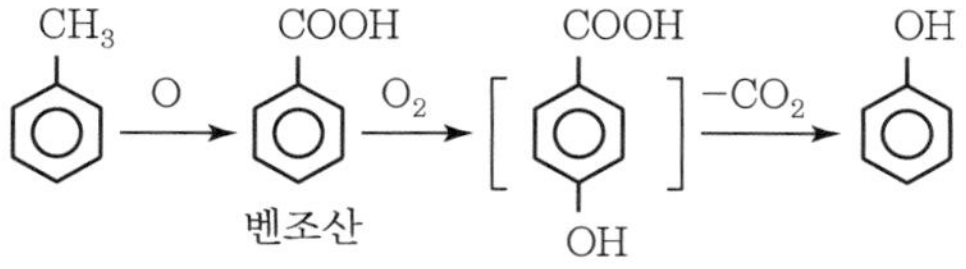

79 어떤 유지 2g 속에 들어 있는 유리지방산을 중화시키는 데 KOH가 200mg 사용되었다. 이 시료의 산가(Acid Value)는?

① 0.1 ② 1
③ 10 ④ 100

해설

산가
유지 1g을 중화하는 데 필요로 하는 KOH의 mg으로 나타낸다.

80 요소비료를 합성하는 데 필요한 CO_2의 원료로 석회석(탄산칼슘 함량 85wt%)을 사용하고자 한다. 요소비료 1ton을 합성하기 위해 필요한 석회석의 양(ton)은?(단, Ca의 원자량은 40g/mol이다.)

① 0.96 ② 1.96
③ 2.96 ④ 3.96

해설

$2NH_3 + CO_2 \longrightarrow NH_4CO_2NH_2 \longrightarrow NH_2CONH_2 + H_2O$
(요소)

44kg : 60kg
x : 1,000kg

$\therefore x = 733.33\text{kg}$

$CaCO_3 \longrightarrow CaO + CO_2$

100 : 44
$y \times 0.85$: 733.33

$\therefore y = 1{,}960.8\text{kg} = 1.96\text{ton}$

5과목 반응공학

81 부피가 2L인 액상혼합반응기로 농도가 0.1mol/L인 반응물이 1L/min 속도로 공급된다. 공급한 반응물의 출구농도가 0.01mol/L일 때, 반응물 기준 반응속도(mol/L · min)는?

① 0.045 ② 0.062
③ 0.082 ④ 0.100

해설

$$\tau = \frac{V}{v_o} = \frac{C_{Ao} - C_A}{-r_A}$$

$$\tau = \frac{V}{v_o} = \frac{2\text{L}}{1\text{L/min}} = 2\text{min}$$

$$2\text{min} = \frac{0.1\text{mol/L} - 0.01\text{mol/L}}{-r_A}$$

$$\therefore -r_A = 0.045\text{mol/L} \cdot \text{min}$$

82 일정한 온도로 조작되고 있는 순환비가 3인 순환 플러그흐름 반응기에서 1차 액체반응($A \rightarrow R$)이 40%까지 전화되었다. 만일 반응계의 순환류를 폐쇄시켰을 경우 변경되는 전화율(%)은?(단, 다른 조건은 그대로 유지한다.)

① 0.26 ② 0.36
③ 0.46 ④ 0.56

정답 79 ④ 80 ② 81 ① 82 ③

해설

$R=3,\ X_{Af}=0.4$

$$X_{Ai}=\frac{R}{R+1}X_{Af}$$

$$=\frac{3}{3+1}\times 0.4=0.3$$

$$\frac{V}{F_{A0}}=\frac{\tau}{C_{A0}}=(R+1)\int_{X_{Ai}}^{X_{Af}}\frac{dX_A}{-r_A}$$

$$=(R+1)\int_{X_{Ai}}^{X_{Af}}\frac{dX_A}{kC_A}$$

$$=(3+1)\int_{0.3}^{0.4}\frac{dX_A}{kC_{A0}(1-X_A)}$$

$$=\frac{4}{kC_{A0}}\left(-\ln\frac{1-0.4}{1-0.3}\right)$$

$$\therefore\ k\tau=4\left(-\ln\frac{0.6}{0.7}\right)=0.617$$

순환류 폐쇄 시

1차 PFR : $k\tau=-\ln(1-X_A)=0.617$

$\therefore\ X_A=0.46$

83 비가역반응($A+B\rightarrow AB$)의 반응속도식이 아래와 같을 때, 이 반응의 예상되는 메커니즘은?(단, $k_$는 역반응속도상수이고 *표시는 중간체를 의미한다.)

$$r_{AB}=k_1{C_B}^2$$

① $A+A\underset{k_{-1}}{\overset{k_1}{\rightleftarrows}}A^*,\ A^*+B\xrightarrow{k_2}A+AB$

② $A+A\underset{k_{-1}}{\overset{k_1}{\rightleftarrows}}A^*,\ A^*+B\underset{k_{-2}}{\overset{k_2}{\rightleftarrows}}A+AB$

③ $B+B\xrightarrow{k_1}B^*,\ A+B^*\underset{k_{-2}}{\overset{k_2}{\rightleftarrows}}AB+B$

④ $B+B\underset{k_{-1}}{\overset{k_1}{\rightleftarrows}}B^*,\ A+B^*\underset{k_{-2}}{\overset{k_2}{\rightleftarrows}}AB+B$

해설

$r_{AB}=k_1C_B^2$

$B+B\xrightarrow{k_1}B_2{}^*$

$A+B_2{}^*\underset{k_{-2}}{\overset{k_2}{\rightleftarrows}}AB+B$

84 다음 그림은 기초적 가역 반응에 대한 농도 시간 그래프이다. 그래프의 의미를 가장 잘 나타낸 것은?(단, 반응방향 위 숫자는 상대적 반응속도 비율을 의미한다.)

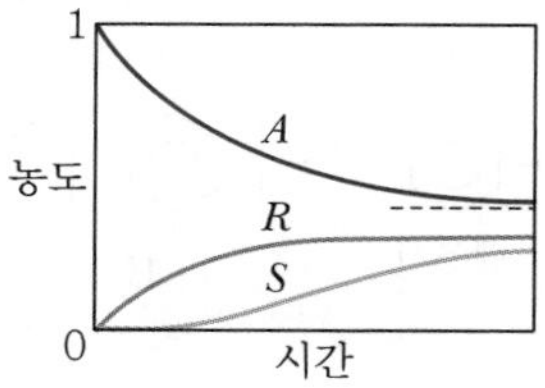

① $A\underset{1}{\overset{1}{\rightleftarrows}}R\underset{1}{\overset{1}{\rightleftarrows}}S$

② $A\underset{1}{\overset{1}{\rightleftarrows}}R\xrightarrow{1}S$

③ $A\underset{1}{\overset{1}{\rightleftarrows}}R,\ A\underset{1}{\overset{1}{\rightleftarrows}}S$

④ $A\underset{1}{\overset{1}{\rightleftarrows}}R,\ A\underset{10}{\overset{10}{\rightleftarrows}}S$

해설

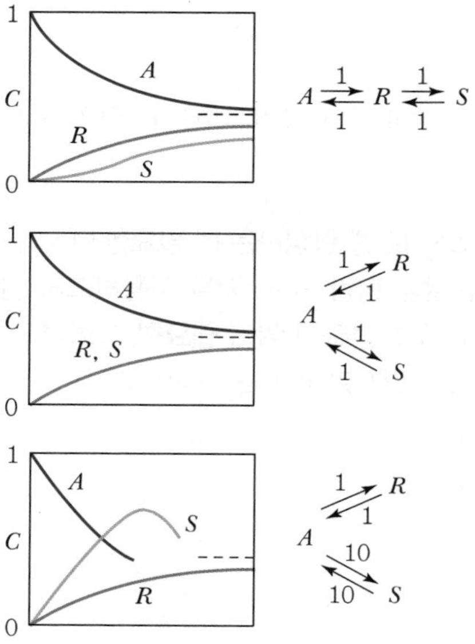

정답 83 ③ 84 ①

85 반응속도가 $0.005\,C_A^2\ \mathrm{mol/cm^3 \cdot min}$으로 주어진 어떤 반응의 속도상수(L/mol · h)는?

① 300　② 2.0×10^{-4}
③ 200　④ 3.0×10^{-4}

해설

$$K=0.005\left(\frac{\mathrm{mol}}{\mathrm{cm^3}}\right)^{-1}\left(\frac{1}{\mathrm{min}}\right)$$
$$=0.005\mathrm{cm^3/mol\cdot min}\times\frac{1\mathrm{L}}{1{,}000\mathrm{cm^3}}\times\frac{60\mathrm{min}}{1\mathrm{h}}$$
$$=3\times10^{-4}\mathrm{L/mol\cdot h}$$

86 Michaelis－Merten 반응($S\rightarrow P$, 효소반응)의 속도식은?(단, E_0는 효소, [ ]은 각 성분의 농도, k_m는 Michaelis－Menten 상수, $V_{\max}$는 효소 농도에 대한 최대 반응속도를 의미한다.)

① $r_R=\dfrac{V_{\max}[S]}{k_m+[S]}$

② $r_R=\dfrac{k_m[S]}{[E_0]+[S]}$

③ $r_R=\dfrac{k_m[S]}{V_{\max}[E_0]+[S]}$

④ $r_R=\dfrac{k[S][P]}{[E_0]-V_{\max}[S]}$

해설

$S\rightarrow R$: 효소반응

$$-r_S=r_R=\frac{K[S][E_o]}{k_m+[S]}$$

여기서, $V_{\max}=K[E_o]$

K_m : 미카엘리스 상수

$$\therefore r_R=\frac{V_{\max}[S]}{k_m+[S]}$$

87 평형전화율에 미치는 압력과 비활성 물질의 역할에 대한 설명으로 옳지 않은 것은?

① 평형상수는 반응속도론에 영향을 받지 않는다.
② 평형상수는 압력에 무관하다.
③ 평형상수가 1보다 많이 크면 비가역 반응이다.
④ 모든 반응에서 비활성 물질의 감소는 압력의 감소와 같다.

해설

- 평형상수 K는 온도만의 함수이다.
- 비활성 물질의 감소 → $C_A\uparrow\rightarrow X_A\downarrow$ →기상계에서 P(압력)↑

88 $(CH_3)_2O\rightarrow CH_4+CO+H_2$ 기상반응이 1atm, 550℃의 CSTR에서 진행될 때 $(CH_3)_2O$의 전화율이 20% 될 때의 공간시간(s)은?(단, 속도상수는 $4.50\times10^{-3}\mathrm{s^{-1}}$이다.)

① 87.78　② 77.78
③ 67.78　④ 57.78

해설

$$\varepsilon_A=y_{Ao}\delta=\frac{3-1}{1}=2$$
$$k\tau=\frac{X_A}{1-X_A}(1+\varepsilon_AX_A)$$
$$4.5\times10^{-3}(1/\mathrm{s})\times\tau=\frac{0.2}{1-0.2}(1+2\times0.2)$$
$$\therefore\ \tau=77.78\mathrm{s}$$

89 액상 순환반응($A\rightarrow P$, 1차)의 순환율이 ∞일 때 총괄전화율의 변화 경향으로 옳은 것은?

① 관형 흐름반응기의 전화율보다 크다.
② 완전혼합 흐름반응기의 전화율보다 크다.
③ 완전혼합 흐름반응기의 전화율과 같다.
④ 관형 흐름반응기의 전화율과 같다.

해설

순환반응기
- $R\rightarrow0$: PFR
- $R\rightarrow\infty$: CSTR

정답 85 ④ 86 ① 87 ④ 88 ② 89 ③

90 순수한 기체 반응물 A가 2L/s의 속도로 등온혼합 반응기에 유입되어 분해반응($A \to 3B$)이 일어나고 있다. 반응기의 부피는 1L이고 전화율은 50%이며, 반응기로부터 유출되는 반응물의 속도는 4L/s일 때, 반응물의 평균체류시간(s)은?

① 0.25초 ② 0.5초
③ 1초 ④ 2초

해설

$$\tau = \frac{V}{v_o} = \frac{1\text{L}}{2\text{L/s}} = 0.5\text{s}$$

$$\varepsilon_A = y_{Ao}\delta = 1 \cdot \frac{3-1}{1} = 2$$

$$\bar{t} = \frac{\tau}{1+\varepsilon_A X_A} = \frac{0.5}{1+2\times0.5} = 0.25\text{s}$$

[별해]

$$\bar{t} = \frac{V}{v_f} = \frac{1\text{L}}{4\text{L/s}} = 0.25\text{s}$$

91 공간시간이 5min으로 같은 혼합흐름 반응기(MFR)와 플러그흐름 반응기(PFR)를 그림과 같이 직렬로 연결시켜 반응물 A를 분해시킨다. A물질의 액상 분해반응 속도식이 아래와 같고 첫 번째 반응기로 들어가는 A의 농도가 1mol/L라면 반응 후 둘째 반응기에서 나가는 A물질의 농도(mol/L)는?

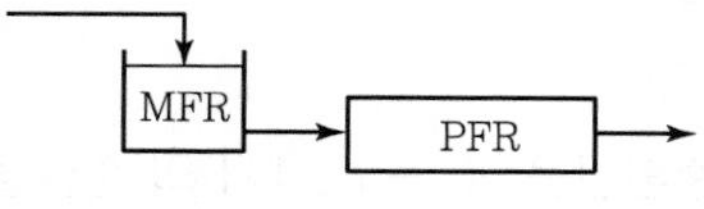

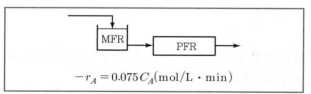

$$-r_A = 0.075C_A(\text{mol/L} \cdot \text{min})$$

① 0.25 ② 0.50
③ 0.75 ④ 0.80

해설

$$\frac{\tau}{C_{Ao}} = \frac{V_1}{F_{Ao}} = \frac{X_{A1}-X_{Ao}}{-r_A}$$

$$\frac{\tau}{1\text{mol/L}} = \frac{X_{A1}}{0.075\,C_{Ao}(1-X_{A1})}$$

$$5\text{min} = \frac{X_{A1}}{0.075(1-X_{A1})}$$

$\therefore X_{A1} = 0.27$

$C_{A1} = C_{Ao}(1-X_{A1})$

$\therefore C_{A1} = 1-0.27 = 0.73$

$$\tau = -\int_{C_{A1}}^{C_{Af}} \frac{dC_A}{-r_A} = -\int_{C_{A1}}^{C_{Af}} \frac{dC_A}{0.075\,C_A} = \frac{-1}{0.075}\ln\frac{C_{Af}}{C_{A1}}$$

$$0.075\times5\text{min} = -\ln\frac{C_{Af}}{0.73}$$

$\therefore C_{Af} = 0.5$

92 비가역 1차 반응($A \to P$)에서 A의 전화율(X_A)에 관한 식으로 옳은 것은?(단, C, F, N은 각각 농도, 유량, 몰수를, 하첨자 0($_0$)은 초기상태를 의미한다.)

① $X_A = 1 - \dfrac{F_{A0}}{F_A}$

② $X_A = \dfrac{C_{A0}}{C_A} - 1$

③ $N_A = N_{A0}(1-X_A)$

④ $dX_A = \dfrac{dC_A}{C_{A0}}$

해설

$N_A = N_{A0}(1-X_A)$

$C_A = C_{A0}(1-X_A)$

$dC_A = -C_{A0}dX_A$

$$dX_A = -\frac{dC_A}{C_{A0}}$$

$$X_A = 1 - \frac{C_A}{C_{A0}}$$

정답 90 ① 91 ② 92 ③

93 균일계 액상반응이 회분식 반응기에서 등온으로 진행되고, 반응물의 20%가 반응하여 없어지는 데 필요한 시간이 초기농도 0.2mol/L, 0.4mol/L, 0.8mol/L일 때 모두 25분이었다면, 이 반응의 차수는?

① 0차　② 1차
③ 2차　④ 3차

해설

- 초기농도에 무관하게 20%가 반응한 시간이 일정 → 1차 반응

$$-r_A = -\frac{dC_A}{dt} = kC_A$$

$$-\ln(1-X_A) = kt$$

- 반응속도가 물질의 농도에 무관 → 0차 반응

94 단일이상형 반응기(Single Ideal Reactor)에 해당하지 않는 것은?

① 플러그흐름반응기(Plug Flow Reactor)
② 회분식 반응기(Batch Reactor)
③ 매크로유체반응기(Macro Fluid Reactor)
④ 혼합흐름반응기(Mixed Flow Reactor)

해설

단일이상반응기
- 회분식 반응기
- 플러그흐름반응기
- 혼합흐름반응기

95 액상반응이 아래와 같이 병렬반응으로 진행될 때, R을 많이 얻고 S를 적게 얻기 위한 A와 B의 농도는?

$$A+B \xrightarrow{k_1} R,\ r_R = k_1 C_A {C_B}^{0.5}$$

$$A+B \xrightarrow{k_2} S,\ r_S = k_2 {C_A}^{0.5} C_B$$

① C_A는 크고, C_B도 커야 한다.
② C_A는 작고, C_B는 커야 한다.
③ C_A는 크고, C_B는 작아야 한다.
④ C_A는 작고, C_B도 작아야 한다.

해설

$$\text{선택도}(S) = \frac{dC_R}{dC_S} = \frac{k_1 C_A C_B^{0.5}}{k_2 C_A^{0.5} C_B} = \frac{k_1}{k_2} C_A^{0.5} C_B^{-0.5}$$

C_A는 크게, C_B는 작게 한다.

96 $A \rightarrow R$인 액상반응의 속도식이 아래와 같을 때, 이 반응을 순환비가 2인 순환반응기에서 A의 출구농도가 0.5mol/L가 되도록 운영하기 위한 순환반응기의 공간시간(τ ; h)은?(단, A는 1mol/L로 공급된다.)

$$-r_A = 0.1C_A(\text{mol/L}\cdot\text{h})$$

① 3.5　② 8.6
③ 18.5　④ 133.5

해설

$$\tau = \frac{C_{Ao}V}{F_{Ao}} = -(R+1)\int_{C_{Ai}}^{C_{Af}} \frac{dC_A}{-r_A}$$

$$C_{Ai} = \frac{C_{Ao}+RC_{Af}}{R+1} = \frac{1+2\times 0.5}{2+1} = \frac{2}{3}$$

$$\therefore\ \tau = -(2+1)\int_{\frac{2}{3}}^{0.5} \frac{dC_A}{0.1C_A} = -30\ln\frac{0.5}{2/3} = 8.63\text{h}$$

97 밀도 변화가 없는 균일계 비가역 0차 반응($A \rightarrow R$)이 어떤 혼합반응기에서 전화율 90%로 진행될 때, A의 공급속도를 2배로 증가시켰을 때의 결과로 옳은 것은?

① R의 생산량은 변함이 없다.
② R의 생산량이 2배로 증가한다.
③ R의 생산량이 1/2로 감소한다.
④ R의 생산량이 50% 증가한다.

정답 93 ② 94 ③ 95 ③ 96 ② 97 ①

해설

$$k\tau = C_{Ao}X_A = k\frac{C_{Ao}V}{F_{Ao}}$$

$$-r_A = kC_A^o = k$$

98 A와 B의 기상 등온반응이 아래와 같이 병렬반응일 경우 D에 대한 선택도를 향상시킬 수 있는 조건이 아닌 것은?

$$A+B \rightarrow D \qquad r_D = k_1 C_A{}^2 C_B{}^3$$
$$A+B \rightarrow U \qquad r_U = k_2 C_A C_B$$

① 관형 반응기 사용
② 회분 반응기 사용
③ 반응물의 고농도 유지
④ 반응기의 낮은 반응압력 유지

해설

$$S = \frac{r_D}{r_U} = \frac{k_1 C_A^2 C_B^3}{k_2 C_A C_B} = \frac{k_1}{k_2} C_A C_B^2$$

C_A, C_B 모두 크게 한다.

선택도 향상 조건
- Batch, PFR 사용
- X_A를 낮게 유지
- 공급물에 불활성 물질 제거
- 기상계에서 압력 증가

99 플러그흐름 반응기에서 순수한 A가 공급되어 아래와 같은 비가역 병렬 액상반응이 A의 전화율 90%로 진행된다. A의 초기농도가 10mol/L일 경우 반응기를 나오는 R의 농도(mol/L)는?

$$A \rightarrow R \qquad dC_R/dt = 100C_A$$
$$A \rightarrow S \qquad dC_S/dt = 100C_A{}^2$$

① 0.19　② 1.7
③ 1.9　④ 5.0

해설

$$\phi\left(\frac{R}{A}\right) = \frac{100C_A}{100C_A + 100C_A^2} = \frac{1}{1+C_A}$$

$$C_A = C_{A0}(1-X_A)$$
$$= 10\text{mol/L}(1-0.9)$$
$$= 1\text{mol/L}$$

$$C_R = -\int_{C_{Ao}}^{C_A} \frac{1}{1+C_A} dC_A = -\ln(1+C_A)|_{10}^{1}$$
$$= -\ln\frac{(1+1)}{(1+10)} = 1.7\text{mol/L}$$

100 회분식 반응기에서 A의 분해반응을 50℃ 등온으로 진행시켜 얻는 데이터가 아래와 같을 때, 이 반응의 반응속도식은?(단, C_A는 A물질의 농도, t는 반응시간을 의미한다.)

C_A(mol/L)	$C_A - t$ 기울기(mol/L · min)
1.0	−0.50
2.0	−2.00
3.0	−4.50
4.0	−8.00

① $-\frac{dC_A}{dt} = 0.5C_A{}^2$　② $-\frac{dC_A}{dt} = 0.5C_A$
③ $-\frac{dC_A}{dt} = 2.0C_A{}^2$　④ $-\frac{dC_A}{dt} = 8.0C_A{}^2$

해설

$$-r_A = -\frac{dC_A}{dt} = kC_A^n$$

$C_A = 1\text{mol/L}$　$k = 0.5$
2mol/L　$k(2)^n = 2$
　$0.5 \times 2^n = 2$　$\therefore n = 2$
3mol/L　$k(3)^n = 4.5$
　$0.5 \times 3^n = 4.5$　$\therefore n = 2$
4mol/L　$k(4)^n = 8.0$
　$0.5 \times 4^n = 8$　$\therefore n = 2$

$$\therefore -r_A = -\frac{dC_A}{dt} = kC_A{}^n = 0.5C_A{}^2$$

정답 98 ④ 99 ② 100 ①

2021년 제3회 기출문제

1과목 화공열역학

01 닫힌계에서 엔탈피에 대한 설명 중 잘못된 것은?(단, H는 엔탈피, U는 내부에너지, P는 압력, T는 온도, V는 부피이다.)

① $H = U + PV$로 정의된다.
② 경로에 무관한 특성치이다.
③ 정적과정에서는 엔탈피의 변화로 열량을 나타낸다.
④ 압력이 일정할 때에는 $dH = C_P dT$로 표현된다.

해설

정적과정에서는 내부에너지의 변화로 열량을 나타낸다.
- 상태함수 : 경로에 상관없이 시작점과 끝점에 의해서만 영향을 받는 함수
  예 $U,\ H,\ S,\ G$
- 경로함수 : 경로에 따라 영향을 받는 함수
  예 $Q,\ W$

02 27℃, 1atm의 질소 14g을 일정 체적에서 압력이 2배가 되도록 가역적으로 가열하였을 때 엔트로피 변화(ΔS ; cal/K)는?(단, 질소를 이상기체라 가정하고 C_P는 7cal/mol · K이다.)

① 1.74 ② 3.48
③ −1.74 ④ −3.48

해설

$$14\text{g}\,N_2 \times \frac{1\text{mol}\ N_2}{28\text{g}\ N_2} = 0.5\text{mol}\ N_2$$

$$\frac{P_1}{T_1} = \frac{P_2}{T_2}\ \text{(일정 체적)}$$

$$\frac{1}{(273+27)} = \frac{2}{T_2}$$

$$\therefore\ T_2 = 600\text{K}$$

$$\Delta S = nC_P \ln\frac{T_2}{T_1} - nR\ln\frac{P_2}{P_1}$$

$$= (0.5\text{mol})(7\text{cal/mol}\cdot\text{K})\ln\frac{600}{300}$$

$$-(0.5\text{mol})(1.987\text{cal/mol}\cdot\text{K})\ln\frac{2}{1}$$

$$= 1.74\text{cal/K}$$

03 100atm, 40℃의 기체가 조름공정으로 1atm까지 급격하게 팽창하였을 때, 이 기체의 온도(K)는?(단, Joule−Thomson Coefficient(μ ; K/atm)는 다음 식으로 표시된다고 한다.)

$$\mu = -0.0011P[\text{atm}] + 0.245$$

① 426 ② 331
③ 294 ④ 250

해설

$$\mu = \left(\frac{\partial T}{\partial P}\right)_H$$

$$100\text{atm}\ 40℃\ \text{기체} \xrightarrow{\text{조름공정}} 1\text{atm}\ \ T_2$$

$$\mu(100\text{atm}) = -0.0011 \times 100 + 0.245 = 0.135$$

$$\mu(1\text{atm}) = -0.0011 \times 1 + 0.245 = 0.244$$

$$\bar{\mu} = \frac{0.135 + 0.244}{2} = 0.1895$$

$$0.1895 = \frac{313 - T_2}{100 - 1}$$

$$\therefore\ T_2 = 294\text{K}$$

정답 01 ③ 02 ① 03 ③

04 압축 또는 팽창에 대해 가장 올바르게 표현한 내용은?(단, 하첨자 S는 등엔트로피를 의미한다.)

① 압축기의 효율은 $\eta = \dfrac{(\Delta H)_S}{\Delta H}$로 나타낸다.

② 노즐에서 에너지수지식은 $W_S = -\Delta H$이다.

③ 터빈에서 에너지수지식은 $W_S = -\int u du$이다.

④ 조름공정에서 에너지수지식은 $dH = -udu$이다.

해설

$$\Delta H + \frac{\Delta u^2}{2} + g\Delta z = Q + W_S$$

- 노즐에서의 에너지수지식
  $\Delta H + \dfrac{\Delta u^2}{2} = 0$
  $dH = -udu$
- 터빈에서 에너지수지식
  $W_S = \Delta H$
- 조름공정
  $\Delta H = 0$

05 엔트로피에 관한 설명 중 틀린 것은?

① 엔트로피는 혼돈도(Randomness)를 나타내는 함수이다.

② 융점에서 고체가 액화될 때의 엔트로피 변화는 $\Delta S = \dfrac{\Delta H_m}{T_m}$로 표시할 수 있다.

③ $T = 0\text{K}$에서의 엔트로피는 1이다.

④ 엔트로피 감소는 질서도(Orderliness)의 증가를 의미한다.

해설

열역학 제3법칙

$\lim_{T \to 0} \Delta S = 0$ ← Nernst 식

절대엔트로피는 절대온도 0K에 있는 모든 완전한 결정형 물질에 대하여 0이라고 가정한다.

06 과잉깁스에너지 모델 중에서 국부조성(Local Composition) 개념에 기초한 모델이 아닌 것은?

① 윌슨(Wilson) 모델

② 반라르(Van Laar) 모델

③ NRTL(Non-Random-Two-Liquid) 모델

④ UNIQUAC(UNIversal QUAsi-Chemical) 모델

해설

국부조성모델
- Wilson 식
- NRTL
- UNIQUAC
- UNIFAC

07 두 절대온도 T_1, $T_2(T_1 < T_2)$ 사이에서 운전하는 엔진의 효율에 관한 설명 중 틀린 것은?

① 가역과정인 경우 열효율이 최대가 된다.

② 가역과정인 경우 열효율은 $(T_2 - T_1)/T_2$이다.

③ 비가역과정인 경우 열효율은 $(T_2 - T_1)/T_2$보다 크다.

④ T_1이 0K인 경우 열효율은 100%가 된다.

해설

비가역과정의 열효율은 가역과정인 경우보다 작다.

08 평형상수에 대한 편도함수가 $\left(\dfrac{\partial \ln K}{\partial T}\right)_P > 0$으로 표시되는 화학반응에 대한 설명으로 옳은 것은?

① 흡열반응이며, 온도 상승에 따라 K값은 커진다.

② 발열반응이며, 온도 상승에 따라 K값은 커진다.

③ 흡열반응이며, 온도 상승에 따라 K값은 작아진다.

④ 발열반응이며, 온도 상승에 따라 K값은 작아진다.

해설

평형상수 K에 대한 온도의 영향은 $\Delta H°$의 부호에 따라 결정된다.
- $\Delta H° > 0$: 흡열반응이면 온도가 증가할 때 K가 증가한다.
- $\Delta H° < 0$: 발열반응이면 온도가 감소하고 K는 감소한다.

정답 04 ① 05 ③ 06 ② 07 ③ 08 ①

09 과잉깁스에너지(G^E)가 아래와 같이 표시된다면 활동도 계수(γ)에 대한 표현으로 옳은 것은?(단, R은 이상기체상수, T는 온도, B, C는 상수, x는 액상 몰분율, 하첨자는 성분 1과 2에 대한 값임을 의미한다.)

$$\frac{G^E}{RT}=Bx_1x_2+C$$

① $\ln\gamma_1 = Bx_1^{\ 2}$ ② $\ln\gamma_1 = Bx_2^{\ 2}$

③ $\ln\gamma_1 = Bx_1^{\ 2}+C$ ④ $\ln\gamma_1 = Bx_2^{\ 2}+C$

해설

$\ln\gamma_1 = Bx_2^{\ 2}+C$

$\ln\gamma_2 = Bx_1^{\ 2}+C$

10 세기성질(Intensive Property)이 아닌 것은?

① 일(Work)

② 비용적(Specific Volume)

③ 몰열용량(Molar Heat Capacity)

④ 몰내부에너지(Molar Internal Energy)

해설

- 세기성질(시강변수) : 물질의 양에 관계가 없는 성질
  예 T, P, d, $\overline{V}$, $\overline{U}$, $\overline{H}$, $\overline{G}$
- 크기성질(시량변수) : 물질의 양에 관계되는 성질
  예 n, m, V, U, H, G
- $\dfrac{\text{크기성질}}{\text{다른 크기성질}}$ = 세기성질
  예 $\dfrac{m}{V}=d$(밀도)

11 액체로부터 증기로 바뀌는 정압 경로를 밟는 순수한 물질에 대한 깁스자유에너지(G)와 절대온도(T)의 그래프를 옳게 표시한 것은?

①
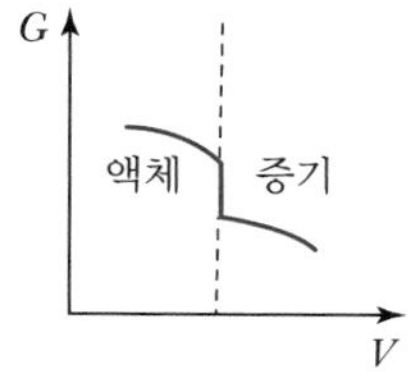

②
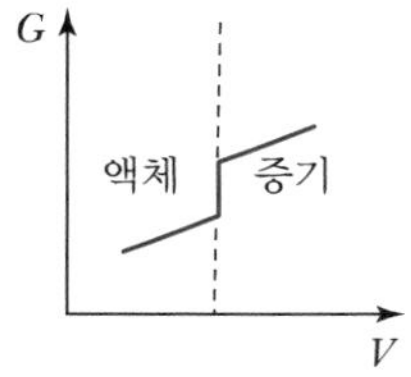

③
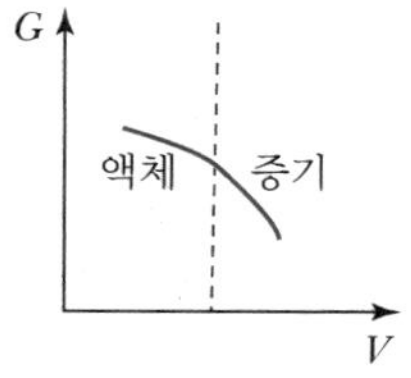

④
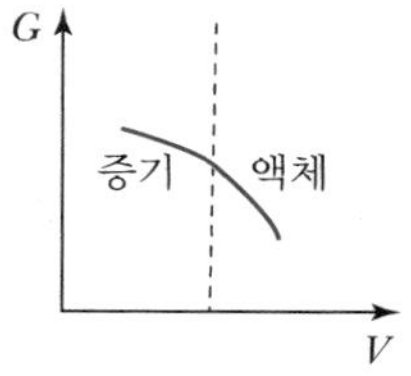

해설

$G_i^l = G_i^V$

$dG=-SdT+VdP$

일정압력에서 $-\dfrac{dG}{dT}=S$

증기의 S > 액체의 S

증기의 G < 액체의 G

12 어떤 실제기체의 실제상태에서 가지는 열역학적 특성치와 이상상태에서 가지는 열역학적 특성치의 차이를 나타내는 용어는?

① 부분성질(Partial Property)

② 과잉성질(Excess Property)

③ 시강성질(Intensive Property)

④ 잔류성질(Residual Property)

해설

① 부분성질 : 일정한 T와 P에서 일정량의 용액에 미분량의 성분 i를 첨가할 때 용액의 총성질 nM이 보이는 변화를 나타내는 응답함수

$$\overline{M_i}=\left[\frac{\partial(nM)}{\partial n_i}\right]_{P,T,n}$$

② 과잉성질

$M^E = M - M^{id}$

=실제 물성값－이상용액 물성값

여기서, M : 열역학적 변수(예 V, U, H, S, G)의 단위몰(단위질량)당 값

③ 시강성질(세기성질)

물질의 양에 관계가 없는 성질

예 T, P, d, $\overline{V}$, $\overline{U}$, $\overline{H}$, $\overline{G}$

④ 잔류성질

$M^R = M - M^{ig}$

=실제 물성값－이상기체 물성값

정답 09 ④ 10 ① 11 ③ 12 ④

13 240kPa에서 어떤 액체의 상태량이 V_f는 0.00177 m³/kg, V_g는 0.105m³/kg, H_f는 181kJ/kg, H_g는 496 kJ/kg일 때, 이 압력에서의 U_{fg}(kJ/kg)는?(단, V는 비체적, U는 내부에너지, H는 엔탈피, 하첨자 f는 포화액, g는 건포화증기를 나타내고, U_{fg}는 $U_g - U_f$를 의미한다.)

① 24.8 ② 290.2
③ 315.0 ④ 339.8

해설

$$U_{fg} = H_{fg} - (PV)_{fg}$$
$$= (469 - 181)\text{kJ/kg} - 240\text{kPa}(0.105 - 0.00177)\text{m}^3/\text{kg}$$
$$= 290.2\text{kJ/kg}$$

14 역카르노 사이클에 대한 그래프이다. 이 사이클의 성능계수를 표시한 것으로 옳은 것은?(단, T_1에서 열이 방출되고 T_2에서 열이 흡수된다.)

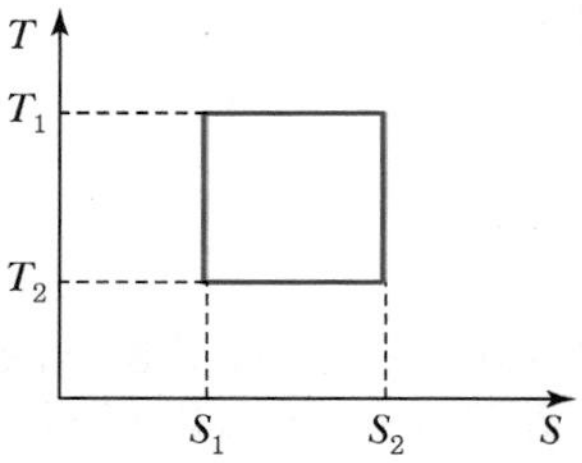

① $\dfrac{T_2}{T_1 - T_2}$ ② $\dfrac{T_1}{T_2 - T_1}$

③ $\dfrac{T_2 - T_1}{T_1}$ ④ $\dfrac{T_1 - T_2}{T_1}$

해설

성능계수

$$COP = \frac{T_2}{T_1 - T_2} = \frac{Q_2}{W}$$
$$= \frac{Q_2}{Q_1 - Q_2}$$

15 액상반응의 평형상수(K)를 옳게 나타낸 것은?(단, P는 압력, v_i는 성분 i의 양론수(Stoichiometric Number), R은 이상기체상수, T는 온도, x_i는 성분 i의 액상 몰분율, y_i는 성분 i의 기상 몰분율, $f_i°$는 표준상태에서의 순수한 액체 i의 퓨가시티, $\hat{f}_i$는 용액 중 성분 i의 퓨가시티이다.)

① $K = P^{-\nu_i}$ ② $K = RT\ln x_i$

③ $K = \prod_i y_i^{\nu_i}$ ④ $K = \prod_i \left(\dfrac{\hat{f}_i}{f_i°}\right)^{\nu_i}$

해설

- 기상반응

$$f_i° = P°,\ \hat{\phi}_i = \frac{\hat{f}_i}{y_i P}$$
$$\hat{f}_i = \hat{\phi}_i y_i P$$
$$\prod_i (y_i\hat{\phi}_i)^{\nu_i} = \left(\frac{P}{P°}\right)^{\nu} K = P^{-\nu}K \quad (P° = \text{표준압력 1bar})$$

평형혼합물이 이상기체이면 $\hat{\phi}_i = 1,\ \prod_i (y_i)^{\nu_i} = \left(\dfrac{P}{P°}\right)^{-\nu} K$

- 액상반응

$$\gamma_i = \frac{\hat{f}_i}{x_i f_i}$$
$$\hat{f}_i = \gamma_i x_i f_i,\ \hat{a}_i = \frac{\hat{f}_i}{f_i°}$$
$$K = \prod_i \left(\frac{\hat{f}_i}{f_i°}\right)^{\nu_i} = \prod (\hat{a}_i)^{\nu_i} = \prod_i (\gamma_i x_i)^{\nu_i}$$

평형혼합물이 이상용액이면 $\gamma_i = 1$

$K = \prod_i (x_i)^{\nu_i}$ ← 질량작용의 법칙

16 실제기체가 이상기체 상태에 가장 가까울 때의 압력, 온도 조건은?

① 고압 저온 ② 고압 고온
③ 저압 저온 ④ 저압 고온

해설

실제기체가 이상기체에 가까워질 조건
고온, 저압

정답 13 ② 14 ① 15 ④ 16 ④

17 열역학적 성질에 대한 설명 중 옳지 않은 것은?

① 순수한 물질의 임계점보다 높은 온도와 압력에서는 한 개의 상을 이루게 된다.
② 동일한 이심인자를 갖는 모든 유체는 같은 온도, 같은 압력에서 거의 동일한 Z값을 가진다.
③ 비리얼(Virial) 상태방정식의 순수한 물질에 대한 비리얼 계수는 온도만의 함수이다.
④ 반데르발스(Van der Waals) 상태방정식은 기액평형 상태에서 임계점을 제외하고 3개의 부피 해를 가진다.

해설

- 이심인자
  모든 유체들은 같은 환산온도와 환산압력에서 대체로 거의 같은 압축인자를 가지며, 이상기체 거동에서 벗어나는 정도도 거의 비슷하다.
  $\omega = -1.0 - \log(P_r^{sat})_{T_r=0.7}$
- Van der Waals 상태방정식
  $\left(P+\frac{a}{V^2}\right)(V-b)=RT$
  3차 상태방정식이다.
- 비리얼 식
  $Z=\frac{PV}{RT}=1+\frac{B}{V}+\frac{C}{V^2}+\cdots$

18 1atm, 90℃, 2성분계(벤젠-톨루엔) 기액평형에서 액상 벤젠의 조성은?(단, 벤젠, 톨루엔의 포화증기압은 각각 1.34, 0.53atm이다.)

① 1.34 ② 0.58
③ 0.53 ④ 0.42

해설

$P=P_A x_A + P_B x_B$
$1=1.34x_A+0.53(1-x_A)$
$\therefore\ x_A=0.58$

19 1,540°F와 440°F 사이에서 작동하고 있는 카르노 사이클 열기관(Carnot Cycle Heat Engine)의 효율은?

① 29% ② 35%
③ 45% ④ 55%

해설

$$\eta=\frac{T_1-T_2}{T_1}=\frac{Q_1-Q_2}{Q_1}$$
$$=\frac{(1{,}540+460)-(440+460)}{(1{,}540+460)}\times 100$$
$$=55\%$$

20 이상기체와 관계가 없는 것은?(단, Z는 압축인자이다.)

① $Z=1$이다.
② 내부에너지는 온도만의 함수이다.
③ $PV=RT$가 성립한다.
④ 엔탈피는 압력과 온도의 함수이다.

해설

이상기체의 내부에너지와 엔탈피는 온도만의 함수이다.

2과목 단위조작 및 화학공업양론

21 반데르발스(Van der Waals) 상태방정식의 상수 a, b와 임계온도(T_c) 및 임계압력(P_c)과의 관계를 잘못 표현한 것은?(단, R은 기체상수이다.)

① $P_c=\frac{a}{27b^2}$ ② $T_c=\frac{8a}{27Rb}$
③ $a=27R^2T_c$ ④ $b=\frac{RT_c}{8P_c}$

정답 17 ② 18 ② 19 ④ 20 ④ 21 ③

해설

$$P=\frac{RT}{V-b}-\frac{a^2}{V^2}$$

$$\left(\frac{\partial P}{\partial V}\right)_{T_c}=0 \qquad \left(\frac{\partial^2 P}{\partial V^2}\right)_{T_c}=0$$

$$a=3P_cV_c^2=\frac{27}{64}\frac{R^2T_c^2}{P_c}$$

$$b=\frac{1}{3}V_c=\frac{1}{8}\frac{RT_c}{P_c}$$

$$a=3P_cV_c^2\text{에서 } P_c=\frac{a}{3V_c^2}=\frac{a}{3(3b)^2}=\frac{a}{27b^2}$$

$$a=\frac{27}{64}\frac{R^2T_c^2}{P_c}\text{에서 } T_c^2=\frac{64aP_c}{27R^2}=\frac{64a^2}{27^2R^2b^2}$$

$$\therefore\ T_c=\frac{8a}{27Rb}$$

22 동일한 압력에서 어떤 물질의 온도가 Dew Point보다 높은 상태를 나타내는 것은?

① 포화 ② 과열
③ 과냉각 ④ 임계

해설

Dew Point(이슬점, 노점)
대기 속의 수증기가 포화되어 그 수증기의 일부가 물로 응결할 때의 온도

23 20L/min의 물이 그림과 같은 원관에 흐를 때 ⓐ지점에서 요구되는 압력(kPa)은?(단, 마찰손실은 무시하며, D는 관의 내경, P는 압력, h는 높이를 의미한다.)

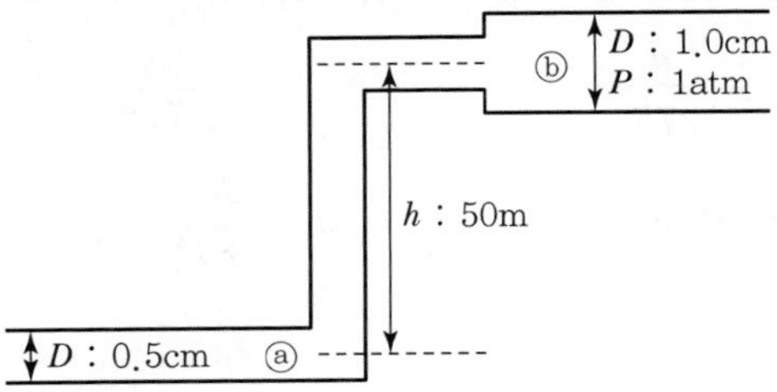

① 45 ② 202
③ 456 ④ 742

해설

$$\frac{20\text{L}}{\text{min}}\times\frac{1\text{min}}{60\text{s}}\times\frac{1\text{m}^3}{1{,}000\text{L}}=3.33\times10^{-3}\text{m}^3/\text{s}$$

$$u_1=\frac{Q}{A}=\frac{3.33\times10^{-4}\text{m}^2/\text{s}}{\frac{\pi}{4}\times0.005^2\text{m}^2}=17\text{m/s}$$

$$u_1D_1^2=u_2D_2^2$$

$$17\times0.5^2=u_2\times1^2$$

$$\therefore\ u_2=4.25\text{m/s}$$

$$\frac{u_2^2-u_1^2}{2}+g(z_2-z_1)+\frac{P_2-P_1}{\rho}=0$$

$$\frac{P_2-P_1}{\rho}=\frac{u_1^2-u_2^2}{2}+g(z_1-z_2)$$

$$=\frac{17^2-4.25^2}{2}-9.8\times50$$

$$=-354.53\text{J/kg}$$

$$\frac{P_1-101.3\times1{,}000\text{Pa}}{1{,}000}=354.53\text{J/kg}$$

$$\therefore\ P_1=455{,}830\text{Pa}=455.83\text{kPa}$$

24 20wt% 메탄올 수용액에 10wt% 메탄올 수용액을 섞어 17wt% 메탄올 수용액을 만들었다. 이때 20wt% 메탄올 수용액에 대한 17wt% 메탄올 수용액의 질량비는?

① 1.43 ② 2.72
③ 3.85 ④ 4.86

해설

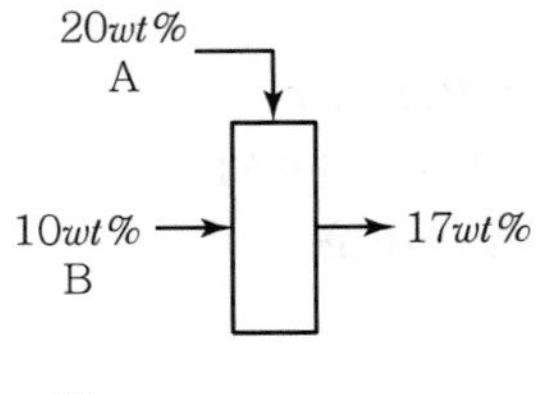

$$0.2A+0.1B=0.17(A+B)$$

$$0.03A=0.07B$$

$$\therefore\ B=\frac{3}{7}A$$

$$17\%\ \text{메탄올 수용액}=A+B$$

$$=A+\frac{3}{7}A=\frac{10}{7}A$$

$$\frac{17\text{wt\% 메탄올 수용액}}{30\text{wt\% 메탄올 수용액}}=\frac{\frac{10}{7}A}{A}=1.43$$

정답 22 ② 23 ③ 24 ①

25 그림과 같은 공정에서 물질수지도를 작성하기 위해 측정해야 할 최소한의 변수는?(단, A, B, C는 성분을 나타내고 F와 P는 3성분계, W흐름은 2성분계이다.)

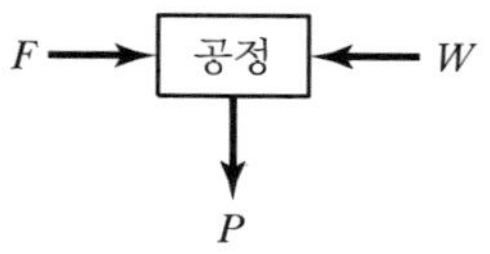

흐름양	몰분율		
	성분A	성분B	성분C
F	$x_{F,A}$	$x_{F,B}$	$x_{F,C}$
W	$x_{W,A}$	$x_{W,B}$	–
P	$x_{P,A}$	$x_{P,B}$	$x_{P,C}$

① 3 ② 4
③ 5 ④ 6

해설

$F+W=P$
$Fx_{FA}+Wx_{WA}=Px_{PA}$
$Fx_{FB}+Wx_{WB}=Px_{PB}$
$Fx_{FC}=Px_{PC}$
$x_A+x_B+x_C=1$

26 몰증발잠열을 구할 수 있는 방법 중 2가지 물질의 증기압을 동일 온도에서 비교하여 대수좌표에 나타낸 것은?

① Cox 선도 ② Dühring 도표
③ Othmer 도표 ④ Watson 도표

해설

- Cox 선도
  액체의 증기압과 온도와의 관계를 직선상으로 나타내는 선도
- Dühring 도표
  일정농도에서 용액의 비점과 용매의 비점을 Plot하면 동일 직선이 된다.
- Othmer 도표
  몰증발잠열을 구할 수 있는 방법으로 2가지 물질의 증기압을 동일 온도에서 비교하여 대수좌표에 나타낸 것
- Watson 식

$$\frac{\Delta H_2}{\Delta H_1}=\left(\frac{1-T_{r2}}{1-T_{r1}}\right)^{0.38}$$

27 석유제품에서 많이 사용되는 비중단위로 많은 석유제품이 10~70° 범위에 들도록 설계된 것은?

① Baumé ② API
③ Twaddell도 ④ 표준비중

해설

㉠ Baumé 비중도(°Bé)
- $\rho<1$: $°Bé=\frac{140}{sp.gr}-130$
- $\rho>1$: $°Bé=145-\frac{145}{sp.gr}$

㉡ API도(American Petroleum Institute)

$$API도=\frac{141.5}{sp.gr(60°F/60°F)}-131.5$$

석유제품의 비중단위로 사용한다.

28 어떤 기체혼합물의 성분 분석 결과가 아래와 같을 때, 기체의 평균 분자량은?

> CH_4 80mol%, C_2H_6 12mol%, N_2 8mol%

① 18.6 ② 17.4
③ 7.4 ④ 6.0

해설

$M_{av}=16\times0.8+30\times0.12+28\times0.08$
$=18.64$

29 표준대기압에서 압력게이지로 압력을 측정하였을 때 20psi였다면 절대압(psi)은?

① 14.7 ② 34.7
③ 55.7 ④ 65.7

해설

$P=P_{atm}+P_g$
$=14.7psi+20psi$
$=34.7psi$

정답 25 ③ 26 ③ 27 ② 28 ① 29 ②

30 Methyl Acetate가 다음 반응식과 같이 고압촉매 반응에 의하여 합성될 때, 이 반응의 표준반응열(kcal/mol)은?(단, 표준연소열은 $CO(g)$가 -67.6kcal/mol, $CH_3COOCH_3(g)$는 -397.5kcal/mol, $CH_3OCH_3(g)$는 -348.8kcal/mol이다.)

$CH_3OCH_3(g) + CO(g) \rightarrow CH_3COOCH_3(g)$

① 814 ② 28.9
③ −614 ④ −18.9

해설

$$\Delta H = (\Sigma \Delta H_c)_R - (\Sigma \Delta H_c)_P$$
$$= (-348.8 - 67.6) - (-397.5)$$
$$= -18.9\text{kcal/mol}$$

31 분쇄에 대한 설명으로 틀린 것은?

① 최종 입자의 크기가 중요하다.
② 최초 입자의 크기는 무관하다.
③ 파쇄물질의 종류도 분쇄동력의 계산에 관계된다.
④ 파쇄기 소요일량은 분쇄되어 생성되는 표면적에 비례한다.

해설

분쇄

고체를 기계적으로 잘게 부수는 조작

Lewis식 : $\dfrac{dW}{dD_p} = -kD_p^{-n}$

여기서, D_p : 분쇄 원료의 대표직경(m)

W : 분쇄에 필요한 일($kg_f \cdot m/kg$)

• Rittinger의 법칙($n=2$)

$$W = k_R'\left(\frac{1}{D_{p2}} - \frac{1}{D_{p1}}\right) = k_R(s_2 - s_1)$$

• Kick의 법칙($n=1$)

$$W = k_K \ln \frac{D_{p1}}{D_{p2}}$$

• Bond의 법칙($n = \frac{3}{2}$)

$$W = 2k_B\left(\frac{1}{\sqrt{D_{p2}}} - \frac{1}{\sqrt{D_{p1}}}\right)$$
$$= \frac{k_B}{5}\frac{\sqrt{100}}{\sqrt{D_{p2}}}\left(1 - \frac{\sqrt{D_{p2}}}{\sqrt{D_{p1}}}\right)$$

여기서, 일지수 $W_i = \dfrac{k_B}{5}$

32 벽의 두께가 100mm인 물질의 양 표면의 온도가 각각 $t_1 = 300$℃, $t_2 = 30$℃일 때, 이 벽을 통한 열손실(Flux ; kcal/m² · h)은?(단, 벽의 평균 열전도도는 0.02kcal/m · h · ℃이다.)

① 29 ② 54
③ 81 ④ 108

해설

$$q = kA\frac{\Delta t}{l} \rightarrow \frac{q}{A} = k\frac{\Delta t}{l}$$

$$\therefore \frac{q}{A} = (0.02\text{kcal/m} \cdot \text{h} \cdot ℃)\frac{(300-30)℃}{0.1\text{m}}$$
$$= 54.2\text{kcal/m}^2 \cdot \text{h}$$

33 추제(Solvent)의 성질 중 틀린 것은?

① 선택도가 클 것 ② 회수가 용이할 것
③ 화학결합력이 클 것 ④ 가격이 저렴할 것

해설

추제

• 선택도가 커야 한다.

$$\beta = \frac{y_A/y_B}{x_A/x_B} = \frac{y_A/x_A}{y_B/x_B} = \frac{k_A}{k_B}$$

• 회수가 용이해야 한다.
• 값이 싸고 화학적으로 안정해야 한다.
• 비점 및 응고점이 낮으며 부식성과 유동성이 작고 추질과의 비중차가 클수록 좋다.

정답 30 ④ 31 ② 32 ② 33 ③

34 다음 무차원군 중 밀도와 관계없는 것은?

① 그라스호프(Grashof) 수
② 레이놀즈(Reynolds) 수
③ 슈미트(Schmidt) 수
④ 너셀(Nusselt) 수

해설

- $N_{Gr} = \dfrac{gD^3\rho^2\beta\Delta t}{\mu^2} = \dfrac{\text{부력}}{\text{점성력}}$
- $N_{Re} = \dfrac{Du\rho}{\mu} = \dfrac{\text{관성력}}{\text{점성력}}$
- $N_{Sc} = \dfrac{\mu}{\rho D_{AB}}$: 열전달에서 N_{Pr}에 해당
- $N_{Nu} = \dfrac{hD}{k} = \dfrac{\text{대류열전달}}{\text{전도열전달}}$

35 액체와 비교한 초임계유체의 성질로서 틀린 것은?

① 밀도가 크다. ② 점도가 낮다.
③ 고압이 필요하다. ④ 용질의 확산도가 높다.

해설

초임계유체
- 일정한 고온 · 고압의 한계를 넘어선 상태에 도달하여 액체와 기체를 구분할 수 없다.
- 임계점 이상의 온도와 압력에서 존재하는 물질의 상태
- 분자의 밀도는 액체에 가깝고, 점도는 낮아 기체에 가깝다.
- 확산이 빨라 열전도성이 높아 화학반응에 유용하게 사용된다.

36 흡수용액으로부터 기체를 탈거(Stripping)하는 일반적인 방법에 대한 설명으로 틀린 것은?

① 좋은 조건을 위해 온도와 압력을 높여야 한다.
② 액체와 기체가 맞흐름을 갖는 탑에서 이루어진다.
③ 탈거매체로는 수증기나 불활성 기체를 이용할 수 있다.
④ 용질의 제거율을 높이기 위해서는 여러 단을 사용한다.

해설

Stripping(탈거)
- 액체 중에 용해되어 있는 기체를 기상으로 전달하는 조작
- 가열하거나, 공기, 기타의 가스, 수증기와 액체를 접촉시킨다.
- 액체를 불활성 기체와 접촉시켜 액체로부터 용질을 제거한다.

37 낮은 온도에서 증발이 가능해서 증기의 경제적 이용이 가능하고 과즙, 젤라틴 등과 같이 열에 민감한 물질을 처리하는 데 주로 사용되는 것은?

① 다중효용증발 ② 고압증발
③ 진공증발 ④ 압축증발

해설

진공증발
- 열원으로 폐증기를 이용할 경우, 온도가 낮으므로 농도가 높고 비점이 큰 용액의 증발은 불가능하므로 진공펌프를 이용해서 관 내의 압력을 낮추고, 비점을 낮추어 유효한 증발을 할 수 있다.
- 진공증발이란 저압에서의 증발을 의미하며 증기의 경제가 주목적이다.
- 과즙이나 젤라틴과 같이 열에 예민한 물질을 증발할 경우, 진공증발함으로써 저온에서 증발시킬 수 있어 열에 의한 변질을 방지할 수 있다.

38 용액의 증기압 곡선을 나타낸 도표에 대한 설명으로 틀린 것은?(단, γ는 활동도 계수이다.)

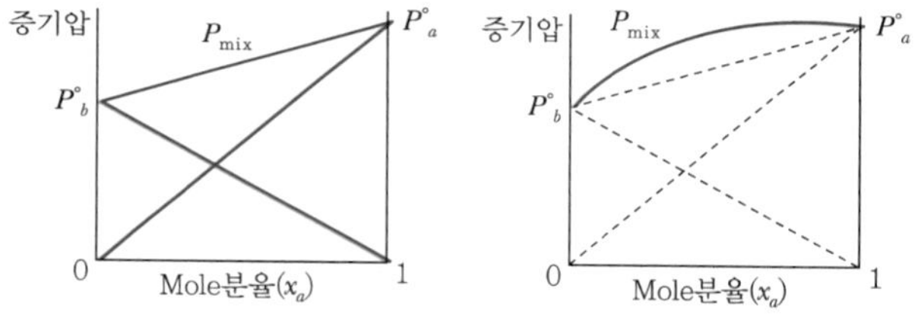

(a) (b)

① (a)는 $\gamma_a = \gamma_b = 1$로서 휘발도는 정규상태이다.
② (b)는 $\gamma_a < 1$, $\gamma_b < 1$로서 휘발도가 정규상태보다 비정상적으로 낮다.
③ (a)는 벤젠 – 톨루엔계 및 메탄 – 에탄계와 같이 두 물질의 구조가 비슷하여 동종분자 간 인력이 이종분자 간 인력과 비슷할 경우에 나타난다.
④ (b)는 물 – 에탄올계, 에탄올 – 벤젠계 및 아세톤 – CS_2계가 이에 속한다.

정답 34 ④ 35 ① 36 ① 37 ③ 38 ②

해설

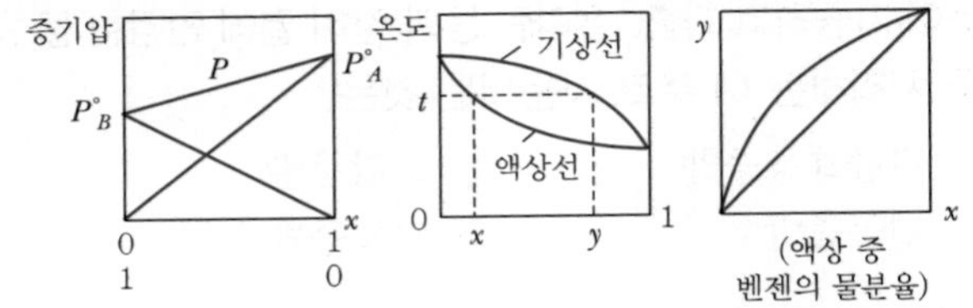

㉠ 최저공비혼합물 : 휘발도가 이상적으로 큰 경우

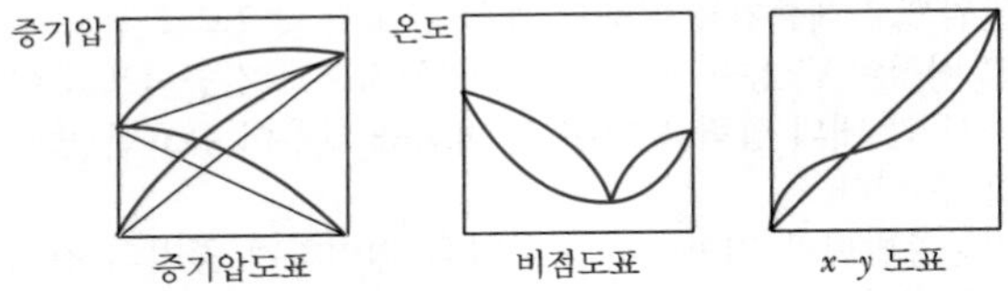

- $\gamma_A > 1$, $\gamma_B > 1$ (휘발도가 이상적으로 높은 경우)
- 증기압도표 : 극대점, 비점도표 : 극소점
- 같은 분자 간 친화력>다른 분자 간 친화력

예 물-에탄올, 에탄올-벤젠, 아세톤-CS_2

㉡ 최고공비혼합물 : 휘발도가 이상적으로 작은 경우

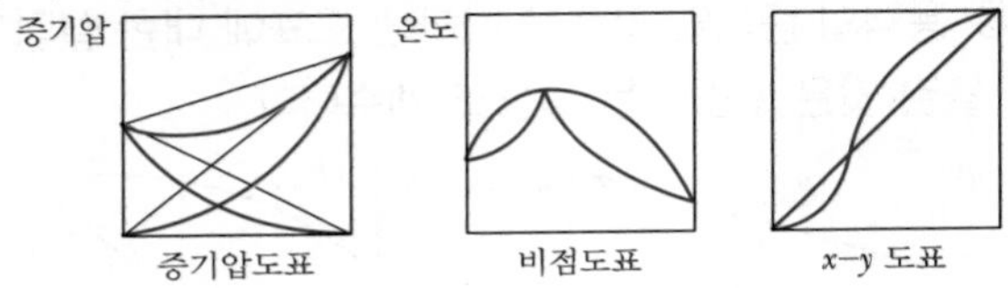

- $\gamma_A < 1$, $\gamma_B < 1$
- 증기압은 낮아지고, 비점은 높아진다.
  → 증기압도표 : 극소점, 비점도표 : 극대점
- 같은 분자 간 친화력<다른 분자 간 친화력

예 물-HCl, 물-HNO_3, 물-H_2SO_4

39 유체가 난류(Re>30,000)로 흐르고 있는 오리피스 유량계에 사염화탄소(비중 1.6) 마노미터를 설치하여 50cm의 읽음값을 얻었다. 유체비중이 0.8일 때, 오리피스를 통과하는 유체의 유속은(m/s)?(단, 오리피스 계수는 0.61이다.)

① 1.91 ② 4.25
③ 12.1 ④ 15.2

해설

$$u_o = \frac{C_o}{\sqrt{1-m^2}}\sqrt{\frac{2g(\rho_A-\rho_B)R}{\rho_B}}\ [\mathrm{m/s}]$$

$$m = \frac{A_o}{A} = \left(\frac{D_o}{D}\right)^2 \quad \beta = \frac{D_o}{D}$$

$N_{Re} > 30,000$에서 C_o가 거의 일정하고 β와 무관

$\beta < 0.25$이면 $\sqrt{1-\beta^4} \fallingdotseq 1$

$$\therefore\ u_o = 0.61\sqrt{\frac{2\times 9.8(1.6-0.8)\times 1{,}000\times 0.5}{0.8\times 1{,}000}}$$

$$= 1.91\mathrm{m/s}$$

40 건조특성곡선상 정속기간이 끝나는 점은?

① 수축(Shrink) 함수율
② 자유(Free) 함수율
③ 임계(Critical) 함수율
④ 평형(Equilibrium) 함수율

해설

임계함수율(w_c) : 항률건조기간 → 감률건조기간

㉠ 건조실험곡선

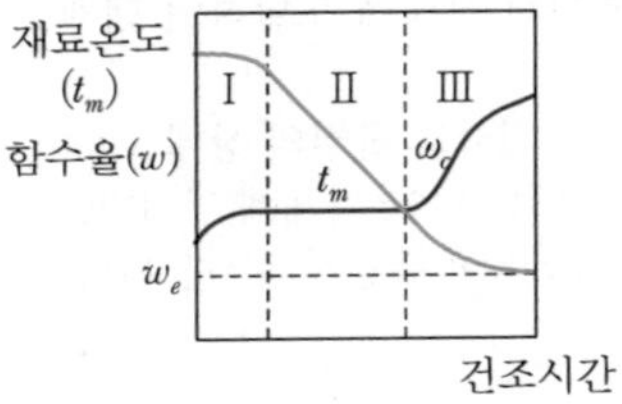

- Ⅰ : 재료예열기간
- Ⅱ : 항률건조기간
- Ⅲ : 감률건조기간

㉡ 건조특성곡선

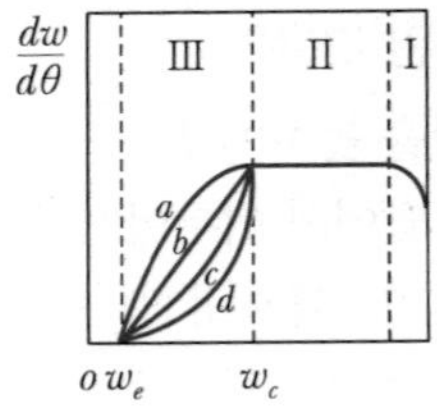

- a : 식물성 섬유재료
- b : 여제, 플레이크
- c : 곡물결정품
- d : 치밀한 고체 내부의 수분

정답 39 ① 40 ③

3과목 공정제어

41 현장에서 PI 제어기를 시행착오를 통하여 결정하는 방법이 아래와 같다. 이 방법을 $G(s)=1/(s+1)^3$인 공정에 적용하여 1단계 수행 결과 제어기 이득이 4일 때, 폐루프가 불안정해지기 시작하는 적분상수는?

> • 1단계 : 적분상수를 최댓값으로 하여 적분동작을 없애고 제어기 이득의 안정한 최댓값을 실험을 통하여 구한 후 이 최댓값의 반을 제어기 이득으로 한다.
> • 2단계 : 앞의 제어기 이득을 사용한 상태에서 안정한 적분상수의 최솟값을 실험을 통하여 구한 후 이것의 3배를 적분상수로 한다.

① 0.17 ② 0.56
③ 2 ④ 2.4

해설

$1+\frac{1}{(s+1)^3}4\left(1+\frac{1}{\tau_I s}\right)=0$

$\tau_I=\tau$

$\tau s^4+3\tau s^3+3\tau s^2+5\tau s+4=0$

$\tau(i\omega)^4+3\tau(i\omega)^3+2\tau(i\omega)^2+5\tau i\omega+4=0$

$\tau\omega^4-3\tau\omega^3 i-2\tau\omega^2+5\tau\omega i+4=0$

$(\tau\omega^4-2\tau\omega^2+4)+(5\tau\omega-3\tau\omega^3)i=0$

$5-3\omega^2=0$

$\therefore\ \omega^2=\frac{5}{3}$

$\tau\left(\frac{5}{3}\right)^2-2\tau\left(\frac{5}{3}\right)+4=0$

$\tau=1.8$

3배한 값이 1.8이므로 실험 후 $\tau=0.6$

42 비선형계에 해당하는 것은?

① 0차 반응이 일어나는 혼합 반응기
② 1차 반응이 일어나는 혼합 반응기
③ 2차 반응이 일어나는 혼합 반응기
④ 화학반응이 일어나지 않는 혼합조

해설

• CSTR 0차 반응 : $k\tau=C_{Ao}-C_A=C_{Ao}X_A$
• CSTR 1차 반응 : $k\tau=\frac{X_A}{1-X_A}$ $\tau=\frac{C_{Ao}-C_A}{kC_A}$
• CSTR 2차 반응 : $k\tau=\frac{C_{Ao}-C_A}{{C_A}^2}$

43 사람이 차를 운전하는 경우 신호등을 보고 우회전하는 것을 공정제어계와 비교해 볼 때 최종 조작변수에 해당된다고 볼 수 있는 것은?

① 사람의 손 ② 사람의 눈
③ 사람의 두뇌 ④ 사람의 가슴

해설

• 눈 : 센서
• 두뇌 : 제어기
• 손 : 최종제어요소

44 블록선도의 전달함수$\left(\frac{Y(s)}{X(s)}\right)$는?

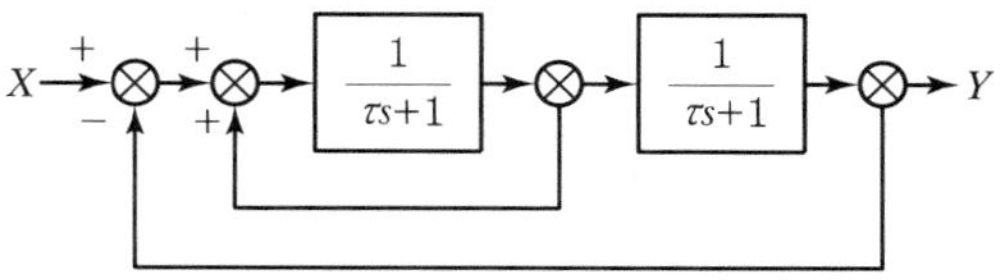

① $\frac{1}{\tau s+1}$ ② $\frac{1}{(\tau s+1)^2}$
③ $\frac{1}{\tau s^2+\tau s+1}$ ④ $\frac{1}{\tau^2 s^2+\tau s+1}$

해설

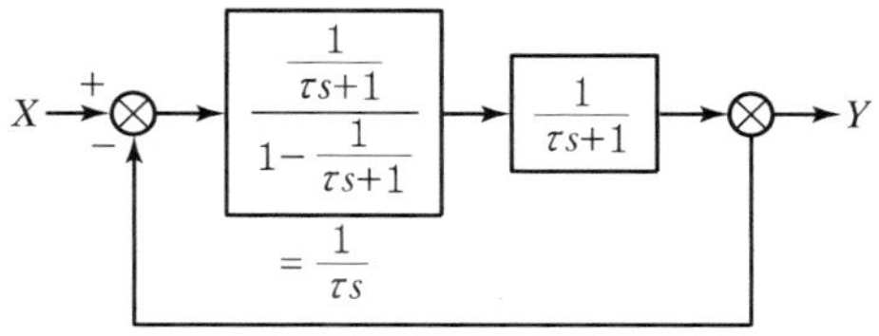

정답 41 ② 42 ③ 43 ① 44 ④

$$\frac{Y(s)}{X(s)}=\frac{\frac{1}{\tau s(\tau s+1)}}{1+\frac{1}{\tau s}\cdot\frac{1}{\tau s+1}}=\frac{1}{\tau s(\tau s+1)+1}$$
$$=\frac{1}{\tau^2 s^2+\tau s+1}$$

45 전달함수가 $(5s+1)/(2s+1)$인 장치에 크기가 2인 계단입력이 들어왔을 때의 시간에 따른 응답은?

① $2-3e^{-t/2}$　② $2+3e^{-t/2}$
③ $2+3e^{-2t}$　④ $2-3e^{-2t}$

해설

$$Y(s)=\frac{5s+1}{2s+1}\cdot\frac{2}{s}=\frac{2(5s+1)}{s(2s+1)}$$
$$=2\left[\frac{A}{s}+\frac{B}{2s+1}\right]=2\left[\frac{1}{s}+\frac{3}{2s+1}\right]$$
$$\therefore\ y(t)=2\left(1+\frac{3}{2}e^{-\frac{t}{2}}\right)=2+3e^{-\frac{t}{2}}$$

46 1차 공정의 Nyquist 선도에 대한 설명으로 틀린 것은?

① Nyquist 선도는 반원을 형성한다.
② 출발점 좌표의 실수값은 공정의 정상상태 이득과 같다.
③ 주파수의 증가에 따라 시계반대방향으로 진행한다.
④ 원점에서 Nyquist 선상의 각 점까지의 거리는 진폭비(Amplitude ratio)와 같다.

해설

• 1차 공정　• 2차 공정

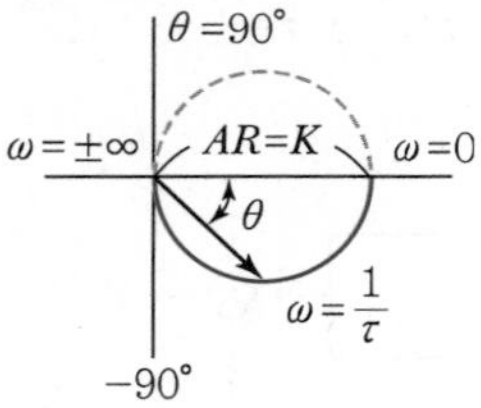

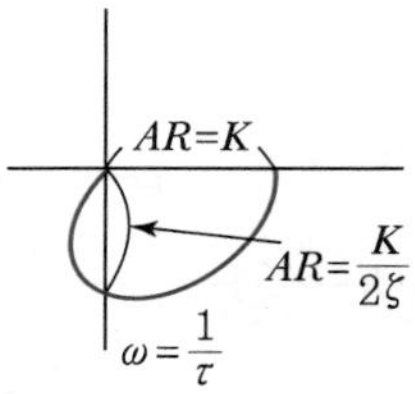

$\omega=0$이면 $AR=K,\ \phi=0°$

ω가 증가하여 $\omega=\frac{1}{\tau}$이면

$$AR=\frac{K}{\sqrt{1+1}}=0.707K,\ \phi=-\tan^{-1}(1)=-45°$$

$\omega\to\infty$이면 $AR=0,\ \phi=-\tan^{-1}(\infty)=-90°$

47 $G(j\omega)=\frac{10(j\omega+5)}{j\omega(j\omega+1)(j\omega+2)}$에서 ω가 아주 작을 때, 즉 $\omega\to 0$일 때의 위상각은?

① $-90°$　② $0°$
③ $+90°$　④ $+180°$

해설

$$G(i\omega)=\frac{25(0.2i\omega+1)}{i\omega(i\omega+1)(0.5i\omega+1)}$$
$$\phi=\angle G(i\omega)$$
$$=\tan^{-1}(0.2\omega)-\tan^{-1}(\omega)-\tan^{-1}(0.5\omega)-\frac{\pi}{2}$$
$$=\tan^{-1}(0)-\tan^{-1}(0)-\tan^{-1}(0)-\frac{\pi}{2}$$
$$=-\frac{\pi}{2}(-90°)$$

48 시간상수가 1min이고 이득(Gain)이 1인 1차계의 단위응답이 최종치의 10%로부터 최종치의 90%에 도달할 때까지 걸린 시간(Rise Time ; t_r, min)은?

① 2.20　② 1.01
③ 0.83　④ 0.21

해설

$$G(s)=\frac{K}{\tau s+1}=\frac{1}{s+1}$$
$$Y(s)=\frac{1}{s+1}\frac{1}{s}=\frac{1}{s}-\frac{1}{s+1}$$
$$y(t)=1-e^{-t}$$
$$\frac{y(t)}{K}=y(t)=1(\text{정상상태})$$
$0.1=(1-e^{-t})$　$\therefore\ t=0.105$
$0.9=(1-e^{-t})$　$\therefore\ t=2.302$
∴ 10% → 90%까지 걸린 시간
$t_r=2.302-0.105=2.2$

정답 45 ② 46 ③ 47 ① 48 ①

49 아래의 제어계와 동일한 총괄전달함수를 갖는 블록 선도는?

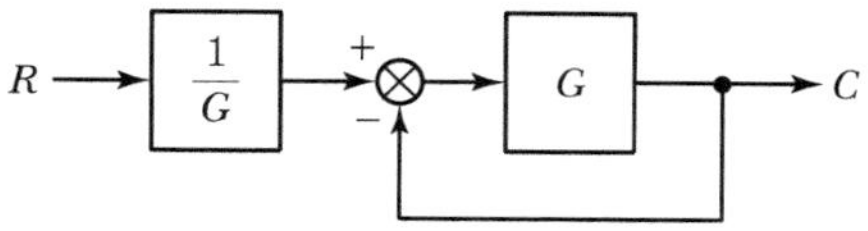

①

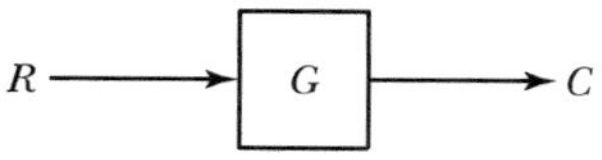

②

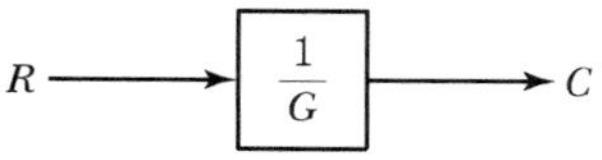

③

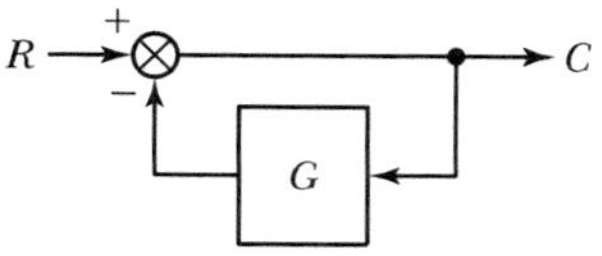

④

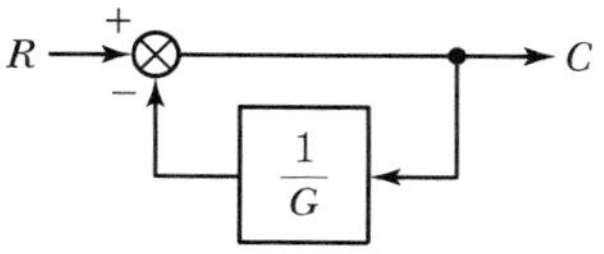

해설

$G(s)=\dfrac{Y(s)}{X(s)}=\dfrac{1}{1+G}$

① $RG=C$ $\quad\therefore\ G=\dfrac{C}{R}$

② $\dfrac{R}{G}=C$ $\quad\therefore\ \dfrac{1}{G}=\dfrac{C}{R}$

③ $\dfrac{C}{R}=\dfrac{1}{1+G}$

④ $\dfrac{C}{R}=\dfrac{1}{1+\dfrac{1}{G}}=\dfrac{G}{G+1}$

50 전달함수 $\dfrac{(0.2s-1)(0.1s+1)}{(s+1)(2s+1)(3s+1)}$에 대해 잘못 설명한 것은?

① 극점(Pole)은 $-1,\ -0.5,\ -\dfrac{1}{3}$이다.

② 영점(Zero)은 $\dfrac{1}{0.2},\ -\dfrac{1}{0.1}$이다.

③ 전달함수는 안정하다.

④ 전달함수의 역수 전달함수는 안정하다.

해설

극점이 −이므로 안정하다.
→ 음의 실근이 안정하다.

51 물리적으로 실현 불가능한 계는?(단, x는 입력변수, y는 출력변수이고 $\theta>0$이다.)

① $y=\dfrac{dx}{dt}+x$ ② $\dfrac{dy}{dt}=x(t-\theta)$

③ $\dfrac{dy}{dt}+y=x$ ④ $\dfrac{d^2y}{dt^2}+y=x$

해설

- $Y(s)=sX(s)+X(s)$ $\quad\therefore\ \dfrac{Y(s)}{X(s)}=s+1$
- $sY(s)=X(s)e^{-\theta s}$ $\quad\therefore\ \dfrac{Y(s)}{X(s)}=\dfrac{1}{s}e^{-\theta s}$
- $sY(s)+Y(s)=X(s)$ $\quad\therefore\ \dfrac{Y(s)}{X(s)}=\dfrac{1}{s+1}$
- $s^2Y(s)+Y(s)=X(s)$ $\quad\therefore\ \dfrac{Y(s)}{X(s)}=\dfrac{1}{s^2+1}$

52 2차계의 전달함수가 아래와 같을 때 시간상수(τ)와 제동계수(Damping Ratio ; ζ)는?

$$\frac{Y(s)}{X(s)}=\frac{4}{9s^2+10.8s+9}$$

① $\tau=1,\ \zeta=0.4$ ② $\tau=1,\ \zeta=0.6$

③ $\tau=3,\ \zeta=0.4$ ④ $\tau=3,\ \zeta=0.6$

해설

$$\frac{Y(s)}{X(s)}=\frac{\frac{4}{9}}{s^2+\frac{10.8}{9}s+1}$$

$\therefore\ \tau^2=1\quad \tau=1$

$2\tau\zeta=\dfrac{10.8}{9}$

$\therefore\ \zeta=\dfrac{10.8}{18}=0.6$

정답 49 ③ 50 ④ 51 ① 52 ②

53 PID 제어기의 작동식이 아래와 같을 때 다음 중 틀린 설명은?

$$p = K_c \varepsilon + \frac{K_c}{\tau_I}\int_0^t \varepsilon dt + K_c \tau_D \frac{d\varepsilon}{dt} + p_s$$

① p_s값은 수동모드에서 자동모드로 변환되는 시점에서의 제어기 출력값이다.
② 적분동작에서 적분은 수동모드에서 자동모드로 변환될 때 시작된다.
③ 적분동작에서 적분은 자동모드에서 수동모드로 전환될 때 중지된다.
④ 오차 절댓값이 증가하다 감소하면 적분동작 절댓값도 증가하다 감소하게 된다.

해설

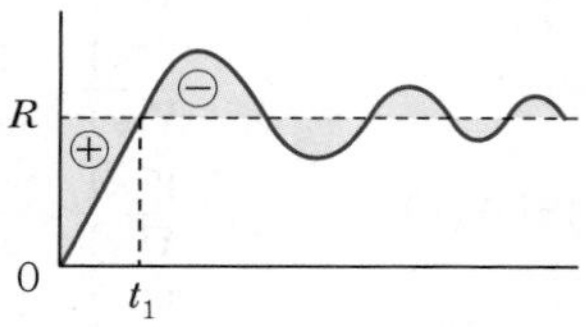

- $t = t_1$에서 오차신호의 부호가 바뀔 때까지 적분항이 계속 증가 → 오버슈트
- $t = t_1$ 이후 적분항이 감소 → 적분항이 충분히 작게 된 후 제어기 출력이 포화한계로부터 벗어나 움직이기 시작한다.

54 아래와 같은 제어계의 블록선도에서 $T_R'(s)$가 $1/s$일 때, 서보(Servo) 문제의 정상상태 잔류편차(Offset)는?

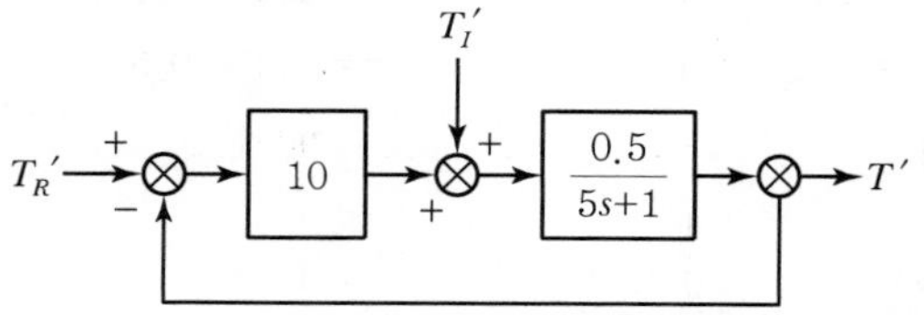

① 0.133　② 0.167
③ 0.189　④ 0.213

해설

Servo Problem$(L=0)$

$$G(s) = \frac{T'(s)}{T_R'(s)} = \frac{\frac{5}{5s+1}}{1+\frac{5}{5s+1}} = \frac{5}{5s+6}$$

$$Y(s) = \frac{5}{5s+6}\cdot\frac{1}{s}$$

$$\lim_{t\to\infty} y(t) = \lim_{s\to 0} sY(s) = \lim_{s\to 0}\frac{5}{5s+6} = \frac{5}{6}$$

Offset $= r(\infty) - c(\infty)$

$r(\infty) = 1$

$c(\infty) = \frac{5}{6}$

$\therefore$ Offset $= 1 - \frac{5}{6} = 0.167$

55 $G(s) = \frac{e^{-3s}}{(s-1)(s+2)}$의 계단응답(Step Response)에 대해 옳게 설명한 것은?

① 계단입력을 적용하자 곧바로 출력이 초기치에서 움직이기 시작하여 1로 진동하면서 수렴한다.
② 계단입력을 적용하자 곧바로 출력이 초기치에서 움직이기 시작하여 진동하지 않으면서 발산한다.
③ 계단입력에 대해 시간이 3만큼 지난 후 진동하지 않고 발산한다.
④ 계단입력에 대해 진동하면서 발산한다.

해설

$$G(s) = \frac{e^{-3s}}{s^2+s-2}$$

양의 극점을 가지므로 시간이 3만큼 지난 후 발산한다.
$s = 1,\ -2$

56 제어 결과로 항상 Cycling이 나타나는 제어기는?

① 비례 제어기　② 비례 − 미분 제어기
③ 비례 − 적분 제어기　④ On − Off 제어기

해설

On − Off 제어기
제어기 출력이 On 또는 Off로만 구성되므로 Cycling이 나타난다.

정답 53 ④ 54 ② 55 ③ 56 ④

57 임계진동 시 공정입력이 $u(t)=\sin(\pi t)$, 공정출력이 $y(t)=-6\sin(\pi t)$인 어떤 PID 제어계에 Ziegler-Nichols 튜닝룰을 적용할 때, 제어기의 비례이득(K_C), 적분시간(τ_I), 미분시간(τ_D)은?(단, K_u와 P_u는 각각 최대이득과 최종주기를 의미하며, Ziegler-Nichols 튜닝룰에서 비례이득(K_C)$=0.6K_u$, 적분시간(τ_I)$=P_u/2$, 미분시간(τ_D)$=P_u/8$이다.)

① $K_C=3.6,\ \tau_I=1,\ \tau_D=0.25$

② $K_C=0.1,\ \tau_I=1,\ \tau_D=0.25$

③ $K_C=3.6,\ \tau_I=\dfrac{\pi}{2},\ \tau_D=\dfrac{\pi}{8}$

④ $K_C=0.1,\ \tau_I=\dfrac{\pi}{2},\ \tau_D=\dfrac{\pi}{8}$

해설

$$\omega_u=\pi,\ AR_C=\frac{\hat{A}}{A}=\frac{6}{1}$$

$$P_u=\frac{2\pi}{\omega_u}=\frac{2\pi}{\pi}=2$$

$$\tau_I=\frac{P_u}{2}=\frac{2}{2}=1$$

$$\tau_D=\frac{P_u}{8}=\frac{2}{8}=0.25$$

$$K_{cu}=\frac{1}{AR_C}=\frac{1}{6}$$

$$K_C=0.6K_{cu}=0.6\times\frac{1}{6}=0.1$$

58 과소감쇠진동공정(Underdamped Process)의 전달함수를 나타낸 것은?

① $G(s)=\dfrac{s}{(s+1)(s+3)}$

② $G(s)=\dfrac{(s+2)}{(s+1)(s+3)}$

③ $G(s)=\dfrac{1}{(s^2+0.5s+1)(s+5)}$

④ $G(s)=\dfrac{1}{(s^2+5.0s+1)(s+1)}$

해설

$$\frac{A}{(s+1)(s+3)}=\frac{A/3}{\frac{1}{3}s^2+\frac{4}{3}s+1}$$

$$\tau^2=\frac{1}{3}\quad\therefore\ \tau=\frac{1}{\sqrt{3}}$$

$$2\tau\zeta=\frac{4}{3}$$

$$\therefore\ \zeta=\frac{2}{3}\times\sqrt{3}=\frac{2}{\sqrt{3}}=1.155 \leftarrow \text{과도감쇠}$$

$$\frac{1}{s^2+0.5s+1}$$

$$\tau^2=1\quad\therefore\ \tau=1$$

$$2\tau\zeta=0.5$$

$$\therefore\ \zeta=\frac{1}{4} \leftarrow \text{과소감쇠}$$

59 탑상에서 고순도 제품을 생산하는 증류탑의 탑상 흐름의 조성을 온도로부터 추론(Inferential) 제어하고자 한다. 이때 맨 윗단보다 몇 단 아래의 온도를 측정하는 경우가 있는데 그 이유로 가장 타당한 것은?

① 응축기의 영향으로 맨 윗단에서는 다른 단에 비하여 응축이 많이 일어나기 때문에

② 제품의 조성에 변화가 일어나도 맨 윗단의 온도 변화는 다른 단에 비하여 매우 작기 때문에

③ 맨 윗단은 다른 단에 비하여 공정 유체가 넘치거나(Flooding) 방울져 떨어지기(Weeping) 때문에

④ 운전 조건의 변화 등에 의하여 맨 윗단은 다른 단에 비하여 온도의 변동(Fluctuation)이 심하기 때문에

해설

맨 윗단의 온도 변화는 다른 단에 비하여 매우 작다.

60 Bode 선도를 이용한 안정성 판별법 중 틀린 것은?

① 위상 크로스오버 주파수(Phase Crossover Frequency)에서 AR은 1보다 작아야 안정하다.

② 이득여유(Gain Margin)는 위상 크로스오버 주파수에서 AR의 역수이다.

정답 57 ② 58 ③ 59 ② 60 ③

③ 이득여유가 클수록 이득 크로스오버 주파수(Gain Cross – over Frequency)에서 위상각은 $-180°$에 접근한다.

④ 이득 크로스오버 주파수(Gain Crossover Frequency)에서 위상각은 $-180°$보다 커야 안정하다.

해설

Bode 안정성 판별법

- 열린 루프 전달함수의 진동응답의 진폭비가 임계진동수에서 1보다 크면 닫힌 루프 제어시스템은 불안정하다.
- 임계진동수($\phi = -180°$일 때 진동수 ω_u)에서 진폭비가 1보다 작아야 한다.

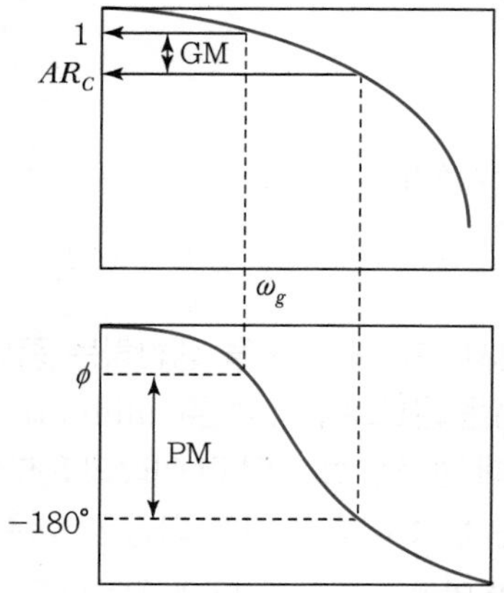

이득여유(GM)가 클수록 ω_g에서 위상각은 $-180°$에서 멀어진다.

4과목 공업화학

61 N형 반도체만으로 구성되어 있는 것은?

① Cu_2O, CoO ② TiO_2, Ag_2O

③ Ag_2O, SnO_2 ④ SnO_2, CuO

해설

- N형 반도체 : 15족 원소 N(질소), P(인), As(비소)가 첨가되고 원자 1개당 한 개씩의 잉여전자가 생긴다.
- P형 반도체 : 13족 원소 B(붕소), Al(알루미늄), Ga(갈륨), In(인듐)을 첨가하는 경우 전자가 비어 있는 상태, 즉 정공이 생긴다.

산화물 반도체 산소 센서

- 산화물 반도체는 공기 중의 산소분압으로 전기저항이 변화한다.
- 산소분압이 증가하면 N형 반도체인 ZnO, TiO_2, Fe_2O_3, SnO_2, CuO는 저항이 증가하고, P형 반도체인 NiO, CoO, Ag_2O는 저항이 감소한다. → 산화물 반도체 산소 센서는 전기저항으로부터 산소분압을 측정한다.

62 합성염산 제조 시 원료기체인 H_2와 Cl_2는 어떻게 제조하여 사용하는가?

① 공기의 액화 ② 소금물의 전해

③ 염화물의 치환법 ④ 공기의 아크방전법

해설

$$2NaCl + 2H_2O \xrightarrow{\text{전기분해}} 2NaOH + Cl_2 + H_2$$

소금물의 전기분해

- (+)극 : $2Cl^- \rightarrow Cl_2 + 2e^-$
- (−)극 : $2Na^+ + 2H_2O + 2e^- \rightarrow 2NaOH + H_2$

63 20wt%의 HNO_3 용액 1,000kg을 55wt% 용액으로 농축하였을 때 증발된 수분의 양(kg)은?

① 334 ② 550

③ 636 ④ 800

해설

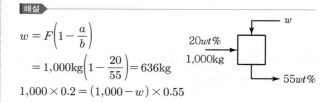

$$w = F\left(1 - \frac{a}{b}\right)$$

$$= 1{,}000\text{kg}\left(1 - \frac{20}{55}\right) = 636\text{kg}$$

$$1{,}000 \times 0.2 = (1{,}000 - w) \times 0.55$$

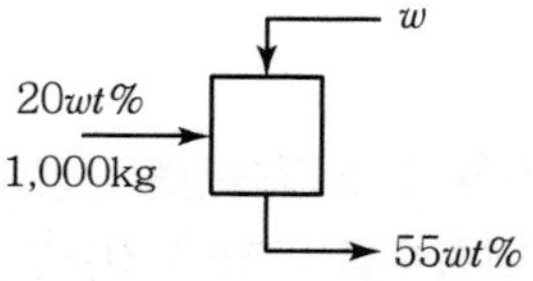

64 레페(Reppe) 합성반응을 크게 4가지로 분류할 때 해당하지 않는 것은?

① 알킬화 반응 ② 비닐화 반응

③ 고리화 반응 ④ 카르보닐화 반응

정답 61 ④ 62 ② 63 ③ 64 ①

해설

레페 합성반응

• 비닐화

$$CH \equiv CH + CH_3OH \xrightarrow{KOH} \underset{\displaystyle OCH_3}{\underset{|}{CH_2 = CH}}$$

메틸비닐에테르

• 카르보닐화

$$CH \equiv CH + CO + ROH \longrightarrow CH_2CH - COOR$$

아크릴산에스테르

• 고리화

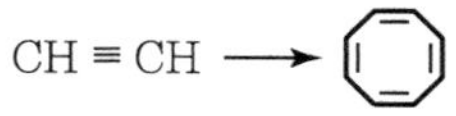

• 에티닐화

$$CH \equiv CH + HCHO \rightarrow \underset{\displaystyle CH_2OH}{\underset{|}{CH \equiv C}} \xrightarrow{HCHO} HOCH_2C \equiv CCH_2OH$$

65 Nylon 6 합성섬유의 원료는?

① Caprolactam

② Hexamethylene diamine

③ Hexamethylene triamine

④ Hexamethylene tetraamine

해설

카프로락탐의 개환중합

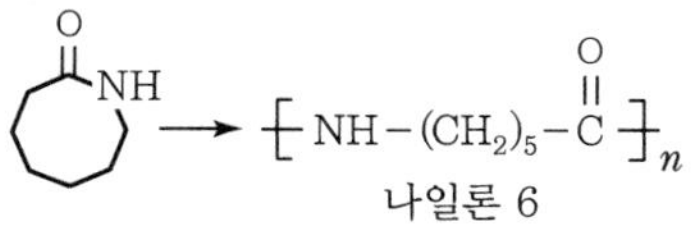

나일론 6

Nylon 6.6

$$H_2N - (CH_2)_6 - NH_2 + HO - \overset{\displaystyle O}{\overset{\|}{C}} - (CH_2)_4 - \overset{\displaystyle O}{\overset{\|}{C}} - OH$$

헥사메틸렌디아민　　　아디프산

$$\rightarrow \left[\overset{\displaystyle O}{\overset{\|}{C}} - (CH_2)_4 - \overset{\displaystyle O}{\overset{\|}{C}} - \overset{\displaystyle H}{\overset{|}{N}} - (CH_2)_6 - \overset{\displaystyle H}{\overset{|}{N}} \right]_n$$

나일론 6.6

66 나프타를 열분해(Thermal Cracking)시킬 때 주로 생성되는 물질로 거리가 먼 것은?

① 에틸렌　② 벤젠

③ 프로필렌　④ 메탄

해설

열분해	접촉분해
• 올레핀이 많으며 $C_1 \sim C_2$ 계 가스가 많다. • 대부분 지방족, 방향족 탄화수소는 적다.	• $C_3 \sim C_6$계의 가지달린 지방족이 많이 생성된다. • 열분해보다 파라핀계 탄화수소가 많다. • 방향족 탄화수소가 많다.

67 페놀의 공업적 제조 방법 중에서 페놀과 부산물로 아세톤이 생성되는 합성법은?

① Raschig법　② Cumene법

③ Dow법　④ Toluene법

해설

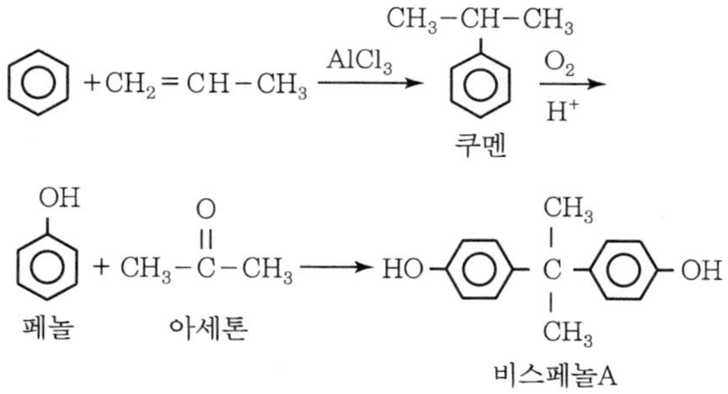

68 요소비료 제조방법 중 카바메이트 순환방식의 제조방법으로 약 210℃, 400atm의 비교적 고온, 고압에서 반응시키는 것은?

① IG법　② Inventa법

③ Dupont법　④ CCC법

정답 65 ① 66 ② 67 ② 68 ③

해설

요소 제조공정(순환법)

순환법 : 미반응가스를 순환시키는 방법

- CCC법(Chemico 공정) : 모노에탄올아민(MEA)으로 미반응가스 중의 CO_2를 흡수시키고 분리된 NH_3를 압축순환시키는 방법
- Inventa Process : 미반응 NH_3를 NH_4NO_3 용액에 흡수 · 분리하여 순환시키는 방법
- Dupont Process : 카바민산암모늄을 암모니아성 수용액으로 회수순환시키는 방식으로, 비교적 고온 · 고압에서 반응
- Pechiney : 카바민산암모늄을 분리하여 광유에 흡수시킨 후 암모늄카바메이트의 작은 입자가 현탁하는 슬러리로 만들어 반응관에 재순환시키는 방식

69 Cu|$CuSO_4$(0.05M), $HgSO_4(s)$|Hg 전지의 기전력은 25℃에서 0.418V이다. 이 전지의 자유에너지(kcal) 변화량은?

① −9.65　② −19.3
③ 9.65　④ 19.3

해설

$$E=\frac{-\Delta G}{nF}$$

$$\therefore \Delta G=-EnF$$
$$=-0.418\text{V}\times 2\text{mol}\times 96{,}500\text{C/mol}\times\frac{1\text{J}}{\text{CV}}\times\frac{1\text{cal}}{4.184\text{J}}\times\frac{1\text{kcal}}{1{,}000\text{cal}}$$
$$=-19.3\text{kcal}$$

70 방향족 니트로화합물의 특성에 대한 설명 중 틀린 것은?

① $-NO_2$가 많이 결합할수록 끓는점이 낮아진다.
② 일반적으로 니트로기가 많을수록 폭발성이 강하다.
③ 환원되어 아민이 된다.
④ 의약품 생산에 응용된다.

해설

- 니트로기가 많을수록 연소하기 쉽고 폭발성이 강하다.
- 폭발물, 방향족 아민, 의약품의 원료로 사용된다.

71 98wt% H_2SO_4 용액 중 SO_3의 비율(wt%)은?

① 55　② 60
③ 75　④ 80

해설

100g H_2SO_4 수용액 중 98wt% H_2SO_4가 있으므로

$$\frac{80}{98}\times 100(\%)=80\%$$

72 중과린산석회의 합성반응은?

① $Ca_3(PO_4)_2+2H_2SO_4+5H_2O \leftrightarrows CaH_4(PO_4)_2\cdot H_2O+2[CaSO_4\cdot 2H_2O]$
② $Ca_3(PO_4)_2+4H_3PO_4+3H_2O \leftrightarrows 3[CaH_4(PO_4)_2\cdot H_2O]$
③ $Ca_3(PO_4)_2+4HCl \leftrightarrows CaH_4(PO_4)_2+2CaCl_2$
④ $CaH_4(PO_4)_2+NH_3 \leftrightarrows NH_4H_2PO_4+CaHPO_4$

해설

- 과린산석회(P_2O_5 15~20%) : 인광석을 황산분해시켜 제조한다.
- 중과린산석회(P_2O_5 30~50%) : 인광석을 인산분해시켜 제조한다.

73 암모니아 함수의 탄산화 공정에서 주로 생성되는 물질은?

① NaCl　② $NaHCO_3$
③ Na_2CO_3　④ NH_4HCO_3

해설

암모니아 함수는 탄산화탑 상부에서 공급하고 하부에서 CO_2를 불어넣어 중조($NaHCO_3$)를 침전시킨다.

- Solvay법
  $NaCl+NH_3+CO_2+H_2O \rightarrow NaHCO_3+NH_4Cl$
  중조(탄산수소나트륨)
  $2NaHCO_3 \rightarrow Na_2CO_3+H_2O+CO_2$(가소반응)
  $2NH_4Cl+Ca(OH)_2 \rightarrow CaCl_2+2H_2O+2NH_3$
  (암모니아 회수반응)

정답 69 ② 70 ① 71 ④ 72 ② 73 ②

- Le Blanc법 : 소금의 황산분해법

$$NaCl + H_2SO_4 \xrightarrow{150℃} NaHSO_4 + HCl$$

$$NaHSO_4 + NaCl \xrightarrow{800℃} Na_2SO_4(\text{무수망초}) + HCl$$

74 열경화성 수지와 열가소성 수지로 구분할 때 다음 중 나머지 셋과 분류가 다른 하나는?

① 요소수지 ② 폴리에틸렌
③ 염화비닐 ④ 나일론

해설

- 열가소성 수지 : 가열 시 연화되어 외력을 가할 때 쉽게 변형되므로, 성형가공 후 냉각하면 외력을 제거해도 성형된 상태를 유지하는 수지
  - 예 폴리에틸렌, 폴리염화비닐, 폴리프로필렌, 폴리스티렌, 나일론(폴리아미드)
- 열경화성 수지 : 가열 시 일단 연화되지만, 계속 가열하면 점점 경화되어, 나중에는 온도를 올려도 연화, 용융되지 않고 원상태로 되지도 않는 성질의 수지
  - 예 페놀수지, 요소수지, 멜라민수지, 에폭시수지, 알키드수지, 규소수지

75 에폭시 수지의 합성과 관련이 없는 물질은?

① Melamine ② Bisphenol A
③ Epichlorohydrin ④ Toluene diisocyanate

해설

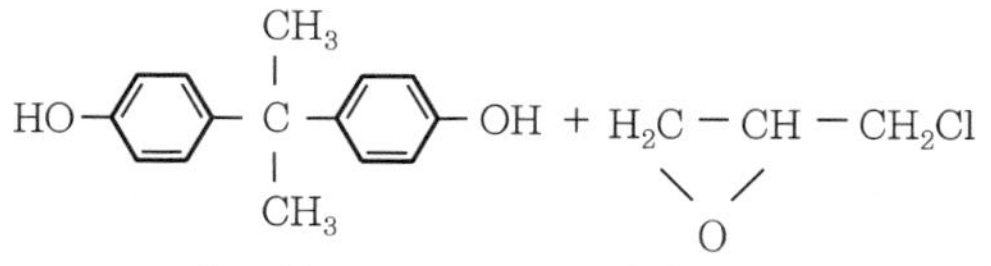
비스페놀A 에피클로로히드린

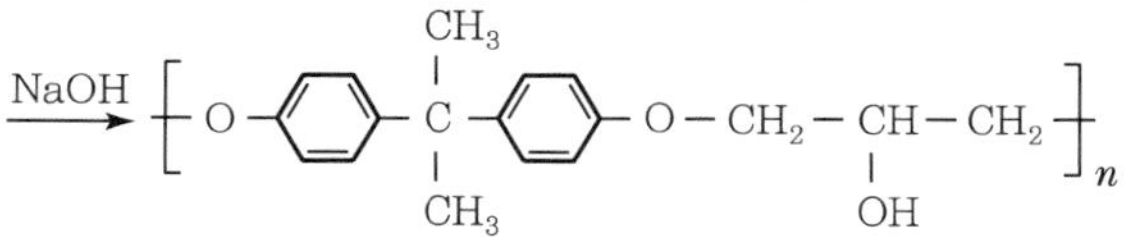
에폭시 수지

76 용액중합에 대한 설명으로 옳지 않은 것은?

① 용매회수, 모노머 분리 등의 설비가 필요하다.
② 용매가 생장라디칼을 정지시킬 수 있다.
③ 유화중합에 비해 중합속도가 빠르고 고분자량의 폴리머가 얻어진다.
④ 괴상중합에 비해 반응온도 조절이 용이하고 균일하게 반응시킬 수 있다.

해설

㉠ 괴상중합(벌크 중합) : 용매 또는 분산매를 사용하지 않고 단량체와 개시제만을 혼합하여 중합시키는 방법
㉡ 용액중합
- 단량체와 개시제를 용매에 용해시킨 상태에서 중합시키는 방법
- 중화열의 제거는 용이하지만, 중합속도와 분자량이 작고, 중합 후 용매의 완전 제거가 어렵다.
- 용매의 회수과정이 필요하므로 주로 물을 안정제로 사용할 수 없는 경우에 사용된다.

㉢ 현탁중합(서스펜션 중합)
단량체를 녹이지 않는 액체에 격렬한 교반으로 분산시켜 중합한다.
㉣ 유화중합(에멀션 중합)
- 비누 또는 세제 성분의 일종인 유화제를 사용하여 단량체를 분산매 중에 분산시키고 개시제를 사용하여 중합시키는 방법이다.
- 중합열의 분산이 용이하고 대량생산에 적합하다.

77 소다회(Na_2CO_3) 제조방법 중 NH_3를 회수하는 제조법은?

① 산화철법 ② 가성화법
③ Solvay법 ④ Le Blanc법

해설

- Le Blanc법 : NaCl을 황산분해하여 망초(Na_2SO_4)를 얻고, 이를 석탄, 석회석으로 복분해하여 소다회를 제조하는 방법

$$NaCl + H_2SO_4 \xrightarrow{150℃} NaHSO_4 + HCl$$

$$NaHSO_4 + NaCl \xrightarrow{800℃} Na_2SO_4(\text{무수망초}) + HCl$$

정답 74 ① 75 ④ 76 ③ 77 ③

- Solvay법(암모니아소다법) : 함수에 암모니아를 포화시켜 암모니아 함수를 만들고, 탄산화탑에서 이산화탄소를 도입시켜 중조를 침전여과한 후 이를 가소하여 소다회를 얻는 방법
  $NaCl + NH_3 + CO_2 + H_2O \rightarrow NaHCO_3 + NH_4Cl$
  중조(탄산수소나트륨)
  $2NaHCO_3 \rightarrow Na_2CO_3 + H_2O + CO_2$(가소반응)
  $2NH_4Cl + Ca(OH)_2 \rightarrow CaCl_2 + 2H_2O + 2NH_3$
  (암모니아 회수반응)

78 석유류의 불순물인 황, 질소, 산소 제거에 사용되는 방법은?

① Coking Process
② Visbreaking Process
③ Hydrorefining Process
④ Isomerization Process

해설

- Coking Process : 중질유를 강하게 열분해시켜(1,000℃) 가솔린과 경유를 얻는 방법
- Visbreaking Process : 점도가 높은 찌꺼기유에서 점도가 낮은 중질유를 얻는 방법(470℃)
- Hydrorefining Process : 수소화처리법으로, S, H, O, 할로겐 등의 불순물을 제거
- Isomerization Process : 이성화법

79 공업적 접촉개질 프로세스 중 $MoO_3 - Al_2O_3$계 촉매를 사용하는 것은?

① Platforming
② Houdriforming
③ Ultraforming
④ Hydroforming

해설

Reforming(리포밍, 개질)
옥탄가가 낮은 가솔린, 나프타 등을 촉매를 이용하여 방향족 탄화수소나 이소파라핀을 많이 함유하는 옥탄가가 높은 가솔린으로 전환시킨다.(개질 가솔린)

- Hydroforming : $MnO_3 - Al_2O_3$ 사용
- Platforming : $Pt - Al_2O_3$ 사용
- Ultraforming : 촉매를 재생하여 사용
- Rheniforming : $Pt - Re - Al_2O_3 - SiO_2$ 사용

80 HCl 가스를 합성할 때 H_2 가스를 이론량보다 과잉으로 넣어 반응시키는 주된 목적은?

① Cl_2 가스의 손실 억제 ② 장치부식 억제
③ 반응열 조절 ④ 폭발 방지

해설

$Cl_2 : H_2 = 1 : 1.2$
H_2, Cl_2는 가열하거나 빛을 가하면 폭발적으로 반응한다.

5과목 반응공학

81 충돌이론(Collision Theory)에 의한 아래 반응의 반응속도식($-r_A$)은?(단, C는 하첨자 물질의 농도를 의미하며, U는 빈도인자이다.)

$A + B \rightarrow C + D$

① $-r_A = UT^{-1}e^{-E/RT}C_A C_B$
② $-r_A = Ue^{-E/RT}C_A C_B$
③ $-r_A = UTe^{-E/RT}C_A C_B$
④ $-r_A = T^2e^{-E/RT}C_A C_B$

해설

$-r_A = kC_AC_B$
$-r_A = UT^{0.5}e^{-E/RT}C_AC_B$
$-r_A = Ue^{-E/RT}C_AC_B$
반응속도에서 2분자 간 충돌이론은 아레니우스식과 같다.

정답 78 ③ 79 ④ 80 ④ 81 ②

82 액상 병렬반응을 연속 흐름 반응기에서 진행시키고자 한다. 같은 입류조건에 A의 전환율이 모두 0.9가 되도록 반응기를 설계한다면 어느 반응기를 사용하는 것이 R로의 전환율을 가장 크게 해주겠는가?

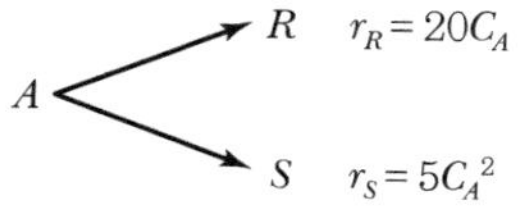

① 플러그 흐름 반응기
② 혼합 흐름 반응기
③ 환류식 플러그 흐름 반응기
④ 다단식 혼합 흐름 반응기

해설

$$s = \frac{r_R}{r_S} = \frac{dC_R}{dC_S} = \frac{20C_A}{5{C_A}^2} = \frac{4}{C_A}$$

C_A의 농도를 낮추어야 한다.

C_A의 농도를 낮게 하는 방법
- CSTR 사용
- X_A를 높게 유지
- 공급물에 불활성 물질 증가
- 기상계에서 압력 감소

83 순환식 플러그 흐름 반응기에 대한 설명으로 옳은 것은?

① 순환비는 $\frac{\text{계를 떠난 양}}{\text{환류량}}$으로 표현된다.
② 순환비가 무한인 경우, 반응기 설계식은 혼합 흐름식 반응기와 같게 된다.
③ 반응기 출구에서의 전환율과 반응기 입구에서의 전환율의 비는 용적 변화율 제곱에 비례한다.
④ 반응기 입구에서의 농도는 용적 변화율에 무관하다.

해설

- R(순환비)
$= \frac{\text{반응기 입구로 되돌아가는 유체의 부피(환류량)}}{\text{계를 떠나는 부피}}$
$R \to \infty$: CSTR
$R \to 0$: PFR
- $X_{A1} = \frac{R}{R+1} X_{Af}$
$X_{A1} = \frac{1 - C_{A1}/C_{Ao}}{1 + \varepsilon_A C_{A1}/C_{Ao}}$
여기서, X_{A1} : 반응기입구에서의 전환율

84 액상 1차 반응($A \to R + S$)이 혼합흐름반응기와 플러그흐름반응기를 직렬로 연결하여 반응시킬 때에 대한 설명 중 옳은 것은?(단, 각 반응기의 크기는 동일하다.)

① 전환율을 크게 하기 위해서는 혼합흐름반응기를 앞에 배치해야 한다.
② 전환율을 크게 하기 위해서는 플러그흐름반응기를 앞에 배치해야 한다.
③ 전환율을 크게 하기 위해, 낮은 전환율에서는 혼합흐름반응기를, 높은 전환율에서는 플러그흐름반응기를 앞에 배치해야 한다.
④ 반응기의 배치 순서는 전환율에 영향을 미치지 않는다.

해설

- $n = 1$차 : 동일한 크기의 반응기가 최적
- $n > 1$차 : PFR → 작은 CSTR → 큰 CSTR
- $n < 1$차 : 큰 CSTR → 작은 CSTR → PFR

85 어떤 반응의 속도식이 아래와 같이 주어졌을 때, 속도상수(k)의 단위와 값은?

$r = 0.005{C_A}^2(\text{mol/cm}^3 \cdot \text{min})$

① 20/h　　② 5×10^{-2}mol/L · h
③ 3×10^{-3}L/mol · h　　④ 5×10^{-2}L/mol · h

해설

$n = 2$
$k = (\text{mol/cm}^3)^{1-n}(1/\text{min})$
$= 0.05\text{cm}^3/\text{mol} \cdot \text{min} \times \frac{1\text{L}}{1{,}000\text{cm}^3} \times \frac{60\text{min}}{1\text{h}}$
$= 3 \times 10^{-3}\text{L/mol} \cdot \text{h}$

정답 82 ② 83 ② 84 ④ 85 ③

86 반응식이 $0.5A+B \rightarrow R+0.5S$인 어떤 반응의 속도식은 $r_A=-2C_A^{0.5}C_B$로 알려져 있다. 만약 이 반응식을 정수로 표현하기 위해 $A+2B \rightarrow 2R+S$로 표현하였을 때의 반응속도식으로 옳은 것은?

① $r_A=-2C_A C_B$
② $r_A=-2C_A C_B^2$
③ $r_A=-2C_A^2 C_B$
④ $r_A=-2C_A^{0.5} C_B$

해설

$0.5A+B \rightarrow R+0.5S \quad -r_A=-2C_A^{0.5}C_B$

×2

$A+2B \rightarrow 2R+S \quad -r_A=-2C_A^{0.5}C_B$

화학양론식의 양론계수는 반응속도식에 영향을 미치지 않는다.

87 그림과 같은 반응물과 생성물의 에너지 상태가 주어졌을 때 반응열 관계로 옳은 것은?

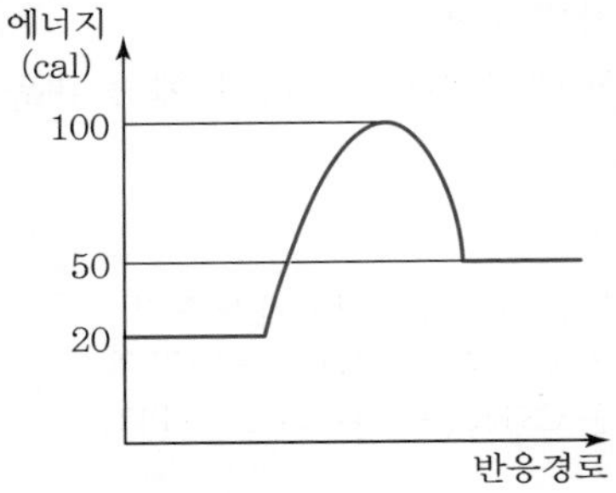

① 발열반응이며, 발열량은 20cal이다.
② 발열반응이며, 발열량은 50cal이다.
③ 흡열반응이며, 흡열량은 30cal이다.
④ 흡열반응이며, 흡열량은 50cal이다.

해설

흡열반응

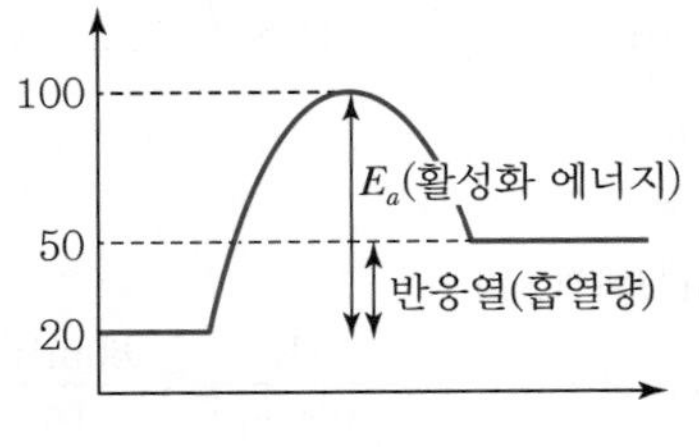

88 A물질 분해반응의 반응속도상수는 0.345min^{-1}이고 A의 초기농도는 2.4mol/L일 때, 정용 회분식 반응기에서 A의 농도가 0.9mol/L 될 때까지 필요한 시간(min)?

① 1.84
② 2.84
③ 3.84
④ 4.84

해설

$C_A=C_{A0}(1-X_A)$

$0.9=2.4(1-X_A)$

$\therefore X_A=0.625$

$k=0.345\text{min}^{-1}$(1차 반응)

$kt=-\ln(1-0.625)$

$0.345t=-\ln(1-0.625)$

$\therefore t=2.84\text{min}$

89 A의 분해반응이 아래와 같을 때, 등온 플러그 흐름 반응기에서 얻을 수 있는 T의 최대 농도는?(단, $C_{A0}=1$이다.)

① 0.051
② 0.114
③ 0.235
④ 0.391

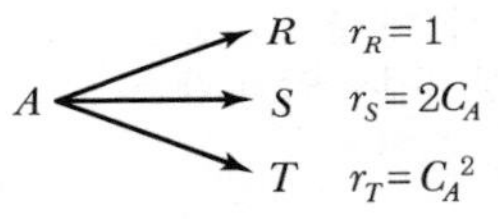

해설

$$\phi\left(\frac{T}{A}\right)=\frac{dC_T}{dC_R+dC_S+dC_T}$$

$$=\frac{C_A^2}{1+2C_A+C_A^2}=\frac{C_A^2}{(1+C_A)^2}$$

$$C_{Tf}=-\int_{C_{A0}}^{C_{Af}}\phi\left(\frac{T}{A}\right)dC_A$$

$$=\int_0^1\frac{C_A^2}{(1+C_A)^2}dC_A$$

$$=\left[(1+C_A)-2\ln(1+C_A)-\frac{1}{1+C_A}\right]_0^1$$

$$=\left(2-2\ln 2-\frac{1}{2}\right)-0$$

$$=0.1137$$

$C_{Af}=0$에서 $C_{Tf}=0.1137 \fallingdotseq 0.114$

정답 86 ④ 87 ③ 88 ② 89 ②

90 반응기 중 체류시간 분포가 가장 좁게 나타나는 것은?

① 완전 혼합형 반응기
② Recycle 혼합형 반응기
③ Recycle 미분형 반응기(Plug Type)
④ 미분형 반응기(Plug Type)

해설

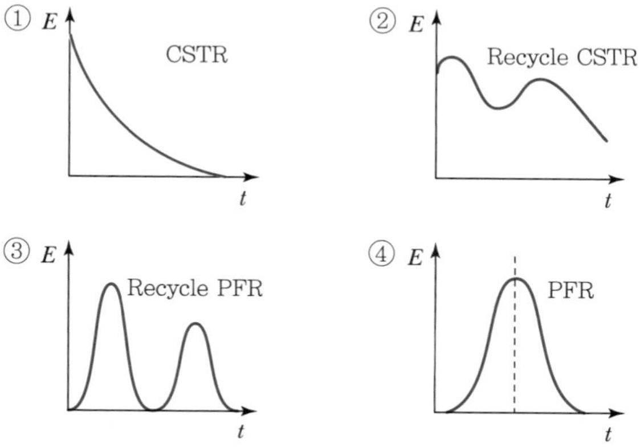

91 A와 B가 반응하여 필요한 생성물 R과 불필요한 물질 S가 생길 때, R의 전환율을 높이기 위해 취하는 조치로 적절한 것은?(단, C는 하첨자 물질의 농도를 의미하며, 각 반응은 기초반응이다.)

$$A+B \xrightarrow{k_1} R,\quad A \xrightarrow{k_2} S,\quad 2k_1=k_2$$

① C_A와 C_B를 같게 한다.
② C_A를 되도록 크게 한다.
③ C_B를 되도록 크게 한다.
④ C_A를 C_B의 2배로 한다.

해설

R의 전환율을 높이기 위해서는 C_B를 크게 해야 한다.

$$S=\frac{r_R}{r_S}=\frac{dC_R}{dC_S}=\frac{k_1C_AC_B}{k_2C_A}=\frac{k_1C_AC_B}{2k_1C_A}=\frac{C_B}{2}$$

92 반응속도식이 아래와 같은 $A \rightarrow R$ 기초반응을 플러그 흐름 반응기에서 반응시킨다. 반응기로 유입되는 A 물질의 초기농도가 10mol/L이고, 출구농도가 5mol/L일 때, 이 반응기의 공간시간(h)은?

$$-r_A=0.1C_A(\text{mol/L}\cdot\text{h})$$

① 8.6
② 6.9
③ 5.2
④ 4.3

해설

$C_A=C_{Ao}(1-X_A)$
$5\text{mol/L}=10\text{mol/L}(1-X_A)$
$\therefore X_A=0.5$

$k\tau=-\ln(1-X_A)$
$0.1\tau=-\ln(1-0.5)$
$\therefore \tau=6.93\text{h}$

93 n차($n>0$) 단일 반응에 대한 혼합 및 플러그 흐름 반응기 성능을 비교 설명한 내용 중 틀린 것은?(단, V_m은 혼합 흐름 반응기 부피를, V_p는 플러그 흐름 반응기 부피를 나타낸다.)

① V_m은 V_p보다 크다.
② V_m/V_p는 전환율의 증가에 따라 감소한다.
③ V_m/V_p는 반응차수에 따라 증가한다.
④ 부피변화 분율이 증가하면 V_m/V_p가 증가한다.

해설

$n>0 \quad V_m>V_p$

- 부피비는 반응차수가 증가할수록 커진다.
- 전화율이 클수록 부피비가 급격히 증가한다.

정답 90 ④ 91 ③ 92 ② 93 ②

94 PSSH(Pseudo Steady State Hypothesis) 설정은 다음 중 어떤 가정을 근거로 하는가?

① 반응속도가 균일하다.
② 반응기 내의 온도가 일정하다.
③ 반응기의 물질수지식에서 축적항이 없다.
④ 중간 생성물의 생성속도와 소멸속도가 같다.

해설

PSSH(유사정상상태 가설)
반응중간체가 형성될 때 사실상 빠르게 반응하기 때문에 활성 중간체 형성의 알짜 생성속도는 0이다.
$r_A{}^* = 0$
중간생성물의 생성속도와 소멸속도는 같다(평형).

95 Batch Reactor의 일반적인 특성을 설명한 것으로 가장 거리가 먼 것은?

① 설비가 적게 든다.
② 노동력이 많이 든다.
③ 운전비가 작게 든다.
④ 쉽게 작동할 수 있다.

해설

Batch Reactor
- 소규모 조업, 새로운 공정의 시험에 사용된다.
- 인건비가 비싸고 매회 품질이 균일하지 못할 수 있으며 대규모 생산이 어렵다.

96 반응물 A가 동시반응에 의하여 분해되어 아래와 같은 두 가지 생성물을 만든다. 이때, 비목적생성물(U)의 생성을 최소화하기 위한 조건으로 틀린 것은?

$$A \to D,\ r_D = 0.002e^{4,500\left(\frac{1}{300\text{K}} - \frac{1}{T}\right)} C_A$$
$$A \to U,\ r_U = 0.004e^{2,500\left(\frac{1}{300\text{K}} - \frac{1}{T}\right)} C_A{}^2$$

① 불활성 가스의 혼합 사용
② 저온반응
③ 낮은 C_A
④ CSTR 반응기 사용

해설

$$\frac{r_D}{r_U} = \frac{dC_D}{dC_U} = \frac{0.002e^{4,500\left(\frac{1}{300} - \frac{1}{T}\right)}}{0.004e^{2,500\left(\frac{1}{300} - \frac{1}{T}\right)} C_A}$$

$E_D > E_U$이므로 고온을 사용한다.

$e^{2,000\left(\frac{1}{300} - \frac{1}{T}\right)}$가 크려면 $\frac{1}{T}$이 작아야 하므로 T가 커야 한다.

C_A의 농도를 낮게 하는 방법
- CSTR 사용
- X_A을 높게 유지
- 공급물에 불활성 물질 증가
- 기상계에서 압력 감소

97 균일 액상반응($A \to R,\ -r_A = kC_A{}^2$)이 혼합 흐름 반응기에서 50%가 전환된다. 같은 반응을 크기가 같은 플러그 흐름 반응기로 대치시킬 때 전환율은?

① 0.67 ② 0.75
③ 0.50 ④ 0.60

해설

- CSTR 2차

$$k\tau C_{Ao} = \frac{X_A}{(1-X_A)^2}$$
$$k\tau C_{Ao} = \frac{0.5}{(1-0.5)^2} = 2$$

- PFR 2차

$$k\tau C_{Ao} = \frac{X_A}{1-X_A}$$
$$2 = \frac{X_A}{1-X_A}$$
$$\therefore\ X_A = 0.67$$

정답 94 ④ 95 ③ 96 ② 97 ①

98 비기초반응의 반응속도론을 설명하기 위해 자유라디칼, 이온과 극성물질, 분자, 전이착제의 중간체를 포함하여 반응을 크게 2가지 유형으로 구분하여 해석할 때, 다음과 같이 진행되는 반응은?

Reactants → (Intermediates)*   (Intermediates)* → Products

① Chain Reaction　② Parallel Reaction
③ Elementary Reaction　④ Non－chain Reaction

해설

- 비연쇄반응
  반응물 → (중간체)*
  (중간체)* → 생성물
- 연쇄반응
  반응물 → (중간체)*
  (중간체)* + 반응물 → (중간체)* + 생성물
  (중간체)* → 생성물

99 포스핀의 기상 분해반응이 아래와 같을 때, 포스핀만으로 반응을 시작한 경우 이 반응계의 부피 변화율은?

$4PH_3(g) \rightarrow P_4(g) + 6H_2(g)$

① $\varepsilon_{PH_3} = 1.75$　② $\varepsilon_{PH_3} = 1.50$
③ $\varepsilon_{PH_3} = 0.75$　④ $\varepsilon_{PH_3} = 0.50$

해설

$aA \rightarrow bB + cC$

$$\varepsilon_{PH_3} = \frac{b+c-a}{a} = \frac{1+6-4}{4} = 0.75$$

100 순환비가 1로 유지되고 있는 등온의 플러그 흐름 반응기에서 아래의 액상 반응이 0.5의 전환율(X_A)로 진행되고 있을 때, 순환류를 폐쇄시켰을 때 전환율(X_A)은?

$A \rightarrow R,\ -r_A = kC_A$

① $\frac{5}{9}$　② $\frac{4}{5}$
③ $\frac{2}{3}$　④ $\frac{3}{4}$

해설

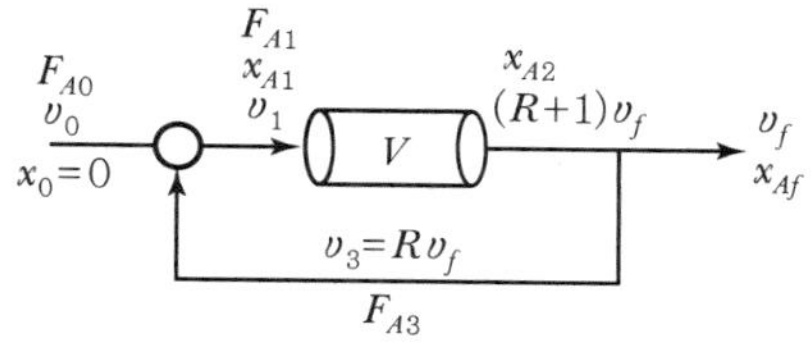

$$X_{A1} = \frac{R}{R+1}X_{Af} = \frac{1}{1+1} \times 0.5 = 0.25$$

$$\frac{V}{F_{A0}} = (R+1)\int_{X_{A1}}^{X_{Af}} \frac{dX_A}{-r_A}$$

$$\tau = \frac{C_{A0}V}{F_{A0}}$$

$$\frac{\tau}{C_{A0}} = (R+1)\int_{0.25}^{0.5} \frac{dX_A}{kC_{A0}(1-X_A)}$$

$$= \frac{R+1}{kC_{A0}}\int_{0.25}^{0.5} \frac{dX_A}{1-X_A}$$

$$\frac{\tau}{C_{A0}} = \frac{2}{kC_{A0}}\left[-\ln(1-X_A)\right]_{0.25}^{0.5}$$

$$k\tau = 2\left[-\ln\frac{(1-0.5)}{(1-0.25)}\right]$$

$$= 2\ln\frac{0.75}{0.5} = 2\ln\left(\frac{3}{2}\right) = \ln\left(\frac{3}{2}\right)^2$$

$$= 0.81$$

순환류 폐쇄 : 1차 PFR

$k\tau = -\ln(1-X_A)$

$0.81 = -\ln(1-X_A)$

$$\ln\left(\frac{3}{2}\right)^2 = -\ln(1-X_A) = \ln\frac{1}{1-X_A}$$

$$\therefore X_A = \frac{5}{9}$$

정답 98 ④ 99 ③ 100 ①

2022년 제1회 기출문제

1과목 공업합성

01 기하이성질체를 나타내는 고분자가 아닌 것은?

① 폴리부타디엔
② 폴리클로로프렌
③ 폴리이소프렌
④ 폴리비닐알코올

해설

기하이성질체

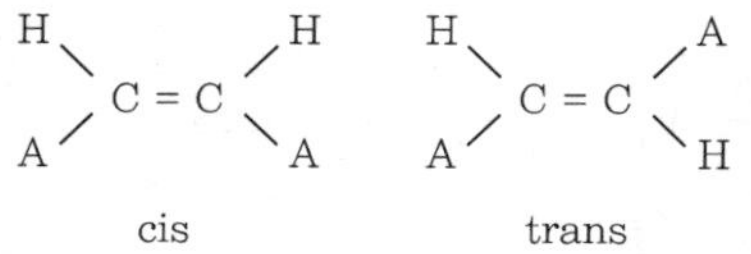

① 부타디엔

$CH_2=CH-CH=CH_2 \rightarrow \left[CH_2-CH=CH-CH_2 \right]_n$

폴리부타디엔

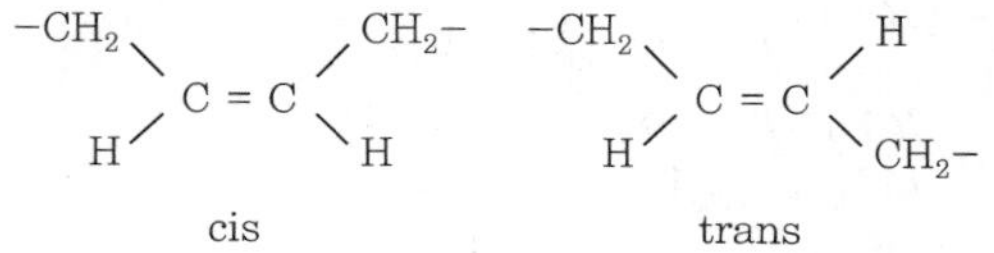

② 클로로프렌

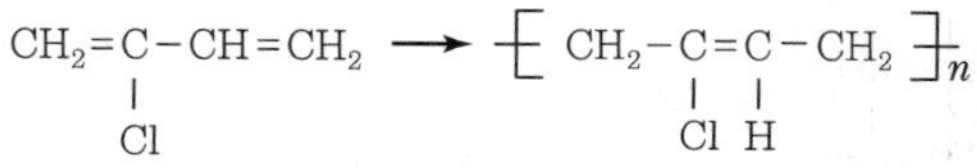

폴리클로로프렌

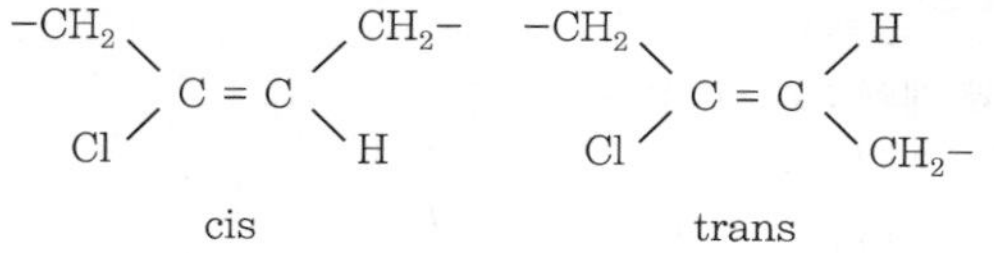

③ 이소프렌

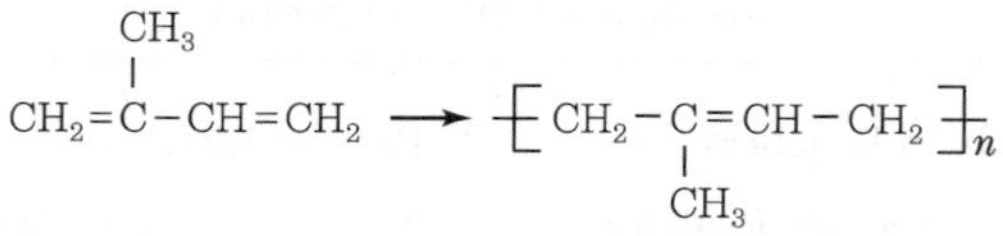

폴리이소프렌

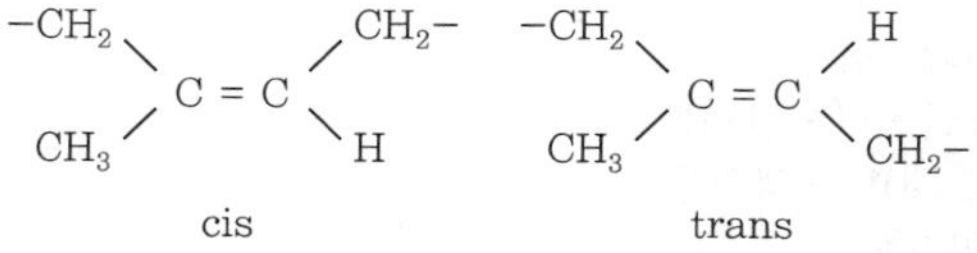

④ 비닐알코올

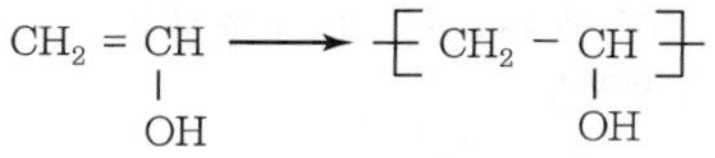

폴리비닐알코올

02 양쪽성 물질에 대한 설명으로 옳은 것은?

① 동일한 조건에서 여러 가지 축합반응을 일으키는 물질
② 수계 및 유계에서 계면활성제로 작용하는 물질
③ pKa 값이 7 이하인 물질
④ 반응조건에 따라 산으로도 작용하고 염기로도 작용하는 물질

해설

양쪽성 물질
산으로도 작용하고 염기로도 작용하는 물질

예 H_2O, HSO_4^-, HCO_3^-, $H_2PO_4^-$

$HCl + H_2O \rightarrow H_3O^+ + Cl^-$

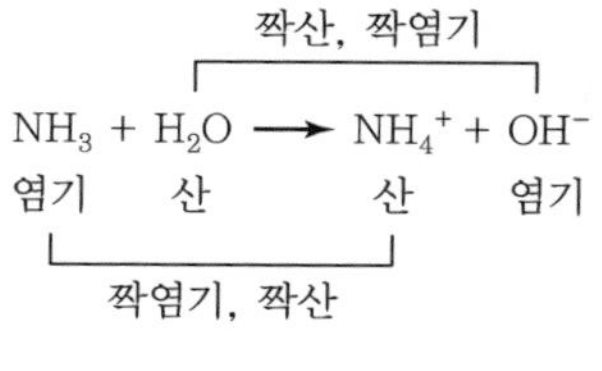

정답 01 ④ 02 ④

03 염화물의 에스테르화 반응에서 Schotten–Baumann 법에 해당하는 것은?

① $RC_6H_4NH_2 + RC_6H_4Cl \xrightarrow[K_2CO_3]{Cu} RC_6H_4NHC_6H_4R + HCl$

② $R_2NH + 2HC \equiv CH \xrightarrow{Cu_2C_2} R_2NCH(CH_3)C \equiv CH$

③ $RRNH + HC \equiv CH \xrightarrow{KOH} RRNCH = CH_2$

④ $RNH_2 + R'COCl \xrightarrow{NaOH} RNHCOR'$

해설

Schotten–Baumann법

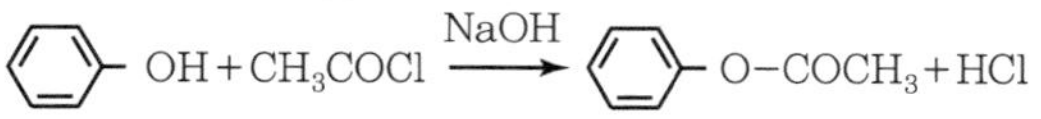

- 알칼리 존재하에 산염화물에 의해 $-OH$, $-NH_2$가 아실화되는 반응이다.
- 10~20% NaOH 수용액에 페놀이나 알코올을 용해시킨 후 강하게 교반하면서 산염화물을 서서히 가하면 순간적으로 에스테르가 생성된다.
- 염화물의 에스테르화 반응 중 가장 좋은 방법이다.

04 질산의 직접 합성 반응식이 아래와 같을 때 반응 후 응축하여 생성된 질산 용액의 농도(wt%)는?

$$NH_3 + 2O_2 \rightleftarrows HNO_3 + H_2O$$

① 68 ② 78
③ 88 ④ 98

해설

질산의 직접 합성 반응
78% HNO_3를 얻는다.
$NH_3 + 2O_2 \rightleftarrows HNO_3 + H_2O$

05 가성소다 공업에서 전해액의 저항을 낮추기 위해서 수행하는 조작은?

① 전해액 중의 기포가 증가되도록 한다.
② 두 전극 간의 거리를 증가시킨다.
③ 전해액의 온도 및 NaCl의 농도를 높여준다.
④ 전해액의 온도를 저온으로 유지시켜 준다.

해설

전해액의 저항을 낮추기 위한 방법
- NaCl의 농도를 크게 한다.
- 전해액의 온도를 높인다(60~70℃).
- 극 간격을 되도록 접근시킨다.
- 액 중의 기포를 되도록 속히 이탈시킨다.

06 합성염산의 원료기체를 제조하는 방법은?

① 공기의 액화 ② 공기의 아크방전법
③ 소금물의 전해 ④ 염화물의 치환법

해설

합성염산의 원료
소금을 전기분해하여 얻는다.

$$2NaCl + 2H_2O \xrightarrow{\text{전기분해}} 2NaOH + Cl_2 + H_2 \xrightarrow{\text{합성}} 2HCl$$

- (+)극 : $2Cl^- \rightarrow Cl_2\uparrow + 2e^-$
- (−)극 : $2Na^+ + 2H_2O + 2e^- \rightarrow 2NaOH + H_2\uparrow$

07 옥탄가가 낮은 나프타를 고옥탄가의 가솔린으로 변화시키는 공정은?

① 스위트닝 공정 ② MTG 공정
③ 가스화 공정 ④ 개질 공정

해설

석유의 개질
㉠ 열분해법
- 비스브레이킹 : 점도가 높은 찌꺼기유에서 점도가 낮은 중질유를 얻는 방법(470℃)
- 코킹 : 중질유를 강하게 열분해시켜(1,000℃) 가솔린과 경유를 얻는 방법

정답 03 ④ 04 ② 05 ③ 06 ③ 07 ④

㉡ 접촉분해법
- 등유나 경유를 촉매를 이용하여 분해시키는 방법
- 옥탄가가 높은 가솔린을 얻을 수 있으나, 석유화학의 원료제조에는 부적당하다.

㉢ 수소화분해법 : 비점이 높은 유분을 고압의 수소 속에서 촉매를 이용하여 분해시켜서 가솔린을 얻는 방법

㉣ 리포밍(개질) : 옥탄가가 낮은 가솔린, 나프타 등을 촉매를 이용하여 방향족 탄화수소나 이소파라핀을 많이 함유하는 옥탄가가 높은 가솔린으로 전환시킨다.

㉤ 알킬화법 : $C_2 \sim C_5$의 올레핀과 이소부탄의 반응에 의해 옥탄가가 높은 가솔린을 제조하는 방법

㉥ 이성화법 : 촉매를 사용해 $n-$파라핀을 iso형으로 이성질화하는 방법

※ 스위트닝 : 부식성과 악취가 있는 메르캅탄, 황화수소, 황 등을 산화하여 이황화물로 만들어 없애는 정제방법
MTG 공정(Methanol to Gasoline) : 메탄올을 탄화수소로 변환하는 방법

08 칼륨비료에 속하는 것은?

① 유안 ② 요소
③ 볏집재 ④ 초안

해설

- 칼륨비료의 원료 : 간수, 해초, 초목재, 볏집재, 용광로 Dust, 시멘트 Dust
- 질소비료 : 유안[$(NH_4)_2SO_4$, 황안], 요소(NH_2CONH_2), 초안(NH_4NO_3, 질안)

09 아래의 구조를 갖는 물질의 명칭은?

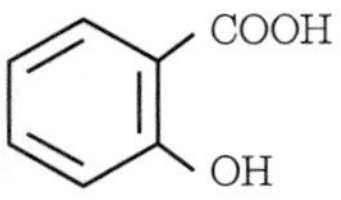

① 석탄산 ② 살리실산
③ 톨루엔 ④ 피크르산

해설

① 석탄산 :

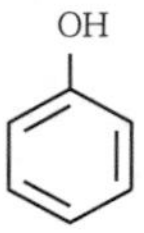

페놀

② 살리실산 :

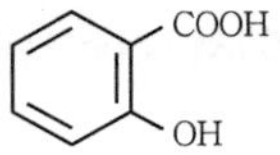

③ 톨루엔 :

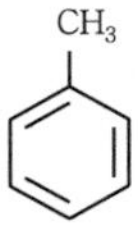

④ 피크르산 :

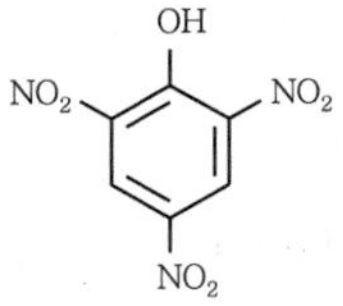

10 환원반응에 의해 알코올(Alcohol)을 생성하지 않는 것은?

① 카르복시산 ② 나프탈렌
③ 알데히드 ④ 케톤

해설

1차 알코올 $\underset{\text{환원}}{\overset{\text{산화}}{\rightleftharpoons}}$ 알데히드 $\underset{\text{환원}}{\overset{\text{산화}}{\rightleftharpoons}}$ 카르복시산

2차 알코올 $\underset{\text{환원}}{\overset{\text{산화}}{\rightleftharpoons}}$ 케톤

11 석유의 접촉분해 시 일어나는 반응으로 가장 거리가 먼 것은?

① 축합 ② 탈수소
③ 고리화 ④ 이성질화

해설

석유의 접촉분해
- 등유나 경유를 촉매를 사용하여 분해시키는 방법
- 이성질화, 탈수소, 고리화, 탈알킬반응이 분해반응과 함께 일어나서 이소파라핀, 고리모양 올레핀, 방향족 탄화수소, 프로필렌 등이 생긴다.
- 탄소수 3개 이상의 탄화수소, 방향족 탄화수소가 많이 생긴다. → 올레핀은 생성되지 않는다.
- 실리카알루미나($SiO_2-Al_2O_3$), 합성제올라이트를 촉매로 사용한다.
- 카르보늄이온이 생성되는 반응
- 옥탄가가 높은 가솔린을 얻을 수 있으나, 석유화학의 원료제조에는 부적당하다.

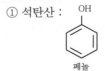

정답 08 ③ 09 ② 10 ② 11 ①

12 나프타의 열분해 반응은 감압하에 하는 것이 유리하나 실제로는 수증기를 도입하여 탄화수소의 분압을 내리고 평형을 유지하게 한다. 이러한 조건으로 하는 이유가 아닌 것은?

① 진공가스 펌프의 에너지 효율을 높인다.
② 중합 등의 부반응을 억제한다.
③ 수성가스 반응에 의한 탄소 석출을 방지한다.
④ 농축에 의해 생성물과의 분류가 용이하다.

해설

나프타의 열분해

나프타의 열분해는 감압하에서 하는 것이 유리하나 실제로는 수증기를 도입하여 탄화수소의 분압을 내리고 평형을 유지하게 하여 조업한다. 그 이유는 다음과 같다.

- 중합 등의 부반응을 억제한다.
- 수성가스 반응에 의한 탄소 석출을 방지한다.
- 농축에 의한 생성물과의 분류가 용이하다.

13 격막식 전해조에서 전해액은 양극에 도입되어 격막을 통해 음극으로 흐르고, 음극실의 OH^- 이온이 역류한다. 이때 격막실 전해조 양극의 재료는?

① 철망 ② Ni
③ Hg ④ 흑연

해설

격막법

- 양극 : $2Cl^- \rightarrow Cl_2\uparrow + 2e^-$ (산화), 흑연
- 음극 : $2H_2O + 2e^- \rightarrow H_2\uparrow + 2OH^-$ (환원), 철

14 천연고무와 가장 관계가 깊은 것은?

① Propane ② Ethylene
③ Isoprene ④ Isobutene

해설

천연고무(이소프렌)

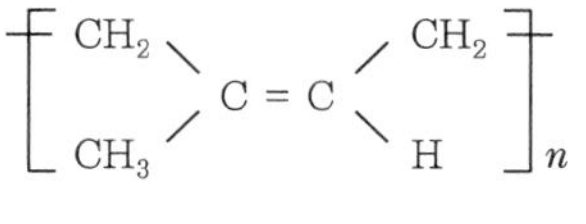

15 아래와 같은 특성을 가지고 있는 연료전지는?

- 전극으로는 세라믹 산화물이 사용된다.
- 작동온도는 약 1,000℃이다.
- 수소나 수소/일산화탄소 혼합물을 사용할 수 있다.

① 인산형 연료전지(PAFC)
② 용융탄산염 연료전지(MCFC)
③ 고체산화물형 연료전지(SOFC)
④ 알칼리 연료전지(AFC)

해설

연료전지

㉠ 인산형 연료전지
- 가장 먼저 상용화
- 백금 또는 니켈 입자를 분산시킨 탄소 촉매전극
- 연료 : 수소
- 산화체 : 공기 중 산소

㉡ 용융탄산염 연료전지
- 탄화수소를 개질할 때 생성되는 수소 또는 일산화탄소의 혼합가스를 직접 연료로 사용
- 650℃ 정도의 고온 유지

㉢ 고체산화물 연료전지
- 이온전도성 산화물을 전해질로 이용
- 1,000℃ 정도에서 작동
- 지르코니아(ZrO_2)와 같은 세라믹 산화물을 사용
- 이론에너지 효율은 저하, 에너지 회수율이 향상되면서 화력발전을 대체하고 석탄 가스를 이용한 고효율이 기대된다(50% 이상의 전기적 효율).

㉣ 알칼리 연료전지
- 아폴로 우주계획 등 우주선에 가장 많이 활용
- Raney 니켈, 은 촉매

㉤ 고분자 전해질 연료전지
- 듀퐁의 Nafion
- 작동온도가 낮다.

16 HCl 가스를 합성할 때 H_2 가스를 이론량보다 과잉으로 넣어 반응시키는 이유로 가장 거리가 먼 것은?

① 폭발 방지 ② 반응열 조절
③ 장치부식 억제 ④ Cl_2 가스의 농축

정답 12 ① 13 ④ 14 ③ 15 ③ 16 ④

해설

H_2와 Cl_2는 가열하거나 빛을 가하면 폭발적으로 반응한다. 이를 방지하기 위해 Cl_2와 H_2 원료의 몰비를 1 : 1.2로 한다.

17 황산의 원료인 아황산가스를 황화철광(Iron Pyrite)을 공기로 완전연소하여 얻고자 한다. 황화철광의 10%가 불순물이라 할 때 황화철광 1톤을 완전연소하는 데 필요한 이론공기량(Sm^3)은?(단, S와 Fe의 원자량은 각각 32amu와 56amu이다.)

① 460　　② 580
③ 2,200　　④ 2,480

해설

황화철광 : FeS_2

$4FeS_2 + 11O_2 \rightarrow 2Fe_2O_3 + 8SO_2$

$4 \times 120\text{kg} : 11 \times 22.4\text{m}^3(\text{STP})$

$1{,}000\text{kg} \times 0.9 : x$

$\therefore x = 462\text{m}^3\,O_2 \times \dfrac{1}{0.21} = 2{,}200\text{m}^3\,\text{Air}$

18 석회질소비료 제조 시 반응되고 남은 카바이드는 수분과 반응하여 아세틸렌 가스를 생성한다. 1kg 석회질소비료에서 아세틸렌 가스가 200L 발생하였을 때, 비료 중 카바이드의 함량(wt%)은?(단, Ca의 원자량은 40amu이고, 아세틸렌 가스의 부피 측정은 20℃, 760 mmHg에서 진행하였다.)

① 53.2%　　② 63.5%
③ 78.8%　　④ 83.9%

해설

$CaC_2 + 2H_2O \rightarrow Ca(OH)_2 + C_2H_2$

$64\text{g} : 22.4\text{L} \times \dfrac{293}{273}$

$x\text{g} : 200\text{L}$

$\therefore x = 532.4\text{g}\ CaC_2$

1kg 석회질소 중 카바이드의 양이 532.4g이므로

$\dfrac{532.4\text{g}}{1{,}000\text{g}} \times 100 = 53.24\%$

19 P형 반도체를 제조하기 위해 실리콘에 소량 첨가하는 물질은?

① 인듐　　② 비소
③ 안티몬　　④ 비스무트

해설

- P형 반도체 : (13족 원소)
  B(붕소), Al(알루미늄), Ga(갈륨), In(인듐)
- N형 반도체 : (15족 원소)
  N(질소), P(인), As(비소), Sb(안티몬)

20 Syndiotactic Polystyrene의 합성에 관여하는 촉매로 가장 적합한 것은?

① 메탈로센 촉매　　② 메탈옥사이드 촉매
③ 린들러 촉매　　④ 벤조일퍼록사이드

해설

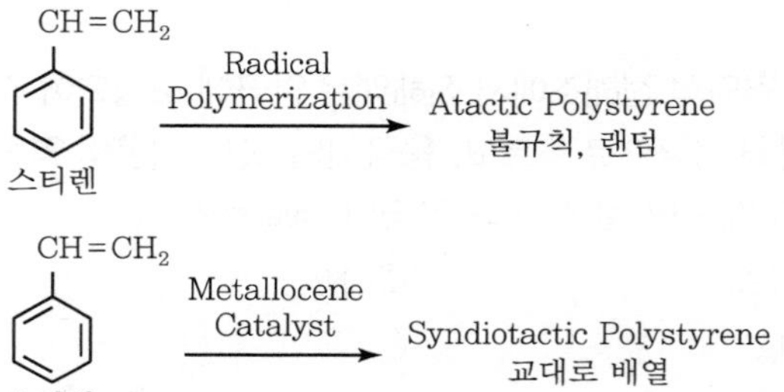

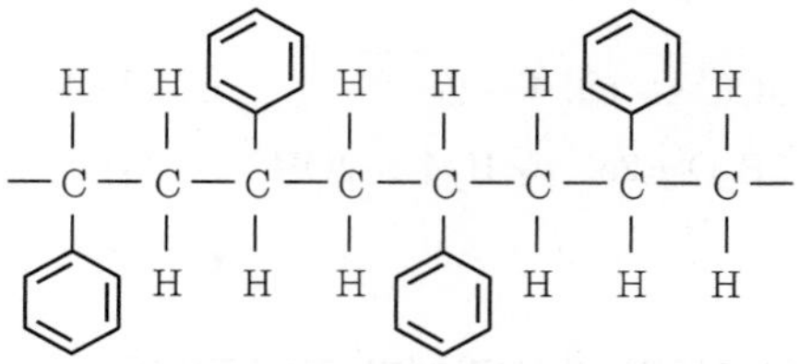

Syndiotactic Polystyrene

2과목 반응운전

21 화학반응의 평형상수(K)에 관한 내용 중 틀린 것은?(단, a_i, ν_i는 각각 i 성분의 활동도와 양론수이며 $\Delta G°$는 표준 깁스(Gibbs) 자유에너지 변화이다.)

① $K = \prod_i (\hat{a}_i)^{\nu_i}$

② $\ln K = -\dfrac{\Delta G°}{RT^2}$

③ K는 온도에 의존하는 함수이다.

④ K는 무차원이다.

해설

평형상수(K)

- $K = \prod_i \left(\dfrac{\hat{f}_i}{f_i°}\right)^{\nu_i}$
- $K = \prod_i (\hat{a}_i)^{\nu_i}$
- $\ln K = -\dfrac{\Delta G°}{RT}$
- K는 온도만의 함수

22 수증기 1L를 1기압에서 5기압으로 등온압축했을 때 부피 감소량(cm^3)은?(단, 등온압축률은 4.53×10^5 atm^{-1}이다.)

① 0.181　② 0.225
③ 1.81　④ 2.25

해설

$\kappa = -\dfrac{1}{V}\left(\dfrac{\partial V}{\partial P}\right)_T$

$V = 1L$

$4.53 \times 10^{-5} atm^{-1} = \left(\dfrac{\Delta V}{5-1}\right)$

$1.812 \times 10^{-4} = \Delta V(L)$

$\therefore \Delta V = 0.182 cm^3$

23 어떤 산 정상에서 질량(Mass)이 600kg인 물체를 10m 높이까지 들어 올리는 데 필요한 일($kg_f \cdot m$)은?(단, 지표면과 산 정상에서의 중력가속도는 각각 9.8 m/s^2, 9.4m/s^2이다.)

① 600　② 1,255
③ 3,400　④ 5,755

해설

$E_P = m\dfrac{g}{g_c}h$

$= 600kg \times \dfrac{9.4 m/s^2}{9.8 kg \cdot m/kg_f \cdot s^2} \times 10m$

$= 5{,}755m$

24 C와 O_2, CO_2의 임의의 양이 500℃ 근처에서 혼합된 2상계의 자유도는?

① 1　② 2
③ 3　④ 4

해설

$C(s) + O_2(g) \rightarrow CO_2(g)$

$F = 2 - P + C - r - s$

$= 2 - 2 + 3 - 1$

$= 2$

25 혼합물의 융해, 기화, 승화 시 변하지 않는 열역학적 성질에 해당하는 것은?

① 엔트로피　② 내부에너지
③ 화학퍼텐셜　④ 엔탈피

해설

상평형(융해, 기화, 승화)

- $T^\alpha = T^\beta$
- $P^\alpha = P^\beta$
- $\mu_i^\alpha = \mu_i^\beta$

정답 21 ② 22 ① 23 ④ 24 ② 25 ③

26 열용량이 일정한 이상기체의 PV 도표에서 일정 엔트로피 곡선과 일정 온도 곡선에 대한 설명 중 옳은 것은?

① 두 곡선 모두 양(Positive)의 기울기를 갖는다.
② 두 곡선 모두 음(Negative)의 기울기를 갖는다.
③ 일정 엔트로피 곡선은 음의 기울기를, 일정 온도 곡선은 양의 기울기를 갖는다.
④ 일정 엔트로피 곡선은 양의 기울기를, 일정 온도 곡선은 음의 기울기를 갖는다.

해설

등엔트로피 선도는 등온선보다 더 가파르다.

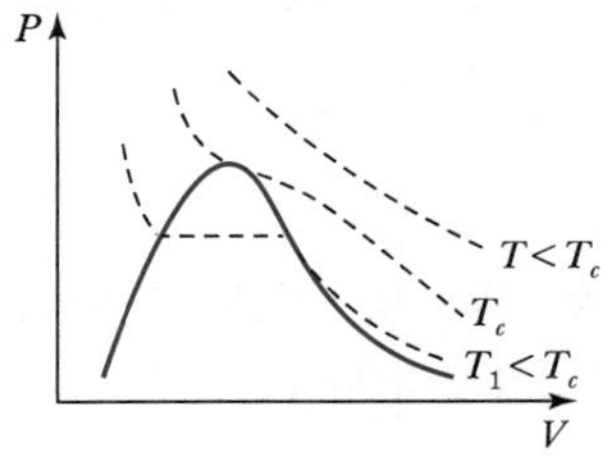

27 활동도계수(Activity Coefficient)에 관한 식으로 옳게 표시된 것은?(단, G^E는 혼합물 1mol에 대한 과잉 깁스에너지이며, γ_i는 i 성분의 활동도계수, n은 전체 몰수, n_i는 i 성분의 몰수, n_j는 i 성분 이외의 몰수를 나타낸다.)

① $\ln\gamma_i = \left[\dfrac{\partial(G^E/R)}{\partial n_i}\right]_{T,P,n_j}$

② $\ln\gamma_i = \left[\dfrac{\partial(nG^E/RT)}{\partial n_i}\right]_{T,n_j}$

③ $\ln\gamma_i = \left[\dfrac{\partial(nG^E/RT)}{\partial n_i}\right]_{P,n_j}$

④ $\ln\gamma_i = \left[\dfrac{\partial(nG^E/RT)}{\partial n_i}\right]_{T,P,n_j}$

해설

활동도계수

$$\gamma_i = \frac{\hat{f}_i}{x_i f_i}$$

$$\overline{G}_i^E = RT\ln\gamma_i$$

$$\therefore \ln\gamma_i = \left[\frac{\partial(nG^E/RT)}{\partial n_i}\right]_{P,T,n_j}$$

28 정상상태로 흐르는 유체가 노즐을 통과할 때의 일반적인 에너지수지식은?(단, H는 엔탈피, U는 내부에너지, KE는 운동에너지, PE는 위치에너지, Q는 열, W는 일을 나타낸다.)

① $\Delta H = 0$ ② $\Delta H + \Delta KE = 0$
③ $\Delta H + \Delta PE = 0$ ④ $\Delta U = Q - W$

해설

$$\Delta H + \frac{\Delta u^2}{2} = 0$$

29 여름철 실내 온도를 26℃로 유지하기 위해 열펌프의 실내 측 방열판의 온도를 5℃, 실외 측 방열판의 온도를 18℃로 유지하여야 할 때, 이 열펌프의 성능계수는?

① 21.40 ② 19.98
③ 15.56 ④ 8.33

해설

$$COP = \frac{(273+5)}{(273+18)-(273+5)} = 21.38$$

30 가역과정(Reversible Process)에 관한 설명 중 틀린 것은?

① 연속적으로 일련의 평형상태들을 거친다.
② 가역과정을 일으키는 계와 외부와의 퍼텐셜 차는 무한소이다.
③ 폐쇄계에서 부피가 일정한 경우 내부에너지 변화는 온도와 엔트로피 변화의 곱이다.
④ 자연상태에서 일어나는 실제 과정이다.

정답 26 ② 27 ④ 28 ② 29 ① 30 ④

해설

가역과정
- 평형으로부터 미소한 폭 이상으로 벗어나지 않는다.
- 연속적으로 일련의 평형상태를 거친다.
- 외부조건의 미소변화에 의하여 어느 지점에서라도 역전될 수 있다.
- $dU = dQ - PdV$
  $V = \text{Const}$
  $dU = dQ = TdS$
- 자연계에서 자발적으로 일어나는 과정은 비가역과정이다.

31 혼합흐름반응기에서 $A + R \rightarrow R + R$인 자동촉매반응으로 99mol% A와 1mol% R인 반응물질을 전환시켜서 10mol% A와 90mol% R인 생성물을 얻고자 할 때, 반응기의 체류시간(min)은?(단, 혼합반응물의 초기 농도는 1mol/L이고, 반응상수는 1L/mol · min이다.)

① 6.89　② 7.89
③ 8.89　④ 9.89

해설

$A + R \rightarrow R + R$

99mol% A + 1mol% R → 10mol% A + 90mol% R

CSTR

$$\tau = \frac{V}{v_0} = \frac{C_{A0}V}{F_{A0}} = \frac{C_{A0}X_A}{-r_A} = \frac{C_{A0} - C_A}{-r_A}$$

$$-r_A = -\frac{dC_A}{dt} = kC_AC_R = kC_A(C_0 - C_A)$$
$$= (1\text{L/mol} \cdot \text{min})(0.1)(0.9)$$
$$= 0.09\text{mol/L} \cdot \text{min}$$

$$\tau = \frac{0.99 - 0.1}{0.09} = 9.89\text{min}$$

32 자동촉매반응(Autocatalytic Reaction)에 대한 설명으로 옳은 것은?

① 전화율이 작을 때는 플러그흐름반응기가 유리하다.
② 전화율이 작을 때는 혼합흐름반응기가 유리하다.
③ 전화율과 무관하게 혼합흐름반응기가 항상 유리하다.
④ 전화율과 무관하게 플러그흐름반응기가 항상 유리하다.

해설

자동촉매반응

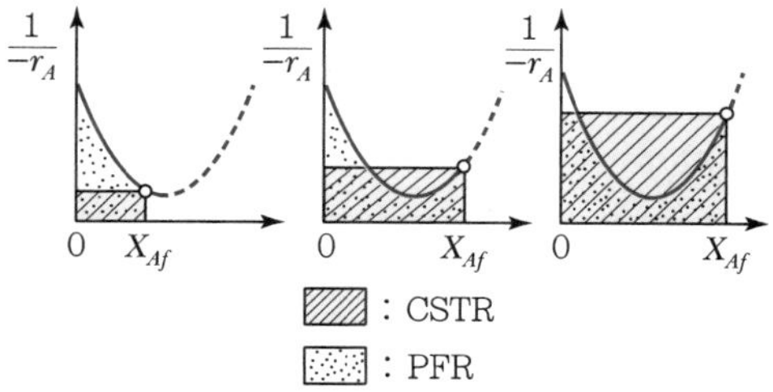

X_A가 낮을 때	X_A가 중간일 때	X_A가 높을 때
CSTR 선택	PFR, CSTR	PFR
$V_c < V_p$	$V_c \fallingdotseq V_p$	$V_c > V_p$

33 1차 직렬반응을 아래와 같이 단일반응으로 간주하려 할 때, 단일반응의 반응속도상수(k ; s^{-1})는?

$$A \xrightarrow{k_1} R \xrightarrow{k_2} S \cdots k_1 = 200\text{s}^{-1},\ k_2 = 10\text{s}^{-1}$$

$$A \xrightarrow{\quad k \quad} S$$

① 11.00　② 9.52
③ 0.11　④ 0.09

해설

$A \xrightarrow{k_1} R \xrightarrow{k_2} S$

$k_1 = 200\text{s}^{-1}$

$k_2 = 10\text{s}^{-1}$

$A \xrightarrow{\quad k \quad} S \ (k_1 \gg k_2)$

$$\therefore k = \frac{1}{\frac{1}{k_1} + \frac{1}{k_2}} = \frac{1}{\frac{1}{200} + \frac{1}{10}}$$
$$= 9.52\text{s}^{-1}$$

정답 31 ④ 32 ② 33 ②

34 반응물 A와 B가 R과 S로 반응하는 아래와 같은 경쟁반응이 혼합흐름반응기(CSTR)에서 일어날 때, A의 전화율이 80%일 때 생성물 흐름 중 S의 함량(mol%)은?(단, 반응기로 유입되는 A와 B의 농도는 각각 20 mol/L이다.)

$$A+B \rightarrow R \quad \cdots\cdots\cdots\cdots \quad \frac{dC_R}{dt}=C_A C_B^{0.3}$$

$$A+B \rightarrow S \quad \cdots\cdots\cdots\cdots \quad \frac{dC_S}{dt}=C_A^{0.5} C_B^{1.8}$$

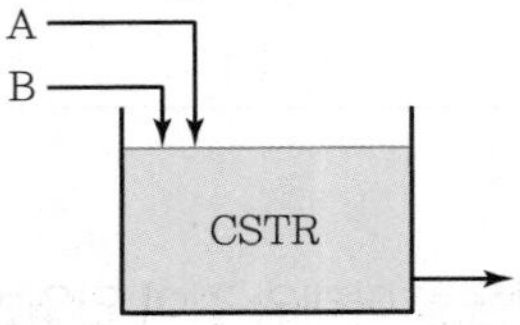

① 33.3 ② 44.4
③ 55.5 ④ 66.6

해설

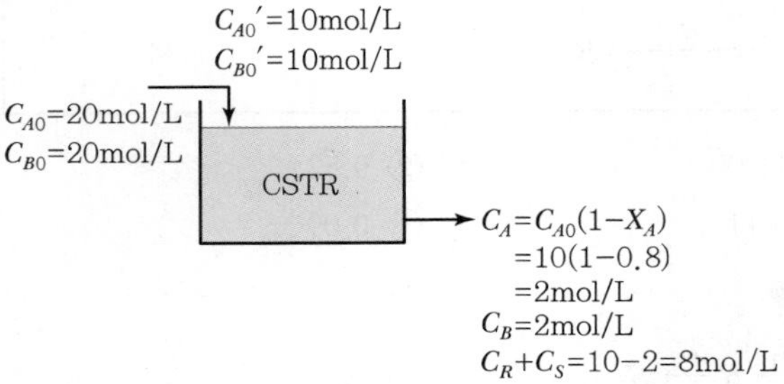

$$\phi\left(\frac{S}{A}\right)=\frac{C_A^{\ 0.5}C_B^{\ 1.8}}{C_A C_B^{\ 0.3}+C_A^{\ 0.5}C_B^{\ 1.8}}$$

$$=\frac{1}{C_A^{\ 0.5}C_B^{\ -1.5}+1}=\frac{1}{C_A^{\ -1}+1} \qquad (C_A=C_B)$$

$$=\frac{C_A}{1+C_A}$$

CSTR

$$C_S=\phi\left(\frac{S}{A}\right)(-\Delta C_A)$$

$$=\frac{C_A}{1+C_A}(C_{A0}-C_A)$$

$$=\frac{2}{3}(10-2)=5.33$$

∴ 생성물 흐름 중 S의 함량(mol%)

$$=\frac{C_S}{C_A+C_B+C_R+C_S}\times 100\%$$

$$=\frac{5.33}{2+2+8}\times 100=44.4\%$$

35 크기가 다른 두 혼합흐름반응기를 직렬로 연결한 반응계에 대하여, 정해진 유량과 온도 및 최종 전화율 조건하에서 두 반응기의 부피 합이 최소가 되는 경우에 대한 설명으로 옳지 않은 것은?(단, n은 반응차수를 의미한다.)

① $n=1$인 반응에서는 크기가 다른 반응기를 연결하는 것이 이상적이다.
② $n>1$인 반응에서는 작은 반응기가 먼저 와야 한다.
③ $n<1$인 반응에서는 큰 반응기가 먼저 와야 한다.
④ 두 반응기의 크기 비는 일반적으로 반응속도와 전화율에 따른다.

해설

크기가 다른 두 CSTR을 직렬로 연결하는 경우
- 1차 반응 : 동일한 크기의 반응기가 최적
- $n>1$: 작은 반응기 → 큰 반응기
- $n<1$: 큰 반응기 → 작은 반응기

※ 직렬로 연결된 2개의 CSTR의 크기는 일반적으로 반응속도론과 전화율에 의해 결정된다.

36 A와 B에 각각 1차인 $A+B \rightarrow C$인 반응이 아래의 조건에서 일어날 때, 반응속도(mol/L · s)는?

반응물	농도
A	2.2×10^{-2}mol/L
B	8.0×10^{-3}mol/L

반응속도상수	1.0×10^{-2}L/mol · s

① 2.41×10^{-6} ② 2.41×10^{-5}
③ 1.76×10^{-6} ④ 1.76×10^{-5}

정답 34 ② 35 ① 36 ③

해설

$$-r_A = kC_AC_B$$
$$= (1.0\times10^{-2}\text{L/mol}\cdot\text{s})\times(2.2\times10^{-2}\text{mol/L})$$
$$\times(8.0\times10^{-3}\text{mol/L})$$
$$= 1.76\times10^{-6}\text{mol/L}\cdot\text{s}$$

37 A가 R을 거쳐 S로 반응하는 연속반응과 A와 R의 소모 및 생성 속도가 아래와 같을 때, 이 반응을 회분식 반응기에서 반응시켰을 때의 C_R/C_{A0}는?(단, 반응 시작 시 회분식 반응기에는 순수한 A만을 공급하여 반응을 시작한다.)

$A \rightarrow R \rightarrow S$	$-r_A = k_1C_A$ $r_R = k_1C_A - k_2$

① $1+e^{-k_1t}-\dfrac{k_2}{C_{A0}}t$　② $1+e^{-k_1t}+\dfrac{k_2}{C_{A0}}t$

③ $1-e^{-k_1t}-\dfrac{k_2}{C_{A0}}t$　④ $1-e^{-k_1t}+\dfrac{k_2}{C_{A0}}t$

해설

$$-r_A = -\frac{dC_A}{dt} = k_1C_A$$
$$-\frac{dC_A}{C_A} = k_1t$$
$$\ln\frac{C_A}{C_{A0}} = -k_1t$$
$$\therefore\ C_A = C_{A0}e^{-k_1t}$$
$$r_R = \frac{dC_R}{dt} = k_1C_A - k_2 = k_1C_{A0}e^{-k_1t} - k_2$$
$$\frac{dC_R}{dt} = k_1C_{A0}e^{-k_1t} - k_2$$
$$C_R = \frac{k_1}{-k_1}C_{A0}e^{-k_1t}\Big|_0^t - k_2t = -C_{A0}e^{-k_1t} + C_{A0} - k_2t$$
$$\therefore\ \frac{C_R}{C_{A0}} = -e^{-k_1t} + 1 - \frac{k_2t}{C_{A0}}$$

38 $2A+B\rightarrow 2C$인 기상반응에서 초기 혼합 반응물의 몰비가 아래와 같을 때, 반응이 완료되었을 때 A의 부피 변화율(ε_A)은?(단, 반응이 진행되는 동안 압력은 일정하게 유지된다고 가정한다.)

$A : B :$ Inert Gas $= 3 : 2 : 5$

① -0.200　② -0.300

③ -0.167　④ -0.150

해설

$$2A+B\rightarrow 2C$$
$$\varepsilon_A = y_{A0}\delta$$
$$y_{A0} = \frac{3}{3+2+5} = 0.3$$
$$\therefore\ \varepsilon_A = 0.3\frac{2-2-1}{2} = -0.15$$

39 반응물 A의 농도를 C_A, 시간을 t라고 할 때, 0차 반응의 경우 직선으로 나타나는 관계는?

① C_A vs t

② $\ln C_A$ vs t

③ C_A^{-1} vs t

④ $(\ln C_A)^{-1}$ vs t

해설

$$-r_A = -\frac{dC_A}{dt} = kC_A{}^{\circ} = k$$
$$C_A - C_{A0} = -kt$$
$$\therefore\ \underbrace{C_A}_{Y} = \underbrace{-k}_{\text{기울기}}\underbrace{t}_{X} + \underbrace{C_{A0}}_{y\text{절편}}$$

40 공간속도(Space Velocity)가 2.5s^{-1}이고 원료 공급속도가 1초당 100L일 때 반응기의 체적(L)은?

① 10　② 20

③ 30　④ 40

정답 37 ③ 38 ④ 39 ① 40 ④

해설

$$\tau = \frac{1}{s} = \frac{1}{2.5\text{s}^{-1}} = 0.4\text{s}$$

$$\tau = \frac{V}{v_o}$$

$$0.4\text{s} = \frac{V}{100\text{L/s}}$$

$$\therefore\ V = 40\text{L}$$

3과목 단위공정관리

41 같은 질량을 갖는 2개의 구가 공기 중에서 낙하한다. 두 구의 직경비(D_1/D_2)가 3일 때 입자 레이놀즈 수($N_{Re,p}$)는 $N_{Re,p} < 1.0$이라면 종단속도의 비(V_1/V_2)는?

① 9　　② 9^{-1}

③ 3　　④ 3^{-1}

해설

종말속도 $V \propto \frac{1}{\sqrt{A}}$

$\therefore\ V \propto \frac{1}{D}$

$$\frac{V_1}{V_2} = \frac{D_2}{D_1} = \frac{1}{3}$$

42 물질전달 조작에서 확산현상이 동반되며 물질 자체의 분자운동에 의하여 일어나는 확산은?

① 분자확산　　② 난류확산

③ 상호확산　　④ 단일확산

해설

- 물질전달 : 같은 상이나 다른 상 사이의 경계면에서 물질이 서로 이동하는 것 → 확산
- 분자확산 : 물질 자신의 분자운동에 의해 일어난다. 각 분자가 무질서한 개별운동에 의해 유체 속을 운동 또는 이동해 나가는 것이다.

43 유량측정기구 중 부자 또는 부표(Float)라고 하는 부품에 의해 유량을 측정하는 기구는?

① 로터미터(Rotameter)

② 벤투리미터(Venturi Meter)

③ 오리피스미터(Orifice Meter)

④ 초음파유량계(Ultrasonic Meter)

해설

유량계

- 오리피스미터 : 차압유량계
- 벤투리미터 : 차압유량계
- 로터미터 : 면적유량계이며, 유체를 밑에서 위로 올려 보내면서 부자(Float)를 띄워 정지하는 곳에서 유리관의 눈금을 읽어 유량을 알 수 있다.
- 초음파유량계 : 음파가 유체 속에서 흐름방향으로 흐를 때와 흐름의 반대방향으로 흐를 때의 속도 차이를 이용하여 유체의 속도를 측정하는 장치

44 충전 흡수탑에서 플러딩(Flooding)이 일어나지 않게 하기 위한 조건은?

① 탑의 높이를 높게 한다.

② 탑의 높이를 낮게 한다.

③ 탑의 직경을 크게 한다.

④ 탑의 직경을 작게 한다.

해설

범람점(왕일점, Flooding Point)

기체의 속도가 아주 커서 액이 거의 흐르지 않고 넘치는 점

45 분쇄에 대한 설명으로 틀린 것은?

① 최종입자가 중요하다.

② 최초의 입자는 무관하다.

③ 파쇄물질의 종류도 분쇄동력의 계산에 관계된다.

④ 파쇄기 소요일량은 분쇄되어 생성되는 표면적에 비례한다.

정답 41 ④ 42 ① 43 ① 44 ③ 45 ②

해설

분쇄

Lewis 식 $\dfrac{dW}{dD_p} = -kD_p^{-n}$

여기서, D_p : 분쇄원료의 대표직경

W : 분쇄에 필요한 에너지

k, n : 정수

D_p를 D_{p1}(분쇄원료의 직경)에서 D_{p2}(분쇄 후 직경)까지 적분한다.

46 건조장치 선정에서 가장 중요한 사항은?

① 습윤상태 ② 화학퍼텐셜
③ 선택도 ④ 반응속도

해설

건조장치

건조는 고체물질에 함유되어 있는 수분을 가열에 의해 제거하는 조작이므로 습윤상태가 중요하다.

47 정류탑에서 50mol%의 벤젠－톨루엔 혼합액을 비등 액체 상태로 1,000kg/h의 속도로 공급한다. 탑상의 유출액은 벤젠 99mol% 순도이고 탑저 제품은 톨루엔 98mol%를 얻고자 한다. 벤젠의 액 조성이 0.5일 때 평형증기의 조성은 0.72이다. 실제 환류비는?(단, 실제 환류비는 최소환류비의 3배이다.)

① 0.82 ② 1.23
③ 2.73 ④ 3.68

해설

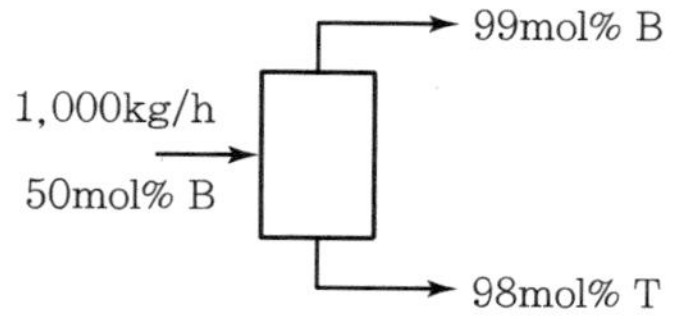

최소환류비 $R_{Dm} = \dfrac{x_D - y_f}{y_f - x_f} = \dfrac{0.99 - 0.72}{0.72 - 0.5} = 1.227$

환류비 $R = 3R_{Dm} = 3 \times 1.227 = 3.68$

48 열전도도가 0.15kcal/m · h · ℃인 100mm 두께의 평면벽 양쪽 표면 온도차가 100℃일 때, 이 벽의 1m² 당 전열량(kcal/h)은?

① 15 ② 67
③ 150 ④ 670

해설

$q = kA\dfrac{dt}{dl}$

$\dfrac{q}{A} = (0.15\text{kcal/m}\cdot\text{h}\cdot℃)\dfrac{100℃}{0.1\text{m}}$

$= 150\text{kcal/h}\cdot\text{m}^2$

49 무차원 항이 밀도와 관계없는 것은?

① 그라스호프(Grashof) 수
② 레이놀즈(Reynolds) 수
③ 슈미트(Schmidt) 수
④ 너셀(Nusselt) 수

해설

① $N_{Gr} = \dfrac{gD^3\rho^2\beta\Delta t}{\mu^2} = \dfrac{\text{부력}}{\text{점성력}}$

② $N_{Re} = \dfrac{Du\rho}{\mu} = \dfrac{\text{관성력}}{\text{점성력}}$

③ $N_{Sc} = \dfrac{\mu}{\rho D_{AB}}$

④ $N_{Nu} = \dfrac{hD}{k} = \dfrac{\text{대류열전달}}{\text{전도열전달}}$

50 낮은 온도에서 증발이 가능해서 증기의 경제적 이용이 가능하고 과즙, 젤라틴 등과 같이 열에 민감한 물질을 처리하는 데 주로 사용되는 것은?

① 다중효용증발 ② 고압증발
③ 진공증발 ④ 압축증발

정답 46 ① 47 ④ 48 ③ 49 ④ 50 ③

해설

진공증발
- 열원으로 폐증기를 이용할 경우, 온도가 낮으므로 농도가 높고 비점이 큰 용액의 증발은 불가능할 때에 진공펌프를 이용해서 관 내의 압력은 낮추고 비점을 낮추어 유효한 증발을 할 수 있다.
- 진공증발이란 저압에서의 증발을 의미하며 증기의 경제가 주목적이다.
- 과즙이나 젤라틴과 같이 열에 예민한 물질을 증발할 경우 진공증발함으로써 저온에서 증발시킬 수 있어 열에 의한 변질을 방지할 수 있다.

51 25℃에서 벤젠이 Bomb 열량계 속에서 연소되어 이산화탄소와 물이 될 때 방출된 열량을 실험으로 재어 보니 벤젠 1mol당 780,890cal였을 때, 25℃에서의 벤젠의 표준연소열(cal)은?(단, 반응식은 다음과 같으며 이상기체로 가정한다.)

$$C_6H_6(l)+7.5O_2(g) \rightarrow 3H_2O(l)+6CO_2(g)$$

① −781,778 ② −781,588
③ −781,201 ④ −780,003

해설

$$\begin{aligned}\Delta H &= \Delta U+\Delta nRT\\ &= -780{,}890\text{cal/mol}+(6-7.5)\text{mol}\\ &\quad\times 1.987\text{cal/mol}\cdot\text{K}\times 298\text{K}\\ &= -781{,}778\text{cal/mol}\end{aligned}$$

52 101kPa에서 물 1mol을 80℃에서 120℃까지 가열할 때 엔탈피 변화(kJ)는?(단, 물의 비열은 75.0 J/mol · K, 물의 기화열은 47.3kJ/mol, 수증기의 비열은 35.4J/mol · K이다.)

① 40.1 ② 46.0
③ 49.5 ④ 52.1

해설

$\Delta H = nC_p\Delta T$

$$\underset{80℃}{\text{물}} \xrightarrow{\Delta H_1} \underset{100℃}{\text{물}} \xrightarrow{\Delta H_2} \underset{100℃}{\text{수증기}} \xrightarrow{\Delta H_3} \underset{120℃}{\text{수증기}}$$

$$\begin{aligned}\Delta H &= \Delta H_1+\Delta H_2+\Delta H_3\\ &= (1\text{mol})(75\text{J/mol}\cdot\text{K})(20\text{K})\\ &\quad+(1\text{mol})(47.3\text{kJ/mol})\\ &\quad+(1\text{mol})(35.4\text{J/mol}\cdot\text{K})(20\text{K})\\ &= 1{,}500\text{J}+47.3\text{kJ}+708\text{J}\\ &= 2{,}208\text{J}+47.3\text{kJ}\\ &= 49.5\text{kJ}\end{aligned}$$

53 Hess의 법칙과 가장 관련이 있는 함수는?

① 비열 ② 열용량
③ 엔트로피 ④ 반응열

해설

Hess의 법칙

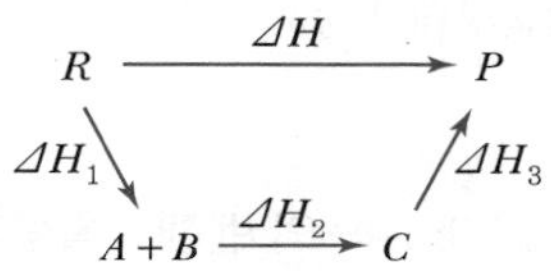

$\Delta H = \Delta H_1+\Delta H_2+\Delta H_3$

54 1atm에서 포름알데히드 증기의 내부에너지(U ; J/mol)가 아래와 같이 온도(t ; ℃)의 함수로 표시될 때, 0℃에서 정용열용량(J/mol · ℃)은?

$$U=25.96t+0.02134t^2$$

① 13.38 ② 17.64
③ 21.42 ④ 25.96

해설

$U=25.96t+0.02134t^2$

$U=\int C_v dt = 25.96t+0.02134t^2$

$\therefore\ C_v = 25.96+0.04268t \qquad (t=0℃)$

$\quad = 25.96$

정답 51 ① 52 ③ 53 ④ 54 ④

55 터빈을 운전하기 위해 2kg/s의 증기가 5atm, 300℃에서 50m/s로 터빈에 들어가고 300m/s 속도로 대기에 방출된다. 이 과정에서 터빈은 400kW의 축일을 하고 100kJ/s의 열을 방출하였다고 할 때, 엔탈피 변화(kW)는?

① 212.5　　② −387.5
③ 412.5　　④ −587.5

해설

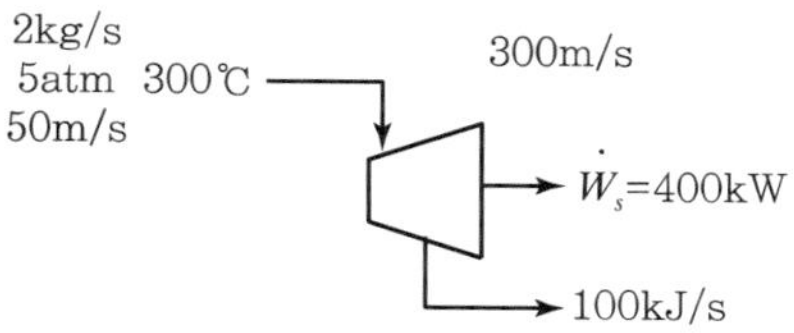

$$\Delta H + \frac{1}{2} \times 2 \times (300^2 - 50^2) = -100 - 400$$

$$\therefore \Delta H = -87{,}500\text{J/s} - 500\text{kW}$$
$$= -587.5\text{kW}$$

56 압력이 1atm인 화학변화계의 체적이 2L 증가하였을 때 한 일(J)은?

① 202.65　　② 2,026.5
③ 20,265　　④ 202,650

해설

$$W = \int P dV = P\Delta V$$
$$= 1\text{atm} \times 2\text{L}$$
$$= 1\text{atm} \times \frac{101.325 \times 10^3\text{N/m}^2}{1\text{atm}} \times 2\text{L} \times \frac{1\text{m}^3}{1{,}000\text{L}}$$
$$= 202.65\text{N} \cdot \text{m (J)}$$

57 40mol% $C_2H_4Cl_2$ 톨루엔 혼합용액이 100mol/h로 증류탑에 공급되어 아래와 같은 조성으로 분리될 때, 각 흐름의 속도(mol/h)는?

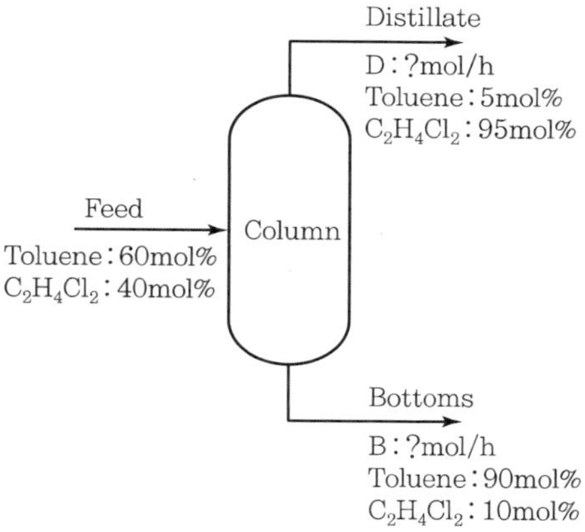

① D=0.35,　B=0.64
② D=64.7,　B=35.3
③ D=35.3,　B=64.7
④ D=0.64,　B=0.35

해설

$$100 \times 0.6 = D \times 0.05 + (100 - D) \times 0.9$$
$$\therefore D = 35.3\text{mol/h}$$
$$\therefore B = 100 - D = 64.7\text{mol/h}$$

58 가스분석기를 사용하여 사염화탄소를 분석하고자 하는데 한쪽에서는 순수 질소가 유입되고 다른 쪽에서는 가스 1L당 280mg의 CCl_4를 함유하는 질소가 0.2L/min의 유속으로 혼합기에 유입되어 혼합된다. 혼합가스가 대기압하에서 10L/min의 유량으로 가스분석기에 보내질 때 온도가 24℃로 일정하다면 혼합기 내 혼합가스의 CCl_4 농도(mg/L)는?(단, 혼합기의 게이지압은 8cmH₂O이다.)

① 3.74　　② 5.64
③ 7.28　　④ 9.14

정답 55 ④　56 ①　57 ③　58 ②

해설

$$280\text{mg/L}\,CCl_4 \times \frac{1\text{g}}{1{,}000\text{mg}} \times \frac{1\text{mol}}{154\text{g}} = 0.00182\text{mol/L}$$

$$0.00182\text{mol/L} \times 0.2\text{L/min} = x \times 10\text{L/min}$$

$$x = 0.0000364\text{mol/L}$$

$$0.0000364\text{mol/L} \times \frac{154\text{g}}{1\text{mol}} \times \frac{1{,}000\text{mg}}{1\text{g}} = 5.6\text{mg/L}$$

59 주어진 계에서 기체 분자들이 반응하여 새로운 분자가 생성되었을 때 원자백분율 조성에 대한 설명으로 옳은 것은?

① 그 계의 압력 변화에 따라 변화한다.
② 그 계의 온도 변화에 따라 변화한다.
③ 그 계 내에서 화학반응이 일어날 때 변화한다.
④ 그 계 내에서 화학반응에 관계없이 일정하다.

해설

$A + B \rightarrow AB$

$$A\text{원자백분율} = \frac{A}{AB} \times 100(\%)$$

$= \text{일정}$

60 수분이 60wt%인 어묵을 500kg/h의 속도로 건조하여 수분을 20wt%로 만들 때 수분의 증발속도(kg/h)는?

① 200 ② 220
③ 240 ④ 250

해설

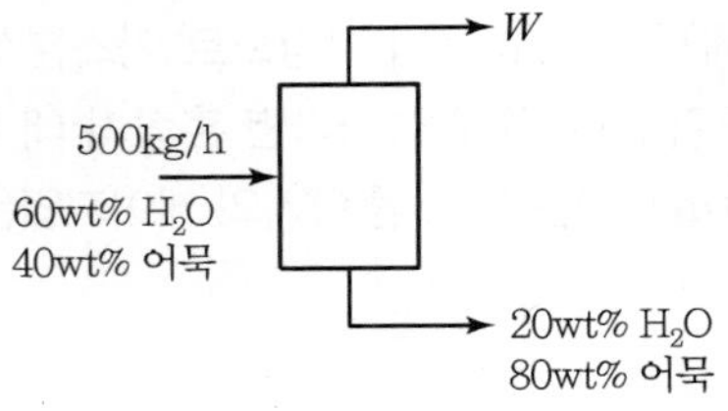

$$W = F\left(1 - \frac{a}{b}\right) = 500\text{kg/h}\left(1 - \frac{40}{80}\right) = 250\text{kg/h}$$

4과목 화공계측제어

61 비례-적분-미분(PID) 제어기가 제어하고 있는 제어시스템에서 정상상태에서의 제어기 출력 순 변화가 2라 할 때 정상상태에서의 제어기의 비례 $P = k_c(y_s - y)$, 적분 $I = \frac{k_c}{\tau_i}\int_0^t (y_s - y)dt$, 미분 $D = k_c \tau_d \frac{d(y_s - y)}{dt}$ 항 각각의 크기는?

① $P:0,\ I:0,\ D:0$ ② $P:0,\ I:2,\ D:0$
③ $P:2,\ I:0,\ D:0$ ④ $P:0,\ I:0,\ D:2$

해설

PID 제어기

$$P = p_s + k_c e(t) + \frac{k_c}{\tau_i}\int e(t)dt + k_c \tau_d \frac{de(t)}{dt}$$

62 서보(Servo)제어에 대한 설명 중 옳은 것은?

① 설정점의 변화와 조작변수와의 동작관계이다.
② 부하와 조작변수와의 동작관계이다.
③ 부하와 설정점의 동시변화에 대한 조작변수와의 동작관계이다.
④ 설정점의 변화와 부하와의 동작관계이다.

해설

- 서보(Servo)제어 : 설정값이 시간에 따라 변화할 때 제어변수를 설정값으로 유지시키고자 하는 제어
- 조절(Regulatory)제어 : 외부교란의 영향에도 제어변수를 설정값으로 유지시키고자 하는 제어

63 특성방정식이 $1 + \frac{K_c}{(s+1)(s+2)} = 0$으로 표현되는 선형 제어계에 대하여 Routh-Hurwitz의 안정 판정에 의한 K_c의 범위는?

① $K_c < -1$ ② $K_c > -1$
③ $K_c > -2$ ④ $K_c < -2$

정답 59 ④ 60 ④ 61 ② 62 ① 63 ③

해설

$$1+\frac{K_c}{(s+1)(s+2)}=0$$
$$(s+1)(s+2)+K_c=0$$
$$s^2+3s+2+K_c=0$$

	1	$2+K_c$
	3	
	$\frac{3(2+K_c)-1\times 0}{3}=2+K_c$	

$$2+K_c>0$$
$$\therefore K_c>-2$$

64 밸브, 센서, 공정의 전달함수가 각각 $G_v(s)=G_m(s)=1$, $G_p(s)=\frac{3}{2s+1}$인 공정시스템에 비례제어기로 피드백 제어계를 구성할 때, 성취될 수 있는 폐회로(Closed-loop) 전달함수는?

① $G(s)=\frac{3}{(2s+1)^2}$

② $G(s)=\frac{3}{(2s+4)^2}$

③ $G(s)=\frac{3}{2s+4}$

④ $G(s)=\frac{3}{2s+1}$

해설

$$G(s)=\frac{G_vG_cG_p}{1+G_vG_mG_cG_p}$$
$$=\frac{\frac{3K_c}{2s+1}}{1+\frac{3K_c}{2s+1}}=\frac{\frac{3K_c}{2s+1}}{\frac{2s+1+3K_c}{2s+1}}=\frac{3K_c}{2s+1+3K_c}$$
$$K_c=1$$
$$\therefore G(s)=\frac{3}{2s+4}$$

65 다음의 비선형계를 선형화하여 편차변수 $y'=y-y_{ss}$, $u'=u-u_{ss}$로 표현한 것은?

$$4\frac{dy}{dt}+2y^2=u(t)$$
정상상태 : $y_{ss}=1$, $u_{ss}=2$

① $4\frac{dy'}{dt}+2y'=u'(t)$ ② $4\frac{dy'}{dt}+\frac{1}{2}y'=u'(t)$

③ $4\frac{dy'}{dt}+4y'=u'(t)$ ④ $4\frac{dy'}{dt}+4y'=0$

해설

$$4\frac{dy}{dt}+2y^2=u(t)$$
$$4\frac{dy_s}{dt}+2y_s^{\ 2}=u_s$$
$$4\frac{d(y-y_s)}{dt}+2(y^2-y_s^{\ 2})=u-u_s$$
y^2을 선형화하면 $y^2=y_s^{\ 2}+2y_s(y-y_s)$
$$\therefore 4\frac{d(y-y_s)}{dt}+2[2y_s(y-y_s)]=u-u_s \quad (y_s=1)$$
$$4\frac{dy'}{dt}+4y'=u'$$

66 다음 중 2차계에서 Overshoot를 가장 크게 하는 제동비(Damping Factor ; ζ)는?

① 0.1 ② 0.5

③ 1 ④ 10

해설

$\zeta<1$인 경우 Overshoot가 일어나며, ζ가 작을수록 Overshoot는 커진다.

67 개방회로 전달함수가 $\frac{K_c}{(s+1)^3}$인 제어계에서 이득여유(Gain Margin)가 2.0이 되는 K_c는?

① 2 ② 4

③ 6 ④ 8

정답 64 ③ 65 ③ 66 ① 67 ②

해설

$$G_{OL}=\frac{K_c}{(s+1)^3}$$

$$\text{특성방정식}=1+\frac{K_c}{(s+1)^3}=0$$

$$(s+1)^3+K_c=0$$

$$s^3+3s^2+3s+1+K_c=0$$

$$(i\omega)^3+3(i\omega)^2+3(i\omega)+1+K_c=0$$

$$-i\omega^3-3\omega^2+3\omega i+1+K_c=0$$

$$(1+K_c-3\omega^2)+i(3\omega-\omega^3)=0$$

$\omega_u{}^2=3$일 때 $\qquad 3\omega-\omega^3=0$

$K_{cu}=8 \qquad \omega(3-\omega^2)=0$

$\qquad \omega_u=0,\pm\sqrt{3}$

$$K_c=\frac{K_{cu}}{GM}$$

$$\therefore\ K_c=\frac{8}{2}=4$$

68 교반탱크에 100L의 물이 들어있고 여기에 10%의 소금용액이 5L/min로 공급되며 혼합액이 같은 유속으로 배출될 때 이 탱크의 소금농도식의 Laplace 변환은?

① $Y(s)=0.05\left(\frac{1}{s}-\frac{1}{s+0.05}\right)$

② $Y(s)=0.05\left(\frac{1}{s}-\frac{1}{s+0.1}\right)$

③ $Y(s)=0.1\left(\frac{1}{s}-\frac{1}{s+0.05}\right)$

④ $Y(s)=0.1\left(\frac{1}{s}-\frac{1}{s+0.1}\right)$

해설

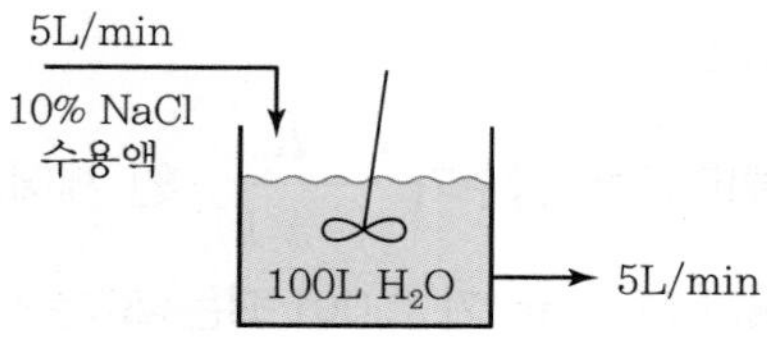

y : 소금의 농도
$V=100\text{L}$(일정)

$$0.1\times 5\text{L/min}-y\times 5\text{L/min}=V\frac{dy}{dt}$$

$$0.5-5y=100\frac{dy}{dt}$$

$$\frac{0.5}{s}-5Y(s)=100sY(s)$$

$$5(20s+1)Y(s)=\frac{0.5}{s}$$

$$Y(s)=\frac{0.1}{s(20s+1)}=0.1\left(\frac{1}{s}-\frac{20}{20s+1}\right)$$

$$=0.1\left(\frac{1}{s}-\frac{1}{s+0.05}\right)$$

69 어떤 1차계의 전달함수는 $1/(2s+1)$로 주어진다. 크기 1, 지속시간 1인 펄스입력변수가 도입되었을 때 출력은?(단, 정상상태에서의 입력과 출력은 모두 0이다.)

① $1-te^{-t/2}u(t-1)$

② $1-e^{-(t-1)/2}u(t-1)$

③ $1-\{e^{-t/2}+e^{-(t-1)/2}\}u(t-1)$

④ $1-e^{-t/2}-\{1-e^{-(t-1)/2}\}u(t-1)$

해설

$$G(s)=\frac{1}{2s+1}$$

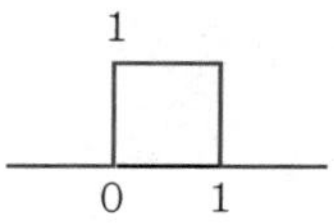

$$X(s)=\frac{1}{s}(1-e^{-s})$$

$$Y(s)=G(s)X(s)=\frac{1}{s(2s+1)}(1-e^{-s})$$

$$=\left(\frac{1}{s}-\frac{2}{2s+1}\right)(1-e^{-s})$$

$$=\left(\frac{1}{s}-\frac{1}{s+\frac{1}{2}}\right)(1-e^{-s})$$

$$\therefore\ y(t)=(1-e^{-\frac{1}{2}t})-(1-e^{-\frac{1}{2}(t-1)})u(t-1)$$

정답 68 ③ 69 ④

70 다음 함수의 Laplace 변환은?(단, $u(t)$는 단위계단함수이다.)

$$f(t)=h\{u(t-A)-u(t-B)\}$$

① $F(s)=\dfrac{h}{s}(e^{-As}-e^{-Bs})$

② $F(s)=\dfrac{h}{s}\{1-e^{-(B-A)s}\}$

③ $F(s)=\dfrac{h}{s}\{1-e^{(B-A)s}\}$

④ $F(s)=\dfrac{h}{s}(e^{-As}-e^{Bs})$

해설

$f(t)=h\{u(t-A)-u(t-B)\}$

$\therefore\ F(s)=\dfrac{h}{s}(e^{-As}-e^{-Bs})$

71 어떤 공정의 열교환망 설계를 위한 핀치 방법이 아래와 같을 때, 틀린 설명은?

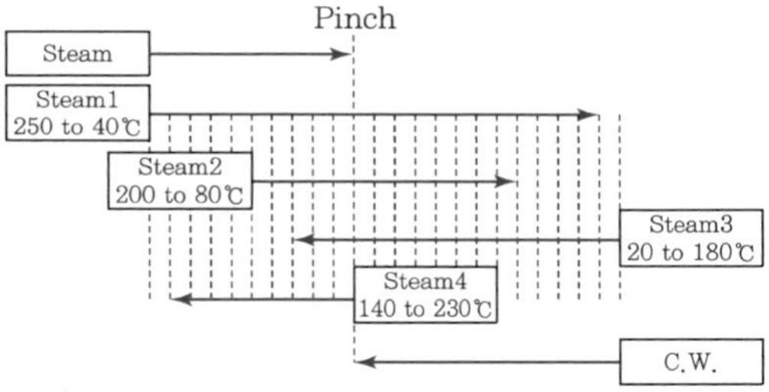

① 최소 열교환 온도차는 10℃이다.

② 핀치의 상부의 흐름은 5개이다.

③ 핀치의 온도는 고온 흐름 기준 140℃이다.

④ 유틸리티로 냉각수와 수증기를 모두 사용한다고 할 때 핀치 방법으로 필요한 최소 열교환 장치는 7개이다.

해설

Pinch Method

- 온도간격 : 10℃
- 핀치의 상부흐름 : 5개
- 핀치의 하부흐름 : 4개
- 고온흐름의 핀치점 : 150℃
- 저온흐름의 핀치점 : 140℃
- 최소 열교환 장치 $N=(5-1)+(4-1)=7$개

72 발열이 있는 반응기의 온도제어를 위해 그림과 같이 냉각수를 이용한 열교환으로 제열을 수행하고 있다. 다음 중 옳은 설명은?

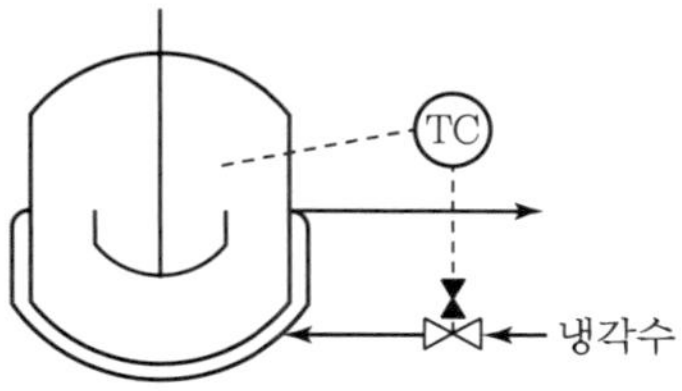

① 공압 구동부와 밸브형은 각각 ATO(Air－To－Open), 선형을 택하여야 한다.

② 공압 구동부와 밸브형은 각각 ATC(Air－To－Close), Equal Percentage(등비율)형을 택하여야 한다.

③ 공압 구동부와 밸브형은 각각 ATO(Air－To－Open), Equal Percentage(등비율)형을 택하여야 한다.

④ 공압 구동부는 ATC(Air－To－Close)를 택해야 하지만 밸브형은 이 정보만으로는 결정하기 어렵다.

해설

발열이 있는 반응기이므로 FO이어야 하므로 ATC를 사용한다. 하지만 밸브형은 이 정보만으로는 결정하기 어렵다.

73 제어계의 구성요소 중 제어오차(에러)를 계산하는 부분은?

① 센서 ② 공정

③ 최종제어요소 ④ 피드백 제어기

해설

오차(E)=설정값(R)－출력값(C)

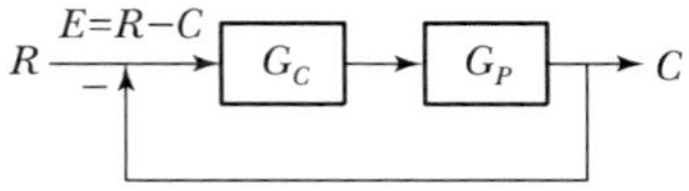

정답 70 ① 71 ③ 72 ④ 73 ④

74 어떤 제어계의 특성방정식이 다음과 같을 때 한계 주기(Ultimate Period)는?

$s^3+6s^2+9s+1+K_c=0$

① $\dfrac{\pi}{2}$　　② $\dfrac{2}{3}\pi$

③ π　　④ $\dfrac{3}{2}\pi$

해설

$s^3+6s^2+9s+1+K_c=0$

$(i\omega)^3+6(i\omega)^2+9(i\omega)+1+K_c=0$

$-i\omega^3-6\omega^2+9\omega i+1+K_c=0$

$(1+K_c-6\omega^2)+i(9\omega-\omega^3)=0$

$1+K_c-6\times 3^2=0$　　$\omega(9-\omega^2)=0$

$\therefore K_c=53$　　$\therefore \omega_u=0, \pm 3$

한계주기 $P_u=\dfrac{2\pi}{\omega_u}$

$\therefore P_u=\dfrac{2\pi}{3}$

75 4~20mA를 출력으로 내어주는 온도 변환기의 측정폭을 0℃에서 100℃ 범위로 설정하였을 때 25℃에서 발생한 표준 전류신호(mA)는?

① 4　　② 8

③ 12　　④ 16

해설

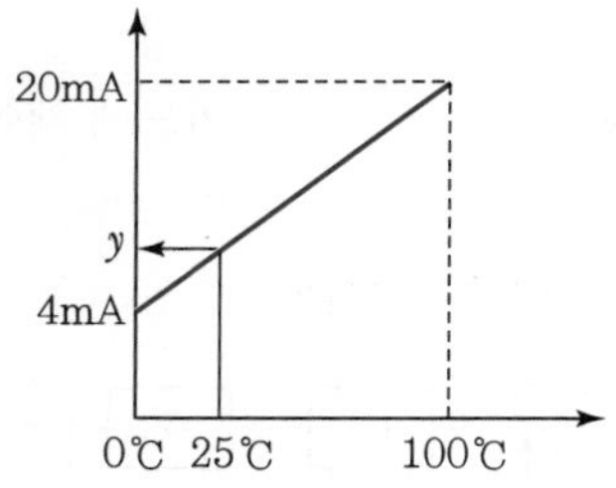

$\dfrac{(20-4)\text{mA}}{(100-0)℃}=\dfrac{y-4}{25-0}$

$\therefore y=8\text{mA}$

76 수송 지연(Transportation Lag)의 전달함수가 $G(s)=e^{-\tau_a s}$일 때, 위상각(Phase Angle ; ϕ)은?(단, ω는 각속도를 의미한다.)

① $\phi=-\omega\tau_a$　　② $\phi=\dfrac{1}{\omega\tau_a}$

③ $\phi=\dfrac{1}{1+\omega\tau_a}$　　④ $\phi=\dfrac{1}{\sqrt{1+\omega\tau_a}}$

해설

시간지연에서 위상각 $\phi=-\tau_a\omega$

77 $\dfrac{Y(s)}{U(s)}=\dfrac{1}{s^2+5s+6}$의 전달함수를 갖는 계에서 $y_1=y$, $y_2=\dfrac{dy}{dt}$라고 할 때, 상태함수를 $\begin{bmatrix}\dot{y}_1\\ \dot{y}_2\end{bmatrix}=A\begin{bmatrix}y_1\\ y_2\end{bmatrix}+Bu$로 나타낼 수 있다. 이때, 행렬 A와 B는?(단, 문자 위 점($\dot{}$)은 시간에 대한 미분을 의미한다.)

① $A=\begin{bmatrix}0 & 1\\ -2 & -3\end{bmatrix}$, $B=\begin{bmatrix}1\\ 1\end{bmatrix}$

② $A=\begin{bmatrix}0 & 1\\ 2 & 3\end{bmatrix}$, $B=\begin{bmatrix}0\\ 1\end{bmatrix}$

③ $A=\begin{bmatrix}0 & 1\\ -6 & -5\end{bmatrix}$, $B=\begin{bmatrix}0\\ 1\end{bmatrix}$

④ $A=\begin{bmatrix}0 & 1\\ -5 & -6\end{bmatrix}$, $B=\begin{bmatrix}1\\ 0\end{bmatrix}$

해설

$G(s)=\dfrac{1}{s^2+5s+6}$

$A=\begin{bmatrix}0 & 1\\ -6 & -5\end{bmatrix}$, $B=\begin{bmatrix}0\\ 1\end{bmatrix}$

정답 74 ② 75 ② 76 ① 77 ③

78 $F(s) = \dfrac{5}{s^2+3}$ 의 라플라스 역변환은?

① $f(t) = 5\sin\sqrt{3}\,t$

② $f(t) = \dfrac{5}{\sqrt{3}}\cos 3t$

③ $f(t) = 5\cos\sqrt{3}\,t$

④ $f(t) = \dfrac{5}{\sqrt{3}}\sin\sqrt{3}\,t$

해설

$$F(s) = \frac{5}{s^2+3} = \frac{5}{\sqrt{3}}\frac{\sqrt{3}}{s^2+(\sqrt{3})^2}$$

$$\therefore\ y(t) = \frac{5}{\sqrt{3}}\sin\sqrt{3}\,t$$

79 배관계장도(P & ID)에서 공기 신호(Pneumatic Signal)와 유압 신호(Hydraulic Signal)를 나타내는 선이 순서대로 옳게 나열된 것은?

① 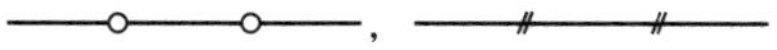

② 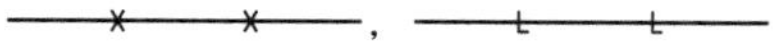

③ 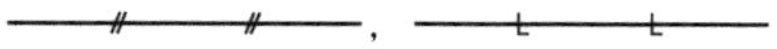

④ 

해설

계측용 배관 및 배선 그림기호

종류	그림기호	비고(일본)
배관		
공기압배관		A A A
유압배관	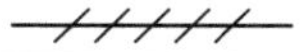	L L L
전기배선		E E E
세관		
전자파 · 방사선		

80 공장에서 배출되는 이산화탄소를 아민류로 포집하는 시설을 공정설계 시뮬레이터를 사용하여 모사한다고 할 때 적합한 열역학적 물성 모델은?

① UNIFAC
② Ion－NRTL
③ Peng－Robinson
④ Ideal Gas Law

정답 78 ④ 79 ③ 80 ②

2022년 제2회 기출문제

1과목 공업합성

01 중과린산석회의 제법으로 가장 옳은 설명은?

① 인산을 암모니아로 처리한다.
② 과린산석회를 암모니아로 처리한다.
③ 칠레 초석을 황산으로 처리한다.
④ 인광석을 인산으로 처리한다.

해설

중과린산석회(P_2O_5 30~50%) : 인광석을 인산분해시켜 제조한다.

02 공업적인 HCl 제조방법에 해당하는 것은?

① 부생염산법
② Petersen Tower법
③ OPL법
④ Meyer법

해설

HCl의 제조방법

㉠ 식염의 황산분해법

$$NaCl + H_2SO_4 \xrightarrow{150℃} NaHSO_4 + HCl$$

$$NaCl + NaHSO_4 \xrightarrow{800℃} Na_2SO_4 + HCl$$

㉡ 합성법

$$H_2(g) + Cl_2(g) \rightarrow 2HCl(g)$$

㉢ 부생염산법
㉣ 무수염산 제조법
- 진한 염산 증류법
- 직접 합성법
- 흡착법

03 석회질소 비료에 대한 설명 중 틀린 것은?

① 토양의 살균효과가 있다.
② 과린산석회, 암모늄염 등과의 배합비료로 적당하다.
③ 저장 중 이산화탄소, 물을 흡수하여 부피가 증가한다.
④ 분해 시 생성되는 디시안디아미드는 식물에 유해하다.

해설

석회질소(CaCN2)
- 염기성 비료로서 산성 토양에 효과적이다.
- 토양의 살균, 살충효과가 있다.
- 분해 시 디시안아미드(독성)가 생성된다.
- 배합비료로는 부적합하다.
- 질소비료, 시안화물을 만드는 데 주로 사용된다.
- 저장 중 이산화탄소, 물을 흡수하여 부피가 증가한다.

※ 디시안디아미드는 디시안아미드의 중합에 의해 얻어지는 화합물이다.

04 석유 정제에 사용되는 용제가 갖추어야 하는 조건이 아닌 것은?

① 선택성이 높아야 한다.
② 추출할 성분에 대한 용해도가 높아야 한다.
③ 용제의 비점과 추출성분의 비점의 차이가 적어야 한다.
④ 독성이나 장치에 대한 부식성이 적어야 한다.

해설

용제의 조건
- 원료유와 추출용제 사이의 비중차가 커서 추출할 때 두 액상으로 쉽게 분리할 수 있어야 한다.
- 추출성분의 끓는점과 용제의 끓는점 차이가 커야 한다.
- 증류로써 회수가 쉬워야 한다.
- 열적 · 화학적으로 안정해야 하고 추출성분에 대한 용해도가 커야 한다.
- 선택성이 커야 하며 다루기 쉽고 값이 저렴해야 한다.

정답 01 ④ 02 ① 03 ② 04 ③

05 말레산 무수물을 벤젠의 공기산화법으로 제조하고자 할 때 사용되는 촉매는?

① V_2O_5

② $PdCl_2$

③ LiH_2PO_4

④ Si-Al_2O_3 담체로 한 Nickel

해설

말레산 무수물

㉠ 벤젠의 공기산화법

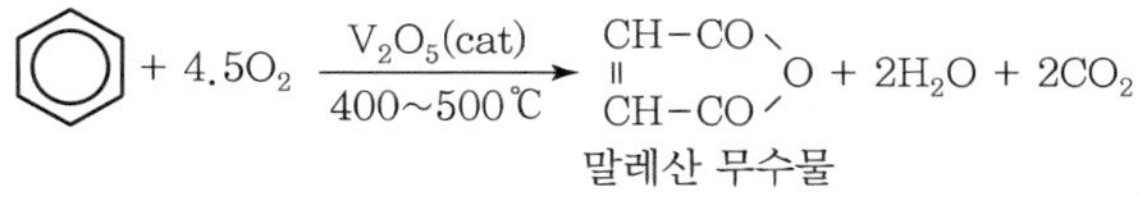

Si − Al_2O_2 담체로 한 V_2O_5 촉매를 공기산화시켜 만든다.

㉡ 부텐의 산화법

$$CH_3-CH=CH-CH_3+O_2 \xrightarrow[\substack{425\sim480℃ \\ 10\sim15\text{psi}}]{\substack{Al_2O_3\text{를 담체로 한} \\ V_2O_5(cat)}} \begin{matrix} CH-CO \\ \| \\ CH-CO \end{matrix} \!\!> O$$

말레산 무수물

06 전류효율이 90%인 전해조에서 소금물을 전기분해하면 수산화나트륨과 염소, 수소가 만들어진다. 매일 17.75ton의 염소가 부산물로 나온다면 수산화나트륨의 생산량(ton/day)은?

① 16	② 18
③ 20	④ 22

해설

$$NaCl + H_2O \rightarrow NaOH + \frac{1}{2}Cl_2 + \frac{1}{2}H_2 \rightarrow HCl$$

$$40 \quad : \quad \frac{1}{2}\times 71$$

$$x \quad : \quad 17.75\text{ton/day}$$

∴ $x = 20$ton/day

07 초산과 에탄올을 산 촉매하에서 반응시켜 에스테르와 물을 생성할 때, 물분자의 산소원자의 출처는?

① 초산의 C=O	② 초산의 OH
③ 에탄올의 OH	④ 촉매에서 산소 도입

해설

$$CH_3CO\underline{OH}+C_2H_5O\underline{H} \xrightarrow{\text{ester}} CH_3COOC_2H_5+H_2O$$

08 암모니아 산화에 의한 질산제조 공정에서 사용되는 촉매에 대한 설명으로 틀린 것은?

① 촉매로는 Pt에 Rh이나 Pd를 첨가하여 만든 백금계 촉매가 일반적으로 사용된다.

② 촉매는 단위 중량에 대한 표면적이 큰 것이 유리하다.

③ 촉매형상은 직경 0.2cm 이상의 선으로 망을 떠서 사용한다.

④ Rh은 가격이 비싸지만 강도, 촉매활성, 촉매손실을 개선하는 데 효과가 있다.

해설

암모니아 산화법(Ostwald법)

암모니아와 산소(공기)를 촉매 존재하에서 산화시켜 NO를 얻는다.

㉠ $4NH_3 + 5O_2 \rightarrow 4NO + 6H_2O + 216.4\text{kcal}$

- 촉매 : Pt − Rh(백금 − 로듐), 코발트 산화물(Co_3O_4)
  Pt − Rh(10%) 촉매를 가장 많이 사용한다.
- 최대 산화율 $\frac{O_2}{NH_3} = 2.2 \sim 2.3$
- 암모니아와 산소의 혼합가스의 반응은 폭발성을 가지므로 수증기를 함유시켜 산화한다.
- 압력을 가하면 산화율이 떨어진다.

㉡ NO의 산화반응 : 가압 · 저온이 유리하다.

$2NO + O_2 \rightarrow 2NO_2 + 27.1\text{kcal}$

㉢ NO_2의 흡수반응

$3NO_2 + H_2O \rightarrow 2HNO_3 + NO + 32.2\text{kcal}$

Pt−Rh 촉매

- 백금 단독으로 사용하는 것보다 Pt − Rh(백금 − 로듐) 합금의 수명이 연장되며, 성능이 우수하다.
- 직경 0.066mm의 선을 구멍수 3,600개/cm^2 정도의 망을 짜서 평틀 모양이나 바스켓 모양으로 한다.

정답 05 ① 06 ③ 07 ② 08 ③

09 다음 중 옥탄가가 가장 낮은 가솔린은?

① 접촉개질 가솔린 ② 알킬화 가솔린
③ 접촉분해 가솔린 ④ 직류 가솔린

해설

- 옥탄가 크기 비교
  같은 탄소수에서 방향족계 > 나프텐계 > 올레핀계 > 파라핀계
- 옥탄가 향상을 위해 접촉분해법(접촉분해 가솔린), 수소화분해법, 개질(리포밍, 개질 가솔린), 알킬화법, 이성화법을 사용한다.

10 열가소성 플라스틱에 해당하는 것은?

① ABS 수지 ② 규소수지
③ 에폭시수지 ④ 알키드수지

해설

- 열가소성 수지
  가열 시 연화되어 외력을 가할 때 쉽게 변형되므로, 이 상태로 성형, 가공한 후에 냉각하면 외력을 가하지 않아도 성형된 상태를 유지하는 수지
  예 폴리에틸렌(PE), 폴리프로필렌(PP), 폴리염화비닐(PVC), 폴리스티렌(ABS 수지, AS 수지), 폴리비닐아세테이트(PVAc)
- 열경화성 수지
  가열하면 일단 연화되지만, 계속 가열하면 점점 경화되어 나중에는 온도를 올려도 용해되지 않고, 원상태로 되돌아가지 않는 수지
  예 페놀수지, 요소수지, 멜라민수지, 우레탄수지, 에폭시수지, 알키드수지, 규소수지

11 황산제조에 사용되는 원료가 아닌 것은?

① 황화철광 ② 자류철광
③ 염화암모늄 ④ 금속제련 폐가스

해설

황산의 원료 : 황(S)이 포함되어 있어야 한다.
- 황(S)
- 황화철광(FeS_2)
- 자황화철광(자류철광, $Fe_5S_6 \sim Fe_{16}S_{17}$)
- 금속제련 폐가스(부생 SO_2)
- 섬아연광(ZnS)
- 황동광(CuFeS)

※ 염화암모늄 : NH_4Cl

12 650℃에서 작동하며 수소 또는 일산화탄소를 음극 연료로 사용하는 연료전지는?

① 인산형 연료전지(PAFC)
② 알칼리형 연료전지(AFC)
③ 고체산화물 연료전지(SOFC)
④ 용융탄산염 연료전지(MCFC)

해설

연료전지
㉠ 인산형 연료전지(PAFC)
- 가장 먼저 상용화
- 백금 또는 니켈 입자를 분산시킨 탄소 촉매전극
- 연료 : 수소
- 산화제 : 공기 중 산소

㉡ 용융탄산염 연료전지(MCFC)
- 탄화수소를 개질할 때 생성되는 수소 또는 일산화탄소의 혼합가스를 직접 연료로 사용
- 650℃ 정도의 고온 유지

㉢ 고체산화물 연료전지(SOFC)
- 이온전도성 산화물을 전해질로 이용
- 1,000℃ 정도에서 작동
- 지르코니아(ZrO_2)와 같은 세라믹 산화물을 사용
- 이론에너지 효율은 저하, 에너지 회수율이 향상되면서 화력발전을 대체하고 석탄 가스를 이용한 고효율이 기대된다(50% 이상의 전기적 효율).

㉣ 알칼리 연료전지(AFC)
- 아폴로 우주계획 등 우주선에 가장 많이 활용
- Raney 니켈, 은 촉매

㉤ 고분자 전해질 연료전지(PEMFC)
- 듀퐁의 Nafion
- 작동온도가 낮다.

13 반도체 제조과정 중에서 식각공정 후 행해지는 세정공정에 사용되는 Piranha 용액의 주원료에 해당하는 것은?

① 질산, 암모니아 ② 불산, 염화나트륨
③ 에탄올, 벤젠 ④ 황산, 과산화수소

해설

Piranha 용액
- 식각공정 후 세정공정에서 사용되는 용액
- 황산과 과산화수소를 섞어 만든 용액

정답 09 ④ 10 ① 11 ③ 12 ④ 13 ④

14 폐수 내에 녹아 있는 중금속 이온을 제거하는 방법이 아닌 것은?

① 열분해
② 이온교환수지를 이용하여 제거
③ pH를 조절하여 수산화물 형태로 침전 제거
④ 전기화학적 방법을 이용한 전해 회수

해설

중금속의 처리
㉠ Cr(6가 크롬)
- 환원침전법
- 이온교환수지법
- 활성탄흡착법

㉡ Cd(카드뮴)
- 침전분리법
- 부상분리법

㉢ As(비소)
- 수산화물 공침법
- 활성탄 · 활성백토 등에 의한 흡착처리
- 이온교환처리

㉣ Mn(망간)
망간이온을 불용성 침전물로 전환시켜 제거

㉤ Pb(납)
침전($PbCO_3$, $Pb(OH)_2$)

㉥ Cu(구리)
침전, 이온교환, 전기투석

15 Le Blanc법으로 100% HCl 3,000kg을 제조하기 위한 85% 소금의 이론량(kg)은?(단, 각 원자의 원자량은 Na는 23amu, Cl은 35.5amu이다.)

① 3,636 ② 4,646
③ 5,657 ④ 6,667

해설

$2NaCl + H_2SO_4 \rightarrow Na_2SO_4 + 2HCl$

$2 \times 58.5kg \quad : \quad 2 \times 36.5kg$

$x \quad : \quad 3,000kg$

$\therefore x = 4,808.22kg$

NaCl 100%이므로

$\frac{4,808.22kg}{0.85} = 5,656.7kg$

16 레페(Reppe) 합성반응을 크게 4가지로 분류할 때 해당하지 않는 것은?

① 알킬화 반응 ② 비닐화 반응
③ 고리화 반응 ④ 카르보닐화 반응

해설

레페(Reppe) 합성반응
- 비닐화
- 에티닐화
- 카르보닐화
- 고리화

17 환경친화적인 생분해성 고분자로 가장 거리가 먼 것은?

① 전분 ② 폴리이소프렌
③ 폴리카프로락톤 ④ 지방족 폴리에스테르

해설

친환경적 생분해성 고분자의 종류
에스테르 및 아마이드, 에테르 구조를 가지고 있다.
예 전분, 셀룰로스, 폴리카프로락톤(PCL), 폴리글리코산(PGA), 폴리락트산(PLA), 지방족 폴리에스테르

18 염화수소 가스 42.3kg을 물 83kg에 흡수시켜 염산을 제조할 때 염산의 농도(wt%)는?(단, 염화수소 가스는 전량 물에 흡수된 것으로 한다.)

① 13.76 ② 23.76
③ 33.76 ④ 43.76

해설

$HCl(g) + H_2O(l) \rightarrow HCl(aq)$

$\frac{42.3}{42.3 + 83} \times 100\% = 33.76\%$

19 일반적인 공정에서 에틸렌으로부터 얻는 제품이 아닌 것은?

① 에틸벤젠 ② 아세트알데히드
③ 에탄올 ④ 염화알릴

정답 14 ① 15 ③ 16 ① 17 ② 18 ③ 19 ④

해설

$CH_2 = CH - CH_3 + Cl_2 \rightarrow CH_2 = CH - CH_2Cl$

프로필렌 염화알릴

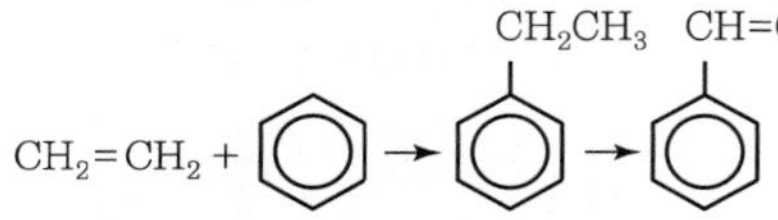

에틸렌 에틸벤젠 스티렌

$CH_2 = CH_2 + \frac{1}{2}O_2 \rightarrow CH_3CHO$

아세트알데히드

$CH_2 = CH_2 + H_2O \rightarrow C_2H_5OH$

에탄올

20 $A(g)+B(g) \rightleftarrows C(g)+2kcal$ 반응에 대한 설명 중 틀린 것은?

① 발열반응이다.

② 압력을 높이면 반응이 정방향으로 진행한다.

③ 온도을 높이면 반응이 정방향으로 진행한다.

④ 가역반응이다.

해설

$A(g)+B(g) \rightleftarrows C(g)+2kcal$

- 발열반응이므로 온도를 올리면 역반응으로 진행한다.
- 압력을 높이면 정반응으로 진행한다.
- 가역반응이다.

2과목 반응운전

21 평형상태에 대한 설명 중 옳은 것은?

① $(dG^t)_{T,P} = 1$이 성립한다.

② $(dG^t)_{T,P} > 0$이 성립한다.

③ $(dG^t)_{T,P} = 0$이 성립한다.

④ $(dG^t)_{T,P} < 0$이 성립한다.

해설

- $(dG^t)_{T,P} < 0$: 자발적 반응
- $(dG^t)_{T,P} = 0$: 평형상태
- $(dG^t)_{T,P} > 0$: 비자발적 반응

22 질소가 200atm, 250K으로 채워져 있는 10L 기체저장탱크에 5L 진공용기를 두 탱크의 압력이 같아질 때까지 연결하였을 때, 기체저장탱크($T_{1,f}$)와 진공용기($T_{2,f}$)의 온도(K)는?(단, 질소는 이상기체이고, 탱크 밖으로 질소 또는 열의 손실을 완전히 무시할 수 있다고 가정하며, 질소의 정압열용량은 7cal/mol · K이다.)

① $T_{1,f}=222.8,\ T_{2,f}=330.6$

② $T_{1,f}=222.8,\ T_{2,f}=133.3$

③ $T_{1,f}=133.3,\ T_{2,f}=330.6$

④ $T_{1,f}=133.3,\ T_{2,f}=222.8$

해설

자유팽창

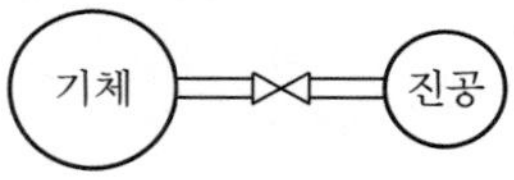

$Q=0,\ W=0$

$P_iV_i = P_fV_f$

$200\text{atm} \times 10\text{L} = P_f \times 15\text{L}$

$\therefore\ P_f = 133.33\text{atm}$

$$\left(\frac{T_{1f}}{T_{1i}}\right) = \left(\frac{P_{1f}}{P_{1i}}\right)^{\frac{\gamma-1}{\gamma}}$$

$$\frac{T_{1f}}{250\text{K}} = \left(\frac{133.33}{200}\right)^{\frac{1.4-1}{1.4}}$$

$\therefore\ T_{1f} = 222.65\text{K}$

$$n_2 = n_0 - n_1 = \frac{P_0V_0}{RT_0} - \frac{R_{1f}V_0}{RT_{1f}}$$

$$= \frac{200\text{atm} \times 10\text{L}}{0.082\text{L} \cdot \text{atm/mol} \cdot \text{K} \times 250\text{K}} - \frac{133.33\text{atm} \times 10\text{L}}{0.082\text{L} \cdot \text{atm/mol} \cdot \text{K} \times 222.65\text{K}}$$

$= 24.53\text{mol}$

정답 20 ③ 21 ③ 22 ①

$PV = nRT$

$P_{2f}V_{2f} = 24.53\text{mol} \times 0.082\text{L} \cdot \text{atm/mol} \cdot \text{K} \times T_{2f}$

$\therefore\ T_{2f} = \dfrac{133.33\text{atm} \times 5\text{L}}{24.53\text{mol} \times 0.082\text{L} \cdot \text{atm/mol} \cdot \text{K}} = 331.42\text{K}$

23 3개의 기체 화학종(N_2, H_2, NH_3)으로 구성된 계에서 아래의 화학반응이 일어날 때 반응계의 자유도는?

$N_2(g) + 3H_2(g) \rightarrow 2NH_3(g)$

① 0　② 1
③ 2　④ 3

해설

$N_2(g) + 3H_2(g) \rightarrow 2NH_3(g)$

$F = 2 - P + C - r - s = 2 - 1 + 3 - 1 = 3$

24 기체의 평균 열용량($\langle C_p \rangle$)과 온도에 대한 2차 함수로 주어지는 열용량(C_p)과의 관계식으로 옳은 것은? (단, 열용량은 $\alpha + \beta T + \gamma T^2$로 주어지며, T_0는 초기온도, T는 최종온도, α, β, γ는 물질의 고유상수를 의미한다.)

① $\displaystyle\int_{T_0}^{T} \frac{C_p}{R} dT = (T - T_0)\langle C_p \rangle$

② $\displaystyle\int_{T_0}^{T} \frac{C_p}{R} dT = (T + T_0)\langle C_p \rangle$

③ $\displaystyle\int_{T_0}^{T} \frac{C_p}{R} dT = \frac{\langle C_p \rangle}{T + T_0}$

④ $\displaystyle\int_{T_0}^{T} \frac{C_p}{R} dT = \frac{\langle C_p \rangle}{T - T_0}$

해설

$\Delta H = n\displaystyle\int_{T_0}^{T} C_p dT = n\langle C_p \rangle (T - T_0)$

25 에탄올과 톨루엔의 65℃에서의 $P-x$ 선도는 선형성으로부터 충분히 큰 양(+)의 편차를 나타낸다. 이렇게 상당한 양의 편차를 지닐 때 분자 간의 인력을 옳게 나타낸 것은?

① 같은 종류의 분자 간의 인력 > 다른 종류의 분자 간의 인력
② 같은 종류의 분자 간의 인력 < 다른 종류의 분자 간의 인력
③ 같은 종류의 분자 간의 인력 = 다른 종류의 분자 간의 인력
④ 같은 종류의 분자 간의 인력 + 다른 종류의 분자 간의 인력 = 0

해설

최저공비혼합물

- 휘발도가 이상적으로 높은 경우($\gamma_A > 1$, $\gamma_B > 1$)
- 증기압은 높아지고 비점은 낮아진다.
- 같은 분자 간 친화력 > 다른 분자 간 친화력

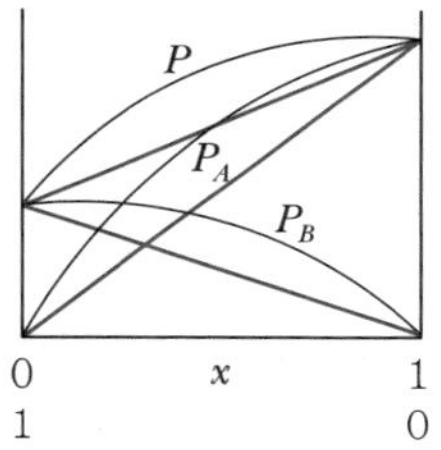

26 공기표준 오토 사이클의 효율을 옳게 나타낸 식은? (단, a는 압축비, γ는 비열비(C_p/C_v)이다.)

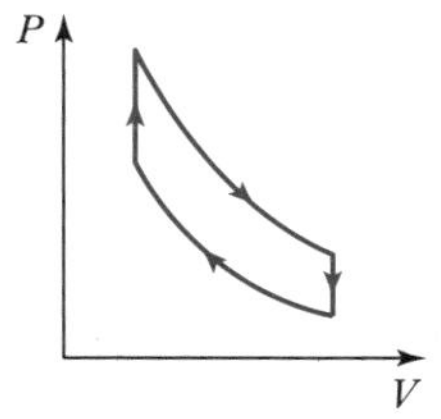

① $1 - \left(\dfrac{1}{a}\right)^{\gamma}$　② $1 - a^{\gamma}$
③ $1 - \left(\dfrac{1}{a}\right)^{\gamma - 1}$　④ $1 - a^{\gamma - 1}$

정답 23 ④ 24 ① 25 ① 26 ③

해설

공기표준 오토 사이클

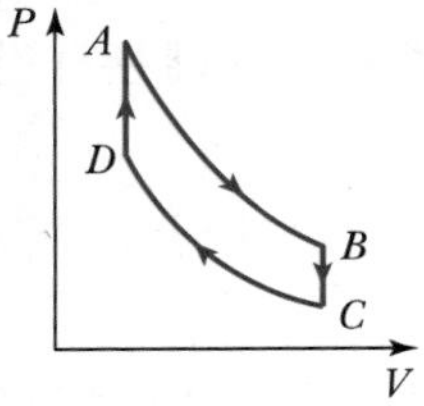

효율 $\eta = 1 - \left(\frac{1}{r}\right)^{\gamma - 1}$

여기서, r : 압축비 $r = \frac{V_C}{V_D}$

γ : 비열비 $\gamma = \frac{C_p}{C_v}$

27 열역학적 성질에 대한 설명 중 옳지 않은 것은?

① 순수한 물질의 임계점보다 높은 온도와 압력에서는 상의 계면이 없어지며 한 개의 상을 이루게 된다.

② 동일한 이심인자를 갖는 모든 유체는 같은 온도, 같은 압력에서 거의 동일한 Z값을 가진다.

③ 비리얼(Virial) 상태방정식의 순수한 물질에 대한 비리얼 계수는 온도만의 함수이다.

④ 반데르발스(Van der Waals) 상태방정식은 기/액 평형상태에서 3개의 부피 해를 가진다.

해설

이심인자(ω)

동일한 ω를 갖는 모든 유체들은 같은 환산온도(T_r) 및 환산압력(P_r)에서 비교했을 때 거의 동일한 Z값을 가지며 이상기체 거동에서 벗어나는 정도 역시 같다.

$\omega = -1.0 - \log(P_r^{sat})_{T_r = 0.7}$

28 아세톤의 부피팽창계수(β)는 1.487×10^{-3}℃$^{-1}$, 등온압축계수(κ)는 62×10^{-6}atm^{-1}일 때, 아세톤을 정적하에서 20℃, 1atm부터 30℃까지 가열하였을 때 압력(atm)은?(단, β와 κ의 값은 항상 일정하다고 가정한다.)

① 12.1　　② 24.1

③ 121　　④ 241

해설

$\frac{dV}{V} = \beta dT - \kappa dP$

정적 $dV = 0$

$\beta(T_2 - T_1) = \kappa(P_2 - P_1)$

487×10^{-3}℃$^{-1} \times (30 - 20)$℃ $= 62 \times 10^{-6}$atm$^{-1} \times (P_2 - 1)$

$P_2 - 1 = 239.8$

$\therefore P_2 = 240.8 ≒ 241$atm

29 i성분의 부분몰성질(Partial Molar Property, $\overline{M_i}$)을 바르게 나타낸 것은?(단, M은 열역학적 용량변수의 단위 몰당 값, n_j은 i성분 이외의 모든 몰수를 일정하게 유지한다는 것을 의미한다.)

① $\overline{M_i} = \left[\frac{\partial(nM)}{\partial n_i}\right]_{nS, nP, n_j}$

② $\overline{M_i} = \left[\frac{\partial(nM)}{\partial n_i}\right]_{T, P, n_j}$

③ $\overline{M_i} = \left[\frac{\partial(nM)}{\partial n_i}\right]_{P, nV, n_j}$

④ $\overline{M_i} = \left[\frac{\partial(nM)}{\partial n_i}\right]_{T, nS, n_j}$

해설

부분몰성질

$\overline{M_i} = \left[\frac{\partial(nM)}{\partial n_i}\right]_{T, P, n_j}$

30 퓨가시티(Fugacity)에 관한 설명으로 틀린 것은?

① 일종의 세기(Intensive Properties) 성질이다.

② 이상기체 압력에 대응하는 실제기체의 상태량이다.

③ 순수기체의 경우 이상기체 압력에 퓨가시티 계수를 곱하면 퓨가시티가 된다.

④ 퓨가시티는 압력만의 함수이다.

정답 27 ② 28 ④ 29 ② 30 ④

해설

퓨가시티(Fugacity)

- 압력 P가 압력단위를 갖는 새로운 물성 f_i로 대체되었다.
- 이상기체 압력에 대응하는 실제기체의 압력이다.
- 퓨가시티 계수 : $\phi_i = \dfrac{f_i}{P}$
- 용액에서의 퓨가시티는 압력과 조성의 함수이다.

31 반응물 A가 아래와 같이 반응하고, 이 반응이 회분식 반응기에서 진행될 때, R 물질의 최대 농도(mol/L)는?(단, 반응기에 A물질만 1.0mol/L로 공급하였다.)

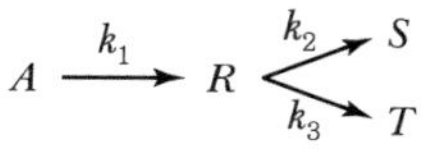

$k_1 = 6\text{h}^{-1}$
$k_2 = 3\text{h}^{-1}$
$k_3 = 1\text{h}^{-1}$

① 0.111 ② 0.222
③ 0.333 ④ 0.444

해설

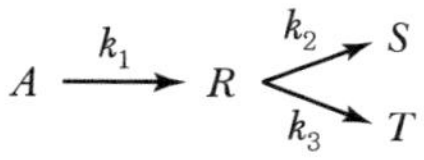

$$-r_A = \frac{-dC_A}{dt} = k_1 C_A$$

$$-\ln\frac{C_A}{C_{A0}} = k_1 t \rightarrow C_A = C_{A0}e^{-k_1 t}$$

$$-r_R = \frac{-dC_R}{dt} = -k_1 C_A + (k_2 + k_3)C_R$$

$$-\frac{dC_R}{dt} = -k_1 C_A + (k_2 + k_3)C_R$$

㉠ 라플라스 변환

$$\frac{dC_R}{dt} = k_1 C_A - (k_2 + k_3)C_R$$

$$\frac{dC_R}{dt} + (k_2 + k_3)C_R = k_1 C_{A0}e^{-k_1 t}$$

$$sC_R(s) + (k_2 + k_3)C_R(s) = \frac{k_1 C_{A0}}{(s + k_1)}$$

$$C_R(s) = \frac{k_1 C_{A0}}{(s + k_1)(s + (k_2 + k_3))}$$

$$= \frac{k_1 C_{A0}}{k_2 + k_3 - k_1}\left(\frac{1}{s + k_1} - \frac{1}{s + (k_2 + k_3)}\right)$$

$$\therefore\ C_R(t) = \frac{k_1 C_{A0}}{k_2 + k_3 - k_1}\left[e^{-k_1 t} - e^{-(k_2 + k_3)t}\right]$$

㉡ 적분인자 이용

$$C_R e^{\int (k_2 + k_3)dt} = \int k_1 C_{A0} e^{-k_1 t} e^{\int (k_2 + k_3)dt} dt$$

$$C_R e^{(k_2 + k_3)t} = \int k_1 C_{A0} e^{-k_1 t} e^{(k_2 + k_3)t} dt$$

$$= \int k_1 C_{A0} e^{(k_2 + k_3 - k_1)t} dt$$

$$= \frac{k_1 C_{A0}}{k_2 + k_3 - k_1} e^{(k_2 + k_3 - k_1)t}\Big|_0^t$$

$$= \frac{k_1 C_{A0}}{k_2 + k_3 - k_1}\left[e^{(k_2 + k_3 - k_1)t} - 1\right]$$

$$\therefore\ C_R = \frac{k_1 C_{A0}}{k_2 + k_3 - k_1}\left[e^{-k_1 t} - e^{-(k_2 + k_3)t}\right]$$

R의 최대 농도를 구하면

$$\frac{dC_R}{dt} = 0$$

$$\frac{dC_R}{dt} = \frac{k_1 C_{A0}}{k_2 + k_3 - k_1}\left[-k_1 e^{-k_1 t} + (k_2 + k_3)e^{-(k_2 + k_3)t}\right] = 0$$

$$k_1 e^{-k_1 t} = (k_2 + k_3)e^{-(k_2 + k_3)t}$$

$$\frac{k_1}{k_2 + k_3} = e^{[k_1 - (k_2 + k_3)]t}$$

$$\ln\frac{k_1}{k_2 + k_3} = [k_1 - (k_2 + k_3)]t_{\max}$$

$$\therefore\ t_{\max} = \frac{\ln\dfrac{k_1}{k_2 + k_3}}{k_1 - (k_2 + k_3)}$$

$$= \frac{\ln\dfrac{6}{3+1}}{6 - (3+1)} = 0.2\text{h}$$

$$C_{R\cdot\max} = \frac{k_1 C_{A0}}{k_2 + k_3 - k_1}\left[e^{-k_1 t_{\max}} - e^{-(k_2 + k_3)t_{\max}}\right]$$

$$= \frac{6 \times 1}{3 + 1 - 6}\left[e^{-6 \times 0.2} - e^{-(3+1) \times 0.2}\right]$$

$$= 0.444$$

32 $A \rightarrow P$ 비가역 1차 반응에서 A의 전화율 관련식을 옳게 나타낸 것은?

① $1 - \dfrac{N_{A0}}{N_A} = X_A$ ② $1 - \dfrac{C_{A0}}{C_A} = X_A$

③ $N_A = N_{A0}(1 - X_A)$ ④ $dX_A = \dfrac{dC_A}{C_{A0}}$

정답 31 ④ 32 ③

해설

$N_A = N_{A0}(1-X_A) \rightarrow X_A = 1 - \dfrac{N_A}{N_{A0}}$

$C_A = C_{A0}(1-X_A) \rightarrow X_A = 1 - \dfrac{C_A}{C_{A0}}$

$dX_A = -\dfrac{dC_A}{C_{A0}}$

33 $A \rightarrow R \rightarrow S$인 균일계 액상반응에서 1단계는 2차 반응, 2단계는 1차 반응으로 진행된다. 이 반응의 목적 생성물이 R일 때, 다음 설명 중 옳은 것은?

① A의 농도를 높게 유지할수록 좋다.
② 반응온도를 높게 유지할수록 좋다.
③ A의 농도는 R의 수율과 직접 관계가 없다.
④ 혼합흐름반응기가 플러그흐름반응기보다 더 좋다.

해설

$A \xrightarrow{2차} R \xrightarrow{1차} S$

R이 생성되는 차수가 S가 생성되는 차수보다 크므로 A의 농도를 높게 한다.

34 이상기체인 A와 B가 일정한 부피 및 온도의 반응기에서 반응이 일어날 때 반응물 A의 반응속도식($-r_A$)으로 옳은 것은?(단, P_A는 A의 분압을 의미한다.)

① $-r_A = -RT\dfrac{dP_A}{dt}$

② $-r_A = -\dfrac{1}{RT}\dfrac{dP_A}{dt}$

③ $-r_A = -\dfrac{V}{RT}\dfrac{dP_A}{dt}$

④ $-r_A = -\dfrac{RT}{V}\dfrac{dP_A}{dt}$

해설

$-r_A = \dfrac{-dC_A}{dt} = -\dfrac{1}{RT}\dfrac{dP_A}{dt}$

$P_A = C_A RT$

35 반응물 A의 전화율(X_A)과 온도(T)에 대한 데이터가 아래와 같을 때 이 반응에 대한 설명으로 옳은 것은?(단, 반응은 단열상태에서 진행되었으며, H_R은 반응의 엔탈피를 의미한다.)

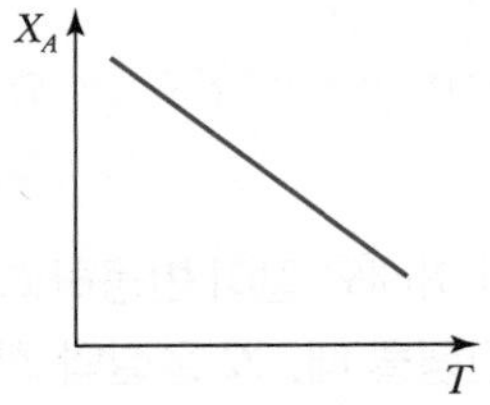

① 흡열반응, $\Delta H_R < 0$
② 발열반응, $\Delta H_R < 0$
③ 흡열반응, $\Delta H_R > 0$
④ 발열반응, $\Delta H_R > 0$

해설

단열조작

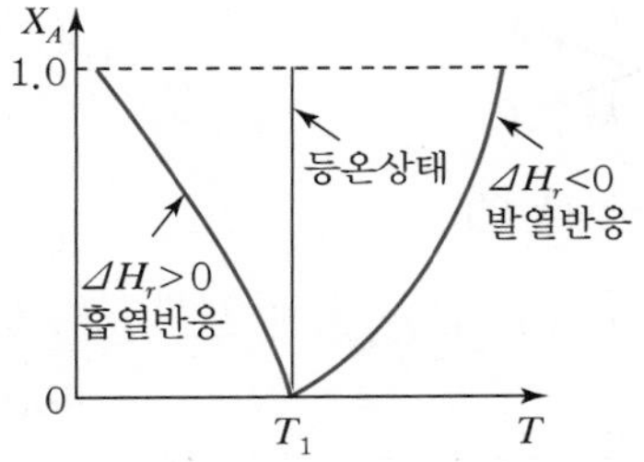

36 다음 비가역 기초반응에 의하여 연간 2억 kg의 에틸렌을 생산하는 데 필요한 플러그흐름반응기의 부피(m^3)는?(단, 공장은 24시간 가동하며, 압력은 8atm, 온도는 1,200K으로 등온이며 압력강하는 무시하고, 전화율 90%로 반응한다.)

$C_2H_6 \rightarrow C_2H_4 + H_2$, $k_{(1,200K)} = 4.07s^{-1}$

① 2.84　② 28.4
③ 42.8　④ 82.2

정답 33 ① 34 ② 35 ③ 36 ①

해설

$C_2H_6 \rightarrow C_2H_4 + H_2$

$30 \ : \ 28$

$x \ : \ 2\times10^8 \text{kg/y}$

$\therefore\ x = 2.14\times10^8\text{kg/y}\times\dfrac{1\text{y}}{365\text{d}}\times\dfrac{1\text{d}}{24\text{h}}\times\dfrac{1\text{h}}{3{,}600\text{s}}\times\dfrac{1\text{kmol}}{30\text{kg}}$

$= 0.226\text{kmol/s}$

$F_{A0} = \dfrac{0.226\text{kmol/s}}{0.9} = 0.25\text{kmol/s}$

$C_A = \dfrac{P_A}{RT} = \dfrac{8\text{atm}}{0.082\text{m}^3\cdot\text{atm/kmol}\cdot\text{K}\times1{,}200\text{K}}$

$= 0.0813\text{kmol/m}^3$

$\varepsilon_A = y_{A0}\delta = 1\cdot\dfrac{2-1}{1} = 1$

1차 기상반응

$k\tau = (1+\varepsilon_A)\ln\dfrac{1}{1-X_A} - \varepsilon_A X_A$

$4.07\text{s}^{-1}\times\tau = (1+1)\ln\dfrac{1}{1-0.9} - 1\times0.9$

$\therefore\ \tau = 0.91\text{s}$

$\tau = \dfrac{V}{v_0} = \dfrac{C_{A0}V}{F_{A0}}$

$0.91\text{s} = \dfrac{0.0813\text{kmol/m}^3\times V}{0.25\text{kmol/s}}$

$\therefore\ V = 2.8\text{m}^3$

37 반응물 A의 경쟁반응이 아래와 같을 때, 생성물 R의 순간수율(ϕ_R)은?

$A \rightarrow R$
$A \rightarrow S$

① $\phi_R = \dfrac{dC_R}{-dC_A}$ ② $\phi_R = \dfrac{dC_S}{dC_R}$

③ $\phi_R = \dfrac{dC_S}{dC_A}$ ④ $\phi_R = \dfrac{dC_R}{-dC_S}$

해설

순간수율

$\phi = -\dfrac{dC_R}{dC_A}$

38 플러그흐름반응기에서 비가역 2차 반응에 의해 액체에 원료 A를 95%의 전화율로 반응시키고 있을 때, 동일한 반응기 1개를 추가로 직렬 연결하여 동일한 전화율을 얻기 위한 원료의 공급속도(F_{A0}')와 직렬연결 전 공급속도(F_{A0})의 관계식으로 옳은 것은?

① $F_{A0}' = 0.5F_{A0}$

② $F_{A0}' = F_{A0}$

③ $F_{A0}' = \ln2F_{A0}$

④ $F_{A0}' = 2F_{A0}$

해설

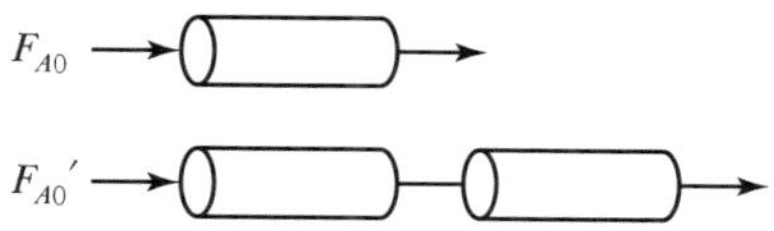

$\therefore\ F_{A0}' = 2F_{A0}$

39 A와 B의 병렬반응에서 목적생성물의 선택도를 향상시킬 수 있는 조건이 아닌 것은?(단, 반응은 등온에서 일어나며, 각 반응의 활성화 에너지는 $E_1 < E_2$이다.)

$A+B \rightarrow D(desired)$ ………… $r_D = k_1C_A^2C_B^3$
$A+B \rightarrow U$ ………… $r_U = k_2C_AC_B$

① 높은 압력

② 높은 온도

③ 관형 반응기

④ 반응물의 고농도

해설

선택도 $= \dfrac{dC_D}{dC_U} = \dfrac{k_1C_A^2C_B^3}{k_2C_AC_B} = \dfrac{k_1}{k_2}C_AC_B^2$

- C_A, C_B의 농도를 높인다.
- $E_1 < E_2$이므로 저온에서 반응시킨다.
- PFR을 사용한다.

정답 37 ① 38 ④ 39 ②

40 혼합흐름반응기의 다중정상상태에 대한 설명 중 틀린 것은?(단, 반응은 1차 반응이며, $R(T)$와 $G(T)$는 각각 온도에 따른 제거된 열과 생성된 열을 의미한다.)

① $R(T)$의 그래프는 직선으로 나타낸다.

② 점화－소화곡선에서 도약이 일어나는 온도를 점화온도라 한다.

③ 유입온도가 점화온도 이상일 경우 상부 정상상태에서 운전이 가능하다.

④ 아주 높은 온도에서는 공식을 $G(T) = -\Delta H^{\circ}_{RX}\, \tau A e^{-\frac{E}{RT}}$로 축소해서 생성된 열을 구할 수 있다.

해설

다중정상상태(MSS)

CSTR

㉠ 제거열 $R(T)$

- 유입온도 변화 : $R(T)$는 온도에 따라 선형적으로 증가
  기울기 $= C_{po}(1+K)$, 절편 $= T_c$

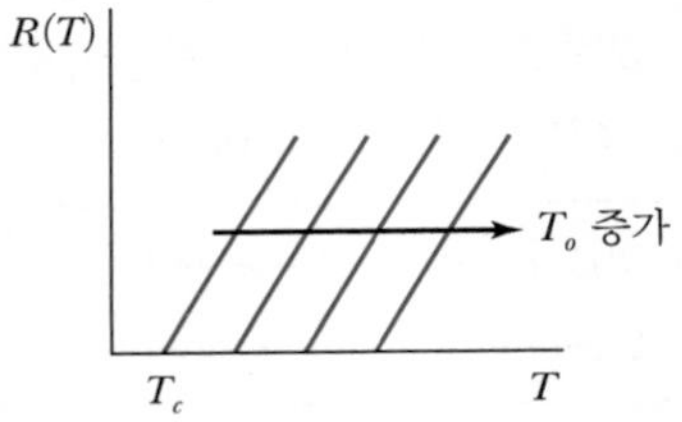

- 비단열매개변수 K의 변화

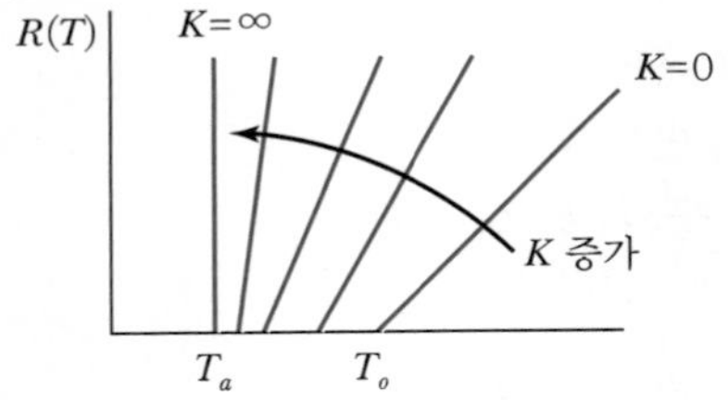

㉡ 발생열 $G(T)$

1차 반응, 아주 낮은 온도에서 $G(T) = -\Delta H^{\circ}_{RX}\tau A e^{-E/RT}$

아주 높은 온도에서 $G(T) = -\Delta H^{\circ}_{RX}$

㉢ 점화온도 : 점화－소화곡선에서 도약이 일어나는 온도

3과목 단위공정관리

41 2개의 관을 연결할 때 사용되는 관부속품이 아닌 것은?

① 유니온(Union) ② 니플(Nipple)

③ 소켓(Socket) ④ 플러그(Plug)

해설

관부속품

- 두 개의 관을 연결할 때 : 플랜지, 유니온, 니플, 커플링, 소켓
- 관선의 방향을 바꿀 때 : 엘보, Y－지관, 십자, 티(Tee)
- 관선의 방향을 바꿀 때 : 리듀서, 부싱
- 지선을 연결할 때 : 티(Tee), Y－지관, 십자
- 유로를 차단할 때 : 플러그, 캡, 밸브
- 유량을 조절할 때 : 밸브

42 절대습도가 0.02인 공기를 매분 50kg씩 건조기에 불어 넣어 젖은 목재를 건조시키려고 한다. 건조기를 나오는 공기의 절대습도가 0.05일 때 목재에서 60kg의 수분을 제거하기 위한 건조시간(min)은?

① 20.0 ② 20.4

③ 40.0 ④ 40.8

해설

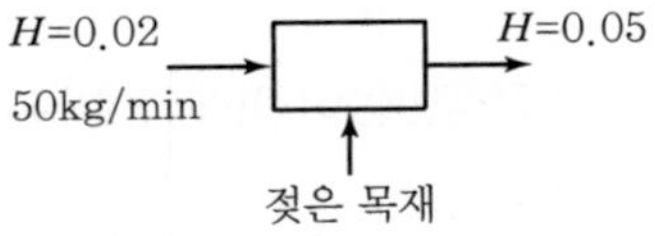

$\frac{0.02}{1+0.02} \times 50\text{kg/min} = 0.98\text{kg } H_2O/\text{min}$

$50 - 0.98 = 49.02\text{kg Dry Air/min}$

목재에서 흡수된 수분 $= 0.05 - 0.02$

$= 0.03\text{kg } H_2O/\text{kg Dry Air}$

$0.03\text{kg } H_2O/\text{kg Dry Air} \times 49.02\text{kg Dry Air/min}$

$= 1.4706\text{kg/min}$

$\therefore \frac{60\text{kg}}{1.4706\text{kg/min}} = 40.8\text{min}$

정답 40 ④ 41 ④ 42 ④

43 8% NaOH 용액을 18%로 농축하기 위해서 21℃ 원액을 내부압이 417mmHg인 증발기로 4,540kg/h의 질량유속으로 보낼 때, 증발기의 총괄열전달계수(kcal/m^2 · h · ℃)는?(단, 증발기의 유효전열면적은 37.2m^2, 8% NaOH 용액의 417mmHg에서 비점은 88℃, 88℃에서의 물의 증발잠열은 547kcal/kg, 가열증기온도는 110℃이며, 액체의 비열은 0.92kcal/kg · ℃로 일정하다고 가정하고, 비점 상승은 무시한다.)

① 860　　② 1,120
③ 1,560　　④ 2,027

해설

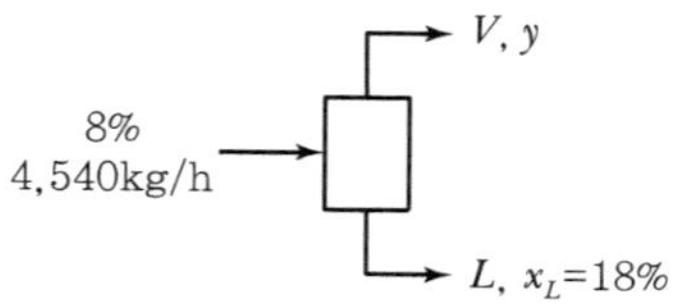

$4{,}540\text{kg/h} \times 0.08 = L \times 0.18$

$\therefore L = 2{,}017.8\text{kg/h}$

$V = 4{,}540 - 2{,}017.8 = 2{,}522.2\text{kg/h}$

$q = FC(t_2 - t_1) + V\lambda$

$= 4{,}540\text{kg/h} \times 0.92\text{kcal/kg} \cdot ℃ \times (88-21)℃ + 2{,}522.2\text{kg/h} \times 547\text{kcal/kg}$

$= 1{,}659{,}489\text{kcal/h}$

$q = UA\Delta t$

$1{,}659{,}489\text{kcal/h} = U \times 37.2\text{m}^2 \times (110-88)℃$

$\therefore U = 2{,}027.7\text{kcal/m}^2 \cdot \text{h} \cdot ℃$

44 건조장치의 선정에서 고려할 사항 중 가장 중요한 사항은?

① 습윤상태
② 화학퍼텐셜
③ 엔탈피
④ 반응속도

45 분자량이 296.5인 어떤 유체 A의 20℃에서의 점도를 측정하기 위해 Ostwald 점도계를 사용하여 측정한 결과가 아래와 같을 때, A유체의 점도(P)는?

측정결과		
유체종류	통과시간	밀도(g/cm^3)
증류수	10s	0.9982
A	2.5min	0.8790

① 0.13　　② 0.17
③ 0.25　　④ 2.17

해설

$$\frac{\mu_A}{\mu_B} = \frac{\rho_A t_A}{\rho_B t_B}$$

$$\frac{\mu_A}{0.01\text{P}} = \frac{0.8790 \times 2.5\text{min} \times \frac{60\text{s}}{1\text{min}}}{0.9982 \times 10\text{s}}$$

$\therefore \mu_A = 0.13\text{P}$

46 HETP에 대한 설명으로 가장 거리가 먼 것은?

① Height Equivalent to a Theoretical Plate를 말한다.
② HETP의 값이 1m보다 클 때 단의 효율이 좋다.
③ (충전탑의 높이 : Z)/(이론 단위수 : N)이다.
④ 탑의 한 이상단과 똑같은 작용을 하는 충전탑의 높이이다.

해설

HETP(등이론단 높이)

- Height Equivalent to a Theoretical Plate
- $HETP = \dfrac{Z}{N_P}$

  여기서, N_P(NTP) : 이론단수
- 탑의 이상단 한 단과 같은 작용을 하는 충전탑의 높이

정답 43 ④　44 ①　45 ①　46 ②

47 1atm에서 물이 끓을 때 온도구배(ΔT)와 열전달계수(h)와의 관계를 표시한 아래의 그래프에서 핵비등(Nucleate Boiling)에 해당하는 구간은?

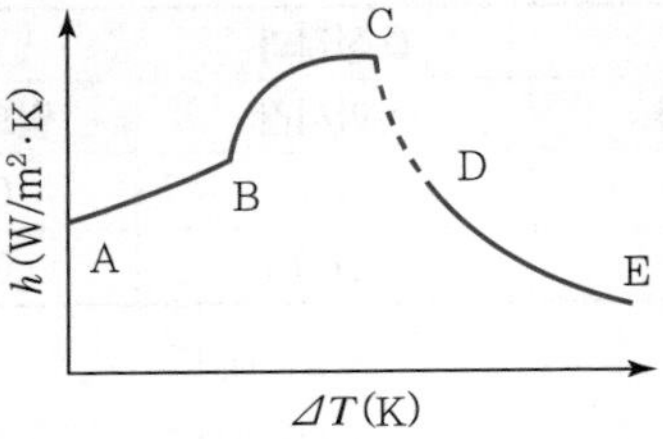

① A－B　② A－C
③ B－C　④ D－E

해설

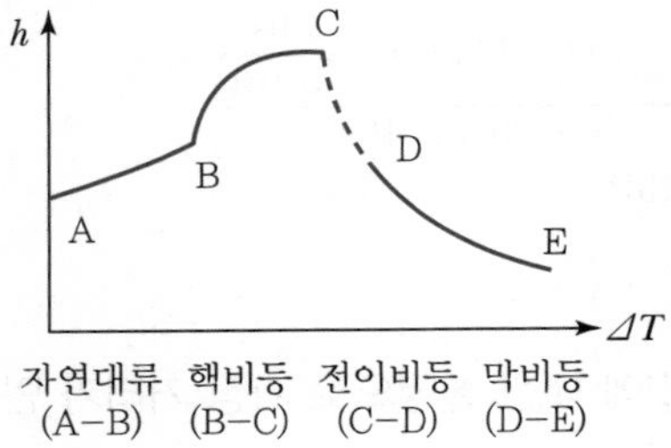

48 확산에 의한 분리조작이 아닌 것은?

① 증류　② 추출
③ 건조　④ 여과

해설

- 등몰확산 : 증류
- 일방확산 : 증발, 추출, 흡수, 건조, 조습

49 레이놀즈수가 300인 유체가 흐르고 있는 내경이 2.5cm인 관에 마노미터를 설치하고자 할 때, 관 입구로부터 마노미터까지의 최소 적정거리(m)는?

① 0.158　② 0.375
③ 1.58　④ 3.75

해설

$L_t = 0.05 N_{Re} D$ (층류)
$= 0.05 \times 300 \times 0.025\text{m} = 0.375\text{m}$

50 증류에 대한 설명으로 가장 거리가 먼 것은?(단, q는 공급원료 1몰을 원료 공급단에 넣었을 때 그중 탈거부로 내려가는 액체의 몰수이다.)

① 최소환류비일 경우 이론단수는 무한대로 된다.
② 포종(Bubble－cap)을 사용하면 기액접촉의 효과가 좋다.
③ McCabe－Thiele법에서 q값은 증기 원료일 때 0보다 크다.
④ Ponchon－Savarit법은 엔탈피－농도 도표와 관계가 있다.

해설

- $q > 1$: 차가운 원액
- $q = 1$: 비등에 있는 원액(포화액체)
- $0 < q < 1$: 부분적으로 기화된 원액
- $q = 0$: 노점에 있는 원액(포화증기)
- $q < 0$: 과열증기 원액

51 Methyl acetate가 아래의 반응식과 같이 고압촉매반응에 의하여 합성될 때 이 반응의 표준반응열(kcal/mol)은?(단, 표준연소열은 $CO(g)$ －67.6kcal/mol, $CH_3OCH_3(g)$ －348.8kcal/mol, $CH_3COOCH_3(g)$ －397.5kcal/mol이다.)

$$CH_3OCH_3(g) + CO(g) \rightarrow CH_3COOCH_3(g)$$

① －18.9　② ＋28.9
③ －614　④ ＋814

해설

$\Delta H = (\Sigma H_c)_R - (\Sigma H_c)_P$
$= (-348.8 - 67.6)\text{kcal/mol} - (-397.5\text{kcal/mol})$
$= -18.9\text{kcal/mol}$

정답 47 ③ 48 ④ 49 ② 50 ③ 51 ①

52 기체 A 30vol%와 기체 B 70vol% 기체 혼합물에서 기체 B의 일부가 흡수탑에서 산에 흡수되어 제거된다. 이 흡수탑을 나가는 기체 혼합물 조성에서 기체 A가 80vol%이고 흡수탑을 들어가는 혼합기체가 100mol/h라 할 때, 기체 B의 흡수량(mol/h)은?

① 52.5　② 62.5
③ 72.5　④ 82.5

해설

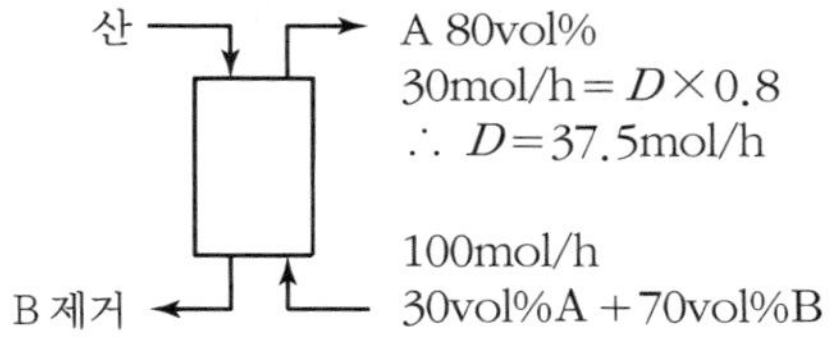

$D = 37.5\text{mol/h}$

$B = 37.5\text{mol/h} \times 0.2 = 7.5\text{mol/h}$

제거되는 B의 양 $= 100 \times 0.7 - 7.5\text{mol/h}$
$= 62.5\text{mol/h}$

53 각기 반대 방향의 시속 90km로 운전 중인 질량이 10ton인 트럭과 2.5ton인 승용차가 정면으로 충돌하여 두 차가 모두 정지하였을 때, 충돌로 인한 운동에너지의 변화량(J)은?

① 0　② 3.9×10^6
③ 4.3×10^6　④ 5.1×10^6

해설

- 트럭

$$E_K = \frac{1}{2}mv^2$$

$$90\text{km/h} \times \frac{1{,}000\text{m}}{1\text{km}} \times \frac{1\text{h}}{3{,}600\text{s}} = 25\text{m/s}$$

$$E_{K_1} = \frac{1}{2} \times 10{,}000\text{kg} \times (25\text{m/s})^2 = 3{,}125{,}000\text{J}$$

- 승용차

$$E_{K_2} = \frac{1}{2} \times 2{,}500\text{kg} \times (25\text{m/s})^2 = 781{,}250\text{J}$$

- 총운동에너지

$$E_K = E_{K_1} + E_{K_2} = 3{,}125{,}000\text{J} + 781{,}250\text{J} = 3.9 \times 10^6\text{J}$$

54 순환(Recycle)과 우회(Bypass)에 대한 설명 중 틀린 것은?

① 순환은 공정을 거쳐 나온 흐름의 일부를 원료로 함께 공정에 공급한다.
② 우회는 원료의 일부를 공정을 거치지 않고, 그 공정에서 나오는 흐름과 합류시킨다.
③ 순환과 우회 조작은 연속적인 공정에서 행한다.
④ 우회와 순환 조작에 의한 조성의 변화는 같다.

해설

순환(Recycle)
공정을 거쳐 나온 흐름의 일부를 다시 되돌아가게 하여 공정으로 들어가는 흐름에 결합하여 공정에 들어가는 조작

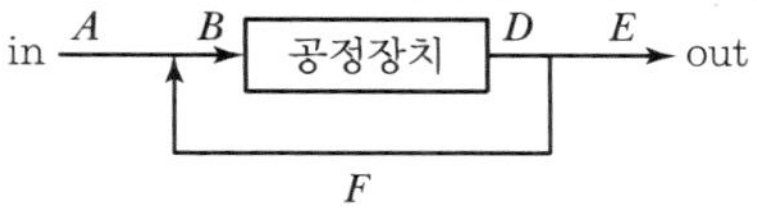

$A \neq B \neq F$
$D = E = F$

분류(Bypass)
흐름의 일부가 공정을 거치지 않고, 공정에서 나온 흐름과 합하여 나가는 조작

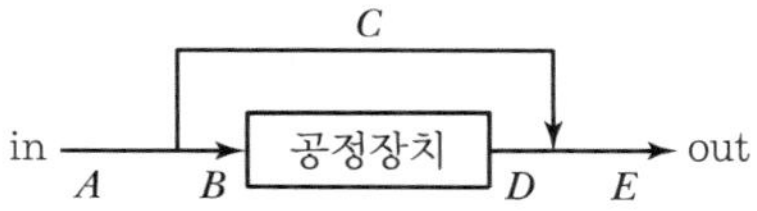

$A = B = C$
$C \neq D \neq E$

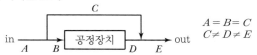

55 일산화탄소 분자의 온도에 대한 열용량(C_p)이 아래와 같을 때, 500℃와 1,000℃ 사이의 평균열용량(cal/mol · ℃)은?

$C_p = 6.935 + 6.77 \times 10^{-4}T + 1.3 \times 10^{-7}T^2$
단위 : C_p = cal/mol · ℃
T = ℃

① 0.7518　② 7.518
③ 37.59　④ 375.9

해설

$$\Delta H = \int_{500℃}^{1{,}000℃} C_p dt = \overline{C_p}(1{,}000 - 500)℃$$

$$\int_{500℃}^{1{,}000℃} (6.935 + 6.77 \times 10^{-4}T + 1.3 \times 10^{-7}T^2)dT$$

$$= \overline{C_p}(1{,}000 - 500)℃$$

정답 52 ② 53 ② 54 ④ 55 ②

$$\therefore \overline{C_p} = \frac{6.935(1{,}000-500)+\frac{6.77\times10^{-4}}{2}(1{,}000^2-500^2)+\frac{1.3\times10^{-7}}{3}(1{,}000^3-500^3)}{(1{,}000-500)}$$

$$= 6.935+\frac{6.77\times10^{-4}}{2}(1{,}000+500)+\frac{1.3\times10^{-7}}{3}(1{,}000^2+1{,}000\times500+500^2)$$

$$= 7.5\text{cal/mol}\cdot℃$$

56 60℃에서 $NaHCO_3$ 포화 수용액 10,000kg을 20℃로 냉각할 때 석출되는 $NaHCO_3$의 양(kg)은?(단, $NaHCO_3$의 용해도는 60℃에서 16.4g $NaHCO_3$/100g H_2O이고, 20℃에서 9.6g $NaHCO_3$/100g H_2O이다.)

① 682 ② 584

③ 485 ④ 276

해설

116g : 16.4g = 10,000kg : x

$\therefore x = 1{,}413.8$kg $NaHCO_3$

10,000kg − 1,413.8kg = 8,586.2kg H_2O

100g : (16.4 − 9.6)g = 8,586.2kg : y

$\therefore y = 584$kg

57 그림과 같은 공정에서 물질수지도를 작성하려면 측정해야 할 최소한의 변수(자유도)는?(단, A, B, C는 성분을 나타내고 F 흐름은 3성분계, W 흐름은 2성분계, P 흐름은 3성분계이다.)

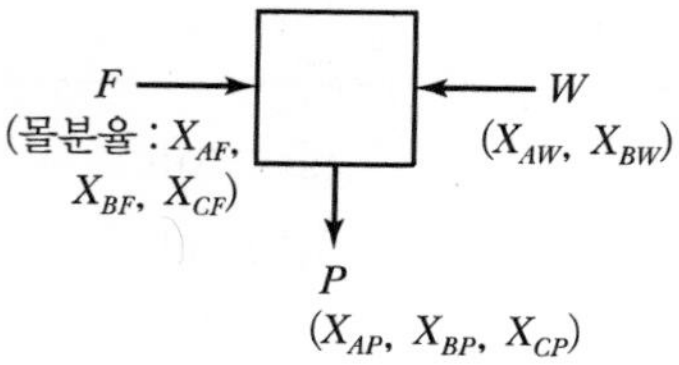

① 3 ② 4

③ 5 ④ 6

해설

$F + W = P$

$Fx_{AF} + Wx_{AW} = Px_{AP}$

$Fx_{BF} + Wx_{BW} = Px_{BP}$

$Fx_{CF} = Px_{CP}$

$x_A + x_B + x_C = 1$

∴ 5개

58 질소와 산소의 반응과 반응열이 아래와 같을 때, NO 1mol의 분해열(kcal)은?

$N_2 + O_2 \rightleftarrows 2NO$, $\Delta H = -43$kcal

① −21.5 ② −43

③ +43 ④ +21.5

해설

$2NO \rightleftarrows N_2 + O_2$ $\Delta H = +43$kcal

$NO \rightleftarrows \frac{1}{2}N_2 + \frac{1}{2}O_2$ $\Delta H = +21.5$kcal

59 연료를 완전 연소시키기 위해 이론상 필요한 공기량을 A_0, 실제 공급한 공기량을 A라고 할 때, 과잉공기 %를 옳게 나타낸 것은?

① $\frac{A_0}{A}\times100$ ② $\frac{A}{A_0}\times100$

③ $\frac{A-A_0}{A}\times100$ ④ $\frac{A-A_0}{A_0}\times100$

해설

$$\text{과잉공기\%} = \frac{\text{과잉량}}{\text{이론량}}\times100\% = \frac{\text{공급량}-\text{이론량}}{\text{이론량}}\times100\% = \frac{A-A_0}{A_0}\times100\%$$

정답 56 ② 57 ③ 58 ④ 59 ④

60 지하 220m 깊이에서부터 지하수를 양수하여 20m 높이에 가설된 물탱크에 15kg/s의 양으로 물을 올릴 때, 위치에너지의 증가량(J/s)은?

① 35,280 ② 3,600
③ 3,250 ④ 205

해설

$E_P = mgh$
$= 15\text{kg/s} \times 9.8\text{m/s}^2 \times (220 + 20)\text{m}$
$= 35{,}280\text{J/s}$

4과목 화공계측제어

61 공정 $G(s) = \dfrac{1}{(s+1)^4}$에 대한 PI 제어기를 Ziegler–Nichols법으로 튜닝한 것은?

① $K_c = 0.5,\ \tau_I = 2.8$
② $K_c = 1.8,\ \tau_I = 5.2$
③ $K_c = 2.5,\ \tau_I = 6.8$
④ $K_c = 2.5,\ \tau_I = 2.8$

해설

$\tau = 1$

$AR = \dfrac{1}{(\sqrt{\omega^2+1})^4}$

$\phi = -4\tan^{-1}(\omega)$

$-180° = -4\tan^{-1}(\omega)$

$\therefore\ \omega_u = 1$

$AR_c = \dfrac{1}{(\omega^2+1)^2} = \dfrac{1}{(1+1)^2} = 0.25$

$P_u = \dfrac{2\pi}{\omega_u} = 2\pi$

$\therefore\ \tau_I = \dfrac{2\pi}{1.2} = 5.2$

$\therefore\ K_c = 0.45K_{cu} = 0.45\dfrac{1}{AR_c}$

$= \dfrac{0.45}{0.25} = 1.8$

62 $\dfrac{2}{10s+1}$로 표현되는 공정 A와 $\dfrac{4}{5s+1}$로 표현되는 공정 B에 같은 크기의 계단입력이 가해졌을 때 다음 설명 중 옳은 것은?

① 공정 A가 더 빠르게 정상상태에 도달한다.
② 공정 B가 더 진동이 심한 응답을 보인다.
③ 공정 A가 더 진동이 심한 응답을 보인다.
④ 공정 B가 더 큰 최종응답 변화값을 가진다.

해설

B의 시간상수가 A의 시간상수보다 작으므로 B가 정상상태에 더 빠르게 도달하며, B의 이득이 더 크므로 더 큰 최종응답 변화값을 갖는다.

63 연속 입출력 흐름과 내부 가열기가 있는 저장조의 온도제어 방법 중 공정제어 개념이라고 볼 수 없는 것은?

① 유입되는 흐름의 유량을 측정하여 저장조의 가열량을 조절한다.
② 유입되는 흐름의 온도를 측정하여 저장조의 가열량을 조절한다.
③ 유출되는 흐름의 온도를 측정하여 저장조의 가열량을 조절한다.
④ 저장조의 크기를 증가시켜 유입되는 흐름의 온도 영향을 줄인다.

해설

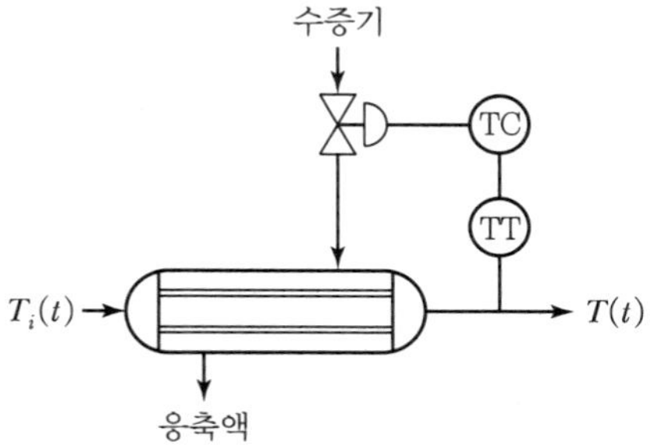

유입되는 유량, 유출되는 유량의 온도를 측정하여 저장조의 가열량을 조절한다.

정답 60 ① 61 ② 62 ④ 63 ④

64 다음과 같은 블록선도에서 Bode 시스템 안정도 판단에 사용되는 개방회로 전달함수는?

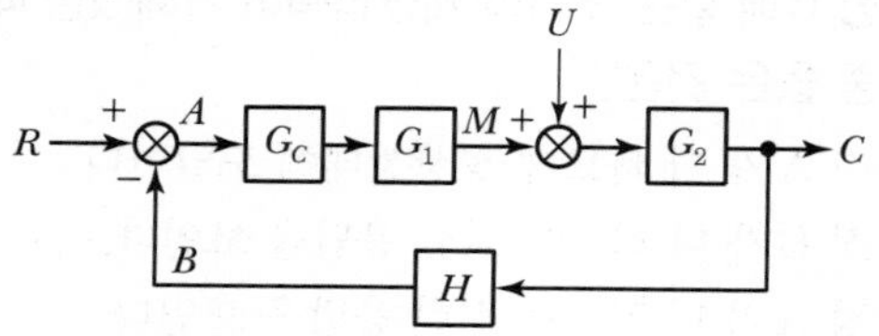

① $\dfrac{C}{R}$　② $\dfrac{C}{U}$
③ $G_1 G_2 U$　④ $G_C G_1 G_2 H$

해설

$G_{OL} = G_C G_1 G_2 H$
↳ 열린 루프 전달함수

65 Smith Predictor는 어떠한 공정문제를 보상하기 위하여 사용되는가?

① 역응답　② 공정의 비선형
③ 지연시간　④ 공정의 상호 간섭

해설

Smith Predictor
지연시간(불감시간) 보상을 위해 사용한다.

66 동일한 2개의 1차계가 상호작용 없이(Non Interacting) 직렬연결되어 있는 계는 다음 중 어느 경우의 2차계와 같아지는가?(단, ξ는 감쇠계수(Damping Coefficient) 이다.)

① $\xi > 1$　② $\xi = 1$
③ $\xi < 1$　④ $\xi = \infty$

해설

$$G(s) = \frac{K_1 K_2}{(\tau s+1)(\tau s+1)} = \frac{K}{\tau^2 s^2 + 2\tau s + 1}$$

$2\tau\zeta = 2\tau$이므로 $\zeta = 1$이다.

67 특성방정식의 근 중 하나가 복소평면의 우측 반평면에 존재하면 이 계의 안정성은?

① 안정하다.
② 불안정하다.
③ 초기는 불안정하다 점진적으로 안정해진다.
④ 주어진 조건으로는 판단할 수 없다.

해설

특성방정식의 근이 좌측 반평면에 존재해야 안정하다. 근 중 하나가 우측 반평면에 존재한다면 그 계는 불안정하다.

68 블록선도에서 Servo Problem인 경우 Proportional Control($G_c = K_c$)의 Offset은?(단, $T_R(t) = U(t)$인 단위계단신호이다.)

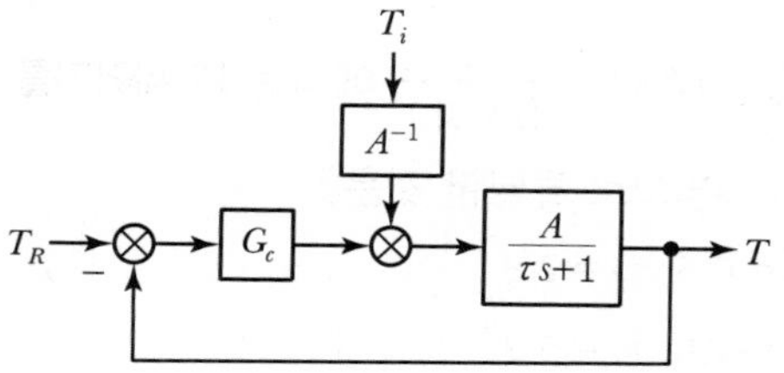

① 0　② $\dfrac{1}{1-AK_c}$
③ $-\dfrac{1}{1+AK_c}$　④ $\dfrac{1}{1+AK_c}$

해설

$T_R(t) = 1$　　$T_R(s) = \dfrac{1}{s}$

$$T = \frac{\dfrac{K_c A}{\tau s+1}}{1+\dfrac{K_c A}{\tau s+1}} \cdot \frac{1}{s} = \frac{K_c A}{\tau s + 1 + K_c A} \cdot \frac{1}{s}$$

최종치 정리

$$\lim_{t\to\infty} y(t) = \lim_{s\to 0} sY(s)$$

$$\lim_{s\to 0} sT(s) = \lim_{s\to 0} s\frac{K_c A}{\tau s+1+K_c A} \cdot \frac{1}{s} = \frac{K_c A}{1+K_c A}$$

$$\text{Offset} = T_R(t) - T(t) = 1 - \frac{K_c A}{1+K_c A} = \frac{1}{1+K_c A}$$

정답 64 ④ 65 ③ 66 ② 67 ② 68 ④

69 운전자의 눈을 가린 후 도로에 대한 자세한 정보를 주고 운전을 시킨다면 이는 어느 공정제어 기법이라고 볼 수 있는가?

① 앞먹임 제어
② 비례제어
③ 되먹임 제어
④ 분산제어

해설

미리 외란에 대한 정보를 주고 제어하므로 앞먹임 제어가 된다.

70 동적계(Dynamic System)를 전달함수로 표현하는 경우를 옳게 설명한 것은?

① 선형계의 동특성을 전달함수로 표현할 수 없다.
② 비선형계를 선형화하고 전달함수로 표현하면 비선형 동특성을 근사할 수 있다.
③ 비선형계를 선형화하고 전달함수로 표현하면 비선형 동특성을 정확히 표현할 수 있다.
④ 비선형계의 동특성을 선형화하지 않아도 전달함수로 표현할 수 있다.

해설

비선형계의 경우 선형화하여 전달함수로 표현하면, 비선형계의 동특성을 근사할 수 있다.

71 어떤 계의 단위계단응답이 아래와 같을 때, 이 계의 단위충격응답(Impulse Response)은?

$$Y(t)=1-\left(1+\frac{t}{\tau}\right)e^{-\frac{t}{\tau}}$$

① $\frac{t}{\tau}e^{-\frac{t}{\tau}}$　② $\frac{t}{\tau^2}e^{-\frac{t}{\tau}}$
③ $\left(1+\frac{t}{\tau}\right)e^{-\frac{t}{\tau}}$　④ $\left(1-\frac{t}{\tau}\right)e^{-\frac{t}{\tau}}$

해설

(단위계단응답)′=단위충격응답

$$y(t)=1-\left(1+\frac{t}{\tau}\right)e^{-\frac{t}{\tau}}=1-e^{-\frac{t}{\tau}}-\frac{t}{\tau}e^{-\frac{t}{\tau}}$$

$$y'(t)=\frac{1}{\tau}e^{-\frac{t}{\tau}}-\frac{1}{\tau}e^{-\frac{t}{\tau}}+\frac{t}{\tau^2}e^{-\frac{t}{\tau}}=\frac{t}{\tau^2}e^{-\frac{t}{\tau}}$$

72 특성방정식에 대한 설명 중 틀린 것은?

① 주어진 계의 특성방정식의 근이 모두 복소평면의 왼쪽 반평면에 놓이면 계는 안정하다.
② Routh Test에서 주어진 계의 특성방정식이 Routh Array의 처음 열의 모든 요소가 0이 아닌 양의 값이면 주어진 계는 안정하다.
③ 주어진 계의 특성방정식이 $s^4+3s^3-4s^2+7=0$일 때 이 계는 안정하다.
④ 특성방정식이 $s^3+2s^2+2s+40=0$인 계에는 양의 실수부를 가지는 2개의 근이 있다.

해설

$$s^4+3s^3-4s^2+7=0$$

1	−4
3	7
$\frac{-12-7}{3}$	

$\frac{-12-7}{3}<0$이므로 이 계는 불안정하다.

73 초기상태 공정입출력이 0이고 정상상태일 때, 어떤 선형 공정에 계단입력 $u(t)=1$을 입력했더니, 출력 $y(t)$는 각각 $y(1)=0.1$, $y(2)=0.2$, $y(3)=0.4$이었다. 입력 $u(t)=0.5$를 입력할 때 각각의 출력은?

① $y(1)=0.1,\ y(2)=0.2,\ y(3)=0.4$
② $y(1)=0.05,\ y(2)=0.1,\ y(3)=0.2$
③ $y(1)=0.1,\ y(2)=0.3,\ y(3)=0.7$
④ $y(1)=0.2,\ y(2)=0.4,\ y(3)=0.8$

정답 69 ① 70 ② 71 ② 72 ③ 73 ②

해설

계단입력 $u(t)=1$

$y(1)=0.1 \quad y(2)=0.2 \quad y(3)=0.4$

입력이 $u(t)=0.5$이면 출력도 $\frac{1}{2}$이 된다.

$y(1)=0.05 \quad y(2)=0.1 \quad y(3)=0.2$

74 $\mathcal{L}[f(t)]=F(s)$일 때, 최종치 정리를 옳게 나타낸 것은?

① $\lim_{t\to\infty} f(t)=\lim_{s\to 0} s\cdot F(s)$

② $\lim_{t\to 0} f(t)=\lim_{s\to\infty} s\cdot F(s)$

③ $\lim_{t\to\infty} f(t)=\lim_{s\to\infty} s\cdot F(s)$

④ $\lim_{t\to 0} f(t)=\lim_{s\to 0} s\cdot F(s)$

해설

최종치 정리

$\lim_{t\to\infty} f(t)=\lim_{s\to 0} sF(s)$

75 다음 중 ATO(Air−To−Open) 제어밸브가 사용되어야 하는 경우는?

① 저장탱크 내 위험물질의 증발을 방지하기 위해 설치된 열교환기의 냉각수 유량 제어용 제어밸브

② 저장탱크 내 물질의 응고를 방지하기 위해 설치된 열교환기의 온수 유량 제어용 제어밸브

③ 반응기에 발열을 일으키는 반응 원료의 유량 제어용 제어밸브

④ 부반응 방지를 위하여 고온 공정 유체를 신속히 냉각시켜야 하는 열교환기의 냉각수 유량 제어용 제어밸브

해설

ATO(Air − To − Open) = FC = NC

평상시나 사고 후에는 닫혀 있고, 공기압이 가해질 때 열리는 밸브 → 위험해지면 밸브를 닫아야 하는 경우에 사용한다.

76 복사에 의한 열전달식은 $q=\sigma A T^4$으로 표현된다. 정상상태에서 $T=T_s$일 때 이 식을 선형화하면? (단, σ와 A는 상수이다.)

① $\sigma A(T-T_s)$

② $\sigma A T_s^4(T-T_s)$

③ $3\sigma A T_s^3(T-T_s)^2$

④ $4\sigma A T_s^3(T-0.75T_s)$

해설

$q=\sigma A T^4$

Taylor 급수전개

$f(s)=f(x_s)+\frac{df}{dx}(x_s)(x-x_s)$

선형화하면

$q=\sigma A T_s^4+4\sigma A T_s^3(T-T_s)$

$=\sigma A T_s^4+4\sigma A T_s^3 T-4\sigma A T_s^4$

$=4\sigma A T_s^3 T-3\sigma A T_s^4$

$=4\sigma A T_s^3(T-0.75T_s)$

77 비례제어기를 사용하는 어떤 제어계의 폐루프 전달함수는 $\frac{Y(s)}{X(s)}=\frac{0.6}{0.2s+1}$이다. 이 계의 설정치 X에 단위계단변화를 주었을 때 Offset은?

① 0.4

② 0.5

③ 0.6

④ 0.8

해설

$x(t)=1$

$Y(s)=\frac{0.6}{0.2s+1}\cdot\frac{1}{s}$

$\lim_{t\to\infty} y(t)=\lim_{s\to 0} sY(s)$

$=\lim_{s\to 0} s\frac{0.6}{0.2s+1}\cdot\frac{1}{s}$

$=0.6$

$\text{Offset}=x(\infty)-y(\infty)$

$=1-0.6=0.4$

정답 74 ① 75 ③ 76 ④ 77 ①

78 나뉘어 운영되고 있던 두 공정을 한 구역으로 통합하여 운영할 때의 경제성을 평가하고자 한다. $\Delta T_{\min}=20$℃로 하여 최대 열교환을 하고, 추가로 필요한 열량은 수증기나 냉각수로 공급한다고 할 때, 필요한 유틸리티와 그 에너지양은?(단, 필요에 따라 Stream은 Spilt할 수 있으며, T_s와 T_t는 해당 Stream의 유입온도와 유출온도를 의미한다.)

Area A			
Stream	T_s(℃)	T_t(℃)	C_p(kW/K)
1	190	110	20.0
2	90	170	10.0

Area B			
Stream	T_s(℃)	T_t(℃)	C_p(kW/K)
3	140	50	10.0

① 냉각수, 10kW　　② 냉각수, 30kW
③ 수증기, 10kW　　④ 수증기, 30kW

79 공정유체 10m^3를 담고 있는 완전혼합이 일어나는 탱크에 성분 A를 포함한 공정유체가 $1\text{m}^3/\text{h}$로 유입되며 또한 동일한 유량으로 배출되고 있다. 공정유체와 함께 유입되는 성분 A의 농도가 1시간을 주기로 평균치를 중심으로 진폭 0.3mol/L로 진동하며 변한다고 할 때 배출되는 A의 농도변화 진폭(mol/L)은?

① 0.5　　② 0.05
③ 0.005　　④ 0.0005

해설

$$\tau=\frac{V}{q}=\frac{10\text{m}^3}{1\text{m}^3/\text{h}}=10\text{h}$$

$$\omega=2\pi f=\frac{2\pi}{T}=\frac{2\pi}{1\text{h}}=2\pi$$

$$\hat{A}=\frac{A}{\sqrt{\tau^2\omega^2+1}}=\frac{0.3}{\sqrt{10^2(2\pi)^2+1}}$$
$$=0.0048\text{mol/L} \fallingdotseq 0.005\text{mol/L}$$

80 제어밸브(Control Valve)를 나타낸 것은?

① 　　② 

③ 　　④ 

해설

• 제어밸브　: 
• 밸브(일반) : 
• 체크밸브　: 
• 글로브밸브 : 

정답 78 ③　79 ③　80 ④

2022년 제3회 복원기출문제

1과목 공업합성

01 가성소다를 제조할 때 격막식 전해조에서 양극재료로 주로 사용되는 것은?

① 수은 ② 철
③ 흑연 ④ 구리

해설

(+)극	(−)극
양극재료 : 흑연	음극재료 : 철망
$2Cl^- \rightarrow Cl_2 + 2e^-$	$2H_2O + 2e^- \rightarrow H_2\uparrow + 2OH^-$
산화반응	환원반응
Cl_2 발생	H_2 발생

02 다음 반응식처럼 식염수를 전기분해하여 1톤의 NaOH를 제조하고자 할 때 필요한 NaCl의 이론량은 약 몇 kg인가?(단, 원자량은 Na 23, Cl 35.5이다.)

$$2NaCl + 2H_2O \rightarrow 2NaOH + Cl_2 + H_2$$

① 1,463
② 1,520
③ 2,042
④ 3,211

해설

$2NaCl + 2H_2O \rightarrow 2NaOH + Cl_2 + H_2$

$2 \times 58.5 \quad : \quad 2 \times 40$

$x \quad : \quad 1{,}000\text{kg}$

$\therefore x = \dfrac{58.5 \times 1{,}000}{40} = 1{,}463\text{kg}$

03 HCl을 산화시켜 Cl_2를 생성하는 반응에서 O_2를 30% 과잉으로 주입한다. 이때 공기를 사용한다면, HCl의 부피%는 얼마인가?

① 64.62%
② 32.5%
③ 39.2%
④ 75.47%

해설

$4HCl + O_2 \rightarrow 2H_2O + 2Cl_2$

$4m^3 \ : \ 1.3m^3$

$1.3m^3\ O_2 \times \dfrac{1\text{Air}}{0.21} = 6.19m^3\ \text{Air}$

HCl의 부피% $= \dfrac{4}{4 + 6.19} \times 100$

$= 39.2\%$

04 다음 반응에서 $1m^3$의 NH_3를 산화시키는 데 필요한 공기량은 약 몇 m^3인가?(단, 공기 중 산소는 21vol%이다.)

$$NH_3 + 2O_2 \rightleftarrows HNO_3 + H_2O$$

① 9.5 ② 15.3
③ 24.5 ④ 29.9

해설

$NH_3 + 2O_2 \rightleftarrows HNO_3 + H_2O$

$1 \ : \ 2m^3$

$2m^3 O_2 \times \dfrac{100}{21} = 9.5m^3\ \text{Air}$

정답 01 ③ 02 ① 03 ③ 04 ①

05 다음의 반응에서 NO의 수율을 높이는 방법에 대한 설명으로 옳지 않은 것은?

$$4NH_3 + 5O_2 \rightleftarrows 4NO + 6H_2O + 216kcal$$

① 산소와 암모니아의 농도비를 적절하게 조절한다.
② 반응가스 유입량에 따라 적합한 산화온도를 적용한다.
③ 반응 시 80~100atm의 고압을 가한다.
④ Pt나 Pt－Rh과 같은 촉매를 사용한다.

해설

암모니아 산화법(Ostwald법)

$4NH_3 + 5O_2 \rightleftarrows 4NO + 6H_2O + 216kcal$

- Pt－Rh 촉매(백금－로듐 cat)
- 최대산화율 $O_2/NH_3 = 2.2 \sim 2.3$
- 압력을 가하면 산화율이 떨어진다.

06 반도체에 대한 일반적인 설명 중 옳은 것은?

① 진성 반도체의 경우 온도가 증가함에 따라 전기전도도가 감소한다.
② P형 반도체는 Si에 V족 원소가 첨가된 것이다.
③ 불순물 원소를 첨가함에 따라 저항이 감소한다.
④ LED(Light Emitting Diode)는 N형 반도체만을 이용한 전자 소자이다.

해설

- 진성 반도체 : 온도↑ → 전기전도도↑
- P형 반도체 : 13족 원소(B, Al, Ga, In)를 첨가 ← 정공(Hole)이 생김
- N형 반도체 : 15족 원소(P, As, Sb)를 첨가 ← 자유전자
- LED(발광다이오드) : 전기에너지 → 빛에너지
  반도체의 PN접합 구조를 이용하여 전자 또는 정공을 주입하고, 이들의 재결합에 의해 발광시킨다.

07 Ni－Cd 전지에서 음극의 수소 발생을 억제하기 위해 음극에 과량으로 첨가하는 물질은 무엇인가?

① $Cd(OH)_2$　② KOH
③ MnO_2　④ $Ni(OH)_2$

해설

Ni－Cd 전지

음극에서 발생하는 수소를 억제하기 위해 음극에 $Cd(OH)_2$를 과량으로 첨가한다.

08 섬유를 크게 합성섬유와 재생섬유로 나눌 때 재생섬유에 해당하는 것은?

① 나일론　② 비닐론
③ 폴리아크릴로 니트릴　④ 레이온

해설

재생섬유

섬유상 고분자물질을 용해, 융해 등에 의하여 균일한 상태로 만들고 이것을 다시 섬유로 형성한 것이다.

예 셀룰로스계 재생섬유 : 레이온

09 합성염산의 제조장치로서 많이 사용되는 것은?

① 불침투성 탄소관　② 용융석영재료
③ 철재　④ 도기관

해설

합성염산 장치재료 : Karbate(불침투성 탄소합성관)

- 탄소, 흑연을 성형해서 푸랄계, 페놀계 수지를 침투시켜 불침투성으로 만든 것이다.
- 불침투성이므로 빛을 투과하지 않아 작업이 안전하다.
- 내식성이 강하다.
- 열팽창성이 작으며 열전도율이 좋다.
- 합성관, 흡수관, 냉각기의 장치재료로 우수하다.

10 다음 중 전도성 고분자가 아닌 것은?

① 폴리아닐린　② 폴리피롤
③ 폴리실록산　④ 폴리티오펜

해설

전도성 고분자

가볍고 가공이 쉬운 장점을 유지한 채 전기를 잘 통하는 플라스틱으로 대부분 전자수용체 또는 전자공여체를 고분자에 도포함으로써 높은 전도율을 얻는다.

예 폴리아닐린, 폴리에틸렌, 폴리피롤, 폴리티오펜

정답 05 ③ 06 ③ 07 ① 08 ④ 09 ① 10 ③

11 LPG에 대한 설명 중 틀린 것은?

① C_3, C_4의 탄화수소가 주성분이다.
② 상온, 상압에서는 기체이다.
③ 그 자체로 매우 심한 독한 냄새가 난다.
④ 가압 또는 냉각시킴으로써 액화한다.

해설

LPG
- C_3, C_4 탄화수소가 주성분이다.
- 상온, 상압에서 기체이다.
- 상온, 상압에서 기체인 프로판, 부탄 등의 혼합물을 냉각시켜 액화한 것이다.
- 그 자체로는 냄새가 거의 나지 않는다.

12 다음 중 비료의 3요소에 해당하는 것은?

① N, P_2O_5, CO_2　② K_2O, P_2O_5, CO_2
③ N, K_2O, P_2O_5　④ N, P_2O_5, C

해설

비료의 3요소
N(질소), K_2O(칼륨), P_2O_5(인)

13 프로필렌, CO 및 H_2의 혼합가스를 촉매하에서 고압으로 반응시켜 카르보닐 화합물을 제조하는 반응은?

① 옥소 반응　② 에스테르화 반응
③ 니트로화 반응　④ 스위트닝 반응

해설

Oxo 반응
- $CH_3-CH=CH_2+CO+H_2$
  $\rightarrow CH_3-CH_2-CH_2-CHO$
- 올레핀 $+CO+H_2 \rightarrow$ 탄소 수가 하나 더 증가된 알데히드

14 연실식 황산제조에서 Gay-Lussac 탑의 주된 기능은?

① 황산의 생성　② 질산의 환원
③ 질소산화물의 회수　④ 니트로실황산의 분해

해설

Gay-Lussac 탑의 기능
- 질소산화물의 회수
- $2H_2SO_4+NO+NO_2 \rightleftarrows 2HSO_4 \cdot NO+H_2O$

15 Friedel-Crafts 반응이 아닌 것은?

① $C_6H_6 + CH_3CH = CH_2 \longrightarrow$
② 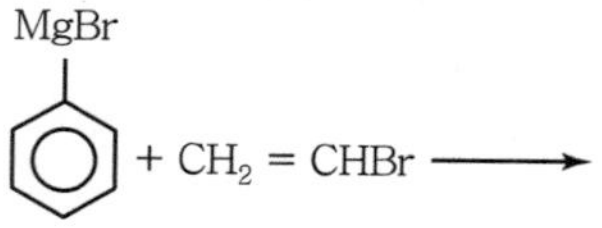
③ 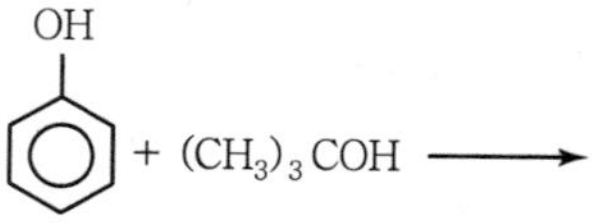
④ 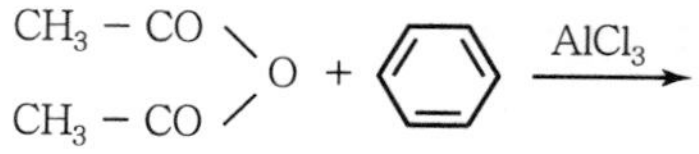

해설

Friedel-Crafts 반응
- 알킬화

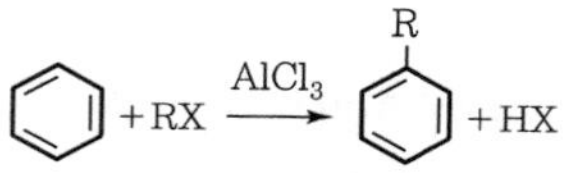

- 아실화

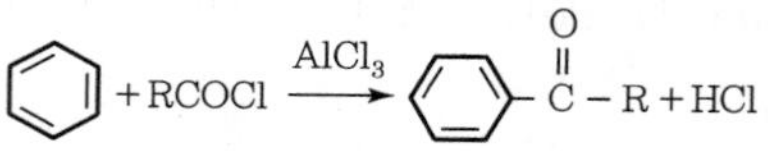

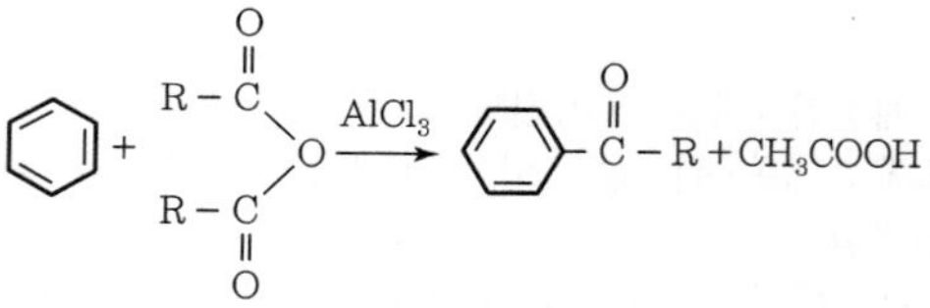

16 석유화학 공정에 대한 설명 중 틀린 것은?

① 비스브레이킹 공정은 열분해법의 일종이다.
② 열분해란 고온하에서 탄화수소 분자를 분해하는 방법이다.
③ 접촉분해공정은 촉매를 이용하지 않고 탄화수소의 구조를 바꾸어 옥탄가를 높이는 공정이다.
④ 크래킹은 비점이 높고 분자량이 큰 탄화수소를 분자량이 작은 저비점의 탄화수소로 전환하는 것이다.

정답 11 ③ 12 ③ 13 ① 14 ③ 15 ② 16 ③

해설

열분해법
- 비스브레이킹(470℃)
- 코킹(1,000℃)

접촉분해법
- 등유나 경유를 촉매를 사용하여 분해시키는 방법
- 옥탄가가 높은 가솔린을 제조할 수 있다.
- 석유화학 원료 제조에는 부적당하다.
- 올레핀이 거의 생성되지 않는다.
- 방향족 탄화수소가 많이 생성된다.

17 오산화바나듐(V_2O_5) 촉매하에 나프탈렌을 공기 중 400℃에서 산화시켰을 때 생성물은?

① 프탈산 무수물 ② 초산 무수물
③ 말레산 무수물 ④ 푸마르산 무수물

해설

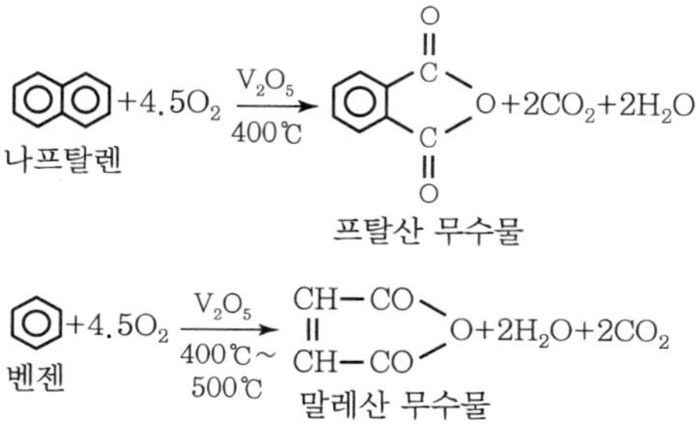

18 가솔린 유분 중에서 휘발성이 높은 것을 의미하고 한국과 유럽의 석유화학공업에서 분해에 의해 에틸렌 및 프로필렌 등의 제조에 주된 공업원료로 사용되고 있는 것은?

① 경유 ② 등유
③ 나프타 ④ 중유

해설

나프타
- 석유화학 원료의 의미
- 원유를 증류할 때 35~220℃의 끓는점 범위에서 유출되는 탄화수소의 혼합제
- 에틸렌 및 프로필렌 제조에 사용

19 폐수 내에 포함된 고순도의 Cu^{2+}를 pH를 조절하여 $Cu(OH)_2$ 형태로 일부 제거함으로써 Cu^{2+}의 농도를 63.55mg/L까지 감소시키고자 할 때, 폐수의 적절한 pH는?(단, Cu의 원자량은 63.55이다.)

$Cu(OH)_2 \rightarrow Cu^{2+} + 2OH^-$, $K_{sp} = 2\times10^{-19}$

① 4.4 ② 6.2
③ 8.1 ④ 99.4

해설

$[Cu^{2+}] = 63.55\text{mg/L} \times \dfrac{1\text{g}}{1{,}000\text{mg}} \times \dfrac{1\text{mol}}{63.55\text{g}}$
$= 1\times10^{-3}\text{M(mol/L)}$

$K_{sp} = [Cu^{2+}][OH^-]^2 = 2\times10^{-19}$

$[OH^-] = \sqrt{\dfrac{(2\times10^{-19})}{(1\times10^{-3})}} = 1.41\times10^{-8}$

$pOH = -\log[OH^-] = -\log(1.41\times10^{-8}) = 7.851$
$pH + pOH = 14$
$pH = 14 - 7.851 = 6.149$

20 기하이성질체를 나타내는 고분자가 아닌 것은?

① 폴리부타디엔
② 폴리클로로프렌
③ 폴리이소프렌
④ 폴리비닐알코올

해설

기하이성질체

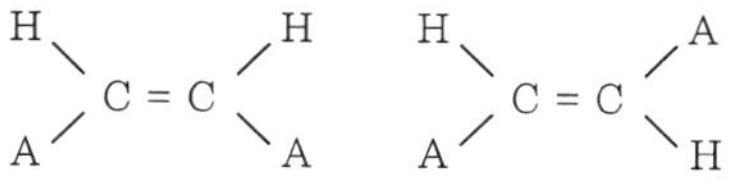

cis trans

① 부타디엔

$CH_2=CH-CH=CH_2 \longrightarrow [\!-CH_2-CH=CH-CH_2-]_n$
폴리부타디엔

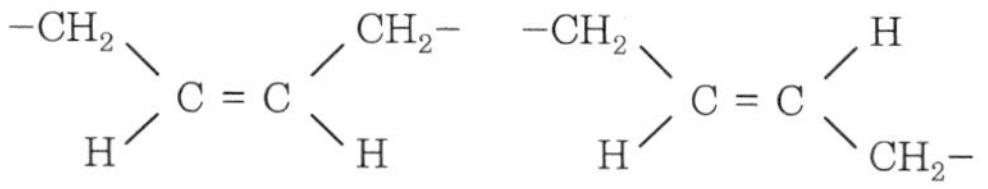

cis trans

정답 17 ① 18 ③ 19 ② 20 ④

② 클로로프렌

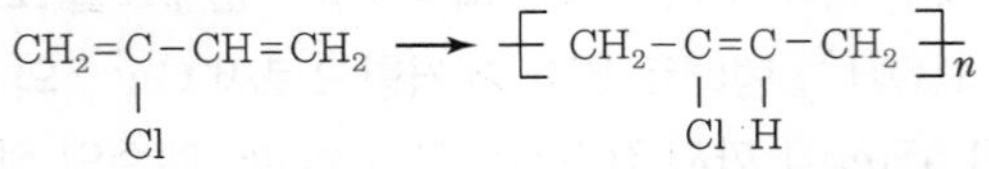

폴리클로로프렌

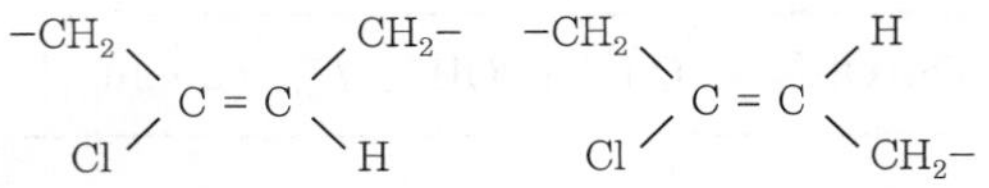

cis trans

③ 이소프렌

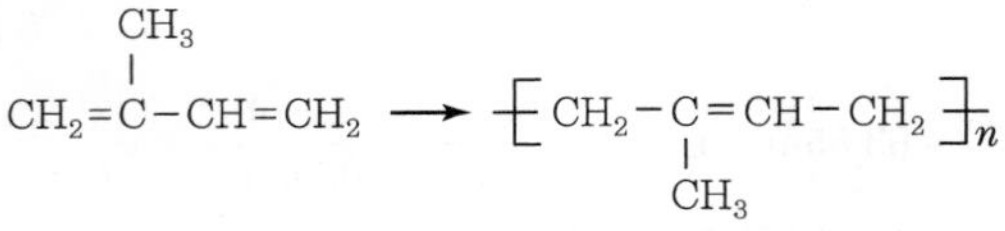

폴리이소프렌

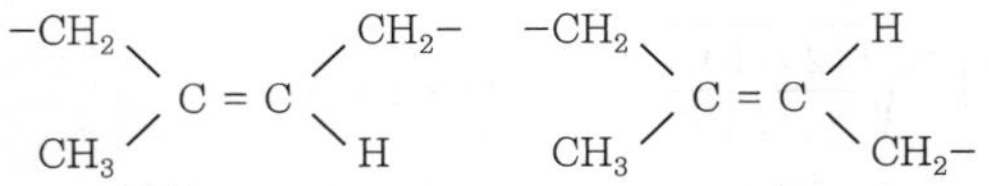

cis trans

④ 비닐알코올

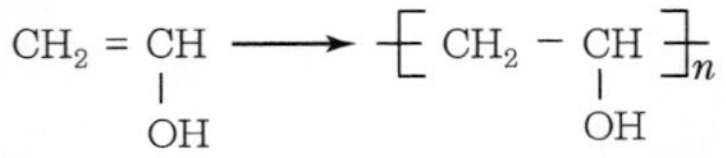

폴리비닐알코올

2과목 반응운전

21 $A \xrightarrow{} R \begin{cases} \nearrow S \\ \searrow T \end{cases}$ 의 1차 반응에서 $A \rightarrow R$의 반응속도상수를 k_1, $R \rightarrow S$의 반응속도상수를 k_2, $R \rightarrow T$의 반응속도상수를 k_3라고 할 때, $k_1 = 10e^{-3,500/T}$, $k_2 = 10^{12}e^{-10,500/T}$, $k_3 = 10^8 e^{-7,000/T}$이고, 이 반응의 조작 가능 온도는 7~77℃이며 A의 공급 농도는 1mol/L이다. 이때 목적 생산물이 S라면 조작온도는?

① 7℃ ② 42℃

③ 63℃ ④ 77℃

해설

$A \xrightarrow{k_1} R$, $R \xrightarrow{k_2} S$ (desired), $R \xrightarrow{k_3} T$

$$S = \frac{r_S}{r_T} = \frac{10^{12}e^{-10,500/T}}{10^8 e^{-7,000/T}} = 10^4 e^{-3,500/T}$$

$k_2 > k_3 > k_1$이므로 $E_2 > E_3 > E_1$이다.

S(선택도)가 커야 하므로 T가 커야 한다.

7~77℃에서 조작 가능하므로 77℃에서 조작한다.

22 평형상수 $K_c = 10$인 1차 가역반응 $A \rightleftarrows B$이 순수한 A로부터 반응이 시작되어 평형에 도달했다면 A의 평형 전화율 X_{Ae}는?

① 0.67 ② 0.85

③ 0.91 ④ 0.99

해설

$A \underset{k_2}{\overset{k_1}{\rightleftarrows}} R$

$C_{R0} = 0$

평형상수 $K_e = \dfrac{k_1}{k_2} = \dfrac{C_{Re}}{C_{Ae}} = \dfrac{C_{R0} + C_{A0}X_{Ae}}{C_{A0}(1 - X_{Ae})} = \dfrac{X_{Ae}}{1 - X_{Ae}}$

$$\therefore X_{Ae} = \frac{K_e}{1 + K_e} = \frac{10}{1 + 10} = 0.91$$

23 플러그흐름반응기 또는 회분식 반응기에서 비가역 직렬 반응 $A \rightarrow R \rightarrow S$, $k_1 = 2\text{min}^{-1}$, $k_2 = 1\text{min}^{-1}$이 일어날 때 C_R이 최대가 되는 시간은?

① 0.301 ② 0.693

③ 1.443 ④ 3.332

해설

Batch/PFR

$$\frac{C_{R\max}}{C_{A0}} = \left(\frac{k_1}{k_2}\right)^{\frac{k_2}{k_2 - k_1}}, \quad t_{\max} = \frac{1}{k_{\text{log mean}}} = \frac{\ln\left(\frac{k_2}{k_1}\right)}{k_2 - k_1}$$

$$\therefore t_{\max} = \frac{1}{k_{\text{log mean}}} = \frac{\ln\left(\frac{k_2}{k_1}\right)}{k_2 - k_1} = \frac{\ln\left(\frac{1}{2}\right)}{1 - 2} = 0.693$$

정답 21 ④ 22 ③ 23 ②

24 기초 2차 액상 반응 $2A \rightarrow 2R$을 순환비가 2인 등온 플러그흐름반응기에서 반응시킨 결과 50%의 전환율을 얻었다. 동일 반응에서 순환류를 폐쇄시킨다면 전화율은?

① 0.6　　② 0.7
③ 0.8　　④ 0.9

해설

$$\frac{\tau_p}{C_{A0}}=(R+1)\int_{X_{Ai}}^{X_{Af}}\frac{dX_A}{-r_A}\text{(순환반응기)}$$

$$X_{Ai}=\frac{R}{R+1}X_{Af}=\frac{2}{2+1}(0.5)=\frac{1}{3}$$

$$\frac{\tau_p}{C_{A0}}=3\int_{\frac{1}{3}}^{0.5}\frac{dX_A}{kC_{A0}^2(1-X_A)^2}$$

$$k\tau_p C_{A0}=3\left[\frac{1}{1-X_A}\right]_{\frac{1}{3}}^{0.5}=1.5$$

PFR(순환류 폐쇄)

2차 $k\tau_p C_{A0}=\dfrac{X_A}{1-X_A}$

$$1.5=\frac{X_A}{1-X_A}$$

$\therefore\ X_A=0.6$

25 어떤 성분 A가 분해되는 단일 성분의 비가역 반응에서 A의 초기 농도가 340mol/L인 경우 반감기가 100s이었다. A 기체의 초기 농도를 288mol/L로 할 경우에는 140s가 되었다면 이 반응의 반응차수는 얼마인가?

① 0차
② 1차
③ 2차
④ 3차

해설

$C_{A0\cdot1}=340\text{mol/L}$　$t_{1/2\cdot1}=100\text{s}$
$C_{A0\cdot2}=288\text{mol/L}$　$t_{1/2\cdot2}=140\text{s}$

반응차수

$$n=1-\frac{\ln\left(\dfrac{t_{1/2\cdot2}}{t_{1/2\cdot1}}\right)}{\ln\left(\dfrac{C_{A0\cdot2}}{C_{A0\cdot1}}\right)}=1-\frac{\ln\left(\dfrac{140}{100}\right)}{\ln\left(\dfrac{288}{340}\right)}=3.03$$

∴ 3차 반응이다.

26 반응속도 $-r_A=0.005C_A{}^2\text{mol/cm}^3\ \text{min}$일 때 농도를 mol/L, 시간을 h로 나타내면 속도상수는?

① 1×10^{-4}L/mol h
② 2×10^{-4}L/mol h
③ 3×10^{-4}L/mol h
④ 4×10^{-4}L/mol h

해설

$$k=0.005\frac{\text{cm}^3}{\text{mol min}}\times\frac{1\text{L}}{1{,}000\text{cm}^3}\times\frac{60\text{min}}{1\text{h}}$$
$$=3\times10^{-4}\text{L/mol h}$$

27 부피가 일정한 회분식(Batch) 반응기에서 다음의 기초반응(Elementary Reaction)이 일어난다. 반응속도 상수 $k=1.0\text{m}^3/\text{s mol}$, 반응 초기 A의 농도는 1.0 mol/m³라면 A의 전환율이 75%일 때까지 걸리는 반응시간은 얼마인가?

$A+A\rightarrow D$

① 1.4s　　② 3.0s
③ 4.2s　　④ 6.0s

해설

$k=1.0\text{m}^3/\text{mol s}$
$=[\text{농도}]^{1-n}[\text{시간}]^{-1}$
$\therefore\ n=2$차

2차 batch : $ktC_{A0}=\dfrac{X_A}{1-X_A}$

$$1\text{m}^3/\text{s mol}\times t\times1\text{mol/m}^3=\frac{0.75}{1-0.75}$$

$\therefore\ t=3\text{s}$

정답 24 ① 25 ④ 26 ③ 27 ②

28 $A \rightarrow C$의 촉매반응이 다음과 같은 단계로 이루어진다. 탈착반응이 율속단계일 때 Langmuir Hinshelwood 모델의 반응속도식으로 옳은 것은?(단, A는 반응물, S는 활성점, AS와 CS는 흡착 중간체이며, k는 속도상수, K는 평형상수, S_0는 초기 활성점, [ ]는 농도를 나타낸다.)

- 단계 1 : $A+S \xrightarrow{k_1} AS$, $[AS]=K_1[S][A]$
- 단계 2 : $AS \xrightarrow{k_2} CS$, $[CS]=K_2[AS]=K_2K_1[S][A]$
- 단계 3 : $CS \xrightarrow{k_3} C+S$

① $r_3 = \dfrac{[S_0]k_1K_1K_2[A]}{1+(K_1+K_2K_1)[A]}$

② $r_3 = \dfrac{[S_0]k_3K_1K_2[A]}{1+(K_1+K_2K_1)[A]}$

③ $r_3 = \dfrac{[S_0]k_1k_2K_1K_2[A]}{1+(K_1+K_2K_1)[A]}$

④ $r_3 = \dfrac{[S_0]k_1k_3K_1K_2[A]}{1+(K_1+K_2K_1)[A]}$

해설

$r_3 = k_3C_{C\cdot S} = k_3[CS] = k_3K_1K_2[S][A]$

$[S_0] = [S]+[AS]+[CS]$

$= [S]+K_1[S][A]+K_1K_2[S][A]$

$= [S](1+K_1[A]+K_1K_2[A])$

$\therefore\ [S] = \dfrac{[S_0]}{1+K_1[A]+K_1K_2[A]}$

$\therefore\ r_3 = \dfrac{k_3K_1K_2[S_0][A]}{1+K_1[A]+K_1K_2[A]} = \dfrac{[S_0]k_3K_1K_2[A]}{1+(K_1+K_1K_2)[A]}$

29 공간시간(Space Time)에 대한 설명으로 옳은 것은?

① 한 반응기 부피만큼의 반응물을 처리하는 데 필요한 시간을 말한다.

② 반응물이 단위부피의 반응기를 통과하는 데 필요한 시간을 말한다.

③ 단위시간에 처리할 수 있는 원료의 몰수를 말한다.

④ 단위시간에 처리할 수 있는 원료의 반응기 부피의 배수를 말한다.

해설

공간시간

반응기 부피만큼 반응물을 처리하는 데 걸리는 시간

τ(공간시간)$= \dfrac{1}{S(\text{공간속도})}$

30 1개의 혼합흐름반응기에 크기가 2배 되는 반응기를 추가로 직렬로 연결하여 A 물질을 액상 분해반응시켰다. 정상상태에서 원료의 농도가 1mol/L이고, 제1반응기의 평균공간시간이 96초였으며 배출농도가 0.5 mol/L였다. 제2반응기의 배출농도가 0.25mol/L일 경우 반응속도식은?

① $1.25\,C_A^{\,2}$mol/L min　② $3.0\,C_A^{\,2}$mol/L min

③ $2.46\,C_A^{\,2}$mol/L min　④ $4.0\,C_A^{\,2}$mol/L min

해설

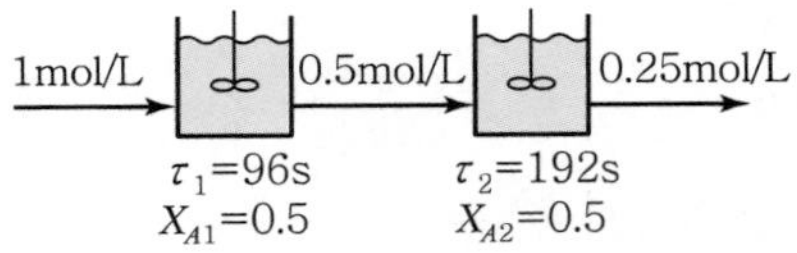

$\tau k C_{A0}^{\,n-1} = \dfrac{X_A}{(1-X_A)^n}$에 넣어 확인한다.

2차로 예상

$96k_1=2$ ·············· $k_1=0.021$

$192k_2(0.5)=2$ ······ $k_2=0.021$

$\therefore\ -r_A=0.021\,C_A^{\,2}$mol/L s

$=1.25\,C_A^{\,2}$mol/L min

[별해]

$96k = \dfrac{0.5}{(1-0.5)^n}$, $192k(0.5)^{n-1} = \dfrac{0.5}{(1-0.5)^n}$

$96k = 192k(0.5)^{n-1}$

$0.5 = (0.5)^{n-1}$

$\therefore\ n = 2$차

정답 28 ② 29 ① 30 ①

31 그림과 같이 3개의 플러그흐름반응기를 2개는 직렬로 연결한 뒤 다시 나머지 하나와 병렬로 연결된 반응조가 있다. 이때 반응물 A를 F_{A0}(mol/min)으로 F지점에서 공급했을 때 D와 E로 보내지는 반응물의 몰유량 $F_{A0,D}$와 $F_{A0,E}$를 옳게 나타낸 것은?(단, 반응이 완결된 뒤에 G지점에서의 전화율은 동일하다.)

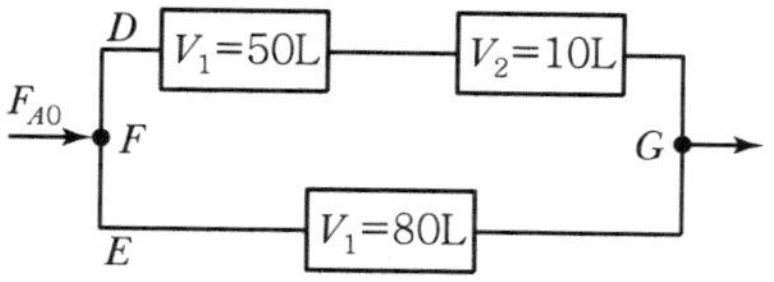

① $F_{A0,D}=\frac{3}{4}F_{A0},\ F_{A0,E}=\frac{1}{4}F_{A0}$

② $F_{A0,D}=\frac{3}{7}F_{A0},\ F_{A0,E}=\frac{4}{7}F_{A0}$

③ $F_{A0,D}=3F_{A0},\ F_{A0,E}=4F_{A0}$

④ $F_{A0,D}=3F_{A0},\ F_{A0,E}=1F_{A0}$

해설

$F_{A0}=60+80=140\text{L}$

$F_{A0,D}=60\text{L}=\frac{60}{140}F_{A0}=\frac{3}{7}F_{A0}$

$F_{A0,E}=80\text{L}=\frac{80}{140}F_{A0}=\frac{4}{7}F_{A0}$

32 이성분 혼합용액에 관한 라울(Raoult)의 법칙으로 옳은 것은?(단, y_i, x_i는 기상 및 액상의 몰분율을 의미한다.)

① $y_1=\dfrac{x_1P_1^{sat}}{P_2^{sat}+x_1(P_1^{sat}-P_2^{sat})}$

② $y_1=\dfrac{x_2P_2^{sat}}{P_2^{sat}+x_1(P_1^{sat}-P_2^{sat})}$

③ $y_1=\dfrac{x_1P_1^{sat}}{P_2^{sat}+x_1(P_2^{sat}-P_1^{sat})}$

④ $y_1=\dfrac{x_2P_2^{sat}}{P_2^{sat}+x_1(P_2^{sat}-P_1^{sat})}$

해설

라울의 법칙

$P=P_1^{sat}x_1+P_2^{sat}(1-x_1)$

$P=P_2^{sat}+(P_1^{sat}-P_2^{sat})x_1$

$\therefore\ y_1=\dfrac{x_1P_1^{sat}}{P_2^{sat}+x_1(P_1^{sat}-P_2^{sat})}$

33 기체가 초기상태에서 최종상태로 단열팽창을 할 경우 비가역과정에 의해 행한 일(W_{irr})과 가역과정에 의해 행한 일(W_{rev})의 크기를 옳게 비교한 것은?

① $|W_{irr}|>|W_{rev}|$　　② $|W_{irr}|<|W_{rev}|$

③ $|W_{irr}|=|W_{rev}|$　　④ $|W_{irr}|\geq|W_{rev}|$

해설

가역과정 $|W_{rev}|>$비가역과정 $|W_{irr}|$

34 수증기와 질소의 혼합기체가 물과 평형에 있을 때 자유도수는?

① 0　　② 1

③ 2　　④ 3

해설

$F=2-P+C=2-2+2=2$

여기서, P : 상의 수

C : 성분의 수

35 표준상태에서 반응이 이루어졌다. 정용반응열이 $-26,711$kcal/kmol일 때 정압반응열은 약 몇 kcal/kmol인가?(단, 이상기체라고 가정한다.)

$$\text{C}(s)+\frac{1}{2}\text{O}_2(g)\rightarrow\text{CO}(g)$$

① 296　　② −296

③ 26,415　　④ −26,415

정답 31 ② 32 ① 33 ② 34 ③ 35 ④

해설

$C+\frac{1}{2}O_2 \rightarrow CO$

$Q_v=-26{,}711\text{kcal/kmol}$

$\Delta H=\Delta U+\Delta(PV)$

$Q_p=Q_v+\Delta n_g RT$

$=-26{,}711\text{kcal/kmol}+\left(1-\frac{1}{2}\right)\text{kmol}\times 1.987\text{kcal/kmol K}$

$\times 298\text{K}$

$=-26{,}415\text{kcal}$

36 다음 그림은 A, B 2성분 용액의 $H-X$ 선도이다. $x_A=0.4$일 때의 A의 부분몰 엔탈피 $\overline{H}_A$는 몇 cal/mol 인가?

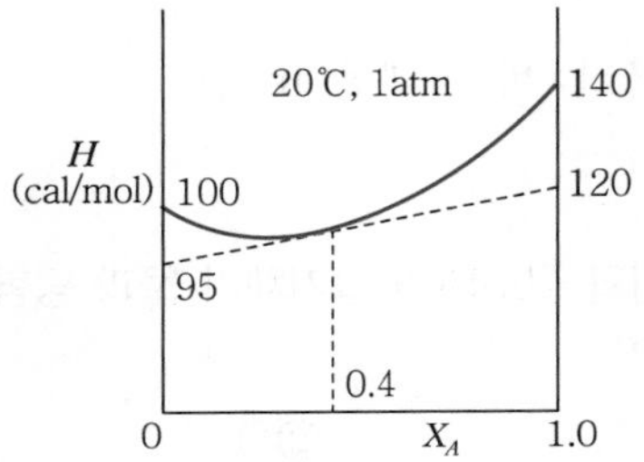

① 95 ② 100

③ 120 ④ 140

해설

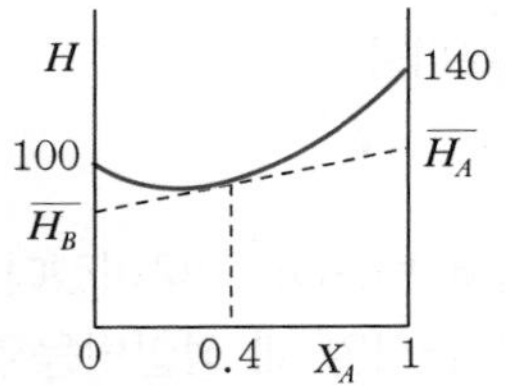

37 기상반응계에서 평형상수 $K=P^{\nu}\prod_i (y_i)^{\nu}$로 표시될 경우는?(단, ν_i는 성분 i의 양론수, $\nu=\Sigma\nu_i$, $\prod_i$는 모든 화학종 i의 곱을 나타낸다.)

① 평형 혼합물이 이상기체와 같은 거동을 할 때

② 평형 혼합물이 이상용액과 같은 거동을 할 때

③ 반응에 따른 몰수 변화가 없을 때

④ 반응열이 온도에 관계없이 일정할 때

해설

- 기상(이상기체) : $\prod (y_i)^{\nu_i}=\left(\frac{P}{P^\circ}\right)^{-\nu}$

  $\therefore K=P^{\nu}\prod (y_i)^{\nu_i}$

- 액상(이상용액) : $\prod (x_i)^{\nu_i}=K$

38 다음은 이상기체일 때 퓨가시티(Fugacity) f_i를 표시한 함수들이다. 틀린 것은?(단, $\hat{f}_i$: 용액 중 성분 i의 퓨가시티, f_i : 순수성분 i의 퓨가시티, x_i : 용액의 몰분율, P : 압력)

① $f_i=x_i\hat{f}_i$ ② $f_i=cP\,(c=\text{상수})$

③ $\hat{f}_i=x_iP$ ④ $\lim_{p\to 0}\frac{f_i}{P}=1$

해설

- Lewis−Randall의 규칙

  $\gamma_i=\frac{\hat{f}_i}{x_i f_i}$

  이상용액에서 $\gamma_i=1$

  $\therefore \hat{f}_i=x_i f_i$

- 퓨가시티 계수

  $\phi=\frac{f}{P}$

  $\phi_i=\frac{f_i}{P}$ (순수한 i 성분)

  $\therefore f_i=\phi_i P$

  $\hat{\phi}_i=\frac{\hat{f}_i}{y_i P}\rightarrow$ 이상기체 $\hat{\phi}_i=1$

  $\therefore \hat{f}_i=y_i P$

  이상기체에서 $\phi_i=\frac{f_i}{P}$ (순수한 i 성분)

  $\lim_{P\to 0}\frac{f_i}{P}=\lim_{P\to 0}\frac{P}{P}=1$

정답 36 ③ 37 ① 38 ①

39 열역학 모델을 이용하여 상평형 계산을 수행하려고 할 때 응용 계에 대한 모델의 조합이 적합하지 않은 것은?

① 물속 이산화탄소의 용해도 : 헨리의 법칙
② 메탄과 에탄의 고압 기 · 액 상평형 : SRK(Soave/Redlich/Kwong) 상태방정식
③ 에탄올과 이산화탄소의 고압 기 · 액 상평형 : Wilson 식
④ 메탄올과 헥산의 저압 기 · 액 상평형 : NRTL(Non－Random－Two－Liquid) 식

해설

㉠ Henry's Law : 난용성 기체의 용해도에 관한 법칙
$p_A = HC_A$
㉡ 퓨가시티 계수 모델
• Van der Waals 식
• Redlich－Kwong 식
• Soave－Redlich－Kwong(SRK)
• Peng－Robinson
㉢ 활동도 계수 모델
Margules, Van Laar, Wilson, NRTL, UNIQUAC, UNIFAC, Redlich－Kister 식
㉣ 액체용액 국부조성 모델
Wilson, NRTL, UNIQUAC
㉤ Wilson 식 : 액액 상평형

40 Otto 엔진과 Diesel 엔진에 대한 설명 중 틀린 것은?

① Diesel 엔진에서는 압축과정의 마지막에 연료가 주입된다.
② Diesel 엔진의 효율이 높은 이유는 Otto 엔진보다 높은 압축비로 운전할 수 있기 때문이다.
③ Diesel 엔진의 연소과정은 압력이 급격히 변화하는 과정 중에 일어난다.
④ Otto 엔진의 효율은 압축비가 클수록 좋아진다.

해설

Diesel 엔진의 연소과정은 정압하에서 일어난다.

3과목 단위공정관리

41 이상기체를 T_1에서 T까지 일정압력과 일정용적에서 가열할 때 열용량에 관한 식 중 옳은 것은?(단, C_p는 정압 열용량이고, C_v는 정적 열용량이다.)

① $C_v + C_p = R$
② $C_v \cdot \Delta T = (C_p - R) \cdot \Delta T$
③ $\Delta U = C_v \cdot \Delta T - W$
④ $\Delta U = R \cdot \Delta T \cdot C_p$

해설

$C_p = C_v + R$
$\Delta U = C_v \Delta T \quad \Delta H = C_p \Delta T$

42 10℃, 2기압의 어떤 기체 1kmol을 등압으로 150℃까지 가열하였더니 엔탈피 변화가 2,200kcal/kmol이었다. 정압비열(C_p)은 몇 kcal/kmol ℃인가?

① 7.42
② 7.85
③ 14.67
④ 15.71

해설

$\Delta H = n\int C_p dT$

$2{,}200\text{kcal/kmol} = \int_{283}^{423} C_p dT = C_p(423-283)$

$\therefore C_p = 15.71\text{kcal/kmol ℃}$

43 보일러에 Na_2SO_3를 가하여 공급수 중의 산소를 제거한다. 보일러 공급수 100톤에 산소함량이 4ppm일 때 이 산소를 제거하는 데 필요한 Na_2SO_3의 이론량(kg)은?

① 3.15　② 4.15
③ 5.15　④ 6.15

정답 39 ③ 40 ③ 41 ② 42 ④ 43 ①

해설

산소의 양 $100,000\text{kg} \times \frac{4}{10^6} = 0.4\text{kg}$

$Na_2SO_3 + \frac{1}{2}O_2 \rightarrow Na_2SO_4$

$x\text{kg}$: 0.4kg

126kg : 16kg

$\therefore x = 3.15\text{kg}$

44 터빈을 운전하기 위해 2kg/s의 증기가 5atm, 300℃에서 50m/s로 터빈에 들어가고 300m/s 속도로 대기에 방출된다. 이 과정에서 터빈은 400kW의 축일을 하고 100kJ/s 열을 방출하였다면, 엔탈피 변화는 얼마인가?(단, work : 외부에 일할 시 +, heat : 방출 시 −)

① 212.5kW

② −387.5kW

③ 412.5kW

④ −587.5kW

해설

$$\Delta H + \frac{\Delta u^2}{2} + g\Delta z = Q - W_s$$

$$\Delta H + 2 \times \frac{(300^2 - 50^2)}{2} = -100,000\text{J/s} - 400,000\text{J/s}$$

$$\Delta H = -587,500\text{J/s (W)} = -587.5\text{kW}$$

45 펌프의 동력이 150kgf m/s일 때 이 펌프의 동력은 몇 마력(HP)에 해당하는가?

① 1.97 ② 5.36

③ 9.2 ④ 15

해설

$$150\text{kg}_\text{f}\text{ m/s} \times \frac{1\text{HP}}{76\text{kg}_\text{f}\text{ m/s}} = 1.97$$

46 오리피스 유량계에서 유체가 난류($Re > 30,000$)로 흐르고 있다. 사염화탄소(비중 1.6) 마노미터를 설치하여 60cm의 읽음을 얻었다. 유체의 비중은 0.8이고 점도가 15cP일 때 오리피스를 통과하는 유체의 유속은 약 몇 m/s인가?(단, 오리피스 계수는 0.61이고, 개구비는 0.09이다.)

① 2.1 ② 4.2

③ 12.1 ④ 15.2

해설

$$\bar{u}_0 = \frac{C_0}{\sqrt{1-m^2}}\sqrt{\frac{2g(\rho_A - \rho_B)R}{\rho_B}}$$

$$u_0 = \frac{0.61}{\sqrt{1-0.09^2}} \times \sqrt{\frac{2 \times 9.8 \times (1.6-0.8) \times 1,000\text{kg/m}^3 \times 0.6\text{m}}{0.8 \times 1,000\text{kg/m}^3}}$$

$$= 2.1\text{m/s}$$

47 다음 그림과 같이 데이터가 증류탑에 대해 주어졌을 때 유출물에 대한 환류비[Reflux Ratio$\left(\frac{R}{D}\right)$]는 얼마인가?(단, 탑정의 흐름, 유출물, 환류액의 조성은 같다.)

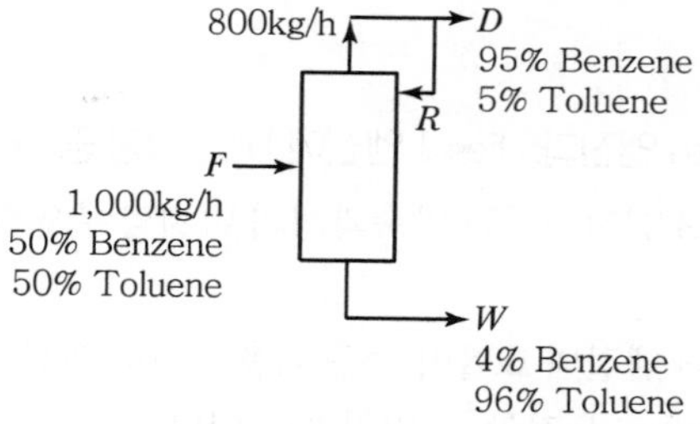

① 0.583 ② 0.779

③ 0.856 ④ 0.978

해설

$800\text{kg/h} = D + R$

$1,000\text{kg/h} = D + W$

$1,000 \times 0.5 = D \times 0.95 + (1,000 - D) \times 0.04$

$D = 505.5$

$\therefore R = 800 - D = 294.5$

환류비 $\frac{R}{D} = \frac{294.5}{505.5} = 0.583$

정답 44 ④ 45 ① 46 ① 47 ①

48 CO_2 25vol%와 NH_3 75vol%의 기체 혼합물 중 NH_3의 일부가 산에 흡수되어 제거된다. 이 흡수탑을 떠나는 기체가 37.5vol%의 NH_3을 가질 때 처음에 들어 있던 NH_3 부피의 몇 %가 제거되었는가?(단, CO_2의 양은 변하지 않으며 산 용액은 증발하지 않는다고 가정한다.)

① 15% ② 20%

③ 62.5% ④ 80%

해설

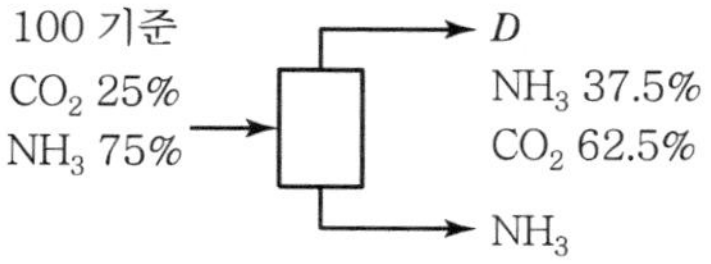

$100 \times 0.25 = D \times 0.625$

$\therefore D = 40$

제거된 $NH_3 = 75 - 40 \times 0.375 = 60$

$\frac{60}{75} \times 100 = 80\%$

49 메탄올 30mol%, 물 70mol%의 혼합물을 증류하여 메탄올은 95mol%의 유출액과 5mol%의 관출액으로 분리한다. 관출액이 80kmol/h일 때 공급액의 양은 몇 kmol/h인가?

① 2.86 ② 11.8

③ 110.8 ④ 288

해설

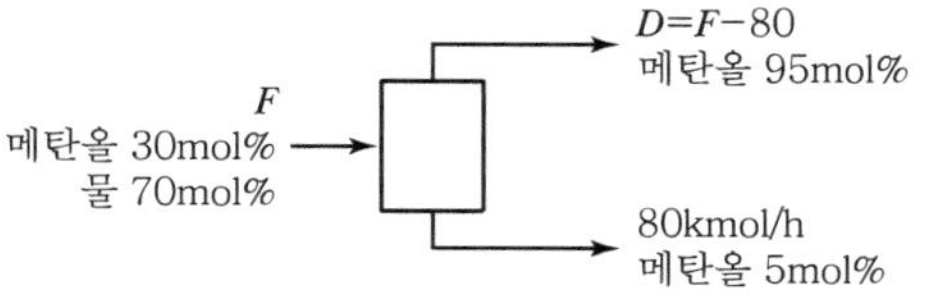

$F \times 0.3 = (F - 80) \times 0.95 + 80 \times 0.05$

$\therefore F = 110.8$ kmol/h

50 다음과 같은 반응의 표준반응열은 몇 kcal/mol인가?(단, C_2H_5OH, CH_3COOH, $CH_3COOC_2H_5$의 표준연소열은 각각 −326,700kcal/mol, −208,340kcal/mol, −538,750kcal/mol이다.)

$$C_2H_5OH(l) + CH_3COOH(l) \rightarrow CH_3COOC_2H_5(l) + H_2O(l)$$

① −14,240 ② −3,710

③ 3,710 ④ 14,240

해설

$$\text{반응열} = (\Sigma H_{reactant})_c - (\Sigma H_{product})_c$$
$$= (-326{,}700 - 208{,}340) - (-538{,}750)$$
$$= 3{,}710\text{kcal/mol}$$

51 유체의 성질에 대한 설명으로 가장 거리가 먼 것은?

① 유체란 비틀림(Distortion)에 대하여 영구적으로 저항하지 않는 물질이다.

② 이상유체에도 전단응력 및 마찰력이 있다.

③ 전단응력의 크기는 유체의 점도와 미끄럼 속도에 따라 달라진다.

④ 유체의 모양이 변형할 때 전단응력이 나타난다.

해설

- 유체 : 외부로부터 어떤 힘을 받았을 때 변형에 대하여 영구적으로 저항하지 않는 물질
- 이상유체(완전유체) : 점성이 없고, 마찰이 없으며, 비압축성 유체이다.

52 벽의 외부는 두께 6cm의 벽돌로 되어 있고 내부는 두께 10cm의 콘크리트로 되어 있다. 바깥 표면의 온도가 0℃이고 안쪽 표면의 온도가 18℃로 유지될 때 단위면적당 열손실속도는 몇 cal/cm^2 s인가?(단, 벽돌과 콘크리트의 열전도도는 각각 0.0015cal/cm s ℃와 0.002cal/cm s ℃이다.)

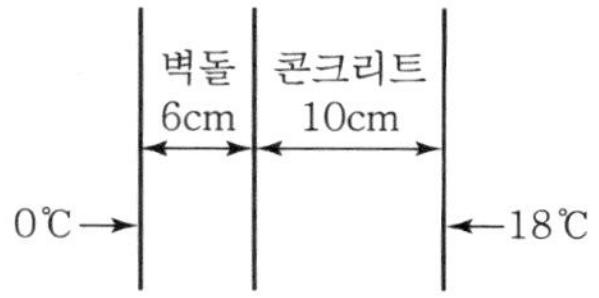

① 5×10^{-3} ② 4×10^{-3}

③ 3×10^{-3} ④ 2×10^{-3}

정답 48 ④ 49 ③ 50 ③ 51 ② 52 ④

해설

$$q=\frac{t_1-t_2}{R_1+R_2}=\frac{t_1-t_2}{\frac{l_1}{k_1A_1}+\frac{l_2}{k_2A_2}}=\frac{18-0}{\frac{6}{0.0015}+\frac{10}{0.002}}$$

$$=2\times10^{-3}\text{cal/cm}^2\ \text{s}$$

53 외경이 5cm인 철관 내를 흐르는 물을 외측의 기체로서 가열한다. 물 쪽의 경막계수는 2,440kcal/m² h ℃이고, 기체 쪽의 경막계수는 29.2kcal/m² h ℃이며, 철관의 열전도도는 37.2kcal/m h ℃이다. 철관의 두께가 3mm일 때 총괄전열계수는 약 몇 kcal/m² h ℃인가?(단, 관의 내면적과 외면적의 차이는 무시한다.)

① 0.035
② 0.715
③ 28.8
④ 148.2

해설

$$u=\frac{1}{\frac{1}{h_1}+\frac{l}{k}+\frac{1}{h_3}}$$

$$=\frac{1}{\frac{1}{2{,}440}+\frac{0.003}{37.2}+\frac{1}{29.2}}$$

$$=28.8\text{kcal/m}^2\ \text{h}\ ℃$$

54 기체 흡수 설계에 있어서 평행선과 조작선이 직선일 경우 이동단위높이(HTU)와 이동단위수(NTU)에 대한 해석으로 옳지 않은 것은?

① HTU는 대수평균농도차(평균추진력)만큼의 농도 변화가 일어나는 탑 높이이다.
② NTU는 전탑 내에서 농도 변화를 대수 평균 농도차로 나눈 값이다.
③ HTU는 NTU로 전 충전고를 나눈 값이다
④ NTU는 평균 불활성 성분 조성의 역수이다.

해설

$$Z=\underbrace{\frac{G_M}{K_GaP}}_{H_{OG}}\underbrace{\int_{y_2}^{y_1}\frac{dy}{y-y^*}}_{N_{OG}}$$

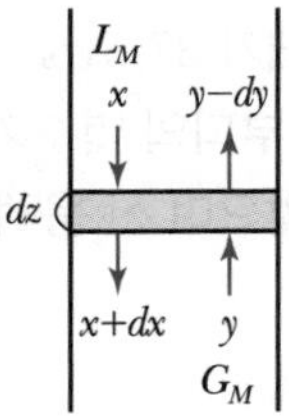

$$Z=\frac{G_M}{K_GaP}\frac{y_1-y_2}{\Delta y_{LM}}$$

$$=\frac{L_M}{K_La\rho_m}\frac{x_1-x_2}{\Delta x_{LM}}$$

$\therefore\ Z=H_{OG}\times N_{OG}$

여기서, Z : 충전층의 높이

H_{OG} : 총괄이동단위높이(HTU)

N_{OG} : 총괄이동단위높이(NTU)

55 한 변의 길이가 1m이고 두께가 6mm인 판상의 펄프를 일정건조 조건에서 수분 66.7%로부터 35%까지 건조하는 데 필요한 시간은?(단, 이 건조조건에서 평형수분은 0.5%, 한계수분은 62%(습량기준), 건조재료는 2kg으로 항률건조속도는 1.5kg/m² h이며, 감률건조속도는 함수율에 비례하여 감소한다.)

① 0.45
② 1.45
③ 2.45
④ 3.45

해설

$$w_1=\frac{66.7}{100-66.7}=2$$

$$w_2=\frac{35}{100-35}=0.538$$

$$w_c=\frac{62}{100-62}=1.63$$

$$w_e=\frac{0.5}{100-0.5}=0.005$$

$F_1=2-0.005=1.995$

$F_2=0.538-0.005=0.533$

$F_c=1.63-0.005=1.625$

$F_1-F_c=1.995-1.625=0.370$

재료의 증발 면적 $=1^2\times2=2\text{m}^2$

무수 중량 2kg이므로

$R_c=\frac{1.5\times2}{2}=1.5\text{kg}\ H_2O/\text{kg}$ 건조고체 · h

정답 53 ③ 54 ④ 55 ②

$$\theta=\theta_c+\theta_f=\frac{1}{R_c}\left[(F_1-F_c)+2.3F_c\log\left(\frac{F_c}{F_2}\right)\right]$$
$$=\frac{1}{1.5}\left[0.370+2.3\times1.625\times\log\left(\frac{1.625}{0.533}\right)\right]$$
$$=1.45\text{h}$$

56 초미분쇄기(Ultrafine Grinder)인 유체에너지밀(Mill)의 기본원리는?

① 절단　② 압축
③ 가열　④ 마멸

해설

유체에너지밀
다소의 분쇄는 벽에 부딪치거나 마찰됨으로써 일어난다. 그러나 대부분의 분쇄는 상호 입자의 마멸에 의해 일어난다.

57 $\Delta G_f^{\circ}(g, CO_2)$, $\Delta G_f^{\circ}(l, H_2O)$, $\Delta G_f^{\circ}(g, CH_4)$ 값이 각각 −94.3kcal/mol, −56.7kcal/mol, −12kcal/mol일 때, 298K에서 다음 반응의 표준 깁스에너지 변화 ΔG° 값은 약 몇 kcal/mol인가?(단, ΔG_f°는 298K에서의 표준생성에너지이다.)

$CH_4(g)+2O_2(g)\rightarrow CO_2(g)+2H_2O(l)$

① −180.5　② −195.6
③ −220.3　④ −340.2

해설

$$\Delta G=(\Sigma\Delta G_f)_P-(\Sigma\Delta G_f)_R$$
$$\Delta G=-94.3+2\times(-56.7)-(-12)$$
$$=-195.7\text{kcal/mol}$$

58 내경 150mm, 길이 150m의 수평관에 비중이 0.8의 기름을 평균 1m/s의 속도로 보낼 때 레이놀즈 수(Reynolds Number)를 측정하였더니 1,600이었다. 이 때 생기는 마찰손실은 약 몇 kg_f m/kg인가?

① 2.04　② 4.0
③ 9.1　④ 21

해설

$$F=\frac{\Delta p}{\rho}=4f\frac{L}{D}\frac{u^2}{2g_c}$$
$$f=\frac{16}{N_{Re}}=\frac{16}{1,600}=0.01$$
$$F=4\times0.01\times\frac{150}{0.15}\times\frac{1^2}{2\times9.8}=2.04\text{kg}_\text{f}\text{ m/kg}$$

59 점성이 2Poise인 뉴턴 액체 표면에 면적이 2m^2인 평판을 놓고 액체의 속도구배가 1m/s m가 되도록 평판을 밀 때 몇 N의 힘이 필요한가?

① 0.2N　② 0.4N
③ 0.6N　④ 0.8N

해설

$$\tau=\frac{F}{A}=\mu\frac{du}{dy}$$
$$F=\mu A\frac{du}{dy}$$
$$=2\text{Poise}\times\frac{0.1\text{kg/m s}}{1\text{poise}}\times2\text{m}^2\times1\text{m/s m}$$
$$=0.4\text{N}$$

60 20℃의 물 1kg을 150℃ 수증기로 변화시키는 데 필요한 열량은 약 몇 cal인가?(단, 물의 비열은 18cal/mol K이고, 수증기의 비열은 8.0cal/mol K으로 일정하며, 물의 증발열은 9.7×10^3cal/mol이다.)

① 5.41×10^5　② 6.41×10^5
③ 7.41×10^5　④ 8.41×10^5

해설

20℃ 물 $\xrightarrow{Q_1}$ 100℃ 물 $\xrightarrow{Q_2}$ 100℃ 수증기 $\xrightarrow{Q_3}$ 150℃ 수증기

$$Q=Q_1+Q_2+Q_3$$
$$=55.6\times18\times(100-20)+55.6\times(9.7\times10^3)$$
$$+55.6\times8\times(150-100)$$
$$=641,624\text{cal}=6.41\times10^5\text{cal}$$

(물 1kg=1,000g, $\frac{1,000\text{g}}{18\text{g/mol}}=55.6\text{mol}$)

정답 56 ④ 57 ② 58 ① 59 ② 60 ②

4과목 화공계측제어

61 PID 제어기의 적분제어 동작에 관한 설명 중 잘못된 것은?

① 일정한 값의 설정치와 외란에 대한 잔류오차(Offset)를 제거해 준다.

② 적분시간(Integral Time)을 길게 주면 적분동작이 약해진다.

③ 일반적으로 강한 적분동작이 약한 적분동작보다 폐루프(Closed Loop)의 안정성을 향상시킨다.

④ 공정변수에 혼입되는 잡음의 영향을 필터링하여 약화시키는 효과가 있다.

해설

적분동작

- 적분시간 τ_I의 증가는 응답을 느리게 한다. 적분동작을 크게 하면 폐루프의 안정성을 떨어뜨린다.
- 잔류편차(Offset)를 제거해 준다.

62 다음 그림의 블록선도에서 $T_R'(s) = \dfrac{1}{s}$ 일 때, 서보(Servo) 문제의 정상상태 잔류편차(Offset)는 얼마인가?

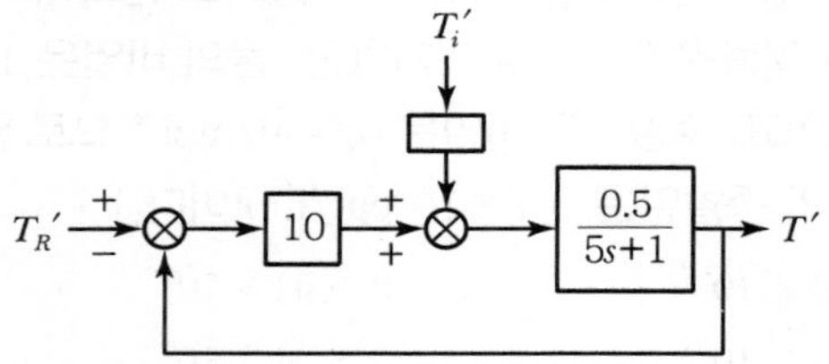

① 0.133

② 0.167

③ 0.189

④ 0.213

해설

$\therefore$ Offset $= r(\infty) - c(\infty)$

$$G(s) = \frac{5/5s+1}{1+\dfrac{5}{5s+1}} = \frac{5}{5s+6}$$

$$r(\infty) = \lim_{s\to 0} sF(s) = s \cdot \frac{1}{s} = 1$$

$$c(\infty) = \lim_{s\to 0} sF(s) = \lim_{s\to 0} \frac{5s}{5s+6} \cdot \frac{1}{s} = \frac{5}{6}$$

$$\therefore \text{Offset} = r(\infty) - c(\infty) = 1 - \frac{5}{6} = \frac{1}{6} = 0.167$$

63 $F(s) = \dfrac{4s^4 + 2s^2 - 14}{s(s^4 - 2s^3 + s^2 - 10s + 8)}$ 의 초기값은 얼마인가?

① 1 ② 2

③ 4 ④ 8

해설

$$\lim_{t\to 0} f(t) = \lim_{s\to\infty} sF(s)$$

$$= \lim_{s\to\infty} = \frac{s(4s^4+2s^2-14)}{s(s^4-2s^3+s^2-10s+8)} = 4$$

64 다음 함수를 Laplace 변환할 때 올바른 것은?

$$\frac{d^2X}{dt^2} + 2\frac{dX}{dt} + 2X = 2$$

$$X(0) = X'(0) = 0$$

① $\dfrac{2}{s(s^2+2s+3)}$

② $\dfrac{2}{s(s^2+2s+2)}$

③ $\dfrac{2}{s(s^2+2s+1)}$

④ $\dfrac{2}{s(s^2+s+2)}$

해설

$$s^2X(s) + 2sX(s) + 2X(s) = \frac{2}{s}$$

$$\therefore X(s) = \frac{2}{s(s^2+2s+2)}$$

정답 61 ③ 62 ② 63 ③ 64 ②

65 다음 비선형공정을 정상상태의 데이터 y_s, u_s에 대해 선형화한 것은?

$$\frac{dy(t)}{dt}=y(t)+y(t)u(t)$$

① $\frac{d(y(t)-y_s)}{dt}=u_s(u(t)-u_s)+y_s(y(t)-y_s)$

② $\frac{d(y(t)-y_s)}{dt}=u_s(y(t)-y_s)+y_s(u(t)-u_s)$

③ $\frac{d(y(t)-y_s)}{dt}=(1+u_s)(u(t)-u_s)+y_s(y(t)-y_s)$

④ $\frac{d(y(t)-y_s)}{dt}=(1+u_s)(y(t)-y_s)+y_s(u(t)-u_s)$

해설

$$\frac{dy(t)}{dt}=y(t)+y(t)u(t)$$

$$\frac{dy_s}{dt}=y_s+y_su_s$$

$$\begin{aligned}\frac{d(y(t)-y_s)}{dt}&=y(t)-y_s+y(t)u(t)-y_su_s\\&=y(t)-y_s+y_su_s+u_s(y-y_s)+y_s(u-u_s)-y_su_s\\&=(y(t)-y_s)+y_s(u(t)-u_s)+u_s(y(t)-y_s)\\&=(1+u_s)(y(t)-y_s)+y_s(u(t)-u_s)\\&=(1+u_s)(y(t)-y_s)+y_s(u(t)-u_s)\end{aligned}$$

※ $y(t)u(t)$의 선형화
$y(t)u(t)=y_su_s+u_s(y-y_s)+y_s(u-u_s)$

66 특성방정식이 $1+\frac{G_c}{(2s+1)(5s+1)}=0$와 같이 주어지는 시스템에서 제어기 G_c로 비례 제어기를 이용할 경우 진동응답이 예상되는 경우는?(단, K_c는 제어기의 비례이득이다.)

① $K_c=0$

② $K_c=1$

③ $K_c=-1$

④ K_c에 관계없이 진동이 발생된다.

해설

$(2s+1)(5s+1)+K_c=0$

$10s^2+7s+1+K_c=0$

$$s=\frac{-7\pm\sqrt{49-4\cdot10(1+K_c)}}{20}$$

진동응답 $49-40(1+K_c)<0$　　$\therefore K_c>0.225$

그러므로 $K_c=1$은 $K_c>0.225$에 만족한다.

67 어떤 공정의 전달함수가 $G(s)$이고 $G(2i)=-1-i$일 때, 공정입력으로 $u(t)=2\sin(2t)$를 입력하면 시간이 많이 지난 후에 $y(t)$로 옳은 것은?

① $y(t)=\sqrt{2}\sin(2t)$

② $y(t)=-\sqrt{2}\sin(2t+\pi/4)$

③ $y(t)=2\sqrt{2}\sin(2t-\pi/4)$

④ $y(t)=2\sqrt{2}\sin(2t-3\pi/4)$

해설

$$AR=|G(i\omega)|=\sqrt{R^2+I^2}=\frac{\hat{A}}{A}=\sqrt{(-1)^2+(-1)^2}=\sqrt{2}$$

$A=2$　$\hat{A}=2\sqrt{2}$

$$\phi=-\tan^{-1}(\tau w)=\tan^{-1}\left(\frac{I}{R}\right)=\tan^{-1}\left(\frac{-1}{-1}\right)=\tan^{-1}(1)=\frac{\pi}{4}$$

$y(t)=\hat{A}\sin(\omega t+\phi)$

$$\therefore y(t)=2\sqrt{2}\sin\left(2t+\frac{\pi}{4}\right)=2\sqrt{2}\sin\left(2t-\frac{3}{4}\pi\right)$$

정답 65 ④ 66 ② 67 ④

68 다음 그림과 같은 두 개의 탱크가 직렬로 연결되어 있을 경우 q와 h_2 간의 전달함수는?(단, R : 선형저항, A : 탱크 밑면적, $\tau = AR$이다.)

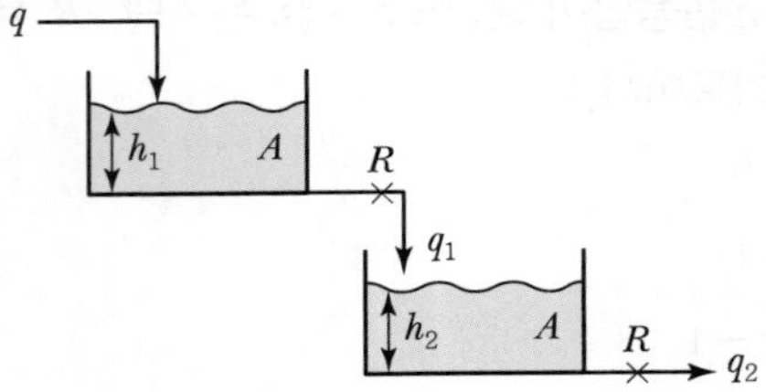

① $\left(\frac{1}{\tau s+1}\right)^2$　　② $\frac{R}{(\tau s+1)^2}$

③ $\left(\frac{R}{\tau s+1}\right)^2$　　④ $\frac{R}{\tau^2 s^2+3\tau s+1}$

해설

2차 공정의 동특성(비간섭계)

$H_2(s) = \frac{R_2}{(\tau_1 s+1)(\tau_2 s+1)} Q_i$

$\frac{h_2}{q} = \frac{R}{(\tau s+1)^2}$

69 다음 중 비선형계에 해당하는 것은?

① 0차 반응이 일어나는 혼합반응기
② 1차 반응이 일어나는 혼합반응기
③ 2차 반응이 일어나는 혼합반응기
④ 화학반응이 일어나지 않는 혼합조

해설

혼합반응기

- 0차 반응 : $C_{A0}X_A = k\tau$
- 1차 반응 : $k\tau = \frac{X_A}{1-X_A}$
- 2차 반응 : $k\tau C_{A0} = \frac{X_A}{(1-X_A)^2}$ → 비선형

70 압력을 조절하는 제어기에서 제어기의 출력범위는 4~20mA이며 가능한 운전압력 범위는 10~50psi이다. 비례밴드가 20%라면 압력의 최대 측정값과 최소 측정값의 차이(측정압력범위)는?

① 4psi　　② 6psi
③ 8psi　　④ 10psi

해설

$\%PB = \frac{\Delta \text{제어변수}}{\Delta \text{제어출력}} \times 100$

$20\% = \frac{\Delta x}{50-10} \times 100$

$\Delta x = 8\text{psi}$

71 블록선도에서 Servo Problem인 경우 Proportional Control($G_c = K_c$)의 Offset은?(단, $T_R(t) = U(t)$인 단위계단신호이다.)

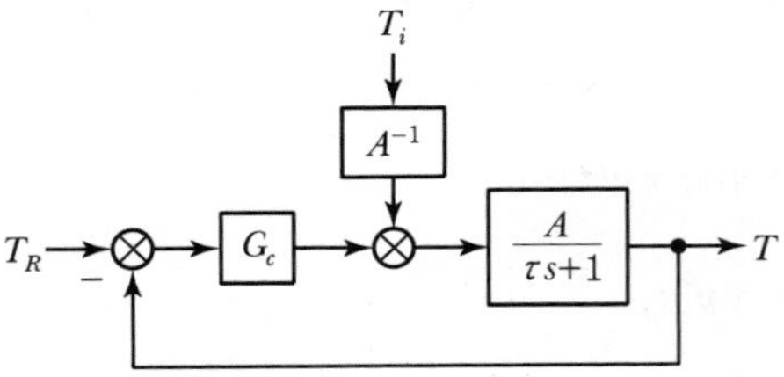

① 0　　② $\frac{1}{1-AK_c}$

③ $-\frac{1}{1+AK_c}$　　④ $\frac{1}{1+AK_c}$

해설

$T_R(t) = 1$

$T_R(s) = \frac{1}{s}$

$T = \frac{\frac{K_c A}{\tau s+1}}{1+\frac{K_c A}{\tau s+1}} \cdot \frac{1}{s} = \frac{K_c A}{\tau s+1+K_c A} \cdot \frac{1}{s}$

정답 68 ② 69 ③ 70 ③ 71 ④

최종치 정리

$$\lim_{t\to\infty} y(t) = \lim_{s\to 0} s\,Y(s)$$

$$\lim_{s\to 0} s\,T(s) = \lim_{s\to 0} s\frac{K_cA}{\tau s+1+K_cA}\cdot\frac{1}{s} = \frac{K_cA}{1+K_cA}$$

$$\text{Offset} = T_R(\infty) - T(\infty)$$

$$= 1 - \frac{K_cA}{1+K_cA} = \frac{1}{1+K_cA}$$

72 서보(Servo)제어에 대한 설명 중 옳은 것은?

① 설정점의 변화와 조작변수와의 동작관계이다.

② 부하와 조작변수와의 동작관계이다.

③ 부하와 설정점의 동시변화에 대한 조작변수와의 동작관계이다.

④ 설정점의 변화와 부하와의 동작관계이다.

해설

- 서보(Servo)제어 : 설정값이 시간에 따라 변화할 때 제어변수를 설정값으로 유지시키고자 하는 제어
- 조절(Regulatory)제어 : 외부교란의 영향에도 제어변수를 설정값으로 유지시키고자 하는 제어

73 어떤 2차계의 특성방정식의 두 근이 다음과 같다고 할 때 안정한 공정은?

① $1+3i,\ 1-3i$　　② $-1,\ 2$

③ $2,\ 4$　　④ $-1+2i,\ -1-2i$

해설

음의 실근을 가지면 안정하다.

74 어떤 제어계의 특성방정식은 $1+\dfrac{K_cK}{\tau s+1}=0$으로 주어진다. 이 제어시스템이 안정하기 위한 조건은?(단, τ는 양수이다.)

① $K_cK>-1$　　② $K_cK<0$

③ $\dfrac{K_cK}{\tau}>1$　　④ $K_c<1$

해설

$$\tau s+1+K_cK=0$$

$$s=-\frac{(1+K_cK)}{\tau}<0$$

$$1+K_cK>0$$

$$\therefore\ K_cK>-1$$

75 되먹임 제어에 관한 설명으로 옳은 것은?

① 제어변수를 측정하여 외란을 조절한다.

② 외란 정보를 이용하여 제어기 출력을 결정한다.

③ 제어변수를 측정하여 조작변수 값을 결정한다.

④ 외란이 미치는 영향을 선(先) 보상해주는 원리이다.

해설

되먹임 제어(Feedback)

제어변수를 측정하여 측정된 변수값을 설정치와 비교하며, 이들 두 변수의 차이인 제어오차에 의하여 제어신호가 결정된 다음 이에 따라 조작변수를 조절하여 다시 변화되는 일련의 루프를 이룬다.

76 배관계장도(P & ID)에서 공기 신호(Pneumatic Signal)와 유압 신호(Hydraulic Signal)를 나타내는 선이 순서대로 옳게 나열된 것은?

① ──○──○──,　──//──//──

② ──×──×──,　──L──L──

③ ──//──//──,　──L──L──

④ ──L──L──,　──○──○──

해설

계측용 배관 및 배선 그림기호

종류	그림기호	비고(일본)
배관	──────	
공기압배관	─//─//─//─	─A─A─A─
유압배관	─/─/─/─/─	─L─L─L─
전기배선	- - - - - - -	─E─E─E─
세관	─×─×─×─×─	
전자파 · 방사선	─∿∿∿─	

정답 72 ① 73 ④ 74 ① 75 ③ 76 ③

77 $G(j\omega)=\dfrac{10(j\omega+5)}{j\omega(j\omega+1)(j\omega+2)}$에서 ω가 아주 작을 때, 즉 $\omega\to 0$일 때의 위상각은?

① $-90°$ ② $0°$

③ $+90°$ ④ $+180°$

해설

$$G(i\omega)=\frac{25(0.2i\omega+1)}{i\omega(i\omega+1)(0.5i\omega+1)}$$

$$\phi=\angle G(i\omega)$$

$$=\tan^{-1}(0.2\omega)-\tan^{-1}(\omega)-\tan^{-1}(0.5\omega)-\frac{\pi}{2}$$

$$=\tan^{-1}(0)-\tan^{-1}(0)-\tan^{-1}(0)-\frac{\pi}{2}$$

$$=-\frac{\pi}{2}(-90°)$$

78 제어밸브 입출구 사이의 불평형 압력(Unbalanced Force)에 의하여 나타나는 밸브위치의 오차, 히스테리시스 등이 문제가 될 때 이를 감소시키기 위하여 사용되는 방법과 관련이 가장 적은 것은?

① C_v가 큰 제어 밸브를 사용한다.

② 면적이 넓은 공압 구동기(Pneumatic Actuator)를 사용한다.

③ 밸브 포지셔너(Positioner)를 제어밸브와 함께 사용한다.

④ 복좌형(Double Seated) 밸브를 사용한다.

해설

$$q=C_v f(x)\sqrt{\frac{\Delta P_V}{\rho}}$$

여기서, q : 유량(gallon/min)

ΔP_V : 밸브를 통한 압력차

ρ : 유체의 비중

C_v : 밸브계수 → 밸브의 용량(크기)을 조절

$f(x)$: 특성함수

79 다음 공정과 제어기를 고려할 때 정상상태(Steady State)에서 y값은 얼마인가?

제어기 : $u(t)=0.5(2.0-y(t))$
공정 : $\dfrac{d^2y(t)}{dt^2}+2\dfrac{dy(t)}{dt}+y(t)=0.1\dfrac{du(t-1)}{dt}+u(t-1)$

① $\dfrac{2}{3}$ ② $\dfrac{1}{3}$

③ $\dfrac{1}{4}$ ④ $\dfrac{3}{4}$

해설

$$u(t)=0.5(2.0-y(t))=1-\frac{1}{2}y(t)$$

$$U(s)=\frac{1}{s}-\frac{1}{2}Y(s)$$

$$\mathcal{L}[u(t-1)]=\left(\frac{1}{s}-\frac{1}{2}Y(s)\right)e^{-s}$$

$$\frac{d^2y(t)}{dt^2}+2\frac{dy(t)}{dt}+y(t)=0.1\frac{du(t-1)}{dt}+u(t-1)$$

$$s^2Y(s)+2sY(s)+Y(s)$$
$$=0.1s\left(\frac{1}{s}-\frac{1}{2}Y(s)\right)e^{-s}+\left(\frac{1}{s}-\frac{1}{2}Y(s)\right)e^{-s}$$

$$s^2Y(s)+2sY(s)+Y(s)$$
$$=\frac{1}{10}e^{-s}-\frac{1}{20}sY(s)e^{-s}+\frac{1}{s}e^{-s}-\frac{1}{2}Y(s)e^{-s}$$

$$\left[s^2+2s+1+\frac{1}{20}se^{-s}+\frac{1}{2}e^{-s}\right]Y(s)=\frac{1}{10}e^{-s}+\frac{1}{s}e^{-s}$$

$$Y(s)=\frac{\frac{1}{10}e^{-s}+\frac{1}{s}e^{-s}}{s^2+2s+1+\frac{1}{20}se^{-s}+\frac{1}{2}e^{-s}}$$

$$\lim_{t\to\infty}y(t)=\lim_{s\to 0}sY(s)$$

$$=\lim_{s\to 0}\frac{\frac{1}{10}se^{-s}+e^{-s}}{s^2+2s+1+\frac{1}{20}se^{-s}+\frac{1}{2}e^{-s}}$$

$$=\frac{1}{1+\frac{1}{2}}=\frac{2}{3}$$

정답 77 ① 78 ① 79 ①

80 다음 그림과 같은 계에서 전달함수 $\frac{B}{U_2}$는?

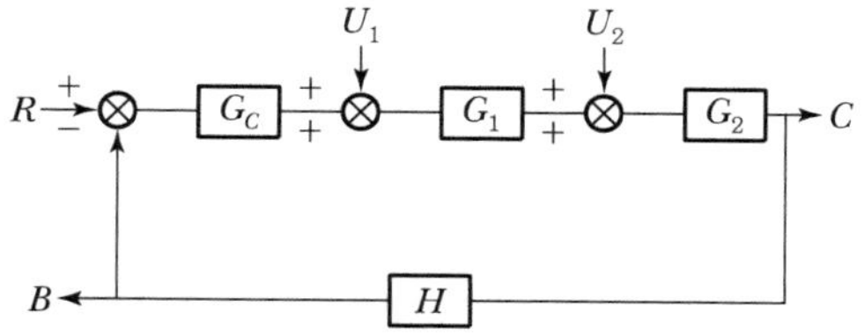

① $\frac{B}{U_2}=\frac{G_cG_1}{1+G_cG_1G_2H}$

② $\frac{B}{U_2}=\frac{G_1G_2}{1+G_cG_1G_2H}$

③ $\frac{B}{U_2}=\frac{HG_2}{1+G_cG_1G_2H}$

④ $\frac{B}{U_2}=\frac{G_cG_1G_2H}{1+G_cG_1G_2H}$

해설

$\frac{B}{U_2}=\frac{G_2H}{1+G_cG_1G_2H}$

$\frac{B}{U_1}=\frac{G_1G_2H}{1+G_cG_1G_2H}$

PART 1 PART 2 PART 3 PART 4 PART 5

정답 80 ③

2023년 제1회 복원기출문제

1과목 공업합성

01 인광석을 가열처리하여 불소를 제거하고, 아파타이트 구조를 파괴하여 구용성인 비료로 만든 것은?

① 메타인산칼슘　② 소성인비
③ 과인산석회　④ 인산암모늄

해설

㉠ 용성인비
- 인광석에 사문암을 첨가하여 용융시켜 플루오린을 제거한다.
- 염기성 비료이므로 산성 토양에 적합하다.

㉡ 소성인비
- 인광석에 인산, 소다회를 혼합하고 열처리하여 제조한다.
- 인광석을 가열처리하여 불소를 제거한다.
- 아파타이트 구조를 파괴하여 만든 구용성 비료이다.

02 아미노기는 물에서 이온화된다. 아미노기가 중성의 물에서 이온화되는 정도는?(단, 아미노기의 K_b 값은 10^{-5}이다.)

① 90%　② 95%
③ 99%　④ 100%

해설

$NH_2 + H_2O \rightarrow NH_3^+ + OH^-$

$$K_b = \frac{[NH_3^+][OH^-]}{[NH_2]} = 10^{-5}$$

중성에서 $[OH^-] = 10^{-7}$이므로

$$\frac{[NH_3^+]}{[NH_2]} = \frac{10^{-5}}{10^{-7}} = \frac{100}{1}$$

$$\text{이온화 정도} = \frac{100}{100+1} \times 100\% = 99\%$$

03 질산을 공업적으로 제조하기 위하여 이용하는 다음 암모니아 산화반응에 대한 설명으로 옳지 않은 것은?

$$4NH_3 + 5O_2 \rightarrow 4NO + 6H_2O$$

① 바나듐(V_2O_5) 촉매가 가장 많이 이용된다.
② 암모니아와 산소의 혼합가스는 폭발성이 있기 때문에 $[O_2]/[NH_3] = 2.2 \sim 2.3$이 되도록 주의한다.
③ 산화율에 영향을 주는 인자 중 온도와 압력의 영향이 크다.
④ 반응온도가 지나치게 높아지면 산화율은 낮아진다.

해설

$4NH_3 + 5O_2 \rightarrow 4NO + 6H_2O$
- Pt－Rh 촉매가 가장 많이 사용된다.
- 최대 산화율은 $O_2/NH_3 = 2.2 \sim 2.3$이 되어야 한다.
- 산소(공기)와 암모니아 혼합가스의 반응은 폭발성을 가지므로 수증기를 함유하여 산화시킨다.
- 압력을 가하면 산화율은 저하된다.

04 다음 중 암모니아 산화반응 시 촉매로 주로 쓰이는 것은?

① Nd－Mo　② Ra
③ Pt－Rh　④ Al_2O_3

해설

Pt－Rh(10%), Co_3O_4가 촉매로 주로 쓰인다.

05 암모니아 합성반응에서 N_2 4mol과 H_2 10mol을 공급하였다. 반응이 완결된 후 기체의 전체 몰수가 10mol이었다면 NH_3는 몇 mol이 생성되었는가?

① 2mol　② 3mol
③ 4mol　④ 6mol

정답 01 ② 02 ③ 03 ① 04 ③ 05 ③

해설

$$\begin{array}{lll} N_2 \;+ & 3H_2 & \rightarrow\; 2NH_3 \\ 4mol & 10mol & 0 \\ -x & -3x & +2x \\ \hline 4-x & 10-3x & 2x \end{array}$$

$(4-x)+(10-3x)+2x=10$

$\therefore\ x=2mol$

$NH_3=2x=4mol$

06 HNO_3 14.5%, H_2SO_4 50.5%, $HNOSO_4$ 12.5%, H_2O 20.0%, Nitrobody 2.5%의 조성을 가지는 혼산을 사용하여 Toluene으로부터 mono-Nitrotoluene을 제조하려고 한다. 이때 1,700kg의 Toluene을 12,000kg의 혼산으로 니트로화했다면 DVS(Dehydrating Value of Sulfuric acid)는?

① 1.87 ② 2.21

③ 3.04 ④ 3.52

해설

$$DVS=\frac{\text{혼합산 중 황산의 양}}{\text{반응 후 혼합산 중 물의 양}}$$

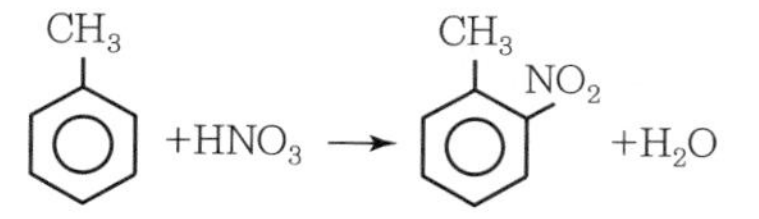

92 63 137 18

1,700kg 332.6kg

$$\therefore\ DVS=\frac{12{,}000\times0.505}{12{,}000\times0.2+332.6}=2.21$$

07 열분산이 용이하고 반응 혼합물의 점도를 줄일 수 있으나 연쇄이동반응으로 저분자량의 고분자가 얻어지는 단점이 있는 중합방법은?

① 용액중합

② 괴상중합

③ 현탁중합

④ 유화중합

해설

㉠ 괴상중합(벌크 중합)
- 용매, 분산매를 사용하지 않고 단량체와 개시제만을 혼합하여 중합시키는 방법
- 내부 중합열이 잘 제거되지 않는다.

㉡ 용액중합
- 단량체와 개시제를 용매에 용해시킨 상태에서 중합시키는 방법
- 중화열의 제거는 용이하지만, 중합속도와 분자량이 작고, 중합 후 용매의 완전 제거가 어렵다.

㉢ 현탁중합(서스펜션 중합)
- 단량체를 녹이지 않는 액체에 격렬한 교반으로 분산시켜 중합하는 방법
- 단량체 방울이 뭉치지 않고 유지되도록 안정제를 사용한다.
- 중합열의 분산이 용이하다.

㉣ 유화중합(에멀션 중합)
- 비누 또는 세제 성분의 일종인 유화제를 사용하여 단량체를 분산매 중에 분산시키고 수용성 개시제를 사용하여 중합시키는 방법
- 중합열의 분산이 용이하고 대량생산에 적합하다.

08 반도체 공정 중 노광 후 포토레지스트로 보호되지 않는 부분을 선택적으로 제거하는 공정을 무엇이라 하는가?

① 에칭 ② 조립

③ 박막 형성 ④ 리소그래피

해설

식각(에칭)

노광후 PR(포토레지스트)로 보호되지 않는 부분(감광되지 않는 부분)을 제거하는 공정

09 석유 유분에서 접촉분해와 비교한 열분해반응의 특징이 아닌 것은?

① 코크스나 타르의 석출이 많다.

② 디올레핀이 비교적 많이 생성된다.

③ 방향족 탄화수소가 적다.

④ 분지 지방족 중 특히 $C_3 \sim C_6$의 탄화수소가 많다.

정답 06 ② 07 ① 08 ① 09 ④

해설

열분해	접촉분해
• 올레핀이 많으며, C_1～C_2계의 가스가 많다. • 대부분 지방족이며, 방향족 탄화수소는 적다. • 코크스나 타르의 석출이 많다. • 디올레핀이 비교적 많다. • 라디칼 반응 메커니즘	• C_3～C_6계의 가지 달린 지방족이 많이 생성된다. • 열분해보다 파라핀계 탄화수소가 많다. • 방향족 탄화수소가 많다. • 탄소질 물질의 석출이 적다. • 디올레핀은 거의 생성되지 않는다. • 이온 반응 메커니즘 : 카르보늄 이온 기구

10 다음 중 최종 주 생성물로 페놀이 얻어지지 않는 것은?

①
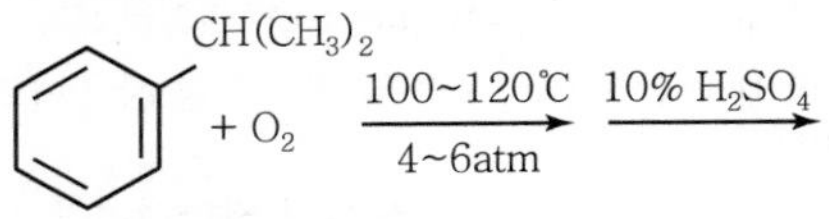

②
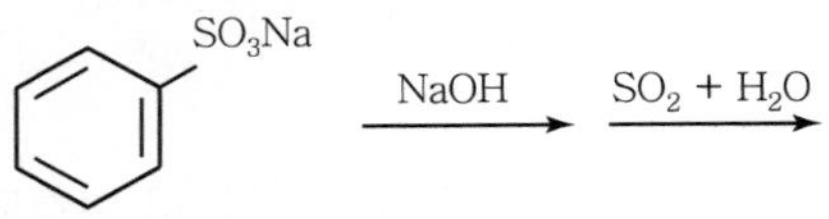

③
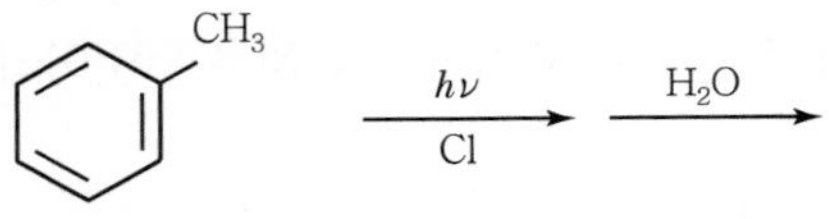

④
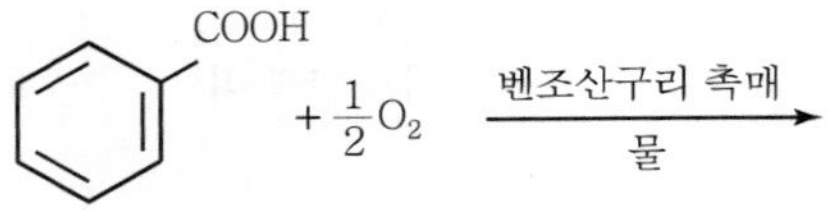

해설

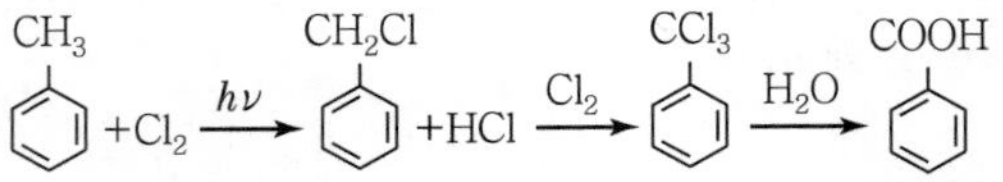

벤조산

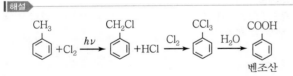

11 건식법에 의한 인산제조 공정에 대한 설명 중 옳은 것은?

① P_2O_5 85% 정도의 고농도 인산을 제조할 수 없다.

② 인의 농도가 낮은 인광석을 원료로 할 수 있다.

③ 전기로에서는 인의 기화와 산화가 동시에 일어난다.

④ 대표적인 건식법은 이수염법이다.

해설

건식법	습식법
• 고순도, 고농도의 인산을 제조한다. • 저품위 인광석을 처리할 수 있다. • 인의 기화와 산화를 별도로 할 수 있다. • Slag는 시멘트의 원료가 된다.	• 순도가 낮고 농도도 낮다. • 품질이 좋은 인광석을 사용해야 한다. • 주로 비료용에 사용된다.

12 다음 반응에서 생성되는 물질로 옳은 것은?

$$CH_3CN + C_2H_5OH + H_2O \rightarrow (\quad) + NH_3$$

① 아크릴산 ② 아세트산에스테르

③ 아미노에스테르 ④ 아크릴로니트릴

해설

$$\underset{\text{아세트니트릴}}{CH_3CN} + \underset{\text{에탄올}}{C_2H_5OH} + H_2O \longrightarrow \underset{\text{아세트산에스테르}}{CH_3-\overset{\overset{\displaystyle O}{\|}}{C}-OC_2H_5} + NH_3$$

13 다음 중 Le Blanc법과 관계가 없는 것은?

① 망초(황산나트륨)

② 흑회(Black Ash)

③ 녹액(Green Liquor)

④ 암모니아 함수

해설

Le Blanc법(식염의 황산분해법)

$$NaCl + H_2SO_4 \xrightarrow{150℃} NaHSO_4 + HCl$$

$$NaHSO_4 + NaCl \xrightarrow{800℃} \underset{(\text{망초})}{Na_2SO_4} + HCl$$

• NaCl을 황산분해하여 망초(Na_2SO_4)를 얻고, 이를 석탄, 석회석으로 환원, 복분해하여 소다회(Na_2CO_3)를 제조하는 방법
• 환원생성물 : 흑회, Na_2CO_3, CaS …
• 흑회를 온수로 추출하여 얻은 침출액 : 녹액 $\xrightarrow{\text{가성화}}$ 가성소다 제조

정답 10 ③ 11 ② 12 ② 13 ④

14 하루 117ton의 NaCl을 전해하는 NaOH 제조공장에서 부생되는 H_2와 Cl_2를 합성하여 36.5% HCl을 제조할 경우 하루 약 몇 ton의 HCl이 생산되는가?(단, NaCl은 100%, H_2와 Cl_2는 99% 반응하는 것으로 가정한다.)

① 200 ② 185
③ 156 ④ 100

해설

$2NaCl + 2H_2O \rightarrow 2NaOH + H_2 + Cl_2 \rightarrow 2HCl$

$2 \times 58.5 \quad : \quad 2 \times 36.5$

$117 \quad : \quad x$

$\therefore x = 73\text{ton}$

$\dfrac{73 \times 0.99}{0.365} = 198\text{ton}$

15 비료공업에서 인산은 황산분해법과 같은 습식법을 주로 이용하여 얻고 있는데 대표적인 습식법이 아닌 것은?

① Le Blanc법 ② Dorr법
③ Prayon법 ④ Chemico법

해설

황산분해법(이수염법)
Dorr법, Chemico법, Prayon법

※ Le Blanc법 : 소금의 황산분해법으로 소다회, 염산 제조

16 다음 그림에서 $CaSO_4 \cdot 2H_2O$에 해당하는 영역은?

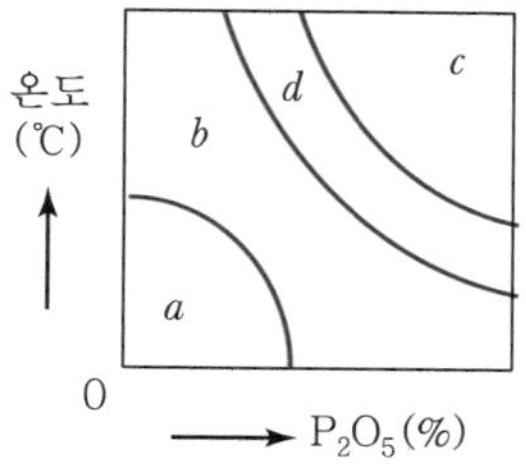

① *a* ② *b*
③ *c* ④ *d*

해설

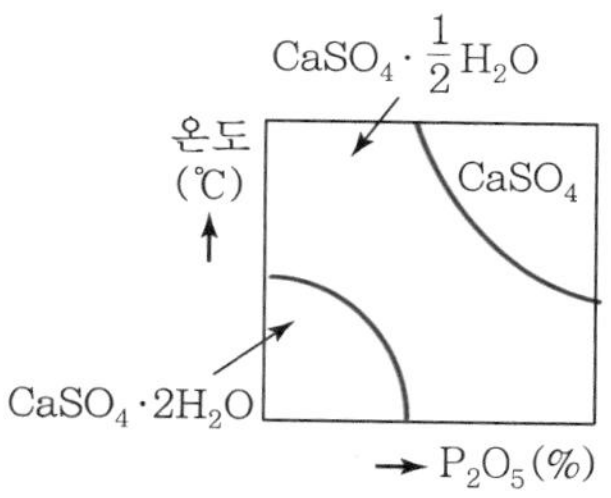

17 황산 제조방법 중 연실법에서 장치의 능률을 높이고 경제적으로 조업하기 위하여 개량된 방법 또는 설비는?

① 소량응축법 ② Pertersen Tower법
③ Reynold법 ④ Monsanto법

해설

연실식 제조방법 : 질산식 황산 제법
- 연실 바닥으로 SO_2, N_2, NO_2, O_2 등을 주입하고 상부에서 물을 분무하는 방식
- 연실은 크기에 비하여 능률이 낮고, 기계적 성질이 나쁘다.
- 연실 대신에 탑을 이용하는 Peterson식과 반탑식을 거쳐 탑식으로 개량한 제법이 있다.
- 장치양식에 따라 연실식, 반탑식, 탑식이 있다.

18 다음 중 가스용어 "LNG"의 의미에 해당하는 것은?

① 액화석유가스 ② 액화천연가스
③ 고화천연가스 ④ 액화프로판가스

해설

LNG (Liquefied Natural Gas)	• 액화천연가스 • 메탄이 주성분 • 도시가스
LPG (Liquefied Petroleum Gas)	• 액화석유가스 • C_3, C_4 탄화수소가 주성분 • 프로판가스, 자동차 연료, 가정용 연료

19 다음 중 아세틸렌에 작용시키면 아세틸렌법으로 염화비닐이 생성되는 것은?

① HCl ② NaCl
③ H_2SO_4 ④ HOCl

정답 14 ① 15 ① 16 ① 17 ② 18 ② 19 ①

해설

$$CH \equiv CH + HCl \longrightarrow CH_2 = CH(Cl)$$

염화비닐

20 다음 중 테레프탈산을 얻을 수 있는 반응은?

① m－크실렌(Xylene) 산화
② p－크실렌(Xylene) 산화
③ 나프탈렌의 산화
④ 벤젠의 산화

해설

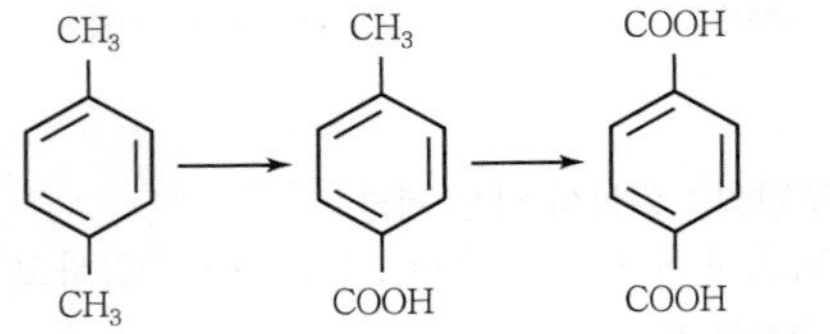

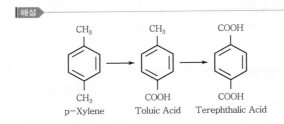

p−Xylene Toluic Acid Terephthalic Acid

2과목 반응운전

21 반응속도 $-r_A = 0.005\,C_A^{\,2}\,\text{mol/cm}^3\,\text{min}$일 때 농도를 mol/L, 시간을 h로 나타내면 속도상수는?

① 1×10^{-4}L/mol h　② 2×10^{-4}L/mol h
③ 3×10^{-4}L/mol h　④ 4×10^{-4}L/mol h

해설

$$k = 0.005\frac{\text{cm}^3}{\text{mol min}}\times\frac{1\text{L}}{1{,}000\text{cm}^3}\times\frac{60\text{min}}{1\text{h}}$$
$$= 3\times10^{-4}\text{L/mol h}$$

22 어떤 반응의 온도를 24℃에서 34℃로 증가시켰더니 반응속도가 2.5배로 빨라졌다면, 이때의 활성화 에너지는 몇 kcal인가?

① 10.8　② 12.8
③ 16.8　④ 18.6

해설

$$\ln\frac{k_2}{k_1} = \frac{E_a}{R}\left(\frac{1}{T_1}-\frac{1}{T_2}\right)$$
$$\ln 2.5 = \frac{E_a}{1.987}\left(\frac{1}{297}-\frac{1}{307}\right)$$
$$\therefore\ E_a = 16.6\text{kcal/mol}$$

23 물의 증발잠열 $\Delta\overline{H}$는 1기압, 100℃에서 539cal/g이다. 만일 이 값이 온도와 기압에 따라 큰 변화가 없다면 압력이 635mmHg인 고산지대에서 물의 끓는 온도는 약 몇 ℃인가?(단, 기체상수 $R=1.987$cal/mol K이다.)

① 26.2　② 30
③ 95　④ 98

해설

$$\ln\frac{P_2}{P_1} = \frac{\Delta H}{R}\left(\frac{1}{T_1}-\frac{1}{T_2}\right)$$
$$\ln\frac{635}{760} = \frac{539\text{cal/g}\times18\text{g/1mol}}{1.987\text{cal/mol K}}\left(\frac{1}{373}-\frac{1}{T_2}\right)$$
$$\therefore\ T_2 = 368\text{K}(95℃)$$

24 다음과 같은 연속(직렬)반응에서 A와 R의 반응속도가 $-r_A = k_1C_A$, $r_R = k_1C_A - k_2$일 때 회분식 반응기에서 C_R/C_{A0}를 구하면?(단, 반응은 순수한 A만으로 시작한다.)

$A \rightarrow R \rightarrow S$

① $1+e^{-k_1t}+\dfrac{k_2}{C_{A0}}t$　② $1+e^{-k_1t}-\dfrac{k_2}{C_{A0}}t$
③ $1-e^{-k_1t}+\dfrac{k_2}{C_{A0}}t$　④ $1-e^{-k_1t}-\dfrac{k_2}{C_{A0}}t$

해설

$A \xrightarrow{k_1} R \xrightarrow{k_2} S$: 연속반응

$-r_A = k_1C_A$
$r_R = k_1C_A - k_2$

$$\therefore\ -r_A = -\frac{dC_A}{dt} = k_1C_A \rightarrow \ln\frac{C_A}{C_{A0}} = -k_1t$$

정답 20 ② 21 ③ 22 ③ 23 ③ 24 ④

$$C_A = C_{A0}e^{-k_1 t}$$

$$r_R = \frac{dC_R}{dt} = k_1 C_A - k_2$$

$$\frac{dC_R}{dt} = k_1 C_{A0}e^{-k_1 t} - k_2$$

$$\xrightarrow{\text{적분}} C_R = \int_0^t k_1 C_{A0}e^{-k_1 t}dt - k_2\int_0^t dt$$

$$= -\frac{k_1}{k_1}C_{A0}e^{-k_1 t}\Big|_0^t - k_2 t$$

$$= -C_{A0}e^{-k_1 t} + C_{A0} - k_2 t$$

$$\therefore \frac{C_R}{C_{A0}} = -e^{-k_1 t} + 1 - \frac{k_2 t}{C_{A0}} = 1 - e^{-k_1 t} - \frac{k_2}{C_{A0}}t$$

25 다음과 같은 균일계 액상 반응에서 첫 단계는 2차 반응, 두 번째 단계는 1차 반응으로 진행되고, R이 원하는 제품일 때의 설명으로 옳은 것은?

$$A \xrightarrow{k_1} R \xrightarrow{k_2} S$$

① 반응물 A의 농도는 높게 유지할수록 좋다.
② 반응물 A의 농도는 R의 수율과 무관하다.
③ 반응온도를 높게 유지할수록 좋다.
④ 혼합흐름반응기를 사용하는 것이 좋다.

해설

$$S = \frac{dC_R}{dC_S} = \frac{k_1 C_A{}^2}{k_2 C_A} = \frac{k_1}{k_2}C_A$$

$\therefore$ C_A를 높게 유지한다.

26 회분식 반응기에서 전화율을 75%까지 얻는 데 소요된 시간이 3시간이었다고 한다. 같은 전화율로 $3\text{ft}^3/\text{min}$을 처리하는 데 필요한 플러그 흐름 반응기의 부피는?(단, 반응에 따른 밀도 변화는 없다.)

① 540ft^3 ② 620ft^3
③ 720ft^3 ④ 840ft^3

해설

$$\tau = \frac{V}{v_0}$$

$$3\text{h} = \frac{V}{3\text{ft}^3/\text{min} \times \frac{60\text{min}}{1\text{h}}}$$

$\therefore$ $V = 540\text{ft}^3$

27 기초 2차 액상 반응 $2A \rightarrow 2R$을 순환비가 2인 등온 플러그흐름반응기에서 반응시킨 결과 50%의 전화율을 얻었다. 동일 반응에서 순환류를 폐쇄시킨다면 전화율은?

① 0.6 ② 0.7
③ 0.8 ④ 0.9

해설

$$\frac{\tau_p}{C_{A0}} = (R+1)\int_{X_{Ai}}^{X_{Af}} \frac{dX_A}{-r_A} \text{(순환반응기)}$$

$$X_{Ai} = \frac{R}{R+1}X_{Af} = \frac{2}{2+1}(0.5) = \frac{1}{3}$$

$$\frac{\tau_p}{C_{A0}} = 3\int_{\frac{1}{3}}^{0.5} \frac{dX_A}{kC_{A0}^2(1-X_A)^2}$$

$$k\tau_p C_{A0} = 3\left[\frac{1}{1-X_A}\right]_{\frac{1}{3}}^{0.5} = 1.5$$

PFR(순환류 폐쇄)

$$2\text{차 } k\tau_p C_{A0} = \frac{X_A}{1-X_A}$$

$$1.5 = \frac{X_A}{1-X_A}$$

$\therefore$ $X_A = 0.6$

28 비가역 1차 반응에서 속도정수가 $2.5\times10^{-3}\text{s}^{-1}$이었다. 반응물의 농도가 $2.0\times10^{-2}\text{mol/cm}^3$일 때의 반응속도는 몇 $\text{mol/cm}^3\ \text{s}$인가?

① 0.4×10^{-1} ② 1.25×10^{-1}
③ 2.5×10^{-5} ④ 5×10^{-5}

정답 25 ① 26 ① 27 ① 28 ④

해설

$-r_A = kC_A$

$= 2.5 \times 10^{-3}\ 1/s \times 2 \times 10^{-2} mol/cm^3$

$= 5 \times 10^{-5} mol/cm^3\ s$

29 반응물 A가 동시반응에 의하여 분해되어 아래와 같은 두 가지 생성물을 만든다. 이때, 비목적생성물(U)의 생성을 최소화하기 위한 조건으로 틀린 것은?

$$A \rightarrow D,\ r_D = 0.002e^{4,500\left(\frac{1}{300K} - \frac{1}{T}\right)} C_A$$

$$A \rightarrow U,\ r_U = 0.004e^{2,500\left(\frac{1}{300K} - \frac{1}{T}\right)} C_A{}^2$$

① 불활성 가스의 혼합 사용
② 저온반응
③ 낮은 C_A
④ CSTR 반응기 사용

해설

$$\frac{r_D}{r_U} = \frac{dC_P}{dC_U} = \frac{0.002e^{4,500\left(\frac{1}{300} - \frac{1}{T}\right)}}{0.004e^{2,500\left(\frac{1}{300} - \frac{1}{T}\right)} C_A}$$

$E_D > E_U$이므로 고온을 사용한다.

$e^{2,000\left(\frac{1}{300} - \frac{1}{T}\right)}$가 크려면 $\frac{1}{T}$이 작아야 하므로 T가 커야 한다.

C_A의 농도를 낮게 하는 방법
- CSTR 사용
- X_A을 높게 유지
- 공급물에 불활성 물질 증가
- 기상계에서 압력 감소

30 평형(Equilibrium)에 대한 정의가 아닌 것은?(단, G는 깁스(Gibbs)에너지, mix는 혼합에 의한 변화를 의미한다.)

① 계(System)의 거시적 성질들이 시간에 따라 변하지 않는 경우
② 정반응의 속도와 역반응의 속도가 동일할 경우
③ $\Delta G_{T,P} = 0$
④ $\Delta V_{mix} = 0$

해설

평형
- 계의 거시적 성질들이 시간에 따라 변하지 않는 상태
- 정반응속도 = 역반응속도
- 동적 평형
- $(dG^t)_{T,P} = 0$

31 25℃에서 1몰의 이상기체가 20atm에서 1atm로 단열 가역적으로 팽창하였을 때 최종온도는 약 몇 K인가?(단, 비열비 $\frac{C_P}{C_V} = \frac{5}{3}$이다.)

① 100K ② 90K
③ 80K ④ 70K

해설

$$\left(\frac{T_2}{T_1}\right) = \left(\frac{P_2}{P_1}\right)^{\frac{\gamma-1}{\gamma}}$$

$$\frac{T_2}{298} = \left(\frac{1}{20}\right)^{\frac{5/3-1}{5/3}}$$

$\therefore\ T_2 = 90K$

32 $P-H$ 선도에서 등엔트로피선 기울기$\left(\frac{\partial P}{\partial H}\right)_S$의 값은?

① V ② $-V$
③ $\frac{1}{V}$ ④ $-\frac{1}{V}$

해설

$dH = TdS + VdP$

양변을 $\div dP$, 등엔트로피

$$\left(\frac{\partial H}{\partial P}\right)_S = V$$

$$\therefore \left(\frac{\partial P}{\partial H}\right)_S = \frac{1}{V}$$

정답 29 ② 30 ④ 31 ② 32 ③

33 1기압에서 1mol의 100℃ 물이 100℃ 수증기로 변할 때 엔트로피 변화는 얼마인가?(단, 증발잠열은 539cal/g이다.)

① 1.44cal/K ② 1.71cal/K
③ 26.01cal/K ④ 30.84cal/K

해설

$$\Delta S = \Delta \frac{H_{tran}}{T} = \frac{539\text{cal/g} \times 18\text{g/mol}}{373\text{K}} = 26.01\text{cal/K}$$

34 이상기체로 가정한 2몰의 질소를 250℃에서 역학적으로 가역인 정압과정으로 430℃까지 가열 팽창시켰을 때 엔탈피 변화량 ΔH는 약 몇 kJ인가?(단, 이 온도영역에서 일정압력 열용량 값은 일정하며, 20.785 J/mol K이다.)

① 3.75 ② 7.5
③ 15.0 ④ 30.0

해설

$$H = U + PV \xrightarrow{\text{정압}} \Delta H = \Delta U + P\Delta V = Q_P = nC_P\Delta T$$

$$\therefore \Delta H = Q_P = nC_P\Delta T = 2\text{mol} \times 20.785\text{J/mol K} \times (430-250)\text{K} = 7{,}482.6\text{J} = 7.48\text{kJ}$$

35 줄-톰슨 계수(μ)에 관한 설명 중 틀린 것은?

① $\mu = \left(\frac{\partial T}{\partial P}\right)_H$로 정의된다.
② 일정 엔탈피에서 발생되는 변화에 대한 값이다.
③ 이상기체의 점도에 비례한다.
④ 실제 기체에서도 그 값은 0이 될 수 있다.

해설

$$\mu = \left(\frac{\partial T}{\partial P}\right)_H$$

압력강하 시
- $\mu > 0$: 온도하강
- $\mu = 0$: 반전온도
- $\mu < 0$: 온도상승

36 다음 반응에서 체적팽창률(Fractional Change in Volume, ε_A)의 값은?

$C(s) + O_2(g) \rightarrow CO_2(g)$

① $-\frac{1}{2}$ ② 0
③ $\frac{1}{2}$ ④ 1

해설

$\varepsilon_A = y_{A0}\delta$

$\varepsilon_A = \frac{1-1}{2} = 0$

$\therefore \varepsilon_A = 0$

37 역행응축(逆行凝縮, Retrograde CondenSation) 현상을 가장 유용하게 쓸 수 있는 경우는?

① 천연가스 채굴 시 동력 없이 많은 양의 액화천연가스를 얻는다.
② 기체를 임계점에서 응축시켜 순수성분을 분리시킨다.
③ 고체 혼합물을 기체화시킨 후 다시 응축시켜 비휘발성 물질만을 얻는다.
④ 냉동의 효율을 높이고 냉동제의 증발잠열을 최대로 이용한다.

해설

역행응축
압력을 감소시키면 액체의 증발이 일어나는데 다성분계의 임계점 부근에서 압력을 감소시킬 때 액화가 일어나는 이상한 응축현상

정답 33 ③ 34 ② 35 ③ 36 ② 37 ①

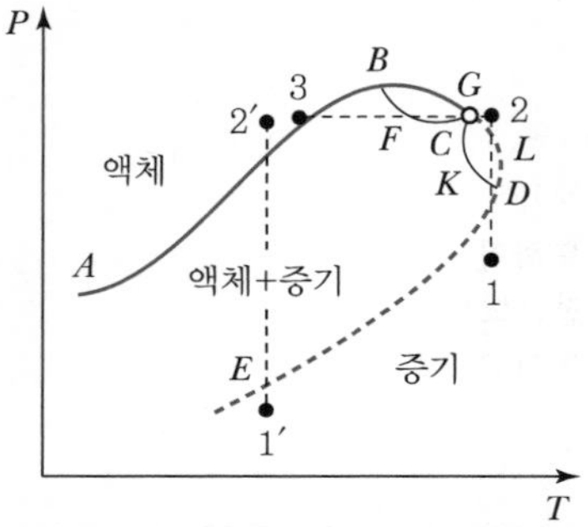

압력이 증가하는데 증발이 추진되고 압력이 감소하는데 응축이 일어나는, 보통과 반대의 현상을 "역행응축"이라 한다.

예 • 천연가스 채굴 시 동력 없이 액화천연가스를 얻는다.
• 지하 유정에서 가스를 끌어올릴 때 가벼운 가스를 다시 넣어주어 압력을 높인다.

38 엔트로피에 대한 설명으로 옳지 않은 것은?(단, k는 Boltzmann 상수이고, Ω는 열역학적 확률이다.)

① 계의 엔트로피 변화는 항상 양수이다.
② S는 $k\ln\Omega$으로 표현될 수 있다.
③ 열역학 제2법칙을 수학적으로 표현하면, $\Delta S_{total} \geq 0$이다.
④ 자발적 반응에서는 비가역으로 증가한다.

해설

엔트로피 변화가 음수인 경우도 있다. 다만 그 계의 Total 엔트로피가 0보다 큰 값을 갖는다.
$\Delta S_{total} \geq 0$

39 회분식 반응기에서 속도론적 데이터를 해석하는 방법 중 옳지 않은 것은?

① 정용회분반응기의 미분식에서 기울기가 반응차수이다.
② 농도를 표시하는 도함수의 결정은 보통 도시적 미분법, 수치미분법 등을 사용한다.
③ 적분해석법에서는 반응차수를 구하기 위해서 시행착오법을 사용한다.
④ 비가역반응일 경우 농도-시간 자료를 수치적으로 미분하여 반응차수와 반응속도상수를 구별할 수 있다.

해설

속도론적 데이터 해석방법

㉠ 적분법
• 시간에 대한 함수로서 농도를 얻기 위해 미분방정식을 적분한다. 가정한 차수가 옳다면 농도-시간 자료의 적절한 그래프(적분)는 직선이 되어야 한다.
• 적분법은 보통 반응차수를 알고 E_a를 구하기 위해 서로 다른 온도에서의 반응속도를 계산할 필요가 있을 때 가장 많이 사용한다.

∴ 적분법은 반응차수를 구하기 위해 시행착오법을 사용한다.

㉡ 미분해석법

$\ln\left(-\frac{dC_A}{dt}\right)$ vs $\ln C_A$

그래프에서 기울기가 반응차수이므로 k_A를 구한다.

$-\frac{dC_A}{dt} = k_A {C_A}^{\alpha}$

※ 시간의 함수로 농도를 표시해주는 도함수를 결정하기 위한 세 가지 방법

농도-시간 자료에서 $-\frac{dC_A}{dt}$를 구하는 방법
• 도식미분법
• 수치미분법
• 자료에 잘 맞는 다항식의 미분

㉢ 비선형 회귀분석법
모든 자료에 대한 측정된 변수값과 계산된 변수값의 차의 제곱합이 최소가 되게 하는 매개변수 값들을 찾는 방법이다.

40 물 100g을 18℃에서 90℃로 가열하는 데 5,320 kcal/m^{3}인 연료 12L가 사용되었다. 연료의 손실률(%)은 얼마인가?

① 11.28%
② 26.11%
③ 78.67%
④ 88.72%

해설

$Q = mc\Delta t$
$= 100\text{g} \times 1\text{cal/g ℃} \times (90-18)\text{℃} = 7{,}200\text{cal}$

연료 $= \frac{5{,}320\text{kcal}}{\text{m}^3} \times \frac{1{,}000\text{cal}}{1\text{kcal}} \times \frac{1\text{m}^3}{1{,}000\text{L}} \times 12\text{L}$
$= 63{,}840\text{cal}$

손실률(%) $= \frac{63{,}840 - 7{,}200}{63{,}840} \times 100\%$
$= 88.72\%$

정답 38 ① 39 ① 40 ④

3과목 단위공정관리

41 일반적인 물질수지의 항에서 계 내의 축적량 A를 옳게 나타낸 식은?(단, I는 계에 들어오는 양, O는 계에서 나가는 양, F는 계 내의 생성량, C는 계 내의 소모량이다.)

① $A = I - O - F + C$
② $A = I + F - C - O$
③ $A = I - O - F - C$
④ $A = O - I - F - C$

해설

축적량 = 입량 − 출량 − 소모량 + 생성량
$A = I - O - C + F$

42 "분쇄 에너지는 생성입자 입경의 평방근에 반비례한다"는 법칙은?

① Sherwood 법칙
② Rittinger 법칙
③ Kick 법칙
④ Bond 법칙

해설

- Rittinger의 법칙 : $W = k_R'\left(\frac{1}{D_{P2}} - \frac{1}{D_{P1}}\right) = k_R(S_{P2} - S_{P1})$
- Kick의 법칙 : $W = k_K \ln \frac{D_{P1}}{D_{P2}}$
- Bond의 법칙 : $W = 2k_B\left(\frac{1}{\sqrt{D_{P2}}} - \frac{1}{\sqrt{D_{P1}}}\right)$

43 20℃의 물 1kg을 150℃ 수증기로 변화시키는 데 필요한 열량은 약 몇 cal인가?(단, 물의 비열은 18cal/mol K이고, 수증기의 비열은 8.0cal/mol K로 일정하며, 물의 증발열은 9.7×10^3cal/mol이다.)

① 5.41×10^5 ② 6.41×10^5
③ 7.41×10^5 ④ 8.41×10^5

해설

$$20℃ \text{ 물} \xrightarrow{Q_1} 100℃ \text{ 물} \xrightarrow{Q_2} 100℃ \text{ 수증기} \xrightarrow{Q_3} 150℃ \text{ 수증기}$$

$$\begin{aligned} Q &= Q_1 + Q_2 + Q_3 \\ &= 55.6 \times 18 \times (100-20) + 55.6 \times (9.7 \times 10^3) \\ &\quad + 55.6 \times 8 \times (150-100) \\ &= 641{,}624\text{cal} \end{aligned}$$

(물 1kg = 1,000g, $\frac{1{,}000\text{g}}{18\text{g/mol}} = 55.6\text{mol}$)

44 다음과 같은 반응의 표준반응열은 몇 kcal/mol인가?(단, C_2H_5OH, CH_3COOH, $CH_3COOC_2H_5$의 표준연소열은 각각 −326,700kcal/mol, −208,340kcal/mol, −538,750kcal/mol이다.)

$$C_2H_5OH(l) + CH_3COOH(l) \rightarrow CH_3COOC_2H_5(l) + H_2O(l)$$

① −14,240 ② −3,710
③ 3,710 ④ 14,240

해설

$$\begin{aligned} \text{반응열} &= (\Sigma H_{reactant})_c - (\Sigma H_{product})_c \\ &= (-326{,}700 - 208{,}340) - (-538{,}750) \\ &= 3{,}710\text{kcal/mol} \end{aligned}$$

45 증류에서 일정한 비휘발도 값으로 2를 가지는 2성분 혼합물을 90mol%인 탑위제품과 10mol%인 탑밑제품으로 분리하고자 한다. 최소 이론단수는 얼마인가?

① 3 ② 4
③ 6 ④ 7

해설

Fenske 식

$$\begin{aligned} N_{min} + 1 &= \log\left(\frac{x_D}{1-x_D} \cdot \frac{1-x_w}{x_w}\right) / \log\alpha \\ &= \log\left(\frac{0.9}{0.1} \cdot \frac{0.9}{0.1}\right) / \log 2 = 6.34 \end{aligned}$$

$\therefore N_{min} = 5.34 \rightarrow 6$단

정답 41 ② 42 ④ 43 ② 44 ③ 45 ③

46 증류탑의 Ideal Stage(이상단)에 대한 설명으로 옳지 않은 것은?

① Stage(단)를 떠나는 두 Stream(흐름)은 서로 평행 관계를 이루고 있다.
② 재비기(Reboiler)는 한 Ideal Stage로 계산한다.
③ 부분응축기(Partial Condenser)는 한 Ideal Stage로 계산한다.
④ 전응축기(Total Condenser)는 한 Ideal Stage로 계산한다.

해설

• 전응축기는 단수로 계산하지 않는다.
• 부분응축기, 재비기는 이론단 1단에 해당한다.

47 큰 저수지에 있는 물을 안지름 100mm인 파이프를 통하여 높이 150m에 있는 물 탱크에 $72m^3/h$의 유속으로 수송하려 할 때 이론상 필요한 펌프의 마력은 약 얼마인가? (단, 물의 비중은 1로 하며, 1마력은 $76kg_f\ m/s$로 하고 탱크 내부의 압력은 대기압이며, 마찰손실은 무시한다.)

① 0.04 ② 40
③ 144 ④ 164

해설

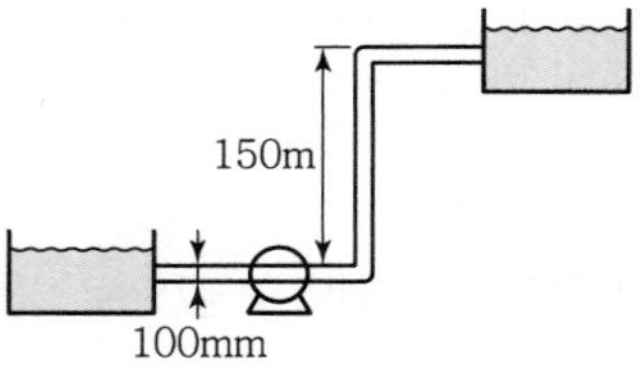

$$\frac{\Delta u^2}{2g_c}+\frac{g}{g_c}\Delta z+\frac{\Delta p}{\rho}+\Sigma F=W_p$$

$Q=72m^3/h\times 1h/3,600s=0.02m^3/s$

$$\bar{u}=\frac{Q}{A}=\frac{0.02m^3/s}{\frac{\pi}{4}\times 0.1^2m^2}=2.55m/s$$

$$\therefore\ W_p=\frac{2.55^2-0^2}{2\times 9.8}+150=150.33kg_f\ m/kg$$

$\dot{m}=\rho\bar{u}A=\rho Q=1,000kg/m^3\times 0.02m^3/s=20kg/s$

$$P=\frac{W_p\dot{m}}{76}=\frac{150.33\times 20}{76}=39.6HP\fallingdotseq 40HP$$

48 다음 그림은 1기압하에서의 A, B 2성분계 용액에 대한 비점선도(Boiling Point Diagram)이다. $X_A=0.40$인 용액을 1기압하에서 서서히 가열할 때 일어나는 현상을 설명한 내용으로 틀린 것은?(단, 처음 온도는 40℃이고, 마지막 온도는 70℃이다.)

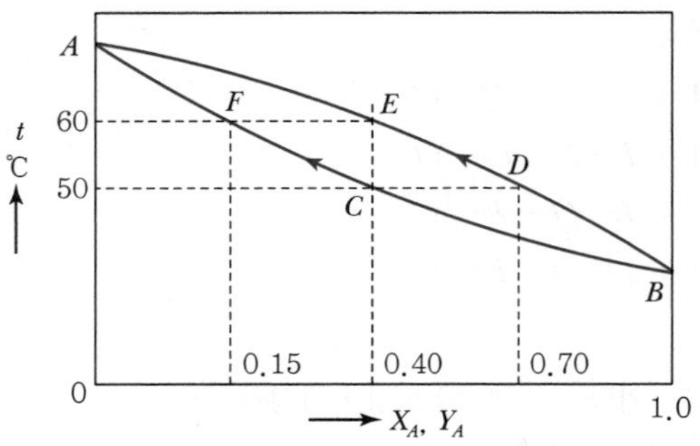

① 용액은 50℃에서 끓기 시작하여 60℃가 되는 순간 완전히 기화한다.
② 용액이 끓기 시작하자마자 생긴 최초의 증기조성은 $Y_A=0.70$이다.
③ 용액이 계속 증발함에 따라 남아 있는 용액의 조성은 곡선 DE를 따라 변한다.
④ 마지막 남은 한 방울의 조성은 $X_A=0.15$이다.

해설

$x_A=0.4\rightarrow y_A=0.7$
용액의 조성은 곡선 CF를 따라 변하고 기상의 조성은 DE를 따라 변한다.

49 벤젠, 톨루엔의 혼합물로 그 비점에서 정류탑에 공급한다. 원액 중 벤젠의 몰분율은 0.2, 유출액은 0.96, 관출액은 0.04의 조건에서 매시 90kmol을 처리한다. 환류비는 최소 환류비의 1.5배이다. 상부 조작선의 방정식을 옳게 나타낸 것은?(단, 벤젠의 액조성이 0.2일 때 평형증기의 조성은 0.375이다.)

① $y_{n+1}=3.34x_n+0.834$
② $y_{n+1}=0.833x_n+0.834$
③ $y_{n+1}=3.34x_n+0.16$
④ $y_{n+1}=0.833x_n+0.16$

정답 46 ④ 47 ② 48 ③ 49 ④

해설

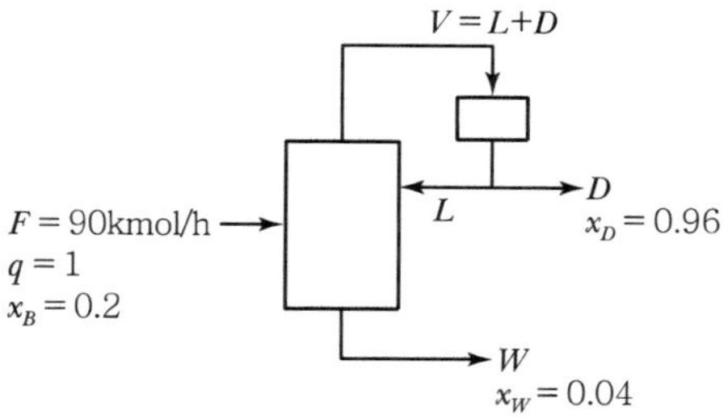

- $R = \dfrac{L}{D} = R_{\min} \times 1.5$

  $R_{\min} = \dfrac{x_D - y_f}{y_f - x_f} = \dfrac{0.96 - 0.375}{0.375 - 0.2} = 3.34$

  $\therefore\ R = 3.34 \times 1.5 = 5.01$
- 상부조작선의 방정식

  $y_{n+1} = \dfrac{R}{R+1}x_n + \dfrac{x_D}{R+1}$

  $= \dfrac{5}{6}x_n + \dfrac{0.96}{6} = 0.833x_n + 0.16$

  $\therefore\ y_{n+1} = 0.833x_n + 0.16$

50 다음 중 증발, 건조, 결정화, 분쇄, 분급의 기능을 모두 가지고 있는 건조장치는?

① 적외선복사건조기　② 원통건조기
③ 회전건조기　④ 분무건조기

해설

분무건조기(Spray Dryer)
용액, 슬러리를 미세한 입자의 형태로 가열기체 중에 분산시켜 건조. 건조시간이 짧아서 열에 예민한 물질에 효과적

51 습한 재료 10kg을 건조했더니 8.2kg이었다. 처음 재료의 수분율은 몇 %인가?

① 12%　② 14%
③ 16%　④ 18%

해설

$\text{수분율} = \dfrac{10\text{kg} - 8.2\text{kg}}{10\text{kg}} \times 100 = 18\%$

52 N_{Nu}(Nusselt Number)의 정의로서 옳은 것은? (단, N_{st}는 Stanton 수, N_{pr}는 Prandtl 수, k는 열전도도, D는 지름, h는 개별 열전달계수, N_{Re}는 레이놀즈 수이다.)

① $\dfrac{kD}{h}$

② $\dfrac{\text{전도저항}}{\text{대류저항}}$

③ $\dfrac{\text{전체의 온도구배}}{\text{표면에서의 온도구배}}$

④ $\dfrac{N_{st}}{N_{Re} \cdot N_{pr}}$

해설

$N_{Nu} = \dfrac{hD}{k} = \dfrac{\text{대류열전달}}{\text{전도열전달}} = \dfrac{\text{전도저항}}{\text{대류저항}}$

$N_{st} = \dfrac{N_{Nu}}{N_{Re} \cdot N_{Pr}}$

53 다음은 실제기체의 압축인자(Compressibility Factor)를 나타내는 그림이다. 이들 기체 중에서 저온에서 분자 간 인력이 가장 큰 기체는?

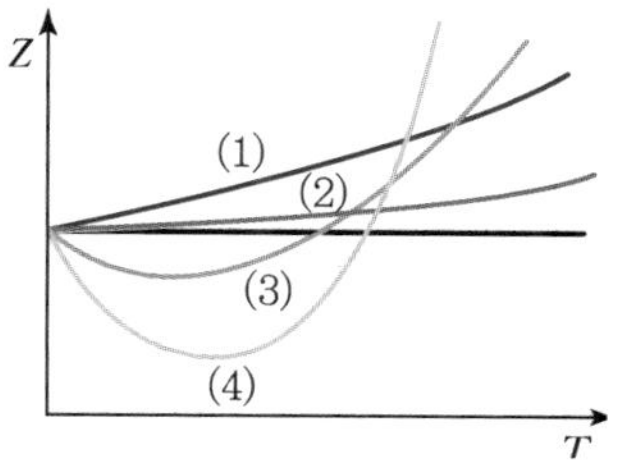

① (1)　② (2)
③ (3)　④ (4)

해설

(4)번이 저온에서 $Z=1$과 가장 멀리 위치하므로 이상기체에서 가장 멀리 떨어져 있다.

정답 50 ④ 51 ④ 52 ② 53 ④

54 비중 0.8, 점도 5cP인 유체를 10cm/s의 평균속도로 안지름 10cm의 원관을 사용하여 수송한다. Fanning 식의 마찰계수값은 약 얼마인가?

① 0.1　　② 0.01
③ 0.001　　④ 0.0001

해설

$$f=\frac{16}{N_{Re}}$$

$$N_{Re}=\frac{D\bar{u}\rho}{\mu}=\frac{10\times10\times0.8}{0.05}=1{,}600<2{,}100(\text{층류})$$

$$\therefore f=\frac{16}{1{,}600}=0.01$$

55 다음 중 Dittus－Boelter 식과 관련된 무차원수가 아닌 것은?

① N_{Nu}　　② N_{Gr}
③ N_{Re}　　④ N_{Pr}

해설

Dittus－Boelter 식

$$\frac{hD}{k}=0.023\left(\frac{Du\rho}{\mu}\right)^{0.8}\left(\frac{C_p\mu}{k}\right)^n$$

$$N_{Nu}=\frac{hD}{k}$$

$$N_{Re}=\frac{Du\rho}{\mu}$$

$$N_{Pr}=\frac{C_p\mu}{k}$$

$$N_{Gr}=\frac{gD^3\rho^2\beta\Delta t}{\mu^2}$$

56 다음 중 나머지 셋과 서로 다른 단위를 갖는 것은?

① 열전도도÷길이　　② 총괄열전달계수
③ 열전달속도÷면적　　④ 열유속(Heat Flux)÷온도

해설

① $\frac{k}{l}=\text{kcal/m}^2\text{ h ℃}$

② $U=\text{kcal/m}^2\text{ h ℃}$

③ $\frac{q}{A}=\text{kcal/m}^2\text{ h}$

④ $\frac{q}{At}=\text{kcal/m}^2\text{ h ℃}$

57 3중 효용관의 처음 증발관에 들어가는 수증기의 온도는 110℃이고 맨끝 효용관의 진공도는 660mmHg(51℃)이다. 각 효용관의 총괄전열계수가 500, 300, 200일 때 제2효용관 액의 비점은 몇 ℃인가?

① 11.4℃　　② 98.6℃
③ 19℃　　④ 79.6℃

해설

$$\Delta t:\Delta t_1:\Delta t_2=\frac{1}{U_1}:\frac{1}{U_2}:\frac{1}{U_3}$$
$$=\frac{1}{500}:\frac{1}{300}:\frac{1}{200}$$
$$=6:10:15$$

$(110-51):\Delta t_1=(6+10+15):6$

$\therefore\ \Delta t_1=110-t_2=11.4$

$\therefore\ t_2=98.6℃$

$\Delta t_1:\Delta t_2=R_1:R_2$

$11.4:\Delta t_2=6:10$

$\Delta t_2=98.6-t_3=19℃$

$\therefore\ t_3=79.6℃$

58 냉장고의 소비전력이 71W이다. 1년 동안 사용했을 때 총소비전력량(kcal)은 얼마인가?

① 71　　② 25,915
③ 6,194　　④ 535,147

해설

$P=71\text{W}=71\text{J/s}$

$W=Pt$

$$=71\text{J/s}\times1\text{year}\times\frac{365\text{d}}{1\text{y}}\times\frac{24\text{h}}{1\text{d}}\times\frac{3{,}600\text{s}}{1\text{h}}$$

$$=2{,}239{,}056{,}000\text{J}\times\frac{1\text{cal}}{4.184\text{J}}\times\frac{1\text{kcal}}{1{,}000\text{cal}}$$

$$=535{,}147\text{kcal}$$

정답 54 ② 55 ② 56 ③ 57 ④ 58 ④

59 이상기체 A의 정압 열용량을 다음 식으로 나타낸다고 할 때 1mol을 대기압하에서 100℃에서 200℃까지 가열하는 데 필요한 열량은 약 몇 cal/mol인가?

C_p(cal/mol K) $= 6.6 + 0.96 \times 10^{-3}T$

① 401 ② 501
③ 601 ④ 701

해설

$$Q = n\int C_p dT$$
$$= \int_{373}^{473}(6.6 + 0.96\times 10^{-3}T)\,dT$$
$$= 6.6\times(473-373) + \frac{0.96\times 10^{-3}}{2}\times(473^2 - 373^2)$$
$$= 700.6\text{cal/mol}$$

60 내경 150mm, 길이 150m의 수평관에 비중이 0.8의 기름을 평균 1m/s의 속도로 보낼 때 레이놀즈 수(Reynolds Number)를 측정하였더니 1,600이었다. 이 때 생기는 마찰손실은 약 몇 kg_f m/kg인가?

① 2.04 ② 4.0
③ 9.1 ④ 21

해설

$$F = \frac{\Delta p}{\rho} = 4f\frac{L}{D}\frac{u^2}{2g_c}$$
$$f = \frac{16}{N_{Re}} = \frac{16}{1,600} = 0.01$$
$$F = 4\times 0.01\times\frac{150}{0.15}\times\frac{1^2}{2\times 9.8}$$
$$= 2.04\text{kg}_f\text{ m/kg}$$

4과목 화공계측제어

61 공정제어를 최적으로 하기 위한 조건 중 틀린 것은?

① 제어편차 e가 최대일 것
② 응답의 진동이 작을 것
③ Overshoot이 작을 것
④ $\int_0^\infty t\,|e|\,dt$가 최소일 것

해설

공정제어를 최적으로 하기 위한 조건 : 제어편차 e가 최소가 되어야 한다.

62 Laplace 변환 등에 대한 설명으로 틀린 것은?

① $y(t) = \sin\omega t$의 Laplace 변환은 $\omega/(s^2+\omega^2)$이다.
② $y(t) = 1 - e^{-t/\tau}$의 Laplace 변환은 $1/(s(\tau s+1))$이다.
③ 높이와 폭이 1인 사각펄스의 폭을 0에 가깝게 줄이면 단위 임펄스와 같은 모양이 된다.
④ Laplace 변환은 선형변환으로 중첩의 원리(Super-position Principle)가 적용된다.

해설

① $y(t) = \sin\omega t \xrightarrow{\mathcal{L}} Y(s) = \dfrac{\omega}{s^2+\omega^2}$

② $y(t) = 1 - e^{-t/\tau} \xrightarrow{\mathcal{L}} Y(s) = \dfrac{1}{s} - \dfrac{1}{s+\dfrac{1}{\tau}} = \dfrac{1}{s(\tau s+1)}$

③ $\delta = \lim\limits_{h\to 0}\dfrac{u(t)-u(t-h)}{h}$

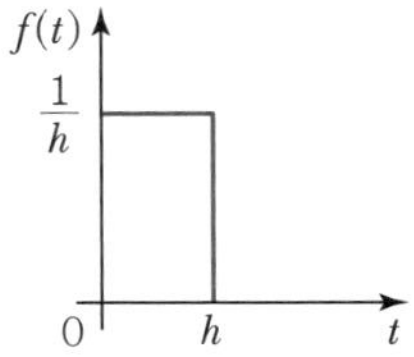

$\delta(t)$의 면적이 1 : $\int_{-\infty}^{\infty}\delta(t)dt = 1$

④ 중첩의 원리
$X(s) = a_1X_1(s) + a_2X_2(s)$

정답 59 ④ 60 ① 61 ① 62 ③

$$Y(s) = G(s)X(s)$$
$$= a_1 G(s) X_1(s) + a_2 G(s) X_2(s)$$
$$= a_1 Y_1(s) + a_2 Y_2(s)$$

$Y_1(s)$와 $Y_2(s)$는 각각 $X_1(s)$와 $X_2(s)$에 대한 응답이다.

63 총괄전달함수가 $\frac{1}{(s+1)(s+2)}$인 계의 주파수 응답에 있어 주파수가 2rad/s일 때 진폭비는?

① $\frac{1}{\sqrt{10}}$　② $\frac{1}{2\sqrt{10}}$
③ $\frac{1}{5}$　④ $\frac{1}{10}$

해설

$$\frac{1}{s^2+3s+2} = \frac{1/2}{\frac{1}{2}s^2 + \frac{3}{2}s + 1}$$

$$\tau^2 = \frac{1}{2} \quad \therefore \tau = \frac{1}{\sqrt{2}}$$

$$2\tau\zeta = \frac{3}{2},\ 2 \cdot \frac{1}{\sqrt{2}} \cdot \zeta = \frac{3}{2} \quad \therefore \zeta = \frac{3}{2\sqrt{2}}$$

$$K = \frac{1}{2}$$

진폭비 $AR = \frac{K}{\sqrt{(1-\tau^2\omega^2)^2 + (2\tau\zeta\omega)^2}}$

$$\therefore AR = \frac{1/2}{\sqrt{\left(1-\left(\frac{1}{\sqrt{2}}\right)^2 \cdot 2^2\right)^2 + \left(2 \times \frac{1}{\sqrt{2}} \times \frac{3}{2\sqrt{2}} \times 2\right)^2}}$$
$$= \frac{1}{2\sqrt{10}}$$

64 다음의 비선형계를 선형화하여 편차변수 $y' = y - y_{ss}$, $u' = u - u_{ss}$로 표현한 것은?

$$4\frac{dy}{dt} + 2y^2 = u(t)$$
정상상태 : $y_{ss} = 1$, $u_{ss} = 2$

① $4\frac{dy'}{dt} + 2y' = u'(t)$　② $4\frac{dy'}{dt} + \frac{1}{2}y' = u'(t)$
③ $4\frac{dy'}{dt} + 4y' = u'(t)$　④ $4\frac{dy'}{dt} + 4y' = 0$

해설

$$4\frac{dy}{dt} + 2y^2 = u(t)$$
$$4\frac{dy_s}{dt} + 2{y_s}^2 = u_s$$
$$4\frac{d(y-y_s)}{dt} + 2(y^2 - {y_s}^2) = u - u_s$$

y^2을 선형화하면 $y^2 = {y_s}^2 + 2y_s(y - y_s)$

$$\therefore 4\frac{d(y-y_s)}{dt} + 2[2y_s(y-y_s)] = u - u_s \quad (y_s = 1)$$
$$4\frac{dy'}{dt} + 4y' = u'$$

65 2차계의 상승시간에 대한 설명 중 옳은 것은?

① 응답이 최종값의 ±5% 이내에 위치하기 시작할 때까지 걸린 시간
② 응답이 최초로 최종값에 도달하는 데 걸리는 시간
③ $\zeta = 0$일 때의 시간
④ 최초 진동의 피크에 도달하는 시간

해설

- 상승시간(t_R)
  응답이 최초로 최종값(정상상태값)에 도달하는 데 걸린 시간
- 안정시간(t_s)
  응답이 최종값의 ±5% 이내에 위치하기 시작할 때까지 걸린 시간

66 시간상수가 1min이고 이득(Gain)이 1인 1차계의 단위응답이 최종치의 10%로부터 최종치의 90%에 도달할 때까지 걸린 시간(Rise Time ; t_r, min)은?

① 2.20　② 1.01
③ 0.83　④ 0.21

해설

$$G(s) = \frac{K}{\tau s + 1} = \frac{1}{s+1}$$
$$Y(s) = \frac{1}{s+1}\frac{1}{s} = \frac{1}{s} - \frac{1}{s+1}$$
$$y(t) = 1 - e^{-t}$$

정답 63 ② 64 ③ 65 ② 66 ①

$\frac{y(t)}{K} = y(t) = 1$(정상상태)

$0.1 = (1-e^{-t})$ $\quad \therefore t = 0.105$

$0.9 = (1-e^{-t})$ $\quad \therefore t = 2.302$

∴ 10% → 90%까지 걸린 시간

$t_r = 2.302 - 0.105 = 2.2$

67 측정 가능한 외란(Measurable Disturbance)을 효과적으로 제거하기 위한 제어기는?

① 앞먹임 제어기(Feedforward Controller)

② 되먹임 제어기(Feedback Controller)

③ 스미스 예측기(Smith Predictor)

④ 다단 제어기(Cascade Controller)

해설

앞먹임 제어(Feedforward Controller)

외부교란을 측정하고 이 측정값을 이용하여 외부교란이 공정에 미치게 될 영향을 사전에 보정시켜 준다.

68 시정수가 0.1분이며 이득이 1인 1차 공정의 특성을 지닌 온도계가 90℃로 정상상태에 있다. 특정 시간($t=0$)에 이 온도계를 100℃인 곳에 옮겼을 때, 온도계가 98℃를 가리키는 데 걸리는 시간(분)은?(단, 온도계는 단위계단응답을 보인다고 가정한다.)

① 0.161　　② 0.230

③ 0.303　　④ 0.404

해설

$$Y(s) = G(s)X(s) = \frac{1}{0.1s+1}\cdot\frac{10}{s} = 10\left(\frac{1}{s} - \frac{0.1}{0.1s+1}\right) = 10\left(\frac{1}{s} - \frac{1}{s+10}\right)$$

$y(t) = 10(1-e^{-10t}) = 8$

$1 - e^{-10t} = 0.8$

$\therefore t = 0.161\text{min}$

69 전달함수가 다음과 같은 2차 공정에서 $\tau_1 > \tau_2$이다. 이 공정에 크기 A인 계단 입력변화가 야기되었을 때 역응답이 일어날 조건은?

$$G(s) = \frac{Y(s)}{X(s)} = \frac{K(\tau_d s+1)}{(\tau_1 s+1)(\tau_2 s+1)}$$

① $\tau_d > \tau_1$　　② $\tau_d < \tau_2$

③ $\tau_d > 0$　　④ $\tau_d < 0$

해설

τ_d의 크기	응답모양
$\tau_d > \tau_1$	Overshoot가 나타남
$0 < \tau_d \le \tau_1$	1차 공정과 유사한 응답
$\tau_d < 0$	역응답

70 PID 제어기에서 미분동작에 대한 설명으로 옳은 것은?

① 입력신호의 변화율에 반비례하여 동작을 내보낸다.

② 미분동작이 너무 작으면 측정 잡음에 민감하게 된다.

③ 오프셋을 제거해 준다.

④ 시상수가 크고 잡음이 적은 공정의 제어에 적합하다.

해설

미분동작

- 오프셋(잔류편차)은 존재하나 최종값에 도달하는 시간을 단축한다.
- 시상수가 큰 공정에 적합하다.
- 측정잡음에 민감하다.

71 가정의 주방용 전기오븐을 원하는 온도로 조절하고자 할 때 제어에 관한 설명으로 다음 중 가장 거리가 먼 것은?

① 피제어변수는 오븐의 온도이다.

② 조절변수는 전류이다.

③ 오븐의 내용물은 외부교란변수(외란)이다.

④ 설정점(Set Point)은 전압이다.

정답 67 ① 68 ① 69 ④ 70 ④ 71 ④

해설

Set Point(설정값)는 오븐의 온도이다.

72 다음 그림에서와 같은 제어계에서 안정성을 갖기 위한 K_c의 범위(Lower Bound)를 가장 옳게 나타낸 것은?

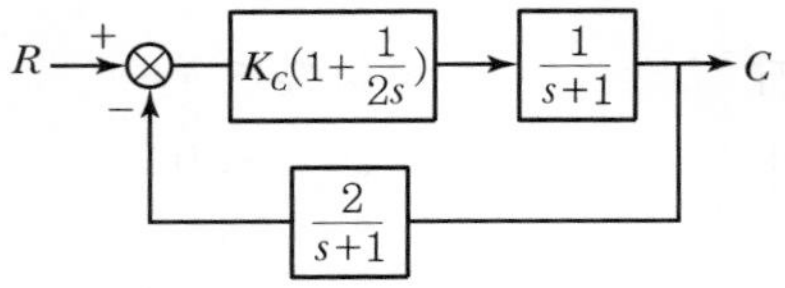

① $K_c > 0$ ② $K_c > \frac{1}{2}$

③ $K_c > \frac{2}{3}$ ④ $K_c > 2$

해설

$$G_c = \frac{K_c\left(1+\frac{1}{2s}\right)\left(\frac{1}{s+1}\right)}{1+K_c\left(1+\frac{1}{2s}\right)\left(\frac{1}{s+1}\right)\left(\frac{2}{s+1}\right)}$$

분모=0

$$1+2K_c\left(\frac{2s+1}{2s}\right)\left(\frac{1}{s+1}\right)\left(\frac{1}{s+1}\right)=0$$

정리하면

$$s^3+2s^2+(1+2K_c)s+K_c=0$$

Routh 안정성 판별법

1	1	$1+2K_c$
2	2	K_c
3	$\frac{2(1+2K_c)-K_c}{2}>0$	

$\therefore K_c > -\frac{2}{3}$ 이므로 보기 중 가장 옳은 것은 $K_c > 0$이 된다.

73 다음 블록선도에서 전달함수 $\frac{Y(s)}{X(s)}$는?

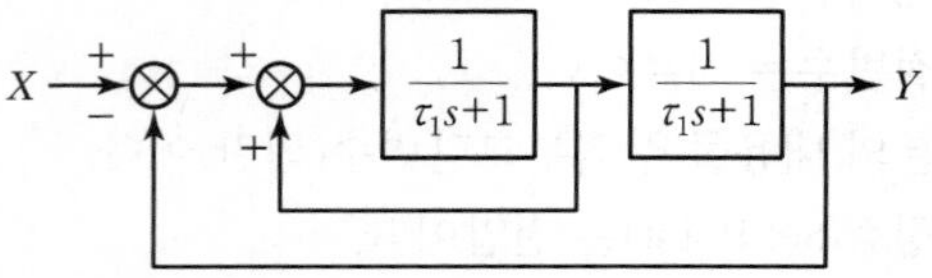

① $\frac{1}{\tau_1 s+1}$ ② $\frac{2}{(\tau_1 s+1)^2}$

③ $\frac{1}{\tau_1{}^2 s^2+\tau_1 s+1}$ ④ $\frac{2}{\tau_1{}^2 s^2+\tau_1 s+1}$

해설

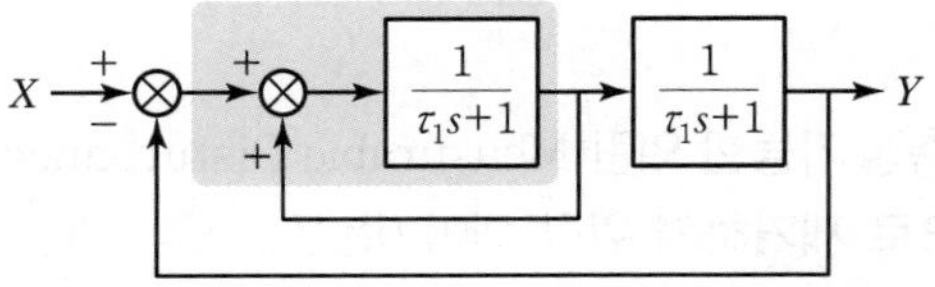

: $G'(s) = \frac{\frac{1}{\tau_1 s+1}}{1-\frac{1}{\tau_1 s+1}} = \frac{1}{\tau_1 s}$

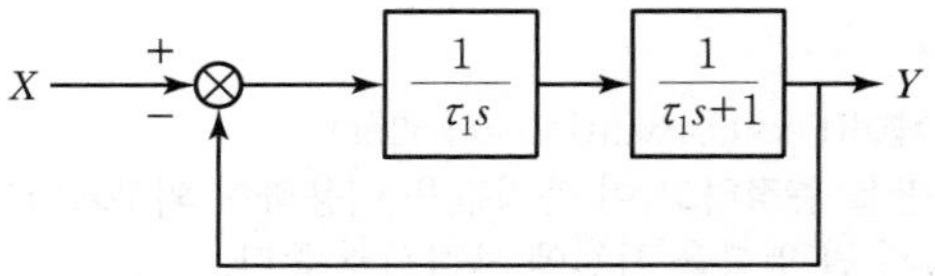

$$G(s) = \frac{Y(s)}{X(s)} = \frac{\frac{1}{\tau_1 s(\tau_1 s+1)}}{1+\frac{1}{\tau_1 s(\tau_1 s+1)}} = \frac{1}{\tau_1^2 s^2+\tau_1 s+1}$$

74 다음과 같은 $f(t)$에 대응하는 라플라스 함수는?

$f(t) = e^{-at}\cos\omega t$

① $\frac{\omega}{(s+a)^2+\omega^2}$ ② $\frac{s+a}{(s+a)^2+\omega^2}$

③ $\frac{s}{s^2+\omega^2}$ ④ $\frac{1}{(s+a)^2+\omega^2}$

해설

$f(t) = \cos\omega t \rightarrow F(s) = \frac{s}{s^2+\omega^2}$

$f(t) = e^{-at}\cos\omega t \rightarrow F(s) = \frac{s+a}{(s+a)^2+\omega^2}$

정답 72 ① 73 ③ 74 ②

75 어떤 2차계의 특성방정식의 두 근이 다음과 같다고 할 때 안정한 공정은?

① $1+3i,\ 1-3i$

② $-1,\ 2$

③ $2,\ 4$

④ $-1+2i,\ -1-2i$

해설

음의 실근을 가지면 안정하다.

76 그림과 같은 산업용 스팀보일러의 스팀발생기에서 조작변수 유량(x_3)과 유량(x_5)을 조절하여 액위(x_2)와 스팀압력(x_6)을 제어하고자 할 때 틀린 설명은?(단, FT, PT, LT는 각각 유량, 압력, 액위전송기를 나타낸다.)

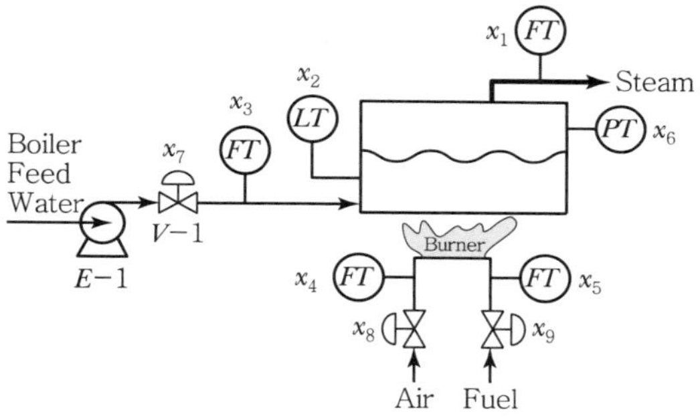

① 압력이 변하면 유량이 변하기 때문에 Air, Fuel, Boiler Feed Water의 공급압력은 외란이 된다.

② 제어성능 향상을 위하여 유량 x_3, x_4, x_5를 제어하는 독립된 유량제어계를 구성하고 그 상위에 액위와 압력을 제어하는 다단제어계(Cascade Control Loop)를 구성하는 것은 바람직하다.

③ x_1의 변화가 x_2와 x_6에 영향을 주기 전에 선제적으로 조작변수를 조절하기 위해서 피드백 제어기를 추가하는 것이 바람직하다.(이때, x_1은 측정 가능하다.)

④ Air와 Fuel 유량은 독립적으로 제어하기보다는 비율(Ratio)을 유지하도록 제어되는 것이 바람직하다.

해설

x_1의 변화가 x_2, x_6에 영향을 주기 전에 미리 조절하려면 피드포워드 제어를 해야 한다. 아니면 x_1의 결과에 따라 x_2, x_6을 조절해야 한다.

77 어떤 반응기에 원료가 정상상태에서 100L/min의 유속으로 공급될 때 제어밸브의 최대유량을 정상상태 유량의 4배로 하고 I/P 변환기를 설정하였다면 정상상태에서 변환기에 공급된 표준 전류신호는 몇 mA인가?(단, 제어밸브는 선형특성을 가진다.)

① 4　② 8

③ 12　④ 16

해설

$$\frac{(20-4)\text{mA}}{(400-0)\text{L/min}} = \frac{x-4}{(100-0)}$$

$\therefore\ x = 8\text{mA}$

78 공정과 제어기가 불안정한 Pole을 가지지 않는 경우에 다음의 Nyquist 선도에서 불안정한 제어계를 나타낸 그림은?

①
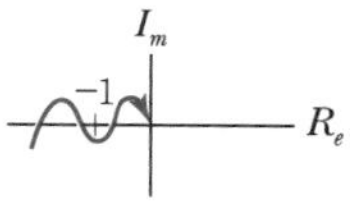

②
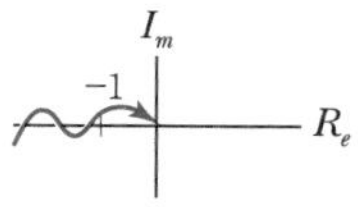

③
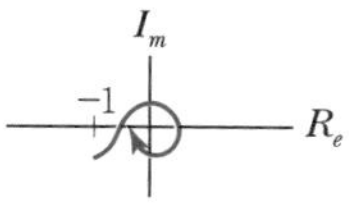

④
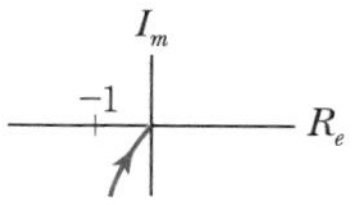

해설

Nyquist 선도가 (−1, 0)을 한 번이라도 시계방향으로 감싼다면 닫힌 루프 시스템은 불안정하다.

정답 75 ④ 76 ③ 77 ② 78 ②

79 어떤 공정의 열교환망 설계를 위한 핀치 방법이 아래와 같을 때, 틀린 설명은?

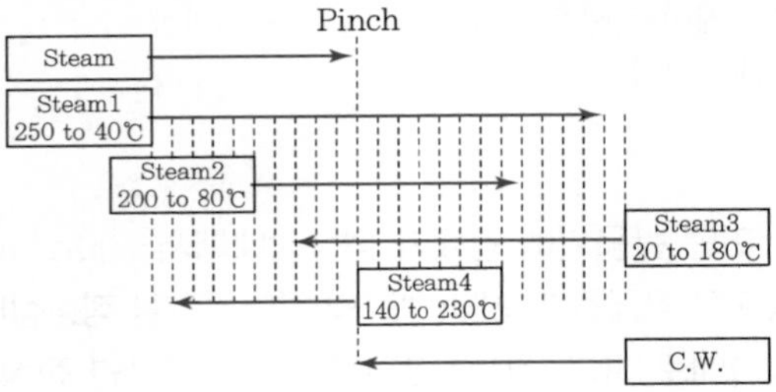

① 최소 열교환 온도차는 10℃이다.
② 핀치의 상부의 흐름은 5개이다.
③ 핀치의 온도는 고온 흐름 기준 140℃이다.
④ 유틸리티로 냉각수와 수증기를 모두 사용한다고 할 때 핀치 방법으로 필요한 최소 열교환 장치는 7개이다.

해설

Pinch Method
- 온도간격 : 10℃
- 핀치의 상부흐름 : 5개
- 핀치의 하부흐름 : 4개
- 고온흐름의 핀치점 : 150℃
- 저온흐름의 핀치점 : 140℃
- 최소 열교환 장치 $N=7$개

80 제어밸브(Control Valve)를 나타낸 것은?

① 
② 
③ 
④ 

해설

- 제어밸브 : 
- 밸브(일반) : 
- 체크밸브 : 
- 글로브밸브 : 

정답 79 ③ 80 ④

2023년 제2회 복원기출문제

1과목 공업합성

01 HCl 74g과 H_2O 144g의 혼합용액 중 HCl의 mol%는?

① 2.02　　② 20.2
③ 33.94　　④ 79.84

해설

$$\text{HCl } 74\text{g} \times \frac{1\text{mol}}{36.5\text{g}} = 2.027\text{mol}$$

$$H_2O\ 144\text{g} \times \frac{1\text{mol}}{18\text{g}} = 8\text{mol}$$

$$\text{HCl} = \frac{2.027}{2.027+8} \times 100\%$$
$$= 20.2\text{mol}\%$$

02 질산의 직접 합성 반응이 다음과 같을 때 반응 후 응축하여 생성된 질산용액의 농도는 얼마인가?

$$NH_3 + 2O_2 \rightleftarrows HNO_3 + H_2O$$

① 68wt%　　② 78wt%
③ 88wt%　　④ 98wt%

해설

질산의 직접 합성
㉠ 고농도 질산을 얻기 위한 방법
㉡ $NH_3 + 2O_2 \rightarrow HNO_3 + H_2O$
- 암모니아를 이론량만큼의 공기와 산화시킨 후 물을 제거해야 한다.
- 응축하면 78% HNO_3가 생성되므로 농축하거나 물을 제거해야 한다.

03 인광석을 가열처리하여 불소를 제거하고, 아파타이트 구조를 파괴하여 구용성인 비료로 만든 것은?

① 메타인산칼슘　　② 소성인비
③ 과인산석회　　④ 인산암모늄

해설

㉠ 용성인비
- 인광석에 사문암을 첨가하여 용융시켜 플루오린을 제거한다.
- 염기성 비료이므로 산성 토양에 적합하다.

㉡ 소성인비
- 인광석에 인산, 소다회를 혼합하고 열처리하여 제조한다.
- 인광석을 가열처리하여 불소를 제거한다.
- 아파타이트 구조를 파괴하여 만든 구용성 비료이다.

04 다음 중 중질유의 점도를 내릴 목적으로 중질유를 약 20기압과 약 500℃에서 열분해시키는 방법은?

① Visbreaking Process
② Coking Process
③ Reforming
④ Hydrotreating Process

해설

분해
㉠ 열분해
- Visbreaking(비스브레이킹) : 점도가 높은 찌꺼기유에서 점도가 낮은 중질유를 얻는 방법(470℃)
- Coking(코킹) : 중질유를 강하게 열분해(1,000℃)시켜 가솔린과 경유를 얻는 방법

㉡ 접촉분해법
- 등유나 경유를 촉매로 사용하여 분해시키는 방법
- 이성질화, 탈수소, 고리화, 탈알킬반응이 분해반응과 함께 일어나서 이소파라핀, 고리 모양 올레핀, 방향족 탄화수소, 프로필렌이 생성된다.

㉢ 수소화 분해법(Hydrotreating Process)
비점이 높은 유분을 고압의 수소 속에서 촉매를 이용하여 분해시켜 가솔린을 얻는 방법

정답 01 ② 02 ② 03 ② 04 ①

05 LPG에 대한 설명 중 틀린 것은?

① C_3, C_4의 탄화수소가 주성분이다.
② 상온, 상압에서는 기체이다.
③ 그 자체로 매우 심한 독한 냄새가 난다.
④ 가압 또는 냉각시킴으로써 액화한다.

해설

LPG(액화석유가스)
- C_3, C_4 탄화수소가 주성분이다.
- 상온 · 상압에서 기체이다.
- 상온, 상압에서 기체인 프로판, 부탄 등의 혼합물을 냉각시켜 액화한 것이다.
- 그 자체로는 냄새가 거의 나지 않는다.

06 다음 반응식에서 에스테르를 많이 생성할 수 있는 조건이 아닌 것은?

$$CH_3COOH(l)+C_2H_5OH(l) \rightleftarrows CH_3COOC_2H_5(l)+H_2O(l)$$

① H_2SO_4을 이용하여 물을 제거한다.
② 반응물의 농도를 높여 준다.
③ 촉매를 사용한다.
④ $CH_3COOC_2H_5$를 제거한다.

해설

촉매가 정반응의 활성화 에너지를 낮추면 역반응의 활성화 에너지도 낮아진다. 따라서 촉매는 화학평형에 영향을 주지 않는다.

07 암모니아 합성 공업의 원료가스인 수소가스 제조공정에서 2차 개질공정의 주반응은?

① $CO+H_2O \rightarrow CO_2+H_2$
② $CH_4+\frac{1}{2}O_2 \rightarrow CO+2H_2$
③ $CO_2+3H_2 \rightarrow CH_4+H_2O+\frac{1}{2}O_2$
④ $C+O_2 \rightarrow CO_2$

해설

- 1차 개질공정
  $CO+3H_2 \rightleftarrows CH_4+H_2O$
  $CO+H_2O \rightleftarrows H_2+CO_2$
- 2차 개질공정
  $CH_4+\frac{1}{2}O_2 \rightarrow CO+2H_2$

08 인광석을 황산으로 분해하여 인산을 제조하는 습식법의 경우 생성되는 부산물은?

① 석고 ② 탄산나트륨
③ 탄산칼슘 ④ 중탄산칼슘

해설

인광석을 황산분해하여 인산 제조 : 과린산석회(P_2O_5 15~20%) 생성
$Ca_3(PO_4)_2+2H_2SO_4+5H_2O$
$\rightarrow CaH_4(PO_4)_2 \cdot H_2O+2[CaSO_4 \cdot 2H_2O]$
과린산석회 석고

09 박막형성기체 중에서 SiO_2 막에 사용되는 기체로 가장 거리가 먼 것은?

① SiH_4 ② O_2
③ N_2O ④ PH_3

해설

박막형성기체 $-SiO_2$막
SiH_4, SiH_2Cl_2, $SiCl_4$, O_2, NO, N_2O

10 다음 중 비중이 제일 작으며 Polyethylene Film보다 투명성이 우수한 것은?

① Polymethylmethacrylate
② Polyvinylalcohol
③ Polyvinylidene
④ Polypropylene

정답 05 ③ 06 ③ 07 ② 08 ① 09 ④ 10 ④

해설

Polypropylene
- 밀도 : 0.9~0.91
- 용도 : 포장용 필름, 완구, 보온병, 의료기기 등
- Polyethylene Film보다 투명성이 우수하다.

11 200℃에서 활성탄 담체를 촉매로 아세틸렌에 아세트산을 작용시키면 생성되는 주 물질은?

① 비닐에테르　② 비닐카르복실산
③ 비닐아세테이트　④ 비닐알코올

해설

비닐아세테이트

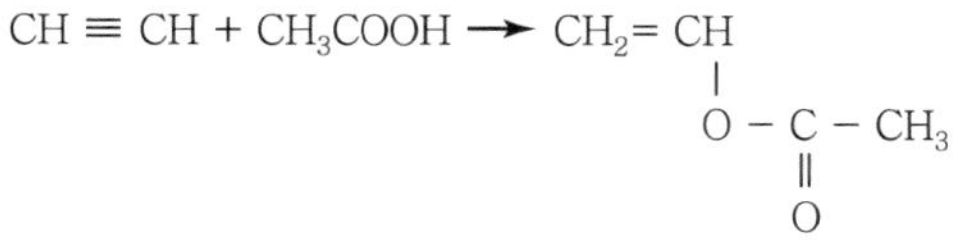

12 다음 중 술폰산화가 되기 가장 쉬운 것은?

① 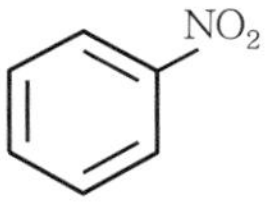

② 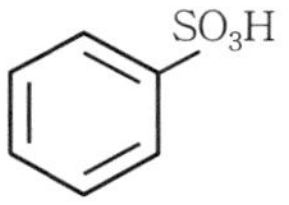

③ 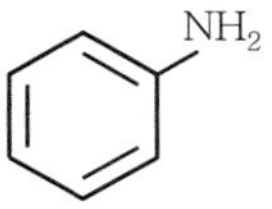

④ RH

해설

- 술폰화 : 유기화합물에 황산을 작용시켜 술폰산기 ($-SO_3H$)를 도입하는 방법

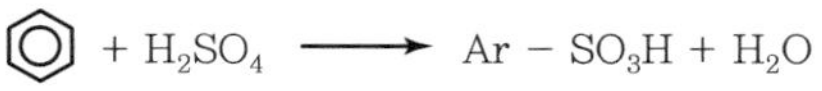

- 벤젠고리에 친전자적 치환반응이 잘 일어나는 순서
$-NH_2 > -OH > -CH_3 > -Cl > -SO_3H > -NO_2$

13 다음 중 열가소성 수지는?

① 페놀수지　② 초산비닐수지
③ 요소수지　④ 멜라민수지

해설

- 열가소성 수지
가열 시 연화되어 외력을 가할 때 쉽게 변형되므로, 이 상태로 성형, 가공한 후에 냉각하면 외력을 가하지 않아도 성형된 상태를 유지하는 수지
예 폴리에틸렌, 폴리프로필렌, 폴리염화비닐, 폴리스티렌, 아크릴수지, 불소수지, 폴리비닐아세테이트
- 열경화성 수지
가열하면 일단 연화되지만 계속 가열하면 점점 경화되어 나중에는 온도를 올려도 용해되지 않고, 원상태로도 되돌아가지 않는 수지
예 페놀수지, 요소수지, 에폭시수지, 우레탄수지, 멜라민수지, 알키드수지, 규소수지

14 전해조 효율을 나타낸 것으로 옳지 않은 것은?

① $전류효율(\%) = \dfrac{실제\ 생성량}{이론\ 생성량} \times 100$

② $전압효율(\%) = \dfrac{전해조\ 전압}{이론분해전압} \times 100$

③ 전력효율은 전류효율 × 전압효율이다.

④ 전류효율을 높이고 전해조 전압이 되도록 낮게 한다.

해설

$전압효율(\%) = \dfrac{이론분해전압}{전해조의\ 전압} \times 100$

15 소다회 제조법 중 거의 100%의 식염의 이용이 가능한 것은?

① Solvay법　② Le Blanc법
③ 염안소다법　④ 가성화법

해설

소다회 제조법(Na_2CO_3)

㉠ Le Blanc법
NaCl을 황산분해하여 망초(Na_2SO_4)를 얻고 이를 석탄, 석회석으로 복분해하여 소다회를 제조하는 방법

㉡ Solvay법(암모니아소다법)
함수에 암모니아를 포화시켜 암모니아 함수를 만들고 탄산화탑에서 이산화탄소를 도입시켜 중조를 침전 여과한 후 이를 가소하여 소다회를 얻는 방법

정답 11 ③ 12 ③ 13 ② 14 ② 15 ③

㉢ 암모니아소다법의 개량법
- 염안소다법 : 식염의 이용률을 100%까지 향상시키고 염소는 염화암모늄(NH_4Cl)을 부생시켜 비료로 이용한다.
- 액안소다법 : NaCl을 액체암모니아에 용해하면 $CaCl_2$, $MgCl_2$, $CaSO_4$, $MgSO_4$ 등은 용해도가 작으므로 용해와 정제를 동시에 할 수 있다.

16 접촉식 황산제조 공정에서 전화기에 대한 설명 중 옳은 것은?

① 전화기 조작에서 온도조절이 좋지 않아서 온도가 지나치게 상승하면 전화율이 감소하므로 이에 대한 조절이 중요하다.
② 전화기는 SO_3 생성열을 제거시키며 동시에 미반응 가스를 냉각시킨다.
③ 촉매의 온도는 200℃ 이하로 운전하는 것이 좋기 때문에 열교환기의 용량을 증대시킬 필요가 있다.
④ 전화기의 열교환방식은 최근에는 거의 내부 열교환방식을 채택하고 있다.

해설

전화기

$$SO_2+\frac{1}{2}O_2 \xrightleftharpoons{Pt\text{또는 }V_2O_5} SO_3+22.6\text{kcal}$$

(반응온도 : 420~450℃)

- 발열반응이므로 저온에서 진행하면 반응속도가 느려지므로 저온에서 반응속도를 크게 하기 위해 촉매를 사용한다.
- 온도가 상승하면 $SO_2 \rightarrow SO_3$의 전화율은 감소하나 SO_2와 O_2의 분압을 높이면 전화율이 증가하게 된다.

17 황산제조의 원료로 사용되는 것이 아닌 것은?

① 황철광 ② 자류철광
③ 자철광 ④ 황동광

해설

자철광(Fe_3O_4, Magnetite)은 황(S)이 없어서 황산제조의 원료로 사용할 수 없다.

18 비료 중 P_2O_5이 많은 순서대로 열거된 것은?

① 과린산석회 > 용성인비 > 중과린산석회
② 용성인비 > 중과린산석회 > 과린산석회
③ 과린산석회 > 중과린산석회 > 용성인비
④ 중과린산석회 > 소성인비 > 과린산석회

해설

- 과린산석회 : P_2O_5 15~20%
- 중과린산석회 : P_2O_5 30~50%
- 소성인비 : P_2O_5 40%
- 용성인비 : P_2O_5 18%

19 실용전지 제조에 있어서 작용물질의 조건으로 가장 거리가 먼 것은?

① 경량일 것
② 기전력이 안정하면서 낮을 것
③ 전기용량이 클 것
④ 자기방전이 적을 것

해설

- 기전력 : 단위전하당 한 일(V)
- 전지는 기전력이 높아야 한다.

20 아세톤을 HCl 존재하에서 페놀과 반응시켰을 때 생성되는 주 물질은?

① 아세토페논 ② 벤조페논
③ 벤질알코올 ④ 비스페놀 A

해설

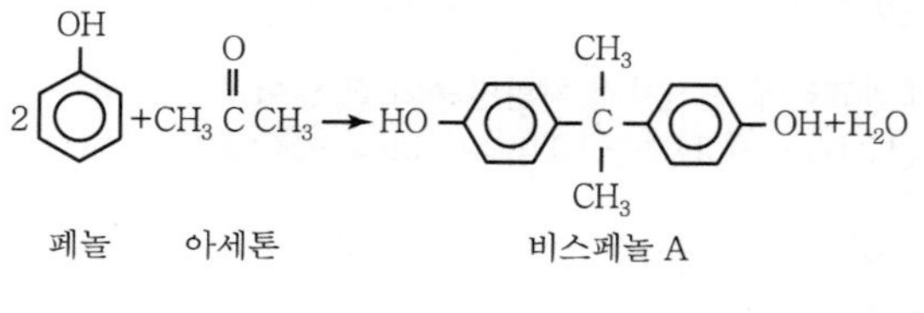

정답 16 ① 17 ③ 18 ④ 19 ② 20 ④

2과목 반응운전

21 $A \rightarrow P$, $-r_A = kC_A^2$인 2차 액상 반응이 회분반응기에서 진행된다. 5분 후 A의 전화율 X_A가 0.5이면 전화율 X_A가 0.75로 되는 데 소요시간은 몇 분인가?

① 15 ② 20
③ 25 ④ 30

해설

$\frac{X_A}{1-X_A} = kC_{A0}t$

5분 후 : $\frac{0.5}{1-0.5} = kC_{A0} \cdot 5 \rightarrow kC_{A0} = 0.2$

$X_A = 0.75$이면

$0.2t = \frac{0.75}{1-0.75}$

$\therefore t = 15\text{min}$

22 회분식 반응기에서 $A \rightarrow R$, $-r_A = 3C_A^{0.5}$mol/L h, $C_{A0} = 1$mol/L의 반응이 일어날 때 1시간 후의 전화율은?

① 0 ② $\frac{1}{2}$
③ $\frac{2}{3}$ ④ 1

해설

$-r_A = 3C_A^{0.5}$mol/L h, $C_{A0} = 1$mol

$-r_A = -\frac{dC_A}{dt} = 3C_A^{0.5}$

$\frac{-dC_A}{C_A^{0.5}} = 3dt$

$-2(C_A^{0.5} - C_{A0}^{0.5}) = 3t$

$-2C_{A0}^{0.5}[(1-X_A)^{0.5} - 1] = 3t$

$[(1-X_A)^{0.5} - 1] = -\frac{3}{2}$

$(1-X_A)^{0.5} = -\frac{1}{2}$

→ 좌변은 +, 우변은 −이므로 성립하지 않는다.

$(1-X_A)^{0.5} - 1 = -\frac{3}{2}t$

$X_A = 1$

$\therefore t = \frac{2}{3}$시간에 종료

1시간 후는 반응이 종료된 후 시간이 경과한 경우이므로 $X_A = 1$이다.

23 회분식 반응기 내에서의 균일계 1차 반응 $A \rightarrow R$과 관계가 없는 것은?

① 반응속도는 반응물 A의 농도에 정비례한다.
② 반응률 X_A는 반응시간에 정비례한다.
③ $-\ln\frac{C_A}{C_{A0}}$와 반응시간과의 관계는 직선으로 나타난다.
④ 반응속도상수의 차원은 시간의 역수이다.

해설

1차 반응

$-\ln\frac{C_A}{C_{A0}} = -\ln(1-X_A) = kt$

24 크기가 같은 Plug Flow 반응기(PFR)와 Mixed Flow 반응기(MFR)를 서로 연결하여 다음의 2차 반응을 실행하고자 한다. 반응물 A의 전화율이 가장 큰 경우는?

$A \rightarrow B$, $r_A = -kC_A^2$

①
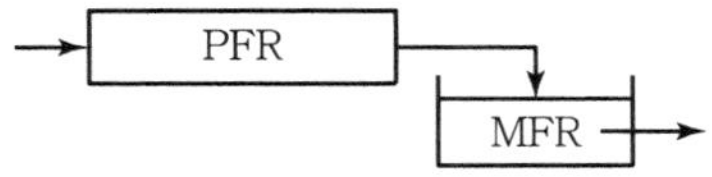

②
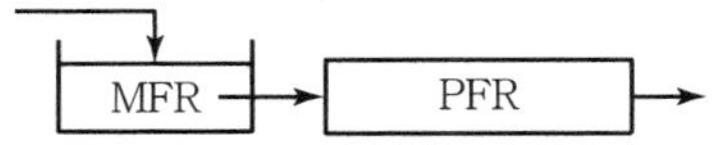

③
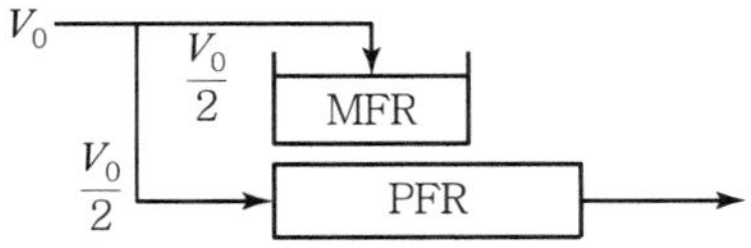

④ 앞의 세 경우 모두 전화율이 똑같다.

정답 21 ① 22 ④ 23 ② 24 ①

해설

- $n > 1$: PFR → 작은 CSTR → 큰 CSTR
- $n < 1$: 큰 CSTR → 작은 CSTR → PFR

25 다음 반응식과 같이 A와 B가 반응하여 필요한 생성물 R과 불필요한 물질 S가 생길 때, R로의 전화율을 높이기 위해서 반응 물질의 농도(C)를 어떻게 조정해야 하는가?(단, 반응 1은 A 및 B에 대하여 1차 반응이고 반응 2도 1차 반응이다.)

$$A+B \xrightarrow{1} R, \quad A \xrightarrow{2} S$$

① C_A의 값을 C_B의 2배로 한다.
② C_B의 값을 크게 한다.
③ C_A의 값을 크게 한다.
④ C_A와 C_B의 값을 같게 한다.

해설

$$S=\frac{dC_R}{dC_S}=\frac{k_1 C_A C_B}{k_2 C_A}=\frac{k_1}{k_2}C_B$$

C_B의 농도를 크게 한다.

26 고립계의 평형 조건을 나타내는 식으로 옳은 것은?(단, G : 깁스에너지, N : 몰수, H : 엔탈피, S : 엔트로피, U : 내부에너지, V : 부피)

① $\left(\frac{\partial S}{\partial U}\right)_{V,\,N}=0$ ② $\left(\frac{\partial S}{\partial V}\right)_{G,\,V}=0$

③ $\left(\frac{\partial S}{\partial N}\right)_{H,\,N}=0$ ④ $\left(\frac{\partial S}{\partial H}\right)_{N,\,V}=0$

해설

$dU=TdS-PdV$
고립계 : $dU=0$
$dU=TdS-PdV=0$

$$T\left(\frac{\partial S}{\partial U}\right)_{V,N}-P\left(\frac{\partial V}{\partial U}\right)_{S,N}=0$$

$$\left(\frac{\partial S}{\partial U}\right)_{V,N}=0 \qquad \left(\frac{\partial V}{\partial U}\right)_{S,N}=0$$

27 비가역 과정에 있어서 다음 식 중 옳은 것은?(단, S는 엔트로피, Q는 열량, T는 절대온도이다.)

① $\Delta S > \int \frac{dQ}{T}$ ② $\Delta S = \int \frac{dQ}{T}$

③ $\Delta S < \int \frac{dQ}{T}$ ④ $\Delta S = 0$

해설

$$\Delta S > \int \frac{dQ}{T}$$

비가역과정에서 엔트로피는 증가하는 방향으로 흐른다.

28 열역학 모델을 이용하여 상평형 계산을 수행하려고 할 때 응용 계에 대한 모델의 조합이 적합하지 않은 것은?

① 물속 이산화탄소의 용해도 : 헨리의 법칙
② 메탄과 에탄의 고압 기·액 상평형 : SRK(Soave/Redlich/Kwong) 상태방정식
③ 에탄올과 이산화탄소의 고압 기·액 상평형 : Wilson 식
④ 메탄올과 헥산의 저압 기·액 상평형 : NRTL(Non−Random−Two−Liquid) 식

해설

㉠ Henry's Law : 난용성 기체의 용해도에 관한 법칙
$p_A = HC_A$
㉡ 퓨가시티 계수 모델
- Van der Waals 식
- Redlich−Kwong 식
- Soave−Redlich−Kwong(SRK)
- Peng−Robinson

㉢ 활동도 계수 모델
Margules, Van Laar, Wilson, NRTL, UNIQUAC, UNIFAC, Redlich−Kister 식
㉣ 액체용액 국부조성 모델
Wilson, NRTL, UNIQUAC
㉤ Wilson 식 : 액액 상평형

정답 25 ② 26 ① 27 ① 28 ③

29 다음 그림과 같은 건조속도 곡선(X는 자유수분, R은 건조속도)을 나타내는 고체는?(단, 건조는 $A \to B \to C \to D$ 순서로 일어난다.)

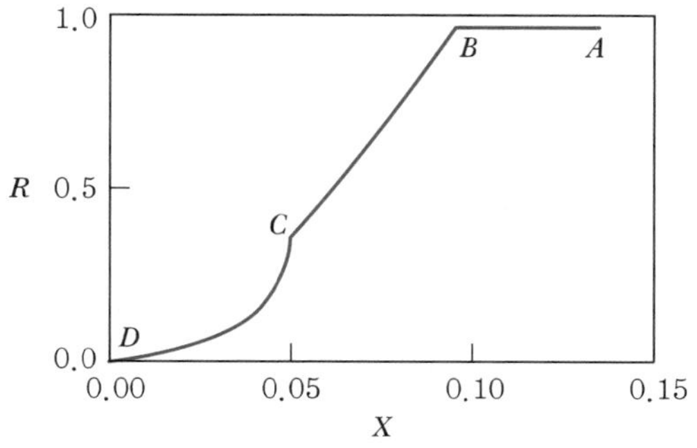

① 비누　　② 소성점토
③ 목재　　④ 다공성 촉매입자

해설

보기의 그림은 다공성 세라믹판의 건조속도 곡선이다.

30 등온과정에서 이상기체의 초기압력이 1atm, 최종압력이 10atm일 때 엔트로피 변화 ΔS를 옳게 나타낸 것은?

① $\Delta S = -R$　　② $\Delta S = -2.303R$
③ $\Delta S = 4.606R$　　④ $\Delta S = RT\ln 5$

해설

등온과정

$$\Delta S = \frac{Q_{rev}}{T} = nR\ln\frac{P_1}{P_2} = nR\ln\frac{1}{10} = -nR\ln 10$$

$n = 1$mol이라 하면,

$\therefore \Delta S = -R\ln 10 = -2.303R$

31 가역단열과정은 다음 어느 과정과 같은가?

① 등엔탈피 과정　　② 등엔트로피 과정
③ 등압과정　　④ 등온과정

해설

가역단열과정($Q=0$) : 등엔트로피 과정($\Delta S = \frac{Q}{T} = 0$)

32 400K에서 이상기체반응에 대한 속도가 $-\frac{dP_A}{dt} = 3.66P_A{}^2$atm/h이다. 이 반응의 속도식이 다음과 같을 때, 반응속도상수의 값은 얼마인가?

$$-r_A = kC_A{}^2 \text{mol/L h}$$

① $120\text{L mol}^{-1}\text{ h}^{-1}$
② $120\text{mol L}^{-1}\text{ h}^{-1}$
③ $3.66\text{h}^{-1}\text{ mol L}^{-1}$
④ $3.66\text{h}^{-1}\text{ mol L}$

해설

$$-r_A = -\frac{dP_A}{dt} = 3.66P_A^2$$

$$= -RT\frac{dC_A}{dt} = 3.66(RT)^2C_A^2$$

$$-\frac{dC_A}{dt} = \underbrace{3.66(RT)}_{\to K_c}C_A^2$$

$\therefore K_c = 3.66RT$

$= 3.66/\text{atm h} \times 0.082\text{L atm/mol K} \times 400\text{K}$

$= 120\text{L/mol h}$

33 과열수증기가 190℃(과열), 10bar에서 매시간 2,000kg/h로 터빈에 공급되고 있다. 증기는 1bar 포화증기로 배출되며 터빈은 이상적으로 가동된다. 수증기의 엔탈피가 다음과 같다고 할 때 터빈의 출력은 몇 kW인가?

$\hat{H}_{in}$(10bar, 190℃) = 3,201kJ/kg
$\hat{H}_{out}$(1bar, 포화증기) = 2,675kJ/kg

① $W = -1{,}200$kW　　② $W = -292$kW
③ $W = -130$kW　　④ $W = -30$kW

해설

$\Delta H = 2{,}675 - 3{,}201\text{kJ/kg} = -526\text{kJ/kg}$
$W = -526\text{kJ/kg} \times 2{,}000\text{kg/h} \times 1\text{h}/3{,}600\text{s}$
$= -292\text{kW}$

정답 29 ④ 30 ② 31 ② 32 ① 33 ②

34 이상용액의 활동도 계수 γ는 어느 값을 갖는가?

① $\gamma > 1$　　② $\gamma < 1$
③ $\gamma = 0$　　④ $\gamma = 1$

해설

$\gamma_i = \dfrac{\hat{f}_i}{x_i f_i}$ $\hat{f}_i$ → 실제혼합물 중 성분 i의 퓨가시티, $x_i f_i$ → 이상혼합물 중 성분 i의 퓨가시티

이상용액에 대해서
$\hat{f}_i = x_i f_i$이므로 $\gamma_i = 1$이 된다.

35 비리얼 계수에 대한 다음 설명 중 옳은 것을 모두 나열한 것은?

> A. 단일 기체의 비리얼 계수는 온도만의 함수이다.
> B. 혼합 기체의 비리얼 계수는 온도 및 조성의 함수이다.

① A　　② B
③ A, B　　④ 모두 틀림

해설

- 단일기체 : 비리얼 계수는 온도만의 함수
- 혼합기체 : 비리얼 계수는 온도와 조성의 함수

36 Thiele 계수에 대한 설명으로 틀린 것은?

① Thiele 계수는 가속도와 속도의 비를 나타내는 차원수이다.
② Thiele 계수가 클수록 입자 내 농도는 저하된다.
③ 촉매입자 내 유효농도는 Thiele 계수의 값에 의존한다.
④ Thiele 계수는 촉매표면과 내부의 효율적 이용의 척도이다.

해설

Thiele 계수
기공 내부로 이동함에 따라 농도가 점차 저하됨을 보여 준다.

유효인자 $\varepsilon = \dfrac{\text{actual rate}}{\text{ideal rate}} = \dfrac{\overline{C_A}}{C_{A \cdot S}} = \dfrac{\tan mL}{mL}$ (1차 반응)

여기서, Thiele Modulus $= mL = L\sqrt{\dfrac{k}{D}}$

L : 세공길이

- $mL < 0.4$　$\varepsilon = 1$
  기공확산에 의한 반응에의 저항이 무시된다.
- $mL > 0.4$　$\varepsilon = \dfrac{1}{mL}$
  기공확산에 의한 반응에의 저항이 크다.
- mL이 클수록 입자 내 C_A의 농도가 저하된다.

37 PSSH(Pseudo Steady State Hypothesis) 설정은 다음 중 어떤 가정을 근거로 하는가?

① 반응속도가 균일하다.
② 반응기 내의 온도가 일정하다.
③ 반응기의 물질수지식에서 축적항이 없다.
④ 중간 생성물의 생성속도와 소멸속도가 같다.

해설

PSSH(유사정상상태 가설)
반응중간체가 형성될 때 사실상 빠르게 반응하기 때문에 활성중간체 형성의 알짜 생성속도는 0이다.
$r_A{}^* = 0$
중간생성물의 생성속도와 소멸속도는 같다(평형).

38 A가 R이 되는 효소반응이 있다. 전체 효소농도를 $[E_0]$, 미카엘리스(Michaelis) 상수를 $[M]$라고 할 때 이 반응의 특징에 대한 설명으로 틀린 것은?

① 반응속도가 전체 효소 농도$[E_0]$에 비례한다.
② A의 농도가 낮을 때 반응속도는 A의 농도에 비례한다.
③ A의 농도가 높아지면서 0차 반응에 가까워진다.
④ 반응속도는 마카엘리스 상수 $[M]$에 비례한다.

해설

$$-r_A = r_R = \frac{K[E_o][A]}{[M]+[A]}$$

- $-r_A$(반응속도)는 효소농도 $[E_o]$에 비례한다.
- $[A]$가 낮을 때 반응속도는 A의 농도 $[A]$에 비례한다.
  $-r_A = r_R = \dfrac{K[E_o][A]}{[M]}$
- $[A]$가 높아지면 $[A]$에 무관하므로 0차 반응에 가까워진다.
  $-r_A = r_R = \dfrac{K[E_o][A]}{[A]} = K[E_o]$
- 나머지는 효소농도 $[E_o]$에 비례한다.

정답 34 ④ 35 ③ 36 ① 37 ④ 38 ④

39 깁스 − 두헴(Gibbs − Duhem)의 식에 대한 올바른 표현은?(단, M : 몰당 용액의 성질, $\overline{M_i}$: 용액 내 i성분의 부분몰 성질, x_i : 몰분율)

① $\left(\dfrac{\partial M}{\partial P}\right)_{T,x} dP + \left(\dfrac{\partial M}{\partial T}\right)_{P,x} dT + \sum_i x_i d\overline{M_i} = 0$

② $\left(\dfrac{\partial M}{\partial P}\right)_{T,x} dP - \left(\dfrac{\partial M}{\partial T}\right)_{P,x} dT + \sum_i x_i d\overline{M_i} = 0$

③ $\left(\dfrac{\partial M}{\partial P}\right)_{T,x} dP + \left(\dfrac{\partial M}{\partial T}\right)_{P,x} dT - \sum_i x_i d\overline{M_i} = 0$

④ $\left(\dfrac{\partial M}{\partial P}\right)_{T,x} dP - \left(\dfrac{\partial M}{\partial T}\right)_{P,x} dT - \sum_i x_i d\overline{M_i} = 0$

해설

Gibbs − Duhem 식

균일 다성분계(용액)가 갖는 열역학적 성질이 나타내는 관계식

$$\left(\frac{\partial M}{\partial P}\right)_{T,x} dP + \left(\frac{\partial M}{\partial T}\right)_{P,x} dT - \sum_i x_i d\overline{M_i} = 0$$

40 그림과 같은 공기표준 오토 사이클의 열효율을 옳게 나타낸 식은?(단, a는 압축비이고 γ는 비열비 (C_P/C_V)이다.)

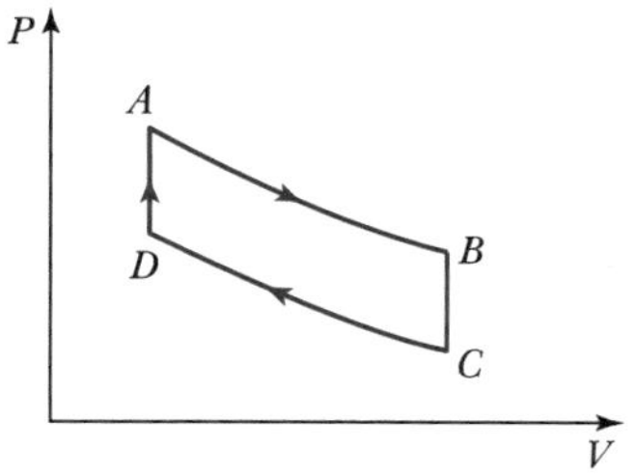

① $1 - a^{\gamma}$　　② $1 - a^{\gamma - 1}$

③ $1 - \left(\dfrac{1}{a}\right)^{\gamma}$　　④ $1 - \left(\dfrac{1}{a}\right)^{\gamma - 1}$

해설

$$\eta = 1 - \left(\frac{1}{a}\right)^{\gamma - 1}$$

여기서, a : 압축비
γ : 비열비

3과목 단위공정관리

41 수분 37wt%를 함유한 목재 1kg을 수분함량 10wt%가 되도록 건조하려면 약 몇 kg의 물을 증발시켜야 하는가?

① 0.18　　② 0.27
③ 0.30　　④ 0.40

해설

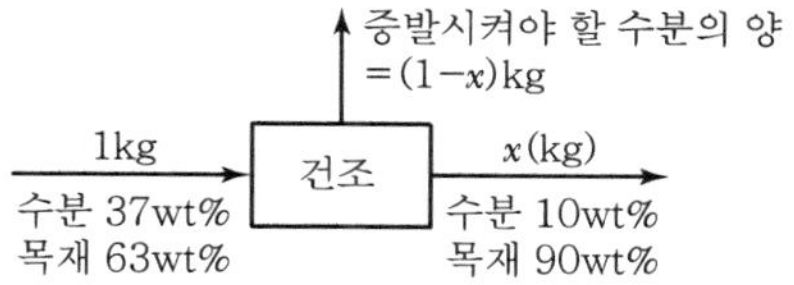

$1\text{kg} \times 0.63 = x \times 0.9$
$\therefore\ x = 0.7$
$\therefore$ 증발시켜야 할 수분의 양 $= 1 - x = 0.3\text{kg}$

[별해]

$$W = F\left(1 - \frac{a}{b}\right) = 1\text{kg}\left(1 - \frac{0.63}{0.9}\right) = 0.3\text{kg}$$

42 다음 중 진공증발의 주목적이 아닌 것은?

① 고온에서 증발
② 저온에서 증발
③ 증기의 경제성
④ 과즙, 젤라틴의 증발

해설

진공증발
- 저온의 폐증기 이용
- 압력을 낮추어 비점을 낮게 하여 증발
- 과즙, 젤라틴과 같이 열에 예민한 물질의 증발에 이용

정답 39 ③ 40 ④ 41 ③ 42 ①

43 표준상태에서 반응이 이루어졌다. 정용반응열이 −26,711kcal/kmol일 때 정압반응열은 약 몇 kcal/kmol인가?(단, 이상기체라고 가정한다.)

$$C(s)+\frac{1}{2}O_2(g)\rightarrow CO(g)$$

① 296 ② −296
③ 26,415 ④ −26,415

해설

$C+\frac{1}{2}O_2\rightarrow CO \qquad Q_v=-26{,}711\text{kcal/kmol}$

$\Delta H=\Delta U+\Delta(PV)$

$Q_p=Q_v+\Delta n_g RT$

$=-26{,}711\text{kcal/kmol}+\left(1-\frac{1}{2}\right)\text{kmol}\times 1.987\text{kcal/kmol K}\times 298\text{K}$

$=-26{,}415\text{kcal}$

44 점토의 겉보기 밀도가 1.5cm³이고, 진밀도가 2g/cm³이다. 기공도는 얼마인가?

① 0.2 ② 0.25
③ 0.3 ④ 0.35

해설

기공도 $\varepsilon=1-\frac{\text{겉보기밀도}}{\text{진밀도}}=1-\frac{1.5}{2}=0.25$

45 양대수좌표(Log−log Graph)에서 직선이 되는 식은?

① $Y=bx^a$ ② $y=be^{ax}$
③ $Y=bx+a$ ④ $\log Y=\log b+ax$

해설

① $\log Y=\log b+a\log x$
∴ log−log 용지에서 직선
② $\log Y=\log b+ax$
∴ 반대수 용지에서 직선
③ 보통 그래프 용지에서 직선
④ 반대수 용지에서 직선

46 이상기체 A의 정압 열용량을 다음 식으로 나타낸다고 할 때 1mol을 대기압하에서 100℃에서 200℃까지 가열하는 데 필요한 열량은 약 몇 cal/mol인가?

$$C_p(\text{cal/mol K})=6.6+0.96\times10^{-3}T$$

① 401 ② 501
③ 601 ④ 701

해설

$Q=n\int C_p dT$

$=\int_{373}^{473}(6.6+0.96\times10^{-3}T)\,dT$

$=6.6\times(473-373)+\frac{0.96\times10^{-3}}{2}\times(473^2-373^2)$

$=700.6\text{cal/mol}$

47 노벽의 두께가 100mm이고, 그 외측은 50mm의 석면으로 보온되어 있다. 벽의 내면온도가 400℃, 석면의 바깥쪽 온도가 20℃일 경우 두 벽 사이의 온도는 약 몇 ℃인가?(단, 노벽과 석면의 평균 열전도도는 각각 5.5kcal/m h ℃, 0.15kcal/m h ℃이다.)

① 380.5 ② 350.5
③ 300.5 ④ 250.5

해설

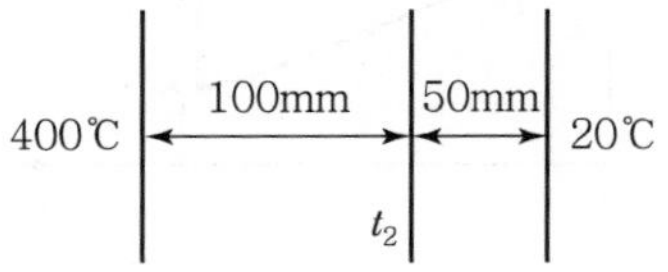

$q=\frac{\Delta t}{R_1+R_2}=\frac{(400-20)}{\frac{0.1}{5.5}+\frac{0.05}{0.15}}=1{,}081\text{kcal/m}^2\text{ h}$

$\Delta t : \Delta t_1 = R : R_1$

$380 : (400-t_2)=0.35 : 0.018$

$t_2=380.45℃$

정답 43 ④ 44 ② 45 ① 46 ④ 47 ①

48 1Poise를 lb/ft s로 환산하면 얼마인가?

① 1 lb/ft s ② 62.43 lb/ft s
③ 0.0672 lb/ft s ④ 32.174 lb/ft s

해설

$$\frac{1\text{g}}{\text{cm s}}\times\frac{1\text{ lb}}{453.6\text{g}}\times\frac{30.48\text{cm}}{1\text{ft}}=0.0672\text{ lb/ft s}$$

49 200g의 $CaCl_2$가 다음의 반응식과 같이 공기 중의 수증기를 흡수할 경우에 발생하는 열은 약 몇 kcal인가?(단, $CaCl_2$의 분자량은 111이다.)

- $CaCl_2(s)+6H_2O(l)\rightarrow CaCl_2\cdot 6H_2O(s)+22.63\text{kcal}$
- $H_2O(g)\rightarrow H_2O(l)+10.5\text{kcal}$

① 164 ② 154
③ 60 ④ 41

해설

$H_2O(g)\rightarrow H_2O(l)+10.5\text{kcal}$
$CaCl_2(s)+6H_2O(l)\rightarrow CaCl_2\cdot 6H_2O(s)+22.63\text{kcal}$
111 : $22.63+6\times10.5=85.63\text{kcal}$
200 : x
$\therefore x=154\text{kcal}$

50 대응상태원리에 대한 설명 중 틀린 것은?

① 물질의 극성, 비극성 구조의 효과를 고려하지 않은 원리이다.
② 환산상태가 동일해도 압력이 다르면 두 물질의 압축계수는 다르다.
③ 단순구조의 한정된 물질에 적용 가능한 원리이다.
④ 환산상태가 동일하면 압력이 달라도 두 물질의 압축계수는 유사하다.

해설

- 이심인자 : $\omega=-1.0-\log(P_r^{sat})_{T_r=0.7}$
- 단순유체 : Ar, Kr, Xe : $\omega=0$

동일한 ω을 갖는 모든 유체들은 같은 T_r, P_r에서 거의 동일한 z값을 가지며 이상기체 거동에서 벗어나는 정도도 비슷하다.

대응상태의 원리
모든 유체들은 같은 환산온도와 환산압력에서 비교하면 대체로 거의 같은 압축인자를 가지며, 이상기체 거동에서 벗어나는 정도도 거의 비슷하다.

$$P_r=\frac{P}{P_c}\quad T_r=\frac{T}{T_c}$$

51 비중 0.7인 액체가 내경이 5cm인 강관에 흐른다. 중간부 2cm에 구멍을 가진 오리피스를 설치했더니 수은 마노미터의 압력차가 10cm가 되었다. 이때 흐르는 액체의 유량은 몇 m^3/h인가?(단, 오리피스의 유량계는 0.61이다.)

① 4.19 ② 16.15
③ 25.9 ④ 36.7

해설

$$Q_0=A_0\bar{u}_0=\frac{\pi}{4}D_0^{\,2}\frac{C_0}{\sqrt{1-m^2}}\sqrt{\frac{2g(\rho_A-\rho_B)R}{\rho_B}}$$

여기서, m : 개구비

$$m=\frac{A_0}{A_1}=\left(\frac{D_0}{D_1}\right)^2=\left(\frac{2}{5}\right)^2=0.16$$

$$\therefore\ Q=\frac{\pi}{4}\times0.02^2\times\frac{0.61}{\sqrt{1-0.16^2}}\times\sqrt{\frac{2\times9.8\times(13.6-0.7)\times1{,}000\times0.1}{0.7\times1{,}000}}$$

$=1.166\times10^{-3}\text{m}^3/\text{s}\times3{,}600\text{s/1h}$
$=4.19\text{m}^3/\text{h}$

52 비중이 0.7이고 점도가 0.0125cP인 가솔린이 내경 5.08cm이고 길이가 50m인 관을 평균 100cm/s로 흐르고 있다. 마찰계수가 0.0065일 때 Fanning 식을 이용해 압력손실을 구하면 몇 Pa인가?

① 91.04 ② 291.14
③ 1,868.52 ④ 8,956.69

해설

Fanning 식

$$F=\frac{\Delta P}{\rho}=4f\frac{L}{D}\cdot\frac{u^2}{2}$$

정답 48 ③ 49 ② 50 ② 51 ① 52 ④

$$\Delta P = 4f\frac{L}{D} \cdot \frac{u^2 \cdot \rho}{2}$$

$$= 4 \times 0.0065 \times \frac{50}{0.0508} \times \frac{1^2 \times 700}{2} = 8{,}956.69\text{Pa}$$

53 단일효용 증발관(Single Effect Evaporator)에서 어떤 물질 10% 수용액을 50% 수용액으로 농축한다. 공급용액은 55,000kg/h, 공급용액의 온도는 52℃, 수증기의 소비량은 4.75×10^4kg/h일 때 이 증발기의 경제성은?

① 0.895 ② 0.926

③ 1.005 ④ 1.084

해설

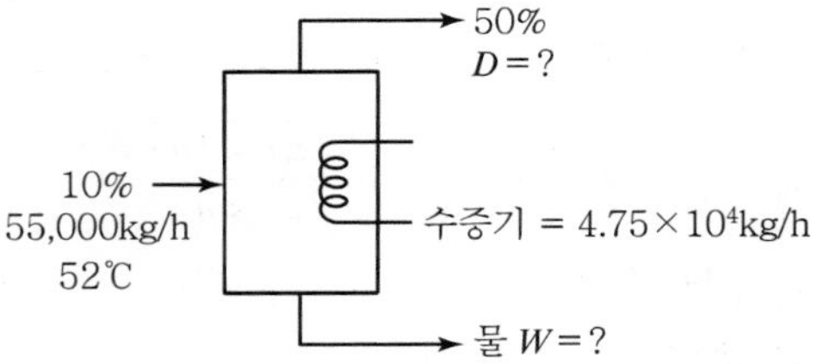

$55{,}000 \times 0.1 = D \times 0.5$

$\therefore D = 11{,}000$kg/h

$W = 55{,}000 - 11{,}000 = 44{,}000$kg/h

$$\text{경제성} = \frac{\text{증발된 양}}{\text{수증기 소비량}} = \frac{44{,}000\text{kg/h}}{47{,}500\text{kg/h}} = 0.926$$

54 개천의 유량을 측정하기 위하여 Dilution Method를 사용하였다. 처음 개천물을 분석하였더니 Na_2SO_4의 농도가 180ppm이었다. 1시간에 걸쳐 Na_2SO_4 10kg을 혼합한 후 하류에서 Na_2SO_4를 측정하였더니 3,300ppm이었다. 이 개천물의 유량은 약 몇 kg/h인가?

① 3,195 ② 3,250

③ 3,345 ④ 3,395

해설

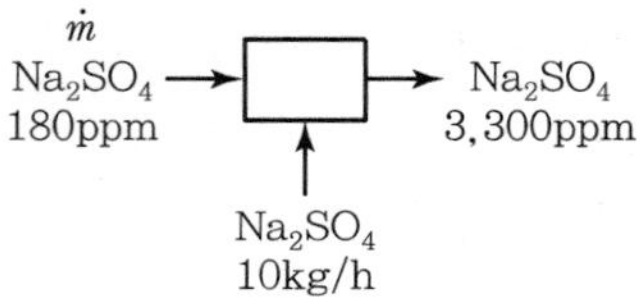

$$\dot{m} \times \frac{180}{10^6} + 10\text{kg/h} = (\dot{m} + 10) \times \frac{3{,}300}{10^6}$$

$\therefore \dot{m} = 3{,}194.5$kg/h

55 어떤 여름날의 일기가 낮의 온도 32℃, 상대습도 80%, 대기압 730mmHg에서 밤의 온도 20℃, 대기압 745mmHg로 수분이 포화되어 있다. 낮의 수분 몇 %가 밤의 이슬로 변하였는가?(단, 32℃와 20℃에서 포화수증기압은 각각 36mmHg 17.5mmHg이다.)

① 39.3% ② 40.7%

③ 51.5% ④ 60.7%

해설

• 32℃일 때

$$H_R = \frac{p_v}{p_s} \times 100\%$$

$$= \frac{p_v}{36} \times 100 = 80\%$$

$\therefore p_v = 28.8$mmHg

$$H = \frac{18}{29}\frac{28.8}{730 - 28.8} = 0.0255\text{kg}\,H_2O/\text{kg Dry Air}$$

• 20℃일 때

$$H = \frac{18}{29}\frac{17.5}{745 - 17.5}$$

$= 0.015\text{kg}\,H_2O/\text{kg Dry Air}$

$\therefore$ 낮 − 밤 $= 0.0255 - 0.015$

$= 0.0105\text{kg}\,H_2O/\text{kg Dry Air}$

$$= \frac{0.0105}{0.0255} \times 100 = 41\%$$

56 무한히 큰 두 개의 평면이 서로 평행하게 있을 때 각각의 표면온도가 200℃, 600℃라고 한다면 복사에 의한 단위면적당의 전열량은 약 몇 kcal/m² h인가?(단, 방사율은 각각 1이라고 가정한다.)

① 25,902 ② 21,625

③ 17,032 ④ 14,520

정답 53 ② 54 ① 55 ② 56 ①

해설

$$q_{1.2} = 4.88A_1 \frac{1}{\left(\frac{1}{\varepsilon_1} + \frac{1}{\varepsilon_2} - 1\right)} \left[\left(\frac{T_1}{100}\right)^4 - \left(\frac{T_2}{100}\right)^4\right]$$

$$= 4.88\left[\left(\frac{873}{100}\right)^4 - \left(\frac{473}{100}\right)^4\right]$$

$$= 25{,}900.6\text{kcal/m}^2\text{ h}$$

57 75℃, 1.1bar, 30% 상대습도를 갖는 습공기가 1,000m³/h로 한 단위공정에 들어갈 때 이 습공기의 비교습도는 약 몇 %인가?(단, 75℃에서의 포화증기압은 289mmHg이다.)

① 21.8 ② 22.8
③ 23.4 ④ 24.5

해설

$$H_R = \frac{p_v}{p_s} \times 100 = 30\%$$

$$p_s = 289\text{mmHg}$$

$$p_v = 289 \times 0.3 = 86.7\text{mmHg}$$

$$H_P(\text{비교습도}) = \frac{H}{H_s} \times 100$$

$$= \frac{p}{p_s} \times \frac{P_t - p_s}{P_t - p_v} \times 100$$

$$= H_R \times \frac{P_t - p_s}{P_t - p_v}$$

$$= 30 \times \frac{825.27 - 289}{825.27 - 86.7} = 21.8\%$$

$$\therefore\ P_t = 1.1\text{bar} \times \frac{760\text{mmHg}}{1.013\text{bar}} = 825.27\text{mmHg}$$

58 롤 분쇄기에 상당직경 4cm인 원료를 도입하여 상당직경 1cm로 분쇄한다. 분쇄원료와 롤 사이의 마찰계수가 $\frac{1}{\sqrt{3}}$일 때 롤 지름은 약 몇 cm인가?

① 6.6 ② 9.2
③ 15.3 ④ 18.4

해설

$$\mu = \tan\alpha = \frac{1}{\sqrt{3}} \qquad \therefore\ \alpha = 30°$$

$$\cos\alpha = \frac{R+d}{R+r} = \frac{R + \frac{1}{2}}{R + \frac{4}{2}} = \frac{\sqrt{3}}{2} \qquad \therefore\ R = 9.2\text{cm}$$

∴ 롤의 지름 $= 2R = 2 \times 9.2\text{cm} = 18.4\text{cm}$

59 CO_2 25vol%와 NH_3 75vol%의 기체 혼합물 중 NH_3의 일부가 산에 흡수되어 제거된다. 이 흡수탑을 떠나는 기체가 37.5vol%의 NH_3을 가질 때 처음에 들어 있던 NH_3 부피의 몇 %가 제거되었는가?(단, CO_2의 양은 변하지 않으며 산 용액은 증발하지 않는다고 가정한다.)

① 15% ② 20%
③ 62.5% ④ 80%

해설

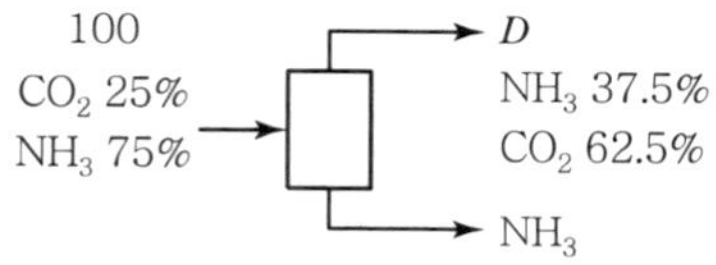

$$100 \times 0.25 = D \times 0.625$$

$$\therefore\ D = 40$$

제거된 $NH_3 = 75 - 40 \times 0.375 = 60$

$$\frac{60}{75} \times 100 = 80\%$$

60 추출상은 초산 3.27wt%, 물 0.11wt%, 벤젠 96.62wt%이고 추잔상은 초산 29.0wt%, 물 70.6wt%, 벤젠 0.40wt%일 때 초산에 대한 벤젠의 선택도를 구하면?

① 24.8 ② 51.2
③ 66.3 ④ 72.4

해설

$$\beta = \frac{y_A/y_B}{x_A/x_B} = \frac{3.27/0.11}{29/70.6} = 72.37 ≒ 72.4$$

정답 57 ① 58 ④ 59 ④ 60 ④

4과목 화공계측제어

61 열교환기 제어밸브는 Linear 특성을 가지며 $P_0 =$ 30psig, P_2는 대기압으로서 일정하다. 제어밸브가 절반이 열린 상태에서 유량이 185gpm(gallon/min)일 때 열교환기에 의한 압력강하 $\Delta P_h = 20$psi가 되도록 설계되었다고 할 때 밸브계수 C_v는?(단, 유체의 밀도는 1이다.)

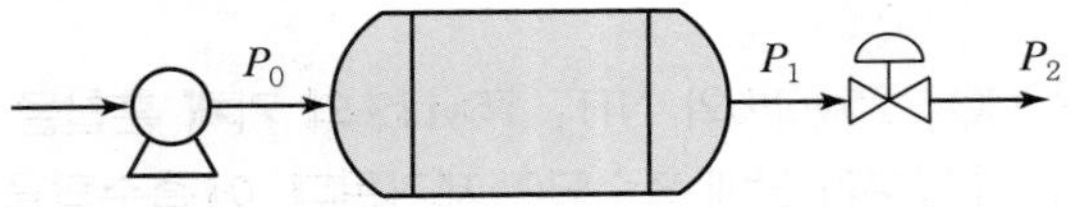

① 117 ② 58.5
③ 37 ④ 18.5

해설

$$q = C_v f(x) \sqrt{\frac{\Delta P_v}{\rho}}$$

$\Delta P_h = P_0 - P_1 = 20\text{psi},\ P_1 = 10\text{psig}$

$\Delta P_v = 10\text{psi}$

$f(x) = x = 0.5$

$$\therefore\ C_v = \frac{185}{0.5}\sqrt{\frac{1}{10}} = 117$$

62 다음 그림과 같은 계에서 전달함수 $\dfrac{B}{U_2}$는?

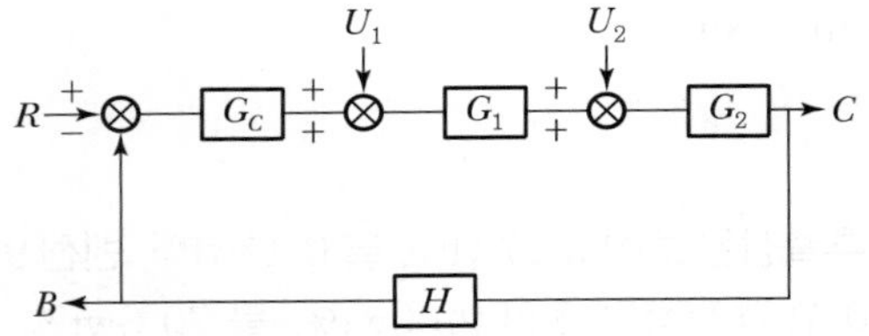

① $\dfrac{B}{U_2} = \dfrac{G_c G_1}{1 + G_c G_1 G_2 H}$

② $\dfrac{B}{U_2} = \dfrac{G_1 G_2}{1 + G_c G_1 G_2 H}$

③ $\dfrac{B}{U_2} = \dfrac{H G_2}{1 + G_c G_1 G_2 H}$

④ $\dfrac{B}{U_2} = \dfrac{G_c G_1 G_2 H}{1 + G_c G_1 G_2 H}$

해설

$$\frac{B}{U_2} = \frac{G_2 H}{1 + G_c G_1 G_2 H}$$

$$\frac{B}{U_1} = \frac{G_1 G_2 H}{1 + G_c G_1 G_2 H}$$

63 제어계(Control System)의 구성요소로 가장 거리가 먼 것은?

① 전송부 ② 기획부
③ 검출부 ④ 조절부

해설

제어시스템

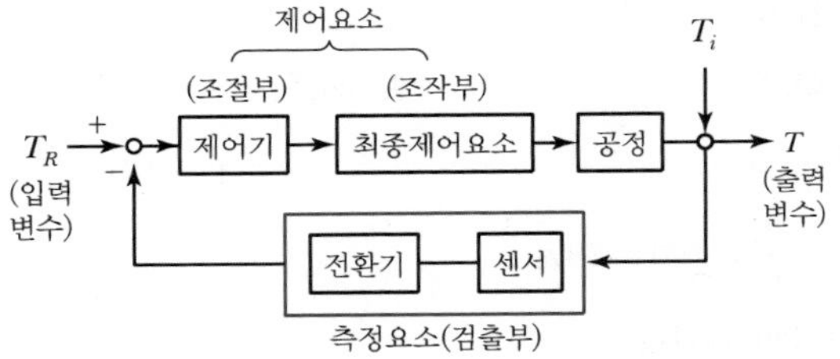

64 폭이 w이고, 높이가 h인 사각펄스의 Laplace 변환으로 옳은 것은?

① $\dfrac{h}{s}(1 - e^{-ws})$

② $\dfrac{h}{s}(1 - e^{-s/w})$

③ $\dfrac{hw}{s}(1 - e^{-ws})$

④ $\dfrac{h}{ws}(1 - e^{-s/w})$

해설

$x(t) = hu(t) = h(t - w)$

$X(s) = \dfrac{h}{s} - \dfrac{h}{s}e^{-ws}$

$= \dfrac{h}{s}(1 - e^{-ws})$

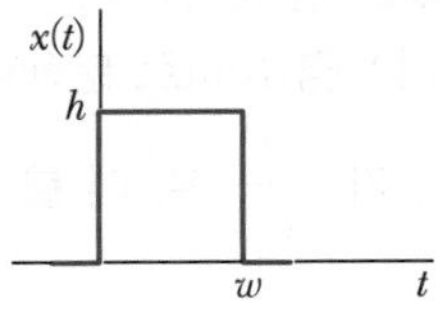

정답 61 ① 62 ③ 63 ② 64 ①

65 다음 함수를 Laplace 변환할 때 올바른 것은?

$$\frac{d^2X}{dt^2}+2\frac{dX}{dt}+2X=2,\quad X(0)=X'(0)=0$$

① $\dfrac{2}{s(s^2+2s+3)}$　② $\dfrac{2}{s(s^2+2s+2)}$

③ $\dfrac{3}{s(s^2+2s+1)}$　④ $\dfrac{2}{s(s^2+s+2)}$

해설

$$s^2X(s)+2sX(s)+2X(s)=\frac{2}{s}$$

$$(s^2+2s+2)X(s)=\frac{2}{s}$$

$$X(s)=\frac{2}{s(s^2+2s+2)}$$

66 1차계 전달함수 $G(s)=\dfrac{1}{s+1}$의 구석점 주파수(Corner Frequency)에서 이 1차계 2개가 직렬로 연결된 $G_{overall}(s)$의 위상각(Phase Angle)은 얼마인가?

① $-\dfrac{\pi}{4}$　② $-\dfrac{\pi}{2}$

③ $-\pi$　④ $-\dfrac{3}{2}\pi$

해설

$$G(s)=\frac{1}{(s+1)}\cdot\frac{1}{(s+1)}=\frac{1}{s^2+2s+1}$$

$\tau=1,\ \zeta=1$

$$\phi=-\tan^{-1}\left(\frac{2\tau\zeta w}{1-\tau^2w^2}\right)=-\tan^{-1}\infty=-\frac{\pi}{2}$$

67 미분법에 의한 미분속도 해석법이 아닌 것은?

① 도식적 방법　② 수치해석법

③ 다항식 맞춤법　④ 반감기법

해설

반감기법, 최소자승법은 미분법, 적분법이 정확하지 않을 때 사용한다.

미분속도 해석법
- 도식미분법
- 수치미분법
- 다항식 맞춤법

68 공정의 전달함수와 제어기의 전달함수 곱이 $G_{OL}(s)$이고 다음의 식이 성립한다. 이 제어시스템의 Gain Margin(GM)과 Phase Margin(PM)은 얼마인가?

$$G_{OL}(3i)=-0.25$$
$$G_{OL}(1i)=-\frac{1}{\sqrt{2}}-\frac{i}{\sqrt{2}}$$

① $GM=0.25,\ PM=\pi/4$

② $GM=0.25,\ PM=3\pi/4$

③ $GM=4,\ PM=\pi/4$

④ $GM=4,\ PM=3\pi/4$

해설

$$AR_c=|G(\omega i)|=|-0.25|=0.25$$

$$GM=\frac{1}{AR_c}=\frac{1}{0.25}=4$$

$$\angle G(i\omega)=\tan^{-1}\left(\frac{I}{R}\right)=\tan^{-1}\left(\frac{-1/\sqrt{2}}{-1/\sqrt{2}}\right)=\tan^{-1}(1)=\frac{\pi}{4}$$

$$PM=180+\phi_g=\pi-\frac{3}{4}\pi=\frac{\pi}{4}$$

69 1차계의 단위계단응답에서 시간 t가 2τ일 때 퍼센트 응답은 약 얼마인가?(단, τ는 1차계의 시간상수이다.)

① 50%　② 63.2%

③ 86.5%　④ 95%

해설

1차계 단위계단응답

t	$y(t)/KA$	t	$y(t)/KA$
0	0	4τ	0.982
τ	0.632	5τ	0.993
2τ	0.865	∞	1
3τ	0.950		

정답 65 ② 66 ② 67 ④ 68 ③ 69 ③

70 어떤 압력측정장치의 측정범위는 0~400psig, 출력범위는 4~20mA로 조정되어 있다. 이 장치의 이득을 구하면 얼마인가?

① 25mA/psig　② 0.01mA/psig
③ 0.08mA/psig　④ 0.04mA/psig

해설

$$K = \frac{20-4}{400-0} = 0.04\text{mA/psig}$$

71 Spring-Mass-Damper로 구성된 감쇠진동기(Damper Oscillator)에서 2차 미분형태를 나타내는 항과 관련이 있는 것은?

① 힘 = 질량 × 가속도
② 힘 = 용수철 Hook 상수 × 늘어난 길이
③ 힘 = 감쇠계수 × 위치의 변화율
④ 힘 = 시간의 함수인 구동력

해설

감쇠진동기

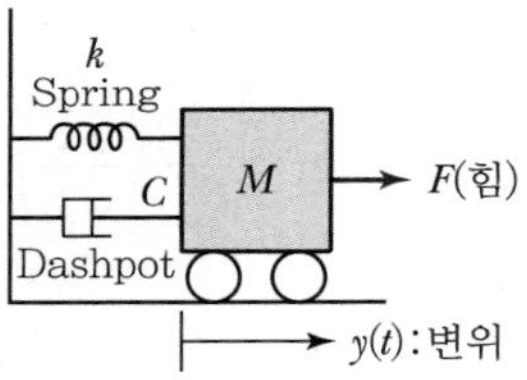

$$\frac{Md^2y(t)}{dt^2} = -ky(t) - \frac{cdy(t)}{dt} + F(t)$$

$$\frac{Md^2y(t)}{kdt^2} + \frac{cdy(t)}{kdt} + y(t) = \frac{F(t)}{k}$$

$$\tau^2 s^2 Y(s) + 2\tau\zeta s Y(s) + Y(s) = X(s)$$

$$\therefore \frac{Y(s)}{X(s)} = \frac{1}{\tau^2 s^2 + 2\tau\zeta s + 1}$$

72 Bode 선도를 이용한 안정성 판별법 중 틀린 것은?

① 위상 크로스오버 주파수(Phase Crossover Frequency)에서 AR은 1보다 작아야 안정하다.
② 이득여유(Gain Margin)는 위상 크로스오버 주파수에서 AR의 역수이다.
③ 이득여유가 클수록 이득 크로스오버 주파수(Gain Cross-over Frequency)에서 위상각은 −180°에 접근한다.
④ 이득 크로스오버 주파수(Gain Crossover Frequency)에서 위상각은 −180°보다 커야 안정하다.

해설

Bode 안정성 판별법

- 열린 루프 전달함수의 진동응답의 진폭비가 임계진동수에서 1보다 크면 닫힌 루프 제어시스템은 불안정하다.
- 임계진동수($\phi = -180°$일 때 진동수 ω_u)에서 진폭비가 1보다 작아야 한다.

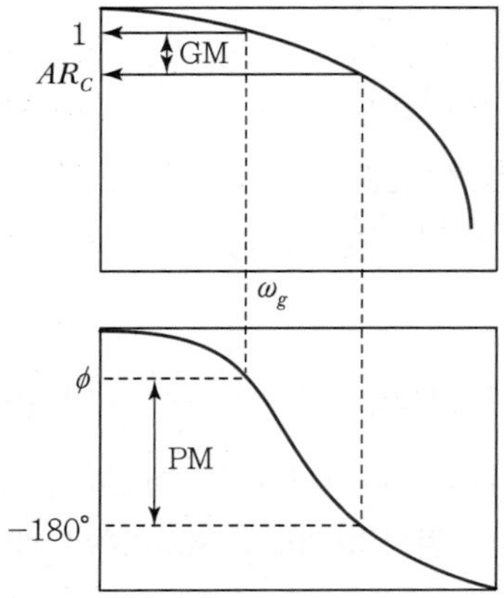

이득여유(GM)가 클수록 ω_g에서 위상각은 −180°에서 멀어진다.

73 특성 방정식이 $s^3 - 3s + 2 = 0$인 계에 대한 설명으로 옳은 것은?

① 안정하다.
② 불안정하고, 양의 중근을 갖는다.
③ 불안정하고, 서로 다른 2개의 양의 근을 갖는다.
④ 불안정하고, 3개의 양의 근을 갖는다.

해설

$s^3 - 3s + 2 = 0$

$(s-1)(s+2)(s-1) = 0$

$s = -2, 1, 1$

∴ 불안정하고, 양의 중근을 갖는다.

정답 70 ④ 71 ① 72 ③ 73 ②

74 주파수 3에서 Amplitude Ratio가 1/2, Phase Angle이 $-\pi/3$인 공정을 고려할 때 공정 입력 $u(t)=\sin(3t+2\pi/3)$을 적용하면 시간이 많이 지난 후의 공정 출력 $y(t)$는?

① $y(t)=\sin\left(t+\frac{\pi}{3}\right)$

② $y(t)=2\sin(t+\pi)$

③ $y(t)=\sin(3t)$

④ $y(t)=0.5\sin\left(3t+\frac{\pi}{3}\right)$

해설

$\omega=3$

$AR=\frac{\hat{A}}{A}=\frac{\hat{A}}{1}=\frac{1}{2}=0.5,\ \phi=-\frac{\pi}{3}$

$y(t)=\hat{A}\sin(\omega t+\phi)$

$=0.5\sin\left(3t+\left(\frac{2}{3}\pi-\frac{\pi}{3}\right)\right)$

$=0.5\sin\left(3t+\frac{\pi}{3}\right)$

75 다음 공정에 P 제어기가 연결된 닫힌 루프 제어계가 안정하려면 비례이득 K_c의 범위는?(단, 나머지 요소의 전달함수는 1이다.)

$$G_p(s)=\frac{1}{2s-1}$$

① $K_c<1$ ② $K_c>1$

③ $K_c<2$ ④ $K_c>2$

해설

$1+\frac{K_c}{2s-1}=0$

$2s-1+K_c=0$

$s=\frac{1-K_c}{2}<0$

$\therefore\ 1-K_c<0$

$K_c>1$

76 다음 그림의 액체저장탱크에 대한 선형화된 모델식으로 옳은 것은?(단, 유출량 $q(\mathrm{m^3/min})$는 $2\sqrt{h}$로 나타내어지며, 액위 h의 정상상태값은 4m이고 단면적은 A $\mathrm{m^2}$이다.)

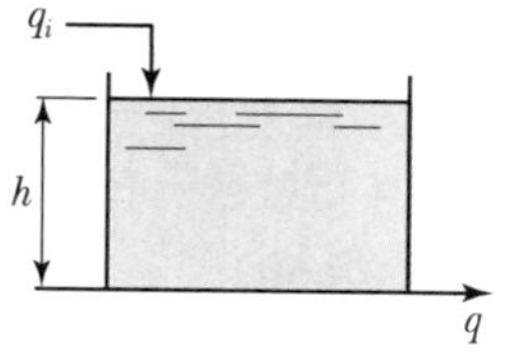

① $A\frac{dh}{dt}=q_i-\frac{h}{2}-2$ ② $A\frac{dh}{dt}=q_i-h+2$

③ $A\frac{dh}{dt}=q_i-\frac{h}{2}+2$ ④ $A\frac{dh}{dt}=2q_i-h+2$

해설

$A\frac{dh}{dt}=q_i-2\sqrt{h}$

선형화 $\sqrt{h}\simeq\sqrt{h_s}+\frac{1}{2\sqrt{h_s}}(h-h_s)$

$A\frac{dh}{dt}=q_i-2\sqrt{h_s}-\frac{2}{2\sqrt{h_s}}(h-h_s)$

$A\frac{dh}{dt}=q_i-2\sqrt{4}-\frac{2}{2\sqrt{4}}(h-4)$

$\therefore\ A\frac{dh}{dt}=q_i-\frac{h}{2}-2$

77 블록선도에서 Servo Problem인 경우 Proportional Control($G_c=K_c$)의 Offset은?(단, $T_R(t)=U(t)$인 단위계단신호이다.)

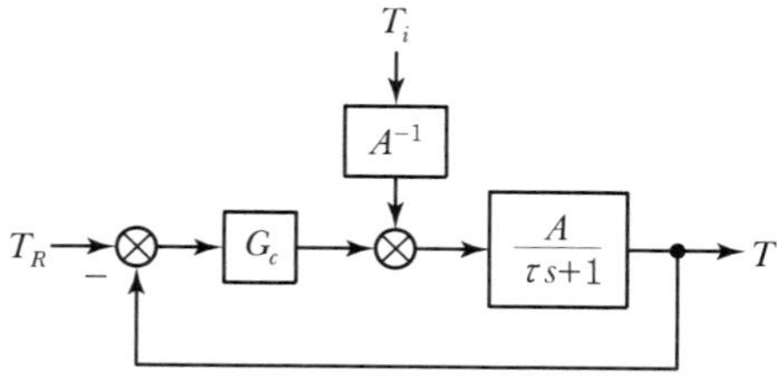

① 0 ② $\frac{1}{1-AK_c}$

③ $-\frac{1}{1+AK_c}$ ④ $\frac{1}{1+AK_c}$

정답 74 ④ 75 ② 76 ① 77 ④

해설

$T_R(t)=1 \qquad T_R(s)=\dfrac{1}{s}$

$$T=\dfrac{\dfrac{K_cA}{\tau s+1}}{1+\dfrac{K_cA}{\tau s+1}}\cdot\dfrac{1}{s}=\dfrac{K_cA}{\tau s+1+K_cA}\cdot\dfrac{1}{s}$$

최종치 정리

$$\lim_{t\to\infty}y(t)=\lim_{s\to 0}sY(s)$$

$$\lim_{s\to 0}sT(s)=\lim_{s\to 0}s\dfrac{K_cA}{\tau s+1+K_cA}\cdot\dfrac{1}{s}=\dfrac{K_cA}{1+K_cA}$$

$$\text{Offset}=T_R(\infty)-T(\infty)=1-\dfrac{K_cA}{1+K_cA}=\dfrac{1}{1+K_cA}$$

78 어떤 제어계의 특성방정식이 다음과 같을 때 한계주기(Ultimate Period)는?

$$s^3+6s^2+9s+1+K_c=0$$

① $\dfrac{\pi}{2}$ ② $\dfrac{2}{3}\pi$

③ π ④ $\dfrac{3}{2}\pi$

해설

$s^3+6s^2+9s+1+K_c=0$

$(i\omega)^3+6(i\omega)^2+9(i\omega)+1+K_c=0$

$-i\omega^3-6\omega^2+9\omega i+1+K_c=0$

$(1+K_c-6\omega^2)+i(9\omega-\omega^3)=0$

$1+K_c-6\times3^2=0 \qquad \omega(9-\omega^2)=0$

$\therefore K_c=53 \qquad \therefore \omega_u=0,\ \pm3$

한계주기 $P_u=\dfrac{2\pi}{\omega_u}$

$\therefore P_u=\dfrac{2\pi}{3}$

79 복사에 의한 열전달 식은 $q=kcAT^4$으로 표현된다고 한다. 정상상태에서 $T=T_s$일 때 이 식을 선형화시키면?(단, k, c, A는 상수이다.)

① $4kcAT_s^3(T-0.75T_s)$

② $kcA(T-T_s)$

③ $3kcAT_s^3(T-T_s)$

④ $kcAT_s^4(T-T_s)$

해설

Taylor 식

$$f(x)=f(x_s)+\dfrac{df}{dx}(x_s)(x-x_s)$$

$q=kcAT_s^4+4kcAT_s^3(T-T_s)$

$=4kcAT_s^3T-3kcAT_s^4$

$=4kcAT_s^3\left(T-\dfrac{3}{4}T_s\right)$

80 PID 제어기를 이용한 설정치 변화에 대한 제어의 설명 중 옳지 않은 것은?

① 일반적으로 비례이득을 증가시키고 적분시간의 역수를 증가시키면 응답이 빨라진다.

② P 제어기를 이용하면 모든 공정에 대해 항상 정상상태 잔류오차(Steady State Offset)가 생긴다.

③ 시간지연이 없는 1차 공정에 대해서는 비례이득을 매우 크게 증가시켜도 안정성에 문제가 없다.

④ 일반적으로 잡음이 없는 느린 공정의 경우 D 모드를 적절히 이용하면 응답이 빨라지고 안정성이 개선된다.

해설

- 비례이득을 증가시키고 적분시간을 감소시키면 응답이 빨라진다.
- 적분공정일 경우 P 제어기만 사용해도 Offset(잔류편차)을 제거할 수 있다.

정답 78 ② 79 ① 80 ②

2023년 제3회 복원기출문제

1과목 공업합성

01 기하이성질체를 나타내는 고분자가 아닌 것은?

① 폴리부타디엔
② 폴리클로로프렌
③ 폴리이소프렌
④ 폴리비닐알코올

해설

기하이성질체

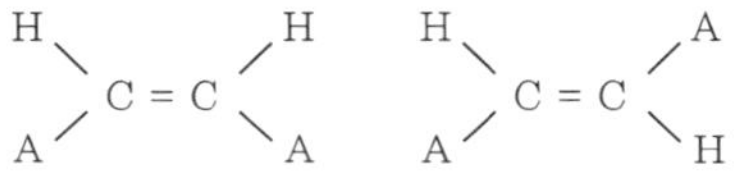

cis　　　　trans

① 부타디엔

$$CH_2=CH-CH=CH_2 \rightarrow [CH_2-CH=CH-CH_2]_n$$

폴리부타디엔

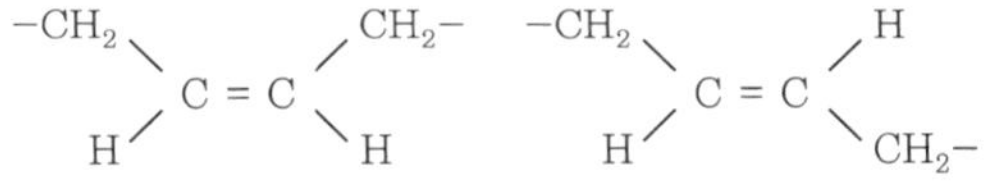

cis　　　　trans

② 클로로프렌

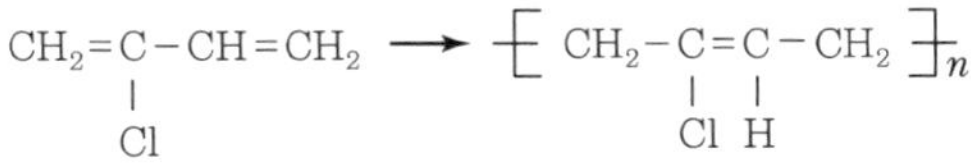

폴리클로로프렌

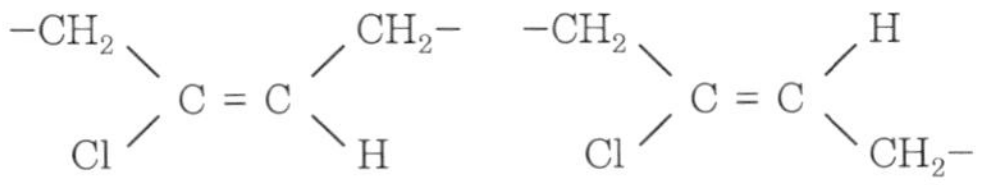

cis　　　　trans

③ 이소프렌

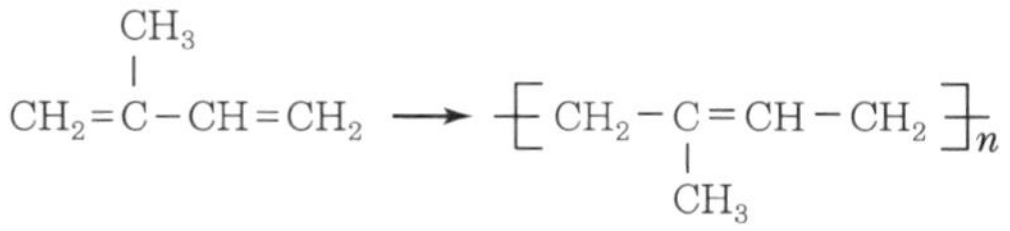

폴리이소프렌

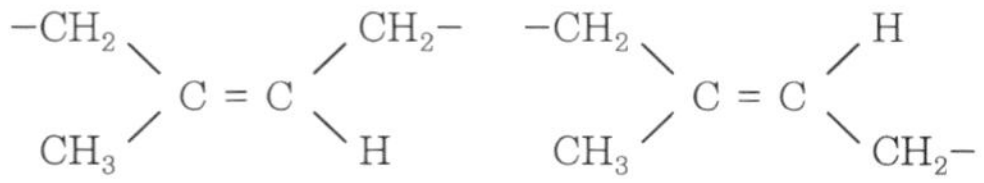

cis　　　　trans

④ 비닐알코올

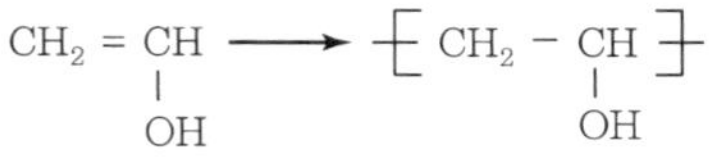

폴리비닐알코올

02 아래와 같은 특성을 가지고 있는 연료전지는?

• 전극으로는 세라믹 산화물이 사용된다. • 작동온도는 약 1,000℃이다. • 수소나 수소/일산화탄소 혼합물을 사용할 수 있다.

① 인산형 연료전지(PAFC)
② 용융탄산염 연료전지(MCFC)
③ 고체산화물형 연료전지(SOFC)
④ 알칼리 연료전지(AFC)

해설

연료전지

㉠ 인산형 연료전지
- 가장 먼저 상용화
- 백금 또는 니켈 입자를 분산시킨 탄소 촉매전극
- 연료 : 수소
- 산화체 : 공기 중 산소

㉡ 용융탄산염 연료전지
- 탄화수소를 개질할 때 생성되는 수소 또는 일산화탄소의 혼합가스를 직접 연료로 사용

정답 01 ④ 02 ③

- 650℃ 정도의 고온 유지

㉢ 고체산화물 연료전지
- 이온전도성 산화물을 전해질로 이용
- 1,000℃ 정도에서 작동
- 지르코니아(ZrO_2)와 같은 세라믹 산화물을 사용
- 이론에너지 효율은 저하, 에너지 회수율이 향상되면서 화력발전을 대체하고 석탄 가스를 이용한 고효율이 기대된다(50% 이상의 전기적 효율).

㉣ 알칼리 연료전지
- 아폴로 우주계획 등 우주선에 가장 많이 활용
- Raney 니켈, 은 촉매

㉤ 고분자 전해질 연료전지
- 듀퐁의 Nafion
- 작동온도가 낮다.

03 칼륨비료에 속하는 것은?

① 유안　　② 요소
③ 볏짚재　　④ 초안

해설

- 칼륨비료의 원료 : 간수, 해초, 초목재, 볏짚재, 용광로 Dust, 시멘트 Dust
- 질소비료 : 유안[$(NH_4)_2SO_4$, 황안], 요소(NH_2CONH_2), 초안(NH_4NO_3, 질안)

04 말레산 무수물을 벤젠의 공기산화법으로 제조하고자 할 때 사용되는 촉매는?

① V_2O_5
② $PdCl_2$
③ LiH_2PO_4
④ $Si-Al_2O_3$ 담체로 한 Nickel

해설

말레산 무수물

㉠ 벤젠의 공기산화법

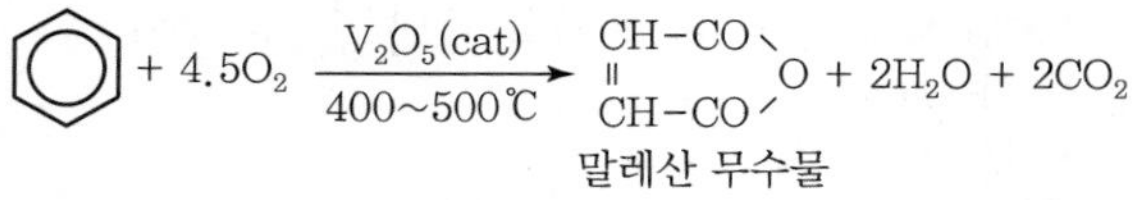

$Si-Al_2O_2$ 담체로 한 V_2O_5 촉매를 공기산화시켜 만든다.

㉡ 부텐의 산화법

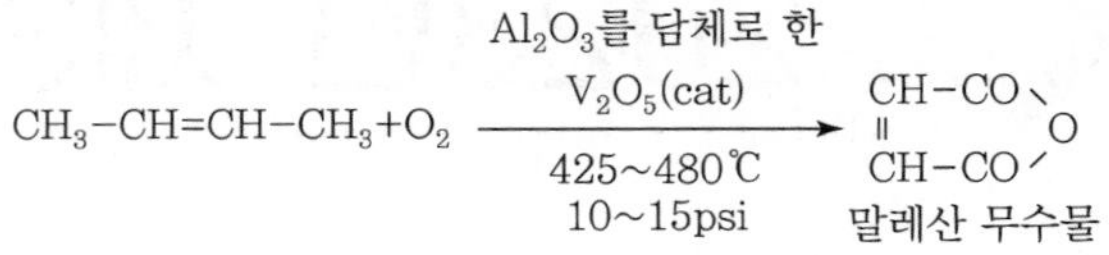

05 전류효율이 90%인 전해조에서 소금물을 전기분해하면 수산화나트륨과 염소, 수소가 만들어진다. 매일 17.75ton의 염소가 부산물로 나온다면 수산화나트륨의 생산량(ton/day)은?

① 16　　② 18
③ 20　　④ 22

해설

$$NaCl+H_2O \rightarrow NaOH+\frac{1}{2}Cl_2+\frac{1}{2}H_2 \rightarrow HCl$$

$$40 : \frac{1}{2}\times 71$$

$$x : 17.75\text{ton/day}$$

$\therefore x=20\text{ton/day}$

06 황산 제조공업에서의 바나듐 촉매 작용기구로서 가장 거리가 먼 것은?

① 원자가의 변화
② 3단계에 의한 회복
③ 산성의 피로인산염 생성
④ 화학변화에 의한 중간생성물의 생성

해설

V_2O_5 Catalyst

㉠ $V_2O_5+SO_2 \rightarrow V_2O_4+SO_3$

$V^{5+} \rightarrow V^{4+}$

적갈색 → 녹갈색

㉡ $2SO_2+O_2+V_2O_4 \rightarrow 2VOSO_4$

㉢ $2VOSO_4 \rightarrow V_2O_5+SO_2+SO_3$

※ 피로인산염 : 피로인산($H_4P_2O_7$)의 염. $M_4P_2O_7$

정답 03 ③ 04 ① 05 ③ 06 ③

07 열가소성 수지에 해당하는 것은?

① 폴리비닐알코올
② 페놀 수지
③ 요소 수지
④ 멜라민 수지

해설

• **열가소성 수지** : 가열 시 연화되어 외력을 가할 때 쉽게 변형되므로 성형가공 후 냉각하면 외력을 제거해도 성형된 상태를 유지하는 수지
예 폴리염화비닐, 폴리에틸렌, 폴리프로필렌, 폴리스티렌, 폴리아세트산, 폴리비닐알코올

• **열경화성 수지** : 가열 시 일단 연화되지만, 계속 가열하면 점점 경화되어 나중에는 온도를 올려도 연화, 용융되지 않고 원상태로 되지도 않는 성질의 수지
예 페놀수지, 요소수지, 멜라민수지, 에폭시수지, 알키드수지, 규소수지

08 다음 중 옥탄가가 가장 낮은 것은?

① Butane ② 1－Pentene
③ Toluene ④ Cyclohexane

해설

n－파라핀＜올레핀＜나프텐계＜방향족
동일계 탄화수소의 경우 비점이 낮을수록 옥탄가가 높다.

09 가성소다 제조에 있어 격막법과 수은법에 대한 설명 중 틀린 것은?

① 전류밀도는 수은법이 격막법의 약 5～6배가 된다.
② 가성소다 제품의 품질은 수은법이 좋고 격막법은 약 1～1.5% 정도의 NaCl을 함유한다.
③ 격막법은 양극실과 음극실 액의 pH가 다르다.
④ 수은법은 고농도를 만들기 위해서 많은 증기가 필요하기 때문에 보일러용 연료가 필요하므로 대기오염의 문제가 없다.

해설

격막법	수은법
• NaOH 농도(11～12%)가 낮으므로 농축비가 많이 든다. • 제품 중에 염화물 등을 함유하여 순도가 낮다.	• 제품의 순도가 높으며 진한 NaOH(50～73%)를 얻는다. • 전력비가 많이 든다. • 수은을 사용하므로 공해의 원인이 된다. • 이론분해전압과 전류밀도가 크다.

10 질산의 직접 합성 반응이 다음과 같을 때 반응 후 응축하여 생성된 질산용액의 농도는 얼마인가?

$$NH_3 + 2O_2 \rightleftarrows HNO_3 + H_2O$$

① 68wt% ② 78wt%
③ 88wt% ④ 98wt%

해설

질산의 직접 합성
㉠ 고농도 질산을 얻기 위한 방법
㉡ $NH_3 + 2O_2 \rightarrow HNO_3 + H_2O$
• 암모니아를 이론량만큼의 공기와 산화시킨 후 물을 제거해야 한다.
• 응축하면 78% HNO_3가 생성되므로 농축하거나 물을 제거해야 한다.

11 다음의 과정에서 얻어지는 물질로 (　　) 안에 알맞은 것은?

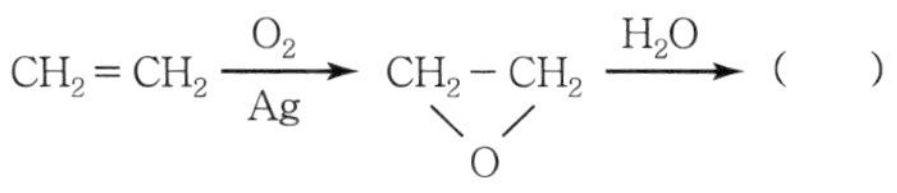

① 에탄올 ② 에텐디올
③ 에틸렌글리콜 ④ 아세트알데히드

해설

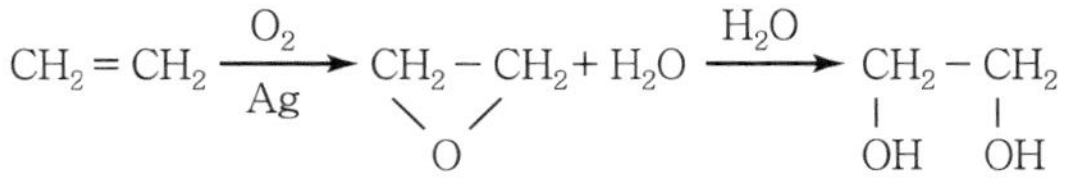

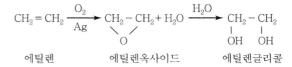

에틸렌　　에틸렌옥사이드　　에틸렌글리콜

정답 07 ① 08 ② 09 ④ 10 ② 11 ③

12 부식전류가 크게 되는 원인으로 가장 거리가 먼 것은?

① 용존산소 농도가 낮을 때
② 온도가 높을 때
③ 금속이 전도성이 큰 전해액과 접촉하고 있을 때
④ 금속 표면의 내부응력 차가 클 때

해설

부식전류가 크게 되는 원인
- 서로 다른 금속들이 접하고 있을 때
- 금속이 전도성이 큰 전해액과 접하고 있을 때
- 금속 표면의 내부 응력차가 클 때

13 건식법에 의한 인산제조공정에 대한 설명 중 옳은 것은?

① 인의 농도가 낮은 인광석을 원료로 사용할 수 있다.
② 고순도의 인산은 제조할 수 없다.
③ 전기로에서는 인의 기화와 산화가 동시에 일어난다.
④ 대표적인 건식법은 이수석고법이다.

해설

건식법 인산	습식법 인산
• 고순도, 고농도의 인산을 제조 • 저품위 인광석을 처리할 수 있다. • 인의 기화와 산화를 따로 할 수 있다. • Slag는 시멘트의 원료가 된다.	• 순도와 농도가 낮다. • 품질이 좋은 인광석을 사용해야 한다. • 주로 비료용에 사용된다.

14 접촉식 황산제조 공정에서 전화기에 대한 설명 중 옳은 것은?

① 전화기 조작에서 온도조절이 좋지 않아서 온도가 지나치게 상승하면 전화율이 감소하므로 이에 대한 조절이 중요하다.
② 전화기는 SO_3 생성열을 제거시키며 동시에 미반응 가스를 냉각시킨다.
③ 촉매의 온도는 200℃ 이하로 운전하는 것이 좋기 때문에 열교환기의 용량을 증대시킬 필요가 있다.
④ 전화기의 열교환방식은 최근에는 거의 내부 열교환방식을 채택하고 있다.

해설

전화기(반응온도 : 420~450℃)

$$SO_2 + \frac{1}{2}O_2 \xrightleftharpoons{\text{Pt 또는 } V_2O_5} SO_3 + 22.6\text{kcal}$$

- 발열반응이므로 저온에서 진행하면 반응속도가 느려지므로 저온에서 반응속도를 크게 하기 위해 촉매를 사용한다.
- 온도가 상승하면 $SO_2 \rightarrow SO_3$의 전화율은 감소하나 SO_2와 O_2의 분압을 높이면 전화율이 증가하게 된다.

15 질산을 공업적으로 제조하기 위하여 이용하는 다음 암모니아 산화반응에 대한 설명으로 옳지 않은 것은?

$$4NH_3 + 5O_2 \rightarrow 4NO + 6H_2O$$

① 바나듐(V_2O_5) 촉매가 가장 많이 이용된다.
② 암모니아와 산소의 혼합가스는 폭발성이 있기 때문에 $[O_2]/[NH_3] = 2.2 \sim 2.3$이 되도록 주의한다.
③ 산화율에 영향을 주는 인자 중 온도와 압력의 영향이 크다.
④ 반응온도가 지나치게 높아지면 산화율은 낮아진다.

해설

$4NH_3 + 5O_2 \rightarrow 4NO + 6H_2O$
- Pt－Rh 촉매가 가장 많이 사용된다.
- 최대 산화율은 $O_2/NH_3 = 2.2 \sim 2.3$이 되어야 한다.
- 압력을 가하면 산화율은 저하된다.

16 LPG에 대한 설명 중 틀린 것은?

① C_3, C_4의 탄화수소가 주성분이다.
② 상온, 상압에서는 기체이다.
③ 그 자체로 매우 심한 독한 냄새가 난다.
④ 가압 또는 냉각시킴으로써 액화한다.

해설

LPG(Liquefied Petroleum Gas)
- C_3, C_4의 탄화수소가 주성분이다.
- 끓는점이 낮은 탄화수소가스를 상온에서 가압하거나 냉각시켜 액화한다.
- 원래 무색, 무취이나 질식 및 화재의 위험성 때문에 식별할 수 있도록 냄새를 화학적으로 첨가한다.

정답 12 ① 13 ① 14 ① 15 ① 16 ③

17 Friedel－Crafts 알칼화 반응에서 주로 사용하는 촉매는?

① $AlCl_3$　② $ZnCl_2$
③ BaI_3　④ $HgCl_2$

해설

Friedel－Crafts 촉매
$AlCl_3$, $FeCl_3$, BF_3 등

18 CuO 존재하에 NH_3를 염화벤젠에 첨가하고, 가압하면 생성되는 주요 물질은?

① 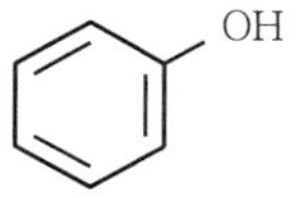

② 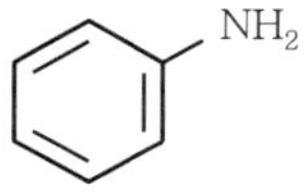

③ 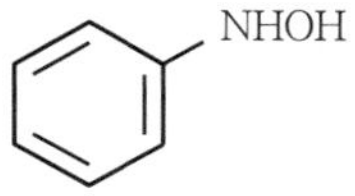

④ 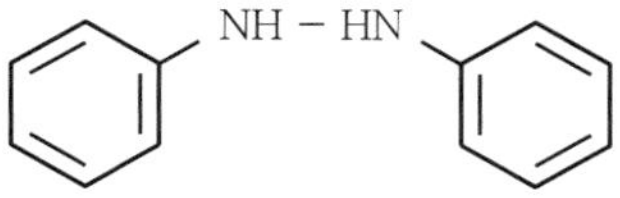

해설

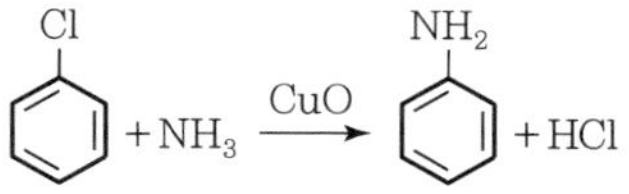

19 다음 중 테레프탈산을 얻을 수 있는 반응은?

① m－크실렌(Xylene) 산화
② p－크실렌(Xylene) 산화
③ 나프탈렌의 산화
④ 벤젠의 산화

해설

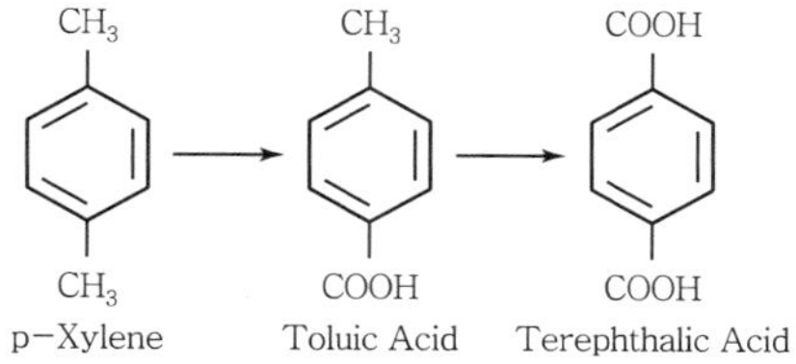

20 생성된 입상 중합체를 직접 사용하여 연속적으로 교반하여 종합하며 중합열의 제어가 용이하지만 안정제에 의한 오염이 발생하므로 세척, 건조가 필요한 중합법은?

① 괴상중합　② 용액중합
③ 현탁중합　④ 축중합

해설

현탁중합(서스펜션 중합)

- 단량체를 녹이지 않는 액체에 격렬한 교반으로 분산시켜 중합한다.
- 강제로 분산된 단량체의 작은 방울에서 중합이 일어난다.
- 개시제는 단량체에 녹는 것을 사용하며, 단량체 방울이 뭉치지 않고 유지되도록 안정제를 사용한다.
- 중합열의 분산이 용이하고 중합체가 작은 입자 모양으로 얻어지므로 분리 및 처리가 용이하다.
- 세정 및 건조공정을 필요로 하고 안정제에 의한 오염이 발생한다.

2과목 반응운전

21 어떤 단일성분 물질의 분해반응이 1차 반응으로 99%까지 분해하는 데 6,646초가 소요되었다면 30%까지 분해하는 데는 약 몇 초가 소요되는가?

① 515　② 540
③ 720　④ 813

해설

$\ln(1-X_A) = -kt$

$\ln(1-0.99) = -k \times 6{,}646$　$\therefore k = 6.93 \times 10^{-4}$

$\ln(1-0.3) = -6.93 \times 10^{-4} \times t$　$\therefore t = 514.7$초

정답 17 ① 18 ② 19 ② 20 ③ 21 ①

22 액상 반응을 위해 다음과 같이 CSTR 반응기를 연결하였다. 이 반응의 반응 차수는?

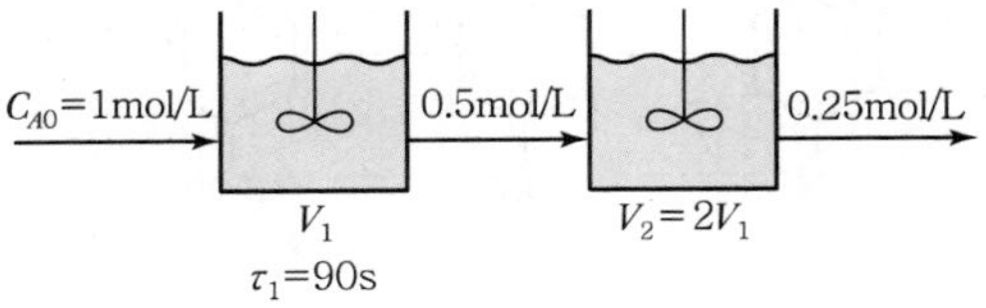

① 1　　② 1.5
③ 2　　④ 2.5

해설

$$k\tau C_{A0}{}^{n-1}=\frac{X_A}{(1-X_A)^n}$$
$$k\times 90=\frac{0.5}{(1-0.5)^n}$$
$$k\times 180\times 0.5^{n-1}=\frac{0.5}{(1-0.5)^n}$$
$$90=180\times 0.5^{n-1}$$
$$0.5=0.5^{n-1}$$
$\therefore$ n=2차

23 순환비가 1인 등온 순환 플러그흐름반응기에서 기초 2차 액상 반응 $2A \rightarrow 2R$이 $\frac{2}{3}$의 전화를 일으킨다. 순환비를 0으로 하였을 경우 전화율은?

① 0.25　　② 0.5
③ 0.75　　④ 1

해설

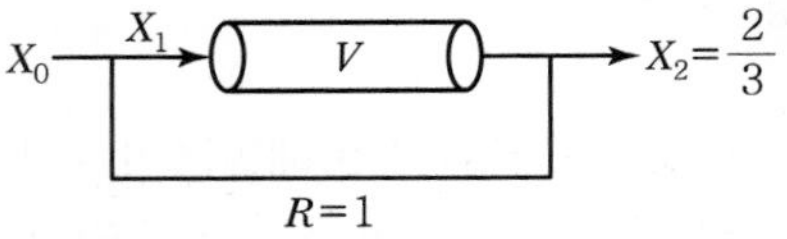

$$X_1=\frac{R}{R+1}X_f=\frac{1}{2}\times\frac{2}{3}=\frac{1}{3}$$
$$\frac{V}{F_{A0}}=\frac{\tau}{C_{A0}}=(R+1)\int_{X_{A_1}}^{X_{A_f}}\frac{dX_A}{-r_A}$$
2차 $-r_A=kC_A{}^2=kC_{A0}{}^2(1-X_A)^2$
$$\frac{\tau}{C_{A0}}=2\int_{\frac{1}{3}}^{\frac{2}{3}}\frac{dX_A}{kC_{A0}{}^2(1-X_A)^2}$$
$$kC_{A0}\tau=2\left[\frac{1}{1-X_A}\right]_{\frac{1}{3}}^{\frac{2}{3}}=3$$
순환비 → 0 : PFR
$$kC_{A0}\tau=\frac{X_A}{1-X_A}=3$$
$\therefore$ X_A =0.75

24 혼합흐름반응기에서 다음과 같은 1차 연속반응이 일어날 때 중간생성물 R의 최대농도($C_{R,\max}/C_{A0}$)는?

$A \rightarrow R \rightarrow S$(속도상수는 각각 k_1, k_2)

① $\left[\left(\frac{k_2}{k_1}\right)^2+1\right]^{-1/2}$　　② $\left[\left(\frac{k_1}{k_2}\right)^2+1\right]^{-1/2}$
③ $\left[\left(\frac{k_2}{k_1}\right)^{1/2}+1\right]^{-2}$　　④ $\left[\left(\frac{k_1}{k_2}\right)^{1/2}+1\right]^{-2}$

해설

- CSTR

$$\tau_{m.opt}=\frac{1}{\sqrt{k_1k_2}}$$
$$\frac{C_{R,\max}}{C_{A0}}=\left[\left(\frac{k_2}{k_1}\right)^{\frac{1}{2}}+1\right]^{-2}$$

- PFR

$$\frac{C_{R,\max}}{C_{A0}}=\left(\frac{k_1}{k_2}\right)^{\frac{k_2}{k_2-k_1}},\ \tau_{p.opt}=\frac{\ln(k_2/k_1)}{k_2-k_1}$$

25 체적이 일정한 회분식 반응기에서 다음과 같은 기체 반응이 일어난다. 초기의 전압과 분압을 각각 P_0, P_{A0}, 나중의 전압을 P라 할 때 분압 P_A을 표시하는 식은?(단, 초기에 A, B는 양론비대로 존재하고 R은 없다.)

$aA+bB\rightarrow rR$

① $P_A=P_{A0}-[a/(r+a+b)](P-P_0)$
② $P_A=P_{A0}-[a/(r-a-b)](P-P_0)$
③ $P_A=P_{A0}+[a/(r-a-b)](P-P_0)$
④ $P_A=P_{A0}+[a/(r+a+b)](P-P_0)$

정답 22 ③ 23 ③ 24 ③ 25 ②

해설

$$\begin{array}{llccc} & & aA \quad + & bB \quad \rightarrow & rR \\ t=0 & : & N_{A0} & N_{B0} & N_{R0} \\ t=t & : & N_{A0}-ax & N_{B0}-bx & N_{R0}+rx \end{array}$$

$N_0 = N_{A0} + N_{B0} + N_{R0}$

$N = N_0 + x(r-a-b) = N_0 + x\Delta n$

$x = \dfrac{N-N_0}{\Delta n}$

$C_A = \dfrac{N_A}{V} = \dfrac{N_{A0}-ax}{V} = \dfrac{N_{A0}}{V} - \dfrac{a}{V} \cdot \dfrac{N-N_0}{\Delta n}$

$P_A = C_A RT$

$\quad = P_{A0} - \dfrac{a}{\Delta n}(P-P_0)$

$\quad = P_{A0} - \dfrac{a}{(r-a-b)}(P-P_0)$

26 다음과 같은 1차 병렬 반응이 일정한 온도의 회분식 반응기에서 진행되었다. 반응시간이 1,000s일 때 반응물 A가 90% 분해되어 생성물은 R이 S의 10배로 생성되었다. 반응 초기에 R과 S의 농도를 0으로 할 때, k_1 및 k_1/k_2은 각각 얼마인가?

$A \rightarrow R,\ r_1 = k_1 C_A$ $A \rightarrow 2S,\ r_2 = k_2 C_A$

① $k_1 = 0.131/\text{min},\ k_1/k_2 = 20$

② $k_1 = 0.046/\text{min},\ k_1/k_2 = 10$

③ $k_1 = 0.131/\text{min},\ k_1/k_2 = 10$

④ $k_1 = 0.046/\text{min},\ k_1/k_2 = 20$

해설

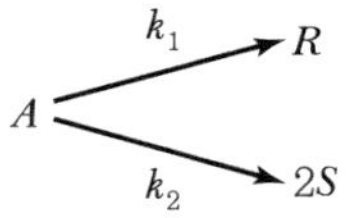

$-\ln(1-X_A) = (k_1+k_2)t$

$-\ln(1-0.9) = (20k_2+k_2) \times \dfrac{1,000}{60}$

$\therefore\ k_2 = 0.00658/\text{min}$

$\quad k_1 = 20k_2 = 0.131/\text{min}$

27 공간시간과 평균체류시간에 대한 설명 중 틀린 것은?

① 밀도가 일정한 반응계에서는 공간시간과 평균체류시간은 항상 같다.

② 부피가 팽창하는 기체반응의 경우 평균체류시간은 공간시간보다 적다.

③ 반응물의 부피가 전화율과 직선관계로 변하는 관형 반응기에서 평균체류시간은 반응속도와 무관하다.

④ 공간시간과 공간속도의 곱은 항상 1이다.

해설

액상 : τ(공간시간) $= \bar{t}$ (평균체류시간)

기상 : τ(공간시간) $\neq \bar{t}$ (평균체류시간)

τ(공간시간) $= \dfrac{1}{S(\text{공간속도})}$

28 $A \rightarrow R,\ r_R = k_1 C_A^{a_1}$이 원하는 반응이고 $A \rightarrow S,\ r_S = k_1 C_A^{a_2}$이 원하지 않는 반응일 때 R을 더 많이 얻기 위한 방법으로 옳은 것은?

① $a_1 = a_2$일 때는 A의 농도를 높인다.

② $a_1 > a_2$일 때는 A의 농도를 높인다.

③ $a_1 < a_2$일 때는 A의 농도를 높인다.

④ $a_1 = a_2$일 때는 A의 농도를 낮춘다.

해설

$S = \dfrac{r_R}{r_S} = \dfrac{k_1 C_A^{a_1}}{k_2 C_A^{a_2}} = \dfrac{k_1}{k_2} C_A^{a_1 - a_2}$

- $a_1 > a_2$: C_A를 높게 유지
- $a_1 = a_2$: 농도에 관계없이 속도상수로 결정
- $a_1 < a_2$: C_A를 낮게 유지

정답 26 ① 27 ③ 28 ②

29 다음과 같은 플러그흐름반응기에서의 반응시간에 따른 $C_B(t)$는 어떤 관계로 주어지는가?(단, k는 각 경로에서의 속도상수, C_{A0}는 A의 초기농도, t는 시간이고, 초기에 A만 존재한다.)

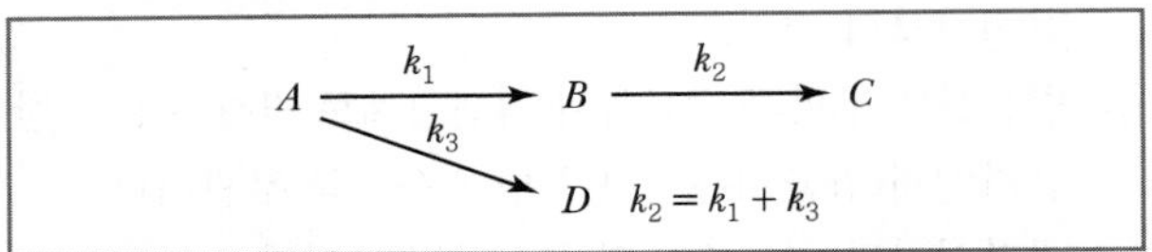

① $k_3 C_{A0} t e^{-k_1 t}$　② $k_1 C_{A0} t e^{-k_2 t}$

③ $k_1 C_{A0} e^{-k_3 t} + k_2 C_B$　④ $k_1 C_{A0} e^{-k_2 t} + k_2 C_B$

해설

$$-r_A = -\frac{dC_A}{dt} = k_1 C_A + k_3 C_A = k_2 C_A$$

$$-\frac{dC_A}{C_A} = k_2 dt \rightarrow -\ln\frac{C_A}{C_{A0}} = k_2 t$$

$$\therefore\ C_A = C_{A0} e^{-k_2 t}$$

$$r_B = \frac{dC_B}{dt} = k_1 C_A - k_2 C_B = k_1 C_{A0} e^{-k_2 t} - k_2 C_B$$

$$\frac{dC_B}{dt} + k_2 C_B = k_1 C_{A0} e^{-k_2 t}$$

$$\xrightarrow{\text{라플라스 변환}} s C_B(s) + k_2 C_B(s) = \frac{k_1 C_{A0}}{s + k_2}$$

$$C_B(s) = \frac{k_1 C_{A0}}{(s + k_2)^2} \xrightarrow{\text{역변환}} C_B = k_1 C_{A0} t e^{-k_2 t}$$

30 $A \rightarrow C$의 촉매반응이 다음과 같은 단계로 이루어진다. 탈착반응이 율속단계일 때 Langmuir Hinshelwood 모델의 반응속도식으로 옳은 것은?(단, A는 반응물, S는 활성점, AS와 CS는 흡착 중간체이며, k는 속도상수, K는 평형상수, S_0는 초기 활성점, [ ]는 농도를 나타낸다.)

- 단계 1 : $A + S \xrightarrow{k_1} AS$, $[AS] = K_1 [S][A]$
- 단계 2 : $AS \xrightarrow{k_2} CS$, $[CS] = K_2 [AS] = K_2 K_1 [S][A]$
- 단계 3 : $CS \xrightarrow{k_3} C + S$

① $r_3 = \dfrac{[S_0] k_1 K_1 K_2 [A]}{1 + (K_1 + K_2 K_1)[A]}$

② $r_3 = \dfrac{[S_0] k_3 K_1 K_2 [A]}{1 + (K_1 + K_2 K_1)[A]}$

③ $r_3 = \dfrac{[S_0] k_1 k_2 K_1 K_2 [A]}{1 + (K_1 + K_2 K_1)[A]}$

④ $r_3 = \dfrac{[S_0] k_1 k_3 K_1 K_2 [A]}{1 + (K_1 + K_2 K_1)[A]}$

해설

탈착반응이 율속단계일 때

$r_1 = k_1[A][S] - k_{-1}[A \cdot S] = 0$

$[A \cdot S] = K_1[A][S]$

$r_2 = k_2[A \cdot S] - k_{-2}[C \cdot S] = 0$

$[C \cdot S] = K_2[A \cdot S] = K_1 K_2 [A][S]$

$r_3 = k_3[C \cdot S] = k_3 K_1 K_2 [A][S]$

$[S_o] = [S] + [A \cdot S] + [C \cdot S]$

$= [S] + K_1[A][S] + K_1 K_2 [A][S]$

$= [S]\{1 + K_1[A] + K_1 K_2[A]\}$

$[S] = \dfrac{[S_o]}{1 + K_1[A] + K_1 K_2[A]}$

$\therefore \Rightarrow r_3 = \dfrac{k_3 K_1 K_2 [A][S_o]}{1 + K_1[A] + K_1 K_2[A]}$

31 에탄올과 톨루엔의 65℃에서의 P_{XY}선도는 선형성으로부터 충분히 큰 양(+)의 편차를 나타낸다. 이렇게 상당한 양의 편차를 지닐 때 분자 간 인력을 옳게 나타낸 것은?

① 같은 종류의 분자 간 인력 > 다른 종류의 분자 간 인력

② 같은 종류의 분자 간 인력 < 다른 종류의 분자 간 인력

③ 같은 종류의 분자 간 인력 = 다른 종류의 분자 간 인력

④ 같은 종류의 분자 간 인력 + 다른 종류의 분자 간 인력 = 0

해설

최저공비혼합물

- 휘발도가 이상적으로 큰 경우($\gamma_A > 1$, $\gamma_B > 1$)
- 같은 종류의 분자 간 인력 > 다른 종류의 분자 간 인력

정답 29 ② 30 ② 31 ①

• 증기압은 최고점, 비점은 최저점을 나타낸다.

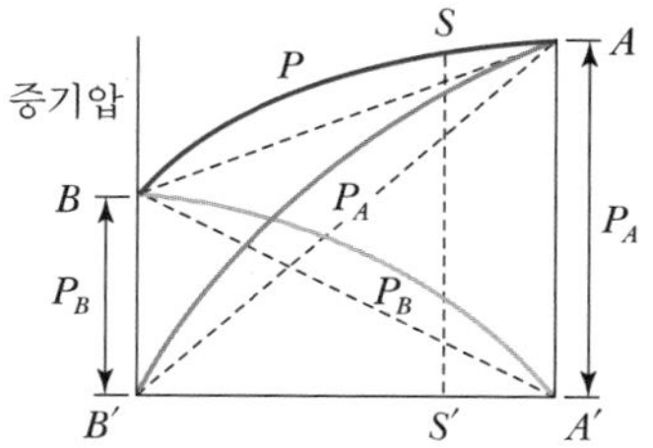

32 Carnot 냉동기가 −5℃의 저열원에서 10,000 kcal/h의 열량을 흡수하여 20℃의 고열원에서 방출할 때 버려야 할 최소 열량은?

① 7,760kcal/h　　② 8,880kcal/h
③ 10,932kcal/h　　④ 12,242kcal/h

해설

성능계수

$$COP = \frac{T_2}{T_1 - T_2} = \frac{Q_c}{Q_H - Q_c}$$

$$\frac{268}{293 - 268} = \frac{10,000}{Q - 10,000}$$

$\therefore\ Q = 10,932.8$kcal/h

33 이상기체의 단열과정에서 온도와 압력에 관계된 식이다. 옳게 나타낸 것은?(단, 열용량비 $\gamma = \dfrac{C_p}{C_v}$이다.)

① $\dfrac{T_2}{T_1} = \left(\dfrac{P_2}{P_1}\right)^{\frac{\gamma-1}{\gamma}}$　　② $\dfrac{T_2}{T_1} = \left(\dfrac{P_1}{P_2}\right)^{\gamma}$

③ $\dfrac{T_1}{T_2} = \ln\left(\dfrac{P_1}{P_2}\right)$　　④ $\dfrac{T_2}{T_1} = \left(\dfrac{P_2}{P_1}\right)$

해설

이상기체의 단열과정

$$\frac{T_2}{T_1} = \left(\frac{P_2}{P_1}\right)^{\frac{\gamma-1}{\gamma}}$$

$$\frac{T_2}{T_1} = \left(\frac{V_1}{V_2}\right)^{\gamma-1}$$

$$\frac{P_2}{P_1} = \left(\frac{V_1}{V_2}\right)^{\gamma}$$

34 다음 도표상의 점 A로부터 시작되는 여러 경로 중 액화가 일어나지 않는 공정은?

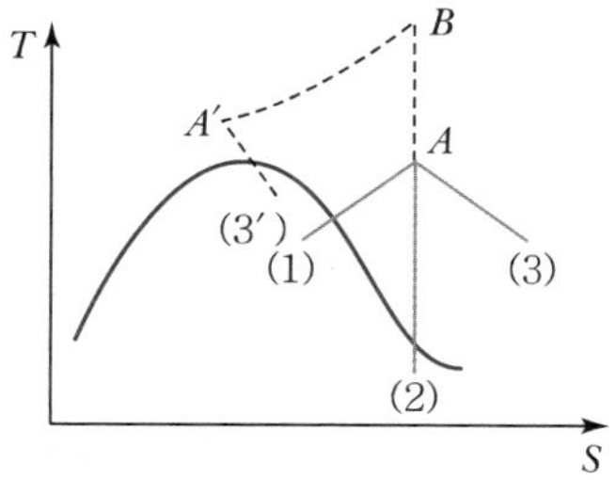

① $A \rightarrow (1)$　　② $A \rightarrow (2)$
③ $A \rightarrow (3)$　　④ $A \rightarrow B \rightarrow A' \rightarrow (3')$

해설

액화공정

• $A \rightarrow (1)$: 일정 압력하에서 열교환에 의하여
• $A \rightarrow (2)$: 일이 얻어지는 팽창공정(등엔트로피 팽창)
• $A \rightarrow B \rightarrow A' \rightarrow (3')$: 조름공정에 의하여

35 화학반응의 평형상수 K의 정의로부터 다음의 관계식을 얻을 수 있을 때 이 관계식에 대한 설명 중 틀린 것은?

$$\frac{d\ln K}{dT} = \frac{\Delta H^\circ}{RT^2}$$

① 온도에 대한 평형상수의 변화를 나타낸다.
② 발열반응에서는 온도가 증가하면 평형상수가 감소함을 보여준다.
③ 주어진 온도구간에서 ΔH°가 일정하면 $\ln K$를 T의 함수로 표시했을 때 직선의 기울기가 $\dfrac{\Delta H^\circ}{R^2}$이다.
④ 화학반응의 ΔH°를 구하는 데 사용할 수 있다.

해설

$$\ln K = -\frac{\Delta H^\circ}{RT}$$

기울기는 $-\dfrac{\Delta H^\circ}{R}$

• 발열반응($\Delta H < 0$)이면 T가 증가할 때 K는 감소한다.
• 흡열반응($\Delta H > 0$)이면 T가 증가할 때 K는 증가한다.

정답 32 ③ 33 ① 34 ③ 35 ③

36 퓨가시티(Fugacity)에 관한 설명 중 틀린 것은?(단, G_i는 성분 i의 깁스자유에너지, f는 퓨가시티이다.)

① 이상기체의 압력 대신 비이상기체에서 사용된 새로운 함수이다.

② $dG_i = RT\frac{dP}{P}$에서 P 대신 퓨가시티를 쓰면 이 식은 실제기체에 적용할 수 있다.

③ $\lim_{P\to 0}\frac{f}{P} = \infty$의 등식이 성립된다.

④ 압력과 같은 차원을 갖는다.

해설

$\lim_{P\to 0}\frac{f}{P} = 1$

$P \to 0$ 실제기체가 이상기체에 가까워진다.

37 단열된 상자가 같은 부피로 3등분 되었는데, 2개의 상자에는 각각 아보가드로(Avogadro)수의 이상기체 분자가 들어 있고 나머지 한 개에는 아무 분자도 들어 있지 않다고 한다. 모든 칸막이가 없어져서 기체가 전체 부피를 차지하게 되었다면 이때 엔트로피 변화값 기체 1몰당 ΔS에 해당하는 것은?

① $\Delta S = R\ln\frac{2}{3}$　② $\Delta S = RT\ln\frac{2}{3}$

③ $\Delta S = R\ln\frac{3}{2}$　④ $\Delta S = RT\ln\frac{3}{2}$

해설

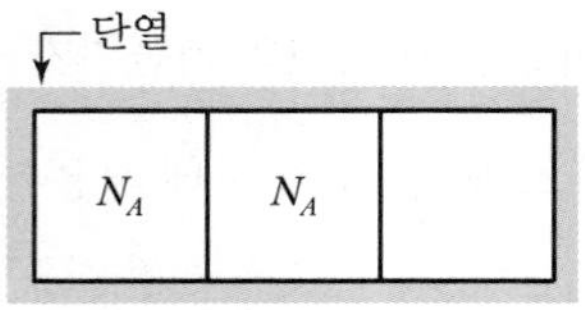

온도는 변하지 않고, 기체의 압력은 $\frac{2}{3}$로 줄어든다.

$\therefore\ \Delta S = -R\ln\frac{P_2}{P_1} = R\ln\frac{V_2}{V_1} = R\ln\frac{3}{2}$

38 이상기체에 대하여 일(W)이 다음과 같은 식으로 나타나면 이 계는 어떤 과정으로 변화하였는가?(단, Q는 열, P_1은 초기압력, P_2는 최종압력, T는 온도이다.)

$$Q = -W = RT\ln\left(\frac{P_1}{P_2}\right)$$

① 정온과정　② 정용과정

③ 정압과정　④ 단열과정

해설

- 등온과정 : $Q = -W = RT\ln\frac{V_2}{V_1} = RT\ln\frac{P_1}{P_2}$
- 등압과정 : $Q = \Delta H = C_p\Delta T$
- 등적과정 : $Q = \Delta U = C_v\Delta T$
- 단열과정 : $Q = 0$

39 다음 중 브레이턴(Brayton) 사이클은?

①
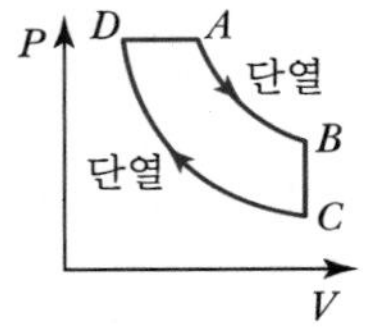

②
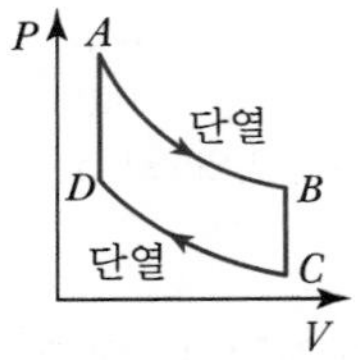

③
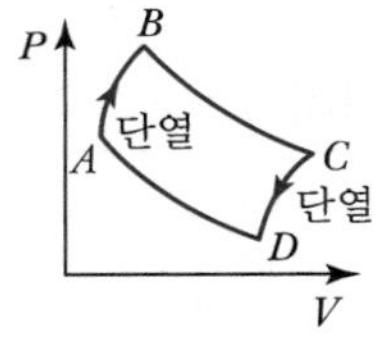

④
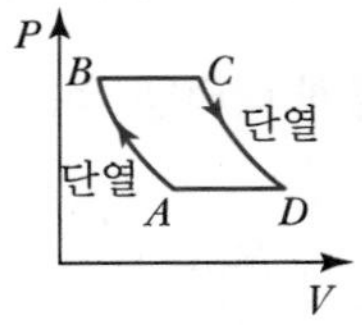

해설

Brayton 사이클

이상적인 기체 – 터빈기관

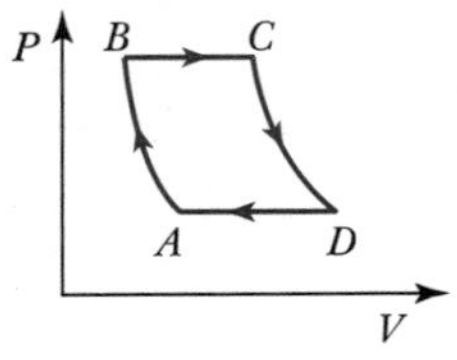

$\eta = 1 - \left(\frac{P_A}{P_B}\right)^{\frac{\gamma-1}{\gamma}}$

정답 36 ③ 37 ③ 38 ① 39 ④

40 실제 기체의 압력이 0에 접근할 때, 잔류(Residual) 특성에 대한 설명으로 옳은 것은?(단, 온도는 일정하다.)

① 잔류 엔탈피는 무한대에 접근하고 잔류 엔트로피는 0에 접근한다.
② 잔류 엔탈피와 잔류 엔트로피 모두 무한대에 접근한다.
③ 잔류 엔탈피와 잔류 엔트로피 모두 0에 접근한다.
④ 잔류 엔탈피는 0에 접근하고 잔류 엔트로피는 무한대에 접근한다.

해설

잔류성질

$M^R = M - M^{ig}$

여기서, M : V, U, H, S, G의 1mol당 값

잔류성질 = 실제값 − 이상기체의 값

이상기체의 $M^R = 0$

3과목 단위공정관리

41 점도 1cP는 몇 kg/m s인가?

① 0.1 ② 0.01
③ 0.001 ④ 0.0001

해설

$1\text{cP} = 0.01\text{P} = 0.01\text{g/cm s}$
$= 0.001\text{kg/m s}$

42 수심 20m 지점의 물의 압력은 몇 $\text{kg}_\text{f}/\text{cm}^2$인가?(단, 수면에서의 압력은 1atm이다.)

① 1.033 ② 2.033
③ 3.033 ④ 4.033

해설

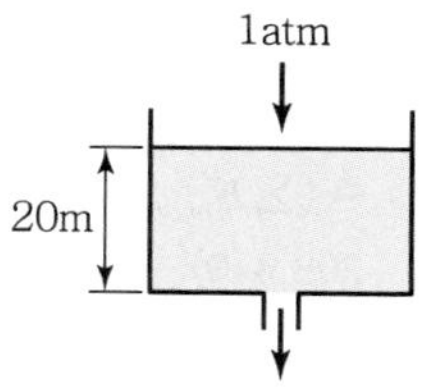

$$P = P_0 + \rho \frac{g}{g_c} h$$
$$= 1.0332\text{kg}_\text{f}/\text{cm}^2 + 1{,}000\text{kg}_\text{f}/\text{m}^3 \times 20\text{m} \times 1\text{m}^2/100^2\text{cm}^2$$
$$= 3.033\,\text{kg}_\text{f}/\text{cm}^2$$

43 $n-C_5H_{12}$와 iso$-C_5H_{12}$의 혼합물을 다음 그림과 같이 증류할 때 우회(Bypass)되는 양 X는 몇 kg/h인가?

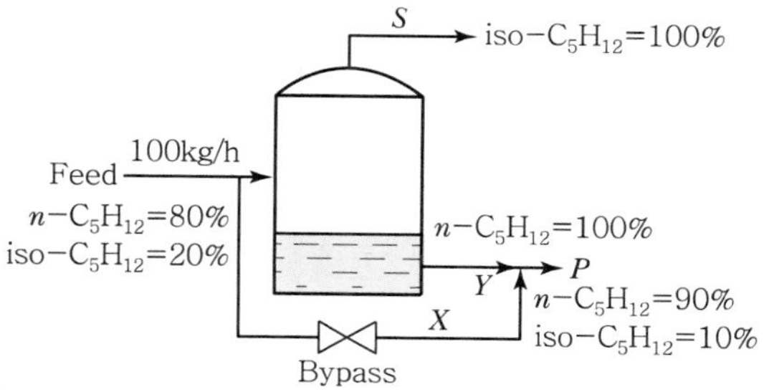

① 89.5 ② 55.5
③ 44.5 ④ 11.5

해설

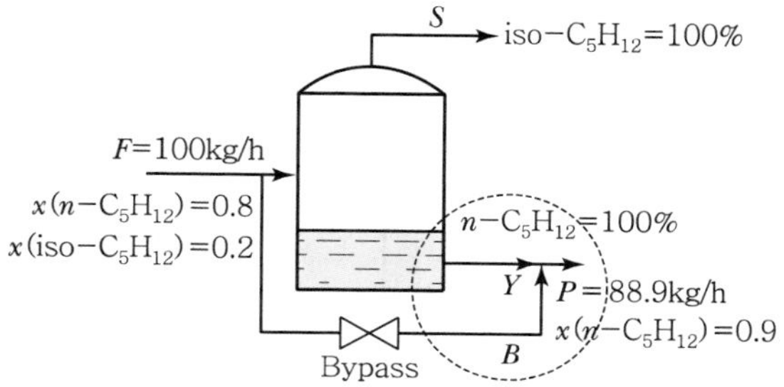

$F = S + P$
$100 = S + P$
$100 \times 0.2 = (100 - P) \times 1 + P \times 0.1$
$\therefore\ P = 88.9\,\text{kg/h}$

$(88.9 - B) \times 1 + B \times 0.8 = 88.9 \times 0.9$
$\therefore\ B = 44.5\,\text{kg/h}$

정답 40 ③ 41 ③ 42 ③ 43 ③

44 18℃, 700mmHg에서 상대습도 50%의 공기의 몰습도는 약 몇 $kmolH_2O/kmol$ 건조공기인가?(단, 18℃의 포화수증기압은 15.477mmHg이다.)

① 0.001 ② 0.011
③ 0.022 ④ 0.033

해설

상대습도 $H_R = \dfrac{p_V}{p_S} \times 100\%$

$50 = \dfrac{p_V}{15.477} \times 100$

$\therefore\ p_V = 7.74\,\text{mmHg}$

몰습도 $H_m = \dfrac{p_V}{P - p_V} = \dfrac{7.74}{700 - 7.74} = 0.011$

45 에탄올 20wt%, 수용액 200kg을 증류장치를 통하여 탑 위에서 에탄올 40wt%, 수용액 20kg을 얻었다. 탑 밑으로 나오는 에탄올 수용액의 농도는 약 얼마인가?

① 3wt% ② 8wt%
③ 12wt% ④ 18wt%

해설

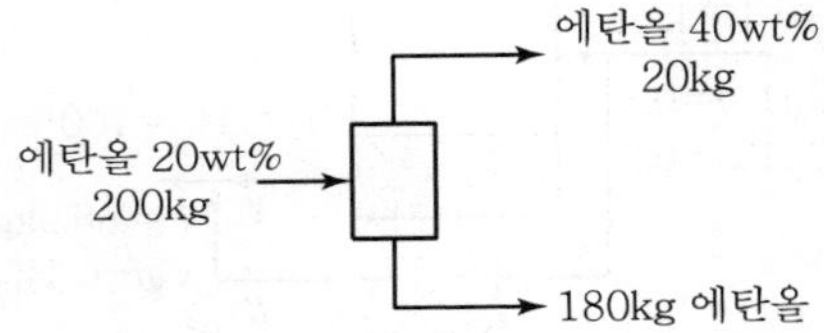

$200 \times 0.2 = 20 \times 0.4 + 180 \times x$

$\therefore\ x \fallingdotseq 0.18(18\text{wt}\%)$

46 흡수 충전탑에서 조작선(Operating Line)의 기울기를 $\dfrac{L}{V}$이라 할 때 틀린 것은?

① $\dfrac{L}{V}$의 값이 커지면 탑의 높이는 짧아진다.

② $\dfrac{L}{V}$의 값이 작아지면 탑의 높이는 길어진다.

③ $\dfrac{L}{V}$의 값은 흡수탑의 경제적인 운전과 관계가 있다.

④ $\dfrac{L}{V}$의 최솟값은 흡수탑 하부에서 기액 간의 농도차가 가장 클 때의 값이다.

해설

기-액 한계비$\left(\dfrac{L}{V}\right)$

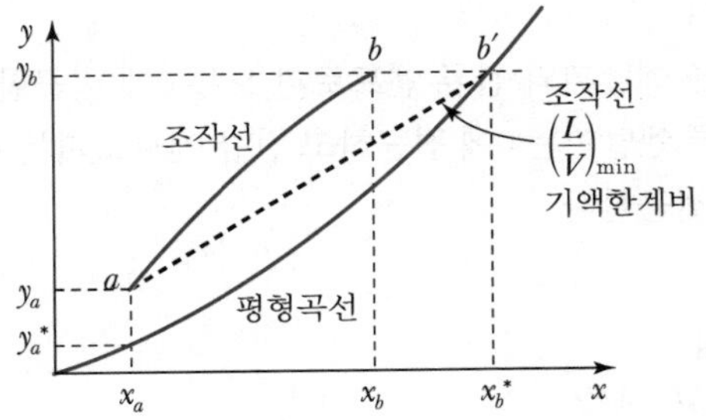

- $\dfrac{L}{V}$ 값이 커지면 흡수의 추진력이 커지므로 흡수탑의 높이는 작아도 된다.
- 탑 밑바닥에서 농도 차이가 0이 되어 무한대로 기다란 충전층이 필요하다.
- $\dfrac{L}{V}$비는 맞흐름탑에서 흡수의 경제성에 미치는 영향이 크다.
- 조작선 식

$$y = \frac{L}{V}x + \frac{V_a y_a - L_b x_b}{V}$$

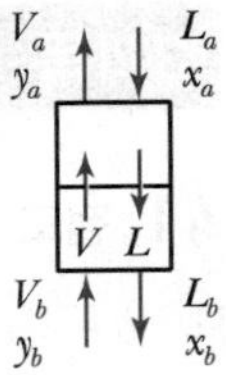

47 다음과 같은 반응의 표준반응열은 몇 kcal/mol인가?(단, C_2H_5OH, CH_3COOH, $CH_3COOC_2H_5$의 표준연소열은 각각 −326,700kcal/mol, −208,340kcal/mol, −538,750kcal/mol이다.)

$$C_2H_5OH(l) + CH_3COOH(l) \rightarrow CH_3COOC_2H_5(l) + H_2O(l)$$

① −14,240 ② −3,710
③ 3,710 ④ 14,240

해설

반응열 $= (\Sigma H_{reactant})_c - (\Sigma H_{product})_c$
$= (-326{,}700 - 208{,}340) - (-538{,}750)$
$= 3{,}710\,\text{kcal/mol}$

정답 44 ② 45 ④ 46 ④ 47 ③

48 3중 효용관의 첫 증발관에 들어가는 수증기의 온도는 110℃이고 맨 끝 효용관에서 용액의 비점은 53℃이다. 각 효용관의 총괄 열전달계수(W/m² ℃가 2,500, 2,000, 1,000일 때 2효용관액의 끓는점은 약 몇 ℃인가?(단, 비점 상승이 매우 작은 액체를 농축하는 경우이다.)

① 73 ② 83
③ 93 ④ 103

해설

$R_1 : R_2 : R_3 = \frac{1}{2,500} : \frac{1}{2,000} : \frac{1}{1,000} = 4:5:10$
$R = R_1 + R_2 + R_3 = 19$

$\Delta t : \Delta t_1 : \Delta t_2 = R : R_1 : R_2$
57℃ : $\Delta t_1 = 19 : 4$
$\Delta t_1 = 110 - t_2 = 12$
$\therefore t_2 = 98℃$

$\Delta t_1 : \Delta t_2 = R_1 : R_2$
12℃ : $\Delta t_2 = 4 : 5$
$\therefore \Delta t_2 = 15℃$

$\Delta t_2 = 98℃ - t_3 = 15℃$
$\therefore t_3 = 83℃$

49 이상기체 A의 정압열용량을 다음 식으로 나타낸다고 할 때 1mol을 대기압하에서 100℃에서 200℃까지 가열하는 데 필요한 열량은 약 몇 cal/mol인가?

$$C_p(\text{cal/mol K}) = 6.6 + 0.96 \times 10^{-3} T$$

① 401 ② 501
③ 601 ④ 701

해설

$$Q = \int_{T_1}^{T_2} C_p dT$$
$$= \int_{373}^{473} (6.6 + 0.96 \times 10^{-3} T)\, dT$$
$$= \left(6.6T + \frac{1}{2} \times 0.96 \times 10^{-3} T^2\right)\Big|_{373}^{473}$$
$$= 6.6(473 - 373) + \frac{1}{2} \times 0.96 \times 10^{-3}(473^2 - 373^2)$$
$$= 700.6\text{cal/mol}$$

50 본드(Bond)의 파쇄법칙에서 매우 큰 원료로부터 입자크기 D_p의 입자들을 만드는 데 소요되는 일은 무엇에 비례하는가?(단, s는 입자의 표면적(m²), v는 입자의 부피(m³)를 의미한다.)

① 입자들의 부피에 대한 표면적비 : s/v
② 입자들의 부피에 대한 표면적비의 제곱근 : $\sqrt{s/v}$
③ 입자들의 표면적에 대한 부피비 : v/s
④ 입자들의 표면적에 대한 부피비의 제곱근 : $\sqrt{v/s}$

해설

Bond의 법칙

$$W = 2k_B\left(\frac{1}{\sqrt{D_{p2}}} - \frac{1}{\sqrt{D_{p1}}}\right)$$
$$= \frac{k_B}{5}\frac{\sqrt{100}}{\sqrt{D_{p2}}}\left(1 - \frac{\sqrt{D_{p2}}}{\sqrt{D_{p1}}}\right)$$

여기서, D_{p1} : 분쇄원료의 지름
D_{p2} : 분쇄물의 지름

W는 $\frac{1}{\sqrt{D_p}}$에 비례하므로

$\frac{1}{\sqrt{D_p}} = \frac{1}{\sqrt{\frac{V}{S}}} = \sqrt{\frac{S}{V}}$에 비례한다.

51 기체 흡수탑에서 액체의 흐름을 원활히 하려면 어느 것을 넘지 않는 범위에서 조작해야 하는가?

① 부하점(Loading Point)
② 왕일점(Flooding Point)
③ 채널링(Channeling)
④ 비말동반(Entrainment)

해설

충진탑의 성질

- 편류(Channeling) : 액이 한곳으로 흐르는 현상
- 부하속도(Loading Velocity) : 기체의 속도가 차차 증가하면 탑 내의 액체유량이 증가한다. 이때의 속도를 부하속도라 하며 흡수탑의 작업은 부하속도를 넘지 않는 범위 내에서 해야 한다.
- 왕일점(Flooding Point) : 기체의 속도가 아주 커서 액이 거의 흐르지 않고 넘치는 점

정답 48 ② 49 ④ 50 ② 51 ①

52 추출상은 초산 3.27wt%, 물 0.11wt%, 벤젠 96.62 wt%이고 추잔상은 초산 29.0wt%, 물 70.6wt%, 벤젠 0.40wt%일 때 초산에 대한 벤젠의 선택도를 구하면?

① 24.8 ② 51.2
③ 66.3 ④ 72.4

해설

$$\beta = \frac{y_A/y_B}{x_A/x_B} = \frac{3.27/0.11}{29/70.6} = 72.37 ≒ 72.4$$

53 액-액 추출에서 Plait Point(상계점)에 대한 설명 중 틀린 것은?

① 임계점(Critical Point)이라고도 한다.
② 추출상과 추잔상에서 추질의 농도가 같아지는 점이다.
③ Tie Line의 길이는 0이 된다.
④ 이 점을 경계로 추제성분이 많은 쪽이 추잔상이다.

해설

상계점(Plait Point)
- 임계점(Critical Point)
- 추출상과 추잔상에서 추질의 조성이 같은 점
- 대응선(Tie Line)의 길이가 0이 된다.
- 상계점을 중심으로 추제성분이 많은 쪽이 추출상이다.

54 18℃에서 액체 A의 엔탈피를 0이라 가정하면, 150℃에서 증기 A의 엔탈피(cal/g)는?(단, 액체 A의 비열 0.44cal/g ℃, 증기 A의 비열 0.32cal/g ℃, 100℃의 증발열 86.5cal/g ℃이다.)

① 70 ② 139
③ 200 ④ 280

해설

$$18℃ \xrightarrow{Q_1} 100℃ \xrightarrow{Q_2} 100℃ \xrightarrow{Q_3} 150℃$$

$Q_1 = mc\Delta t = 0.44\text{cal/g ℃} \times (100-18)℃ = 36.08\text{cal/g}$

$Q_2 = 86.5\text{cal/g}$

$Q_3 = 0.32\text{cal/g ℃} \times (150-100)℃ = 16\text{cal/g}$

$\therefore Q = Q_1 + Q_2 + Q_3$
$= 36.08 + 86.5 + 16 = 138.58 ≒ 139\text{cal/g}$

55 양대수좌표(log-log Graph)에서 직선이 되는 식은?

① $Y = bx^a$ ② $Y = be^{ax}$
③ $Y = bx + a$ ④ $\log Y = \log b + ax$

해설

- $y = bx^a$
  $\log y = \log b + a \log x$
  $Y = B + aX$
  → 양대수좌표
- $y = be^{ax}$
  $\log y = \log b + ax$
  $Y = B + aX$
  → 반대수좌표

56 기본 단위에서 길이를 L, 질량을 M, 시간을 T로 표시할 때 차원의 표현이 틀린 것은?

① 힘 : MLT^{-2}
② 압력 : $ML^{-2}T^{-2}$
③ 점도 : $ML^{-1}T^{-1}$
④ 일 : ML^2T^{-2}

해설

① $F = ma$ kg m/s² $[MLT^{-2}]$
② $P = \dfrac{F}{A}$ $\dfrac{\text{kg m/s}^2}{\text{m}^2}$ $[ML^{-1}T^{-2}]$
③ μ kg/m s $[ML^{-1}T^{-1}]$
④ $W = F \cdot S$ kg m²/s² $[ML^2T^{-2}]$

57 $CO(g)$를 활용하기 위해 162g의 C, 22g의 H_2의 혼합연료를 연소하여 CO_2 11.1vol%, CO 2.4vol%, O_2 4.1vol%, N_2 82.4vol% 조성의 연소가스를 얻었다. CO의 완전연소를 고려하지 않은 공기의 과잉공급률(%)은? (단, 공기의 조성은 O_2 21vol%, N_2 79vol%이다.)

① 15.3 ② 17.3
③ 20.3 ④ 23.0

정답 52 ④ 53 ④ 54 ② 55 ① 56 ② 57 ④

해설

$162g\ C \times \frac{1mol}{12g} = 13.5mol$　　$22g\ H_2 \times \frac{1mol}{2g} = 11mol$

$C + \frac{1}{2}O_2 \rightarrow CO$　　$H_2 + \frac{1}{2}O_2 \rightarrow H_2O$

$2.4\quad \frac{1}{2}\times 2.4$　　$11\quad \frac{1}{2}\times 11$

$C + O_2 \rightarrow CO_2$

$11.1\quad 11.1$

∴ 이론량 $O_2 = 2.4 \times \frac{1}{2} + 11 \times \frac{1}{2} + 11.1 = 17.8$

이론량 $Air = 17.8 \times \frac{1}{0.21} = 84.76$

100mol
- CO 2.4% ┐
- CO_2 11.1% ┘ 13.5%
- O_2 4.1% → 과잉량 $Air = 4.1 \times \frac{1}{0.21} = 19.52mol$
- N_2 82.4%

$과잉\% = \frac{과잉량}{이론량} \times 100 = \frac{19.52}{84.76} \times 100 = 23\%$

58 CO_2 25vol%와 NH_3 75vol%의 기체 혼합물 중 NH_3의 일부가 흡수탑에서 산에 흡수되어 제거된다. 흡수탑을 떠나는 기체 중 NH_3 함량이 37.5vol%일 때, NH_3 제거율은?(단, CO_2의 양은 변하지 않으며 산 용액은 증발하지 않는다고 가정한다.)

① 15%　　② 20%
③ 62.5%　　④ 80%

해설

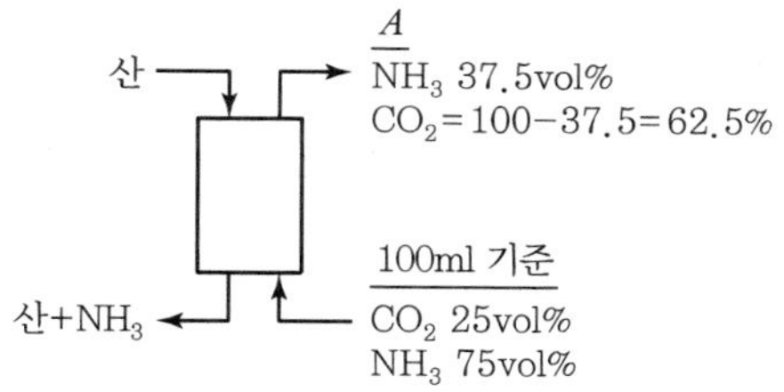

$A \times 0.625 = 100 \times 0.25$

$\therefore A = 40mol$

흡수탑을 떠나는 기체 중 $NH_3 = 40mol \times 0.375 = 15mol$

제거된 NH_3의 양 $= 75mol - 15mol = 60mol$

$\therefore NH_3$ 제거율 $= \frac{60}{75} \times 100 = 80\%$

59 침수식 방법에 의한 수직관식 증발관이 수평관식 증발관보다 좋은 이유가 아닌 것은?

① 열전달계수가 크다.
② 관석이 생기는 물질의 증발에 적합하다.
③ 증기 중의 비응축기체의 탈기효율이 좋다.
④ 증발효과가 좋다.

해설

수평관식 증발관	수직관식 증발관
• 액층이 깊지 않아 비점 상승도가 작다. • 비응축기체의 탈기효율이 좋다. • 관석의 생성 염려가 없는 경우에 사용한다.	• 액의 순환이 좋으므로 열전달계수가 커서 증발효과가 크다. • Down Take : 관군과 동체 사이에 액의 순환을 좋게 하기 위해 관이 없는 빈 공간을 설치한다. • 관석이 생성될 경우 가열관 청소가 쉽다. • 수직관식이 더 많이 사용된다.

60 82℃ 벤젠 20mol%, 톨루엔 80mol% 혼합용액을 증발시켰을 때 증기 중 벤젠의 몰분율은?(단, 벤젠과 톨루엔의 혼합용액은 이상용액의 거동을 보인다고 가정하고, 82℃에서 벤젠과 톨루엔의 포화증기압은 각각 811, 314mmHg이다.)

① 0.360　　② 0.392
③ 0.721　　④ 0.785

해설

$P = P_A x_A + P_B x_B$

$= 811 \times 0.2 + 314 \times 0.8$

$= 413.4mmHg$

$y_A = \frac{x_A P_A}{P}$

$= \frac{0.2 \times 811}{413.4} = 0.392$

정답 58 ④　59 ③　60 ②

4과목 화공계측제어

61 어떤 제어계의 총괄전달함수의 분모가 다음과 같이 나타날 때 그 계가 안정하게 유지되려면 K의 최대범위(Upper Bound)는 다음 중에서 어느 것이 되어야 하는가?

$$s^3+3s^2+2s+1+K$$

① $K<5$　② $K<1$

③ $K<\frac{1}{2}$　④ $K<\frac{1}{3}$

해설

Routh 안정성 판별법

1	1	2
2	3	$1+K$
3	$\frac{6-(1+K)}{3}>0$	

$6-(1+K)>0$

$6>1+K$

$\therefore K<5$

62 전달함수가 $G(s)=K\exp(-\theta s)/(\tau s+1)$인 공정에 공정입력 $u(t)=\sin(\sqrt{2}t)$를 적용했을 때, 시간이 많이 흐른 후 공정출력 $y(t)=(2/\sqrt{2})\sin(\sqrt{2}t-\pi/2)$이었다. 또한, $u(t)=1$을 적용하였을 때 시간이 많이 흐른 후 $y(t)=2$이었다. K, τ, θ 값은 얼마인가?

① $K=1,\ \tau=1/\sqrt{2},\ \theta=\pi/2\sqrt{2}$

② $K=1,\ \tau=1/\sqrt{2},\ \theta=\pi/4\sqrt{2}$

③ $K=2,\ \tau=1/\sqrt{2},\ \theta=\pi/4\sqrt{2}$

④ $K=2,\ \tau=1/\sqrt{2},\ \theta=\pi/2\sqrt{2}$

해설

$$G(s)=\frac{Ke^{-\theta s}}{\tau s+1}$$

$$u(t)=\sin(\sqrt{2}t)\rightarrow y(t)=\frac{2}{\sqrt{2}}\sin\left(\sqrt{2}t-\frac{\pi}{2}\right)$$

$$u(t)=1\rightarrow y(t)=2$$

$$Y(s)=\frac{Ke^{-\theta s}}{\tau s+1}\cdot\frac{1}{s}$$

$$\lim_{t\to\infty}y(t)=\lim_{s\to 0}s\,Y(s)=\lim_{s\to 0}\frac{Ke^{-\theta s}}{\tau s+1}=2$$

$\therefore K=2$

$$Y(s)=\frac{Ke^{-\theta s}}{\tau s+1}\cdot\frac{\sqrt{2}}{s^2+2}=\frac{2\sqrt{2}e^{-\theta s}}{(\tau s+1)(s^2+2)}$$

$\therefore \omega=\sqrt{2}$

$$y(\infty)=\frac{K}{\sqrt{1+\tau^2\omega^2}}\sin(\omega t+\phi)=\frac{2}{\sqrt{2}}\sin\left(\sqrt{2}t-\frac{\pi}{2}\right)$$

$$=\frac{2}{\sqrt{1+2\tau^2}}\sin(\sqrt{2}t+\phi)\leftarrow u(t-\theta)$$

$$\therefore \frac{2}{\sqrt{1+2\tau^2}}=\frac{2}{\sqrt{2}}\qquad \therefore \tau=\frac{1}{\sqrt{2}}$$

$$\phi=\tan^{-1}(-\tau\omega)-\theta\omega$$

$$-\frac{\pi}{2}=-\frac{\pi}{4}-\sqrt{2}\theta$$

$$\therefore \theta=\frac{\pi}{4\sqrt{2}}$$

63 특성방정식이 $10s^3+17s^2+8s+1+K_c=0$과 같을 때 시스템의 한계이득(Ultimate Gain, K_{cu})과 한계주기(Ultimate Period, T_u)를 구하면?

① $K_{cu}=12.6,\ T_u=7.0248$

② $K_{cu}=12.6,\ T_u=0.8944$

③ $K_{cu}=13.6,\ T_u=7.0248$

④ $K_{cu}=13.6,\ T_u=0.8944$

해설

한계이득과 한계주기는 직접치환법에 의해 구할 수 있다.

$$10s^3+17s^2+8s+1+K_c=0$$

$$10(i\omega)^3+17(i\omega)^2+8(i\omega)+1+K_c=0$$

$$-10\omega^3 i-17\omega^2+8\omega i+1+K_c=0$$

$$i(8\omega-10\omega^3)+(1+K_c-17\omega^2)=0$$

$$8\omega-10\omega^3=0$$

$$\therefore \omega_u=\omega=0.894\text{rad/min}$$

$$1+K_c-17\omega^2=0$$

$$\therefore K_c=K_{cu}=17\omega^2-1=12.6$$

$$T_u=\frac{2\pi}{\omega_u}=\frac{2\pi}{0.894}=7.0248$$

정답 61 ① 62 ③ 63 ①

64 PID 제어기의 조율과 관련한 설명으로 옳은 것은?

① Offset을 제거하기 위해서는 적분동작을 넣어야 한다.
② 빠른 공정일수록 미분동작을 위주로 제어하도록 조율한다.
③ 측정잡음이 큰 공정일수록 미분동작을 위주로 제어하도록 조율한다.
④ 공정의 동특성 빠르기는 조율 시 고려사항이 아니다.

해설

PID 제어
- 적분동작은 Offset을 제거한다.
- 미분동작은 느린 동특성, 시상수가 클 때, 잡음이 적을 때 사용한다.
- 측정에 잡음이 많으면 미분동작을 사용하지 않는다.

65 다음 블록선도에서 $\frac{C}{R}$의 전달함수는?

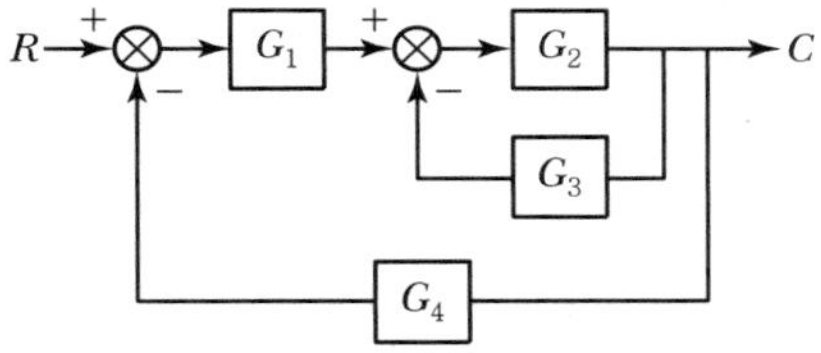

① $\dfrac{G_1 G_2}{1+G_1 G_2+G_3 G_4}$　② $\dfrac{G_1 G_2}{1+G_2 G_3+G_1 G_2 G_4}$

③ $\dfrac{G_3 G_4}{1+G_1 G_2 G_3 G_4}$　④ $\dfrac{G_1 G_2}{1+G_1+G_3+G_4}$

해설

↱ 직선

$$\frac{C}{R}=\frac{G_1 G_2}{1+G_1 G_2 G_4+G_2 G_3}$$

↳큰 회선　↳작은 회선

66 총괄전달함수가 $\frac{1}{(s+1)(s+2)}$인 계의 주파수 응답에 있어 주파수가 2rad/s일 때 진폭비는?

① $\dfrac{1}{\sqrt{10}}$　② $\dfrac{1}{2\sqrt{10}}$

③ $\dfrac{1}{5}$　④ $\dfrac{1}{10}$

해설

$$\frac{1}{s^2+3s+2}=\frac{1/2}{\frac{1}{2}s^2+\frac{3}{2}s+1}$$

$$\tau^2=\frac{1}{2}\quad \therefore \tau=\frac{1}{\sqrt{2}}$$

$$2\tau\zeta=\frac{3}{2},\ 2\cdot\frac{1}{\sqrt{2}}\cdot\zeta=\frac{3}{2}\quad \therefore \zeta=\frac{3}{2\sqrt{2}}$$

$$K=\frac{1}{2}$$

진폭비 $AR=\dfrac{K}{\sqrt{(1-\tau^2\omega^2)^2+(2\tau\zeta\omega)^2}}$

$$\therefore AR=\frac{1/2}{\sqrt{\left(1-\left(\frac{1}{\sqrt{2}}\right)^2\cdot 2^2\right)^2+\left(2\times\frac{1}{\sqrt{2}}\times\frac{3}{2\sqrt{2}}\times 2\right)^2}}$$

$$=\frac{1}{2\sqrt{10}}$$

67 다음의 함수를 라플라스로 전환한 것으로 옳은 것은?

$f(t)=e^{2t}\sin 2t$

① $F(s)=\dfrac{\sqrt{2}}{(s+2)^2+2}$

② $F(s)=\dfrac{\sqrt{2}}{(s-2)^2+2}$

③ $F(s)=\dfrac{2}{(s-2)^2+4}$

④ $F(s)=\dfrac{2}{(s+2)^2+4}$

해설

$f(t)=e^{2t}\sin 2t$

$\mathcal{L}[\sin\omega t]=\dfrac{\omega}{s^2+\omega^2}$

$F(s)=\dfrac{2}{(s-2)^2+2^2}$

정답 64 ① 65 ② 66 ② 67 ③

68 앞먹임 제어(Feedforward Control)의 특징으로 옳은 것은?

① 공정모델값과 측정값과의 차이를 제어에 이용
② 외부교란 변수를 사전에 측정하여 제어에 이용
③ 설정점(Set Point)을 모델값과 비교하여 제어에 이용
④ 제어기 출력값은 이득(Gain)에 비례

해설

Feedforward 제어

- 외부교란을 사전에 측정하여 제어에 이용함으로써 외부교란 변수가 공정에 미치는 영향을 미리 보정하여 주도록 하는 제어를 말한다.
- 피드포워드 제어기는 측정된 외부교란 변숫값들을 이용하여 제어되는 변수가 설정치로부터 벗어나기 전에 조절변수를 미리 조정한다.

69 다음 보드(Bode) 선도에서 위상각 여유(Phase Margin)는 몇 도인가?

① 30°
② 45°
③ 90°
④ 135°

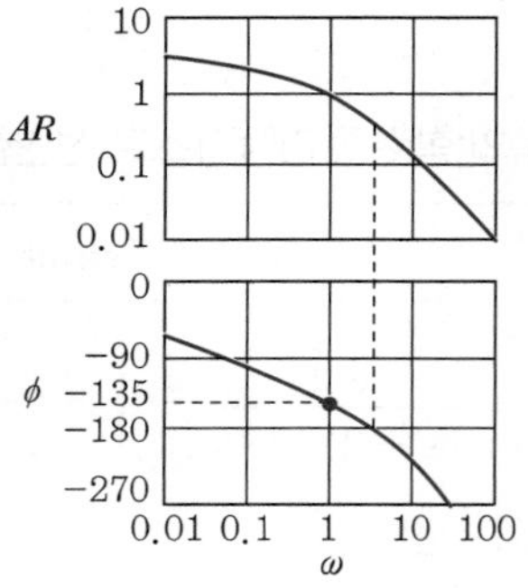

해설

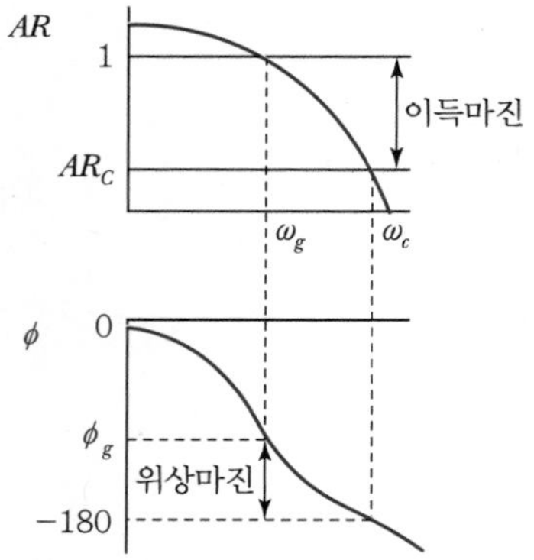

위상마진 $PM = 180 + \phi_g = 180 - 135 = 45°$

70 다음 공정과 제어기를 고려할 때 정상상태(Steady State)에서 y값은 얼마인가?

제어기 : $u(t) = 0.5(2.0 - y(t))$
공정 : $\dfrac{d^2y(t)}{dt^2} + 2\dfrac{dy(t)}{dt} + y(t) = 0.1\dfrac{du(t-1)}{dt} + u(t-1)$

① $\dfrac{2}{3}$　② $\dfrac{1}{3}$

③ $\dfrac{1}{4}$　④ $\dfrac{3}{4}$

해설

$$u(t) = 0.5(2.0 - y(t)) = 1 - \frac{1}{2}y(t)$$

$$u(s) = \frac{1}{s} - \frac{1}{2}Y(s)$$

$$\mathcal{L}\left[u(t-1)\right] = \left(\frac{1}{s} - \frac{1}{2}Y(s)\right)e^{-s}$$

$$\frac{d^2y(t)}{dt^2} + 2\frac{dy(t)}{dt} + y(t) = 0.1\frac{du(t-1)}{dt} + u(t-1)$$

$$s^2Y(s) + 2sY(s) + Y(s)$$
$$= 0.1s\left(\frac{1}{s} - \frac{1}{2}Y(s)\right)e^{-s} + \left(\frac{1}{s} - \frac{1}{2}Y(s)\right)e^{-s}$$

$$s^2Y(s) + 2sY(s) + Y(s)$$
$$= \frac{1}{10}e^{-s} - \frac{1}{20}sY(s)e^{-s} + \frac{1}{s}e^{-s} - \frac{1}{2}Y(s)e^{-s}$$

$$\left[s^2 + 2s + 1 + \frac{1}{20}se^{-s} + \frac{1}{2}e^{-s}\right]Y(s) = \frac{1}{10}e^{-s} + \frac{1}{s}e^{-s}$$

$$Y(s) = \frac{\frac{1}{10}e^{-s} + \frac{1}{s}e^{-s}}{s^2 + 2s + 1 + \frac{1}{20}se^{-s} + \frac{1}{2}e^{-s}}$$

$$\lim_{t\to\infty} y(t) = \lim_{s\to 0} sY(s)$$

$$= \lim_{s\to 0}\frac{\frac{1}{10}se^{-s} + e^{-s}}{s^2 + 2s + 1 + \frac{1}{20}se^{-s} + \frac{1}{2}e^{-s}}$$

$$= \frac{1}{1 + \frac{1}{2}} = \frac{2}{3}$$

정답 68 ② 69 ② 70 ①

71 현대의 화학공정에서 공정제어 및 운전을 엄격하게 요구하는 주요 요인으로 가장 거리가 먼 것은?

① 공정 간의 통합화에 따른 외란의 고립화
② 엄격해지는 환경 및 안전 규제
③ 경쟁력 확보를 위한 생산공정의 대형화
④ 제품 질의 고급화 및 규격의 수시 변동

해설

화학공정 조업의 주된 목적

- 가장 경제적이고 안전한 방법으로 원하는 제품을 생산해 내는 것이다.
- 엄격해지는 환경 및 안전규제에서 공정의 안정적이고 능률적인 조업이 점차 강조되고 있으며 이에 따라 생산되는 제품의 품질을 원하는 수준으로 유지시키면서 안정적이고 경제적인 조업을 지향하는 공정제어가 매우 중요하다.

72 PD 제어기에 다음과 같은 입력신호가 들어올 경우, 제어기 출력 형태는?(단, K_C는 1이고 τ_D는 1이다.)

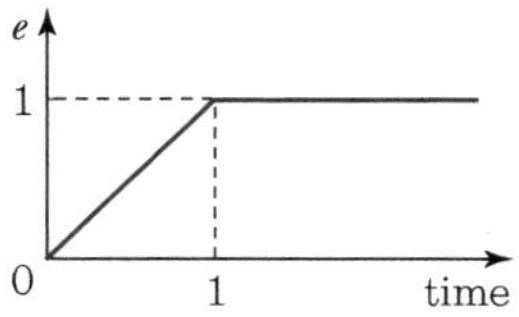

①
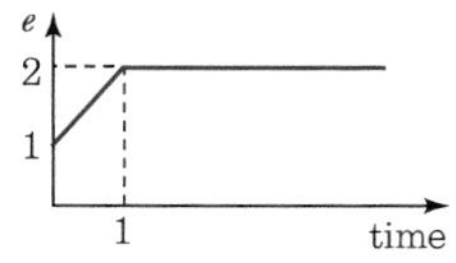

②
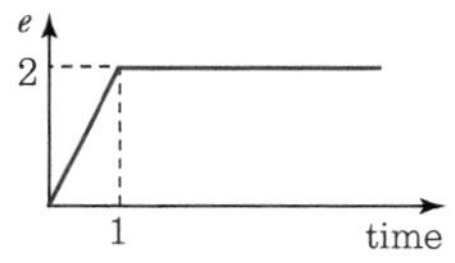

③
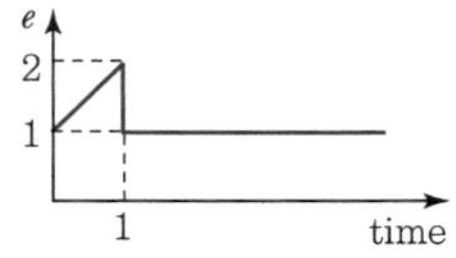

④
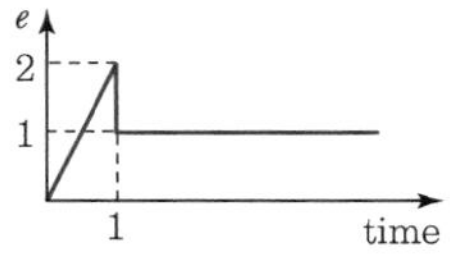

해설

$G(s) = K_c(1+\tau_D s) = 1+s$

$X(s) = \frac{1}{s^2}(1-e^{-s})$

$Y(s) = G(s)X(s)$

$= \frac{(1+s)}{s^2}(1-e^{-s})$

$= \frac{1}{s^2}+\frac{1}{s}-\frac{1}{s^2}e^{-s}-\frac{1}{s}e^{-s}$

$y(t) = tu(t)-(t-1)u(t-1)+u(t)-u(t-1)$

$= (t+1)u(t)-tu(t-1)$

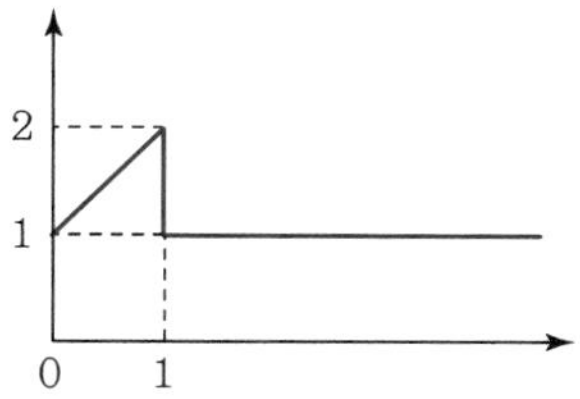

73 다음 그림과 같은 액위제어계에서 제어밸브는 ATO(Air－To－Open)형이 사용된다고 가정할 때에 대한 설명으로 옳은 것은?(단, Direct는 공정출력이 상승할 때 제어출력이 상승함을, Reverse는 제어출력이 하강함을 의미한다.)

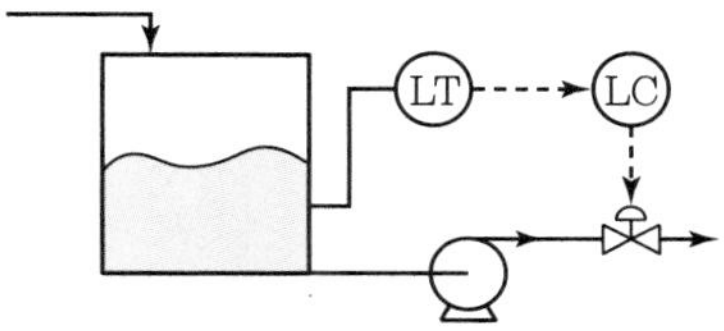

① 제어기 이득의 부호에 관계없이 제어기의 동작 방향은 Reverse이어야 한다.
② 제어기의 동작 방향은 Direct, 즉 제어기 이득이 음수이어야 한다.
③ 제어기의 동작 방향은 Direct, 즉 제어기 이득이 양수이어야 한다.
④ 제어기의 동작 방향은 Reverse, 즉 제어기 이득이 음수이어야 한다.

해설

- Reverse(역동작)
  입력신호가 감소할 때 제어기 출력이 증가
- Direct(정동작)
  입력신호가 증가할 때 제어기 출력이 증가

액위가 높아졌다면 제어출력을 크게 하여 밸브를 열어 유량을 증가시킨다. → Direct

정답 71 ① 72 ③ 73 ②

74 단면적이 $3ft^3$인 액체저장탱크에서 유출유량은 $8\sqrt{h-2}$로 주어진다. 정상상태 액위(h_s)가 $9ft^2$일 때, 이 계의 시간상수(τ : 분)는?

① 5 ② 4
③ 3 ④ 2

해설

$A = 3ft^2$

$q_o = 8\sqrt{h-2}$, $h_s = 9ft$

q_o 선형화

$$q_o = 8\sqrt{h_s - 2} + \frac{8}{2\sqrt{h_s - 2}}(h - h_s)$$

$$= 8\sqrt{9-2} + \frac{8}{2\sqrt{9-2}}(h-9)$$

$$= \frac{4}{\sqrt{7}}h + \frac{20}{\sqrt{7}}$$

$$A\frac{dh}{dt} = q_i - q$$

$$= q_i - \left(\frac{4}{\sqrt{7}}h + \frac{20}{\sqrt{7}}\right)$$

$$\downarrow$$

$$\frac{h}{\sqrt{7}/4} \leftarrow R(\text{저항})$$

$$A\frac{dh}{dt} = q_i - \frac{h}{R}$$

$$AR\frac{dh}{dt} = Rq_i - h$$

$$\tau sH(s) + H(s) = RQ_i(s)$$

$$G(s) = \frac{H(s)}{Q_i(s)} = \frac{R}{\tau s + 1}$$

$$AR = 3 \times \frac{\sqrt{7}}{4} \fallingdotseq 2$$

75 1차계의 시간상수에 대한 설명이 아닌 것은?

① 시간의 단위를 갖는 계의 특정상수이다.
② 그 계의 용량과 저항의 곱과 같은 값을 갖는다.
③ 직선관계로 나타나는 입력함수와 출력함수 사이의 비례상수이다.
④ 단위계단 변화 시 최종치의 63%에 도달하는 데 소요되는 시간과 같다.

해설

1차계 시간상수

$$G(s) = \frac{Y(s)}{X(s)} = \frac{K}{\tau s + 1}$$

여기서, τ : 시간상수(시간의 단위)

- 온도계 : $\tau = \frac{mC}{hA}$
- 액위공정 : $\tau = AR$
- 혼합공정 : $\tau = \frac{V}{q}$
- 가열공정 : $\tau = \frac{\rho V}{\omega}$

단위계단 입력 시

t	y(t)/KA	t	y(t)/KA
τ	63.2%	4τ	98.2%
2τ	86.5%	5τ	99.3%
3τ	95%		

76 사람이 원하는 속도, 원하는 방향으로 자동차를 운전할 때 일어나는 상황이 공정제어시스템과 비교될 때 연결이 잘못된 것은?

① 눈－계측기
② 손－제어기
③ 발－최종 제어 요소
④ 자동차－공정

해설

손－최종 제어 요소

정답 74 ④ 75 ③ 76 ②

77 저장탱크에서 나가는 유량(F_o)을 일정하게 하기 위한 아래 3개의 P & ID 공정도의 제어방식을 옳게 설명한 것은?

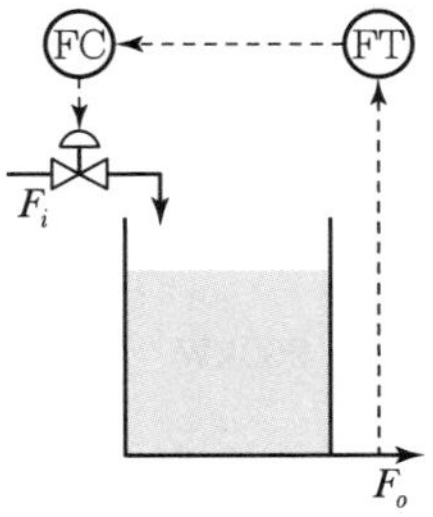

(A)

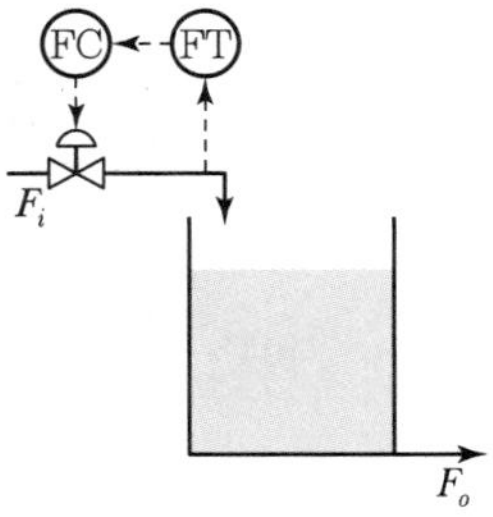

(B)

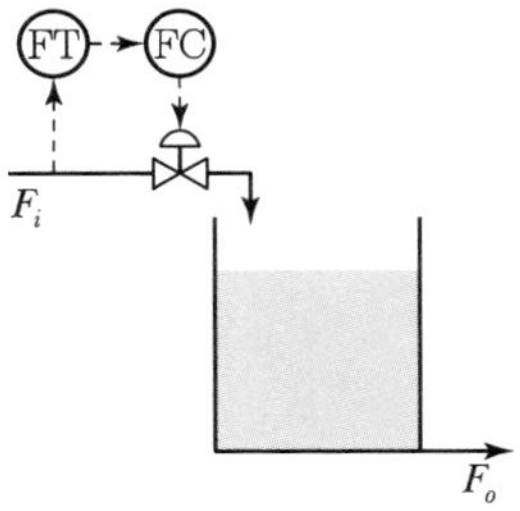

(C)

① A, B, C 모두 앞먹임(Feedforward) 제어
② A와 B는 앞먹임(Feedforward) 제어, C는 되먹임(Feedback) 제어
③ A와 B는 되먹임(Feedback) 제어, C는 앞먹임(Feedforward) 제어
④ A는 되먹임(Feedback) 제어, B와 C는 앞먹임(Feedforward) 제어

해설

A와 B는 피제어변수를 측정하여 제어하므로 Feedback 제어이고, C는 입력변수를 미리 보정하여 제어하므로 Feedforward 제어이다.

78 시정수가 0.1분이며 이득이 1인 1차 공정의 특성을 지닌 온도계가 90℃로 정상상태에 있다. 특정 시간($t=0$)에 이 온도계를 100℃인 곳에 옮겼을 때, 온도계가 98℃를 가리키는 데 걸리는 시간(분)은?(단, 온도계는 단위계단응답을 보인다고 가정한다.)

① 0.161 ② 0.230
③ 0.303 ④ 0.404

해설

$$Y(s)=G(s)X(s)$$
$$=\frac{1}{0.1s+1}\cdot\frac{10}{s}$$
$$=10\left(\frac{1}{s}-\frac{0.1}{0.1s+1}\right)$$
$$=10\left(\frac{1}{s}-\frac{1}{s+10}\right)$$

$y(t)=10(1-e^{-10t})=8$
$1-e^{-10t}=0.8$
$\therefore\ t=0.161\text{min}$

79 시간상수가 1min이고 이득(Gain)이 1인 1차계의 단위응답이 최종치의 10%로부터 최종치의 90%에 도달할 때까지 걸린 시간(Rise Time ; t_r, min)은?

① 2.20 ② 1.01
③ 0.83 ④ 0.21

해설

$$G(s)=\frac{K}{\tau s+1}=\frac{1}{s+1}$$
$$Y(s)=\frac{1}{s+1}\frac{1}{s}=\frac{1}{s}-\frac{1}{s+1}$$
$y(t)=1-e^{-t}$
$\frac{y(t)}{K}=y(t)=1$(정상상태)
$0.1=(1-e^{-t})$ $\quad\therefore\ t=0.105$
$0.9=(1-e^{-t})$ $\quad\therefore\ t=2.302$
$\therefore$ 10% → 90%까지 걸린 시간
$t_r=2.302-0.105=2.2$

정답 77 ③ 78 ① 79 ①

80 다음과 같이 나뉘어 운영되고 있던 두 공정을 한 구역으로 통합하여 운영할 때 유틸리티의 양을 계산하면? (단, $\Delta T_m = 20$℃이다.)

Area A			
Steam	T_s(℃)	T_t(℃)	C_p(kW/K)
1	190	110	2.5
2	90	170	20.0

Area B			
Steam	T_s(℃)	T_t(℃)	C_p(kW/K)
3	140	50	20.0
4	30	120	5.0

① 따로 유지하기 위해서는 300kW Hot Utility와 100kW Cold Utility가 필요하다.
② 따로 유지하기 위해서는 300kW Hot Utility와 450kW Cold Utility가 필요하다.
③ 따로 유지하기 위해서는 450kW Hot Utility와 300kW Cold Utility가 필요하다.
④ 따로 유지하기 위해서는 450kW Hot Utility와 450kW Cold Utility가 필요하다.

해설

A구역

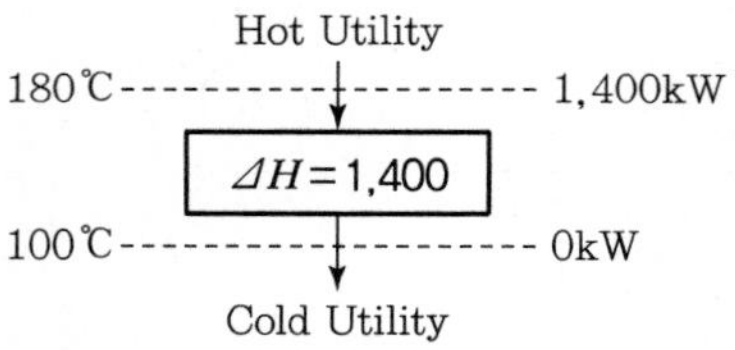

B구역

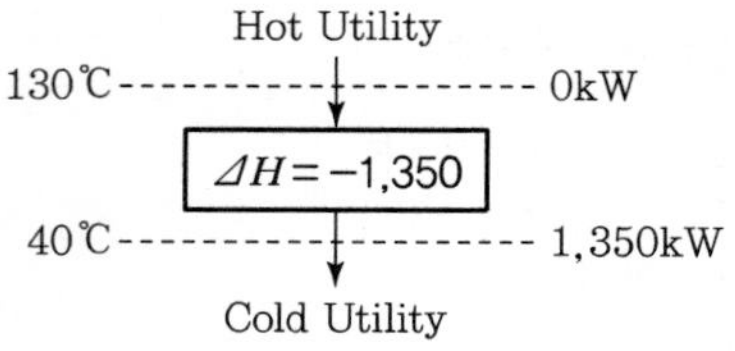

A+B구역

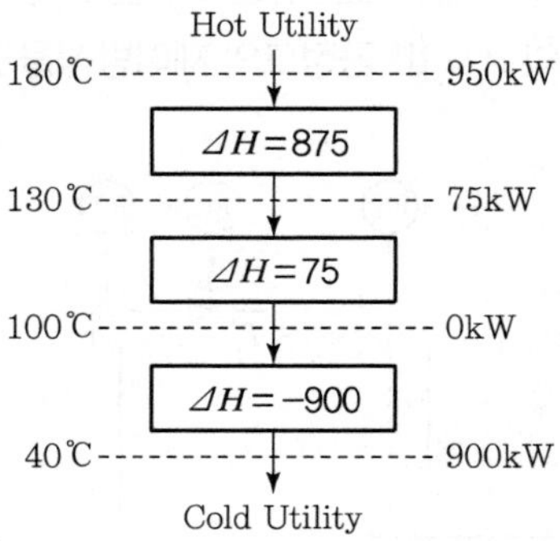

두 구역을 따로 유지하기 위한 추가적인 유틸리티의 양은 (1,400−950)=450kW의 Hot 유틸리티와 (1,350−900)=450kW의 Cold 유틸리티이다.

정답 80 ④

2024년 제1회 복원기출문제

1과목 공업합성

01 가성소다를 제조할 때 격막식 전해조에서 양극재료로 주로 사용되는 것은?

① 수은 ② 철
③ 흑연 ④ 구리

해설

(+)극	(−)극
양극재료 : 흑연	음극재료 : 철망
$2Cl^- \rightarrow Cl_2 + 2e^-$	$2H_2O + 2e^- \rightarrow H_2 \uparrow + 2OH^-$
산화반응	환원반응
Cl_2 발생	H_2 발생

02 염안소다법에 의한 Na_2CO_3 제조 시 생성되는 부산물은?

① NH_4Cl ② $NaCl$
③ CaO ④ $CaCl_2$

해설

염안소다법
식염의 이용률을 높이고 탄산나트륨(Na_2CO_3)과 염안(NH_4Cl)을 얻기 위한 방법

03 수평균분자량이 100,000인 어떤 고분자 시료 1g과 수평균분자량이 200,000인 같은 고분자 시료 2g을 서로 섞으면 혼합시료의 수평균분자량은?

① 0.5×10^5 ② 0.667×10^5
③ 1.5×10^5 ④ 1.667×10^5

해설

수평균분자량

$$\overline{M_n} = \frac{\text{총 무게}}{\text{총 몰수}} = \frac{w}{\Sigma N_i} = \frac{\Sigma M_i N_i}{\Sigma N_i}$$

$$100{,}000 = \frac{1\text{g}}{\Sigma N_i} \qquad \Sigma N_i = 10^{-5}$$

$$200{,}000 = \frac{2\text{g}}{\Sigma N_i} \qquad \Sigma N_i = 10^{-5}$$

$$\overline{M_n} = \frac{3}{2 \times 10^{-5}} = 1.5 \times 10^5$$

04 다음 반응식으로 공기를 이용한 산화반응을 하고자 한다. 공기와 NH_3의 혼합가스 중 NH_3의 부피 백분율은?

$4NH_3 + 5O_2 \rightarrow 4NO + 6H_2O + 216.4\text{kcal}$

① 44.4 ② 34.4
③ 24.4 ④ 14.4

해설

부피분율 = 몰분율
$4NH_3 + 5O_2 \rightarrow 4NO + 6H_2O$

$$5\,\text{mol O}_2 \times \frac{100\,\text{mol Air}}{21\,\text{mol O}_2} = 23.81\,\text{mol Air}$$

$$NH_3 = \frac{4}{23.81 + 4} \times 100 = 14.4\%$$

05 무수염산의 제법에 속하지 않는 것은?

① 직접합성법 ② 농염산증류법
③ 염산분해법 ④ 흡착법

정답 01 ③ 02 ① 03 ③ 04 ④ 05 ③

해설

무수염산의 제법
• 농염산증류법
• 직접합성법
• 흡착법

06 생성된 입상 중합체를 직접 사용하여 연속적으로 교반하여 중합하며, 중합열의 제어가 용이하지만 안정제에 의한 오염이 발생하므로 세척, 건조가 필요한 중합법은?

① 괴상중합 ② 용액중합
③ 현탁중합 ④ 축중합

해설

고분자의 중합방법
㉠ 괴상중합(벌크 중합)
- 용매 또는 분산매를 사용하지 않고 단량체와 개시제만을 혼합하여 중합시키는 방법이다.
- 조성과 장치 간단, 제품에 불순물이 적다.
- 내부중합열이 잘 제거되지 않아 부분과열되거나 자동촉진효과에 의해 반응이 폭주하여 반응의 선택성이 떨어지고 불용성 가교물 덩어리가 생성된다.

㉡ 용액중합
- 단량체와 개시제를 용매에 용해시킨 상태에서 중합시키는 방법이다.
- 중화열의 제거는 용이하지만, 중합속도와 분자량이 작고, 중합 후 용매의 완전 제거가 어렵다.

㉢ 현탁중합(서스펜션 중합)
- 단량체를 녹이지 않는 액체에 격렬한 교반으로 분산시켜 중합한다.
- 강제로 분산된 단량체의 작은 방울에서 중합이 일어난다.
- 개시제는 단량체에 녹는 것을 사용하며 단량체 방울이 뭉치지 않고 유지되도록 안정제(Stabilizer)를 사용한다.
- 중합열의 분산이 용이하고 중합체가 작은 입자 모양으로 얻어지므로 분리 및 처리가 용이하다. 세정 및 건조공정을 필요로 하고 안정제에 의한 오염이 발생한다.

㉣ 유화중합(에멀션 중합)
- 비누 또는 세제 성분의 일종인 유화제를 사용하여 단량체를 분산매 중에 분산시키고 수용성 개시제를 사용하여 중합시키는 방법이다.
- 중합열의 분산이 용이하고, 대량 생산에 적합하다.
- 세정과 건조가 필요하고 유화제에 의한 오염이 발생한다.

07 접촉식 황산제조와 관계가 먼 것은?

① 백금 촉매 사용
② V_2O_5 촉매 사용
③ SO_3 가스를 황산에 흡수시킴
④ SO_3 가스를 물에 흡수시킴

해설

접촉식 황산제조
㉠ 촉매
- Pt 촉매
- V_2O_5 촉매

㉡ 전화기에서 Pt 또는 V_2O_5 촉매를 사용하여 $SO_2 \rightarrow SO_3$로 전환시킨 후 냉각하여 흡수탑에서 98% 황산에 흡수시켜 발연황산을 만든다.

08 반도체 제조공정 중 원하는 형태로 패턴이 형성된 표면에서 원하는 부분을 화학반응 또는 물리적 과정을 통해 제거하는 공정은?

① 리소그래피 ② 에칭
③ 세정 ④ 이온주입공정

해설

- 사진공정(포토리소그래피) : 반도체 공장에서 회로의 패턴을 실리콘 기판 위에 새겨 넣는 공정
- 에칭 : 노광 후 PR(포토레지스트)로 보호되지 않는 부분(감광되지 않는 부분)을 제거하는 공정

09 부식전류가 크게 되는 원인으로 가장 거리가 먼 것은?

① 용존산소 농도가 낮을 때
② 온도가 높을 때
③ 금속이 전도성이 큰 전해액과 접촉하고 있을 때
④ 금속 표면의 내부응력 차가 클 때

해설

부식전류가 크게 되는 원인
- 서로 다른 금속들이 접하고 있을 때
- 금속이 전도성이 큰 전해액과 접하고 있을 때
- 금속 표면의 내부 응력차가 클 때

정답 06 ③ 07 ④ 08 ② 09 ①

10 다음은 석유정제공업에서의 전화법에 대한 설명이다. 어떤 공정에 대한 설명인가?

- 주로 고체 산촉매 또는 제올라이트 촉매 사용
- 카르보늄이온 반응기구
- 방향족 탄화수소가 많이 생성됨

① 접촉분해법　② 열분해법
③ 수소화분해법　④ 이성화법

해설

석유의 전화

크래킹이나 리포밍으로 석유 유분을 화학적으로 변화시켜 보다 가치 있고 유용한 제품으로 만드는 것으로 가솔린의 옥탄가 향상에 그 목적이 있다.

분해(Cracking)

비점이 높고 분자량이 큰 탄화수소를 끓는점이 낮고 분자량이 작은 탄화수소로 전환시키는 방법

㉠ 열분해법
- 비스브레이킹(Visbreaking) : 470℃
- 코킹(Coking) : 1,000℃

㉡ 접촉분해법
- 촉매 이용 : 실리카알루미나($SiO_2-Al_2O_3$), 합성 제올라이트
- 카르보늄이온 생성
- 탄소 수 3개 이상의 탄화수소. 방향족 탄화수소가 많이 생성되며, 올레핀은 거의 생성되지 않음
- 옥탄가가 높은 가솔린을 얻을 수 있으나 석유화학의 원료 제조에는 부적당함

㉢ 수소화분해 : 비점이 높은 유분을 고압의 수소 속에서 촉매를 이용하여 분해시켜 가솔린을 얻는 방법

11 건식법에 의한 인산제조공정에 대한 설명 중 옳은 것은?

① 인의 농도가 낮은 인광석을 원료로 사용할 수 있다.
② 고순도의 인산은 제조할 수 없다.
③ 전기로에서는 인의 기화와 산화가 동시에 일어난다.
④ 대표적인 건식법은 이수석고법이다.

해설

건식법 인산	습식법 인산
• 고순도, 고농도의 인산을 제조 • 저품위 인광석을 처리할 수 있다. • 인의 기화와 산화를 따로 할 수 있다. • Slag는 시멘트의 원료가 된다.	• 순도와 농도가 낮다. • 품질이 좋은 인광석을 사용해야 한다. • 주로 비료용에 사용된다.

12 접촉식 황산제조 공정에서 전화기에 대한 설명 중 옳은 것은?

① 전화기 조작에서 온도조절이 좋지 않아서 온도가 지나치게 상승하면 전화율이 감소하므로 이에 대한 조절이 중요하다.
② 전화기는 SO_3 생성열을 제거시키며 동시에 미반응 가스를 냉각시킨다.
③ 촉매의 온도는 200℃ 이하로 운전하는 것이 좋기 때문에 열교환기의 용량을 증대시킬 필요가 있다.
④ 전화기의 열교환방식은 최근에는 거의 내부 열교환방식을 채택하고 있다.

해설

전화기

$$SO_2+\frac{1}{2}O_2 \xrightleftharpoons{\text{Pt 또는 } V_2O_5} SO_3+22.6\text{kcal}$$

(반응온도 : 420~450℃)

- 발열반응이므로 저온에서 진행하면 반응속도가 느려지므로 저온에서 반응속도를 크게 하기 위해 촉매를 사용한다.
- 온도가 상승하면 $SO_2 \rightarrow SO_3$의 전화율은 감소하나 SO_2와 O_2의 분압을 높이면 전화율이 증가하게 된다.

13 아미노기는 물에서 이온화된다. 아미노기가 중성의 물에서 이온화되는 정도는?(단, 아미노기의 K_b 값은 10^{-5}이다.)

① 90%　② 95%
③ 99%　④ 100%

정답 10 ① 11 ① 12 ① 13 ③

해설

$NH_2 + H_2O \rightarrow NH_3^+ + OH^-$ $\quad K_b = \dfrac{[NH_3^+][OH^-]}{[NH_2]} = 10^{-5}$

중성에서 $[OH^-] = 10^{-7}$이므로

$\dfrac{[NH_3^+]}{[NH_2]} = 100 = \dfrac{100}{1}$

이온화 정도$= \dfrac{100}{100+1} \times 100\% = 99\%$

14 소금을 전기분해하여 수산화나트륨을 제조하는 방법에 대한 설명 중 옳지 않은 것은?

① 이론분해전압은 격막법이 수은법보다 높다.
② 전류밀도는 수은법이 격막법보다 크다.
③ 격막법은 공정 중 염분이 남아 있게 된다.
④ 격막법은 양극실과 음극실 액의 pH가 다르다.

해설

격막법	수은법
• NaOH 농도(11~12%)가 낮으므로 농축비가 많이 든다. • 제품 중에 염화물 등을 함유하여 순도가 낮다.	• 제품의 순도가 높으며, 진한 NaOH(50~73%)를 얻는다. • 전력비가 많이 든다. • 수은을 사용하므로 공해의 원인이 된다. • 이론분해전압과 전류밀도가 크다.

15 레페(Reppe) 합성반응을 크게 4가지로 분류할 때 해당하지 않는 것은?

① 알킬화 반응 ② 비닐화 반응
③ 고리화 반응 ④ 카르보닐화 반응

해설

Reppe 합성반응

- 비닐화 : $R-OH + CH\equiv CH \rightarrow CH_2=CH-OR$
  알코올 아세틸렌 비닐에테르
- 에티닐화 : $HCHO + CH\equiv CH \rightarrow HC\equiv C-CH_2OH$
- 고리화 : 아세틸렌 4분자 또는 3분자가 중합하여 고리모양 화합물을 생성하는 반응
- 카르보닐화 : 아세틸렌과 일산화탄소에서 카르보닐기를 가진 유도체를 합성하는 반응
  $CH\equiv CH + CO + ROH \rightarrow CH_2CH-COOR$
  아크릴산에스테르

16 HCl 가스를 합성할 때 H_2 가스를 이론량보다 과잉으로 넣어 반응시키는 이유로 가장 거리가 먼 것은?

① 폭발 방지 ② 반응열 조절
③ 장치부식 억제 ④ Cl_2 가스의 농축

해설

H_2와 Cl_2는 가열하거나 빛을 가하면 폭발적으로 반응한다. 이를 방지하기 위해 Cl_2와 H_2 원료의 몰비를 1 : 1.2로 한다.

17 Le Blanc법으로 100% HCl 3,000kg을 제조하기 위한 85% 소금의 이론량(kg)은?(단, 각 원자의 원자량은 Na는 23amu, Cl은 35.5amu이다.)

① 3,636 ② 4,646
③ 5,657 ④ 6,667

해설

$2NaCl + H_2SO_4 \rightarrow Na_2SO_4 + 2HCl$

$2 \times 58.5kg \quad : \quad 2 \times 36.5kg$

$x \quad : \quad 3,000kg$

$\therefore x = 4,808.22kg$

NaCl 100%이므로

$\dfrac{4,808.22kg}{0.85} = 5,656.7kg$

18 소다회(Na_2CO_3) 제조방법 중 NH_3를 회수하는 제조법은?

① 산화철법 ② 가성화법
③ Solvay법 ④ Le Blanc법

정답 14 ① 15 ① 16 ① 17 ③ 18 ③

해설

- Le Blanc법 : NaCl을 황산분해하여 망초(Na_2SO_4)를 얻고, 이를 석탄, 석회석으로 복분해하여 소다회를 제조하는 방법

$NaCl + H_2SO_4 \xrightarrow{150℃} NaHSO_4 + HCl$

$NaHSO_4 + NaCl \xrightarrow{800℃} Na_2SO_4$(무수망초)$ + HCl$

- Solvay법(암모니아소다법) : 함수에 암모니아를 포화시켜 암모니아 함수를 만들고, 탄산화탑에서 이산화탄소를 도입시켜 중조를 침전여과한 후 이를 가소하여 소다회를 얻는 방법

$NaCl + NH_3 + CO_2 + H_2O \rightarrow NaHCO_3 + NH_4Cl$
중조(탄산수소나트륨)

$2NaHCO_3 \rightarrow Na_2CO_3 + H_2O + CO_2$(가소반응)

$2NH_4Cl + Ca(OH)_2 \rightarrow CaCl_2 + 2H_2O + 2NH_3$
(암모니아 회수반응)

19 다음 중 테레프탈산 합성을 위한 공업적 원료로 가장 거리가 먼 것은?

① p－자일렌
② 톨루엔
③ 벤젠
④ 무수프탈산

해설

테레프탈산 합성법

- p－크실렌(p－자일렌)의 산화

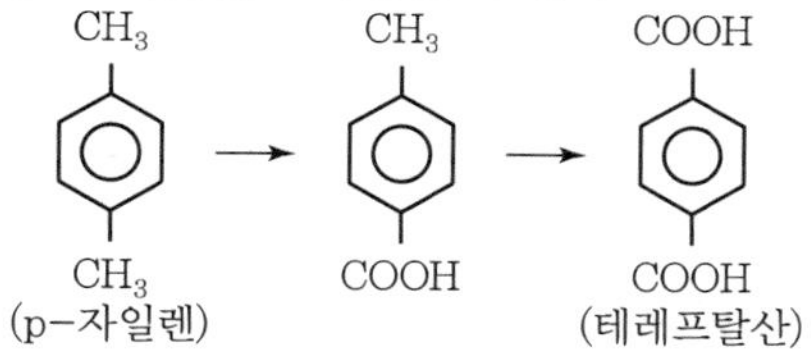

- 프탈산무수물

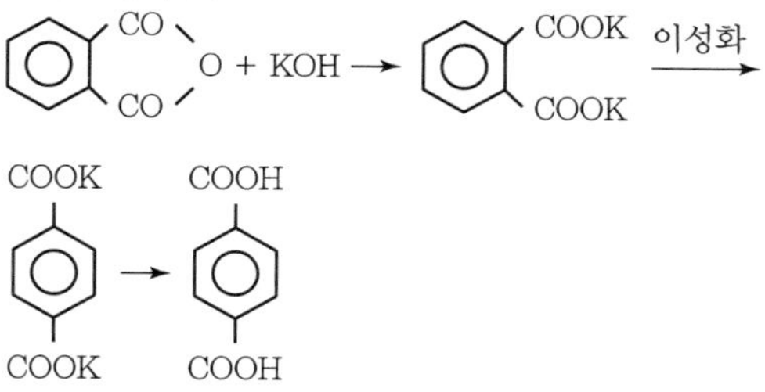

20 프로필렌, CO 및 H_2의 혼합가스를 촉매하에서 고압으로 반응시켜 카르보닐 화합물을 제조하는 반응은?

① 옥소 반응　　② 에스테르화 반응
③ 니트로화 반응　　④ 스위트닝 반응

해설

Oxo 반응
올레핀과 CO, H_2를 촉매하에서 반응시켜 탄소수가 하나 더 증가된 알데히드 화합물을 얻는다.

2과목 반응운전

21 어떤 반응에서 $-r_A = 0.05\,C_A\,mol/cm^3\,h$일 때 농도를 mol/L, 그리고 시간을 min으로 나타낼 경우 속도상수의 값은?

① 7.33×10^{-4}　　② 8.33×10^{-4}
③ 9.33×10^{-4}　　④ 10.33×10^{-4}

해설

$K = [mol/L]^{1-n}[1/s]$

1차 $K = \dfrac{1}{시간}$

$0.05\dfrac{1}{h} \times \dfrac{1h}{60min} = 8.33 \times 10^{-4} min^{-1}$

22 크기가 다른 3개의 혼합흐름반응기(Mixed Flow Reactor)를 사용하여 2차 반응에 의해서 제품을 생산하려 한다. 최대의 생산율을 얻기 위한 반응기의 설치 순서로서 옳은 것은?(단, 반응기의 부피 크기는 A>B>C이다.)

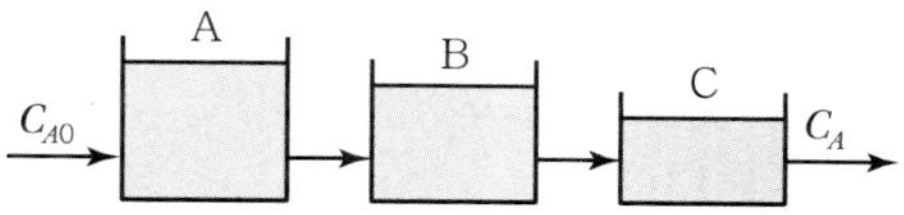

① A → B → C　　② B → A → C
③ C → B → A　　④ 순서에 무관

정답 19 ③ 20 ① 21 ② 22 ③

해설

- $n>1$: 작은 반응기 → 큰 반응기
- $n<1$: 큰 반응기 → 작은 반응기

23 회분식 반응기(Batch Reactor)에서 비가역 1차 액상반응인 반응물 A가 40% 전환되는 데 5분이 걸렸다면 80% 전환되는 데는 약 몇 분이 걸리겠는가?

① 7분 ② 10분
③ 12분 ④ 16분

해설

$-\ln(1-X_A)=kt$

$-\ln(1-0.4)=k\times 5\text{min}$

$\therefore\ k=0.102$

$-\ln(1-0.8)=0.102\times t$

$\therefore\ t=15.8\text{min}\fallingdotseq 16\text{min}$

24 액상 가역 1차 반응 $A \rightleftarrows R$을 등온하에서 반응시켜 평형전화율 X_{Ae}는 80%로 유지하고 싶다. 반응온도를 얼마로 해야 하는가?(단, 반응열은 온도에 관계없이 $-10{,}000$cal/mol, 25℃에서의 평형상수는 300, $C_{R0}=0$이다.)

① 75℃ ② 127℃
③ 185℃ ④ 212℃

해설

$$K_c=\frac{C_{Re}}{C_{Ae}}=\frac{M+X_{Ae}}{1-X_{Ae}}\quad\left(M=\frac{C_{R0}}{C_{A0}}=0\right)$$

$$\therefore\ K_c=\frac{0.8}{1-0.8}=4$$

$$\ln\frac{K_2}{K_1}=\frac{\Delta H}{R}\left(\frac{1}{T_1}-\frac{1}{T_2}\right)$$

$$\ln\frac{4}{300}=\frac{-10{,}000}{1.987}\left(\frac{1}{298}-\frac{1}{T_2}\right)$$

$\therefore\ T_2=400\text{K}=127℃$

25 공간시간이 $\tau=1$min인 똑같은 혼합반응기 4개가 직렬로 연결되어 있다. 반응속도상수가 $k=0.5\text{min}^{-1}$인 1차 액상 반응이며 용적 변화율은 0이다. 첫째 반응기의 입구 농도가 1mol/L일 때 네 번째 반응기의 출구 농도(mol/L)는 얼마인가?

① 0.098 ② 0.125
③ 0.135 ④ 0.198

해설

$\tau=1\text{min},\ k=0.5\text{min}^{-1}$

$$\frac{C_0}{C_N}=(1+k\tau_i)^N$$

$$\frac{1\text{mol/L}}{C_N}=(1+0.5\times 1)^4\qquad \therefore\ C_N=0.198\text{mol/L}$$

26 다음의 액상 균일 반응을 순환비가 1인 순환식 반응기에서 반응시킨 결과 반응물 A의 전화율이 50%이었다. 이 경우 순환 Pump를 중지시키면 이 반응기에서 A의 전화율은 얼마인가?

$A\rightarrow B,\ r_A=-kC_A$

① 45.6% ② 55.6%
③ 60.6% ④ 66.6%

해설

$$\frac{\tau_P}{C_{A0}}=(R+1)\int_{X_{Ai}}^{X_{Af}}\frac{dX_A}{-r_A}$$

$$X_{Ai}=\frac{R}{R+1}X_{Af}=\frac{1}{1+1}\times 0.5=0.25$$

$$\frac{\tau_P}{C_{A0}}=2\int_{X_{Ai}}^{X_{Af}}\frac{dX_A}{kC_{A0}(1-X_A)}$$

$$\tau_P=\frac{2}{k}\left[-\ln(1-X_A)\right]_{0.25}^{0.5}$$

$$k\tau_P=2\left[-\ln\frac{1-0.5}{1-0.25}\right]=0.811$$

순환류폐쇄

$-\ln(1-X_A)=k\tau$

$-\ln(1-X_A)=0.811$

$X_A=0.556(55.6\%)$

정답 23 ④ 24 ② 25 ④ 26 ②

27 PFR 반응기에서 순환비 R을 무한대로 하면 일반적으로 어떤 현상이 일어나는가?

① 전화율이 증가한다.
② 공간시간이 무한대가 된다.
③ 대용량의 PFR과 같게 된다.
④ CSTR과 같게 된다.

해설

순환비 R
- $R \to 0$: PFR
- $R \to \infty$: CSTR

28 등온에서 0.9wt% 황산 B와 액상 반응물 A(공급원료 A의 농도는 4 lbmol/ft^3)가 동일 부피로 CSTR에 유입될 때 1차 반응 진행으로 2×10^8lb/year의 생성물 C(분자량 : 62)가 배출된다. A의 전화율이 0.8이 되기 위한 반응기 체적(ft^3)은?(단, 속도상수는 0.311min^{-1}이다.)

① 40.4 ② 44.6
③ 49.4 ④ 54.3

해설

CSTR 1차 $k\tau = \dfrac{X_A}{1-X_A}$

$A+B \to C$(A와 B는 동일 부피로 유입)

$$C = \frac{2\times10^8\text{lb}}{\text{year}} \times \frac{1\text{year}}{365\text{day}} \times \frac{1\text{day}}{24\text{h}} \times \frac{1\text{h}}{60\text{min}} \times \frac{1\text{lbmol}}{62\text{ lb}}$$
$$= 6.14\text{ lbmol/min}$$

이것은 0.8만큼 반응이 진행

$$0.311\tau = \frac{0.8}{1-0.8}$$

$\therefore\ \tau = 12.86\text{min}$

$$\frac{6.14}{0.8} = 7.67\text{ lbmol/min}$$

$$\tau = \frac{V}{v_0} = \frac{C_{A0}V}{F_{A0}} = \frac{4\times V}{7.67\times2} = 12.86\text{min}$$

$\therefore\ V = 49.4\text{ft}^3$

29 일반적으로 가스-가스 반응을 의미하는 것으로 옳은 것은?

① 균일계 반응과 불균일계 반응의 중간반응
② 균일계 반응
③ 불균일계 반응
④ 균일계 반응과 불균일계 반응의 혼합

해설

구분	비촉매	촉매
균일계	대부분 기상반응	대부분 액상반응
	불꽃연소반응과 같은 빠른 반응	• 콜로이드상에서의 반응 • 효소와 미생물의 반응
불균일계	• 석탄의 연소 • 광석의 배소 • 산+고체의 반응 • 기액 흡수 • 철광석의 환원	• NH_3 합성 • 암모니아 산화 → 질산제조 • 원유의 Cracking • $SO_2 \xrightarrow{\text{산화}} SO_3$

30 다음은 n차($n>0$) 단일 반응에 대한 한 개의 혼합 및 플러그흐름반응기 성능을 비교 설명한 내용이다. 옳지 않은 것은?(단, V_m은 혼합흐름반응기 부피, V_p는 플러그흐름반응기 부피를 나타낸다.)

① V_m은 V_p보다 크다.
② V_m/V_p는 전화율의 증가에 따라 감소한다.
③ V_m/V_p는 반응차수에 따라 증가한다.
④ 부피변화 분율이 증가하면 V_m/V_p가 증가한다.

해설

$n>0$에 대하여 CSTR의 크기는 항상 PFR보다 크다. 이 부피비(V_m/V_p)는 반응차수가 증가할수록 커진다.

정답 27 ④ 28 ③ 29 ② 30 ②

31 혼합물의 융해, 기화, 승화 시 변하지 않는 열역학적 성질에 해당하는 것은?

① 엔트로피 ② 내부에너지
③ 화학퍼텐셜 ④ 엔탈피

해설

상평형

$\mu_i^{\alpha} = \mu_i^{\beta} = \cdots = \mu_i^{\pi}$

- T, P가 같아야 한다.
- 같은 T, P에서 각 성분의 화학퍼텐셜이 같게 될 때 평형에 있다.

32 혼합물에서 과잉물성(Excess Property)에 관한 설명으로 가장 옳은 것은?

① 실제용액의 물성값에 대한 이상용액의 물성값의 차이다.
② 실제용액의 물성값과 이상용액의 물성값의 합이다.
③ 이상용액의 물성값에 대한 실제용액의 물성값의 비이다.
④ 이상용액의 물성값과 실제용액의 물성값의 곱이다.

해설

과잉물성 = 실제용액 − 이상용액

33 초기상태가 300K, 1bar인 1몰의 이상기체를 압력이 10bar가 될 때까지 등온 압축한다. 이 공정이 역학적으로 가역적일 경우 계가 받은 일과 열(W, Q)을 구하였다. 다음 중 옳은 것은?(단, 기체상수는 R(J/mol K)이다.)

① $W=69R$, $Q=-69R$
② $W=69R$, $Q=69R$
③ $W=690R$, $Q=-690R$
④ $W=690R$, $Q=690R$

해설

$\Delta U = Q + W$

등온($\Delta U = 0$)

$$-W = Q = RT\ln\frac{P_1}{P_2}$$

$$= R \times 300 \times \ln\frac{1}{10} = -690.7R$$

34 김 박사는 400K에서 25,000J/s로 에너지를 받아 200K에서 12,000J/s로 열을 방출하고 15kW의 일을 하는 열기관을 발명하였다고 주장하고 있다. 김 박사의 주장을 열역학 제1, 2법칙에 의해 평가한 것으로 가장 적절한 것은?

① 이 열기관은 열역학 제1법칙으로는 가능하나, 제2법칙에 위배되므로 김 박사의 주장은 믿을 수 없다.
② 이 열기관은 열역학 제1법칙으로는 위배되나, 제2법칙에 가능하므로 김 박사의 주장은 믿을 수 없다.
③ 이 열기관은 열역학 제1, 2법칙에 모두 위배되므로 김 박사의 주장은 믿을 수 없다.
④ 이 열기관은 열역학 제1, 2법칙 모두 가능하므로 김 박사의 주장은 옳다.

해설

Carnot 열효율

$$\eta = \frac{W}{Q_H} = \frac{Q_H - Q_C}{Q_H} = \frac{T_H - T_C}{T_H}$$

400K 25,000J/s
↓ → 15kW
200K 12,000J/s

$$\eta = \frac{(400-200)\text{K}}{400\text{K}} = 0.5$$

$$\eta = \frac{25{,}000 - 12{,}000}{25{,}000} = 0.52$$

W = 25,000 − 12,000 = 13,000J/s = 13kW이므로 에너지 보존의 법칙에 위배되며 최대일이 13kW이므로 열역학 제2법칙에도 위배된다.

정답 31 ③ 32 ① 33 ③ 34 ③

35 Carnot 냉동기가 -5℃의 저열원에서 10,000kcal/h의 열량을 흡수하여 20℃의 고열원에서 방출할 때 버려야 할 최소 열량은?

① 7,760kcal/h　② 8,880kcal/h
③ 10,932kcal/h　④ 12,242kcal/h

해설

$$\frac{T_2}{T_1-T_2}=\frac{Q_c}{Q_H-Q_c}$$

$$\frac{268}{293-268}=\frac{10{,}000}{Q-10{,}000}$$

$\therefore\ Q=10{,}932.8$kcal/h

36 이상기체의 줄-톰슨 계수(Joule-Thomson Coefficient)의 값은?

① 0　② 0.5
③ 1　④ ∞

해설

$$\mu=\left(\frac{\partial T}{\partial P}\right)_H=\frac{-\left(\frac{\partial H}{\partial P}\right)_T}{\left(\frac{\partial H}{\partial T}\right)_P}=-\frac{1}{C_P}\left(\frac{\partial H}{\partial P}\right)_T$$

$$\mu=\frac{V(\beta T-1)}{C_P}$$

$$\beta T=\frac{T}{V}\left(\frac{\partial V}{\partial T}\right)_P=\frac{T}{V}\left(\frac{R}{P}\right)=\frac{RT}{PV}=1$$

이상기체 $\mu=0$

37 알코올 수용액의 증기와 평형을 이루고 있는 시스템(System)의 자유도는?

① 0　② 1
③ 2　④ 3

해설

$F=2-P+C$
$=2-2+2$
$=2$

38 다음 도표상의 점 A로부터 시작되는 여러 경로 중 액화가 일어나지 않는 공정은?

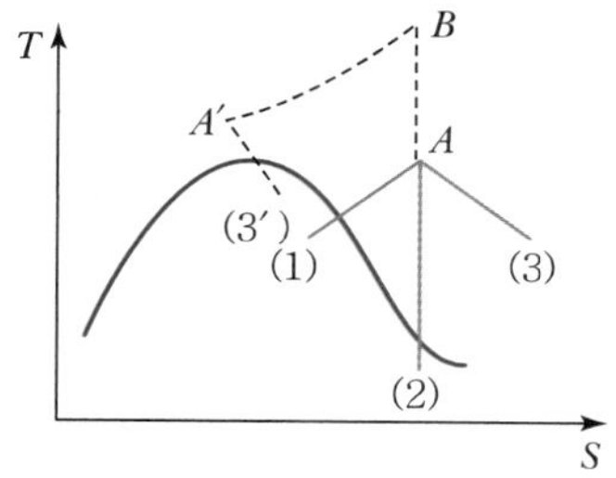

① $A\rightarrow(1)$
② $A\rightarrow(2)$
③ $A\rightarrow(3)$
④ $A\rightarrow B\rightarrow A'\rightarrow(3')$

해설

액화공정

- $A\rightarrow(1)$: 일정 압력하에서 열교환에 의하여
- $A\rightarrow(2)$: 일이 얻어지는 팽창공정(등엔트로피 팽창)
- $A\rightarrow B\rightarrow A'\rightarrow(3')$: 조름공정에 의하여

39 화학반응의 평형상수 K의 정의로부터 다음의 관계식을 얻을 수 있을 때 이 관계식에 대한 설명 중 틀린 것은?

$$\frac{d\ln K}{dT}=\frac{\Delta H^\circ}{RT^2}$$

① 온도에 대한 평형상수의 변화를 나타낸다.
② 발열반응에서는 온도가 증가하면 평형상수가 감소함을 보여준다.
③ 주어진 온도구간에서 ΔH°가 일정하면 $\ln K$를 T의 함수로 표시했을 때 직선의 기울기가 $\frac{\Delta H^\circ}{R^2}$이다.
④ 화학반응의 ΔH°를 구하는 데 사용할 수 있다.

해설

$$\ln K=-\frac{\Delta H^\circ}{RT}$$

기울기는 $-\frac{\Delta H^\circ}{R}$

정답 35 ③ 36 ① 37 ③ 38 ③ 39 ③

40 $Z=1+BP$와 같은 비리얼 방정식(Virial Equation)으로 표시할 수 있는 기체 1몰을 등온가역과정으로 압력 P_1에서 P_2까지 변화시킬 때 필요한 일 W를 옳게 나타낸 식은?(단, Z는 압축인자이고 B는 상수이다.)

① $W=RT\ln\frac{P_1}{P_2}$

② $W=RT\ln\frac{P_1}{P_2}+B$

③ $W=RT\ln\frac{P_1}{P_2}+BRT$

④ $W=1+RT\ln\frac{P_1}{P_2}$

해설

$Z=\frac{PV}{RT}=1+BP$

$PV=RT+BPRT$

$\therefore P=\frac{RT}{V-BRT}$

$W=\int_{V_1}^{V_2}PdV=\int_{V_1}^{V_2}\frac{RT}{V-BRT}dV$

$=RT\ln\frac{V_2-BRT}{V_1-BRT}$

$=RT\ln\frac{RT/P_2}{RT/P_1}=RT\ln\frac{P_1}{P_2}$

3과목 단위공정관리

41 50mol% 에탄올 수용액을 밀폐용기에 넣고 가열하여 일정 온도에서 평형이 되었다. 이때 용액은 에탄올 27mol%이고, 증기조성은 에탄올 57mol%이었다. 원용액의 몇 %가 증발되었는가?

① 23.46　　② 30.56
③ 76.66　　④ 89.76

해설

$F=100$mol이라 하면

$0.5\times100=0.57\times D+0.27(100-D)$

$\therefore D=76.66$

$\frac{76.66}{100}\times100=76.66\%$

42 다음 중 경로에 관계되는 양은?

① 열　　② 내부에너지
③ 압력　　④ 엔탈피

해설

- 상태함수 : 경로와 상관없이 시작점과 끝점의 상태에 의해서만 영향을 받는 함수
  예 T, P, U, H, S
- 경로함수 : 경로에 영향을 받는 함수
  예 Q(열), W(일)

43 15℃에서 포화된 NaCl 수용액 100kg을 65℃로 가열하였을 때 이 용액에 추가로 용해시킬 수 있는 NaCl은 약 몇 kg인가?(단, 15℃에서 NaCl의 용해도는 6.12kmol/1,000kg H_2O, 65℃에서 NaCl의 용해도는 6.37kmol/1,000kg H_2O이다.)

① 1.1　　② 2.1
③ 3.1　　④ 4.1

해설

- 15℃에서 6.12kmol $\times\frac{58.5\text{kg}}{1\text{kmol}}$=358kg NaCl/1,000kg H_2O
  1,358kg : 358kg = 100kg : x
  $\therefore x=26.36$kg NaCl, 물=73.64kg H_2O
- 65℃에서 6.37kmol $\times\frac{58.5\text{kg}}{1\text{kmol}}$=372.6kg
  1,000kg : 372.6kg = 73.64kg : y
  $\therefore y=27.44$kg NaCl

$\therefore$ 27.44 − 26.36 = 1.08kg 더 용해할 수 있다.

정답 40 ① 41 ③ 42 ① 43 ①

44 본드(Bond)의 파쇄법칙에서 매우 큰 원료로부터 크기 D_p의 입자들을 만드는 데 소요되는 일은 무엇에 비례하는가?(단, s는 입자의 표면적(m^2), v는 입자의 부피(m^3)를 의미한다.)

① 입자들의 부피에 대한 표면적비 : s/v

② 입자들의 부피에 대한 표면적비의 제곱근 : $\sqrt{s/v}$

③ 입자들의 표면적에 대한 부피비 : v/s

④ 입자들의 표면적에 대한 부피비의 제곱근 : $\sqrt{v/s}$

해설

분쇄이론(Lewis 식)

$$\frac{dW}{dD_p} = -kD_p^{\ -n}$$

- Rittinger 법칙($n=2$)

$$W = k_R'\left(\frac{1}{D_{p_2}} - \frac{1}{D_{P_1}}\right) = k_R(s_2 - s_1)$$

- Kick 법칙($n=1$) : $W = k_k \ln\frac{D_{p_1}}{D_{p_2}}$

- Bond 법칙$\left(n=\frac{3}{2}\right)$

$$W = 2k_B\left(\frac{1}{\sqrt{D_{p_2}}} - \frac{1}{\sqrt{D_{p_1}}}\right) = \frac{k_B}{5}\frac{\sqrt{100}}{\sqrt{D_{p_2}}}\left(1 - \frac{\sqrt{D_{p_2}}}{\sqrt{D_{p_1}}}\right)$$

※ $\frac{1}{\sqrt{D}} = \sqrt{\frac{s}{v}}$

45 다음과 같은 반응의 표준반응열은 몇 kcal/mol인가?(단, C_2H_5OH, CH_3COOH, $CH_3COOC_2H_5$의 표준연소열은 각각 −326,700kcal/mol, −208,340 kcal/mol, −538,750kcal/mol이다.)

$$C_2H_5OH(l) + CH_3COOH(l)$$
$$\rightarrow CH_3COOC_2H_5(l) + H_2O(l)$$

① −14,240 ② −3,710

③ 3,710 ④ 14,240

해설

$$\text{반응열} = (\Sigma H_{reactant})_c - (\Sigma H_{product})_c$$
$$= (-326{,}700 - 208{,}340) - (-538{,}750)$$
$$= 3{,}710\text{kcal/mol}$$

46 3층의 벽돌로 된 노벽이 있다. 내부로부터 각 벽돌의 두께는 각각 10, 8, 30cm이고 열전도도는 각각 0.10, 0.05, 1.5kcal/m h ℃이다. 노벽의 내면 온도는 1,000℃이고 외면 온도는 40℃일 때 단위 면적당의 열 손실은 약 얼마인가?(단, 벽돌 간의 접촉저항은 무시한다.)

① 343kcal/m^2 h ② 533kcal/m^2 h

③ 694kcal/m^2 h ④ 830kcal/m^2 h

해설

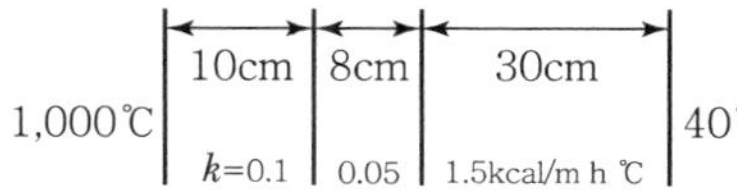

$$\frac{q}{A} = \frac{t_1 - t_4}{\frac{l_1}{k_1} + \frac{l_2}{k_2} + \frac{l_3}{k_3}}$$
$$= \frac{1{,}000 - 40}{\frac{0.1}{0.1} + \frac{0.08}{0.05} + \frac{0.3}{1.5}}$$
$$= 343\text{kcal/m}^2\text{ h}$$

47 흡수 충전탑에서 조작선(Operating Line)의 기울기를 $\frac{L}{V}$이라 할 때 틀린 것은?

① $\frac{L}{V}$의 값이 커지면 탑의 높이는 짧아진다.

② $\frac{L}{V}$의 값이 작아지면 탑의 높이는 길어진다.

③ $\frac{L}{V}$의 값은 흡수탑의 경제적인 운전과 관계가 있다.

④ $\frac{L}{V}$의 최솟값은 흡수탑 하부에서 기액 간의 농도차가 가장 클 때의 값이다.

정답 44 ② 45 ③ 46 ① 47 ④

해설

기-액 한계비

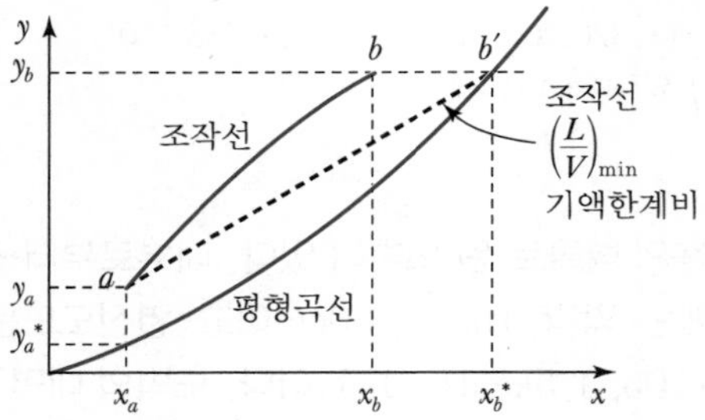

- $\frac{L}{V}$ 값이 커지면 흡수의 추진력이 커지므로 흡수탑의 높이는 작아도 된다.
- 탑 밑바닥에서 농도 차이가 0이 되어 무한대로 기다란 충전층이 필요하다.
- $\frac{L}{V}$ 비는 맞흐름탑에서 흡수의 경제성에 미치는 영향이 크다.
- 조작선 식

$$y = \frac{L}{V}x + \frac{V_a y_a - L_b x_b}{V}$$

48 3중 효용관의 첫 증발관에 들어가는 수증기의 온도는 110℃이고 맨 끝 효용관에서 용액의 비점은 53℃이다. 각 효용관의 총괄 열전달계수(W/m^2 ℃가 2,500, 2,000, 1,000일 때 2효용관액의 끓는점은 약 몇 ℃인가? (단, 비점 상승이 매우 작은 액체를 농축하는 경우이다.)

① 73 ② 83
③ 93 ④ 103

해설

$$R = \frac{1}{2{,}500} + \frac{1}{2{,}000} + \frac{1}{1{,}000}$$
$$= 4 \times 10^{-4} + 5 \times 10^{-4} + 1 \times 10^{-3}$$
$$= 1.9 \times 10^{-3}$$

$\Delta t : \Delta t_1 : \Delta t_2 = R : R_1 : R_2$
57℃ : $\Delta t_1 = 1.9 \times 10^{-3} : 4 \times 10^{-4}$
$\Delta t_1 = 110 - t_2 = 12$
$\therefore\ t_2 = 98$℃

$\Delta t_1 : \Delta t_2 = R_1 : R_2$
12℃ : $\Delta t_2 = 4 \times 10^{-4} : 5 \times 10^{-4}$
$\therefore\ \Delta t_2 = 15$℃
$\Delta t_2 = 98℃ - t_3 = 15℃$
$\therefore\ t_3 = 83$℃

49 30℃, 750mmHg에서 Percentage Humidity(비교습도 %H)는 20%이고, 30℃에서 포화증기압은 31.8 mmHg이다. 공기 중의 실제 증기압은?

① 6.58mmHg ② 7.48mmHg
③ 8.38mmHg ④ 9.29mmHg

해설

$$H_P = \frac{p_V}{p_S} \times \frac{P - p_S}{P - p_V} \times 100 = 20\%$$

$$\frac{p_V}{31.8} \times \frac{750 - 31.8}{750 - p_V} = 0.2$$

$\therefore\ p_V = 6.58\,\text{mmHg}$

50 2개의 관을 연결할 때 사용되는 관 부속품이 아닌 것은?

① 유니언(Union) ② 니플(Nipple)
③ 소켓(Socket) ④ 플러그(Plug)

해설

관부속품

두 개의 관을 연결할 때	플랜지, 유니언, 니플, 커플링, 소켓
관선의 방향을 바꿀 때	엘보, Y자관, 십자, 티(Tee)
관선의 직경을 바꿀 때	리듀서, 부싱
지선을 연결할 때	티(Tee), Y자관, 십자
유로를 차단할 때	플러그, 캡, 밸브
유량을 조절할 때	밸브

51 열전달과 온도 관계를 표시한 가장 기본되는 법칙은?

① 뉴턴의 법칙 ② 푸리에의 법칙
③ 픽의 법칙 ④ 후크의 법칙

정답 48 ② 49 ① 50 ④ 51 ②

해설

① 뉴턴의 법칙

$\tau = \frac{F}{A} = -\mu \frac{du}{dy} (N/m^2)$

② 푸리에의 법칙

$\frac{q}{A} = -k \frac{dt}{dl} (kcal/h\ m^2)$

③ 픽의 법칙

$J_A = \frac{N_A}{A} = -D_G \frac{dC_A}{dx} (kmol/h\ m^2)$

④ 후크의 법칙

$F = kx$

52 다음 중 가장 낮은 압력을 나타내는 것은?

① 760mmHg ② 101.3kPa

③ 14.2psi ④ 1bar

해설

$760\,mmHg = 101.3\,kPa = 1\,atm$

$14.2\,psi \times \frac{1\,atm}{14.7\,psi} = 0.966\,atm$

$1\,bar \times \frac{1\,atm}{1.013\,bar} = 0.987 atm$

53 건조 조작에서 임계(Critical)함수율이란?

① 건조속도가 0일 때 함수율

② 감율 건조가 끝나는 때의 함수율

③ 항률 단계에서 감율 단계로 바뀌는 함수율

④ 건조 조작이 끝나는 함수율

해설

임계함수율

항률건조기간에서 감률건조기간으로 바뀔 때의 함수율

54 증류에 있어서 원료 흐름 중 기화된 증기의 분율을 f라 할 때 f에 대한 표현 중 틀린 것은?

① 원료가 포화액체일 때 $f=0$

② 원료가 포화증기일 때 $f=1$

③ 원료가 증기와 액체 혼합물일 때 $0<f<1$

④ 원료가 과열증기일 때 $f<1$

해설

액의 분율(q)	증기의 분율(f)
차가운 원액 $q>1$	$f<0$
포화원액 $q=1$	$f=0$
부분적으로 기화된 원액 $0<q<1$	$0<f<1$
포화증기 $q=0$	$f=1$
과열증기 $q<0$	$f>1$

55 Prandtl 수가 1보다 클 경우 다음 중 옳은 것은?

① 운동량 경계층이 열 경계층보다 더 두껍다.

② 운동량 경계층이 열 경계층보다 더 얇다.

③ 운동량 경계층과 열 경계층의 두께가 같다.

④ 운동량 경계층과 열 경계층의 두께와는 관계가 없다.

해설

$N_{Pr} = \frac{C_P\mu}{k} = \frac{\text{운동량의 전달(확산)}}{\text{열에너지의 전달(확산)}}$

$= \frac{\mu/\rho}{k/C_P\rho} = \frac{\nu}{\alpha} = \frac{\text{동력학적 경계층의 두께(확산도)}}{\text{열경계층의 두께(확산도)}}$

$N_{Pr} > 1$일 때 동력학적 경계층(운동량 경계층)의 두께가 열경계층의 두께보다 두껍다.

56 충전탑에서 기체의 속도가 매우 커서 액이 거의 흐르지 않고, 넘치는 현상을 무엇이라고 하는가?

① 편류(Channeling)

② 범람(Flooding)

③ 공동화(Cavitation)

④ 비말동반(Entrainment)

해설

- 왕일점(범람점, Flooding Point) : 기체의 속도가 아주 커서 액이 거의 흐르지 않고 넘치는 점, 향류조작이 불가능하다.
- 편류(Channeling) : 액이 한곳으로만 흐르는 현상. 탑의 지름을 충전물 지름의 8~10배로 하거나 불규칙 충전을 한다.
- 부하속도(Loading Velocity) : 기체의 속도가 증가하면 탑 내 액체유량이 증가한다. 이때의 속도를 부하속도라 하며, 흡수탑의 작업은 부하속도를 넘지 않는 속도 범위에서 해야 한다.

정답 52 ③ 53 ③ 54 ④ 55 ① 56 ②

• 비말동반 : 증기 속에 존재하는 액체 방울의 일부가 증기와 함께 밖으로 배출되는 현상
• 공동화 현상(Cavitation) : 원심펌프를 높은 능력으로 운전할 때 임펠러 흡입부의 압력이 낮아지게 되는 현상

57 82℃에서 벤젠의 증기압은 811mmHg, 톨루엔의 증기압은 314mmHg이다. 같은 온도에서 벤젠과 톨루엔의 혼합 용액을 증발시켰더니 증기 중 벤젠의 몰분율은 0.5이었다. 용액 중의 톨루엔의 몰분율은 약 얼마인가?(단, 이상기체이며 라울의 법칙이 성립한다고 본다.)

① 0.72 ② 0.54
③ 0.46 ④ 0.28

해설

라울의 법칙

$P=p_A+p_B=x_AP_A+x_BP_B$

$y_A=\dfrac{P_Ax_A}{P}$

$0.5=\dfrac{811\times x_A}{811\times x_A+314(1-x_A)}$

$\therefore\ x_A=0.28,\ x_B=1-x_A=0.72$

58 안지름 10cm의 수평관을 통하여 상온의 물을 수송한다. 관의 길이 100m, 유속 7m/s, 패닝 마찰계수(Fanning Friction Factor)가 0.005일 때 생기는 마찰손실 kg_f m/kg은?

① 5 ② 25
③ 50 ④ 250

해설

$\Sigma F=\dfrac{2fu^2L}{g_cD}$

$=\dfrac{2\times0.005\times(7\text{m/s})^2\times100\text{m}}{9.8\text{kg m/kg}_f\ \text{s}^2\times0.1\text{m}}$

$=50\text{kg}_f\ \text{m/kg}$

59 최고공비혼합물에 대한 설명으로 틀린 것은?

① 휘발도가 정규상태보다 비정상적으로 높다.
② 같은 분자 간 인력이 다른 분자 간 인력보다 작다.
③ 활동도 계수가 1보다 작다.
④ 증기압이 이상용액보다 작다.

해설

최고공비혼합물
• 휘발도가 이상적으로 낮다. $\gamma_A<1,\ \gamma_B<1$
• 같은 분자 간 인력 < 다른 분자 간 인력
• 증기압은 낮아지고 비점은 높아진다.

60 롤 분쇄기에 상당직경 4cm인 원료를 도입하여 상당직경 1cm로 분쇄한다. 분쇄원료와 롤 사이의 마찰계수가 $\dfrac{1}{\sqrt{3}}$일 때 롤 지름은 약 몇 cm인가?

① 6.6 ② 9.2
③ 15.3 ④ 18.4

해설

$\mu=\tan\alpha=\dfrac{1}{\sqrt{3}}\qquad\therefore\ \alpha=30°$

$\cos\alpha=\dfrac{R+d}{R+r}=\dfrac{R+\frac{1}{2}}{R+\frac{4}{2}}=\dfrac{\sqrt{3}}{2}\qquad\therefore\ R=9.2\text{cm}$

∴ 롤의 지름 = $2R=2\times9.2\text{cm}=18.4\text{cm}$

4과목 화공계측제어

61 1차계 단위계단응답에서 시간 t가 2τ일 때 퍼센트 응답은 약 얼마인가?(단, τ는 1차계 시간상수이다.)

① 50% ② 63.2%
③ 86.5% ④ 95%

정답 57 ① 58 ③ 59 ① 60 ④ 61 ③

해설

1차계 단위계단응답

t	$y(t)/KA$	t	$y(t)/KA$
0	0	4τ	0.982
τ	0.632	5τ	0.993
2τ	0.865	∞	1
3τ	0.950		

62 시간지연(Delay)이 포함되고 공정이득이 1인 1차 공정에 비례 제어기가 연결되어 있다. 임계주파수에서의 각속도 ω의 값이 0.5rad/min일 때 이득여유가 1.7이 되려면 비례제어상수(K_c)는?(단, 시상수는 2분이다.)

① 0.83　　② 1.41
③ 1.70　　④ 2.0

해설

$G(s)=\dfrac{k}{\tau s+1}e^{-\theta s}$

$AR=\dfrac{K_c}{\sqrt{\tau^2\omega^2+1}}$

$\omega=0.5\text{rad/min}$

이득여유$=\dfrac{1}{AR_c}=1.7$

$AR_c=0.59$

$0.59=\dfrac{K_c}{\sqrt{2^2\times 0.5^2+1}}$

$\therefore\ K_c=0.59\times\sqrt{2}=0.83$

63 제어동작에 대한 다음 설명 중 틀린 것은?

① 단순 비례동작제어는 오프셋을 일으킬 수 있다.
② 비례적분동작제어는 오프셋을 일으키지 않는다.
③ 비례미분동작제어는 공정출력을 Set Point에 유지시키면서 장시간에 걸쳐 계를 정상상태로 이끌어간다.
④ 비례적분미분동작제어는 PD 동작제어와 PI 동작제어의 장점을 복합한 것이다.

해설

비례미분동작
Offset(잔류편차)은 없어지지 않으나, 최종값에 도달하는 시간은 단축된다.

64 어떤 제어계의 특성방정식이 다음과 같을 때 임계주기(Ultimate Period)는 얼마인가?

$$s^3+6s^2+9s+1+K_c=0$$

① $\dfrac{\pi}{2}$　　② $\dfrac{2}{3}\pi$
③ π　　④ $\dfrac{3}{2}\pi$

해설

$s^3+6s^2+9s+1+K_c=0$

s에 $i\omega_u$ 대입

$-i{\omega_u}^3-6{\omega_u}^2+9i\omega_u+1+K_c=0$

(실수부) $-6{\omega_u}^2+1+K_c=0$

(허수부) $i\left(9\omega_u-{\omega_u}^3\right)=0 \rightarrow \omega_u=0$ 또는 $\omega_u=\pm 3$

$\omega_u=0 \rightarrow K_c=-1$

$\omega_u=\pm 3 \rightarrow K_c=53$

$\therefore -1<K_c<53$

임계주기 $T_u=\dfrac{2\pi}{\omega_u}=\dfrac{2\pi}{3}$

65 특성방정식이 $1+\dfrac{K_c}{(s+1)(s+2)}=0$로 표현되는 선형 제어계에 대하여 Routh-hurwitz의 안정 판정에 의한 K_c의 범위를 구하면?

① $K_c<-1$　　② $K_c>-1$
③ $K_c>-2$　　④ $K_c<-2$

정답 62 ① 63 ③ 64 ② 65 ③

해설

Routh 안정성 판별법

$$1+\frac{K_c}{(s+1)(s+2)}=0$$

$$s^2+3s+2+K_c=0$$

1	1	$2+K_c$
2	3	0
3	$\frac{3(2+K_c)}{3}>0$ $2+K_c>0$ $K_c>-2$	

66 다음 그림에서 Servo Problem인 경우, Proportonal Control($G_c = K_c$)의 Offset은?(단, $T_R(t)=U(t)$인 단위계단 신호이다.)

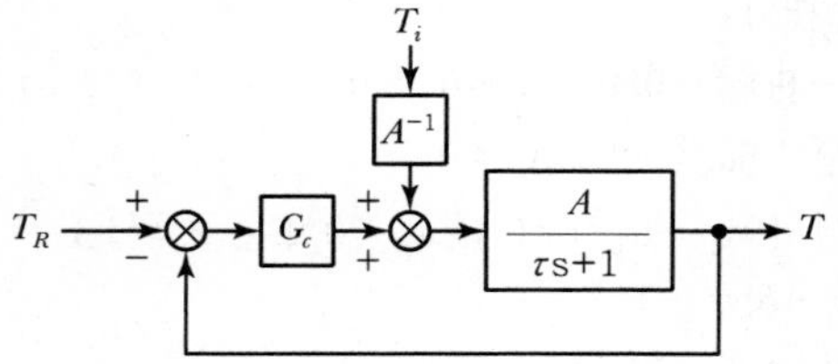

① 0
② $\frac{1}{1-K_cA}$
③ $\frac{-1}{1+K_cA}$
④ $\frac{1}{1+K_cA}$

해설

$$\frac{T}{T_R}=\frac{\frac{K_cA}{\tau s+1}}{1+\frac{K_cA}{\tau s+1}}=\frac{K_cA}{\tau s+1+K_cA}$$

$$T=\frac{K_cA}{s(\tau s+1+K_cA)}$$

$$C(\infty)=\lim_{t\to\infty}T(t)=\lim_{s\to0}s\,T(s)=\frac{K_cA}{1+K_cA}$$

$$\text{Offset}=R(\infty)-C(\infty)$$
$$=1-\frac{K_cA}{1+K_cA}=\frac{1}{1+K_cA}$$

67 사람이 차를 운전하는 경우 신호등을 보고 우회전하는 것을 공정제어계와 비교해 볼 때 최종 조작변수에 해당된다고 볼 수 있는 것은?

① 사람의 두뇌
② 사람의 눈
③ 사람의 손
④ 사람의 가슴

해설

- 눈 : 센서
- 두뇌 : 제어기
- 손 : 최종제어요소

68 위상지연이 180°인 주파수는?

① 고유 주파수
② 공명(Resonant) 주파수
③ 구석(Corner) 주파수
④ 교차(Crossover) 주파수

해설

Bode 안정성 기준

위상지연이 −180°일 때의 진동수(임계진동수)에서 열린 루프 전달함수의 진동 응답의 진폭비가 1을 초과하게 되면 그 제어계는 불안정하다. → 이 진동수(주파수)를 교차주파수(Crossover Frequency), 임계주파수라 한다.

69 정상상태에서의 x와 y의 값을 각각 0, 2라 할 때 함수 $f(x, y)=e^x+y^2-5$을 주어진 정상상태에서 선형화하면?

① $x+4y-8$
② $x+4y-5$
③ $x+2y-8$
④ $x+2y-5$

해설

$$f(x,\ y)\simeq(e^{x_s}+y_s^2-5)+e^{x_s}(x-x_s)+2y_s(y-y_s)$$

$$x_s=0,\ y_s=2$$

$$f(x,\ y)\simeq1+4-5+x+4y-8=x+4y-8$$

정답 66 ④ 67 ③ 68 ④ 69 ①

70 다음 공정과 제어기를 고려할 때 정상상태(Steady State)에서 $\int_0^t (1-y(\tau))d\tau$ 값은 얼마인가?

> 제어기 : $u(t) = 1.0(1.0 - y(t)) + \frac{1.0}{2.0}\int_0^t (1-y(\tau))d\tau$
>
> 공정 : $\frac{d^2y(t)}{dt^2} + 2\frac{dy(t)}{dt} + y(t) = u(t-0.1)$

① 1　　② 2
③ 3　　④ 4

해설

$$u(t) = 1.0(1.0 - y(t)) + \frac{1.0}{2.0}\int_0^t (1-y(\tau))d\tau$$

$$U(s) = \frac{1}{s} - Y(s) + \frac{1}{2s^2} - \frac{Y(s)}{2s}$$

$$\frac{d^2y(t)}{dt^2} + \frac{2dy(t)}{dt} + y(t) = u(t-0.1)$$

$$s^2Y(s) + 2sY(s) + Y(s) = U(s)e^{-0.1s}$$

$$(s^2+2s+1)Y(s)\cdot e^{0.1s} = U(s)$$

$$= \frac{1}{s} - Y(s) + \frac{1}{2s^2} - \frac{Y(s)}{2s}$$

$$\left(s^2e^{0.1s} + 2se^{0.1s} + e^{0.1s} + 1 + \frac{1}{2s}\right)Y(s) = \frac{1}{s} + \frac{1}{2s^2}$$

$$= \frac{2s+1}{2s^2}$$

$$\therefore\ Y(s) = \frac{\frac{2s+1}{2s^2}}{s^2e^{0.1s} + 2se^{0.1s} + e^{0.1s} + 1 + \frac{1}{2s}}$$

$$= \frac{\frac{2s+1}{2s^2}}{\frac{2s^3e^{0.1s} + 4s^2e^{0.1s} + 2se^{0.1s} + 2s + 1}{2s}}$$

$$= \frac{\frac{2s+1}{s}}{2s^3e^{0.1s} + 4s^2e^{0.1s} + 2se^{0.1s} + 2s + 1}$$

$$\lim_{t\to\infty} y(t) = \lim_{s\to 0} sY(s)$$

$$= \lim_{s\to 0}\frac{2s+1}{2s^3e^{0.1s} + 4s^2e^{0.1s} + 2se^{0.1s} + 2s + 1} = 1$$

$$f(t) = \int_0^t (1-y(\tau))d\tau$$

$$F(s) = \frac{1}{s^2} - \frac{Y(s)}{s}$$

$$\lim_{t\to\infty} f(t) = \lim_{s\to 0} s\left(\frac{1}{s^2} - \frac{Y(s)}{s}\right) = \lim_{s\to 0}\left(\frac{1}{s} - Y(s)\right)$$

$$= \lim_{s\to 0}\left(\frac{1}{s} - \frac{\frac{2s+1}{s}}{2s^3e^{0.1s} + 4s^2e^{0.1s} + 2se^{0.1s} + 2s + 1}\right)$$

$$= \lim_{s\to 0}\frac{2s^3e^{0.1s} + 4s^2e^{0.1s} + 2se^{0.1s} + 2s + 1 - 2s - 1}{2s^4e^{0.1s} + 4s^3e^{0.1s} + 2s^2e^{0.1s} + 2s^2 + s}$$

$$= \lim_{s\to 0}\frac{2s^2e^{0.1s} + 4se^{0.1s} + 2e^{0.1s}}{2s^3e^{0.1s} + 4s^2e^{0.1s} + 2se^{0.1s} + 2s + 1}$$

$$= 2$$

71 다음 그림의 액체저장탱크에 대한 선형화된 모델식으로 옳은 것은?(단, 유출량 $q(m^3/min)$는 $2\sqrt{h}$로 나타내어지며, 액위 h의 정상상태값은 4m이고 단면적은 $A\,m^2$이다.)

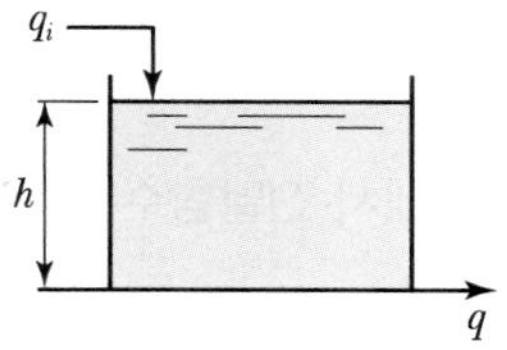

① $A\frac{dh}{dt} = q_i - \frac{h}{2} - 2$

② $A\frac{dh}{dt} = q_i - h + 2$

③ $A\frac{dh}{dt} = q_i - \frac{h}{2} + 2$

④ $A\frac{dh}{dt} = 2q_i - h + 2$

해설

$$A\frac{dh}{dt} = q_i - 2\sqrt{h}$$

선형화 $\sqrt{h} \simeq \sqrt{h_s} + \frac{1}{2\sqrt{h_s}}(h-h_s)$

$$A\frac{dh}{dt} = q_i - 2\sqrt{h_s} - \frac{2}{2\sqrt{h_s}}(h-h_s)$$

정답 70 ② 71 ①

$$A\frac{dh}{dt} = q_i - 2\sqrt{4} - \frac{2}{2\sqrt{4}}(h-4)$$

$$\therefore\ A\frac{dh}{dt} = q_i - \frac{h}{2} - 2$$

72 PID 제어기에서 미분동작에 대한 설명으로 옳은 것은?

① 제어에러의 변화율에 반비례하여 동작을 내보낸다.
② 미분동작이 너무 작으면 측정잡음에 민감하게 된다.
③ 오프셋을 제거해 준다.
④ 느린 동특성을 가지고 잡음이 적은 공정의 제어에 적합하다.

해설

PID 제어계에서 미분동작
- 미분동작은 입력신호의 변화율에 비례하여 동작한다.
- 미분동작이 클수록 측정잡음에 민감하다.
- 미분동작은 오프셋을 제거하지 못한다.
- 시상수가 크고 잡음이 적은 공정의 제어에 적합하다.

73 다음 블록선도에서 전달함수 $G(s) = \frac{C(s)}{R(s)}$를 옳게 구한 것은?

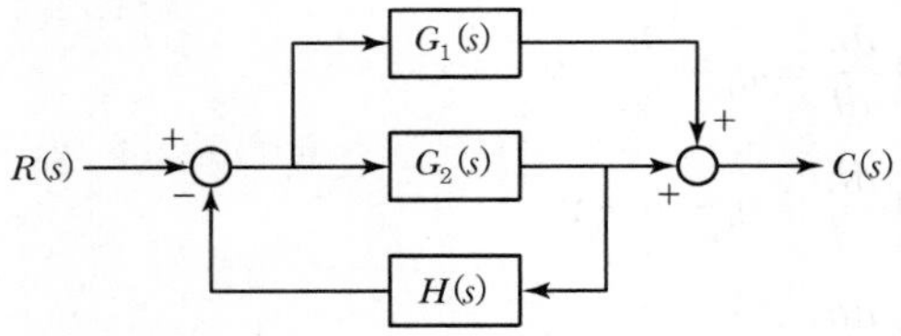

① $\frac{C}{R} = \frac{G_1(s) + G_2(s)}{1 + G_2(s)H(s)}$

② $\frac{C}{R} = \frac{G_1(s)G_2(s)}{1 + G_2(s)H(s)}$

③ $\frac{C}{R} = \frac{G_1(s)}{1 + G_2(s)H(s)}$

④ $\frac{C}{R} = \frac{G_1(s) - G_2(s)}{1 + G_1(s)H(s)}$

해설

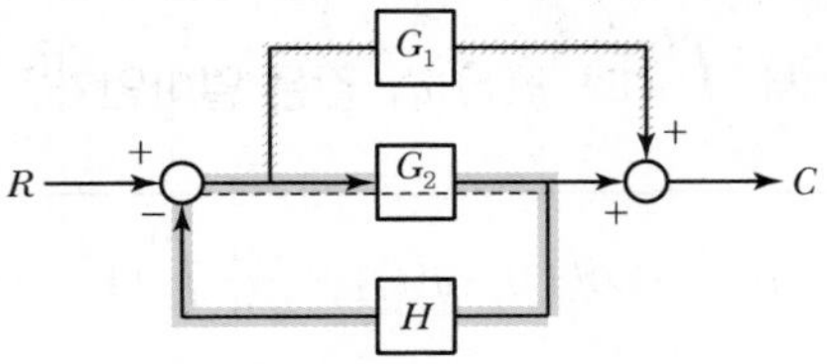

$$\frac{C}{R} = \frac{\text{----} + \text{////}}{1 + \square} = \frac{G_2 + G_1}{1 + G_2 H}$$

74 2차계 공정은 $\frac{K}{\tau^2 s^2 + 2\tau\zeta s + 1}$의 형태로 표현된다. $0 < \zeta < 1$이면 계단입력변화에 대하여 진동응답이 발생하는데 이때 진동응답의 주기와 τ, ζ와의 관계에 대한 설명으로 옳은 것은?

① 진동주기는 ζ가 클수록, τ가 작을수록 커진다.
② 진동주기는 ζ가 작을수록, τ가 클수록 커진다.
③ 진동주기는 ζ와 τ가 작을수록 커진다.
④ 진동주기는 ζ와 τ가 클수록 커진다.

해설

진동주기 $T = \frac{2\pi\tau}{\sqrt{1-\zeta^2}}$

T는 τ가 클수록, ζ가 클수록 커진다.

75 총괄전달함수가 $\frac{1}{(s+1)(s+2)}$인 계의 주파수 응답에 있어 주파수가 2rad/s일 때 진폭비는?

① $\frac{1}{\sqrt{10}}$　② $\frac{1}{2\sqrt{10}}$
③ $\frac{1}{5}$　④ $\frac{1}{10}$

해설

$$\frac{1}{s^2+3s+2} = \frac{1/2}{\frac{1}{2}s^2 + \frac{3}{2}s + 1}$$

$$\tau^2 = \frac{1}{2} \quad \therefore\ \tau = \frac{1}{\sqrt{2}}$$

정답 72 ④ 73 ① 74 ④ 75 ②

$2\tau\zeta = \frac{3}{2}$, $2 \cdot \frac{1}{\sqrt{2}} \cdot \zeta = \frac{3}{2}$ $\therefore \zeta = \frac{3}{2\sqrt{2}}$

$K = \frac{1}{2}$

76 앞먹임 제어(Feedforward Control)의 특징으로 옳은 것은?

① 공정모델값과 측정값과의 차이를 제어에 이용
② 외부교란 변수를 사전에 측정하여 제어에 이용
③ 설정점(Set Point)을 모델값과 비교하여 제어에 이용
④ 제어기 출력값은 이득(Gain)에 비례

해설

Feedforward 제어

- 외부교란을 사전에 측정하여 제어에 이용함으로써 외부교란 변수가 공정에 미치는 영향을 미리 보정하여 주도록 하는 제어를 말한다.
- 피드포워드 제어기는 측정된 외부교란 변숫값들을 이용하여 제어되는 변수가 설정치로부터 벗어나기 전에 조절변수를 미리 조정한다.

77 전달함수가 다음과 같은 2차 공정에서 $\tau_1 > \tau_2$이다. 이 공정에 크기 A인 계단 입력변화가 야기되었을 때 역응답이 일어날 조건은?

$$G(s) = \frac{Y(s)}{X(s)} = \frac{K(\tau_d s + 1)}{(\tau_1 s + 1)(\tau_2 s + 1)}$$

① $\tau_d > \tau_1$ ② $\tau_d < \tau_2$
③ $\tau_d > 0$ ④ $\tau_d < 0$

해설

τ_d의 크기	응답모양
$\tau_d > \tau_1$	Overshoot가 나타남
$0 < \tau_d \le \tau_1$	1차 공정과 유사한 응답
$\tau_d < 0$	역응답

78 $G(s) = \frac{1}{0.1s+1}$인 계에 $X(t) = 2\sin(20t)$인 입력을 가하였을 때 출력의 진폭(Amplitude)은?

① $\frac{2}{5}$ ② $\frac{\sqrt{2}}{5}$
③ $\frac{5}{2}$ ④ $\frac{2}{\sqrt{5}}$

해설

$G(s) = \frac{K}{\tau s + 1} = \frac{1}{0.1s+1}$

$AR = \frac{\hat{A}}{A} = \frac{K}{\sqrt{\tau^2\omega^2+1}}$

$X(t) = 2\sin(20t)$

$A = 2$, $\omega = 20$

$AR = \frac{\hat{A}}{2} = \frac{1}{\sqrt{0.1^2 \times 20^2 + 1}} = \frac{1}{\sqrt{5}}$

$\therefore \hat{A} = \frac{2}{\sqrt{5}}$

79 다음 중 ATO(Air－To－Open) 제어밸브가 사용되어야 하는 경우는?

① 저장탱크 내 위험물질의 증발을 방지하기 위해 설치된 열교환기의 냉각수 유량 제어용 제어밸브
② 저장탱크 내 물질의 응고를 방지하기 위해 설치된 열교환기의 온수 유량 제어용 제어밸브
③ 반응기에 발열을 일으키는 반응 원료의 유량 제어용 제어밸브
④ 부반응 방지를 위하여 고온 공정 유체를 신속히 냉각시켜야 하는 열교환기의 냉각수 유량 제어용 제어밸브

해설

Air－To－Open 제어밸브

- ATC＝FC(Fail Closed)＝NC(Normal Closed)
- 공압식 구동제어밸브로 출력신호가 증가함에 따라 격막에 가해지는 압력은 스프링을 압축하고, 축을 끌어올려 밸브를 열게 된다.
- 발열반응기에서 시스템이 작동불능일 때는 반응원료가 공급되지 않도록 ATO(FC)를 사용한다.

정답 76 ② 77 ④ 78 ④ 79 ③

80 열교환망 문제에 대한 공정흐름 데이터가 다음과 같을 때, 틀린 설명은?(단, 최소허용 온도차는 20℃이며, 상부의 흐름은 5개이고, 하부의 흐름은 4개이다.)

Stream		T_s(℃)	T_t(℃)	C_p(MW K⁻¹)
1	Hot	400	60	0.3
2	Hot	210	40	0.5
3	Cold	20	160	0.4
4	Cold	100	300	0.6

① 온류의 Pinch 온도는 120℃이다.
② 냉류의 Pinch 온도는 110℃이다.
③ 최소 뜨거운 유틸리티 요구량은 15MW이고, 최소 차가운 유틸리티 요구량은 26MW이다.
④ 최소단위 열교환기 수는 7이다.

해설

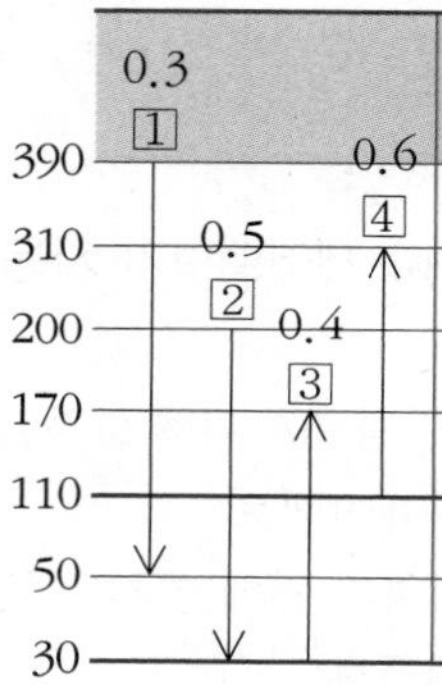

ΔT(℃)	$\Sigma C_{PC} - \Sigma C_{PH}$	ΔH (MW)	0	+15
80	−0.3	−24	24	39
110	0.3	33	−9	6
30	−0.2	−6	−3	12
60	0.2	12	−15	0
60	−0.4	−24	9	24
20	−0.1	−2	11	26

- 온류 핀치 온도 : 110+10=120℃
- 냉류 핀치 온도 : 110−10=100℃
- 열교환기 수=(5−1)+(4−1)=7

정답 80 ②

2024년 제2회 복원기출문제

1과목 공업합성

01 Le Blanc법의 원료와 제조 물질을 옳게 설명한 것은?

① 식염에서 탄산칼슘 제조
② 식염에서 탄산나트륨 제조
③ 염화칼슘에서 탄산칼슘 제조
④ 염화칼슘에서 탄산나트륨 제조

해설

Le Blanc법
$NaCl + H_2SO_4 \rightarrow NaHSO_4 + HCl$(150~200℃)
$NaHSO_4 + NaCl \rightarrow Na_2SO_4 + HCl$(800℃)

Solvay법(암모니아소다법)
$NaCl + NH_3 + H_2O + CO_2 \rightarrow NaHCO_3 + NH_4Cl$(탄산화반응)
$2NaHCO_3 \rightarrow Na_2CO_3 + H_2O + CO_2$(가소반응)
$NH_4Cl + Ca(OH)_2 \rightarrow CaCl_2 + NH_3 + 2H_2O$(암모니아회수반응)

02 반도체 제조공정에서 감광제를 구성하는 주요 기본 요소가 아닌 것은?

① 고분자　② 용매
③ 광감응제　④ 현상액

해설

감광제 구성
- 고분자
- 용매
- 광감응제

03 반도체에 대한 일반적인 설명 중 옳은 것은?

① 진성 반도체의 경우 온도가 증가함에 따라 전기전도도가 감소한다.
② P형 반도체는 Si에 V족 원소가 첨가된 것이다.
③ 불순물 원소를 첨가함에 따라 저항이 감소한다.
④ LED(Light Emitting Diode)는 N형 반도체만을 이용한 전자 소자이다.

해설

- 반도체 원료인 Si, Ge은 전압을 걸어도 전류가 통하지 않는다.
- 불순물 반도체
  P형(13족) – B · Al · Ga (붕소, 알루미늄, 갈륨)　N형(15족) – P · As · Sb (인, 비소, 안티몬)

04 탄화수소의 분해에 대한 설명 중 옳지 않는 것은?

① 열분해는 자유라디칼에 의한 연쇄반응이다.
② 열분해는 접촉분해에 비해 방향족과 이소파라핀이 많이 생성된다.
③ 접촉분해에서는 촉매를 사용하여 열분해보다 낮은 온도에서 분해시킬 수 있다.
④ 접촉분해에서는 방향족이 올레핀보다 반응성이 낮다.

해설

열분해	접촉분해
• 올레핀이 많으며, C_1~C_2계의 가스가 많다. • 대부분 지방족이며, 방향족 탄화수소는 적다. • 코크스나 타르의 석출이 많다. • 디올레핀이 비교적 많다. • 라디칼 반응 메커니즘	• C_3~C_6계의 가지 달린 지방족이 많이 생성된다. • 열분해보다 파라핀계 탄화수소가 많다. • 방향족 탄화수소가 많다. • 탄소질 물질의 석출이 적다. • 디올레핀은 거의 생성되지 않는다. • 이온 반응 메커니즘 : 카르보늄 이온 기구

정답 01 ② 02 ④ 03 ③ 04 ②

05 LPG에 대한 설명 중 틀린 것은?

① C_3, C_4의 탄화수소가 주성분이다.

② 상온, 상압에서는 기체이다.

③ 그 자체로 매우 심한 독한 냄새가 난다.

④ 가압 또는 냉각시킴으로써 액화한다.

해설

LPG(액화석유가스)

• C_3, C_4 탄화수소가 주성분이다.

• 상온 · 상압에서 기체이다.

• 상온, 상압에서 기체인 프로판, 부탄 등의 혼합물을 냉각시켜 액화한 것이다.

• 그 자체로는 냄새가 거의 나지 않는다.

06 염산을 르블랑(Le Blanc)법으로 제조하기 위하여 소금을 원료로 사용한다. 100% HCl 3,000kg을 제조하기 위한 85% 소금의 이론량은 약 얼마인가?(단, NaCl M.W=58.5, HCl M.W=36.5이다.)

① 3,636kg

② 4,646kg

③ 5,657kg

④ 6,667kg

해설

$2NaCl + 2H_2O \rightarrow 2NaOH + H_2 + Cl_2 \rightarrow 2HCl$

$\begin{array}{ccc} 2 \times 58.5 & : & 2 \times 36.5 \\ x & : & 3,000kg \end{array}$

$x = 4,808kg$(100%일 때)

$\therefore$ 85% NaCl의 양 $= \dfrac{4,808}{0.85} = 5,656.5kg$

07 다음 중 천연고무와 가장 관계가 깊은 것은?

① Propane

② Ethylene

③ Isoprene

④ Isobutene

해설

천연고무(폴리이소프렌)

$$\left[\begin{array}{c} CH_2 \\ H_3C \end{array} \right. C = C \left. \begin{array}{c} CH_2 \\ H \end{array} \right]_n$$

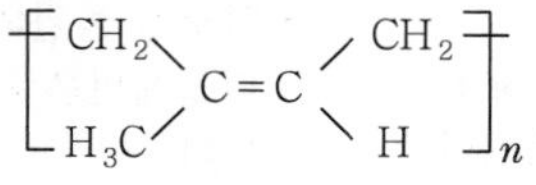

08 다음 고분자 중 T_g(Glass Transition Temperature)가 가장 높은 것은?

① Polycarbonate

② Polystyrene

③ Poly vinyl chloride

④ Polyisoprene

해설

유리전이온도

• 용융된 중합체 냉각 시 고체상에서 액체상으로 상변화를 거치기 전에 변화를 보이는 시점의 온도로 이때 물질은 탄성을 가진 고무처럼 변하게 된다.

• 유리전이온도 이하가 되면 유리에서 볼 수 있는 성질, 즉 강하고 딱딱하며 부스러지기 쉽고 투명한 성질이 나타난다.

Polycarbonate > Polystyrene > PVC(Poly Vinyl Chloride) > Nylon 6 > Polypropylene > Polyethylene > Polyisoprene

09 다음의 O_2 : NH_3의 비율 중 질산 제조공정에서 암모니아 산화율이 최대로 나타나는 것은?(단, Pt 촉매를 사용하고 NH_3농도가 9%인 경우이다.)

① 9 : 1

② 2.3 : 1

③ 1 : 9

④ 1 : 2.3

해설

• 최대산화율은 $O_2/NH_3 = 2.2 \sim 2.3$일 때이다.

• Pt − Rh 촉매를 가장 많이 이용한다.

10 벤젠의 니트로화 반응에서 황산 60%, 질산 24%, 물 16%의 혼산 100kg을 사용하여 벤젠을 니트로화할 때, 질산이 화학양론적으로 전량 벤젠과 반응하였다면 DVS 값은 얼마인가?

① 4.54

② 3.50

③ 2.63

④ 1.85

해설

$DVS = \dfrac{\text{혼산 중 황산의 양}}{\text{반응 전후 혼산 중 물의 양}}$

$C_6H_6 + HNO_3 \rightarrow C_6H_5NO_2 + H_2O$

$\begin{array}{ccc} 63 & : & 18 \\ 24 & : & x \end{array}$

$\therefore x = 6.857$

정답 ▶ 05 ③　06 ③　07 ③　08 ①　09 ②　10 ③

$$\therefore\ DVS = \frac{60}{16+6.857} = 2.63$$

11 다음 중 열가소성 수지는?

① 페놀수지 ② 초산비닐수지
③ 요소수지 ④ 멜라민수지

해설

열경화성 수지	열가소성 수지
• 페놀수지 • 요소수지 • 멜라민수지 • 폴리우레탄 에폭시수지 • 알키드수지 • 불포화 폴리에스테르수지 • 규소수지	• 폴리염화비닐 • 폴리에틸렌 • 폴리프로필렌 • 폴리스티렌 • 아크릴수지

12 전지 $Cu|CuSO_4(0.05M)$, $HgSO_4(s)|Hg$의 기전력은 25℃에서 약 0.418V이다. 이 전지의 자유에너지 변화는?

① −9.65kcal ② −19.3kcal
③ −96kcal ④ −193kcal

해설

$$\Delta G^\circ = -nFE_o$$
$$= -2\text{mol} \times 96{,}485\text{C/mol} \times 0.418\text{V} \times \frac{\text{J}}{\text{CV}} \times \frac{1\text{cal}}{4.184\text{J}}$$
$$= -19{,}278\text{cal}$$
$$= -19.3\text{kcal}$$

13 열 제거가 용이하고 반응 혼합물의 점도를 줄일 수 있으나 저분자량의 고분자가 얻어지는 단점이 있는 중합 방법은?

① 괴상중합 ② 용액중합
③ 현탁중합 ④ 유화중합

해설

고분자의 중합방법

㉠ 괴상중합(벌크 중합)
- 용매 또는 분산매를 사용하지 않고 단량체와 개시제만을 혼합하여 중합시키는 방법이다.
- 조성과 장치 간단, 제품에 불순물이 적다.
- 내부중합열이 잘 제거되지 않아 부분과열되거나 자동촉진효과에 의해 반응이 폭주하여 반응의 선택성이 떨어지고 불용성 가교물 덩어리가 생성된다.

㉡ 용액중합
- 단량체와 개시제를 용매에 용해시킨 상태에서 중합시키는 방법이다.
- 중화열의 제거는 용이하지만, 중합속도와 분자량이 작고, 중합 후 용매의 완전 제거가 어렵다.

㉢ 현탁중합(서스펜션 중합)
- 단량체를 녹이지 않는 액체에 격렬한 교반으로 분산시켜 중합한다.
- 강제로 분산된 단량체의 작은 방울에서 중합이 일어난다.
- 개시제는 단량체에 녹는 것을 사용하며 단량체 방울이 뭉치지 않고 유지되도록 안정제(Stabilizer)를 사용한다.
- 중합열의 분산이 용이하고 중합체가 작은 입자 모양으로 얻어지므로 분리 및 처리가 용이하다. 세정 및 건조공정을 필요로 하고 안정제에 의한 오염이 발생한다.

㉣ 유화중합(에멀션 중합)
- 비누 또는 세제 성분의 일종인 유화제를 사용하여 단량체를 분산매 중에 분산시키고 수용성 개시제를 사용하여 중합시키는 방법이다.
- 중합열의 분산이 용이하고, 대량 생산에 적합하다.
- 세정과 건조가 필요하고 유화제에 의한 오염이 발생한다.

14 연실식 황산제조에서 Gay−Lussac 탑의 주된 기능은?

① 황산의 생성
② 질산의 환원
③ 질소산화물의 회수
④ 니트로실 황산의 분해

해설

Gay−Lussac 탑
연실식(질산식) 황산제조에서 Gay−Lussac 탑은 최종연실에서 나오는 질소산화물을 회수하는 데 목적이 있다.

$$2H_2SO_4 + NO + NO_2 \rightleftarrows 2HSO_4 \cdot NO + H_2O$$

정답 11 ② 12 ② 13 ② 14 ③

15 아디프산과 헥사메틸렌디아민을 원료로 하여 제조되는 물질은?

① 나일론 6　　② 나일론 6.6
③ 나일론 11　　④ 나일론 12

해설

$HOOC(CH_2)_4COOH + H_2N(CH_2)_6NH_2$
아디프산　　헥사메틸렌디아민
$\rightarrow \left[OC(CH_2)_4CONH(CH_2)_6NH \right]_n$
Nylon 6.6

※ 나일론 6 : 카프로락탐의 개환중합

16 인산제조법 중 건식법에 대한 설명으로 틀린 것은?

① 전기로법과 용광로법이 있다.
② 철과 알루미늄 함량이 많은 저품위의 광석도 사용할 수 있다.
③ 인의 기화와 산화를 별도로 진행시킬 수 있다.
④ 철, 알루미늄, 칼슘의 일부가 인산 중에 함유되어 있어 순도가 낮다.

해설

인산제조법

건식법	습식법
• 고순도, 고농도의 인산을 제조한다. • 저품위 인광석을 처리할 수 있다. • 인의 기화와 산화를 따로 할 수 있다. • Slag는 시멘트의 원료가 된다.	• 순도와 농도가 낮다. • 품질이 좋은 인광석을 사용해야 한다. • 주로 비료용에 사용된다.

17 다음 중 Syndiotactic－폴리스타이렌의 합성에 관여하는 촉매로 가장 적합한 것은?

① 메탈로센 촉매
② 메탈옥사이드 촉매
③ 린들러 촉매
④ 벤조일퍼록사이드

해설

• 메탈로센 촉매
두 개의 사이클로펜타디엔 사이에 금속(M)이 끼어 있는 구조의 촉매이다. 금속의 종류로는 철(Fe) 이외에도 다양한 금속물질(Ti, V, Cr, Ni, Pb)을 사용할 수 있고, 금속물질의 종류에 따라 고분자 합성반응을 변화할 수 있다.
• Syndiotactic－polystyrene
메탈로센 촉매에 의해 개발된 폴리스티렌으로 주 사슬의 탄소에 결합되어 있는 페닐기의 방향이 번갈아 나오는 구조이다.

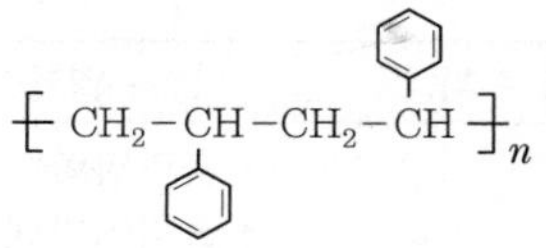

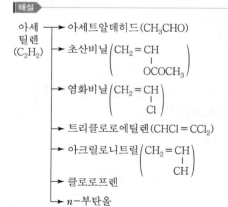

18 포화식염수에 직류를 통과시켜 수산화나트륨을 제조할 때 환원이 일어나는 음극에서 생성되는 기체는?

① 염화수소　　② 산소
③ 염소　　④ 수소

해설

• (＋)극 : $2Cl^- \rightarrow Cl_2 + 2e^-$(산화)
• (－)극 : $2H_2O + 2e^- \rightarrow H_2 + 2OH^-$(환원)

19 아세틸렌을 원료로 하여 합성되는 물질이 아닌 것은?

① 아세트알데히드　　② 염화비닐
③ 포름알데히드　　④ 아세트산비닐

해설

아세틸렌(C_2H_2)
→ 아세트알데히드(CH_3CHO)
→ 초산비닐($CH_2=CH-OCOCH_3$)
→ 염화비닐($CH_2=CH-Cl$)
→ 트리클로로에틸렌($CHCl=CCl_2$)
→ 아크릴로니트릴($CH_2=CH-CH$)
→ 클로로프렌
→ n－부탄올

정답 15 ② 16 ④ 17 ① 18 ④ 19 ③

20 석회질소 제조 시 촉매 역할을 해서 탄화칼슘의 질소화 반응을 촉진시키는 물질은?

① $CaCO_3$　　② CaO
③ CaF_2　　④ C

해설

석회질소($CaCN_2$)
탄산칼슘을 강하게 가열하여 염화칼슘, 플루오린화칼슘을 촉매로 질소를 흡수시켜 제조한다.

$$CaO + 3C \rightarrow CaC_2 + CO$$

$$CaC_2 + N_2 \xrightarrow{CaF_2} CaCN_2 + C$$

2과목 반응운전

21 균일계 액상 병렬 반응이 다음과 같을 때 R의 순간수율 ϕ 값으로 옳은 것은?

$$A + B \xrightarrow{k_1} R,\ \frac{dC_R}{dt} = 1.0C_A C_B^{0.5}$$
$$A + B \xrightarrow{k_2} S,\ \frac{dC_S}{dt} = 1.0C_A^{0.5} C_B^{1.5}$$

① $\dfrac{1}{1 + C_A^{-0.5} C_B}$

② $\dfrac{1}{1 + C_A^{0.5} C_B^{-1}}$

③ $\dfrac{1}{C_A C_B^{0.5} + C_A^{0.5} C_B^{1.5}}$

④ $C_A^{0.5} C_B^{-1}$

해설

$$\phi = \frac{\text{생성된 } R\text{의 몰수}}{\text{소비된 } A\text{의 몰수}}$$
$$= \frac{1.0\,C_A C_B^{0.5}}{1.0\,C_A C_B^{0.5} + 1.0\,C_A^{0.5} C_B^{1.5}} = \frac{1}{1 + C_A^{-0.5} C_B}$$

22 에틸아세트산의 가수분해반응은 1차 반응속도식에 따른다고 한다. 만일 어떤 실험조건하에서 정확히 20% 분해시키는 데 50분이 소요되었다면, 반감기는 몇 분이 걸리겠는가?

① 145　　② 155
③ 165　　④ 175

해설

$-\ln(1 - X_A) = kt$
$-\ln(1 - 0.2) = k \times 50\text{min}$
$k = 4.46 \times 10^{-3}\text{L/min}$
$-\ln(1 - 0.5) = 4.46 \times 10^{-3} \times t$
$\therefore\ t = 155\text{min}$

23 다음 반응에서 $C_{A0} = 1\,\text{mol/L}$, $C_{R0} = C_{S0} = 0$이고 속도상수 $k_1 = k_2 = 0.1\,\text{min}^{-1}$이며 100L/h의 원료유입에서 R을 얻는다고 한다. 이때 성분 R의 수득률을 최대로 할 수 있는 플러그흐름반응기의 크기를 구하면?

$$A \xrightarrow{k_1} R \xrightarrow{k_2} S$$

① 16.67L　　② 26.67L
③ 36.67L　　④ 46.67L

해설

$k_1 = k_2 = 0.1\text{min}^{-1} = k$

$\tau_{opt} = \dfrac{1}{k} = \dfrac{1}{0.1} = 10\text{min}$

$\tau = \dfrac{V}{v_o}$

$10\text{min} = \dfrac{V}{100\text{L/h} \times 1\text{h}/60\text{min}}$

$\therefore\ V = 16.67\text{L}$

24 화학평형에서 열역학에 의한 평형상수에 다음 중 가장 큰 영향을 미치는 것은?

① 계의 온도　　② 불활성 물질의 존재 여부
③ 반응속도론　　④ 계의 압력

정답 20 ③ 21 ① 22 ② 23 ① 24 ①

해설

$$\frac{d\ln K}{dT}=\frac{\Delta H}{RT^2}$$

평형상수 $K=f(T)$

25 Thiele 계수에 대한 설명으로 틀린 것은?

① Thiele 계수는 가속도와 속도의 비를 나타내는 차원수이다.
② Thiele 계수가 클수록 입자 내 농도는 저하된다.
③ 촉매 입자 내 유효농도는 Thiele 계수의 값에 의존한다.
④ Thiele 계수는 촉매 표면과 내부의 효율적 이용의 척도이다.

해설

Thiele 계수

$A \longrightarrow P$: 1차 반응

① Thiele 계수 : 촉매입자 내에서 확산에 의해 반응이 일어날 때, 반응에 대한 확산의 상대적 중요성을 평가하는 지표로서 무차원수이다.

Thiele 계수(Thiele Modulus)$=mL=L\sqrt{\frac{k}{D}}$

② mL이 클수록 입자 내에 C_A의 농도는 저하된다.

③ $\frac{C_A}{C_{As}}=\frac{\cosh m(L-x)}{\cosh mL}$

④ Thiele 계수가 크면 일반적으로 확산이 총괄반응속도를 지배하고, Thiele 계수가 작으면 표면반응이 총괄속도를 지배한다.

26 다음 반응에서 R이 요구하는 물질일 때 어떻게 반응시켜야 하는가?

$A+B\rightarrow R$, desired, $r_1=k_1C_AC_B^2$
$R+B\rightarrow S$, undesired, $r_2=k_2C_RC_B$

① A에 B를 한 방울씩 넣는다.
② B에 A를 한 방울씩 넣는다.
③ A와 B를 동시에 넣는다.
④ A와 B를 넣는 순서는 무관하다.

해설

$$S=\frac{r_R}{r_S}=\frac{k_1C_AC_B{}^2}{k_2C_RC_B}=\frac{k_1C_AC_B}{k_2C_R}$$

C_A와 C_B의 농도를 높이려면 A와 B를 동시에 넣는다.

27 체적이 일정한 회분식 반응기에서 다음과 같은 기체 반응이 일어난다. 초기의 전압과 분압을 각각 P_0, P_{A0}, 나중의 전압을 P라 할 때 분압 P_A을 표시하는 식은? (단, 초기에 A, B는 양론비대로 존재하고 R은 없다.)

$aA+bB\rightarrow rR$

① $P_A=P_{A0}-[a/(r+a+b)](P-P_0)$
② $P_A=P_{A0}-[a/(r-a-b)](P-P_0)$
③ $P_A=P_{A0}+[a/(r-a-b)](P-P_0)$
④ $P_A=P_{A0}+[a/(r+a+b)](P-P_0)$

해설

		aA	$+$	bB	$\rightarrow$	rR
$t=0$	:	N_{A0}		N_{B0}		N_{R0}
$t=t$	:	$N_{A0}-ax$		$N_{B0}-bx$		$N_{R0}+rx$

$N_0=N_{A0}+N_{B0}+N_{R0}$

$N=N_0+x(r-a-b)=N_0+x\Delta n$

$$x=\frac{N-N_0}{\Delta n}$$

$$C_A=\frac{N_A}{V}=\frac{N_{A0}-ax}{V}=\frac{N_{A0}}{V}-\frac{a}{V}\cdot\frac{N-N_0}{\Delta n}$$

$$P_A=C_ART=P_{A0}-\frac{a}{\Delta n}(P-P_0)=P_{A0}-\frac{a}{(r-a-b)}(P-P_0)$$

정답 25 ① 26 ③ 27 ②

28 부피가 일정한 회분식(Batch) 반응기에서 다음의 기초반응(Elementary Reaction)이 일어난다. 반응속도 상수 $k=1.0\text{m}^3/\text{s mol}$, 반응 초기 A의 농도는 1.0 mol/m^3라면 A의 전화율이 75%일 때까지 걸리는 반응시간은 얼마인가?

$A+A \rightarrow D$

① 1.4s ② 3.0s
③ 4.2s ④ 6.0s

해설

$k=1\text{m}^3/\text{mol s}$
$=[\text{농도}]^{1-n}[\text{시간}]^{-1}$
$\therefore n=2$차

2차 batch : $ktC_{A0}=\dfrac{X_A}{1-X_A}$

$1\times t\times 1=\dfrac{0.75}{1-0.75}$

$\therefore t=3\text{s}$

29 부피가 일정한 회분식 반응기에서 반응혼합물 A기체의 최초 압력을 478mmHg로 할 경우에 반감기가 80s이었다고 한다. 만일 이 A기체의 반응 혼합물에 최초 압력을 315mmHg로 하였을 때 반감기가 120s로 되었다면 반응의 차수는 몇 차 반응으로 예상할 수 있는가?(단, 반응물은 초기 조성이 같고, 비가역 반응이 일어난다.)

① 1차 반응 ② 2차 반응
③ 3차 반응 ④ 4차 반응

해설

$$n=1-\frac{\ln\left(\dfrac{t_{1/2\cdot 2}}{t_{1/2\cdot 1}}\right)}{\ln\left(\dfrac{P_{A0\cdot 2}}{P_{A0\cdot 1}}\right)}=1-\frac{\ln\left(\dfrac{80}{120}\right)}{\ln\left(\dfrac{478}{315}\right)}=1.97 \fallingdotseq 2\text{차}$$

30 다음은 Arrhenius 법칙에 의해 그린 활성화 에너지(Activation Energy)에 대한 그래프이다. 이 그래프에 대한 설명으로 옳은 것은?

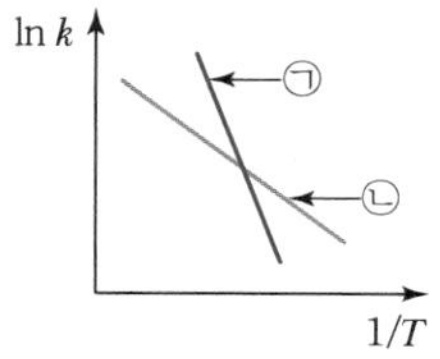

① 직선 ㉡보다 ㉠이 활성화 에너지가 크다.
② 직선 ㉠보다 ㉡이 활성화 에너지가 크다.
③ 초기에는 직선 ㉠이 활성화 에너지가 크나 후기에는 ㉡이 크다.
④ 초기에는 직선 ㉡이 활성화 에너지가 크나 후기에는 ㉠이 크다.

해설

$k=k_0e^{-E_a/RT}$

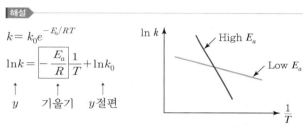

$\ln k=\boxed{-\dfrac{E_a}{R}}\dfrac{1}{T}+\ln k_0$

↑ y ↑ 기울기 ↑ y절편

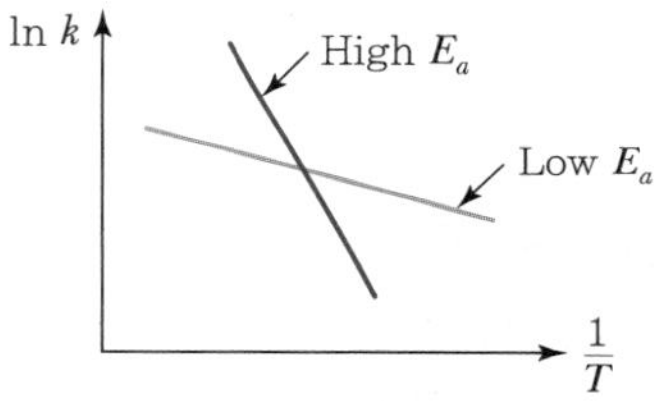

- 아레니우스 법칙에서 $\ln k$를 y로, $\dfrac{1}{T}$을 x로 그리면 기울기가 $-\dfrac{E_a}{R}$이고 y절편이 $\ln k_0$인 1차식이 된다.
- E_a(활성화 에너지)가 크면 기울기가 크다.

31 역행응축(逆行凝縮, Retrograde Condensation) 현상을 가장 유용하게 쓸 수 있는 경우는?

① 천연가스 채굴 시 동력 없이 많은 양의 액화 천연가스를 얻는다.
② 기체를 임계점에서 응축시켜 순수성분을 분리시킨다.
③ 고체 혼합물을 기체화시킨 후 다시 응축시켜 비휘발성 물질만을 얻는다.
④ 냉동의 효율을 높이고 냉동제의 증발잠열을 최대로 이용한다.

정답 28 ② 29 ② 30 ① 31 ①

해설

역행응축

다성분계의 임계점 부근에서, 압력을 감소시킬 때 액화가 일어나는 이상한 응축현상

- 천연가스 채굴 시 동력 없이 액화천연가스를 얻는다.
- 지하 유정에서 가스를 끌어올릴 때 가벼운 가스를 다시 넣어 주어 압력을 높인다.

32 줄－톰슨(Joule－Thomson) 팽창은 다음 중 어느 과정에 속하는가?

① 등엔탈피 과정 ② 등엔트로피 과정

③ 정용 과정 ④ 정압 과정

해설

Joule－Thomson 계수

$$\mu = \left(\frac{\partial T}{\partial P}\right)_H$$

등엔탈피 과정

33 혼합물이 기－액 상평형을 이루고 압력과 기상 조성이 주어졌을 때 온도와 액상 조성을 계산하는 방법을 다음 중 무엇이라 하는가?

① BUBL P ② BUBL T

③ DEW P ④ DEW T

해설

- DEW T : 주어진 $\{y_i\}$와 P로부터 $\{x_i\}$와 T를 계산
- DEW P : 주어진 $\{y_i\}$와 T로부터 $\{x_i\}$와 P를 계산
- BUBL P : 주어진 $\{x_i\}$와 T로부터 $\{y_i\}$와 P를 계산
- BUBL T : 주어진 $\{x_i\}$와 P로부터 $\{y_i\}$와 T를 계산

여기서, x_i : 액상조성
y_i : 기상조성
T : 온도
P : 압력

34 액체의 증발잠열을 계산하는 식과 관계없는 식은?

① Clapeyron 식

② Watson Correlation 식

③ Riedel 식

④ Gibbs－Duhem 식

해설

① Clapeyron 식

$$\Delta H = T\Delta V \frac{dP^{sat}}{dT}$$

여기서, ΔH : 잠열
ΔV : 상변화 시 부피변화
P^{sat} : 증기압

② Watson 식

$$\frac{\Delta H_2}{\Delta H_1} = \left(\frac{1-T_{r2}}{1-T_{r1}}\right)^{0.38}$$

③ Riedel 식

$$\frac{\Delta H_n}{RT_n} = \frac{1.092(\ln P_c - 1.013)}{0.930 - T_{rn}}$$

④ Gibbs－Duhem 식 : 몰성질과 부분몰성질 사이의 관계식

$$\left(\frac{\partial M}{\partial P}\right)_{T,x} dP + \left(\frac{\partial M}{\partial T}\right)_{P,x} dT - \Sigma x_i \overline{M_i} = 0$$

$$\therefore\ \Sigma x_i d\overline{M_i} = 0 \quad (\text{const } T,\ P)$$

35 압축비 4.5인 오토 사이클(Otto Cycle)에 있어서 압축비가 7.5로 되었다고 하면 열효율은 몇 배가 되겠는가?(단, 작동유체는 이상기체이며, 열용량의 비 $\frac{C_p}{C_v}$ = 1.4이다.)

① 1.22 ② 1.96

③ 2.86 ④ 3.31

해설

$$\eta_1 = 1 - \left(\frac{1}{r}\right)^{\gamma - 1} = 1 - \left(\frac{1}{4.5}\right)^{0.4} = 0.452$$

$$\eta_2 = 1 - \left(\frac{1}{7.5}\right)^{0.4} = 0.553$$

$$\frac{\eta_2}{\eta_1} = \frac{0.553}{0.452} = 1.22$$

정답 32 ① 33 ④ 34 ④ 35 ①

36 화학반응의 평형상수 K에 관한 내용 중 틀린 것은?(단, a_i, ν_i는 각각 i성분의 활동도와 양론수이며, $\Delta G°$는 표준 깁스(Gibbs) 자유에너지 변화이다.)

① $K = \Pi (\hat{a}_i)^{\nu_i}$

② $\ln K = -\dfrac{\Delta G°}{RT^2}$

③ K는 온도에 의존하는 함수이다.

④ K는 무차원이다.

해설

$$K = \Pi\left(\frac{\hat{f}_i}{f_i°}\right)^{\nu_i} = \Pi(\hat{a}_i)^{\nu_i} = \exp\left(\frac{-\Sigma\nu_i G_i°}{RT}\right)$$

$$-RT\ln K = \Sigma\nu_i G_i° = \Delta G°$$

$$\therefore \ln K = -\frac{\Delta G°}{RT}$$

37 일정한 T, P에 있는 닫힌계가 평형상태에 도달하는 조건에 해당하는 것은?

① $(dG^t)_{T,P} = 0$　② $(dG^t)_{T,P} > 0$

③ $(dG^t)_{T,P} < 0$　④ $(dG^t)_{T,P} = 1$

해설

- $(dG^t)_{T,P} = 0$: 평형상태
- $(dG^t)_{T,P} < 0$: 자발적 반응
- $(dG^t)_{T,P} > 0$: 비자발적 반응

38 $P = \dfrac{RT}{V-b}$의 관계식에 따르는 기체의 퓨가시티 계수 ϕ는?(단, b는 상수이다.)

① $\exp\left(1 + \dfrac{bP}{RT}\right)$　② $\exp\left(\dfrac{bP}{RT}\right)$

③ $\exp\left(\dfrac{P}{RT}\right)$　④ $\exp\left(P + \dfrac{b}{RT}\right)$

해설

$$P = \frac{RT}{V-b}$$

$$Z = \frac{PV}{RT} = \frac{P}{RT}\left(\frac{RT}{P} + b\right) = 1 + \frac{bP}{RT}$$

$$Z - 1 = \frac{bP}{RT}$$

$$\ln\phi = \int_0^P \frac{bP}{RT}\frac{dP}{P} = \int_0^P \frac{b}{RT}dP = \frac{bP}{RT}$$

$$\therefore \phi = \exp\left(\frac{bP}{RT}\right)$$

39 어떤 화학반응에서 평형상수의 온도에 대한 미분계수는 $\left(\dfrac{\partial \ln K}{\partial T}\right)_P > 0$으로 표시된다. 이 반응에 대한 설명으로 옳은 것은?

① 이 반응은 흡열반응이며 온도상승에 따라 K값은 커진다.

② 이 반응은 흡열반응이며 온도상승에 따라 K값은 작아진다.

③ 이 반응은 발열반응이며 온도상승에 따라 K값은 커진다.

④ 이 반응은 발열반응이며 온도상승에 따라 K값은 작아진다.

해설

$$\frac{d\ln K}{dT} = \frac{\Delta H°}{RT^2}$$

흡열반응($\Delta H > 0$)
온도상승에 따라 K값이 커진다.

40 압력과 온도 변화에 따른 엔탈피 변화가 다음과 같은 식으로 표시될 때 □에 해당하는 것은?

$dH = \square dP + C_P dT$

① V　② $\left(\dfrac{\partial V}{\partial T}\right)$

③ $T\left(\dfrac{\partial V}{\partial T}\right)_P$　④ $V - T\left(\dfrac{\partial V}{\partial T}\right)_P$

정답 36 ② 37 ① 38 ② 39 ① 40 ④

해설

$dH = \square dP + C_P dT$

$H = f(T, P)$

$dH = \left(\frac{\partial H}{\partial T}\right)_P dT + \left(\frac{\partial H}{\partial P}\right)_T dP = C_P dT + \left(\frac{\partial H}{\partial P}\right)_T dP$

$dH = TdS + VdP \quad (\div dP)$

$\left(\frac{\partial H}{\partial P}\right)_T = T\left(\frac{\partial S}{\partial P}\right)_T + V$

Maxwell 식 $\left(\frac{\partial S}{\partial P}\right)_T = -\left(\frac{\partial V}{\partial T}\right)_P$

$\therefore \left(\frac{\partial H}{\partial P}\right)_T = -T\left(\frac{\partial V}{\partial T}\right)_P + V$

$\therefore dH = C_P dT + \left[V - T\left(\frac{\partial V}{\partial T}\right)_P\right] dP$

3과목 단위공정관리

41 C_2H_4 40kg을 연소시키기 위해 800kg의 공기를 공급하였다. 과잉공기 백분율은 약 몇 %인가?

① 45.2 ② 35.2
③ 25.2 ④ 12.2

해설

$C_2H_4 + 3O_2 \rightarrow 2CO_2 + 2H_2O$

28kg : 3kmol

40kg : x

$\therefore x = 4.28\text{kmol}$

$4.28\text{kmol } O_2 \times \frac{100\text{kmol Air}}{21\text{kmol } O_2} = 20.4\text{kmol Air}$

$800\text{kg Air} \times \frac{1\text{kmol Air}}{29\text{kg Air}} = 27.6\text{kmol Air}$

과잉공기 백분율(%) $= \frac{\text{과잉량}}{\text{이론량}} \times 100\%$

$= \frac{\text{공급량} - \text{이론량}}{\text{이론량}} \times 100\%$

$= \frac{27.6 - 20.4}{20.4} \times 100\%$

$= 35.2\%$

42 추제(Solvent)의 선택요인으로 옳은 것은?

① 선택도가 작다.
② 회수가 용이하다.
③ 값이 비싸다.
④ 화학결합력이 크다.

해설

추제의 선택조건

- 선택도가 커야 한다.

$\beta = \frac{y_A/y_B}{x_A/x_B} = \frac{y_A/x_A}{y_B/x_B} = \frac{k_A}{k_B}$

- 회수가 용이해야 한다.
- 값이 싸고 화학적으로 안정해야 한다.
- 비점·응고점이 낮으며 부식성과 유독성이 적고 추질과의 비중차가 클수록 좋다.

43 p−Xylene 40mol%, o−Xylene 60mol%인 혼합물을 비점으로 연속 공급하여 탑정 중의 p−Xylene을 95mol%로 만들고자 한다. 비휘발도가 1.5라면 최소환류비는 얼마인가?

① 1.5 ② 2.5
③ 3.5 ④ 4.5

해설

$y_f = \frac{\alpha x_f}{1+(\alpha-1)x_f} = \frac{1.5 \times 0.4}{1+(1.5-1)\times 0.4} = 0.5$

$R_{Dm} = \frac{x_D - y_f}{y_f - x_f} = \frac{0.95 - 0.5}{0.5 - 0.4} = 4.5$

44 2중관 열교환기를 사용하여 500kg/h의 기름을 240℃의 포화수증기를 써서 60℃에서 200℃까지 가열하고자 한다. 이때 총괄전열계수가 500kcal/m^2 h ℃, 기름의 정압비열은 1.0kcal/kg ℃이다. 필요한 가열면적은 몇 m^2인가?

① 3.1 ② 2.4
③ 1.8 ④ 1.5

정답 41 ② 42 ② 43 ④ 44 ④

해설

$q = \dot{m} C_P(t_2 - t_1)$

$= 500\,\text{kg/h} \times 1\,\text{kcal/kg ℃} \times (200-60)\,℃$

$= 70{,}000\,\text{kcal/h}$

$\Delta \overline{t_L} = \dfrac{180-40}{\ln \dfrac{180}{40}} = 93.1$

$q = UA\Delta \overline{t_L}$

$70{,}000\,\text{kcal/h} = 500\,\text{kcal/m}^2\,\text{h ℃} \times A \times 93.1℃$

$\therefore\ A = 1.5\,\text{m}^2$

45 다음 그림은 충전흡수탑에서 기체의 유량변화에 따른 압력강하를 나타낸 것이다. 부하점(Loading Point)에 해당하는 곳은?

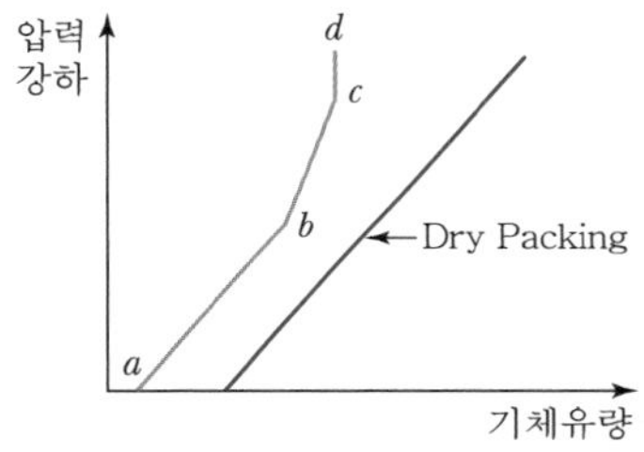

① a　　② b

③ c　　④ d

해설

부하점(Loading Point) : b점

- 기체속도 증가에 의해 액체유량이 증가한다.
- 흡수탑의 작업은 이 점을 넘지 않는 범위에서 한다.

※ 범람점(왕일점, Flooding Point) : c점
　기체속도가 더 증가하여 액이 범람하는 점

46 기체 흡수 설계에 있어서 평행선과 조작선이 직선일 경우 이동단위높이(HTU)와 이동단위수(NTU)에 대한 해석으로 옳지 않은 것은?

① HTU는 대수평균농도차(평균추진력)만큼의 농도 변화가 일어나는 탑 높이이다.

② NTU는 전탑 내에서 농도 변화를 대수 평균 농도차로 나눈 값이다.

③ HTU는 NTU로 전 충전고를 나눈 값이다

④ NTU는 평균 불활성 성분 조성의 역수이다.

해설

$Z = \underbrace{\dfrac{G_M}{K_G a P}}_{H_{OG}} \underbrace{\int_{y_2}^{y_1} \dfrac{dy}{y-y^*}}_{N_{OG}}$

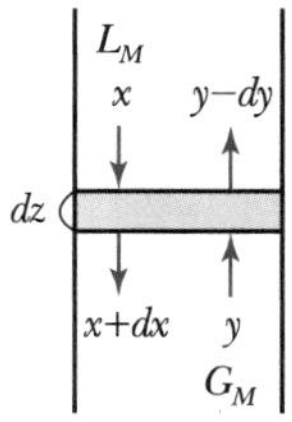

$Z = \dfrac{G_M}{K_G a P} \dfrac{y_1 - y_2}{\Delta y_{LM}}$

$Z = \dfrac{L_M}{K_L a \rho_m} \dfrac{x_1 - x_2}{\Delta x_{LM}}$

$\therefore\ Z = H_{OG} \times N_{OG}$

여기서, Z : 충전층의 높이

H_{OG} : 총괄이동단위높이(HTU)

N_{OG} : 총괄이동단위높이(NTU)

47 Hess의 법칙에 대한 설명으로 옳은 것은?

① 정압하에서 열(Q_P)을 추산하는 데 무관한 법칙이다.

② 경로함수의 성질을 이용하는 법칙이다.

③ 상태함수의 변화치를 추산하는 데 이용할 수 없는 법칙이다.

④ 엔탈피 변화는 초기 및 최종 상태에만 의존한다.

해설

Hess' Law(총열량 불변의 법칙)

화학반응에서 엔탈피 변화는 초기상태와 최종상태 사이의 경로와 무관하다.

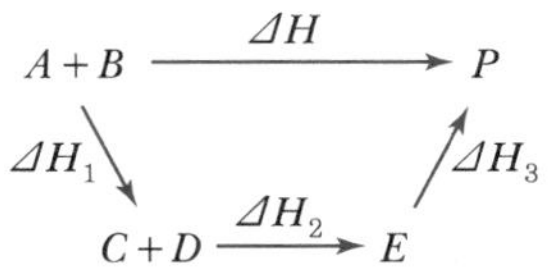

$\therefore\ \Delta H = \Delta H_1 + \Delta H_2 + \Delta H_3$

48 1atm, 25℃에서 상대습도가 50%인 공기 1m^3 중에 포함되어 있는 수증기의 양은?(단, 25℃에서 수증기의 증기압은 24mmHg이다.)

① 11.6g　　② 12.5g

③ 28.8g　　④ 51.5g

정답 45 ② 46 ④ 47 ④ 48 ①

해설

$$H_R = \frac{P_V}{P_S} \times 100\%$$

$$50\% = \frac{P_V}{24} \times 100$$

$$\therefore\ P_V = 12\text{mmHg}$$

$$PV = nRT = \frac{w}{M}RT$$

$$w = \frac{PVM}{RT}$$

$$= \frac{12\text{mmHg} \times \dfrac{1\text{atm}}{760\text{mmHg}} \times 1\text{m}^3 \times 18\text{kg/kmol}}{0.082\text{m}^3\ \text{atm/kmol K} \times 298\text{K}}$$

$$= 0.01163\text{kg} = 11.63\text{g}$$

49 다음 단위환산 관계 중 틀린 것은?

① $1.0\text{g/cm}^3 = 1{,}000\text{kg/m}^3$

② $0.2386\text{J} = 0.057\text{cal}$

③ $0.4536\text{kg}_f = 9.80665\text{N}$

④ $1.013\text{bar} = 101.3\text{kPa}$

해설

① $1\text{g/cm}^3 \times \dfrac{1\text{kg}}{1{,}000\text{g}} \times \dfrac{(100\text{cm})^3}{1\text{m}^3} = 1{,}000\text{kg/m}^3$

② $0.2386\text{J} \times \dfrac{1\text{cal}}{4.184\text{J}} = 0.057\text{cal}$

③ $0.4536\text{kg}_f \times \dfrac{9.8\text{N}}{1\text{kg}_f} = 4.45\text{N}$

④ $1.013\text{bar} \times \dfrac{101.3\text{kPa}}{1.013\text{bar}} = 101.3\text{kPa}$

50 CO_2 25vol%와 NH_3 75vol%의 기체 혼합물 중 NH_3의 일부가 산에 흡수되어 제거된다. 이 흡수탑을 떠나는 기체가 37.5vol%의 NH_3을 가질 때 처음에 들어 있던 NH_3 부피의 몇 %가 제거되었는가?(단, CO_2의 양은 변하지 않으며 산 용액은 증발하지 않는다고 가정한다.)

① 15% ② 20%

③ 62.5% ④ 80%

해설

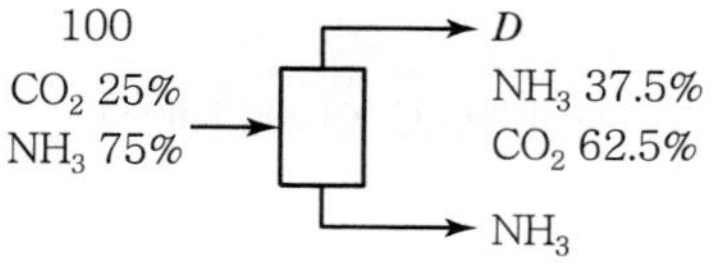

$100 \times 0.25 = D \times 0.625$

$\therefore\ D = 40$

제거된 $NH_3 = 75 - 40 \times 0.375 = 60$

$\dfrac{60}{75} \times 100 = 80\%$

51 열화학반응식을 이용하여 클로로포름의 생성열을 계산하면 약 얼마인가?

• $CHCl_3(g) + \frac{1}{2}O_2(g) + H_2O(aq) \rightleftarrows CO_2 + 3HCl(aq)$

$\Delta H_R = -121{,}800\text{cal}$ ······ ㉠

• $H_2(g) + \frac{1}{2}O_2(g) \rightleftarrows H_2O(l)$

$\Delta H_1 = -68{,}317.4\text{cal}$ ······ ㉡

• $C(s) + O_2(g) \rightleftarrows CO_2(g)$

$\Delta H_2 = -94{,}051.8\text{cal}$ ······ ㉢

• $\frac{1}{2}H_2(g) + \frac{1}{2}Cl_2(g) \rightleftarrows HCl(g)$

$\Delta H_3 = -40{,}023\text{cal}$ ······ ㉣

① 28,108cal ② −28,108cal

③ 24,003cal ④ −24,003cal

해설

$CO_2 + 3HCl \rightarrow CHCl_3 + \frac{1}{2}O_2 + H_2O \quad \Delta H_R = 121{,}800$

$H_2O \rightarrow H_2 + \frac{1}{2}O_2 \quad \Delta H_1 = 68{,}317.4$

$C + O_2 \rightarrow CO_2 \quad \Delta H_2 = -94{,}051.8$

$+)\ \frac{3}{2}H_2 + \frac{3}{2}Cl_2 \rightarrow 3HCl \quad \Delta H_3 = 3 \times (-40{,}023)$

$C + \frac{1}{2}H_2 + \frac{3}{2}Cl_2 \rightarrow CHCl_3 \quad \Delta H = -24{,}003.4$

정답 49 ③ 50 ④ 51 ④

52 부피로 아세톤 15vol%를 함유하고 있는 질소와 아세톤의 혼합가스가 있다. 20℃, 750mmHg에서의 아세톤의 비교포화도는?(단, 20℃에서 아세톤의 증기압은 185mmHg이다.)

① 45.98% ② 53.90%
③ 57.89% ④ 60.98%

해설

$$H_p = \frac{p_a}{p_s} \times \frac{P-p_s}{P-p_a} \times 100\%$$

$p_a = 750 \times 0.15 = 112.5$

$$\frac{112.5}{185} \times \frac{750-185}{750-112.5} \times 100 = 53.9\%$$

53 밀도 1.15g/cm³인 액체가 밑면의 넓이 930cm², 높이 0.75m인 원통 속에 가득 들어 있다. 이 액체의 질량은 약 몇 kg인가?

① 8.0 ② 80.2
③ 186.2 ④ 862.5

해설

$$V = 930\text{cm}^2 \times \frac{1^2\text{m}^2}{100^2\text{cm}^2} \times 0.75\text{m} = 0.07\text{m}^3$$

$$m = \rho V = 1.15 \times 1{,}000\text{kg/m}^3 \times 0.07\text{m}^3 = 80.5\text{kg}$$

54 100℃의 물 1,500g과 20℃의 물 2,500g을 혼합하였을 때의 온도는 몇 ℃인가?

① 20 ② 30
③ 40 ④ 50

해설

$1{,}500 \times 1 \times (100-t) = 2{,}500 \times 1 \times (t-20)$

$150{,}000 - 1{,}500t = 2{,}500t - 50{,}000$

$4{,}000t = 200{,}000$

$\therefore t = 50℃$

55 저수지로부터 10m 높이의 개방탱크에 펌프로 물을 퍼올린다. 출구의 유속을 3.13m/s로 유지한다. 유로의 마찰손실을 무시하고 온도가 일정할 때 펌프의 이론동력은 약 몇 kg_f m/kg인가?

① 10.5 ② 13.1
③ 14.5 ④ 16.3

해설

$$W = \frac{{u_2}^2 - {u_1}^2}{2g_c} + \frac{g}{g_c}(Z_2 - Z_1) + \frac{(p_2 - p_1)}{\rho} + \Sigma F$$

$$= \frac{3.13^2}{2 \times 9.8} + 10$$

$$= 10.5\text{kg}_\text{f}\ \text{m/kg}$$

56 상계점(Plait Point)에 대한 설명 중 틀린 것은?

① 추출상과 추잔상의 조성이 같아지는 점
② 분배곡선과 용해도곡선과의 교점
③ 임계점(Critical Point)으로 불리기도 하는 점
④ 대응선(Tie-line)의 길이가 0이 되는 점

해설

상계점(Plait Point)
- 균일상에서 불균일상으로 되는 경계점
- Tie-line 길이가 0인 점
- 추출상과 추잔상의 조성이 같아지는 점
- 임계점

57 노벽이 두께 25mm의 내화벽돌과 두께 20cm의 보통벽돌로 이루어져 있다. 내화벽돌과 보통벽돌의 열전도도는 각각 0.1kcal/m h ℃, 1.2kcal/m h ℃이며 노벽의 내면온도는 1,000℃이고 외면온도는 60℃이다. 외부노벽으로부터의 단위면적당 열손실은 몇 kcal/m² h인가?

① 1,236 ② 2,256
③ 3,326 ④ 4,526

정답 52 ② 53 ② 54 ④ 55 ① 56 ② 57 ②

해설

$$\frac{q}{A}=\frac{t_1-t_3}{R_1+R_2}$$
$$=\frac{t_1-t_3}{\frac{l_1}{k_1}+\frac{l_2}{k_2}}$$
$$=\frac{(1{,}000-60)℃}{\frac{0.025\text{m}}{0.1\text{kcal/m h ℃}}+\frac{0.2\text{m}}{1.2\text{kcal/m h ℃}}}$$
$$=2{,}256\text{kcal/m}^2\text{ h}$$

58 펌프의 공동현상을 방지하기 위하여 고려하여야 할 사항이 아닌 것은?

① NPSH(Net Positive Suction Head)를 크게 펌프를 설치한다.
② 유입관로에서의 유속을 작게 배관한다.
③ 흡입관로에서의 손실수두를 작게 배관한다.
④ 펌프의 회전수를 크게 한다.

해설

공동현상(Cavitation)

- 원심펌프를 높은 능력으로 운전할 때 임펠러 흡입부의 압력이 낮아지게 되는 현상
- 빠른 속도로 액체가 운동할 때 액체의 압력이 증기압이하로 낮아져서 액체 내 증기기포가 발생 → 펌프의 회전수를 작게 한다.

59 상변화에 수반되는 열을 결정하는 데 사용되는 Clausius－Clapeyron 식에 대한 설명 중 옳은 것은?

① 온도에 대한 포화증기압 도시(Plot)의 최대값으로부터 잠열을 결정할 수 있다.
② 온도에 대한 포화증기압 도시(Plot)의 최소값으로부터 잠열을 결정할 수 있다.
③ 온도역수에 대한 포화증기압 대수치 도시(Plot)의 기울기로부터 잠열을 구할 수 있다.
④ 온도역수에 대한 포화증기압 대수치 도시(Plot)의 절편으로부터 잠열을 구할 수 있다.

해설

Clausius－Clapeyron 식

$$\ln\frac{P_2}{P_1}=\frac{\Delta H}{R}\left(\frac{1}{T_1}-\frac{1}{T_2}\right)$$

60 He와 N_2 혼합기체가 298K, 전압 1atm에서 파이프를 통해 일정하게 빠져나가고 있다. 파이프 끝의 한 점 p_{A1}에서 He 분압은 0.6atm이고, 0.2m 떨어진 다른 끝 p_{A2}에서는 0.2atm이다. He－N_2 혼합기체의 분자확산계수가 $D_{AB}=0.687\times10^{-4}\text{m}^2/\text{s}$라면 He의 전달속도($\text{kmol/m}^2$ s)는 얼마인가?

① 5.62×10^{-3}
② 5.62×10^{-6}
③ 1.124×10^{-6}
④ 1.124×10^{-5}

해설

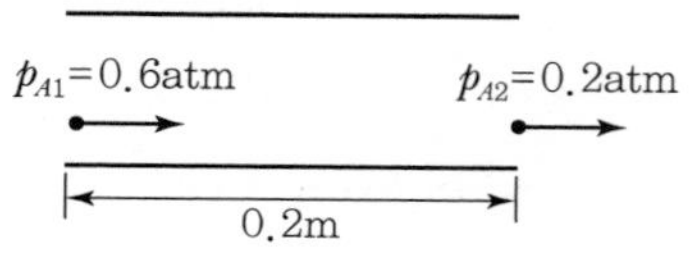

$$N_A=\frac{0.687\times10^{-4}\text{m}^2/\text{s}\times(0.6-0.2)\text{atm}}{0.082\text{m}^3\text{ atm/kmol K}\times298\text{K}\times0.2\text{m}}$$
$$=5.62\times10^{-6}\text{kmol/m}^2\text{ s}$$

4과목 화공계측제어

61 특성방정식이 $s^3+6s^2+11s+6=0$인 제어계가 있다. 이 제어계의 안정성은?

① 안정하다.
② 불안정하다.
③ 불충분 조건이 있다.
④ 식의 성립이 불가하다.

정답 58 ④ 59 ③ 60 ② 61 ①

해설

Routh 안정성 판별법

	1	2
1	1	11
2	6	6
3	$\frac{6\times 11-1\times 6}{6}=10>0$	
4	$\frac{10\times 6-6\times 0}{10}=6>0$	

62 Routh법에 의한 제어계의 안정성 판별조건과 관계 없는 것은?

① Routh Array의 첫 번째 열에 전부 양(+)의 숫자만 있어야 안정하다.
② 특성방정식이 s에 대해 n차 다항식으로 나타내야 한다.
③ 제어계에 수송지연이 존재하면 Routh법은 쓸 수 없다.
④ 특성방정식의 어느 근이든 복소수축의 오른쪽에 위치할 때는 계가 안정하다.

해설

- Routh Array의 첫 번째 열이 모두 양(+)이어야 안정하다.
- 근이 복소평면상에서 허수축의 왼쪽 평면상에 있으면 제어시스템은 안정하다.

63 다음 중 Cascade 제어에 관한 설명으로 옳은 것은?

① 직접 측정되지 않는 외란에 대한 대처에 효과적일 수 없다.
② Slave 루프는 Master 루프에 비해 느린 동특성을 가져야 한다.
③ 외란이 Master 루프에 영향을 주기 전에 Slave 루프가 외란을 미리 제거할 수 있다.
④ Slave 루프를 재튜닝해도 Master 루프를 재튜닝할 필요는 없다.

해설

다단제어(Cascade 제어)
- 주 Feedback 제어기 외에 2차적인 Feedback 제어기를 추가시켜서 교란변수의 영향을 소거시키고자 하는 제어방법
- 주제어기보다 부제어기의 동특성이 빨라야 한다.

64 다음 그림의 블록선도에서 $T_R{}'(s)=\frac{1}{s}$일 때, 서보(Servo) 문제의 정상상태 잔류편차(Offset)는 얼마인가?

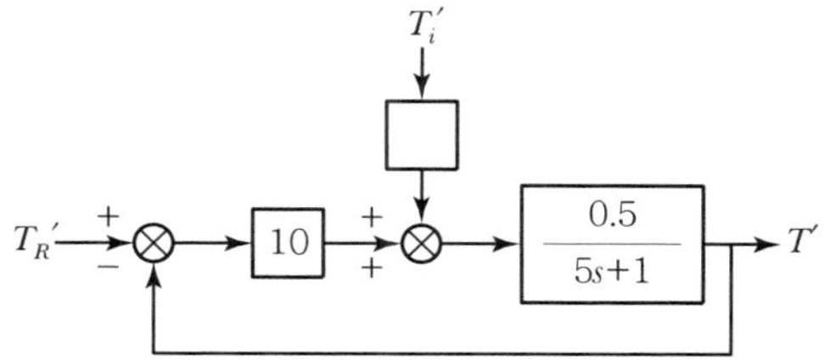

① 0.133　② 0.167
③ 0.189　④ 0.213

해설

$$G(s)=\frac{10\times\frac{0.5}{5s+1}}{1+10\times\frac{0.5}{5s+1}}=\frac{5}{5s+1+5}$$

$$Y(s)=G(s)X(s)=\frac{5}{5s+6}\cdot\frac{1}{s}$$

$$\lim_{t\to\infty}r(t)=\lim_{s\to 0}sR(s)=\lim_{s\to 0}s\cdot\frac{1}{s}=1$$

$$\lim_{t\to\infty}y(t)=\lim_{s\to 0}sY(s)=\lim_{s\to 0}s\cdot\frac{5}{5s+6}\cdot\frac{1}{s}=\frac{5}{6}$$

$$\text{Offset}=r(\infty)-y(\infty)=1-\frac{5}{6}=\frac{1}{6}=0.167$$

65 Laplace 변환된 형태가 다음과 같은 경우, 역 Laplace 변환을 구하면?

$$Y(s)=\frac{1}{s^2(s^2+5s+6)}$$

① $-\frac{5}{36}+\frac{1}{4}e^{-2t}-\frac{1}{9}e^{-3t}$
② $\frac{1}{6}+\frac{1}{4}e^{-2t}-\frac{1}{9}e^{-3t}$
③ $\frac{1}{6}t-\frac{5}{36}\left(\frac{1}{4}e^{-2t}-\frac{1}{9}e^{-3t}\right)$
④ $-\frac{5}{36}+\frac{1}{6}t+\frac{1}{4}e^{-2t}-\frac{1}{9}e^{-3t}$

정답 62 ④ 63 ③ 64 ② 65 ④

해설

$$Y(s)=\frac{1}{s^2(s^2+5s+6)}$$
$$=\frac{1}{s^2(s+2)(s+3)}$$
$$=\frac{A}{s}+\frac{B}{s^2}+\frac{C}{s+2}+\frac{D}{s+3}$$
$$A=-\frac{5}{36},\ B=\frac{1}{6},\ C=\frac{1}{4},\ D=-\frac{1}{9}$$
$$\therefore\ y(t)=-\frac{5}{36}+\frac{1}{6}t+\frac{1}{4}e^{-2t}-\frac{1}{9}e^{-3t}$$

66 다음 중 공정제어의 목적과 가장 거리가 먼 것은?

① 반응기의 온도를 최대 제한값 가까이에서 운전하므로 반응속도를 올려 수익을 높인다.

② 평형반응에서 최대의 수율이 되도록 반응온도를 조절한다.

③ 안전을 고려하여 일정 압력 이상이 되지 않도록 반응속도를 조절한다.

④ 외부 시장 환경을 고려하여 이윤이 최대가 되도록 생산량을 조정한다.

해설

공정제어의 목적
- 안전성
- 원하는 제품의 품질 유지
- 안정성
- 이익의 극대화

67 그림과 같은 계의 총괄전달함수는?

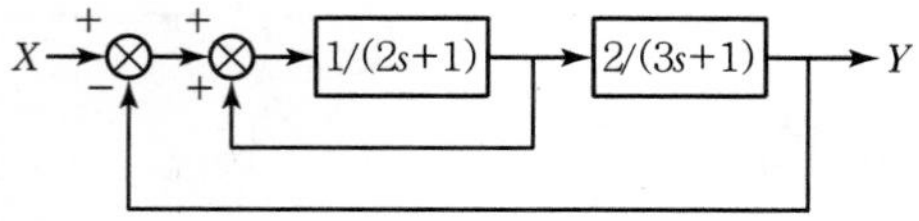

① $\dfrac{Y(s)}{X(s)}=\dfrac{2}{6s^2+8s+4}$

② $\dfrac{Y(s)}{X(s)}=\dfrac{2}{6s^2+2s+2}$

③ $\dfrac{Y(s)}{X(s)}=\dfrac{2}{6s^2+8s+2}$

④ $\dfrac{Y(s)}{X(s)}=\dfrac{2}{6s^2+5s+3}$

해설

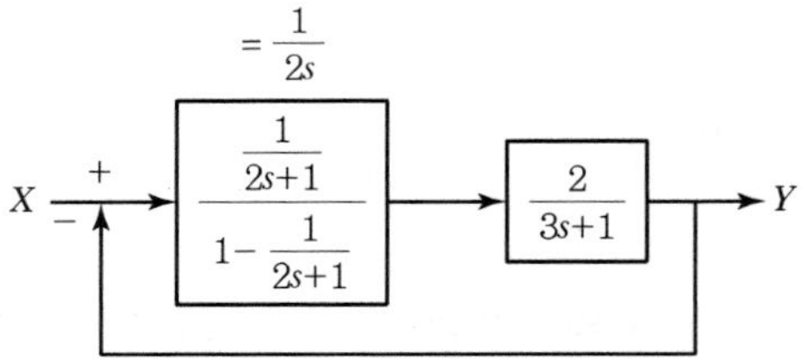

$$\frac{Y(s)}{X(s)}=\frac{\dfrac{2}{2s(3s+1)}}{1+\dfrac{2}{2s(3s+1)}}=\frac{2}{6s^2+2s+2}$$

[별해]

$$G(s)=\frac{Y(s)}{X(s)}=\frac{\dfrac{1}{2s+1}\cdot\dfrac{2}{3s+1}}{1+\dfrac{2}{(2s+1)(3s+1)}-\dfrac{1}{2s+1}}$$
$$=\frac{2}{6s^2+2s+2}$$

68 어떤 제어계의 특성방정식이 다음과 같을 때 임계주기(Ultimate Period)는 얼마인가?

$$s^3+6s^2+9s+1+K_c=0$$

① $\dfrac{\pi}{2}$　② $\dfrac{2}{3}\pi$

③ π　④ $\dfrac{3}{2}\pi$

해설

$s^3+6s^2+9s+1+K_c=0$

s에 $i\omega_u$ 대입

$-i\omega_u{}^3-6\omega_u{}^2+9i\omega_u+1+K_c=0$

(실수부) $-6\omega_u{}^2+1+K_c=0$

(허수부) $i\left(9\omega_u-\omega_u{}^3\right)=0\rightarrow\omega_u=0$ 또는 $\omega_u=\pm3$

정답 66 ④ 67 ② 68 ②

$\omega_u = 0 \rightarrow K_c = -1$

$\omega_u = \pm 3 \rightarrow K_c = 53$

$\therefore -1 < K_c < 53$

임계주기 $T_u = \frac{2\pi}{\omega_u} = \frac{2\pi}{3}$

69 어떤 공정의 동특성은 다음과 같은 미분방정식으로 표시된다. 이 공정을 표준형 2차계로 표현했을 때 시간상수(τ)는?(단, 입력변수와 출력변수 X, Y는 모두 편차변수(Deviation Variable)이다.)

$$2\frac{d^2Y}{dt^2} + 4\frac{dY}{dt} + 5Y = 6X(t)$$

① 0.632 ② 0.854

③ 0.985 ④ 0.998

해설

$2[s^2Y(s) - sy(0) - y'(0)] + 4[sY(s) - y(0)] + 5Y(s) = 6X(s)$

$$\frac{Y(s)}{X(s)} = \frac{6}{2s^2 + 4s + 5} = \frac{6/5}{\frac{2}{5}s^2 + \frac{4}{5}s + 1}$$

$\tau^2 = \frac{2}{5}$

$\therefore \tau = 0.632$

70 주파수 3에서 Amplitude Ratio가 1/2, Phase Angle이 $-\pi/3$인 공정을 고려할 때 공정입력 $u(t) = \sin(3t + 2\pi/3)$을 적용하면 시간이 많이 지난 후의 공정출력 $y(t)$는?

① $y(t) = \sin(t + \pi/3)$

② $y(t) = 2\sin(t + \pi)$

③ $y(t) = \sin(3t)$

④ $y(t) = 0.5\sin(3t + \pi/3)$

해설

$\omega = 3$

$AR = \frac{\hat{A}}{A} = \frac{\hat{A}}{1} = \frac{1}{2} = 0.5,\ \phi = -\frac{\pi}{3}$

$$y(t) = \hat{A}\sin(\omega t + \phi) = 0.5\sin\left(3t + \left(\frac{2}{3}\pi - \frac{\pi}{3}\right)\right) = 0.5\sin\left(3t + \frac{\pi}{3}\right)$$

71 PID 제어기의 비례, 적분, 미분 동작이 폐루프 응답에 미치는 효과 중 틀린 것은?

① 비례동작이 클수록 폐루프 응답이 빨라진다.

② 적분동작은 오프셋을 제거하고 시스템의 안정성을 증가시킨다.

③ 미분동작은 오차의 변화율만을 고려하며 오차 크기 자체에는 무관하다.

④ 적분동작은 위상지연, 미분동작은 위상앞섬의 효과가 있다.

해설

㉠ 비례동작
- 제어기로부터의 출력신호가 오차에 비례한다.
- P 제어는 I 제어에 비하여 동작은 빠르지만 잔류편차가 발생한다.

㉡ 적분동작
잔류편차(Offset)를 제거할 수 있지만, 응답의 진동이 심해진다.

72 1차계의 시간상수 τ에 대한 설명으로 틀린 것은?

① 계의 저항과 용량(Capacitance)의 곱과 같다.

② 입력이 계단함수일 때 응답이 최종변화치의 95%에 도달하는 데 걸리는 시간과 같다.

③ 시간상수가 큰 계일수록 출력함수의 응답이 느리다.

④ 시간의 단위를 갖는다.

정답 69 ① 70 ④ 71 ② 72 ②

해설

- $\tau = \dfrac{V}{v_o} = \dfrac{m^3}{m^3/s} = s$ (시간의 단위)
- 액위 저장탱크에서 $\tau = RA =$ 저항 × 커패시티
- 입력이 계단함수일 때 응답이 63.2%에 도달하는 시간이 τ이다(3τ일 때 95%)

73 단면적이 $3ft^3$인 액체저장탱크에서 유출유량은 $8\sqrt{h-2}$로 주어진다. 정상상태 액위(h_s)가 $9ft^2$일 때, 이 계의 시간상수(τ : 분)는?

① 5　　② 4
③ 3　　④ 2

해설

$A = 3ft^2$

$q_o = 8\sqrt{h-2}$, $h_s = 9ft$

q_o 선형화

$$q_o = 8\sqrt{h_s - 2} + \frac{8}{2\sqrt{h_s-2}}(h-h_s)$$

$$= 8\sqrt{9-2} + \frac{8}{2\sqrt{9-2}}(h-9)$$

$$= \frac{4}{\sqrt{7}}h + \frac{20}{\sqrt{7}}$$

$$A\frac{dh}{dt} = q_i - q$$

$$= q_i - \left(\frac{4}{\sqrt{7}}h + \frac{20}{\sqrt{7}}\right)$$

↓

$$\frac{h}{\sqrt{7}/4} \leftarrow R(\text{저항})$$

$$A\frac{dh}{dt} = q_i - \left(\frac{h}{R} + \frac{20}{\sqrt{7}}\right) \quad \cdots\cdots ㉠$$

$$A\frac{dh_s}{dt} = q_{is} - \left(\frac{h_s}{R} + \frac{20}{\sqrt{7}}\right) \quad \cdots\cdots ㉡$$

㉠ − ㉡ 편차변수

$$A\frac{d(h-h_s)}{dt} = (q_i - q_{is}) - \frac{(h-h_s)}{R}$$

$$A\frac{dh'}{dt} = q_i' - \frac{h'}{R}$$

$$AR\frac{dh'}{dt} = Rq_i' - h'$$

$$\tau s H(s) + H(s) = RQ_i(s)$$

$$G(s) = \frac{H(s)}{Q_i(s)} = \frac{R}{\tau s + 1}$$

$$AR = 3 \times \frac{\sqrt{7}}{4} \fallingdotseq 2$$

74 시정수가 0.1분이며 이득이 1인 1차 공정의 특성을 지닌 온도계가 90℃로 정상상태에 있다. 특정 시간($t=0$)에 이 온도계를 100℃인 곳에 옮겼을 때, 온도계가 98℃를 가리키는 데 걸리는 시간(분)은?(단, 온도계는 단위계단응답을 보인다고 가정한다.)

① 0.161　　② 0.230
③ 0.303　　④ 0.404

해설

$$Y(s) = G(s)X(s)$$

$$= \frac{1}{0.1s+1} \cdot \frac{10}{s}$$

$$= 10\left(\frac{1}{s} - \frac{0.1}{0.1s+1}\right)$$

$$= 10\left(\frac{1}{s} - \frac{1}{s+10}\right)$$

$y(t) = 10(1 - e^{-10t}) = 8$

$1 - e^{-10t} = 0.8$

$\therefore\ t = 0.161\text{min}$

75 시간상수가 1min이고 이득(Gain)이 1인 1차계의 단위응답이 최종치의 10%로부터 최종치의 90%에 도달할 때까지 걸린 시간(Rise Time ; t_r, min)은?

① 2.20　　② 1.01
③ 0.83　　④ 0.21

정답 73 ④ 74 ① 75 ①

해설

$$G(s)=\frac{K}{\tau s+1}=\frac{1}{s+1}$$

$$Y(s)=\frac{1}{s+1}\frac{1}{s}=\frac{1}{s}-\frac{1}{s+1}$$

$$y(t)=1-e^{-t}$$

$$\frac{y(t)}{K}=y(t)=1(\text{정상상태})$$

$0.1=(1-e^{-t})\quad \therefore\ t=0.105$

$0.9=(1-e^{-t})\quad \therefore\ t=2.302$

∴ 10% → 90%까지 걸린 시간

$t_r=2.302-0.105=2.2$

76 다음과 같이 나뉘어 운영되고 있던 두 공정을 한 구역으로 통합하여 운영할 때 유틸리티의 양을 계산하면? (단, $\Delta T_m=20$℃이다.)

Area A			
Steam	T_s(℃)	T_t(℃)	C_p(kW/K)
1	190	110	2.5
2	90	170	20.0

Area B			
Steam	T_s(℃)	T_t(℃)	C_p(kW/K)
3	140	50	20.0
4	30	120	5.0

① 따로 유지하기 위해서는 300kW Hot Utility와 100kW Cold Utility가 필요하다.

② 따로 유지하기 위해서는 300kW Hot Utility와 450kW Cold Utility가 필요하다.

③ 따로 유지하기 위해서는 450kW Hot Utility와 300kW Cold Utility가 필요하다.

④ 따로 유지하기 위해서는 450kW Hot Utility와 450kW Cold Utility가 필요하다.

해설

A구역

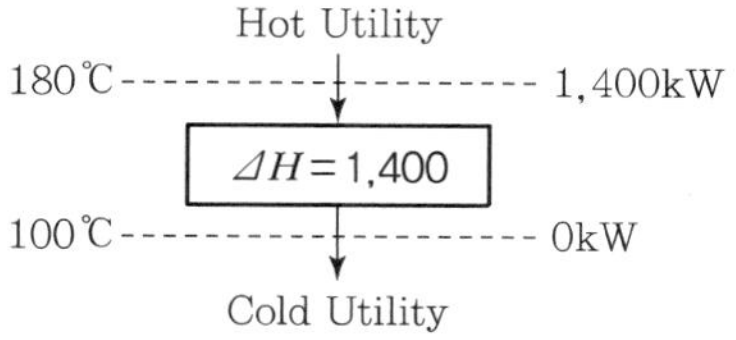

B구역

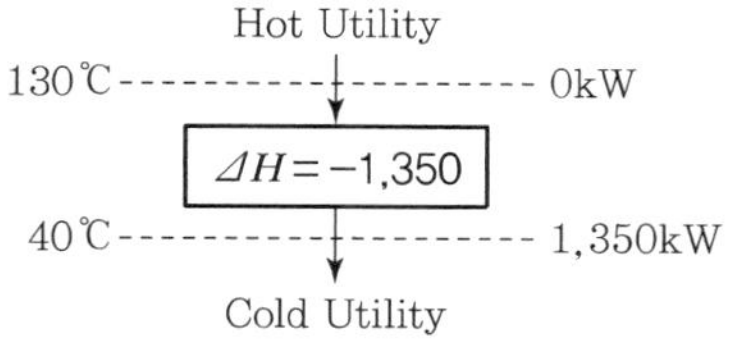

A+B구역

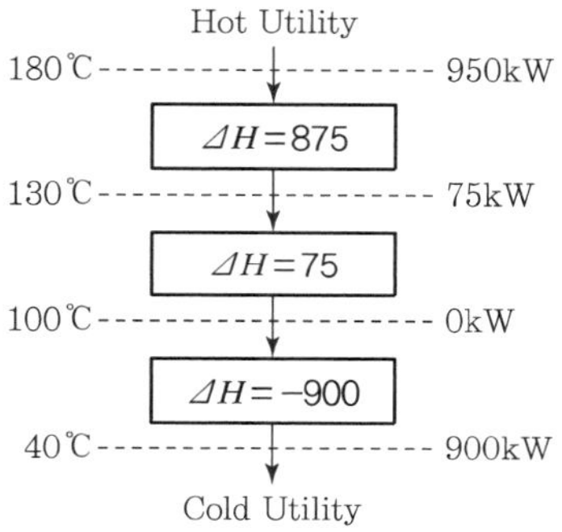

두 구역을 따로 유지하기 위한 추가적인 유틸리티의 양은 (1,400−950)=450kW의 Hot 유틸리티와 (1,350−900)=450kW의 Cold 유틸리티이다.

77 특성방정식이 $1+\frac{G_c}{(2s+1)(5s+1)}=0$과 같이 주어지는 시스템에서 제어기($G_c$)로 비례 제어기를 이용할 경우 진동응답이 예상되는 경우는?

① $K_c=-1$

② $K_c=0$

③ $K_c=1$

④ K_c에 관계없이 진동이 발생된다.

정답 76 ④ 77 ③

해설

$$1+\frac{K_c}{(2s+1)(5s+1)}=0$$

$$(2s+1)(5s+1)+K_c=0$$

$$10s^2+7s+1+K_c=0$$

$$\therefore\ s=\frac{-7\pm\sqrt{49-40(1+K_c)}}{20}<0$$

진동응답을 할 경우

$49-40(1+K_c)<0$

$K_c>0.225$

$K_c=1$은 $K_c>0.225$ 조건을 만족하므로 진동응답을 한다.

78 다음의 공정 중 임펄스 입력이 가해졌을 때 진동특성을 가지며 불안정한 출력을 가지는 것은?

① $G(s)=\dfrac{1}{s^2-2s+2}$

② $G(s)=\dfrac{1}{s^2-2s-3}$

③ $G(s)=\dfrac{1}{s^2+3s+3}$

④ $G(s)=\dfrac{1}{s^2+3s+4}$

해설

$$Y(s)=G(s)X(s)$$

$$=\frac{1}{s^2-2s+2}\cdot 1=\frac{1}{(s-1)^2+1}$$

$y(t)=e^t\sin t\rightarrow$ 진동발산

79 Feedback 제어에 대한 설명 중 옳지 않은 것은?

① 중요변수(CV)를 측정하여 이를 설정값(SP)과 비교하여 제어동작을 계산한다.

② 외란(DV)을 측정할 수 없어도 Feedback 제어를 할 수 있다.

③ PID 제어기는 Feedback 제어기의 일종이다.

④ Feedback 제어는 Feedforward 제어에 비해 성능이 이론적으로 항상 우수하다.

해설

- Feedback 제어
  외부교란이 도입되어 공정에 영향을 미치게 되고 이에 따라 제어변수가 변하게 되면 제어작용을 수행한다.
- Feedforward 제어
  외부교란을 측정하고 이 측정값을 이용하여 외부교란이 공정에 미치게 될 영향을 사전에 보정해 주는 제어방법이다.

80 다음 중 공정배관 · 계장도(P & ID)에 대한 설명으로 옳은 것은?

① 공정처리 순서 및 흐름의 방향을 나타낸다.

② 상세설계, 건설, 변경, 유지보수, 운전 등을 하는 데 필요한 기술적 정보를 파악할 수 있는 도면이다.

③ 설계도면에 포함되어 있지 않은 내용이 표기된 문서이다.

④ 공정상에 존재하는 위험요소를 알아내기 위해 개발되었다.

해설

공정흐름도(PFD)

㉠ 주요 장치, 장치 간의 공정 연관성, 운전조건, 운전변수, 물질수지, 에너지수지, 제어설비 및 연동장치 등 기술적 정보를 파악할 수 있는 도면

㉡ 공정흐름도에 표시해야 할 사항
- 공정처리 순서 및 흐름의 방향
- 주요 동력기계, 장치 및 설비류의 배열
- 기본 제어논리
- 기본 설계를 바탕으로 한 온도, 압력, 물질수지, 열수지
- 압력용기, 저장탱크 등 주요 용기류의 간단한 사양
- 열교환기, 가열로 등의 간단한 사양
- 펌프, 압축기 등 주요 동력기계의 간단한 사양
- 회분식 공정인 경우 작업순서 및 시간

공정배관 · 계장도(P & ID)

운전 시에 필요한 모든 공정장치, 동력기계, 배관, 공정제어 및 계기 등을 표시하고 이들 상호 간에 연관관계를 나타내주며, 상세설계, 건설, 변경, 유지보수 및 운전 등을 하는 데 필요한 기술적 정보를 파악할 수 있는 도면

정답 78 ① 79 ④ 80 ②

2024년 제3회 복원기출문제

1과목 공업합성

01 다음의 구조를 갖는 물질의 명칭은?

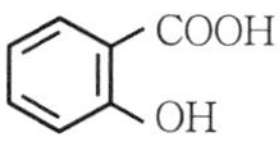

① 석탄산　　② 살리실산
③ 톨루엔　　④ 피크르산

해설

① 석탄산(페놀) : 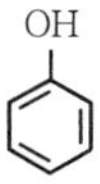

② 살리실산 : 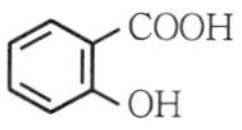

③ 톨루엔 : 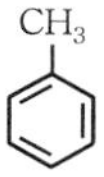

④ 피크르산 : 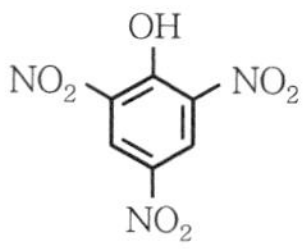

02 옥탄가에 대한 설명으로 틀린 것은?

① n－헵탄의 옥탄가를 100으로 하여 기준치로 삼는다.
② 가솔린의 안티노크성(Antiknock Property)을 표시하는 척도이다.
③ n－헵탄과 iso－옥탄의 비율에 따라 옥탄가를 구할 수 있다.
④ 탄화수소의 분자구조와 관계가 있다.

해설

옥탄가

- 옥탄가는 가솔린의 안티노크성을 수치로 표시한 것이다.
- 이소옥탄의 옥탄가를 100, 노말헵탄의 옥탄가를 0으로 정한 후 이소옥탄의 %를 옥탄가라 한다.
- n－파라핀 < 올레핀 < 나프텐계 < 방향족
- 안티노크제[$Pb(C_2H_5)_4$]를 가했을 경우의 효과를 가연효과라 한다.

03 질산을 공업적으로 제조하기 위하여 이용하는 다음 암모니아 산화반응에 대한 설명으로 옳지 않은 것은?

$$4NH_3 + 5O_2 \rightarrow 4NO + 6H_2O$$

① 바나듐(V_2O_5) 촉매가 가장 많이 이용된다.
② 암모니아와 산소의 혼합가스는 폭발성이 있기 때문에 $[O_2]/[NH_3] = 2.2 \sim 2.3$이 되도록 주의한다.
③ 산화율에 영향을 주는 인자 중 온도와 압력의 영향이 크다.
④ 반응온도가 지나치게 높아지면 산화율은 낮아진다.

해설

$4NH_3 + 5O_2 \rightarrow 4NO + 6H_2O$

- Pt－Rh 촉매가 가장 많이 사용된다.
- 최대 산화율은 $O_2/NH_3 = 2.2 \sim 2.3$이 되어야 한다.
- 산소(공기)와 암모니아 혼합가스의 반응은 폭발성을 가지므로 14% 이하의 수증기를 함유하여 산화시킨다.
- 압력을 가하면 산화율은 저하된다.

04 [보기]의 설명에 가장 잘 부합되는 연료전지는?

[보기]
- 전극으로는 세라믹 산화물이 사용된다.
- 작동온도는 약 1,000℃이다.
- 수소나 수소/일산화탄소 혼합물을 사용할 수 있다.

① 인산형 연료전지(PAFC)
② 용융탄산염 연료전지(MCFC)
③ 고체산화물형 연료전지(SOFC)
④ 알칼리 연료전지(AFC)

해설

① 인산형 연료전지(PAFC)
- 인산을 전해질로 사용
- 전극은 백금 또는 니켈입자를 탄소－테프론의 다공성 물

정답 01 ② 02 ① 03 ① 04 ③

질에 분산시킨 형태로 되어 있다.
- 연료전지 중 가장 먼저 상용화

② 용융탄산염 연료전지(MCFC)
- 전해질로 Li_2CO_3, K_2CO_3, $LiAlO_2$ 등의 혼합물을 사용
- 650℃ 정도의 고온 유지

③ 고체산화물형 연료전지(SOFC)
- 지르코니아(ZrO_2)와 같은 산화물 세라믹 사용
- 약 1,000℃에서 작동

④ 알칼리 연료전지(AFC)
- 산화전극 : Pt－Pd 합금(백금－팔라듐)과 테프론의 혼합물
- 환원전극 : Pt－Au 합금과 테프론의 혼합물
- 전해질은 다공성 물질에 KOH 용액을 흡수시킨 것을 사용

05 Acetylene을 주원료로 하여 수은염을 촉매로 물과 반응시켜 얻는 것은?

① Methanol ② Stylene
③ Acetaldehyde ④ Acetophenone

해설

$$C_2H_2 + H_2O \xrightarrow[\text{수화반응}]{\text{수은염촉매}} CH_3CHO$$

아세틸렌 아세트알데히드

06 황산의 원료인 아황산가스를 황화철광(Ironpyrite)을 공기로 완전 연소하여 얻고자 한다. 황화철광의 10%가 불순물이라 할 때 황화철광 1톤을 완전 연소하는 데 필요한 이론 공기량은 표준상태 기준으로 약 몇 m^3인가?(단, Fe의 원자량은 56이다.)

① 460 ② 580
③ 2,200 ④ 2,480

해설

$4FeS_2 + 11O_2 \rightarrow 2Fe_2O_3 + 8SO_2$
황화철광
$4 \times (56 + 32 \times 2)kg : 11 \times 32kg$
$1{,}000kg \times 0.9 : x$
$\therefore x = 660kg\ O_2$

$$660kg\ O_2 \times \frac{1}{0.233} = 2{,}832.6kg\ Air$$

$$2{,}832.6kg \times \frac{1kmol}{29kg} \times \frac{22.4m^3}{1kmol} = 2{,}188m^3$$

07 선형 저밀도 폴리에틸렌에 관한 설명이 아닌 것은?

① 촉매 없이 1－옥텐을 첨가하여 라디칼 중합법으로 제조한다.
② 규칙적인 가지를 포함하고 있다.
③ 낮은 밀도에서 높은 강도를 갖는 장점이 있다.
④ 저밀도 폴리에틸렌보다 강한 인장강도를 갖는다.

해설

폴리에틸렌
- HDPE(고밀도 폴리에틸렌) : 고강도, 변형성 우수
- LDPE(저밀도 폴리에틸렌) : 낮은 밀도와 많은 가지로 인해 유연성이 뛰어남. 자유라디칼 중합
- LLDPE(선형 저밀도 폴리에틸렌) : 포장재료나 공업용, 농업용 필름에 적합, LDPE보다 강도와 가공성 우수, 규칙적인 가지 포함

08 다음 중 소다회 제조법으로써 암모니아를 회수하는 것은?

① 르 블랑법 ② 솔베이법
③ 수은법 ④ 격막법

해설

- Solvay법(암모니아소다법) : 함수에 암모니아를 포화시켜 암모니아 함수를 만들고 탄산화탑에서 이산화탄소를 도입시켜 중조를 침전 여과한 후 이를 가소화하여 소다회를 얻는 방법
- 수은법, 격막법 : 가성소다 제조법

09 다음 중 전도성 고분자가 아닌 것은?

① 폴리아닐린 ② 폴리피롤
③ 폴리실록산 ④ 폴리티오펜

해설

전도성 고분자
가볍고 가공이 쉬운 장점을 유지한 채 전기를 잘 통하는 플라스틱으로 대부분 전자수용체 또는 전자공여체를 고분자에 도포함으로써 높은 전도율을 얻는다.
예 폴리아닐린, 폴리에틸렌, 폴리피롤, 폴리티오펜

정답 05 ③ 06 ③ 07 ① 08 ② 09 ③

10 오산화바나듐(V_2O_5) 촉매하에 나프탈렌을 공기 중 400℃에서 산화시켰을 때 생성물은?

① 프탈산 무수물　② 초산 무수물
③ 말레산 무수물　④ 푸마르산 무수물

해설

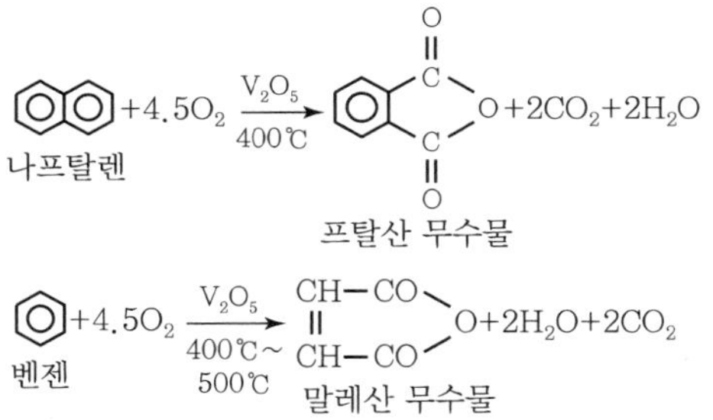

11 석유화학공정에서 열분해와 비교한 접촉분해(Catalytic Cracking)에 대한 설명 중 옳지 않은 것은?

① 분지지방족 C_3～C_6 파라핀계 탄화수소가 많다.
② 방향족 탄화수소가 적다.
③ 코크스, 타르의 석출이 적다.
④ 디올레핀의 생성이 적다.

해설

열분해	접촉분해
• 올레핀이 많으며 C_1～C_2계의 가스가 많다. • 대부분 지방족이며, 방향족 탄화수소는 적다. • 코크스나 타르의 석출이 많다. • 디올레핀이 비교적 많다. • 라디칼 반응 메커니즘	• C_3～C_6계의 가지 달린 지방족이 많이 생성된다. • 열분해보다 파라핀계 탄화수소가 많다. • 방향족 탄화수소가 많다. • 탄소질 물질의 석출이 적다. • 디올레핀은 거의 생성되지 않는다. • 이온 반응 메커니즘 : 카르보늄 이온 기구

12 다음 중 비료의 3요소에 해당하는 것은?

① N, P_2O_5, CO_2　② K_2O, P_2O_5, CO_2
③ N, K_2O, P_2O_5　④ N, P_2O_5, C

해설

비료의 3요소
N(질소), P_2O_5(인), K_2O(칼륨)

13 하루 117ton의 NaCl을 전해하는 NaOH 제조 공장에서 부생되는 H_2와 Cl_2를 합성하여 39wt% HCl을 제조할 경우 하루 약 몇 ton의 HCl이 생산되는가?(단, NaCl은 100%, H_2와 Cl_2는 99% 반응하는 것으로 가정한다.)

① 200　② 185
③ 156　④ 100

해설

$$NaCl + H_2O \rightarrow NaOH + \frac{1}{2}Cl_2 + \frac{1}{2}H_2 \rightarrow HCl$$

58.5 : 36.5
117ton : x

$\therefore x = 73\,\text{ton} \rightarrow 73\,\text{ton} \times 0.99 \div 0.39 = 185\,\text{ton}$

14 황산 중에 들어 있는 비소산화물을 제거하는 데 이용되는 물질은?

① NaOH　② KOH
③ NH_3　④ H_2S

해설

As(비소), Se(셀레늄) : H_2S를 이용해 황화물로 침전 제거

15 석유정제에 사용되는 용제가 갖추어야 하는 조건이 아닌 것은?

① 선택성이 높아야 한다.
② 추출할 성분에 대한 용해도가 높아야 한다.
③ 용제의 비점과 추출성분 비점의 차이가 적어야 한다.
④ 독성이나 장치에 대한 부식성이 적어야 한다.

해설

용제의 조건
• 선택성이 커야 한다.
• 원료유와 추출용제 사이의 비중차가 커서 추출할 때 두 액상으로 쉽게 분리할 수 있어야 한다.

정답 10 ① 11 ② 12 ③ 13 ② 14 ④ 15 ③

- 추출성분의 끓는점과 용제의 끓는점 차가 커야 한다.
- 증류로써 회수가 쉬워야 한다.
- 열적, 화학적으로 안정해야 하고 추출성분에 대한 용해도가 커야 한다.
- 독성이나 장치에 대한 부식성이 작아야 한다.

16 연료전지에 있어서 캐소드에 공급되는 물질은?

① 산소　② 수소
③ 탄화수소　④ 일산화탄소

해설

- Anode(양극) : $H_2 \rightarrow 2H^+ + 2e^-$ (산화)
- Cathode(음극) : $\frac{1}{2}O_2 + 2H^+ + 2e^- \rightarrow H_2O$ (환원)

17 수성가스로부터 인조석유를 만드는 합성법을 무엇이라 하는가?

① Williamson법　② Kolb－Smith법
③ Fischer－Tropsch법　④ Hoffman법

해설

Fischer–Tropsch법
수성가스 $CO+H_2$로 액체상태의 탄화수소, 즉 인조석유를 만드는 방법

18 카프로락탐에 관한 설명으로 옳은 것은?

① 나일론 6.6의 원료이다.
② Cyclohexanone Oxime을 황산처리하면 생성된다.
③ Cyclohexanone과 암모니아의 반응으로 생성된다.
④ Cyclohexane과 초산과 아민의 반응으로 생성된다.

해설

- 카프로락탐의 개환중합으로 Nylon 6 생성

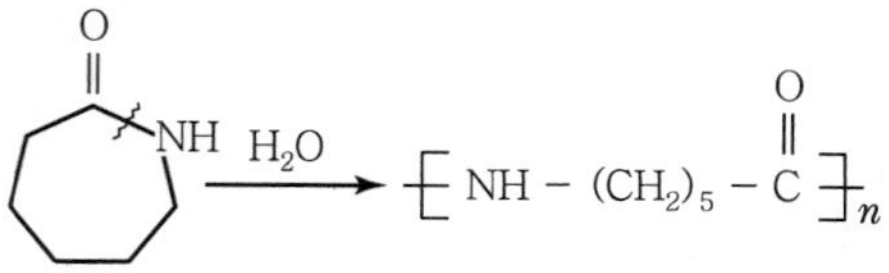

- 카프로락탐 제법(직접 산화)

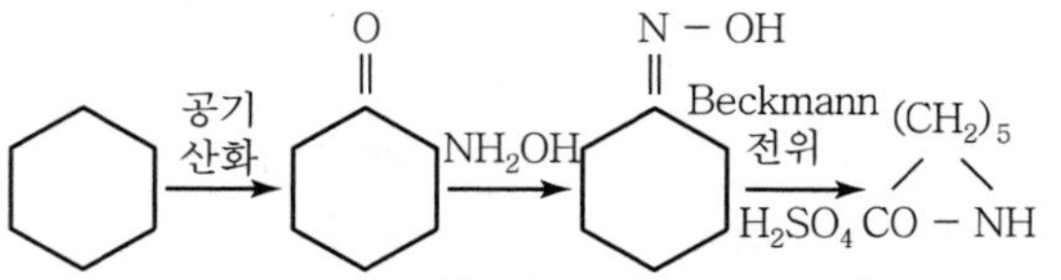

(Cyclohexanone Oxime)

19 반도체 제조 공정 중 패턴이 형성된 표면에서 원하는 부분을 화학반응 혹은 물리적 과정을 통하여 제거하는 공정을 의미하는 것은?

① 세정 공정　② 에칭 공정
③ 포토리소그래피　④ 건조 공정

해설

에칭(Etching)
- 패턴이 형성된 표면에서 원하는 부분을 화학반응 혹은 물리적 과정을 통하여 제거하는 공정
- 노광 후 PR(포토레지스트)로 보호되지 않는 부분(감광되지 않는 부분)을 제거하는 공정

20 다음 물질 중 친전자적 치환반응이 일어나기 쉽게 하여 술폰화가 가장 용이하게 일어나는 것은?

① $C_6H_5NO_2$　② $C_6H_5NH_2$
③ $C_6H_5SO_3H$　④ $C_6H_4(NO_2)_2$

해설

- 친전자성 치환반응
  친전자체(E^+)가 방향족 고리와 반응하여 한 개의 수소와 치환

(친전자체)

- 술폰화

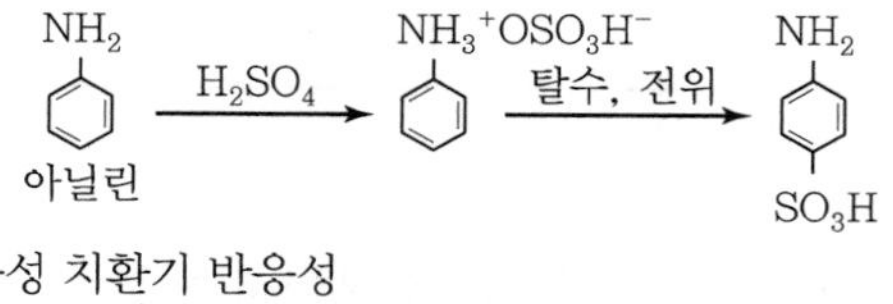

- 친전자성 치환기 반응성
  $-NH_2 > -OH > -CH_3 > -Cl > -SO_3H > -NO_2$

정답 16 ① 17 ③ 18 ② 19 ② 20 ②

2과목 반응운전

21 부피 3.2L인 혼합흐름반응기에 기체 반응물 A가 1L/s로 주입되고 있다. 반응기에서는 $A \rightarrow 2P$의 반응이 일어나며 A의 전화율은 60%이다. 반응물의 평균 체류시간은?

① 1초 ② 2초
③ 3초 ④ 4초

해설

$$\varepsilon_A = y_{A0}\delta = \frac{2-1}{1} = 1$$

$$\tau = \frac{3.2\text{L}}{1\text{L/s}} = 3.2\text{s}$$

$$1+\varepsilon_A X_A = 1+1\times 0.6 = 1.6$$

$$\bar{t} = \frac{\tau}{1+\varepsilon_A X_A} = \frac{1}{1.6}\times 3.2 = 2\text{s}$$

22 회분식 반응기에서 0.5차 반응을 10min 동안 수행하니 75%의 액체 반응물 A가 생성물 R로 전화되었다. 같은 조건에서 15min간 반응을 시킨다면 전화율은 약 얼마인가?

① 0.75 ② 0.85
③ 0.90 ④ 0.94

해설

$$-r_A = \frac{-dC_A}{dt} = kC_A^{0.5}$$

$$C_{A0}\frac{dX_A}{dt} = k\sqrt{C_{A0}(1-X_A)}$$

$$\therefore \frac{dX_A}{\sqrt{1-X_A}} = \frac{k}{\sqrt{C_{A0}}}dt$$

$$\int_0^{0.75}\frac{dX_A}{\sqrt{1-X_A}} = \int_0^t \frac{k}{\sqrt{C_{A0}}}dt$$

$$-2\sqrt{1-X_A}\Big|_0^{0.75} = \frac{k}{\sqrt{C_{A0}}}\times 10$$

$$\therefore \frac{k}{\sqrt{C_{A0}}} = 0.1$$

$$-2\sqrt{1-X_A}\Big|_0^{X_A} = 0.1t = 0.1\times 15\text{min}$$

$$-2\sqrt{1-X_A}+2 = 1.5$$

$$\sqrt{1-X_A} = 0.25$$

$$\therefore X_A = 0.94$$

23 직렬로 연결된 2개의 혼합흐름반응기에서 다음과 같은 액상반응이 진행될 때 두 반응기의 체적 V_1과 V_2의 합이 최소가 되는 체적비 V_1/V_2에 관한 설명으로 옳은 것은?(단, V_1은 앞에 설치된 반응기의 체적이다.)

$$A \rightarrow R \quad (-r_A = kC_A^n)$$

① $0 < n < 1$이면 V_1/V_2는 항상 1보다 작다.
② $n = 1$이면 V_1/V_2는 항상 1이다.
③ $n > 1$이면 V_1/V_2는 항상 1보다 크다.
④ $n > 0$이면 V_1/V_2는 항상 1이다.

해설

- 1차 반응 : 동일한 크기의 반응기가 최적($V_1 = V_2$)
- $n > 1$: 작은 CSTR → 큰 CSTR
- $n < 1$: 큰 CSTR → 작은 CSTR

24 다음의 액상반응에서 R이 요구하는 물질일 때에 대한 설명으로 가장 거리가 먼 것은?

$$A+B \rightarrow R,\ r_R = k_1 C_A C_B$$
$$R+B \rightarrow S,\ r_S = k_2 C_R C_B$$

① A에 B를 조금씩 넣는다.
② B에 A를 조금씩 넣는다.
③ A와 B를 빨리 혼합한다.
④ A의 농도가 균일하면 B의 농도는 관계없다.

해설

$$\frac{r_R}{r_S} = \frac{k_1 C_A C_B}{k_2 C_R C_B} = \frac{k_1}{k_2}\frac{C_A}{C_R}$$

C_A의 농도를 크게 한다.
C_B의 농도는 무관하다.

정답 21 ② 22 ④ 23 ② 24 ②

25 2차 액상 반응, $2A \rightarrow$ Products가 혼합흐름반응기에서 60%의 전화율로 진행된다. 다른 조건은 그대로 두고 반응기의 크기만 두 배로 했을 경우 전화율은 얼마로 되는가?

① 66.7%　　② 69.5%
③ 75.0%　　④ 91.0%

해설

CSTR 2차

$$k\tau C_{A0} = \frac{X_A}{(1-X_A)^2}$$
$$= \frac{0.6}{(1-0.6)^2} = 3.75$$
$$k2\tau C_{A0} = \frac{X_A}{(1-X_A)^2} = 2\times 3.75$$
$$\frac{X_A}{(1-X_A)^2} = 7.5$$

정리하면 $7.5{X_A}^2 - 16X_A + 7.5 = 0$

근의 공식에 의해

$$X_A = \frac{16 \pm \sqrt{16^2 - 4\times 7.5\times 7.5}}{15}$$
$$= 0.695(69.5\%)$$

26 자동촉매반응(Autocatalytic Reaction)에 대한 설명으로 옳은 것은?

① 전화율이 작을 때는 관형흐름반응기가 유리하다.
② 전화율이 작을 때는 혼합흐름반응기가 유리하다.
③ 전화율과 무관하게 혼합흐름반응기가 항상 유리하다.
④ 전화율과 무관하게 관형흐름반응기가 항상 유리하다.

해설

자동촉매반응

반응 생성물 중의 하나가 촉매로 작용하는 반응

- X_A가 낮을 때 : CSTR 선택
- X_A가 중간일 때 : CSTR, PFR
- X_A가 높을 때 : PFR 선택

27 A가 R이 되는 효소반응이 있다. 전체 효소농도를 $[E_0]$, 미카엘리스(Michaelis) 상수를 $[M]$라고 할 때 이 반응의 특징에 대한 설명으로 틀린 것은?

① 반응속도가 전체 효소 농도$[E_0]$에 비례한다.
② A의 농도가 낮을 때 반응속도는 A의 농도에 비례한다.
③ A의 농도가 높아지면서 0차 반응에 가까워진다.
④ 반응속도는 마카엘리스 상수 $[M]$에 비례한다.

해설

$$-r_A = r_R = \frac{K[E_o][A]}{[M]+[A]}$$

- $-r_A$(반응속도)는 효소농도 $[E_o]$에 비례한다.
- $[A]$가 낮을 때 반응속도는 A의 농도 $[A]$에 비례한다.

$$-r_A = r_R = \frac{K[E_o][A]}{[M]}$$

- $[A]$가 높아지면 $[A]$에 무관하므로 0차 반응에 가까워진다.

$$-r_A = r_R = \frac{K[E_o][A]}{[A]} = K[E_o]$$

- 나머지는 효소농도 $[E_o]$에 비례한다.

28 다음의 균일계 액상평행반응에서 S의 순간 수율을 최대로 하는 C_A의 농도는?

(단, $r_R = C_A$, $r_S = 2{C_A}^2$, $r_T = {C_A}^3$이다.)

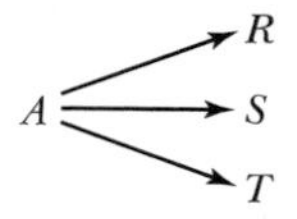

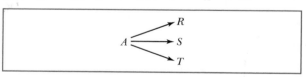

① 0.25　　② 0.5
③ 0.75　　④ 1

해설

$$\phi = \frac{dC_S}{dC_A + dC_S + dC_T}$$
$$= \frac{2{C_A}^2}{C_A + 2{C_A}^2 + {C_A}^3} = \frac{2C_A}{1 + 2C_A + {C_A}^2}$$
$$= \frac{2C_A}{(1+C_A)^2}$$

정답 25 ② 26 ② 27 ④ 28 ④

$$\frac{d\phi}{dC_A} = \frac{d}{dC_A}\left\{\frac{2C_A}{(1+C_A)^2}\right\} = 0$$

$$\frac{2(1+C_A)^2 - 4C_A(1+C_A)}{(1+C_A)^4} = \frac{2(1-C_A{}^2)}{(1+C_A)^4} = 0$$

$\therefore$ $C_A = 1$일 때 $\phi = 0.5$

29 비가역 0차 반응에서 전화율이 1로 반응이 완결되는 데 필요한 반응시간에 대한 설명으로 옳은 것은?

① 초기 농도의 역수와 같다.
② 속도상수 k의 역수와 같다.
③ 초기 농도를 속도상수로 나눈 값과 같다.
④ 초기 농도에 속도상수를 곱한 값과 같다.

해설

$C_{A0}X_A = kt$ $\qquad \therefore t = \frac{C_{A0}}{k}$

30 90mol%의 A 45mol/L와 10mol%의 불순물 B 5mol/L와의 혼합물이 있다. A/B를 100/1 수준으로 품질을 유지하고자 한다. D는 A 또는 B와 다음과 반이 반응한다. 완전반응을 가정했을 때, 필요한 품질을 유지하기 위해서 얼마의 D를 첨가해야 하는가?

$$A+D \rightarrow R \qquad -r_A = C_A C_D$$
$$B+D \rightarrow S \qquad -r_B = 7C_B C_D$$

① 19.7mol ② 29.7mol
③ 39.7mol ④ 49.7mol

해설

$A+D \rightarrow R \qquad -\frac{dC_A}{dt} = C_A C_D$ ⋯⋯⋯ ㉠

$B+D \rightarrow S \qquad -\frac{dC_B}{dt} = 7C_B C_D$ ⋯⋯⋯ ㉡

㉠ ÷ ㉡을 하면

$$\frac{dC_A}{dC_B} = \frac{C_A}{7C_B}$$

$$\int_{C_{A0}}^{C_A} \frac{dC_A}{C_A} = \int_{C_{B0}}^{C_B} \frac{dC_B}{7C_B}$$

$$7\ln\frac{C_A}{C_{A0}} = \ln\frac{C_B}{C_{B0}}$$

$$7\ln\frac{C_A}{45} = \ln\frac{C_B}{5}$$

$$\left(\frac{C_A}{45}\right)^7 = \frac{C_B}{5} \qquad \frac{C_A}{C_B} = \frac{100}{1}$$

$$\left(\frac{100C_B}{45}\right)^7 = \frac{C_B}{5}$$

$$\therefore C_B = \left(\frac{45^7}{5\times 100^7}\right)^{\frac{1}{6}} = 0.3$$

$\therefore C_A = 30$

$C_A + C_B = 30 + 0.3 = 30.3$(남은 것)

첨가해야 하는 D의 양 $= (45+5) - 30.3$
$= 19.7$mol/L

$\therefore$ 1L당 19.7mol의 D를 첨가해야 한다.

31 다음 그림은 1기압하에서의 A, B 2성분계 용액에 대한 비점선도(Boiling Point Diagram)이다. $X_A = 0.40$인 용액을 1기압하에서 서서히 가열할 때 일어나는 현상을 설명한 내용으로 틀린 것은?(단, 처음 온도는 40℃이고, 마지막 온도는 70℃이다.)

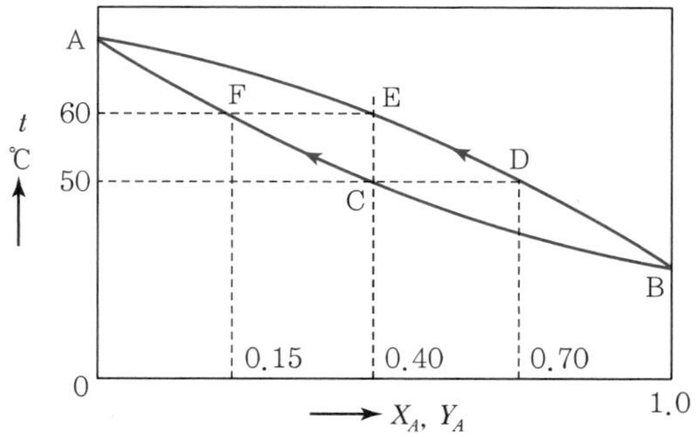

① 용액은 50℃에서 끓기 시작하여 60℃가 되는 순간 완전히 기화한다.
② 용액이 끓기 시작하자마자 생긴 최초의 증기조성은 $Y_A = 0.70$이다.
③ 용액이 계속 증발함에 따라 남아 있는 용액의 조성은 곡선 DE를 따라 변한다.
④ 마지막 남은 한 방울의 조성은 $X_A = 0.15$이다.

정답 29 ③ 30 ① 31 ③

해설

$x_A = 0.4 \rightarrow y_A = 0.7$

용액의 조성은 곡선 CF를 따라 변하고 기상의 조성은 DE를 따라 변한다.

32 어떤 기체가 줄-톰슨 전환점(Joule-Thomson Inversion Point)이 될 수 있는 조건은?

(단, $dH = C_P dT + \left[V - T\left(\frac{\partial V}{\partial T}\right)_P \right] dP$이다.)

① $T\left(\frac{\partial V}{\partial T}\right)_P = V$

② $\left(\frac{\partial V}{\partial T}\right)_P = V$

③ $T\left(\frac{\partial V}{\partial T}\right)_P = 0$

④ $\left(\frac{\partial V}{\partial T}\right)_P = \frac{1}{V}$

해설

$\mu = \left(\frac{\partial T}{\partial P}\right)_H$

$dH = 0$(등엔탈피), $\mu = \left(\frac{\partial T}{\partial P}\right)_H = 0$

전환곡선은 μ가 양인 영역과 음인 영역으로 구분해준다.

$dH = C_P dT + \left[V - T\left(\frac{\partial V}{\partial T}\right)_P \right] dP = 0$

$C_P dT = T\left(\frac{\partial V}{\partial T}\right)_P - V$

$\left(\frac{\partial T}{\partial P}\right)_H = \dfrac{T\left(\frac{\partial V}{\partial T}\right)_P - V}{C_P} = 0 \quad \therefore V = T\left(\frac{\partial V}{\partial T}\right)_P$

33 1mol의 이상기체의 처음상태 50℃, 10kPa에서 20℃, 1kPa로 팽창했을 때의 엔트로피(S)의 변화는?

$\left(\text{단, } C_p = \frac{7}{2}R\text{이다.}\right)$

① $-2.6435R$

② $2.6435R$

③ $-1.9616R$

④ $1.9616R$

해설

1mol, 50℃, 10kPa → 20℃, 1kPa

$\Delta S = C_p \ln\frac{T_2}{T_1} + R\ln\frac{P_1}{P_2}$

$\therefore \Delta S = \frac{7}{2}R\ln\frac{293}{323} + R\ln\frac{10}{1} = 1.9616R$

34 기상 반응계에서 평형상수 K가 다음과 같이 표시되는 경우는?(단, ν_i는 성분 i의 양론계수이고 $\nu = \sum_i \nu_i$이다.)

$$K = \left(\frac{P}{P^\circ}\right)^\nu \prod_i y_i^{\nu_i}$$

① 평형혼합물이 이상기체이다.

② 평형혼합물이 이상용액이다.

③ 반응에 따른 몰수 변화가 없다.

④ 반응열이 온도에 관계없이 일정하다.

해설

$\prod_i \left(\frac{\hat{f}_i}{f_i^\circ}\right)^{\nu_i} = K$

$\prod_i \left(\frac{\hat{f}_i}{P^\circ}\right)^{\nu_i} = K$

$\hat{f}_i = \hat{\phi}_i y_i P$

$\prod_i (y_i \hat{\phi}_i)^{\nu_i} = \left(\frac{P}{P^\circ}\right)^{-\nu} K$

이상기체 $\phi_i = 1$

$K = \left(\frac{P}{P^\circ}\right)^\nu \prod_i y_i^{\nu_i}$

- 이상기체
- K는 온도만의 함수

35 다음 중 이심인자(Acentric Factor) 값이 가장 큰 것은?

① 제논(Xe)

② 아르곤(Ar)

③ 산소(O_2)

④ 크립톤(Kr)

해설

- 동일한 이심인자 값을 갖는 모든 유체들은 같은 T_r, P_r에서 비교했을 때 거의 동일한 Z값을 가지며 이상기체거동에서 벗어나는 정도도 거의 같다.
- ω(이심인자)의 정의에 따라 아르곤(Ar), 크립톤(Kr), 제논(Xe)의 ω는 0이 된다.

정답 32 ① 33 ④ 34 ① 35 ③

36 어떤 화학반응의 평형상수의 온도에 대한 미분계수가 0보다 작다고 한다. 즉, $\left(\frac{\partial \ln K}{\partial T}\right)_P < 0$이다. 이때에 대한 설명으로 옳은 것은?

① 이 반응은 흡열반응이며, 온도가 증가하면 K값은 커진다.
② 이 반응은 흡열반응이며, 온도가 증가하면 K값은 작아진다.
③ 이 반응은 발열반응이며, 온도가 증가하면 K값은 작아진다.
④ 이 반응은 발열반응이며, 온도가 증가하면 K값은 커진다.

해설

$$\frac{d\ln K}{dT} = \frac{\Delta H}{RT^2} < 0$$

$\Delta H < 0$ ………………… 발열반응
온도가 증가하면 K는 작아진다.

37 비리얼 방정식(Virial Equation)이 $Z = 1 + BP$로 표시되는 어떤 기체를 가역적으로 등온압축시킬 때 필요한 일의 양은?(단, $Z = \frac{PV}{RT}$, B : 비리얼 계수)

① 이상기체의 경우와 같다.
② 이상기체의 경우보다 많다.
③ 이상기체의 경우보다 적다.
④ B 값에 따라 다르다.

해설

$$\frac{PV}{RT} = 1 + BP$$

P에 대해 정리하면

$$P = \frac{RT}{V - BRT},\quad V - BRT = \frac{RT}{P}$$

$$W = \int_1^2 PdV = \int_1^2 \frac{RT}{V - BRT} dV$$

$$= RT\ln\frac{V_2 - BRT}{V_1 - BRT} = RT\ln\left(\frac{RT/P_2}{RT/P_1}\right) = RT\ln\left(\frac{P_1}{P_2}\right)$$

∴ 이상기체의 일과 같다.

38 다음 중에서 공기표준 오토(Air－Standard Otto) 엔진의 압력－부피 도표에서 사이클을 옳게 나타낸 것은?

①
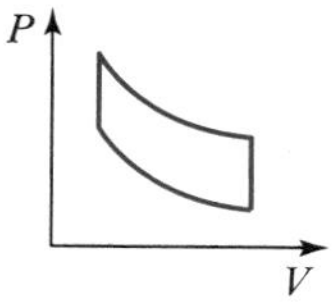

②
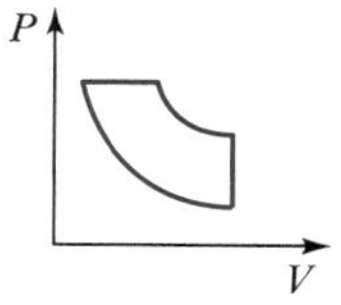

③
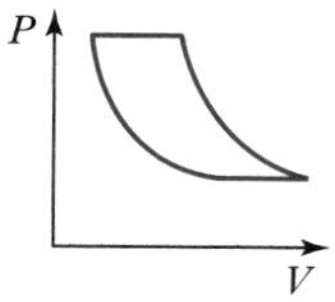

④
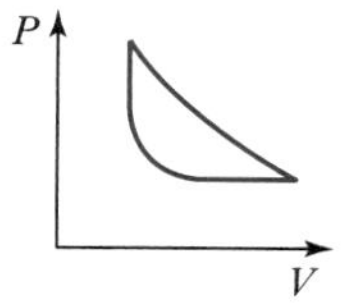

해설

• 오토기관 사이클

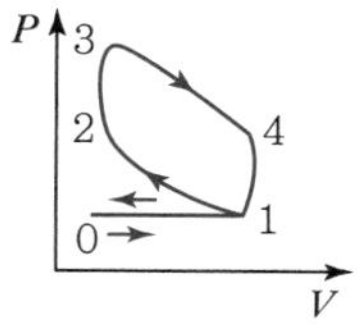

• 공기표준 오토 사이클

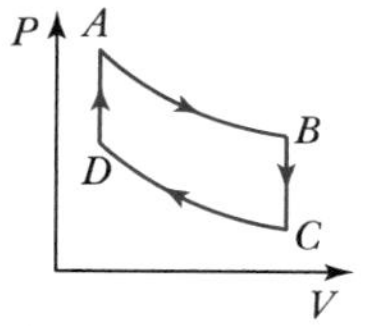

• 공기표준 디젤 사이클

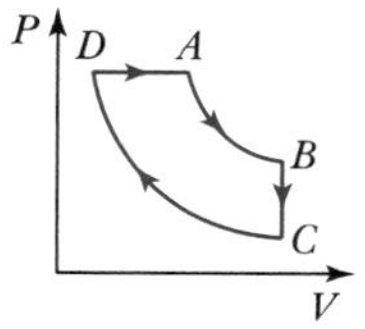

• 기체－터빈 기관의 이상적인 사이클

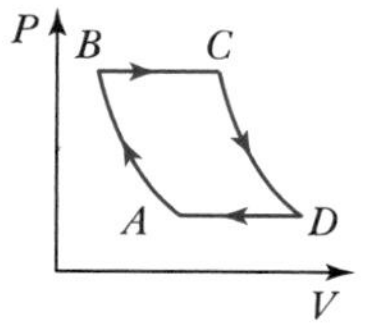

정답 36 ③ 37 ① 38 ①

39 다음 중 기-액 상평형 자료의 건전성을 검증하기 위하여 사용하는 것으로 가장 옳은 것은?

① 깁스-두헴(Gibbs-Duhem) 식
② 클라우지우스-클레이페이론(Clausius-Clapeyron) 식
③ 맥스웰 관계(Maxwell Relation) 식
④ 헤스의 법칙(Hess's Law)

해설

① Gibbs-Duhem 식 : 기-액 상평형 자료의 건전성을 검증

$$n_1 d\mu_1 + n_2 d\mu_2 = 0$$

$$x_1 d\mu_1 + (1-x_1) d\mu_2 = 0$$

② Clausius-Clapeyron 식

$$\ln\frac{P_2}{P_1} = \frac{\Delta H}{R}\left(\frac{1}{T_1} - \frac{1}{T_2}\right)$$

③ Maxwell Relation

$$\left(\frac{\partial T}{\partial V}\right)_S = -\left(\frac{\partial P}{\partial S}\right)_V \qquad \left(\frac{\partial T}{\partial P}\right)_S = \left(\frac{\partial V}{\partial S}\right)_P$$

$$\left(\frac{\partial S}{\partial V}\right)_T = \left(\frac{\partial P}{\partial T}\right)_V \qquad -\left(\frac{\partial S}{\partial P}\right)_T = \left(\frac{\partial V}{\partial T}\right)_P$$

④ Hess's Law
화학반응에서 반응열은 그 반응의 시작과 끝 상태만으로 결정되며, 도중의 경로에는 무관하다는 법칙이다.

40 G^E가 다음과 같이 표시된다면 활동도 계수는?(단, G^E : 과잉깁스에너지, B, C : 상수, γ : 활동도 계수, x_1, x_2 : 액상 성분 1, 2의 몰분율이다.)

$$\frac{G^E}{RT} = Bx_1x_2 + C$$

① $\ln\gamma_1 = B{x_2}^2$
② $\ln\gamma_1 = B{x_2}^2 + C$
③ $\ln\gamma_1 = B{x_1}^2 + C$
④ $\ln\gamma_1 = B{x_1}^2$

해설

$$\frac{G^E}{RT} = Bx_1x_2 + C$$

$$\frac{nG^E}{RT} = nB\frac{n_1n_2}{(n_1+n_2)^2} + nC = B\frac{n_1n_2}{(n_1+n_2)} + nC$$

$$\ln\gamma_1 = \left[\frac{\partial(nG^E/RT)}{\partial n_1}\right]_{P,\,T,\,n_j}$$

$$= B\frac{n_2(n_1+n_2) - n_1n_2}{(n_1+n_2)^2} + C = B\frac{n_2^2}{(n_1+n_2)^2} + C$$

$$\therefore \ln\gamma_1 = Bx_2^2 + C$$

3과목 단위공정관리

41 어떤 공업용수 내에 칼슘(Ca) 함량이 100ppm일 때 이를 무게 백분율(wt%)로 환산하면 얼마인가?(단, 공업용수의 비중은 1.0이다.)

① 0.01%　　② 0.1%
③ 1%　　④ 10%

해설

$$100\text{ppm} = 100\text{mg/kg} = 100\times10^{-6}$$
$$= 100\times10^{-6}\times100(\%)$$
$$= 0.01\%$$

42 162g의 C, 22g의 H_2의 혼합연료를 연소하여 CO_2 11.1vol%, CO 2.4vol%, O_2 4.1vol%, N_2 82.4vol% 조성의 연소가스를 얻었다. 과잉공기%는 약 얼마인가?

① 17.3　　② 20.3
③ 15.3　　④ 25.3

해설

$$162\text{g C}\times\frac{1\text{mol}}{12\text{g}} = 13.5\text{mol}$$

$$22\text{g } H_2\times\frac{1\text{mol}}{2\text{g}} = 11\text{mol}$$

$$C + O_2 \rightarrow CO_2 \qquad H_2 + \frac{1}{2}O_2 \rightarrow H_2O$$

1 : 1　　　　1 : 0.5
13.5 : x　　　11 : y
$\therefore x = 13.5\text{mol}$　　$\therefore y = 5.5\text{mol}$

정답 39 ① 40 ② 41 ① 42 ③

필요한 산소량 $= (13.5+5.5)\text{mol} = 19\text{mol}$

필요 공기량 $= 19\text{mol} \times \dfrac{1}{0.21} = 90.5\text{mol Air}$

연소가스 100mol 중

N_2가 82.4%이므로 N_2는 82.4mol

$82.4\text{mol } N_2 \times \dfrac{1}{0.79} = 104.3\text{mol Air}$

$$\text{과잉공기 \%} = \frac{\text{과잉량}}{\text{이론량}} \times 100 = \frac{\text{공급량} - \text{이론량}}{\text{이론량}} \times 100 = \frac{104.3 - 90.5}{90.5} \times 100 = 15.3\%$$

43 3atm의 압력과 가장 가까운 값을 나타내는 것은?

① $309.9\text{kg}_f/\text{cm}^2$　② 441psi
③ 22.8cmHg　④ 30.3975N/cm^2

해설

① $309.9\text{kg}_f/\text{cm}^2 \times \dfrac{1\text{atm}}{1.0332\text{kg}_f/\text{cm}^2} = 300\text{atm}$

② $441\text{psi} \times \dfrac{1\text{atm}}{14.7\text{psi}} = 30\text{atm}$

③ $22.8\text{cmHg} \times \dfrac{1\text{atm}}{76\text{cmHg}} = 0.3\text{atm}$

④ $30.3975\text{N/cm}^2 \times \dfrac{100^2\text{cm}^2}{1\text{m}^2} \times \dfrac{1\text{atm}}{101.3 \times 10^3\text{N/m}^2} = 3\text{atm}$

44 82℃에서 벤젠의 증기압은 811mmHg, 톨루엔의 증기압은 314mmHg이다. 같은 온도에서 벤젠과 톨루엔의 혼합 용액을 증발시켰더니 증기 중 벤젠의 몰분율은 0.5이었다. 용액 중의 톨루엔의 몰분율은 약 얼마인가?(단, 이상기체이며 라울의 법칙이 성립한다고 본다.)

① 0.72　② 0.54
③ 0.46　④ 0.28

해설

라울의 법칙

$P = p_A + p_B = x_A P_A + x_B P_B$

$y_A = \dfrac{P_A x_A}{P}$

$0.5 = \dfrac{811 \times x_A}{811 \times x_A + 314(1 - x_A)}$

$\therefore\ x_A = 0.28,\ \ x_B = 1 - x_A = 0.72$

45 노점 12℃, 온도 22℃, 전압 760mmHg의 공기가 어떤 계에 들어가서 나올 때 노점 58℃, 전압이 740mmHg로 되었다. 계에 들어가는 건조공기 mole당 증가된 수분의 mole 수는 얼마인가?(단, 12℃와 58℃에서 포화수증기압은 각각 10mmHg, 140mmHg이다.)

① 0.02　② 0.12
③ 0.18　④ 0.22

해설

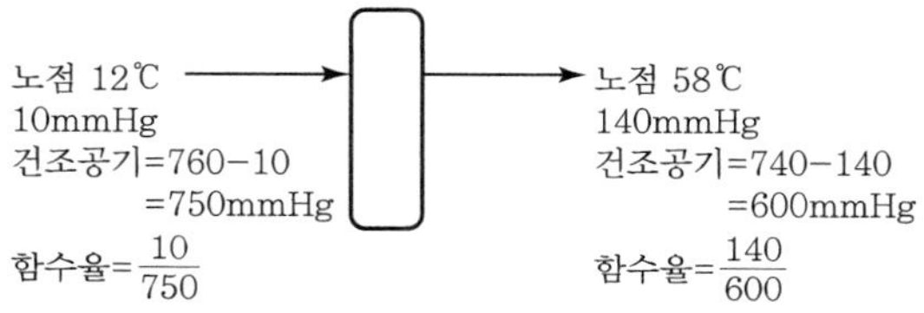

수분의 변화량(증가량) $= \dfrac{140}{600} - \dfrac{10}{750}$
$= 0.22\text{mol } H_2O/\text{mol Dry Air}$

46 다음 중 나머지 셋과 서로 다른 단위를 갖는 것은?

① 열전도도÷길이
② 총괄열전달계수
③ 열전달속도÷면적
④ 열유속(Heat Flux)÷온도

해설

① $\dfrac{k}{l} = \text{kcal/m}^2\ \text{h}\ ℃$

② $U = \text{kcal/m}^2\ \text{h}\ ℃$

③ $\dfrac{q}{A} = \text{kcal/m}^2\ \text{h}$

④ $\dfrac{q}{At} = \text{kcal/m}^2\ \text{h}\ ℃$

정답 43 ④　44 ①　45 ④　46 ③

47 수분을 함유하고 있는 비누와 같이 치밀한 고체를 건조시킬 때 감률건조기간에서의 건조속도와 고체의 함수율과의 관계를 옳게 나타낸 것은?

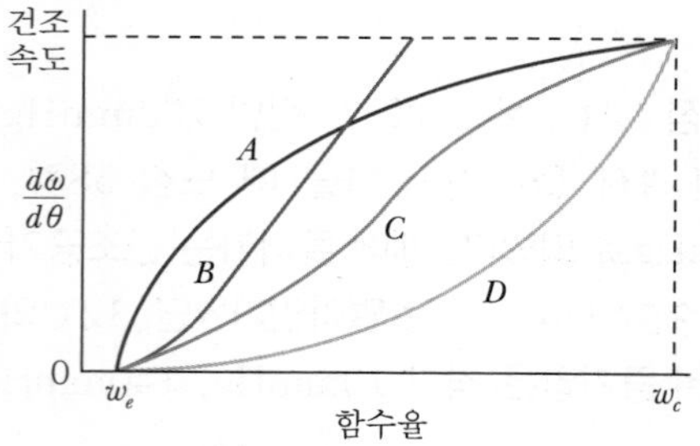

① A　　② B
③ C　　④ D

해설

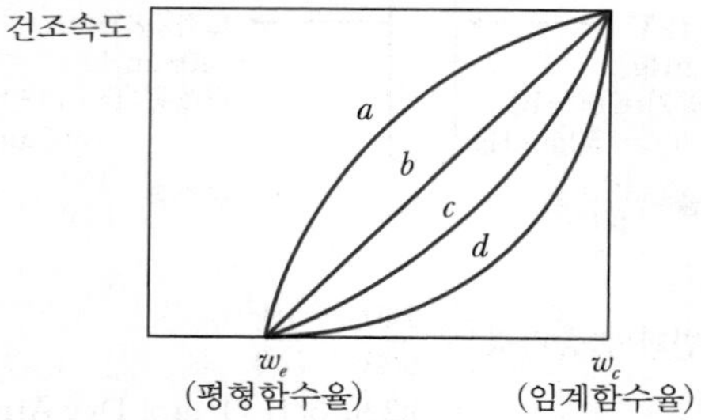

- a(볼록형) : 식물성 섬유 재료
- b(직선형) : 여제, 플레이크
- c(직선형+오목형) : 곡물, 결정품
- d(오목형) : 비누와 같은 치밀한 고체의 건조

48 오리피스미터(Orifice Meter)에 U자형 마노미터를 설치하였고 마노미터는 수은이 채워져 있으며, 그 위의 액체는 물이다. 마노미터에서의 압력차가 15.44kPa이면 마노미터의 읽음은 약 몇 mm인가?(단, 수은의 비중은 13.6이다.)

① 75　　② 100
③ 125　　④ 150

해설

$\Delta P = g(\rho_A - \rho_B)R$

15.44kPa = 15,440N/m²이므로

$15,440\text{N/m}^2 = 9.8\text{m/s}^2 \times (13.6-1) \times 1,000\text{kg/m}^3 \times R$

$\therefore R = 0.125\text{m} = 125\text{mm}$

49 롤 분쇄기에 상당직경 5cm의 원료를 도입하여 상당직경 1cm로 분쇄한다. 롤 분쇄기와 원료 사이의 마찰계수가 0.34일 때 필요한 롤의 직경은 몇 cm인가?

① 35.1　　② 50.0
③ 62.3　　④ 70.1

해설

$\mu = \tan\alpha$

$0.34 = \tan\alpha$

$\therefore \alpha = 18.8$

$\cos\alpha = \frac{R+d}{R+r} = \frac{R+1/2}{R+5/2} = 0.947$

$R = 35.3\text{cm}$

∴ 롤의 직경 = 70.6cm

50 산소 75vol%와 메탄 25vol%로 구성된 혼합가스의 평균분자량은?

① 14　　② 18
③ 28　　④ 30

해설

$\overline{M}_{av} = 32 \times 0.75 + 16 \times 0.25 = 28$

51 임계상태에 대한 설명으로 옳지 않은 것은?

① 임계상태는 압력과 온도의 영향을 받아 기상거동과 액상거동이 동일한 상태이다.
② 임계온도 이하의 온도 및 임계압력 이상의 압력에서 기체는 응축하지 않는다.
③ 임계점에서의 온도를 임계온도, 그때의 압력을 임계압력이라고 한다.
④ 임계상태를 규정짓는 임계압력은 기상거동과 액상거동이 동일해지는 최저압력이다.

해설

임계온도 이하, 임계압력 이상에서 기체는 응축한다.

정답 47 ④ 48 ③ 49 ④ 50 ③ 51 ②

52 보일러에 Na_2SO_3를 가하여 공급수 중의 산소를 제거한다. 보일러 공급수 200톤에 산소함량이 2ppm일 때 이 산소를 제거하는 데 필요한 Na_2SO_3의 이론량은?

① 1.58kg　② 3.15kg
③ 4.74kg　④ 6.32kg

해설

$2Na_2SO_3 + O_2 \rightarrow 2Na_2SO_4$
$2\times126 : 32$
$x : 200\times10^3\text{kg}\times2\times10^{-6}$
$\therefore x = 3.15\text{kg}$

53 반경이 R인 원형파이프를 통하여 비압축성 유체가 층류로 흐를 때의 속도분포는 다음 식과 같다. v는 파이프 중심으로부터 벽 쪽으로의 수직거리 r에서의 속도이며, V_{max}는 중심에서의 최대속도이다. 파이프 내에서 유체의 평균속도는 최대속도의 몇 배인가?

$$v = V_{max}(1 - r/R)$$

① 1/2　② 1/3
③ 1/4　④ 1/5

해설

평균유속 $v_{av} = \bar{v} = \bar{u}$
$\dot{m} = \rho\bar{u}A = \rho Q$
여기서, $\dot{m}$: 질량유량, Q : 부피유량
$\bar{u} = \frac{\dot{m}}{\rho A} = \frac{1}{A}\int_A u dA$
관의 단면적 $A = \pi r^2$, $dA = 2\pi r dr$

$$\begin{aligned}\therefore \bar{u} &= \frac{1}{A}\int u dA = \frac{1}{\pi R^2}\int_0^R u\cdot 2\pi r dr \\ &= \frac{1}{\pi R^2}\int_0^R V_{max}\left(1-\frac{r}{R}\right)\cdot 2\pi r dr \\ &= \frac{2\pi}{\pi R^2}V_{max}\int_0^R\left(r-\frac{r^2}{R}\right)dr \\ &= \frac{2}{R^2}V_{max}\left[\frac{1}{2}r^2-\frac{1}{3R}r^3\right]_o^R \\ &= \frac{2}{R^2}V_{max}\left(\frac{1}{2}R^2-\frac{1}{3}R^2\right) = \frac{1}{3}V_{max}\end{aligned}$$

54 분배의 법칙이 성립하는 영역은 어떤 경우인가?

① 결합력이 상당히 큰 경우
② 용액의 농도가 묽을 경우
③ 용질의 분자량이 큰 경우
④ 화학적으로 반응할 경우

해설

분배법칙
농도가 묽을 경우 추출액상에서의 용질의 농도와 추잔액상에서의 용질의 농도비는 일정하다.

분배율
$$k = \frac{y}{x} = \frac{\text{추출상에서 용질의 농도}}{\text{추잔상에서 용질의 농도}}$$

55 습한 재료 10kg을 건조한 후 고체의 무게를 측정하였더니 7kg이었다. 처음 재료의 함수율은 얼마인가? (단, 단위는 kg H_2O/kg 건조고체)

① 약 0.43　② 약 0.53
③ 약 0.62　④ 약 0.70

해설

$$\text{함수율} = \frac{\text{수분kg}}{\text{건조고체kg}} = \frac{3\text{kg}}{7\text{kg}}$$
$= 0.43\text{kg } H_2O/\text{kg}$ 건조고체

56 증발장치에서 수증기를 열원으로 사용할 때의 장점으로 거리가 먼 것은?

① 가열을 고르게 하여 국부과열을 방지한다.
② 온도변화를 비교적 쉽게 조절할 수 있다.
③ 열전도도가 작으므로 열원 쪽의 열전달계수가 작다.
④ 다중효용관, 압축법으르 조작할 수 있어 경제적이다.

정답 52 ② 53 ② 54 ② 55 ① 56 ③

해설

수증기를 열원으로 사용할 경우의 이점

- 가열이 균일하여 국부적인 과열의 염려가 없다.
- 압력조절밸브의 조절에 의해 쉽게 온도를 변화, 조절할 수 있다.
- 증기기관의 폐증기를 이용할 수 있다.
- 물은 다른 기체, 액체보다 열전도도가 크므로, 열원 측의 열전달계수가 커진다.
- 다중효용, 자기증기압축법에 의한 증발을 할 수 있다.

57 다음 반응의 표준반응열은?(단, 298K에서 표준연소열 ΔH°_{298}은 $C_2H_5OH(l) = -326.7$kcal/mol, $CH_3COOH(l) = -208.4$kcal/mol, $CH_3COOC_2H_5(l) = -538.8$kcal/mol, $H_2O(l) = 0$kcal/mol이다.)

$$C_2H_5OH(l) + CH_3COOH(l) \rightarrow CH_3COOC_2H_5(l) + H_2O(l)$$

① +3.7kcal/mol
② −3.7kcal/mol
③ −6.7kcal/mol
④ +6.7kcal/mol

해설

표준반응열 = Σ생성물의 생성열 − Σ반응물의 생성열
= Σ반응물의 연소열 − Σ생성물의 연소열

$$\Delta H_R = [(-326.7) + (-208.4)] - [-538.8 + 0] = 3.7\text{kcal/mol}$$

58 다음과 같은 일반적인 베르누이의 정리에 적용되는 조건이 아닌 것은?

$$\frac{P}{\rho g} + \frac{V^2}{2g} + Z = \text{constant}$$

① 직선 관에서만의 흐름이다.
② 마찰이 없는 흐름이다.
③ 정상 상태의 흐름이다.
④ 같은 유선상에 있는 흐름이다.

해설

베르누이의 정리의 조건

- 마찰이 없는 흐름
- 정상상태
- 비압축성 유체
- 같은 유선상의 유체

59 관 속을 흐르는 난류의 압력 손실은?

① 평균유속에 비례한다.
② 평균유속의 제곱에 비례한다.
③ 평균유속의 제곱근에 반비례한다.
④ 관 직경의 제곱에 비례한다.

해설

$$\Delta P = \frac{2f\bar{u}^2\rho L}{g_c D}$$

∴ 평균유속의 제곱에 비례한다.

60 벤젠 40mol%와 톨루엔 60mol%의 혼합물을 200kmol/h의 속도로 정류탑에 비점으로 공급한다. 유출액의 농도는 95mol%, 벤젠과 관출액의 농도는 98mol%의 톨루엔이다. 이때 최소환류비를 구하면 얼마인가?(단, 벤젠과 톨루엔의 순성분 증기압은 각각 1,180mmHg, 481mmHg이다.)

① 1.5　② 1.7
③ 1.9　④ 2.1

해설

㉠ α(비휘발도)

$$\alpha = \frac{P_A}{P_B} = \frac{1,180}{481} = 2.45$$

$$y = \frac{\alpha x}{1 + (\alpha - 1)x}$$

$$x_F = 0.4$$

$$y = \frac{2.45 \times 0.4}{1 + (2.45 - 1)0.4} = 0.62$$

㉡ 최소환류비

$$R_{Dm} = \frac{x_D - y_F}{y_F - x_F} = \frac{0.95 - 0.62}{0.62 - 0.4} = 1.5$$

정답 57 ① 58 ① 59 ② 60 ①

4과목 화공계측제어

61 PD 제어기에 다음과 같은 입력신호가 들어올 경우, 제어기 출력 형태는?(단, K_c와 τ_D는 각각 1이다.)

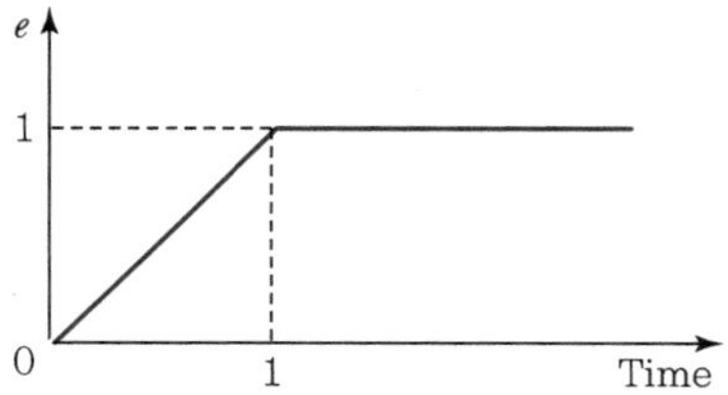

①
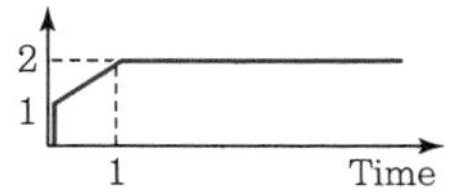

②
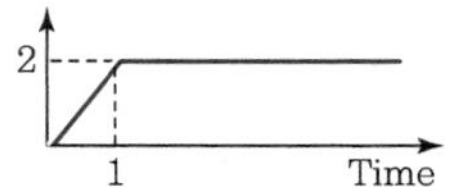

③
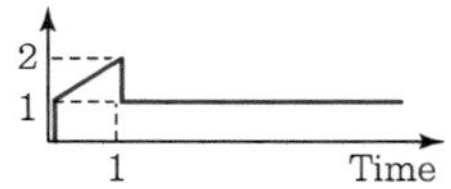

④
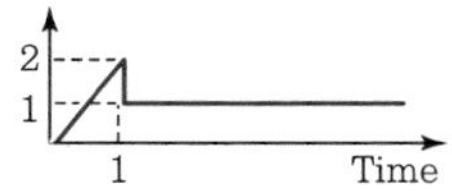

해설

$X(t) = tu(t) - (t-1)u(t-1)$

$X(s) = \frac{1}{s^2} - \frac{e^{-s}}{s^2}$

$Y(s) = G(s)X(s)$

$= K_c(1+\tau_D s)\left[\frac{1}{s^2} - \frac{e^{-s}}{s^2}\right]$

$= (1+s)\left(\frac{1}{s^2} - \frac{e^{-s}}{s^2}\right)$

$= \frac{1}{s^2} - \frac{e^{-s}}{s^2} + \frac{1}{s} - \frac{e^{-s}}{s}$

$y(t) = tu(t) - (t-1)u(t-1) + u(t) - u(t-1)$

$= (t+1)u(t) - tu(t-1)$

- $0 < t < 1$이면, $y(t) = t+1$
- $t > 1$이면, $y(t) = 1$

62 어떤 계의 단위계단 응답이 다음과 같을 경우 이 계의 단위충격응답(Impulse Response)은?

$$Y(t) = 1 - \left(1 + \frac{t}{\tau}\right)e^{-\frac{t}{\tau}}$$

① $\frac{t}{\tau}e^{-\frac{t}{\tau}}$

② $\frac{t}{\tau^2}e^{-\frac{t}{\tau}}$

③ $\left(1 + \frac{t}{\tau}\right)e^{-\frac{t}{\tau}}$

④ $\left(1 - \frac{t}{\tau}\right)e^{-\frac{t}{\tau}}$

해설

$Y(t) = 1 - \left(1 + \frac{t}{\tau}\right)e^{-\frac{t}{\tau}}$

$Y'(t) = -\frac{1}{\tau}e^{-\frac{t}{\tau}} + \left(1 + \frac{t}{\tau}\right)\frac{1}{\tau}e^{-\frac{t}{\tau}} = \frac{t}{\tau^2}e^{-\frac{t}{\tau}}$

63 제어계의 구성요소 중 제어오차(에러)를 계산하는 것은 어느 부분에 속하는가?

① 측정요소(센서)

② 공정

③ 제어기

④ 최종제어요소(엑추에이터)

해설

제어오차(에러)는 제어기에서 계산한다.

정답 61 ③ 62 ② 63 ③

64 다음의 적분공정에 비례 제어기를 설치하였다. 계단형태의 외란 D_1과 D_2에 대하여 옳은 것은?

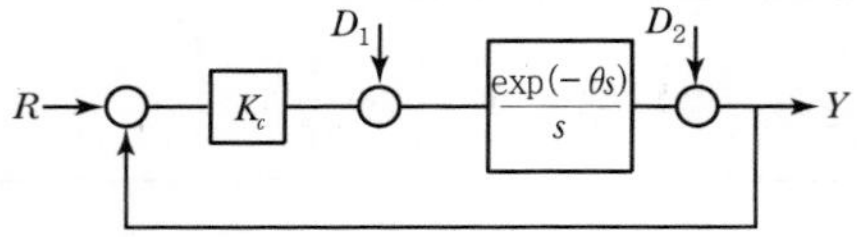

① 외란 D_1에 대한 Offset은 없으나, 외란 D_2에 대한 Offset은 있다.

② 외란 D_1에 대한 Offset은 있으나, 외란 D_2에 대한 Offset은 없다.

③ 외란 D_1 및 D_2에 대하여 모두 Offset이 있다.

④ 외란 D_1 및 D_2에 대하여 모두 Offset이 없다.

해설

$$Y(s)=\frac{\frac{K_ce^{-\theta s}}{s}}{1+\frac{K_ce^{-\theta s}}{s}}R+\frac{\frac{e^{-\theta s}}{s}}{1+\frac{K_ce^{-\theta s}}{s}}D_1+\frac{1}{1+\frac{K_ce^{-\theta s}}{s}}D_2$$

- $D_1=\frac{1}{s}(R=D_2=0)$

$$\lim_{t\to\infty}y(t)=\lim_{s\to 0}sY(s)=\lim_{s\to 0}s\frac{\frac{e^{-\theta s}}{s}}{1+\frac{K_ce^{-\theta s}}{s}}\frac{1}{s}$$

$$=\lim_{s\to 0}\frac{e^{-\theta s}}{s+K_ce^{-\theta s}}=\frac{1}{K_c}$$

Offset $=r(\infty)-y(\infty)$

$=0-\frac{1}{K_c}=-\frac{1}{K_c}$

- $D_2=\frac{1}{s}(R=D_1=0)$

$$\lim_{t\to\infty}y(t)=\lim_{s\to 0}sY(s)=\lim_{s\to 0}s\frac{1}{1+\frac{K_ce^{-\theta s}}{s}}\frac{1}{s}$$

$$=\lim_{s\to 0}\frac{1}{1+\frac{K_ce^{-\theta s}}{s}}=\lim_{s\to 0}\frac{s}{s+K_ce^{-\theta s}}=0$$

Offset $=r(\infty)-y(\infty)$

$=0-0=0$

65 Laplace 변환 등에 대한 설명으로 틀린 것은?

① $y(t)=\sin\omega t$의 Laplace 변환은 $\omega/(s^2+\omega^2)$이다.

② $y(t)=1-e^{-t/\tau}$의 Laplace 변환은 $1/(s(\tau s+1))$이다.

③ $y(t)$에 θ만큼의 시간지연이 가해진 함수의 Laplace 변환은 $y(s-\theta)$이다.

④ Laplace 변환은 선형변환으로 중첩의 원리(Super−position Principle)가 적용된다.

해설

① $y(t)=\sin\omega t\xrightarrow{\mathcal{L}}Y(s)=\frac{\omega}{s^2+\omega^2}$

② $y(t)=1-e^{-t/\tau}\xrightarrow{\mathcal{L}}Y(s)=\frac{1}{s}-\frac{1}{s+\frac{1}{\tau}}=\frac{1}{s(\tau s+1)}$

③ $y(t)$에 θ만큼 시간지연 → $Y(s)e^{-\theta s}$

④ 중첩의 원리
$\mathcal{L}\{af(t)+bg(t)\}=a\mathcal{L}\{f(t)\}+b\mathcal{L}\{g(t)\}$

66 비례 제어기를 이용하는 어떤 폐루프 시스템의 특성방정식이 $1+\frac{K_c}{(s+1)(2s+1)}=0$과 같이 주어진다. 다음 중 진동응답이 예상되는 경우는?

① $K_c=-1.25$

② $K_c=0$

③ $K_c=0.25$

④ K_c에 관계없이 진동이 발생한다.

해설

$2s^2+3s+1+K_c=0$

$s=\frac{-3\pm\sqrt{9-8(1+K_c)}}{4}$

$9-8(1+K_c)<0$이면 진동응답

$\therefore K_c>\frac{1}{8}(0.125)$

그러므로 보기에서 0.125보다 큰 수는 ③ 0.25이다.

정답 64 ② 65 ③ 66 ③

67 그림과 같은 블록 다이어그램으로 표시되는 제어계에서 R과 C 간의 관계를 하나의 블록으로 나타낸 것은?(단, $G_a = \dfrac{G_{C2}G_1}{1+G_{C2}G_1H_2}$이다.)

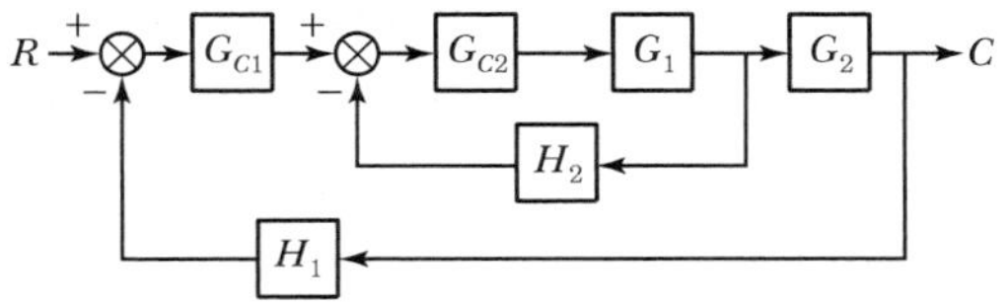

① $R \rightarrow \boxed{\dfrac{G_{C2}G_1G_2}{1+G_{C1}G_aG_2H_1}} \rightarrow C$

② $R \rightarrow \boxed{\dfrac{G_{C1}G_aG_2}{1+G_{C1}G_aG_2H_1}} \rightarrow C$

③ $R \rightarrow \boxed{\dfrac{G_{C1}G_aG_2}{1+G_{C1}G_{C2}G_1G_2H_1}} \rightarrow C$

④ $R \rightarrow \boxed{\dfrac{G_aG_2}{1+G_{C1}G_{C2}G_1G_2H_1}} \rightarrow C$

해설

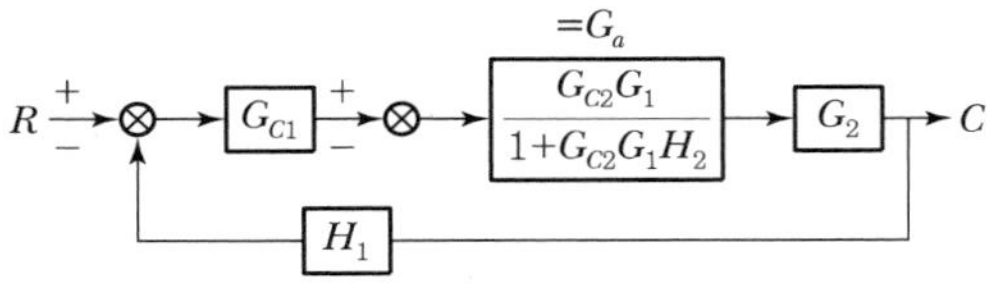

$R \rightarrow \boxed{\dfrac{G_{C1}G_aG_2}{1+G_{C1}G_aG_2H_1}} \rightarrow C$

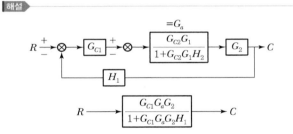

68 다음 그림은 외란의 단위계단 변화에 대해 잘 조율된 P, PI, PD, PID에 의한 제어계 응답을 보인 것이다. 이 중 PID 제어기에 의한 결과는 어떤 것인가?

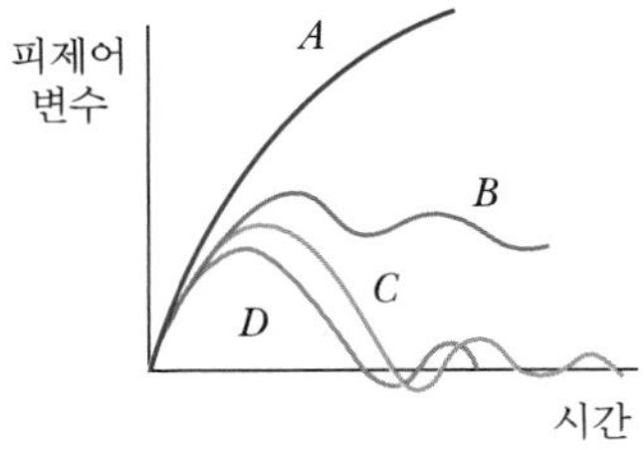

① A ② B
③ C ④ D

해설

- A : 없음
- B : P 제어
- C : PI 제어
- D : PID 제어

69 이득이 1인 2차계에서 감쇠계수(Damping Factor) $\xi < 0.707$일 때 최대 진폭비$(AR)_{\max}$는?

① $\dfrac{1}{2\sqrt{1-\xi^2}}$

② $\sqrt{1-\xi^2}$

③ $\dfrac{1}{2\xi\sqrt{1-\xi^2}}$

④ $\dfrac{1}{\xi\sqrt{1-2\xi^2}}$

해설

진폭비 $AR = \dfrac{\text{출력변수의 진폭}}{\text{입력변수의 진폭}}$

$= \dfrac{K}{\sqrt{(1-\tau^2\omega^2)^2+(2\tau\omega\zeta)^2}}$

정규진폭비 $AR_N = \dfrac{AR}{K}$

AR_N이 최대일 경우 $\tau\omega = \sqrt{1-2\zeta^2}$

$\therefore AR_{N \cdot \max} = \dfrac{1}{2\zeta\sqrt{1-\zeta^2}}$

70 어떤 반응기에 원료가 정상상태에서 100L/min의 유속으로 공급될 때 제어밸브의 최대유량을 정상상태 유량의 4배로 하고 I/P 변환기를 설정하였다면 정상상태에서 변환기에 공급된 표준전류신호는 몇 mA인가?(단, 제어밸브는 선형특성을 가진다.)

① 4 ② 8
③ 12 ④ 16

정답 67 ② 68 ④ 69 ③ 70 ②

해설

I/P 변환기
I/P 변환기는 제어실 혹은 중앙제어장치로부터 4~20mA 전류신호를 받아 공압신호로 전환하여 출력하는 제어장치이다.

$$y-y_1=\frac{y_2-y_1}{x_2-x_1}(x-x_1)$$

$$100-0=\frac{400-0}{20-4}(x-4)$$

$$\therefore\ x=8$$

71 다음 중 되먹임 제어계가 불안정한 경우에 나타나는 특성은?

① 이득여유(Gain Margin)가 1보다 작다.
② 위상여유(Phase Margin)가 0보다 크다.
③ 제어계의 전달함수가 1차계로 주어진다.
④ 교차주파수(Crossover Frequency)에서 갖는 개루프 전달함수의 진폭비가 1보다 작다.

해설

이득여유가 1보다 작은 경우 불안정하다.
GM(이득여유)이 1.7~2.0, PM(위상여유)이 30~45° 범위를 갖도록 조정한다.

72 Anti Reset Windup에 관한 설명으로 가장 거리가 먼 것은?

① 제어기 출력이 공정입력한계에 걸렸을 때 작동한다.
② 적분동작에 부과된다.
③ 큰 설정치 변화에 공정출력이 크게 흔들리는 것을 방지한다.
④ Offset을 없애는 동작이다.

해설

- Reset Windup : 제어기 출력 $m(t)$가 최대허용치에 머물고 있음에도 불구하고 $\int e(t)$ 값은 계속 증가되는 현상
- Anti Reset Windup : 적분제어의 결점인 Reset Windup을 없애주는 동작이다.

73 어떤 항온조에서 항온조 내의 온도계가 나타내는 온도와 항온조 내의 실제 유체온도 사이의 관계는 이득이 1인 1차계로 나타낼 수 있으며, 이때 시간상수는 0.2min이다. 평형상태에 도달한 후 항온조의 유체온도가 1℃/min의 속도로 평형상태의 값에서 시간에 따라 선형적으로 증가하기 시작하였다. 이 경우 1min 경과 후 온도계의 온도와 항온조 내 실제 유체온도 사이의 온도차는 얼마인가?

① 0.2℃
② 0.8℃
③ 1.5℃
④ 2.0℃

해설

$$G(s)=\frac{Y(s)}{X(s)}=\frac{1}{\tau s+1},\ \tau=0.2$$

선형적으로 증가 $X(t)=t \rightarrow X(s)=\frac{1}{s^2}$

$$\begin{aligned}Y(s)&=G(s)X(s)\\&=\frac{1}{(\tau s+1)s^2}\\&=-\frac{\tau}{s}+\frac{1}{s^2}+\frac{\tau}{s+1/\tau}\end{aligned}$$

$$\therefore\ y(t)=-\tau+t+\tau e^{-\frac{t}{\tau}}$$

$$y(1)=-0.2+1+0.2e^{-1/0.2}=0.8$$

$$x-y=X-Y=1-0.8=0.2℃$$

74 다음 중 1차계의 시상수 τ에 대하여 잘못 설명한 것은?

① 계의 저항과 용량(Capacitance)의 곱과 같다.
② 입력이 단위계단함수일 때 응답이 최종치의 85%에 도달하는 데 소요되는 시간과 같다.
③ 시상수가 큰 계일수록 출력함수의 응답이 느리다.
④ 시간의 단위를 갖는다.

해설

τ는 최종치의 63%에 도달하는 데 소요되는 시간과 같다.

정답 71 ① 72 ④ 73 ① 74 ②

75 앞먹임 제어(Feedforward Control)의 특징으로 옳은 것은?

① 공정모델값과 측정값과의 차이를 제어에 이용
② 외부교란변수를 사전에 측정하여 제어에 이용
③ 설정점(Set Point)을 모델값과 미교하여 제어에 이용
④ 공정의 이득(Gain)을 제어에 이용

해설

앞먹임 제어(Feedforward Control)
외부교란을 측정하여 외부교란이 공정에 미치게 될 영향을 사전에 보정시키는 제어방법

76 특성방정식이 $1+\dfrac{K_c}{(s+1)(s+2)}=0$로 표현되는 선형 제어계에 대하여 Routh−hurwitz의 안정 판정에 의한 K_c의 범위를 구하면?

① $K_c<-1$ ② $K_c>-1$
③ $K_c>-2$ ④ $K_c<-2$

해설

Routh 안정성 판별법

$1+\dfrac{K_c}{(s+1)(s+2)}=0$

$s^2+3s+2+K_c=0$

1	1	$2+K_c$
2	3	0
3	$\dfrac{3(2+K_c)}{3}>0$ $2+K_c>0$ $K_c>-2$	

77 공정의 정상상태 이득(k), Ultimate Gain(K_{cu}) 그리고 Ultimate Period(P_u)를 실험으로 측정하였다. $k=2$, $K_{cu}=3$, $P_u=3.14$일 때, 이와 같은 결과를 주는 1차 시간지연 모델 $G(s)=\dfrac{ke^{-\theta s}}{\tau s+1}$의 시간상수 τ를 구하면?

① 1.414 ② 2.958
③ 3.163 ④ 3.872

해설

$K_{CU}=\dfrac{1}{AR}=3,\ AR=\dfrac{1}{3}$

$P_U=\dfrac{2\pi}{\omega}=3.14,\ \omega=2$

$AR=\dfrac{K}{\sqrt{\tau^2\omega^2+1}}=\dfrac{2}{\sqrt{4\tau^2+1}}=\dfrac{1}{3}$

$\therefore\ \tau=2.958$

78 PID 제어기에서 미분동작에 대한 설명으로 옳은 것은?

① 제어에러의 변화율에 반비례하여 동작을 내보낸다.
② 미분동작이 너무 작으면 측정잡음에 민감하게 된다.
③ 오프셋을 제거해 준다.
④ 느린 동특성을 가지고 잡음이 적은 공정의 제어에 적합하다.

해설

PID 제어계에서 미분동작
- 미분동작은 입력신호의 변화율에 비례하여 동작한다.
- 미분동작이 클수록 측정잡음에 민감하다.
- 미분동작은 오프셋을 제거하지 못한다.
- 시상수가 크고 잡음이 적은 공정의 제어에 적합하다.

정답 75 ② 76 ③ 77 ② 78 ④

79 전달함수가 $G(s)=\dfrac{3}{s^2+3s+2}$ 과 같은 2차계의 단위계단(Unit Step) 응답은?

① $\dfrac{3}{2}e^{-t}+3(1+e^{-2t})$

② $-3e^{-t}+\dfrac{3}{2}(1+e^{-2t})$

③ $3e^{-t}-3(1+e^{-2t})$

④ $e^{-t}-3(1+e^{-2t})$

해설

$$
\begin{aligned}
Y(s) &= G(s)X(s) \\
&= \frac{3}{s^2+3s+2}\cdot\frac{1}{s}=\frac{A}{s}+\frac{B}{(s+1)}+\frac{C}{(s+2)} \\
&= \frac{A(s+1)(s+2)+Bs(s+2)+Cs(s+1)}{s(s+1)(s+2)} \\
&= \frac{3/2}{s}-\frac{3}{s+1}+\frac{3/2}{s+2}
\end{aligned}
$$

$$
\begin{aligned}
\therefore\ y(t) &= \frac{3}{2}-3e^{-t}+\frac{3}{2}e^{-2t} \\
&= -3e^{-t}+\frac{3}{2}(1+e^{-2t})
\end{aligned}
$$

80 전달함수 $G(s)=\dfrac{10}{s^2+1.6s+4}$ 인 2차계의 시정수 τ와 Damping Factor ξ의 값은?

① $\tau=0.5,\ \xi=0.8$　② $\tau=0.8,\ \xi=0.4$

③ $\tau=0.4,\ \xi=0.5$　④ $\tau=0.5,\ \xi=0.4$

해설

$$G(s)=\frac{10}{s^2+1.6s+4}=\frac{10/4}{\frac{1}{4}s^2+0.4s+1}$$

$\tau^2=\dfrac{1}{4}$　$\therefore\ \tau=\dfrac{1}{2}$

$2\tau\xi=0.4$　$\therefore\ \xi=0.4$

정답 79 ② 80 ④

MEMO

MEMO

화공기사 필기

발행일 | 2017. 2. 10 초판발행
2017. 3. 10 초판 2쇄
2020. 1. 20 개정 9판1쇄
2020. 2. 20 개정 9판2쇄
2020. 3. 20 개정 9판3쇄
2020. 5. 20 개정 9판4쇄
2020. 8. 1 개정 10판1쇄
2021. 1. 10 개정 11판1쇄
2021. 1. 20 개정 11판2쇄
2021. 2. 20 개정 11판3쇄
2022. 2. 20 개정 12판1쇄
2022. 4. 10 개정 12판2쇄
2023. 2. 10 개정 13판1쇄
2023. 6. 10 개정 13판2쇄
2024. 1. 10 개정 14판1쇄
2024. 2. 10 개정 15판1쇄
2025. 1. 10 개정 16판1쇄

저 자 | 정 나 나
발행인 | 정 용 수
발행처 | 예문사

주 소 | 경기도 파주시 직지길 460(출판도시) 도서출판 예문사
TEL | 031) 955-0550
FAX | 031) 955-0660
등록번호 | 11-76호

• 파본 및 낙장은 구입하신 서점에서 교환하여 드립니다.
• 예문사 홈페이지 http : //www.yeamoonsa.com

정가 : 49,000원

ISBN 978-89-274-5500-4 14570